中国高等植物

·修订版·

HIGHER PLANTS OF CHINA
·Revised Edition·

主 编
EDITORS–IN–CHIEF

傅立国　陈潭清　郎楷永　洪　涛　林　祁　李　勇
FU LIKUO, CHEN TANQING, LANG KAIYUNG, HONG TAO, LIN QI AND LI YONG

第八卷

VOLUME
08

编 辑
EDITORS

傅立国　洪　涛　林　祁
FU LIKUO, HONG TAO AND LIN QI

青岛出版社
QINGDAO PUBLISHING HOUSE

中国高等植物（修订版）

主编单位	中国科学院植物研究所				
	深圳仙湖植物园				
主　编	傅立国	陈潭清	郎楷永	洪　涛	林　祁	李　勇
副主编	傅德志	李沛琼	覃海宁	张宪春	张明理	贾　渝
	杨亲二	李　楠				
编　委	（按姓氏笔画排列）	王文采	王印政	包伯坚	石　铸
	朱格麟	吉占和	向巧萍	邢公侠	林　祁	林尤兴
	陈心启	陈艺林	陈书坤	陈守良	陈伟球	陈潭清
	应俊生	李沛琼	李秉滔	李　楠	李　勇	李锡文
	吴珍兰	吴德邻	吴鹏程	何廷农	谷粹芝	张永田
	张宏达	张宪春	张明理	陆玲娣	杨汉碧	杨亲二
	郎楷永	胡启明	罗献瑞	洪　涛	洪德元	高继民
	梁松筠	贾　渝	黄普华	覃海宁	傅立国	傅德志
	鲁德全	潘开玉	黎兴江			
责任编辑	高继民	张　潇				

 # 中国高等植物（修订版）第八卷

编　辑	傅立国	洪　涛	林　祁			
编著者	佘孟兰	刘守炉	薄发鼎	李秉滔	冯志坚	张永田
	邱华兴	黄淑英	向巧萍	向其柏	傅国勋	黄成就
	李朝銮	顾　健	陈艺林	靳淑英	徐朗然	方明渊
	陈邦余	闵天禄	吴容芬	郭丽秀	陈书坤	李　楠
	刘瑛心	林　祁	王忠涛	罗献瑞	马金双	李　恒
	班　勤	刘全儒				
责任编辑	高继民	张　潇				

HIGHER PLANTS OF CHINA REVISED EDITION

Principal Responsible Institutions
Institute of Botany, Chinese Academy of Sciences
Shenzhen Fairy Lake Botanical Garden
Editors-in-Chief Fu Likuo, Chen Tanqing, Lang Kaiyung, Hong Tao, Lin Qi and Li Yong
Vice Editors-in-Chief Fu Dezhi, Li Peichun, Qin Haining, Zhang Xianchun, Zhang Mingli, Jia Yu, Yang Qiner and Li Nan
Editorial Board (alphabetically arranged) Bao Bojian, Chang Hungta, Chang Yongtian, Chen Shouling, Chen Shukun, Chen Singchi, Chen Tanqing, Chen Weichiu, Chen Yiling, Chu Gelin, Fu Dezhi, Fu Likuo, Gao Jimin, He Tingnung, Hong Deyuang, Hong Tao, Hu Chiming, Huang Puhwa, Jia Yu, Ku Tsuechih, Lang Kaiyung, Lee Shinchiang, Li Hsiwen, Li Nan, Li Peichun, Li Pingtao, Li Yong, Liang Songjun, Lin Qi, Lin Youxing, Lo Hsienshui, Lu Dequan, Lu Lingti, Pan Kaiyu, Qin Haining, Shih Chu, Shing Kunghsia, Tsi Zhanhuo, Wang Wentsai, Wang Yingzheng, Wu Pancheng, Wu Telin, Wu Zhenlan, Xiang Qiaoping, Yang Hanpi, Yang Qiner, Ying Tsunshen, Zhang Mingli and Zhang Xianchun
Responsible Editors Gao Jimin and Zhang Xiao

HIGHER PLANTS OF CHINA **REVISED EDITION** Volume 8

Editors Fu Likuo, Hong Tao and Lin Qi
Authors Ban Qin, Chang Yongtian, Chen Pangyu, Chen Shukun, Chen Yiling, Chin Huahsing, Fang Mingyuan, Feng Zhijian, Fu Guoxun, Gu Jian, Guo Shiuli, Huang Chingchieu, Hwang Shumei, Jin Shuying, Li Chaoluang, Li Hen, Li Nan, Li Pingtao, Lin Qi, Liou Sheolu, Liou Yingxin, Liu Quanru, Li Hsienshui, Ma Jinshuang, Ming Tienlu, Pu Fating, Shang Chihbei, Sheh Menglan, Wang Zhongtao, Wu Youngfen, Xiang Qiaoping and Xu Langran
Responsible Editors Gao Jimin and Zhang Xiao

第 八 卷　被子植物门
Volume 8　ANGIOSPERMAE

科　　次

146. 黄杨科 BUXACEAE

（林　祁）

常绿灌木或小乔木，稀草本。单叶，互生或对生，全缘或具齿，叶脉羽状或三出脉；无托叶。花序总状或穗状，腋生或顶生。花单性，雌雄同株或异株，无花瓣，常小而不鲜艳；雄花萼片4，雌花萼片（4）6，2轮；雄蕊4，与萼片对生，离生，花药大，2室，花丝常宽扁；雌蕊具（2）3心皮，子房上位，（2）3室，花柱分离，宿存，柱头常下延，每室2胚珠，并生。蒴果，室背开裂，或核果状不裂。种子黑色，有光泽，胚乳肉质，胚直，子叶薄或肥厚。

4属，约100种，广布于亚洲、欧洲、非洲及北美东南部。我国3属，20余种。

1. 叶对生 ··· 1. 黄杨属 Buxus
1. 叶互生。
　2. 叶全缘 ·· 2. 野扇花属 Sarcococca
　2. 叶具粗齿 ·· 3. 板凳果属 Pachysandra

1. 黄杨属 Buxus Linn.

常绿灌木或小乔木。小枝具4棱。叶对生，革质，全缘，叶脉羽状。花序腋生或顶生，总状、穗状或头状。花小，单性，雌雄同株，雌花单生花序顶端，雄花多朵生花序下部或围绕雌花。雄花萼片4，2轮，雄蕊与萼片同数与其对生，不育雌蕊1；雌花萼片6，2轮，不育雄蕊小，雌蕊具3心皮，子房3室，花柱3，柱头常下延。蒴果球形或卵球形，室背3瓣裂，果瓣具宿存角状花柱，内果皮与外果皮分离。种子长球形，黑色，有光泽，胚乳肉质，子叶长圆形。

约70种，分布于亚洲、欧洲、非洲及加勒比海地区。我国10余种。

1. 小枝节间长1-3.5厘米；叶中部以下最宽。
　2. 叶长4-10厘米，若不及4厘米则叶为窄披针形或披针形。
　　3. 花序长1-1.5厘米 ·· 1. 大花黄杨 B. henryi
　　3. 花序长不及1厘米。
　　　4. 叶基部圆钝 ·· 2. 阔柱黄杨 B. latistyla
　　　4. 叶基部楔形。
　　　　5. 叶长圆状披针形或窄披针形，宽1-2厘米 ······················ 3. 杨梅黄杨 B. myrica
　　　　5. 叶窄卵形、卵状椭圆形或披针形，宽1.5-3.5厘米 ·········· 4. 大叶黄杨 B. megistophylla
　2. 叶长1.5-3.5厘米，卵状椭圆形、宽椭圆形或椭圆状披针形。
　　6. 叶先端凹缺 ·· 5. 黄杨 B. microphylla subsp. sinica
　　6. 叶先端渐尖，无凹缺 ····················· 5(附). 尖叶黄杨 B. microphylla subsp. sinica var. aemulans
1. 小枝节间长0.3-1厘米，若长达1.7厘米则叶为匙形或倒卵状匙形。
　7. 叶先端圆钝或平截，常无凹缺。
　　8. 叶薄革质或坚纸质，无侧脉 ·· 6. 宜昌黄杨 B. ichangensis
　　8. 叶革质，侧脉明显 ·· 7. 狭叶黄杨 B. stenophylla
　7. 叶先端凹缺。
　　9. 叶匙形或窄倒卵状匙形，上面侧脉明显 ··························· 8. 匙叶黄杨 B. harlandii
　　9. 叶长圆形、菱状长圆形或近圆形，上面侧脉常不明显，具皱纹 ········· 9. 皱叶黄杨 B. rugulosa

1. 大花黄杨

图 1

Buxus henryi Mayr, Fremd. Waldb. u. Parkb. 451. 1906.

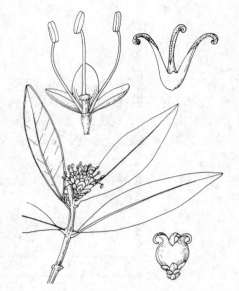

灌木, 高达 7 米。小枝无毛, 节间长 1.5-3 厘米。叶薄革质或革质, 披针形、长圆状披针形或卵状长圆形, 长 4-10 厘米, 先端钝至微尖, 基部楔形或窄楔形, 中脉在叶面凸起, 侧脉不明显; 叶柄长 1-2 毫米。花序长 1-1.5 厘米, 腋生; 花密集, 基部苞片卵形, 长 3-4 毫米。花梗长 2-4 毫米, 无毛; 雄花约 8 朵, 萼片长圆形或倒卵状长圆形, 长约 5 毫米, 雄蕊长约 1 厘米; 雌花外萼片长圆形, 长约 6 毫米, 内萼片卵形, 长约 3 毫米, 子房长 2-2.5 毫米, 花柱长 6-8 毫米。蒴果近球形, 长约 6 毫米; 果柄长约 3 毫米。花期 4 月, 果期 7 月。

产湖北西部、四川及贵州, 生于海拔 900-2000 米山地林下。

图 1 大花黄杨 (何冬泉绘)

2. 阔柱黄杨

图 2

Buxus latistyla Gagnep. in Bull. Soc. Bot. France 68: 482. 1921.

灌木, 高达 4 米。小枝近无毛或被微毛, 节间长 1.5-2.5 厘米。叶革质或坚纸质, 卵形或长圆状卵形, 长 5-7 厘米, 先端渐钝尖或钝尖, 基部圆或宽楔形, 上面中脉凸起, 常被微毛, 侧脉多对; 叶柄长 1-3 毫米, 常被微毛。花序长 0.8-1 厘米, 腋生及顶生; 苞片卵形, 长 2-2.5 毫米, 被微毛。雄花外萼片卵形, 长约 2.5 毫米, 内萼片较长而宽, 雄蕊长 4-5 毫米, 不育雌蕊盘状四角形; 雌花子房长 1.2-1.5 毫米, 花柱长 2.8-3.5 毫米。蒴果球形, 长 6-8.5 毫米, 花柱及萼片宿存; 果柄长 5-7 毫米。花期 3-4 月, 果期 5-7 月。

产广西及云南东南部, 生于海拔 800 米以下石灰岩山坡或溪边林下。越南及老挝有分布。

图 2 阔柱黄杨 (何冬泉绘)

3. 杨梅黄杨

图 3

Buxus myrica Lévl. in Fedde, Repert. Sp. Nov. 11: 549. 1913.

灌木, 高达 3 米。小枝近无毛或疏被毛, 节间长 1-2 厘米。叶革质或薄革质, 长圆状披针形、披针形或窄披针形, 长 3-9 厘米, 宽 1-2 厘米, 先端

短尖或渐尖，基部楔形，上面中脉凸起，被短毛，侧脉密集；叶柄长1-3毫米，被毛。花序短穗状，长5-7毫米，腋生及顶生，具花约10朵；花序轴短，被毛；苞片卵形，被毛。雄花萼片卵形，长2-2.5毫米，不育雌蕊四角形，长不及1毫米；雌花萼片卵形或卵状椭圆形，长约3毫米，子房长约1.5毫米，花柱长3.5-4毫米。蒴果近球形，径0.8-1厘米，宿存花柱长约5毫米。花期1-5月，果期5-9月。

产浙江南部、福建、江西、湖北、湖南、广东、海南、广西、云南、贵州及四川，生于海拔250-2000米山地溪边、山谷或山坡林下。越南有分布。

4. 大叶黄杨 图4

Buxus megistophylla Lévl. Fl. Kouy-Tcheou 160. 1914.

灌木，高达4米。小枝无毛，节间长2-3.5厘米。叶革质，窄卵形、卵状椭圆形或披针形，长4-9厘米，宽1.5-3.5厘米，先端渐尖，有时稍钝，基部楔形或宽楔形，上面中脉凸起，被微毛或无毛，侧脉多而密；叶柄长2-3毫米，被微毛。花序短穗状，长5-9毫米，腋生，具花约10朵；苞片宽卵形，基部被毛。雄花萼片宽卵形或近圆形，长2-2.5毫米，无毛，雄蕊长约6毫米，不育雌蕊高约1毫米；雌花萼片卵状椭圆形，长约3毫米，子房长约2毫米，花柱与子房等长或稍长。蒴果近球形，径6-7毫米，角状宿存花柱较果稍短。花期3-4月，果期6-7月。

产江西、湖南、广东、广西及贵州，生于海拔300-1400米山地沟谷、河岸、山坡林下或灌丛中。

图 3 杨梅黄杨 （何冬泉绘）

图 4 大叶黄杨 （引自《广东植物志》）

5. 黄杨 图5 彩片1

Buxus microphylla Sieb. et Zucc. subsp. **sinica** (Rehd. et Wils.) Hatusima in Journ. Dept. Agr. Kyusyu Univ. 6(6): 326. 1942.

Buxus microphylla var. *sinica* Rehd. et Wils. in Sarg. Pl. Wilson. 2: 165. 1914.

小乔木或灌木状，高达6米。小枝被短毛，节间长1-2厘米。叶厚革质或革质，卵状椭圆形、宽椭圆形或长圆形，长1.5-3.5厘米，宽0.8-2厘米，先端圆钝，常微凹，基部圆或宽楔形，上面中脉凸起，有时被毛，侧脉不明显；叶柄长1-2毫米，常被毛。花序头状，腋生，具花约10朵，花序轴长3-4毫米，被毛；苞片宽卵形，长2-2.5毫米，稍被毛。雄花萼片卵状椭圆形或近圆形，长2.5-3毫米，雄蕊长约4毫米，不育雌蕊高约2毫米；雌花萼片长约3毫米，子房稍长于花柱。蒴果近球形，径0.6-1厘米，宿存花柱长2-3毫米。花期3月，果期5-6月。

辽宁、河北、山东、江苏、安徽、

浙江、福建、台湾、江西、湖北、湖南、广东、海南、广西、云南、贵州、四川、甘肃、陕西及河南等地野生或栽培，生于海拔 1200-2600 米山地沟谷、溪边林中。可作庭园绿化观赏植物或作盆景。

[附] **尖叶黄杨 Buxus microphylla** subsp. **sinica** var. **aemulans** (Rehd. et Wils.) Hatusima in Journ. Dept. Agr. Kyusyu Univ. 6(6): 330. 1942. —— *Buxus microphylla* var. *aemulans* Rehd. et Wils. in Sarg. Pl. Wilson. 2: 169. 1914. 本变种与黄杨的区别：叶革质或薄革质，先端渐尖，基部楔形，稀兼有宽楔形。分布区与黄杨相同。

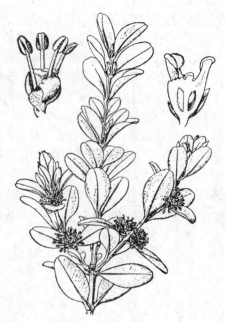

图 5 黄杨 （引自《图鉴》）

6. 宜昌黄杨 图 6

Buxus ichangensis Hatusima in Journ. Dept. Agr. Kyusyu Univ. 6(6): 309. f. 18(a-i). 1942.

灌木，高达30(-100)厘米。小枝密生，径约0.5毫米，被短柔毛，节间长0.3-1厘米。叶薄革质或坚纸质，倒披针形或窄倒卵形，长1-1.6厘米，宽4-6毫米，先端圆，常具小尖头，基部楔形，上面中脉平或微凸，侧脉不显；叶柄长约1毫米。花序头状，腋生及顶生，花序轴被毛；苞片卵形，长1-2毫米。雄花8-12朵，花梗长约0.4毫米，萼片卵形，长约2毫米，雄蕊长4-5毫米，不育雌蕊细，长1.4-

1.8毫米；雌花萼片卵状长圆形，长约2.5毫米，子房较花柱稍长。蒴果椭球形，长约5毫米，宿存花柱长约2毫米。花期3月，果期7月。

产四川东部、湖北西部及湖南西北部，生于海拔30-1200米江岸、山坡林下或向阳岩缝中。

图 6 宜昌黄杨 （何冬泉绘）

7. 狭叶黄杨 图 7

Buxus stenophylla Hance in Journ. Bot. Brit. et For. 6: 331. 1868.

灌木，高达2米；分枝多而密。小枝密被毛，节间长0.3-1厘米。叶革质，窄倒卵形、长圆形或窄长圆形，长1-3厘米，宽3-8毫米，先端钝圆或平截，稀具微凹缺，基部窄楔形，上面中脉凸起，下部常被毛，上面侧脉明显；叶柄长约1毫米。花序近头状，腋生，具8-10花，花序轴长 3-7毫米，密被

毛；苞片披针形或近卵形，被毛。雄花萼片卵状椭圆形，长约2毫米，雄蕊长3.5-4毫米，不育雌蕊高约1毫米；雌花萼片卵状三角形，长1.5-2.5毫米；雌蕊长约4毫米。蒴果卵球形，长约6毫米，幼时被毛，后渐脱落，宿存花柱长约1.5毫米。花期2-3月，果期6-7月。

产江西、福建、广东及贵州，生于海拔100-700米丘陵、低山林下或河岸。

8. 匙叶黄杨 雀舌黄杨

图8

Buxus harlandii Hance in Journ. Linn. Soc. Bot. 13: 123. 1873.

小灌木，高达4米；分枝多而密。小枝微被毛，节间长0.7-1.7厘米。叶革质或薄革质，匙形或窄倒卵状匙形，长1-3.5厘米，宽0.5-1厘米，先端圆钝，微凹缺或具小尖头，基部窄楔形，上面中脉凸起，稍被毛，侧脉致密；叶柄长不及1毫米。花序头状，腋生及顶生，花序轴长3-5毫米，密被毛；苞片卵形或卵状三角形，近基部被毛。雄花萼片卵形，长约1.3毫米，不育雌蕊高约0.8毫米；雌花萼片卵状椭圆形，长约1.5毫米。蒴果卵球形，长约6毫米，幼时被毛，后渐脱落无毛，宿存花柱长约2毫米。花期2-5月，果期6-10月。

产陕西、河南、安徽、浙江、福建、江西、湖北、湖南、广东、香港、海南、广西、云南、四川及贵州，生于海拔200-1200米山地、丘陵溪边、林下或山坡灌丛中。

9. 皱叶黄杨

图9

Buxus rugulosa Hatusima in Journ. Dept. Agr. Kyusyu Univ. 6(6): 303. f. 15(a-b). pl. 22(7). f. 2. 1942.

灌木，高达2米；分枝多而密。小枝被毛，节间长0.3-1厘米。叶革质或薄革质，卵状长圆形、长圆形、菱状长圆形或近圆形，长0.5-2.5厘米，宽0.4-1.2厘米，先端圆钝，稍凹缺，基部楔形或稍圆，上面中脉凸起，被微毛，侧脉常不明显，具皱纹；叶柄长2-3毫米，被毛。花序头状，腋生及顶生，具8-11花，花序轴长3-4毫米；苞片卵形，被毛。雄花萼片卵形或近圆形，长2-3毫米，无毛；不育雄蕊末端膨大，高约1毫米；雌花萼片宽卵形，长2.5-3毫米，被毛，子房长约3毫米，花柱长约1.5毫米。蒴果卵球形，长0.8-1厘米，宿存花柱长2-3毫米。花期3-5月，果期6-9月。

产安徽、浙江、福建、江西、湖北、湖南、广东、广西、云南、贵州、四川及西藏，生于海拔1600-3500米山顶、山坡灌丛或悬崖石缝中。

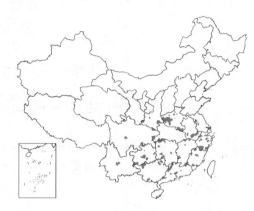

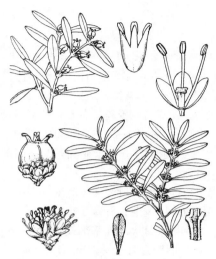

图 7 狭叶黄杨 （何冬泉绘）

图 8 匙叶黄杨 （引自《图鉴》）

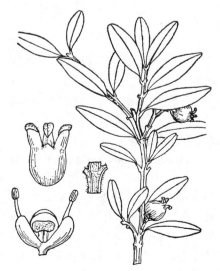

图 9 皱叶黄杨 （何冬泉绘）

2. 野扇花属 Sarcococca Lindl.

常绿灌木。叶互生，全缘，羽状脉或三出脉。花序腋生或顶生，头状或总状，具苞片；花单性，雌雄同株，雌花常生于花序下部，有时雌雄花生于不同花序上。雄花具2小苞片，萼片4，2轮，雄蕊与萼片同数且对生，不育雌蕊长圆形，具4棱，顶部凹入；雌花小苞片多枚，覆瓦状排列，萼片2-6，交互对生或成2轮，子房2-3室，花柱2-3，初靠合，受粉后分离，柱头下延。核果状，卵球形或球形，外果皮肉质或干燥，内果皮脆壳质，萼片及花柱均宿存。种子1-2，球形，种皮膜质，胚乳肉质。

20余种，分布于亚洲东部及南部。我国约7种。

1. 幼枝无毛；叶宽4-6厘米 ·································· 1. 海南野扇花 S. vagans
1. 幼枝稍被毛；叶宽0.7-3厘米。
  2. 叶脉羽状，叶基部楔形 ····················· 2. 羽脉野扇花 S. hookeriana
  2. 叶脉三出，叶基部楔形或近圆。
    3. 叶长6-12厘米，叶柄长0.5-1.5厘米；果具宿存花柱2枚 ·············· 3. 长叶柄野扇花 S. longipetiolata
    3. 叶长2-7厘米，叶柄长3-6毫米；果具宿存花柱2-3枚 ·············· 4. 野扇花 S. ruscifolia

1. 海南野扇花

图10 彩片2

Sarcococca vagans Stapf in Kew Bull. Misc. Inform. 1914: 230. 1914.

灌木，高达3米。幼枝长而屈曲，具纵棱，无毛。叶坚纸质或薄革质，椭圆状披针形、卵状披针形或近长圆形，长8-15厘米，宽4-6厘米，先端渐尖，基部宽楔形，两面无毛，离基三出脉；叶柄长1-2厘米。花序腋生，总状或近头状，长1-1.3厘米；苞片卵形，长约1.3毫米。雄花花梗长达1.3毫米，具2卵形小苞片，萼片宽卵形或椭圆形，长约2毫米，退化雌蕊高约0.5毫米；雌花小苞片卵形或卵状三角形；萼片与小苞片相似。果近球形，径0.8-1厘米，宿存花柱2枚；果柄长4-7毫米。花期8-9月，果期10月至翌年3月。

图 10 海南野扇花 （何冬泉绘）

产海南及云南，生于海拔500-800米山地沟谷林下。越南及缅甸有分布。

2. 羽脉野扇花

图11

Sarcococca hookeriana Baill. Monogr. Bux. 53. 1859.

灌木，高达3米。幼枝具纵棱，被毛。叶近革质，长圆状披针形、披针形或窄披针形，长3-11厘米，宽0.7-3厘米，先端渐尖，基部楔形，羽状脉，中脉被微毛；叶柄长6-8毫米。花序总状，稀复总状，长约1厘米，被细毛，具6-10花，白色。雄花无花梗及小苞片，或下部雄花具短梗及2萼状小苞片，萼片4，长3-4毫米；雌花连花梗长0.6-1厘米，小苞片疏生，萼片长约2毫米。果球形，宿存花柱2-3。花期10月至翌年2月，果期11

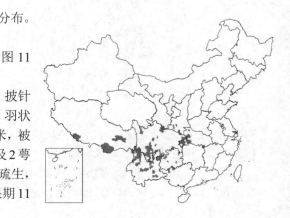

月至翌年3月。

产湖北、贵州、广西、云南、西藏、四川、甘肃及陕西,生于海拔1000-3500米山地林下。

3. 长叶柄野扇花 图12

Sarcococca longipetiolata M. Cheng in Acta Phytotax. Sin. 17(3): 99. pl. 8: 1-2. 1979.

灌木,高达3米。幼枝具纵棱,稍被短柔毛,后渐脱落。叶近革质,披针形、长圆状披针形或长圆状倒披针形,长6-12厘米,宽1.5-3厘米,先端渐尖或长渐尖,基部楔形,无毛或上面中脉近基部被微毛,基脉三出或近基部三出脉;叶柄长0.5-1.5厘米。花序腋生或顶生,总状或复总状,有时近头状,长1-2厘米苞片卵形,长1-2.5毫米。雄花花梗长约1毫米,具2卵形小苞片,小苞片宽卵形;萼片宽卵形或椭圆形,长约3毫米,雄蕊长约6毫米;雌花具卵形小苞片,长1.5-3毫

米,覆瓦状排列,萼片近卵形。果红至紫红色,球形,径7-8毫米,宿存花柱2。花期9-10月,果期11-12月。

产浙江、福建、江西、湖南及广东,生于海拔200-1000米山地、丘陵沟谷或溪边林下。全株药用,味苦性寒,散瘀止血、拔毒生肌,治跌打损伤、无名肿毒及腮腺炎。

4. 野扇花 图13 彩片3

Sarcococca ruscifolia Stapf in Kew Bull. Misc. Inform. 1910: 394. 1910.

灌木,高达4米;分枝密。幼枝被毛。叶革质,卵形、宽椭圆状卵形、椭圆状披针形或窄披针形,长2-7厘米,宽0.7-3厘米,先端渐尖或尖,基部楔形或圆,中脉被微毛或无毛,离基三出脉;叶柄长3-6毫米。花序腋生,短总状或复总状,长1-2厘米,花序轴被微毛;苞片披针形或卵状披针形。花白色,芳香;雄花萼片3-5,宽椭圆形或卵形,长约3毫米,雄蕊长约7毫米;雌花具小苞片多枚,窄卵形,覆瓦状排列,萼片长1.5-2毫米。果红至暗红色,球形,径7-8毫米,宿存花柱2-3。花期10

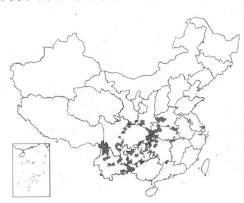

图 11 羽脉野扇花 (何冬泉绘)

图 12 长叶柄野扇花 (何冬泉绘)

图 13 野扇花 (蒋柔英绘)

月，果期翌年2月。

产云南、四川、贵州、广西、湖南、湖北、河南、陕西及甘肃，生于海拔200-2600米山地沟谷或山坡林中。全株药用，治跌打损伤、胃痛、胃炎、胃溃疡；果治头晕心悸；根治劳伤疼痛、脖子生疮及喉痛。

3. 板凳果属 Pachysandra Michx.

常绿亚灌木，茎下部常斜倚地面，具多数不定根，常不分枝或少分枝。叶互生，纸质或薄革质，具粗齿，羽状脉或离基三出脉。花序腋生或顶生，穗状，具苞片；花单性，雌雄同株，雄花生于花序上部，稀雌雄花分别组成花序。雄花萼片4，2轮；雄蕊4，与萼片对生，伸出，不育雌蕊具4棱角，顶部平截；雌花萼片4或6，子房2-3室，花柱2-3，长于子房。果核果状，具较长角状宿存花柱。

3种，北美东南部产1种，东亚产2种。我国2种。

1. 花序顶生；叶菱状倒卵形 ·················· 1. 顶花板凳果 **P. terminalis**
1. 花序腋生；叶卵形或卵状长圆形 ·················· 2. 板凳果 **P. axillaris**

1. 顶花板凳果 顶蕊三角咪

图 14

Pachysandra terminalis Sieb. et Zucc. in Abh. Akad. Wiss. Wien, Math.-Phys. 4(2): 182. 1845.

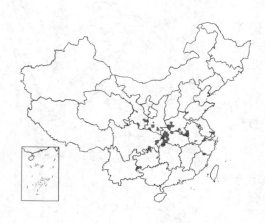

亚灌木。根茎长约30厘米，密被长须状不定根，地上茎高约30厘米。叶薄革质，菱状倒卵形，长2.5-9厘米，宽1.5-6厘米，上部具粗齿，基部楔形，上面脉被微毛；叶柄长1-3厘米。花序顶生，长2-4厘米，无毛。花白色；雄花多于15朵，萼片宽卵形，长2.5-3.5毫米；花丝长约7毫米，退化雌蕊高约0.6毫米；雌花1-2，生于花序轴

图 14 顶花板凳果 （引自《图鉴》）

基部，长约4毫米，萼片卵形，覆瓦状排列。果卵球形，长5-6毫米，宿存花柱长0.5-1厘米。花期4-5月，果期9-10月。

产浙江、安徽、河南、湖北、湖南西北部、贵州、四川、甘肃及陕西，生于海拔1000-2600米山地林下。日本有分布。全株药用，祛风除湿、清热解毒、镇静止痛、调经活血。

2. 板凳果

图 15 彩片 4

Pachysandra axillaris Franch. in Pl. Delav. 135. t. 26. 1889.

亚灌木；茎下部匍匐，具须状不定根，上部直立，高达50厘米。叶坚纸质，宽卵形、卵形或卵状长圆形，长5-16厘米，宽3-10厘米，先端尖，基部浅心形、平截或圆，幼叶下面被柔毛，后渐脱落至稀少，具粗齿；叶柄长2-7厘米，被短柔毛。花序腋生，长1-5厘米，花序轴及苞片均被短柔毛。花白或红色；雄花5-10朵，萼片椭圆形或长圆形，长2-3毫米，花药

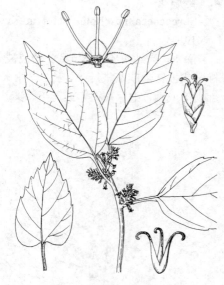

图 15 板凳果 （何冬泉绘）

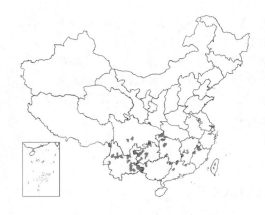

长椭圆形,不育雌蕊高约0.5毫米;雌花长约4毫米,萼片覆瓦状排列,卵状披针形或长圆状披针形,长2-3毫米。果黄至红色，球形，径约1厘米,宿存花柱长约1厘米。花期2-5月，果期9-10月。

产福建、台湾、江西、湖北、湖南、广东、广西、云南、贵州、四川及陕西,生于海拔600-2500米山地林下或灌丛中。

147. 攀打科 PANDACEAE

（李秉滔）

乔木或灌木。通常腋芽明显。单叶互生,有细锯齿或全缘,羽状脉,具叶柄,托叶小。花小,单性,雌雄异株,单生、簇生、组成聚伞花序或总状圆锥花序。萼片5,覆瓦状排列或张开；花瓣5,覆瓦状或镊合状排列；雄蕊5、10或15,1-2轮,着生于花托上,外轮与花瓣互生,内轮有时不育或退化成腺体,花丝离生,花药内向,2室,纵裂;花盘小或无,稀大型;子房2-5室,胚珠每室1-2,倒生,无珠孔塞,花柱2-10裂。核果或蒴果。种子无种阜,子叶2,宽而扁,胚乳丰富。

4属,约28种,产于热带非洲及亚洲。我国1属。

小盘木属 Microdesmis Hook. f. ex Hook.

灌木或小乔木。单叶互生,羽状脉;叶柄短,托叶小。花单性,雌雄异株,常多朵簇生叶腋,雌花的簇生花较少而有时单生,花梗短;雄花花萼5深裂,裂片覆瓦状排列,花瓣5,长于萼片,雄蕊10或5,2轮,着生于花托上,外轮与花瓣互生,内轮有时不育或退化成腺体,花丝离生,花药2室,纵裂;雌花萼片、花瓣与雄花的相似,但稍大,子房2-3室,每室1胚珠,花柱短,2深裂,常叉开。核果,外果皮粗糙,内果皮骨质。种子具肉质胚乳,种皮膜质;子叶2,宽而扁。

约10种,分布于非洲和亚洲热带及亚热带地区。我国1种。

小盘木　　　　　　　　　　图16

Microdesmis casseariifolia Planch. in Hook. Icon. Pl. 8: 758. 1848. inadnot.

乔木或灌木，高达8米。嫩枝密被柔毛；成长枝近无毛。叶披针形、长圆状披针形或长圆形，长6-16厘米，先端渐尖或尾状渐尖，基部楔形或宽楔形，稍不对称，具细锯齿或近全缘，两面无毛或嫩叶下面沿中脉疏生微柔毛，侧脉4-6对；叶柄长3-

图 16　小盘木　（引自《图鉴》）

6毫米，初被柔毛，托叶长约1.2毫米。花黄色，簇生叶腋。雄花花梗长2-3毫米，花萼裂片卵形，长约1毫米，外面被柔毛，花瓣椭圆形，长约1.5毫米，两面均被柔毛，雄蕊10，2轮，外轮5枚较长，花丝扁平，向基部渐宽，花药球形，药室贴生药隔两侧，药隔三角形或尾状渐尖。雌花花萼与雄花的相似，花瓣椭圆形或卵状椭圆形，长约3毫米，被柔毛；子房球状，2室，无毛；退化雌蕊肉质。核果球状，径约5毫米，粗糙，熟时红色，外果皮肉质，种子2。花期3-9月，果期7-11月。

产广东、海南、广西及云南，生于山谷、山坡密林下或灌丛中。中南半岛、马来半岛、菲律宾至印度尼西亚有分布。

148. 大戟科 EUPHORBIACEAE

（李秉滔　冯志坚　黄淑美　丘华兴　张永田　马金双　向巧萍）

乔木、灌木或草本，稀木质或草质藤本；常有白色乳液。叶互生，稀对生或轮生；单叶，稀复叶，或叶退化呈鳞片状；全缘或有锯齿，稀掌状深裂，具羽状脉或掌状脉；叶柄长至极短，基部或顶端有时具1-2腺体，托叶2，着生叶柄基部两侧，早落或宿存。花单性，雌雄同株或异株，花单生或组成聚伞、总状花序或在大戟类中为特殊的杯状花序。萼片分离或基部合生，覆瓦状或镊合状排列，有时萼片极度退化或无；花瓣有或无；花盘环状或分裂成腺体状，稀无花盘；雄蕊1至多数，花丝分离或合生成柱状，花药外向或内向，基生或背部着生，药室2，稀3-4，纵裂，稀顶孔开裂；子房（2）3（4）室，稀更多或更少，中轴胎座，每室1-2胚珠，花柱与子房同数，分离或基部连合，顶端常2至多裂，柱头常头状、线状、流苏状或羽状分裂。蒴果、浆果状或核果状。种子常有种阜，胚乳丰富，子叶常扁而宽。染色体基数x=6-14。

约300属，5000种，广布全球，主产热带和亚热带地区。我国连引入栽培共约70多属，约460种。

1. 子房每室2胚珠；植株无内生韧皮部；叶柄和叶片均无腺体；花粉粒双核。
　2. 植株无白色或红色液汁；有花瓣和花盘，或仅有花瓣或花盘；单叶。
　　3. 花具花瓣和花盘；雄蕊常5；退化雌蕊常存在。
　　　4. 雄花萼片覆瓦状排列；花瓣较萼片短或近等长；花盘包子房基部或不包。
　　　　5. 花盘环状，背面不贴生花瓣；蒴果径1.3-2.5厘米，裂后中轴宿存，外果皮与内果皮分离 ·················
　　　　·················· **1. 喜光花属 Actephila**
　　　　5. 花盘裂为5枚扁平腺体，腺体背面基部贴生花瓣，腺体顶端全缘或2裂；蒴果径5-8毫米，裂后中轴脱落，外果皮与内果皮不分离。
　　　　　6. 花药内向；子房和蒴果均3室 ················· **2. 雀舌木属 Leptopus**
　　　　　6. 花药外向；子房和蒴果均4-5室 ················· **3. 方鼎木属 Archileptopus**
　　　4. 雄花萼片镊合状排列；花瓣鳞片状，较萼片小；花盘包子房中部以上或全包子房。
　　　　7. 侧脉弯拱上升，不平行；子房和蒴果均3室，花柱分离 ············· **4. 闭花木属 Cleistanthus**
　　　　7. 侧脉常直出，平行或近平行；子房2室；蒴果或核果2-1室；花柱分离或基部合生 ·················
　　　　·················· **5. 土蜜树属 Bridelia**
　　3. 花无花瓣。
　　　8. 花具花盘。
　　　　9. 雄蕊着生花盘边缘或凹缺处，或花盘裂片之间；子房2-1室，稀3室；核果，稀蒴果。
　　　　　10. 萼片离生；子房3-1室；花柱极短或近无，柱头常盾形或肾形；果径1-2.5厘米 ·················
　　　　　·················· **6. 核果木属 Drypetes**
　　　　　10. 萼片合生成杯状或盘状；子房1室，花柱顶生或侧生，顶端不扩大；果径8毫米以下 ·················
　　　　　·················· **7. 五月茶属 Antidesma**

9. 雄蕊着生花盘内面；子房15-3室；蒴果或浆果状或核果状。

  11. 雄花具退化雌蕊。

    12. 叶2列，叶全缘或有细齿；花簇生或单生，长7毫米以下 ·················· 8. 白饭树属 Flueggea

    12. 叶非2列，叶全缘；穗状花序长2-9厘米 ·················· 9. 龙胆木属 Richeriella

  11. 雄花无退化雌蕊。

    13. 萼片和雄蕊4；种子蓝色或淡蓝色 ·················· 10. 蓝子木属 Margaritaria

    13. 萼片和雄蕊6-2；种子非蓝色或淡蓝色。

      14. 萼片背面中肋不隆起，顶端非尾尖；花盘腺体状，非条形；雄蕊6-2，花丝分离或合生，药隔无突起 ·················· 11. 叶下珠属 Phyllanthus

      14. 萼片背面中肋隆起，顶端尾尖；花盘呈条状腺体；雄蕊3，花丝合生成柱状，药隔顶端钻状突起 ·················· 12. 珠子木属 Phyllanthodendron

  8. 花无花盘。

  15. 叶全缘或有疏齿；花丝分离。

    16. 叶柄顶端两侧常各具1小腺体；穗状花序；雄蕊2，稀3或5，花柱2-3，顶端2裂，常乳头状或流苏状；蒴果核果状，不规则开裂 ·················· 13. 银柴属 Aporosa

    16. 叶柄顶端无小腺体；总状圆锥花序；雄蕊4-8，花柱2-5，极短，顶端2裂，非乳头状或流苏状；蒴果浆果状，外果皮肉质，干后硬壳质，不裂或迟裂 ·················· 14. 木奶果属 Baccaurea

  15. 叶全缘；花丝合生。

    17. 萼片分离；雄蕊3-8，花丝和花药合生成圆柱状，顶端稍分离，药隔圆锥状，子房15-3室，花柱合生呈圆柱状、圆锥状、棍棒状或卵状；果具多条纵沟，熟后裂为15-3个分果爿 ········ 15. 算盘子属 Glochidion

    17. 雄花花萼盘状、壶状、漏斗状或陀螺状，顶端全缘或6裂；雄蕊3，花丝合生成圆柱状，药隔不突起，子房3室，花柱3，分离或基部合生；果无纵沟。

      18. 雄花有花盘，具6-12裂片；雌花萼片6深裂，裂片2轮，果期有时增厚；蒴果开裂 ·················· 16. 守宫木属 Sauropus

      18. 雄花无花盘；雌花花萼陀螺状、钟状或辐射状，果期不增厚呈盘状；蒴果浆果状，不裂 ·················· 17. 黑面神 Breynia

  2. 植物体具红色或淡红色液汁；无花瓣和花盘 ·················· 18. 秋枫属 Bischofia

1. 子房每室1胚珠；植株常有内生韧皮部；叶柄上部或叶基部常具腺体；花粉粒双核或3核。

  19. 植株无乳管；单叶，稀复叶；有花瓣或退化；花粉粒双核，多具3沟孔，外层网状至细皱穿孔。

    20. 雄花具花瓣，萼片镊合状排列，雌花稀无花瓣，萼片镊合状排列；总状花序，花两性。

      21. 乔木；叶大，下面被灰白色星状绒毛；雄花2-3朵簇生苞腋，雄蕊50-70 ····· 19. 缅桐属 Sumbaviopsis

      21. 草本，茎基部木质；叶长不及10厘米，被星状毛；雄蕊5-15。

        22. 花序顶生，雄花1-4朵生苞腋；花丝离生 ·················· 20. 地构叶属 Speranskia

        22. 花序腋生，雄花单生苞腋；花丝合生 ·················· 21. 沙戟属 Chrozophora

    20. 雌、雄花均无花瓣，雄花萼片镊合状排列，雌花萼片覆瓦状排列；花序各式，两性或单性。

      23. 乔木、灌木或草本，茎不缠绕。

        24. 叶对生。

          25. 乔木或灌木；嫩枝被毛。

            26. 对生叶片等大，卵形；雌花2-4朵组成花序或单朵腋生；核果 ·················· 22. 滑桃树属 Trewia

            26. 对生叶片不等大，非卵形，常具颗粒状腺体；雌花序具花5朵以上；蒴果具软刺或腺体 ·················· 23. 野桐属 Mallotus

          25. 草本；茎无毛；药室稍叉开；蒴果双球形，无毛 ·················· 30. 山靛属 Mercurialis

        24. 叶互生。

27. 叶具颗粒状腺体，无小托叶。
  28. 花序顶生，稀腋生；花药2室，花柱粗壮 ·· 23. **野桐属 Mallotus**
  28. 花序腋生；花药3-4室，花柱短或细长 ·· 25. **血桐属 Macaranga**
27. 叶无颗粒状腺体。
  29. 嫩枝、叶被星状毛。
    30. 雄花2-4朵簇生苞腋；花药2室，花柱2，离生；乔木 ·············· 24. **墨鳞属 Melanolepis**
    30. 雄花多朵在苞腋组成团伞花序。
      31. 花序较短，雄团伞花序位于花序轴顶部。
        32. 灌木；叶下面被灰白色绒毛；花丝顶部内弯，离生，花柱3-4裂，线状；果被白色短绒毛 ···········
        ·· 34. **白大凤属 Cladogynos**
        32. 乔木；叶无毛；花丝直立，基部合生，花柱2浅裂；果密生瘤状刺 ··· 37. **肥牛树属 Cephalomappa**
      31. 花序长于3厘米，雄团伞花序稀疏或稍密地排在花序轴上；乔木。
        33. 圆锥花序顶生；花丝细长，离生，雌花萼片离生，具副萼。
          34. 嫩枝被短星状毛；子房3室，花柱上部2浅裂或二回叉状裂；蒴果具3个分果爿············
          ·· 35. **风轮桐属 Epiprinus**
          34. 嫩枝被微星状毛；子房2室，花柱上部3-5裂，裂片叉裂；果核果状，近球形或双球形
          ·· 38. **蝴蝶果属 Cleidiocarpon**
        33. 穗状花序腋生；花丝短、厚，基部合生，雌花萼片合生，无副萼，花柱上部2至多裂；蒴果 ··········
        ·· 36. **白茶树属 Koilodepas**
  29. 嫩枝、叶被柔毛，稀无毛。
    35. 花丝离生或基部合生，雄花在苞腋多朵簇生或组成团伞花序。
      36. 圆锥花序。
        37. 叶柄顶端具小托叶；雄花具雄蕊25-60，药室离生，花柱2裂 ···· 26. **丹麻杆属 Discocleidion**
        37. 叶基部或叶柄顶端有时无小托叶；雄花雄蕊4-8，药室合生，花柱不裂 ··· 27. **山麻杆属 Alchornea**
      36. 穗状花序或总状花序。
        38. 雌花单朵腋生或成总状花序；花梗常增粗，果柄长2厘米以上；雄花序穗状，雄花具雄蕊35-80，花
          药4室 ·· 28. **棒柄花属 Cleidion**
        38. 雌花组成花序，花梗或果柄均长不及5毫米，花药2室。
          39. 药室分离；花序穗状，两性或单性。
            40. 雄花雄蕊常8，花药水平叉开或悬垂，花柱撕裂为多条花柱枝；草本或灌木 ···········
            ·· 39. **铁苋菜属 Acalypha**
            40. 雄花雄蕊20-50，花药直立，花柱不裂；乔木或灌木 ·········· 29. **白桐树属 Claoxylon**
          39. 药室合生；花序单性，雄花序穗状，雌花组成总状或圆锥花序。
            41. 叶基部具小托叶；雄花具雄蕊7-8，花柱线状 ··············· 27. **山麻杆属 Alchornea**
            41. 叶基部无小托叶；雄花具雄蕊10以上，花柱较粗，柱头具羽毛状或乳头状突起 ···············
            ·· 23. **野桐属 Mallotus**
    35. 花丝合生成多个雄蕊束。
      42. 嫩枝被柔毛；叶不裂；花序单性，腋生，雄花单生苞腋，组成总状花序。
        43. 叶互生或近轮生，无鳞片；雌雄同株，雌花单朵腋生；果具小瘤 ········· 31. **轮叶戟属 Lasiococca**
        43. 叶稍密生，下面被鳞片；雌雄异株，雌花组成穗状花序；果被毛，无小瘤 ······ 32. **水柳属 Homonoia**
      42. 植株无毛；叶大，掌状分裂；顶生总状花序或圆锥花序，两性，雌雄花均多朵簇生苞腋 ·················
      ·· 33. **蓖麻属 Ricinus**
23. 藤本或亚灌木，茎缠绕或攀援，常有螫毛。

44. 总状花序，两性，雄花单生苞腋；雄蕊3，花丝短，药隔肥厚。

45. 雄蕊药隔具内折线状附属物，花柱上部开展，具羽毛状突起；苞片长1.5-2.5毫米 ························

·· 40. **粗毛藤属 Cnesmone**

45. 雄蕊药隔无附属物，柱头近球形，不开展；苞片长4毫米 ············· 41. **大柱藤属 Megistostigma**

44. 头状花序（中国种），两性，花序梗长，具2枚叶状总苞片，雄花3至多朵生于苞腋，雄蕊10枚以上 ········

··· 42. **黄蓉花属 Dalechampia**

19. 植株具乳管；单叶全缘或掌状分裂，或复叶；多有花瓣；花粉粒双核或3核。

46. 具透明、淡红或乳白色液汁；二歧圆锥花序或穗状花序；苞片基部常无腺体；萼片覆瓦状或镊合状排列；
雄蕊在花蕾中内曲；常有花瓣，花盘中间具退化雄蕊，花粉粒常具孔或无孔，具"巴豆亚科"多角排列的外
层突起。

47. 花丝在花蕾中内弯，基部常被绵毛，离生，雄花萼片覆瓦状或镊合状排列，具花瓣；雌花有或无花瓣 ······

·· 43. **巴豆属 Croton**

47. 花丝在花蕾时直立。

48. 雄花花萼裂片镊合状排列；聚伞圆锥花序。

49. 花无花瓣；蒴果；三小叶复叶 ················· 44. **橡胶树属 Hevea**

49. 花具花瓣；果核果状；单叶。

50. 嫩枝被星状毛；花长不及1厘米。

51. 花雌雄同株，花萼2-3裂，雄蕊15-20；外果皮肉质 ············· 45. **石栗属 Aleurites**

51. 花雌雄异株，花萼5裂，雄蕊7；外果皮壳质 ············· 47. **东京桐属 Deutzianthus**

50. 嫩枝被柔毛；花长于1.5厘米，花萼2-3裂，呈佛焰苞状，雄蕊8-12；果皮壳质 ············

·· 46. **油桐属 Vernicia**

48. 雄花花萼裂片或萼片覆瓦状排列。

52. 雄花具花瓣。

53. 叶互生。

54. 总状花序，两性。

55. 花瓣短于花萼，细小，雄蕊20-30，离生；叶具彩色（栽培）············· 49. **变叶木属 Codiaeum**

55. 花瓣长于花萼，黄色或红色，雄蕊3，花丝合生 ············· 54. **三宝木属 Trigonostemon**

54. 聚伞状花序或聚伞圆锥花序；若为总状花序，则为单性。

56. 雌花萼片边缘具长腺毛，无花瓣；雄蕊约30，花丝离生 ············· 51. **长腺萼属 Strophioblachia**

56. 雌花萼片无腺毛。

57. 花丝离生。

58. 花丝无毛；雌花无花瓣，萼片花后稍增大，宿存；雌花序常伞形花序状 ············

·· 50. **留萼木属 Blachia**

58. 花丝基部具毛；雌花具花瓣，萼片花后凋落，雌花序常聚伞圆锥状 ············

·· 52. **叶轮木属 Ostodes**

57. 花丝合生，或仅内轮花丝合生成柱状；雌花具花瓣。

59. 伞房状聚伞圆锥花序，两性 ············· 48. **麻疯树属 Jatropha**

59. 非伞房状聚伞圆锥花序。

60. 总状或聚伞状花序，长不及1厘米，单性，雄蕊10（-15）；果柄不增粗 ············

·· 53. **异萼木属 Dimorphocalyx**

60. 圆锥花序，两性，雄蕊3；果柄增粗，棒状 ············· 54. **三宝木属 Trigonostemon**

53. 叶对生，叶柄短；总状花序，长约1厘米；雄花花梗细，长达2厘米 ············· 55. **轴花木属 Erismanthus**

52. 雄花无花瓣。

61. 花萼钟状，长 0.7-1 厘米，具彩色斑；叶分裂（栽培）·············· **56. 木薯属 Manihot**
61. 花萼非钟状，长不及 5 毫米。
  62. 果无刺状刚毛。
    63. 叶密生透明细点；聚伞花序与叶对生，花密生；萼片近圆形 ·········· **57. 白树属 Suregada**
    63. 叶无透明细点；圆锥状花序，腋生。
      64. 萼片离生，花丝离生，花柱 3，各 2 裂；蒴果 ··········· **58. 斑籽属 Baliospermum**
      64. 花萼杯状，花丝短，生于突起花托上，花柱合生，柱头盘状；果核果状 ···········
      ······························· **59. 黄桐属 Endospermum**
  62. 蒴果密生刺状刚毛；花簇生叶腋，萼片 4，花丝合生成柱状 ········· **60. 刺果树属 Chaetocarpus**
46. 具白色乳汁；总状、穗状或大戟花序；苞片基部常具 2 腺体；萼片覆瓦状排列或无萼片而由 4-5 苞片联合成花
  萼状总苞；雄蕊在花蕾中常直立；无花瓣；花盘中间常无退化雄蕊；花粉粒具 3 孔沟，沟常有边，具网纹和孔。
  65. 穗状花序，稀总状花序；雄花萼片 2-5，分离或合生，雄蕊 2-3，稀多数。
    66. 苞片鳞片状，不裂，基部具 2 腺体。
      67. 叶聚生枝顶；雄花花萼两侧扁，2 裂或后裂片退化，仅具 1 前裂片；雄蕊 5-50 ··········
      ························· **61. 澳杨属 Homalanthus**
      67. 叶散生枝上；雄花花萼非侧扁，2-3 裂或分离成 2-3 萼片，雄蕊 2-3。
        68. 多年生草本；分果爿具 2 纵列小皮刺 ··········· **62. 地杨桃属 Sebastiania**
        68. 灌木或乔木；分果瓣无刺。
          69. 雄花萼片离生，常 3 片，稀 2 片 ··········· **63. 海漆属 Excoecaria**
          69. 雄花花萼杯状或管状 2-3 浅裂或具 2-3 细齿 ··········· **64. 乌桕属 Sapium**
    66. 苞片膜质，花期不规则开裂，或盾状，无腺体 ··········· **65. 响盒子属 Hura**
  65. 杯状聚伞花序（即大戟花序）；雄花无花萼，雄蕊 1。
    70. 草本或木本；花序杯状，总苞辐射对称 ··········· **66. 大戟属 Euphorbia**
    70. 木本，肉质化；花序舟状或鞋状，总苞左右对称 ········ **67. 红雀珊瑚 Pedilanthus**

1. 喜光花属 Actephila Bl.

（李秉滔 冯志坚）

乔木或灌木。单叶互生，稀近对生，常全缘，羽状脉；有叶柄，托叶 2，着生于叶柄基部两侧。花雌雄同株，稀异株，簇生或单生叶腋。花梗长；多有花瓣；雄花萼片 4-6，覆瓦状排列；花瓣与萼片同数，较萼片短，稀无花瓣；雄蕊 5，稀 3-4 或 6，花丝分离或近基部稍合生，花药内向，纵裂；有退化雌蕊。雌花花盘环状，包子房基部；子房 3 室，每室 2 胚珠，花柱短，分离或基部合生，顶端 2 裂或全缘。蒴果，分裂为 3 个 2 裂的分果爿，外果皮与内果皮分离，中轴宿存。种子无种阜和胚乳。

约 34 种，分布大洋洲和亚洲热带及亚热带地区。我国 3 种。

1. 叶先端长渐尖，下面被微柔毛；雌花萼片长 2-3 毫米，花瓣长 1.5 毫米 ············· **1. 毛喜光花 A. excelsa**
1. 叶先端钝或短渐尖，两面无毛；雌花萼片长 5-6 毫米，花瓣长 0.8-1.2 毫米 ·········· **2. 喜光花 A. merrilliana**

1. 毛喜光花 图 17

Actephila excelsa (Dalz.) Muell. Arg. in Linnaea 32: 78. 1863.

Anomospermum excelsum Dalz. in Journ. Bot. 3: 228. 1851.

灌木。幼枝被柔毛。叶纸质，长圆形或倒卵状披针形，长 8-20 厘米，先端长渐尖，基部楔形，下面被柔毛，后无毛，中脉在两面凸起，侧脉 9-12 对；叶柄长 0.6-3 厘米，被疏柔毛，托叶窄三角形，被微毛。雄花数朵簇生

叶腋；花梗长达 2 毫米，萼片 5，长圆形，长 2.5 毫米。花瓣匙形，长 2 毫米，雄蕊 5，长 2 毫米，花盘腺体 5。雌花单生叶腋；花梗长 4-7 厘米，萼片 5，椭圆形，长 2-3 毫米，外面和边

缘被微毛,花瓣5,倒卵匙形,长1.5毫米,雌蕊长4-6毫米,花柱3。蒴果扁球状,高1.5厘米,径2-2.5厘米,具宿萼。种子三棱形。花期2-9月,果期7-10月。

产广西及云南,生于海拔150-2450米山地疏林或石灰岩山地灌丛中。印度、缅甸、泰国、越南、马来西亚、印度尼西亚及菲律宾有分布。

图 17 毛喜光花 (黄少容绘)

2. 喜光花 图 18 彩片 5

Actephila merrilliana Chun in Sunyatsenia 3: 26. f. 3. 1935.

灌木。幼枝被疏柔毛。叶近革质,长椭圆形、倒卵状披针形或倒披针形,长7-20厘米,先端钝或短渐尖,基部楔形,两面无毛,中脉在两面凸起,侧脉6-10对;叶柄长1-4厘米,与托叶和萼片外面均被疏柔毛,托叶长1-2毫米。雄花单生或几朵簇生叶腋;花梗长1-8毫米,萼片5,宽卵形,长3毫米;花瓣5,匙形或线形,雄蕊5,离生,退化雌蕊顶端3裂。雌花单朵腋生;花梗长2-4厘米,萼片5,倒卵形或长倒卵形,长5-6毫米,膜质,花瓣5,线形或披针形,长0.8-1.2毫米。蒴果扁球形,径约2厘米,具宿萼。种子三棱形,长约1厘米。花果期几全年。

产广东及海南,散生于山坡、山谷阴湿林下或溪边灌丛中。

图 18 喜光花 (黄少容绘)

2. 雀舌木属 Leptopus Decne.
(李秉滔 冯志坚)

灌木,稀多年生草本。茎直立。单叶互生,全缘,羽状脉;叶柄常较短,托叶2,小,常膜质,着生叶柄基部两侧。花雌雄同株,稀异株,单生或簇生叶腋;花梗纤细;花瓣常较萼片短小,多膜质;萼片、花瓣、雄蕊和花盘腺体均5,稀6。雄花萼片覆瓦状排列,离生或基部合生;花盘腺体扁平,离生或与花瓣贴生,顶端全缘或2裂;花丝离生,花药内向,纵裂;退化雌蕊小或无。雌花萼片较雄花的大,花瓣小,有时不明显;花盘腺体与雄花同;子房3室,每室2胚珠;花柱3,2裂,顶端常头状。蒴果,熟时裂为3个2裂分果爿。种子无种阜,胚乳肉质,子叶扁平。

约21种,分布喜马拉雅山北部至亚洲东南部,经马来西亚至澳大利亚。我国9种,3变种。

1. 花雌雄异株。

  2. 叶膜质,线状披针形或披针形,长1.5-4厘米,下面被长柔毛,侧脉明显;雌花花瓣外面下部略被疏柔毛,花

　　盘较花瓣短 ·································· 1. 线叶雀舌木 **L. lolonum**

　　2. 叶厚纸质，卵形或卵状披针形，长0.5-1厘米，下面无毛，侧脉不明显；雌花花瓣外面无毛，花盘与花瓣等长 ·································· 1(附). 小叶雀舌木 **L. nanus**

1. 花雌雄同株。

　　3. 叶先端尾尖或长渐尖 ·································· 2. 尾叶雀舌木 **L. esquirolii**

　　3. 叶先端尖、钝或圆。

　　　4. 子房和蒴果均被柔毛，雄花具退化雌蕊；雄花花瓣宽卵状三角形，退化雌蕊顶端3裂，裂片线形 ·································· 3. 薄叶雀舌木 **L. australis**

　　　4. 子房和蒴果均无毛，雄花花瓣匙形，雄花无退化雌蕊 ·································· 4. 雀舌木 **L. chinensis**

1. 线叶雀舌木

Leptopus lolonum (Hand.-Mazz.) Pojark. in Not. Syst. Herb. Inst. Bot. Acad. Sci. URSS. 20: 274. 1960.

Andrachne lolonum Hand.-Mazz. in Anz. Akad. Wiss. Wien, Math.-Nat. 58: 178. 1921.

小灌木。叶膜质，披针形或线状披针形，长1.5-4厘米，先端短渐尖，基部圆，下面淡绿色，密被长柔毛，侧脉4-6对；叶柄长2-2.5毫米，被疏柔毛或无毛，托叶膜质，卵状心形，长约1毫米。花雌雄异株；雄花1-2朵腋生；花梗丝状，长0.8-1厘米；花黄绿色，径7-8毫米；萼片5，膜质，长圆形，长5毫米，有脉纹，外面下部被疏柔毛；花瓣5，长2.5毫米，花盘扁平，10裂至花盘的中部，裂片线形；雄蕊5，离生，花丝丝状，与花盘等长或略超过，花药小，退化雌蕊短小，无毛。

　　产四川西南部、贵州西北部及云南，生于海拔2000-2500米山地灌丛中。

　　[附] **小叶雀舌木** 图19 **Leptopus nanus** P. T. Li in Notes Roy. Bot. Gard. Edinb. 40(3): 474. f. 3. 1983. 本种与线叶雀舌木的区别：叶厚纸质，卵形或卵状披针形，长0.5-1厘米，下面无毛，侧脉不明显；雌花花瓣外面无毛，花盘与花瓣等长。花期4月。产河北，生于灌丛中。

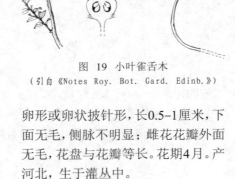

图 19 小叶雀舌木
（引自《Notes Roy. Bot. Gard. Edinb.》）

2. 尾叶雀舌木

图 20

Leptopus esquirolii (Lévl.) P. T. Li in Notes Roy. Bot. Gard. Edinb. 40(3): 471. 1983.

Andrachne esquirolii Lévl. in Fedde, Repert. Sp. Nov. 9: 327. 1911.

灌木，高达6米。嫩叶和叶柄幼时被疏柔毛。叶长椭圆形、长圆形或披针形，长1.8-8厘米，先端尾尖或长渐尖，基部楔形，侧脉4-6对；叶柄长0.2-1.2厘米。花雌雄同株；萼片、花瓣和雄蕊均5。雄花单生或2-5朵簇生叶腋；花梗纤细；萼片卵状披针形或披针形，长1.5-4毫米，膜质；花瓣膜质，倒卵形，长1-2毫米；花盘腺体比花瓣短，顶端2裂；雄蕊离生。雌花单生叶腋，花梗纤细，萼片长圆形，膜质，花瓣舌状，花盘环状。蒴

果球形，径5-8毫米，具宿萼。花期4-8月，果期6-10月。

产广西、四川、贵州及云南，生于海拔600-1000米山地疏林下或灌丛中。

3. 薄叶雀舌木　　　　　　　　　　　　　　图21

Leptopus australis (Zoll. et Morr.) Pojark. in Not. Syst. Herb. Inst. Bot. Acad. URSS. 20: 270. 1960.

Andrachne australis Zoll. et Morr. in Natuurk. Geneesk. Arch. Neerl. 2: 17. 1845.

图 20　尾叶雀舌木　（黄少容绘）

小灌木，高达35厘米。除花梗、花瓣及花盘无毛外，余均被短柔毛。叶椭圆形、倒卵形或宽卵形，稀倒披针形，长2.5-5.5厘米，先端尖或锐尖，稀圆，基部楔形，有睫毛，侧脉4-5对；叶柄长0.5-1.5厘米，托叶卵状三角形，长2毫米，边缘膜质。花雌雄同株。雄花径约3毫米；花梗纤细，长3-4毫米；萼片5，近匙形，先端尖或钝，边缘膜质；花瓣5，宽卵状三角形，较萼片短小；花盘腺体2裂至基部，长达花瓣一半；雄蕊5，花丝丝状，离生；退化雌蕊顶端3裂，裂片线形，与花丝等长。雌花萼片倒披针形；花瓣较萼片小；花盘腺体2裂至中部；子房球形，花柱3，2深裂。蒴果扁球状，径约4.5毫米，萼片宿存。种子长2毫米，微具3纵棱。花果期1-10月。

产海南西南部，生于海拔200米以下山地林下荫湿处。越南、泰国、马来西亚、菲律宾及印度尼西亚有分布。

图　21　薄叶雀舌木　（黄少容绘）

4. 雀舌木　雀儿舌头　　　　　　　图22　彩片6

Leptopus chinensis (Bunge) Pojark. in Not. Syst. Herb. Inst. Bot. Acad. Sci. URSS. 20: 274. 1960.

Andrachne chinensis Bunge in Mèm. Acad. Imp. Sci. St. Pétetsb. 2: 133. 1833; 中国高等植物图鉴 2: 589. 1972.

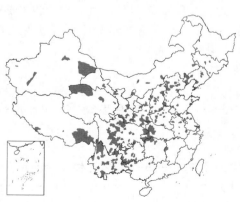

灌木，高达3米。除枝条、叶片、叶柄和萼片幼时被疏柔毛外，余无毛。叶卵形、近圆形或椭圆形，长1-5厘米，基部圆或宽楔形，侧脉4-6对；叶柄长2-8毫米，托叶卵状三角形。花雌雄同株，单生或2-4朵簇生叶腋。雄花花梗丝状，长0.6-1厘米；萼片卵形或宽卵形，长

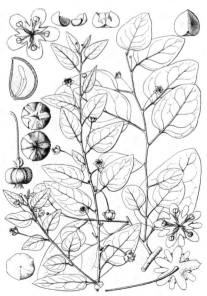

图　22　雀舌木　（引自《图鉴》）

2-4毫米；花瓣白色，匙形，长1-1.5毫米；花盘腺体5，分离，顶端2深裂；雄蕊离生，花丝丝状；无退化雌蕊。雌花花梗长1.5-2.5厘米；花瓣倒卵形，长1.5毫米；花盘环状，10裂至中部。蒴果球形或扁球形，径6-8毫米，具宿萼。花期2-8月，果期6-10月。

除黑龙江、浙江、福建、台湾、海南及广东外，全国各省区均有分布，生于海拔100-1000米山地灌丛中、林缘、路边。

3. 方鼎木属 Archileptopus P. T. Li

（李秉滔）

灌木，高达1.5米。小枝、叶下面及叶柄幼时被柔毛外，余无毛。叶互生，全缘，厚纸质，椭圆形或长椭圆形，长3.5-11.5厘米，先端渐尖，基部宽楔形，侧脉4-6对；叶柄长0.3-1厘米，托叶三角形。花雌雄异株，1-2朵腋生。雄花花梗纤细，长达1厘米；萼片5，长圆形，长约2毫米；花瓣5，匙形，长约1毫米；花盘裂片长圆形，顶端近平截；雄蕊5，离生，长约1毫米。雌花花梗长2-2.5厘米，萼片5，长圆形，长约3毫米；花瓣膜质，匙形，长约1.5毫米；花盘与雄花相同；花柱4-5，顶端2裂。蒴果近圆形，径约6毫米，淡褐色，具鳞片状凸起，4-5室，每室室背2片分裂。种子每室1-2颗，肾状三角形。

我国特有单种属。

方鼎木　　　　　　　　　　　图23

Archileptopus fangdingianus P. T. Li in Jour. South China Arg. Univ. 12(3): 39. pl. 1. 1991.

形态特征同属。花期4-7月，果期7-10月。

产广西西部，生于海拔900-1250米石灰岩山地林中。

图 23　方鼎木　（黄少容绘）

4. 闭花木属 Cleistanthus Hook. f. ex Planch.

（李秉滔　冯志坚）

乔木或灌木。单叶互生，2列，全缘，具羽状脉；托叶宿存或早落。花小，单性，雌雄同株或异株；花无梗或雌花具短梗，组成腋生团伞花序或穗状花序。雄花萼片4-6，镊合状排列；花瓣小，鳞片状，与萼片同数；雄蕊5，花丝中部以下合生，基部着生花盘中央，花药背部着生，内向，2室，纵裂；花盘杯状或垫状。雌花萼片和花瓣与雄花同；子房3-4室，每室2胚珠，花柱3，一至二回2裂；花盘环状或圆锥状，包子房基部或至顶部。蒴果近球形，熟时裂成2-3个分果爿，外果皮较薄，内果皮角质，中轴宿存；每分果爿内2或1种子。

约140种，分布于东半球热带及亚热带地区，主产亚洲东南部。我国7种。

1. 枝条上部和叶柄被锈色绒毛，叶下面被柔毛 ·················· 1. **锈毛闭花木 C. tomentosus**
1. 枝条、叶柄和叶下面均无毛。
　2. 子房和蒴果均被柔毛。
　　3. 叶长3-10厘米，先端尾尖，侧脉不甚明显；苞片边缘无毛；花瓣全缘 ············· 2. **闭花木 C. sumatranus**
　　3. 叶长14-30厘米，先端钝，侧脉明显；苞片边缘被睫毛；花瓣有小圆齿 ·················

······················· 2(附). **大叶闭花木 C. macrophyllus**

2. 子房和蒴果均无毛。

4. 叶侧脉 9-10 对；雌花花盘无毛 ··························· 3. **馒头闭花木 C. tonkinensis**

4. 叶侧脉 4-6 对；雌花花盘被疏柔毛 ··················· 3(附). **米咀闭花木 C. pedicellatus**

1. 锈毛闭花木

图 24

Cleistanthus tomentosus Hance in Journ. Bot. 15:337. 1877.

小乔木；除叶上面、花瓣、花盘、雄蕊、花柱无毛外，余均被锈色绒毛或柔毛。叶长圆形，长 5-14 厘米，先端渐尖或尾尖，下面灰绿色，侧脉 8-11 对，不甚明显；叶柄长约 5 毫米。密集团伞花序，腋生，花序梗极短；苞片小。雄花花梗长约 3 毫米，萼片 5，长卵形或卵状披针形，长 2 毫米；花瓣 5，倒卵形，长约 1 毫米；花盘环状，全缘；雄蕊 5，花药卵形。雌花花梗长约 5 毫米；萼片 5，长卵形或卵状披针形，长约 8 毫米；花瓣和花盘与雄花同；花柱 3，顶端 2 裂。蒴果卵状三棱形，径约 9 毫米，熟时裂成 3 果爿，中轴和萼片宿存。

图 24 锈毛闭花木 （黄少容绘）

产广东及海南，生于海拔 150-400 米林中。越南、柬埔寨及泰国有分布。

2. 闭花木

图 25

Cleistanthus sumatranus (Miq.) Muell. Arg. in DC. Prodr. 15(2): 504. 1866.

Leiopyxis sumatrana Miq. Fl. Ind. Bat. Suppl. 446. 1860.

Cleistanthus saichikii Merr.; 中国高等植物图鉴 2: 592. 1972.

常绿乔木，高达 18 米；树干通直，树皮红褐色。除幼枝、幼果被疏柔毛和子房密被长硬毛外，余均无毛。叶纸质，卵形、椭圆形或卵状长圆形，长 3-10 厘米，先端尾尖，基部钝或近圆形，侧脉 5-7 对；叶柄长 3-7 毫米，托叶卵状三角形。花雌雄同株，单生或 3- 数朵簇生叶腋；苞片三角形。雄花萼片 5，卵状披针形；花瓣 5，倒卵形；花盘环状；退化雌蕊三棱形。雌花萼片 5，卵状披针形，长 2.5-3 毫米；花瓣 5，倒卵形，长 1 毫米；花盘筒状，近全包子房。蒴果卵状三棱形，长和径约 1 厘米，果皮薄而脆，熟时裂成 3 个分果爿，每分果爿常有 1 种子。

图 25 闭花木 （黄少容绘）

花期 3-8 月，果期 4-10 月。

产广东西南部、海南、广西及云南，生于海拔 500 米以下山地密林中。东南亚有分布。木材为工业及建筑良材；种子出油率 35%，为不干性油；

树皮可提取栲胶。

[附] **大叶闭花木 Cleistanthus macrophyllus** Hook. f. Fl. Brit. Ind. 5: 278. 1887. 本种与闭花木的区别：叶长14-30厘米，先端钝，侧脉明显；苞片边缘被睫毛，花瓣有小圆齿；蒴果径1.5-2厘米。花期4月，果期6月。

3. **馒头闭花木** 馒头果　　　　　　　　　　图26

Cleistanthus tonkinensis Jabl. in Engl. Pflanzenr. 65(Ⅳ. 147. Ⅷ): 16. 1915.

小乔木或灌木状。除苞片和雄花萼片外，余均无毛。叶革质，长圆形或长椭圆形，长7-13厘米，先端长渐尖，基部钝或圆，侧脉9-10对；叶柄长4-8毫米，托叶线状长圆形。穗状团伞花序腋生；苞片卵状三角形。雄花萼片披针形，长3毫米，无毛或被短微毛；花瓣匙形，长约1毫米，边缘有小齿或缺刻；花盘杯状；雄蕊5，花丝合成圆筒状，包退化雌蕊；退化雌蕊卵状三角

形。雌花花梗极短或几无；萼片卵状三角形，长3毫米；花瓣菱形或斜方形，长和宽约2毫米。蒴果三棱形，长约1毫米，熟时裂成3个分果片；果柄极短或几无。种子卵形，长约7毫米。

产广东南部、广西东南部及云南南部，生于海拔120-800米山地林中。越南有分布。

[附] **米咀闭花木 Cleistanthus pedicellatus** Hook. f. Fl. Brit. Ind.

产云南东南部，生于山地疏林中。马来西亚、新加坡及印度尼西亚有分布。

图 26 馒头闭花木 （黄少容绘）

5: 281. 1887. 本种与馒头闭花木的区别：叶侧脉4-6对；雌花花盘疏被柔毛；蒴果球状三棱形。产广西弄岗地区，生于海拔300米山坡林中。马来西亚、菲律宾及印度尼西亚有分布。

5. 土蜜树属 Bridelia Willd.
（李秉滔　冯志坚）

乔木或灌木，稀藤本。单叶互生，全缘，羽状脉，具叶柄和托叶。花小，单性同株或异株，多朵集成腋生花束或团伞花序。花5数；萼片镊合状排列，果时宿存；花瓣鳞片状；雄花花盘杯状或盘状；花丝基部连合，包退化雌蕊，花药背着，内向，药室2，平行，纵裂；退化雌蕊圆柱状或倒卵状，有时圆锥状，顶端2-4裂或不裂。雌花花盘圆锥状或坛状，包子房；子房2室，每室2胚珠，花柱2，分离或基部合生，顶端2裂或全缘。核果或为具肉质外果皮的蒴果，2-1室，每室2-1种子。

约60种，分布东半球热带及亚热带地区。我国9种。

1. 乔木或灌木；花径8毫米以下。
　2. 核果2室。
　　3. 小枝、叶及叶柄均被毛 ·· 1. **土蜜树 B. tomentosa**
　　3. 小枝、叶及叶柄均无毛 ·· 2. **大叶土蜜树 B. fordii**
　2. 核果1室。
　　4. 叶边缘浅波状，两面无毛 ·· 3. **波叶土蜜树 B. montana**
　　4. 叶全缘。

5. 叶上面及叶柄均无毛；花径3-5毫米，花柱长于花瓣 ································· 4. **禾串树 B. insulana**

5. 叶上面及叶柄被毛；花径约8毫米，花柱短于花瓣 ··················· 4(附). **膜叶土蜜树 B. pubescens**

1. 木质藤本；花径达1厘米 ·· 5. **土蜜藤 B. stipularis**

1. 土蜜树

图 27 彩片 7

Bridelia tomentosa Bl. Bijdr. 597. 1826.

Bridelia monoica Merr.; 中国高等植物图鉴 2: 593. 1972.

灌木或小乔木。除幼枝、叶下面、叶柄、托叶和雌花萼片外面被柔毛外，

余均无毛。叶纸质，长圆形、长椭圆形或倒卵状长圆形，长3-9厘米，侧脉9-12对；叶柄长3-5毫米，托叶线状披针形。花簇生叶腋。雄花花梗极短；萼片三角形，长约1.2毫米；花瓣倒卵形，顶端3-5齿裂；花丝下部与退化雌蕊贴生；花盘浅杯状。雌花几无花梗，萼片三角形，长和宽约1毫米；花瓣倒卵形或匙形。核果近球形，径4-7毫米，2室。种子褐红色。花果期几全年。

图 27 土蜜树 （黄少容绘）

产福建、台湾、广东、香港、海南、广西、贵州及云南，生于海拔100-1500米山地疏林中或平原灌木林中。亚洲东南部、印度尼西亚、马来西亚至澳大利亚有分布。药用，叶治外伤出血、跌打损伤，根治感冒、神经衰弱、月经不调。树皮含鞣质8.08%，可提取栲胶。

2. 大叶土蜜树

图 28

Bridelia fordii Hemsl. in Journ. Linn. Soc. Bot. 26: 419. 1894.

乔木，高达15米。除苞片两面、花梗和萼片外面被柔毛外，全株均无

毛。叶纸质，倒卵形，长8-22厘米，先端圆或平截，具小短尖，基部钝、圆或浅心形，侧脉13-19对，近平行，直达叶缘网结；叶柄长约1.2厘米，托叶早落。雌雄异株；花梗长约1毫米；穗状花序腋生或在小枝顶端由穗状花序组成圆锥花序；苞片卵状三角形，长2.5-3毫米。雄花萼片长圆形，长2毫米；花瓣倒卵形，长约1毫米，顶端有3-5齿；花丝基部合生；花盘杯状。雌花萼片长圆形，长2毫米；花瓣匙形，长约1毫米；花柱2，顶端2裂；花盘坛状，包子房。核果卵形，2室，长7-8毫米，径4-6毫米。花期4-9月，果期8月-翌年1月。

图 28 大叶土蜜树 （黄少容绘）

产湖南、广东、海南、广西、贵州及云南，生于海拔150-1400米山地疏林中。

3. 波叶土蜜树

图 29

Bridelia montana (Roxb.) Willd. Sp. Pl. 4(2): 978. 1805.

Clutia montana Roxb. Corom. Pl. 3: 38. t. 171. 1788.

图 29 波叶土蜜树 （黄少容绘）

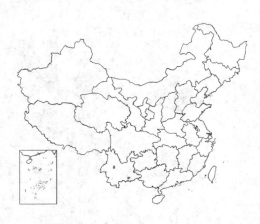

乔木。除幼枝、叶背脉、苞片被柔毛或疏柔毛外，余均无毛。叶纸质，倒卵形，长6-16厘米，先端尖或钝，基部宽楔形，上面具光泽，边缘浅波状，侧脉8-18对，斜升；叶柄长0.3-1厘米，托叶线状披针形，长3-5毫米。花小，雌雄同株，团伞花序腋生。花梗极短；苞片多数，小而短；雄花：萼片卵状三角形；花瓣宽卵形，全缘；花盘杯状。雌花：花梗极短；萼片窄三角形；花瓣卵形；花盘包子房；子房卵圆形，花柱2，长约1毫米，顶端2裂。核果球形，径约5毫米，1室，有宿萼。

产云南东南部，生于海拔1000-2000米山地疏林中。印度、不丹、锡金及尼泊尔有分布。

4. 禾串树

图 30 彩片 8

Bridelia insulana Hance in Journ. Bot. 15: 337. 1877.

乔木，高达17米，胸径达30厘米。小枝无毛。叶近革质，椭圆形，长5-25厘米，先端渐尖或尾尖，无毛或下面被疏微柔毛，边缘反卷，侧脉5-11对；叶柄长0.4-1厘米，无毛，托叶线状披针形。花雌雄同序，密集成腋生团伞花序。雄花花梗极短；萼片三角形，长约2毫米；花瓣匙形，长约为萼片1/3；花丝基部合生；花盘浅杯状；退化雌蕊卵状锥形。雌花花梗长约1毫米；

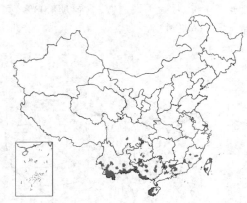

萼片与雄花同；花瓣菱状圆形，长约为萼片之半；花盘坛状，全包子房；花柱长于花瓣，顶端2裂，裂片线形。核果长卵形，径约1厘米，熟时紫黑色，1室。花期3-8月，果期9-11月。

产福建、台湾、广东、香港、海南、广西、贵州、四川及云南，生于海拔300-800米山地疏林或山谷密林中。印度、泰国、越南、印度尼西亚、菲律宾及马来西亚有分布。

[附] **膜叶土蜜树 Bridelia pubescens** Kurz in Journ. As. Soc.

图 30 禾串树 （黄少容绘）

Bengal 42: 241. 1873. 本种与禾串树的区别：叶上面及叶柄被毛；花径8毫米，花柱短于花瓣。花期5-9月，果期9-12月。产台湾、广东、广西及云南，生于海拔500-1300米山地疏林中。印度、尼泊尔、锡金及缅甸有分布。

5. 土蜜藤

图 31

Bridelia stipularis (Linn.) Bl. Bijdr. 597. 1826.

Clutia stipularis Linn. Mant. 127. 1767.

木质藤木，长达 15 米。除小枝下部、花瓣、子房及核果无毛外，余均被黄褐色柔毛。叶近革质，椭圆形，宽椭圆形、倒卵形或近圆形，长 6-15 厘米，侧脉 10-14 对；叶柄长 0.5-1.3 厘米，托叶卵状三角形。花雌雄同株，常 2-3 朵着生小枝叶腋或多朵组成穗状花序。雄花花梗极短；花托杯状；萼片卵状三角形，长约 4 毫米；花瓣匙形，长约 2 毫米，3-5 齿裂；花盘浅杯状；退化雌蕊圆柱状。雌花花梗极短；花托近漏斗状；萼片卵状三角形，长约 4 毫米；花瓣菱状匙形；花盘坛状。核果卵形，长约 1.2 厘米，2 室。花果期几全年。

产台湾、广东、海南、广西及云南，生于海拔 150-1500 米山地疏林下或溪边灌丛中。亚洲东南部、马来西亚西部至帝汶有分布。

图 31 土蜜藤 （黄少客绘）

6. 核果木属 Drypetes Vahl

（李秉滔 冯志坚）

乔木或灌木。单叶互生，基部两侧常不等，羽状脉；叶柄短，托叶 2。花雌雄异株；无花瓣；雄花簇生或组成团伞、总状或圆锥花序。萼片 4-6，分离，覆瓦状排列，常不等长；雄蕊 1-25，花丝分离，花药 2 室，药室常内向，纵裂；花盘扁平；退化雌蕊极小或无。雌花单生叶腋或侧生老枝上；萼片与雄花同；花盘环状；子房 1-2 室，每室 2 胚珠，花柱短，柱头 1-2，常盾状或肾形。核果或蒴果，外果皮革质或近革质，中果皮肉质或木质，内果皮木质、纸质或脆壳质。种子无种阜，胚乳肉质，子叶大而扁平。

约 200 种，分布于亚洲、非洲和美洲热带及亚热带地区。我国 13 种，2 变种。

1. 核果。
  2. 果无毛，长 1.8-2.5 厘米；小枝及叶柄幼时被毛，侧脉 6-8 对，托叶腺形，宿存；雄蕊约 25 ⋯⋯⋯ ⋯⋯⋯⋯⋯⋯⋯⋯⋯⋯⋯⋯⋯⋯⋯⋯⋯⋯⋯⋯ **1. 网脉核果木 D. perreticulata**
  2. 果被毛，长 1-1.5 厘米；叶侧脉 7-10 对。
    3. 叶先端渐尖，疏生钝齿，侧脉明显 ⋯⋯⋯⋯⋯⋯⋯⋯⋯ **2. 拱网核果木 D. arcuatinervia**
    3. 叶先端钝，有时微凹，全缘，侧脉不明显 ⋯⋯⋯⋯⋯⋯ **2(附). 钝叶核果木 D. obtusa**
1. 蒴果。
  4. 叶具锯齿。
    5. 小枝及叶柄无毛；雄蕊 10；蒴果长圆形或椭圆形，被短柔毛 ⋯⋯⋯⋯⋯⋯ **3. 青枣核果木 D. cumingii**
    5. 小枝及叶柄被短柔毛；雄蕊 13-15；蒴果球形，无毛 ⋯⋯⋯ **3(附). 密花核果木 D. congestiflora**
  4. 叶全缘，先端尾状渐尖；雄蕊 4-8；雌花具长梗；果柄长 2.5-4 厘米 ⋯⋯⋯⋯⋯ **4. 核果木 D. indica**

1. 网脉核果木

图 32

Drypetes perreticulata Gagnep. in Bull. Soc. Bot. France 71: 260. 1924.

乔木，高达 16 米；树皮灰黄色，平滑。小枝具棱，幼时被红褐色柔毛。叶革质，卵形或椭圆形，长 4.5-12 厘米，先端尖，基部宽楔形或圆，两侧不等，叶缘上部具疏钝齿，仅中脉幼时被柔毛，侧脉 6-8 对，网脉密而明显；叶柄长 3-6 毫米，幼时被微毛，

托叶线形，宿存。雄花花梗极短，常2-3朵簇生叶腋，基部具几枚小苞片；萼片4，稍不等长，倒卵形或长圆形，长4.5-6.5毫米；花盘扁平；雄蕊约25，花丝扁，花药长圆形。雌花萼片和花盘与雄花同；子房卵圆形，1室。核果常单生叶腋，卵形或椭圆形，长1.8-2.5厘米，无毛，

图 32 网脉核果木 （黄少容绘）

熟时暗红色，外果皮革质，中果皮肉质，内果皮木质，种子1。花期1-3月，果期5-10月。

产广东、海南、广西、贵州及云南，生于海拔800米以下山地林中。越南及泰国有分布。

2. 拱网核果木　　　　　　　　　　　　　　　　　　图 33

Drypetes arcuatinervia Merr. et Chun in Sunyatsenia 5: 95. 1940.

直立灌木，高达4米。枝条密被皮孔；小枝略扁或圆柱形；除果外，全株无毛。叶纸质或近革质，长圆形或长圆状披针形，长6-15厘米，宽2-6厘米，先端渐尖，基部钝，疏生钝锯齿，侧脉7-8对；叶柄长2-5毫米。总状或圆锥花序长达7厘米。雄花花梗长约2毫米；萼片4-5，椭圆形或近圆形，边缘齿蚀状撕裂；花盘4-6裂；雄蕊4-6，着生花盘凹缺处；雌花萼片和花盘与雄花同；子房卵圆形，1室。核果单生或2-5个组成总状果序，腋生或顶生

图 33 拱网核果木 （黄少容绘）

于小枝上部，果柄长约2毫米；果卵圆形，被柔毛，长约1厘米，顶端尖，有时呈喙状，种子1。花期4-10月，果期8月-翌年4月。

产广东、海南、广西及云南，生于山地沟谷或山坡疏林中。越南有分布。

[附] **钝叶核果木 Drypetes obtusa** Merr. et Chun in Sunyatsenia 5:

96. 1940. 本种与拱网核果木的区别：小乔木；枝条灰白色；叶先端钝，有时微凹，侧脉不明显。产广东、海南、广西及云南，生于山地林中或山谷林中。越南有分布。

3. 青枣核果木　　　　　　　　　　　　　　　　　　图 34: 1

Drypetes cumingii (Baill.) Pax et Hoffm. in Engl. Pflanzenr. 81(IV. 147. XV): 238. 1921.

Cyclostemon cumingii Baill. Etud. Gén. Euphorb. 562. 1858.

乔木，高达20米。小枝幼时被黄色柔毛，具小皮孔。叶卵形、长圆形或卵状披针形，长6-17厘米，先端尖或长渐尖，基部楔形或钝，稍偏斜，具不规则波状齿或不明显钝齿，两面无毛，侧脉7-9对，网脉明显；叶柄

长4-8毫米，托叶早落。花簇生叶腋。雄花花梗长1.3-1.8厘米，被柔毛；萼片4，宽卵形，向外反折，外面和内面的基部均被短柔毛，雄蕊约10，花盘边缘隆起呈裂片状。雌花花梗长1-1.2厘米；萼片4，倒卵形，外面密被

短柔毛,花盘边缘具细圆齿,子房卵圆形,2室,柱头倒三角形。蒴果长圆形或椭圆形,长1.4-1.6厘米,被短柔毛,内果皮脆壳质,种子1颗。花期5-7月,果期8-12月。

产广东、海南、广西及云南,生于山坡或山谷林中。菲律宾有分布。

[附] **密花核果木** 图34：2-6 **Drypetes congestiflora** Chun et T. Chen in Acta Phytotax. Sin. 8: 275. 1963. 本种与青枣核果木的区别：小枝及叶柄被短柔毛；雄蕊13-15；蒴果球形,无毛。产广东、海南、广西及云南,生于山地疏林中。

图 34：1.青枣核果木 2-6.密花核果木
（黄少容绘）

4. 核果木

图 35 彩片 9

Drypetes indica (Muell. Arg.) Pax et Hoffm. in Engl. Pflanzenr. 81(IV. 147. XV): 278. 1921.

Cyclostemon indica Muell. Arg. in Linnaea 32: 81. 1863.

乔木,高达15米。小枝密被皮孔；除萼片外面、子房和果被柔毛外,全株均无毛。叶椭圆状长圆形、卵状长圆形、长圆状披针形或披针形,长8-15厘米,先端尾状渐尖,尖头钝,基部楔形或钝,两侧常不相等,全缘,侧脉6-8对,网脉密而明显；叶柄长0.3-1厘米。雌雄异株,稀同株,总状花序腋生或顶生。雄花花梗长2-5毫米,萼片4,长约2毫米,花盘圆柱状,边缘稍隆起,浅裂,雄蕊4-8,着生于花盘浅裂凹缺处,花丝圆柱形,花药椭圆形至近圆形；雌花花梗长达2厘米,萼片4,子房球形,2-3室,花柱2,伸长,柱头盾状,顶端全缘。蒴果单生或数个组成总状呈球形,径1.2-1.8厘米,顶端稍扁,2-3室,每室1种子,外果皮干时近革质,内果皮纸质；果柄长2.5-4厘米。花果期

图 35 核果木 （黄少容绘）

11月至翌年2月。

产台湾、广东、海南、广西、贵州及云南,生于海拔400-1600米山地林中。印度、锡金、缅甸及泰国有分布。

7. 五月茶属 **Antidesma** Linn.

（李秉滔 冯志坚）

乔木或灌木。单叶互生,全缘,羽状脉；叶柄短,托叶2。花小,雌雄异株,穗状或总状花序,有时圆锥花序。无花瓣；雄花花萼杯状,3-5（8）裂,裂片覆瓦状排列；花盘环状或垫状；雄蕊（1-2）3-5（6）,花丝长于萼片,基部着生花盘内面或花盘裂片之间,花药2室；退化雌蕊小。雌花花萼和花盘与雄花同；子房较萼片长,1室,胚株2,花柱2-4,短,顶生或侧生,顶端常2裂。核果,种子1。种子小,胚乳肉质,子叶宽扁。

约170种，广布东半球热带及亚热带地区。我国17种，1变种。

1. 子房被毛。
  2. 雄花萼片4 ·· 1. **海南五月茶 A. hainanense**
  2. 雄花萼片5-7。
    3. 叶先端短渐尖或尾尖，叶柄长1-3毫米，托叶卵状披针形；雄蕊着生花盘内面；果纺锤形 ············
    ·· 2. **黄毛五月茶 A. fordii**
    3. 叶先端圆、钝或尖，叶柄长0.5-2厘米，托叶线形；雄蕊着生花盘裂片之间；果近球形 ············
    ·· 3. **方叶五月茶 A. ghaesembilla**
1. 子房无毛。
  4. 叶线形或线状披针形，无毛，侧脉近平行 ·········· 4. **柳叶五月茶 A. pseudomicrophyllum**
  4. 叶非线形或线状披针形，被毛，侧脉弯拱上升。
    5. 雄花萼片具不规则牙齿，花盘小，分离 ·········· 5. **山地五月茶 A. montanum**
    5. 雄花萼片全缘，花盘杯状或盘状。
      6. 叶下面被短柔毛。
        7. 雄蕊4-5 ·································· 6. **小叶五月茶 A. venosum**
        7. 雄蕊1-3 ·································· 6(附). **西南五月茶 A. acidum**
      6. 叶下面仅中脉被毛。
        8. 花萼3-5裂，裂片卵状三角形；雄蕊着生花盘之内。
          9. 小枝无毛，叶上面常有光泽；花盘杯状；果长0.8-1厘米 ············ 7. **五月茶 A. bunius**
          9. 小枝幼时被短柔毛；叶上面无光泽；花盘垫状；果长5-6毫米 ······ 8. **日本五月茶 A. japonicum**
        8. 花萼裂至中部，裂片3-4，近圆形，雄蕊着生花盘凹缺处或裂片之间；叶长披针形 ············
        ·· 8(附). **小肋五月茶 A. costulatum**

1. 海南五月茶

图36

Antidesma hainanense Merr. in Philipp. Journ. Sci. Bot. 21(4): 347. 1922.

灌木，高达4米。小枝和叶柄被绒毛，叶片无毛，余各部均被短柔毛。叶纸质，长圆形、长椭圆形或倒卵状披针形，长7-15厘米，先端短尾尖，有小尖头，基部楔形，侧脉7-10对，在上面凹下；叶柄长约5毫米，托叶披针形，长约5毫米。雌雄花序均为腋生总状花序，长达3厘米；苞片线形，长0.7毫米。雄花花梗长0.3-0.4毫米；萼片4，圆形，径约0.7毫米；雄蕊4，花丝着生花盘上，花盘垫状。雌花花梗长约0.7毫米；萼片4-5，披针形或椭圆状长圆形，长约1毫米；花盘杯状；子房卵圆形，被毛，长于萼片2倍，花柱顶生。核果卵形或近圆形，径5-6毫米。花期4-7月，果期8-11月。

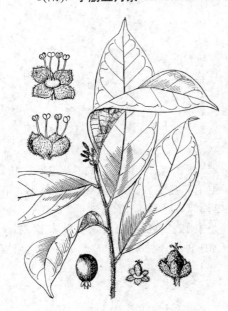

图 36 海南五月茶 （黄少客绘）

产广东、海南、广西及云南，生于海拔300-1000米山地密林中。越南及老挝有分布。

2. 黄毛五月茶
图37

Antidesma fordii Hemsl. in Journ. Linn. Soc. Bot. 26: 430. 1894.

小乔木，高达7米。枝条圆柱形；小枝、叶柄、托叶、花序轴被黄色绒毛，余均被长柔毛。叶长圆形、椭圆形或倒卵形，长7-25厘米，先端短渐尖或尾尖，基部近圆或钝，侧脉7-10对，在叶背凸起；叶柄长1-3毫米，托叶卵状披针形，长达1厘米。花序顶生或腋生，长8-13厘米；苞片线形，长约1毫米。雄花多朵组成分枝穗状花序；花萼5裂，裂片宽卵形；花盘5裂；雄蕊5，着生花盘内面。雌花多朵组成不分枝或少分枝总状花序；花梗长1-3毫米；花萼与雄花同；花盘杯状，无毛；子房椭圆形，长3毫米，花柱3，顶生，柱头2深裂。核果纺锤形，长约7毫米，径4毫米。花期3-7月，果期7月-翌年1月。

图 37 黄毛五月茶 （黄少容绘）

产福建、广东、海南、广西及云南，生于海拔1000米以下山地林中。越南、老挝有分布。

3. 方叶五月茶
图38

Antidesma ghaesembilla Gaertn. Fruct. 1: 89. t. 39. 1788.

乔木，高达10米。除叶面外，全株各部均被柔毛或短柔毛。叶长圆形、卵形、倒卵形或近圆形，长3-9.5厘米，先端圆、钝或尖，基部圆、钝、平截或近心形，边缘微卷，侧脉5-7对；叶柄长0.5-2厘米，托叶线形。雄花黄绿色，多朵组成分枝穗状花序；萼片常5，倒卵形，雄蕊4-5，花丝着生花盘裂片之间。雌花多朵组成分枝总状花序；花梗极短；花萼与雄花同；花盘环状；子房卵圆形，长约1毫米；花柱3，顶生。核果近球形，径约4.5毫米。花期3-9月，果期6-12月。

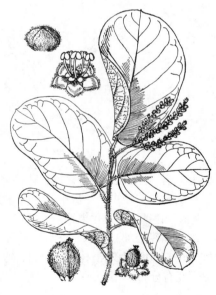

图 38 方叶五月茶 （黄少容绘）

产广东、香港、海南、广西及云南，生于海拔200-1100米山地林中。印度、孟加拉、不丹、缅甸、越南、斯里兰卡、马来西亚、印度尼西亚、巴布亚新几内亚、菲律宾及澳大利亚南部有分布。

4. 柳叶五月茶
图39

Antidesma pseudomicrophyllum Croiz. in Journ. Arn. Arb. 21: 496. 1940.

乔木，高达12米。嫩枝、叶柄、花序轴及花梗被短柔毛或微毛外，余均无毛。叶纸质，线形或线状披针形，长6-12厘米，先端具小尖头，基部近圆，侧脉6-12对，纤细，近平行，在叶缘前联结；叶柄长2-4毫米。总状花序腋生或顶生，长1-3厘米；雄花花梗长约0.8毫米；萼片4，宽卵形，

长约1毫米；花盘盘状；雄蕊3，伸出花萼之外，花丝长约0.7毫米。雌花花梗长约0.5毫米；花萼杯状，4-6裂，裂片长0.5毫米；花盘盘状；子房椭圆形，长约1毫米，花柱顶生，2-3裂。核果椭圆形，长约5毫米，径3-4毫米，熟时深红色。花期4-6月，果期6-10月。

产浙江、福建、江西南部、湖南、贵州、广东、海南及广西，生于海拔800米以下山地密林中。

图 39 柳叶五月茶 （黄少容绘）

5. 山地五月茶　　　　　　　　　　　　　　　　图40

Antidesma montanum Bl. Bijdr. 1124. 1827-1828.

乔木，高达15米。幼枝、叶脉、叶柄、花序和花萼外面及内面基部被短柔毛或疏柔毛外，余无毛。叶纸质，椭圆形、长圆形、倒卵状长圆形、披针形或长圆状披针形，长7-25厘米，先端尾尖，或渐尖有小尖头，基部楔形，侧脉7-9对；叶柄长达1厘米，托叶线形。总状花序长5-16厘米。雄花花梗长1毫米或近无梗；花萼浅杯状，3-5裂，裂片宽卵形，具不规则牙齿；

雄蕊3-5，着生花盘裂片之间；花盘肉质，3-5裂。雌花花萼杯状，3-5裂，裂片长圆状三角形；花盘小，分离。核果卵圆形，长5-8毫米；果柄长3-4毫米。花期4-7月，果期7-11月。

产福建南部、广东、香港、海南、广西、贵州、云南及西藏，生于海拔700-1500米山地密林中。缅甸、越南、老挝、柬埔寨、马来西亚及印度尼西亚有分布。

图 40 山地五月茶 （黄少容绘）

6. 小叶五月茶　　　　　　　　　　　　　　　　图41

Antidesma venosum E. Mey. ex Tul. in Ann. Sci. Nat. ser. 3, 15: 232. 1851.

灌木，高达4米。幼枝、叶背、中脉、叶柄、托叶、花序及苞片被疏短柔毛或微毛外，余无毛。叶近革质，窄披针形或窄长圆状椭圆形，长3-10厘米，先端钝或渐尖，基部宽楔形，侧脉6-9对；叶柄长3-5毫米，托叶线状披针形，长0.5-1厘米。总状花序单个或2-3个聚生枝顶或叶腋；苞片卵形，长1毫米。雄花花梗极短；萼片4-5，宽卵形或圆形，顶端有腺体；花盘环状；雄蕊4-5，着生于花盘凹缺处。雌花花梗长1-1.5毫米；萼片和

图 41 小叶五月茶 （黄少容绘）

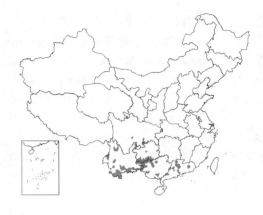

花盘与雄花同；子房卵圆形，花柱3-4，顶生。核果卵圆状，长约5毫米，径3毫米，红色，熟时紫黑色。花期5-6月，果期6-11月。

产广东、海南、广西、贵州、四川及云南，生于海拔160-1200米山坡或谷地疏林中。越南、老挝、泰国及非洲东部有分布。

[附] **西南五月茶 Antidesma acidum** Retz in Obs. Bot. 5: 30. 1789. 本种与小叶五月茶的区别：叶膜质或纸质，椭圆形、卵形或倒卵形，侧脉4-6对，叶柄长0.2-1厘米；雄花花萼裂片半圆形，雄蕊1-3；核果长圆形。产四川、贵州及云南，生于海拔140-1500米山地疏林中。印度、缅甸、泰国、越南及印度尼西亚有分布。

7. 五月茶

图 42

Antidesma bunius (Linn.) Spreng. Syst. Veg. 1: 826. 1825.

Stilago bunius Linn. Mant. 122. 1767.

乔木，高达10米。小枝无毛。除叶背中脉、叶柄、花萼两面和退化雌蕊被短柔毛或柔毛外，余均无毛。叶纸质，长椭圆形、倒卵形或长倒卵形，长8-23厘米，先端尖或圆，有短尖头，基部宽楔形或楔形，上面深绿色，常有光泽，叶背绿色，侧脉7-11对；叶柄长0.3-1厘米，托叶线形，早落。雄花序为顶生穗状花序，长6-17厘米；雄花花萼杯状，顶端3-4裂，裂片卵状三角形；雄蕊3-4，长2.5毫米，着生花盘内面；花盘杯状，全缘或不规则分裂；退化雌蕊棒状。雌花序为顶生总状花序，长5-18厘米；雌花花萼和花盘与雄花同；雌蕊稍长于萼片。核果近球形或椭圆形，长0.8-1厘米，径8毫米，熟时红色；果柄长约4毫米。花期3-5月，果期6-11月。

产福建、江西、湖南、广东、香港、海南、广西、贵州、云南及西藏，生于海拔200-1500米山地疏林中。亚洲热带地区至澳大利亚昆士兰有分布。

图 42 五月茶 （引自《广东植物志》）

8. 日本五月茶

图 43

Antidesma japonicum Sieb. et Zucc. in Abh. Akad. Wiss. Wien, Math.-Phys. 4: 212. 1846.

乔木或灌木，高达8米。幼枝被短柔毛。叶纸质至近革质，椭圆形、长椭圆形或长圆状披针形，长3.5-13厘米，先端常尾尖，有尖头，基部楔形、钝或圆，除叶脉上被短柔毛外，余均无毛，上面无光泽，侧脉5-10对；叶柄长0.5-1厘米，被短柔毛至无毛，托叶线形。总状花序顶生，长达10厘米；雄花花梗长约0.5毫米，被疏微毛至无毛，基部具有披针形小苞片；花萼钟状，长约0.7毫米，3-5裂，裂片卵状三角形，外面被疏柔毛；雄蕊2-

图 43 日本五月茶 （黄少容绘）

5，伸出花萼，生于花盘之内；花盘垫状。雌花花梗极短；花萼与雄花相似，较小；花盘垫状。核果椭圆形，长5-6毫米。花期4-6月，果期7-9月。

产长江以南各省区，生于海拔300-1700米山地疏林中或山谷湿润地方。日本、越南、泰国及马来西亚有分布。

[附] 小肋五月茶 **Antidesma costulatum** Pax et Hoffm. in Engl. Pflanzenr 81(Ⅳ. 147. XV): 129. 1921. 本种与日本五月茶的区别：叶膜质，长披针形；花萼裂至中部，裂片近圆形，雄蕊着生花盘凹缺处或裂片之间。产四川及云南，生于海拔900-1500米山地疏林中。

8. 白饭树属 Flueggea Willd.

（李秉滔　冯志坚）

灌木或小乔木。单叶互生，2列，羽状脉；叶柄短，具托叶。花小，雌雄异株，稀同株，单生、簇生或成密集聚伞花序；苞片不明显。无花瓣；雄花花梗纤细；萼片4-7，覆瓦状排列，雄蕊4-7，着生花盘基部，与花盘腺体互生；花丝分离，花药直立，外向，2室，纵裂；花盘腺体4-7；退化雌蕊小，2-3裂。雌花萼片与雄花同；花盘碟状或盘状；子房（2）3（4）室，分离，每室有横生胚珠2，花柱3，分离。蒴果，萼片宿存，果皮革质或肉质，3片裂或不裂而呈浆果状；中轴宿存。种子常三棱形，种皮脆壳质。

约12种，分布亚洲、美洲、欧洲及非洲热带至温带地区。我国4种。

1. 植株无刺，全株无毛。
  2. 叶全缘或间有不整齐波状齿或细齿，下面淡绿色；蒴果三棱状扁球状，淡红褐色，开裂 ……………………………………………………………………………………… 1. 一叶萩 **F. suffruticosa**
  2. 叶全缘，下面白绿色；蒴果浆果状，近球状，淡白色，不裂 ……………………… 2. 白饭树 **F. virosa**
1. 植株具刺。
  3. 枝具棱；茎上部、小枝、叶、叶柄、花梗、子房及蒴果均被短柔毛或微毛；叶长3-7毫米，宽2-5毫米；花单生或簇生；雄花萼片、雄蕊及花盘腺体均6枚 ……………… 3. 毛白饭树 **F. acicularis**
  3. 枝圆柱形；全株无毛；叶长1.3-2.5厘米，宽1-1.5厘米；聚伞花序；雄花萼片、雄蕊及花盘腺体均5枚 ……………………………………………………………………… 3(附). 聚花白饭树 **F. leucopyra**

1. 一叶萩 叶底珠　　　　　　图44

Flueggea suffruticosa (Pall.) Baill. Etud. Gen. Euphorb. 502. 1858.
Pharnaceum suffruticosum Pall. Reise Russ. Reichs 3(2): 716. pl. E. f. 2. 1776.

Securinega suffruticosa (Pall.) Rehd.; 中国高等植物图鉴 2: 587. 1972.

灌木，高达3米；全株无毛。叶纸质，椭圆形或长椭圆形，长1.5-8厘米，全缘或间有不整齐波状齿或细齿，下面淡绿色，侧脉5-8对，两面凸起；叶柄长2-8毫米，托叶卵状披针形，宿存。花簇生叶腋。雄花3-18朵簇生；花梗长2.5-5.5毫米；萼片5；雄蕊5；花盘腺体5。雌花花梗长0.2-1.5厘米；萼片5；花盘盘状，全缘或近全缘；子房卵圆形，（2）3室，花柱3，分离或基部合生。蒴果三棱状扁球形，径约5毫米，熟时淡红褐色，有网纹，3片裂，具宿存萼片。花期3-8月，果期6-11月。

除新疆、甘肃、青海及西藏外，全国各省区均有分布，生于海拔800-2500米山坡灌丛中或山沟、路边。蒙古、俄罗斯、日本及朝鲜有分布。

2. 白饭树   图 45 彩片 10

Flueggea virosa (Roxb. ex Willd.) Voigt, Hort. Suburb. Calcut. 152. 1845.

Phyllanthus virosus Roxb. ex Willd. Sp. Pl. 4:578. 1805.

灌木，高达6米；全株无毛。叶纸质，椭圆形，长圆形或近圆形，长2-5厘米，先端有小尖头，基部楔形，全缘，下面白绿色，侧脉5-8对；叶柄长2-9毫米，托叶披针形。花多朵簇生叶腋；苞片鳞片状。雄花花梗长3-6毫米；萼片5，卵形；雄蕊5，花丝长1-3毫米，花药椭圆形，伸出萼片；花盘腺体5。雌花3-10朵簇生，有时单生；花梗长0.2-1.2厘米；萼片与雄花同；花盘环状，顶端全缘；子房卵圆形，3室，花柱3，基部合生，顶端2裂，裂片外弯。蒴果浆果状，近球形，径3-5毫米，熟时淡白色，不裂。种子栗褐色，具光泽。花期3-8月，果期7-12月。

产山东、福建、台湾、湖北、湖南、广东、海南、广西、贵州及云南，生于海拔100-2000米山地灌丛中。非洲、大洋洲、亚洲东部及东南部有分布。

3. 毛白饭树

Flueggea acicularis (Croiz.) Webster in Allertonia 3(4): 304. 1984.

Securinega acicularis Croiz. in Journ. Arn. Arb. 21: 491. 1940.

灌木，高达4米。枝具棱，有皮孔，侧枝基部有下弯硬刺或短枝呈枝刺。茎上部、枝条、叶、叶柄、花梗、子房及果均被短柔毛或微毛。叶纸质，倒卵形，长3-7毫米，先端有小尖头；叶柄长1-3毫米，托叶披针形，长0.7-2毫米。雄花单朵腋生或数朵簇生短枝；花梗长4.5-7毫米；萼片6，长圆形或椭圆形，有不整齐细齿；雄蕊6，花丝长1.5-2毫米；花盘腺体6，连生。雌花花梗长3毫米，腋生；萼片5，倒卵形或椭圆形，长约1毫米；子房卵圆形。蒴果浆果状，球形，径6-7毫米，3室。花期3-5月，果期6-10月。

产湖北、四川及云南，生于海拔300-400米山地灌

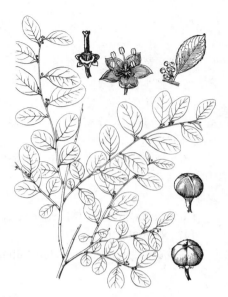

图 44　一叶萩　（仿《图鉴》）

图 45　白饭树　（黄少容绘）

丛中。

[附] **聚花白饭树 Flueggea leucopyra** Willd. Sp. Pl. 4: 757. 1805. 本种与毛白饭树的区别：枝圆柱形；植株各部无毛，叶长1.3-2.5厘米，宽1-1.5厘米；聚伞花序；雄花萼片、雄蕊及花盘腺体均为5枚。产四川及云南，生于海拔1000-1450米山坡灌丛中。印度及斯里兰卡有分布。

9. 龙胆木属 Richeriella Pax et Hoffm.

（李秉滔　冯志坚）

乔木。单叶互生，近革质，全缘，羽状脉；具短柄，托叶早落。花单性异株，无花瓣；雄花簇生成密集团伞花序，组成腋生穗状花序，雌花组成短总状花序。雄花萼片5，覆瓦状排列；花盘腺体5，小，与萼片互生；雄蕊5，花丝分离，花药外向，纵裂；退化雌蕊2-3裂。雌花少数；花梗短；萼片5，覆瓦状排列；花盘环状；子房3室，每室2胚珠，花柱3，分离，顶端2浅裂。蒴果，果柄长，熟时裂为3个2瓣裂分果爿，外果皮纸质，内果皮角壳质，分果爿开裂时外内果皮均分离。种子无种阜。

约2种，分布印度、泰国、马来西亚至菲律宾。我国1种。

龙胆木　　　　　　　　　　　　　　　　　　　　　　　　　　图46

Richeriella gracilis (Merr.) Pax et Hoffm. in Engl. Pflanzenr. 81(IV. 147. XV): 30. 1921.

Baccaurea gracilis Merr. in Philipp. Journ. Sci. Suppl. 1: 203. 1906.

图 46 龙胆木 （黄少容绘）

乔木，高达8米；树皮灰色，全株无毛。叶纸质，长椭圆形、倒卵形或倒披针形，长9-16厘米，先端短渐尖或尖，基部楔形，侧脉10-12对；叶柄长4-8毫米。雄穗状花序腋生，长2-9厘米；苞片小，卵状三角形；雄花花梗极短或无；萼片卵形，长1毫米；雄蕊伸出萼片，花丝丝状，长2毫米。雌总状花序长1-1.5厘米；萼片与雄花同；花盘环状；子房卵形，3室，每室2胚珠，花柱3，分离，顶端2浅裂。蒴果宽卵形，长5毫米，径6-8毫米，黄色，有网纹。花果期几全年。

产海南，生于海拔200-600米山地荫湿阔叶林中。菲律宾及泰国有分布。

10. 蓝子木属 Margaritaria Linn. f.

（李秉滔　冯志坚）

乔木或灌木。叶互生，常2列，全缘，羽状脉；叶柄短，托叶常早落。花单性异株，簇生或单生叶腋或短枝上。无花瓣；雄花花梗细长；萼片4，2轮，不等大，常外轮的较窄，膜质或纸质，具中肋和分枝脉纹；花盘环状，贴生萼片基部；雄蕊4，花丝离生或基部合生，花药外向，纵裂；花粉粒近球形。雌花花梗圆柱形或扁平；萼片与雄花同；子房2-6室，花柱2-6，分离或基部合生，顶端2裂，胚珠横生，每室2颗。蒴果，裂成3个2裂的分果爿或多少不规则开裂，外果皮肉质，内果皮木质或骨质；每室2种子。种子蓝或淡蓝色，有光泽。

约14种，分布美洲、非洲、大洋洲及亚洲东南部。我国1种。

蓝子木　　　　　　　　　　　　　　　　　　　　　　图47 彩片11

Margaritaria indica (Dalz.) Airy Shaw in Kew Bull. 20: 387. 1966.

Prosorus indicus Dalz. in Journ. Bot. Kew Gard. Misc. 4: 346. 1852.

乔木，高达25米；全株无毛。叶薄纸质，椭圆形或长圆状披针形，长5-13厘米，全缘，先端骤渐尖、钝或圆，基部宽楔形，下面常灰白色，侧脉8-12对；叶柄长0.5-1厘米，托叶早落，披针形。雄花数朵簇生叶腋，花梗长4-6毫米；萼片4，2轮，外轮卵形，长1-1.5毫米，内轮倒卵形；花盘环状；雄蕊4，基部离生。雌花1-3朵腋生，花梗长0.8-2.1厘米；萼片4，2轮，卵形或长圆形，全缘，长1.5-2毫米；花盘全缘，宽1.8-2.8毫米

子房3（4），花柱分离或基部合生，平展，长1.5-2毫米，顶端2裂。蒴果近球形，径0.7-1.2厘米，具3条裂沟，外果皮肉质，干后薄革质，裂成3个2裂分果爿。种子扇形，长3.5-6毫米，淡蓝色，有光泽。花期4-7月，果期8-12月。

产台湾北部及南部、广西西南部，生于海拔400米山地林中。印度、斯里兰卡、缅甸、泰国、越南、马来西亚、菲律宾、印度尼西亚至澳大利亚有分布。

图 47 蓝子木 （黄少容绘）

11. 叶下珠属 Phyllanthus Linn.

（李秉滔　冯志坚）

灌木或草本，稀乔木；无乳汁。单叶，互生，常在侧枝上排成2列，全缘，羽状脉；具短柄，托叶2，着生叶柄基部两侧。花单性，雌雄同株或异株，单生、簇生或成聚伞、团伞、总状或圆锥花序。花梗纤细；无花瓣；雄花萼片（2）3-6，离生，1-2轮，覆瓦状排列；花盘3-6枚腺体；雄蕊2-6，花丝离生或合生成柱状，花药2室，外向，药室平行、基部叉开或分离，纵裂、斜裂或横裂，药隔不明显；无退化雌蕊。雌花萼片与雄花同数或较多；花盘腺体小，离生或合生呈环状或坛状；子房3（4-12）室，每室2胚珠，花柱与子室同数，分离或合生，顶端全缘或2裂。蒴果，常开裂3个2裂的分果爿，中轴宿存。种子三棱形，无假种皮和种阜。

约800种，主要分布热带及亚热带地区，少数产北温带地区。我国33种，4变种。

1. 果浆果状或核果状，干后不裂，熟后黑色、灰黑或紫黑色。
 2. 叶基部两侧对称；果浆果状；雄蕊5。
  3. 果4-12室 ·· 1. 小果叶下珠 P. reticulatus
  3. 果3室。
   4. 果时萼片宿存 ······································ 2. 青灰叶下珠 P. glaucus
   4. 果时萼片脱落 ······································ 3. 落萼叶下珠 P. flexuosus
 2. 叶基部不对称；果核果状；雄蕊3 ·················· 4. 余甘子 P. emblica
1. 蒴果，干后开裂，熟后褐色或淡褐色。
 5. 雄花萼片4-6，全缘。
  6. 雄蕊3，花丝离生。
   7. 灌木；叶倒卵形，基部对称；子房平滑 ·········· 5. 滇藏叶下珠 P. clarkei
   7. 一年生草本；叶线状披针形、长圆形或窄椭圆形，基部稍偏斜；子房有鳞片状凸起 ·········
    ··· 6. 黄珠子草 P. virgatus
  6. 雄蕊2-4，花丝合生或部分2枚雄蕊者花丝分离。
   8. 叶下面边缘有短粗毛；子房和果有凸起和凸刺 ······ 7. 叶下珠 P. urinaria
   8. 叶下面边缘无短粗毛；子房和果平滑。
    9. 雄花萼片5-6，雄蕊3。
     10. 灌木。
   11. 小枝常集生茎顶或老枝上部；叶基部偏斜；花丝基部合生 ······ 8. 水油甘 P. parvifolius

11. 小枝均匀生于茎上或老枝；叶基部对称，花丝合生成柱状。

    12. 叶倒卵形或匙形，先端钝或圆，侧脉不明显，托叶边缘有缘毛；苞片撕裂状，花单生 ······ ······ 9. **越南叶下珠 P. cochinchinensis**

    12. 叶长圆形或披针形，先端有尖头，侧脉明显，托叶边缘无毛；苞片全缘，花4-6朵簇生 ······ ······ 10. **西南叶下珠 P. tsarongensis**

10. 草本。

    13. 多年生草本；叶椭圆形或倒卵形，侧脉约3对；萼片和雄花花盘腺体6 ······ ······ 11. **沙地叶下珠 P. arenarius**

    13. 一年生草本；叶长椭圆形，侧脉4-7对；萼片和雄花花盘腺体5 ······ 12. **珠子草 P. niruri**

9. 雄花萼片4；雄蕊2。

    14. 灌木；花丝合生。

        15. 叶长2-4.5厘米，宽0.8-1.3厘米，基部对称，侧脉4-5对；花簇生 ······ 13. **贵州叶下珠 P. bodinieri**

        15. 叶长4-5毫米，宽2毫米，基部偏斜，侧脉3对；花单生 ······ 13(附). **单花水油甘 P. nanellus**

    14. 一年生草本；花丝分离 ······ 14. **蜜甘草 P. ussuriensis**

5. 雄花萼片4，边缘流苏状、齿状、撕裂状或啮蚀状。

    16. 雄蕊4；子房密被皱波状或卷曲状长毛 ······ 15. **浙江叶下珠 P. chekiangensis**

    16. 雄蕊2。

        17. 叶基部对称；雌花梗被柔毛，子房和果密被软刺 ······ 16. **刺果叶下珠 P. forrestii**

        17. 叶基部不对称；雌花梗无毛，子房和果平滑或有鳞片凸起。

            18. 小枝一侧被1列腺毛；花单生 ······ 17. **细枝叶下珠 P. leptoclados**

            18. 幼枝被微柔毛；聚伞花序 ······ 18. **云桂叶下珠 P. pulcher**

1. 小果叶下珠

图48

Phyllanthus reticulatus Poir. In Lam. Encycl. Meth. 5: 298. 1804.

灌木，高达4米。幼枝、叶和花梗均被淡黄色柔毛或微毛。叶椭圆形、卵形或圆形，长1-5厘米，侧脉5-7对；叶柄长2-5毫米，托叶钻状三角形，干后刺状。常2-10朵雄花和1朵雌花簇生叶腋。雄花径约2毫米；花梗长0.5-1厘米；萼片5-6，卵形或倒卵形，长0.7-1.5毫米；雄蕊5，直立，3枚较长，2枚较短；花盘腺体鳞片状。雌花花梗长4-8毫米；萼片5-6，宽卵形，长1-1.6毫米，外面基部被微柔毛；花盘腺体5-6；子房4-12室，花柱分离，顶端2裂，裂片线形。蒴果浆果状，球形或近球形，径约6毫米，红色，干后灰黑色，不裂。花期3-6月，果期6-10月。

产江苏、安徽、浙江、福建、台湾、江西、湖南、湖北、广东、香港、海南、广西、贵州、四川及云南，生于海拔200-800米山地林下或灌丛中。广布热带西非至印度、东南亚及澳大利亚。根叶药用，治跌打。

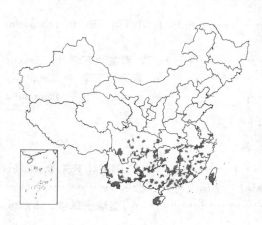

图 48 小果叶下珠 （黄少客绘）

2. 青灰叶下珠

图49

Phyllanthus glaucus Wall. ex Muell. Arg. in Linnaea 32: 14. 1863.

灌木，高达4米；全株无毛。叶膜质，椭圆形或长圆形，长2.5-5厘米，先端尖，有小尖头，基部钝或圆，下面稍苍白色，侧脉8-10对；叶柄长2-4毫米，托叶卵状披针形，膜质。花径约3毫米，数朵簇生叶腋。雄花花梗长约8毫米；萼片6，卵形；花盘腺体6；雄蕊5，花丝分离。雌花1朵与数朵雄花腋生；花梗长约9毫米；萼片6，卵形；花盘环状；子房3室，每室2胚珠，花柱3，基部合生。蒴果浆果状，径约1厘米，紫黑色，萼片宿存。种子黄褐色。花期4-7月，果期7-10月。

产江苏、安徽、浙江、福建、江西、河南、湖北、湖南、广东、广西、贵州、云南、四川及西藏，生于海拔200-1000米山地灌丛中。印度、不丹、锡金及尼泊尔有分布。根药用，治小儿疳积。

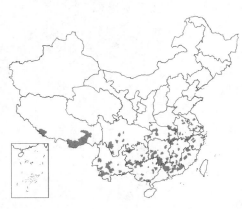

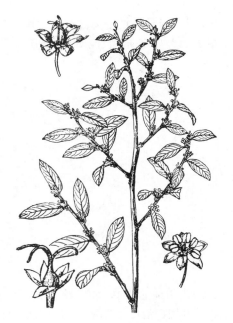

图 49 青灰叶下珠 （黄少容绘）

3. 落萼叶下珠

图50

Phyllanthus flexuosus (Sieb. et Zucc.) Muell. Arg. in DC. Prodr. 15(2): 324. 1866.

Cicca flexuosa Sieb. et Zucc. Abh. Akad. Wiss. Wien, Math.-Phys. 4(2): 143. 1845.

灌木，高达3米；全株无毛。叶纸质，椭圆形或卵形，长2-4.5厘米，下面稍白绿色，侧脉5-7对；叶柄长2-3毫米，托叶卵状三角形，早落。雄花数朵和雌花1朵簇生叶腋。雄花花梗短；萼片5，宽卵形或近圆形，长约1毫米，暗紫红色；花盘腺体5；雄蕊5，花丝分离。雌花花梗长约1厘米；萼片6，卵形或椭圆形，长约1毫米；花盘腺体6。蒴果浆果状，扁球形，径约6毫米，3室，每室1种子，萼片脱落。种子长约3毫米。花期4-5月，果期6-9月。

产江苏、安徽、浙江、福建、江西、河南、湖北、湖南、广东、广西、

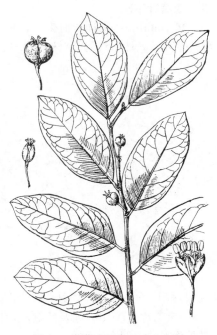

图 50 落萼叶下珠 （黄少容绘）

贵州、云南、四川及西藏，生于海拔700-1500米山地疏林下、沟边、路边或灌丛中。日本有分布。

4. 余甘子

图51 彩片12

Phyllanthus emblica Linn. Sp. Pl. 982. 1753.

乔木，高达23米，胸径50厘米。枝被黄褐色柔毛。叶线状长圆形，长0.8-2厘米，先端平截或钝圆，有尖头或微凹，基部浅心形，下面淡绿色，侧脉4-7对；叶柄长0.3-0.7毫米。多朵

雄花和1朵雌花或全为雄花组成腋生聚伞花序。萼片6；雄花花梗长1-2.5毫米；萼片膜质，长倒卵形或匙形，长1.2-2.5毫米；雄蕊3，花丝合生成柱。雌花花梗长约0.5毫米；萼片长圆形或匙形，长1.6-2.5毫米，边缘膜质，具浅齿；花盘杯状，包子房一半以上，边缘撕裂；花柱3，基部合生，顶端2裂，裂片顶部2裂。蒴果核果状，球形，径1-1.3厘米。花期4-7月，果期7-9月。

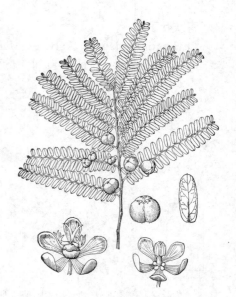

图 51 余甘子 （黄少容绘）

产福建、台湾、江西、广东、海南、广西、贵州、云南及四川，生于海拔200-2300米山地灌丛中。印度及东南亚有分布。果可食，可栽培作果树。树根和叶药用，治皮炎、湿疹、风湿病。材质优良。

5. 滇藏叶下珠   图52

Phyllanthus clarkei Hook. f. Fl. Brit. Ind. 5: 297. 1887.

灌木，高达1.5米；全株无毛。叶薄纸质或膜质，倒卵形或椭圆形，长0.5-1.5厘米，先端圆或钝，基部宽楔形或圆，侧脉4-6对，上面扁平；叶柄长约1毫米，托叶三角形，褐色。花雌雄同株，单生叶腋；花梗基部有数枚小苞片；萼片6，长圆形，长约1毫米，边缘宽膜质，中肋较厚。雄花花梗长3毫米，萼片全缘，雄蕊3，花丝分离，花盘杯状，顶端浅波状；雌花花梗长约8毫米，萼片和花盘与雄花同。

图 52 滇藏叶下珠 （黄少容绘）

蒴果球形，径3-4毫米，红色，平滑，熟后开裂；果柄长约1厘米。

产广西、贵州、云南及西藏，生于海拔800-3000米山地疏林中或河边沙地灌丛中。锡金、印度、巴基斯坦、缅甸及越南有分布。

6. 黄珠子草   图53

Phyllanthus virgatus Forst. f. Fl. Ins. Austr. Prodr. 65. 1786.

一年生草本，高达60厘米；枝条常自基部发出，全株无毛。叶近革质，线状披针形、长圆形或窄椭圆形，长0.5-2.5厘米，先端有小尖头，基部圆，稍偏斜；几无叶柄，托叶膜质，卵状三角形。常2-4朵雄花和1朵雌花簇生叶腋。雄花花梗长约2毫米；萼片6，宽卵形或近圆形；雄蕊3，花丝分离，花盘腺体6。雌花花梗长约5毫米；花萼6深裂，裂片卵状长圆形，紫红色，

外折；花盘圆盘状，不裂；子房具鳞片状凸起，花柱分离，2深裂达基部，反卷。蒴果扁球形，径2-3毫米，紫红色，有鳞片状凸起；具宿萼。花期4-5月，果期6-11月。

产陕西、河北、河南、山东、山西、江苏、安徽、浙江、福建、台湾、江西、湖北、湖南、广东、广西、海南、四川、贵州及云南，生于海拔1350米以下山地草坡、沟边草丛或灌丛中。印度、东南亚至昆士兰和太平洋沿岸有分布。全株入药，清热，治小儿疳积。

7. 叶下珠　　　　　　　　　　　图54 彩片13

Phyllanthus urinaria Linn. Sp. Pl. 982. 1753.

一年生草本，高达60厘米；基部多分枝。

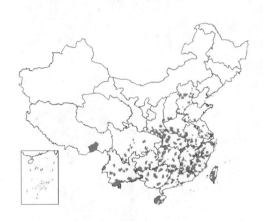

枝具翅状纵棱，上部被1列疏短柔毛。叶纸质，长圆形或倒卵形，长0.4-1厘米，下面灰绿色，近边缘有1-3列短粗毛，侧脉4-5对；叶柄极短，托叶卵状披针形，长约1.5毫米。花雌雄同株；雄花2-4朵簇生叶腋，常仅上面1朵开花；花梗长约0.5毫米，基部具苞片1-2枚；萼片6，倒卵形；雄蕊3，花丝合生成柱；花盘腺体6，分离。雌花单生于小枝中下部

图 53 黄珠子草 （黄少容绘）

叶腋；花梗长约0.5毫米；萼片6，卵状披针形；花盘圆盘状，全缘；子房有鳞片状凸起。蒴果球形，径1-2毫米，红色，具小凸刺，花柱和萼片宿存。花期4-6月，果期7-11月。

产河北、山西、陕西、华东、华中、华南、西南，生于海拔500米以下旷野、山地或林缘，在云南海拔1100米湿润山坡有生长。印度、日本、东南亚至南美有分布。全草药用，可止泻、利尿。

8. 水油甘　　　　　　　　　　　图55

Phyllanthus parvifolius Buch.-Ham. ex D. Don, Prodr. Fl. Nepal. 63. 1825.

灌木，高达2米；全株无毛。叶薄革质，长圆形或椭圆形，长0.6-1.1厘米，先端尖，有褐红色锐尖头，基部偏斜，边缘背卷，侧脉4-7对；叶柄长约1毫米，托叶卵状三角形。常2-4朵雄花和1朵雌花簇生叶腋。雄花花梗长1-2毫米；萼片6，卵状披针形或倒卵形，长约1毫

图 54 叶下珠 （引自《图鉴》）

米；雄蕊3，花丝基部合生；花盘腺体6。雌花花梗长约2毫米；萼片与雄花同形；花盘杯状，顶端6浅裂。蒴果球状，径约3毫米。

产广东、海南、广西及云南，生于山地疏林中或山坡灌丛中，在云南

生于海拔900-2850米山地林下。印度、不丹及尼泊尔有分布。

9. 越南叶下珠

图 56

Phyllanthus cochinchinensis (Lour.) Spreng. Syst. Veg. 3: 21. 1826.

Cathetus cochinchinensis Lour. Fl. Cochinch. 608. 1790.

灌木，高达3米。幼枝被黄褐色柔毛。叶互生或3-5枚着生短枝，叶革质，倒卵形、长倒卵形或匙形，长1-2厘米，先端钝或圆，基部渐窄，侧脉不明显；叶柄长1-2毫米，托叶褐红色，卵状三角形，长约2毫米，有缘毛。花雌雄异株，1-5朵腋生；苞片撕裂状。雄花常单生；花梗长约3毫米；萼片6，倒卵形或匙形；雄蕊3，花丝合生成柱，花药3，顶端合生，下部叉开；花盘腺体6，倒圆锥形。雌花单生或簇生；花梗长2-3毫米；萼片6，外3枚卵形，内3枚卵状菱形；花盘近坛状，包子房约2/3，有蜂窝状小孔。蒴果球形，径约5毫米，具3纵沟。花果期6-12月。

　　产福建、广东、香港、海南、广西、云南、四川及西藏，生于旷野、山坡灌丛中、山谷疏林下或林缘。印度、越南、柬埔寨及老挝有分布。

10. 西南叶下珠

图 57

Phyllanthus tsarongensis W. W. Smith in Notes Roy. Bot. Gard. Edinb. 13: 177. 1921.

灌木，高达3米。小枝绿色，幼时被微毛，后无毛。叶纸质或厚纸质，长圆形或披针形，着生花枝和小枝中部的叶长达1厘米，生于小枝基部和顶部的叶长2-5毫米，宽1-3毫米，有尖头，基部浅心形，两面无毛，边缘背卷，侧脉5-6对，明显；叶柄长0.5毫米，托叶线状披针形，边缘无毛。花雌雄同株，4-6朵簇生叶腋。花梗长约1毫米，基部有鳞片状全缘小苞片；雄花萼片6，长圆形；花盘腺体6，近圆形；雄蕊3，与萼片近等长，花丝合生成柱状。雌花萼片6，与雄花相似；花盘盘状，不裂。蒴果扁球形，长2.5毫米，径3.5毫米，平滑。

　　产四川、云南及西藏，生于海拔1500-4000米山地灌丛中或山坡疏林内。印度有分布。全草药用，治尿道结石。

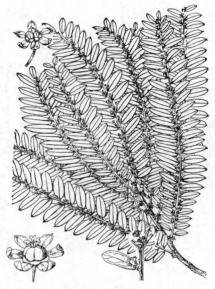

图 55 水油甘 （引自《中国植物志》）

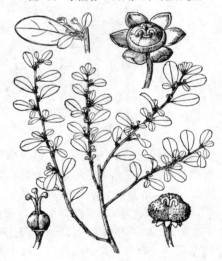

图 56 越南叶下珠 （黄少容绘）

图 57 西南叶下珠 （黄少容绘）

11. 沙地叶下珠

图58

Phyllanthus arenarius Beille in Lecomte, Fl. Gén. Indo-Chinè 5: 587. 1927.

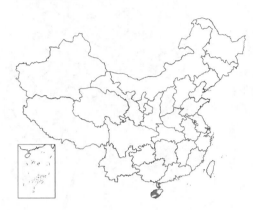

多年生草本,高达30厘米;基部木质化,带紫红色,全株无毛。叶近革质,椭圆形或倒卵形,长3-9毫米,先端圆,有锐尖头,基部宽楔形,略偏斜,侧脉约3对;叶柄极短,托叶窄三角形,深紫色。花雌雄同株;雄花双生于小枝顶端,常1朵发育;花梗短,基部有苞片;萼片6,长圆形或倒卵形,长约0.5毫米;雄蕊3,花丝基部合生;花盘腺体6。雌花单生于小枝中下部叶腋;花梗极短;萼片6,形状与雄花相似,紫红色;花盘圆盘状,全缘。蒴果球状三棱形,径约3毫米。花期5-7月,果期7-10月。

产广东及海南,生于海边沙地。越南有分布。

图 58 沙地叶下珠 (黄少容绘)

12. 珠子草

图59

Phyllanthus niruri Linn. Sp. Pl. 981. 1753.

一年生草本,高达50厘米;全株无毛。叶纸质,长椭圆形,长0.5-1厘米,先端钝、圆或近平截,基部偏斜,侧脉4-7对;叶柄极短,托叶披针形,长1-2毫米,膜质透明。花雌雄同株,常1朵雄花和1朵雌花双生叶腋,有时1朵雌花腋生。雄花花梗长1-1.5毫米;萼片5,倒卵形或宽卵形,长1.2-1.5毫米,先端钝或圆,边缘膜质;花盘腺体5,倒卵形;雄蕊3,花丝中下部合生成柱;花药近球形。雌花花梗长1.5-4毫米;萼片5,宽椭圆形或倒卵形,长1.5-2.3毫米,先端钝或圆,边缘膜质;花盘盘状。蒴果扁球形,径约3毫米,褐红色,平滑。花果期1-10月。

产福建、台湾、广东、海南、广西及云南,生于旷野草地、山坡或山

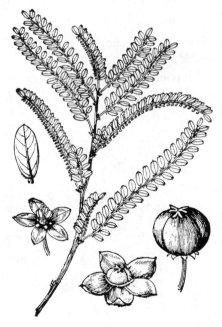

图 59 珠子草 (黄少容绘)

谷向阳处。印度、中南半岛、马来西亚、菲律宾至热带美洲有分布。全株药用,可止咳祛痰。

13. 贵州叶下珠

图60

Phyllanthus bodinieri (Lévl.) Rehd. in Journ. Arn. Arb. 18: 212. 1937.

Sterculia bodinieri Lévl. Fl. Kouy-Tcheou 406. 1915.

灌木;全株无毛。小枝具棱翅。叶2列,近革质,卵状披针形,长2-4.5厘米,先端渐尖,基部宽楔形,上面淡黄绿色，下面淡褐色，中脉两面凸起，侧脉4-5对，不明显；叶柄长约1毫米。花雌雄同株，紫红色，7朵簇生小枝两侧叶腋。雄花径约4毫米；

花梗纤细，长3-7毫米；萼片4，宽卵形，全缘；花盘腺体4，宽椭圆形，分离，平展；雄蕊2，合生，药室2，横裂。雌花径4-4.5毫米；花梗长0.6-1厘米；萼片6，宽卵形；花盘杯状；子房3室，花柱3，顶端2裂。蒴果球形，熟后3瓣裂。

产贵州东南部及广西东南部，生于山地疏林下。根、叶药用，治跌打损伤。

图 60 贵州叶下珠 （黄少容绘）

[附] **单花水油甘 Phyllanthus nanellus** P. T. Li in Acta Phytotax. Sin. 25: 376. f. 1. 1987. 本种与贵州叶下珠的区别：叶长4-5毫米，宽2毫米，基部偏斜，侧脉3对；花单朵腋生。产海南，生于海拔300-400米山谷林内或溪边灌丛中。

14. 蜜甘草   图 61

Phyllanthus ussuriensis Rupr. et Maxim. in Bull. Phys. Math. Acad. St. Petersb. ser. 3, 15: 222. 1856.

一年生草本，高达60厘米；全株无毛。叶纸质，椭圆形，长0.5-1.5厘米，基部近圆，下面白绿色，侧脉5-6对；叶柄极短或几无柄，托叶卵状披针形。花雌雄同株，单生或数朵簇生叶腋。花梗长约2毫米，丝状，基部有数枚苞片；雄花萼片4，宽卵形；花盘腺体4，分离；雄蕊2，花丝分离。雌花萼片6，长椭圆形，果时反折；花盘腺体6，长圆形。蒴果扁球状，径约2.5毫米，平滑；果柄短。花期4-7月，果期7-10月。

产黑龙江、吉林、辽宁、山东、河北、河南、江苏、安徽、浙江、福

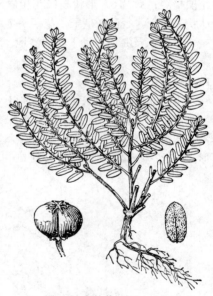

图 61 蜜甘草 （黄少容绘）

建、台湾、江西、湖北、湖南、广东、香港、广西、四川、贵州及云南，生于山坡或路边草地。俄罗斯、蒙古、朝鲜及日本有分布。全草药用，消食，止泻。

15. 浙江叶下珠   图 62

Phyllanthus chekiangensis Croiz. et Metcalf in Lingnan Sci. Journ. 20: 194. 1942.

灌木。除子房与果外，全株无毛。叶椭圆形或椭圆状披针形，长0.8-1.5厘米，先端有小尖头，基部稍偏斜，侧脉3-4对，纤细；叶柄长0.5-1厘米，

托叶披针形。花紫红色，雌雄同株，单生或数朵簇生叶腋。雄花径2-3毫米；花梗长4-6毫米；萼片4，卵状三角形，边缘撕裂状或啮蚀状；花盘稍肉

质，不裂；雄蕊4，花丝合生。雌花径3-4.5毫米；花梗长0.6-1.2厘米；萼片6，卵状披针形，长1.5毫米，边缘撕裂状或啮蚀状；花盘稍肉质，具圆齿。蒴果扁球形，长约5毫米，径约7毫米，3瓣裂，密被皱波状或卷曲状长毛。花期4-8月，果期7-10月。

产安徽、浙江、福建、江西、湖北、湖南、广东及广西，生于海拔300-750米山地疏林下或山坡灌丛中。

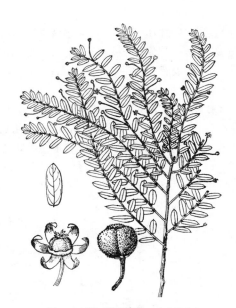

图 62 浙江叶下珠 （黄少容绘）

16. 刺果叶下珠　　　　　图 63 彩片 14

Phyllanthus forrestii W. W. Smith in Notes Roy. Bot. Gard. Edinb. 8: 195. 1914.

灌木，高约20厘米。除雌花花梗被短硬毛外，全株无毛。叶2列，薄纸质，近圆形或长圆形，长1-2厘米，先端圆，有短尖头，基部圆或钝，下面苍绿色，侧脉4-7对，不甚明显；叶柄长约1毫米，托叶膜质，卵状披针形。花紫红色，腋生，雌雄同株。雄花花梗长约2毫米；萼片4，卵状披针形，长约2.5毫米，具锯齿；花盘腺体4，线状长圆形，稍弯；雄蕊2，花丝极短，合生，花药

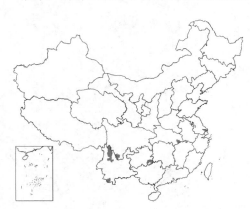

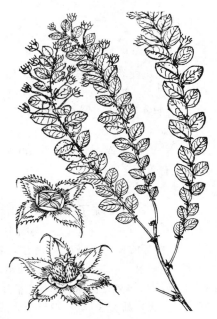

分离；雌花单生于枝上部叶腋或与雄花簇生于小枝中部或中下部叶腋；花梗长1-2厘米，被柔毛；萼片6，2轮，卵状披针形，长约6毫米，具芒状长尖头，具锯齿；花盘盘状，顶端6裂，裂片圆。蒴果球形，径约7毫米，密被软刺。花期6-8月，果期8-10月。

产湖北、四川、贵州及云南，生于海拔300-3300米山地灌丛中。

图 63 刺果叶下珠 （黄少容绘）

17. 细枝叶下珠　　　　　图 64

Phyllanthus leptoclados Benth. Fl. Hongkong. 312. 1861.

灌木，高约1米。除小枝一侧被1列腺毛外，全株无毛。叶膜质，倒卵形或椭圆形，略镰状，长0.6-1.3厘米，先端幼时具长1.5-3毫米尾尖，基部两侧不等，上面绿色，下面白绿色，侧脉约5对；叶柄长约1毫米，托叶披针形或线状披针形。花雌雄同株；雄花单生叶腋，花梗长达1厘米；萼片4，长卵形，长约2毫米，宽约1毫米，先端尖，具撕裂状锯齿；花盘腺体4，近圆形，顶端平截；雄蕊2，花丝短，合生。雌花花梗长达1.5厘米，

无毛；萼片6，披针形，具撕裂状锯齿；花盘坛状，全缘或略具圆齿；子房球形，平滑，花柱3，分离，平展，顶端2裂。蒴果扁球形，径约5毫米。

产福建、香港、广东及云南，生于山坡灌丛中。

18. 云桂叶下珠 图65

Phyllanthus pulcher Wall. ex Muell. Arg. in Linnaea 32: 49. 1863.

灌木，高达2米。茎皮灰褐色；幼枝被微柔毛，余无毛。叶膜质，近长圆形，长1-2.5厘米，先端尖，基部宽楔形，两侧不对称，边缘稍背卷，下面灰绿色，侧脉4-6对，不明显；叶柄长0.8-1.5毫米，托叶三角状披针形。花雌雄同株，由数朵雄花和单朵雌花组成腋生聚伞花序。雄花花梗纤细，长0.5-1厘米；萼片4，卵状三角形，边缘撕裂状，深红色；花盘腺体4，近四方形或肾形；雄蕊2，花丝短，合生；雌花花梗丝状，长1.5-2.3厘米；萼片6，卵状三角形，长3.5-4毫米，边缘撕裂状；花盘盘状，包子房基部，顶端边缘6裂；子房近球形，平滑，3室，花柱3。蒴果近球形，径约3毫米，光滑，淡褐色；果柄长2.5厘米；萼片宿存。

产广西及云南，生于海拔700-1760米山地林下或溪边灌丛中。印度、东南亚有分布。

图 64 细枝叶下珠 （黄少容绘）

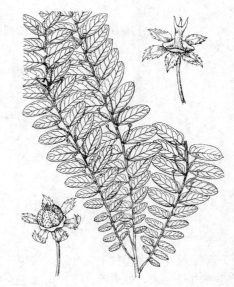

图 65 云桂叶下珠 （黄少容绘）

12. 珠子木属 **Phyllanthodendron** Hemsl.

（李秉滔 冯志坚）

乔木或灌木，无乳汁。叶互生，常2列。羽状脉；叶柄短，托叶2，小，早落。花单性，同株或异株；花梗常纤细；无花瓣；雄花萼片5-6，分离，2轮，覆瓦状排列，长椭圆形，先端尾尖；花盘腺体5-6，比萼片短并与之互生，全缘；雄蕊3（4），花丝合生成柱状，花药2室，药室纵裂。雌花萼片和花盘腺体5-6；子房3室，每室2胚珠，花柱3，顶端常不裂，常直立。蒴果近球形，室间和室背开裂。种子三棱形。

约16种，分布马来半岛至中国。我国10种。

1. 枝具棱，幼枝被短柔毛；叶长1-3厘米 ⋯⋯⋯⋯⋯⋯⋯⋯⋯⋯⋯⋯⋯⋯⋯⋯ 1. 珠子木 **P. anthopotamicum**
1. 枝两侧具棱翅，幼枝无毛；叶长2.5-10厘米 ⋯⋯⋯⋯⋯⋯⋯⋯⋯⋯⋯⋯⋯⋯ 2. 枝翅珠子木 **P. dunnianum**

1. 珠子木 图66

Phyllanthodendron anthopotamicum (Hand.-Mazz.) Croiz. in Journ. Arn. Arb. 23: 37. 1942.

Phyllanthus anthopotamicus Hand.-Mazz. Symb. Sin. 7(2):223. 1931

灌木。幼枝、叶柄、花梗、萼片外面、托叶均被柔毛和苞片边缘被睫毛，余无毛。枝具棱。叶椭圆形、卵

形或宽卵形，着生花枝或果枝上的叶长1-3厘米，先端渐尖或尖，基部宽楔形，着生营养枝上的叶长5-13厘米，先端尖，基部圆，下面苍白色，叶缘略反卷，侧脉6-8对；叶柄长2-5毫米，托叶披针形。花2-4朵簇生叶腋。花梗长1-2毫米，基部有覆瓦状排列小苞片，小苞片卵形，长约1.5毫米；雄花萼片5，椭圆状披针形；雄蕊3，花丝合生呈柱状；花盘腺体5。雌花萼片6；花盘腺体6。蒴果球形，径5-8毫米，褐色。花期5-9月，果期9-12月。

产广东、广西、贵州及云南，生于海拔800-1300米山地疏林内或灌丛中。越南有分布。

图 66 珠子木 （黄少容绘）

2. 枝翅珠子木　　图 67

Phyllanthodendron dunnianum Lévl. in Fedde, Repert. Sp. Nov. 9: 324. 1911.

灌木或小乔木，高达6米；全株无毛。茎圆柱形；枝条两侧具翅。叶革质或厚纸质，椭圆形、卵形、长圆形或卵状披针形，长2.5-10厘米，先端尖，基部圆，侧脉6-8对；叶柄长约2毫米，托叶卵状披针形，长约3毫米。花1-2朵腋生，雌雄同株；雄花花梗长3-4毫米；萼片5，卵状椭圆形，长约5毫米，先端芒尖；花盘腺体5，线形，与萼片互生；雄蕊3，花丝合生，花药分离，长圆形。雌花花梗长约5毫米；萼片6，与雄花同；花盘腺体6；子房3室，每室2胚珠，花柱3。蒴果球形，径1-1.5厘米。花期5-7月，果期7-10月。

图 67 枝翅珠子木 （黄少容绘）

产广西、贵州及云南，生于山地阔叶林中或石灰岩山地灌丛中。

13. 银柴属 **Aporosa** Bl.

（李秉滔　冯志坚）

乔木或灌木。单叶互生；叶柄顶端常具小腺体，托叶2。花单性，雌雄异株，稀同株；腋生穗状花序腋生，雄花序比雌花序长；具苞片。花梗短；无花瓣及花盘；雄花萼片3-6，膜质，覆瓦状排列；雄蕊2，稀3或5；花丝分离，花药小，药室纵裂。雌花萼片3-6，比子房短；子房2室，稀3-4室，每室2胚珠，花柱2，稀3-4，顶端2浅裂，乳头状或流苏状。蒴果核果状，熟时不规则开裂，种子1-2。种子无种阜。

约80种，分布亚洲东南部。我国4种。

1. 子房和果均被毛。

  2. 叶下面及上下两面叶脉均密被绒毛；苞片半圆形；雄花萼片卵状三角形或卵形 ········ 1. **毛银柴 A. villosa**

  2. 叶无毛或仅下面脉上被稀疏柔毛；苞片卵状三角形；雄花萼片长卵形 ····················· 2. **银柴 A. dioica**

1. 子房和果均无毛。

  3. 幼枝无毛；叶边缘具稀疏腺齿；雌花萼片5 ····················· 3. **云南银柴 A. yunnanensis**

  3. 幼枝被短柔毛；叶全缘；雌花萼片4 ················· 3(附). **全缘叶银柴 A. planchoniana**

1. 毛银柴

图 68 彩片 15

Aporosa villosa (Lindl.) Baill. Etud. Gén. Euphorb. 645. 1858.

Scepa villosa Lindl. Nat. Syst. Bot. ed. 2: 441. 1836.

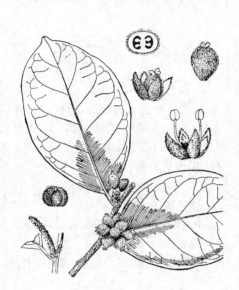

图 68 毛银柴 （黄少容绘）

灌木或小乔木，高达7米。老枝和叶上面（叶脉除外）无毛，全株均被锈色绒毛或柔毛。叶革质，宽椭圆形、长圆形或圆形，长8-13厘米，先端圆或钝，基部宽楔形或近心形，全缘或疏生波状腺齿，侧脉6-8对；叶柄长1-2厘米，托叶斜卵形。雄穗状花序长1-2厘米；苞片半圆形；雌穗状花序长2-7毫米；苞片较雄花序的窄。

雄花萼片3-6，卵状三角形或卵形。雌花萼片3-6，卵状三角形。蒴果椭圆形，长约1厘米，具短喙，种子1。

产广东、海南、广西及云南，生于海拔130-1500米山地密林中或山坡、山谷灌丛中。中南半岛至马来西亚有分布。

2. 银柴

图 69

Aporosa dioica (Roxb.) Muell. Arg. in DC. Prodr. 15(2): 472. 1866.

Alnus dioica Roxb. Fl. Ind. 3: 580. 1832.

乔木，高达9米，常呈灌木状。叶革质，椭圆形、长椭圆形、倒卵形，长6-12厘米，全缘或疏生浅齿，上面无毛，有光泽，下面初仅叶脉疏生柔毛，老渐无毛，侧脉5-7对；叶柄长0.5-1.2厘米，疏被柔毛，托叶卵状披针形。雄穗状花序长约2.5厘米；苞片卵状三角形，外被柔毛；雌穗状花序长0.4-1.2厘米。雄花萼片4，长卵形；雄蕊2-4，长于萼片；雌花萼片4-6，三角形，边缘有睫毛。蒴果椭圆形，长1-1.3厘米，被柔毛，种子2。

图 69 银柴 （黄少容绘）

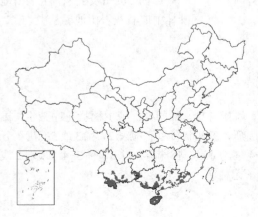

产广东、香港、海南、广西及云南，生于海拔1000米以下山地疏林中、林缘或山坡灌丛中。印度、缅甸、越南及马来西亚有分布。

3. 云南银柴 图70

Aporosa yunnanensis (Pax et Hoffm.) Metcalf in Lingnan Sci Journ. 10: 486. 1931.

Aporosa wallichii Hook. f. var. *yunnanensis* Pax et Hoffm. in Engl. Pflanzenr. 81(IV. 147. XV): 90. 1921.

小乔木，高达8米。枝无毛。叶膜质或薄纸质，长圆形、长椭圆形、长卵形或披针形，长6-20厘米，先端尾尖，基部钝或宽楔形，全缘或疏生腺齿，上面密被黑色小斑点，下面淡绿色，幼时叶脉疏被柔毛，老渐无毛，侧脉5-7对；叶柄长1-1.3厘米。雄穗状花序长2-4厘米；苞片三角形，外面基部及边缘被短柔毛；雌穗状花序长约8毫米。雄花萼片3-5，长倒卵形，被柔毛；雄蕊2。雌花萼片3，三角形，被柔毛。蒴果近球形，长0.8-1.3厘米，径6-8毫米，熟时红黄色，无毛，花柱宿存。

图 70 云南银柴 （黄少容绘）

产江西、广东、海南、广西、贵州及云南，生于海拔200-1500米山地密林中、林缘或溪边灌木丛中。印度、缅甸及越南有分布。

[附] **全缘叶银柴 Aporosa planchoniana** Baill. ex Muell. Arg. in DC. Prodr. 15(2): 475. 1866. 本种与云南银柴的区别：幼枝被短柔毛；叶全缘，两面无毛，有黄色小斑点；雌花萼片4。产海南、广西及云南东南部，生于海拔约750米山坡疏林中。印度、缅甸、越南、老挝及柬埔寨有分布。

14. 木奶果属 Baccaurea Lour.
（李秉滔　冯志坚）

乔木或灌木。叶互生，常集生枝条上部，羽状脉，具叶柄。花雌雄异株或同株异序；总状或穗状圆锥花序。无花瓣；雄花萼片4-8，覆瓦状排列；雄蕊4-8，与萼片等长或较长，花丝分离，药室2，纵裂；花盘腺体状，腺体位于雄蕊间，细小或缺；退化雌蕊常被柔毛。雌花萼片与雄花同数，较大，比子房长，两面均被柔毛；无花盘；子房2-3（4-5）室，每室2胚珠，花柱2-5，极短。浆果状蒴果，常不裂，稀迟裂，外果皮肉质。种子1，具假种皮。

约80种，分布印度、缅甸、泰国、越南、老挝、柬埔寨、中国、马来西亚、印度尼西亚和波利尼西亚等国。我国1种和1栽培种。

木奶果 图71 彩片16

Baccaurea ramiflora Lour. Fl. Cochinch. 661. 1790.

常绿乔木，高达15米，胸径60厘米；树皮灰褐色。小枝被糙硬毛，后脱落。叶纸质，倒卵状长圆形、倒披针形或长圆形，长9-15厘米，基部楔形，全缘或浅波状，两面无毛，侧脉5-7对；叶柄长1-4.5厘米。雌雄异株，无花瓣；总状圆锥花序腋生或茎生，疏被柔毛，雄花序长达15厘米，雌花序长达30厘米。雄花萼片4-5，长圆形；雄蕊4-8；退化雌蕊圆柱状。雌花萼片4-6，长圆状披针形；子房密被锈色糙伏毛，花柱极短或无，柱头扁平，2裂。浆果状蒴果卵状或近球状，长2-2.5厘米，径1.5-2厘米，黄色

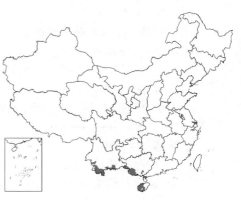

后紫红色，不裂，种子1-3。花期3-4月，果期6-10月。

产广东、海南、广西及云南，生于海拔100-1300米山地林中。印度、缅甸、泰国、越南、老挝、柬埔寨及马来西亚有分布。果味酸甜，熟时可吃。

图　71　木奶果　（黄少容绘）

15. 算盘子属 Glochidion J. R. et G. Forst.

（李秉滔　冯志坚）

乔木或灌木。单叶互生，2列，叶全缘，羽状脉，具短柄。花单性，雌雄同株，稀异株，聚伞花序或簇生成花束；雌花束常位于雄花束上部或雌雄花束分生于不同小枝叶腋。无花瓣；常无花盘；雄花花梗常纤细；萼片5-6，覆瓦状排列；雄蕊3-8，合生呈柱状，顶端稍分离，花药2室，药室外向，线形，纵裂；无退化雌蕊。雌花花梗粗短或几无梗；萼片与雄花同但稍厚；子房3-15室，每室2胚珠，花柱合生呈圆柱状或其他形状，顶端具裂缝或小裂齿。蒴果球形或扁球形，具多条纵沟，熟时裂为3-15个2裂分果爿。

约300种，主要分布热带亚洲至波利尼西亚，少数产热带美洲和非洲。我国28种，2变种。

1. 雄蕊4-8。
　2. 小枝、叶下面均被柔毛或绒毛。
　　3. 花簇生叶腋 ·· 1. 红算盘子 G. coccineum
　　3. 聚伞花序腋上生 ·· 2. 厚叶算盘子 G. hirsutum
　2. 小枝、叶均无毛。
　　4. 叶基部楔形或宽楔形；花簇生叶腋；雄花萼片倒卵形或长倒卵形；子房密被柔毛 ············
　　　 ·· 3. 艾胶算盘子 G. lanceolarium
　　4. 叶基部浅心形、平截或圆；聚伞花序腋上生；雄花萼片卵形或宽卵形；子房无毛 ············
　　　 ·· 4. 香港算盘子 G. zeylanicum
1. 雄蕊3。
　5. 叶或叶脉被毛。
　　6. 叶基部两侧不等 ·· 5. 里白算盘子 G. triandrum
　　6. 叶基部两侧相等。
　　　7. 叶和蒴果被长柔毛；基部钝、平截或圆 ···················· 6. 毛果算盘子 G. eriocarpum
　　　7. 叶和蒴果被短柔毛，叶基部楔形 ························· 7. 算盘子 G. puberum
　5. 叶无毛。
　　8. 叶基部两侧不等。
　　　9. 幼枝、子房和蒴果均被柔毛 ·························· 8. 甜叶算盘子 G. philippicum
　　　9. 幼枝、子房和蒴果均无毛
　　　　10. 叶下面淡绿色，干后灰褐色；花柱合生呈扁球状，宽约2毫米，为子房宽的2倍，包子房上部 ······
　　　　　 ·· 9. 圆果算盘子 G. spherogynum
　　　　10. 叶下面粉绿色，干后非灰褐色；花柱合生呈圆柱状，宽不及1毫米，比子房窄或等宽 ···········
　　　　　 ·· 10. 白背算盘子 G. wrightii
　　8. 叶基部两侧相等。
　　　11. 雄花花梗长1.3-2厘米，被柔毛 ···················· 11. 四裂算盘子 G. assamicum
　　　11. 雄花花梗长9毫米以下，无毛。

12. 小枝具棱；叶柄被柔毛；叶下面灰白色。
　　13. 叶两面中脉均凸起；子房无毛；花柱合生呈圆柱状 ······················ 12. **湖北算盘子 G. wilsonii**
　　13. 叶下面中脉凸起；子房初被毛；花柱合生呈棍棒状 ··················· 12(附). **革叶算盘子 G. daltonii**
12. 小枝圆柱状；叶柄无毛；叶下面非灰白色。
　　14. 小枝被短柔毛；雄花萼片倒卵形；雌花花柱圆柱状 ··················· 13. **倒卵叶算盘子 G. obovatum**
　　14. 小枝无毛；雄花萼片倒披针形；雌花花柱棍棒状 ··················· 14. **长柱算盘子 G. khasicum**

1. 红算盘子　　　　　　　　　　　　　　　图 72

Glochidion coccineum (Buch.-Ham.) Muell. Arg. in Linnaea 32: 60. 1863.

Agyneia coccinea Buch.-Ham. in Symes, Account Embassy Kingd. Ava 479. 1800.

图 72　红算盘子　（黄少容绘）

常绿灌木或乔木，高达10米。枝被柔毛。叶革质，长圆形、长椭圆形或卵状披针形，长6-12厘米，先端短渐尖，基部楔形，下面粉绿色，侧脉6-8对；叶柄长3-5毫米，被柔毛，托叶三角形，被柔毛。花2-6朵簇生叶腋，雌花束位于上部，雄花束位于下部。雄花花梗长0.5-1.5厘米；萼片6，倒卵形或长卵形，黄色，被疏柔毛；雄蕊4-6。雌花花梗极短；萼片6，倒卵形或倒卵状披针形，被柔毛；子房10室，密被绢毛，花柱合生呈近圆锥状。蒴果扁球状，高6-7毫米，径约1.5厘米，有10纵沟，被微毛；果柄几无。花期4-10月，果期8-12月。

产福建、广东、海南、广西、贵州及云南，生于海拔450-1000米山地疏林中、山坡、山谷灌丛中。印度、缅甸、泰国、老挝、越南及柬埔寨有分布。

2. 厚叶算盘子　　　　　　　　　　　　　　图 73

Glochidion hirsutum (Roxb.) Voigt, Hort. Suburb. Calcutt. 153. 1845.

Bradleia hirsuta Roxb. Fl. Ind. 3: 699. 1832.

灌木或小乔木，高达8米。小枝密被长柔毛。叶卵形、长卵形或长圆形，长7-15厘米，基部浅心形、平截或圆，偏斜，上面疏被柔毛，下面密被柔毛，侧脉6-10对；叶柄长5-7毫米，托叶披针形。聚伞花序常腋上生。雄花花梗长0.6-1厘米；萼片6，长圆形或倒卵形；雄蕊5-8。雌花花梗长2-3毫米；萼片6，卵形或宽卵形，被柔毛；子房被柔毛，5-6室，花柱合生呈圆锥状。蒴果扁球状，径0.8-1.2厘米，被柔毛，具5-6纵

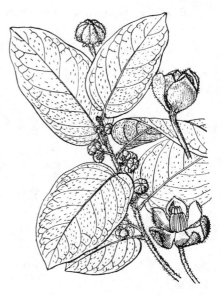

图 73　厚叶算盘子　（黄少容绘）

沟。花果期几全年。

产福建、台湾、广东、海南、广西、云南及西藏,生于海拔120-1800

米山地林下或灌丛中。印度有分布。根、叶药用,根治跌打、风湿、脱肛,叶治牙痛。木材坚硬。

3. 艾胶算盘子　　　　　　　　　　　　　　　　图74

Glochidion lanceolarium (Roxb.) Voigt, Hort. Suburb. Calcutt. 153. 1845.

Bradleia lanceolaria Roxb. Fl. Ind. 3: 697. 1832.

图 74 艾胶算盘子 (黄少容绘)

常绿灌木或乔木。除子房和蒴果外,全株无毛。叶革质,椭圆形、长圆形或长圆状披针形,长6-16厘米,基部楔形或宽楔形,两侧近相等,下面淡绿色,侧脉5-7对;叶柄长3-5毫米,托叶三角状披针形。花簇生叶腋,雌雄花着生不同小枝或雌花1-3朵生于雄花束内。雄花花梗长0.8-1厘米;萼片6,倒卵形或长倒卵形。雌花花梗长2-4毫米;萼片6,卵形或窄卵形;子房密被柔毛,花柱合生呈卵形,约为子房长1/2,顶端近平截。蒴果近球状,径1.2-1.8厘米,高0.7-1厘米,顶端常凹陷,有6-8纵沟,顶端被微柔毛,后无毛。花期4-9月,果期7月至翌年2月。

产福建、广东、香港、海南、广西及云南,生于海拔500-1200米山地疏林中或溪边灌丛中。印度、泰国、老挝、柬埔寨及越南有分布。

4. 香港算盘子　　　　　　　　　　　　　　　　图75

Glochidion zeylanicum (Gaertn.) A. Juss. Tent. Euphorb. 107. 1824.

Bradleia zeylanica Gaertn. Fruct. 2: 128. 1791.

灌木或小乔木;全株无毛。叶长圆形、卵状长圆形或卵形,长6-18厘米,先端钝或圆,基部浅心形、平截或圆,两侧稍偏斜,侧脉5-7对;叶柄长约5毫米。花簇生呈花束,或聚伞花序腋生;雌花和雄花分别生于小枝的上下部,或雌花序内具1-3朵雄花。雄花花梗长6-9毫米;萼片6,卵形或宽卵形。雌花花柱合生呈圆锥状,顶端平截。蒴果扁球状,径0.8-1厘米,高约5毫米,具8-12纵沟。花期3-8月,果期7-11月。

产福建、台湾、广东、香港、海南、广西及云南,生于山谷或溪边灌丛中。印度、斯里兰卡、越南、日本、印度尼西亚有分布。全株药用,根皮治咳嗽、肝炎,茎叶治跌打损伤。

图 75 香港算盘子 (黄少容绘)

5. 里白算盘子 图 76

Glochidion triandrum (Blanco) C. B. Rob. in Philipp. Journ. Sci. Bot. 4: 92. 1909.

Kirganelia triandra Blanco, Fl. Filip. 711. 1837.

灌木或小乔木，高达7米。小枝被褐色柔毛。叶长椭圆形或披针形，长4-13厘米，基部宽楔形，上面幼时仅中脉被疏柔毛，后无毛，下面带苍白色，被白色柔毛，侧脉5-7对；叶柄长2-4毫米，托叶卵状三角形。花5-6朵簇生叶腋，雌花生于小枝上部，雄花生于下部。雄花花梗长6-7毫米，基部具小苞片；萼片6，倒卵形，被柔毛；雄蕊3，合生。雌花几无花梗；萼片与雄花的相似；子房4-5室，被柔毛，花柱合生呈圆柱状。蒴果扁球状，径5-7毫米，高约4毫米，有8-10纵沟，被疏柔毛，萼片和花柱宿存；果柄长5-6毫米。花期3-7月，果期7-12月。

产浙江南部、福建、台湾、湖南、广东、海南、广西、贵州、四川及

图 76 里白算盘子 （黄少容绘）

云南，生于海拔500-2600米山地疏林中或山谷溪边灌丛中。印度、尼泊尔、锡金、柬埔寨、日本及菲律宾有分布。

6. 毛果算盘子 图 77 彩片 17

Glochidion eriocarpum Champ. ex Benth. in Journ. Bot. 6: 6. 1854.

灌木，高达5米。小枝密被淡黄色长柔毛。叶纸质，卵形、窄卵形或宽卵形，长4-8厘米，先端渐尖或尖，基部钝、平截或圆，两面被长柔毛，侧脉4-5对；叶柄长1-2毫米，被柔毛，托叶钻形。花单生或2-4朵簇生叶腋；雌花生小枝上部，雄花生下部。雄花花梗长4-6毫米；萼片6，长倒卵形，被疏柔毛；雄蕊3。雌花几无花梗；萼片6，长圆形，两面均被长柔毛；子房密被柔毛，

4-5室，花柱合生呈圆柱状。蒴果扁球状，径0.8-1厘米，具4-5纵沟，密被长柔毛，花柱宿存。花果期几全年。

产江苏南部、福建、台湾、湖南南部、广东、香港、海南、广西、贵州及云南，生于海拔130-1600米山坡、山谷灌丛中或林缘。越南有分布。

图 77 毛果算盘子 （黄少容绘）

7. 算盘子 图 78 彩片 18

Glochidion puberum (Linn.) Hutch. in Sarg. Pl. Wilson. 2: 518. 1916.

Agyneia pubera Linn. Mant. 2: 296. 1771.

灌木。小枝、叶下面、萼片外面、子房和果均密被柔毛。叶长圆形、长

卵形或倒卵状长圆形，长3-8厘米，基部楔形，上面灰绿色，中脉被疏柔毛，下面粉绿色，侧脉5-7对，网脉明显；叶柄长1-3毫米，托叶三角形。

花雌雄同株或异株，2-5朵簇生叶腋，雄花束常生于小枝下部，雌花束在上部，有时雌花和雄花同生于叶腋。雄花花梗长0.4-1.5厘米；萼片6，窄长圆形或长圆状倒卵形，长2.5-3.5毫米；雄蕊3，合生成圆柱状。雌花花梗长约1毫米；花柱合生呈环状。蒴果扁球状，径0.8-1.5厘米，有8-10纵沟，熟时带红色，花柱宿存。花期4-8月，果期7-11月。

产山东、江苏、安徽、浙江、福建、台湾、江西、湖北、湖南、广东、香港、海南、广西、贵州、云南、西藏、四川、甘肃、陕西及河南，生于海拔300-2200米山坡、溪边灌丛中或林缘。

图 78 算盘子 （黄少容绘）

8. 甜叶算盘子　　　　　　　　　　图 79

Glochidion philippicum (Cav.) C. B. Rob. in Philipp. Journ. Sci. Bot. 4: 103. 1909.

Bradleia philippica Cav. Icon. 3: 48. t. 371. 1797.

乔木，高达12米。幼枝被柔毛，老渐无毛。叶卵状披针形或长圆形，长5-15厘米，基部楔形或宽楔形，常偏斜，两面无毛，侧脉6-8对；叶柄长4-6毫米，托叶卵状三角形。花4-10朵簇生叶腋。雄花花梗长6-7毫米；萼片6，长圆形或倒卵状长圆形，无毛；雄蕊3，合生呈圆柱状。雌花花梗长2-4毫米；花柱合生呈圆锥状。

图 79 甜叶算盘子 （黄少容绘）

蒴果扁球状，径0.8-1.2厘米，高4.5-5.5毫米，顶端中央凹下，疏被白色柔毛，具8-10纵沟，花柱宿存；果柄长3-8毫米。花期4-8月，果期7-12月。

产福建、台湾、广东、海南、广西、贵州、云南及四川，生于山地阔叶林中。菲律宾、马来西亚及印度尼西亚有分布。

9. 圆果算盘子　　　　　　　　　　图 80

Glochidion sphaerogynum (Muell. Arg.) Kurz, For. Fl. Brit. Burma 2: 346. 1877.

Phyllanthus sphaerogynus Muell. Arg. in Flora 48. 375. 1865.

图 80 圆果算盘子 （黄少容绘）

乔木或灌木，高达10米；树皮灰白色。小枝无毛。叶卵状披针形、披针形或长圆状披针形，长7-10厘米，先端渐尖，基部楔形，两面无毛，下面淡绿色，干后灰褐色，侧脉6-8对；叶柄长5-8毫米，托叶近三角形。花簇生叶腋。雄花花梗长6-8毫米；萼片5-6，倒卵形或椭圆形。雌花花梗长2-3毫米；萼片卵形或卵状三角形。蒴果扁球状，径0.8-1厘米，高约4毫米，顶端凹下，有8-12纵沟，花柱宿存。花期12月-翌年4月，果期4-10月。

产广东、香港、海南、贵州、广西及云南，生于海拔100-1600米山地疏林中或旷野灌丛中。印度、缅甸、泰国及越南有分布。枝叶药用，治感冒、口腔炎，外治刀伤出血、骨折。

10. 白背算盘子

图 81

Glochidion wrightii Benth. Fl. Hongkong. 313. 1861.

灌木或乔木，高达8米；全株无毛。叶纸质，长圆形或长圆状披针形，常镰刀状，长2.5-5.5厘米，先端渐尖，基部楔形，两侧不相等，下面粉绿色；侧脉5-6对；叶柄长3-5毫米。雌花或雌雄花簇生叶腋。雄花花梗长2-4毫米；萼片6，长圆形，长约2毫米，黄色；雄蕊3，合生。雌花几无花梗；萼片6，其中3片较宽而厚，卵形、椭圆形或长圆形，长约1毫米；子房球状，3-4室，花柱合生呈圆柱状，长不及1毫米。蒴果扁球状，径6-8毫米，红色，顶端宿存花柱。花期5-9月，果期7-11月。

产福建、广东、香港、海南、广西、湖南西南部、贵州及云南，生于

图 81 白背算盘子 （黄少容绘）

海拔 240-1000 米山地疏林中或灌丛中。

11. 四裂算盘子

图 82

Glochidion assamicum (Muell. Arg.) Hook. f. Fl. Brit. Ind. 5: 319. 1887

Phyllanthus assamicus Muell. Arg. in Flora 48: 378. 1865.

乔木，高达10米。枝叶无毛。叶纸质或近革质，宽椭圆形、卵形或披针形，长9-15厘米，先端渐尖或短渐尖，基部楔形，下面干时淡褐色，侧脉6-8对；叶柄长2-3毫米，托叶三角形。多朵雄花和少数雌花簇生叶腋。雄花径约3毫米，花梗长1.3-2厘米，被柔毛；萼片6，长

图 82 四裂算盘子 （黄少容绘）

圆形或倒卵状长圆形，被柔毛；雄蕊3，合生。雌花几无梗；花柱合生呈圆锥状，无毛。蒴果扁球状，径6-8毫米，高2-3毫米，果皮薄；果柄短。

产台湾、广东、海南、广西、贵州及云南，生于海拔130-1700米山地

常绿阔叶林中或河边灌丛中。印度、锡金、缅甸、泰国及越南有分布。

12. 湖北算盘子 　　　　　　　　　　　　图 83

Glochidion wilsonii Hutch. in Sarg. Pl. Wilson. 2: 518. 1916.

灌木，高达4米。除叶柄外，全株无毛。叶纸质，披针形或斜披针形，

长3-10厘米，先端短渐尖或尖，基部钝或宽楔形，上面绿色，下面带灰白色，侧脉5-6对，两面中脉凸起；叶柄长3-5毫米，被极细小柔毛或几无毛，托叶卵状披针形。花绿色，雌雄同株，簇生叶腋，雌花生于小枝上部，雄花生于下部。雄花花梗长约8毫米；萼片6，长圆形或倒卵形，长2.5-3毫米，

先端钝；雄蕊3，合生。雌花花梗短；萼片与雄花的相同；子房6-8室，无毛，花柱合生呈圆柱状，顶端多裂。蒴果扁球状，径约1.5厘米，有6-8纵沟，萼片宿存。花期4-7月，果期6-9月。

产江苏、安徽、浙江、福建、江西、河南、湖北、湖南、广东、广西、云南东北部、贵州及四川，生于海拔600-1600米山地灌丛中。

[附] **革叶算盘子 Glochidion daltonii** (Muell. Arg.) Kurz, For. Fl. Brit. Burma 2: 344. 1877.——*Phyllanthus daltonii* Muell. Arg. in DC. Prodr. 15(2): 310. 1866. 本种与湖北算盘子的区别：灌木或乔木，高达10米；叶草质，长2-3厘米，下面中脉凸起；子房初被毛；花柱合生呈棍棒状。产

图 83 湖北算盘子 （引自《图鉴》）

山东、江苏、安徽、浙江、江西、湖北、湖南、广东、广西、贵州、云南及四川，生于海拔200-1700米山地疏林中或山坡灌丛中。印度、缅甸、锡金、泰国及越南有分布。

13. 倒卵叶算盘子 　　　　　　　　　　　图 84

Glochidion obovatum Sieb. et Zucc. in Abh. Akad. Wiss. Wien, Math.-Phys. 4(2): 143. 1843.

灌木或小灌木。小枝圆柱状，枝条被短柔毛。叶倒卵形或长圆形倒卵形，长3.5-8厘米，先端钝或短渐尖，基部楔形，无毛，下面非灰白色；

叶柄长1.5-2毫米，无毛。托叶卵状三角形。聚伞花序生于叶腋。雄花花梗长6-9毫米；萼片6，倒卵形，长1.5-2毫米；雄蕊3，合生。雌花花梗长3-6毫米；萼片与雄花的相同；子房卵形，4-6室，无毛，花柱合生呈圆柱状，顶端6裂。蒴果扁球状，径约7毫米，高约4.5毫米，

图 84 倒卵叶算盘子 （黄少客绘）

具8-12纵沟。

产浙江、福建、台湾及广东东部，生于山地灌丛中。日本有分布。

14. 长柱算盘子   图85

Glochidion khasicum (Muell. Arg.) Hook. f. Fl. Brit. Ind. 5: 324. 1887.

Phyllanthus khasicum Muell. Arg. in Flora 48: 389. 1865.

灌木或小乔木。小枝具棱；全株无毛。叶长圆形或卵状披针形，长7-10厘米，先端渐尖，基部楔形并下延至叶柄，侧脉5-6对；叶柄粗，长4-6毫米，托叶卵状三角形，长2.5毫米。花数朵簇生叶腋。雄花花梗短，萼片6，倒披针形，不等大，长3-3.5毫米，雄蕊3，合生，药隔突起；雌花几无花梗，萼

图 85 长柱算盘子 （黄少容绘）

片6，卵状长圆形，不等大，长3.5-4毫米，子房球状，3室，花柱合生近棍棒状，顶端不等3齿裂。蒴果扁球状，顶部和基部凹下，径约8毫米，具3纵沟，果柄短。种子半球形。

产广西及云南，生于海拔900-1300米山地疏林中或山谷灌丛中。印度、锡金及泰国有分布。

16. 守宫木属 **Sauropus** Bl.

（李秉滔 冯志坚）

灌木，稀草本或攀援灌木。单叶互生，叶全缘，羽状脉，稀三出脉；具叶柄，托叶2。花雌雄同株或异株，无花瓣；雄花簇生或单生，腋生或茎花，稀成总状或聚伞花序；雌花1-2朵腋生或与雄花混生。花梗基部常具小苞片；雄花花萼盘状、壶状或陀螺状，全缘或6裂，裂片覆瓦状排列；花盘6-12裂，裂片与萼片对生；雄蕊3，与外轮萼片对生，花丝常合生呈短柱状，花药外向，2室，纵裂。雌花花萼常6深裂，裂片覆瓦状排列，2轮；无花盘；子房3室，每室2胚珠，花柱3，极短，分离或基部合生，顶端2齿裂或深裂，裂片外展或下弯。蒴果熟时裂为3个2裂分果爿。种子无种阜。

约53种，分布印度、东南亚、澳大利亚和马达加斯加。我国14种、2变种。

1. 灌木；萼片内面无腺槽，雄花萼片全缘。
    2. 茎花或花生于落叶枝条中部以下 ·········· 1. 龙脷叶 S. spatulifolius
    2. 花或花序生于叶腋；果腋生。
        3. 叶革质，网脉明显 ·········· 2. 网脉守宫木 S. reticulatus
        3. 叶膜质或纸质，网脉不明显或不甚明显。
            4. 雌花花梗长2-6厘米，果柄长达13厘米 ·········· 3. 长梗守宫木 S. macranthus
            4. 雌花花梗长0.1-1.5厘米。
                5. 小枝4棱 ·········· 4. 方枝守宫木 S. quadrangularis
                5. 小枝幼时具不明显棱，老渐圆柱形。
                    6. 小枝和叶脉幼时被微柔毛；叶下面苍绿色；雌花萼片卵形；蒴果倒卵形或近卵形 ·········· 5. 苍叶守宫木 S. garrettii
                    6. 小枝和叶脉均无毛；叶下面淡黄绿色；雌花萼片倒卵形；蒴果球形或扁球形 ··········

.... 6. 守宫木 **S. androgynus**

1. 一年生或多年生草本；萼片内面有腺槽，雄花萼片上部具不规则圆齿 .... 7. 艾堇 **S. bacciformis**

1. 龙脷叶　　　　　　　　　　　　　　　图86
Sauropus spatulifolius Beille in Lecomte, Fl. Gen. Indo-Chine 5: 652. 1927.

常绿小灌木，高达40厘米。幼枝被腺状柔毛，老渐无毛。叶常聚生小枝上部，常向下弯垂，叶鲜时近肉质，干后革质或厚纸质，匙形或倒卵状长圆形，长4.5-16.5厘米，先端圆或钝，有小凸尖，基部楔形或圆，侧脉6-9对；叶柄长2-5毫米，初被腺状柔毛，托叶三角状耳形。花红或紫红色，雌雄同枝，2-5朵簇生落叶枝条中部或下部，或茎花，有时成聚伞花序；具披针形苞片。雄花花梗丝状，长3-5毫米；萼片6，2轮，倒卵形，长2-3毫米；花盘腺体6，与萼片对生；雄蕊3，花丝合生。雌花花梗长2-3毫米；子房3室，花柱3，顶端2裂。花期2-10月。

原产越南北部。福建、广东、海南和广西栽培。叶药用，可治咳嗽、喉痛。

图 86 龙脷叶 （黄少容绘）

2. 网脉守宫木　　　　　　　　　　　　图87
Sauropus reticulatus X. L. Mo ex P. T. Li in Acta Phytotax. Sin. 25: 133. 1987

灌木，高约2米；全株无毛。叶革质，长圆形、长椭圆形或椭圆状披针形，长10-16厘米，先端渐尖，基部宽楔形，侧脉8-10对，与网脉两面均明显；叶柄长约5毫米，托叶三角形。蒴果扁球状，径约2厘米，高约1.5厘米，单生叶腋；果柄长约3厘米；宿存萼片6，宽倒卵形，长约5毫米，宽2.5毫米，宿存花柱3，分离，顶端2裂。

产广西西部及云南东南部，生于海拔500-800米石灰岩山地疏林下或山坡灌丛中。

图 87 网脉守宫木 （黄少容绘）

3. 长梗守宫木　　　　　　　　　　　　图88
Sauropus macranthus Hassk. Retzia 1: 166. 1855.

灌木，高达4米；全株无毛。小枝略具棱。叶纸质，卵状长圆形、卵状椭圆形或卵状披针形，长4-20厘米，先端短渐尖，基部楔形或圆，侧脉6-10对；叶柄长2.5-7毫米，托叶三角状披针形。雌雄同株；雄花花梗长2-6.6毫米；花萼盘状，径3.5-4.5毫米，有红色线斑，6-8浅裂；花盘腺体6-8，与萼片对生。雌花单生或几朵与雄花簇生叶腋；花梗长2-6厘米，果柄长9-13厘米；花萼黄绿色，6深裂，具紫红色条纹；无花盘。蒴果近球

形或扁球形，径1.5-2.5厘米，红色或红褐色；宿存萼片倒卵形，具爪，花柱宿存。

产海南、广西及云南，生于海拔500-1500米山地阔叶林下或山谷灌丛中。印度、亚洲东南部至澳大利亚有分布。

4. 方枝守宫木 图89

Sauropus quadrangularis (Willd.) Muell. Arg. in Linnaea 32: 73. 1863.

Phyllanthus quadrangularis Willd. Sp. Pl. 4: 585. 1805.

图 88 长梗守宫木 （黄少容绘）

灌木，高达1米；全株无毛。小枝4棱，叶稠密，羽状排列；叶卵形、椭圆形或近圆形，长0.5-2厘米，先端钝或圆，有小凸尖，基部圆或钝，侧脉4-5对；叶柄长1毫米，托叶长三角形。花雌雄同株，1-2朵腋生。雄花花梗长2-3毫米；花萼盘状，6深裂；花盘裂片腺体状。雌花花梗长1-3毫米；花萼6裂至基部，裂片近倒卵形。蒴果扁球形，径约8毫米，外果皮薄，熟后星状开裂，花萼宿存。

产广西及云南，生于海拔100-1750米山地疏林下或山谷灌丛中。印度、泰国、越南及柬埔寨有分布。

5. 苍叶守宫木 图90

Sauropus garrettii Craib in Kew Bull. Misc. Inform. 1914: 284. 1914.

灌木，高达4米。幼枝具不明显棱，老渐圆柱状。除幼枝和叶脉被微柔毛外，各部无毛。

图 89 方枝守宫木 （黄少容绘）

叶卵状披针形，稀长圆形或卵形，长2-13厘米，先端常渐尖，基部宽楔形、圆或平截，下面苍绿色，侧脉5-6对；叶柄长约2毫米，托叶长披针形。花雌雄同株，1-2朵腋生，或雌花雄花同簇生叶腋。雄花花梗长0.3-1厘米，基部密被小苞片；花萼盘状，径3-5毫米，6浅裂，裂片卵形或近椭圆形。雌花花梗长0.6-1.5厘米；花萼6深裂，裂片卵形或近菱形。蒴果倒卵形或近卵状，径1-2.5厘米；宿萼倒卵形。

产湖北、湖南、广东、海南、广西、贵州、云南及四川，生于海拔500-

图 90 苍叶守宫木 （黄少容绘）

2000米山地常绿林内或山谷阴湿灌丛中。缅甸、泰国、新加坡及马来西亚有分布。

6. 守宫木　　　　　　　　　图 91 彩片 19

Sauropus androgynus (Linn.) Merr. in Philipp. Bur. For. Bull. 1: 30. 1903.

Clutia androgyna Linn. Mant. Pl. 1: 128. 1767.

图 91 守宫木 （黄少客绘）

灌木；全株无毛。幼枝上部具棱，老渐圆柱状。叶卵状披针形，长圆状披针形或披针形，长3-10厘米，先端渐尖，基部楔形、圆或平截，侧脉5-7对，网脉不明显；叶柄长2-4毫米，托叶长三角形或线状披针形。雄花1-2朵腋生，或几朵与雌花簇生叶腋；花梗长5-7.5毫米；花盘浅盘状，裂片倒卵形；雄蕊3。雌花常单生叶腋；花梗长6-8毫米；花萼6深裂，裂片红色，无花盘；子房3室，花柱3，顶端2裂。蒴果扁球形或球形，径约1.7厘米，高1.2厘米，乳白色。花期4-

7月，果期7-12月。

产湖北、福建、广东、海南、广西、贵州、四川及云南，或栽培。印度、斯里兰卡、老挝、柬埔寨、越南、菲律宾、印度尼西亚及马来西亚有分布。嫩枝叶可作蔬菜。

7. 艾堇　红果草　　　　　　图 92 彩片 20

Sauropus bacciformis (Linn.) Airy Shaw in Kew Bull. 35: 685. 1980.

Phyllanthus bacciformis Linn. Mant. Pl. 2: 294. 1771.

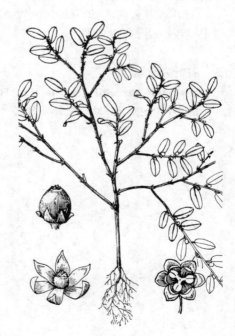

图 92 艾堇 （黄少客绘）

一年生或多年生草本；全株无毛。枝条具锐棱或窄的膜质翅。叶椭圆形、倒卵形、近圆形或披针形，长1-2.5厘米，侧脉不明显；叶柄长约1毫米。花数朵簇生叶腋。花梗长1-1.5毫米；萼片宽卵形或倒卵形，内面有腺槽，上部具不规则圆齿；花盘腺体6，肉质。雌花单生叶腋；花梗长1-1.5毫米；萼片长圆状披针形；无花盘；蒴果卵球状，径4-4.5毫米，高约6毫米，幼时红色，熟时开裂为3个2裂分果爿。

产福建、台湾、广东、海南及广西，生于海边沙滩或湖边草地上。毛里求斯、印度、斯里兰卡、越南、菲律宾、印度尼西亚、马来西亚有分布。

17. 黑面神属 Breynia J. R. et Forst.

（李秉滔　冯志坚）

灌木或小乔木。单叶互生，2列，全缘，干后常黑色，羽状脉，具叶柄和托叶。花雌雄同株，单生或数朵簇生于叶腋。花有梗；无花瓣和花盘；雄花花萼呈陀螺状、漏斗状或半球状，顶端常6浅裂或细齿裂；雄蕊3，花丝合生呈柱状，花药2室，纵裂；无退化雌蕊。雌花花萼半球状，钟状或辐射状，6裂，果时增大呈盘状；子房3室，每室胚珠2，花柱3，顶端常2裂。蒴果浆果状，不裂，外果皮稍肉质，干后常变硬，花萼宿存。种子三棱状，种皮薄，无种阜。

约26种，主要分布亚洲东南部，少数产澳大利亚及太平洋诸岛。我国5种。

1. 小枝圆柱状；叶膜质，无小斑点和鳞片 ·· 1. 小叶黑面神 **B. vitis-idaea**
1. 小枝4棱或扁；叶革质或纸质，密被小斑点或小鳞片。
  2. 小枝4棱；叶长约2.5厘米，宽0.7-1.5厘米，叶缘密被小斑点或小鳞片，干后灰色 ··············
    ··· 2. 钝叶黑面神 **B. retusa**
  2. 小枝扁；叶长3-7厘米，宽1.5-3.5厘米，被小斑点，干后黑色。
    3. 叶革质，先端钝或尖；雌花花萼钟状，6浅裂，裂片近相等，果时增大，上部辐射呈盘状；蒴果顶端无圆锥
      状喙 ··· 3. 黑面神 **B. fruticosa**
    3. 叶纸质或近革质，先端渐尖；雌花花萼6深裂，3片较大，果时不增大而反折；蒴果具宿存喙状花柱 ······
    ··· 4. 喙果黑面神 **B. rostrata**

1. 小叶黑面神 图93 彩片21

Breynia vitis-idaea (Burm. f.) C. E. C. Fischer in Kew Bull. Misc. Inform. 1932: 65. 1932.

Rhamnus vitis-idaea Burm. f. Fl. Ind. 61. 1768.

灌木，高达3米；全株无毛。小枝圆柱状。叶卵形、宽卵形或长椭圆形，长2-3.5厘米，先端钝或圆，基部楔形，下面粉绿或苍白色，侧脉3-5对；叶柄长2-3毫米，托叶卵状三角形。花单生或几朵成总状花序。雄花花梗长0.4-1厘米；萼片6，宽卵形。雌花花梗长3-4毫米。蒴果卵球形，顶端扁，径5毫米，花萼宿存；果柄长3-4毫米。花期3-9月，果期5-12月。

产福建、台湾、广东、广西、贵州及云南，生于海拔150-1000米山地灌丛中。印度、泰国、柬埔寨、越南、马来西亚及菲律宾有分布。全株药用，可消炎、平喘。

图 93 小叶黑面神 （黄少容绘）

2. 钝叶黑面神 图94 彩片22

Breynia retusa (Dennst.) Alston in Trimen, Handb. Fl. Ceyl. 6(Suppl.):

261. 1931.

Phyllanthus retusus Dennst.

Schlüss. Hort. Malab. 31. 1818.

灌木，高约50厘米；全株无毛。小枝具4棱。叶革质，椭圆形，长1.5-2.5厘米，先端钝或圆，基部圆，近叶缘处密被小鳞片，下面粉绿色，侧脉4-5对；叶柄长1-2毫米，托叶卵状披针形。花梗长5-8毫米；雄花花萼陀螺状，长2-3毫米，顶端6裂；雄蕊3，合生呈柱状。雌花花萼盘状，顶端6裂；子房3室，花柱3，粗短。蒴果近球形，径0.8-1厘米，果皮肉质，不裂，橙

红色，花萼宿存。花期4-9月，果期7-11月。

产贵州、云南及西藏，生于海拔1000-2000米山地疏林内或山谷灌丛中。印度、斯里兰卡、缅甸、泰国及越南有分布。

图 94 钝叶黑面神 （黄少容绘）

3. 黑面神 黑面叶   图 95 彩片 23

Breynia fruticosa (Linn.) Hook. f. Fl. Brit. Ind. 5:331. 1887.

Andrachne fruticosa Linn. Sp. Pl. 1014. 1753.

灌木，高达3米；全株无毛。小枝上部扁。叶革质，卵形、宽卵形或菱状卵形，长3-7厘米，下面粉绿色，干后黑色，具小斑点，侧脉3-5对；叶柄长3-4毫米，托叶三角状披针形。花单生或2-4朵簇生叶腋，雌花位于小枝上部，雄花位于下部，有时生于不同小枝。雄花花梗长2-3毫米；花萼陀螺状，6齿裂。雌花花梗长约2毫米；花萼钟状，6浅裂，萼片近相等，果时约

图 95 黑面神 （黄少容绘）

增大1倍，上部辐射张开呈盘状。蒴果球形，径6-7毫米，花萼宿存。花期4-9月，果期5-12月。

产浙江、福建、台湾、江西、湖北、广东、香港、海南、广西、贵州、云南及四川，散生于山坡、平地旷野灌丛中或林缘。越南有分布。

4. 喙果黑面神   图 96

Breynia rostrata Merr. in Philipp. Journ. Sci. Bot. 21: 346. 1927.

常绿灌木或乔木；全株无毛。小枝和叶干后黑色。叶纸质或近革质，卵

图 96 喙果黑面神 （黄少容绘）

状披针形或长圆状披针形，长3-7厘米，先端渐尖，基部楔形，下面灰绿色，侧脉3-5对；叶柄长2-3毫米，托叶三角状披针形。花单生或2-3朵雌花与雄花簇生叶腋。雄花花梗长约3毫米，宽卵形；花萼漏斗状，6细齿裂。雌花花梗长约3毫米；花萼6裂，裂片3片较大，宽卵形，

另3片较小，卵形，花后常反折，果时不增大。蒴果球形，径6-7毫米，具宿存喙状花柱。花期3-9月，果期6-11月。

产浙江南部、福建、广东、海南、广西及云南，生于海拔150-1500米山地密林内或山坡灌丛中。越南有分布。根、叶药用，治风湿骨痛、湿疹、皮炎。

18. 秋枫属 Bischofia Bl.

（李秉滔　冯志坚）

大乔木；有乳管，汁液红色或淡红色。叶互生，三出复叶，稀5小叶，具长柄，小叶具细齿；托叶小，早落。花单性，雌雄异株，稀同株，圆锥花序或总状花序腋生，常下垂。无花瓣及花盘；萼片5，离生；雄花萼片镊合状排列，初包雄蕊，后外弯；雄蕊5，分离，与萼片对生，花丝短，花药大，药室2，平行，纵裂；退化雌蕊短而宽，有短柄。雌花萼片覆瓦状排列，子房上位，3室，每室2胚珠，花柱2-4，长而肥厚，直立或外弯。果浆果状，球形，不裂，外果皮肉质，内果皮坚纸质。种子3-6，长圆形，无种阜。

2种，分布亚洲南部及东南部至澳大利亚和波利尼西亚。我国均产。

1. 常绿或半常绿乔木；小叶基部宽楔形或钝，叶缘锯齿较疏，每1厘米有2-3细齿；圆锥花序 ……………………………………………………………………………………… 1. 秋枫 B. javanica
1. 落叶乔木；小叶基部圆或浅心形，叶缘锯齿较密，每1厘米有4-5细齿；总状花序 ………………………………………………………………………………… 2. 重阳木 B. polycarpa

1. 秋枫　重阳木　　　　　　　　　　　图97 彩片24

Bischofia javanica Bl. Bijdr. 1168. 1826-1827.

常绿或半常绿大乔木，高达40米，胸径2.3米。三出复叶，总柄长8-20厘米；小叶卵形、椭圆形、倒卵形或椭圆状卵形，长7-15厘米，先端尖或短尾尖，基部宽楔形，边缘每1厘米有2-3细齿，幼时叶脉疏被柔毛，老渐无毛。顶生小叶柄长2-5厘米，侧生小叶柄长0.5-2厘米，托叶膜质，披针形。花雌雄异株，圆锥花序腋生，雄花序长8-13厘米；雌花序长15-27厘米，下垂。雄花萼片膜质，半圆形，雄蕊5，退化雌蕊小，被柔毛。雌花萼片长圆状卵形。果浆果状，球形或近球形，径0.6-1.3厘米，淡褐色。花期4-5月，果期8-10月。

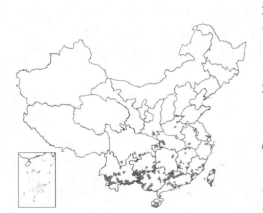

图 97 秋枫　（余汉平绘）

产江苏、安徽、浙江、福建、台湾、江西、湖北、湖南、广东、香港、海南、广西、贵州、云南、四川、陕西及河南，生于海拔800米以下山地沟谷中。印度、东南亚、日本、澳大利亚及波利尼西亚有分布。用材树种；

果肉可酿酒；根药用，治风湿骨痛、痢疾。

2. 重阳木 图98

Bischofia polycarpa (Lévl.) Airy Shaw in Kew Bull. 27(2): 271. 1972.

Celtis polycarpa Lévl. in Fedde, Repert Sp. Nov. 2: 296. 1912.

落叶乔木，高达15米，胸径50厘米，有时达1米；全株无毛。三出复叶，叶柄长9-13.5厘米；小叶纸质，卵形或椭圆状卵形，长5-14厘米，先端突尖或短渐尖，基部圆或浅心形，边缘每1厘米具4-5细齿；顶生小叶柄长1.5-4厘米，侧生小叶柄长0.3-1.4厘米，托叶小，早落。花雌雄异株，春季与叶同放，总状花序，下垂。雄花萼片半圆形，膜质，向外张开；花丝短，有退化雌蕊；雌花萼片与雄花相同，有白色膜质边缘；花柱2-3，顶端不裂。果浆果状，球形，径5-7毫米，熟时褐红色。花期4-5月，果期10-11月。

产江苏、浙江、安徽、福建、台湾、江西、陕西、湖北、湖南、广东、

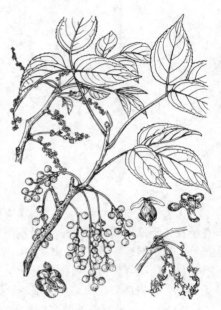

图 98 重阳木 （引自《中国树木志》）

广西、贵州及四川，生于海拔1000米以下山地林中或平原栽培。

19. 缅桐属 Sumbaviopsis J. J. Smith
（黄淑美）

乔木或灌木状，高达5米。小枝被灰褐色星状柔毛。叶互生，纸质，卵形、长圆形或卵状长圆形，长10-30厘米，先端骤渐尖，基部稍圆或宽楔形，下面密被星状绒毛，近全缘或具波状浅齿，基脉掌状，侧脉10-12对；叶柄长3-8厘米，盾状着生。总状花序长达30厘米，顶生；花雌雄同株，雄花生于花序上部，2-3朵簇生苞腋，雌花常1朵生于花序下部。雄花花梗长4-5毫米；花萼裂片5，镊合状排列；花瓣小，5或10，覆瓦状排列；花盘边缘具齿，有时缺；雄蕊多数，花药内向，纵裂，无不育雌蕊。雌花花梗长约1厘米；花萼5深裂；无花瓣；花盘环状，不明显或缺；子房3室，每室1胚珠，花柱3，基部合生，上部2裂，柱头具乳头状突起。蒴果钝三棱状扁球形，长1.5-1.8厘米，具3个分果爿。种子近球形。

单种属。

缅桐 图99

Sumbaviopsis albicans (Bl.) J. J. Smith in Mededdel. Departm. Landbouw 10: 357. 1910.

Adsica albicans Bl. Bijdr. 611. 1826.

形态特征同属。花期4-7月，果期10-12月。

产四川及云南南部，生于海拔600-800米山沟常绿林中。印度东北部、缅甸及东南亚有分布。

20. 地构叶属 Speranskia Baill.

（黄淑美）

多年生草本。茎直立，基部常木质。叶互生，具锯齿。总状花序顶生，花雌雄同株，雄花常生于花序上部，雌花生于花序下部，有时二者聚生苞腋，雄花常生于雌花两侧。雄花花萼裂片5，镊合状排列；花瓣5，具爪，有时无花瓣；花盘5裂或具5腺体；雄蕊5-15，2-3轮，花丝离生，花药2室，纵裂，无不育雌蕊。雌花花萼裂片5；花瓣小，5或无；花盘盘状；子房2室，每室1胚珠；花柱3，2裂近基部，裂片羽状撕裂。蒴果具3个分果爿。种子具肉质胚乳，子叶宽扁。

我国特有属，3种。

1. 雌花无花瓣；叶柄长7毫米以上 ········ 1. 广东地构叶 S. cantonensis
1. 雌花具花瓣；叶柄长不及5毫米 ············ 2. 地构叶 S. tuberculata

1. 广东地构叶

图 100

Speranskia cantonensis (Hance) Pax et Hoffm. in Engl. Pflanzenr. 57(IV. 147. VI): 15. f. 3. A–C. 1912.

Argyrothamnia cantonensis Hance in Journ. Bot. 16: 14. 1878.

草本。叶纸质，卵形或卵状椭圆形，长2.5-9厘米，具圆钝齿，两面被柔毛，侧脉4-5对；叶柄长1-3.5厘米，顶端常具黄色腺体。花序上部具雄花5-15朵，下部雌花4-10朵。雄花1-2朵生于苞腋；花梗长1-2毫米；花萼裂片卵形，长1.5毫米；花瓣倒心形或倒卵形，长不及1毫米；花盘具5腺体。雌花花梗长约1.5毫米；花萼裂片卵状披针形，长1-1.5毫米，无花瓣。蒴果扁球形，径约7毫米，具瘤状突起；果柄长达6毫米。花期2-5月，果期10-12月。

产甘肃、陕西、四川、贵州、云南、湖北、湖南、江西、广东及广西，生于海拔1000-2600米草丛或灌丛中。

2. 地构叶 疣果地构叶

图 101 彩片 25

Speranskia tuberculata (Bunge) Baill. Etud. Gen. Euphorb. 389. 1858.

Croton tuberculatus Bunge in Mém. Soc. Etrang. Pétersb. 2: 134. 1835.

草本，高达50厘米。叶披针形或卵状披针形，长1.8-5.5厘米，宽0.5-2.5厘米，先端渐尖，基部宽楔形，疏生腺齿及缺刻，两面疏被柔毛；叶柄长不及5毫米。花序长6-15厘米，上部具雄花20-30朵，下部雌花6-10朵。雄花2-4朵聚生苞腋，花梗长约1毫米；花萼裂片卵形，长约1.5毫米，疏

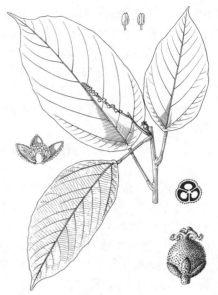

图 99 缅桐 （余汉平绘）

图 100 广东地构叶 （余汉平绘）

被长柔毛；花瓣倒心形，具爪，长约0.5毫米；雄蕊8-15。雌花1-2朵生于苞腋；花梗长约1毫米；花萼裂片卵状披针形，长约1.5毫米，疏被长柔毛；花瓣较短。蒴果扁球形，径约6毫米，具瘤状突起；果柄长达5毫米，常下弯。种子卵形，长约2毫米。花果期5-9月。

产吉林、辽宁、内蒙古、河北、山西、山东、江苏、安徽、河南、湖北、陕西、甘肃、宁夏及四川，生于海拔800-1900米山坡草丛或灌丛中。

21. 沙戟属 Chrozophora A. Juss.

（丘华兴）

草本或亚灌木；植株被星状绒毛。叶互生；托叶钻状。花雌雄同株；总状花序腋生，雄花生于花序上部，雌花生于下部。雄花萼片5，镊合状排列；花瓣5；稀具5腺体；雄蕊5-15，花丝下部合生成柱状，花药2室。雌花萼片5，镊合状排列；花瓣5，稀无；腺体5；子房3室，每室2胚珠，花柱3，2裂，密生乳头状突起。蒴果具3个分果爿，被星状毛或鳞片，有时具小瘤体。种子卵形。

约12种，分布于欧洲南部、非洲东部、亚洲中部及南部。我国1种。

图 101 地构叶 （仿《图鉴》）

沙戟   图 102

Chrozophora sabulosa Kar. et Kir. in Bull. Soc. Nat. Mosc. 15: 446. 1842.

一年生草本，高达30厘米；全株被灰色星状微绒毛。叶纸质，宽卵形，长2-6厘米，先端骤尖，基部钝圆，边缘浅波状，下面密被星状毛；叶柄长3-9厘米，托叶钻状。总状花序长1-1.5厘米，具雄花10-12朵，雌花5-6朵；苞片钻状，长2-3毫米。雄花花梗长约2毫米；萼片5，披针形，长3毫米，被星状毛；花瓣5，披针形，黄色，长3.5毫米，疏生星状毛；腺体5，雄蕊5，花丝长2毫米，下部合生。雌

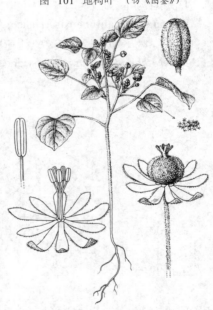

图 102 沙戟 （邓盈丰绘）

花花梗长6-7毫米；萼片、花瓣同雄花，稍短。蒴果近球形，径7毫米，被星状毛，具小瘤；果柄长1.3-4厘米。花期6-7月，果期7-8月。

产新疆西北部伊犁河谷和玛纳斯河流域两岸，生于海拔500-600米沙丘、沙蒿荒漠。哈萨克斯坦有分布。

22. 滑桃树属 Trewia Linn.

（黄淑美）

乔木。幼枝被长柔毛及绒毛。叶对生，纸质，卵形或长圆形，长5-12厘米，先端渐尖，基部微心形或平截，稀圆，近全缘，幼叶两面密被灰黄色长柔毛，后上面脱落，基脉3-5出，侧脉4-5对，近基部具2-4斑状腺体；叶柄长3-12厘米，托叶线形。雄总状花序长6-18厘米；雌花单生，或成花序具2-4花；雌雄异株；无花瓣，无花盘。雄花2-3朵生于苞腋；花梗长3-6毫米；花萼裂片3-5，镊合状排列，雄蕊75-95，花丝离生，花药近基部背着；无不育雌蕊。雌花花梗长0.2-3厘米，花萼佛焰苞状，不规则2-4裂，常一侧深裂，早落；子房2-4室，每室1胚

珠，花柱2-4，基部稍合生，柱头长约2厘米。核果，近球形，径2.5-3厘米，2-4室，外果皮稍肉质，内果皮薄壳质。种子卵球形，无种阜，外种皮肉质，内层坚硬，胚乳肉质，子叶宽扁。

单种属。

滑桃树　　　　　　　　　　图103　彩片26

Trewia nudiflora Linn. Sp. Pl. 1193. 1753.

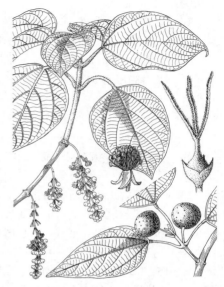

形态特征同属。花期12月至翌年3月，果期6-12月。

产云南南部、广西南部及海南，生于海拔100-800米山谷、溪边疏林中。种子含油量达20%，含有特里维新(Trewiasine)等成分，具有抗肿瘤活性的新美登素类化合物。

图　103　滑桃树　（余汉平绘）

23. 野桐属 **Mallotus** Lour.

（黄淑美）

灌木或乔木；常被星状毛。叶互生或对生，近基部常具2至数个斑点状腺体，叶柄有时盾状着生，掌状脉或羽状脉。总状、穗状或圆锥花序。花雌雄同株或异株；无花瓣，无花盘；每苞片内具多朵或1-2朵雄花。花蕾球形；花萼裂片3-4，镊合状排列；雄蕊多数，花丝分离，花药2室，近基着，纵裂；无不育雌蕊。每苞片具1朵雌花；花萼裂片3-5或佛焰苞状，镊合状排列；子房（2）3（4）室，每室1胚珠；花柱分离或基部合生。蒴果具（2）3（4）个分果爿，常具软刺或颗粒状腺体。种皮脆壳质，胚乳肉质，子叶宽扁。

约140种，主要分布于亚洲热带及亚热带地区。我国25种。

1. 羽状叶脉，如稍掌状脉，其下伸之脉细短。
　　2. 叶对生，植株干后无零陵香气；雌花花萼非佛焰苞状。
　　　　3. 同对叶形和大小极不相同，小型叶钻状；雄蕊60，柱头长1-1.5厘米 ………… 1. **粗毛野桐 M. hookerianus**
　　　　3. 同对叶形和大小稍不相同，小型叶非钻状；雄蕊20-50，柱头长不及1厘米。
　　　　　　4. 大型叶长10-20厘米，宽6-14厘米，侧脉7-12对，基部1对最短；果软刺细长。
　　　　　　　　5. 小枝、叶及花序均密被锈色星状柔毛；雄花序长2.5-4厘米 ………… 2. **锈毛野桐 M. anomalus**
　　　　　　　　5. 小枝、叶及花序均被灰色星状长柔毛；花序长5-25厘米 ………… 2(附). **长叶野桐 M. esquirolii**
　　　　　　4. 大型叶长4-14厘米，宽5-6厘米，侧脉5-7对，基部1对最长；果软刺粗短。
　　　　　　　　6. 叶椭圆形或卵状椭圆形，基部宽楔形或近圆，羽状脉，无下伸细短脉 …………
　　　　　　　　…………………………………………………………………………… 3. **云南野桐 M. yunnanensis**
　　　　　　　　6. 叶倒披针形或倒卵状椭圆形，基部稍心形，羽状脉具下伸细短脉 …………
　　　　　　　　…………………………………………………………………………… 3(附). **海南野桐 M. hainanensis**
　　2. 叶互生或小枝下部叶有时对生；植株干后有零陵香气；雌花萼佛焰苞状 ………… 4. **山苦茶 M. oblongifolius**
1. 掌状叶脉或基脉3-7。
　　7. 植株干后有零陵香气；叶下面粉绿色，无毛 ………………………………… 4(附). **粉叶野桐 M. garrettii**
　　7. 植株干后无零陵香气；叶下面绿色，稍被毛。
　　　　8. 叶对生，同对叶形、大小稍不同 …………………………………………… 5. **椴叶野桐 M. tiliifolius**

8. 叶互生，有时小枝上部叶近轮生或对生。

  9. 蒴果无软刺。

    10. 藤本或攀援灌木，叶下面被黄色腺体；雄蕊40-75；蒴果密被黄褐或橙黄色毛及腺体。

      11. 蒴果径1.2-1.5厘米，密被橙黄色叠生星状毛 ·················· **6. 崖豆藤野桐 M. millietii**

      11. 蒴果径约1厘米，密被黄或黄褐色粉状毛。

        12. 雌花序长5-8厘米，花序梗细长或下部稍分枝；蒴果具2（3）个分果爿，花柱2（3）··········
        ··· **7. 石岩枫 M. repandus**

        12. 花序不分枝，花序梗粗；蒴果具（2）3分果爿，花柱（2）3 ·······················
        ···················· **7(附). 杠香藤 M. repandus var. chrysocarpus**

    10. 乔木或灌木状；叶下面被红色腺体；雄蕊18-30；蒴果密被红色粉状毛 ····· **8. 粗糠柴 M. philippinensis**

  9. 蒴果具软刺。

    13. 叶基部盾状或稍盾状着生。

      14. 蒴果软刺钻形，长1-5毫米。

        15. 叶基部圆或平截，稀心形；蒴果被灰白色星状绒毛及长1-2毫米软刺 ················
        ··································· **9. 四果野桐 M. tetracoccus**

        15. 叶基部楔形或宽楔形；蒴果被褐色星状绒毛和长4-5毫米软刺 **10. 白楸 M. paniculatus**

      14. 蒴果软刺线形，长6毫米以上。

        16. 幼枝、叶及花序均密被星状长绒毛；蒴果软刺密被星状毛 ············· **11. 毛桐 M. barbata**

        16. 幼枝、叶及花序均被星状短绒毛；蒴果软刺疏被星状毛。

          17. 叶下面被红褐色星状绒毛及紫红色腺体 ··········· **12. 东南野桐 M. lianus**

          17. 叶下面被淡褐色星状绒毛，间有叠生星状毛，无腺体 ····· **12(附). 褐毛野桐 M. metcalfianus**

    13. 叶非盾状着生。

      18. 蒴果密被线形软刺。

        19. 叶卵形、宽卵形或圆心形，干后上面黄绿或暗绿色，下面密被灰白色绒毛；蒴果软刺黄褐色或淡黄色。

          20. 雌花序长15-20厘米；蒴果具长0.5-1厘米软刺 ··········· **13. 白背叶 M. apelta**

          20. 雌花序长30-60厘米；蒴果具长1-1.5厘米软刺 ···················
          ············· **13(附). 广西白背叶 M. apelta var. kwangsiensis**

        19. 叶卵状三角形，稀卵形或圆心形，干后上面暗褐或红褐色，下面被灰白带红色绒毛；蒴果软刺紫红或
        红褐色 ·· **14. 红叶野桐 M. paxii**

      18. 蒴果疏被粗短软刺。

        21. 蒴果径4-5毫米 ····································· **15. 小果野桐 M. microcarpus**

        21. 蒴果径0.8-1.2厘米。

          22. 雌花序分枝，圆锥状 ······························· **16. 野梧桐 M. japonicus**

          22. 雌花序总状，有分枝。

            23. 叶下面密被淡黄褐色星状绒毛 ············· **16(附). 绒毛梧桐 M. japonicus var. oreophilus**

            23. 叶下面沿叶脉密被星状柔毛，余无毛或疏被毛 ·········· **16(附). 野桐 M. japonicus var. floccosus**

1. 粗毛野桐   图104

Mallotus hookerianus (Seem.) Muell. Arg. in Linnaea 34: 193. 1865.

Hancea hookeriana Seem. in Bot. Voy. Herald 409. t. 9b. 1857.

小乔木或灌木状，高达6米。小枝、叶及花序均疏被黄色长粗毛。叶对生，同对叶形和大小极不相同，小型叶钻形，长1-1.2厘米，大型叶近革质，长圆状披针形，先端渐尖，基部宽楔形或圆，全缘或波状，羽状脉，侧脉8-9对，近基部具斑点状腺体；叶柄长1-1.5厘米，托叶线状披针形。总状花序或雌花有时单生，生于小型叶腋，雄花序长4-10厘米。雄花每苞腋内1-2朵；花萼裂片4，椭圆形，长

约4毫米；雄蕊约60。雌花花萼裂片5，披针形，长约5毫米，柱头长1-1.5厘米。蒴果三棱状球形，径1-1.4厘米，密被软刺。花果期3-5月，果期8-10月。

产广西南部、广东南部及海南，生于海拔500-800米山地林中。越南有分布。

图 104　粗毛野桐　（引自《中国树木志》）

2. 锈毛野桐　　　　　　　　　　图 105

Mallotus anomalus Merr. et Chun in Sunyatsenia 5: 99. 1940.

灌木。小枝、叶及花序均密被锈色星状柔毛。叶对生，纸质，同对叶形和大小稍不同，宽椭圆形、倒卵形或倒卵状椭圆形，长10-20厘米，小型叶长5-13厘米，先端尖，近全缘或具疏齿，羽状脉，侧脉7-9对；叶柄长1-7厘米，托叶卵状披针形。花雌雄异株；雄总状花序长2.5-4厘米，雌花序长2-4厘米。每苞腋具3-5雄花；花梗长1-3毫米；花萼裂片长圆状卵形；雄蕊约25。每苞腋内1雌花；花梗长2-4毫

米；花萼裂片披针形，柱头长2-3毫米。蒴果球形，钝三棱形，径1-1.2厘米，密被长软刺及星状毛。种子卵形，长约4毫米。花期5-10月，果期11-12月。

产广西东部及海南，生于海拔100-600米灌丛或密林中。

[附] **长叶野桐 Mallotus esquirolii** Lévl. in Fedde, Repert. Sp. Nov. 9: 327. 1911. 本种与锈毛野桐的区别：小枝、叶、花序均被灰色星状长柔毛；花序长5-25厘米。产云南、贵州、广西及海南，生于海拔300-2200米山地林内或灌丛中。越南有分布。

图 105　锈毛野桐　（孙英宝绘）

3. 云南野桐　　　　　　　　　　图 106

Mallotus yunnanensis Pax et Hoffm. in Engl. Pflanzenr. 63(IV. 147. VII): 188. f. 28. C. 1914.

灌木。小枝、叶及花序密被褐色星状柔毛。叶对生，同对叶形和大小稍不同，椭圆形、宽卵形或卵状椭圆形，长4-11厘米，先端骤尖或骤渐尖，近全缘或稍波状，下面脉上被毛，疏生黄色腺点，侧脉4-6对，基部1对最长；大型叶柄长0.5-3厘米，小型叶柄长2-5毫米。花雌雄异株；雄花序长1.2-3厘米；雌花序长1-2厘米。雄花苞片卵形或卵状披针形，长2-3毫

米，每苞腋内具3花；花梗长约2毫米；花萼裂片卵形；雄蕊35-40。雌花苞片与雄花同；花梗长1-2毫米；花萼裂片披针形。蒴果扁球形，径约7毫米，疏具短刺。花期4-10月，果期10-12月。

产云南、广西及贵州南部，生于海拔800-1200米疏林下。

[附] **海南野桐 Mallotus hainanensis** S. M. Hwang in Acta Phytotax. Sin. 23: 293. f. 1. 1985. 本种与云南野桐的区别：叶倒披针形或倒卵状椭圆形，基部稍心形；蒴果近球形。产海南东部及东南部，生于低山灌丛中。

图 106 云南野桐 （余汉平绘）

4. 山苦茶

图 107 彩片 27

Mallotus oblongifolius (Miq.) Muell. Arg. in Linnaea 34: 192. 1865.

Rottlera oblongifolia Miq. Fl. Ind. Bat. 1(2): 396. 1859.

小乔木或灌木状，高达10米，植株干后有零陵香气。小枝、叶及花序

常被星状柔毛。叶互生或近对生，长圆状倒卵形，长5-15厘米，先端骤尖或尾尖，基部圆或微心形，全缘或中部以上具粗齿，下面被星状毛及橙色腺体，侧脉8-10对；叶柄长0.5-3.5厘米。花雌雄异株；花序总状，顶生，长4-12厘米。雄花苞片卵状披针形，每苞腋具2-5花；花萼宽卵形；雄蕊25-45。雌花苞片钻形；花萼佛焰苞状，长约4.5毫米，一侧开裂，顶端3齿，被星状毛及黄色腺体。蒴果具3个分果片，径约1.4厘米，疏生稍弯软刺，被微柔毛及橙色腺体。花期2-4月，果期6-11月。

产广东南部及海南，生于海拔200-1000米山坡灌丛中、山谷林下及林缘。东南亚有分布。

[附] **粉叶野桐 Mallotus garrettii** Airy Shaw in Kew Bull. 21: 387. 1968. 本种与山苦茶的区别：小枝及叶无毛；叶卵形或卵状长圆形，基脉3出，侧脉4-5对；雄花苞片卵状三角形；蒴果径约8毫米。产云南南部，

图 107 山苦茶 （孙英宝绘）

生于沟谷林中。老挝及泰国有分布。植株含零陵香油，香气能保存多年，可提取香精。

5. 椴叶野桐

图 108

Mallotus tiliifolius (Bl.) Muell. Arg. in Linnaea 34: 190. 1865.

Rottlera tiliifolia Bl. Bijdr. 607. 1826.

小乔木，高达7米。小枝被星状毛。叶对生，纸质，同对叶形及大小稍不同，卵形、卵状三角形或肾状卵形，长宽均4.5-21厘米，先端骤尖或渐尖，基部圆或心形，全缘或波状，两面被星状柔毛，下面被毛较密并疏生红褐色腺体，基部具斑点状腺体2至多颗，侧脉5-6对；大型叶叶柄长5-12厘米，小型叶叶柄长2.5-6厘米。花雌雄同株或异株；总状花序长6-19厘米。雄花苞片钻形，长1.5-2毫米，每苞腋具3-8花；花萼裂片椭圆形或披针形，雄蕊80-100。雌花苞片钻形；花萼裂片卵状披针形。蒴果扁球形，钝三棱形，径1.1-1.4厘米，密被星状毛并疏生短软刺。花期4-5月，果期8-10月。

产台湾及海南，生于海滨沙地。泰国南部、马来西亚、大洋洲北部及斐济有分布。

6. 崖豆藤野桐 图 109 彩片 28

Mallotus millietii Lévl. Fl. Kouy-Tcheou 165. 1914.

攀援灌木，长达5米。幼枝、叶柄及花序均密被黄色星状毛及长柔毛。叶互生，卵形、卵状长圆形或卵状椭圆形，长5-17厘米，先端骤尖，基部圆，全缘或稍具齿，幼叶上面叶脉及下面均被黄褐色星状绒毛，散生黄色腺体；叶柄长1.5-7厘米。花雌雄异株；总状花序基部有时分枝，雄花序长5-12厘米；雌花序长4-9厘米。雄花苞片钻形，每苞腋具2-5雄花；花萼裂片卵形，被毛及腺体；雄蕊40-50。雌花苞片卵状披针形；花萼裂片卵状披针形。蒴果扁球形，径1.2-1.5厘米，密被橙黄色丛卷星状毛及腺体；种子球形，黑色，具光泽。花期5-6月，果期8-10月。

产湖北、湖南、广东、广西、贵州及云南，生于海拔500-1200米疏林下或灌丛中。

7. 石岩枫 倒挂金钟 图 110 彩片 29

Mallotus repandus (Willd.) Muell. Arg. in Linnaea 34: 197. 1865.

Croton repandus Willd. in Neue Schrift. Naturf. Freunde Berlin 4. 206. 1803.

攀援灌木。幼枝、幼叶及花序均密被黄色星状柔毛。叶互生，纸质，卵形或椭圆状卵形，长3.5-8厘米，先端骤尖或渐尖，全缘或波状，老叶下面脉腋被毛及散生黄色腺体，基脉3出，侧脉4-5对；叶柄长2-6厘米。总状花序或下部稍分枝，花序梗细长；雄花序顶生，长5-15厘米，雌花序长5-8厘米。雄花苞片钻形，每苞腋具2-5花；花梗长约4毫米；花萼裂片3-4，卵状长圆形；雄蕊40-75。雌花苞片长三角形；花梗长约3毫米；花萼裂片5，卵状披针形；花柱2（3）枚。蒴果具2（3）分果爿，径约1厘米，密被黄色粉状毛及腺体。花期3-5月，果期8-9月。

产陕西、河南、安徽、浙江、福建、台湾、江西、湖北、湖南、广东、

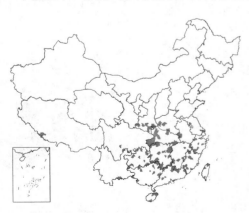

图 108 楸叶野桐 （孙英宝绘）

图 109 崖豆藤野桐 （余汉平绘）

香港、海南、广西、四川、贵州、云南及西藏，生于海拔250-300米疏林中或林缘。东南亚及南亚有分布。

[附] **杠香藤 Mallotus repandus var. chrysocarpus** (Pamp.) S. M. Hwang in Acta Phytotax. Sin. 23: 297. 1985. —— *Mallotus chrysocarpus* Pamp. Nouv. Giorn. Bot. Ital. new. ser. 14: 413. 1910. 本变种与模式变种的区别：雌花序较粗，长达10厘米，不分枝；蒴果具（2）3分果爿，花柱（2）3。花期4-6月，果期7-11月。产江苏、安徽、浙江、福建、江

西、湖北、湖南、广东北部、贵州、四川、甘肃及陕西，生于海拔300-600米山地疏林中或林缘。

8. 粗糠柴

图 111 彩片 30

Mallotus philippinensis (Lam.) Muell. Arg. in Linnaea 34: 196. 1865.

Croton philippinensis Lam. Encycl. Meth. Bot. 2: 206. 1786.

乔木或灌木状，高达18米。小枝、幼叶及花序均密被黄褐色星状柔毛。

叶互生，近革质，卵形、长圆形或卵状披针形，长5-18（-22）厘米，先端渐尖，近全缘，下面密被灰黄色星状绒毛，散生红色腺体，基脉3出，侧脉4-6对；叶柄长2-5（-9）厘米。雄花序长5-10厘米，雌花序长3-8厘米。雄花苞片卵形；花梗长1-2毫米；花萼裂片长圆形，长约2毫米；雄蕊15-30。雌花苞片卵形；花梗长1-2毫米；花萼裂片卵状披针形，花柱2-3。果序长达16厘米，蒴果扁球形，径6-8毫米，具2（3）分果爿，密被红色腺体及粉状毛。花期4-5月，果期5-8月。

产江苏、安徽、浙江、福建、台湾、江西、湖北、湖南、广东、海南、广西、贵州、云南、四川、西藏及陕西，生于海拔300-1600米林中或林缘。南亚、东南亚、大洋洲热带地区有分布。

9. 四果野桐

图 112

Mallotus tetracoccus (Roxb.) Kurz, For. Fl. Brit. Burma 2: 382. 1977.

Rottlera tetracocca Roxb. Fl. Ind. 3: 826. 1832.

乔木，高达15米。小枝及花序均被锈色星状绒毛。叶互生，革质，卵形或三角状卵形，长9-25厘米，先端尖或渐尖，基部圆、平截，稀心形，全缘或波状，有时上部具2-3粗齿，下面密被灰白或灰黄色星状绒毛，基脉3出，侧脉4-6对；叶柄盾状着生，长6-15厘米。圆锥花序长12-28厘米，雌花序较短。雄花苞片钻形，长2-3毫米；花梗长3-5毫米；花萼裂片3-4，

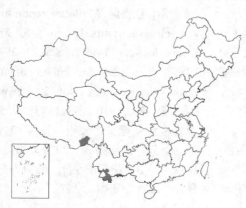

卵形，长约2.5毫米；雄蕊60-80。雌花苞片卵状披针形，长3-5毫米；花梗长2-3毫米；花萼裂片长3-4毫米；花柱3-4。蒴果扁球形，具3-4（5）分果爿，径0.8-1厘米，被灰白色星状绒毛及钻形软刺。种子椭圆形，长3-6毫米，黑色，具瘤状突起。花期6-9月，果期9-12月。

图 110 石岩枫 （引自《中国经济植物志》）

图 111 粗糠柴 （引自《Fl.Taiwan》）

图 112 四果野桐 （孙英宝仿绘）

产云南南部及西藏,生于海拔500-1300米林中。斯里兰卡、印度、马来西亚及越南有分布。

10. 白楸

图 113

Mallotus paniculatus (Lam.) Muell. Arg. in Linnaea 34: 189. 1865.

Croton paniculatus Lam. Encycl. Meth. Bot. 2. 207. 1786.

乔木或灌木状,高达15米。小枝被褐色星状毛。叶互生,卵形、卵状三角形或菱形,长5-15厘米,先端长渐尖或稍尾尖,基部楔形或宽楔形,全缘或波状,有时上部具2粗齿或裂片,幼叶两面均被灰黄色星状绒毛,老叶上面无毛,基脉5出;叶柄稍盾状着生,长2-15厘米。花雌雄异株,总状或圆锥状花序,分枝开展,顶生。雄花苞片卵状披针形,长约2毫米,花萼裂片卵形,雄蕊50-60。雌花苞片卵形,长约1毫米;花萼裂片长卵形。蒴果扁球形,具3个分果片,径1-1.5厘米,被褐色星状绒毛及长约5毫米软刺。花期7-10

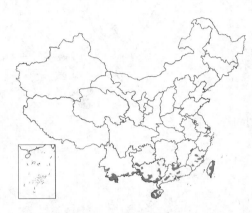

图 113 白楸 (余汉平绘)

月,果期11-12月。

产福建、台湾、广东、海南、广西、贵州及云南,生于海拔1300米以下林缘或灌丛中。东南亚有分布。

11. 毛桐

图 114 彩片 31

Mallotus barbatus (Wall. ex Baill.) Muell. Arg in Linnaea 34: 184. 1865.

Rottlera barbata Wall. ex Baill. Etud. Gen. Euphorb. 423. 1858.

小乔木。幼枝、叶及花序均密被黄褐色星状绒毛。叶互生,纸质,卵状三角形或卵状菱形,长13-35厘米,先端渐尖,基部圆或平截,具锯齿或波状,上部有时具粗齿或2裂片,下面散生黄色腺体,掌状脉5-7,侧脉4-6对;叶柄离叶基0.5-5厘米盾状着生,长5-22厘米。花雌雄异株,总状花序顶生;雄花序长11-36厘米,多分枝,雌花序长10-25厘米。雄花苞片线形,长5-7毫米;花梗长约4毫米;花萼裂片卵形,长2-3.5毫米;雄蕊75-85。雌花苞片线形,长4-5毫米,花梗长约2.5毫米;花萼裂片卵形,长4-5毫米。蒴果球形,径1.3-2厘米,密被淡黄色星状毛及长约6毫米紫红色软刺。花期

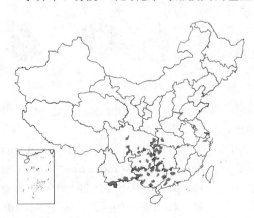

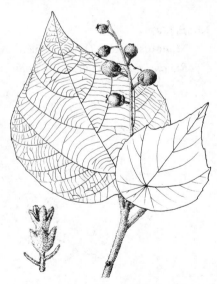

图 114 毛桐 (孙英宝绘)

4-5月,果期9-10月。

产湖北、湖南、广东、香港、广西、贵州、云南及四川,生于海拔400-1300米林缘或灌丛中。东南亚及南亚有分布。

12. 东南野桐 直果野桐

图 115

Mallotus lianus Croiz. in Journ. Arn. Arb. 19: 140. 1938.

小乔木或灌木状,高达10米。幼枝、叶及花序均密被红褐色星状绒

毛。叶卵形或心形，长10-18厘米，先端尖或渐尖，基部圆或平截，全缘，下面被毛及散生紫红色腺体，基脉5出，侧脉5-6对；叶柄盾状着生或基生，长5-13厘米。花雌雄异株；总状或圆锥花序，雄花序长10-18厘米，雌花序长10-25厘米。雄花苞片长约3毫米；花梗长3-5毫米；花萼裂片卵形，长约2毫米；雄蕊50-80。雌花苞片长约1.5毫米；花梗长约2毫米；花萼裂片卵状披针形。蒴果球形，径0.8-1厘米，密被黄色星状毛及橙黄色腺体，具线形软刺。花期8-9月，果期11-12月。

产浙江、福建、江西、湖南、广东、广西、贵州、云南及四川，生于海拔200-1100米林中。

[附] **褐毛野桐 Mallotus metcalfianus** Croiz. in Journ. Arn. Arb. 21: 501. 1940. 本种与东南野桐的区别：叶下面被淡褐色星状绒毛，间有红褐色叠生星状毛，无腺体。产广西南部及云南南部，生于海拔1900米以下河边林中。

图115 东南野桐 （余汉平绘）

13. 白背叶 图116 彩片32

Mallotus apelta (Lour.) Muell. Arg in Linnaea 34: 189. 1865.

Ricinus apelta Lour. Fl. Cochinch. 589. 1790.

小乔木或灌木状。小枝、叶柄及花序均密被淡黄色星状柔毛。叶互生，卵形或宽卵形，长宽均6-16(-25)厘米，先端骤尖或渐尖，基部平截或稍心形，疏生齿，下面被灰白色星状绒毛，散生橙黄色腺体，基脉5出，侧脉6-7对；叶柄长5-15厘米。穗状花序或雄花序有时为圆锥状，长15-30厘米。雄花苞片卵形，长约1.5毫米；花梗长1-2.5毫米；花萼裂片4，卵形或三角形，长约3毫米；雄蕊50-75。雌花苞片近三角形，长约2毫米；花梗极短。蒴果近球形，密生长0.5-1厘米线形软刺，密被灰白色星状毛。花期6-9月，果期8-11月。

产江苏、安徽、浙江、福建、江西、陕西、河南、湖北、湖南、广东、海南、广西、贵州、四川及云南，生于海拔1000米以下山坡或山谷灌丛中。

图 116 白背叶 （引自《图鉴》）

越南有分布。种子含油率达30%，供制油漆、杀虫剂等用。

[附] **广西白背叶 Mallotus apelta** var. **kwangsiensis** Metcalf in Journ. Arn. Arb. 22: 204. 1941. 本变种与模式变种的区别：雌花序长30-60厘米；蒴果软刺长1-1.5厘米。产福建、广东、广西及云南，生于疏林下。

14. 红叶野桐 图117

Mallotus paxii Pamp. Nuov. Giorn. Bot. Ital. 17: 414. 1910.

灌木，高达3.5米。小枝、叶柄及花序均被黄色星状短绒毛或间生星状长柔毛。叶互生，纸质，卵状三角形，稀卵形或圆心形，长6-12（-18）厘米，先端渐尖，基部圆或平截，具不规则锯齿，上部常具1-2裂片或粗齿，干后上面暗褐或红褐色，下面被灰白带红色星状绒毛及散生桔红色腺体，基脉5出，侧脉4-6对；叶柄长8-10厘米。总状花序顶生，下部常分枝，雌花序稍短。雄花苞片钻形；花梗长约4毫米；花萼裂片卵状披针形；雄蕊40-55；雌花苞片卵状披针形，长约3毫米；花梗长1-2毫米；花萼裂片卵状披针形。蒴果球形，径约1.5厘米，具3-4分果爿，被星状毛及散生橙红色腺体，疏生长6-8毫米紫红色软刺。花期6-8月，果期10-11月。

产江苏、安徽、浙江、福建、江西、河南南部、湖北、湖南、广东、广西、贵州东南部、四川及陕西，生于海拔100-1200米山坡灌丛中。

图 117 红叶野桐 （孙英宝绘）

15. 小果野桐　　　　　　　　　　图 118

Mallotus microcarpus Pax et Hoffm. in Engl. Pflanzenr. 63(IV. 147. VII): 172. 1914.

灌木，高达3米。幼枝被白色微柔毛。叶互生，纸质，卵形或卵状三角形，长5-15厘米，先端尖或长渐尖，基部平截，稀圆，具锯齿，上部常具2浅裂或粗齿，上面疏被白色柔毛及星状毛，下面毛较密，散生黄色腺体，基脉3-5出，侧脉4-5对；叶柄长3-13厘米。花雌雄同株或异株，总状花序长12-15厘米。雄花苞片卵形，长2-3毫米；花萼裂片卵形，不等大，长约2毫米；雄蕊50-70。雌花苞片钻形，长约1毫米；花萼裂片与雄花同。蒴果钝三棱扁球形，具3个分果爿，径4-5毫米，疏生粗短软刺及密生灰白色长

图 118 小果野桐 （余汉平绘）

柔毛，散生橙黄色腺体。花期4-7月，果期8-10月。

产福建、江西、湖南、广东、广西及贵州，生于海拔300-1000米疏林中或林缘灌丛中。越南有分布。

16. 野梧桐　　　　　　　　　　图 119 彩片 33

Mallotus japonicus (Thunb.) Muell. Arg. in Linnaea 34: 189. 1865.

Croton japonicum Thunb. Fl. Jap. 270. t. 28. 29. 1784.

小乔木或灌木状。小枝、叶柄及花序均密被褐色星状毛。叶互生，纸质，卵形、卵状三角形、肾形或横长圆形，长5-17厘米，先端骤尖或骤渐尖，基部圆、宽楔形，稀心形，全缘或上部具1-2裂片或粗齿，无毛或下面叶脉疏被星状毛，散生橙红色腺点，基脉3出，侧脉5-7对。总状花序或下部

常3-5分枝，雌花序圆锥状。雄花苞片钻形；花梗长3-5毫米；花萼裂片3-4，卵形；雄蕊25-75。雌花苞片披针形；每苞腋具1花；花梗长约1毫米；花萼裂片4-5，披针形。蒴果钝三棱扁球形，径0.8-1厘米，密被具

星状毛软刺及红色腺点。花期4-6月，果期7-8月。

产台湾、浙江及江苏，生于海拔320-600米林中。日本有分布。种子含油量达38%。

[附] **绒毛野桐 Mallotus japonicus** var. **oreophilus** (Muell. Arg.) S. M. Hwang in Fl. Reipubl. Popul. Sin. 44(2): 44. 1996. —— *Mallotus oreophilus* Muell. Arg. in Linnaea 34: 188. 1865. 本变种与模式变种的区别：叶下面密被淡黄褐色星状绒毛；雌花序总状，不分枝。花果期6-10月。产江西、广东、广西、贵州、云南及四川，生于海拔1300-1800米林中。锡金有分布。

图 119 野梧桐 （余汉平绘）

[附] **野桐 Mallotus japonicus** var. **floccosus** (Muell. Arg.) S. M. Hwang in Acta. Phytotax. Sin. 23: 299. 1985. —— *Mallotus oreophilus* Muell. Arg. β *floccosus* Muell. Arg. in Linnaea 34: 188. 1865. 本变种与模式变种的区别：叶下面沿叶脉密被星状柔毛，余无毛或疏被星状粗毛；雌花序总状，不分枝。花果期4-11月。产江苏、安徽、福建、湖南、湖北、江西、广东、广西、贵州、云南、西藏、四川、甘肃、陕西及河南，生于海拔800-1800米林中。尼泊尔、印度、缅甸及不丹有分布。

24. 墨鳞属 Melanolepis Reichb. f. et Zoll.

（黄淑美）

乔木。小枝被星状丛卷绒毛。叶互生，薄纸质，卵形或卵状三角形，长及宽8-35厘米，常3裂，先端尖，基部近平截或心形，具粗齿，下面密被星状丛卷绒毛，掌状基脉5-7，侧脉4-6对；叶柄长5-15厘米，近叶柄顶端密被疣状腺体，托叶小。总状或圆锥花序长5-40厘米，顶生或近侧生。花雌雄同株或异株，无花瓣；雄花2-4朵生于苞腋，花萼裂片3-5，镊合状排列；雄蕊150-250，花丝离生，花药2室，背着，药室下部离生，内向，纵裂，药隔突出呈悬垂物，无不育雄蕊。雌花单生苞腋；花萼裂片5；花盘环状；子房2（3）室，每室1胚珠；花柱2，离生，密生乳头状突起。蒴果具2（3）分果爿，无刺。种子近球形，黑色，假种皮薄，种皮蜂窠状；胚乳肉质，子叶扁平。

单种属。

墨鳞　　　　　　　　　　　　　　　　　　图 120

Melanolepis multiglandulosa (Reinw. ex Bl.) Reichb. f. et Zoll. in Verh. Naturk. Ver. Nederl. Ind. 1: 22. 1856.

Croton multiglandulosus Reinw. ex Bl. Cat. Gew. Buitenz. 105. 1823.

形态特征同属。花期4-5月，果期6-8月。

产台湾，生于海拔100-400米山谷、河边林中。日本琉球群岛、菲律宾、印度尼西亚及太平洋诸群岛有分布。

图 120 墨鳞 （余汉平绘）

25. 血桐属 **Macaranga** Thou

（丘华兴）

乔木或灌木；幼枝、叶、花序常被柔毛。叶互生，盾状着生，下面具颗粒状腺体，基部具斑状腺体；托叶 2，离生或合生。花雌雄异株，无花瓣，无花盘；总状或圆锥状花序，腋生。雄花：数朵至多朵，簇生或密生成团伞花序；花萼 2-4 裂或萼片 2-4，镊合状排列；雄蕊 1-3 或 5-15，稀更多，花丝离生，花药 4 室。雌花：花萼杯状或酒瓶状，宿存或脱落；子房（1）2（-6）室，每室 1 胚珠，花柱离生。蒴果，果皮平滑、具软刺或瘤体，常被颗粒状腺体。种子近球形，光滑。

约 280 种，分布于东半球热带地区。我国 16 种。

1. 叶盾状着生；雄花序圆锥状。
  2. 叶近圆形、卵圆形、三角形或三角状卵形，掌状脉。
    3. 托叶长三角形或三角状卵形；雄花多朵在苞腋密生成团伞花序。
      4. 雄花序小分枝细长直伸，苞片边缘流苏状；子房 2-3 室，具软刺；果具 2-3 分果片，具软刺 ················
        ·· 1. 血桐 **M. tanarius**
      4. 雄花序小分枝呈之字曲折，苞片线形或线状匙形，具盘状腺体；蒴果双球形，无软刺。
        5. 子房 2 室，花柱 2；果柄长约 8 毫米；托叶长 0.6-1 厘米，无毛 ············· 2. 盾叶木 **M. adenantha**
        5. 子房 1 室，花柱 1；果柄长 3-4 毫米；托叶长 1-2 厘米，被绒毛 ············· 2(附). 印度血桐 **M. indica**
    3. 托叶披针形；雄花 3-7 朵簇生苞腋。
      6. 苞片卵状披针形，先端尾状，具 1-3 长齿；雄蕊 3-5；子房 2 室，花柱长 2 毫米 ············
        ······································ 3. 鼎湖血桐 **M. sampsonii**
      6. 苞片长圆形，边缘具 2-4 腺体；雄蕊 9-21；子房 2（3）室，花柱长 1 毫米 ············
        ·· 4. 中平树 **M. denticulata**
  2. 叶卵状长圆形、长圆状披针形、菱状卵形、三角状卵形或线形，羽状脉；雌花花萼酒瓶状，子房 2 室；果双球状，具软刺。
    7. 叶卵状长圆形或长圆状披针形，无毛，托叶披针形，长 5-8 毫米；雄花序苞腋具 3-5 花，雄蕊 6-12；雌花序具花 10 朵以上，苞片疏生 ·········· 5. 草鞋木 **M. henryi**
    7. 叶菱状卵形或三角状卵形，稀 3 浅裂，被柔毛，托叶线形；雄花序苞腋约具 10 花，雄蕊 18-20；雌花序具 4-5 花，具 2 枚近对生的叶状苞片 ·········· 5(附). 尾叶血桐 **M. kurzii**
1. 叶非盾状着生，羽状脉，托叶钻状；雄花序总状；雌花序苞片中有 1-3 枚呈叶状。
  8. 叶基部钝圆；雌花序中有 1-2 枚长 1-1.5 厘米的卵形或椭圆形叶状苞片；蒴果无软刺 ··············
    ·································· 6. 卵苞血桐 **M. trigonostemonoides**
  8. 叶基部微耳状心形；雌花序中有 2-3 枚长 3-4 毫米的披针形叶状苞片；蒴果具软刺 ··············
    ······································ 6(附). 刺果血桐 **M. auriculata**

1. 血桐

图 121 彩片 34

Macaranga tanarius (Linn.) Muell. Arg. in DC. Prodr. 15(2): 997. 1866.

Ricinus tanarius Linn. in Stickm. Herb. Amboin. 14. 1754.

乔木，高达 10 米。幼枝、幼叶及托叶均被黄褐色柔毛，有时嫩叶无毛；小枝粗，被白霜，无毛。叶近圆形或卵圆形，长 17-30 厘米，先端渐尖，基部钝圆，盾状着生，下面密生颗粒状腺体，沿脉被柔毛，掌状脉 9-11，侧脉 8-9 对；叶柄长 14-30 厘米，托叶长三角形，长 1.5-3 厘米，早落。雄花序圆锥状，小花序分枝细长直伸；苞片卵圆形，长 3-5 毫米，基部兜状，边缘流苏状。雄花约 11 朵簇生苞腋；花梗长不及 1 毫米；萼片 3，长 1 毫米；

雄蕊5-6（-10）。雌花序圆锥状，长5-15厘米，被柔毛，苞片卵形、叶状，长1-1.5厘米，边缘篦齿状条裂。雌花花萼2-3裂；子房2-3室，花柱2-3，长约6毫米，稍舌状。蒴果具2-3个分果片，密被颗粒状腺体和数枚长软刺；果柄长5-7毫米。花期4-5月，果期6月。

产台湾、广东及香港，生于沿海低山灌丛中。日本琉球群岛、东南亚、澳大利亚有分布。

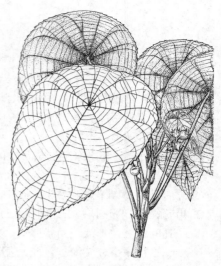

图 121 血桐 （引自《图鉴》）

2. 盾叶木 　　　　　　　　　　　　　　　图122: 1-4

Macaranga adenantha Gagnep. in Bull. Soc. Bot. France 69: 701. 1922.

乔木，高达10米。幼枝被白霜，枝粉绿色。叶宽卵形，长13-20厘米，先端骤短渐尖，基部常平截，具2-4斑状腺体，盾状着生，初被黄褐色绒毛，老叶无毛，下面具颗粒状腺体，掌状脉9，全缘，侧脉6对；叶柄长10-14厘米，托叶三角状卵形，长0.6-1.4厘米，无毛。雄花序圆锥状，长12-20厘米，小分枝之字曲折；苞片线形，长3-6毫米，近顶部具盘状腺体，有的苞片鳞片状，苞腋具团伞花序。雄花：花梗长1毫米；萼片3；雄蕊5-7，花药4室。雌花序圆锥状，长5-7厘米；苞片线形，长2-6毫米，具1-3盘状腺体。雌花：萼片4；花柱2，扁平。蒴果双球形，长约4毫米，具颗粒状腺体；果柄长约8毫米。花期5-7月，果期7-10月。

图 122: 1-4.盾叶木 5-9.鼎湖血桐 （引自《图鉴》）

产广东、香港、广西、贵州西南部及云南东部，生于海拔250-1300米山谷林中。越南北部有分布。

[附] **印度血桐 Macaranga indica** Wight, Icon. Pl. Ind. Or. 5: 23. t. 1883. 1852. 本种与盾叶木的区别：幼枝被黄褐色柔毛；叶具疏生腺体；子房1室，花柱1；果柄长3-4毫米；托叶长1-2厘米，被绒毛。产云南南部及西藏东南部，生于海拔1200-1850米山谷、溪畔阔叶林中。印度、斯里兰卡、马来西亚及泰国有分布。

3. 鼎湖血桐 　　　　　　　　　　　　　　　图122: 5-9

Macaranga sampsonii Hance in Journ. Bot. 9: 134. 1871.

小乔木或灌木状，高达7米。幼枝、叶、花序均被黄褐色绒毛。小枝无毛。叶三角状卵形或卵圆形，长12-17厘米，先端骤长渐尖或尾尖，基部近平截或宽楔形，浅盾状着生，下面被柔毛和颗粒状腺体，边缘波状或具粗齿，侧脉约7对；叶柄长5-13厘米，托叶披针形，长0.7-1厘米，早落。雄花序圆锥状，长8-12厘米；苞片卵状披针形，长0.5-1.2厘米，先端尾状，具1-3长齿，苞腋簇生5-6朵雄花。雄花：花梗长1毫米；萼片3，长约1毫米；雄蕊3-5，花药4室。雌花序和苞片同雄花序。雌花：萼片3-4，卵

形，长1.5毫米，具柔毛；子房2室，花柱2，长约2毫米。蒴果双球形，具颗粒状腺体；果柄长2-4毫米。花期5-6月，果期7-8月。

产福建西部及南部、广东、香港、广西中部及南部，生于海拔200-800

米山地、山谷常绿林中。越南北部有分布。

4. 中平树　　　　　　　　　　　　图123

Macaranga denticulata (Bl.) Muell. Arg. in DC. Prodr. 15(2): 1000. 1866.

Mappa denticulata Bl. Bijdr. 625. 1826.

图 123 中平树 （邓晶发绘）

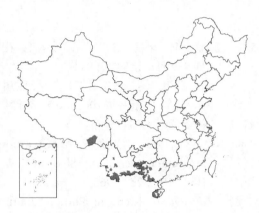

乔木，高达15米。幼枝、叶、花序和花均被锈色或黄褐色绒毛。小枝具粉状绒毛脱落。叶三角状卵形或卵圆形，长12-30厘米，先端稍尾尖，基部钝圆或近平截，稀浅心形，具2-4斑状腺体，盾状着生，下面被柔毛和颗粒状腺体，叶缘微波状或近全缘，疏生腺齿，掌状脉7-9，侧脉8-9对；叶柄长5-20厘米，托叶披针形，长约8毫米，早落。雄花序圆锥形，长5-10厘米；苞片长圆形，长2-3毫米，边缘具2-4腺体，或鳞片状。雄花：3-7朵簇生苞腋；花梗长0.5毫米；花萼3裂；雄蕊9-21。雌花序长4-8厘米；苞片长圆形或卵形，长5-7毫米，边缘具2-6腺体，或鳞片状；雌花：花梗长1-2毫米；花萼2浅裂；子房2（3）室，花柱长1毫米。蒴果双球形，长3毫米，径5-6毫米，具颗粒状腺体。花期4-6月，果期5-8月。

产海南、广西南部及西北部、贵州西南部、云南东南及南部、西藏东部，生于海拔1300米以下山地林中。印度、尼泊尔、缅甸、泰国、越南、马来西亚及印度尼西亚有分布。

5. 草鞋木　　　　　图124: 1-6 彩片35

Macaranga henryi (Pax et Hoffm.) Rehd. in Sunyatsenia 3: 340. 1936.

Mallotus henryi Pax et Hoffm. in Engl. Pflanzenr. 63(IV. 147. VII): 177. 1914.

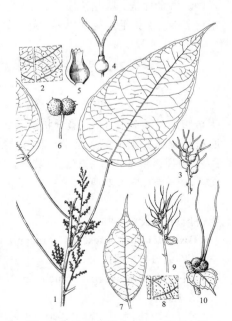

图 124: 1-6.草鞋木 7-10.卵苞血桐
（邓晶发绘）

乔木或灌木状，高达15米。幼枝、叶被锈色微柔毛，旋脱落。小枝常被白霜。叶卵状长圆形或长圆状披针形，长10-25厘米，先端尾状，基部钝圆或近平截，浅盾状着生，具2-4斑状腺体，下面疏生颗粒状腺体，羽状脉；叶柄长2.5-10厘米，托叶披针形，长5-8毫米。雄花序圆锥状，长6-10厘米，几无毛；苞片三角形，长1.5毫米，苞腋具簇生雄花3-5朵。雄花：花梗长约1毫米；萼片3；雄蕊6-12。雌花序总状或少分枝圆锥花序，有时花序下部 1-2 枚苞片叶状，长 1-3 厘米。雌花：花梗长 0.3-1 厘米；花萼酒瓶状，长 3 毫米；花柱 2，长 0.6-1 厘米，基部或下部合生。蒴果双球形，具颗粒状腺体和软刺。花期 3-5 月，果期 7-9 月。

产广西西北部、贵州南部、云南东南、中部及南部，生于海拔 300-1400 米山坡、山谷常绿林中或石灰岩山地灌木林中。越南北部有分布。

[附] **尾叶血桐 Macaranga kurzii** (Kuntze) Pax et Hoffm. in Engl. Pflanzenr. 63(Ⅳ. 147. Ⅶ): 360. 1914. —— *Tanaricus kurzii* Kuntze, Rev. Gen. Pl. 2: 619. 1891. 本种与草鞋木的区别：叶菱状卵形或三角状卵形，

稀 3 浅裂，被柔毛，托叶线形；雄花序苞腋约具 10 花；雄蕊 18-20；雌花序具 4-5 花，具 2 枚近对生的叶状苞片。产广西西南及西部、云南东南部、南部及西部，生于海拔 300-1600 米山坡或山谷密林中，或生于疏林或灌丛中。缅甸、泰国、老挝及越南有分布。

6. 卵苞血桐

图 124: 7-10

Macaranga trigonostemonoides Groiz. in Journ. Arn. Arb. 23: 53. 1942.

小乔木或灌木状，高达 6 米。幼枝被黄褐或锈色绒毛。小枝无毛。叶椭圆状披针形或长卵形，长 5-11 厘米，先端尾尖，基部钝圆，具 2-4 斑状腺体，疏生腺齿，下面具颗粒状腺体，羽状脉，侧脉 5-7 对；叶柄长 1.5-3.5 厘米，托叶钻状，早落。雄花序总状，长 5-7 厘米，被柔毛；苞片三角形，长 1 毫米。

雄花花梗长约 1 毫米，5-7 朵簇生苞腋；萼片 3；雄蕊 15-20。雌花序总状，长 5-10 厘米，被柔毛，具苞片 5-8，其中 1-2 枚卵形或椭圆形，长 1-1.5 厘米，余为鳞片状。雌花花梗长 1-1.5 毫米，被柔毛；萼片 4，长约 2 毫米；子房 2 室，被柔毛，花柱 2，线状，长 1.2-1.7 厘米。蒴果双球形，具颗粒

状腺体，果柄长 3-7 毫米，被绒毛。花期 5-9 月，果期 7-11 月。

产广东中部及西部、广西、四川东南部，生于海拔 100-500 米常绿林中。越南北部有分布。

[附] **刺果血桐 Macaranga auriculata** (Merr.) Airy Shaw in Kew. Bull. 19: 325. 1965. —— *Mallotus auriculata* Merr. in Philipp. Journ. Sci. Bot. 7: 396. 1912. 本种与卵苞血桐的区别：叶基部微耳状心形；雌花序中有 2-3 枚长 3-4 毫米的披针形叶状苞片；蒴果具软刺。产福建南部、广东、海南及广西南部，生于海拔 100-500 米山地林中。菲律宾、越南、泰国、马来西亚及印度尼西亚（加里曼丹）有分布。

26. 丹麻杆属（假奓包叶属） Discocleidion (Muell. Arg.) Pax et Hoffm.
（黄淑美）

灌木或小乔木。叶互生，具锯齿；具叶柄，小托叶 2。总状或圆锥花序。花雌雄异株，无花瓣；雄花 3-5 朵聚生苞腋；花萼裂片 3-5，镊合状排列；雄蕊 25-60，花丝离生，花药 4 室，内向，纵裂，药隔不突出；花盘具棒状圆锥形腺体；无不育雌蕊。雌花 1-2 朵生于苞腋；花萼裂片 5；花盘环状，具小圆齿；子房 3 室，每室 1 胚珠；花柱 3，2 裂至中部或近基部。蒴果具 3 个分果爿。种子球形，稍具疣状突起。

我国特有属，2 种。

毛丹麻杆 假奓包叶

图 125

Discocleidion rufescens (Franch.) Pax et Hoffm. in Engl. Pflanzenr. 63(Ⅳ. 147. Ⅶ): 45. 1914.

Alchornea rufescens Franch. in Nouv. Arch. Mus. 2. ser. Ⅶ. 75. t. 7. 1884.

小乔木或灌木状，高达 5 米。小枝、叶柄及花序均密被淡黄色长柔毛。叶纸质，卵形或卵状椭圆形，长 7-14 厘米，先端渐尖，基部圆或近平截，

具锯齿，上面被糙伏毛，下面密被绒毛，基脉3-5，侧脉4-6对，近基部具2-4斑点状腺体；叶柄长3-8厘米。总状花序下部常分枝，长15-20厘米。雄花花梗长约3毫米；花萼裂片卵形，长约2毫米，花丝纤细，腺体棒状圆锥形；雌花花梗长约3毫米；花萼裂片卵形，长约3毫米；花盘具圆齿，被毛；子房被糙伏毛；花柱长1-3毫米，外反，密生羽毛状突起。蒴果扁球形，径6-8毫米，被柔毛。花期4-8月，果期8-10月。

产甘肃南部、陕西南部、山西东南部、四川、河南、湖北、湖南、贵州、广西及广东，生于海拔250-1000米林中或山坡灌丛中。茎皮纤维柔韧，可编织用物；叶有毒，牲畜误食，导致肝、肾受损。

图 125 毛丹麻杆 （余汉平绘）

27. 山麻杆属 Alchornea Sw.

（丘华兴）

乔木或灌木。叶互生，纸质，具腺齿，基部具斑状腺体，具2枚小托叶或无，羽状脉或掌状脉；托叶2枚。花雌雄同株或异株，无花瓣；穗状、总状或圆锥状花序；雄花多朵簇生苞腋；雌花单朵生于苞腋。雄花：花萼裂片2-5，镊合状排列；雄蕊4-8，花丝基部合生成盘状，花药2室。雌花：萼片4-8，有的基部具腺体；子房3室，每室1胚珠，花柱3，离生或基部合生，不裂，具乳头状突起。蒴果具3个分果爿，果皮有的具小疣或小瘤。

约50种，广布热带、亚热带地区。我国7种、2变种。

1. 叶基部无小托叶，无基出脉；雌雄花序均圆锥状，顶生。
  2. 老叶下面侧脉脉腋具柔毛；花序轴被微毛或无；花柱长6-7毫米 ·············· 1. **羽脉山麻杆 A. rugosa**
  2. 老叶下面和花序均密被柔毛；花柱长3.5-4毫米 ···············
    ·············· 1(附). **海南山麻杆 A. rugusa** var. **pubescens**
1. 叶基部具2枚小托叶，基脉3出；雄花序腋生，雌花序顶生。
  3. 果近球形，果皮平，无小瘤；雌花序总状。
    4. 雄花序长不及4厘米；苞片卵形，长2毫米；花柱长1-1.2厘米，基部合生 ·········· 2. **山麻杆 A. davidii**
    4. 雄花序穗状，长5厘米以上；苞片三角形，长1毫米。
      5. 雄花序被微柔毛，苞片无腺体；雌花萼片5（-6），花柱长1.2-1.5厘米，基部合生部分长不及1毫米；叶下面浅红色 ·············· 3. **红背山麻杆 A. trewioides**
      5. 雄花序密被柔毛，苞片具腺体；叶下面灰绿色。
        6. 雌花萼片6-8，花柱基部合生部分长1.5-2毫米；果被短柔毛 ··············
        ·············· 3(附). **绿背山麻杆 A. trewioides** var. **sinica**
        6. 雌花具萼片5-6，花柱基部合生部分长1毫米；果被短绒毛 ·············· 3(附). **毛果山麻杆 A. mollis**
  3. 果椭圆形，散生小瘤；雌花序总状或复总状；雌花萼片不等大，花柱长0.7-1.1厘米，基部合生；雄花序苞片宽卵形，长2-2.5毫米 ·············· 4. **椴叶山麻杆 A. tiliifolia**

1. 羽脉山麻杆　　　　　　　　图 126 彩片 36

Alchornea rugosa (Lour.) Muell. Arg. in Linnaea 34: 170. 1865.

Cladoles rugosa Lour. Fl. Cochinch. 574. 1790.

小乔木或灌木状。幼枝被柔毛，后脱落。叶长倒卵形、倒卵形或宽披针形，长10-20厘米，先端渐尖，基部楔形或浅心形，具2斑状腺体，无小托叶，下面侧脉腋部具柔毛，有时仅中脉疏被毛，侧脉8-12对，具腺齿；叶柄长0.5-3厘米，无毛，托叶钻状，疏被毛。雌雄异株，雄花序圆锥状，长8-25厘米，顶生，花序轴被微毛或无毛，雄花5-11朵簇生苞腋；苞片三角形，长0.7-1毫米，被微柔毛，基部具2腺体。雄花花梗长0.5毫米，具柔毛；萼片4；雄蕊8。雌花序总状或圆锥状，长7-16厘米；苞片三角形，长约 1.5 毫米，被柔毛。雌花单生，花梗长 1 毫米；萼片 5，三角形，长约 1 毫米。蒴果近球形，近无毛，径 8 毫米，具 3 圆棱。花果期几全年。

产广东西部及中部、海南、广西西南及南部、云南南部，生于海拔 600 米以下沿海平原或山地溪边、山谷常绿阔叶林中。亚洲东南部及澳大利亚北部有分布。

[附] **海南山麻杆 Al-chornea rugosa** var. **pubescens** (Pax et Hoffm.) H. S. Kiu, Fl. Reipubl. Popul. Sin. 44(2): 69. 1966. ——

图 126 羽脉山麻杆 （余汉平绘）

Alchornea hainanensis Pax et Hoffm. var. *pubescens* Pax et Hoffm. in Engl. Pflanzenr. 63(Ⅳ 147. Ⅶ): 243. 1914. 本变种与模式变种的区别：老叶下面和花序均密被柔毛；花柱长 3.5-4 毫米。产海南及广西西南部，生于石灰岩山地常绿林中。

2. 山麻杆　　　　　　　　　　　　　　　图 127

Alchornea davidii Franch. Pl. David. 1: 264. t. 6. 1884.

落叶灌木，高达 5 米。幼枝被灰白色绒毛。叶宽卵形或近圆形，长 8-15 厘米，先端渐尖，基部近平截或心形，具 2 或 4 斑状腺体，具锯齿，下面被绒毛，基脉 3 出，小托叶 2，线形，被毛；叶柄长 2-10 厘米，具柔毛，托叶披针形。雌雄异株；雄花序穗状，花序梗几无；苞片卵形，长约 2 毫米。雄花 5-6 朵簇生苞腋；花梗长约 2 毫米；萼片 3-4；雄蕊 6-8。雌花序总状顶生，长 4-8 厘米，被柔毛；苞片三角形，长 3.5 毫米；具花 4-7 朵。雌花花梗长约 0.5 毫米；萼片 5，长三角形，长 2.5-3 毫米；花柱 3，长 1-1.2 厘米，基部合生。蒴果近球形，径 1-1.2 厘米，密生柔毛。种子卵状三角形，具小瘤体。花期 3-5 月，果期 6-7 月。

产山东、江苏、安徽、浙江、福建、江西、湖北、湖南、广东东北部、广西东北部、贵州、四川东部及中部、云南东北部、陕西南部及河南，生

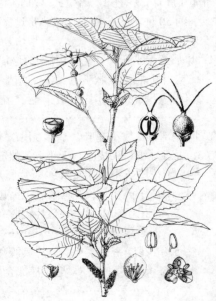

图 127 山麻杆 （孙英宝绘）

于海拔 300-1000 米沟谷、溪边坡地灌丛中，或栽种于坡地。茎皮纤维为制纸原料；叶可作饲料。可栽培作观叶植物。

3. 红背山麻杆　　　　　　　　　　　　图 128

Alchornea trewioides (Benth.) Muell. Arg. in Linnaea 34: 168. 1865.

Stipellaria trewioides Benth. in Journ. Bot. Kew Misc. 6: 3. 1854.

落叶灌木。幼枝被灰色微柔毛。叶卵形，长 8-15 厘米，先端骤尖或渐

尖，基部近平截或浅心形，具 4 个斑状腺体，下面淡红色，沿脉被微柔毛，基脉 3 出，小托叶 2，披针形；叶柄

长7-12厘米, 托叶钻状。雌雄异株。雄花序穗状, 长7-15厘米, 具微柔毛; 苞片三角形, 雄花3-15朵簇生苞腋。雄花花梗长约2毫米, 无毛; 萼片4; 雄蕊7-8。雌花序顶生, 总状, 长5-6厘米, 被微柔毛, 苞片窄三角形, 基部具2腺体。雌花萼片5-6, 披针形, 其中1枚基部具1个腺体; 花柱3, 长1.2-1.5厘米, 基部合生部分长不及1毫米。蒴果近球形, 径约1厘米, 被微柔毛。种子具瘤体。花期3-5月, 果期6-8月。

产福建西部及南部、江西南部、湖南南部、贵州、广东、香港、海南、广西及云南, 生于海拔1000米以下沿海平原或山地灌丛中。日本琉球群岛、越南北部、泰国北部有分布。

[附] **绿背山麻杆** Alchornea trewioides var. **sinica** H. S. Kiu in Acta Phytotax. Sin. 26: 460. 1988. 本变种与模式变种的区别: 老叶下面、花序均被柔毛; 雌花萼片6-8, 长2.5-3毫米, 基部均无腺体, 花柱长7-9毫米, 基部合生部分长1.5-2毫米。产广西西北及西南部、贵州南部、四川东南部、云南东南部, 生于海拔500-1200米石灰岩山地疏林中。

[附] **毛果山麻杆** Alchornea mollis (Benth.) Muell. Arg in Linnaea 34: 168. 1855. —— Stipellaria mollis Benth. in Journ. Bot. Kew. Misc. 6:

图 128 红背山麻杆 (邓晶发绘)

3. 1854. 本种与绿背山麻杆的区别: 雌花具萼片5-6, 花柱基部合生部分长1毫米; 蒴果被绒毛。产云南及四川, 生于海拔1200-2000米河谷坡地或溪畔林下。印度东北部、锡金、不丹及尼泊尔有分布。

4. 椴叶山麻杆　　　　图 129　彩片 37

Alchornea tiliifolia (Benth.) Muell. Arg. in Linnaea 34. 168. 1865.

Stipellaria tiliifolia Benth. in Journ. Bot. Kew Misc. 6: 4. 1854.

小乔木或灌木状。小枝、叶下面和花序均被柔毛。叶薄纸质, 卵状菱形、卵圆形或长卵形, 长10-17厘米, 先端渐尖或尾状, 具4个斑状腺体, 具腺齿, 基脉3出, 小托叶2, 披针形; 叶柄长6-20厘米, 具柔毛, 托叶披针形。雌雄异株; 雄花序穗状, 1-3个生于一年生小枝已落叶腋部, 长5-9厘米, 被柔毛; 苞片宽卵形, 长2-2.5毫米, 雄花7-11朵簇生苞腋。雄花萼片3; 雄蕊8。雌花序总状或复总状, 长8-15厘米, 苞片窄三角形。雌花萼片5-6, 近卵形, 不等大, 其中1枚基部具腺体; 子房被短绒毛, 花柱3, 长0.7-1.1厘米, 基部合生部分长1.5-3毫米。蒴果椭圆形, 长6-8毫米, 被柔毛和小瘤。种子具皱纹。花期4-6月, 果期6-7月。

产广东西部、广西、贵州南部及云南南部, 生于海拔250-1000米山地、

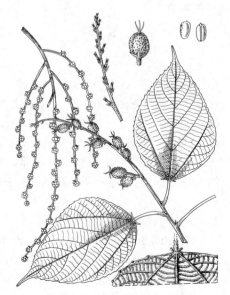

图 129　椴叶山麻杆 (余汉平绘)

山谷林下或石灰岩山地灌丛中。印度东北部、缅甸、泰国、马来西亚及越南有分布。

28. 棒柄花属 Cleidion Bl.

（丘华兴）

灌木或乔木。叶互生，常具腺齿，羽状脉；托叶小，早落。花雌雄异株，稀同株；无花瓣，无花盘；雄花序穗状，雄花多朵簇生或成团伞花序，稀单朵生于苞腋；雌花序总状或单花，腋生。雄花花萼裂片3-4，镊合状排列；雄蕊35-80，稀更多，花托凸起，花丝离生，花药4室，药隔钻状。雌花花梗长；萼片3-5，覆瓦状排列；子房2-3室，每室1胚珠，花柱线状，2深裂，柱头密生小乳头。蒴果具2-3分果片，果柄棒状，长于2厘米。种子近球形，具斑纹。

约25种，分布于热带地区。我国3种。

1. 花雌雄同株；雌花萼片不等大，其中3枚花后增大呈长圆形，花柱长1厘米；雄花3-7朵簇生苞腋 ……………………………………………………………………………………………………… 1. 棒柄花 **C. brevipetiolatum**
1. 花雌雄异株；雌花萼片花后几不增大，花柱长1.5厘米；雄花单生苞腋 ………… 2. 灰岩棒柄花 **C. bracteosum**

1. 棒柄花

图 130: 1-5

Cleidion brevipetiolatum Pax et Hoffm. in Engl. Pflanzenr. 63(IV. 147. VII): 292. 1914.

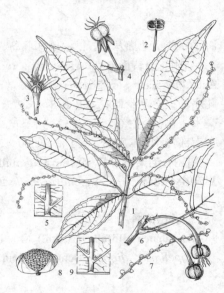

图 130: 1-5.棒柄花 6-9.灰岩棒柄花
（余汉平绘）

小乔木，高达12米。小枝无毛。叶薄革质，互生或近对生，或3-5簇生枝顶，倒卵形、倒卵状披针形或披针形，长7-21厘米，先端短渐尖或短尾状，基部钝，具数个斑状腺体，下面侧脉腋具髯毛，疏生锯齿，侧脉5-9对；叶柄长（0.3-）1-3厘米，托叶披针形。雌雄同株；雄花序腋生，长5-20厘米，花序轴被微柔毛，雄花3-7朵簇生苞腋；苞片宽三角形，长1.5毫米，疏生花序轴上。雄花花梗长1-1.5毫米，具关节；萼片3，长2-2.5毫米；雄蕊40-65。雌花单朵腋生，花梗长2-3.5厘米，果时棒状；萼片5，不等大，花后增大，其中3枚由披针形增大成长圆形，长0.9-3厘米，另2枚长3-5毫米；子房密生黄色毛，花柱3，长1厘米，2深裂。蒴果扁球形，具3圆棱，径约1.5厘米，被疏毛；果柄棒状，长3-7.5厘米。花果期3-10月。

产广东、香港、海南、广西、贵州西南部、云南东南及南部，生于海拔200-1500米山地或石灰岩山地常绿林中。越南北部有分布。

2. 灰岩棒柄花

图 130: 6-9

Cleidion bracteosum Gagnep. in Bull. Soc. Bot. France 71: 569. 1924.

乔木，高达15米。小枝无毛。叶卵状椭圆形或卵形，长5-19厘米，先端裂片骤尖或短渐尖，基部圆钝，具2-4斑状腺体，下面侧脉脉腋具髯毛，疏生锯齿，侧脉5-7对，网脉两面明显；叶柄长（0.7-）2-7厘米，托叶小。雌雄异株；雄花序腋生或近顶生，长6-14厘米，花序轴被微柔毛，雄花单生苞腋，苞片三角形，长2-2.5毫米，小苞片三角形，长约1毫米。雄花花梗长1-2毫米；萼片4，卵形或长圆形，长约4毫米；雄蕊100-120，花丝长1-2毫米，花药4室。雌花单朵腋生，花梗长2-4厘米；萼片5，三角形，

不等大，花后几不增大，长2-4毫米；子房3室，密生黄色毛，花柱3，长1.5厘米，2深裂，线状。蒴果具3圆棱，径约1.5厘米，无毛；果柄棒状，长4-7厘米。花期12月至翌年2月，果期4-5月。

产广西西南、西部及北部、贵州南部、云南东南及南部，生于海拔350- 1000米石灰岩山地常绿林中。越南北部有分布。

29. 白桐树属 **Claoxylon** A. Juss.

（丘华兴）

乔木或灌木。幼枝被柔毛。叶互生，羽状脉；托叶小，早落。花雌雄异株，无花瓣；总状花序，腋生，花序轴长，稀分枝。雄花1至多朵簇生苞腋，花萼裂片4，镊合状排列；雄蕊20-30，花丝离生，花药2室，药室离生，直立；腺体生于雄蕊基部。雌花萼片2-4；花盘浅裂或为离生腺体；子房2-3室，每室1胚珠，花柱短，不裂。蒴果具2或3个分果爿。种子近球形，外种皮肉质，内种皮硬，具小孔穴。

约75种，分布于东半球热带地区。我国6种。

1. 雄花序长10-30厘米，雄花花萼无毛，雄蕊约30；雌花序长1.5-3厘米，雌花具3腺体，子房无毛；叶厚纸质 ·················· 1. **台湾白桐树 C. brachyandrum**
1. 雄花序长6-7厘米，雄花花萼具毛；雌花序长5-20厘米，雌花具花盘，子房被毛。
　2. 叶纸质，两面具疏毛；雄蕊15-25；雌花花盘3裂或浅波状；分果爿脊线凸起 ········ 2. **白桐树 C. indicum**
　2. 叶膜质，两面无毛；雄蕊（35-）40-50；雌花花盘杯状；分果爿脊不凸起 ······························· 2(附). **膜叶白桐树 C. khasianum**

1. 台湾白桐树　假铁苋　　　　图131
Claoxylon brachyandrum Pax et Hoffm. in Engl. Pflanzenr. 63(Ⅳ. 147. Ⅶ): 115. 1914.

灌木或小乔木。嫩枝被疏柔毛。叶厚纸质，干后淡紫色，长圆形或长圆状披针形，长15-20厘米，先端短渐尖，基部楔形，无毛，具粗圆锯齿；叶柄长3.5-6厘米，顶端具2枚小腺体。雌雄异株，雄花序长6-7厘米，苞片卵形，雄花1-3朵生于苞腋，花梗长3毫米；雌花序长1.5-3厘米，苞片卵形，雌花1（2）生于苞腋；雄花花萼裂片3（4），长约2.5毫米；雄蕊约30，花丝长1-2毫米，靠近雄蕊腺体，鳞片状，长约0.5毫米，顶端具柔毛；雌花萼片3，近三角形，长约1毫米；腺体3，肾形；子房无毛，花柱3，长2毫米，下半部合生，具乳头状突起；花梗长1-2毫米。蒴果具3个分果爿；径7毫米。种子近球形，径

图 131 台湾白桐树 （引自《Fl. Taiwan》）

3毫米。花果期4-12月。

产台湾恒春半岛和兰屿岛，生于低海拔灌丛中。菲律宾、马来西亚沙巴有分布。

2. 白桐树　　　　图132
Claoxylon indicum (Reinw. ex Bl.) Hassk. Cat. Pl. Hort. Bogor. Alter. 235. 1844.

Erytrochilus indicus Reinw. ex Bl. Bijdr. 1: 615. 1825.

Claoxylon polot (Burm. f.) Merr.；中国高等植物图鉴 2: 598. 1972.

图 132 白桐树 （邓晶发绘）

小乔木或灌木状，高达12米。幼枝、花序被灰色短绒毛。叶卵形或卵圆形，长10-22厘米，先端钝或尖，基部楔形或圆钝，具不规则锯齿，两面被疏毛；叶柄长5-15厘米，顶端具2小腺体。雌雄异株；花序各部均被绒毛；雄花序长10-30厘米，雄花3-7朵簇生苞腋；雌花序长5-20厘米；雌花常单朵生于苞腋。雄花花梗长约4毫米；雄蕊15-25，腺体长卵形，长0.5毫米，顶端具柔毛。雌花萼片3，长1.5毫米，被绒毛；花盘3裂或浅波状；花柱3，长2毫米，具羽毛状突起。蒴果3圆棱，径7-8毫米，被灰色绒毛。种子径约4毫米，红色。花果期3-12月。

产广东、香港、海南、广西西南部及云南南部，生于海拔1500米以下平原、山谷或河谷疏林中。印度及东南亚有分布。根药用，治风湿痛。

[附] **膜叶白桐树** 喀西白桐树 **Claoxylon khasianum** Hook. f. Fl. Brit. Ind. 5: 411. 1887. 本种与白桐树的区别：叶干后膜质，青黄色；雄花雄蕊35-50；蒴果径约1.2厘米，疏生短毛。产广西南部、云南西部及东南部，生于海拔250-2000米河谷或山谷常绿林中。印度东北部、缅甸及越南有分布。

30. 山靛属 Mercurialis Linn.

（丘华兴）

草本；具根茎。叶对生；托叶2。花雌雄异株，稀同株，无花瓣；雄花序穗状，腋生，雄花多朵组成团伞花序，疏生花序轴上；雌花簇生叶腋，或数朵成穗状或总状花序。雄花花萼3深裂，裂片镊合状排列；雄蕊8-20，花丝离生，花药2室，药室基部分离，叉开；无花盘。雌花萼片3，覆瓦状排列；腺体2；子房2室，每室1胚珠，花柱2，短，不叉裂。蒴果具2个分果爿。

约8种，分布于欧洲和非洲地中海沿岸地区、亚洲温暖地区。我国1种。

山靛　　　　　　　　　　　　　　　　　　　　图133

Mercurialis leiocarpa Sieb. et Zucc. in Abh. Akad. Wiss. Wien, Math.-Phys. 4(2): 145. 1845.

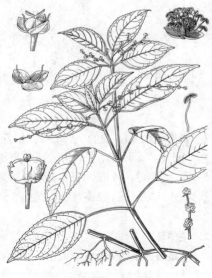

图 133 山靛 （余汉平绘）

草本，高达1米。根茎平卧。叶薄纸质，卵状长圆形或卵状披针形，长3-13厘米，先端渐尖，基部楔形，被疏毛，具浅圆齿；叶柄长1.5-4.5厘米，托叶披针形，长约2.5毫米，反折。雌雄同株；雄花序长5-12厘米，无毛；苞片卵形。雌花序总状，具雌花3-5，花梗长1-2毫米，雌花两侧常有数朵雄花。雌花花萼裂片3，卵形，雄蕊12-20，花丝长约2

毫米。雌花萼片3，卵形；长约2毫米；腺体2，线状，长约2毫米；花柱长约1毫米，基部合生，具乳头状突起。蒴果双球形，径5-6毫米，分果片背部具2-4个小瘤或短刺。种子球形，径2.5毫米，具小孔穴。花期12月至翌年4月，果期4-7月。

产安徽、浙江、台湾、江西、湖北、湖南、广东北部、广西、贵州、四川及云南，生于海拔300-2850米山地密林中、山谷、溪边。日本、朝鲜、尼泊尔、不丹、印度东北部、泰国有分布。

31. 轮叶戟属 **Lasiococca** Hook. f.

（丘华兴）

小乔木或灌木。叶互生或枝顶近轮生。花雌雄同株，异序；无花瓣，无花盘；雄花序总状，腋生；雌花单朵腋生，有时在无叶短枝上组成近伞房花序。雄花花萼3深裂，裂片镊合状排列；雄蕊多数，花丝合生成多个雄蕊束，花药2室，药室稍叉开，药隔弓形。雌花萼片5-7，不等大，覆瓦状排列；子房3室，每室1胚珠，花柱3，基部合生，不叉裂。蒴果具3个分果爿，被具刚毛的小瘤或鳞片。种子近球形，种皮薄壳质。

3种，分布于锡金、印度、马来西亚、越南及我国。我国1变种。

轮叶戟
图 134

Lasiococca comberi Haines var. **pseudoverticillata** (Merr.) H. S. Kiu in Acta Phytotax. Sin. 20（1）：108. f. 1. 1982.

Mallotus pseudoverticillatus Merr. in Lingnan Sci. Journ. 14: 23. f. 7. 1935.

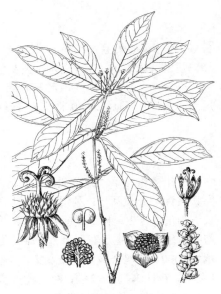

小乔木或灌木状，高达10米。幼枝、叶被柔毛，余无毛。叶革质，长圆状倒披针形或长椭圆形，长5-17厘米，先端渐尖，基部心状耳形，全缘，侧脉8-15对；叶柄长2-8毫米，托叶长卵形。雄花序长2-4.5厘米，苞片卵圆形，长1.5毫米，小苞片2。雄花花梗长0.5毫米；萼片3，长圆形，长2.5-4毫米。雌花单朵腋生，有时3-6朵成

图 134 轮叶戟 （邓晶发绘）

近伞房花序；花梗长2-3厘米，苞片1或3，宽披针形；萼片5，卵形或窄卵形，长3-4毫米，花后反折，稍增大；花柱线形，长2.5-3毫米，柱头密生乳头状突起。蒴果近球形，径1.2厘米，具小瘤。花期4-6月，果期6-7月。

产海南及云南南部，生于海拔350-950米石灰岩山地沟谷林中。越南北部有分布。

32. 水柳属 **Homonoia** Lour.

（丘华兴）

小乔木或灌木；全株被柔毛或鳞片。叶互生。花雌雄异株，无花瓣，无花盘；雄花序总状，腋生；雌花序穗状，腋生。雄花：花萼3深裂，裂片镊合状排列；雄蕊多数，花丝合生成多个雄蕊束，花药2室，药室近球形，稍分离。雌花：萼片5，覆瓦状排列；子房3室，每室1胚珠，花柱3，不叉裂，柱头密生羽毛状突起。蒴果具3个分果爿。种子无种阜，胚乳肉质，子叶扁平。

2种，分布于东南亚和南亚。我国1种。

水柳　图135

Homonoia riparia Lour. Fl. Cochinch. 637. 1790.

灌木，高达3米。小枝具棱，被柔毛。叶线状长圆形或窄披针形，长6-20厘米，先端具尖头，基部窄或楔形，下面密生鳞片和柔毛，侧脉9-16对；叶柄长0.5-1.5厘米，托叶钻状，长5-8毫米，脱落。雌雄异株，花序腋生，长5-10厘米；苞片近卵形，长1.5-2毫米，小苞片2；花单生苞腋。雄花花梗长0.2毫米；花萼裂片3，长3-4毫米，被柔毛；雄蕊多数，花丝合生成约10个雄蕊束。雌花萼片5，长圆形，长1-2毫米，被柔毛；花柱3，长4-7毫米，基部合生，柱头密生羽毛状突起。蒴果近球形，径3-4毫米，被灰色柔毛。花期3-5月，果期4-7月。

产台湾、海南、广西南部及西部、云南南部及西南部、贵州南部、四川西北部，生于海拔1000米以下河流和溪流两岸冲积地、沙砾滩、石隙或

图 135 水柳 （邓晶发绘）

河岸灌木林中；趋流水植物。印度、缅甸、泰国、老挝、越南、马来西亚、印度尼西亚及菲律宾有分布。

33. 蓖麻属 Ricinus Linn.
（丘华兴）

一年生粗壮草本或草质灌木，高达5米。全株常被白霜。叶互生，近圆形，径15-60厘米，掌状7-11裂，裂片卵状披针形或长圆形，具锯齿；叶柄粗，长达40厘米，中空，盾状着生，顶端具2盘状腺体，基部具腺体，托叶长三角形，合生，长2-3厘米，早落。花雌雄同株，无花瓣，无花盘；总状或圆锥花序，长15-30厘米，顶生，后与叶对生，雄花生于花序下部，雌花生于上部，均多朵簇生苞腋；花梗细长。雄花花萼裂片3-5，镊合状排列；雄蕊达1000，花丝合成多数雄蕊束，花药2室，药室近球形，分离。雌花萼片5；子房密生软刺或无刺，3室，每室1胚珠，花柱3，顶部2裂，密生乳头状突起。蒴果卵球形或近球形，长1.5-2.5厘米，具软刺或平滑。种子椭圆形，长1-1.8厘米，光滑，具淡褐色或灰白色斑纹，胚乳肉质；种阜大。

单种属。

蓖麻　图136 彩片38

Ricinus communis Linn. Sp. Pl. 1007. 1753.

形态特征同属。花期几全年或6-9月（栽培）。

原产非洲东北部热带地区，现广泛栽培于热带至温暖地区。我国除西部、西北部高寒或沙漠地区外，大部省区均有栽培，生于海拔500米以下，云南达2300米，在村旁疏林地或河谷冲积地稀疏灌丛中，有时可见野化植株。多栽培品种：如大籽、小籽品种，果具软刺或无刺品种，茎叶红色或绿色品种。种仁富含油脂，可榨取蓖麻油，供工业用，药用作缓泻剂。种子有毒，不可食用。

图 136 蓖麻 （冀朝祯绘）

34. 白大凤属 Cladogynos Zipp. ex Span.

（丘华兴）

灌木，高达2.5米。小枝密被星状柔毛。叶互生，长卵形或长圆形，长10-18厘米，先端短渐尖，基部窄耳状浅心形，有时浅盾状着生，具浅波状锯齿或疏生粗齿，下面密被灰白色星状绒毛，掌状脉5-7，侧脉4-5对；叶柄长1.5-5厘米，被绒毛，托叶披针形，基部具1个腺体，宿存。花雌雄同株；无花瓣，总状花序，腋生，雄花密集呈团伞花序，位于花序轴顶部，雌花1-2朵，生于花序下部，花梗长，基部具2苞片，1枚叶状，1枚线状。雄花花萼裂片4，镊合状排列；雄蕊4，花丝顶部内弯，花药2室；不育雌蕊柱状，无毛；无花盘。雌花萼片6-7，线形，不等长；腺体小，与萼片互生；子房3室，每室1胚珠，花柱3，上部分裂成3-4条各2叉裂的线状分枝。蒴果具3个分果爿，径约8毫米，被星状绒毛；果柄长2-2.5厘米。种子近球形，具斑纹。

单种属。

白大凤　　　　　　　　　　　　　　　　图137

Cladogynos orientalis Zipp. ex Span. in Linnaea 15: 349. 1841.

形态特征同属。花果期8-11月。

产广西西部及西南部，生于海拔200-450米石灰岩山地干燥疏林或灌丛中。东南亚有分布。

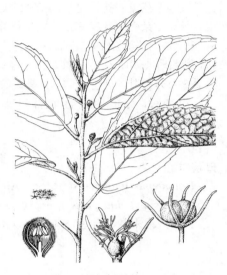

图 137 白大凤 （邓盈丰绘）

35. 风轮桐属 Epiprinus Griff.

（丘华兴）

灌木或乔木。幼枝被糠秕状星状毛。叶互生，羽状脉；托叶小。圆锥状花序；花雌雄同株，无花瓣，无花盘；雄花多朵集成团伞花序排列在花序轴上，雌花数朵生于花序基部。雄花花萼裂片2-6，镊合状排列；雄蕊4-15，花丝离生，花药2室，药隔细尖；不育雌蕊小。雌花萼片5-6，镊合状排列；副萼鳞片状；子房3室，每室1胚珠，花柱基部合生呈柱状，上部分离，叉裂，柱头具乳头状突起。蒴果具3个分果爿。种子近球形，具斑纹。

约6种，分布于东南亚及印度东部。我国1种。

风轮桐　　　　　　　　　　　　　　　　图138 彩片39

Epiprinus siletianus (Baill.) Croiz. in Journ. Arn. Arb. 23: 53. 1942.

Symphyllia siletiana Baill. Etud. Gén. Euphorb. 474. pl. 11. f. 6-7. 1858.

小乔木，高达10米。幼枝和花序均被灰黄色星状毛。叶互生或在枝顶簇生，叶匙状披针形或琴状椭圆形，长8-24厘米，先端渐尖，基部耳状心形，两面无毛，全缘或微波状；叶柄长3-5毫米，具毛，托叶披针形，基部具黑色腺体。花序长3-15厘米，花序轴被绒毛；苞片披针形；雌花1-3生于花序基部。雄花花梗短或几无；花萼裂片4，长约1毫米；雄蕊3-6。

雌花萼片5-6，披针形，长2.5-3毫米，被绒毛；副萼鳞片状，有时腺体状；子房被绒毛，花柱长3毫米。蒴果径1.5-1.8厘米，被短毛；果柄长4毫米，被绒毛。花期1-6月，果期6-10月。

产海南、云南南部，生于海拔100-1200米河边或山地常绿林中。印度东部、缅甸、泰国及越南有分布。

图 138 风轮桐 （邓盈丰绘）

36. 白茶树属 Koilodepas Hassk.
（丘华兴）

乔木。幼枝被星状柔毛。叶互生，羽状脉；托叶宿存。花雌雄同株；无花瓣，无花盘；穗状花序，腋生；雄花多朵集成团伞花序疏生于花序轴上，雌花数朵生于花序基部。雄花花萼3-4裂，裂片镊合状排列；雄蕊3-8，花丝厚，基部合生，花药2室，药室稍叉开；不育雌蕊小。雌花花萼杯状，萼裂片4-10，花后稍增大；子房3室，每室1胚珠，花柱2至多裂。蒴果具3个分果爿。种子近球形，具斑纹。

约10种，分布于亚洲东南部和南部，大洋洲巴布亚新几内亚。我国1种。

白茶树　　　　　　　　　　　　　　　图 139

Koilodepas hainanense (Merr.) Airy Shaw in Kew Bull. 14: 384. 1960.

Calpigyne hainanensis Merr. in Journ. Arn. Arb. 23: 51. 1942.

乔木或灌木状，高达15米。幼枝和花序密生黄色星状柔毛。叶长椭圆形或长圆状披针形，长10-32厘米，先端渐尖，基部宽楔形或微心形，具圆齿或细钝齿，两面无毛；叶柄长0.5-1厘米，被绒毛，托叶披针形，长5-7毫米。花序穗状，长4-10厘米，雌花1-3朵生于花序基部；苞片宽卵形，长1.5-2.5毫米。雄花花萼裂片3-4；雄蕊3-5；不育雌蕊球形。雌花花萼杯状，裂片5-6，被绒毛；花柱3，长约2.5毫米，上部多裂，柱头密生羽毛状突起。蒴果扁球形，3圆棱，径约1.5厘米，被短绒毛；宿萼膜质，碟状，径1.7厘米；果柄长3-4毫米，被绒毛。

图 139 白茶树 （邓盈丰绘）

花期3-4月，果期4-5月。

产海南，生于海拔400米以下山谷或山地林中。越南北部有分布。

37. 肥牛树属 Cephalomappa Baill.
（丘华兴）

乔木。幼枝、叶被柔毛。叶互生，羽状脉；托叶小，脱落。花雌雄同株；无花瓣，无花盘；花序总状，腋生，雄花多朵集成团伞花序，生于花序和短分枝顶部，雌花1或数朵生于花序基部。雄花花萼2-5浅裂，裂片镊合状排列；雄蕊2-4，花丝基部合生，花药2室；不育雌蕊柱状。雌花花萼5-6深裂，裂片覆瓦状排列，脱落；子房3室，每室1胚珠，花柱基部合生，上部2浅裂。蒴果具3个分果爿，果皮具小瘤体或瘤状刺。种子近球形，具斑纹。

约5种，分布于亚洲马来西亚、印度尼西亚及我国。我国1种。

肥牛树   图 140

Cephalomappa sinensis (Chun et How) Kosterm. in Reinwardtia 5: 413. 1961.

Muricoccum sinense Chun et How in Acta Phytotax. Sin. 5(1): 15. pl. 6. 1956.

图 140 肥牛树 （邹贤桂绘）

乔木，高达25米。叶革质，长椭圆形或长倒卵形，长5-15厘米，先端长渐尖或稍尾尖，基部宽楔形，具2个细小斑状腺体，叶缘淡紫色，浅波状或疏生细齿，侧脉5-6对；叶柄长3-5毫米，托叶披针形。花序长1.5-2.5厘米，被柔毛，具1-3个顶生的由雄花排成的团伞花序和1-3朵雌花。雄花花萼裂片3-4；雄蕊（3）4（8）。雌花花萼5深裂，裂片长三角形；花柱长约7毫米。蒴果径1.5厘米，密生3棱瘤状刺；果柄长2-3毫米。

产广西西南及西部、云南南部，生于海拔120-500米石灰岩山地常绿林中。越南北部有分布。木材坚重，供制家具；幼枝和叶可作马、牛、羊饲料。

38. 蝴蝶果属 Cleidiocarpon Airy Shaw
（丘华兴）

乔木。叶互生，羽状脉；叶柄具叶枕，托叶小。圆锥状花序，顶生，雄花多朵密生呈团伞花序，疏生花序轴上，雌花1-6生于花序下部。花无花瓣，无花盘。雄花花萼裂片3-5，镊合状排列；雄蕊3-5，花丝离生，花药4室；不育雌蕊短柱状。雌花萼片5-8，覆瓦状排列；副萼小，与萼片互生，早落；子房2室，每室1胚珠，花柱下部合生，上部3-5裂，裂片叉裂。果核果状，近球形或双球形，基部骤窄呈柄状，具宿存花柱基，密被微星状毛。种子近球形，胚乳丰富。

2种，分布于缅甸、泰国、越南和我国。我国1种。

蝴蝶果   图 141 彩片 40

Cleidiocarpon cavaleriei (Lévl.) Airy Shaw in Kew Bull. 19: 314. 1965.

Baccaurea cavaleriei Lévl. Fl. Kouy-Tchéou 159. 1914.

乔木，高达25米。幼枝、叶疏生微星状毛，后脱落。叶椭圆形，长圆形或披针形，长6-22厘米，先端渐尖，稀尖，基部楔形，小托叶2；叶柄长1-4厘米，顶端枕状，基部具叶枕，托叶钻形，长1.5-2.5毫米。圆锥花序长10-15厘米，密生灰黄色微星状毛，雄花生于花序上部，雌花1-6朵生于花序基部或中部；苞片披针形，长2-8毫米，小苞片长约1毫米。雄花雄蕊4-5。雌花萼片5-8，卵状椭圆形或宽披针形，长3-5毫米，宿存；副萼5-8，披针形或鳞片状，早落；花柱长7毫米，上部3-5裂，裂片叉裂为2-3裂片，密生小乳头。核果偏斜卵球形或双球形，径3-5厘米，被微毛，

不裂。果柄长 1.5 厘米，花果期 5-11 月。

产广西西南、西部及西北部、贵州南部、云南东南部，生于海拔 150-1000 米石灰岩山地常绿林中；广东、海南有栽培。越南北部有分布。木材优良，适做家具；种子含淀粉和油脂，去胚后，可食用。树形美观，抗病力强，可作行道树。

图 141 蝴蝶果 （张世琦绘）

39. 铁苋菜属 **Acalypha** Linn.

（丘华兴）

草本、灌木或小乔木。叶互生，基脉 3-5 或为羽状脉；托叶早落。花雌雄同株，稀异株；无花瓣，无花盘。穗状或总状花序，雌雄花同序或异序；雄花多朵簇生或集成团伞花序排列在花序轴上；雌花 1-3 朵生于苞腋；雌花苞片花后常增大。雄花花萼裂片 4，镊合状排列；雄蕊 8，花丝离生，花药 2 室，药室叉开或悬垂，细长、扭转。雌花萼片 3-5，覆瓦状排列；子房（2）3 室，每室 1 胚珠，花柱撕裂为多条线状红色花柱枝。蒴果具 3 个分果爿，被毛或具软刺。

约 450 种，广布于热带、亚热带地区。我国 18 种。

1. 雌雄花同序，雌花 1-3 生于花序下部。
　2. 一年生草本。
　　3. 花序长 1.5-5 厘米，雌花苞片卵状心形，不裂。
　　　4. 雌花苞片 1-2（-4），长 1.4-2.5 厘米，无异形雌花 ·················· 1. **铁苋菜** A. australis
　　　4. 雌花苞片 3-7，长约 5 毫米，花序顶端常有异形雌花 ············ 1(附). **热带铁苋菜** A. indica
　　3. 花序长不及 1 厘米，雌花苞片掌状 5 深裂 ················ 2. **裂苞铁苋菜** A. brachystachya
　2. 灌木；花序常两性，有时全为雄花。
　　5. 老叶两面被柔毛，雌花苞片近圆形，长 5-7 毫米；果密生具毛软刺 ············ 3. **毛叶铁苋菜** A. mairei
　　5. 老叶仅沿叶脉具柔毛。
　　　6. 叶中脉和侧脉均被柔毛，雌花苞片长 5 毫米；果被短毛和散生小瘤状毛 ··············
　　　　　······················ 4. **尾叶铁苋菜** A. acmophylla
　　　6. 叶仅中脉被柔毛，雌花苞片长 0.5-1 厘米；果具散生软刺毛 ·············· 4(附). **印禅铁苋菜** A. wui
1. 雌雄花异序，雌雄同株，雌花苞片具 7-11 小齿。
　7. 叶同色，无异色斑块；雌花苞片半圆形，长约 5 毫米，花柱长约 4 毫米 ·········· 5. **台湾铁苋菜** A. angatensis
　7. 叶古铜绿或淡红色，常有不规则红或紫色斑块；雌花苞片卵形，长约 8 毫米，花柱长 6-7 毫米 ··············
　　　······················ 5(附). **红桑** A. wilkesiana

1. 铁苋菜

图 142

Acalypha australis Linn. Sp. Pl. 1004. 1753.

一年生草本。小枝被平伏柔毛。叶长卵形、近菱状卵形或宽披针形，长 3-9 厘米，先端短渐尖，基部楔形，具圆齿，基脉 3 出，侧脉 3-4 对；叶柄长 2-6 厘米，被柔毛，托叶披针形，具柔毛。花序长 1.5-5 厘米，雄花集成穗状或头状，生于花序上部，下部具雌花；雌花苞片 1-2（-4），卵状心形，长 1.5-2.5 厘米，具齿。雄花花萼无毛。雌花 1-3 朵生于苞腋；萼片 3，长 1 毫米；花柱长约 2 毫米，撕裂。蒴果绿色，径 4 毫米，疏生毛和小瘤体。种子卵形，长 1.5-2 毫米，光滑，假种阜细长。花果期 4-12 月。

产南北各地（除内蒙古、新疆、青海及西藏外），生于海拔1900米以下平原、山坡耕地，空旷草地或疏林下。俄罗斯远东地区、朝鲜、韩国、日本、菲律宾、越南、老挝有分布。

[附] **热带铁苋菜 Acalypha indica** Linn. Sp. Pl. 1003. 1753. 本种与铁苋菜的区别：叶长2-3.5厘米，基出脉5；雌花苞片3-7，长约5毫米，花序顶端常有异形雌花。产海南东部及台湾南部，生于低海拔平原湿润荒地或沟边。非洲热带地区、印度及东南亚有分布。

2. 裂苞铁苋菜　　　　　　　　　　　图143

Acalypha brachystachya Hornem. Enum. Pl. Hort. Hafn. 1. 1807.

一年生草本，高达80厘米；全株被毛。叶卵形、宽卵形或菱状卵形，长

2-5.5厘米，先端尖或短渐尖，基部浅心形，有时楔形，具圆齿，基脉3-5；叶柄长2.5-6厘米，具柔毛，托叶披针形。花序长不及1厘米，雄花集生成头状或短穗状，生于花序上部，其下为雌花；雌花苞片3-5，长约5毫米，掌状5深裂，裂片线形，外侧裂片小。雄花花萼疏生柔毛。雌花1朵生于苞腋；萼片3，长0.4毫米；花柱长1.5毫米，撕裂；有时花序轴顶端具1朵异形雌花。蒴果，疏生柔毛和小瘤体。花果期5-12月。

产河北、河南、陕西南部、甘肃南部、江苏、浙江、安徽、台湾、江西、湖北、湖南、广东、广西、贵州、四川及云南，生于海拔100-1900米山坡或溪边疏林中或湿润草地。印度、斯里兰卡、马来西亚、印度尼西亚、越南、非洲热带有分布。

3. 毛叶铁苋菜　　　　　　　　　　　图144

Acalypha mairei (Lévl.) Schneid. in Sarg. Pl. Wilson. 3: 301. 1916.

Morus mairei Lévl. in Fedde, Repert Sp. Nov. 13: 265. 1914.

灌木。幼枝被灰黄色绒毛，后脱落。叶卵形或卵圆形，长3-11厘米，先端渐尖，基部楔形，具粗齿，两面被柔毛，基脉3，侧脉3对；叶柄长1.5-2（-6）厘米，被柔毛，托叶披针形，被毛。花序长3-6厘米，1朵雌花生于基部，或全为雄花，雄花7-15集成团伞花序；花萼疏生

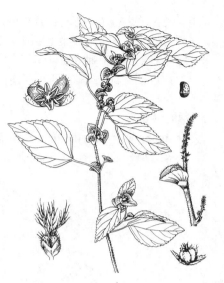

图142　铁苋菜　（引自《图鉴》）

图143　裂苞铁苋菜　（余汉平绘）

图144　毛叶铁苋菜　（余汉平绘）

柔毛。雌花单生苞腋，雌花苞片近圆形，长5-7毫米，具7-11枚齿；萼片4（5），长1-1.5毫米，被柔毛；花柱长2.5-3.5毫米，撕裂。蒴果径2.5毫米，密生具毛软刺。种子卵形，长约2毫米。花期3-6月，果期7-8月。

产广西西北部、云南及四川西南部，生于海拔700-2200米石灰岩山地、山坡或河谷灌丛中。泰国北部有分布。

4. 尾叶铁苋菜

图 145

Acalypha acmophylla Hemsl. in Journ. Linn. Soc. Bot. 26. 436. 1894.

灌木。幼枝被白色柔毛。叶卵形、长卵形或菱状卵形，长3-10厘米，先端尾尖或渐尖，基部楔形或圆钝，疏生长腺齿，两面中脉侧脉均被柔毛，基脉3，侧脉2-3对；叶柄长1-3.5（-5）厘米，具柔毛，托叶窄三角形，具疏柔毛。穗状花序腋生，长4-6厘米，雌花1朵生于花序下部，其上为雄花，有时全花序均为雄花。雄花花梗长约1毫米；花萼裂片4，卵形；雄蕊8。雌花单生苞腋，雌花苞片圆心形，长5毫米，宽约8毫米，具长尖齿11枚，疏生短毛；花梗几无；萼片3-4，长约1毫米，被毛；花柱长4-5毫米，撕裂。蒴果，径3毫米，被柔毛和散生小瘤状毛。花期4-8月。

图 145 尾叶铁苋菜 （孙英宝仿绘）

产陕西南部、甘肃南部、湖北西部、贵州、四川、云南及广西西北部，生于海拔150-1800米山谷、沟边坡地灌丛中。

[附] **印禅铁苋菜 Acalypha wui** H. S. Kiu 本种与尾叶铁苋菜的区别：叶长卵形，先端尖或渐尖，具齿，仅沿中脉疏生柔毛；雌花苞片长0.5-1厘米，具锯齿7-9。蒴果径5毫米，具散生软刺毛。产广东封开、广西柳州，生于海拔100-200米石灰岩山地疏林中。

5. 台湾铁苋菜

图 146

Acalypha angatensis Blanco, Fl. Filip. 750. 1837.

灌木，高达3米。幼枝被粗毛。叶薄纸质，卵圆形，长18-23厘米，先端尾尖，基部钝圆或浅心形，具细齿，两面被疏毛，掌状脉5；叶柄长8-10厘米，具疏毛。托叶卵形。雌雄花异序，同株，花序腋生，长8-10厘米，花序梗长约1厘米，雄花多朵集成的团伞花序，密生于花序轴；雄花序下垂。雄花花梗具毛；花萼被柔毛，花萼裂片4；雄蕊8。雌花序穗状，长8厘米，花序梗长约1厘米，雌花单生苞腋，苞片半圆形，宽约7毫米，具小齿约10枚；萼片3，卵形，长约0.7毫米，具缘毛；子房被粗毛，花柱长4毫米，撕

图 146 台湾铁苋菜
（引自《Woody Fl. Taiwan》）

裂。花期7-8月。

产台湾中部，生于海拔300米以下山地灌木林中。菲律宾有分布。

[附] **红桑** 彩片41 **Acalypha wilkesiana** Muell. Arg. in DC. Prodr. 15(2): 817. 1866. 本种与台湾铁苋菜的区别：叶古铜绿或淡红色，有不规则红或紫色斑块；雌花苞片卵形，长约8毫米，花柱长6-7毫米。原产太平洋波利尼西亚及斐济，现热带、亚热带地区广泛栽培为庭园观叶植物。台湾、福建、广东、海南、广西及云南等地庭园有栽培。

40. 粗毛藤属 **Cnesmone** Bl.
（黄淑美）

藤本或攀援灌木，被柔毛、粗毛及螫毛。叶互生，羽状脉；具叶柄，托叶宿存。总状花序顶生或与叶对生；花雌雄同株，雄花生于花序上部，雌花生于花序下部，均无花瓣，无花盘。雄花花萼3深裂，裂片镊合状排列，萼筒短，喉部稍缢缩；雄蕊3，生于萼筒内近基部，内藏，花丝离生，粗短，花药近基部背着，药室纵裂，药隔肉质，线形反折；无不育雌蕊。雌花花萼裂片3或6，花后增大；子房3室，每室1胚珠；花柱3，基部合生，上部分离。蒴果具3个分果爿。种子球形，外种皮稍肉质，内种皮脆壳质，胚乳肉质，子叶宽扁。

约10种，分布于亚洲南部及东南部。我国3种。

1. 茎、叶及花序均被长粗毛；叶具不规则锯齿，基部心形；雌花萼片6，大小不等 ……………………………………………………… 1. **灰岩粗毛藤** **C. tonkinensis**
1. 茎、叶及花序均被柔毛及螫毛；叶全缘或上部疏生齿；雌花萼片3，等大 ……………………………………………………… 2. **海南粗毛藤** **C. hainanensis**

1. 灰岩粗毛藤 图147

Cnesmone tonkinensis (Gagnep.) Croiz. in Journ. Arn. Arb. 22: 429. 1941.

Cenesmon tonkinensis Gagnep. in Bull. Soc. Bot. France 71: 869. 1924.

藤本或攀援灌木。茎、叶及花序均被长粗毛。叶长卵形或长圆状卵形，长9-15厘米，先端骤渐尖，基部心形，具不规则锯齿，基脉3出，侧脉4-5对；叶柄长2-5厘米，托叶卵状三角形。总状花序长约10厘米；雄花花梗长1-2毫米，花萼裂片宽卵形。雌花常2-3朵生于花序下部；花萼裂片6，大的倒卵状椭圆形或匙形，长8-9毫米，小的线形或倒披针形，长约3毫米。蒴果球形，径约1厘米，被白色粗毛。种子具斑点。花期4-6月，果期8-10月。

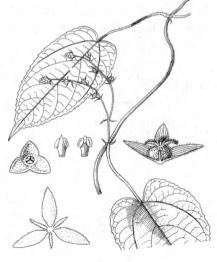

图147 灰岩粗毛藤 （余汉平绘）

产海南及广西西南部，生于海拔600米以下石灰岩山坡或山谷、溪边密林下或灌丛中。越南有分布。螫毛会引起皮肤搔痒、红肿及灼痛，但植株干后接触则无症状。

2. 海南粗毛藤 图148

Cnesmone hainanensis (Merr. et Chun) Croiz. in Journ. Arn. Arb. 22: 430. 1941.

Cenesmon hainanense Merr. et Chun in Sunyatsenia 5: 49. pl. 10. 1940.

藤本或攀援灌木。茎、叶及花序均被柔毛。叶近纸质，长圆形，长3-

6.5厘米，先端尖或骤渐尖，基部圆，全缘或上部疏生齿，基脉3-5出，侧脉3-4对；叶柄离叶基部约1毫米处盾状着生，长1-2厘米，托叶卵状三角形，长2-3毫米。总状花序顶生，长3-5厘米。雄花花梗长1-2毫米；花萼裂片3，卵状三角形，长约2毫米。雌花1-2朵生于花序下部；花梗长2-3毫米；花萼裂片3，卵形，近等大，长约6毫米，疏被柔毛。蒴果扁球形，被柔毛，径约1厘米。种子球形，径约3毫米。花期4-10月，果期10-12月。

产广东南部、广西南部及海南，生于沿海平原、低山灌丛中。螫毛接触皮肤引起痒痛。

图 148 海南粗毛藤 （仿《图鉴》）

41. 大柱藤属 **Megistostigma** Hook. f.

（黄淑美）

缠绕藤本。叶及花序常被螫毛。叶互生，基脉3-5，全缘；具叶柄，托叶早落。总状花序腋生。花雌雄同株；无花瓣；雄花花萼裂片3，镊合状排列，萼筒短；花盘环状；雄蕊3，离生，直立，花丝粗短；花药基着，药室内向、纵裂，无不育雌蕊。雌花数朵生于花序下部；花萼裂片5，花后增大；无花盘；子房3室，花柱短，合生，柱头球形，3裂。蒴果扁球形，具3个分果爿，被平伏绒毛，果皮木质。种子近球形。

约5种，分布于东南亚。我国2种。

云南大柱藤

图 149

Megistostigma yunnanense Croiz. in Journ. Arn. Arb. 22: 426. 1941.

缠绕藤本。茎圆柱形，具纵棱。叶椭圆形、倒卵形或圆心形，长12-16厘米，宽7-14厘米，先端骤渐尖，基部心形，弯缺深1-2厘米，全缘，上面疏被平伏柔毛，下面叶脉被毛，余无毛，基脉3-5，侧脉4-5对；叶柄长4-14厘米，托叶三角状披针形，长约1厘米。花序长5-7厘米。雄花花梗长约7毫米，具苞片及小苞片；花萼裂片三角形，长约3毫米；花丝极短，花药近三角形，药隔肉质；无不育雌蕊。

雌花花梗短，具2-4卵形苞片；花萼裂片卵状披针形，长约6毫米，全缘，花瓣状，具脉纹。蒴果扁球形，径约1厘米，被粗毛及白色长柔毛。种子球形，径约8毫米，具斑纹。花期8-9月，果期10-11月。

图 149 云南大柱藤 （余汉平绘）

产云南南部，生于海拔1000-1300米阴湿林中。螫毛接触皮肤，能引起灼痛。

42. 黄蓉花属 **Dalechampia** Linn.

（黄淑美）

缠绕或攀援灌木或亚灌木。叶互生，全缘或分裂，基出脉或掌状脉3-7。总状或头状花序，总苞片2，常大而具颜色，全缘或3裂；花序下部具3苞片，苞腋各具二歧聚伞状3雌花，花序上部4片苞腋各具聚伞状2-3雄花。花雌雄同株；无花瓣，无花盘；雄花花梗短而具关节；花萼裂片4-6，镊合状排列；雄蕊（10-）15-30（-90），花药2室，纵裂；无不育雌蕊。雌花花萼裂片5-12，覆瓦状排列，常羽状分裂，花后增大变硬包果；子房3（4）室，每室1胚珠，花柱合生成柱状。蒴果具3个分果爿。种子球形，无种阜，胚乳肉质，子叶宽扁。

约100种，主产巴西南部，少数分布至非洲及亚洲热带地区。我国1变种。

黄蓉花 　　　　　　　　　　　　　　　　　图 150　彩片 42

Dalechampia bidentata Bl. var. **yunnanensis** Pax et Hoffm. in Engl. Pflanzenr. 68. (IV. 147. XII): 32. 1919.

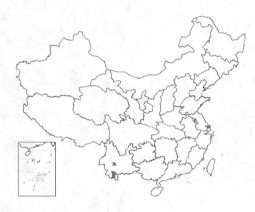

图 150　黄蓉花　（余汉平绘）

攀援灌木，长约3米。叶膜质，长宽均5-15厘米，3深裂，先端渐尖，基部心形，具锯齿，两侧裂片卵状披针形，长10-12厘米，宽3-3.5厘米，先端长渐尖；叶柄长5-15厘米，托叶披针形，小托叶卵状披针形，长2-3毫米。头状花序，序梗长6-13厘米，总苞片2，叶状，长3-5厘米，3深裂，裂片长渐尖，小苞片3-4，卵状披针形，长5-8毫米。雄花苞片长方形，长约8毫米；花萼裂片5-6，雄蕊13-22。雌花苞片与雄花相似，花萼裂片10-12，卵状长圆形，花后长1.5-2厘米，羽状撕裂，被具头状腺体长柔毛；柱头碟状。蒴果近球形，径1-1.5厘米，被微柔毛。种子径约5毫米，具斑纹。花期7-10月，果期10-12月。

产云南南部，生于海拔1000-1600米山坡常绿林中。

43. 巴豆属 **Croton** Linn.

（张永田）

乔木或灌木，稀亚灌木，常被星状毛或腺鳞，稀近无毛。叶互生，稀对生或近轮生；叶柄顶端或叶近基部常有2腺体，托叶早落。花单性，雌雄同株，稀异株；花序总状或穗状。雄花花萼常具5裂片，覆瓦状或镊合状排列；花瓣5，腺体5，常与萼片对生；雄蕊10-20，花丝在花蕾中内弯，离生，无不育雌蕊。雌花花萼5裂，宿存，有时花后增大；花瓣细小或缺；花盘环状或腺体鳞片状；子房3室，每室1胚珠，花柱3，常2或4-8裂。蒴果具3个分果爿。种子平滑，种皮脆壳质，种阜小，胚乳肉质，子叶扁平。

约800种，广布热带及亚热带地区。我国约21种。

1. 幼枝、花序和果均被平伏鳞腺。
　2. 叶具羽状脉；花柱4-8裂。
　　3. 腺鳞圆形、半透明，无直伸刚毛 ┈┈┈┈┈┈┈┈┈┈┈ 1. **银叶巴豆 C. cascarilloides**
　　3. 腺鳞中央具1直伸刚毛，边缘稍睫毛状 ┈┈┈┈┈┈ 1(附). **毛银叶巴豆 C. cascarilloides f. pilosus**
　2. 叶基脉3出；花柱2裂 ┈┈┈┈┈┈┈┈┈┈┈┈┈┈ 1(附). **越南巴豆 C. kongensis**

1. 幼枝、花序和果被星状毛、星状鳞毛或近无毛；叶基脉3-5（-7）出。
　4. 基脉（3-）5（-7）；叶柄顶端杯状腺体具柄 ··· 2. **石山巴豆 C. euryphyllus**
　4. 基脉3（-5）出。
　　5. 花序苞片边缘具线状撕裂齿，齿端具头状腺体；花柱4裂 ··················· 3. **鸡骨香 C. crassifolius**
　　5. 花序苞片全缘；花柱2裂。
　　　6. 叶柄顶端或叶基部杯状腺体具柄；幼枝、叶和花序均被灰黄色星状毛，老叶被毛 ·····················
　　　··· 4. **毛果巴豆 C. lachnocarpus**
　　　6. 叶柄顶端或叶柄基部盘状腺体无柄；幼嫩部分疏被星状毛。
　　　　7. 叶卵形或椭圆形；蒴果长约2厘米；种子长约1厘米 ····················· 5. **巴豆 C. tiglium**
　　　　7. 叶卵状披针形；蒴果长1-1.3厘米；种子长约8毫米 ··········· 5(附). **小巴豆 C. tiglium var. xiaopadou**

1. 银叶巴豆　　　　　　　　　　　　　　　　　　　　　图151

Croton cascarilloides Raeusch. Nomencl. ed. 3, 280. 1797.

灌木。幼枝、叶、叶柄、花序和果均密被平伏圆形、半透明腺鳞，无直伸刚毛。叶常密集枝顶，披针形、倒披针形或倒卵状椭圆形，长8-14（-23）厘米，先端短尖、近圆或微凹，基部渐窄或微心形，全缘，上面腺鳞早落，下面苍灰或淡褐色，侧脉8-12对，基部具2盘状腺体；叶柄长1.5-3厘米。雄花萼片及花瓣具白色缘毛，雄蕊15-20；雌花子房和花柱密被腺鳞，花柱4-8裂，裂片丝状。蒴果近球形，径约7毫米。种子长约4毫米。花果几全年。

图 151 银叶巴豆（邓晶发仿绘）

产福建南部、台湾、广东、海南、广西及云南，生于海拔500米以下海边灌丛中或疏林内。日本（琉球半岛）、菲律宾及东南亚有分布。

[附] **毛银叶巴豆 Croton cascarilloides** f. **pilosus** Y. T. Chang in Guihaia 3: 171. 1983. 本变型与模式变型的区别：腺鳞中央具1直伸刚毛，边缘稍睫毛状。产广西西南部。越南北部有分布。

[附] **越南巴豆** 彩片43 **Croton kongensis** Gagnep. in Bull. Soc. Bot. France 68: 555. 1921. 本种与银叶巴豆的区别：植株被苍灰或灰褐色平伏腺鳞；叶基脉3出；花柱2裂。产海南及云南南部，生于海拔2000米以下山地疏林中。越南、老挝及泰国有分布。

2. 石山巴豆　　　　　　　　　　　　　　　　　　　　　图152

Croton euryphyllus W. W. Smith in Notes Roy. Bot. Gard. Edinb. 13: 159. 1921.

灌木，高达5米。幼枝、叶和花序均被星状毛，旋脱落。叶纸质，近圆形或宽卵形，长6.5-8.5厘米，先端短尖，有时尾状，基部心形，具粗钝齿，基脉（3-）5（-7）；叶柄长（1.5-）3-7厘米，顶端有2具柄杯状腺体，托叶线形，早落。总状花序长达15厘米；苞片早落。雄花花瓣较萼片小，边缘被绵毛；雄蕊约15，无毛；雌花花瓣钻状；花柱2裂，近无毛。蒴果近球形，长1.2-1.5厘米，径约1.2厘米，密被星状毛。种子椭圆形，暗灰褐色。花期4-5月。

产广西、云南、贵州南部及四川西南部,生于海拔200-2400米山地疏林中。

3. 鸡骨香

图 153 彩片 44

Croton crassifolius Geisel. Croton. Monogr. 19. 1807.

灌木,高达50厘米。幼枝、幼叶、老叶下面、花序和果均密被星状绒毛。叶卵形或长圆形,长4-10厘米,先端钝或短尖,基部近圆或微心形,近全缘或具细齿,齿间有时具腺体,基脉3(-5)出;叶柄长2-4厘米,叶柄顶端或叶基部有2枚具柄杯状腺体。花序总状;苞片具线形撕裂齿,齿端有头状腺体。雄花萼片和花瓣近等长,雄蕊14-20;雌花子房密被黄色绒毛,花柱4深裂。蒴果近球形,径约1厘米,被星状毛。种子椭圆形,长约5毫米,褐色。花期11月至翌年6月。

产福建、广东、广西及海南,生于丘陵山地干旱山坡灌丛中。越南、老挝及泰国有分布。根药用,可理气、止痛、除湿。

4. 毛果巴豆

图 154

Croton lachnocarpus Benth. in Journ. Bot. Kew Misc. 6: 5. 1854.

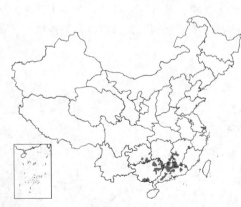

灌木,高达2米。幼枝、幼叶、花序和果均密被星状毛。叶纸质,长圆形或椭圆状卵形,稀长圆状披针形,长4-10(-13)厘米,先端钝、短尖或渐尖,基部近圆或微心形,具不明显细钝齿,齿间常有具柄腺体,老叶下面密被星状毛,基脉3出,侧脉4-6对,叶基部或叶柄顶端有2枚具柄盘状腺体;叶柄长(1-)2-4(-6)厘米。总状花序顶生;苞片钻形。雄花具10-12雄蕊;雌花萼片被星状柔毛,子房被黄色绒毛,花柱线形,2裂。蒴果扁球形,径0.6-1厘米,被毛。种子椭圆形,暗褐色,光滑。花期4-5月。

产江西、湖南、广东、香港、广西及贵州,生于海拔900米以下山地溪边、疏林、灌丛中。根药用,有小毒,祛寒驱风、散瘀活血。

5. 巴豆 巴豆树

图 155 彩片 45

Croton tiglium Linn. Sp. Pl. 1004. 1753.

图 152 石山巴豆 (邓晶发绘)

图 153 鸡骨香 (引自《图鉴》)

图 154 毛果巴豆 (引自《图鉴》)

小乔木或灌木状。幼枝疏被星状毛，后脱落。叶卵形或椭圆形，长7-12厘米，先端短尖或尾尖，稀渐尖，基部宽楔形或近圆，稀微心形，具细齿，或近全缘，老叶无毛或近无毛，基出脉3（-5），侧脉3-4对，基部两侧叶脉有腺体；叶柄长2.5-5厘米，近无毛。总状花序顶生；苞片钻状。雄花花蕾近球形，疏生星状毛或近无毛；雌花萼片近无毛。蒴果椭圆形，长约2厘米，疏被星状毛或近无毛。种子椭圆形，长约1厘米。花期4-6月。

图 155 巴豆 （引自《中国森林植物志》）

产浙江、福建、台湾、江西、湖南、广东、海南、广西、云南、贵州及四川，生于村旁或山坡疏林中。多栽培。南亚热带地区及日本有分布。种子药用，种子油称巴豆油，有大毒，作峻泻剂，外用治毒疮、疥癣，根、叶治风湿骨痛；枝叶可作杀虫药或毒鱼。

[附] **小巴豆 Croton tiglium** var. **xiaopadou** Y. T. Chang et S. Z. Huang in Wuyi Sci. Journ. 2: 23. 1982. 本变种与模式变种的区别：叶卵状披针形；蒴果近球形，长1-1.3厘米；种子长约8毫米。花期5-7月。产湖南南部、广东北部、广西及贵州南部，生于疏林内或石灰岩山地灌丛中。

44. 橡胶树属 Hevea Aubl.

（张永田）

乔木；富含乳汁。掌状复叶或3小叶，互生或于枝条顶部近对生；叶柄长，顶端有腺体；小叶3（-5），全缘，具柄。花雌雄同序；由多个聚伞花序组成圆锥花序，雌花生于聚伞花序中央，余为雄花。萼5齿裂或5深裂，裂片镊合状排列；无花瓣；雄花具花盘，雄蕊5-10，花丝合成柱状体，花药1-2轮；雌花子房3室，每室1胚珠，常无花柱，柱头粗壮。蒴果大，具3个分果爿，外果皮近肉质，内果皮近木质。种子椭圆形，具斑纹，无种阜，子叶宽扁。

约12种，分布美洲热带地区。我国引入1种栽培。

橡胶树　巴西橡胶　　　　　　　　　　　　图 156

Hevea brasiliensis (Willd. ex A. Juss.) Muell. Arg. in Linnaea 34: 204. 1865.

Siphonia brasiliensis Willd. ex A. Juss. Euphorb. Gen. Tent. t. 12. pl. 38b. f. 1-6. 1824.

大乔木，高达30米；富含乳汁。掌状复叶具3小叶，叶柄长达15厘米，顶端有2（3-4）腺体；小叶椭圆形，长10-25厘米，先端短尾尖，基部楔形，全缘，无毛，侧脉10-16对，网脉明显，小叶柄长1-2厘米。花序腋生，圆锥状，长达16厘米，被灰白色柔毛。雄花花萼裂片卵状披针形，长约2毫米；雄蕊10，2轮；雌花花萼裂片较雄花大，柱头3。蒴果椭圆形，径5-6厘米，有3纵沟。种子淡灰褐色，有斑纹。花期4-7月，果期8-12月。

原产巴西，亚洲热带地区广泛栽培。福建、台湾、广东、海南、广西及云南南部均有栽培，并育出一些优质耐寒高产品种。橡胶可制轮胎、机

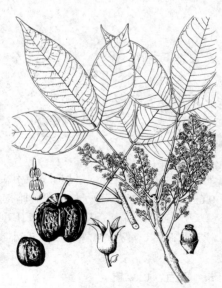

图 156 橡胶树 （邓晶发绘）

器配件、绝缘材料、胶鞋、雨衣等4万种以上产品，为国防及民用工业重要原料。

45. 石栗属 Aleurites J. R. et G. Forst.

（张永田）

常绿大乔木。幼枝密被星状柔毛。单叶，互生，全缘或3-5裂；叶柄顶端有2腺体。花雌雄同株，雌雄同序或异序；圆锥花序顶生。花蕾近球形；花萼2-3裂，花瓣5；雄花腺体5，雄蕊15-20，3-4轮，无不育雌蕊；雌花子房2（3）室，每室1胚珠，花柱2裂。核果近球形，中果皮肉质，内果皮壳质，种子1-2。种子扁球形，种皮坚硬，无种阜。

2种，分布于亚洲和大洋洲热带及亚热带地区。我国1种。

石栗　　　　　　　　　　　　　图157 彩片46

Aleurites moluccana (Linn.) Willd. Sp. Pl. 4: 590. 1805.

Jatropha moluccana Linn. Sp. Pl. 1006. 1753.

常绿乔木，高达20米。幼枝密被灰褐色星状柔毛。叶卵形或椭圆状披针形，长14-20厘米，全缘或（1-）3（-5）浅裂，幼叶两面被星状柔毛，老叶上面无毛，下面疏生微毛或近无毛，基出脉3-5；叶柄长6-12厘米，密被星状柔毛，顶端有2扁圆形腺体。花序长15-20厘米。花萼2-3裂，密被微毛，花瓣长圆形，乳白至乳黄色；雄花雄蕊15-20，3-4轮；雌花花柱2，2深裂。核果径5-6厘米；种皮坚硬，有疣状突棱。花期春夏，果期10-11月。

图 157　石栗　（邓晶发绘）

产福建、广东、香港、海南、广西、云南南部。南方栽培作行道树。亚洲及大洋洲热带亚热带地区有分布。种子含油量达26%，属半干性油，供工业用。树皮含鞣质约18.3%。

46. 油桐属 Vernicia Lour.

（张永田）

落叶乔木。叶互生，全缘或1-4裂；叶柄顶端有2腺体。花雌雄同株或异株；由聚伞花序组成伞房状圆锥花序。花长于1.5厘米；雄花花萼佛焰苞状，2-3裂；花瓣5，具爪；腺体5，雄蕊8-12，2轮，外轮花丝离生，内轮花丝较长，基部合生；雌花萼片、花瓣与雄花同，花盘不明显或缺，子房密被柔毛，3（-8）室，每室1胚珠，花柱3-4，2裂。核果顶端有喙，不裂或基部微裂，果皮壳质，有3（-8）种子。种子无种阜，种皮木质。

3种，分布东亚。我国2种。

1. 叶全缘，稀1-3浅裂；叶柄顶端腺体扁球形；果皮平滑，无棱 ·························· 1. **油桐 V. fordii**

1. 叶全缘或2-5浅裂；叶柄顶端腺体杯状，具柄；果皮有皱纹，具3棱 ·························· 2. **木油桐 V. montana**

1. 油桐 桐油树 罂子桐　　　　　　　　图 158　彩片 47

Vernicia fordii (Hemsl.) Airy Shaw in Kew Bull. 20: 394. 1966.

Aleurites fordii Hemsl. in Hook. Icon. Pl. t. 2801. 2802. 1906; 中国高等植物图鉴 2: 596. 1972.

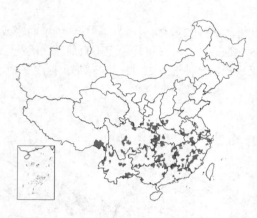

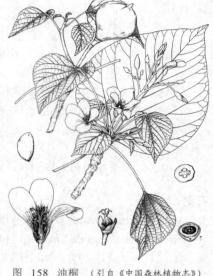

图 158　油桐 （引自《中国森林植物志》）

落叶乔木。叶卵圆形，长8-18厘米，先端短尖，基部平截或浅心形，全缘，稀1-3浅裂，老叶上面无毛，下面被贴伏柔毛，掌状脉5（-7）；叶柄与叶片近等长，顶端有2扁球形无柄腺体。花雌雄同株，先叶或与叶同放。萼2（3）裂，被褐色微毛，花瓣白色，有淡红色脉纹，倒卵形，长2-3厘米；雄花雄蕊8-12，外轮离生；内轮花丝中部以下合生；雌花子房3-5（-8）室。核果近球形，径4-6（-8）厘米，果皮平滑。种子3-4（-8）。花期4-5月，果期10月。

产淮河以南，北至江苏、安徽、河南、陕西各省南部，西至四川中部海拔1000米以下，西南至贵州，云南海拔2000米以下，南至广东、广西均有栽培。为我国最重要的特用工业油料树种，为优良干性油，供制油漆、涂料、人造汽油、人造橡胶、塑料、颜料及医药等用。材质轻软，不易生虫，供板料、家具等用；果壳可制活性炭及提取碳酸钾。

2. 木油桐 千年桐　　　　　　　　　图 159　彩片 48

Vernicia montana Lour. Fl. Cochinch. 586. 1790.

Aleurites montana (Lour.) Wils.; 中国高等植物图鉴 2: 596. 1972.

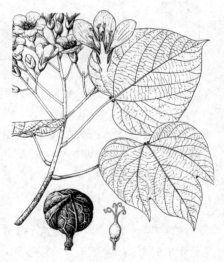

图 159　木油桐 （邓盈丰绘）

落叶乔木，高达20米。叶宽卵形，长8-20厘米，先端短尖或渐尖，基部心形或平截，全缘或2-5浅裂，老叶下面沿脉被柔毛，掌状脉5；叶柄无毛，长7-17厘米，顶端有2具柄杯状腺体。花序生于当年已发叶枝条，雌雄异株或同株异序。萼无毛，2-3裂，花瓣白色或基部紫红色，有紫红脉纹；雄花雄蕊8-10，2轮；雌花子房密被褐色毛。核果卵球状，径3-5厘米，具3纵棱，有网状皱纹，种子3。种子扁球形，种皮厚，有疣突。花期3-5月，果期8-9月。

产浙江、福建、台湾、江西、湖北、湖南、广东、香港、广西、海南、四川、贵州及云南，海拔1300米以下低山丘陵地带多栽培。种仁含油量60-70%，用途同油桐；果壳可制活性炭；树皮含鞣质18.3%。抗病性强，可作嫁接优良油桐品种的砧木。

47. 东京桐属 Deutzianthus Gagnep.

（张永田）

乔木，高达12米。幼枝密被星状毛，旋脱落。叶互生，椭圆状卵形或椭圆状菱形，长10-15厘米，先端短尖或渐尖，基部楔形或近圆，全缘，下面脉腋具簇生毛，基出脉3，侧脉5-7对；叶柄长5-15（-20）厘米，顶端有2腺体。花雌雄异株；伞房状圆锥花序，顶生，雌花序长约10厘米，雄花序长约15厘米。雄花花萼钟状，5浅裂，花瓣5，舌状，被毛，内向镊合状排列，花盘5深裂，雄蕊7，2轮，外轮5枚离生，内轮2枚常合生达中部，无不育雌蕊；雌花萼片、花瓣与雄花同，花盘杯状，5裂，子房3室，每室1胚珠，花柱3，基部合生。果稍扁球状，径约4厘米，中果皮壳质，内果皮木质。种子椭圆形，种皮硬壳质，胚乳海绵质。

单种属。

东京桐　　　　　　　　　　图160 彩片49

Deutzianthus tonkinensis Gagnep. in Bull. Soc. Bot. France 71: 139. 1924.

形态特征同属。花期4-6月，果期7-9月。

产广西西南部及云南南部，生于海拔900米以下密林中。越南北部有分布。

图 160 东京桐 （邹贤桂绘）

48. 麻疯树属 Jatropha Linn.

（张永田）

乔木、灌木或为具根茎的多年生草本。叶互生，掌状或羽状分裂，稀不裂；具托叶。花单性，雌雄同株，稀异株，伞房状聚伞圆锥花序，二歧聚伞花序中央为雌花，余为雄花。萼片5，覆瓦状排列；花瓣5，覆瓦状排列，腺体5，离生，或合生成环状花盘；雄花具8-12雄蕊，6-2轮，花丝稍合生，无不育雌蕊；雌花子房2-3（-5）室，每室1胚珠，花柱3，不裂或2裂。蒴果。种子有种阜，种皮脆壳质，胚乳肉质，子叶宽扁。

约175种，主产美洲热带及亚热带地区，少数产非洲。我国引入3种栽培或已野化。

1. 花瓣合生几达中部，黄绿色；叶非盾状着生；枝叶小 ･･････････････････ 1. **麻疯树 J. curcas**
1. 花瓣离生或近离生，红色；叶盾状着生；托叶长达2厘米，细裂成分叉的刚毛状 ･･･････ 2. **佛肚树 J. podagrica**

1. 麻疯树　　　　　　　　　图161 彩片50

Jatropha curcas Linn. Sp. Pl. 1006. 1753.

小乔木或灌木状，高达5米；具水液。枝无毛，髓部大。叶纸质，卵圆形，长7-18厘米，先端短尖，基部心形，全缘或3-5浅裂，老叶无毛，掌状脉5-7；叶柄长6-18厘米。花序腋生，长6-10厘米，苞片披针形。雄花萼片5，基部合生，花瓣长圆形，合生至中部，内面被毛，腺体5，近圆柱状，雄蕊10，外轮5枚离生，内轮下部花丝合生；雌花萼片离生，花瓣腺体与雄花同，子房3室，花柱顶端2裂。蒴果椭圆状球形，长2.5-3厘米，黄色。种子椭圆形，黑色。花期9-10月。

原产美洲热带地区，现广布全球热带及亚热带地区。我国南部省区有栽培并少量野化。种仁含油量约52.4%，为淡黄色不干性油，供制肥皂及润滑油，又为烈性泻药；种仁白色，有毒，不能食。

2. 佛肚树 图 162 彩片 51

Jatropha podagrica Hook. in Curtis's Bot. Mag. 74: t. 4376. 1848.

直立灌木，高达 1.5 米。茎基部或下部通常膨大呈瓶状。枝条粗短，肉质，具散生突起皮孔，叶痕大。叶盾状着生，近圆形或宽椭圆形，长 8-18 厘米，先端圆钝，基部平截或钝圆，全缘或 2-6 浅裂，上面亮绿色，下面灰绿色，两面无毛，掌状脉 6-8，其中上部 3 条直达叶缘；叶柄长 8-16 厘米，无毛，托叶分裂呈刺状，宿存。花序顶生，具长总梗，分枝短。花萼长约 2 毫米，裂片近圆形；花瓣倒卵状长圆形，长约 6 毫米，红色；雄蕊 6-8，基部合生，花药与花丝近等长；子房无毛，花柱 3，基部合生，顶端 2 裂。蒴果椭圆状，长 1.3-1.8 厘米，具 3 纵沟。种子长约 1.1 厘米，平滑。花期几全年。

原产中美洲或南美洲热带地区；现作为观赏植物栽培。我国许多省区有栽培。

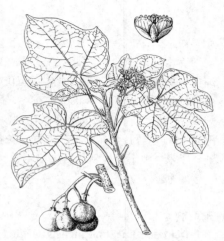

图 161 麻疯树 （邓盈丰绘）

49. 变叶木属 Codiaeum A. Juss.

（张永田）

灌木或小乔木。叶互生，全缘，稀分裂；具叶柄，托叶小或缺。花单性，雌雄同株，稀异株；花序总状。雄花数朵簇生苞腋，萼（3-）5（6）裂，裂片覆瓦状排列，花瓣细小，5-6，稀缺，花盘为 5-15 离生腺体，雄蕊 15-100，无不育雌蕊；雌花单生苞腋，花萼 5 裂，无花瓣，花盘近全缘或分裂，子房 3 室，每室 1 胚珠，花柱 3，不裂，稀 2 裂。蒴果。种子具种阜，子叶扁平。

约 15 种，分布东南亚及大洋洲北部。我国栽培 1 种。

变叶木 图 163

Codiaeum variegatum (Linn.) A. Juss. Euphorb. Gen. Tent. 80, 111. 1824.

Croton variegatum Linn. Sp. Pl. ed. 3. 1424. 1764.

图 162 佛肚树 （孙英宝绘）

小乔木或灌木状。枝无毛。叶薄革质，叶形、大小、色泽因品种不同有很大变异，线形、线状披针形、披针形、椭圆形、卵形、倒卵形、匙形或提琴形，长 5-30 厘米，宽 0.5-8 厘米，先端渐尖、短尖或圆钝，基部楔形或钝圆，全缘、浅裂、深裂或细长中脉连接 2 枚叶片，两面无毛，绿色、黄色、黄绿相间、紫红色或紫红与黄绿相间、或绿色散生黄色斑点或斑块；叶柄长 0.2-2.5 厘米。花雌雄同株异序；总状花序腋生，长 8-30 厘米。雄花白色，花梗纤细；雌花淡黄色，花梗较粗。蒴果近球形，稍扁，无毛，径约 9 毫米。花期 9-10 月。

原产马来半岛至大洋洲，广泛栽培。我国南方栽培，为观叶植物，品种很多，扦插繁殖。

50. 留萼木属 Blachia Baill.

（张永田）

灌木。叶互生，全缘、稀分裂，羽状脉；叶柄短。花单性，雌雄同株，异序；雄花序总状；雌花序有花数朵，排成伞形花序状或总状，有时雌花

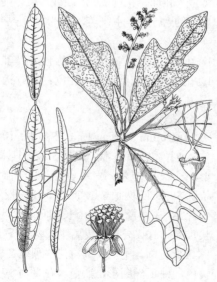

图 163 变叶木 （余汉平绘）

单朵或数朵生于雄花序基部。雄花花梗细长；萼片4-5，覆瓦状排列，花瓣4-5，较萼片短，腺体鳞片状，雄蕊10-20，花丝离生，无毛，无不育雌蕊；雌花萼片5，花后稍增大，宿存，无花瓣，花盘环状或分裂，子房3-4室，每室1胚珠，花柱3，离生，各2裂。蒴果稍扁球形，具3纵沟。种子无种阜，胚乳肉质，子叶宽扁。

约12种，分布亚洲热带地区。我国3种。

留萼木　　　　　　　　　　　图 164

Blachia pentzii (Muell. Arg.) Benth. in Journ. Linn. Soc. Bot. 17: 226. 1878.

Codiaeum pentzii Muell. Arg. in DC. Prodr. 15(2): 1118. 1866.

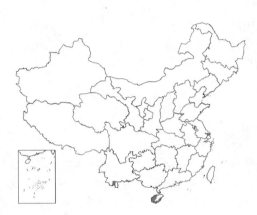

图 164　留萼木　（邓晶发绘）

灌木，高达4米。枝条密生皮孔，无毛。叶纸质，卵状披针形、倒卵形或长圆状披针形，长5-10（-18）厘米，先端短尖或稍尾尖，基部楔形或钝圆，全缘，两面无毛，侧脉6-12对；叶柄长0.5-2（3）厘米。雌花序常伞形花序状，总花梗长1-2厘米，雄花序总状，长2-8厘米。雄花花梗长0.8-1.2厘米，萼片近圆形；花瓣宽倒卵形，黄色，腺体宽扁，雄蕊约15；雌花花梗长0.5-1厘米，花后增粗；萼片花后稍增大；腺体4-5。蒴果近球形，顶端稍扁，无毛。种子有斑纹。花期近全年。

产云南南部、广东南部及海南，生于山谷、溪边、林下或灌丛中。越南有分布。

51. 长腺萼木属（宿萼木属）Strophioblachia Boerl.

（张永田）

灌木。叶互生，全缘，羽状脉；具叶柄。花雌雄同株，异序或同序，总状花序聚伞状，顶生。雄花萼片4-5，覆瓦状排列，花瓣5，白色，与萼片等长，有小齿，腺体5，与萼片对生，雄蕊约30，花药2室，纵裂，花丝离生，无不育雌蕊；雌花萼片5，花后增大，边缘具腺毛，无花瓣，花盘坛状，全缘，子房3室，每室1胚珠，花柱3，基部合生，上部各2深裂。蒴果无毛，萼片宿存。种子有种阜，子叶宽扁。

单种属。分布于东亚热带地区。我国1种2变种。

1. 花序轴无毛；叶先端通常渐尖，基部宽楔形或近圆；宿存花萼边缘密生长3-3.5（-5）毫米具柄长毛 ⋯⋯⋯⋯⋯⋯⋯⋯⋯⋯⋯⋯⋯⋯⋯⋯⋯⋯⋯⋯⋯⋯⋯⋯⋯⋯⋯⋯ **长腺萼木 S. fimbricalyx**

1. 花序轴被短柔毛；叶先端通常尾状渐尖，基部宽楔形或平截；宿存萼片边缘疏生长2-2.5毫米具柄腺毛 ⋯⋯⋯⋯⋯⋯⋯⋯⋯⋯⋯⋯⋯⋯⋯⋯ （附）. **灰岩长腺萼木 S. fimbricalyx var. efimbriata**

长腺萼木　宿萼木　　　　　图 165 彩片 52

Strophioblachia fimbricalyx Boerl. Handl. Fl. Ned. Ind. 3(1): 236. 284. 1900.

灌木，高达4米。幼枝被柔毛，旋脱落；皮孔细小。叶膜质，卵状披针形、卵形或倒卵状披针形，长7-14厘米，先端通常渐尖，基部宽楔形或近圆，全缘，老叶两面无毛，侧脉6-8对；叶柄长1-5厘米。总状花序聚伞状，花序轴无毛。雄花萼片卵圆形，花瓣倒卵形，与萼片近等长，腺体宽扁，雄蕊15-30；雌花萼片卵形，花后增大，宿存，长达2厘米，边缘密生长3-3.5（-5）厘米具柄腺毛，无花瓣，

花盘环状。蒴果卵球形，稍扁，具3纵沟，无毛，红褐色。花期5-6月。

产海南，生于海拔400米以下密林内或灌丛中。越南、菲律宾及印度尼西亚有分布。

[附] 灰岩长腺萼木 **Strophioblachia fimbricalyx var. efimbriata** Airy Shaw in Kew Bull. 25: 544. 1971.

本变种与模式变种的区别：花序轴被短柔毛；叶先端通常尾状渐尖，基部宽楔形或平截；宿存萼片边缘疏生长2-2.5毫米具柄腺毛。产广西西南部及云南南部，生于石灰岩山疏林或灌丛中。

图 165 长腺萼木 （黄少容绘）

52. 叶轮木属 Ostodes Bl.

（张永田）

灌木或乔木。叶互生，具腺齿，基脉3出；叶柄顶端有2腺体。花雌雄同株或异株，花序生于枝条近顶端叶腋，圆锥状或总状。雄花花萼5裂，裂片不等大，覆瓦状排列，花瓣5，长于萼片，花盘5裂或腺体离生，雄蕊20-40，花丝被柔毛，无不育雌蕊；雌花花萼、花瓣与雄花同，但较大，花盘杯状，子房3室，每室1胚珠，花柱3，各2深裂。蒴果具3个分果爿。种皮脆壳质，胚乳肉质，子叶宽扁。

约3-4种，分布亚洲东南部和南部。我国3种。

1. 花序无毛或疏被贴伏微柔毛；枝、叶无毛 ·················· 1. 叶轮木 O. paniculata
1. 花序密被绒毛；幼枝被贴伏柔毛，老叶及叶柄无毛或叶下面沿中脉疏被柔毛 ·················
················· 2. 云南叶轮木 O. katharinae

1. 叶轮木

图 166

Ostodes paniculata Bl. Bijdr. 620. 1826.

乔木，高达15米。枝、叶无毛。叶薄革质，卵状披针形或长圆状披针形，长10-24厘米，先端渐尖或尾状，基部圆或宽楔形，侧脉7-8对；叶柄长4-12厘米，托叶早落。花雌雄异株；聚伞圆锥状花序无毛或疏被贴伏微柔毛。雄花萼片5，2片较窄，花瓣5，白色，雄蕊约25；雌花花梗花后棒状增粗，萼片、花瓣与雄花同，花盘环状。蒴果扁球形，长2-2.5厘米，被微绒毛，密生疣突，中果皮木质。种子褐色，有黄色斑纹。花期3-5月，果期8-9月。

产海南、云南及西藏东南部，生于海拔900米以下

图 166 叶轮木 （余汉平绘）

密林中。南亚次大陆、中南半岛及马来半岛有分布。

2. 云南叶轮木   图167 彩片53

Ostodes katharinae Pax in Engl. Pflanzenr. 47: 19. 1911.

乔木，高达10米。幼枝被黄褐色贴伏柔毛。叶薄革质，卵状披针形或长圆状披针形，长10-22厘米，先端渐尖，尾状，基部宽楔形或近圆，有腺齿，老叶两面无毛或下面沿中脉疏被柔毛；叶柄长3-7厘米，无毛。花雌雄异株；花序轴密被绒毛。雄花萼片5，不等大，被绒毛，花瓣倒卵形，基部有髯毛，花盘有不整齐裂片；雄蕊20-40；雌花：子房密被黄褐色绒毛及长硬毛。蒴果稍扁球状，密被褐色绒毛。种子深褐色，灰黄色斑纹不显。

产云南南部及西藏东南部，生于海拔900-2000米密林中。泰国北部有分布。

图 167 云南叶轮木 （邓晶发绘）

53. 异萼木属 Dimorphocalyx Thw.

（张永田）

乔木或灌木，无毛。叶互生，全缘，羽状脉；具柄。花雌雄异株，稀同株；花序总状或聚伞状，少花。雄花花萼杯状，具5齿或5浅裂，花瓣5，离生，腺体5，雄蕊10-15，外轮5枚离生，余合生成柱状，无不育雌蕊；雌花花萼5深裂，覆瓦状排列，花后增大，宿存，花瓣5，花盘环状。子房3室，每室1胚珠，花柱3，基部合生，顶端各2裂。蒴果具3个分果爿，内果皮壳质。种子具肉质胚乳，子叶宽扁。

约13种，分布于南亚次大陆、中南半岛、马来半岛至菲律宾。我国1种。

异萼木   图168

Dimorphocalyx poilanei Gagnep. in Bull. Soc. Bot. France 71: 622. 1924.

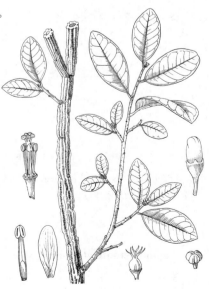

小乔木或灌木状，高达8米。茎及老枝常具栓皮，厚2-5毫米，并裂成多条纵棱。小枝灰白色，无毛。叶革质，长圆形或宽卵形，长4-8厘米，先端短尖或钝圆，基部宽楔形或近圆，全缘，两面无毛；叶柄长0.5-1厘米，托叶长约1毫米。花序长不及1厘米。雄花花萼杯状，有5短齿，花瓣5，长于萼，腺体

图 168 异萼木 （余汉平绘）

5,雄蕊10,内轮5枚较长;雌花花萼花后增大,花瓣短于萼,花盘环状。蒴果近球形,径约1厘米,无毛,内果皮木质。种子有斑纹。花期5-12月。

产海南南部,生于海边灌丛中或疏林下湿地。越南有分布。

54. 三宝木属 Trigonostemon Bl.

（张永田）

灌木或小乔木。叶互生,稀对生或近轮生;托叶小。花雌雄同株,同序或异序,花序总状、聚伞状或圆锥状,长1厘米以上。雄花萼片5,覆瓦状排列,花瓣5,较萼片长,花盘环状,浅裂或裂为5腺体,雄蕊3-5,花丝合生成柱状或上部离生,药隔肥厚,无不育雌蕊;雌花花梗花后增粗,萼片、花瓣与雄花同,花盘环状,子房3室,每室1胚珠,花柱3,离生或近基部合生,顶端2裂或不裂。蒴果具3个分果爿。种子无种阜,胚乳肉质,子叶扁平。

约50种,分布于亚洲热带及亚热带地区。我国10种。

1. 叶常近枝顶密集,倒披针形或近匙形,老叶两面无毛,叶柄长3-6毫米;总状花序、子房和果无毛;雌花花梗长6毫米 ·· 1. 剑叶三宝木 **T. xyphophylloides**
1. 叶互生,卵形、椭圆形、倒卵状椭圆形或长圆状披针形,老叶被毛或近无毛;圆锥花序;雌花花梗长1-1.5厘米。
  2. 叶倒卵状椭圆形或长圆形,侧脉6-8对,叶柄长1-2厘米;花序长9-18厘米 ········ 2. 三宝木 **T. chinensis**
  2. 叶卵形、椭圆形或长圆状披针形,侧脉4-6对,叶柄长3-5毫米;花序长3-12厘米 ·····································
  ·········· 2(附). 丝梗三宝木 **T. filipes**

1. 剑叶三宝木
图169

Trigonostemon xyphophylloides (Croiz.) L. K. Dai et T. L. Wu in Acta Phytotax. Sin. 8: 277. 1963.

Cleidion xyphophylloidea Croiz. in Journ. Arn. Arb. 21: 503. 1940.

灌木,高约3米。叶近枝顶密集,倒披针形或近匙形,长25-50厘米,先端短尖或渐尖,基部渐窄,基端钝,上部疏生腺齿,两面无毛;叶柄长3-6毫米,顶端有2腺体,托叶小。总状花序腋生,长不及3厘米,雌雄花同序;苞片被硬毛。雄花萼片被硬毛,花瓣黄色,无毛,腺体5,雄蕊3,花丝合生;雌花萼片被硬毛,花瓣与雄花同,腺体5。蒴果稍扁球形,具3浅沟,径约1.5厘米。种子扁球状,径约8毫米,褐色,具黄色斑纹。花期6-9月。

产海南,生于密林中。

图 169 剑叶三宝木 （引自《海南植物志》）

2. 三宝木
图170

Trigonostemon chinensis Merr. in Philipp. Journ. Sci. Bot. 21: 498. 1922.

灌木,高达4米。幼枝密被黄褐色柔毛,老枝近无毛。叶薄纸质,倒卵状椭圆形或长圆形,长8-18厘米,先端短尖或短尾状,基部楔形,全缘或

上部疏生细齿，幼叶密被长柔毛，旋脱落，老叶近无毛，上面密生小疣突，侧脉6-8对；叶柄长1-2厘米，初被硬毛，后脱落，顶端有2锥状小腺体。圆锥花序顶生，长9-18厘米，疏展。雄花花梗纤细，萼片疏被毛，花瓣黄色，花盘环状；雄蕊3，花丝合生；雌花花梗棒状，长1-1.5厘米，萼片疏被毛，花瓣黄色。蒴果近球形，径约1.2厘米，具3纵沟，无毛。花期4-9月。

产贵州西南部、广西南部及海南，生于山地密林中。越南北部有分布。

[附] **丝梗三宝木 Trigonostemon filipes** Y. T. Chang et X. L. Mo in Acta Phytotax. Sin. 27: 149. 1989. 本种与三宝木的区别：叶卵形、椭圆形或长圆状披针形，侧脉4-6对，叶柄长3-5毫米；花序长3-12厘米，分枝细长，疏被硬毛。产广西西南部及云南东部，生于石灰岩山地灌丛中。

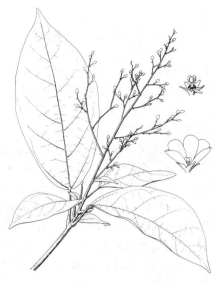

图 170 三宝木 （引自《图鉴》）

55. 轴花木属 Erismanthus Wall. ex Muell. Arg.

（张永田）

乔木或灌木。叶对生，2列，羽状脉；具短柄。花雌雄同株，无花盘；雄花序总状，腋生；苞片密生。花梗纤细，开花时伸长。雌花单朵腋生或生于雄花序基部，花梗短。雄花萼片（4）5，覆瓦状排列，花瓣（4）5，雄蕊12-15，花丝离生，不育雌蕊长；雌花萼片5，不等大，覆瓦状排列，花后稍增大，无花瓣，子房3室，每室1胚珠，花柱基部合生，上部各2裂，密生乳头状突起。蒴果具3个分果爿。种子近球形，无种阜，种皮具斑纹。

2种，分布东南亚热带地区。我国1种。

轴花木　　　　　　　　　　　　　图171 彩片54

Erismanthus sinensis Oliv. in Hook. Icon. Pl. 15: t. 1578. 1887.

乔木或灌木状，高达11米。叶革质，椭圆形或长圆状披针形，长7-18厘米，先端渐尖，基部浅斜心形，疏生细齿，侧脉8-10对；叶柄长3-5毫米，常红色，托叶长圆形，长6-8毫米。花序长约1厘米，雄花密生，苞片卵圆形；雌花1朵，生于花序基部或单朵腋生。雄花萼片5，被柔毛，花瓣5，形小，雄蕊15，不育雌蕊棒状，长约3毫米，花梗纤细。雌花萼片5，不等大；

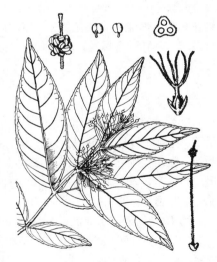

图 171 轴花木 （引自《海南植物志》）

子房密生贴伏硬毛，花柱3。蒴果近球形，径约1厘米。种子近球形，径约5毫米，具褐色斑纹。花果期几全年。

产海南西南部，生于海拔100-400米常绿阔叶林中。越南、柬埔寨、泰国东南部有分布。

56. 木薯属 Manihot P. Mill.

（张永田）

灌木或乔木，稀草本；有乳液。叶互生，掌状深裂或上部叶近全缘，几无毛；叶柄长，托叶小，早落。花雌雄同株，总状花序或窄圆锥花序顶生，花序下部为雌花，上部为雄花。萼钟状，有彩色斑，花瓣状，5裂，裂片覆瓦状排列，无花瓣；雄花花盘10裂，雄蕊10，2轮，生于花盘裂片间，花丝离生，药隔顶端被毛，不育雌蕊小或缺；雌花花盘全缘或分裂，子房3室，每室1胚珠，花柱短。蒴果具3个分果爿。种子有种阜，种皮硬壳质，胚乳肉质，子叶宽扁。

约170种，分布北美西南部及南美热带地区。我国栽培2种。

1. 叶稍盾状着生，裂片倒披针形或窄椭圆形；雄花花萼内面被毛；果具6条窄纵翅 ⋯⋯⋯⋯ **木薯 M. esculenta**
1. 叶盾状着生，裂片倒卵形或椭圆形；雄花花萼内面无毛；果无纵翅 ⋯⋯⋯⋯⋯⋯ (附). **木薯胶 M. glaziovii**

木薯 树葛 图 172: 1-4

Manihot esculenta Crantz, Inst. Rei Herb. 1: 167. 1766.

灌木，高达3米；块根圆柱状。叶纸质，近圆形，长10-20厘米，掌状深裂近基部，裂片3-7，倒披针形，长8-18厘米，先端渐尖，全缘；叶柄长8-22厘米，稍盾状着生，托叶全缘或具1-2条刚毛状细裂。圆锥花序长5-8厘米。萼带紫红色，有白霜；雄花花萼长约7毫米，内面被毛，花药顶部被白毛；雌花花萼长约1厘米，子房具6纵棱，柱头外弯，摺扇状。蒴果椭圆形，具6条波状纵翅。种子稍具3棱，种皮硬壳质，具斑纹，光滑。花期9-11月。

原产巴西，现广泛栽培于热带及亚热带地区。我国南方栽培。块根富含淀粉，经漂浸处理后可食。

[附] **木薯胶** 图 172：5 **Manihot glaziovii** Arg. in Mart. Fl. Bras. 11(2): 446. 1874. 本种与木薯的区别：叶盾状着生，裂片倒卵形或椭圆形；雄花花萼内面无毛；果无纵翅。原产巴西，世界热带地区栽培。我国海南有栽培。茎乳汁含橡胶，产量低。

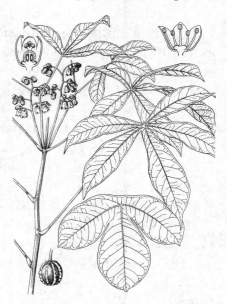

图 172: 1-4.木薯 5.木薯胶
（引自《海南植物志》）

57. 白树属 Suregada Roxb. ex Rottl.

（张永田）

灌木或小乔木。枝、叶无毛。叶互生，全缘或疏生小齿，叶密生透明细点，羽状脉；叶柄短，托叶小，合生，早落。花雌雄异株，稀同株，无花瓣，具短梗，组成密集聚伞花序或团伞花序，花序与叶对生。雄花萼片5（6），近圆形，覆瓦状排列，雄蕊多数，离生，腺体细小，位于花丝之间，无不育雌蕊；雌花萼片与雄花同，花盘环状，子房（2）3室，每室1胚珠，花柱短，柱头2裂，开展。蒴果或核果状，稍三棱状球形，迟裂。种子无种阜，胚乳肉质，子叶扁。

约40种，分布于亚洲、大洋洲和非洲热带地区。我国2种。

白树 图 173 彩片 55

Suregada glomerulata (Bl.) Baill. Etude Gen. Euphorb. 396. 1858.

Erythrocarpus glomerulatus Bl. Bijdr. 605. 1825.

Gelonium glomerulatum (Bl.) Hassk.；中国高等植物图鉴 2: 2955. 1972.

乔木或灌木状，高达13米。枝、叶无毛。叶薄革质，倒卵状椭圆形或倒卵状披针形，稀长圆状椭圆形，长5-12（-16）厘米，先端短尖，

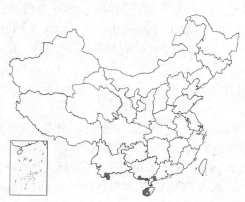

图 173 白树 （余汉平绘）

基部楔形，全缘，侧脉5-8对；叶柄长3-8（-12）厘米。聚伞花序与叶对生。花梗和萼片被微柔毛或近无毛，萼片近圆形，具浅齿；雄花雄蕊多数，腺体小，生于花丝基部；雌花花盘环状，子房无毛，花柱3，平展，2深裂，裂片2浅裂。蒴果近球形，有3浅纵沟，径约1厘米，开裂，萼片宿存。

产广东、海南、广西及云南南部，生于灌木林中。东南亚及大洋洲有分布。

58. 斑籽属 Baliospermum Bl.

（张永田）

灌木或亚灌木，少分枝。叶互生，羽状脉，叶基部或叶柄顶端有2腺体。花雌雄异株，稀同株；圆锥花序腋生，雄花序多花，雌花序少花，稀雌花生于雄花序基部，花序分枝短，稀簇生状。雄花萼片4-5，膜质，近圆形，覆瓦状排列，无花瓣，花盘环状，具裂片或5腺体，雄蕊10-20，稀更多，花丝离生，无不育雌蕊；雌花萼片5-6，有时花后增大，花盘环状；子房3（4）室，每室1胚珠，花柱3，各2裂。蒴果具3个分果爿。种子有斑纹。

约10种，分布于中南半岛、马来半岛、印度尼西亚、南亚次大陆。我国6种。

1. 花雌雄同株，花序有叶，雌花1-3朵腋生或生于雄花序基部；雄花花盘坛状；果被微柔毛 ·················
   ··· 1. 斑籽 B. montanum
1. 花雌雄异株，雌花序具总梗，雄花序窄圆锥状；雄花腺体离生。
   2. 叶椭圆形、窄椭圆形、长圆形或披针形。
     3. 子房被微柔毛；叶长9-16厘米，宽3-4厘米 ··············· 2. 小花斑籽 B. micranthum
     3. 子房无毛；叶长10-15厘米，宽3.5-8厘米 ··············· 3. 云南斑籽 B. effusum
   2. 叶卵状心形或宽卵形，长15-25厘米，宽10-16厘米，基部心形，稀宽楔形或近圆；子房无毛 ·················
     ··· 3(附). 心叶斑籽 B. yui

1. 斑籽

图 174: 1

Baliospermum montanum (Willd.) Muell. Arg. in DC. Prodr. 15(2): 1125. 1866.

Jatropha montana Willd. Sp. Pl. 4: 563. 1805.

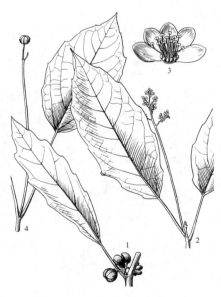

图 174: 1.斑籽 2-4.云南斑籽
（余 峰绘）

灌木。幼枝被贴伏柔毛，后脱落。叶纸质，椭圆形、长圆形、宽卵形或倒披针形，长5-13（-20）厘米，宽（1-）2-5（-8）厘米，先端短尖或钝，稀渐尖，基部近圆或宽楔形，稀近心形，近全缘，疏生细齿或波状圆齿，稀浅裂，两面初被伏毛，老叶无毛，侧脉4-5对，叶柄长0.5-1.5（-4）厘米，顶端有2腺体。花雌雄同株；花序有叶，腋生，被柔毛，雄花序窄圆锥状，长2-7厘米；雄花萼片5，花盘坛状，雄蕊约17。雌花1-3朵生于叶腋或雄花序基部；萼片5，花盘杯状，子房密生微毛，花柱顶端2裂。蒴果近球形，径0.8-1厘米，被微柔毛。花期3-5月。

产云南西南部，生于海拔700米以下山地林中。南亚及东南亚有分布。

2. 小花斑籽

图 175 彩片 56

Baliospermum micranthum Muell. Arg. in Linnaea 34: 215. 1864.

灌木，高达2米。幼枝被微柔毛。叶膜质，窄椭圆形或披针形，长9-16厘米，先端渐尖或短尖，基部楔形或宽楔形，疏生细齿，稀近全缘，两面疏生微柔毛或近无毛，干后密生颗粒状突起，侧脉7-14对；叶柄长（2）3-5厘米，近无毛，顶端有2腺体。花雌雄异株；雄花序窄圆锥状，总梗细长；雌花序具总梗，较短。雄花径1-2毫米；萼片5，半透明；腺体离生；雄蕊约16。

雌花萼片花后不增大，柱头纤细。蒴果扁球形，具3纵沟，长约6毫米，径约9毫米，无毛。种子椭圆形，有褐色斑纹。花期6-10月。

产云南南部及西藏东南部，生于海拔1300-2500米山地密林中。印度东北部及泰国北部有分布。

图 175 小花斑籽 （邓晶发绘）

3. 云南斑籽

图 174: 2-4 彩片 57

Baliospermum effusum Pax et Hoffm. in Engl. Pflanzenr. 52: 27. f. 7. 1912.

灌木，高1.5（-2）米。幼枝被微柔毛，旋脱落。叶纸质或膜质，椭圆形、窄椭圆形或长圆形，长10-15厘米，先端渐尖或尾尖，基部楔形或宽楔形，疏生锯齿或波状齿，稀近全缘，幼叶两面被贴伏柔毛，老叶下面叶脉被柔毛，侧脉6-8对；叶柄长2-6（-10）厘米，被柔毛，顶端有2腺体。花雌雄异株，稀同株异序，雄花序窄圆锥状，长达18厘米；雌花序较短。雄花白色，径2-3毫米，萼片5，无毛，雄蕊10-13，腺体离生；雌花萼被柔毛，花后增大或几不增大，花盘环状，子房无毛，花柱3，各2裂。蒴果扁球形，径0.8-1厘米。花期8-9月。

产云南西南部，生于海拔500-2200米山地疏林中。泰国北部有分布。

[附] **心叶斑籽 Baliospermum yui** Y. T. Chang in Acta Bot. Yunnan. 11: 413. 1989. 本种与云南斑籽的区别：叶卵状心形或宽卵形，长15-25厘米，基部心形，稀宽楔形或近圆，叶柄长3-12厘米；子房无毛；蒴果径1.1厘米。产云南西部，生于山地密林中。缅甸北部有分布。

59. 黄桐属 Endospermum Benth.

（张永田）

乔木。叶互生，叶基部与叶柄顶端有腺体；托叶2。花雌雄异株，无花瓣；雄花序圆锥状，簇生苞腋；雌花序总状或为少分枝圆锥花序。雄花几无梗，花萼杯状，3-5浅裂，雄蕊5-12，2-3轮，生于突起花托，花丝短，离生，花盘边缘浅裂，无不育雌蕊；雌花萼杯状，4-5齿裂，花盘环状，子房2-3（-6）室，每室1胚珠，花柱短，合生，柱头为2-6浅裂盘状体。果核果状，果皮干燥稍近肉质，熟时分离成2-3个不裂的分果爿。种子无种阜。

约13种，分布于东南亚及大洋洲热带地区。我国1种。

黄桐

图 176

Endospermum chinense Benth. Fl. Hongkong. 304. 1861.

乔木，高达20米。幼枝、花序及果均被灰黄色星状微柔毛，老枝无毛。

图 176 黄桐 （黄少容绘）

叶椭圆形或卵圆形，长8-20厘米，先端短尖或钝圆，基部宽楔形、钝圆或浅心形，全缘，两面近无毛或下面疏生微星状毛，基部有2球形腺体，侧脉5-7对；叶柄长4-9厘米，托叶被毛。雄花序长10-20厘米，雌花序长6-10厘米，苞片卵形。雄花花萼有4-5浅圆齿；雌花花萼具3-5波状浅裂，被毛，宿存。果近球形，径约1厘米。种

子椭圆形，长约7毫米。花期5-8月，果期8-11月。

产福建南部、广东、香港、海南、广西及云南南部，生于海拔600米以下山地常绿阔叶林中。印度东北部、缅甸、泰国、越南有分布。

60. 刺果树属 Chaetocarpus Thw.

（张永田）

乔木或灌木。幼枝疏生微柔毛。叶互生，全缘，羽状脉；叶柄短，托叶小。花雌雄异株，簇生叶腋。花小，无花瓣，花梗短，中部具关节；雄花萼片4-5，覆瓦状排列，腺体小，与萼片互生，雄蕊5-15，花丝合生成柱状，上部离生，基部具绒毛，不育雌蕊3裂，被长柔毛；雌花萼片4-8，花盘坛状，稍分裂，子房3室，每室1胚珠，花柱3，离生，各2深裂，柱头密生流苏状乳突。蒴果近球形，密生刺状刚毛或小瘤体，内果皮骨质。种子卵球形，种皮黑色，有光泽，具假种皮，胚乳肉质，子叶宽扁。

10种，分布于美洲、非洲和亚洲热带地区。我国1种。

刺果树

图 177

Chaetocarpus castanocarpus (Roxb.) Thw. Enum. Pl. Zeyl. 275. 1861.

Adelia castanocarpa Roxb. Fl. Ind. 3: 848. 1832.

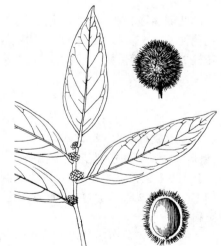

图 177 刺果树 （邓盈丰绘）

乔木，高达12米。叶革质，卵状披针形或椭圆形，长7-15厘米，宽3-5厘米，先端渐尖，基部宽楔形或圆钝，全缘，两面无毛；叶柄长5-8毫米，托叶小，早落。雄花萼片4，长圆形，长2-3毫米，被微柔毛，雄蕊8，花丝下部合生成柱状，不育雌蕊3裂，被黄色柔毛；雌花萼片4，卵形，长约3毫米，被微柔毛，花盘坛状，边缘波状。蒴果

近球形，具3个分果爿，径1-1.2厘米，黑色，平滑，假种皮肉质，2裂。花期10-12月，果期翌年1-3月。

产云南南部，生于海拔600-700米山地林中。南亚次大陆、东南亚有分布。

61. 澳杨属 Homalanthus A. Juss.

（向巧萍 马金双）

乔木或灌木。叶互生，全缘，盾状或否，具羽状脉；托叶延长，常早落。花单性，雌雄同株或异株，无花瓣和花盘；总状花序顶生。雄花在每一苞片内多数，花萼于蕾期两侧扁，裂片2，前后各1，或后面1裂片退化；雄蕊5-50，花丝极短，花药外露，无退化雌蕊。雌花在每一苞片内少数或单生，花萼不扁，裂片2-3；子房2（3）室，每室1胚珠，花柱短或近无花柱。蒴果近球形，不裂或为2裂的分果爿。种子卵形，种阜肉质，有时包种子1/2，种皮硬壳质，子叶扁宽。

约30种，分布亚洲东南部和大洋洲。我国2种。

圆叶澳杨 圆叶血桐 图178

Homalanthus fastuosus (Lind.) F. Vill. in Blanco, Fl. Filip. ed. 3, Nov, App. 196. 1880.

Mappa fastuosa Lind. in Belg. Hort. 15: 100. 1865.

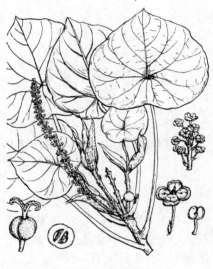

图 178 圆叶澳杨
（引自《Woody Fl.Taiwan》）

灌木或小乔木；各部无毛。叶盾状着生，卵形或三角状卵形，长6-16厘米，先端短尖或短渐尖，基部平截或具浅凹缺，下面带苍白色，侧脉7-9对，网脉明显；叶柄纤细，淡红色，长5-9厘米，顶端具2圆形腺体。花单性，雌雄同株并同序，总状花序长12-20厘米，雌花生于花序轴下部，雄花生于上部。雄花苞片内常有3花，基部两侧各具1圆形腺体；花梗长1.5-4毫米；萼片2，肾形；雄蕊9。雌花花梗长4-5毫米，腺体与雄花相似；花萼2裂，裂片卵状；子房2室；花柱2，柱头近头状。蒴果扁，长4-6毫米，宽6-8毫米。

产台湾南部（兰屿），生于低海拔林中。菲律宾有分布。

62. 地杨桃属 Sebastiania Spreng.

（向巧萍 马金双）

灌木或小乔木，稀草本。叶互生，稀对生，具短柄，有齿，稀全缘，羽状脉；托叶小。花单性，雌雄同株，稀异株，如雌雄同序，雌花生于花序基部，雄花生于上部，总状或穗状花序；无花瓣和花盘；苞片基部具2腺体。雄花1-3生于苞腋；萼片常3；雄蕊2-3（4），花丝分离或基部合生，花药纵裂，无退化雌蕊。雌花萼片3，常比雄花的大；子房（2）3室，每室1胚珠，花柱3。蒴果近球形，开裂为2-3个2裂分果爿。种子具种阜，胚乳肉质；子叶宽扁。

约95种，分布热带地区，主产美洲。我国1种。

地杨桃 图179 彩片58

Sebastiania chamaelea (Linn.) Muell. Arg. in DC. Prodr. 15: 1175. 1866.

Tragia chamaelea Linn. Sp. pl. 981. 1753

多年生草本，高达60厘米。茎二歧式分枝，具锐纵棱，无毛或幼嫩部分被柔毛。叶线形或线状披针形，长2-5.5厘米，先端钝，基部稍窄，有贴生、钻状密细齿，基部两侧边缘常有中央凹下的小腺体，下面被柔毛，中

脉在两面凸起；叶柄长约2毫米，被柔毛，托叶宿存。雌雄同株；穗状花序长0.5-1厘米，雄花多数，螺旋排列于被毛花序轴上部，雌花1或数朵着生于花序轴下部或单独侧生。雄花苞片卵形，具细齿，基部两侧各具1腺体，每苞片内有1-2花；萼片3，卵形，雄蕊3，花药球形，花丝短于花药。雌花苞片披针形，具齿，两侧腺体长圆形；萼片3，宽卵形，具撕裂状小齿，基部向轴面有小腺体。蒴果三棱状球形，径3-4毫米，分果爿背部具2纵列皮刺，中轴宿存。种子近圆柱形，光滑，长约3毫米。花期几全年。

产广东南部、海南及广西南部，生于旷野草地、溪边或沙滩。印度、东南亚有分布。

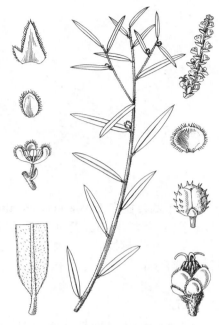

图 179 地杨桃 （余汉平绘）

63. 海漆属 Excoecaria Linn.
（向巧萍 马金双）

乔木或灌木；具乳液。叶互生或对生，具柄，羽状脉。花单性，雌雄异株或同株异序，稀雌雄同序，无花瓣；总状或穗状花序。雄花萼片（2）3，细小，覆瓦状排列；雄蕊3，花丝分离，花药纵裂，无退化雌蕊。雌花花萼3裂、3深裂或为3萼片；子房3室，每室1胚珠，花柱粗，基部稍合生。蒴果自中轴开裂而成具2瓣裂的分果爿，中轴宿存，具翅。种子球形，无种阜，种皮硬壳质，胚乳肉质，子叶宽扁。

约40种，分布亚洲、非洲和大洋洲热带地区。我国6种和1变种。

1. 叶对生，稀兼有互生或3片轮生。
　　2. 花雌雄同株，异序或同序而雌花生于花序基部，雄花生于上部；叶下面淡绿色 ························· ·· 1. **绿背桂花** E. formosana
　　2. 花雌雄异株；叶下面紫红或血红色 ························· 1(附). **红背桂花** E. cochinchinensis
1. 叶互生。
　　3. 叶全缘或近全缘，叶柄顶端有2腺体；花雌雄异株，雄花苞片有1花 ···· 2. **海漆** E. agallocha
　　3. 叶有细锯齿，叶柄无腺体；花雌雄同株同序，雄花苞片有2-3花。
　　　　4. 叶卵形、卵状披针形或椭圆形，长6-13厘米，宽2-5.5厘米，先端渐尖 ······· 3. **云南土沉香** E. acerifolia
　　　　4. 叶披针形，长5-9厘米，宽0.8-2厘米，先端长渐尖或尾尖 ························· ·· 3(附). **狭叶土沉香** E. acerifolia var. cuspidata

1. 绿背桂花　　　　　　　　图 180

Excoecaria formosana (Hayata) Hayata, Icon. Pl. Form. 3: 173. 1913. *Excoecaria crenulata* Wight var. *formosana* Hayata in Journ. Coll. Sci. Univ. Tokyo 30(1): 271. 1911.

灌木。老枝圆柱形，幼枝四棱柱形，无毛。叶对生，稀兼互生，椭圆形或长圆状披针形，长6-12厘米，先端渐尖，基部楔形，疏生细齿，两面绿色，无毛，侧脉8-12对，下面网脉明显；叶柄长0.5-1.3厘米，无腺体，托叶宽卵形。花单性，雌雄同株，异序或同序雄生于花序上部，雌花2-3生于花序下部，总状花序长1.5-2厘米，腋生。雄花花梗极短；苞片宽卵形，基部腹面两侧各具1腺体；每苞片有1花，小苞片2，线形，基部有2腺体；萼片3，长圆状披针形，有撕裂状疏细齿；雄蕊3，伸出，花药近圆形，比花丝短。雌花苞片基部2腺体常不等

大；萼片3，基部稍合生，卵形，有疏齿；子房平滑，花柱3，外反。蒴果具长约4毫米的柄，球形，径0.8-1厘米。种子径约4毫米，有斑纹或斑点。花期4-5月及8-10月。

产广西西部、广东南部、海南及台湾，生于林中。缅甸、老挝、越南及马来西亚有分布。

[附] **红背桂花 Excoecaria cochinchinensis** Lour. Fl. Cochinch. 612. 1790. 本种与绿背桂花的区别：花雌雄异株；叶下面紫红或血红色。产广西南部，生于丘陵灌丛中；台湾、广东、广西、云南等地栽培。亚洲东南部各国有分布。

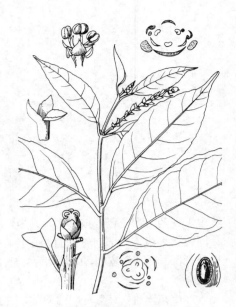

图 180 绿背桂花 （余汉平绘）

2. 海漆 图181

Excoecaria agallocha Linn. Syst. ed. 10, 1288. 1759.

常绿乔木。叶互生，椭圆形或宽椭圆形，稀卵状长圆形，长6-8厘米，

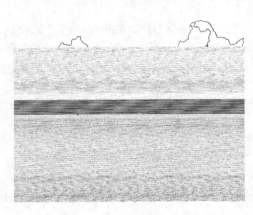

先端短钝尖，基部钝圆或宽楔形，全缘或有不明显疏细齿，无毛，中脉在上面凹下，侧脉约10对；叶柄长1.5-3厘米，无毛，顶端有2圆形腺体，托叶卵形。雌雄异株，聚集成腋生、单生或双生总状花序，雄花序长3-4.5厘米，雌花序较短。雄花苞片宽卵形，肉质，基部腹面两侧各具1腺体，每苞片1花；

小苞片2，披针形，基部两侧各具1腺体；花梗粗或近无花梗；萼片3，线状渐尖；雄蕊3，常伸出萼片外。雌花花梗比雄花稍长；萼片宽卵形或三角形，基部稍连合；花柱3，分离，顶端外卷。蒴果球形，具3沟槽，长7-8毫米；分果爿尖卵形，顶端具喙。种子球形，径约4毫米。花果期1-9月。

产福建南部、广西、广东、香港及台湾，生于滨海潮湿处。印度、东南亚及大洋洲有分布。

图 181 海漆 （黄少容绘）

3. 云南土沉香 草沉香 图182 彩片59

Excoecaria acerifolia Didr. in Vidensk. Meddel. Kjøbenh. 129. 1875.

灌木或小乔木；各部无毛。叶互生，卵形或卵状披针形，稀椭圆形，长6-13厘米，宽2-5.5厘米先端渐尖，有尖的腺状密锯齿，中脉两面凸起，侧脉6-10对，网脉明显；叶柄长2-5毫米，无腺体，托叶腺体状。雌雄同株同序，花序长2.5-6厘米。雄花花梗极短；苞片宽卵形或三角形，基部两侧各具1近圆形腺体，每苞片有2-3花；萼片3，披针形，雄蕊3，花药球形，

比花丝长。雌花花梗极短或不明显；苞片卵形，先端芒尖，基部两侧各具1圆形腺体；小苞片2，长圆形，先端具不规则3齿；萼片3，卵形，有不明显小齿。蒴果近球形，具3棱，径约1厘米。花期6-8月。

产西藏、云南及四川，生于海拔1200-3000米山坡、溪边或灌丛中。印度及尼泊尔有分布。

[附] **狭叶土沉香 Excoecaria acerifolia** var. **cuspidata** (Muell. Arg.) Muell. Arg. in DC. Prodr. 15: 1222. 1866. —— *Excoecaria himalayensis* Muell. Arg. var. *cuspidata* Muell. Arg. in Linnaea 32: 122. 1863. 本变种与模式变种的区别：叶披针形，长5-9厘米，宽0.8-2厘米，先端长渐尖或尾尖。果期6-9月。产云南南部、四川西部及西北部、甘肃南部，生于海拔约1700米灌丛中。印度有分布。

图 182 云南土沉香 （余汉平绘）

64. 乌桕属 Sapium P. Br.

（向巧萍 马金双）

乔木或灌木；全株无毛，有乳液。叶互生，稀近对生，具羽状脉；叶柄顶端有2腺体，稀无腺体，托叶小。花单性，雌雄同株或异株，雌雄同序则雌花生于花序下部，雄花生于上部，穗状花序、穗状圆锥花序或总状花序顶生，稀生于上部叶腋；无花瓣和花盘；苞片基部具2腺体。雄花黄或淡黄色，数朵聚生苞腋；无退化雌蕊；花萼膜质，杯状，2-3浅裂或具2-3小齿；雄蕊2-3，花丝短，离生，花药2室，纵裂。雌花大于雄花，每苞腋1雌花；花萼杯状，3深裂或筒状具3齿，稀2-3萼片；子房2-3室，每室1胚珠，花柱常3，分离或下部合生，柱头外卷。蒴果球形、梨形或为3个分果爿，稀浆果状，常3室，室背弹裂、不整齐开裂或不裂。种子近球形，常宿存于三角柱状中轴上，迟落，外被蜡质假种皮或无，外种皮坚硬，胚乳肉质，子叶宽而平。

约120种，广布全球，主产热带地区，以南美洲最多。我国9种。

1. 种子被蜡质层，无棕褐色斑纹。
   2. 花雌雄同序，间或整个花序只有雄花；叶全缘。
     3. 叶菱形、宽卵形或近圆形，长和宽近相等。
       4. 叶菱形或菱状卵形，稀菱状倒卵形 ……………………………………………… 1. 乌桕 S. sebiferum
       4. 叶宽卵形或近圆形。
         5. 叶近革质，圆形或近圆形，先端圆、凸尖或凹缺 ……………… 2. 圆叶乌桕 S. rotundifolium
         5. 叶纸质，宽卵形，先端短渐尖 ……………………………………… 2(附). 桂林乌桕 S. chihsinianum
     3. 叶卵形、长卵形或椭圆形，长为宽2倍或2倍以上。
       6. 雌花3基数；叶柄顶端具2腺体 ……………………………………………… 3. 山乌桕 S. discolor
       6. 雌花2基数；叶柄顶端无腺体 …………………………………………… 3(附). 浆果乌桕 S. baccatum
   2. 花雌雄异序；叶缘有钝齿 ……………………………………………………… 3(附). 异序乌桕 S. insigne
1. 种子有棕褐色斑纹，无蜡质层。
   7. 叶长7-16厘米，宽3-8厘米，基部钝、平截或微心形；花序长4.5-11厘米；种子径6-9毫米 …………
     ……………………………………………………………………………………… 4. 白木乌桕 S. japonicum
   7. 叶长3-7厘米，宽1.5-2.5厘米，基部宽楔形或钝；花序长2-4厘米；种子径约5毫米 ……………
     …………………………………………………………………………… 4(附). 斑子乌桕 S. atrobadiomaculatum

1. 乌桕　　　　　　　　　　　　图 183 彩片 60　　　　　*Croton sebiferum* Linn. Sp. Pl.

Sapium sebiferum (Linn.) Roxb. Fl. Ind. 3: 693. 1832.　　　1004. 1753.

乔木，高达15米。叶菱形、菱状卵形或菱状倒卵形，长3-8厘米，先端骤尖，基部宽楔形，全缘，侧脉6-10对；叶柄长2.5-6厘米，顶端有2腺体。花雌雄同序，总状花序顶生，长6-12厘米，雌花常生于花序最下部，稀雌花下部有少数雄花，雄花生于花序上部或花序全为雄花。雄花苞片宽卵形，基部两侧各具1腺体，每苞片具10-15花；小苞片3，边缘撕裂状；花萼杯状，3浅裂，裂片具不规则细齿；雄蕊2(3)，伸出花萼，花丝分离。雌花苞片3深裂，基部两侧具腺体，每苞片1雌花，间有1雌花和数雄花聚生苞腋；花萼3深裂；子房3室。蒴果梨状球形，熟时黑色，径1-1.5厘米，具3种子，分果爿脱落，中轴宿存。种子扁球形，黑色，长约8毫米，被白色、蜡质假种皮。花期4-8月。

产黄河以南各省区，北达陕西、甘肃及山东，生于旷野、塘边或疏林中。日本、越南及印度有分布。欧洲、美洲和非洲有栽培。木材白色，坚

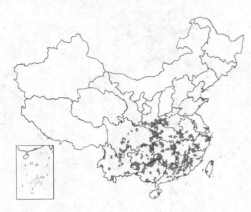

图 183 乌桕 （引自《中国森林植物志》）

硬，纹理细致，用途广。根皮治毒蛇咬伤。白色蜡质可制肥皂、蜡烛；种子油适作涂料。

2. 圆叶乌桕　　　　　　图184 彩片61

Sapium rotundifolium Hemsl. in Journ. Linn. Soc. Bot. 26: 445. 1894.

灌木或乔木，高达12米。叶近革质，近圆形，长5-11厘米，先端圆，稀凸尖，偶有凹缺，基部圆，平截或微心形，全缘，侧脉10-15对；叶柄长3-7厘米，顶端具2腺体。花雌雄同序，总状花序顶生，雌花生于花序下部，雄花生于上部或有时整个花序全为雄花。雄花苞片卵形，边缘流苏状，基部两侧各具1腺体，每苞片3-6花；小苞片先端撕裂状；花萼杯状，3浅裂，裂片圆，有细齿。雌花每苞片1花；花萼3深裂近基部，裂片宽卵形，具细齿。蒴果近球形，径约1.5厘米；分果爿木质，自宿存中轴脱落。种子久悬于中轴，扁球形，径约5毫米，顶端具小凸点，腹面具1纵棱，薄被蜡质假种皮。花期4-6月。

产湖南、广东、广西、贵州及云南，生于石灰岩山地。越南北部有分布。

图 184 圆叶乌桕 （黄少容绘）

[附] **桂林乌桕 Sapium chihsinianum** S. K. Lee in Acta Phytotax. Sin. 5: 121. 1956. 本种与圆叶乌桕的区别：叶纸质，宽卵形，先端短渐尖。产甘肃南部、四川东北部及东部、湖北西部、贵州、云南、广西北部，生于山坡或山顶疏林中。

3. 山乌桕　　　　　　图185 彩片62

Sapium discolor (Champ. ex Benth.) Muell. Arg. in Linnaea 32: 121. 1863.

Stillingia discolor Champ. ex

Benth. in Journ. Bot. Kew Misc. 6: 1. 1856.

乔木或灌木，高达12（-20）米。叶椭圆形或长卵形，长4-10厘米，先端钝或短渐尖，基部楔形，下面近缘常有数个圆形腺体，侧脉8-12对；叶柄长2-7.5厘米，顶端具2腺体。花雌雄同序，顶生总状花序长4-9厘米。雄花苞片卵形，基部两侧各具1腺体，每苞片5-7花；花萼杯状，具不整齐裂齿。雌花每苞片1花；花萼3深裂近基部，裂片三角形，有疏细齿。蒴果黑色，球形，径1-1.5厘米，分果爿脱落，中轴宿存。种子近球形，长4-5毫米，薄被蜡质假种皮。花期4-6月。

图 185 山乌桕 （黄少容绘）

产甘肃、陕西、安徽、浙江、福建、台湾、江西、湖北、湖南、广东、海南、广西、贵州、云南及四川，生于山地林中。印度、东南亚有分布。根皮及叶药用，治跌打扭伤、痈疮、毒蛇咬伤及便秘。种子油可制肥皂。

[附] **浆果乌桕** 图186：5-7 **Sapium baccatum** Roxb. Fl. Ind. 3: 694. 1832. 本种与山乌桕的区别：雌花2基数，花萼2裂，子房2室，柱头2；叶柄顶端无腺体；蒴果浆果状。产云南南部，生于海拔约650米疏林中。印度、缅甸、老挝、越南、柬埔寨、马来西亚及印度尼西亚有分布。

[附] **异序乌桕 Sapium insigne** (Royle) Benth. ex Hook. f. Fl. Brit.

Ind. 5: 471. 1888. —— *Falconeria insignis* Royle, Illustr. Bot. Himal. 354. t. 98 (84a). f. 3. 1839. 本种与前列种子被蜡质假种皮的几种乌桕的主要区别：花雌雄异序；叶常有钝齿。产云南及海南。印度、不丹、缅甸、越南及柬埔寨有分布。

4. 白木乌桕 图 186: 1-4

Sapium japonicum (Sieb. et Zucc.) Pax et Hoffm. in Engl. Pflanzenr. 52 (Ⅳ. 147. V.): 252. 1912.

Stillingia japonica Sieb. et Zucc. in Abh. Akad. Wiss. Wien, Math.-Phys. 4: 145. 1845.

灌木或乔木，高达8米。叶卵形、卵状长方形或椭圆形，长7-16厘米，宽3-8厘米，先端短尖或凸尖，基部钝、平截或微心形，下面中上部常在近边缘的脉上有散生腺体，基部靠近中脉的两侧具2腺体，侧脉8-10对；叶柄长1.5-3厘米，顶端无腺体。花雌雄同株常同序，顶生总状花序长4.5-11厘米，雌花数朵生于花序基部，雄

图 186: 1-4.白木乌桕 5-7.浆果乌桕 （余 峰绘）

花数朵生于花序上部，有时全为雄花。雄花苞片卵形或卵状披针形，有不规则小齿，基部两侧各具1腺体，每苞片3-4花；花萼杯状，3裂，裂片有

不规则小齿。雌花苞片3深裂近基部，裂片披针形，中裂片较大，两侧裂片

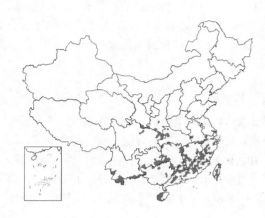

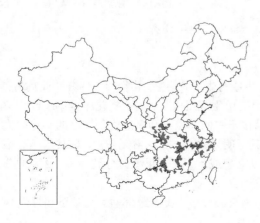

边缘各具1腺体；萼片3，三角形。蒴果三棱状球形，径1-1.5厘米；分果爿脱落后无宿存中轴。种子扁球形，径6-9毫米，无蜡质假种皮，有棕褐色斑纹。花期5-6月。

产陕西、河南、山东、江苏、安徽、浙江、福建、江西、湖北、湖南、广东、广西、贵州及四川，生于林中湿地或溪边。日本及朝鲜有分布。

[附] **斑子乌桕 Sapium atrobadiomaculatum** Metcalf in Lingnan Sci. Journ. 10: 490. 1931. 本种与白木乌桕的区别：叶长3-7厘米，宽1.5-2.5厘米，基部宽楔形或钝；花序长2-4厘米；种子径约5毫米。产福建、江西、湖南南部及广东北部，生于路边、山坡疏林或山顶灌丛中。

65. 响盒子属 **Hura** Linn.

（向巧萍　马金双）

乔木。叶互生，近全缘或有波状粗齿，羽状脉；叶柄长，顶端具2腺体，托叶早落。花单性，雌雄同株，无花瓣和花盘。雄花多数，密集成顶生、具长花序梗的穗状花序；苞片膜质，无腺体，花期不规则开裂；花萼膜质，浅杯状，顶端平截或微具细齿，雄蕊8-20，2-3轮或不规则多轮，花丝和药隔连成柱状体，药室分离，外向，纵裂，无退化雌蕊。雌花单生枝顶叶腋，与雄花序毗邻；花萼革质，宽杯状，顶端平截，全缘，紧包子房；子房5-20，每室1胚珠，花柱长，柱头放射状开展。蒴果扁圆盒状，顶端凹下，分果爿木质，轮生状。种子侧扁，无种阜；胚乳肉质，子叶圆而平。

2种，产美洲热带地区。我国引入栽培1种。

响盒子　　　　　　　　　　　　　　　　　　　　图187

Hura crepitans Linn. Sp. Pl. 1008. 1753.

乔木，高达40米。茎密被基部粗肿硬刺。枝密生皮孔，无毛。叶卵形或卵圆形，长6-29厘米，先端尾尖或骤缩成小尖头，基部心形，常有波状锯齿或近全缘，下面沿中脉下部被长柔毛，侧脉10-13对，平展，近边缘向上弯拱连结，小脉纵向近平行，网脉明显；叶柄常稍短于叶片，顶端具2腺体，托叶线状披针形，被短柔毛。雄穗状花序卵状圆锥形，花序梗长7-10厘米；花期红色，艳丽，长4-5厘米；萼筒长2-3毫米；雄蕊（1）2（3）轮，药隔与花丝连合成柱状体，花序下部的长1-1.2厘米，花序上部的长4-6毫米。雌花花梗长1-1.7厘米，果序长达6厘米；萼筒长4-6毫米；子房包于萼筒内，连花柱长3-5厘米；柱头11-15，紫黑色，放射状，径1.5-2.5厘米。蒴果扁圆盒状，倒垂，径8-9厘米，顶端和基部均凹下。花期5月。

原产美洲。海南有栽培。

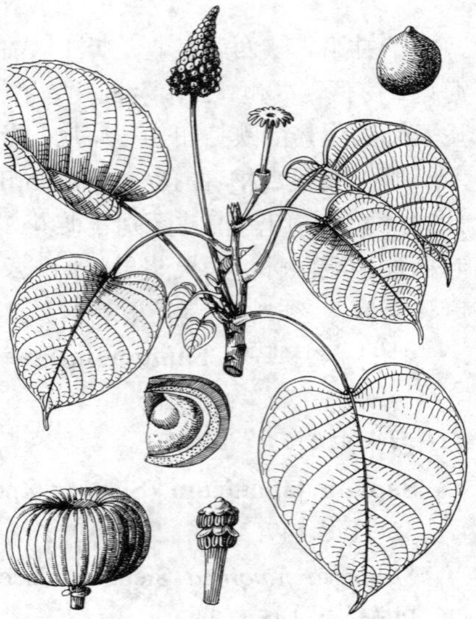

图 187　响盒子　（余汉平绘）

66. 大戟属 **Euphorbia** Linn.

（向巧萍　马金双）

一年生、二年生或多年生草本，灌木或乔木；植株具乳液。叶互生或对生，稀轮生，常全缘，稀分裂或具齿；常无叶柄，稀具叶柄，常无托叶，稀具钻状或刺状托叶。杯状聚伞花序，单生或组成复花序，复花序呈单歧或二歧或多歧分枝，生于枝顶或植株上部，稀腋生；每1杯状聚伞花序由1朵位于中间的雌花和多朵位于周围的雄花同生于1个杯状总苞内而组成；雄花无花被，仅有1雄蕊，花丝与花梗间具不明显关节；雌花常无花被，稀具退化而不明显花被；子房3室，每室1胚珠；花柱3，常分离或基部合生，柱头2裂或不裂。蒴果熟时分裂为3个2裂的分果爿（极稀不裂）。种皮革质，胚乳丰富，子叶肥大。

约2000种，是被子植物中特大属之一，遍布世界各地，非洲和中南美洲较多。我国约66种，另栽培和野化14种。

1. 总苞腺体具花瓣状附属物。

2. 叶对生，基部不对称，托叶发达；主茎幼时不发育，侧枝发达；花序常腋生或聚生，稀顶生。

  3. 多年生亚灌木状草本；叶全缘。

    4. 叶长椭圆形或卵状长椭圆形，先端钝圆；腺体附属物窄椭圆形 ⋯⋯⋯⋯⋯⋯⋯⋯⋯ 1. **海滨大戟 E. atoto**

    4. 叶卵形，先端尖；腺体附属物倒卵形或肾形 ⋯⋯⋯⋯⋯⋯⋯⋯⋯⋯ 2. **心叶大戟 E. sparrmannii**

  3. 一年生或多年生草本。

    5. 茎斜上或近直立；花序聚生；叶长1-5厘米。

      6. 蒴果无毛。

        7. 叶窄长圆形或倒卵形，宽4-8毫米，全缘或基部以上具细齿；花序簇生，总苞腺体近缘具白或淡粉色附属物 ⋯⋯⋯⋯⋯⋯⋯⋯⋯ 3. **通奶草 E. hypericifolia**

        7. 叶长椭圆形或宽线形，宽2-5毫米，具细齿；花序常聚生，稀单生，总苞腺体边缘具红色附属物 ⋯⋯⋯ 4. **细齿大戟 E. bifida**

      6. 蒴果被短柔毛；茎被褐或黄褐色粗硬毛；总苞腺体附属物白色，倒三角形 ⋯⋯⋯⋯ 5. **飞扬草 E. hirta**

    5. 茎匍匐状；花序单一；叶长0.3-1.2厘米。

      8. 子房及果无毛 ⋯⋯⋯⋯⋯⋯⋯⋯⋯⋯⋯⋯⋯⋯⋯⋯ 6. **小叶大戟 E. mauinoi**

      8. 子房及果被毛，稀无毛。

        9. 茎无毛；子房及果无毛 ⋯⋯⋯⋯⋯⋯⋯⋯⋯⋯⋯⋯ 7. **地锦 E. humifusa**

        9. 茎被毛。

          10. 茎被绒毛；子房及果的棱上被绒毛 ⋯⋯⋯⋯⋯⋯⋯⋯ 8. **匍匐大戟 E. prostrata**

          10. 茎被柔毛；子房及果密被柔毛。

            11. 蒴果熟时不完全伸出总苞；叶绿或淡红色，长4-8毫米，两面常被疏柔毛 ⋯⋯⋯⋯⋯⋯⋯⋯⋯⋯ 9. **千根草 E. thymifolia**

            11. 蒴果熟时伸出总苞；叶绿色，中部常有长圆形紫色斑点，长0.6-1.2厘米，两面无毛 ⋯⋯⋯⋯⋯⋯⋯⋯⋯⋯ 10. **斑地锦 E. maculata**

2. 叶于茎基部互生、于上部对生或轮生，基部对称，上部叶缘白色，无叶柄，无托叶；总苞具白色附属物 ⋯⋯⋯⋯⋯ 11. **银边翠 E. marginata**

1. 总苞腺体无附属物。

  12. 灌木或乔木，常肉质化或叶早落或叶仅存于枝顶；腺体5。

    13. 小乔木，茎与枝幼时绿色，无棱，无刺；叶早落，常呈无叶状 ⋯⋯⋯ 12. **绿玉树 E. tirucalli**

    13. 灌木或蔓生灌木，茎与枝绿或褐色，刺状或肉质化并刺状，有棱；叶仅存于分枝顶部。

      14. 蔓生灌木，茎与枝均褐色，刺锥状；总苞黄红色；苞叶红色 ⋯⋯⋯ 13. **铁海棠 E. milii**

      14. 灌木或灌木状小乔木，茎与分枝均绿色，刺芒状；总苞绿或黄色。

        15. 茎圆柱状，具5棱，棱角无脊，常螺旋状；托叶刺2，生于棱上 ⋯⋯⋯ 14. **金刚纂 E. neriifolia**

        15. 茎3-7棱，棱角具脊，翅状；托叶刺生于脊上。

          16. 茎3（4）棱；脊薄，脊具不规则齿，宽1-2厘米 ⋯⋯⋯ 15. **火殃勒 E. antiquorum**

          16. 茎5-7棱；棱脊扁平肥厚，脊具不规则波状齿 ⋯⋯⋯ 16. **霸王鞭 E. royleana**

  12. 常为草本，或灌木状；叶不早落。

    17. 一年生或多年生草本，或基部木质化呈灌木状；腺体1（2）；托叶腺体状；复花序单歧分枝。

      18. 茎顶部苞叶红色；灌木状 ⋯⋯⋯⋯⋯⋯⋯⋯⋯⋯⋯ 17. **一品红 E. pulcherrima**

      18. 茎顶苞叶基部红色；总苞腺体近两唇形；一年生或多年生草本 ⋯⋯⋯⋯ 18. **猩猩草 E. cyathophora**

    17. 一年生或多年生草本，基部不木质化；腺体4-5，稀更多；无托叶；复花序二歧或多歧分枝。

      19. 叶交互对生；蒴果果皮海绵质，不裂 ⋯⋯⋯⋯⋯⋯⋯⋯ 19. **续随子 E. lathyris**

      19. 叶常互生，极稀对生但非交互对生；蒴果开裂。

        20. 总苞腺体近圆形、半圆形或盘状，无角。

21. 总苞腺体盘状，4枚，盾状着生总苞边缘；一年生草本，总苞叶和总伞幅常5枚；种子具网状纹脊 ………………………………………………………………………… 20. 泽漆 **E. helioscopia**
21. 总苞腺体片状，常4枚，稀5枚，侧生于总苞边缘。
　22. 蒴果平滑无瘤。
　　23. 腺体5；根粗线形或柱状。
　　　24. 叶长方形或卵状长方形，先端平截或微凹，具齿或近浅波状；根粗线状；植株高达30厘米 ………………………………………………………………… 21. 青藏大戟 **E. altotibetica**
　　　24. 叶倒披针形或窄长圆形，上部具细齿；根柱状；植株高达1米 ……… 22. 准噶尔大戟 **E. soongarica**
　　23. 总苞腺体4；块根、柱状根或线形根。
　　　25. 多年丛生小草本，高5-7厘米；叶肉质，主脉不明显；腺体近扇形 ………… 23. 矮大戟 **E. humilis**
　　　25. 多年生草本，高（10-）20-60（100）厘米；叶纸质或近革质，主脉明显；腺体半圆形、肾状圆形或肾形。
　　　　26. 总苞叶黄、淡红或红黄色，或至少有黄或红色色素。
　　　　　27. 根圆柱状；苞叶黄色；种阜黄或淡黄色 ……………… 24. 黄苞大戟 **E. sikkimensis**
　　　　　27. 支根末端为块状根；苞叶黄红或红色。
　　　　　　28. 总苞裂片半圆形；花柱3，分离；种子卵圆形 ……… 25. 圆苞大戟 **E. griffithii**
　　　　　　28. 总苞裂片舌状；花柱近合生或浅裂；种子长卵圆形 ……… 26. 高山大戟 **E. stracheyi**
　　　　26. 总苞叶绿色，无明显色素。
　　　　　29. 根圆柱状，径1厘米以上。
　　　　　　30. 叶基部心形或叶耳扩展，具睫毛；总苞两面密被白色柔毛 ……… 27. 睫毛大戟 **E. blepharophylla**
　　　　　　30. 叶基部楔形或圆，边缘无毛。
　　　　　　　31. 植物体常带紫色或淡红色。
　　　　　　　　32. 根圆柱状，径0.6-1厘米；总苞钟状，裂片三角形 ……… 28. 天山大戟 **E. thomsoniana**
　　　　　　　　32. 根萝卜状或球形，径2-4厘米或更大；总苞宽钟状，裂片长圆形 ……………………………………… 28(附). 小萝卜大戟 **E. rapulum**
　　　　　　　31. 植物体绿色；根人参状，肉质。
　　　　　　　　33. 蒴果径0.9-1.1厘米；种子棱柱状，长5-6毫米 ……… 29. 大果大戟 **E. wallichii**
　　　　　　　　33. 蒴果径7毫米以下；种子长4毫米以下。
　　　　　　　　　34. 总苞内面无毛；子房和果均无毛 ……… 30. 甘肃大戟 **E. kansuensis**
　　　　　　　　　34. 总苞内面被白色柔毛；子房密被白色柔毛；蒴果被白色长柔毛 ……… 31. 狼毒 **E. fischeriana**
　　　　　29. 根纤维状，径3-5毫米。
　　　　　　35. 苞叶和伞辐均2；茎基部多分枝，高达21厘米；基脉3-5 ……… 32. 沙生大戟 **E. kozlovii**
　　　　　　35. 苞叶和伞辐均3-5；茎顶部多分枝，高达1米；侧脉6-10对 …………………………………………………… 32(附). 湖北大戟 **E. hylonoma**
　22. 蒴果具瘤或刺状突起；腺体4，长圆形、圆形或半圆形，无角。
　　36. 叶具较细波状齿；茎顶部分枝；全株被白色柔毛 ……………………… 33. 毛大戟 **E. pilosa**
　　36. 叶全缘。
　　　37. 根纤维状，径小于5毫米。
　　　　38. 一年生草本；蒴果具3纵沟；叶线形或线状椭圆形，长2-6厘米 ……… 34. 黑水大戟 **E. heishuiensis**
　　　　38. 多年生草本；蒴果无纵沟；叶长椭圆形或长圆形，长1-2.5厘米 ……… 34(附). 阿尔泰大戟 **E. altaica**
　　　37. 根圆柱状或圆锥状，肉质，径0.6-1.5厘米。
　　　　39. 子房和蒴果脊上疏生瘤状或刺状突起。
　　　　　40. 茎基部3-4分枝，分枝向上不分枝；叶长1-3厘米，宽5-7毫米；苞叶常3；总苞腺体半圆形 …………………………………………………… 35. 甘青大戟 **E. micractina**

40. 茎基部分枝或上部分枝，分枝再分枝；叶长3-5厘米，宽1-1.5厘米；苞叶2；总苞腺体窄椭圆形 ………… ……………………………………………………………………………… 35(附). **林大戟** E. lucorum

39. 子房和蒴果均被瘤状突起。

  41. 种子暗褐色，腹面具浅色条纹；蒴果稀被瘤状突起；花柱分离 ………… 36. **大戟** E. pekinensis

  41. 种子淡黄褐色，无条纹；蒴果密被长瘤；花柱基部合生 ………… 36(附). **大狼毒** E. jolkinii

20. 腺体具两角或平截或顶端具两角，呈新月形或中间内凹。

  42. 一年生草本；叶对生。

    43. 叶倒卵形或匙形，宽0.7-1.8厘米；种子具小孔 ………… 37. **南欧大戟** E. peplus

    43. 叶线状披针形，宽1-2毫米；种子具皱纹 ………… 38. **英德尔大戟** E. inderiensis

  42. 多年生草本；叶互生。

    44. 叶线状长圆形，长1-3厘米，宽2.5-4毫米；茎基部多分枝 ………… 39. **蒿状大戟** E. dracunculoides

    44. 叶长2-7厘米，宽0.4-1.5厘米；茎单一或自基部多分枝或具少数分枝。

      45. 根茎较粗壮，具不定根；蒴果三棱状球形；种子灰褐色，长球状，具不明显纹饰 ………… ………………………………………………………………………… 40. **钩腺大戟** E. sieboldiana

      45. 植株无根茎，无不定根。

        46. 根末端呈念珠状膨大；苞叶三角状卵形 ………… 41. **甘遂** E. kansui

        46. 根末端不膨大；苞叶常肾形 ………… 42. **乳浆大戟** E. esula

1. 海滨大戟 滨大戟 图188

Euphorbia atoto Forst. f. Fl. Ins. Austr. Prodr. 36. 1786.

多年生亚灌木状草本。根圆柱状，径0.8-1厘米。茎斜展或近匍匐，多分枝，分枝向上呈二歧分枝，高达40厘米。叶对生，长椭圆形或卵状长椭圆形，长1-3厘米，先端钝圆，常具极短小尖头，基部偏斜，近圆或圆心形，全缘；叶柄长1-3毫米，托叶三角形，边缘撕裂。花序单生于多歧聚伞状分枝顶端；总苞杯状，边缘（4）5裂，裂片三角状卵形，边缘撕裂，腺体4，浅盘状，边缘具白色窄椭圆形附属物。雄

图 188 海滨大戟 （引自《Fl. Taiwan》）

花数枚，微伸出总苞；苞片披针形，边缘撕裂。雌花1，伸出总苞；子房无毛，花柱分离。蒴果三棱状，径约3.5毫米；花柱易脱落。种子球形，径约1.5毫米，淡黄色，腹面具不明显淡褐色条纹，无种阜。花果期6-11月。

    产广东南部沿海、香港、海南及台湾，生于海岸沙地。日本、泰国、斯里兰卡、印度、印度尼西亚诸岛屿、太平洋诸岛屿至澳大利亚有分布。

2. 心叶大戟 图189

Euphorbia sparrmannii Boiss. Cent. Euphorb. 5. 1860.

多年生亚灌木状草本。根圆柱状，径3-5厘米。茎多分枝，高达15厘米，无毛。叶对生，卵形，长10-18厘米，先端尖，基部偏斜，心形，全缘；

叶柄长1-1.8厘米, 托叶三角形, 边缘不规则分裂。花序簇生; 总苞柄状, 无毛, 边缘5裂, 裂片三角形, 腺体4, 黄色, 附属物白色, 倒卵形或肾形, 较腺体宽; 雄花15-20, 不伸出或微伸出总苞; 雌花1, 子房柄较长, 子房无毛; 花柱分离。蒴果近球形, 径约2.5毫米; 果柄长达4毫米。种子卵状四棱形, 深灰或淡褐色, 长约1.3毫米, 棱面平滑或具不明显纵沟, 无种阜。

产台湾（兰屿）, 生于沿海珊瑚礁。日本琉球群岛、印度尼西亚诸岛屿至澳大利亚有分布。

3. 通奶草　　　　　　　　　　　　　　　　图 190

Euphorbia hypericifolia Linn. Sp. Pl. 454. 1753.

Euphorbia indica Lam.; 中国高等植物图鉴 2: 620. 1972.

一年生草本。根纤细, 径2-3.5毫米。茎高达30厘米, 无毛或疏被短柔毛。叶对生, 窄长圆形或倒卵形, 长1-2.5厘米, 宽4-8毫米, 先端钝或圆, 基部圆, 常偏斜, 全缘或基部以上具细齿, 下面有时略带紫红色, 疏被柔毛; 叶柄极短, 托叶三角形。苞叶2。花序数个簇生叶腋或枝顶; 总苞陀螺状, 边缘5裂, 裂片卵状三角形, 腺体4, 边缘具白或淡粉色附属物。雄花数枚, 微伸出总苞; 雌花1, 子房柄长于总苞; 子房无毛, 花柱分离。蒴果三棱状, 径约2毫米。种子卵棱状, 长约1.2毫米, 棱面具皱纹, 无种阜。花果期8-12月。

产江西、湖南、广东、海南、广西、贵州、云南及四川南部, 生于旷野荒地、路边、灌丛中及田间。广布于热带和亚热带。全草入药, 通奶。

4. 细齿大戟　　　　　　　　　　　　　　　图 191

Euphorbia bifida Hook. et Arn. Bot. Cap. Beechey Voy. 5: 213. 1837.

一年生草本。根径3-5毫米。茎基部木质化, 向上多分枝, 分枝二歧分枝, 高达40(-50)厘米, 茎节环状。叶对生, 长椭圆形或宽线形, 长1-2.5厘米, 宽2-5毫米, 先端钝尖或渐尖, 基部不对称, 近平截, 具细齿; 叶柄短, 托叶钻状三角形, 易脱落。花序常聚生, 稀单生; 总苞杯状, 边缘5裂, 裂片三角形, 先端撕裂, 腺体4, 附属物红色, 较腺体宽。雄花数枚, 微伸出总苞; 雌

图 189 心叶大戟
（引自《Bot. Bull. Acad. Sin.》）

图 190 通奶草　（引自《图鉴》）

花1, 微伸出总苞; 子房无毛, 花柱分离。蒴果三棱状球形, 约2毫米, 近无毛。种子三棱圆柱状, 长约1.5毫米, 褐色, 被稀疏横纹, 无种阜。花果期4-10月。

产江苏、浙江、福建、台湾、江西、广东、香港、海南、广西、贵州及云南, 生于山坡、灌丛中、路边及林缘。南亚半岛、印度尼西亚群岛至澳大利亚有分布。

5. 飞扬草

图 192 彩片 63

Euphorbia hirta Linn. Sp. Pl. 454. 1753.

一年生草本。根径3-5毫米，常不分枝，稀3-5分枝。茎自中部向上分枝或不分枝，高达60（-70）厘米，被褐色或黄褐色粗硬毛。叶对生，披针状长圆形、长椭圆状卵形或卵状披针形，长1-5厘米，中上部有细齿，中下部较少或全缘，下面有时具紫斑，两面被柔毛；叶柄极短。花序多数，于叶腋处密集成头状，无梗或具极短梗，被柔毛；总苞钟状，被柔毛，边缘5裂，裂片三角状卵形，腺体4，近杯状，边缘具白色倒三角形附属物；雄花数枚，微达总苞边缘；雌花1，具短梗，伸出总苞；子房三棱状，被疏柔毛；花柱分离。蒴果三棱状，长与径均1-1.5毫米，被短柔毛。种子近圆形，具4棱，棱面数个纵槽，无种阜。花果期6-12月。

产浙江、福建、台湾、江西、湖北、湖南、广东、香港、海南、广西、贵州、云南及四川，生于灌丛中及山坡。分布于热带和亚热带。全草入药，治痢疾、肠炎、湿疹、皮炎、疖肿；鲜汁外用治癣类。

图 191 细齿大戟 （何冬泉绘）

6. 小叶大戟

图 193

Euphorbia makinoi Hayata in Journ. Coll. Sc. Imp. Univ. Tokyo 30(1): 262. 1911.

一年生草本。根径2-3毫米。茎匍匐，基部多分枝，长8-10厘米，微淡红色，节间常具不定根。叶对生，椭圆状卵形，长3-5毫米，先端圆，基部近圆，近全缘；叶柄长1-3毫米，托叶唇齿状，先端近平截。花序单生，具梗长约1毫米；总苞近窄钟状，边缘5裂，裂片三角状披针形，撕裂，被柔毛，腺体4，近椭圆形，具较窄白色附属物。雄花3-4，伸至总苞近边缘；雌花1，子房柄伸出总苞；子房无毛；

图 192 飞扬草 （引自《Fl.Taiwan》）

花柱分离。蒴果三棱状球形，径1.3-1.5毫米。种子卵状四棱形，长约0.8毫米，黄或淡褐色，平滑，无种阜。花果期5-10月。

产江苏南部、浙江北部、福建东部、台湾、广东及香港，生于低海拔干旱山坡，稀少。琉球群岛及菲律宾有分布。

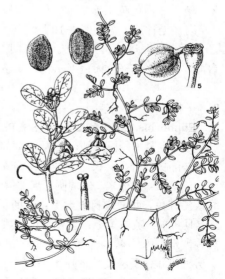

图 193 小叶大戟 （引自《Fl.Taiwan》）

7. 地锦草　地锦　铺地锦　　　　　　　　图194　彩片64

Euphorbia humifusa Willd. ex Schlecht. Enum. Pl. Hort. Berol. suppl. 27. 1814.

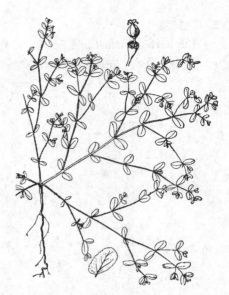

一年生草本。根径2-3毫米。茎匍匐，基部以上多分枝，稀先端斜上伸展，基部常红或淡红色，长达20(-30)厘米，被柔毛。叶对生，长圆形或椭圆形，长0.5-1厘米，先端钝圆，基部偏斜，中上部常具细齿，两面被疏柔毛；叶柄极短。花序单生叶腋；总苞陀螺状，边缘4裂，裂片三角形，腺体4，长圆形，边缘具白或淡红色肾形附属物。雄花数枚，与总苞边缘近等长；雌花1，子房柄伸至总苞边缘；子房无毛；花柱分离。蒴果三棱状卵圆形，径约2.2毫米，花柱宿存。种子三棱状卵圆形，长约1.3毫米，灰色，棱面无横沟，无种阜。花果期5-10月。

图 194　地锦　（引自《图鉴》）

除海南外，各省均产，生于荒地、路边、田间、沙丘、海滩及山坡。长江以北地区常见。广布欧亚大陆温带。全草入药，可清热解毒、利尿、通乳、止血及杀虫。

8. 匍匐大戟　　　　　　　　　　　　　　图195

Euphorbia prostrata Ait. Hort. Kew 2: 139. 1789.

一年生草本。茎匍匐状，基部多分枝，长达19厘米，常淡红或红色，无毛或被疏柔毛。叶对生，椭圆形或倒卵形，长3-7（8）毫米，先端圆，全缘或具不规则细齿，下面有时微淡红或红色；叶柄极短或近无。花序常单生叶腋，稀数序簇生枝顶；总苞陀螺状，常无毛，边缘5裂，裂片三角形或半圆形，腺体4，具极窄白色附属物。雄花数个，常不伸出总苞；雌花1，子房柄较长，常伸出总苞；花柱近基部合生。蒴果三棱状球形，长约1.5毫米，棱上被白色疏柔毛。种子卵状四棱形，长约0.9毫米，黄色，棱面有6-7横沟；无种阜。花果期4-10月。

原产美洲热带和亚热带，野化于旧大陆热带和亚热带；在江苏、福建、台湾、湖北、广东、海南及云南，生于路边、屋旁和荒地灌丛中。

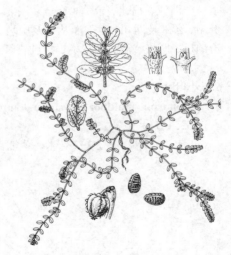

图 195　匍匐大戟　（引自《Fl. Taiwan》）

9. 千根草　　　　　　　　　　　　　　图196

Euphorbia thymifolia Linn. Sp. Pl. 454. 1753.

一年生草本。根纤细，长约10厘米，具多数不定根。茎纤细，常匍匐状，基部极多分枝，长达20厘米，疏被柔毛。叶对生，椭圆形、长圆形或倒卵形，长4-8毫米，先端圆，基部偏斜，圆或近心形，有细齿，稀全缘，绿或淡红色，两面常疏被柔毛；叶柄长约1毫米。花序单生或数序簇生叶腋，具短梗，疏被柔毛；总苞窄钟状或陀螺状，外面疏被柔毛，边缘5裂，裂片卵形，腺体4，被白色附属物。雄花少数，微伸出总苞边缘；雌花1，子房柄极短；子房被贴伏短柔毛，花柱分离。蒴果卵状三棱形，长约1.5毫米，被贴伏短柔毛，熟时不完全伸出总苞。种子长卵状四棱形，长约0.7

米，暗红色，棱面具4-5横沟；无种阜。花果期6-11月。

产江苏南部、浙江、福建、台湾、江西、湖北、湖南、广东、海南、广西、贵州及云南，生于路旁、屋边、草丛、稀疏灌丛中，多生于沙土。广布热带和亚热带（除澳大利亚）。全草入药，可清热利湿、收敛止痒，主治菌痢、肠炎、腹泻。

10. 斑地锦　　　　　　　　　图197 彩片65

Euphorbia maculata Linn. Sp. Pl. 455. 1753.

一年生草本。茎匍匐，长达17厘米，被白色疏柔毛。叶对生，长椭圆形或肾状长圆形，长0.6-1.2厘米，基部微圆，中上部常疏生细齿，上面中部常有长圆形紫色斑点，两面无毛；叶柄长约1毫米，托叶钻状，边缘具睫毛。花序单生叶腋；总苞窄杯状，被白色疏柔毛，边缘5裂，裂片三角状圆形，腺体4，黄绿色，横椭圆形，边缘具白色附属物。雄花4-5，微伸出总苞；雌花1，子房柄伸出总苞，被柔毛。蒴果三角状卵圆形，长约2毫米，疏被柔毛，熟时伸出总苞。种子卵状四棱形，长约1毫米，棱面具5横沟，无种阜。花果期4-9月。

原产北美，野化于欧亚大陆。在江苏、浙江、台湾、江西、湖北、河南及河北生于平原、低山、路边。

11. 银边翠　　　　　　　　　图198 彩片66

Euphorbia marginata Pursh. Fl. Amer. Sept. 2: 607. 1814.

一年生草本。根纤细，极多分枝。茎基部极多分枝，高达80厘米，常无毛。叶互生，椭圆形，长5-7厘米，先端钝，具小尖头，基部平截稍圆，叶缘白色；无柄或近无柄，无托叶。总苞叶2-3，椭圆形，长3-4厘米，全缘，具白色边；伞辐2-3，长1-4厘米，被柔毛或近无毛；苞叶椭圆形，长1-2厘米，近无柄。花序单生苞叶内或数序聚伞状着生，基部具柄，密被柔毛；总苞钟状，被柔毛，边缘5裂，裂片三角形或圆形，边缘与内侧均被柔毛，腺体4，半圆形，边缘具宽大白色附属物。雄花多数，伸出总苞；雌花1，伸出总苞，被柔毛；花柱分离。蒴果近球形，径约5.5毫米，柄长3-7毫米，被柔毛，花柱宿存。种子圆柱状，淡黄或灰褐色，长3.5-4毫米，被瘤或短刺或不明显突起；无种阜。花果期6-9月。

原产北美，广泛栽培于旧大陆。我国大多数省区市均有栽培，供观赏。

12. 绿玉树　光棍树　　　　　　图199: 1

Euphorbia tirucalli Linn. Sp. Pl. 452. 1753.

小乔木，高达6米。茎与枝幼时绿色；小枝肉质，具乳汁。叶互生，长圆状线形，长0.7-1.5厘米，先端钝，基部渐窄，全缘，无柄或近无柄，常生于当年生嫩枝上，稀疏，旋脱落，常呈无叶状；由茎行使光合功能；苞叶干膜质，早落。花序密集枝顶，具梗；总苞陀螺状，内侧被短柔毛，腺体5，盾状卵形或近圆形。雄花数枚，伸出总苞；雌花1，子房柄伸至总苞边缘；子房无毛，花柱中下合生。蒴果三棱状球形，径约8毫米，平滑。种子卵圆形，径约4毫米，平滑，种阜微小。花果期7-10月。

原产非洲东部安哥拉，广泛栽培于热带和亚热带，有野化现象。我国

图 196　千根草　（仿《图鉴》）

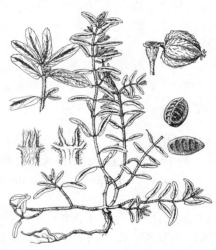

图 197　斑地锦　（引自《Fl.Taiwan》）

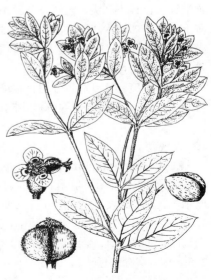

图 198　银边翠　（刘全儒绘）

南北方均有栽培，或作行道树（南方）或温室栽培观赏（北方）。为人造石油重要原料之一。

13. 铁海棠　　　　　　　　　　　　　图199: 2-5 彩片67

Euphorbia milii Ch. des Moulins in Bull. Hist. Nat. Soc. Linn. Bordeaux 1: 27. pl. 1. 1826.

蔓生灌木。茎多分枝，长达1米，径0.5-1厘米，褐色，具纵棱，密生锥状刺，刺长1-1.5（-2）厘米，常3-5列排于棱脊上。叶互生，常集生于嫩枝，倒卵形或长圆状匙形，长1.5-5厘米，先端圆，具小尖头，基部渐窄，全缘，无柄或近无柄。花序2、4或8个组成二歧状复花序，生于枝上部叶腋，复花序具梗，长4-7厘米，花序梗长0.6-1厘米，基部具1膜质苞片，边缘具微小红色尖头。苞叶2，肾圆形，宽1.2-1.4厘米，无柄，上面红色，下面淡红色，紧贴花序；总苞钟状，黄红色，边缘5裂，裂片琴形，上部具流苏状长毛，内弯，腺体5，肾圆形。雄花数枚；雌花1，常不伸出总苞；子房常包于总苞内，花柱中下部合生。蒴果三棱状卵圆形，长约3.5毫米，平滑。种子卵柱状，长约2.5毫米，灰褐色，具微小疣点；无种阜。花果期全年。

原产非洲马达加斯加，广泛栽培于旧大陆热带和温带。我国南北方均有栽培，常见于公园、植物园和庭院。全株入药，外敷可治瘀痛、骨折及恶疮。

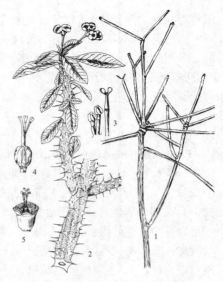

图 199: 1.绿玉树　2-5.铁海棠
（刘全儒绘）

14. 金刚纂　　　　　　　　　　　　　图200: 1-3

Euphorbia neriifolia Linn. Sp. Pl. 451. 1753.

Euphorbia antiqorum auct. non Linn.: 中国高等植物图鉴 2: 617. 1972.

肉质灌木状小乔木，乳汁丰富。茎圆柱状，上部多分枝，高达5（-8）米，径6-15厘米，具不明显5条螺旋状脊，绿色。叶互生，稀少，肉质，常呈5列生于嫩枝顶端脊上，倒卵形、倒卵状长圆形或匙形，长4.5-12厘米，顶端钝圆，具小凸尖，全缘，叶脉不明显；托叶刺状，长2-3毫米，生于棱上。花序二歧状，腋生，苞叶2，膜质，早落；总苞宽钟状，5裂，裂片半圆形，具缘毛，内弯，腺体5，肉质，全缘。雄花多枚；雌花1，栽培时常不育。花期6-9月。

原产印度。我国南北方均有栽培，常用作绿篱（南方），并已野化，北方栽于温室，供观赏。茎叶捣烂外敷痈疖、疥癣，有毒，宜慎用。

图 200: 1-3.金刚纂　4-7.火殃勒
（何冬泉绘）

15. 火殃勒　　　　　　　　　　　　　图200: 4-7 彩片68

Euphorbia antiquorum Linn. Sp. Pl. 450. 1753.

肉质灌木状小乔木，乳汁丰富。茎常具3棱，高达5（-8）米，径5-7厘米，上部多分枝，棱脊3，宽1-2厘米，边缘具三角状齿，齿距约1厘米。叶互生，少而稀，常生于嫩枝顶部，倒卵形或倒卵状长圆形，长2-5厘米，先端圆，基部渐窄，全缘，两面无毛，叶脉肉质；叶柄极短，托叶刺状，长2-5毫米，宿存。苞叶2，下部结合，紧贴花序，膜质，与花序近等大；花序单生叶腋，梗长2-3毫米；总苞宽钟状，边缘5裂，裂片半圆形，具小

齿，绿色，腺体5，全缘。雄花多数；雌花1，花梗较长，常伸出总苞；子房柄基部具3枚退化花被片；子房无毛，花柱分离。蒴果三棱状扁球形，径4-5毫米。花果期全年。

原产印度。我国南北方均有栽培。分布热带亚洲。全株入药，可消

炎、清热解毒。我国南方常作绿篱，已野化，北方多栽于温室。

16. 霸王鞭   图 201

Euphorbia royleana Boiss. in DC. Prodr. 15(2): 83. 1862.

肉质灌木，具丰富乳汁。茎高达 7 米，径 4-7 厘米，上部具数个分枝，幼枝绿色；茎与分枝具 5-7 棱，每棱有微隆起棱脊，脊上具波状齿。叶互生，密集于分枝顶端，倒披针形或匙形，长 5-15 厘米，先端钝或近平截，基部渐窄，全缘，侧脉肉质；托叶刺状，长 3-5 毫米，成对着生于叶迹两侧，宿存。花序二歧聚伞状着生于节间凹陷处，常生于枝顶；花序梗长约 5 毫米；总苞杯状，黄色，腺体 5，横圆形，暗黄色。蒴果三棱状，径 1-1.5 厘米，平滑，灰褐色。种子圆柱状，长 3-3.5 毫米，褐色，腹面具沟纹；无种阜。花果期 5-7 月。

产广西西部、云南及四川，在金沙江、红河河谷常成大片群落。印度北部、巴基斯坦及喜马拉雅地区有分布。全株及乳汁入药，能祛风、消炎、解毒。

17. 一品红   图 202 彩片 69

Euphorbia pulcherrima Willd. ex Klotzsch in Otto et Dietr. Allgem. Gartenz. 2: 27. 1834.

灌木状。根圆柱状，极多分枝。茎高达 3（4）米，无毛。叶互生，卵状椭圆形、长椭圆形或披针形，长 6-25 厘米，先端渐尖或尖，基部楔形，绿色、全缘、浅裂或波状浅裂，下面被柔毛；叶柄长 2-5 厘米，无毛，托叶腺体状；苞叶 5-7，窄椭圆形，长 3-7 厘米，全缘，稀浅波状分裂，朱红色；叶柄长 2-6 厘米。花序数个聚伞排列于枝顶；花序梗长 3-4 毫米；总苞坛状，淡绿色，齿状 5 裂，裂片三角形，无毛，腺体 1（2），黄色，两唇状。雄花多数，常伸出总苞；雌花 1，子房柄伸出总苞，无毛；花柱中下部合生。蒴果，三棱状圆形，长 1.5-2 厘米，平滑。种子卵圆形，长约 1 厘米，灰色或淡灰色，近平滑；无种阜。花果期 10 至翌年 4 月。

原产中美洲，广泛栽培于热带和亚热带。我国绝大部分省区均有栽培，常见于公园、植物园及温室中，供观赏。茎叶可入药，可消肿，治跌打损伤。

18. 猩猩草   图 203 彩片 70

Euphorbia cyathophora Murr. Comm. Gotting. 7: 81. 1786.

Euphorbia heterophylla auct. non Linn.: 中国高等植物图鉴 2: 619. 1972.

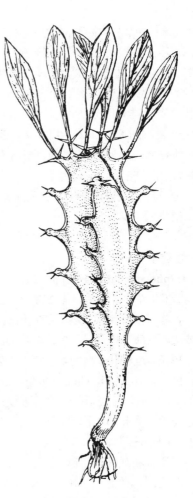

图 201 霸王鞭 （引自《Fl. Taiwan》）

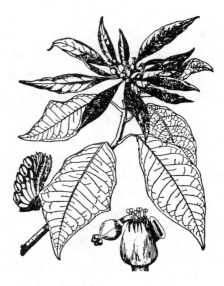

图 202 一品红 （引自《图鉴》）

一年生或多年生草本。根圆柱状，径2-7毫米。茎上部多分枝，高达1米，无毛。叶互生，卵形、椭圆形或卵状椭圆形，先端尖或圆，基部窄，长3-10厘米，边缘波状分裂或具波状齿或全缘，无毛；叶柄长1-3厘米，托叶腺体状；苞叶与茎生叶同形，长2-5厘米，淡红色或基部红色。花序数枚聚伞状排列于分枝顶端，总苞钟状，绿色，边缘5裂，裂片三角形，常齿状分裂，腺体常1（2），扁杯状，近两唇形，黄色。雄花多枚，常伸出总苞；雌花1，子房柄伸出总苞；子房无毛，花柱分离。蒴果三棱状球形，长4.5-5毫米。花果期5-11月。

原产中南美洲，野化于旧大陆。广泛栽培于我国大部地区，常见于公园、植物园，供观赏。

19. 续随子 千金子 图204 彩片71

Euphorbia lathyris Linn. Sp. Pl. 457. 1753.

二年生草本，无毛。茎微带紫红色，顶部二歧分枝，高达1米。叶交互对生，茎下部叶密集，茎上部叶稀疏，线状披针形，长6-10厘米，先端渐尖或尖，基部半抱茎，全缘；无叶柄。苞叶2，卵状长三角形，长3-8厘米。花序单生，近钟状，高约4毫米，边缘5裂，裂片三角状长圆形，边缘浅波状，腺体4，新月形，两端具短角，暗褐色。雄花多数，伸至总苞边缘；雌花1，子房柄与总苞近等长；子房无毛，花柱细长，分离。蒴果三棱状球形，径约1厘米，光滑，花柱早落，具海绵质中果皮，熟时不裂。花期4-7月，果期6-9月。

广泛分布或栽培于欧洲、北非、中亚、东亚和南北美洲。在吉林、辽宁、内蒙古、河北、河南、山东、江苏、安徽、浙江、福建、江西、湖北、湖南、广西、贵州、云南、西藏、四川、陕西、甘肃及新疆等地有栽培或野化。

20. 泽漆 图205

Euphorbia helioscopia Linn. Sp. Pl. 459. 1753.

一年生草本，高达30（-50）厘米。叶互生，倒卵形或匙形，长1-3.5厘米，先端具牙齿。总苞叶5，倒卵状长圆形，长3-4厘米，总伞辐5，长2-4厘米；苞叶2，卵圆形，先端具牙齿，基部圆。花序单生，有梗或近无梗；总苞钟状，无毛，边缘5裂，裂片半圆形，边缘和内侧具柔毛，腺体4，盘状，中部内凹，盾状着生于总苞边缘，具短柄，淡褐色。雄花数枚，伸出总苞；雌花1，子房柄微伸出总苞边缘。蒴果三棱状宽圆形，无毛，具3纵沟，长2.5-3毫米。花果期4-10月。

产辽宁、河北、山西、河南、山东、江苏、安徽、浙江、福建、江西、湖北、湖南、广西、贵州、云南、四川、青海、宁夏、甘肃及陕西，生于山沟、路边、荒野和山坡。欧亚大陆及北非有分布。全草入药，有清热、祛痰、利尿消肿及杀虫之功效。

图 203 猩猩草 （引自《Fl.Taiwan》）

图 204 续随子 （引自《中国药用植物志》）

21. 青藏大戟

图 206

Euphorbia altotibetica O. Pauls. in Hedin, S. Tibet 6, 3: 56. 1922.

多年生草本，全株无毛。根粗线形，不分枝，径3-6毫米。茎上部二歧分枝，高达30厘米。叶互生，长方形或卵状长方形，长2-3厘米，浅波状或具齿，先端近平截或微凹；近无叶柄；总苞叶3-5，近卵形，长2-3厘米；伞辐3-5，长3.5-5厘米；苞叶2。花序单生，宽钟状，高约3.5毫米，边缘5裂，裂片长圆形，先端2裂或近浅波状，腺体5，横肾形，暗褐色。雄花多枚，伸出总苞；雌花1，子房伸出总苞；花柱分离，柱头不裂。蒴果卵圆形，长约5毫米，果柄长0.8-1厘米；花柱宿存。花果期5-7月。

产宁夏东北部、甘肃、青海及西藏，生于海拔2800-3900米山坡、草丛或湖边。

图 205 泽漆 （引自《图鉴》）

22. 准噶尔大戟

图 207

Euphorbia soongarica Boiss. Cent. Euphorb. 32. 1860.

多年生草本；全株无毛。茎多丛生，高达1米，中上部多分枝。叶互生，倒披针形或窄长圆形，长3-11厘米，先端渐尖或尖，基部楔形，具细齿；叶柄近无。总苞叶卵形或长圆形，长0.5-1厘米；伞辐3-5；苞叶2。花序单生分枝顶端；总苞钟状，先端5裂，裂片半圆形或卵圆形，边缘和内侧具缘毛，腺体5，半圆形，淡褐色。雄花多数，伸出总苞；雌花1，子房伸出总苞，花柱近基部合生。蒴果近球形，径4-5毫米，光滑或具不明显稀疏微疣点；花柱宿存。种子卵球形，长2.5-3毫米，黄褐色；腹面具条纹；种阜无柄。

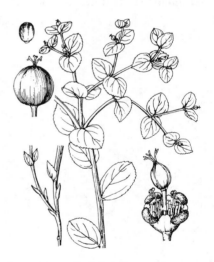

图 206 青藏大戟 （何冬泉绘）

产新疆北疆及甘肃北部，生于海拔500-2000米荒漠河谷、盐化草甸、低山山坡及田边。西西伯利亚至中亚和蒙古有分布。根入药，可消肿、散瘀，有毒，宜慎用。

23. 矮大戟

图 208

Euphorbia humilis Meyer ex Ledeb. Icon. Pl. Fl. Ross. 2: 25. 1830.

多年生小草本。根单一，圆柱状，长达20厘米，径5-8毫米。茎丛生，基部极多分枝，分枝向上不再分枝，高5-7厘米。叶互生，肉质，主脉不

明显，倒卵形，长6-8毫米，先端钝，基部渐窄，全缘，两面无毛；苞叶2。花序单生分枝顶端，梗长0.8-1厘米；

总苞杯状，径2-2.5毫米，边缘4裂，裂片钝三角形，腺体4，近扇形，向外扩展，淡黄褐色。雄花数枚，微伸出总苞；雌花1，子房柄长达4-6毫米；子房无毛，花柱分离。蒴果卵圆形，长3.5-4毫米；花柱宿存，易脱落。种子扁四棱状，长2-2.5毫米，具疣点；种阜盾状，无柄。花果期5-6月。

产新疆天山及以北地区，生于山坡、灌木草原。中亚、西亚及西伯利亚有分布。

图 207 准噶尔大戟

24. 黄苞大戟　　　　　　　　　　　图 209

Euphorbia sikkimensis Boiss. in DC. Prodr. 15(2): 113. 1862.

多年生草本；全株无毛。茎高达80厘米。叶互生，长椭圆形，长6-10厘米，先端钝圆，基部极窄，全缘，中脉明显，叶柄极短或近无。总苞叶常5，长椭圆形或卵状椭圆形，长4-7厘米，黄色；次级总苞叶常3，卵形，长1-2厘米，黄色；苞叶2，卵形，长1-1.3厘米，黄色。花序单生分枝顶端，梗长2-3毫米；总苞钟状，径约3.5毫米，边缘4裂，裂片半圆形，内侧具白色柔毛，

腺体4，半圆形，褐色。雄花多数，微伸出总苞；雌花1，伸出总苞。蒴果球状，径约5毫米，花柱早落。花期4-7月，果期6-9月。

产广西、贵州、湖北、四川、云南及西藏，生于海拔600-4500米山坡、疏林下或灌丛中。喜马拉雅地区各国有分布。根入药，具泻水、清热、解毒之功效。

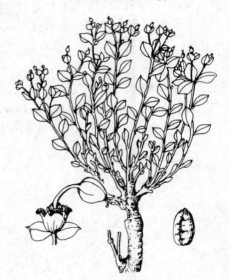

图 208 矮大戟　（何冬泉绘）

25. 圆苞大戟　　　　　　　　　　　图 210

Euphorbia griffithii Hook. f. Fl. Brit. Ind. 5: 259. 1887.

多年生草本。根茎具不规则块根。茎高达70厘米，常无毛。叶互生，卵状长圆形或椭圆形。长2-7厘米，基部楔形，全缘，中脉明显。总苞叶3-7，长椭圆形或椭圆形，常淡红或黄红色；伞辐3-7，长2-4厘米，常淡红或红紫色；苞叶2，近圆形，常黄红或红色。花序单生，无梗；总苞杯状，

边缘4裂,裂片半圆形,边缘和内侧具白色柔毛,腺体4,半圆形,褐色。雄花多数,伸出总苞;雌花1,子房柄伸出总苞边缘2-3毫米;花柱3,分离,柱头盾状,微裂。蒴果球形,径约4毫米,光滑;果柄长4-5毫米。种子卵圆形,长2.5-3毫米,种阜盾状。花果期6-9月。

产四川、云南及西藏,生于海拔2500-4900米林缘、灌丛中。喜马拉雅地区有分布。

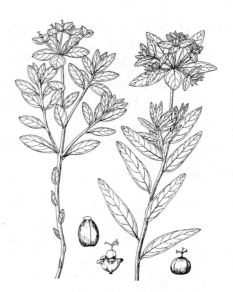

图 209 黄苞大戟 (何冬泉 刘全儒绘)

26. 高山大戟

图211 彩片72

Euphorbia stracheyi Boiss. in DC. Prodr. 15(2): 114. 1862.

多年生草本。茎常匍匐状或直立,高达60厘米。叶互生,倒卵形或长椭圆形,长0.8-2.7厘米,基部半圆或渐窄,全缘;无叶柄。总苞叶5-8,长1-5厘米;次级总苞叶与总苞叶相同;苞叶2,倒卵形。花序单生二歧分枝顶端,无柄;总苞钟状,外被褐色短毛,边缘4裂,裂片舌状,先端具不规则细齿,腺体4,肾状圆形,淡褐色,背部具短柔毛。雄花多枚,常不伸出总苞;雌花1,

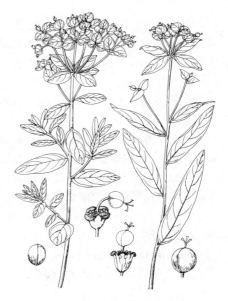

子房柄微伸出总苞;花柱近合生或浅裂,柱头不裂。蒴果卵圆形,长5-6毫米,无毛。种子长卵圆形,长约4毫米,种阜盾状。花果期5-8月。

产四川、云南、西藏、新疆、青海及甘肃南部,生于海拔1000-4900米高山草甸、灌丛中、林缘或林下。喜马拉雅地区有分布。

图 210 圆苞大戟 (何冬泉绘)

27. 睫毛大戟

图212

Euphorbia blepharophylla Meyer ex Ledeb. Icon. Pl. Fl. Ross. 4: 24. 1833-1834.

多年生草本。茎高达30(-45)厘米,无毛。叶互生,茎基部叶舌形或长圆形,长1-2厘米,全缘,无毛,茎基部以上叶卵状长圆形或宽卵形,长3-5厘米,先端钝,基部心形或叶耳形,近包茎,具睫毛;无叶柄。总苞叶3-5;伞辐3-5;苞叶2。花序单生二歧分枝顶端,近无梗,被柔毛;总苞宽钟状或深盘状,径3-4毫米,边缘5裂,裂片半圆形,两面

被白色柔毛,腺体4,半圆形,淡褐色,两面被白色柔毛。雄花多数,不伸出总苞边缘;雌花1,子房柄与总苞边缘近平行或微超出;花柱分离,柱头斜盾状。蒴果近球形,径5-6毫米,具3纵沟,光滑。种子长圆形,长约4毫米,褐色,平滑;种阜盾状,具柄。花果期4-6月。

产新疆阿尔泰,生于海拔800米

以下石质和沙质山坡。中亚及西西伯利亚有分布。

28. 天山大戟

图 213

Euphorbia thomsoniana Boiss. in DC. Prodr. 15(2): 113. 1862.

多年生草本；全株无毛。根圆柱状，径0.6-1厘米。茎高达30厘米，微带紫色。叶互生，于基部鳞片状，紫或淡红色，长约5毫米，密集；茎生叶椭圆形，长2-3厘米，先端圆，基部近圆；无柄或柄极短。总苞叶5-8，宽卵形，长约2.5厘米；伞辐5-8，长1-4厘米；苞叶2，三角状卵形，长约1.5厘米。花序单生二歧分枝顶端，无梗；总苞钟状，径4-5毫米，边缘4裂，裂片三角形，微内弯，边缘及内侧密被白色柔毛，外侧疏被白色柔毛，腺体4，肾形，基部具短柄，暗褐色，稀被疏柔毛。雄花多数，微伸出总苞；雌花1，子房柄不伸出总苞。蒴果近球形，径约7毫米，疏被短柔毛，花柱宿存。花果期6-9月。

产新疆及青海，生于海拔2000-4500米山区。印度西北部、巴基斯坦及中亚有分布。

[附] **小萝卜大戟 Euphorbia rapulum** Kar. et Kir. in Bull. Soc. Nat. Mosc. 15: 448. 1842. 本种与天山大戟的区别：根萝卜状或球形，径2-4厘米或更大；总苞宽钟形，裂片长圆形。产新疆北疆，生于海拔800-2000米荒地、洪积平原和山前平原。中亚有分布。

29. 大果大戟

图 214 彩片 73

Euphorbia wallichii Hook. f. Fl. Brit. Ind. 5: 258. 1887.

多年生草本。根人参状，肉质，径达5厘米。茎高达1米，无毛。叶互生，椭圆形、长椭圆形或卵状披针形，长5-10厘米，先端尖或钝尖，基部稍圆或近平截，全缘，无毛；几无柄。总苞叶常5，稀3-4或6-7，长4-6厘米；伞辐（3-4）5（6-7），长达5厘米；次级总苞叶常3，长2.5-3.5厘米；次级伞辐常3，长1-2厘米；苞叶2。花序单生二歧分枝顶端，无梗；总苞宽钟状，被褐色短柔毛，边缘4裂，裂片半圆形，先端不规则撕裂，内侧密被白色柔毛，腺体4，肾状圆形，淡褐或黄褐色。雄花多数，伸出总苞；雌花1，子

图 211 高山大戟 （何冬泉绘）

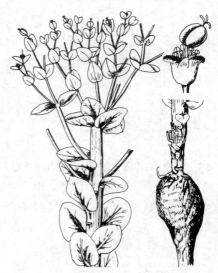

图 212 睫毛大戟 （何冬泉绘）

图 213 天山大戟 （何冬泉绘）

房柄长3-5毫米，被短柔毛；花柱分离。蒴果球形，径0.9-1.1厘米，无毛；花柱易脱落。种子棱柱状，长5-6毫米，腹面具一沟纹；种阜盾状，基部具极短的柄。花果期5-8（9）月。

产四川、云南、西藏及青海，生于海拔1800-4700米山区。喜马拉雅山区有分布。

30. 甘肃大戟　　　　　　　　　　　　　　　　图215: 1-3

Euphorbia kansuensis Prokh. in Bull. Acad. Sci. URSS ser. 6, 20: 203. 1927.

图 214 大果大戟 （冀朝祯绘）

多年生草本，全株无毛。根圆柱形，径3-7厘米。茎高达60厘米。叶互生，长圆形、线形、线状披针形或倒披针形，长6-9厘米，基部楔形；无柄。总苞叶（3-）5（-8），同茎生叶；苞叶2，卵状三角形，长2-2.5厘米，花序单生二歧分枝顶端，无梗；总苞钟状，径2.5-3毫米，内面无毛，边缘4裂，裂片三角状卵形，全缘，腺体4，半圆形，暗褐色。雄花多枚，伸出总苞；雌花1，子房伸出总苞；花柱中下部合生。蒴果三角状球形，长5-5.8毫米，具微皱纹，无毛；花柱宿存。种子三棱状卵圆形，长约4毫米；光滑，腹面具条纹；种阜具柄。花果期4-6月。

产内蒙古、河北西部、山西、陕西、宁夏、甘肃、青海、四川西北部、湖北东北部、河南及江苏，生于山坡、草丛、沟谷、灌丛中或林缘。

31. 狼毒　　　　　　　　　　　　　　　　　图215: 4-7

Euphorbia fischeriana Steud. Nomencl. Bot. ed 2, 611. 1840.

图 215: 1-3.甘肃大戟　4-7.狼毒
（何冬泉绘）

多年生草本。根圆柱状，肉质，常分枝，径4-6厘米。茎高达45厘米。叶互生，茎下部叶鳞片状，卵状长圆形，长1-2厘米，茎生叶长圆形，长4-6.5厘米，基部近平截；无叶柄。总苞叶常5；伞辐5，长4-6厘米；次级总苞叶常3，卵形，长约4厘米；苞叶2，三角状卵形，长约2厘米。花序单生二歧分枝顶端，无梗；总苞钟状，具白色柔毛，边缘4裂，裂片圆形，具白色柔毛，腺体4，半圆形，淡褐色。雄花多枚，伸出总苞；雌花1，子房柄长3-5毫米；花柱中下部合生，柱头不裂。蒴果卵圆形，径6-7毫米，被白色长柔毛；果柄长达5毫米；花柱宿存。种子扁球状，径约4毫米，灰褐色；种阜无柄。花果期5-7月。

产黑龙江、吉林、辽宁、内蒙古东部、河北、河南及山东胶东半岛，生于海拔100-600米山区、草原及阳坡稀疏松林下。蒙古及俄罗斯有分布。根入药，治结核、疮癣，有毒，宜慎用。

32. 沙生大戟　　　　　　　　　　　　图 216: 1-3

Euphorbia kozlovii Prokh. in Bull. Acad. Sci. URSS ser. 6, 20: 200. 1927.

多年生草本；全株无毛。茎高达21厘米。

叶互生，椭圆形或卵状椭圆形，长2-4厘米，先端钝尖，基部楔形或圆楔形，全缘，基脉3-5；无叶柄或近无柄。总苞叶2，卵状长三角形，长3-5厘米，基部耳状，无柄；伞幅2，长1-3厘米；苞叶2，较总苞叶小。花序单生二歧聚伞花序顶端，梗长3-5毫米；总苞宽钟状，径4-6毫米，无毛；边缘5裂，裂片三角状卵形，内侧具柔毛，腺体4，卵形或半圆形。雄花多枚；雌花1，柱头2深裂，外卷。蒴果球形或卵圆形，长4-5毫米；果柄长约5毫米，被短柔毛。花果期5-8月。

产内蒙古、山西、陕西、甘肃、宁夏及青海，生于荒漠沙地。蒙古有分布。

[附] **湖北大戟** 图216：4-7 **Euphorbia hylonoma** Hand.-Mazz. Symb. Sin. 7(2): 230. 1931. 本种与沙生大戟的区别：茎顶部多分枝，高达1米；苞叶和伞幅均3-5。花期4-7月，果期6-9月。产黑龙江、吉林、辽宁、河北、山西、河南、山东、江苏、安徽、浙江、江西、湖北、湖南、

图 216: 1-3.沙生大戟　4-7.湖北大戟
（何冬泉绘）

广东、广西、贵州、云南、四川、陕西及甘肃，生于海拔200-3000米山沟、山坡、灌丛、草地或疏林。俄罗斯远东地区有分布。根有消瘀、逐水、攻积之效；茎叶可止血、止痛；有毒，宜慎用。

33. 毛大戟　　　　　　　　　　　　图 217

Euphorbia pilosa Linn. Sp. Pl. 460. 1753, p. p.

多年生草本；全株被白色柔毛。茎顶部分枝或少枝，高达1米。

叶互生，椭圆形，长4-6厘米，先端稍圆，基部宽楔形，具较细波状齿，侧脉5-7对；近无叶柄。总苞叶4-8，较茎生叶小；伞幅4-8，长3-4厘米；苞叶2，近圆形，长1.5厘米。花序单生二歧分枝顶端，无梗；总苞近钟状，径约3毫米，边缘4裂，裂片半圆形或三角形，微具柔毛，腺体4，半圆形或长圆形，全缘，暗褐或淡褐色。雄花多枚，微伸出或与总苞边缘近等长；雌花1；花柱分离，柱头2浅裂。蒴果扁球形，径3.5-4.5毫米，幼时密被瘤，老时稀疏；花柱宿存。种子灰褐色，长2-2.5毫米，背部具不明显脊，腹面具白色条纹；种阜片状，柄极短。花果期6-8月。

图 217 毛大戟 （何冬泉绘）

产新疆北疆，生于海拔1800-3000米亚高山草甸或林缘。中亚、西伯利亚至蒙古有分布。

34. 黑水大戟

图 218

Euphorbia heishuiensis W. T. Wang in Acta Bot. Yunnan. 10(1): 42. 1988.

一年生草本。茎高达40（100）厘米，顶部二歧分枝。叶互生，线形或线状椭圆形，长2-6厘米，先端钝圆，基部渐窄，全缘；叶柄近无。花序单生二歧分枝顶端，梗长约2毫米；总苞钟状，高约2.5毫米，被短柔毛，边缘4裂，裂片卵形，具缘毛，腺体4，长圆形；花柱分离，柱头不裂。蒴果三角状球形，径约3毫米，具3纵沟，密被瘤状突起；花柱宿存。种子卵状，黄色，长约2.2毫米，光亮；种阜深黄色，锥状，无柄，易脱落。花果期5-7月。

产四川北部及甘肃南部，生于海拔约2000米山区。

[附] **阿尔泰大戟 Euphorbia altaica** Meyer ex Ledeb. Icon. Pl. Fl. Ross. 2: 26. 1830. 本种与黑水大戟的区别：多年生草本；叶长椭圆形或

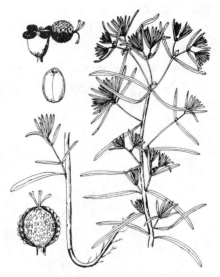

图 218 黑水大戟 （何冬泉绘）

长圆形，长1-2.5厘米；蒴果无纵沟。产新疆阿尔泰，生于海拔2500米以上山区。哈萨克斯坦、俄罗斯和蒙古交界的阿尔泰山区有分布。

35. 甘青大戟

图 219: 1-3

Euphorbia micractina Boiss. in DC. Prodr. 15(2): 127. 1862.

多年生草本。茎高达50厘米。叶互生，长椭圆形或卵状长椭圆形，长1-3厘米，宽5-7毫米，先端钝，基部楔形，无毛，全缘，侧脉羽状。总苞叶5-8，与茎生叶同形；伞幅5-8，长2-4厘米；苞叶常3，卵圆形，长约6毫米。花序单生二歧分枝顶端，近无梗；总苞杯状，高约2毫米，边缘4裂，裂片三角形或近舌状三角形，腺体4，半圆形，淡黄褐色。雄花多枚，伸出总苞；雌花2，伸出总苞；花柱基部合生，柱头微2裂。蒴果球形，径约3.5毫米，果脊疏被刺状或瘤状突起；花柱宿存。花果期6-7月。

产河南西北部、山西、陕西、甘肃、宁夏、青海、新疆东部、西藏及四川，生于海拔1500-2700米山坡、草甸、林缘及石砾地区。克什米尔、巴基斯坦和喜马拉雅有分布。

[附] **林大戟** 图219：4-7 **Euphorbia lucorum** Rupr. in Maxim. Prim. Fl. Amur. 239. 1859. 本种与甘肃大戟的区别：茎基部或上部分枝，分枝再

图 219: 1-3.甘青大戟 4-7.林大戟
（何冬泉绘）

分枝；植株高达80厘米；叶长3-5厘米，宽1-1.5厘米；苞叶2；总苞腺体窄椭圆形。产黑龙江、吉林及辽宁，生于林下、林缘、灌丛中、草甸及山坡。

朝鲜及俄罗斯远东有分布。

36. 大戟 京大戟

图 220: 1-5 彩片 74

Euphorbia pekinensis Rupr. in Maxim. Prim. Fl. Amur. 239. 1859.

多年生草本。茎高达80(-90)厘米。叶互生，椭圆形，稀披针形或披针状椭圆形，先端尖或渐尖，基部楔形、近圆或近平截，全缘，两面无毛或有时下面具柔毛。总苞叶4-7，长椭圆形；伞幅4-7，长2-5厘米；苞叶2，近圆形。花序单生二歧分枝顶端，无梗；总苞杯状，径3.5-4毫米，边缘4裂，裂片半圆形，腺体4，半圆形或肾状圆形，淡褐色。雄花多数，伸出总苞；雌花1，子房柄长3-5(6)毫米。蒴果球形，径4-4.5毫米，疏被瘤状突起。种子卵圆形，暗褐色，腹面具浅色条纹。花期5-8月，果期6-9月。

产黑龙江、吉林、辽宁、内蒙古、山西、河南、河北、山东、江苏、安徽、浙江、福建、江西、湖北、湖南、广东、广西、贵州、四川、青海、陕西、甘肃及宁夏，生于山区灌丛中、荒地和疏林内。朝鲜及日本有分布。根入药，通便、消肿散结，主治水肿；有毒，宜慎用。

[附] **大狼毒** 图220：6-9 彩片75 **Euphorbia jolkinii** Boiss. Cent. Euphorb. 32. 1860. 本种与大戟的区别：叶卵状长圆形、卵状椭圆形或椭

图 220: 1-5.大戟 6-9.大狼毒
（何冬泉绘）

圆形；花柱基部合生；果密被长瘤；种子淡黄褐色，无条纹。花果期3-7月。产台湾、四川西南部及云南，生于海拔200-3300米草地、山坡、灌丛中和疏林内。日本及朝鲜有分布。根入药，止血、消炎、祛风、消肿。

37. 南欧大戟

图 221

Euphorbia peplus Linn. Sp. Pl. 456. 1753.

一年生草本。茎高达28厘米。叶对生，倒卵形或匙形，长1.5-4厘米，宽0.7-1.8厘米，先端钝圆、平截或微凹，基部楔形，中上部具细齿，常无毛；叶柄长1-3毫米或无。总苞叶3-4；苞叶2。花序单生二歧分枝顶端，近无梗；总苞杯状，径约1毫米，边缘4裂，裂片钝圆，具睫毛，腺体4，新月形，顶端具两角，黄绿色。雄花数枚，常不伸出总苞；雌花1，伸出总苞；花柱分离。蒴果三棱状球形，长2-2.5毫米，无毛。种子卵棱状长圆形，长1.2-1.3毫米，具纵棱，棱面有规则排列的2-3小孔，灰或灰白色；种阜黄白色，盾状，无柄。花果期2-10月。

原产地中海沿岸南欧至北非，野化于亚洲、美洲和澳大利亚。在台湾、广东、香港、福建、广西及云南部分城市有野化植株，多生于路边、屋旁和草地。全草外涂可治癣。

38. 英德尔大戟

图 222

Euphorbia inderiensis Less. ex Kar. et Kir. in Bull. Soc Nat. Mosc. 15: 448. 1842.

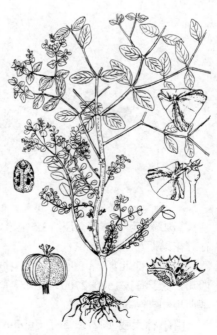

图 221 南欧大戟 （刘全儒绘）

一年生草本。茎常紫色，上部二歧分枝，高达20厘米。叶对生，线状披针形，长1-2厘米，宽1-2毫米，全缘；无叶柄。苞叶2，与茎生叶同形；花序单生二歧分枝顶端，无梗；总苞窄钟状，边缘4裂，裂片卵形，边缘撕裂，腺体4，半月形，先端具两角。雄花数枚，与总苞边缘近平行；雌花1，子房柄长约3毫米，花柱离生。蒴果卵圆形，长2-3毫米，光滑。种子长圆状，微棱柱状，灰色，长约1.5毫米，有皱纹；种阜盾状，具柄。花果期4-6月。

图 222 英德尔大戟 （何冬泉绘）

产新疆天山至准噶尔盆地，生于山前平原、低山坡荒地及水蚀沟、干旱山坡、灌丛中及草甸。中亚及伊朗有分布。

39. 蒿状大戟　　　　　　　　　　图223

Euphorbia dracunculoides Lam. Encycl. Meth. Bot. 2: 428. 1788.

多年生草本；全株无毛。根圆柱状。茎基部多分枝，高达40厘米。叶互生，线状长圆形，长1-3厘米，宽2.5-4毫米，先端圆或凸，基部圆、平截或近楔形，全缘；近无柄；苞叶2，同茎生叶。花序单生二歧分枝顶端，无梗；总苞宽钟状，径3-5毫米，边缘4裂，裂片半圆形，腺体4，新月形，淡褐色，顶端具两角。雄花多枚，不伸出总苞；雌花1，子房柄超过总苞；花柱分离。蒴果近球形，径约3.5毫米，光

图 223 蒿状大戟 （刘全儒绘）

滑；花柱宿存；果柄长约3毫米。种子卵圆形，长约2.5毫米，灰或暗灰色，具不明显棱脊，腹面具条纹；种阜无柄。花期4-7月，果期5-8月。

产云南金沙江河谷地带，生于海拔400-1850米江边、沟边、路边沙质

地。热带非洲至南欧西班牙、西亚和西南亚至尼泊尔有分布。

40. 钩腺大戟　　　　　　　　　　图224

Euphorbia sieboldiana Morr. et Decne. in Bull. Acad. Brux. 3: 174. 1836.

多年生草本。根茎具不定根，径0.4-1.5厘米。茎高达70厘米。叶互生，椭圆形、倒卵状披针形或长椭圆形，长2-5（6）厘米，宽0.4-1.5厘米，基部窄楔形，全缘；叶柄极短。总苞叶3-5，椭圆形或卵状椭圆形，长1.5-2.5厘米；伞幅3-5，长2-4厘米；苞叶2，常肾状圆形，长0.8-1.4厘米。花序

单生二歧分枝顶端，无梗；总苞杯状，高3-4毫米，边缘4裂，裂片三角形或卵状三角形，内侧具短柔毛，腺体4，新月形，两端具角，角尖钝或长刺芒状，常黄褐色。雄花多数，伸出总苞；雌花子房柄伸至总苞边缘。蒴果

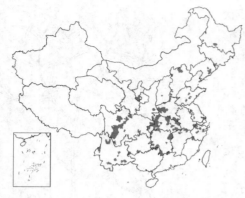

三棱状球形，长3.5-4毫米，光滑。种子近长卵圆形，灰褐色，具不明显纹饰；种阜无柄。花果期4-9月。

产黑龙江、吉林、辽宁、河北、山西、河南、山东、江苏、安徽、浙江、福建北部、江西、湖北、湖南、广东、广西、贵州、云南、四川、甘肃、宁夏及陕西，生于田间、林缘、灌丛中、林下、山坡或草地。日本、朝鲜及俄罗斯远东有分布。

41. 甘遂　　　　　　　　　　图225 彩片76

Euphorbia kansui T. N. Liou ex S. B. Ho, Fl. Tsinling. 1(3): 162. 450. 1981.

多年生草本。根圆柱状，末端念珠状膨大，径达9毫米。茎高达29厘米。叶互生，线状披针形、线形或线状椭圆形，长2-7厘米，宽4-5毫米，先端钝或具短尖头，基部渐窄，全缘。总苞叶3-6，倒卵状椭圆形，长1-2.5厘米；苞叶2，三角状卵形，长4-6毫米。花序单生二歧分枝顶端，具短梗；总苞杯状，径约3毫米，边缘4裂，裂片半圆形，边缘及内侧具白色柔毛，腺体4，新月形，两角不明显。雄花多数，伸出总苞；雌花1，子房柄长3-6毫米；花柱2/3以下合生。蒴果三棱状球形，长3.5-4.5毫米；花柱宿存，易脱落。种子球形，种阜盾状，无柄。花期4-6月，果期6-8月。

产河南、山西、陕西、甘肃及宁夏，生于荒坡、沙地、田边、低山坡或路边，根为著名中药，主治水肿；全株有毒，根毒性大，易致癌，宜慎用。

42. 乳浆大戟　　　　　　　　图226 彩片77

Euphorbia esula Linn. Sp. Pl. 461. 1753.

Euphorbia lunulata Bunge; 中国高等植物图鉴 2: 622. 1972.

多年生草本。根圆柱状。茎高达60厘米，不育枝常发自基部。叶线形或卵形，长2-7厘米，宽4-7毫米，先端尖或钝尖，基部楔形或平截；无叶柄；不育枝叶常为松针状，长2-3厘米，径约1毫米，无柄。总苞叶3-5；伞幅3-5，长2-4（5）厘米；苞叶2，肾形，长0.4-1.2厘米。花序单生于二歧分枝顶端，无梗；总苞钟状，高约3毫米，边缘5裂，裂片半圆形

图 224 钩腺大戟　（何冬泉绘）

图 225 甘遂　（引自《中国药用植物志》）

至三角形，边缘及内侧被毛，腺体4，新月形，两端具角，角长而尖或短钝，褐色。雄花多枚；雌花1，子房柄伸出总苞；子房无毛，花柱分离。蒴果三棱状球形，长5-6毫米，具3纵沟；

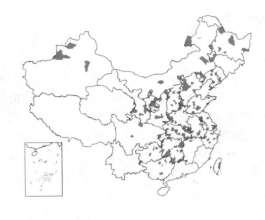

花柱宿存。种子卵圆形，长2.5-3毫米，黄褐色；种阜盾状，无柄。花果期4-10月。

产黑龙江、吉林、辽宁、内蒙古、山西、河南、河北、山东、江苏、安徽、浙江、福建、台湾、江西、广东、广西、湖南、湖北、四川、陕西、甘肃、宁夏、新疆及青海，生于草丛中、山坡、林下、沟边、荒山、沙丘。广布于欧亚大陆，野化于北美。全草入药，可拔毒止痒。

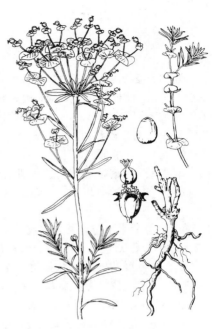

图 226 乳浆大戟 （刘全儒绘）

67. 红雀珊瑚属 **Pedilanthus** Neck. ex Poit.

（向巧萍　马金双）

灌木或亚灌木。茎带肉质，具丰富乳液。叶互生，全缘，具羽状脉；托叶腺体状或无。花单性，雌雄同株，杯状聚伞花序由1鞋状或舟状总苞所包；总苞两侧对称，顶端唇状2裂，内侧裂片比外侧的窄短；柄盾状着生，腺体2-6，生于总苞底部或无腺体；雄花多数，生于总苞内，无花被，每花具1雄蕊，花丝短而与花梗相似，由关节连接，花药球形，药室内向，纵裂；雌花单生总苞中央，斜倾，具长梗；子房3室，每室1胚珠，花柱多少合生，柱头（2）3裂。蒴果干燥，分果爿3。种子无柄，

约15种，产美洲。我国南部有1栽培种。

红雀珊瑚　　　　　　　　　　图 227　彩片 78

Pedilanthus tithymaloides (Linn.) Poit. in Ann. Mus. Par. 19: 390. t. 19. 1812.

Euphorbia tithymaloides Linn. Sp. Pl. 453. 1753.

亚灌木，高达70厘米。茎粗壮，呈"之"字状扭曲，无毛或嫩时被短柔毛。叶肉质，卵形或长卵形，长3.5-8厘米，先端短尖或渐尖，基部钝圆，两面被短柔毛，后渐脱落；中脉在下面凸起，侧脉7-9对，远离边缘网结；近无柄或具短柄；托叶为圆形腺体。聚伞花序丛生于枝顶或上部叶腋，每聚伞花序为1鞋状总苞所包，内含多数雄花和1雌花；总苞鲜红或紫红色，无毛，长约1厘米，顶端近唇状2裂，裂片小，长圆形，长约6毫米，先端具3细齿，大裂片舟状，长约1厘米，先端2深裂。花期12月至翌年6月。

原产美洲。云南、广西及广东南部常见栽培，北方温室有栽培。供观赏，亦可入药。

图 227　红雀珊瑚 （引自《潮山植物志要》）

149. 鼠李科 RHAMNACEAE

（陈艺林　靳淑英）

灌木、藤状灌木或乔木，稀草本，常具刺。单叶互生或近对生，具羽状脉，或三至五基出脉；托叶小，或刺状。花小，整齐，两性或单性，稀杂性，雌雄异株；聚伞花序、穗状圆锥花序、聚伞总状花序、聚伞圆锥花序，或有时单生或数个簇生。花4（5）基数；萼钟状或筒状，淡黄绿色，萼片镊合状排列，内面中肋中部有时具喙状突起，与花瓣互生；花瓣较萼片小，匙形或兜状，常具爪，或着生萼筒；雄蕊与花瓣对生，花药2室，纵裂；花盘杯状或盘状；子房上位、半上位或下位，3或2室，稀4室，每室有1基生的倒生胚珠，花柱不裂或3裂。核果、浆果状核果、蒴果或坚果，萼筒宿存。种子背部无沟或具沟，或基部具孔状开口，胚乳少或无胚乳；胚大而直，黄或绿色。

约58属，900种以上，广布于温带至热带地区。我国14属，133种，32变种和1变型。

1. 子房上位或半下位，果无翅或具不裂的翅；灌木或乔木，无卷须。
  2. 果顶端无纵向翅，或周围有木栓质或木质圆翅。
    3. 浆果状核果或蒴果状核果，具软的或革质外果皮，无翅，内果皮薄革质或纸质，具2-4分核。
      4. 子房上位；浆果状核果，倒卵形或近球形，不裂，基部与宿存萼筒离生。
        5. 花序轴结果时非肉质；叶具羽状脉。
          6. 花无梗（稀具短梗）；穗状或穗状圆锥花序，顶生或兼腋生 ·················· 1. 雀梅藤属 Sageretia
          6. 花具梗；聚伞花序腋生。
            7. 萼筒浅钟状，稀半球形；核果分核不裂；种子无沟；茎常具1对钩状皮刺；叶革质，常绿 ·········
              ·· 2. 对刺藤属 Scutia
            7. 萼筒深钟状；核果分核开裂，稀不裂；种子有沟，稀无沟；常有枝刺，稀无刺；叶纸质，稀近革质，落叶，稀常绿 ·············· 3. 鼠李属 Rhamnus
        5. 花序轴结果时肉质；叶具基生三出脉 ···················· 4. 枳椇属 Hovenia
      4. 子房半下位；蒴果状核果，球形，室背开裂，基部或中部以上与萼筒合生。
        8. 腋生聚伞花序；侧脉2-5对；外果皮薄；落叶 ·················· 5. 蛇藤属 Colubrina
        8. 腋生或顶生聚伞总状或聚伞圆锥花序；侧脉11-15对；外果皮厚而易脆；常绿 ·················
          ·· 6. 麦珠子属 Alphitonia
    3. 核果，无翅，或有翅；内果皮厚骨质或木质，1-3室，无分核；种皮膜质或纸质。
      9. 叶具羽状脉，无托叶刺；核果圆柱形。
        10. 叶具锯齿或近全缘；腋生聚伞花序；萼片内面中肋中部具喙状突起；花盘薄或稍厚，浅杯状。
          11. 落叶，叶纸质；聚伞花序无苞叶；花盘薄，五边形 ·············· 7. 猫乳属 Rhamnella
          11. 常绿，叶革质；腋生聚伞花序，生于具叶状苞叶的花枝；花盘圆形，稍厚 ·················
            ·· 8. 苞叶木属 Chaydaia
        10. 叶全缘；顶生聚伞总状或聚伞圆锥花序；萼片内面中肋有或无喙状突起；花盘肥厚，杯状。
          12. 小枝粗糙，具纵裂纹；叶基部不对称；萼片内面中肋中部具喙状突起；花盘五边形，果时不增大；核果1室，1种子 ·················· 9. 小勾儿茶属 Berchemiella
          12. 小枝平滑；叶基部对称；萼片内面中肋顶端增厚，中部无喙状突起，花盘10裂，齿轮状，果时成盘状或皿状，包果基部；核果2室，每室1种子 ·············· 10. 勾儿茶属 Berchemia
      9. 叶具基生三出脉，稀五出脉，常具托叶刺；核果非圆柱形。
        13. 果周围具平展杯状或草帽状翅 ·················· 11. 马甲子属 Paliurus
        13. 果无翅，肉质核果 ···································· 12. 枣属 Ziziphus
  2. 果球形，顶端具纵向长圆形翅，不裂 ·················· 13. 翼核果属 Ventilago
1. 子房下位，3室；果常具纵向连接假壁的3翅，分核不裂；花盘5裂，在子房上部与萼筒合生；攀援灌木，有卷须 ·· 14. 咀签属 Gouania

1. 雀梅藤属 Sageretia Brongn.

藤状或直立灌木,稀小乔木;无刺或具枝刺。小枝互生或近对生。叶互生或近对生,具锯齿,稀近全缘,叶脉羽状;具柄,托叶小,脱落。花两性,五基数,常无梗或近无梗,稀有梗;穗状或穗状圆锥花序,稀总状花序。萼片三角形,内面顶端常增厚,中肋凸起成小喙;花瓣匙形,顶端2裂;雄蕊背着药,与花瓣等长或略长于花瓣;花盘肉质,杯状,全缘或5裂;子房上位,基部与花盘合生,2-3室,每室1胚珠,花柱短,柱头头状,不裂或2-3裂。浆果状核果,倒卵状球形或球形,有2-3个不裂的分核,萼筒宿存。种子扁平,稍不对称,两端凹入。

约34种,主要分布亚洲南部和东部,少数种产美洲和非洲。我国16种及3变种。

1. 花无梗或近无梗;穗状或穗状圆锥花序。
  2. 花序轴无毛,稀被疏柔毛。
    3. 叶长0.5-2(2.5)厘米,宽不及1.4厘米,叶柄长1-3毫米,侧脉3-5对。
      4. 叶革质,常2列,长圆形或卵状椭圆形,先端钝,稀尖;花序生于小枝顶端 ················
      ······································ 1. **对节刺 S. pycnophylla**
      4. 叶纸质,常簇生,倒卵形或长圆形,先端圆,常微凹;花序常生于刺枝中部或下部叶腋 ·········
      ······································ 1(附). **凹叶雀梅藤 S. horrida**
    3. 叶长于2.5厘米,宽1.4厘米以上,叶柄长于4毫米。
      5. 叶上面无光泽,侧脉2-3(4)对 ··············· 2. **少脉雀梅藤 S. paucicostata**
      5. 叶上面常有光泽,侧脉5-8对。
        6. 叶下面脉腋具髯毛,基部不对称 ··············· 3. **亮叶雀梅藤 S. lucida**
        6. 叶下面脉腋无毛,基部对称 ··············· 3(附). **纤细雀梅藤 S. gracilis**
  2. 花序轴被绒毛或密被短柔毛。
    7. 叶下面被绒毛,不脱落或后多少脱落。
      8. 叶卵状长圆形或卵形,先端尖,上面有皱褶 ··············· 4. **皱叶雀梅藤 S. rugosa**
      8. 叶披针形、卵状披针形或卵状椭圆形,先端钝或渐尖,上面无皱褶 ·················
      ······································ 4(附). **疏花雀梅藤 S. laxiflora**
    7. 叶下面无毛,或仅沿脉被柔毛或脉腋具髯毛。
      9. 叶长不及4.5厘米,宽2.5厘米以下,下面无毛,沿脉被柔毛,侧脉3-4(5)对,上面不明显 ·········
      ······································ 5. **雀梅藤 S. thea**
      9. 叶长4-15厘米,宽3.5厘米以上,侧脉5-10对,在上面凹下。
        10. 小枝常具钩状下弯粗刺;叶常长圆形,稀卵状椭圆形,下面脉腋具髯毛,叶柄无毛;果当年成熟 ······
        ······································ 6. **钩刺雀梅藤 S. hamosa**
        10. 小枝具直刺或无刺;叶常卵状椭圆形,下面无毛或沿脉被柔毛,叶柄被短柔毛或疏柔毛;果翌年成熟。
          11. 叶革质,下面无毛,侧脉5-7对,先端渐尖,稀尖,基部近圆,稍不对称 ···············
          ······································ 7. **刺藤子 S. melliana**
          11. 叶纸质或薄革质,下面沿叶脉被柔毛,侧脉7-10对,网脉明显,先端尾尖或长渐尖,基部心形或近
            圆,对称 ··············· 7(附). **尾叶刺藤子 S. subcaudata**
1. 花具梗;总状或圆锥花序,花序梗长达17厘米 ··············· 8. **梗花雀梅藤 S. henryi**

1. 对节刺   图228: 1-2

Sageretia pycnophylla Schneid. in Sarg. Pl. Wilson. 2: 226. 1914.

常绿直立灌木,高达2米。具枝刺;小枝对生或近对生,红褐或黑褐色,被短柔毛。叶革质,互生或近对生,常2列,长圆形或卵状椭圆形,长0.5- 2厘米,宽0.3-1.1厘米,先端圆钝,稀尖,常有细尖头,基部近圆,具细锯齿或近全缘,下面有不明显网脉,侧

脉4-5对,两面无毛;叶柄长1-2毫米,被短柔毛。花无梗,白色,无毛;顶生穗状或穗状圆锥花序;花序轴被短柔毛,长达9厘米。萼片三角状卵形,先端尖;花瓣匙形或倒卵状披针形,短于萼片,顶端深凹;子房球形,3室,每室1胚珠,花柱粗短,柱头头状,3裂。核果近球形,径4-5毫米,黑紫色。种子淡黄色,顶端微凹。花期7-10月,果期翌年5-6月。

产山西、河南、陕西西南部、甘肃南部、云南及四川,生于海拔700-2800米山地灌丛、疏林中。

[附] **凹叶雀梅藤** 图228: 3-5 **Sageretia horrida** Pax et K. Hoffm. in Fedde, Reperte Sp. Nov. Beih. 12: 436. 1922. 本种与对节刺的主要区别:叶纸质、倒卵形或长圆形,先端圆,常微凹,侧脉3-4对;花序侧生。产四川西部、云南西北部、西藏东部及东南部,生于海拔1900-3600米山地林缘或多石山坡。

图 228: 1-2.血桐 3-5.凹叶雀梅藤
(冯晋庸绘)

2. 少脉雀梅藤　　　　　　　　图229

Sageretia paucicostata Maxim. in Acta Hort. Petrop. 11: 101. 1890.

直立灌木,稀小乔木。幼枝被黄色茸毛,后脱落,小枝刺状,对生或近对生。叶纸质,互生或近对生,椭圆形或倒卵状椭圆形,稀近圆形或卵状椭圆形,长2.5-4.5厘米,宽1.4-2.5厘米,先端钝或圆,稀尖或微凹,基部楔形或近圆,具钩状细锯齿,下面无毛,侧脉2-3对,弧状上升,叶脉被短柔毛。花无梗或近无梗,黄绿色,无毛;单生或2-3个簇生,成疏散穗状或穗状圆锥花序,花序轴无毛。萼片稍厚,三角形,先端尖;花瓣匙形,短于萼片,先端微凹;雄蕊稍长于花瓣;花药圆形;子房扁球形。核果倒卵状球形或球形,长5-8毫米,径4-6毫米,黑或黑紫色。种子扁平,两端微凹。花期5-9月,果期7-10月。

图 229 少脉雀梅藤 (引自《图鉴》)

产河北、河南、山西、陕西、甘肃、四川、云南及西藏东部,生于山坡或山谷灌丛或疏林中。

3. 亮叶雀梅藤　　　　　　　　图230

Sageretia lucida Merr. in Lingnan Sci. Journ. 7: 314. 1931.

藤状灌木。小枝无毛。叶薄革质,互生或近对生,卵状长圆形或卵状椭圆形,长6-12厘米,宽2.5-4厘米,花枝之叶长3.5-5厘米,宽1.8-2.5厘米,基部圆,常不对称,具浅圆齿,上面无毛,下面脉腋具髯毛,侧脉5-6(7)对,叶柄长0.8-1.2厘米,无毛。

花无梗或近无梗，绿色，无毛；成腋生短穗状花序，或稀下部分枝成穗状圆锥花序；花序轴无毛，长约2-3厘米，小苞片卵状三角形。萼片三角状卵形，长1.3-1.5毫米，先端尖；花瓣兜状，短于萼片。核果椭圆状卵形，长1-1.2厘米，径5-7毫米，红色。花期4-7月，果期9-12月。

产福建、广东、海南及广西，生于海拔300-800米山谷疏林中。

[附] **纤细雀梅藤 Sageretia gracilis** Drumn. et Sprague in Kew Bull. Misc. Inform. 15. 1908. 本种与亮叶雀梅藤的主要区别：叶卵形、卵状椭圆形或披针形，两面无毛，基部对称；果倒卵状球形，长6-7毫米。花期7-10月，果期翌年2-5月。产广西西部及东部、西藏东部及东南部，生于海拔1200-3400米山地、山谷灌丛或林中。

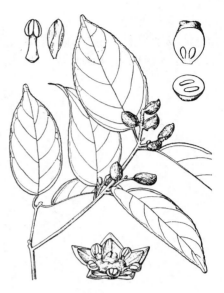

图 230 亮叶雀梅藤 （引自《图鉴》）

4. 皱叶雀梅藤 锈毛雀梅藤　　　图 231 彩片 79
Sageretia rugosa Hance in Journ. Bot. 16: 9. 1878.

藤状或灌木，高达4米。幼枝和小枝被锈色绒毛或密短柔毛，侧枝有时成钩状。叶纸质或厚纸质，卵状长圆形或卵形，稀倒卵状长圆形，长3-8(11)厘米，宽2-5厘米，先端尖或短渐尖，稀圆，基部近圆，稀近心形，具细锯齿，幼叶上面常被白色绒毛，后渐脱落，下面被锈色或灰白色绒毛，稀渐脱落，侧脉6-8对；叶柄长3-8毫米，密被柔毛。花无梗，芳香，具2个披针形小苞片，穗状或穗状圆锥花序；花序轴密被柔毛或绒毛。花萼被柔毛，萼片三角形，先端尖；花瓣匙形，先端2浅裂，内卷，短于萼片；雄蕊与花瓣等长或稍长；花柱短，柱头头状。核果球形，红或紫红色。种子2，扁平，两端凹入，稍不对称。花期7-12月，果期翌年3-4月。

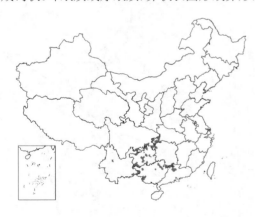

产湖北、湖南、广东、广西、云南、贵州及四川，生于海拔1600米以下山地灌丛中或林中。

[附] **疏花雀梅藤 Sageretia laxiflora** Hand.-Mazz. in Sinensia 3, 8:

图 231 皱叶雀梅藤 （引自《图鉴》）

191. 1933. 本种与皱叶雀梅藤的区别：叶革质，披针形、卵状披针形或卵状椭圆形，先端钝或渐尖，基部近心形，叶柄长0.6-1厘米；花瓣倒卵形；核果倒卵状球形。产江西西部、广西西部、贵州南部及云南，生于海拔700米以下山坡灌丛中或草地。

5. 雀梅藤　　　　　　　图 232
Sageretia thea (Osbeck) Johnst. in Journ. Arn. Arb. 49: 377. 1968.
Rhamnus thea Osbeck, Dagb. Ostind. Resa 232. 1757.

Sageretia theezans (Linn.) Brongn; 中国高等植物图鉴 2: 749.

1972.

藤状或灌木；小枝具刺，被柔毛。叶纸质，椭圆形或卵状椭圆形，稀卵形或近圆形，长1-4.5厘米，宽0.7-2.5厘米，基部圆或近心形，下面无毛或沿脉被柔毛，侧脉3-4（5）对，上面不明显；叶柄长2-7毫米，被柔毛。花无梗，黄色，芳香，疏散穗状或圆锥状穗状花序；花序轴长2-5厘米，被绒毛或密柔毛。花萼被疏柔毛，萼片三角形或三角状卵形，长约1毫米；花瓣匙形，顶端2浅裂，常内卷，短于萼片。核果近球形，黑或紫黑色。花期7-11月，果期翌年3-5月。

图 232　雀梅藤 （引自《图鉴》）

产甘肃南部、河南、江苏、安徽、浙江、福建、台湾、江西、湖北、湖南、广东、广西、云南及四川，生于海拔2100米以下丘陵、山地林下或灌丛中。印度、越南、朝鲜、日本有分布。叶可代茶，也药用，治疮疡肿毒；

根可治咳嗽，化痰；果味酸可食，植株枝刺密集，在南方常用作绿篱。

6.　钩刺雀梅藤　　　　　　　　图 233

Sageretia hamosa (Wall.) Brongn. in Ann. Sci. Nat. ser. 1, 10: 360. 1827.

Ziziphus hamosa Wall. in Roxb. Fl. Ind. 2: 369. 1824.

常绿藤状灌木。小枝具下弯钩刺，无毛或基部被柔毛。叶革质，长圆形或长椭圆形，稀卵状椭圆形，长9-15（20）厘米，宽4-6（7）厘米，先端尾尖，渐尖或短渐尖，基部圆或近圆，具细齿，上面无毛，下面脉腋具髯毛，侧脉7-10对，上面凹下，叶柄长0.8-1.5（1.7）厘米，无毛。花无梗，无毛；穗状或穗状圆锥花序长达15厘米，被褐色或灰白色绒毛或密生柔毛；苞片卵形，被疏柔毛；花柱短，柱头头状。核果近球形，近无梗，长0.7-1厘米，径5-7毫米，深红或紫黑色，有2分核，常被白粉，种子2，褐色。花期7-8月，果期8-10月。

图 233　钩刺雀梅藤 （引自《海南植物志》）

云南、贵州、四川及西藏东南部，生于海拔1600米以下山地。斯里兰卡、印度、尼泊尔、越南、菲律宾、锡兰及印度尼西亚有分布。

产安徽、浙江、福建、台湾、江西、湖北、湖南、广东、海南、广西、

7.　刺藤子　　　　　　　　　　图 234

Sageretia melliana Hand.-Mazz. in Pl. Melliana Sin. 2: 168. 1934.

常绿藤状灌木。具枝刺；小枝被黄色柔毛。叶革质，卵状椭圆形或长

圆形，稀卵形，长5-10厘米，宽2-3.5厘米，先端渐尖，稀尖，基部近圆，

稍不对称，具细齿，上面有光泽，两面无毛，侧脉5-7（8）对，近边缘弧状弯，上面凹下；叶柄长4-8毫米，上面有深沟，被短柔毛或无毛。花无梗，白色，无毛，单生或数个簇生组成顶生稀腋生穗状或圆锥状穗状花序；花序轴被黄色或黄白色贴生密柔毛或绒毛，长4-17厘米；苞片披针形或丝状。萼片三角形，先端尖；花瓣窄倒卵形，短于萼片之半；花药顶端尖。核果淡红色。花期9-11月，果期翌年4-5月。

产安徽、浙江、福建、江西、湖北、湖南、广东、广西、云南及贵州。生于海拔1500米以下山地林缘或林下。

图 234 刺藤子 （吴彰桦绘）

[附] **尾叶雀梅藤 Sageretia subcaudata** Schneid. in Sarg. Pl. Wilson. 2: 228. 1914. 本种与刺藤子的区别：叶先端尾尖或长渐尖，侧脉7-10对，网脉明显。产陕西南部、河南西部、江西、湖北、湖南、广东北部、云南、贵州、四川东部及西藏西南部，生于海拔200-2000米山地。

8. 梗花雀梅藤

图 235

Sageretia henryi Drumm. et Sprague in Kew Bull. Misc. Inform. 14. 1908.

藤状灌木，稀小乔木；无刺或具刺。小枝无毛。叶纸质，长圆形、长椭圆形或卵状椭圆形，长5-12厘米，宽2.5-5厘米，先端尾尖，稀尖或钝圆，基部圆或宽楔形，具细齿，两面无毛，侧脉5-6（7）对；叶柄长0.5-1.3厘米，无毛或被微柔毛。花单生或数朵簇生排成疏散总状或圆锥花序，花序轴无毛，长3-17厘米。花梗长1-3毫米，无毛；萼片卵状三角形；花瓣白色，匙形，顶端微凹，稍短于雄蕊。

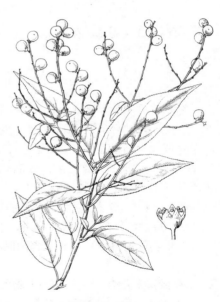

图 235 梗花雀梅藤 （引自《图鉴》）

核果椭圆形或倒卵状球形，长5-6毫米，径4-5毫米，紫红色，具2-3分核；果柄长1-4毫米。花期7-11月，果期翌年3-6月。

产浙江南部、湖北、湖南、广西、云南、贵州、四川、陕西及甘肃，生于海拔400-2500米山地灌丛或密林中。果药用，可清胃热。

2. 对刺藤属 **Scutia** Comm. ex Brongn.

藤状或灌木。叶对生或近对生，革质，具平行羽状脉。花数个簇生叶腋，或成具短总花梗的腋生聚伞花序。花两性，5基数，花梗粗；花萼5裂，萼筒半球形或倒锥形；花瓣兜状或扁平，顶端微凹，具短爪；雄蕊与花瓣等长；花盘薄，贴生萼筒内，边缘离生；子房陷于花盘内，2-4室，每室1胚珠，花柱短。浆果状核果，倒卵状球形或近球形，顶端常有残留花柱，中部以下为宿存萼筒所包，萼筒与核果分离，2-4室，具2-4分核，每核1种子。种子无沟。

　　约9种，分布亚洲南部、非洲东部和南美洲热带地区。我国1种。

对刺藤　　　　　　　　　　　　　　　　　　　　　　图 236

Scutia eberhardtii Tard. in Not. Syst. 12: 165. 1946.

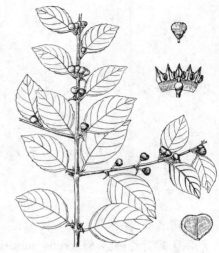

　　常绿藤状或灌木。小枝无毛，具下弯钩状皮刺。叶椭圆形，长3.5-6厘米，先端短渐尖或尖，基部宽楔形，疏生极不明显细齿，两面无毛，侧脉5-8对；叶柄长3-5毫米，无毛或有微毛。花黄绿色，无毛；花梗长1-2毫米；萼片（4）5，长三角形，长约2毫米；花瓣（4）5，兜状，长约1毫米，顶端2-3浅裂，具短爪；雄蕊（4）5；花柱粗短，柱头不裂。浆果状核果，倒卵状球形，长5毫米，径4毫

图 236 对刺藤 （王金凤绘）

　　产广西西南部、云南西南及南部，生于低海拔林下，或在空旷地散生。越南有分布。

米；果柄长3-4毫米。花期3-5月，果期7-9月。

3. 鼠李属 Rhamnus Linn.

　　灌木或乔木。无刺或小枝顶端成针刺；芽裸露或有鳞片。叶互生或近对生，稀对生，羽状脉，有锯齿，稀全缘；托叶小，早落，稀宿存。花小，两性，或单性，雌雄异株，稀杂性；单生或数个簇生，或成腋生聚伞花序、聚伞总状或聚伞圆锥花序。花黄绿色；花萼钟状或漏斗状钟状，4-5裂，萼片卵状三角形，内面有凸起中肋；花瓣4-5，短于萼片，兜状，具短爪，常2浅裂，稀无花瓣；雄蕊4-5，背着药，为花瓣抱持；花盘杯状；子房上位，着生于花盘上，不为花盘包围，2-4室，每室1胚珠，花柱2-4裂。浆果状核果，萼筒宿存，具2-4分核，分核骨质或软骨质，1种子。种子背面或背侧具纵沟，稀无沟。

　　约200种，分布于温带至热带，主产东亚和北美西南部，少数分布于欧洲和非洲。我国57种，14变种。多数种类的果实含黄色染料；种子含油脂和蛋白质，榨油供制润滑油和油墨、肥皂；少数种类树皮、根、叶可药用。

1. 顶芽裸露，无鳞片，被锈色或褐色绒毛；花两性，5基数；种子背面无沟。
　2. 叶具齿，下面被柔毛或无毛；花柱2-3裂或不裂。
　　3. 叶倒卵状椭圆形或倒卵形，下面被柔毛，或沿脉被柔毛，叶柄密被柔毛；花柱不裂 …… 1. **长叶冻绿 R. crenata**
　　3. 叶椭圆形或长圆状披针形，无毛或下面沿脉疏被硬毛，叶柄无毛，或微被毛；花柱2裂 ……………………………………………………………………………………………………… 1(附). **长柄鼠李 R. longipes**
　2. 叶近全缘或具不明显浅锯齿，下面密被绒毛；花柱3深裂 ……………………… 2. **毛叶鼠李 R. henryi**
1. 芽具鳞片；花单性，雌雄异株，稀杂性，4稀5基数；种子背面或背侧有沟。
　4. 茎具长枝，无短枝，无刺；叶互生；花5基数或4基数，有或无花瓣。
　5. 叶同形，互生；花杂性，4基数；无花瓣，子房（3）4室；常数花簇生叶腋。

6. 常绿；幼枝无毛；叶革质，下面无毛或仅脉腋具髯毛 ……………………… 3. **亮叶鼠李 R. hemsleyana**

6. 落叶；幼枝被微柔毛；叶纸质，下面沿脉有疏柔毛 ……………………… 3(附). **多脉鼠李 R. sargentiana**

5. 叶异形，交替互生；花单性，雌雄异株，稀杂性，5 基数；常具花瓣，子房 3 室；花单生或数个簇生，或成腋生聚伞总状或聚伞圆锥花序。

  7. 花少数，单生或 2-6 个簇生叶腋。

    8. 大叶长 4.5 厘米以下，侧脉 2-4 对 ……………………… 4. **异叶鼠李 R. heterophylla**

    8. 大叶长达 10 厘米，侧脉 5-6 对 ……………………… 4(附). **陷脉鼠李 R. bodinieri**

  7. 花多数，聚伞总状或聚伞圆锥花序。

    9. 叶下面或沿脉和叶柄均被毛；花有花瓣 ……………………… 5. **贵州鼠李 R. esquirolii**

    9. 叶下面和叶柄无毛，或仅脉腋被簇毛；花有或无花瓣。

      10. 大叶宽椭圆形或宽长圆形；幼枝、花序轴被短柔毛；花序长达 12 厘米；花有花瓣 ……………………… 6. **尼泊尔鼠李 R. napalensis**

      10. 大叶椭圆形或长圆状椭圆形；幼枝及花序轴无毛；花序短于 5 厘米；花无花瓣 ……………………… 6(附). **革叶鼠李 R. coriophylla**

4. 茎有长枝和短枝，枝端常具针刺；叶在长枝近对生，对生或互生，在短枝簇生；花单性，雌雄异株，4 基数，具花瓣。

  11. 叶和枝对生或近对生，稀兼有互生。

    12. 侧脉 2-4 对。

      13. 叶近革质，椭圆形或卵状椭圆形，稀匙形，托叶窄披针形 ……………………… 7. **黑桦树 R. maximovicziana**

      13. 叶厚纸质，菱状倒卵形或菱状椭圆形，托叶钻状 ……………………… 8. **小叶鼠李 R. parvifolia**

    12. 侧脉（3）4-7 对。

      14. 叶卵状心形或卵圆形，基部心形或圆，有密锐锯齿；果柄长 1.3-2.3 厘米；种子背面具长为种子 4/5 纵沟 ……………………… 9. **锐齿鼠李 R. arguta**

      14. 叶非卵状心形，基部楔形或近圆，具钝锯齿或圆齿状锯齿；果柄长不及 1.2 厘米。

        15. 叶长不及 1 厘米；种子背面或背侧具长为种子 1/2 以上纵沟（刺鼠李 R. dumetorum 具短沟）。

          16. 幼枝、当年生枝及叶两面或沿脉和叶柄均被短柔毛；花和花梗疏被柔毛；叶倒卵状圆形、卵圆形或近圆形 ……………………… 10. **圆叶鼠李 R. globosa**

          16. 幼枝、当年生枝和叶柄无毛或近无毛；花和花梗无毛；叶非倒卵状圆形或近圆形。

            17. 叶上面无毛，下面仅脉腋有簇毛。

              18. 叶倒卵形或倒卵状椭圆形，宽 2-5 厘米，先端短突尖或尖，侧脉 3-5 对，叶柄长 0.7-2 厘米 ……………………… 11. **薄叶鼠李 R. leptophylla**

              18. 叶窄椭圆形或倒披针状椭圆形，宽 1-2.2 厘米，先端尾尖或长渐尖，侧脉 5-7 对，上面凹下，叶柄长 2-6 毫米 ……………………… 11(附). **桃叶鼠李 R. iteinophylla**

            17. 叶上面或沿脉被疏柔毛，下面沿脉或脉腋窝孔被簇毛或稀无毛。

              19. 小枝淡灰或灰褐色；树皮粗糙，无光泽；种子黑或紫黑色，背面基部具短沟 ……………………… 12. **刺鼠李 R. dumetorum**

              19. 小枝红褐、紫红或黑褐色；树皮平滑，有光泽；种子红褐色或褐色，背侧具长为种子 2/3 以上纵沟。

                20. 幼枝无毛；叶椭圆形或倒卵状椭圆形，下面干后淡黄或灰色，下面脉腋有小窝孔 ……………………… 13. **甘青鼠李 R. tangutica**

                20. 幼枝被微柔毛；叶倒卵状披针形，干后下面常淡红色，脉腋无窝孔，稀有窝孔 ……………………… 13(附). **帚枝鼠李 R. virgata**

        15. 叶柄长 1-1.5 厘米以上；种子背面基部有长为种子 1/3 以下短沟。

          21. 叶下面干后淡绿色，无毛，或仅上面中脉被白色疏短毛；叶柄长 1.5-3 厘米。

22. 叶近圆形或菱状圆形；顶芽小；种子易与内果皮分离；种沟周围有肉色软骨质边缘 ·· 14(附). 金刚鼠李 R. diamantiaca
22. 叶窄椭圆形、宽椭圆形或长圆形；顶芽大；种子与内果皮贴生，不易分离；种沟周围无软骨质边缘。
  23. 枝端常具刺；叶窄椭圆形或窄长圆形 ·· 14. 乌苏里鼠李 R. ussuriensis
  23. 枝端具顶芽，稀分叉处具刺；叶宽椭圆形、卵圆形或倒卵状椭圆形 ········· 15. 鼠李 R. davurica
21. 叶下面干后常黄色或金黄色，沿脉或脉腋被金黄色柔毛；叶柄长0.5-1.5厘米 ········· 16. 冻绿 R. utilis
11. 叶和枝均互生，稀兼近对生。
  24. 叶窄长而小，宽1.2厘米以下；种子背面或背侧具长为种子2/3以上纵沟。
    25. 叶线形或线状披针形，两面无毛；种子背面具长达种子4/5纵沟 ········· 17. 柳叶鼠李 R. erythroxylon
    25. 叶椭圆形、倒卵状椭圆形或匙形，稀长圆形，两面被短柔毛，或下面沿脉被微毛，稀无毛。
      26. 小枝非帚状，灰褐或黑褐色，粗糙或具纵裂纹，无光泽；叶革质，匙形或菱状椭圆形，先端平截或锐尖，上面无毛或沿中脉有柔毛，下面脉腋具簇毛；种子背面具下部宽中部窄纵沟 ···························· 18. 小冻绿树 R. rosthornii
      26. 小枝平展，帚状，紫红或暗紫色，平滑，有光泽；叶近革质，倒披针形或倒卵状椭圆形，先端钝或微凹，无毛或近无毛；种子背侧有宽纵沟 ························· 18(附). 纤花鼠李 R. leptacantha
  24. 叶宽大，长3厘米以上，宽2厘米以上；种子背面或背侧具纵沟。
    27. 幼枝、叶、叶柄、花及花梗均无毛。
      28. 叶柄长2-4毫米；种子背面具长为种子2/5-1/2短沟，沟上部无沟缝 ········· 19. 山鼠李 R. wilsonii
      28. 叶柄长0.5-1厘米；种子背面具长为种子1/4-1/3短沟，沟上部具沟缝 ········ 20. 钩齿鼠李 R. lamprophylla
    27. 幼枝、叶两面或下面沿脉或脉腋及叶柄被毛；花和花梗均被短柔毛或无毛。
      29. 花萼和花梗疏被短柔毛；当年生枝、叶两面或沿脉被柔毛。
        30. 叶厚纸质，倒卵状椭圆形、倒卵形或卵状椭圆形，叶脉在上面凹下，干后皱褶；种子背面具与种子近等长纵沟，种沟上部无沟缝 ······················· 21. 皱叶鼠李 R. rugulosa
        30. 叶纸质或薄纸质，叶脉在上面干后无皱褶；种子背面具长为种子1/4-2/5短沟，种沟上部有沟缝。
          31. 叶宽椭圆形、倒卵状椭圆形或卵圆形，先端短渐尖或稍突尖，叶柄长0.7-2.5厘米；果柄长0.7-1.4厘米 ··············· 22. 朝鲜鼠李 R. koraiensis
          31. 叶倒披针状长圆形或椭圆形，先端长渐尖或尾尖，叶柄长3-8毫米；果柄长4-7毫米 ··············· 22(附). 大花鼠李 R. grandiflora
      29. 花萼和花梗疏被微毛或无毛；叶近无毛或疏被微毛。
        32. 种子背面具长为种子1/2纵沟，沟上部无沟缝 ········· 23. 山绿柴 R. brachypoda
        32. 种子背面基部有长不及种子1/3短沟，沟上部有沟缝；叶椭圆形或卵状椭圆形。
          33. 小枝黄褐色，有光泽；枝端有针刺；叶干后不背卷，上面被白色短柔毛，叶柄长0.6-2.5厘米，被柔毛。
            34. 侧脉5-6对；果柄长1-1.6厘米 ········· 24. 长梗鼠李 R. schneideri
            34. 侧脉3-4对；果柄长6-8毫米 ········· 24(附). 东北鼠李 R. schneideri var. manshurica
          33. 小枝灰褐色，无光泽，枝端有钝刺；叶干后常背卷，上面无毛，叶柄长3-6毫米，无毛或有微毛 ···························· 24(附). 黄鼠李 R. fulvo-tincta

1. 长叶冻绿　钝齿鼠李　　　　　　　　　　图237 彩片80

Rhamnus crenata Sieb. et Zucc. in Abh. Akad. Wiss. Wien, Math.-Phys. 4(2): 146. 1843.

落叶灌木或小乔木，高达7米。顶芽裸露。幼枝带红色，被毛，后脱落，小枝疏被柔毛。叶纸质，倒卵状椭圆形、椭圆形或倒卵形，稀倒披针状椭圆形或长圆形，长4-14厘米，先端渐尖，尾尖或骤短尖，基部楔形或钝，具圆齿状齿或细锯齿，上面无毛，下面被柔毛或沿脉稍被柔毛，侧脉7-12

对；叶柄长0.4-1（1.2）厘米，密被柔毛。花两性，5基数；聚伞花序腋生，总花梗长0.4-1（1.5）厘米，被柔毛。花梗长2-4毫米，被短柔毛；萼片三角形与萼筒等长，有疏微毛；花瓣近圆形，顶端2裂；雄蕊与花瓣等长而短于萼片；子房球形，花柱不裂。核果球形或倒卵状球形，绿色或红色，熟时黑或紫黑色，长5-6毫米，径6-7毫米，果柄长3-6毫米，无或有疏短毛，具3分核，各有1种子，种子背面无沟。花期5-8月，果期8-10月。

产陕西、河南、山东、安徽、江苏、浙江、福建、台湾、江西、湖北、湖南、广东、广西、云南、贵州及四川，生于海拔2000米以下山地林下或灌丛中。朝鲜、日本、越南、老挝、柬埔寨有分布。根有毒，用根、皮煎水或醋浸洗治顽癣或疥疮；根和果含黄色染料。

[附] **长柄鼠李 Rhamnus longipes** Merr. et Chun in Sunyatsenia 2: 272. f. 31. 1935. 本种与长叶冻绿的区别：叶椭圆形或长圆状披针形，下面沿脉疏被硬毛，叶柄无毛或微被毛；花瓣倒心形，花柱2裂；核果长6-

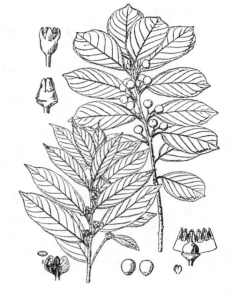

图 237 长叶冻绿 （引自《中国树木志》）

8毫米，径7-8毫米，果柄长6-8毫米，被疏柔毛。产广东、广西及云南东南部，生于海拔500-1700米山地密林中。越南有分布。

2. 毛叶鼠李　　　　　　　图238

Rhamnus henryi Schneid. in Sarg. Pl. Wilson. 2: 244. 1914.

乔木，高达10米；无刺。幼枝被柔毛，后脱落，小枝疏被柔毛；顶芽裸露，被锈色或褐色绒毛。叶纸质，长椭圆形或长圆状椭圆形，长7-19厘米，先端渐尖，基部楔形，边缘稍反卷，近全缘或具不明显疏浅齿，上面无毛或仅中脉被疏毛，下面有灰白或淡黄色密绒毛，侧脉9-13对，上面微凹；叶柄长1.2-3.5厘米，被疏柔毛。花两性，5基数；聚伞花序或聚伞总状花序腋生，近无或有长0.2-1.2厘米的总花梗，被柔毛。花梗长3-6毫米，被毛；萼片三角形，被柔毛；花瓣倒心形，2浅裂；雄蕊长于花瓣；子房无毛，花柱3深裂至基部。核果倒卵状球形，长约5毫米，径5-7毫米，顶端下凹，熟时紫黑色，具3分核；果柄长0.7-1.1厘米，疏被柔毛。种子3，倒卵形，长约5毫米，橄榄色，光滑，无沟，基部微缺。花期5-8月，果期7-10月。

图 238 毛叶鼠李 （引自《图鉴》）

产广西西部、云南、贵州、四川及西藏东部，生于海拔1200-2800米林内或灌丛中。

3. 亮叶鼠李 图 239

Rhamnus hemsleyana Schneid. in Notizbl. Bot. Gart. Mus. Berl. 5: 78. 1908.

常绿乔木，稀灌木。无刺。芽具鳞片。幼枝无毛。叶互生，长椭圆形，稀窄长圆形或倒披针状长椭圆形，长6-20厘米，宽2.5-6厘米，先端渐尖或长渐尖，稀钝圆，基部楔形或圆，具锯齿，上面无毛，下面淡绿色，脉腋具髯毛，侧脉9-15对；叶柄粗，长3-8毫米，疏被柔毛，托叶线形，长0.8-1.2厘米，早落。花杂性，2-8簇生叶腋，4基数。萼片三角形，具3脉；无花瓣；雄蕊短于萼片；两性花的子房球形，花柱4裂；雄花具退化雌蕊，子房球形，不发育，花柱短，不裂；花盘盘状，边缘离生。核果球形，熟时红色，后变黑色，长4-5毫米，径4-5毫米，具4分核。种子腹面具棱，背面具与种子等长纵沟。花期4-5月，果期6-10月。

产陕西西南部、四川、云南及贵州西部，生于海拔700-2300米山谷林缘或林中。

[附] **多脉鼠李 Rhamnus sargentiana** Schneid. in Sarg. Pl. Wilson.

图 239 亮叶鼠李 （引自《图鉴》）

2: 235. 1914. 本种与亮叶鼠李的区别：幼枝被微柔毛；落叶，叶纸质，椭圆形，侧脉10-17对，下面沿脉疏被柔毛；核果倒卵状球形。产甘肃、四川西部及东部、西藏东部、云南西北部、湖北西部，生于海拔1700-3800米山谷林中。

4. 异叶鼠李 崖枣树 图 240

Rhamnus heterophylla Oliv. in Hook. Icon. Pl. 18: t. 1759. 1888.

矮小灌木；枝无刺。芽具鳞片。小枝密被柔毛。叶纸质，异形，交替互生，小叶近圆形或卵圆形，长0.5-1.5厘米，先端圆或钝；大叶长圆形、卵状椭圆形或卵状长圆形，长1.5-4.5厘米，宽1-2.2厘米，先端尖或短渐尖，常具小尖头，具细齿或细圆齿，干后稍背卷，两面无毛或仅下面脉腋被簇毛，稀沿脉疏被柔毛，侧脉2-4对；叶柄长2-7毫米，有柔毛，托叶宿存。花单性，雌雄异株；单花或2-3朵簇生侧枝叶腋；5基数。花梗长1-2毫米，疏被微柔毛；萼片疏被柔毛，内面具3脉；雄花花瓣匙形，先端微凹，具退化雌蕊，花柱3裂；雌花花瓣小，子房3室，花柱短，3裂。核果球形，萼筒宿存，熟时黑色，具3分核；果柄长1-2毫米。种子背面具长为种子4/5上窄下宽纵沟。花期5-

图 240 异叶鼠李 （引自《图鉴》）

8月，果期9-12月。

产甘肃东南部、陕西南部、湖北西部、贵州、四川及云南，生于海拔

300-1450米山坡灌丛中或林缘。果含黄色染料；嫩叶可代茶。

[附] **陷脉鼠李 Rhamnus bodinieri** Lévl. in Fedde, Reperte Sp. Nov. 10: 473. 1912. 本种与异叶鼠李的区别：叶革质，大叶长2.5-10厘米，宽1.2-3.5厘米，具钩状疏锐齿，侧脉5-6对；果柄长0.4-1厘米。产

广西西北部、贵州西部、云南南部及东南部，生于海拔1000-2000米山地。

图 241 贵州鼠李 （引自《图鉴》）

5. 贵州鼠李　无刺鼠李　　　　　图 241

Rhamnus esquirolii Lévl. in Fedde, Reperte Sp. Nov. 10: 473. 1912.

灌木，稀小乔木。小枝无刺，被柔毛。叶纸质，交替互生，异形，小叶

长圆形或披针状椭圆形，长1.5-4厘米，宽0.5-2.5厘米；大叶长椭圆形，倒披针状椭圆形或窄长圆形，长5-19厘米，宽1.7-6厘米，先端渐尖或长渐尖，或尾尖，稀骤短尖，具细齿或不明显细齿，上面无毛，下面被灰色柔毛，或沿脉被柔毛，侧脉6-8对；叶柄长0.3-1.1（-1.5）米，被柔毛，托叶钻状。花单性异株，5基数；聚伞总状花序腋生，小苞片钻状；花序轴、花梗和花均被柔毛。萼片三角形；花瓣小，早落；花梗长1-2毫米；雄花有退化雌蕊；雌花有极小的退化雄蕊，子房3室，花柱3。核果倒卵状球形，径4-5毫米，萼筒宿存，紫红色，熟时黑色。种子2-3，倒卵状长圆形，背面有

约与种子等长上窄下宽纵沟。花期5-7月，果期8-11月。

产湖北西部、四川、贵州北部及西南部、云南东南部、广西，生于海拔400-1800米山地。

6. 尼泊尔鼠李　　　　　图 242

Rhamnus napalensis (Wall.) Laws. in Hook. f. Fl. Brit. Ind. 1: 640. 1875.

Ceanothus napalensis Wall. in Roxb. Fl. Ind. 2: 375. 1824.

直立或藤状灌木，稀乔木。枝无刺；幼枝被柔毛，后脱落。叶异形，交

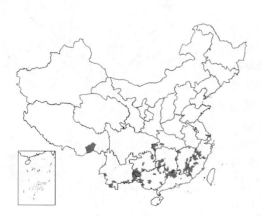

替互生，小叶近圆形或卵圆形，长2-5厘米，宽1.5-2.5厘米；大叶宽椭圆形或宽长圆形，长6-17（20）厘米，宽3-8.5（10）厘米，基部圆，具圆齿或钝齿，上面无毛，下面脉腋被簇毛，侧脉5-9对，中脉上面凹下；叶柄长1.3-2厘米，无毛。腋生聚伞总状花序或有短分枝的聚伞圆锥花序，长达12厘米，花序轴被短柔毛。花单性异株，5基数；萼片长三角形，长1.5毫米，被微毛；花瓣匙形，具爪；雌花花瓣早落。核果倒卵状球形，长约6毫米，萼筒宿存，具3分核。种子背面具与种

图 242 尼泊尔鼠李 （吴彰桦绘）

子等长上窄下宽纵沟。花期5-9月，果期8-11月。

产浙江、福建、江西、湖北、湖南、广东、海南、广西、贵州、云南及西藏，生于海拔1800米以下林内或灌丛中。印度、尼泊尔、不丹、锡金、孟加拉、缅甸、中南半岛、马来西亚有分布。干叶可染布及制纸。果及叶煎水洗疮疥，有疗效。

[附] **革叶鼠李 Rhamnus coriophylla** Hand.-Mazz. in Sinensia 3, 8: 192. 1933. 本种与尼泊尔鼠李的区别：幼枝无毛；大叶椭圆形或长圆状椭圆形，长3-10厘米，叶柄长3-7毫米；花序无毛或有疏微毛；无花瓣；核果径4-5毫米。产广西、广东东南部及云南东南部，生于海拔800米石灰岩山地灌丛或林中。

7. 黑桦树

图243

Rhamnus maximovicziana J. Vass. in Not. Syst. Inst. Bot. Acad. Sci. URSS 8: 126. f. 3a–c. 1940.

多分枝灌木。小枝对生或近对生，枝端及分叉处常具刺，被微毛或无毛。

叶近革质，在长枝上对生或近对生，在短枝上端簇生，椭圆形、卵状椭圆形或宽卵形，稀匙形，长1-3.5厘米，宽0.6-1.2厘米，先端圆钝，稀微凹，近全缘或具不明显细齿，两面无毛，侧脉2-3(4)对，叶柄长0.5-2厘米，无毛或近无毛；托叶窄披针形。花单性异株，常数朵至10余朵簇生短枝端，4基数。花梗长4-5毫米；具花瓣。核果倒卵状球形或近球形，长4毫米，径4-6毫米，萼筒宿存，红色，熟时黑色；果柄长4-6毫米，无毛。种子背面具长为种子1/2-3/5倒心形宽沟。花期5-6月，果期6-9月。

产内蒙古、河北、山西、陕西、四川西北部、甘肃东部及南部、宁夏，生于海拔900-2700米山坡灌丛中。

图 243 黑桦树 （张泰利绘）

8. 小叶鼠李

图244

Rhamnus parvifolia Bunge, Enum. Pl. China Bor. 14. 1831.

灌木。小枝对生或近对生，初被柔毛，后无毛，枝端及分叉处有刺。芽具鳞片。叶纸质，对生或近对生，稀兼互生，或在短枝上簇生，菱状倒卵形或菱状椭圆形，稀倒卵状圆形或近圆形，长1.2-4厘米，先端钝尖或近圆，稀突尖，具细圆齿，上面无毛或被疏柔毛，下面干后灰白色，无毛或脉腋窝孔内有疏微毛，侧脉2-4对，两面凸起；叶柄长0.4-1.5厘米，上面沟内有细柔毛，托叶钻状，有微毛。花单性异株，黄绿色，4基数，有花瓣，常数个簇生

图 244 小叶鼠李 （引自《图鉴》）

于短枝上；花梗长4-6毫米，无毛；雌花花柱2裂。核果倒卵状球形，径4-5毫米，熟时黑色，具2分核，萼筒宿存。种子长圆状倒卵圆形，褐色，背侧有长为种子4/5纵沟。花期4-5月，果期6-9月。

产辽宁、内蒙古、河北、河南、山西、陕西、宁夏、山东、安徽北部

及台湾，生于海拔400-2300米阳坡、草丛或灌丛中。蒙古、朝鲜、俄罗斯西伯利亚地区有分布。

9. 锐齿鼠李　　　　　　　　　　　图245

Rhamnus arguta Maxim. in Mém. Acad. Sci. St. Pétersb. ser. 7, 10: 11. 1866.

灌木或小乔木。小枝对生或近对生，稀兼互生，无毛，枝端有时具刺。顶芽具鳞片。叶薄纸质或纸质，近对生或对生，或兼互生，卵状心形或卵圆形，稀近圆形或椭圆形，长1.5-6（8）厘米，先端钝圆或突尖，基部心形或圆，具密锐锯齿，侧脉4-5对，无毛；叶柄长1-3（4）厘米，稍有疏柔毛。花单性异株，4基数，具花瓣；雄花10-20簇生短枝顶端或长枝下部叶腋，花梗长0.8-1.2厘米；雌花数个簇生叶腋，花梗长达2厘米。核果球形或倒卵状球形，径6-7毫米，萼筒宿存，具3-4分核，熟时黑色；果柄长1.3-2.3厘米，无毛。种子长圆状卵圆形，淡褐色，背面具长为种子4/5或全长纵沟。花期5-6月，果期6-9月。

产辽宁、内蒙古、河北、河南、山西、陕西、山东及安徽北部，生于

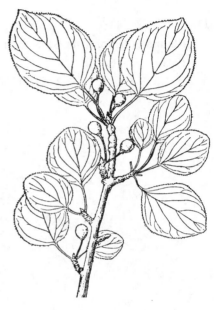

图 245　锐齿鼠李　（引自《图鉴》）

海拔2000米以下山坡灌丛中。种子榨油，可作润滑油；茎叶及种子熬成液汁可作杀虫剂。

10. 圆叶鼠李　　　　　　　　　　图246

Rhamnus globosa Bunge in Mém. Sav. Etr. Acad. Sci. St. Pétersb. 2: 88. 1833.

灌木，稀小乔木。小枝对生或近对生，顶端具刺。小枝被柔毛。叶纸质或薄纸质，对生或近对生，稀兼互生，倒卵状圆形、卵圆形或近圆形，长2-6厘米，宽1.2-4厘米，先端突尖或短渐尖，稀圆钝，具圆齿，上面初被密柔毛，后脱落，下面沿脉被柔毛，侧脉3-4对；叶柄长0.6-1厘米，密被柔毛，托叶线状披针形，宿存，有微毛。花单性异株，4基数；常数朵至20簇生短枝或长枝下部叶腋，有花瓣；花萼和花梗均有疏柔毛，花柱2-3裂，花梗长4-8毫米。核果球形或倒卵状球形，长4-6毫米，萼筒宿存，熟时黑色；果柄

图 246　圆叶鼠李　（引自《图鉴》）

长5-8毫米,有疏柔毛。种子背面或背侧有长为种子3/5纵沟。花期4-5月,果期6-10月。

产辽宁南部、内蒙古、河北、河南南部及西部、山西、陕西南部、甘肃南部、山东、江苏、安徽、浙江、江西、湖南,生于海拔1600米以下山

坡、林下或灌丛中。种子榨油供润滑油用;茎皮、果及根可作绿色染料;果实烘干,捣碎和红糖煎水服,可治肿毒。

11. 薄叶鼠李 图 247

Rhamnus leptophylla Schneid. in Notizbl. Bot. Gart. Mus. Berl. 5: 77. 1908.

灌木,稀小乔木。小枝对生或近对生,无毛,芽具鳞片,无毛。叶纸质,对生或近对生,倒卵形或倒卵状椭圆形,具圆齿或钝齿,上面无毛,下面脉腋有簇毛,侧脉3-5对,网脉不明显,上面凹下;叶柄长0.7-2厘米。花单性异株,4基数,有花瓣;花梗长4-5毫米,无毛;雄花10-20簇生短枝;雌花数朵至10余朵簇生短枝端或长枝下部叶腋,退化雌蕊极小,花柱2裂。核果球形,径4-6毫米,萼筒宿

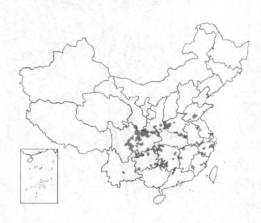

图 247 薄叶鼠李 (引自《图鉴》)

存,有2-3个分核,熟时黑色;果柄长6-7毫米。种子宽倒卵圆形,背面具长为种子2/3-3/4纵沟。花期3-5月,果期5-10月。

产河南、陕西、山东、安徽、浙江、福建、江西、湖北、湖南、广东、广西、云南、贵州及四川,生于海拔1700-2600米山坡、山谷、灌丛中或林缘。全草药用,可清热、解毒、活血,根、果及叶可消积通便、止咳。

[附] **桃叶鼠李 Rhamnus iteinophylla** Schneid. in Notizbl. Bot. Gart. Mus. Berl. 5: 76. 1908. 本种与薄叶鼠李的区别:叶窄椭圆形或倒披针状

椭圆形,宽1-2.2厘米,先端尾尖或长渐尖,侧脉5-7对,叶柄长2-6毫米;核果倒卵状球形,径3.5-4毫米,紫黑色。产湖北西部、四川东部及云南东南部,生于海拔1000-2000米山坡、沟边林内或灌丛中。

12. 刺鼠李 图 248

Rhamnus dumetorum Schneid. in Sarg. Pl. Wilson. 2: 237. 1914.

灌木,高达5米。小枝淡灰或灰褐色。叶纸质,对生或近对生,椭圆形,稀倒卵形、倒披针状椭圆形或长圆形,长2.5-9厘米,先端尖或渐尖,稀近圆,基部楔形,具不明显波状齿或细圆齿,上面疏被短柔毛,下面沿脉被疏短毛,或腋脉有簇毛,稀无毛,侧脉4-5(6)对,上面稍凹下,脉腋常有浅窝孔;叶柄长2-7毫米,有短微毛,托叶披针形,短于叶柄或与叶柄近等长。花单

图 248 刺鼠李 (王金凤绘)

性异株；有花瓣；花梗长2-4毫米；雄花数个；雌花数个至10余个簇生短枝，被微毛，花柱2。核果球形，径约5毫米，萼筒宿存，具2或12分核；果柄长3-6毫米，有疏短毛。种子黑或紫黑色，背面基部有短沟，上部有沟缝。花期4-5月，果期6-10月。

产安徽、浙江北部、江西西部、湖北西部、贵州、云南、西藏、四川、山西、陕西南部及甘肃东南部，生于海拔900-3300米山坡灌丛中或林下。

13. 甘青鼠李

图 249

Rhamnus tangutica J. Vass. in Not. Systs Inst. Bot. Acad. Sci. URSS 8: 127, f. 15 a-c. 1940.

灌木，稀乔木。幼枝无毛。叶纸质或厚纸质，椭圆形、倒卵状椭圆形或倒卵形，长2.5-6厘米，先端短渐尖或尖，稀近圆，基部楔形，具细圆齿，上面有白色疏短毛或近无毛，下面干时淡黄或灰色，侧脉4-5对，下面脉腋有小窝孔；叶柄长0.5-1厘米，有疏短毛，托叶线形，常宿存。花单性异株，4基数，有花瓣；花梗长4-6毫米，无毛或近无毛；雄花数朵至10余朵；雌花3-9

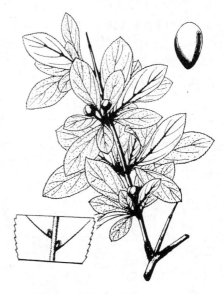

图 249 甘青鼠李 （吴彰桦绘）

簇生短枝，花柱2浅裂。核果倒卵状球形，长5-6毫米，萼筒宿存，具2分核，熟后黑色；果柄长6-8毫米，无毛。种子红褐色，背侧具长为种子4/5-3/4纵沟。花期5-6月，果期6-9月。

产河南西部、陕西中部、甘肃东南部、宁夏、青海东部及东南部、四川西部、西藏东部，生于海拔1200-3700米山谷灌丛中或林下。果可提取染料。

[附] **帚枝鼠李 Rhamnus virgata** Roxb. Fl. Ind. 2: 35. 1824. 本种与甘青鼠李的区别：幼枝被微柔毛；叶倒卵状披针形，干后下面常淡红色，

脉腋无窝孔，稀有窝孔；核果近球形，果柄长2-5毫米。产云南、贵州、四川西南部、西藏东部及东南部，生于海拔1200-3800米山坡灌丛或林中。印度、尼泊尔、锡金、不丹、缅甸北部有分布。

14. 乌苏里鼠李

图 250

Rhamnus ussuriensis J. Vass. in Not. Syst. Inst. Bot. Acad. Sci. URSS 8: 115. 1940.

灌木。枝端常有刺，腋芽和顶芽具数个鳞片。叶纸质，对生或近对生，窄椭圆形或窄长圆形，稀披针状椭圆形或椭圆形，长3-10.5厘米，宽1.5-3.5厘米，先端尖或短渐尖，基部楔形或圆，具钝或圆齿状腺齿，两面无毛或下面脉腋疏被柔毛，侧脉4-5（6）对；叶柄长1-2.5厘米。花单性异株，有花瓣；花梗长0.6-1毫米；雌花数朵至20余朵簇生长枝

图 250 乌苏里鼠李 （引自《图鉴》）

下部叶腋或短枝顶端；萼片卵状披针形，长于萼筒3-4倍，有退化雄蕊，花柱2裂。核果球形或倒卵状球形，径5-6毫米，黑色，具2分核，萼筒宿存；果柄长0.6-1厘米。种子卵圆形，背侧基部有短沟，上部有沟缝，与内果皮贴生；种沟周围无明显软骨质边缘。花期4-6月，果期6-10月。

产黑龙江、吉林、辽宁、内蒙古、河北北部及山东东部，生于海拔1600米以下河边、山地林内或山坡灌丛中。俄罗斯西伯利亚及远东地区、朝鲜、蒙古、日本有分布。种子榨油，供制润滑油用；树皮及果含鞣质，可提取栲胶和黄色染料；枝、叶作农药，可杀大豆蚜虫及治稻瘟病。木材坚硬，供车辆、辘轳、细木工雕刻等用。

15. 鼠李　　　　　　　图 251　彩片 81
Rhamnus davurica Pall. Reise Russ. Reich. 3, append. 721. 1776.

灌木或小乔木，高达10米。具顶芽，顶芽及腋芽长5-8毫米，鳞片有白色缘毛。叶纸质，对生或近对生，宽椭圆形、卵圆形，或倒卵状椭圆形，长4-13厘米，先端突尖、短渐尖或渐尖，基部楔形或近圆，具细圆齿，齿端常有红色腺体，侧脉4-5（6）对，两面凸起，网脉明显；叶柄长1.5-4厘米。花单性异株，4基数，有花瓣；雌花1-3腋生或数朵至20余朵簇生短枝；花梗长7-8毫米。核果球形，黑色，

径5-6毫米，具2分核，萼筒宿存；果柄长1-1.2厘米。种子背侧有与种子等长窄纵沟。花期5-6月，果期7-10月。

产黑龙江、吉林、辽宁、内蒙古、河北、河南、陕西、山西及山东，生

16. 冻绿　　　　　　　图 252　彩片 82
Rhamnus utilis Decne. in Compt. Rend. Acad. Sci. Paris 44: 1141. 1857.

灌木或小乔木。幼枝无毛，枝端具刺；腋芽小，鳞片有白色缘毛。叶纸质，椭圆形或倒卵状椭圆形，长4-15厘米，先端突尖或尖，具细齿或圆齿，下面干后黄色，沿脉或脉腋有金黄色柔毛，侧脉5-6对，两面凸起，网脉明显；叶柄长0.5-1.5厘米，托叶披针形，常具疏毛。花单性异株，4基数，具花瓣；花梗无毛；雄花数朵簇生叶腋，或10-

[附] **金刚鼠李 Rhamnus diamantiaca** Nakai in Bot. Mag. Tokyo 31: 98. 1917. 本种的特征：顶芽小；叶近圆形或菱状圆形，上面沿中脉有疏柔毛；种子易与内果皮分离，种沟周围有肉色软骨质边缘。产黑龙江、吉林、辽宁，生于沟边或林中。朝鲜、日本及俄罗斯远东地区有分布。

图 251　鼠李　（引自《中国树木分类学》）

于海拔1800米以下山坡林内、林缘、沟边或灌丛中。俄罗斯远东地区、蒙古、朝鲜有分布。

图 252　冻绿　（引自《图鉴》）

30余朵聚生小枝下部；雌花2-6簇生叶腋或小枝下部；花柱2裂。核果近球形，熟时黑色，具2分核，萼筒宿存；果柄长0.5-1.2厘米。种子背侧基部有短沟。花期4-6月，果期5-8月。

产河北、山西、河南、山东、江苏、安徽、浙江、福建、江西、湖北、湖南、广东、广西、贵州、四川、云南、陕西及甘肃，生于海拔1500

米以下山地、丘陵、山坡草丛、灌丛中或疏林下。朝鲜及日本有分布。种子油作润滑油；果、树皮及叶含黄色染料。

17. 柳叶鼠李

图253

Rhamnus erythroxylon Pall. Reise Russ. Reich. 3. Append. 722. 1776.

灌木，稀乔木。小枝互生，具针刺。叶纸质，互生，线形或线状披针形，长3-8厘米，宽0.3-1厘米，基部楔形，疏生细齿，两面无毛，侧脉4-6对，不明显；叶柄长0.3-1.5厘米。花单性异株，黄绿色，4基数，有花瓣；花梗长约5毫米，无毛；雄花数朵至20余朵簇生短枝，宽钟状，萼片三角形，与萼筒近等长；雌花萼片窄披针形，长约萼筒2倍，花柱长，2裂，稀3浅裂。核果球形，径5-6毫米，熟时黑色，

图 253 柳叶鼠李 （引自《图鉴》）

有2（3）分核，萼筒宿存；果柄长6-8毫米。种子背面有长为种子4/5纵沟。花期5月，果期6-7月。

产内蒙古、河北西北部、山西、陕西、甘肃及青海东部，生于海拔1000-

2100米干旱沙丘、荒坡、乱石堆或山坡灌丛中。俄罗斯西伯利亚地区、蒙古有分布。叶有香味，可代茶。

18. 小冻绿树

图254

Rhamnus rosthornii Pritz. in Engl. Bot. Jahrb. 29: 459. 1900.

灌木或小乔木。小枝互生或近对生，非帚状，顶端具钝刺，幼枝绿色，被柔毛，老枝灰褐或黑褐色，无毛，无光泽。叶革质或薄革质，互生，匙形、菱状椭圆形或倒卵状椭圆形，稀倒卵圆形，长1-2.5厘米，宽0.5-1.2厘米，先端平截或圆，稀尖，基部楔形，稀近圆，具圆齿或钝齿，上面无毛或沿中脉被柔毛，下面脉腋有簇毛，稀沿脉被疏柔毛，侧脉2-4对，上面不明显；叶柄长2-4毫米，被柔毛，托叶

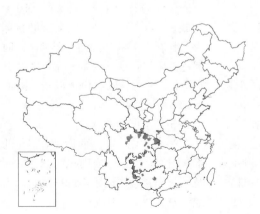

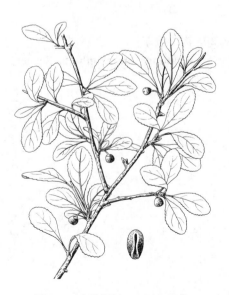

图 254 小冻绿树 （引自《图鉴》）

线状披针形，有微毛，宿存。花单性异株，4基数，有花瓣；雌花数朵簇生短枝或当年生枝下部叶腋；花梗长2-3毫米。核果球形，径3-4毫米，长4-5毫米，熟时黑色，具2分核，萼筒宿存；果柄长2-4毫米。种子倒卵圆

形，红褐色，有光泽，背面有长为种子4/5或近全长下部宽中部窄纵沟。花

期4-5月，果期6-9月。

产陕西西南部、甘肃南部、湖北西部、四川、贵州、云南、广西西北及中部，生于海拔600-2600米阳坡、灌丛或沟边林中。

[附] **纤花鼠李 Rhamnus leptacantha** Schneid. in Sarg. Pl. Wilson. 2: 236. 1914. 本种与小冻绿树的区别：小枝平展，帚状，紫红或暗紫色，平滑，有光泽；叶近革质，倒披针形或倒卵状椭圆形，先端钝或微凹，无毛或近无毛；种子长圆状卵圆形，黄褐色，背侧有长为种子4/5的宽纵沟。产湖北西部、四川东部，生于海拔750-1200米山坡灌丛或林中。

19. 山鼠李　　　　　　　　　　　图255: 1-3

Rhamnus wilsonii Schneid. in Sarg. Pl. Wilson. 2: 240. 1914.

灌木。小枝互生或兼近对生，枝端有时具刺；顶芽具鳞片。叶互生稀兼近对生，椭圆形或宽椭圆形，稀倒卵状披针形或倒卵状椭圆形，长5-15厘米，宽2-6厘米，先端渐尖或长渐尖，基部楔形，具钩状圆齿，两面无毛，侧脉5-7对，上面稍凹下，网脉较明显；叶柄长2-4毫米，无毛。花单性异株，4基数，数朵至20余朵簇生小枝基部或1至数朵腋生。花梗长0.6-1厘米；雄花有花瓣；子房3室，花

图 255: 1-3.山鼠李　4-5.钩齿鼠李
（引自《图鉴》）

柱3（2）裂。核果倒卵状球形，长约9毫米，熟时紫黑或黑色，萼筒宿存；果柄长0.6-1.5厘米，无毛。种子背面基部至中部有长为种子1/2的短沟，无沟缝。花期4-5月，果期6-10月。

产安徽南部、浙江、福建、江西、湖南、广东北部、广西、云南东南部及贵州南部，生于海拔300-1500米山坡、沟边灌丛中或林下。

20. 钩齿鼠李　　　　　　　　　　图255: 4-5

Rhamnus lamprophylla Schneid. in Notizbl. Bot. Gart. Mus. Berl. 5: 78. 1908.

灌木或小乔木；全株无毛。枝端刺状；芽具鳞片。叶互生，长椭圆形或椭圆形，稀披针状或倒披针状椭圆形，长5-12厘米，宽2-5.5厘米，先端尾尖或渐尖，基部楔形，有内弯圆齿，两面无毛，侧脉4-6对，两面凸起；叶柄长0.5-1厘米。花单性异株，4基数，花梗长5-9毫米；雄花2至数朵腋生或在短枝端和小枝下部簇生，有花瓣；雌花数朵至10余朵簇生，花柱2-3裂。核果倒卵状球形，长6-7毫米，径约5毫米，熟时黑色，基部有宿存萼筒；果柄长0.6-1厘米。种子长圆状倒卵圆形，背面下部1/4-1/3具短沟，上部有沟缝。花期4-5月，果期6-9月。

产福建南部、江西南部、湖北西部、湖南、广西、云南东南部、贵州及四川东部，生于海拔400-1600米山地灌丛、林中或阴处。

21. 皱叶鼠李　　　　　　　　　　　图256

Rhamnus rugulosa Hemsl. in Journ. Linn. Soc. Bot. 23: 129. 1886.

灌木。小枝被柔毛，老枝无毛。互生，枝端有刺，叶互生，倒卵状椭圆形、倒卵形或卵状椭圆形，稀卵形或宽椭圆形，长3-10厘米，先端尖或短

渐尖,稀近圆,有钝齿或细浅齿,上面被柔毛,干后皱褶,下面有柔毛,侧脉5-7(8)对,上面凹下;叶柄长0.5-1.6厘米,被白色柔毛。花单性异株,4基数,有花瓣 黄绿色,被疏短柔毛,花梗长约5毫米,有疏毛;雄花数朵至20朵,雌花1-10朵簇生小枝下部或短枝顶端,子房球形,(2)3室,花柱长而扁,3裂,稀2裂。核果倒卵状球形或球形,长6-8毫米,熟时紫黑或黑色,萼筒宿存;果柄长0.5-1厘米,被疏毛。种子长圆状倒卵圆形,褐色,有光泽,长

达7毫米,背面有与种子近等长的纵沟,种沟上部无沟缝。花期4-5月,果期6-9月。

产河南、山西南部、陕西南部、甘肃南部、安徽、江苏南部、浙江北部、江西、湖北、湖南、广东及四川东部,生于海拔500-2300米山坡或沟边灌丛中。

图 256 皱叶鼠李 (引自《图鉴》)

22. 朝鲜鼠李 图 257:1-3

Rhamnus koraiensis Schneid. in Notizbl. Bot. Gart. Mus. Berl. 5: 77. 1908.

灌木。枝互生,枝端具针刺。芽长3-4毫米。叶互生,宽椭圆形、倒卵状椭圆形或卵圆形,长4-8厘米,先端短渐尖或稍突尖,有圆齿,两面或沿脉被柔毛,侧脉4-6对,两面凸起,网脉不明显;叶柄长0.7-2.5厘米,被密柔毛。花单性异株,4基数,有花瓣,黄绿色,被微毛;花梗长5-6毫米,被短毛;雄花数朵至10余朵簇生短枝,或1-3朵生于长枝下部叶腋;雌花数朵至10余

图 257: 1-3.朝鲜鼠李 4-6.黄鼠李
(路桂兰绘)

L. Chen in Bull. Bot. Lab. North-East. Forest. Inst. 5: 82. 1979. 本种与朝鲜鼠李的区别:叶倒披针状长圆形或椭圆形,先端长渐尖或尾尖,叶柄长3-8毫米;花梗长3-5毫米;核果球形,果柄长4-7毫米。产贵州中西部及东南部、四川南部及东南部,生于海拔1000-1800米山地林下或灌丛中。

朵簇生于短枝顶或当年生枝下部,花柱2裂。核果倒卵状球形,长6毫米,紫黑色,萼筒宿存;果柄长0.7-1.4厘米,有疏柔毛。种子背面基部有长为种子1/4-2/5的短沟,种沟上部有沟缝。花期4-5月,果期6-9月。

产吉林、辽宁、山西及山东东部,生于低海拔林内或灌丛中。朝鲜有分布。

[附] **大花鼠李** 图258:3-4 **Rhamnus grandiflora** C. Y. Wu ex Y.

23. 山绿柴 图 258:1-2

Rhamnus brachypoda C. Y. Wu ex Y. L. Chen in Bull. Bot. Lab.

North-East. Forest. Inst. 5: 85. 1979.

多刺灌木。小枝被黑褐或褐色柔毛，枝端具刺，老枝无毛，叶互生，长圆形、卵状长圆形或倒卵形，稀椭圆形或近圆，长3-10厘米，先端渐尖或短突尖，稀钝或近圆，基部宽楔形或近圆，有内弯锯齿，上面被疏微毛，稀近无毛，下面干后淡红或黄绿色，无毛，常有疣状突起，侧脉3-5对；叶柄长4-9毫米，被疏短毛。花单性异株，4基数，黄绿色，1-3朵生于小枝下部叶腋或短枝顶端；雌花萼筒钟状，萼片披针形，长2-2.5毫米，具不明显3脉，被微毛；花柱3裂，柱头外

弯；花梗长2-3毫米，被疏微毛。核果倒卵状球形，径6-7毫米，熟时黑色，宿存萼筒浅杯状；果梗长2-4毫米，有微毛。种子长圆状倒卵圆形，长约6毫米，褐色，背面有长达种子1/2纵沟，沟上部无沟缝。花期5-6月，果期7-11月。

产浙江、福建、江西、湖南、广东、广西、云南东南部及贵州，生于海拔500-1700米山地灌丛中。

图 258：1-2.山绿柴　3-4.大花鼠李
（王金凤绘）

24. 长梗鼠李　　　　　　　　　　　图 259

Rhamnus schneideri Lévl. et Vant. in Fedde, Reperte Sp. Nov. 6: 265. 1908.

多分枝灌木。小枝无毛，枝端具刺；芽卵圆形，鳞片有缘毛。叶互生，椭圆形、倒卵形或卵状椭圆形，长2.5-8厘米，先端突尖、短渐尖或渐尖，稀尖，基部楔形或近圆，有圆齿，上面被白色柔毛，下面沿脉或脉腋被疏柔毛，侧脉5-6对，两面凸起；叶柄长0.6-1.5（-2.5）厘米，被柔毛。花单性异株，4基数，有花瓣；常数朵至10余朵簇生短枝；雌花花梗长0.9-1.3厘米，无毛；萼片披针形，长约3毫

米，常反折；花柱2裂。核果倒卵状球形或球形，长5毫米，黑色，萼筒宿存；果柄长1-1.6厘米，无毛。种子背面基部有长为种子1/5的短沟，上部有沟缝。花期5-6月，果期7-10月。

产黑龙江、吉林、辽宁、河北及山西，生于海拔800-2200米山地灌丛中。朝鲜有分布。

[附] **东北鼠李 Rhamnus schneideri** var. **manshurica** Nakai in Bot.

图 259　长梗鼠李　（张春方绘）

Mag. Tokyo 31: 274. 1917. 本种与长梗鼠李的区别：叶较小，侧脉3-5（5）对，上面被短毛，下面无毛；果柄长5-8毫米。产吉林、辽宁、河北、山西、山东东部，生于海拔400-2200米阳坡或灌丛中。朝鲜有分布。

[附] **黄鼠李** 图257: 4-6 **Rhamnus fulvo-tincta** Metcalf in Lingnan. Sci. Journ. 18: 615. 1938. 本种与长梗鼠

李的区别：小枝灰褐色，无光泽，枝端有钝刺；叶干后常背卷，上面无毛，下面脉腋或沿脉被短柔毛，叶柄长3-6毫米，无毛或有微毛。产广东北部及中部、广西、贵州北部，生于海拔约400米石灰岩山地灌丛中或林缘。

4. 枳 属（拐枣属）Hovenia Thunb.

落叶乔木，稀灌木。幼枝常被柔毛或茸毛。叶互生，基部有时偏斜，有锯齿，基生3出脉，具长柄。花白或黄绿色，两性，5基数；集成顶生或兼腋生聚伞圆锥花序。萼片三角形，中肋内面凸起；花瓣生于花盘下，两侧内卷，具爪；雄蕊为花瓣抱持，花丝披针状线形，基部与爪部离生，背着药；花盘肉质，盘状，有毛，边缘与萼筒离生；子房上位，1/2-2/3藏于花盘内，3室，每室1胚珠，花柱3裂。浆果状核果；顶端有残存花柱，基部具宿存萼筒，外果皮革质，常与纸质或膜质内果皮分离；花序轴果时扭曲，肉质。种子3，扁球形，褐或紫黑色，有光泽，背面凸起，腹面平而微凹，或中部具棱，基部内凹，常具灰白色乳头状突起。

1. 萼片和果无毛，稀果被疏柔毛。
  2. 聚伞圆锥花序不对称，生于枝和侧枝顶端，稀兼腋生；花柱浅裂；果熟时黑色，径6.5-7.5毫米；叶具不整齐锯齿或粗锯齿 ·· 1. 北枳椇 H. dulcis
  2. 二歧式聚伞圆锥花序对称，顶生和腋生；花柱半裂或深裂；果熟时黄色，径5-6.5毫米；叶具浅钝细锯齿 ··· ··· 2. 枳椇 H. acerba
1. 萼片和果被锈色密绒毛 ··· 3. 毛果枳椇 H. trichocarpa

1. 北枳椇 图260

Hovenia dulcis Thunb. Fl. Jap. 101. 1784.

乔木，高达10余米。小枝无毛。叶卵圆形、宽长圆形或椭圆状卵形，长7-17厘米，先端短渐尖或渐尖，基部平截，稀心形或近圆，有不整齐锯齿或粗齿，稀具浅齿，无毛或下面沿脉被疏柔毛；叶柄长2-4.5厘米，无毛。花黄绿色，径6-8毫米，排成不对称的顶生，稀兼腋生的聚伞圆锥花序；花序轴和花梗均无毛。萼片卵状三角形，无毛，长2.2-2.5毫米；花瓣倒卵状匙形，长2.4-2.6毫米，爪长0.7-1毫米；花盘边缘被柔毛或上面被疏柔毛；花柱3浅裂，长2-2.2毫米，无毛。浆果状核果近球形，径6.5-7.5毫米，无毛，熟时黑色；花序轴果时稍膨大。种子深褐或黑紫色，径5-5.5毫米。花期5-7月，果期8-10月。

产甘肃、陕西、山西、河南、河北、山东、江苏、安徽、浙江北部、江西、湖北西部、贵州及四川，生于海拔200-1400米山地林中或庭园栽培。日

图 260 北枳椇 （王金凤绘）

本、朝鲜有分布。果序轴富含糖分，可生食、酿酒、制醋和熬糖。木材细致坚硬，供建筑和制用具。

2. 枳椇 拐枣 鸡爪子 枸 图261: 1-5 彩片83

Hovenia acerba Lindl. in Bot. Reg. 6: t. 501. 1820.

Hovenia dulcis auct. non Thunb.: 中国高等植物图鉴 2: 751. 1972.

大乔木，高达25米。叶互生，宽卵形、椭圆状卵形或心形，长8-17厘

米，先端长渐尖或短渐尖，基部平截或心形，稀近圆或宽楔形，具整齐浅钝细齿，上部叶有不明显齿，稀近全缘；叶柄长2-5厘米，无毛。二歧式聚伞圆锥花序顶生和腋生，被褐色柔毛。花两性，径5-6.5毫米；萼片具网脉或纵纹，无毛，长1.9-2.2毫米；花瓣椭圆状匙形，长2-2.2毫米，具短爪；花盘被柔毛；花柱半裂，稀浅裂或深裂，长1.7-2.1毫米，无毛。浆果状核果近球形，径5-6.5毫米，无毛，熟时黄褐或棕褐色；果序轴膨大。种子径3.2-4.5毫米。花期5-7月，果期8-10月。

产江苏、安徽、浙江、福建、江西、湖北、湖南、广东、广西、云南、贵州、四川、甘肃、陕西及河南，生于海拔2100米以下旷地、山坡林缘或疏林中；庭院宅旁常有栽培。印度、尼泊尔、锡金、不丹及缅甸北部有分布。木材为建筑和制细木工用具良材。果序轴肥厚，富

图 261: 1-5.枳椇 6.毛果枳椇
（引自《中国森林植物志》）

含糖分，可生食、酿酒、熬糖，可浸制"拐枣酒"，治风湿。种子为利尿药，能解酒。

3. 毛果枳椇 图 261: 6

Hovenia trichocarpa Chun et Tsiang in Sunyatsenia 4: 16. t. 6. 1939.

落叶乔木，高达18米。叶纸质，长圆状卵形、宽椭圆状卵形或长圆形，稀近圆形，长12-18厘米，先端渐尖或长渐尖，基部平截、近圆或心形，具圆齿或钝齿，稀近全缘；叶柄长2-4厘米。二歧式聚伞花序顶生或兼腋生，被锈色或黄褐色密茸毛。花黄绿色，径7.5-8.5毫米；花萼被锈色密柔毛，萼片具网脉，长2.8-3毫米，宽2.1-2.6毫米；花瓣卵圆状匙形，长2.8-3毫米，爪长0.8-1.1毫米；花柱自基部3深裂，长1-1.8毫米，下部被疏长柔毛。浆果状核果球形或倒卵状球形，径8-8.2毫米，被锈色或褐色密绒毛和长柔毛；果序轴膨大，被锈色或褐色绒毛。种子黑、黑紫或褐色，近圆形，径4-5.5毫米。花期5-6月，果期8-10月。

产浙江、江西、湖北西部、湖南、广东北部及贵州，生于海拔600-1300米山地林中。

5. 蛇藤属 Colubrina Rich. ex Brongn.

乔木、灌木或藤状灌木；无刺。叶互生；托叶小，早落。腋生聚伞花序。花两性；花萼5裂，萼筒半球形；花瓣5，具爪，生于花盘边缘；雄蕊5，背着药；花盘肉质，圆形，与萼筒合生；子房藏于花盘内，3室，每室1胚珠，花柱3裂，柱头反折。蒴果状核果，萼筒包果基部至中部，3室，每室1种子，室背开裂。

约23种，分布亚洲南部、大洋洲、太平洋岛屿、非洲、美国南部及拉丁美洲热带和亚热带沿海地区。我国2种。

蛇藤 图 262

Colubrina asiatica (Linn.) Brongn. in Ann. Sci. Nat. ser. 1, 10: 369. 1826.

Ceanothus asiatica Linn. Sp. Pl. 196. 1753.

藤状灌木。幼枝无毛。叶近膜质或薄纸质，卵形或宽卵形，长4-8厘米，先端渐尖，微凹，基部圆或近心形，具粗圆齿，侧脉2-3对，两面凸起；叶柄长1-1.6厘米，被疏柔毛。花黄色，5基数；聚伞花序腋生，无毛或被疏柔毛，花序梗长约3毫米。花梗长2-3毫米；花萼5裂，萼片卵状三角形，内面中肋中部以上凸起；花瓣倒卵圆形，与雄蕊等长；子房藏于花盘内，花柱3浅裂。蒴果状核果，球形，径7-9毫米，基部为愈合的萼筒所包，室背开裂，内有3个分核，每核1种子；果柄长4-6毫米。花期6-9月，果期9-12月。

产广东南部、海南、广西及台湾，生于沿海沙地林内或灌丛中。印度、斯里兰卡、缅甸、马来西亚、印度尼西亚、菲律宾、澳大利亚、非洲和太平洋群岛有分布。

图 262 蛇藤 （引自《图鉴》）

6. 麦珠子属 **Alphitonia** Reiss. ex Endl.

乔木或灌木。叶互生，全缘，羽状脉；托叶小，早落。聚伞总状或聚伞圆锥花序。花两性或杂性；花萼5裂；花瓣5，匙形，两侧内卷，具爪；雄蕊5，为花瓣抱持；花盘厚，圆形，有5凹缺，或五边形；子房藏于花盘内，2-3室，每室1胚珠，花柱短，2-3裂。蒴果状核果，中部以下为合生的萼筒所包，外果皮初肉质，熟时不规则开裂，有2-3个木质或硬骨质分核，每核1种子，分核沿腹缝开裂。种子有膜质假种皮，顶端开口。

约15种，分布于菲律宾、印度尼西亚、马来西亚、澳大利亚、波利尼西亚群岛及太平洋南部一些岛屿。我国1种。

麦珠子

图 263 彩片 84

Alphitonia philippinensis Braid in Kew Bull. 1925: 183. 1925.

常绿乔木，高达18米。幼枝被锈色绒毛，小枝被柔毛。叶厚纸质，卵状长椭圆形或卵状长圆形，长7-13厘米，先端短渐尖或渐尖，稀尖，具小尖头，基部圆或平截，全缘或波状，侧脉11-15对；叶柄长0.9-1.5厘米，密被柔毛。聚伞总状或聚伞圆锥花序腋生，被锈色密绒毛，长2-5厘米，花序梗长3-5毫米。花两性，5基数；花梗长1-2毫米；花萼5裂，萼片三角形；花瓣匙形，具爪。蒴果状核果，球形，径1-1.2（1.4）厘米，熟时黑色，中部以下为萼筒所包，外果皮不规则开裂，内有2-3个木质化的分核，沿腹缝开裂，每

图 263 麦珠子 （引自《图鉴》）

核具1种子；果柄长3-4毫米。种子红色，有光泽，具膜质假种皮，顶端

开口。花期10-12月，果期翌年3-5月。

产海南，生于中海拔丘陵或山地疏林中，或成大片纯林。菲律宾、马来西亚及印度尼西亚有分布。为优良速生树种；木材细致，是制作家具的良材。

7. 猫乳属 Rhamnella Miq.

落叶灌木或小乔木。叶互生，具短柄，具细齿，羽状脉；托叶常宿存与茎离生。腋生聚伞花序，花序梗短，或数花簇生叶腋。花小，黄绿色，两性，5基数，具梗；萼片三角形，无网状脉，中肋内面凸起，中下部有喙状突起；花瓣两侧内卷；雄蕊背着药，花丝基部与爪部离生，披针状线形；子房上位，基部着生于花盘，1室或不完全2室，有2胚珠，花柱顶端2浅裂；花盘杯状，五边形。核果顶端有残留花柱，基部为宿存萼筒所包，1-2室，具1或2种子。

7种，分布于中国、朝鲜和日本。我国均产。

1. 幼枝、叶下面和叶柄被柔毛。
　　2. 叶倒卵状长圆形或倒卵状椭圆形、稀倒卵形，先端尾尖或骤短尖，下面或沿脉被柔毛，侧脉8-13对 ………………………………………………………………………………………………… 1. 猫乳 R. franguloides
　　2. 叶近椭圆形或卵状长圆形，先端短渐尖或渐尖，下面被绒毛或柔毛，侧脉5-8对 ……………………………………………………………………………………………… 1(附). 毛背猫乳 R. julianae
1. 幼枝、叶下面和叶柄无毛或近无毛。
　　3. 侧脉4-5对，近全缘或具不明显细锯齿。
　　　　4. 叶卵形或卵状椭圆形，先端短渐尖，稀尖，中部以下全缘，中部以上有不明显细锯齿，侧脉常3-4对 ……………………………………………………………………………… 2. 卵叶猫乳 R. wilsonii
　　　　4. 叶椭圆形或披针状椭圆形，先端尖，有不明显细锯齿，侧脉4-5对 ………… 2(附). 西藏猫乳 R. gilgitica
　　3. 侧脉5-8对，具细锯齿。
　　　　5. 叶长椭圆形，下面沿脉被疏柔毛，具细锯齿，侧脉6-8对 ……………………… 3. 多脉猫乳 R. martinii
　　　　5. 叶长圆形，两面无毛，下部1/3全缘，侧脉5-7对 ……………………………… 3(附). 川滇猫乳 R. forrestii

1. 猫乳

图 264

Rhamnella franguloides (Maxim.) Weberb. in Engl. Pflanzenf. 3, 5: 406. 1895.

Microrhamnus franguloides Maxim. in Mém. Acad. Sci. St. Pétersb. 7, 10: 4. t. 1. f. 13-15 1866.

落叶灌木或小乔木。幼枝被柔毛。叶倒卵状长圆形、倒卵状椭圆形、长圆形、长椭圆形，稀倒卵形，长4-12厘米，宽2-5厘米，先端尾尖或骤短尖，基部圆，稀楔形，具细齿，下面被柔毛，侧脉8-11(-13)对；叶柄长2-6毫米，密被柔毛，托叶披针形。花两性，6-18组成腋生聚伞花序，花序梗长1-4毫米，被疏柔毛或无毛。萼片三角状卵形，边缘

图 264 猫乳 （引自《图鉴》）

被疏短毛；花瓣宽倒卵形，先端微凹；花梗长1.5-4毫米。核果圆柱形，

长7-9毫米，熟时红或桔红色，干后黑或紫黑色；果柄长3-5毫米。花期5-7月，果期7-10月。

产陕西南部、山西南部、河南、河北、山东、江苏、安徽、浙江、江西、湖北西部及湖南，生于海拔1100米以下山坡或林中。日本、朝鲜有分布。根药用，治疥疮；茎皮含绿色染料。

[附] **毛背猫乳 Rhamnella julianae** Schneid. in Sarg. Pl. Wilson. 2: 223. 1914. 本种与猫乳的区别：叶近椭圆形或卵状长圆形，先端短渐尖或渐尖，下面被绒毛或柔毛，侧脉6-8对；花2-4朵组成腋生聚伞花序；萼片宽卵形。产湖北西北部、四川及云南，生于海拔1000-1600米山坡林下。

2. 卵叶猫乳　小叶猫乳　　　　　图 265

Rhamnella wilsonii Schneid. in Sarg. Pl. Wilson. 2: 22. 1914.

灌木，稀小乔木。幼枝无毛。叶卵形或卵状椭圆形，长1.5-6厘米，先端短渐尖，稀尖，基部圆或宽楔形，近全缘，或中部以上有不明显细齿，两面无毛，下面干后灰白色，侧脉3-5对，常4对；叶柄长3-7毫米，无毛或疏被柔毛，托叶钻形。花两性，2-6簇生或组成腋生聚伞花序，无毛，花序梗长1-2毫米，或近无总梗。花梗长1.3-3.5毫米。核果圆柱形，长6-8毫米，熟时紫黑或黑色；果柄长3-4毫米，无毛。花期5-7月，果期7-10月。

产四川西部、西藏东部，生于海拔2000-3000米山坡、河谷灌丛中或林缘。

[附] **西藏猫乳 Rhamnella gilgitica** Mansf. et Melch. in Notizbl. Bot. Gart. Mus. Berl. 15: 112. 1940. 本种与卵叶猫乳的区别：叶椭圆形或披针状椭圆形，先端尖，具不明显细锯齿，侧脉4-5（6）对；核果熟时桔

图 265 卵叶猫乳 （引自《图鉴》）

红色。产云南西北部、四川西部、西藏东部及东南部，生于海拔2600-2900米亚高山灌丛或林中。克什米尔地区有分布。

3. 多脉猫乳　　　　　图 266

Rhamnella martinii (Lévl.) Schneid. in Sarg. Pl. Wilson. 2: 225. 1914.

Rhamnus martinii Lévl. in Fedde, Repert. Sp. Nov. 10: 473. 1912.

灌木或小乔木。幼枝无毛，叶长椭圆形、披针状椭圆形或长圆状椭圆形，长4-11厘米，先端尖或渐尖，基部近圆，具细齿，无毛，稀下面沿脉被疏柔毛，侧脉6-8对；叶柄长2-4毫米，无毛或被疏柔毛，托叶钻形，基部宿存。聚伞花序腋生，花序梗长不及2毫米。花小，黄绿色；萼片卵状三角形，先

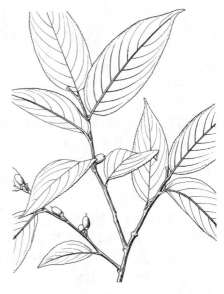

图 266 多脉猫乳 （引自《图鉴》）

端尖；花瓣倒卵形，先端微凹；花梗长2-3毫米。核果近圆柱形，长8毫米，径3-3.5毫米，熟时或干后黑紫色；果柄长3-4毫米。花期4-6月，果期7-9月。

产广东北部、贵州、云南、西藏东南部、四川、陕西南部及湖北西部，生于海拔800-2800米山地。

[附] 川滇猫乳 **Rhamnella forrestii** W. W. Smith in Notes Roy. Bot. Gard. Edinb. 10: 62. 1917. 本种的特征：叶长圆形或披针状长圆形，中部以下具细齿，下部近全缘，无毛；熟时桔红，干后黑色。产云南西北部、四川西部及西南部、西藏东部及东南部，生于海拔2000-3000米灌丛或林中。

8. 苞叶木属 Chaydaia Pitard

常绿灌木、小乔木，或藤状灌木。叶互生，革质，具羽状脉。聚伞花序腋生或生于具叶状苞叶的花枝，苞叶较小，形状与营养枝之叶相同；花枝腋生。花两性，5基数；萼片卵状三角形，内面中肋凸起，中部以下具喙状突起；花瓣倒卵圆形，有短爪；花盘浅杯状，不包子房；子房球形，基部着生于花盘上，2室，每室1胚珠，花柱2浅裂。核果近圆柱形或卵状圆柱形，1室，1种子，或2室，具发育的和发育不全的种子各1粒；萼筒宿存。

2种，分布于越南和中国。我国1种。

苞叶木   图 267

Chaydaia rubrinervis (Lévl.) C. Y. Wu ex Y. L. Chen in Bull. Bot. Lab. North-East. Forest. Inst. 5: 21. 1979.

Embelia rubrinervis Lévl. in Fedde, Repert. Sp. Nov. 10: 374. 1912.

Chaydaia crenulata Hand.-Mazz.; 中国高等植物图鉴 2: 766. 1972.

图 267 苞叶木 （引自《图鉴》）

常绿灌木或小乔木，稀藤状灌木。叶长圆形或卵状长圆形，长6-13（17）厘米，先端渐尖或长渐尖，基部圆，有极不明显疏锯齿或近全缘，两面无毛，或下面沿脉具疏微柔毛，侧脉5-7对；叶柄长0.4-1厘米，被短柔毛或近无毛，托叶披针形，宿存。花数朵至10余朵组成聚伞花序；花梗长2-4毫米，疏被细毛；雄蕊为花瓣抱

持，与花瓣等长。核果卵状圆柱形，熟时紫红或桔红色，长0.8-1厘米，径5-6毫米；果柄长4-5毫米。花期7-9月，果期8-11月。

产广东、海南、广西、云南及贵州，生于海拔1500米以下山地林内或灌丛中。越南有分布。

9. 小勾儿茶属 Berchemiella Nakai

乔木或灌木；全株近无毛。小枝粗糙，具纵裂纹。叶互生，全缘，基部常不对称，侧脉羽状平行。聚伞总状花序顶生。花两性，5基数；花具梗，花芽球形，苞片小，脱落；花萼5裂，萼片三角形，镊合状排列，内面中肋中部具喙状突起，萼筒盘状；花瓣倒卵形，两侧内卷，抱持雄蕊，约与萼片等长，具短爪；雄蕊背着药；子房上位，中部以下藏于五边形杯状花盘内，2室，每室近基部有1胚珠，花柱粗短，花后脱落，柱头微凹或2浅裂；花盘厚，五边形，果时不增大。核果，1室1种子，萼筒宿存。

3种，分布于中国和日本。我国2种。

小勾儿茶　　　　　　　　　　　　图 268 彩片 85

Berchemiella wilsonii (Schneid.) Nakai in Bot. Mag. Tokyo 37: 31. 1923.

图 268　小勾儿茶　（引自《图鉴》）

Chaydaia wilsonii Schneid. in Sarg. Pl. Wilson. 2: 221. 1914.

落叶灌木，高达6米。叶纸质，椭圆形，长7-10厘米，先端钝，有短突尖，基部圆，不对称，侧脉8-10对；叶柄长4-5毫米，托叶三角形，背部合生包芽。花序长3.5厘米。花淡绿色；萼片三角状卵形；花瓣宽倒卵形，先端微凹，具短爪；柱头2浅裂。花期7月。

产湖北西部及安徽南部，生于海拔1300米山地林中。

10. 勾儿茶属 **Berchemia** Neck.

藤状或直立灌木，稀小乔木。幼枝常无毛，无托叶刺。叶互生，全缘，基部对称，具羽状平行脉；托叶基部合生，宿存，稀脱落。花序顶生或兼腋生，聚伞总状或聚伞圆锥花序，稀1-3花腋生。花两性，具梗，无毛；5基数；萼筒短，萼片内面中肋顶端增厚，无喙状突起；花瓣匙形或兜状，两侧内卷，短于萼片或与萼片等长，具短爪；雄蕊背着药，与花瓣等长或稍短；花盘厚，齿轮状，具10不等裂；子房中部以下藏于花盘内，2室，每室1胚珠，花柱短粗，柱头头状，微凹或2浅裂。核果近圆柱形，稀倒卵形，花柱残存，萼筒宿存，花盘常增大。

约31种，主产亚洲东部及东南部，北美洲和新喀里多尼亚各产1种。我国19种，6变种。

1. 花单生或 2-3 簇生叶腋；叶长 0.4-1 厘米，宽 3-6 毫米，侧脉 4-5 对 ·········· 1. **腋花勾儿茶 B. edgeworthii**
1. 花多数，聚伞总状或聚伞圆锥花序；叶大或较大，侧脉 6-18 对 (铁包金除外)。
  2. 花序常无分枝，聚伞总状花序。
    3. 花序轴、小枝和叶柄被短柔毛。
      4. 叶长 0.5-2 厘米，宽 0.4-1.2 厘米，侧脉 4-5 (6) 对，叶柄长不及 2 毫米；花常数朵或 10 余朵成顶生聚伞总状花序；萼片线形或窄披针状线形 ····················· 2. **铁包金 B. lineata**
      4. 叶长达 5.5 厘米，宽达 3 厘米，侧脉 7-9 对，叶柄长 3-6 毫米；花在枝端及上部叶腋成聚伞总状花序；萼片卵状三角形。
        5. 叶两面无毛 ······················· 3. **多叶勾儿茶 B. polyphylla**
        5. 叶下面或沿脉被短柔毛 ·············· 3(附). **毛叶勾儿茶 B. polyphylla** var. **trichophylla**
    3. 花序轴和小枝均无毛；叶柄无毛或被短柔毛。
      6. 叶柄上面被短柔毛 ················· 3(附). **光枝勾儿茶 B. polyphylla** var. **leioclada**
      6. 叶柄无毛。
        7. 疏散聚伞总状花序；叶先端钝圆，稀尖，干后下面灰绿色；宿存花盘盘状 ·············· 4. **牯岭勾儿茶 B. kulingensis**
        7. 密集聚伞总状花序，稀下部具短分枝的窄聚伞圆锥花序；叶先端尖，干后下面黄色；宿存花盘皿状 ···

·· 5. 云南勾儿茶 **B. yunnanensis**

2. 花序分枝，聚伞圆锥花序。

  8. 花序轴常密被短柔毛，稀无毛。

   9. 叶薄纸质或纸质，侧脉 10-14 对，上面凸起，叶柄长 1.4-2.5 厘米 ··············· 6. 大叶勾儿茶 **B. huana**

   9. 叶纸质或近革质，侧脉 12-17 对，上面凹下，叶柄长 1.5-4 厘米 ············· 6(附). 毛背勾儿茶 **B. hispida**

  8. 花序轴无毛，稀被疏微毛。

   10. 叶下面脉腋被毛，干后下面灰白色，侧脉 7-13 对。

    11. 具短分枝的窄聚伞圆锥花序；叶先端钝或圆；核果长 5-9 毫米。

     12. 茎具长枝和短枝；叶纸质或厚纸质，下面脉腋被短柔毛 ·············· 7. 勾儿茶 **B. sinica**

     12. 茎无短枝；叶薄纸质，下面脉腋有灰白细柔毛 ············· 7(附). 腋毛勾儿茶 **B. barbigera**

    11. 具长分枝的宽聚伞圆锥花序；叶近革质，先端短渐尖；核果长 1-1.3 厘米 ·············

·· 8. 峨眉勾儿茶 **B. omeiensis**

   10. 叶下面无毛或仅沿脉基部被疏短柔毛，干后非灰白色，侧脉 12-18 对。

    13. 叶具侧脉 12-18 对；具短分枝的窄聚伞圆锥花序 ·············· 9. 黄背勾儿茶 **B. flavescens**

    13. 叶具侧脉 9-12 对；具长分枝的宽聚伞圆锥花序 ·············· 10. 多花勾儿茶 **B. floribunda**

1. 腋花勾儿茶   图 269

Berchemia edgeworthii Laws. in Hook. f. Fl. Brit. Ind. 1: 638. 1875.

多分枝灌木，高达 2 米。小枝无毛。叶纸质，卵形、长圆形或近圆形，长 0.4-1 厘米，宽 3-6 毫米，先端圆钝，有细尖头，基部圆，上面绿色，下面淡绿色，无毛，侧脉 4-5 对；叶柄长 1-2 毫米，无毛，托叶窄披针形，与叶柄等长或稍长，宿存。花小，白色，单生或 2-3 簇生叶腋，无毛，径 2.5-3 毫米；花梗长 2-4 毫米；花芽卵圆形，顶端钝或尖；萼片卵状三角形；花瓣长圆状匙形，先端圆钝，与雄蕊等

图 269 腋花勾儿茶 （引自《中国植物志》）

长。核果圆柱形，长 7-9 毫米，径 3-4 毫米，熟时桔红或紫红色，具甜味，基部有不显露的花盘和萼筒；果柄长 2-4 毫米，无毛。花期 7-10 月，果期翌年 4-7 月。

产云南西北部、四川西部及西南部、西藏南部及东南部，生于海拔 2100-4500 米灌丛中或峭壁上。尼泊尔及不丹有分布。

2. 铁包金   图 270 彩片 86

Berchemia lineata (Linn.) DC. Prodr. 2: 23. 1825.

Rhamnus lineata Linn. Cent. Pl. 2: 11. 1756.

藤状或矮灌木。小枝密被柔毛。叶纸质，长圆形或椭圆形，长 0.5-2 厘米，宽 0.4-1.2 厘米，先端圆或钝，具小尖头，基部圆，两面无毛，侧脉 4-5（6）对；叶柄长不及 2 毫米，被柔毛，托叶披针形，稍长于叶柄，宿存。

花常数朵至10余朵密集成顶生聚伞总状花序，或有时1-5簇生花序下部叶腋。花白色，长4-5毫米，无毛；花梗长2.5-4毫米；花芽卵圆形，顶端钝；萼片线形或窄披针状线形，先端尖，萼筒盘状；花瓣匙形，先端钝。核果圆柱形，顶端钝，长5-6毫米，熟时黑或紫黑色，花盘和萼筒宿存；果柄长4.5-5毫米，被柔毛。花期7-10月，果期11月。

产福建、台湾、广东及广西，生于低海拔山野、路边或旷地。印度、锡金、越南及日本有分布。根、叶药用，止咳、祛痰、止痛，治跌打损伤和蛇咬伤。

图 270 铁包金 （引自《广州植物志》）

3. 多叶勾儿茶　　　　　　　　　　　　图 271

Berchemia polyphylla Wall. ex Laws. in Hook. f. Fl. Brit. Ind. 1: 638. 1875.

藤状灌木。小枝被柔毛。叶卵状椭圆形、卵状长圆形或椭圆形，长1.5-4.5厘米，先端圆或钝，稀尖，常有小尖头，基部圆，稀宽楔形，两面无毛，侧脉7-9对；叶柄长3-6毫米，被柔毛，托叶披针状钻形，基部合生，宿存。花淡绿或白色，无毛，2-10朵簇生成具短总梗的聚伞总状，稀下部具短分枝的窄聚伞圆锥花序，花序顶生，长达7厘米，花序轴被柔毛。花梗长2-5毫米；萼片卵状三角形或三角形；

花瓣近圆形。核果圆柱形，长7-9毫米，顶端尖，熟时红色，后黑色，花盘和萼筒宿存；果柄长3-6毫米。花期5-9月，果期7-11月。

产陕西、甘肃、四川、贵州、云南、广西、湖南及海南，生于海拔300-1900米山地灌丛或林中。印度、缅甸有分布。全株药用，治淋巴腺结核。

[附] **毛叶勾儿茶 Berchemia polyphylla** var. **trichophylla** Hand.-Mazz. Symb. Sin. 7: 672. 1933. 本变种与模式变种的区别：小枝、叶柄和花序轴密被金黄色柔毛；叶下面或沿脉被短柔毛。产贵州、云南东南部，生于海拔1500-1600米山谷灌丛或林中。

[附] **光枝勾儿茶** 彩片 87 **Berchemia polyphylla** var. **leioclada** Hand.-Mazz. Symb. Sin. 7: 672. 1933. 本变种与模式变种的区别：小枝、花序轴及果柄均无毛；叶柄上面被短柔毛。产陕西、湖北、湖南、福建、广

图 271 多叶勾儿茶 （引自《图鉴》）

西、广东、贵州、四川、云南东南部，生于海拔2100米以下山坡、沟边灌丛中或林缘。越南有分布。

4. 牯岭勾儿茶　　　　　　　　　　　　图 272

Berchemia kuligensis Schneid. in Sarg. Pl. Wilson. 2: 216. 1914.

藤状或攀援灌木，高达3米。小枝无毛。叶纸质，卵状椭圆形或卵状长圆形，长2-6.5厘米，先端钝圆或尖，具小尖头，基部圆或近心形，两面无毛，下面干后灰绿色，侧脉7-9（10）对，叶脉在两面稍凸起；叶柄长0.6-1厘米，无毛，托叶披针形，基部合生。花绿色，常2-3簇生成近无梗或具

短总梗的疏散聚伞总状花序，稀窄聚伞圆锥花序，花序长3-5厘米。花梗长2-3毫米，无毛；萼片三角形，被疏缘毛；花瓣倒卵形，稍长。核果长圆柱形，长7-9毫米，径3.5-4毫米，

红色, 熟时黑紫色, 宿存花盘盘状; 果柄长2-4毫米, 无毛。花期6-7月, 果期翌年4-6月。

产江苏、安徽、浙江、福建、江西、湖北、湖南、广西、贵州及四川, 生于海拔300-2150米山谷灌丛、林缘或林中。根药用, 治风湿痛。

图 272 牯岭勾儿茶 (张泰利绘)

5. 云南勾儿茶　　　　图 273　彩片 88

Berchemia yunnanensis Franch. in Bull. Soc. Bot. France ser. 2, 8: 456. 1886.

藤状灌木, 高达5米。小枝无毛。叶纸质, 卵状椭圆形、长圆状椭圆形或卵形, 长2.5-6厘米, 先端尖, 稀钝, 具小尖头, 基部圆, 稀宽楔形, 两面无毛, 下面干后常黄色, 侧脉8-12对, 两面凸起; 叶柄长0.7-1.3厘米, 无毛, 托叶膜质, 披针形。花黄色, 常数朵簇生, 近无总梗或有短总梗, 成聚伞总状或窄聚伞圆锥花序, 花序常生于具叶的侧枝顶端, 长2-5厘米。花梗长3-4毫米, 无毛; 萼片三角形; 花

瓣倒卵形, 先端钝; 雄蕊稍短于花瓣。核果圆柱形, 长6-9毫米, 径4-5毫米, 顶端钝而无小尖头, 熟时红色, 后黑色, 有甜味, 宿存花盘皿状; 果柄长4-5毫米。花期6-8月, 果期翌年4-5月。

　　产陕西、甘肃东南部、湖北西部、云南、贵州、四川及西藏东部, 生于海拔1500-3900米灌丛或林中。

图 273 云南勾儿茶 (引自《图鉴》)

6. 大叶勾儿茶　　　　　　　图 274

Berchemia huana Rehd. in Journ. Arn. Arb. 8: 166. 1927.

藤状灌木。小枝无毛。叶纸质或薄纸质, 卵形或卵状长圆形, 长6-10厘米, 先端圆或稍钝, 基部圆或近心形, 下面被黄色密柔毛, 侧脉10-14对, 叶脉在两面稍凸起; 叶柄长1.4-2.5厘米, 无毛。花无毛, 常在枝端成宽聚伞圆锥花序, 稀成腋生窄聚伞总状或聚伞圆锥花序, 花序轴长达20厘米, 被柔毛。花梗长1-2毫米, 无毛。核果圆柱状椭圆形, 长7-9毫米, 宿存花盘盘状; 果柄长2毫米。花期7-9月, 果期翌年5-6月。

　　产江苏、安徽、浙江、福建及江西, 生于海拔1000米以下山坡灌丛或林中。

[附] **毛背勾儿茶 Berchemia hispida** (Tsai et Feng) Y. L. Chen et P. K. Chou in Bull. Bot. North-East. Forest Inst. 5: 14. 1979. —— *Berchemia hypochrysa* Schneid. var. *hispida* Tsai et Feng in Acta Phytotax. Sin. 1: 191, f. 14. 1951. 本种与大叶勾儿茶的区别：叶纸质或近革质，侧脉12-14对，叶脉上面凹下，下面凸起，叶柄长1.5-4厘米；花梗长2-3毫米；宿存花盘皿状。产云南南部、四川中部、西南部及东部，生于海拔1000-2000米山地林内或灌丛中。

7. 勾儿茶 　　　　　　　　　　　　　　　　图 275

Berchemia sinica Schneid. in Sarg. Pl. Wilson. 2: 215. 1914.

藤状或攀援灌木，高达5米。叶纸质或厚纸质，在长枝上互生，在短枝顶端簇生，卵状椭圆形或卵状长圆形，长3-6厘米，先端圆或钝，常有小尖头，基部圆或近心形，下面脉腋被短柔毛，侧脉8-10对；叶柄细，长1.2-2.6厘米，带红色，无毛。花黄或淡绿色，单生或数朵簇生，在侧枝顶端成具短分枝的窄聚伞状圆锥花序，花序轴无毛，长达10厘米，分枝长达5厘米，有时为腋生的短总状花序。花梗长2毫米。核果圆柱形，长5-9毫米，径2.5-3毫米，基部稍宽，宿存花盘皿状，熟时紫红或黑色；果柄长3毫米。花期6-8月，果期翌年5-6月。

图 274 大叶勾儿茶 （孙英宝绘）

产河南、山西、陕西、甘肃、四川、湖北、贵州北部及云南东北部，生于海拔1000-2500米林中。

[附] **腋毛勾儿茶 Berchemia barbigera** C. Y. Wu ex Y. L. Chen in Bull. Bot. Lab. North-East. Forest. Inst. 5: 15. 1979. 本种与勾儿茶的区别：小枝红褐色，无毛，全株近无毛；叶薄纸质，下面灰绿色，脉腋有灰白色细柔毛。产安徽南部及浙江，生于中海拔山地林中。

8. 峨眉勾儿茶 　　　　　　　　　　　　　　图 276

Berchemia omeiensis Fang ex Y. L. Chen in Bull. Bot. Lab. North-East. Forest. Inst. 5: 16. 1979.

藤状或攀援灌木。幼枝无毛，小枝黄褐色，平滑。叶革质或近革质，卵状椭圆形或卵状长圆形，常2-5个簇生短枝，长6-12厘米，先端短渐尖或尖，常具细尖头，基部心形或圆，稍偏斜，上面无毛，下面淡绿色，干后淡灰或淡红色，脉腋具髯毛，侧脉7-13对，常9-10对，叶脉在两面凸起；叶柄长2-4厘米，托叶宽卵状披针形，基部合生。花黄或淡绿色，无毛，常2-5朵簇生成具短总花梗的顶生宽聚伞圆锥花序，花序长达16厘米，分枝达8厘米，无毛。花梗长3毫米；萼片三角形；花瓣匙形。核果圆柱状椭圆形，长1-1.3厘米，径约4毫米，宿存花盘皿状，熟时红色，后紫黑色；

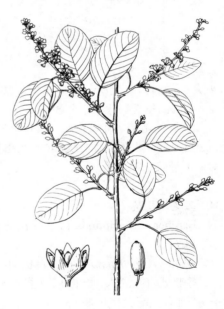

图 275 勾儿茶 （引自《图鉴》）

果柄长3-4毫米。花期7-8月，果期翌年5-6月。

产四川、湖北西部及贵州北部，生于海拔450-1700米山地林中。

9. 黄背勾儿茶

图 277

Berchemia flavescens (Wall.) Brongn. in Ann. Sci. Nat. ser. 1. 10: 357. t. 13 I. 1826.

Ziziphus flavescens Wall. in Roxb. Fl. Ind. 367. 1824.

藤状灌木，高达8米，全株无毛。叶纸质，卵圆形、卵状椭圆形或长圆形，长7-15厘米，先端具小突尖，基部圆或近心形，上面无毛，侧脉12-18对，两面凸起；叶柄长1.3-2.5厘米，无毛。花长约1.5毫米，常1至数朵簇生，在侧枝顶端成窄聚伞圆锥花序，稀聚伞总状花序。花梗长2-3毫米；萼片卵状三角形；花瓣倒卵形，稍短于萼片；雄蕊与花瓣等长。核果近圆柱形，长0.7-1.1厘米，顶端具

小尖头，宿存花盘盘状，熟时紫红或紫黑色，味酸甜；果柄长3-5毫米，无毛。花期6-8月，果期翌年5-7月。

产陕西南部、甘肃东部、江西西部、湖北西部、云南、四川、西藏南部及东南部，生于海拔1200-4000米山坡灌丛中或林下。印度、尼泊尔、锡金、不丹有分布。

10. 多花勾儿茶

图 278 彩片 89

Berchemia floribunda (Wall.) Brongn. in Ann. Sci. Nat. ser. 1, 10: 357. 1826.

Ziziphus floribunda Wall. in Roxb. Fl. Ind. 2: 368. 1824.

藤状或直立灌木。叶纸质，上部叶卵形、卵状椭圆形或卵状披针形，长4-9厘米，先端尖，下部叶椭圆形，长达11厘米，先端钝或圆，稀短渐尖，基部圆，稀心形，上面无毛，下面干后栗色，无毛，或沿脉基部被疏柔毛，侧脉9-12对；叶柄长1-2(-5.2)厘米，托叶窄披针形，宿存。花常数朵簇生成顶生宽聚伞圆锥花序，花序长达1.5厘米，花序轴无毛或被疏微毛。花梗长1-2毫米；萼三角形；花瓣倒卵形，雄蕊与花瓣等长。核果圆柱状椭圆形，长

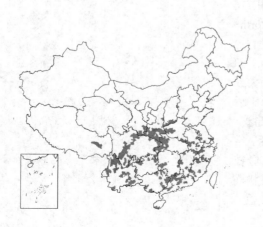

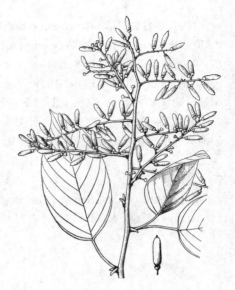

图 276 峨眉勾儿茶 （吴彰桦绘）

图 277 黄背勾儿茶 （张泰利绘）

图 278 多花勾儿茶 （引自《图鉴》）

0.7-1厘米，宿存花盘盘状；果柄长2-3毫米，无毛。花期7-10月，果期翌年4-7月。

产甘肃、陕西、山西、河北、河南、安徽、江苏、浙江、福建、江西、湖北、湖南、广东、香港、海南、广西、云南、贵州、四川及西藏，生于海拔2600米以下山坡、沟谷、林缘、林下或灌丛中。印度、尼泊尔、锡金、不丹、越南、日本有分布。根药用，可祛风除湿，散瘀消肿、止痛；嫩叶可代茶。

11. 马甲子属（铜钱树属）**Paliurus** Tourn. ex Mill.

落叶乔木或灌木。单叶互生，具基生三出脉；托叶常刺状。花两性，5基数；聚伞花序或聚伞圆锥花序。花梗短；花萼5裂，萼片有网脉，中肋在内面凸起；花瓣匙形或扇形，两侧常内卷；雄蕊基部与瓣爪离生；花盘肉质，与萼筒贴生，五边形或圆形，无毛，边缘5或10齿裂或浅裂，中央凹下与子房上部分离；子房大部藏于花盘内，基部与花盘愈合，顶端伸出花盘，（2）3室，每室1胚珠，花柱常3深裂。核果杯状或草帽状，周围具木栓质或革质翅，萼筒宿存。

6种，分布于欧洲南部和亚洲东部及南部。我国5种，引入1种栽培。

1. 花序被毛；核果杯状，周围有木栓质3浅裂厚翅，径1-1.7厘米，果柄长0.6-1厘米，被毛。
　2. 叶下面无毛或沿脉被柔毛，先端钝或圆；花序和果被绒毛 ·················· 1. 马甲子 **P. ramosissimus**
　2. 叶下面沿脉被长硬毛，先端突尖、短尖或渐尖；果无毛 ·················· 1(附). 硬毛马甲子 **P. hirsutus**
1. 花序无毛或花序梗被短柔毛；核果草帽状，周围具革质薄翅，径1.5-3.8厘米，果柄长1-1.7厘米，无毛。
　3. 无托叶刺，或幼树叶柄基部有2近等长的直刺 ·················· 2. 铜钱树 **P. hemsleyanus**
　3. 叶柄基部有2托叶刺，1枚较长，直伸，另1枚较短，钩状下弯 ·················· 2(附). 滨枣 **P. spina-christi**

1. 马甲子　白棘　　　　　　　　　　　图279　彩片90

Paliurus ramosissimus (Lour.) Poir. in Lam. Encycl. Méth Suppl. 4: 262. 1816.

Aubletia ramosissima Lour. Fl. Cochin. 283. 1790.

灌木。叶宽卵形、卵状椭圆形或近圆形，长3-5.5（7）厘米，先端钝或圆，具钝细齿或细齿，稀上部近全缘，幼叶下面密生褐色柔毛，后渐脱落，基生三出脉；叶柄长5-9毫米，被毛，基部有2个紫红色斜向直刺，长0.4-1.7厘米。聚伞花序腋生，被黄色绒毛。萼片宽卵形，长2毫米；花瓣匙形，长1.5-1.6毫米；雄蕊与花瓣等长或稍长于花瓣；花盘圆形，5或10齿裂；核果被褐色绒毛。具木栓质3浅裂窄翅，径1-1.7厘米，果柄被褐色绒毛。花期5-8月，果期9-10月。

图 279　马甲子　（引自《中国森林植物志》）

产陕西、江苏、安徽、浙江、福建、台湾、江西、湖北、湖南、广东、广西、云南、贵州及四川，生于海拔2000米以下山地和平原，野生或栽培。朝鲜、日本及越南有分布。木材坚硬，可作农具柄；分枝密且具刺，常栽培作绿篱；根、枝、叶、花、果均供药用，可解毒消肿、止痛、活血，治痈疽溃脓；根可治喉痛；种子榨油可制烛。

[附] **硬毛马甲子 Paliurus hirsutus** Hemsl. in Kew Bull. Misc. Inform. 388. 1894. 本种与马甲子的区别：叶先端突尖、短渐尖或渐尖，下面沿脉被长硬毛，叶柄基部常有1个长3-4毫米下弯钩刺；花盘五边形；花柱3稀4深裂。核果红或紫红色，周围具木栓质窄翅，径1-1.3厘米，无

毛。产江苏、安徽、福建、广东、广西及湖北，生于海拔1000米以下山坡和平地。

2. 铜钱树　　　　　　　　　　　　图 280　彩片 91

Paliurus hemsleyanus Rehd. in Journ. Arn. Arb. 12: 74. 1931.

乔木，稀灌木，高达13米。小枝无毛。叶纸质或厚纸质，宽椭圆形、卵状椭圆形或近圆形，长4-12厘米，先端长渐尖或渐尖，基部偏斜，宽楔形或近圆，具圆齿或钝细齿，无毛；叶柄长0.6-2厘米，近无毛或上面疏被短柔毛，无托叶刺，幼树叶柄基部有2个斜向直刺。聚伞花序或聚伞圆锥花序，无毛，花序梗被柔毛。萼片三角形或宽卵形，长2毫米；花瓣匙形，长1.8毫米；雄蕊长于花瓣；花盘五边

图 280　铜钱树　（引自《中国森林植物志》）

形，5浅裂。核果草帽状，周围具革质宽翅，红褐或紫红色，无毛，径2-3.8厘米；果柄长1.2-1.5厘米，无毛。花期4-6月，果期7-9月。

产甘肃、陕西、河南、安徽、江苏、浙江、福建、江西、湖北、湖南、广东、广西、云南、贵州及四川，生于海拔1600米以下山地林中；庭园常有栽培。树皮含鞣质，可提取烤胶。

[附] **滨枣 Paliurus spina-christi** Mill. Gard. Dict. ed. 8. 1768. 本种与铜钱树的区别：叶卵形，长2-4厘米，近全缘或具不明显锯齿，具2个托叶刺，1个斜向直伸，1个较短，钩状下弯；翅果径1.5-2.5厘米。原产欧洲南部和亚洲西部。我国华北、山东青岛有栽培。

12. 枣属 Ziziphus Mill.

落叶或常绿，乔木或藤状灌木。枝常具皮刺。叶互生，具柄，具齿，稀全缘，基脉3出、稀5出脉；托叶常刺状。花小，黄绿色，两性，5基数；腋生具花序梗的聚伞花序，或聚伞总状或聚伞圆锥花序。萼片卵状三角形或三角形，内面有凸起中肋；花瓣具爪，有时无花瓣，与雄蕊等长；花盘肉质，5或10裂；子房球形，下部或大部藏于花盘内，2（3-4）室，每室1胚珠，花柱2（3-4）裂。核果顶端有小尖头，萼筒宿存，中果皮肉质或软木栓质，内果皮硬骨质或木质。种子无或有稀少胚乳；子叶肥厚。

约100种，主要分布于亚洲、美洲热带和亚热带地区，少数种产非洲和温带。我国13种，3变种。

1. 腋生聚伞花序；核果无毛，内果皮厚，硬骨质。
　2. 花序梗长不及2毫米或近无梗。
　　3. 叶下面无毛、近无毛，或基部脉腋被毛；具2刺，长刺长1厘米以上，稀达3厘米；核果径1.2-3厘米（除酸枣外）。
　　　4. 当年生枝常2-7个簇生于矩状短枝；花梗、花萼无毛；核果长圆形或长卵圆形，中果皮肉质。
　　　　5. 核果径1.5-2厘米，味甜；核两端尖。
　　　　　6. 枝具刺 ·· 1. **枣 Z. jujuba**
　　　　　6. 枝无刺 ···················· 1(附). **无刺枣 Z. jujuba** var. **inermis**

　　　　5. 核果径不及 1.2 厘米，味酸，核两端钝 ·············· 1(附). **酸枣 Z. jujuba** var. **spinosa**

　　　4. 无短枝；花梗、花萼被毛；核果球形或倒卵状球形，中果皮海绵质 ·············· 2. **山枣 Z. montana**

　　3. 叶下面或沿脉被毛，托叶刺长不及 6 毫米；核果径不及 1.2 厘米。

　　　　7. 叶卵形、长圆状椭圆形，稀近圆形，先端圆，稀尖，下面被黄或灰白色密绒毛；核果径 1 厘米 ··············

　　　　　　·············· 3. **滇刺枣 Z. mauritiana**

　　　　7. 叶卵状长圆形或卵状披针形，先端尖或渐尖，下面被锈色或黄褐色丝状柔毛；核果径 5-6 毫米 ··············

　　　　　　·············· 3(附). **小果枣 Z. oenoplia**

　2. 花序梗长 0.7-1.6 厘米 ·············· 4. **印度枣 Z. incurva**

1. 腋生聚伞总状花序或顶生聚伞圆锥花序；核果被毛，内果皮薄，脆壳质，易破。

　8. 叶卵状椭圆形或卵状长圆形，下面沿脉被柔毛或无毛。

　　9. 叶下面沿脉被锈色密毛或疏柔毛；无花瓣；核果扁球形，长不及 1.5 厘米，初被密柔毛，后渐脱落 ··············

　　　　·············· 5. **褐果枣 Z. fungii**

　　9. 叶下面脉腋被簇毛；有花瓣；核果扁椭圆形，长约 2 厘米，被桔黄色密短柔毛 ··············

　　　　·············· 5(附). **毛果枣 Z. attopensis**

　8. 叶宽卵形或宽椭圆形，下面被锈色或黄褐色密绒毛 ·············· 6. **皱枣 Z. rugosa**

1. 枣　　　　　　　　　　　　　　　图 281: 1-4 彩片 92

Ziziphus jujuba Mill. Gard. Dict. ed. 8, no. 1. 1768.

Ziziphus jujuba var. *inermis* auct. non (Bunge) Rehd.: 中国高等植物图鉴 2: 754. 1972.

落叶小乔木，稀灌木，高达 10 余米。具长枝、短枝和无芽小枝，具 2 个托叶刺，长刺达 3 厘米，粗直，短刺下弯，长 4-6 毫米；当年生小枝绿色，下垂，单生或 2-7 个簇生短枝。叶纸质，卵形，卵状椭圆形，或卵状长圆形，长 3-7 厘米，先端钝或圆，稀尖，具小尖头，具圆齿，上面无毛，下面无毛或仅脉被疏微毛；叶柄长 1-6 毫米，长枝之叶柄长达 1 厘米。花 5 基数，无毛；花序梗短，单生或 2-8 组成腋

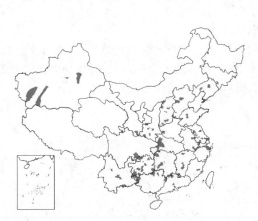

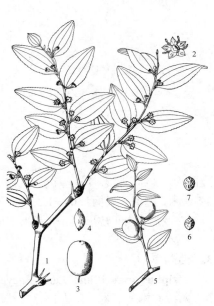

图 281: 1-4.枣　5-7.酸枣
（马建生绘）

生聚伞花序。花梗长 2-3 毫米，无毛；萼片卵状三角形，无毛；花瓣倒卵圆形，有爪，与雄蕊等长。核果长圆形，长 2-3.5 厘米，径 1.5-2 厘米，熟时红色，后红紫色，中果皮肉质，味甜，核顶端尖；果柄长 2-5 毫米。种子扁椭圆形，长约 1 厘米，宽 8 毫米。花期 5-7 月，果期 8-9 月。

产吉林、辽宁、河北、山西、河南、安徽、江苏、浙江、福建、江西、湖北、湖南、广东、广西、云南、贵州、四川、陕西、甘肃及新疆，生于海拔 1700 米以下山区、丘陵或平原。多栽培。亚洲、欧洲和美洲有栽培。果味甜，富含维生素 C 和糖分，除鲜食外，常制成蜜饯和果脯，又供药用，可养胃、健脾、益血、滋补；枣仁可安神。枣花芳香多蜜，为良好的蜜源植物。木材坚重，纹理细致，供车辆、家具、雕刻、细木工等用。

　　[附] **无刺枣 Ziziphus jujuba** var. **inermis** (Bunge) Rehd. in Journ. Arn. Arb. 3: 22. 1922. —— *Ziziphus vulgaris* Lam. var. *inermis* Bunge in Mém. Acad. Sci. St. Pétersb. 2: 88. 1833. 本种与模式变种的主要区别：长枝无皮刺；幼枝无托叶刺。海拔 1600 米以下地区多栽培。用途与原变种同。

　　[附] **酸枣**　图 281：5-7 彩片 93

Ziziphus jujuba var. **spinosa** (Bunge) Hu et H. F. Chow, Fam. Trees Hopei 307. f. 118. 1934. —— *Ziziphus vulgaris* Lam. var. *spinosa* Bunge in Mém. Sav. Etr. Acad. Sci. St. Pétersb. 2: 88. 1833. —— *Ziziphus jujuba* auct. non Mill.: 中国高等植物图鉴 2: 753. 1972. 本变种与原变种的区别：常为灌木；叶较小；核果近球形或短长圆形，径0.7-1.2厘米，中果皮薄，味酸，核两端钝。产辽宁、内蒙古、河北、河南、山西、陕西、甘肃、宁夏、新疆、山东、江苏、安徽及福建，生于向阳、干燥山坡、丘陵、岗地或平原。朝鲜及俄罗斯有分布。种仁药用，可安神，主治神经衰弱、失眠；果肉富含维生素C，可生食或制果酱；花芳香多蜜腺，为华北地区重要蜜源植物；枝具锐刺，常用作绿篱。

2. 山枣 图282

Ziziphus montana W. W. Smith in Notes. Roy. Bot. Gard. Edinb. 10: 78. 1917.

乔木或灌木，高达4米。幼枝和小枝被红褐色绒毛，叶椭圆形、卵状椭圆形或卵形，长5-8厘米，先端钝或近圆，稀短突尖，基部近圆，具细齿，下面沿脉被锈色疏柔毛，叶脉两面凸起；叶柄长0.7-1.5厘米，托叶刺2，红紫色，直伸，长1-1.8厘米。花数朵至10余朵成腋生二歧式聚伞花序，花序梗长1-2毫米或近无，被锈色密柔毛。花梗长1-2毫米，被密柔毛；萼片三角形，长约2毫米，被柔毛；花瓣倒卵圆形，兜状，与萼片近等长。核果近球形，黄褐色，长2.5-3厘米，径2-2.5厘米，无毛；果柄长0.6-1.2厘米，常弯曲，被疏柔毛；中果皮海绵质，厚6-7毫米，内果皮壁厚3-4毫米。花期4-6月，果期5-8月。

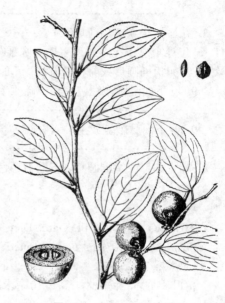

图 282 山枣 （马建生绘）

产云南西北部、四川西部及西南部、西藏东部，生于海拔1400-2600米山谷疏林中或旷地。

3. 滇刺枣 图283: 1-3 彩片94

Ziziphus mauritiana Lam. Encycl. Méth. 3: 319. 1789.

常绿乔木或灌木，高达15米。幼枝被黄灰色密绒毛，小枝被柔毛。叶卵形、长圆状椭圆形，稀近圆形，长2.5-6厘米，先端圆，稀尖，基部近圆，具细齿，下面被黄或灰白色绒毛，基生3出脉；叶柄长0.5-1.3厘米，被灰黄色密绒毛，托叶刺2。花数朵或10余朵集成腋生二歧聚伞花序。花梗长2-4毫米，被灰黄色绒毛；萼片卵状三角形，被毛；花瓣长圆状匙形，具爪；雄蕊与花瓣近等长。核果长圆形或球形，长1-1.2厘米，径约1厘米，橙色或

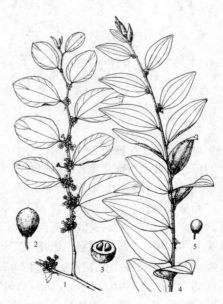

图 283: 1-3.滇刺枣 4-5.小果枣 （马建生绘）

红色,熟时黑色,萼筒宿存;果柄长5-8毫米,被柔毛;中果皮木栓质,内果皮硬革质。花期8-11月,果期9-12月。

产广东、海南、广西、贵州、云南及四川,生于海拔1800米以下山坡、丘陵、河边林内或灌丛中;福建和台湾有栽培。斯里兰卡、印度、阿富汗、越南、缅甸、马来西亚、印度尼西亚、澳大利亚及非洲有分布。木材坚硬,纹理密致,适制家具和工业用材;果可食;树皮药用,可消炎、生肌,治烧伤;叶含单宁,可提取栲胶。又为紫胶虫重要寄生树种。

[附] **小果枣** 图283:4-5 **Ziziphus oenoplia** (Linn.) Mill. Gard. Dict. 8: no. 3. 1768. —— *Rhamnus oenoplia* Linn. Sp. Pl. 282. 1753. 本种与滇刺枣的区别:叶卵状长圆形或卵状披针形,先端尖或渐尖,近全缘或具不明显圆锯齿,下面或沿脉被锈色或黄褐色丝状柔毛;核果果柄长3-4毫米。产广西及云南南部,生于海拔500-1100米林内或灌丛中。印度、缅甸、中南半岛、斯里兰卡、马来西亚、印度尼西亚及澳大利亚有分布。

4. 印度枣　　　　　　　　　　　　　　　　图284: 1

Ziziphus incurva Roxb. Fl. Ind. ed. Carey, 2: 364. 1824.

乔木,高达15米。幼枝被棕色柔毛。叶卵状长圆形或卵形,稀长圆形,长5-14厘米,先端渐尖或短渐尖,基部近圆或微心形,具圆齿,上面无毛或仅中脉有疏柔毛,下面初沿脉被柔毛或疏毛,后脱落,或沿脉基部有疏柔毛,基生3(5)出脉;叶柄长0.5-1.1厘米,被棕色柔毛,托叶刺1-2,直伸,长4-6毫米。花数朵至10余朵集成腋生二歧式聚伞花序,花序梗长0.7-1.6厘米,被柔毛。萼片卵状三角形,被柔毛;花瓣匙形,兜状,与雄蕊近等长。核果近球形或球状椭圆形,长1-1.2厘米,径0.8-1.1厘米,无毛,萼筒宿存,熟时红褐色;果柄长0.4-1.1厘米,有柔毛;中果皮薄,内果皮骨质,厚约3毫米。花期4-5月,果期6-10月。

产广西西部、云南、贵州南部、四川西南部、西藏东南部及南部,生

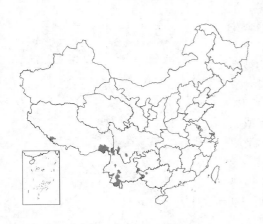

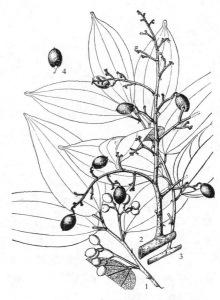

图 284: 1.印度枣　2-4.毛果枣
（张春方绘）

于海拔1000-2500米林中。印度、尼泊尔、不丹、锡金及缅甸有分布。

5. 褐果枣　　　　　　　　　　　　　　　　图285

Ziziphus fungii Merr. in Lingnan Sci. Journ. 13: 61. 1934.

攀援灌木。幼枝和小枝被锈色柔毛,具皮刺。叶卵状椭圆形、卵形或卵状长圆形,长6-13厘米,先端渐尖或短渐尖,基部近圆,具不明显细齿,下面被锈色密柔毛或沿脉被疏柔毛,基生3出脉,叶脉在上面凹下,网脉明显;叶柄长5-7毫米,被锈色柔毛,托叶刺1个,钩状下弯,长3-5毫米,基部宽扁,被锈色柔毛。腋生二歧聚伞花序,或顶生聚伞圆锥花序,花序轴、花梗及花萼被锈色密柔毛,花序梗长0.6-1厘米。萼片三角形,被密柔毛;无花瓣。核果扁球形,长0.9-1.4厘米,径1.2-1.5厘米,深褐色,被锈色密柔毛,后渐脱落,萼筒宿存,内果皮薄,脆壳质,厚约1毫米;果柄长4-5毫米,被柔毛。花期2-4月,果期4-5月。

产海南、云南南部及西南部,生于海拔1600米以下疏林中。

[附] **毛果枣** 图284: 2-4 **Ziziphus attopensis** Pierre, Fl. Forest. Cochinch. 4: 316. 1894. 本种与褐果枣的区别: 小枝无毛; 叶下面无毛或脉腋有簇毛; 核果扁椭圆形, 长1.9-2.2厘米, 被桔黄或黄褐色密短柔毛。产广西西部及云南南部, 生于海拔1500米以下疏林或灌丛中。老挝有分布。

6. 皱枣

图286 彩片95

Ziziphus rugosa Lam. Encycl. Méth. 3: 319. 1789.

常绿灌木或小乔木。幼枝被锈色或黄褐色密绒毛, 常有1, 稀2个紫红色下弯短刺。叶宽卵形或宽椭圆形, 长8-14厘米, 先端圆, 基部近心形或圆, 具细齿, 下面被锈色或黄褐色密绒毛, 叶脉在上面凹下; 叶柄粗, 长5-9毫米, 被黄褐色密绒毛。花被密柔毛, 常数朵至10余朵集成聚伞花序, 排成圆锥或总状花序; 花序、花序梗及花梗均被锈色密绒毛; 花梗长1-2毫米; 萼片卵状三角形或三角形, 被锈色绒毛, 与萼筒近等长; 无花瓣。子房密被绒毛。核果倒卵球形或近球形, 橙黄色, 熟时黑色, 长0.9-1.2厘米, 径0.8-1厘米, 被毛, 后渐脱落, 萼筒宿存; 果柄长0.7-1厘米, 有绒毛。花期3-5月, 果期4-6月。

产海南、广西、云南南部及西南部, 生于海拔1400米以下丘陵、山地阳处疏林或灌丛中。斯里兰卡、印度、锡金、缅甸、越南、老挝有分布。为紫胶虫的良好寄主。

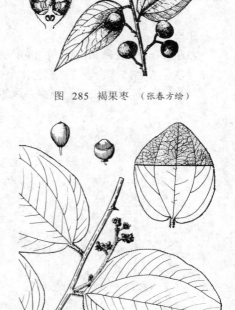

图 285 褐果枣 (张春方绘)

图 286 皱枣 (孙英宝绘)

13. 翼核果属 Ventilago Gaertn.

藤状灌木, 稀小乔木。叶互生, 基部常不对称, 网脉明显。花小, 两性, 5基数; 数朵簇生或成具短花序梗的聚伞花序, 或成聚伞总状或聚伞圆锥花序。花萼5裂, 萼片三角形, 内面中肋中部以上凸起; 花瓣倒卵圆形, 先端凹缺, 稀无; 花盘厚, 肉质, 五边形; 子房球形, 藏于花盘内, 2室, 每室1胚珠, 花柱2裂。核果球形, 不裂, 宿存萼筒包果1/3-1/2, 上端由外果皮和中果皮纵向延伸成长圆形的翅, 顶端常有残存花柱, 内果皮薄, 木质, 1室1种子。种子无胚乳, 子叶肥厚。

37种, 分布于亚洲东南部、非洲、美洲及大洋洲热带、亚热带地区。我国6种。

1. 子房无毛或疏被柔毛; 果无毛。
  2. 花数朵簇生叶腋, 或成腋生具短花序梗的聚伞花序。
    3. 小枝、果柄和宿存萼筒无毛; 叶下面无毛或沿脉或脉腋被疏毛 ·············· 1. **翼核果 V. leiocarpa**
    3. 小枝、果柄和宿存萼筒被柔毛; 叶下面或沿脉被密柔毛 ············
    ······································ 1(附). **毛叶翼核果 V. leiocarpa** var. **pubescens**
  2. 顶生聚伞圆锥花序或腋生聚伞总状花序; 侧脉8-16对 ·············· 2. **海南翼核果 V. inaequilateralis**
1. 子房和果被密短柔毛。

4. 叶革质，两面无毛，先端短渐尖或渐尖 ⋯⋯⋯⋯⋯⋯⋯⋯⋯⋯⋯⋯⋯⋯⋯ 3. **毛果翼核果 V. calyculata**

4. 叶纸质或近革质，下面脉腋被簇毛，先端长渐尖或尾尖 ⋯⋯⋯⋯⋯ 3(附). **矩叶翼核果 V. oblongifolia**

1. 翼核果

图 287

Ventilago leiocarpa Benth. in Journ. Linn. Soc. Bot. 5: 77. 1860.

藤状灌木。幼枝被柔毛，后脱落；小枝无毛。叶薄革质，卵状长圆形或卵状椭圆形，稀卵形，长4-8厘米，先端渐尖或短渐尖，稀尖，基部近圆，近全缘，疏生不明显细齿，两面无毛，侧脉4-6（7）对，上面凹下；叶柄长3-5毫米，上面被疏短柔毛。花单生或2-数朵簇生叶腋，稀成顶生聚伞总状或聚伞圆锥花序。花梗长1-2毫米；萼片三角形；花瓣倒卵形，先端微凹；雄蕊稍短于花瓣；子房球形，藏于花盘内，2室，花柱2裂。核果长3-5（6）厘米，径4-5毫米，无毛，翅宽7-9毫米，基部1/4-1/3为宿存萼筒包被，1室，1种子。花期3-5月，果期4-7月。

产福建、台湾、广东、香港、海南、广西及云南，生于海拔1500米以下疏林下或灌丛中。印度、缅甸、越南及非洲有分布。根药用，舒筋活络，治月经不调、风湿痛、跌打损伤。

[附] **毛叶翼核果 Ventilago leiocarpa** var. **pubescens** Y. L. Chen et

图 287 翼核果 （引自《海南植物志》）

P. K. Chou in Bull. Bot. Lab. North-East. Forest. Inst. 5: 89. 1979. 本变种与模式变种的区别：小枝、叶下面或沿脉被密柔毛，叶先端长渐尖或尾尖；果柄和宿存萼筒被柔毛。产广西西部、云南东南部及贵州南部，生于海拔600-1000米山谷疏林中。

2. 海南翼核果

图 288

Ventilago inaequilateralis Merr. et Chun in Sunyatsenia 2: 38. 1934.

藤状灌木。叶革质，长圆形或椭圆形，长6-17厘米，先端钝或近圆，基部楔形或近圆，全缘或具不明显细齿，两面无毛或幼时下面沿脉被疏柔毛，侧脉8-14（16）对；叶柄长1-5毫米，无毛或近无毛。花单生，数朵簇生和具短花序梗的聚伞花序排成聚伞圆锥花序或聚伞总状花序，花序纤细，长3-7厘米，被短柔毛。花黄色，花梗长1-2毫米；花萼被疏短柔毛；花瓣倒卵圆形，稍长于雄蕊；子房球形，全部或3/4藏于花盘内，2室，花柱2半裂。核果长3.5-4.5厘米，翅宽7-9毫米，顶端钝或近圆，径4-5毫米，基部1/3-1/2为萼筒所包，1室1种子，果柄

图 288 海南翼核果 （吴彰桦绘）

长2-3毫米。花期2-5月，果期3-6月。

产海南、广西西部、贵州西南部

及云南南部，生于低海拔山谷林中。

3. 毛果翼核果　　　　　　　图289：1-4

Ventilago calyculata Tulasne in Ann. Sci. Nat. ser. 4, 8: 124. 1857.

常绿藤状灌木。叶革质，长圆形或卵圆形，稀倒卵状长圆形，长5-13厘米，先端短渐尖或渐尖，基部宽楔形或近圆，上部具不规则疏锯齿，下部全缘，两面无毛，初两面或沿脉有疏毛，后脱落，侧脉5-8对；叶柄长5-8毫米。聚伞圆锥花序顶生或兼腋生，长10-30厘米；花序轴、花萼、花梗被黄褐色柔毛。花梗极短；萼片卵状三角形，花瓣匙形，与雄蕊等长；子房被密

柔毛。核果黄绿色，长4.5-6厘米，径5-6毫米，被细毛，基部1/3-2/5为宿存萼筒所包，翅长圆形，宽1-1.4厘米。花期10-12月，果期12月至翌年4月。

产广西西部、贵州西南部及云南南部，生于中海拔林中。印度、尼泊尔、不丹、越南及泰国有分布。果翅炒熟后可代茶。

[附] 矩叶翼核果　图289：5-6 **Ventilago oblongifolia** Bl. Bijdr. 1144. 1827-1828 本种与毛果翼核果的区别：叶纸质或近革质，先端长渐

图 289：1-4.毛果翼核果　5-6.矩叶翼核果
（引自《中国植物志》）

尖或尾状渐尖，下面脉腋具簇毛。产广西西南部及云南西南部，生于林中，常攀援树上。菲律宾及印度尼西亚有分布。

14. 咀签属 Gouania Jacq.

攀援灌木；常有卷须，无刺。叶互生，具柄，托叶早落。花杂性；聚伞总状或聚伞圆锥花序，花序轴下部或基部常有卷须。花萼5裂，萼筒短；花瓣5，匙形，着生于花盘边缘之下；雄蕊5，背着药，为花瓣所包，花药纵裂；花盘厚，五边形或5裂，包子房；子房下位，3室，每室1胚珠，花柱3半裂或3深裂。蒴果近球形，两端凹下，顶端有宿存花萼，有3个具圆形翅的分核，成熟时自中轴分离，分核不裂或沿内棱具裂缝。种子3，倒卵形，红褐色，有光泽，胚乳薄。

约40种，主产热带美洲，少数分布非洲、亚洲及大洋洲。我国2种，2变种。

1. 叶下面无毛或沿脉被疏柔毛 ·················· 咀签 G. leptostachya
1. 叶下面被密绒毛或丝状柔毛 ·················· (附). 毛咀签 G. javanica

咀签　　　　　　　图290

Gouania leptostachya DC. Prodr. 2: 40. 1825.

攀援灌木。叶卵形或卵状长圆形，长5-9厘米，先端渐尖或短渐尖，基部心形，具圆齿，下面无毛或沿脉有疏毛，侧脉5-6对；叶柄长1-2.5厘米，被柔毛。花杂性同株，数朵簇生和具短花序梗的聚伞花序排成腋生的聚伞总状和顶生的聚伞圆锥花序，长达30厘米，被柔毛。花梗长约1毫米；萼片卵状三角形；花瓣白色，倒卵圆形，具爪，与雄蕊等长。蒴果，长0.9-

1厘米，径1-1.2厘米，具3翅，熟时裂成3个具近圆形翅的分核，总果柄长不及4毫米，果柄长1-3毫米。花期8-9月，果期10-12月。

产广西西南部、云南西南及南部，生于中海拔以下疏林中，常攀援

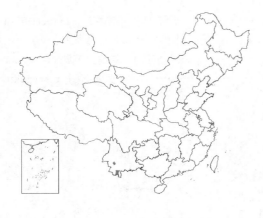

树上。印度、越南、老挝、缅甸、马来西亚、新加坡、印度尼西亚及菲律宾有分布。

[附] **毛咀签 Gouania javanica** Miq. Fl. Ind. Bat. 1: 649. 1855. 本种与咀签的区别：小枝、叶柄、花序轴、花梗和花萼被棕色密短柔毛；叶全缘或具钝细锯齿，下面被锈色绒毛或灰色丝状柔毛。

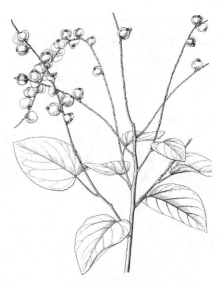

图 290 咀签 （引自《图鉴》）

产福建、海南、广东、广西、贵州西南部及云南，生于低、中海拔疏林中或溪边，常攀援树上。越南、老挝、柬埔寨、泰国、印度尼西亚、马来西亚及菲律宾有分布。

150. 火筒树科 LEEACEAE

（李朝銮　顾　健）

灌木或小乔木。一至四回羽状复叶，稀单叶或3小叶复叶，互生。花4-5数，两性，组成复二歧聚伞花序或二级分枝集生成伞形，花序与叶对生；花瓣基部联合，与不育雄蕊管贴生形成花冠雄蕊管，管分上下两部分，成熟时脱落；不育雄蕊由较薄的组织连结成顶部浅裂的管；能育雄蕊插生在不育雄蕊管的基部，花丝沿管内薄组织上伸，花药在管的裂片凹处伸出，内向；子房盘状，4-6（-10）室，每室1胚珠，花柱短，柱头微扩大。浆果扁球形，有种子4-6（-10）；胚乳呈嚼烂状。染色体基数x=11。

仅1属。

火筒树属 Leea van Royen ex Linn.

形态特征同科。

约30余种，主产印度和马来西亚。我国10种。

1. 叶为二至四回羽状复叶；小叶下面无毛。
　2. 花序疏散，苞片窄长，椭圆披针形，宽2-2.5毫米；小叶有较浅的不整齐锯齿。
　　3. 花淡绿白色；叶为二至三回羽状复叶，小叶长（6-）13-32厘米 ……………………… 1. **火筒树 L. indica**
　　3. 花红或橙色；叶二至四回羽状复叶，小叶长5-15厘米 ……………………… 2. **台湾火筒树 L. guineensis**
　2. 花序团集，苞片较宽大，宽卵形，宽3-4毫米；小叶有较深的极不整齐牙齿 ………………………
　　…………………………………………………………………………………… 3. **光叶火筒树 L. glabra**
1. 叶为单叶或一至二回羽状复叶；小叶下面被短柔毛，或兼被圆盘状腺体或腺上疏被糙毛。
　4. 小叶下面被短柔毛。
　　5. 叶为单叶，宽卵圆形，长40-65厘米，宽35-60厘米 ……………………… 4. **大叶火筒树 L. macrophylla**
　　5. 叶为羽状复叶。
　　　6. 小叶有急尖锯齿，上面无毛，下面被锈色柔毛；花萼坛状，萼片三角形 ………………………

6. 小叶有圆钝粗锯齿，上面无毛或脉上被稀疏刺毛，下面脉上疏生糙毛；花萼杯状，边缘波状浅裂 .... 5(附). 单羽火筒树 **L. cripa**

.... 5. 密花火筒树 **L. compactiflora**

4. 小叶下面被短柔毛和圆盘状腺体 .... 6. 圆腺火筒树 **L. aeguata**

1. 火筒树

图291 彩片96

Leea indica (Burm.f.) Merr. in Philipp. Journ. Sci. Bot. 14: 245. 1919.
Staphylea indica Burm. f. Fl. Ind. 75. t. 23. f. 2. 1768.

灌木，高4米以上；除总梗及花梗外各部无毛。小枝圆柱形，纵棱纹钝。二至三回羽状复叶，叶轴长14-30厘米，叶柄长13-23厘米；小叶长椭圆或椭圆披针形，长(6-)13-32厘米，有较浅的不整齐锯齿，侧脉6-11对，中央小叶柄长2-5厘米，侧生小叶柄长0.2-0.5厘米；托叶宽倒卵圆形，长2.5-4.5厘米，与叶柄合生。复二歧聚伞花序或二级分枝集生成伞形，花序梗及花梗均长1-2毫米，被褐色柔毛；

图 291 火筒树 （引自《图鉴》）

小总苞片椭圆状披针形，长0.8-1.3厘米；苞片椭圆状披针形，宽2-2.5毫米，花后脱落。花淡绿白色，有短梗；花萼坛状，5齿裂，裂片三角形；花瓣5，椭圆形；雄蕊5，合生成筒状；子房5室。果扁球形，径0.8-1厘米，成熟时黑色，有种子4-6。花期4-7月，果期8-12月。

产海南、广西、贵州西南部、云南东南部及南部，生于海拔200-1200米溪边林下或灌丛中。南亚至大洋州北部有分布。

2. 台湾火筒树

图292 彩片97

Leea guineensis G. Don, Gen. Hist. 1: 712. 1831.

小乔木。小枝圆柱形，近无毛。二至四回羽状复叶，叶柄长6-13厘米；小叶卵状椭圆形或长圆状披针形，长5-15厘米，先端渐尖，有急尖锯齿，两面无毛，侧脉6-11对，网脉在下面明显但不突出，中央小叶柄长1.5-4厘米，侧生小叶柄长0.5-1.5厘米，无毛。伞房状复二歧聚伞花序，径达50厘米；花梗短或近无梗，微被乳突状毛；花萼杯形，萼片三角形，先端急尖，无毛；花瓣5，椭圆形，红或橙色；

雄蕊5。果扁球形，径约8厘米，成熟时暗红色。

产台湾，生于低海拔灌丛中。东南亚、巴布亚新几内亚、马达加斯加

图 292 台湾火筒树
（引自《Woody Fl.Taiwan》）

及非洲有分布。

3. 光叶火筒树　　　　　　　　　　　　　　　图 293

Leea glabra C. L. Li in Chin. Journ. Appl. Environ. Biol. 2(1): 43. 1996.

灌木。小枝有纵棱纹,无毛。二回羽状复叶,叶柄长7-21厘米;小叶卵状长椭圆形或长椭圆状披针形,长5-17厘米,先端渐尖,基部近圆,有较深的极不整齐牙齿,两面无毛,侧脉5-14对,网脉在下面明显但不突出,中央小叶柄长1.5-2.3厘米,侧生小叶柄长1.5-4厘米;托叶倒卵形,长3-3.5厘米。花序集生成伞形,花序梗极短,被锈色短柔毛;苞片宽卵形,宽3-4

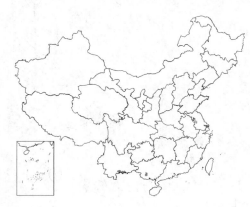

图 293　光叶火筒树　（顾 健绘）

毫米,无毛;花萼杯形,有5个三角状浅齿;花瓣5,椭圆形;雄蕊5;子房卵圆形。花期5月。

产云南南部及广西西南部,生于海拔500-1200米山谷荫处林中或路旁。

4. 大叶火筒树　　　　　　　　　　　　　　　图 294

Leea macrophylla Roxb. ex Hornem. Hort. Hafn. 1: 231. 1813.

小乔木。小枝圆柱形,有纵棱纹,嫩枝被短柔毛。叶为单叶,稀3小叶复叶或一至三回羽状复叶,单叶者,宽卵形,长40-65厘米,宽35-60厘米,有粗锯齿,下面被短柔毛,侧脉12-15对;叶柄长15-20厘米;托叶宽大,倒宽卵形。伞房状复二歧聚伞花序,花序梗长20-25厘米,被短柔毛。花梗长2-3毫米,被短柔毛;花蕾卵状椭圆形;花萼碟形,有5个三角状小齿,外面被短柔毛,花瓣椭圆形,长

图 294　大叶火筒树　（孙英宝绘）

2.5-4毫米,外面被短柔毛;雄蕊5;子房近球形。果实扁球形,有种子6。

产云南西部及西藏东南部。老挝、柬埔寨、缅甸、泰国、印度、尼泊尔及不丹有分布。

5. 密花火筒树　　　　　　　　　　　　　　　图 295: 1-7

Leea compactiflora Kurz in Journ. Asiat. Soc. Beng. 42(2): 65. 1873.

灌木。小枝圆柱形,纵棱纹钝;嫩枝、叶下面、叶柄、花序梗、苞片均被锈色柔毛。一至二回羽状复叶,叶柄长8-15厘米;小叶长椭圆形或椭

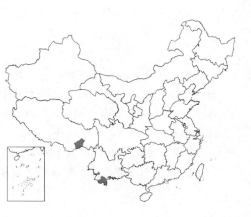

圆状披针形，长12-23厘米，具不整齐急尖锯齿，网脉明显突出，中央小叶柄长2-5厘米，侧生小叶柄长0.3-1.5厘米，托叶窄翅状，与叶柄合生。花序密集，基部分叉，上部3-5分枝集生成伞状，花序梗长1.5-4厘米，总苞片长1-1.5厘米，小苞片长0.8-1.2厘米。花梗长2-4毫米；花蕾卵圆形；花萼坛状，萼片三角形，外面密被柔毛；花瓣椭圆形，外面密被柔毛。果扁球形，有种子4-6。花期5-6月，果期8月至翌年1月。

产云南南部及西部、西藏东南部，生于海拔600-2200米山坡林下灌丛中。越南、老挝、缅甸、孟加拉国、印度及不丹有分布。

[附] **单羽火筒树 Leea crispa** van Royen ex Linn. Syst. Nat. ed. 12, 2: 627. 1767. 本种与大叶火筒树的区别：小乔木，各部不被锈色柔毛；叶为一回羽状复叶或3小叶复叶，小叶有圆钝粗齿，上面无毛或脉上被稀疏刺毛，下面脉上疏生糙毛；花萼杯状，边缘波状浅裂。产云南南部，生于海拔500-1800米河谷及溪边林下。越南、老挝、柬埔寨、泰国、孟加拉国、印度、不丹、尼泊尔及锡金有分布。

6. 圆腺火筒树

图 295: 8-11

Leea aequata Linn. Syst. Nat. ed. 12, 2: 627. 1767.

灌木。小枝、叶轴、叶柄、总梗及花梗均密被褐色短柔毛。小枝有纵棱纹。一至二回羽状复叶，叶轴长20-35厘米，叶柄长7-15厘米；小叶长椭圆状披针形或卵状披针形，长6-22厘米，先端渐尖，基部楔形或圆，有不整齐锯齿，上面被伏生短毛，下面被短柔毛和圆盘状腺体，网脉不突出，中央小叶柄长2-6厘米，侧生小叶柄长0-2厘米；托叶长2-4厘米。花序基部常分

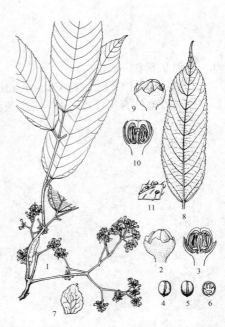

图 295: 1-7.密花火筒树　8-11.圆腺火筒树
（引自《Woody Fl.Taiwan》）

枝，花序梗长1-4厘米。花梗长1-6毫米；花蕾卵圆形；花萼杯状，萼片三角形，外面密被盘状腺体；花瓣椭圆形，外面无毛。果扁圆形，高5-7毫米，有种子4-6。花期4-5月，果期7-9月。

产云南南部，生于海拔200-1100米河谷灌丛或林中。越南、柬埔寨、缅甸、泰国、印度、尼泊尔、不丹及马来西亚有分布。

151. 葡萄科 VITACEAE

（李朝銮　顾　健）

攀援木质，稀草质藤本，有卷须。单叶、羽状或掌状复叶，互生；托叶小而脱落，稀大而宿存。花小，4-5基数，两性或杂性同株或异株，排成伞房状多歧聚伞花序、复歧聚伞花序或圆锥状多歧聚伞花序；花萼蝶形或浅杯状，萼片细小；花瓣与萼片同数，分离或粘合呈帽状脱落；雄蕊与花瓣对生，在两性花中发育，在单性花雄花中较小或极不发达，分离，插生在花盘外面，无不育雄蕊管；花盘环状或分离，稀极不明显；子房上位，通常2室，每室有2胚珠，或多室而每室有1胚珠。果为浆果，有种子1至数颗。胚小，胚乳形状各异。

15属约700余种，主要分布热带和亚热带，少数分布于温带。我国8属约140种。

1. 花瓣分离，凋谢时不粘合，各自分离脱落。
   2. 花序为复二歧聚伞花序、伞房状多歧聚伞花序或二级分枝集生成伞形，基部无卷须；花柱纤细，稀短而不明显。
      3. 花通常5数。
         4. 卷须4-7总状分枝，顶端遇附着物时扩大成吸盘；花盘发育不明显；花序顶生或假顶生；果柄顶端增粗，多少有瘤状突起；种子腹面两侧洼穴达种子顶端 ······························· 1. **地锦属 Parthenocissus**
         4. 卷须2-3叉状分枝，通常顶端不扩大为吸盘；花序与叶对生；果柄不增粗，无瘤状突起；种子腹面两侧洼穴不达种子顶部。
            5. 花盘发育不明显；花序为复二歧聚伞花序 ························· 2. **俞藤属 Yua**
            5. 花盘发达，边缘波状浅裂；花序为伞房状多歧聚伞花序或复二歧聚伞花序 ·············
            ··· 3. **蛇葡萄属 Ampelopsis**
      3. 花通常4数。
         6. 花序与叶对生；种子腹面两侧洼穴极短，位于种子基部或下部 ·············· 4. **白粉藤属 Cissus**
         6. 花序通常腋生或假腋生，稀与叶对生；种子腹面两侧洼穴与种子近等长。
            7. 花柱明显，柱头不分裂 ······································· 5. **乌蔹莓属 Cayratia**
            7. 花柱不明显或较短，柱头4裂，稀不规则分裂 ················· 6. **崖爬藤属 Tetrastigma**
   2. 花序为圆锥状多歧聚伞花序，或伞形或复伞形花序，基部有卷须；花柱呈锥状，约有10棱 ·············
   ··· 7. **酸蔹藤属 Ampelocissus**
1. 花瓣粘合，凋谢时呈帽状脱落；花序为聚伞圆锥花序 ························· 8. **葡萄属 Vitis**

1. 地锦属 **Parthenocissus** Planch.

木质藤本。卷须4-7总状分枝，相隔2节间断与叶对生，嫩时顶端膨大或细尖微卷曲而不膨大，遇附着物时扩大成吸盘。叶为单叶、3小叶复叶或5小叶掌状复叶，互生。花5数，两性，组成圆锥状或伞房状多歧聚伞花序，顶生或假顶生。花瓣展开，各自分离脱落；雄蕊5；花盘不明显，稀有5个蜜腺状花盘；花柱明显，子房2室，每室2胚珠。浆果球形，有种子1-4；果柄顶端增粗，多少有瘤状突起。种子倒卵圆形，种脐在背面中部呈圆形，腹部两侧洼穴呈沟状从基部向上斜展达种子顶端；胚乳横切面呈W形。染色体基数x=20。

约13种，分布于亚洲和北美。我国9种，引入栽培1种。

1. 掌状复叶，或长枝上为单叶。
   2. 叶为3小叶复叶或长枝上生有小型单叶；花序为圆锥状或伞房状多歧聚伞花序。
      3. 花序轴不明显，为疏散伞房状多歧聚伞花序；卷须顶端嫩时细尖而微卷曲或膨大呈圆球状。
         4. 叶为3小叶复叶，稀混生有3裂单叶；卷须嫩时顶端细尖而微卷曲。
            5. 芽和幼叶绿色 ······································· 1. **三叶地锦 P. semicordata**
            5. 芽和幼叶粉红色 ························· 1(附). **红三叶地锦 P. semicordata** var. **rubifolia**
         4. 叶两型，短枝上集生有3小叶复叶，侧出长枝上有散生较小的单叶；卷须嫩时顶端膨大成圆球状 ·····
         ··· 2. **异叶地锦 P. dalzielii**
      3. 花序轴明显，为圆锥状多歧聚伞花序，花序下部有3-5叶；花瓣先端内缘粘合处有一向下生长的舌片状附属物；卷须嫩时顶端微膨大呈拳头形 ····················· 3. **长柄地锦 P. feddei**
   2. 叶为5小叶掌状复叶；花序轴明显，为圆锥状多歧聚伞花序。
      6. 卷须嫩时顶端尖细而卷曲；嫩芽红或淡红色 ················· 4. **五叶地锦 P. quinquefolia**
      6. 卷须嫩时顶端膨大为块状；嫩芽绿或绿褐色。
         7. 茎扁圆，小枝圆柱形或有6-7纵棱，不呈四方形；叶上面呈显著泡状隆起 ·················

1. 三叶地锦 三叶爬山虎 图296

Parthenocissus semicordata (Wall.) Planch. in DC. Monogr. Phan. 5: 451.1887.

Vitis semicordata Wall. in Roxb. Fl. Ind. 2: 481. 1824.

Parthenocissus himalayana (Royle) Planch.; 中国高等植物图鉴 2: 776. 1972, pro parte.

图 296 三叶地锦 (引自《图鉴》)

灌木。小枝细弱,嫩时被疏柔毛,后脱落。芽绿色。卷须总状4-6分枝,嫩时顶端尖细而微卷曲,遇附着物时扩大成吸盘。叶多为3小叶复叶,稀混有3裂单叶,幼时绿色,中央小叶倒卵椭圆形或倒卵圆形,长6-13厘米,先端骤尾尖,基部楔形,侧生小叶卵状椭圆形或长椭圆形,长5-10厘米,先端短尾尖,基部不对称,下面中脉及侧脉被短柔毛;叶柄长3.5-15厘米,被疏短柔毛。伞房状多歧聚伞花序着生在短枝上,长4-9厘米,基部常有3-5叶。花瓣卵状椭圆形;子房扁球形。果实近球形,径6-8毫米,成熟时黑褐色,有种子1-2。花期5-7月,果期9-10月。

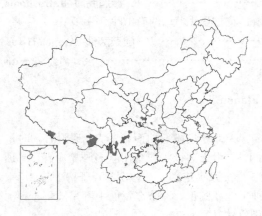

产甘肃东南部、陕西南部、四川、湖北西部、贵州西北部、云南、西藏东南部及南部,生于海拔500-3800米山坡林中或灌丛。缅甸、泰国、锡金及印度有分布。

[附] 红三叶地锦 **Parthenocissus semicordata** var. **rubifolia** (Lévl. et Vant.) C. L. Li in Chin. Journ. Appl. Environ. Biol. 2(1): 45. 1996. —— *Partheocissus rubifolia* Lévl. et Vant. in Bull. Soc. Agr. Sci. Sarthe. 40: 44. 1905. 本变种与模式变种的区别:芽及幼叶粉红色。产陕西、四川、湖北及贵州,生于海拔800-2200米山坡石壁或灌丛。

2. 异叶地锦 异叶爬山虎 图297

Parthenocissus dalzielii Gagnep. in Lecomte, Nat. Syst. 2: 11. 1911.

木质藤本。小枝无毛。卷须总状5-8分枝,嫩时顶端膨大呈圆球形,遇附着物时扩大为吸盘状。叶两型:侧出较小的长枝上常散生较小的单叶,叶

图 297 异叶地锦 (顾 健绘)

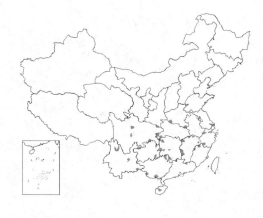

卵圆形，长3-7厘米；主枝或短枝上集生3小叶复叶，中央小叶长椭圆形，长6-21厘米，先端渐尖，基部楔形，侧生小叶卵状椭圆形，长5.5-19厘米，有不明显小齿，两面无毛。多歧聚伞花序常生于短枝顶端叶腋，较叶柄短。花萼碟形，边缘波状或近全缘；花瓣4-5，倒卵状椭圆形。果球形，径0.8-1厘米，成熟时紫黑色，有种子1-4。花期5-7月，果期7-11月。

产浙江、福建北部、江西、湖北、湖南、广东北部、海南、广西、贵州、云南、四川及河南，生于海拔200-3800米山坡、林中或灌丛岩石缝中。

3. 长柄地锦　　　　　　　　　　　图298

Parthenocissus feddei (Lévl.) C. L. Li in Chin. Journ. Appl. Environ. Biol. 2(1): 45. 1996.

Vitis feddei Lévl. in Fedde, Repert. Sp. Nov. 7: 231. 1909.

木质藤本。小枝近无毛。卷须总状6-11分枝，嫩时顶端微膨大呈拳头形，遇附着物时扩大为吸盘。叶多为3小叶复叶，稀在细小长枝上有小型单叶3裂，中央小叶倒卵状椭圆形，侧生小叶卵状椭圆形，长6-17厘米，先端渐尖，基部圆钝，有钝锯齿，两面无毛；叶柄长0.3-1.5厘米。圆锥状多歧聚伞花序顶生或假顶生，序轴明显，花序下部常有3-5叶。花萼碟形，边缘波状5裂；花瓣长椭圆形，先端内缘粘合处有一向下生长的舌状附属物。果近球形，径0.8-1厘米，有种子1-2。花期6-7月，果期8-10月。

产湖南西北部及湖北西部，生于海拔650-1100米山谷岩石上。

图 298 长柄地锦 （顾 健绘）

4. 五叶地锦　　　　　　　　　　　图299

Parthenocissus quinquefolia (Linn.) Planch. in DC. Monogr. Phan. 5: 448. 1887.

Hedera quinquefolia Linn. Sp. Pl. ed. 2, 1: 292. 1762.

木质藤本。小枝无毛；嫩芽为红或淡红色；卷须总状5-9分枝，嫩时顶端尖细而卷曲，遇附着物时扩大为吸盘。5小叶掌状复叶，小叶倒卵圆形、倒卵状椭圆形或外侧小叶椭圆形，长5.5-15厘米，先端短尾尖，基部楔形或宽楔形，有粗锯齿，两面无毛或下面脉上微被疏柔毛。圆锥状多歧聚伞花序假顶生，序轴明显，长8-20厘米，花序梗长3-5厘米；花萼碟形，边缘全缘，无毛；花瓣长椭圆形。果球形，径1-1.2厘米，有种子1-4。花期6-7月，果期8-10月。

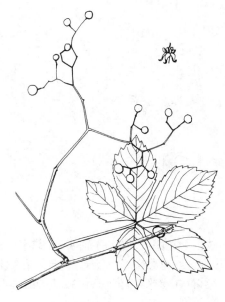

图 299 五叶地锦 （孙英宝绘）

原产北美。东北、华北及江西有栽培。

5. 绿叶地锦   图 300

Parthenocissus laetevirens Rehd. in Mitt. Deutsch. Dendr. Ges. 21: 190. 1912.

木质藤本。茎扁圆。小枝圆柱形或有6-7纵棱，嫩时被短柔毛，后脱落。嫩芽绿或绿褐色，卷须总状5-10分枝，顶端嫩时膨大呈块状，遇附着物时扩大为吸盘。5小叶掌状复叶，小叶倒卵状长椭圆形或倒卵状披针形，长2-12厘米，先端急尖或渐尖，基部楔形，上半部有锯齿，上面无毛，呈显著泡状隆起，下面在脉上被短柔毛；叶柄长2-6毫米，小叶有短柄或几无柄。圆锥状

多歧聚伞花序，长6-15厘米，序轴明显，假顶生，花序上常有退化小叶，花序梗长0.5-4厘米。花萼碟形，全缘；花瓣椭圆形。果球形，径6-8毫米，有种子1-4。花期7-8月，果期9-11月。

产河南、安徽、江苏南部、浙江、福建、江西、湖北、湖南、广东北

图 300 绿叶地锦 （引自《福建植物志》）

部、广西东北部、贵州东部及四川东部，生于海拔140-1100米山谷林中或山坡灌丛，攀援树上或岩石壁上。

6. 花叶地锦   图 301

Parthenocissus henryana (Hemsl.) Diels et Gilg in Engl. Bot. Jahrb. 29: 464. 1900.

Vitis henryana Hemsl. in Journ. Linn. Soc. Bot. 23: 132. 1886.

木质藤本。茎和小枝明显四棱形，无毛。嫩叶绿或绿褐色，卷须总状4-7分枝，顶端嫩时膨大呈块状，遇附着物时扩大为吸盘状。5小叶掌状复叶，叶柄长2.5-8厘米；小叶倒卵形、倒卵状长圆形或倒卵状披针形，长3-10厘米，先端急尖或圆钝，基部楔形，上半部有锯齿，上面沿脉色浅或有花斑，小叶柄长0.3-1.5厘米。圆锥状多

歧聚伞花序假顶生，序轴明显，花序上常有退化较小的单叶，花序梗长1.5-9厘米。花萼碟形，全缘，无毛；花瓣长椭圆形；花盘不明显。果近球形，径0.8-1厘米，有种子1-3。花期5-7月，果期8-10月。

图 301 花叶地锦 （引自《秦岭植物志》）

产甘肃东南部、陕西南部、四川、贵州、河南、湖北、湖南西北部及广西东北部，生于海拔160-1500米沟谷岩石上或山坡林中。

7. 地锦   土鼓藤   爬山虎   图 302

Parthenocissus tricuspidata (Sieb. et Zucc.) Planch. in DC. Monogr. Phan. 5: 452. 1887.

Ampelopsis tricuspidata Sieb. et Zucc. in Abh. Akad. Wiss. Wien,

Math.-Phys. 4(2): 196. 1845.

木质落叶大藤本。小枝无毛或嫩时被极稀疏柔毛，老枝无木栓翅。卷须5-9分枝，顶端嫩时膨大呈圆球形，遇附着物时扩大成吸盘。单叶，倒卵圆形，通常3裂，幼苗或下部枝上叶较小，长4.5-20厘米，基部心形，有粗锯齿，两面无毛或下面脉上有短柔毛；叶柄长4-20厘米，无毛或疏生短柔毛。花序生短枝上，基部分枝，形成多歧聚伞花序，序轴不明显，花序梗长1-3.5厘米。花萼碟形，边缘全缘或呈波状，无毛；花瓣长椭圆形。果球形，成熟时蓝色，径1-1.5厘米，有种子1-3。花期5-8月，果期9-10月。

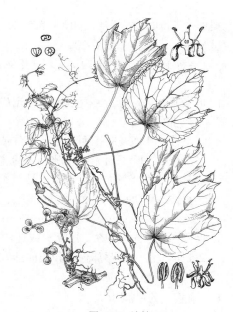

图 302 地锦
（引自《江苏南部种子植物手册》）

产辽宁、河北、山西西南部、河南、山东、江苏、安徽、浙江、福建、台湾、江西、湖北、湖南、广东北部、广西、贵州、四川、甘肃南部及陕西南部，生于海拔150-1200米山坡崖石壁或灌丛中。朝鲜及日本有分布。

8. 栓翅地锦   图 303

Parthenocissus suberosa Hand.-Mazz. Symb. Sin. 7: 681. 1933.

木质藤本。小枝圆柱形，密被锈色柔毛，老枝有木栓翅。卷须5-9分枝，顶端嫩时膨大呈圆珠形，遇附着物扩大成吸盘。单叶，3浅裂，生在长小枝者叶小型不裂，倒卵圆形，长6-20厘米，裂片三角形，先端急尖，基部心形，锯齿粗大，上面深绿色，被短柔毛，下面浅绿色，密被锈色柔毛；叶柄长2-9厘米，密被被锈色柔毛。花序生于极短的侧枝上，长1.5-5厘米，花序侧枝简化，花序梗长0.7-2.5厘米，被锈色短柔毛。花萼碟形，边缘波状，无毛；花瓣长椭圆形；子房椭圆形。果实球形，径0.8-1.1厘米，有种子1-2。花期7-8月，果期9-11月。

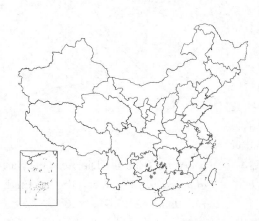

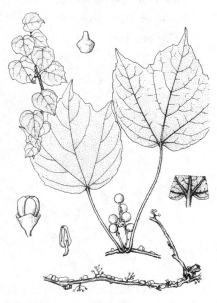

图 303 栓翅地锦 （引自《秦岭植物志》）

产广东北部、广西北部、贵州、湖南西南部、江西及浙江西北部，生于海拔500-1000米山坡崖石壁处。

2. 俞藤属 Yua C. L. Li

木质藤本，髓白色。卷须2叉分枝，相隔2节间断与叶对生。叶互生，5小叶掌状复叶。复二歧聚伞花序与叶对生，最后一级分枝顶端近集生成伞形。花两性；花萼杯形，边缘全缘；花瓣通常5，花蕾时粘合，后展开脱落；雄蕊通常5，花盘发育不明显；雌蕊1，花柱明显，柱头不明显扩大；子房2室，每室胚珠2。浆果圆球形。种子梨形，背腹侧扁，顶端微凹，基部有短喙；腹面洼穴从基部向上达种子2/3处，背面种脐在种子中部；胚乳横切面呈M形。染色体基数x=20。

3种1变种，分布于中国、印度及尼泊尔。

1. 叶草质，先端渐尖或尾状渐尖，锯齿细锐，网脉明显但不突出；果径1-1.3厘米；种子背部种脐和腹面洼穴周围无肋纹。

  2. 小枝、叶柄及叶下面无毛；芽红或淡红色；叶下面被白粉，中脉和侧脉淡红色。

    3. 叶柄及叶下面无毛或脉上被稀疏短柔毛 ························ 1. **俞藤 Y. thomsoni**

    3. 叶柄、叶下面至少在脉上被短柔毛 ············ 1(附). **华西俞藤 Y. thomsonii var. glaucescens**

  2. 小枝、叶柄和叶下面均被短柔毛；芽绿色；叶下面中脉和侧脉均为绿色 ······················· 2. **绿芽俞藤 Y. chinensis**

1. 叶亚革质，先端急尖、短渐尖或钝，锯齿较圆钝，稀不明显，干时两面网脉明显突出；植株各部无毛；果径1.5-2.5厘米；种子背部种脐和腹面洼穴周围干时有6-9条肋纹 ··················· 3. **大果俞藤 Y. austro-orientalis**

1. 俞藤 粉叶爬山虎 图304

Yua thomsoni (Laws.) C. L. Li in Acta Bot. Yunnan. 12(1): 5. 1990.

Vitis thomsoni Laws. in Hook. f. Fl. Brit. Ind. 1: 657. 1875.

Parthenocissus thomsoni (Laws.) Planch.; 中国高等植物图鉴 2: 777. 1972, pro part.

木质藤本。小枝褐色，无毛；芽红或淡红色。卷须2叉分枝。5小叶掌状复叶，草质，小叶卵形或披针卵形，长2.5-7厘米，先端渐尖或尾状渐尖，基部楔形，下面被白粉，中脉及侧脉淡红色，无毛或脉上被稀疏短柔毛，中央小叶较大，长4-7厘米，侧生小叶小；叶柄长2.5-6厘米，无毛，小叶柄长2-10厘米，有时侧生小叶近无柄。复二歧聚伞花序与叶对生。花萼碟形；花瓣5，稀4；雄蕊5，稀4；花柱细，柱头不明显扩大。果近球形，径1-1.3厘米，成熟时紫黑色。种子梨形，背部种脐和腹面洼穴周围无肋纹。花期5-6月，果期7-9月。

产江苏南部、安徽南部、浙江、福建北部、江西、湖北、湖南、贵州、四川、广西及云南西北部，生于海拔250-1300米山坡林中，攀援树上。印度及尼泊尔有分布。

    [附] **华西俞藤 Yua thomsoni var. glaucescens** (Diels et Gilg) C. L. Li in Chin. Journ. Appl. Eviron. Biol. 2(1): 47. 1996. —— *Parthenocisus*

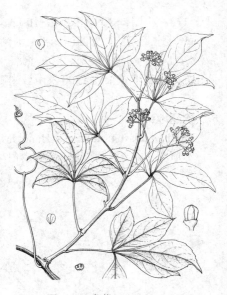

图 304 俞藤 （引自《图鉴》）

henryana (Hemsl.) Diels et Gilg var. *glaucescens* Diels et Gilg in Engl. Bot. Jahrb. 29: 464. 1900. 本变种与模式变种的区别：叶下面至少在脉上有短柔毛。产河南西部、湖北、贵州、四川及云南，生于海拔1700-2000米山坡、沟谷、灌丛或树林中，攀援树上。

2. 绿芽俞藤 图305

Yua chinensis C. L. Li in Chin. Journ. Appl. Eviron. Biol. 2(1): 47. 1996.

木质藤本。茎略侧扁。小枝有纵棱纹，被疏短柔毛；芽绿色。卷须2

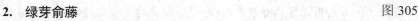

叉分枝。5小叶掌状复叶，草质，小叶卵状椭圆形或倒卵状椭圆形，长4-8.5厘米，先端渐尖或短尾状，基部楔形，下面被锈色短柔毛，中脉及侧脉绿色；叶柄长2-6厘米，被短柔毛。复二歧聚伞花序与叶对生，花序梗长2-3.5厘米，无毛；花萼碟形，边缘全缘；花瓣倒卵状长圆形；子房卵圆形，花柱短。果球形，径1-1.2厘米，有种子3-4。种子倒卵圆形，背部种脐和腹面洼穴周围无肋纹。花期5-7月，果期7-9月。

产云南西部、广西北部及四川，生于海拔600-2700米山坡林中。

3. 大果俞藤 东南爬山虎　　　　　图 306

Yua austro-orientalis (Metcalf) C. L. Li in Acta Bot. Yunnan. 12(1): 7. 1990.

Parthenocissus austro-orientalis Metcalf in Bull. Fan. Mem. Inst. Biol. n. s. 1: 132. f. 1. 1948; 中国高等植物图鉴 2: 777. 1972.

图 305 绿芽俞藤 （顾　健　绘）

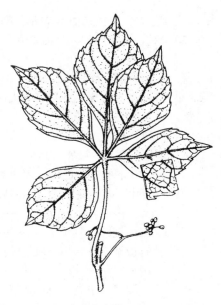

木质藤本。小枝灰褐色，多皮孔，无毛；卷须2叉分枝。5小叶掌状复叶，亚革质，小叶倒卵状披针形或倒卵形，长5-9厘米，先端急尖、短渐尖或钝，基部楔形，上部1/3处有不明显的圆钝锯齿，边稍反卷，下面常被白粉，两面无毛，干时网脉明显突出；叶柄长3-6厘米，无毛，小叶柄长0.2-1.2厘米。复二歧聚伞花序与叶对生，被白粉，花序梗长1.5-2厘米。花梗长3-6毫米；花萼杯状，边缘全缘；花瓣5；花柱渐窄。果圆球形，径1.5-2.5厘米，成熟时紫红色。种子梨形，背部种脐和腹面洼穴周围干时有6-9条肋纹。花期5-7月，果期10-12月。

图 306 大果俞藤 （引自《图鉴》）

产福建西部、江西西部及南部、广东及广西，生于海拔100-900米山坡沟谷林中或林缘灌丛，攀援树上或铺散在山坡、岩边。

3. 蛇葡萄属 Ampelopsis Michaux

木质藤本。卷须2-3分枝，稀不分枝或顶端分叉，相隔2节（稀3节以上）间断与叶对生。单叶、羽状复叶或掌状复叶，互生。花5数，两性或杂性同株，伞房状多歧聚伞花序或复二歧聚伞花序。花瓣5，展开，各自分离脱落；雄蕊5，花盘发达，边缘波状浅裂；花柱明显，柱头不明显扩大，子房2室，每室有2个胚珠。浆果球形，有种子1-4。种子倒卵圆形，种脐在种子背面中部呈椭圆形或带形，两侧洼穴呈倒卵形或狭窄，从基部向上达种子近中部或顶部；胚乳横切面呈 W 形。染色体基数 x=20。

　30 余种，分布亚洲、北美和中美洲。我国 17 种。

1. 单叶，不裂或不同程度 3-5 裂，但不深裂至基部成全裂片。
　2. 小枝、叶柄和叶无毛或仅叶下面脉腋有簇毛。
　　3. 叶不裂或 3-5 微裂。
　　　4. 叶锯齿较浅。
　　　　5. 锯齿三角形或宽三角形。
　　　　　6. 叶下面苍白色，上部两侧裂片较短或不明显，决不外展 ················· 1. 蓝果蛇葡萄 **A. bodinieri**
　　　　　6. 叶下面浅绿色，上部两侧常有两个外展或前伸的角状小裂片 ·······················
　　　　　　 ················· 4(附). 牯岭蛇葡萄 **A. heterophylla** var. **kulingensis**
　　　　5. 锯齿钝圆，具钝尖 ················· 4(附). 光叶蛇葡萄 **A. heterophylla** var. **hancei**
　　　4. 叶有极不整齐牙齿，通常较深，深者可达 1 厘米，齿长椭圆形、三角形或长三角形 ·······
　　　　 ················· 2. 尖齿蛇葡萄 **A. acutidentata**
　　3. 叶 3-5 浅裂或中裂，裂片宽，上部裂缺凹成钝角或锐角 ················· 3. 葎叶蛇葡萄 **A. humilifolia**
　2. 小枝，叶柄和叶下面或多或少被柔毛或绒毛。
　　7. 叶 3-5 中裂，稀混生有浅裂或不裂者。
　　　8. 花梗长 2-3 毫米；叶肾状卵圆形，多为 5 中裂，叶上部裂缺凹成圆形，下面密被灰色短柔毛 ·······
　　　　 ················· 1(附). 灰毛蛇葡萄 **A. bodinieri** var. **cinerea**
　　　8. 花梗通常长 1-1.5 毫米，但不超过 2 毫米；叶心形或卵形，3-5 中裂或兼有不裂，上面无毛 ·······
　　　　 ················· 4. 异叶蛇葡萄 **A. heterophylla**
　　7. 叶不裂或 3-5 微裂。
　　　9. 叶卵圆形或心形，不裂，有规则的圆钝锯齿，两面被淡褐色短柔毛或脱落变稀疏 ·······
　　　　 ················· 4(附). 锈毛蛇葡萄 **A. heterophylla** var. **vestita**
　　　9. 叶心形或肾状五角形，微 3-5 浅裂，有粗锯齿，齿急尖 ·······
　　　　 ················· 4(附). 东北蛇葡萄 **A. heterophylla** var. **brevipedunculata**
1. 5-7 掌状复叶或羽状复叶。
　10. 3-7 掌状复叶。
　　11. 小枝、叶柄或叶下面被疏柔毛。
　　　12. 3 小叶复叶，小叶不分裂或侧小叶基部分裂 ················· 5. 三裂蛇葡萄 **A. delavayana**
　　　12. 5 小叶复叶，小叶羽状分裂或边缘呈粗锯齿状 ················· 6. 乌头叶蛇葡萄 **A. aconitifolia**
　　11. 小枝、叶柄或叶下面无毛。
　　　13. 小叶羽状深裂或边缘有深锯齿，中央小叶深裂至基部，有 1-3 个关节，关节间有翅 ·······
　　　　 ················· 7. 白蔹 **A. japonica**
　　　13. 小叶边缘有粗锯齿或浅裂 ················· 5(附). 掌裂蛇葡萄 **A. delavayana** var. **glabra**
　10. 羽状复叶。
　　14. 小枝、叶柄和花序均无毛。
　　　15. 叶干时两面同色，有明显粗锯齿。
　　　　16. 卷须 3 分枝；小叶长 4-12 厘米，宽 2-6 厘米 ················· 8. 大叶蛇葡萄 **A. megalophylla**
　　　　16. 卷须 2 叉分枝；小叶长 2-5 厘米，宽 1-2.5 厘米 ················· 9. 显齿蛇葡萄 **A. grossedentata**
　　　15. 叶干时两面不同色，上深下浅，全缘或有细锯齿。
　　　　17. 叶具小叶 2-3 对，小叶长 7-15 厘米，宽 3-7 厘米；种子腹部两侧洼穴向上微扩大达种子上部
　　　　　 ················· 10. 羽叶蛇葡萄 **A. chaffanjoni**

17. 叶具小叶4-6对，小叶长2.5-6厘米，宽1-3.5厘米；种子腹部两侧洼穴明显较宽，呈倒卵状椭圆形 ……………
…………………………………………………………… 10(附). **粉叶蛇葡萄 A. hypoglauca**
14. 小枝、叶柄和花序轴被长柔毛或短柔毛。
　　18. 小枝圆柱形，嫩时被灰色短柔毛；小叶下面浅黄褐绿色，常在脉基部疏生灰色短柔毛，常有不明显波状锯齿；
　　　　果径6-8毫米 …………………………………………………… 11. **广东蛇葡萄 A. cantoniensis**
　　18. 小枝具5-7棱，被锈色柔毛；小叶下面密被锈色柔毛，后变稀疏，有5-15锯齿；果径0.8-1.5厘米 …………
…………………………………………………………… 11(附). **毛枝蛇葡萄 A. rubifolia**

1. 蓝果蛇葡萄　　　　　　　　　　　　图 307

Ampelopsis bodinieri (Lévl. et Vant.) Rehd. in Journ. Arn. Arb. 15: 23. 1934.

Vitis bodinieri Lévl. et Vant. in Bull. Soc. Agr. Sarthe. 40: 36. 1905.

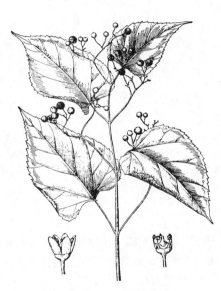

图 307　蓝果蛇葡萄 （引自《秦岭植物志》）

木质藤本。小枝圆柱形，有纵棱纹，无毛。卷须2叉分枝，隔2节间断与叶对生。单叶，卵圆形或卵椭圆形，不分裂或上部微3浅裂，两侧裂片较短或不明显，长7-12.5厘米，基部心形，具三角形或宽三角形浅齿，两面无毛，基出脉5，侧脉4-6对；叶柄长2-6厘米。复二歧聚伞花序疏散，花序梗长2.5-6厘米。花萼浅碟形，萼齿不明显，边缘波状；花盘明显，5浅裂；子房圆锥形，花柱明显，柱头不明显扩大。果近球形，径6-8毫米，有种子3-4。种子倒卵椭圆形，腹面两侧洼沟向上达种子中上部。花期4-6月，果期7-8月。

产甘肃东南部、陕西南部、山西、河北、河南、湖北、湖南、贵州、云南、四川及西藏，生于海拔200-3000米山谷林中或山坡灌丛荫处。

[附] .**灰毛蛇葡萄 Ampelopsis bodinieri** var. **cinerea** (Gagnep.) Rehd. in Journ. Arn. Arb. 15: 23. 1934. —— *Ampelopsis heterophylla* (Thunb.) Sieb. et Zucc. var. *cinerea* Gagnep. in Sarg. Pl. Wilson. 1: 101. 1911. 本变种与模式变种的区别：叶肾状卵圆形，多为5中裂，下面被灰色短柔毛。产陕西西南部、四川北部、湖北西部及湖南西北部，生于海拔约1300米山坡灌丛或林中。

2. 尖齿蛇葡萄　　　　　　　　　　　　图 308

Ampelopsis acutidentata W. T. Wang in Acta Phytotax. Sin. 17(3): 78. 89.1979, in clavi.

木质藤本。小枝圆柱形，有棱纹，无毛。卷须2叉分枝。单叶，宽卵形、椭圆形、三角形或长三角形，长2.5-7.5厘米，先端急尖或渐尖，基部截形，有极不齐锐锯齿，齿椭圆形、三角形或长三角形，深达1厘米，两面无毛，基出脉5，侧脉3-4对；叶柄长1.5-4厘米。伞房状多歧聚伞花序假顶生或与叶对生；花序梗长1.3-3厘米。花萼碟形，边缘波状浅裂；花瓣卵状椭圆形；雄蕊5；花盘发达，波状浅裂；子房下部与花盘合生，花柱钻形。果近球形，径7-8毫米，有种子1。种子腹面两侧洼穴从基部向上达种子中部。花期6-8月，果期9-10月。

产西藏东部、云南西北部及四川西部,生于海拔2000-3200米岩边流石坡或山坡灌丛。

3. 葎叶蛇葡萄　　　　　　　　　　　　　　图 309

Ampelopsis humulifolia Bunge in Mém. Div. Sav. Acad. Sci. St. Pétersb. 2: 86. 1835.

木质藤本。小枝圆柱形,有纵棱纹,无毛。卷须 2 叉分枝。单叶,3-5 浅裂或中裂,裂片宽阔,上部裂缺凹成钝角或锐角,稀不裂,心状五角形或肾状五角形,长6-12厘米,先端渐尖,基部心形,基缺顶端凹成圆形,具粗锯齿,通常齿尖,下面无毛或沿脉被疏柔毛;叶柄长3-5厘米。多歧聚伞花序与叶对生,花序梗长3-6厘米,无毛或稀毛。花萼碟形,边缘波状;花瓣卵状椭圆形;花盘明显,波状浅裂;子房下部与花盘合生,花柱明显。果近球形,径0.6-1厘米,有种子2-4。种子腹面两侧洼穴向上达种子上部1/3处。花期5-7月,果期7-9月。

产黑龙江、吉林、辽宁、内蒙古、河北、山西、陕西、河南、山东、江苏、安徽、浙江、福建、江西、湖北、湖南、广东北部、广西及四川东部,生于海拔400-1100米山沟、灌丛林边或林中。

4. 异叶蛇葡萄　　　　　　　　　　　　　　图 310

Ampelopsis heterophylla (Thunb.) Sieb. et Zucc. in Abh. Akad. Wiss. Wien, Math.-Phys. 4(2): 197. 1815.

Vitis heterophylla Thunb. Fl. Jap. 103. 1784.

Ampelopsis brevipedunculata (Maxim.) Trautv. var. *maximowizii* Rehd.; 中国高等植物图鉴 2: 778. 1972.

木质藤本。小枝圆柱形,有纵棱纹,被疏柔毛。卷须2-3叉分枝。单叶,心形或卵形,3-5 中裂和兼有不裂,长3.5-14厘米,先端急尖,基部心形,有急尖锯齿,脉上有疏柔毛,基出脉5,侧脉4-5对;叶柄长1-7厘米。花序梗长1-2.5厘米,被疏柔毛。花梗长1-3毫米,疏生短柔毛;花萼碟形,边缘波状浅齿;花瓣卵状椭圆形;花盘明显,边缘浅裂;子房下部与花盘合生,

图 308　尖齿蛇葡萄　(张春方绘)

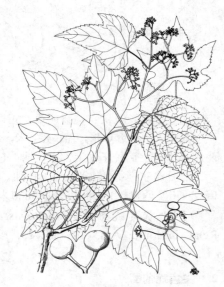

图 309　葎叶蛇葡萄　(引自《图鉴》)

花柱明显,基部稍粗。果近球形,径5-8毫米,有种子2-4。种子腹面两侧洼穴从基部向上达种子顶端。花期4-6月,果期7-10月。

产江苏南部、安徽、浙江、福建北部、江西、河南、湖北、四川北部、湖南、广东北部及广西,生于海拔200-1800米。日本有分布。

[附] **锈毛蛇葡萄 Ampelopsis heterophylla** var. **vestita** Rehd. in Mitt. Dentsch. Dendr. Ges. 21: 189. 1912. 本变种与模式变种的区别：小枝、叶柄、叶下面和花轴被锈毛长柔毛，花梗、花萼和花瓣被锈色短柔毛；叶不裂。产河北、河南、江苏、安徽、浙江、江西、福建、广东、海南、广西、贵州、云南及四川，生于海拔50-2200米山谷林中或山坡灌丛荫处。尼泊尔、印度及缅甸有分布。

[附] **光叶蛇葡萄 Ampelopsis heterophylla** var. **hancei** Planch. in DC. Monogr. Phan. 5: 457. 1887. —— *Ampelopsis brevipedunculata* (Maxim.) Trautv. var. *hancei* (Planch.) Rehd.; 中国高等植物图鉴 2: 778. 1972. 本变种与模式变种的区别：小枝、叶柄及叶无毛或下面被极稀疏短柔毛；叶具钝圆齿，齿有钝尖。产山东、河南、江苏、江西、福建、台湾、广东、广西、贵州、云南及四川，生于海拔50-600米。日本有分布。

[附] **东北蛇葡萄** 蛇葡萄 **Ampelopsis heterophylla** var. **brevipedunculata** (Maxim.) C. L. Li in Chin. Journ. Appl. Envirn. Biol. 2(1): 47. 1996. —— *Cissus bervipedunculata* Maxim. in Mém. Div. Sav. Acad. Sci. St. Pétersb. 9: 68. 1859. —— *Ampelopsis brevipedunculata* (Maxim.) Trautv.; 中国高等植物图鉴 2: 778. 1972. 本变种与模式变种的区别：叶3-5浅裂，上面无毛，下面脉上被稀疏柔毛，有粗钝或急尖锯齿。产黑龙江、吉林及辽宁，生于海拔150-600米山谷疏林或山坡灌丛中。

[附] **牯岭蛇葡萄 Ampelopsis heterophylla** var. **kulingensis** (Rehd.) C. L. Li in Chin. Journ. Appl. Envirn. Biol. 2(1): 48. 1996. —— *Ampelopsis brevipedunculata* (Maxim.) Trautv. var. *kulingensis* Rehd. in Gent. Herb.

图 310 异叶蛇葡萄 （引自《福建植物志》）

1: 36. 1926.; 中国高等植物图鉴 补编2: 353. 1983. 本变种与模式变种的区别：叶五角形，上部侧角明显外倾，植株被短柔毛或近无毛。产江苏、安徽、浙江、福建、江西、湖南、广东、广西、贵州及四川，生于海拔300-1600米沟谷林下或山坡灌丛。

5. 三裂蛇葡萄 赤木通 图 311

Ampelopsis delavayana Planch. in DC. Monogr. Phan. 5: 458. 1887.

木质藤本。小枝圆柱形，有纵棱纹，疏生短柔毛，后脱落。卷须2-3叉分枝。3小叶复叶，中央小叶披针或椭圆披针形，长5-13厘米，先端渐尖，级部近圆形，侧生小叶卵椭圆形或卵披针形，长4.5-11.5厘米，宽2-4厘米，基部不对称或分裂，粗锯齿，齿端尖细，侧脉5-7对；叶柄长3-10厘米，被疏柔毛，小叶有柄或无柄。多歧聚伞花序与叶对生，花序梗长2-4厘米，被短柔毛。花萼碟形，边缘波状浅裂；花瓣卵状椭圆形，花盘明显，5浅裂；子房下部与花盘合生。果近球形，径约8毫米，有种子2-3。种子腹面两侧洼穴向上达种子中上部。花期6-8月，果期9-11月。

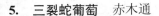

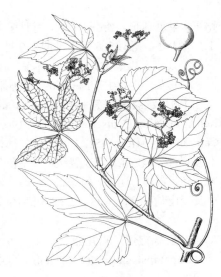

图 311 三裂蛇葡萄 （引自《图鉴》）

产河北、河南、山东、江苏、安徽、浙江、福建、江西、湖北、湖南、广西、贵州、云南、四川、甘肃及陕西，生于海拔50-2200米生灌丛或林中。

[附] **毛三裂蛇葡萄 Ampelopsis delavayana** var. **setulosa** (Diels et Gilg) C. L. Li in Chin. Journ. Appl. Envirn. Biol. 2(1): 48. 1996. ——

Ampelopsis aconitifolia Bunge var. *setulosa* Diels et Gilg in Engl. Bot. Jahrb. 29: 465. 1900. 本变种与模式变种的区别：小枝、叶柄及花序密被锈色短柔毛。产河北、河南、陕西、甘肃、四川、云南及贵州，生于海拔500-2200米山地、地边或林中。

[附] **掌裂蛇葡萄** 掌裂草葡萄 **Ampelopsis delavayana** var. **glabra** (Diels et Gilg) C. L. Li in Chin. Journ. Appl. Envirn. Biol. 2(1): 48. 1996. —— *Ampelopsis aconitifolia* Bunge var. *glabra* Diels et Gilg in Engl.

Bot. Jahrb. 29: 465. 1900.; 中国高等植物图鉴 2: 779. 1972. 本变种与模式变种的区别：叶为3-5小叶；植株各部无毛。产吉林、辽宁、内蒙古、河北、河南、山东、江苏及湖北，生于海拔300-800米山坡、沟边或荒地。

6. 乌头叶蛇葡萄 图312

Ampelopsis aconitifolia Bunge. In Mém. Div. Sav. Acad. Sci. St. Pétersb. 2: 86. 1835.

木质藤本。小枝有纵棱纹，被疏柔毛。卷须2-3叉分枝。掌状5小叶；小叶3-5羽裂或呈粗锯齿状，披针形或菱状披针形，长4-9厘米，先端渐尖，基部楔形，两面无毛或下面被疏柔毛，侧脉3-6对；叶柄长1.5-2.5厘米，小叶几无柄；托叶褐色膜质。伞房状复二歧聚伞花序疏散，花序梗长1.5-4厘米。花萼碟形，波状浅裂或近全缘；花瓣宽卵形；花盘发达，边缘波状；子房下部与花盘合生，花柱钻形。果近球形，径6-8毫米，有种子2-3。种子腹面两侧洼穴向上达种子上部1/3处。花期5-6月，果期8-9月。

产辽宁、内蒙古、宁夏、青海、甘肃、陕西、山西、河北、山东、河南、湖北及广西，生于海拔600-1800米沟边、山坡灌丛或草地。

[附] **掌裂草葡萄 Ampelopsis aconitifolia** var. **palmiloba** (Carr.) Rehd. in Nitt. Deutsch. Ges. 21: 190. 1912. —— *Ampelopsis palmiloba* Carr. in Rev. Hort. 451. f. 41. 1807. 本变种与模式变种的区别：小叶通常不分裂，锯齿较粗或呈浅裂状；花序和叶上下两面的叶脉均微被短柔毛。产黑龙江、吉林、辽宁、内蒙古、宁夏、河北、山东、山西、陕西、甘肃、四川及湖南，生于海拔250-2200米灌丛中或沟谷。

7. 白蔹 鹅抱蛋 猫儿卵 图313 彩片98

Ampelopsis japonica (Thunb.) Makino in Bot. Mag. Tokyo 17: 113. 1903.

Paullinia japonica Thunb. Fl. Jap. 170. 1784.

木质藤本。小枝无毛。卷须不分枝或顶端有短的分叉，相隔3节以上间断与叶对生。3小叶复叶或5小叶掌状复叶，小叶羽状深裂或边缘深锯齿；掌状5小叶者中央小叶深裂至基部，有1-3个关节，关节间有翅，侧小叶无关节或有1个关节；3小叶者中央小叶有1个关节或无关节，基部窄呈翅状；

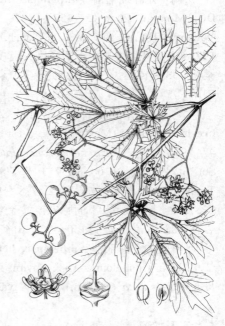

图 312 乌头叶蛇葡萄 （引自《图鉴》）

图 313 白蔹
（引自《江苏南部种子植物手册》）

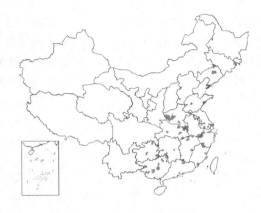

下面无毛或脉上被短柔毛；叶柄长1-4厘米，无毛。聚伞花序通常集生，径1-2厘米，花序梗长1.5-5厘米，常卷曲，无毛。花萼碟形，边缘波状浅裂，花瓣宽卵形；花盘发达，边缘波状浅裂；子房下部与花盘合生，花柱棒状。果球形，径0.8-1厘米，

有种子1-3。种子腹面两侧洼穴向上达种子上部1/3处。花期5-6月，果期7-9月。

产吉林、辽宁、河北、山东、河南、江苏、安徽、浙江、福建、江西、湖北、湖南、广东北部、广西、贵州、四川东南部及陕西，生于海拔100-900米灌丛或草地。日本有分布。

8. 大叶蛇葡萄　　　　图314

Ampelopsis megalophylla Diels et Gilg in Engl. Bot. Jahrb. 29: 466. 1900.

木质藤本。小枝无毛。卷须3分枝。二回羽状复叶，基部一对小叶常为3小叶或稀为羽状复叶，小叶长椭圆形或卵椭圆形，长4-12厘米，宽2-6厘米，先端渐尖，基部微心形、圆形或近截形，两面无毛，干时同色，具粗锯齿；叶柄长3-8厘米，无毛，顶生小叶柄长1-3厘米，侧生小叶柄长0-1厘米。伞房状多歧聚伞花序或复二歧聚伞花序顶生或与叶对生，花序梗长3.5-6厘

图 314　大叶蛇葡萄　（引自《秦岭植物志》）

米，无毛。花萼碟形，边缘波状浅裂或裂片呈三角形；花瓣椭圆形；花盘发达，波状浅裂；子房下部与花盘合生，花柱钻形。果微倒卵圆形，径0.6-1厘米，有种子1-4。种子腹面两侧洼穴向上达种子上部1/3处。花期6-8月，果期7-10月。

产陕西、甘肃、四川、云南东北部、贵州、湖北及广西，生于海拔1000-2000米山谷或山坡林中。

9. 显齿蛇葡萄　　　　图315

Ampelopsis grossedentata (Hand.-Mazz.) W. T. Wang in Acta Phytotax. Sin. 17(3): 79. 90. 1979.

Ampelopsis canteniensis (Hook. et Arn.) Planch. var. *grossedentala* Hand.-Mazz. in Anz. Acad. Wiss. Wien, Math.-Nat. 59: 105. 1922.

木质藤本。小枝圆柱形，有显著纵棱纹，无毛。卷须2叉分枝。一至二回羽状复叶，二回羽状复叶者基部一对为3小叶，小叶宽卵形

图 315　显齿蛇葡萄　（引自《福建植物志》）

或长椭圆形，长2-5厘米，宽1-2.5厘米，有粗锯齿，两面无毛，干时同色；叶柄长1-2厘米，无毛。伞房状多歧聚伞花序与叶对生，花序梗长1.5-3.5厘米，无毛。花萼碟形，边缘波状浅裂；花瓣卵状椭圆形；花盘发达，波状浅裂；子房下部与花盘合生，花柱钻形。果近球形，径0.6-1厘米，有种子2-4。种子腹面两侧洼穴向上达种子近中部。花期5-8月，果期8-12月。

产福建、江西、湖北、湖南、广东、海南、广西、贵州及云南，生于海拔200-1500米沟谷林中或山坡灌丛。

10. 羽叶蛇葡萄　　　　　图316

Ampelopsis chaffanjoni (Lévl. et Vant.) Rehd. in Journ. Arn. Arb. 15: 25. 1934.

Vitis chaffanjoni Lévl. et Vant. in Bull. Soc. Agr. Sarthe 40: 37. 1905.

木质藤本。小枝无毛。卷须2叉分枝。一回羽状复叶，通常有小叶2-3对；

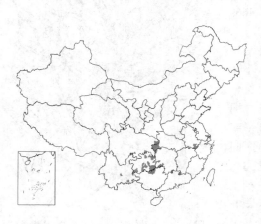

小叶长椭圆或卵椭圆形，长7-15厘米，宽3-7厘米，先端急尖或渐尖，基部宽楔形，边缘有尖锐细锯齿，两面无毛，干时上面色深，下面色浅；叶柄长2-4.5厘米，无毛，顶生小叶柄长2.5-4.5厘米，侧生小叶柄长0-1.8厘米。伞房状多歧聚伞花序顶生或与叶对生；花序梗长3-5厘米，无毛。花萼碟形，萼片宽三角形；花瓣卵状椭圆形；花盘发达，波状浅裂；子房下部与花盘合生，花柱钻形。果近球形，径0.8-1厘米，有种子2-3。种子腹部两侧洼穴向上微扩大达种子上部，周围有钝肋纹突出。花期5-7月，果期7-9月。

产安徽、江西、湖北、湖南、广西、贵州、云南及四川，生于海拔500-2000米山坡疏林或沟谷灌丛。

　　[附] **粉叶蛇葡萄 Ampelopsis hypoglauca** (Hance) C. L. Li in Chin.

图 316 羽叶蛇葡萄　（顾　健绘）

Journ. Appl. Envirn. Biol. 2(1): 48. 1996. —— *Hedera hypoglauca* Hance in Walp. Arn. 2: 724. 1852. 本种与羽叶蛇葡萄的区别：小叶4-6对，小叶较小，长2.5-6厘米，宽1-3.5厘米；种子腹部两侧洼穴明显宽阔，呈倒卵状椭圆形。产江西、福建、广东及香港，生于海拔150-600米林中或灌丛中。

11. 广东蛇葡萄　　粤蛇葡萄　　　图317 彩片99

Ampelopsis cantoniensis (Hook. et Arn.) Planch. in DC. Monogr. Phan. 5: 460. 1887.

Cissus cantoniensis Hook. et Arn. Bot. Beechey Voy. 175. 1833, pro part.

木质藤本。小枝圆柱形，有纵棱纹，嫩时被灰色短柔毛。卷须2叉分枝。二回羽状复叶或小枝上部着生有一回羽状复叶，二回羽状复叶者基部一对小叶常为3小叶，侧生小叶和顶生小叶大多形状各异，卵形、卵状椭圆形或长椭圆形，长3-11厘米，宽1.5-6厘米，先端急尖、渐尖或短尾尖，基部通常楔形，上面深绿色，放大可见有浅色小圆点，下面浅黄褐绿色，脉基部常疏生灰色短柔毛，常有不明显波状锯齿；叶柄长2-8厘米，被短柔毛，顶生小叶柄长1-3厘米，侧生小叶柄0-2.5厘米。伞房状多歧聚伞花序，

顶生或与叶对生；花序梗长2-4厘米，被短柔毛。花萼碟形，边缘波状；花瓣卵状椭圆形；花盘发达，边缘浅裂；子房下部与花盘合生，花柱明显。果近球形，径6-8毫米，有种子2-4。种子腹面两侧洼穴不明显。花期4-7月，果期8-11月。

产安徽、浙江、福建、江西、湖北、湖南、广东、香港、海南、广西及贵州，生于海拔100-850米山谷林中或山坡灌丛。

[附] **毛枝蛇葡萄 Ampelopsis rubifolia** (Wall.) Planch. in DC. Monogr. Phan. 5: 463. 1887. —— *Vitis rubifolia* Wall. in Roxb. Fl. Ind. ed. Carrey 2: 480. 1824. 本种与广东蛇葡萄的区别：小枝、叶下面、叶柄、花序梗、花梗均密被锈色柔毛；小枝具5-7棱；一回羽状复叶有小叶1-7对；小叶椭圆形、卵椭圆形或椭圆披针形，小叶长3.5-14厘米，宽2-6.5厘米。果径长0.8-1.5厘米。产江西、湖南、贵州、广西、云南及四川，生于海拔900-1200米山谷林中、林缘或山坡灌丛。印度东北部有分布。

图 317 广东蛇葡萄 （顾 健绘）

4. 白粉藤属 Cissus Linn.

木质或半木质藤本。卷须不分枝或2叉分枝，稀总状多分枝。单叶或掌状复叶，互生。花4数，两性或杂性同株，复二歧聚伞花序或二级分枝集生成伞形与叶对生；花瓣各自分离脱落；雄蕊4；花盘发达，边缘呈波状或微4裂；花柱明显，柱头不分裂或2裂，子房2室，每室有2胚珠。果实为一肉质浆果，有种子1-2。种子倒卵椭圆形或椭圆形，种脐在种子背面基部或近基部，外形与种脊比较没有特别的分化，腹面两侧洼穴极短，位于种子基部或下部，胚乳横切面呈W形。染色体基数x=11，12，13。

约160余种，主要分布于泛热带。我国15种。

1. 单叶；种子长不超过1厘米。
  2. 小枝圆柱形或微呈四棱形，无翅。
    3. 叶缘锯齿较少，每边5-12。
      4. 叶椭圆形或三角状长椭圆形，长大于宽2倍以上，基部近截形；卷须不分枝；花序复二歧聚伞花序，花序梗无毛或微被乳突状毛；种子光滑，不具棱纹 ················· 1. **四棱白粉藤 C. subtetragona**
      4. 叶心状卵圆形，长稍大于宽，基部心形；卷须2叉分枝；花序二级分枝4-5集生成伞形花序，无毛；种子有稀疏的突出棱纹 ································· 2. **白粉藤 C. repens**
    3. 叶缘锯齿较多，每边15-44。
      5. 种子光滑，不具棱纹；卷须不分枝；叶心形 ··············· 3. **鸡心藤 C. kerrii**
      5. 种子有稀疏的突出棱纹；卷须2-3分枝或总状多分枝。
        6. 叶干时两面同色，边缘有不整齐锯齿或呈波状；种子有微突钝棱；小枝、叶、叶柄被丁字长柔毛；卷须总状5-7分枝 ························ 4. **大叶白粉藤 C. repanda**
        6. 叶干时上面暗绿色，下面淡绿色，具尖锐锯齿；种子有突出棱纹，棱钝或尖锐；卷须2-3分枝。
          7. 叶戟形或卵状戟形；花梗几无毛；种子有钝棱纹 ············· 5. **青紫葛 C. javana**
          7. 叶心状宽卵形或心形；种子有尖锐棱纹。
            8. 小枝、叶下面、叶柄密被锈色卷毛；花梗被短柔毛；子房被稀疏短柔毛 ················
            ················· 5(附). **贴生白粉藤 C. adnata**
            8. 小枝、叶下面、叶柄或多或少被丁字毛，稀无毛；子房无毛。
              9. 叶下面中脉被稀疏丁字毛或无毛；花瓣无毛 ··········· 6. **苦郎藤 C. assamica**
              9. 叶下面满被丁字毛，每边有16-24锯齿；花瓣外面疏被短柔毛 ··········

1. 四棱白粉藤　　　　　　　　　　　　　图 318

Cissus subtetragona Planch. in DC. Monogr. Phan. 5: 497. 1887.

木质藤本。小枝近圆柱形，上部近方形，纵棱纹不明显，无毛。卷须不分枝。叶长椭圆形或三角状长椭圆形，长6-19厘米，宽2-7厘米，先端渐尖或短尾尖，基部近截形，每边有5-11细锯齿，两面无毛，基出脉3；叶柄长0.8-3.5厘米；托叶早落。复二歧聚伞花序顶生或与叶对生，花序梗长1-3厘米，无毛或微被乳突状毛。花萼杯形，全缘，花瓣三角状长圆形；花盘明显，4裂；子房下部与花盘

图 318 四棱白粉藤 （引自《图鉴》）

合生，花柱钻形，柱头微扩大。果近球形，径0.8-1.2厘米，有种子1。种子近圆形，平滑，腹面两侧洼穴在种子基部极短。花期9-10月，果期10-12月。

产云南南部，生于海拔50-1300米林中或灌丛内。老挝及越南有分布。

2. 白粉藤　　　　　　　　　　　　　图 319

Cissus repens Lamk. Encycl. 1: 31. 1783.

草质藤本。小枝圆柱形，有纵棱纹，常被白粉，无毛。卷须2叉分枝。叶心状卵圆形，长5-13厘米，宽4-9厘米，先端急尖或渐尖，基部心形，每边有9-12细锐锯齿，两面无毛，基出脉3-5；叶柄长2.5-7厘米。二级分枝4-5集生成伞形花序，顶生或与叶对生，花序梗长1-3厘米，无毛。花萼杯形，全缘或波状；花瓣卵状三角形；花盘明显，微4裂；子房下部与花盘合生，花柱近钻形，柱头不明显扩大。果倒卵圆形，径0.8-1.2厘米，有种子1。种

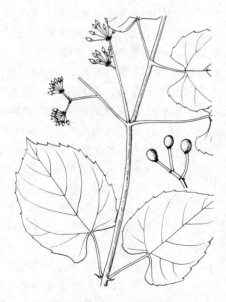

图 319 白粉藤 （孙英宝绘）

子倒卵圆形，有稀疏突出棱纹，腹面两侧洼穴达种子中部。花期 7-10 月，果期 10 月至翌年 5 月。

产云南、贵州、广西、广东、海南及福建南部，生于海拔 100-1800 米

疏林或山坡灌丛。印度、越南、菲律宾、马来西亚和澳大利亚有分布。

3. 鸡心藤　　　　　　　　　　　　　　　图 320　彩片 100

Cissus kerrii Craib in Kew Bull. 1911: 30. 1911.

Cissus modeccoides Planch. var. *subintegra* Gagnep.；中国高等植物图鉴 2: 782. 1972.

草质藤本。小枝钝四棱形，有纵棱纹，被白粉，无毛。卷须不分枝。叶心形，长 5-11 厘米，先端渐尖，基部心形，每边有 18-32 细锯齿，两面无毛，基出脉 5，有时侧出脉基部合生；叶柄长 1.5-7.5 厘米。花序顶生或与叶对生，二级分枝通常 3，集生成伞形，花序梗长 0.7-2 厘米。花萼碟形，全缘；花瓣椭圆形；花盘明显，波状 4 浅裂；子房下部与花盘合生，花柱钻形，柱头微扩大。果近球形，径约 1 厘米，有 1 种子。种子光滑，无棱纹，腹面两侧洼穴凹陷。花期 6-8 月，果期 9-10 月。

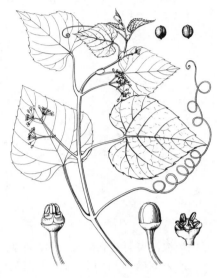

图 320　鸡心藤 （引自《图鉴》）

产云南南部、广西东部、广东、香港及海南，生于海拔 100-200 米田边、草坡或灌丛中。印度、越南、泰国、印度尼西亚及澳大利亚有分布。

4. 大叶白粉藤　　　　　　　　　　　　　　图 321

Cissus repanda Vahl, Symb. 3: 18. 1794.

木质大藤本。小枝密被丁字柔毛。卷须总状 5-7 分枝。叶卵圆形，不分裂或微浅 3 裂，长 9-24 厘米，先端急尖或渐尖，基部心形，有不齐锯齿或呈波状，下面疏被丁字毛，干时两面同毛；基出脉 5-7；叶柄长 1.5-9 厘米，密被丁字毛。花序集生成复伞形花序，顶生或与叶对生，花序梗长 1.5-3.5 厘米，密被短柔毛。花萼碟形，萼齿不明显；花瓣宽卵形，外密被锈色长柔毛；花盘明显，波状 4 浅裂；子房顶端被稀疏柔毛。果倒卵椭圆形，径约 6 毫米。有种子 1。种子长椭圆形，有微突钝棱，腹面棱脊两侧微下陷。花期 5 月，果期 6 月。

产四川南部、云南东南部、广西西南部及海南，生于海拔 500-1000 米沟边疏林中。泰国、印度及斯里兰卡有分布。

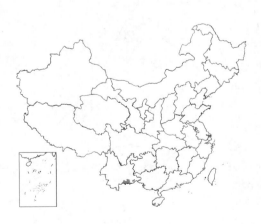

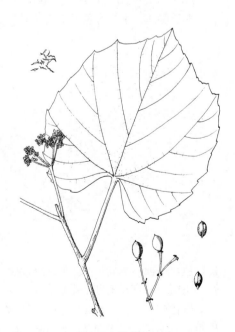

图 321　大叶白粉藤 （孙英宝绘）

5. 青紫葛

图 322: 1-3

Cissus javana DC. Prodr. 1: 628. 1824.

草质藤本。小枝近四棱形，有纵棱纹，无毛或微被疏柔毛。卷须2叉分枝。叶戟形或卵状戟形，长6-15厘米，先端渐尖，基部心形，每边有15-34尖锐锯齿，两面无毛，干时不同色；叶柄长2-4.5厘米。花序顶生或与叶对生，二级分枝4-5集生成伞形；花序梗长0.6-4厘米，被稀疏短柔毛。花梗几无毛；花萼碟形，全缘或波状浅裂；花瓣椭圆形；花盘明显，4裂。果倒卵椭圆形，径约有5毫米，种子1，种子有钝棱纹，腹面两侧洼穴明显。花期6-10月，果期10-12月。

图 322: 1-3.青紫葛 4-6.翅茎白粉藤
（顾 健绘）

产云南南部、四川南部、广西东部及南部，生于海拔600-2000米山坡林中、草丛或灌丛。尼泊尔、锡金、印度、缅甸、越南、泰国及马来西亚有分布。

[附] **贴生白粉藤 Cissus adnata** Roxb. Fl. Ind. 1: 423. 1820. 本种与青紫葛的区别：木质藤本；小枝圆柱形，密被锈色卷曲毛；叶心状卵圆形，干时两面同色，下面和叶柄密被锈色卷曲柔毛，或脉上被横展毛；花梗被短柔毛；子房被稀疏短柔毛。产云南南部，生于海拔500-1600米林缘或灌丛中。老挝、柬埔寨、泰国及印度有分布。

6. 苦郎藤 毛叶白粉藤

图 323

Cissus assamica (Laws.) Craib in Kew Bull. 1911: 31. 1911.

Vitis assamica Laws. in Hook. f. Fl. Brit. Ind. 1: 648. 1875.

木质藤本。小枝圆柱形，有纵棱纹，伏生稀疏丁字毛或近无毛。卷须2叉分枝。叶宽心形，长5-7厘米，先端短尾尖，基部心形，每边有20-44尖锐锯齿，下面脉上伏生丁字毛或脱落至近几毛，网脉下面较明显；叶柄长2-9厘米。花序与叶对生，二级分枝集生成伞形；花序梗长2-2.5厘米。花萼碟形，全缘或波状；花瓣三角状卵形，无毛，花盘明显，4裂，子房无毛。果倒卵圆形，径6-7毫米，成熟时紫黑色，有种子1。种子表面棱纹锐尖，腹面两侧洼穴向上达种子上部1/3处。花期5-6月，果期7-10月。

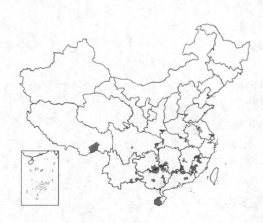

图 323 苦郎藤 （引自《图鉴》）

产福建、江西、湖北、湖南、广东、海南、广西、贵州、云南、四川及西藏东南部，生于海拔200-1600米山谷溪边林中、林缘或山坡灌丛。越南、柬埔寨、泰国及印度有分布。

[附] **毛叶苦郎藤 Cissus aristata** Bl. Bijdr. 184. 1825. 本种与苦郎藤的区别：小枝、叶下面、花序密

被丁字毛；叶边缘每侧有16-24尖锐锯齿；花瓣外面疏被短柔毛。产海南及云南，生于海拔100-1300米山谷溪边林中。菲律宾、缅甸、泰国、马来西亚、印度尼西亚及巴布亚新几内亚有分布。

7. 翅茎白粉藤

图 322: 4-6

Cissus hexangularis Thorel ex Planch. in DC. Monogr. Phan. 5: 511. 1887.

木质藤本。小枝近圆柱形，具6翅棱，翅棱间有纵棱纹，常皱褶，节部干时收缩，无毛。卷须不分枝。叶卵状三角形，长6-10厘米，先端骤尾尖，基部截形或近截形，每边有5-8个细牙齿或齿不明显，两面无毛，基出脉3；叶柄长1.5-5厘米。复二歧聚伞花序顶生或与叶对生，花序梗长2-4.5厘米；花梗被乳头状腺毛；花萼碟形，全缘；花瓣三角状长圆形；花盘显著，4浅裂。果近球形，径0.8-1.2厘米，有种子1。种子倒卵圆形，平滑，腹面两侧洼穴在种子基部极短。花期10月，果期10-12月。

产福建南部、广东雷州半岛、海南及广西，生于海拔50-400米溪边林中。越南、菲律宾、马来西亚及澳大利亚有分布。

8. 翼茎白粉藤

图 324

Cissus pteroclada Hayata, Ic. Pl. Formos. 2: 107. 1912.

草质藤本。小枝四棱形，棱有窄翅，棱间有纵棱纹，无毛，干时不皱缩，茎节不收缩。卷须2叉分枝。叶卵圆形或长卵圆形，长5-12厘米，先端短尾尖，基部心形，小枝上部叶有时基部近截形，每边有6-9细齿，两面无毛；基出脉5，下面网脉突出；叶柄长2-7厘米。花序集生成伞形花序，顶生或与叶对生，花序梗长1-2厘米，被短柔毛。花萼杯形，全缘；花瓣宽卵形；花盘明显，4裂，花柱短。果倒卵椭圆形，

图 324 翼茎白粉藤 （顾 健绘）

径0.8-1.4厘米，有种子1-2。种子微弯曲，倒圆锥状，有突尖纵棱及横肋，腹面两侧洼穴从基部向上达种子上部或近中部。花期6-8月，果期8-12月。

产台湾、福建、广东、海南、广西及云南东南部，生于海拔300-2100米灌丛或山谷疏林。尼泊尔、锡金、印度、缅甸、越南、泰国及印度尼西亚有分布。

9. 五叶白粉藤

图 325

Cissus elongata Roxb. Fl. Ind. 1: 429. 1820.

木质藤本。小枝近圆柱形，有显著纵棱纹，无毛。卷须不分枝。鸟足状5小叶复叶，小叶倒卵披针形或倒卵椭圆形，长5-15厘米，先端骤尾尖，基部楔形，上部有7-9细齿，下部全缘，两面无毛，网脉不显著；叶柄长6-

10厘米；托叶早落。复二歧聚伞花序假顶生或与叶对生，花序梗长1.5-2厘米。花萼杯形，边缘波状；花瓣卵状椭圆形；花盘明显，4浅裂。果椭圆形，径1-1.5厘米，成熟时紫黑色，有种子1。种子长椭圆形，光滑，无棱纹，腹面两侧洼穴在基部凹陷。花期6-7月，果期8-11月。

产海南、广西及云南，生于海拔80-1020米溪边林中。越南、印度、不丹及锡金有分布。

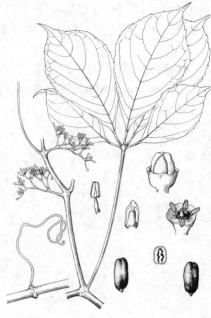

图 325 五叶白粉藤 （顾 健绘）

5. 乌蔹莓属 Cayratia Juss

木质藤本。卷须通常2-3叉分枝，稀总状多分枝。叶为3小叶复叶或鸟足状5小叶复叶，互生。花4数，两性或杂性同株，伞房状多歧聚伞花序或复二歧聚伞花序，腋生或假腋生，稀与叶对生。花瓣展开，各自分离脱落；雄蕊5；花盘发达，4浅裂或波状浅裂；花柱短，柱头不分裂，微扩大或不明显扩大，子房下部与花盘合生，2室，每室有2胚珠。浆果球形或近球形，有种子1-4。种子呈半球形，背面凹起，腹部平，有一近圆形孔被膜封闭，或种子倒卵圆形，腹面两侧洼穴与种子近等长。染色体基数x=10。

30余种，分布于亚洲、大洋洲和非洲。我国16种。

1. 花序梗中部以下有节，节上有苞片；种子半球形，背面光滑，腹部平，有1被薄膜所封闭的腹孔。
   2. 3小叶复叶，中央小叶基部楔形，细锯齿疏离；小叶上面无毛，下面密灰色短柔毛 …………………………………………………………………………………… 1. 膝曲乌蔹莓 C. geniculata
   2. 鸟足状5小叶复叶，中央小叶基部截形、圆或微心形，锯齿不规则；小叶两面疏被短柔毛 …………………………………………………………………………………… 2. 鸟足乌蔹莓 C. pedata
1. 花序梗中部以下无节、无苞片；种子倒卵椭圆形或三角状倒卵形，腹部中棱脊突出，两侧各有1宽窄不同的洼穴。
   3. 3小叶复叶，小叶长椭圆形或斜卵形，长4-8厘米；卷须2叉分枝 …………………………………………………………………… 3. 尖叶乌蔹莓 C. japonica var. pseudotrifolia
   3. 鸟足状5小叶复叶，稀混生有3小叶复叶。
     4. 两面无毛。
       5. 花瓣先端无角状突起；中央小叶长2.5-4.5厘米，每边有6-15锯齿 ……………… 3 乌蔹莓 C. japonica
       5. 花瓣先端有小角状突起；中央小叶长3.5-9厘米，每边有5-7锯齿 ……… 4. 角花乌蔹莓 C. corniculata
     4. 叶至少下面或多或少被短柔毛。
       6. 小枝、叶柄和叶下面密被灰白色柔毛。
         7. 小叶下面被褐色或灰褐色短柔毛，每边有锯齿4-11 ………… 3(附). 毛乌蔹莓 C. japonica var. mollis
         7. 小叶下面密被灰白色柔毛，每边有锯齿20-28 ……………………… 5. 白毛乌蔹莓 C. albifolia
       6. 小枝、花序梗、叶柄和叶下面被褐色节状长柔毛；小叶柄明显；花瓣先端无小角 …………………………………………………………………………………… 6. 华中乌蔹莓 C. oligocarpa

1. 膝曲乌蔹莓

图 326

Cayratia geniculata (Bl.) Gagnep. in Lecomte, Not. Syst. 1: 345. 1911.

Cissus geniculata Bl. Bijdr. 184. 1825.

木质藤本。小枝圆柱形，稍扁压，被短柔毛。卷须2叉分枝。3小叶复叶，中央小叶菱状椭圆形，长10-18厘米，先尾尖或渐尖，基部楔形，侧生小叶宽卵形，长9-17厘米，先尾尖或渐尖，基部不对称斜圆形，边缘有疏离细锯齿，下面密被短柔毛或脱落近无毛；叶柄长9-18厘米，被短柔毛，

小叶几无柄或有短柄。复二歧聚伞花序腋生，花序梗长3-14厘米。花萼杯状，波状浅裂，外面被乳突状毛；花瓣宽卵形；花盘发达，波状4浅裂。果近球形，径0.8-1厘米，有种子2-4。种子半球形。花期1-5月。果期5-10月。

产广东西部、海南、广西西南部及西北部、云南东南部及南部、西藏东南部，生于海拔300-1000米山谷溪边林中。越南、菲律宾、马来西亚及印度尼西亚有分布。

图 326 膝曲乌蔹莓 （顾 健绘）

2. 鸟足乌蔹莓

图 327

Cayratia pedata (Lamk.) Juss. ex Gagnep. in Lecomte, Not. Syst. 1: 346. 1910.

Cissus pedata Lamk. Encycl. 1: 31. 1783.

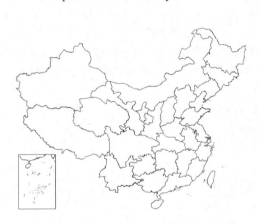

木质藤本。小枝圆柱形，有纵棱纹，被疏柔毛。卷须2叉分枝。复叶鸟足状5小叶复叶，中央小叶倒卵椭圆形，侧生小叶卵椭圆形，长5-22厘米，先尾状渐尖，基部近截形或微心形，有不规则锯齿，两面被疏柔毛；叶柄长5.5-16厘米，中央小叶柄长1.5-5厘米，侧生小叶柄长2-4厘米，小叶几无柄或有短柄。花序腋生，下部有节，为伞房状多歧聚伞花序，花序梗长15-16厘米，被疏柔毛。花萼碟形，全缘；花瓣卵状椭圆形；花盘显著，边缘波状；果倒肾形，径1.2-1.5厘米，有种子2-3。种子半球形。花期6-7月，果期9-11月。

产云南东南部及广西西部，生于海拔800-2200米灌木或岩石缝中。越南、泰国、马来西亚及印度有分布。

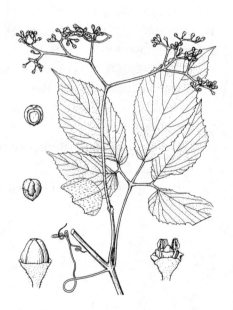

图 327 鸟足乌蔹莓 （顾 健绘）

3. 乌蔹莓

图 328

Cayratia japonica (Thunb.) Gagnep. in Lecomte, Not. Syst. 1: 349. 1911.

Vitis japonica Thunb. Fl. Jap. 104. 1784.

草质藤本。小枝疏被柔毛或近无毛。卷须2-3叉分枝。鸟足状5小叶复叶，中央小叶长椭圆形或椭圆披针形，长2.5-4.5厘米，侧生小叶椭圆形或长椭圆形，长1-7厘米，先端渐尖，基部楔形或宽圆，每边有6-15疏锯齿，下面无毛或微被毛；叶柄长1.5-10厘米，中央小叶柄长0.5-2.5厘米，侧生小叶几无柄或有短柄。复二歧聚伞花序腋生，花序梗长达13厘米，无毛或微被毛。花萼碟形，全缘或波状浅裂，花瓣三角状宽卵形，外面被乳突状毛；花盘发达，4浅裂。果近球形，径约1厘米，有种子2-4。种子倒三角状卵圆形，腹面两侧洼穴从近基部向上过种子顶端。花期3-8月，果期8-11月。

产河南、山东、江苏、安徽、浙江、福建、台湾、江西、湖北、湖南、广东、海南、广西、贵州、云南、四川、甘肃东南部及陕西南部，生于海拔300-2500米山谷林中或灌丛。日本、菲律宾、越南、缅甸、印度、印度尼西亚及澳大利亚有分布。

[附] **尖叶乌蔹莓 Ca-yratia japonica** var. **pseudotrifolia** (W. T. Wang) C. L. Li in Chin Journ. Appl. Environ. Biol. 2(1): 51. 1996. —— *Cayratia pseutrifolia* W. T. Wang in Acta Phytotax. Sin. 17(3): 19. 92. 1979. 本变种与模式变种的区别：叶多为3小叶复叶。产浙江、江西、湖北西部、湖南西北部、广东西部、海南、贵州东北部、四川东部及东北部、甘肃东南部及陕西南部，生于海拔300-1500米山地沟谷林下。

[附] **毛乌蔹莓 Cayratia japonica** var. **mollis** (Wall. ex Laws.) Momiyama in Hara, Fl. East. Himal. 1: 199. 1966. —— *Vitis mollis* Wall.

图 328 乌蔹莓
（引自《浙江西天目山药用植物志》）

ex Laws in Hook. f. Fl. Brit. Ind. 1: 660. 1875. 本变种与模式变种的区别：叶下面全被或仅脉上密被疏柔毛。产云南南部、贵州南部、广西、广东及海南，生于海拔300-2200米山谷林中或山坡灌丛中。印度有分布。

4. 角花乌蔹莓

图 329

Cayratia corniculata (Benth.) Gagnep. In Lecomte, Not. Syst. 1: 347. 1911.

Vitis corniculata Benth. Fl. Hongkong. 54. 1861.

草质藤本，无毛。卷须2叉分枝，鸟足状5小叶复叶，中央小叶长椭圆披针形，长3.5-9厘米，先端渐尖，基部楔形，侧生小叶卵状椭圆形，长2-5厘米，先端急尖或钝，基部楔形或圆，每边有5-7个锯齿或细齿，两面无毛；叶柄长2-4.5厘米，小叶有短柄或几无柄。复二歧聚伞花序腋生，花序梗长3-3.5厘米。花萼碟形，全缘或三角状浅裂，花瓣三角状宽卵形，先端有小尖，外展，疏被乳突状毛；花盘发达，4浅裂。果近球形，径0.8-1厘米，有种子2-4。种子倒卵状椭圆形，腹面两侧洼穴从基部向上达种子上部1/3处。花期4-5月，果期7-9月。

产安徽南部、福建、江西、湖北西部、湖南东部、广东、海南及广西

图 329 角花乌蔹莓 （引自《图鉴》）

东北部，生于海拔200-600米山谷溪边疏林中或山坡灌丛内。

5. 白毛乌蔹莓　大叶乌蔹莓　　　　　　　　　　图330

Cayratia albifolia C. L. Li in Chin. Journ. Appl. Environ. Biol. 2(1): 51. 1996.

Cayratia oligocarpa auct. non (Lévl. et Aant.) Gagnep.: 中国高等植物图鉴 2: 783. 1972.

半木质藤本。小枝圆柱形，有纵棱纹，被灰色柔毛。卷须3叉分枝，鸟足状5小叶复叶，小叶长椭圆形或卵椭圆形，长5-17厘米，先端渐尖，基部楔形或钝圆形，每边有20-28个短尖钝齿，上面无毛或中脉上被稀短柔毛，下面灰白色，密被灰色短柔毛；叶柄长5-12厘米，中央小叶柄长3-5厘米，侧生小叶无柄或有短柄，被灰色疏柔毛。伞房状多歧聚伞花序腋生；花序梗长2.5-5厘米，被灰色疏柔毛。

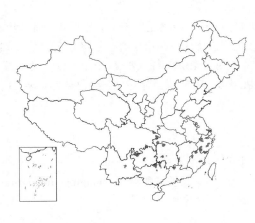

花萼浅碟形，萼齿不明显，外被乳突状柔毛；花瓣宽卵形或卵状椭圆形；花盘明显，4浅裂。果球形，径1-1.2厘米，有种子2-4。种子倒卵状椭圆形，腹面两侧洼穴边缘窄，有突出肋纹。花期5-6月，果期7-8月。

产浙江、福建北部、江西西部、湖北西部、湖南、广东北部、广西、贵州、云南东北部、四川东南部至东北部，生于海拔300-2000米山谷林中或山坡岩石。

6. 华中乌蔹莓　大叶乌蔹莓　　　　　　　　　　图331

Cayratia oligocarpa (Lévl. et Vant.) Gagnep. in Lecomte, Not. Syst. 1: 348. 359. 1911.

Vitis oligocarpa Lévl. et Vant. in Bull. Soc. Agric. Sci. Sarthe. 40: 41. 1905.

草质藤本。小枝被褐色节状长柔毛。卷须2叉分枝。叶为鸟足状5小叶复叶，中央小叶长椭圆披针形，长4.5-10厘米，先端尾状渐尖，基部楔形，侧生小叶卵状椭圆形或宽卵形，长5-7厘米，先端急尖或渐尖，基部楔形或近圆，上面被疏柔毛或近无毛，下面浅绿褐色，密被节状毛；叶柄长2.5-7厘米，中央小叶柄长1.5-3厘米，侧生小叶有短柄，密被褐色节状长柔毛；托叶褐色。复二歧聚伞花序腋生，花序梗长1-4.5厘米，被褐色节状长柔毛；花萼浅

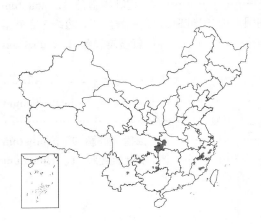

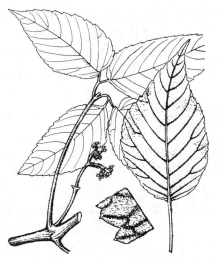

图329 角花乌蔹莓 （引自《图鉴》）

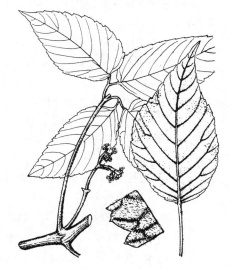

图330 白毛乌蔹莓 （顾 健绘）

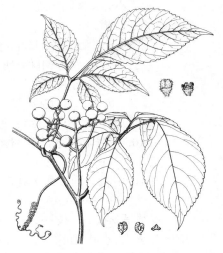

图331 华中乌蔹莓 （引自《图鉴》）

碟形，萼齿不明显，外面被褐色节状毛；花瓣宽卵形，外被节状毛；花盘发达，4浅裂。果近球形，径0.8-1厘米，有种子2-4。种子倒卵状长椭圆形，腹面两侧洼穴从下部达种子近顶端。花期5-7月，果期8-9月。

产安徽南部、浙江、福建北部、湖北西部、贵州东南部及西北部、云南东北部、四川东南部及东北部、陕西南部，生于海拔400-2000米山坡林中。

6. 崖爬藤属 Tetrastigma (Miq) Planch.

木质稀草质藤本。卷须不分枝或2叉分枝。叶为3小叶复叶、掌状5小叶复叶或鸟足状5-7小叶复叶，稀单叶，互生。花4数，杂性异株，多歧聚伞花序、伞形或复伞形花序，通常腋生或假腋生。花瓣展开，各自分离脱落；雄蕊在雌花中败育，在雄花中花盘发达，在雌花中较小或不明显；花柱不明显或较短，柱头4裂，稀不规则分裂，子房2室，每室有2胚珠。浆果球形、椭圆或倒卵圆形，有种子1-4；胚乳T形、W形或呈嚼烂状。染色体基数x=11、13。

约100余种，分布亚洲至大洋州。我国45种。

1. 叶为单叶，卵状长椭圆形；花序梗长8-12.5厘米，无毛；花梗长0.4-1厘米，无毛 …… 1. 长梗崖爬藤 T. longipedunculatum
1. 叶为掌状或鸟足状复叶。
　2. 叶为3小叶复叶或掌状5小叶复叶。
　　3. 叶为3小叶复叶。
　　　4. 卷须不分枝或2叉分枝。
　　　　5. 花梗无毛。
　　　　　6. 矮小直立灌木；小叶长6-26.5厘米，宽（3-）4-11厘米；叶柄长5-8厘米；花序与叶对生或假顶生 ……………………………………………………………………………………… 2. 草崖爬藤 T. apiculatum
　　　　　6. 纤细木质藤本；小叶长4-6（-8）厘米，宽2-3厘米；叶柄长2-3厘米；花序腋生 ……………………………………………………………………………………………………… 3. 台湾崖爬藤 T. formosanum
　　　　5. 花梗或多或少被短柔毛或乳突状毛。
　　　　　7. 木质藤本，植株粗壮；种子有皱纹。
　　　　　　8. 小叶倒卵状椭圆形，最宽处常在上部，每边有3-4锯齿；花瓣先端有小角状突起，外面密被乳突状毛；果球形 ……………………………………………………… 4. 厚叶崖爬藤 T. pachyphyllum
　　　　　　8. 小叶长椭圆形或披针形，最宽处常在近中部；花瓣顶端有显著展开的小角状突起，花瓣无毛；果椭圆形。
　　　　　　　9. 叶常为3小叶复叶，偶混生有鸟足状5小叶复叶，小叶披针形或长椭圆形，先端渐尖，边缘3-5个锯齿，下面网脉不明显 ………………………………… 5. 尾叶崖爬藤 T. caudatum
　　　　　　　9. 叶常3小叶复叶，偶混生有掌状5小叶复叶，小叶椭圆形或长椭圆形，先端骤尾尖，边缘5-8个锯齿，下面网脉明显、突出或不突出 ………………… 6. 红枝崖爬藤 T. erubescens
　　　　　7. 草质藤本，植物纤细；种子光滑。
　　　　　　10. 花瓣无毛。种子倒卵状椭圆形，腹面两侧洼穴呈沟状从下部向上斜伸展达种子顶部 ……………………………………………………………………… 7. 三叶崖爬藤 T. hemsleyanum
　　　　　　10. 花瓣外面被乳突状毛；种子卵圆形，腹面两侧洼穴分化不明显 ……………………………………………………………………………… 7(附). 海南崖爬藤 T. papillatum
　　　4. 卷须呈伞状多分枝 ………………………………………………………… 8. 菱叶崖爬藤 T. triphyllum
　　3. 叶为掌状5小叶复叶。
　　　11. 卷须2叉分枝或不分枝；木质藤本。

12. 卷须不分枝；小枝粗壮，径3-6毫米；复二歧聚伞花序或呈二级分枝伞形花序。

 13. 中央小叶披针形、长圆披针形或卵状披针形；花瓣先端呈风帽状，无小角状突起；有稀疏钝锯齿；花序生当年生枝上 ··· 9. 扁担藤 **T. planicaule**

 13. 中央小叶长椭圆形、椭圆状披针形或倒卵状长椭圆形，每边有5-9粗大锯齿；花序生老茎上 ··· 9(附). 茎花崖爬藤 **T. cauliflorum**

12. 卷须2叉分枝；枝条纤细，径1.5-2毫米；单伞花序 ············· 10. 叉须崖爬藤 **T. hypoglaucum**

11. 卷须4-9集生呈伞状；草质或半木质藤本。

 14. 复伞形花序，长2-8厘米；小叶倒卵状椭圆形、菱状卵形、倒卵状披针形或披针形，叶柄长3-9（-11）厘米 ··· 11. 云南崖爬藤 **T. yunnanense**

 14. 单伞花序，长1.5-4厘米；小叶菱状椭圆形或椭圆状披针形，叶柄长1-4厘米 ··· 12. 崖爬藤 **T. obtectum**

2. 叶为鸟足状5-7小叶复叶。

15. 叶下面无毛。

 16. 花梗无毛。

  17. 花瓣先端呈风帽状，无明显的小角状突起；小叶倒卵状披针形或倒卵形，先端尾状渐尖或短尾尖，基部楔形，边缘有细牙齿延长呈芒状 ············· 13. 喜马拉雅崖爬藤 **T. rumicispermum**

  17. 花瓣先端有明显小角状突起。

   18. 老枝灰色，有瘤状突起；果时叶变成革质或亚革质，小叶边缘锯齿状，齿急尖；种子倒三角形，有突出棱纹；卷须不分枝 ············· 14. 角花崖爬藤 **T. ceratopetalum**

   18. 老枝绿褐色，无瘤状突起；果时叶为草质，小叶边缘有波状细齿；种子球形，有细皱纹，不明显突出。

    19. 卷须2叉分枝；种脐在种子背面近中部呈卵圆形，腹面洼穴从基部向上达种子1/3处，下部呈沟状，上部呈窄椭圆形 ············· 15. 细齿崖爬藤 **T. nepaulense**

    19. 卷须不分枝；种脐在种子背面下部呈龟头状，腹面两侧洼穴，从基部向上斜展达种子顶端 ··· 16. 狭叶崖爬藤 **T. serrulatum**

 16. 花梗被短柔毛或乳突状毛；花瓣无小角状突起；种子倒三角形，有锐棱突起 ··· 17. 七小叶崖爬藤 **T. delavayi**

15. 叶下面脉上或全部被疏柔毛，革质或亚革质，叶柄干时有显著皱褶；种子倒卵状椭圆形，腹面两侧洼穴从上部分出斜向上伸展 ··· 18. 毛脉崖爬藤 **T. pubinerve**

1. 长梗崖爬藤

图332

Tetrastigma longipedunculatum C. L. Li in Chin. Journ. Appl. Environ. Biol. 1(4): 314. 1995.

木质纤细藤本。小枝微具棱纹，无毛；卷须不分枝。叶为单叶，卵状长椭圆形，长7.5-13厘米，先端渐尖，基部宽楔形，两面无毛，侧脉7-8对；网脉两面突出；叶柄长2-4.5厘米，无毛；复二歧聚伞花序，花序梗长2-4.5厘米；无毛。花梗长0.4-1厘米，无毛；花萼碟形，萼齿不明显，外面无毛；花瓣长椭圆形，先端具短角，无毛；雄蕊花丝扁，

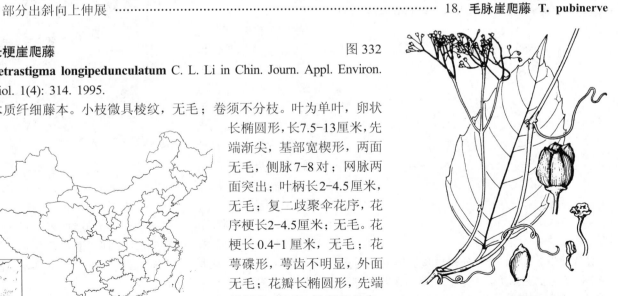

图 332 长梗崖爬藤 （顾 健绘）

花药黄色，与花丝近等长或稍短；花盘发达，微4裂。雌蕊在雄花中不发达。花期5月。

产广西西南部，生于海拔400-670米山谷密林中。

2. 草崖爬藤　草崖藤　　　　　　　　　　　　图333

Tetrastibma apiculatum Gagnep. in Lecomte, Not. Syst. 1: 261. 1911.

短小直立灌木，高达1米。小枝有纵棱纹，无毛。3小叶复叶，稀基部有单叶，中央小叶倒卵状椭圆形，基部楔形，侧生小叶卵状椭圆形或椭圆形，基部偏斜，近圆，长6-26.5厘米，宽（3）4-11厘米，先端骤尾尖，每边疏生6-9锯齿，两面无毛；叶柄长5-8厘米，中央小叶柄比侧生小叶柄长1-2倍。花序与叶对生或假顶生，长8-15厘米，与叶柄近等长或比叶柄长1倍，二级分枝4，呈伞状，三级以上分枝呈伞状或二歧状。花萼碟形，边缘波状小齿，无毛；花瓣长圆形，先端有直角或呈风帽状突起；花盘发达，浅4裂，雌蕊在雄花中完全退化。花期4-5月。

产云南南部及东南部、广西西南部，生于海拔500-700米。越南北部及老挝有分布。

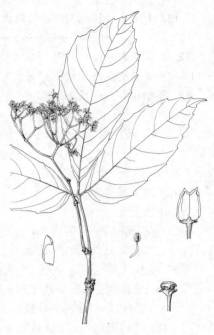

图 333 草崖爬藤 （顾 健绘）

3. 台湾崖爬藤　三叶崖爬藤　　　　　图334 彩片101

Tetrastigma formosanum (Hemsl.) Gagnep. in Lecomte, Not. Syst. 1: 321. 1911.

Vitis formosana Hemsl. in Ann. Bot. 9: 151. 1895.

纤细木质藤本。小枝无毛。卷须不分枝。3小叶复叶，中央小叶长椭圆形，长4-6（8）厘米，先端钝，基部截形，每边有5-6细锯齿，侧生小叶卵椭圆形，长4-6厘米，基部楔形或近圆，每边有3-4细锯齿，两面均无毛，网脉下面明显突出；叶柄长1-2厘米，小叶柄长2-3厘米，无毛。花序长1.5-2厘米，节上苞片卵圆形。花序腋生，二级分枝呈2叉状，三级分枝呈伞状集生，花序梗长4-5厘米，无毛。花萼碟形，萼齿宽三角形，无毛；花瓣三角状椭圆形，先端有稀疏乳头状毛；雄蕊在雌花内退化；花盘4裂；子房下部与花盘合生，柱头4裂。果倒卵椭圆形，长0.6-0.8厘米，有种子1。种子倒卵椭圆形，腹部两侧向上达种子上部1/3处向外伸展到顶端。花期3-4月。

产台湾，生于灌丛中。

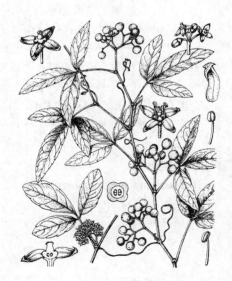

图 334 台湾崖爬藤
（引自《Woody Fl.Taiwan》）

4. 厚叶崖爬藤 图335

Tetrastigma pachyphyllum (Hemsl.) Chun in Sunyatsenia 4: 235. 1940.

Vitis pachyphylla Hemsl. in Journ. Linn. Soc. Bot. 23: 425. 1868.

木质藤本。茎扁平，多瘤状突起。小枝常疏生瘤状突起，无毛。卷须不分枝。鸟足状5小叶复叶或3小叶复叶，小叶倒卵形或倒卵状长椭圆形，长4-10厘米，先端骤尖，基部楔形或宽楔形，每边有4-5个疏锯齿，两面无毛；叶柄长4.5-9.5厘米。复二歧聚伞花序腋生，长9.5-10厘米，比叶柄长或近等长，下部有节，节上有苞片；花序梗长1-1.5厘米，密被短柔毛；花萼碟形，萼齿不明显，外面被乳突状毛；

图 335 厚叶崖爬藤 （引自《图鉴》）

花瓣卵状椭圆形，先端有短钝小角，外面被乳突状毛；子房长圆锥形，花柱不明显，柱头4裂。果球形，径1-1.8厘米，有种子1-2。种子椭圆形，腹面两侧洼穴从中部斜伸达种子顶端。花期4-7月，果期5-10月。

产广东西南部、海南及广西南部，生于低海拔林中或山坡灌丛。越南及老挝有分布。

5. 尾叶崖爬藤 图336

Tetrastigma caudatum Merr. et Chun in Sunyatsenia 2: 275. t. 59. 1935.

木质藤本。小枝有纵棱纹，无毛。卷须不分枝。3小叶复叶，稀下部有鸟足状5小叶复叶，小叶披针形或宽披针形，长6-14厘米，先端尾状渐尖，中央小叶基部楔形，侧小叶基部不对称，近圆形，每边有4-6粗深的牙齿，两面无毛；叶柄长2.5-7厘米，中央小叶柄长1.5-4厘米，侧生小叶柄长0.5-1.5厘米。花序腋生，长2.5-3厘米，下部有节，节上有苞片，二级分枝4-6，集生

图 336 尾叶崖爬藤 （引自《Sunyatsenia》）

成伞形，三级以后分枝成二歧状；花序梗长1-3.5厘米，被短柔毛。花萼碟形，有4个三角状小萼齿；花瓣卵状椭圆形，先端有小角，外展，无毛；在雌花内雄蕊败育；花盘明显，4浅裂，花柱明显，柱头显著4裂。果椭圆形，长1-1.2厘米，有种子1。种子长椭圆形，腹面两侧洼穴几平行向上达种子顶端时稍外展。花期5-7月，果期9月至翌年4月。

产广西、广东西部及海南，生于海拔2000-700米山谷林中或山坡灌丛荫处。越南有分布。

6. 红枝崖爬藤 图337

Tetrastigma erubescens Planch. in DC. Monogr. Phan. 5: 444. 1887.

Tetrastigma erubescens var. *monospermum* Gagnep.: 中国高等植

物图鉴 补编2: 365. 1983.

木质藤本。小枝无毛。卷须不分枝。3小叶复叶,中央小叶椭圆状或长椭圆状披针形,长8-16厘米,先端短尾尖,基部宽楔形,每边有7-8细小的疏齿,侧小叶先端短尾尖,基部圆形,微不对称,两面无毛,网脉下面突起;叶柄长0.5-1厘米,无毛,中央小叶柄长1-3厘米,侧生小叶柄较短。花序腋生,下部有2-3节,节上有苞片,二级分枝4,集生成伞形;花序梗长2-3.5厘米,被短柔毛。花梗被淡红褐色短柔毛;花萼浅碟形,齿不明显,外被短柔毛。花瓣宽卵形,先端有小角,外展,近无毛;雌花内雄蕊败育;花盘在雌花中显著,4浅裂;花柱渐窄至柱头,柱头4裂。果长椭圆形,长1.3-1.5厘米,有种子2。种子椭圆形,腹面两侧洼穴不明显。花期4-5月,果期翌年4-5月。

产广东、海南、广西及云南东南部,生于海拔100-1100米山林中或

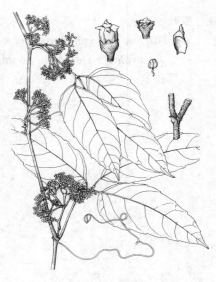

图 337 红枝崖爬藤 (顾 健绘)

山坡岩石缝中。越南及柬埔寨有分布。

7. 三叶崖爬藤
图 338

Tetrastigma hemsleyanum Diels et Gilg in Engl. Bot. Jahrb. 29: 463. 1900.

草质藤本。小枝细,无毛或被疏柔毛。卷须不分叉。3小叶复叶,小叶披针形、长椭圆状披针形或卵状披针形,长3-10厘米,宽1.5-3厘米,先端渐尖,稀急尖,基部楔形或圆,侧生小叶基部不对称,每边有4-6小锯齿,两面无毛;叶柄长2-7.5厘米,中央小叶柄长0.5-1.8厘米,侧生小叶柄长3-5毫米。花序腋生,长1-5厘米,下部有节,节上有苞片,或假顶生而基部无节和苞片,二级分枝通常4,集生

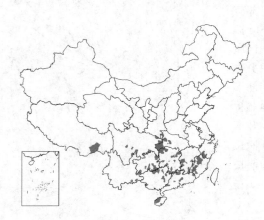

成伞形,花二歧状着生在分枝末端;花序梗长1.2-2.5厘米,被短柔毛。花梗被灰色短柔毛;花萼碟形,萼齿细小,卵状三角形;花瓣卵圆形,先端有小角,外展,无毛;花盘明显,4浅裂;子房陷花盘中呈短圆锥状,花柱短,柱头4裂。果近球形,径约6毫米,有种子1。种子倒卵状椭圆形,腹面两侧洼穴从下部斜展达种子顶端。花期4-6月,果期8-11月。

产安徽、浙江、福建、台湾、江西、湖北、湖南、广东、海南、广西、贵州、云南、四川及西藏,生于海拔300-1300米山坡灌丛、山谷或溪边林下岩石缝中。

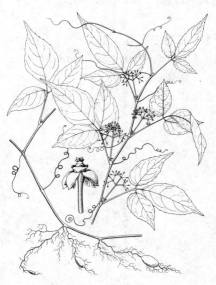

图 338 三叶崖爬藤 (引自《图鉴》)

[附] **海南崖爬藤 Tetrastigma papillatum** (Hance) C. Y. Wu ex C. L. Li in Chin. Journ. Appl. Environ. Biol. 1(4): 512. 1995. 本种与三叶崖爬藤的区别:木质藤本;小叶椭圆形,长6-13厘米,宽3-6厘米,每边有5-11细齿;花瓣先端被乳突状毛;果有种子2;种子腹面两侧洼穴分化

不明显。产海南、广西西部及贵州，生于海拔400-700米山谷林中。

8. 菱叶崖爬藤　　　　　　　　　图339

Tetrastigma triphyllum (Gagnep) W. T. Wang in Acta Phytotax. Sin. 17(3): 83. 94. 1979.

Tetrastigma yunnanensis Gagnep. var. *triphyllum* Gagnep. in Lecomte, Not. Syst. 1: 271. 1910.

草质或半木质藤本。小枝无毛。卷须4-7掌状分枝。3小叶复叶，小叶菱状卵圆形或椭圆形，长3-11厘米，先端渐尖，中央小叶基部楔形，外侧小叶基部不对称，近圆，每边6-7尖细牙齿，两面无毛；叶柄长1.5-9.5厘米，小叶柄长3-6毫米。复伞花序，长2.5-5.5厘米，比叶柄长或等长，在侧枝上假顶生，下部有1-2片叶；花序梗长1-3厘米。花萼浅碟形，边有4小齿；花

图 339 菱叶崖爬藤 （引自《图鉴》）

瓣椭圆形，先端呈风帽状，外面无毛；雌花内雄蕊明显败育；花盘明显，4浅裂，在雌花内中间较薄，呈环状；子房锥形，花柱不明显，柱头扩大，4裂。果球形，径0.7-1厘米，有种子1-2。种子腹面两侧洼穴从基部伸达种子顶端。花期2-4月，果期6-11月。

产云南、四川南部及贵州南部，生于海拔700-2000米山坡或山谷林中。

9. 扁担藤　　　　　　　　　图340

Tetrastigma planicaule (Hook.) Gagnep. In Lecomte, Not. Syst. 1: 319. 1911.

Vitis planicaule Hook. in Curtis's Bot. Mag. 94: t. 5685. 1868.

木质大藤本。茎扁压，深褐色。小枝微扁，径3-6毫米，无毛。卷须不分枝。掌状5小叶复叶，小叶长圆状披针形，长9-16厘米，先端渐尖，基部楔形，有稀疏钝锯齿，两面无毛；叶柄长3-11厘米，无毛，小叶柄长0.5-3厘米。复伞形聚伞花序腋生，长15-17厘米，比叶柄长1-1.5倍，下部有节，节上有褐色苞片，稀与叶对生而基部无节和苞片；花序梗长3-4厘米。花萼浅碟形，齿不明显，外面被乳突状毛；花瓣卵状三角形，先端呈风帽状，外面顶部疏被乳突状毛；花盘明显，4浅裂，在雌花内不明显且呈环状；子房宽圆锥形，基部被扁平乳突状毛，

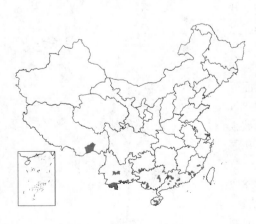

图 340 扁担藤 （引自《图鉴》）

花柱不明显，柱头4裂，裂片外折。果近球形，径2-3厘米，多肉质，有种子1-3。种子长椭圆形，腹部两侧洼

穴从基部向上，近中部时斜伸达种子顶部。花期4-6月，果期8-12月。

产福建、广东、海南、广西、贵州、云南及西藏东南部，生于海拔100-2100米山谷林中或山坡岩石缝中。老挝、越南、印度及斯里兰卡有分布。

[附] **茎花崖爬藤** Tetrastigma cauliflorum Merr. in Lingnan. Sci. Journ. 11: 48. 1932. 本种与扁担藤的区别：小叶长椭圆形，先端短尾尖，基部近圆，锯齿粗大，向外伸展；花序生老枝上，花梗被短柔毛，花瓣先端有向外伸展的小角。产云南东南部、广西西南部、广东及海南，生于海拔100-1000米。越南及老挝有分布。

10. 叉须崖爬藤 狭叶崖爬藤
图341

Tetrastigma hypoglaucum Planch. ex Franch. in Bull. Soc. Bot. France. 33: 459. 1886.

木质藤本。小枝纤细，径1.5-2毫米，有纵棱纹，无毛。卷须2分枝。掌状5小叶，中央小叶披针形，外侧小叶椭圆形，长1.5-5厘米，先端渐尖或急尖，中央小叶基部楔形，侧小叶基部不对称，近圆，每边3-6尖锐锯齿，两面无毛；叶柄长1.5-3.5厘米，小叶柄极短或几无柄，无毛；托叶显著，单伞花序腋生或在侧枝上与叶对生，花序梗长1.5-3厘米。花萼外面无毛，边缘波状；花瓣椭圆状卵形，先端呈头盔状，无毛；子房圆锥形，花柱短，柱头4裂，裂片钝。果球形，径6-8毫米，有种子1-3。种子椭圆形，腹面两侧洼穴呈沟状，几平行，上部微向两侧伸展。花期6月，果期8-9月。

图 341 叉须崖爬藤 （顾 健绘）

产湖南西北部、广东西部、广西北部及西北部、云南、四川、贵州、西藏东南部及南部，生于海拔2300-2500米山谷林中灌丛。

11. 云南崖爬藤
图342

Tetrastigma yunnanease Gagnep. in Lecomte, Not. Syst. 1: 270. 1910.

草质或半木质藤本。小枝疏被柔毛，后脱落。卷须4-9集生呈伞状。掌状5小叶复叶，小叶倒卵状椭圆形、菱状卵形、倒卵披针形或披针形，长2-10厘米，先端渐尖，基部楔形，每边有6-8锯齿或牙齿，两面无毛；叶柄长3-9(-11)厘米，小叶柄极短，无毛或疏被柔毛；托叶显著。复伞形花序假顶生或与叶相对着生于侧枝近顶端，稀腋生，长2-8厘米。花萼浅碟形，边缘波状，外面无毛；花瓣宽卵形或卵状椭圆形，先端呈风帽状，无毛；子房锥形，花柱短，柱头扩大，4浅裂。果球形，径0.8-1厘米，有种子1-2。种子椭圆形，腹面两侧洼穴网纹状，主

图 342 云南崖爬藤 （顾 健绘）

沟不明显。花期4月，果期10-11月。

产云南西部及西北部、西藏，生于海拔1200-2500米溪边林中。

12. 崖爬藤

图 343

Tetrastigma obtectum (Wall. ex Laws) Planch. in DC. Monogr. Phan. 5: 434. 1887.

Vitis obtectum Wall. ex Laws. in Hook. f. Fl. Brit. Ind. 1: 657. 1875.

草质藤本。小枝无毛或少柔毛。卷须4-7集生呈伞状。掌状5小叶复叶，小叶菱状椭圆或椭圆状披针形，长1-4厘米，每边有3-8锯齿，两面无毛；叶柄长1-4厘米，小叶柄极短或几无柄；托叶褐色，常宿存。花序长1.5-4厘米，顶生或假顶生于具有1-2叶的短枝上，多数花集生成单伞形；花序梗长1-4厘米，无毛或被稀疏柔毛。萼浅碟形，边缘呈波状浅裂，外面无毛或稀柔毛；花瓣长椭圆形，先端有

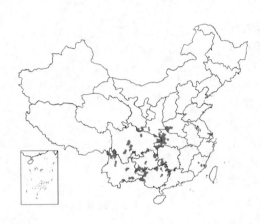

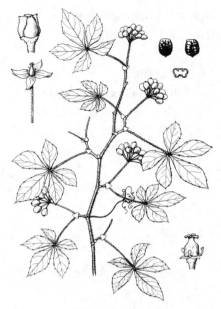

图 343 崖爬藤 （引自《图鉴》）

短角，外面无毛；花盘明显，4浅裂；子房锥形，花柱短，柱头扩大呈碟形，边缘不规则分裂。果球形，径0.5-1厘米，有种子1。种子椭圆形，腹面两侧洼穴呈沟状向上斜展达种子顶端1/4处。花期4-6月，果期8-11月。

产甘肃东南部、陕西南部、四川、云南、贵州、广西、广东西部、湖南西部及西南部、湖北、福建、河南，生于海拔250-2400米山坡岩石或石壁上。

13. 喜马拉雅崖爬藤

图 344 彩片 102

Tetrastigma rumicispermum (Laws.) Planch. in DC. Monogr. Phan. 5: 420. 1887.

Vitis rumicisperma Laws. in Hook. t. Fl. Brit. Ind. 1: 661. 1875.

木质藤本。老枝有显著瘤状突起，无毛。卷须2叉分枝。鸟足状5小叶复叶，中央小叶倒卵椭圆形，长4-17厘米，先端急尖或短尾尖，基部楔形，每边有7-16细齿，两面均无毛或嫩叶时中脉上微被毛；叶柄长3-14厘米，中央小叶柄长1-3厘米，侧生小叶柄长0.5-1.8厘米。集生伞形花序腋生或侧枝上与叶对生，花序梗长3-8厘米。花梗被乳突状柔毛或近无毛；花萼浅碟形，边缘波状，外面无毛；花瓣椭

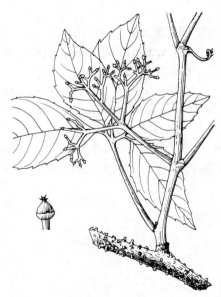

图 344 喜马拉雅崖爬藤 （孙英宝绘）

圆形，先端呈风帽状，无毛；花盘4浅裂；子房圆锥形，花柱短，柱头4裂。果近球形，径0.8-1厘米，有种子2-3。种子倒三角形，腹面两侧洼穴

从中部向上达种子上部1/3处。花期4-5月，果期7月至翌年5月。

产西藏东南部、云南西北部及东

南部，生于海拔500-2450米山坡或河谷林中。越南、老挝、泰国、印度、尼泊尔、不丹及锡金有分布。

14. 角花崖爬藤 图345

Tetrastigma ceratopetalum C. Y. Wu ex C. L. Li in Chin. Journ. Appl. Environ. Biol. 1(4): 327. 1995.

木质藤本。小枝有瘤状突起，无毛。卷须不分枝。鸟足状5小叶复叶，

小叶倒卵状椭圆形或倒卵状披针形，长5-12厘米，先端短尾尖，基部楔形，每边有4-9尖锐锯齿，两面无毛；网脉上面突出；叶柄长3-7.5厘米，中央小叶柄长0.5-1厘米，侧生小叶有短柄或近无柄，无毛。复二歧聚伞花序生侧枝顶端、腋生或假顶生，腋生者下部有节，节上有苞片。花梗长1-6厘米；花萼杯状，边缘呈波形，无毛；

图 345 角花崖爬藤 （顾 健绘）

花瓣椭圆形，先端有小角，外展，无毛；花盘明显，4浅裂；子房卵锥形，花柱短，柱头4裂。果倒卵状球形，径1-2毫米，成熟时紫黑色，有种子2-3。种子三角状倒卵圆形，腹面两侧洼穴从基部向上达种子2/3处。花期4-5月，果期9-12月。

产云南东南部、贵州东部及广西西部，生于海拔1200-1800米山坡岩石灌丛或混交林中。

15. 细齿崖爬藤 图346

Tetrastigma nepaulense (DC.) C. L. Li in Chin. Journ. Appl. Environ. Biol. 1(4): 331. 1995.

Cissus napaulensis DC. Prodr. 1: 632. 1824.

Tetrastigma serrulatum auct. non (Roxb.) Planch.: 中国高等植物图鉴补编2: 366. 1983.

草质藤本。小枝细瘦，无毛。卷须2叉分枝。鸟足状5小叶复叶，小叶卵圆形，长2-7厘米，先端渐尖，外侧小叶先端急尖，基部楔形，每边有

5-15波状细齿，两面无毛；叶柄长1.5-5.5厘米，中央小叶柄长3-8毫米，侧生小叶几无柄，无毛。花序长3-9厘米，在主枝上腋生，在侧枝上假顶生，二级分枝4，集生成伞形或二歧状，花序梗长2-4.5厘米。花萼浅碟形，边缘波状浅裂，无毛；花瓣椭圆形；花盘发达，薄而呈环状；花柱不明显，柱头4裂。

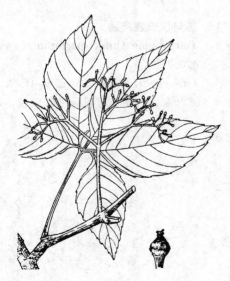

图 346 细齿崖爬藤 （引自《图鉴》）

果球形，径1-1.3厘米，成熟时紫红色，有种子1-2。种子宽椭圆形，腹面两侧洼穴从基部向上达种子1/3处。花期5-10月，果期翌年1-4月。

产西藏、云南东南部、四川东南部、贵州东北部及广西北部，生于海拔900-2400米山谷林中或山坡灌丛。锡金、尼泊尔、不丹、印度、缅甸及泰国有分布。

16. 狭叶崖爬藤

图 347

Tetrastigma serrulatum (Roxb.) Planch. in DC. Monogr. Phan. 5: 432. 1887.

Cissus serrulata Roxb. Fl. Ind. 1: 432. 1820.

草质藤本。小枝纤细，无毛。卷须不分枝。鸟足状5小叶复叶，小叶卵状披针形或窄卵形，长1.5-9厘米，先端渐尖，边缘常呈波状，每边有5-8细锯齿，两面无毛，网脉两面突出；叶柄长1-5.5厘米，中央小叶柄长0.5-1.3厘米，侧生小叶柄短或近无毛，无毛。花序腋生，长1-8厘米，下部有节和苞片，或在侧枝上与叶对生，下部无节和苞片，二级分枝4-5，集生成伞形；花序梗长1-5厘米。花萼细小，齿不明显；花瓣卵状椭圆形，先端有小角，外展，无毛；花柱短，柱头呈盘形扩大，边缘不规则分裂。果球形，径0.8-1.2厘米，成熟时紫黑色，有

图 347 狭叶崖爬藤 （引自《图鉴》）

种子2。种子倒卵状椭圆形，腹面两侧洼穴从基部向上达种子顶端。花期3-6月，果期7-10月。

产湖北西部、湖南西北部、贵州、广西西北部、云南、四川东南部及西藏东南部，生于海拔500-2900米山谷林中、山坡灌丛岩石缝中。

17. 七小叶崖爬藤

图 348

Tetrastigma delavayi Gagnep. in Lecomte, Not. Syst. 1: 378. 1911.

木质藤本。茎多瘤状突起。小枝皮孔明显，无毛。卷须2叉分枝。鸟足状7-8小叶复叶，中央小叶倒卵状长椭圆形或披针形，长8-15（-21）厘米，侧生小叶长2.5-15厘米，每边有5-15锯齿，两面无毛；叶柄长3-18厘米，中央小叶柄长0.8-2厘米，侧生小叶柄极短或近无柄。花序长4-13厘米，腋生，在侧枝上与叶对生或假顶生，二级分枝4，成伞状集生，三级后分枝或二歧状；花序梗长5-8厘米，被短柔毛。花瓣长椭圆形或宽卵形，先端呈风帽状，无毛；花盘4浅裂；花柱不明显，柱头扩大，浅4裂。果球形，径0.8-1.5厘米，成熟时紫色，有种子3-4。种子倒卵状三角形，腹面两侧洼穴从中部向上达种子上部1/3处。花期6-7月，果期10月至翌年3月。

图 348 七小叶崖爬藤 （孙英宝绘）

产广西西部、贵州西南部、云南东南部及南部，生于海拔1000-2500米山谷林中或灌丛中。缅甸及越南有分布。

18. 毛脉崖爬藤

Tetrastigma pubinerve Merr. et Chun in Sunyatsenia 2: 275. f. 33. 1935.

木质藤本。小枝干时有横皱纹，枝被短柔毛，后脱落。卷须不分枝。鸟足状5小叶复叶，中央小叶椭圆形，长12-25厘米，侧生小叶卵状披针形或卵状长椭圆形，长6-20厘米，先端急尖或渐尖，基部楔形或圆，每边有4-8锯齿，上面有光泽，叶下面仅脉上被短柔毛，后脱落，网脉在下面突起；叶柄长4-10.5厘米，中央小叶柄长1-2.5厘米，侧生小叶柄0.5-2厘米，疏被短柔毛。花序腋生，下部有节，

图349

图 349 毛脉崖爬藤 （引自《Sunyatsenia》）

节上有苞片，二级分枝4。聚伞花序三级分枝呈二歧状，花序梗长1.5-2厘米，被短柔毛。花萼浅碟形，萼齿不明显，外被乳突状毛；花瓣椭圆形，先端有小角，外展，外被乳突状毛；花盘环状；子房锥形，花柱不明显，柱头4裂。果近球形，径1-1.2厘米，有种子2（3）。种子倒卵圆形，腹面两侧洼穴从中部向上达种子顶端。花期6-7月，果期8-10月。

产广西西北部及西南部、广东西南部及海南，生于海拔300-600米山谷林中或石坡灌丛。越南及柬埔寨有分布。

7. 酸蔹藤属 Ampelocissus Planch

木质或草质藤本。卷须不分枝或2叉分枝。叶为单叶或复叶，互生。花两性或杂性异株，圆锥状多歧聚伞花序，或伞形或复伞形花序，基部有卷须；花瓣4-5，展开，各自分离脱落；雄蕊4-5；花盘发达；花柱通常短，呈锥形，约有10棱，柱头通常4裂，稀不规则分裂；子房2室，每室2胚珠。浆果球形或椭圆形，有种子1-4。种子倒卵圆形、近圆形或椭圆形，种脐在种子背面中部呈圆形或椭圆形，两侧洼穴呈沟状，从基部斜向上达种子顶端；胚乳横切面呈T形。染色体基数x=20。

约90余种，分布亚洲南部、非洲、大洋州和中美洲。我国5种。

1. 3小叶复叶；小叶羽状中裂至深裂或混生有不裂叶，下面密被白色绒毛；小枝和叶柄被白色绒毛；卷须2分枝
 ·················· 酸蔹藤 **A. artemisaefolia**
1. 单叶；小枝和叶柄被白或褐色绒毛和紫色刚毛；卷须3分枝 ·············· （附）. 红河酸蔹藤 **A. hoabinhensis**

酸蔹藤

图350: 1-6

Ampelocissus artemisiaefolia Planch. ex Franch. in Bull. Soc. Bot. France 33: 1886.

木质藤本。小枝圆柱形，有纵棱纹；小枝、叶下面、叶柄及花序梗均密被白色绒毛。卷须2叉分枝。3小叶复叶，小叶卵圆形或菱形，长2-6厘米，先端急尖、渐尖或圆钝，基部楔形或偏斜，每边有5-14圆钝锯齿，有时中央叶中裂或深裂，裂缺圆钝，上面被稀疏绒毛；叶柄长2.5-4厘米，小叶柄极短或无柄。复二歧聚伞花序与叶对生，花序梗长6-7厘米。花萼碟形，边缘波状浅裂，外面无毛；花瓣长卵形，无毛；花盘明显，波状浅裂；

花柱呈锥形，约有10条纵棱。果近球形，径7-8毫米，有种子2-3。花期6月，果期8月。

产云南北部及西北部、四川西南部，生于海拔1600-1800米山坡疏林中或灌丛中。

[附] **红河酸蔹藤** 图350：7-9 **Ampelocissus hoabinhensis** C. L. Li in Acta Phytotax. Sin. 35(6): 554. 1997. 本种与酸蔹藤的区别：小枝密被白或褐色蛛丝状绒毛和紫色刚毛；卷须3分枝；单叶，宽卵圆形，基部深心形，上面无毛，脉上被褐色绒毛，网脉在下面突出，叶柄被绒毛和紫色刚毛；圆锥花序与叶对生，被褐色绒毛。产云南东南部，生于海拔600-800米灌丛中。尼泊尔及越南有分布。

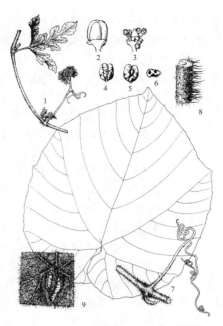

图 350: 1-6.酸蔹藤　7-9.红河酸蔹藤
（顾　健绘）

8. 葡萄属 Vitis Linn.

木质藤本，有卷须。叶为单叶、掌状或羽状复叶；有托叶，通常早落。花5数，通常杂性异株，稀两性，排成聚伞圆锥花序；花萼呈碟状，萼片细小；花瓣凋谢时呈帽状粘合脱落；花盘明显，5裂；雄蕊与花瓣对生，在雌花中败育；子房2室，每室2胚珠；花柱纤细，柱头微扩大。果为肉质浆果，有种子2-4。种子倒卵圆形或倒卵椭圆形，基部有短喙，种脐在种子背部呈圆形或近圆形，腹面两侧洼穴狭窄呈沟状或较宽呈倒卵长圆形，从种子基部向上通常达1/3处；胚乳呈M形。染色体基数x=19。

有60余种，分布于世界温带或亚热带。我国约38种。

1. 叶为单叶。
　2. 小枝有皮刺。
　　3. 叶下面无毛 ·· 1. **刺葡萄 V. davidii**
　　3. 叶下面脉上被锈色短柔毛 ·················· 1(附). **锈毛刺葡萄 V. dividii** var. **ferruginea**
　2. 小枝无皮刺或嫩枝有极稀疏皮刺。
　　4. 老枝皮刺呈瘤状突起，小枝无皮刺或嫩枝上有极稀疏皮刺；果成熟时蓝黑色 ··········
　　　　··································· 1(附). **蓝果刺葡萄 V. davidii** var. **cyanocarpa**
　　4. 老枝无瘤状突起，小枝无皮刺。
　　　5. 小枝、叶柄和花序梗密被短柔毛和有柄腺毛 ············ 2. **秋葡萄 V. romaneti**
　　　5. 小枝和叶柄被柔毛或蛛丝状绒毛。
　　　　6. 叶下面无毛或被稀疏蛛丝状绒毛。
　　　　　7. 叶下面无毛或仅脉腋有簇毛，或幼时被毛老后脱落。
　　　　　　8. 叶基部心形或深心形。
　　　　　　　9. 叶基缺心状卵圆形或宽卵形，钝角，下面无白粉；花序轴嫩时被稀疏蛛丝状绒毛，后脱落无毛 ···
　　　　　　　　··· 3. **小果野葡萄 V. balanseana**
　　　　　　　9. 叶卵形或卵状长椭圆形，基缺两侧靠近或部分重叠，下面被白粉；花序轴被短柔毛或脱落后近无毛 ·· 4. **东南葡萄 V. chunganensis**
　　　　　　8. 叶基部浅心形、截形、近截形或圆。
　　　　　　　10. 叶卵形、三角状卵形、卵圆形或卵状椭圆形，下面初时疏被蛛丝状绒毛，网脉不明显，基出脉5出，叶柄长达7厘米 ·················· 5. **葛藟葡萄 V. flexuosa**
　　　　　　　10. 叶长椭圆形或卵状披针形，下面常被白粉，网脉在两面突出，基生脉3出，叶柄长达3.5厘米 ···

·· 5(附). 闽赣葡萄 **V. chungii**

7. 叶下面或多或少被柔毛，或至少在脉上被短柔毛或蛛丝状绒毛。

　11. 叶3-5裂或混生有不分裂叶。

　　12. 叶基部心形，基缺凹成钝角或圆，锯齿较浅。

　　　13. 卷须2（3）叉分枝；叶宽卵形、卵形或卵状椭圆形，基生脉5出。

　　　　14. 叶不分裂或3（5）浅裂或中裂（稀深裂），裂片宽阔，每边有15-36锯齿。

　　　　　15. 叶不分裂，卵形或卵状椭圆形，基缺凹成钝角张开，每边有15-25锯齿，叶柄长2-6.5厘米 ········
　　　　　　··· 6. 桦叶葡萄 **V. betulifolia**

　　　　　15. 叶3-5裂，稀不裂，基缺凹成圆形或钝角，每边有28-36锯齿，叶柄长4-14厘米。

　　　　　　16. 叶3稀5浅裂或中裂，或不分裂；果径1-1.5厘米 ···············　7. 山葡萄 **V. amurensis**

　　　　　　16. 叶3-5深裂；果径0.5-1厘米 ···············　7(附). 深裂山葡萄 **V. amurensis** var. **dissecta**

　　　　14. 叶3-5浅裂至深裂，深裂叶裂片狭窄，稀裂片再羽裂，或兼有浅裂，基部近截形，每边有5-9锯齿，
　　　　　叶柄长1-3厘米 ···　8. 湖北葡萄 **V. silvestrii**

　　　13. 卷须不分枝或2叉分枝；小枝、叶柄和花序梗密被褐色长柔毛；叶菱状卵形或菱状长椭圆形，基部楔
　　　　形或宽楔形，基出脉3；枝上部叶柄极短 ·····························　9. 菱叶葡萄 **V. hancockii**

　　12. 叶基部深心形，基缺成圆形，两侧常靠近或部分重叠，有不整齐粗深锯齿 ········　10. 葡萄 **V. vinifera**

　11. 叶不分裂，稀不明显3-5浅裂。

　　17. 叶下面至少脉上被蛛丝状绒毛，稀老后脱落近无毛。

　　　18. 卷须2叉分枝；叶心形或卵状椭圆形，长7-16厘米，宽5-12厘米，每边有16-20锯齿 ············
　　　　···　11. 网脉葡萄 **V. wilsonae**

　　　18. 卷须不分枝；叶卵形，长3-7厘米，宽2.5-6厘米，每边有5-13锯齿 ··
　　　　···　12. 武汉葡萄 **V. wuhanensis**

　　17. 叶下面至少在脉上被短柔毛，有时混生有蛛丝状绒毛。

　　　19. 叶菱状卵形或菱状椭圆形，基部楔形或宽楔形，上部叶柄短，长0.2-0.5厘米 ····························
　　　　···　9. 菱叶葡萄 **V. hancockii**

　　　19. 叶卵形或卵状椭圆形，基部心形、微心形或近截形，稀圆；叶柄长1厘米以上。

　　　　20. 卷须2叉分枝；叶基部心形。

　　　　　21. 小枝无毛；叶下面脉上被褐色短柔毛，基缺凹成锐角，每边有28-36锯齿，叶柄长达11厘米 ······
　　　　　　···　13. 毛脉葡萄 **V. pilosa-nerva**

　　　　　21. 小枝初被稀疏蛛丝状绒毛；叶下面脉上被白色短柔毛，基缺凹成圆形或钝角，每边有16-25锯齿，
　　　　　　叶柄长3-6厘米 ···　14. 华东葡萄 **V. pseudoreticulata**

　　　　20. 卷须不分枝；小枝密被短柔毛；叶卵状披针形或三角状卵形，基部近截形或圆，两面脉上被短柔毛
　　　　　···　15. 狭叶葡萄 **V. tsoii**

6. 叶下面密被蛛丝状绒毛或柔毛。

　22. 叶3-5（7）裂。

　　23. 叶通常3浅裂至中裂并混生有不裂叶；小枝被白色绒毛 ···
　　　···　19(附). 桑叶葡萄 **V. heyneana** subsp. **ficifolia**

　　23. 叶3-5深裂或中裂，深裂者有时重复羽裂，中裂者裂片宽阔不再分裂，稀混生有浅裂叶，嫩枝密被蛛丝状
　　　绒毛或柔毛 ···　17. 蘡薁 **V. bryoniaefolia**

　22. 叶不分裂。

　　24. 卷须不分枝或兼有2叉分枝

　　　25. 小枝和叶柄密被短柔毛和疏被蛛丝状绒毛；花序梗和花梗密被短柔毛；叶柄长0.5-1厘米 ···············
　　　　···　18. 庐山葡萄 **V. hui**

　　　25. 小枝、叶柄及花序梗疏被白色蛛丝状绒毛；花梗无毛；叶柄长1-3厘米 ·································

1. 刺葡萄　　　　　　　　　　　　　　　　　图 351

Vitis davidii (Roman. du Caill. ex Rev.) Foex. Cours Compl. Vitic. 44. 1886.

Spinovitis davidii Roman. du Caill. ex Rev. Hort. 1883: 53. 1883.

木质藤本。小枝被皮刺，刺长2-4毫米，无毛。卷须2叉分枝。叶卵圆或卵状椭圆形，长5-15厘米，先端短尾尖，基部心形，基缺凹成钝角，每边有12-33锐齿，不分裂或微3浅裂，两面无毛，基出脉5，网脉明显，下面比上面突出，无毛常疏生小皮刺。圆锥花序与叶对生，长7-24厘米，花序梗长1-2.5厘米，无毛。花萼碟形，不明显5浅裂；花瓣呈帽状粘合脱落；子房圆锥形。浆

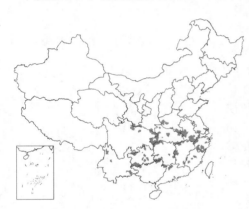

图 351 刺葡萄
（引自《江苏南部种子植物手册》）

果球形，径1.2-2.5厘米，成熟时紫红色。种子倒卵状椭圆形，腹面两侧洼穴向上达种子3/4处。花期4-6月，果期7-10月。

产江苏南部、安徽、浙江、福建、江西、湖北、湖南、广东北部、广西、贵州、云南、四川、甘肃东南部、陕西南部及河南，生于海拔600-1800米山坡、林中或灌丛。

[附] **锈毛刺葡萄 Vitis davidii** var. **ferruginea** Merr. et Chun in Sunyatsenia 1: 69. 1930. 本变种与模式变种的区别：叶下面脉上被锈色短柔毛。产浙江南部、江西、福建西北部及广东北部，生于海拔500-1200米山坡林中或灌丛。

[附] **蓝果刺葡萄 Vitis davidii** var. **cyanocarpa** (Gagnep.) Gagnep. in Sarg. Pl. Wilson. 1: 104. 1911. in nata. —— *Vitis armata* Diels et Gilg var. *cyanocarpa* Gagnep. in Sarg. Pl. Wilson. 1: 104. 1911. 本变种与模式变种的区别：老枝皮刺呈瘤状突起，嫩枝无皮刺或有极稀疏皮刺；果成熟时蓝黑色。产安徽、湖北及云南，生于海拔600-2300米灌丛或疏林中。

2. 秋葡萄　　　　　　　　　　　　　　　　　图 352

Vitis romaneti Roman. du Caill. ex Planch. in DC. Monogr. Phan. 5: 365. 1887.

木质藤本。小枝有显著粗棱纹，密被短柔毛和有柄腺毛。卷须2-3分枝。叶宽卵圆或五角状宽卵形，长5.5-18厘米，不分裂或微5裂，基部深心形，基缺凹常成锐角，边具粗锯齿，下面被柔毛和蛛丝状绒毛，后脱落近无毛；基出脉5，脉基部常疏生有柄腺体，网脉在下面突出；托叶长0.7-1.4厘米；

叶柄长2-7厘米，被短柔毛和有柄腺毛。疏散圆锥花序长5-13厘米，花序梗长1.5-3.5厘米，密被短柔毛和有柄腺毛；花萼碟形，全缘，无毛；花瓣呈帽状粘合脱落；子房圆锥形。果球形，径7-8毫米，成熟时黑紫色，径7-8毫米。种子倒卵圆形，腹面两侧洼穴向上达种子1/3处。花期4-6月，果期7-9月。

产江苏南部、安徽南部及西南部、河南、湖北、陕西南部、甘肃南部、四川北部、湖南西北部、广东北部，生于海拔150-1500米山坡林中或灌丛。

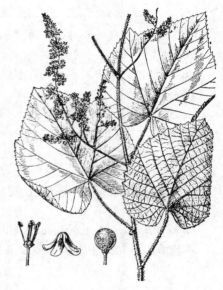

图 352 秋葡萄 （引自《秦岭植物志》）

3. 小果野葡萄　　　　　　　　　　　　图 353

Vitis balanseana Planch. in DC. Monogr. Phan. 5: 612. 1887.

木质藤本。小枝幼时疏被浅褐色蛛丝状绒毛，后变无毛。卷须2叉分枝。

叶心状宽卵圆或宽卵形，长4-14厘米，先端急尖或短尾尖，基部心形，基缺顶端呈钝角，边缘微波状，每侧有16-22细锯齿，两面无毛；基出脉5，网脉两面突出；叶柄长2-5厘米。圆锥花序长4-13厘米，花序轴嫩时疏被蛛丝状绒毛。花小，杂性；花萼碟形，全缘，无毛；花瓣呈帽状粘合脱落。浆果球形，成熟时紫黑色，径5-8毫米。种子倒卵状长圆形，腹面两侧洼穴向上达种子1/3处。花期2-8月，果期6-11月。

产广西、广东西南部及海南，生于海拔250-800米沟谷荫处，攀援于乔灌木上。越南有分布。

4. 东南葡萄　　　　　　　　　　　　图 354

Vitis chunganensis Hu in Journ. Arn. Arb. 6: 143. 1925.

木质藤本。小枝幼时棱纹不明显，老后有显著纵棱纹，无毛。卷须2叉

分枝。叶卵形或卵状长椭圆形，长6.5-22.5厘米，先端短渐尖，基部深心形，基缺两侧靠近或部分重叠，每边有12-22细锯齿，下面被白粉，两面无毛，基出脉5-7；叶柄长2-6.5厘米。圆锥花序疏散，长5-9厘米，基部分枝偶尔退化成卷须，花序梗长1-2厘米，初被短柔毛。花

图 353 小果野葡萄 （引自《图鉴》）

萼碟形，无毛；花瓣呈帽状粘合脱落；花盘5裂；子房卵圆形。果球形，径0.8-1.2厘米，成熟时紫黑色。种子倒卵圆形，腹面两侧洼穴向上达种子1/3处。花期4-6月，果期6-8月。

产安徽南部、浙江、福建、江西、湖南、广东北部、广西东北部及贵州，生于海拔500-1400米的山坡灌丛。

5. 葛藟葡萄　葛藟　千岁藟　芄　　　图 355

Vitis flexuosa Thunb. in Trans. Linn. Soc. Lond. 2: 103. 1793.

木质藤本。小枝嫩时疏被蛛丝状绒毛。卷须2叉分枝。叶卵形、宽卵

形、三角状卵形或卵状椭圆形，长 2.5-12 厘米，先端急尖或渐尖，基部浅心形或近截形，每边有 5-12 微不整齐的锯齿，下面嫩时疏被蛛丝状绒毛，网脉不明显，基出脉 5；叶柄长 1.5-7 厘米，被稀疏蛛丝状绒毛或几无毛；

圆锥花序疏散，基部分枝发达，长 4-12 厘米，花序梗长 2-5 厘米，被蛛丝状绒毛或几无毛。花萼浅碟形，边缘波状浅裂；花瓣呈帽状粘合脱落；花盘 5 裂；子房卵圆形。果球形，径 0.8-1 厘米。种子倒卵状椭圆形，腹面两侧洼穴向上达种子 1/4 处。花期 3-5 月，果期 7-11 月。

产河北、山东东南部、河南、安徽、江苏南部、浙江、福建、江西、湖北、湖南、广东北部、广西、贵州、云南、四川、甘肃南部及陕西南部，生于海拔 100-2300 米山坡、田边或灌丛。

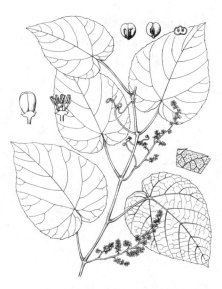

图 354 东南葡萄 （顾 健绘）

[附] **闽赣葡萄** Vitis chungii Metcalf in Lingnan Sci Journ. 11: 102. 1932. 本种与葛藟葡萄的区别：小枝无毛；叶长椭圆形或卵状披针形，锯齿疏离，尖锐，下面无毛，常被白粉，基出脉 3，网脉在两面突出；花序基部分枝不发达；花序梗初被蛛丝状绒毛；种子腹面两侧洼穴向上达种子 3/4 处。产浙江南部、福建、江西西部及西北部、广西东部、广东东北部及北部，生于海拔 200-1000 米山坡、沟谷林中或灌丛。

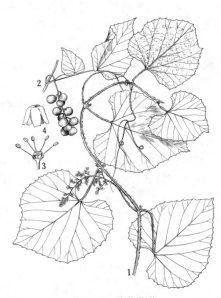

图 355 葛藟葡萄
（引自《江苏南部种子植物手册》）

6. 桦叶葡萄 图 356

Vitis betulifolia Diels et Gilg in Engl. Bot. Jahrb. 29: 461. 1900.

木质藤本。小枝纵棱纹显著，嫩时疏被蛛丝状绒毛。卷须 2 叉分枝。叶

卵圆形或卵状椭圆形，长 4-12 厘米，不分裂或 3 浅裂，先端急尖或渐尖，基部心形或近截形，每边有 15-25 急尖锯齿，上面初被稀疏蛛丝状绒毛和短柔毛，后变无毛，下面密被绒毛，后脱落仅脉上被短柔毛，基出脉 5；叶柄长 2-6.5 厘米，嫩时被蛛丝状绒毛。圆锥花序疏散，下部分枝发达，长 4-15 厘米，初时被蛛丝状绒毛。花萼碟形，边缘膜质，全缘；花瓣呈帽状粘合脱落；花盘 5 裂。果球形，径 0.8-1 厘米，成熟时紫黑色。种子倒卵圆形，腹面两侧洼穴向上达种子 2/3-3/4 处。花期 3-6 月，果期 6-11 月。

产甘肃东南部、陕西南部、四川、湖北西部、河南、湖南西北部、贵州东南部及西北部、云南、西藏东南部，生于海拔 650-3600 米山坡或沟谷灌丛。

图 356 桦叶葡萄 （顾 健绘）

7. 山葡萄　图 357　彩片 103

Vitis amurensis Rupr. in Bull. Acad. Sci. St. Pé tersb. 15: 266. 1857.

木质藤本。小枝嫩时疏被蛛丝状绒毛。卷须2-3叉分枝。叶宽卵圆形，长6-24厘米，3（5）浅裂或中裂，或不分裂，先端尖锐，基部宽心形，基缺凹成圆形或钝齿，每边有28-36粗锯齿，上面初时疏被蛛丝状绒毛；基出脉5，脉在下面明显，被短柔毛或近几毛；叶柄长4-14厘米，被蛛丝状绒毛。圆锥花序疏散，基部分枝发达，长5-13厘米，初被蛛丝状绒毛。花萼碟形，近全缘，无毛；花瓣呈帽状粘合脱落；花盘5裂，子房圆锥。果球形，径1-1.5厘米，成熟时黑色。种子倒卵圆形，腹面两侧洼穴向上达种子中部或近顶端。花期5-6月，果期7-9月。

产黑龙江、吉林、辽宁、内蒙古、河北、山西、山东、安徽西南部、河南、浙江西北部及福建北部，生于海拔200-2100米山坡、沟谷林中或灌丛。朝鲜及俄罗斯有分布。

[附] **深裂山葡萄 Vitis amurensis** var. **dissecta** Skvorts. in Chin.

Journ. Sci. Arts. 15: 200. 1931. 本变种与模式变种的区别：叶3-5深裂；果较小，径0.8-1厘米。产黑龙江、吉林、辽宁及河北，生于海拔50-200米丘陵。

图 357　山葡萄 （顾 健绘）

8. 湖北葡萄　图 358

Vitis silvestrii Pamp. in Nouv. Giorn. Bot. Ital. 17: 430. 1910.

木质藤本。小枝密被短柔毛，后变无毛。卷须2叉分枝。叶卵圆形，长3-5厘米，3-5浅裂或深裂，裂缺凹成钝角，稀锐角，或凹成圆形，先端急尖或渐尖，基部近截形或浅心形，每边有5-9粗锯齿，两面被短柔毛，基出脉5；叶柄长1-3厘米，被短柔毛。圆锥花序狭窄，下部分枝不发达，长2-4.5厘米，花序梗长1-1.5厘米，初被短柔毛。花萼碟形，近全缘；花瓣呈帽状粘合脱落；花盘5裂；雌蕊在雄花中退化。花期5月。

产陕西南部、四川中南部、贵州西南部及湖北西北部，生于海拔300-1200米山坡林中或林缘。

图 358　湖北葡萄 （顾 健绘）

9. 菱叶葡萄　图 359

Vitis hancockii Hance in Journ. Bot. 20: 4. 1882.

木质藤本。小枝密被褐色长柔毛。卷须2叉分枝或不分枝，疏被褐色柔毛。叶菱状卵形或菱状长椭圆形，不分裂，稀3裂，长3.5-13厘米，先端

急尖，基部不对称，楔形或宽楔形，每边有6-12尖锐粗锯齿，上面仅中脉上伏生疏短柔毛，下面疏被褐色柔毛，基出脉3；叶柄长0.2-3厘米，被淡褐色长柔毛。圆锥花序疏散，下部分枝不发达，长2.5-5.5厘米，花序梗长1-2厘米，密被淡褐色长柔毛。花萼碟形，全缘；花瓣呈帽状粘合脱落；子房卵圆形，花柱短，柱头扩大。果球形，径6-8毫米。种子倒卵圆形，腹面两侧洼穴向上达种子1/4处。花期4-5月，果期5-6月。

产安徽南部、浙江、福建北部及江西，生于海拔100-600米山坡林下或灌丛中。

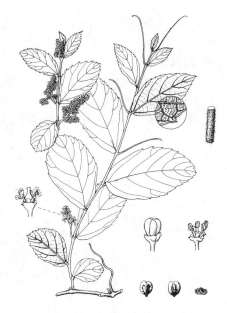

图 359 菱叶葡萄 （顾 健绘）

10. 葡萄 草龙珠 图360 彩片104
Vitis vinifera Linn. Pl. Sp. 293. 1753.

木质藤本。小枝无毛或被稀疏柔毛。卷须2叉分枝。叶宽卵圆形，3-5浅裂或中裂，长7-18厘米，先端急尖，基部深心形，基缺凹或圆形，两侧常靠合，每边有22-27锯齿，齿深而粗大，下面被疏柔毛或无毛，基出脉5；叶柄长4-9厘米。圆锥花序密集或疏散，基部分枝发达，长10-20厘米，花序梗长2-3厘米，几无毛或疏生蛛丝状绒毛。花萼浅碟形，边缘呈波状；花瓣呈帽状粘合脱落；花盘5浅裂；子房卵圆形。果球形或椭圆形，径1.5-2厘米。种子倒卵状椭圆形，腹面两侧洼穴向上达种子1/4处。花期4-5月，果期8-9月。

产亚洲西部。我国普遍栽培，为著名水果，生食或制葡萄干，并酿酒，根和藤药用，能止呕、安胎。

11. 网脉葡萄 图361
Vitis wilsonae Veitch in Gard. Chron. 46(3): 236. f. 101. 1909.

木质藤本。小枝被稀疏褐色蛛丝状绒毛。卷须2叉分枝。叶心形或卵状椭圆形，长7-16厘米，宽5-12厘米，先端急尖或渐尖，基部心形，每边有16-20牙齿，下面沿脉被褐色蛛丝状绒毛，基出脉5，网脉突出；叶柄长4-8厘米，近几毛。圆锥花序疏散，基部分枝发达，长4-16厘米，花序梗长1.5-3.5厘米，被稀疏蛛丝状绒毛。花萼浅碟形，边缘波状浅裂；花瓣呈帽状粘合脱

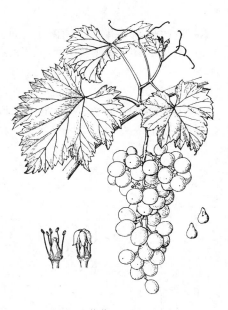

图 360 葡萄 （引自《图鉴》）

落；花盘5裂；子房卵圆形，花柱短，柱头扩大。果圆球形，径0.7-1.5厘米，成熟时蓝黑色，有白粉。种子倒卵状椭圆形，两侧洼穴向上达种子1/4处。花期5-6月，果期6月至翌年1月。

产河南、安徽南部、江苏、浙江、福建北部、湖北西部、湖南西北部、贵州东北部、云南东北部、四川、甘肃

东南部、陕西南部及山西东南部,生于海拔400-2000米山坡灌丛。

12. 武汉葡萄　图 362

Vitis wuhanensis C. L. Li in Chin. Journ. Appl. Environ. Biol. 2(3): 243. 1996.

木质藤本。小枝疏被蛛丝状绒毛。卷须不分枝。叶卵形或宽卵形,长3-7厘米,宽2.5-6厘米,3浅裂或不明显3-5裂,先端急尖或渐尖,基部心形,每边有5-13粗锯齿,下面苍白色,嫩时疏被蛛丝状绒毛,基出脉5;叶柄长1.5-4厘米。圆锥花序狭窄,下部分枝不发达,长2.5-4厘米,花序梗长1.5-2.5厘米,疏被蛛丝状绒毛。花萼碟形,近全缘;花瓣呈帽状粘合脱落;花盘5裂。果球形,径6-7毫米。种子倒卵状椭圆形,两侧洼穴向上达种子近顶部。

产河南南部、湖北及江西,生于海拔300-700米沟谷灌丛或地边树荫下。

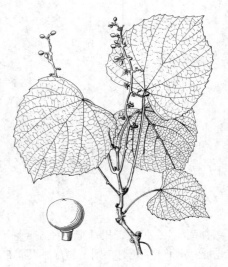

图 361 网脉葡萄 (引自《图鉴》)

图 362 武汉葡萄 (顾 健绘)

13. 毛脉葡萄　图 363

Vitis piloso-nerva Metcalf in Lingnan Soc. Journ. 11: 14. 1932.

木质藤本。小枝有显著纵棱纹,无毛。卷须2叉分枝。叶宽卵圆形,不明显3浅裂,长10-16厘米,先端急尖或短尾尖,基部心形,每边有28-36粗锯齿,齿尖锐,下面有白霜,基出脉5,脉上密被褐色短柔毛,网脉突出;叶柄长3.5-11厘米,被疏柔毛。圆锥花序疏散,分枝发达,长15-34厘米,花序梗长5-9厘米,近无毛。花萼碟形,近全缘;花瓣呈帽状粘合脱落;花盘5裂。花期6月。

产江西南部、福建北部及广东北部,生于海拔约750米山坡或沟谷林中。

14. 华东葡萄　图 364

Vitis psudoreticulata W. T. Wang in Acta Phytotax. Sin. 17(3): 73. 87. t. 5. f. 1. 1979.

木质藤本。小枝有显著纵棱纹,嫩枝疏被蛛丝状绒毛,后脱落近无毛。

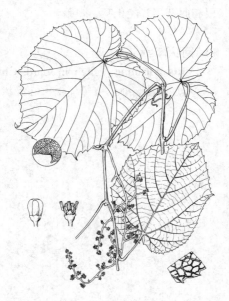

图 363 毛脉葡萄 (顾 健绘)

卷须2叉分枝。叶肾状卵圆形或宽卵形,长6-13厘米,先端急尖或短渐尖,基部心形,每边有16-25锯齿,齿端尖锐,两面初被蛛丝状绒毛,后脱落,基出脉5,下面沿侧脉被白色短柔毛,网脉明显;叶柄长3-6厘米,初被蛛丝状绒毛,兼有短柔毛。圆锥花序疏散,分枝发达,长5-11厘米,疏被蛛丝状绒毛。花萼碟形,萼齿不明显;花瓣呈帽状粘合脱落;雄蕊5,在雌花中雄蕊显著变短;子房圆锥形。果球形,径0.8-1厘米,成熟时黑色。种子倒卵圆形,两侧洼穴向上达种子1/3处。花期4-6月,果期6-10月。

产河南、山东中西部、安徽南部及西南部、江苏南部及东北部、浙江、福建、江西、湖北东部、湖南、广东北部、广西东北部,生于海拔100-300米河边、荒坡、灌丛。

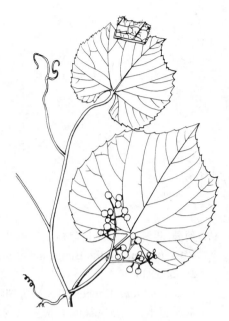

图 364 华东葡萄 (顾 健绘)

15. 狭叶葡萄　　　　　　　　　　图365

Vitis tsoii Merr. in Lingnan Sci. Journ. 11: 101. 1932.

木质藤本。小枝密被短柔毛。卷须不分枝。叶卵状披针形或三角状长卵形,长3.5-9厘米,宽1-4厘米,先渐尖,基部近截形或圆,每边有10-15细齿,两面脉上被短柔毛,基出脉5;叶柄长1-2毫米,密被短柔毛。圆锥花序狭窄,长2-6厘米,下部分枝不发达。花萼碟形,近全缘;花瓣呈帽状粘合脱落。果球形,径5-8毫米,成熟时紫黑色。种子倒卵状椭圆形,两侧洼穴向上达种子顶端。

产江西南部、福建、广东北部及广西东北部,生于海拔300-700米山坡林中或灌丛。

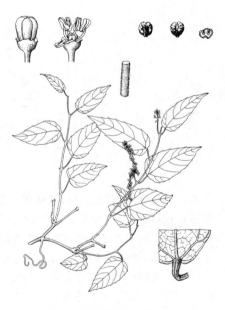

图 365 狭叶葡萄 (顾 健绘)

16. 小叶葡萄　　　　　　　　　　图366

Vitis sinocinerea W. T. Wang in Acta Phytotax. Sin. 17(3): 76 et 86. f. 1: 2. 1979.

木质藤本。小枝密被短柔毛和稀疏蛛丝状绒毛。卷须不分枝或2叉分枝。叶宽卵形,长3-8厘米,3浅裂或不明显分裂,先端急尖,基部浅心形或近截形,每边有5-9锯齿,上面密被短柔毛或脱落,下面密被淡褐色蛛丝状绒毛;基出脉5;叶柄长1-3厘米,密被短柔毛。圆锥花序长3-6厘米,基部分枝不发达,花序梗长1.5-2厘米,被短柔毛。花萼碟形,近全缘,无毛;花瓣呈帽状粘合脱落;花盘5裂。果

成熟时紫褐色，径 0.6-1 厘米。种子倒卵圆形，两侧洼穴向上达种子1/4-1/3处。花期 4-6 月，果期 7-10 月。

产浙江、福建、江西西部、河南南部及东南部、湖北西部、湖南东部、广东北部、广西东北部、云南北部及西部，生于海拔 220-2800 米山坡林中或灌丛。

17. 蘡薁 蘡薁葡萄 华北葡萄   图 367

Vitis bryoniaefolia Bunge in Mém. Div. Sav. Acad. Sci. St. Pétersb. 2: 95. 1835.

Vitis adstricta Hance; 中国高等植物图鉴 2: 771. 1972.

木质藤本。嫩枝密被蛛丝状绒毛或柔毛，后变稀疏。卷须 2 叉分枝。叶卵形、三角状卵形、宽卵形或卵状椭圆形，长 2.5-8 厘米，3-5（7）深或浅裂，稀兼有不裂叶，先端急尖至渐尖，基部浅心形或近截形，每边有 5-16 缺刻状粗齿或成羽状分裂；叶柄长 0.5-4.5 厘米，其与叶下面初时密被蛛丝状绒毛或柔毛，后变稀疏，基出脉5，网脉在上面不明显。圆锥花序宽或狭窄，长 4-12 厘米，花序梗长 2-2.5 厘米，初被蛛丝状绒毛，后变稀疏。花萼碟形，近全缘；花瓣呈帽状粘合脱落；花盘5裂。果球形，径 5-8 毫米，成熟时紫红色。种子倒卵圆形，两侧洼穴向上达种子3/4处。花期 4-8 月，果期 6-10 月。

产山西、河南、河北、山东、江苏南部、安徽、浙江、福建、江西、湖北西部、湖南东部、广东北部、海南、广西、云南北部及西北部、四川西南部、陕西南部，生于海拔 150-2500 米山谷林中、灌丛或田埂。

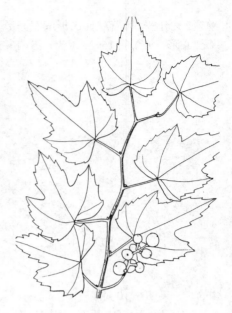

图 366 小叶葡萄 （孙英宝绘）

图 367 蘡薁 （引自《江苏植物志》）

18. 庐山葡萄   图 368

Vitis hui Cheng in Contr. Biol. Lab. Sci. Soc. China, Bot. 10: 78. f. 11. 1935.

木质藤本或呈披散灌木状。小枝密被短柔毛和疏被蛛丝状绒毛。卷须不分枝或兼有 2 叉分枝。叶宽卵形或卵状椭圆形，长 3-5.5 厘米，先端急尖或渐尖，基部心形，有尖锐锯齿，上面密被短柔毛及稀疏蛛丝状绒毛，下面密被灰色蛛丝状绒毛，基出脉5；叶柄长 0.5-1 厘米，密被短柔毛和蛛丝状绒毛。圆锥花序基部分枝短，长 2-8.5 厘米，花序梗长 0.5-1.5 厘米，密被短柔毛。花萼碟形，边缘微5裂，无毛；花瓣呈帽状粘合脱落；花盘5裂。花期 5 月。

产江西西北部及浙江西北部，生于海拔 150-200 米地边或灌丛。

[附] **美丽葡萄 Vitis bellula**

(Rehd.) W. T. Wang in Acta Phytotax. Sin. 17(3): 74. et 86. 1979. —— *Vitis pentagona* Dils. et Gilg. var. *bellula* Reld. in Sarg. Pl. Wilson. 3: 428. 1917. 本种与庐山葡萄的区别：叶上面近无毛，基生脉3出，叶柄被稀疏蛛丝状绒毛；花序梗被稀疏蛛丝状绒毛。产云南东北部、四川、湖北西部、湖南西南部、广东北部、广西东北部及北部，生于海拔1300-1600米山坡林缘或灌丛。

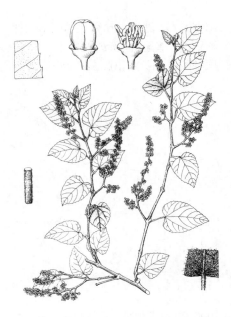

图 368 庐山葡萄 （顾 健绘）

19. 毛葡萄 图 369: 1-10

Vitis heyneana Roem. et Schult, Syst. 5: 318. 1820.

Vitis quinquangularis Rehd. 中国高等植物图鉴 2: 771. 1972.

木质藤本。小枝被灰或褐色蛛丝状绒毛。卷须2叉分枝，密被绒毛。叶卵圆、长卵状椭圆形或五角状卵形，长4-12厘米，先端急尖或渐尖，基部浅心形，每边有9-19尖锐锯齿，上面初疏被蛛丝状绒毛，下面密被灰或褐色绒毛，基出脉3-5；叶柄长2.5-6厘米，密被蛛丝状绒毛。圆锥花序疏散，分枝发达，长4-14厘米，花序梗长1-2厘米，被灰或褐色蛛丝状绒毛。花萼碟形，边缘近全缘；花瓣呈帽状粘合脱落；花盘5裂；子房卵圆形。果球形，径1-1.3厘米，成熟时紫黑色。种子倒卵圆形，两侧洼穴向上达种子1/4处。花期4-6月，果期6-10月。

产山西西南部、山东、河南、安徽、浙江、福建、江西、湖北、湖南、广东、广西、贵州、云南、西藏、四川、甘肃东南部及陕西南部，生于海拔100-3200米山坡、灌丛或林中。尼泊尔、锡金、不丹及印度有分布。

[附] 桑叶葡萄 图 369：11 **Vitis heyneana** subsp. **ficifolia** (Bunge) C. L. Li in Chin. Journ. Appl. Environ. Biol. 2(3): 250. 1996. —— *Vitis ficifolia* Bunge in Mém. Div. Sav. Acad. Sci. St. Pétersb. 2: 86. 1835.; 中国高等植物图鉴 2: 770. 1972. 本亚种与模式亚种的区别：叶3浅裂

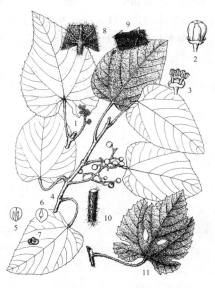

图 369: 1-10.毛葡萄 11.桑叶葡萄
（顾 健绘）

至中裂，或兼有不裂叶。产陕西、山西、河北、河南、山东及江苏，生于海拔100-1300米山坡、沟谷灌丛或疏林中。

20. 变叶葡萄 复叶葡萄 图 370

Vitis piasezkii Maxim. in Bull. Acad. Sci. St. Pétersb. 27: 461. 1881.

木质藤本。嫩枝和叶柄被褐色柔毛。卷须2叉分枝。3-5小叶复叶或兼有单叶，复叶的中央小叶菱状椭圆或披针形，长5-12厘米，先端急尖，基部宽心形，侧生小叶卵状椭圆形或卵状披针形，长3.5-9厘米，先端急尖或渐尖，基部偏斜，圆或宽楔形，每边有21-31不整齐锯齿，下面被疏柔毛和蛛丝状绒毛；基出脉5；叶柄长2.5-6厘米，被褐色短柔毛。圆锥花序基部分枝发达，长5-12厘米，花序梗长1-2.5厘米，被稀疏柔毛。花萼浅碟形，边缘呈波状，无毛；花瓣呈帽状粘合脱落；花盘5裂。果球形，径0.8-1.3厘米。种子倒卵圆形，两侧洼穴向上达种子1/4处。花期6月，果期7-9月。

产山西西南部、陕西南部、甘肃东部、四川东部及东南部、湖北西部、河南北部及西部、浙江，生于海拔

1000-2000米山坡、灌丛或林中。

[附] **少毛变叶葡萄 Vitis piasezkii** var. **pagnucii** (Roman ex Planch.) Rehd. in Journ. Arn. Arb. 3: 223. 1922. —— *Vitis pagnucii* Roman. ex Planch. in DC. Monogr. Phan. 5: 364. 1887. 本变种与模式变种的区别：小枝和叶无毛或近无毛。产甘肃东部、陕西南部、山西南部、河北西南部、河

图 370 变叶葡萄 （引自《秦岭植物志》）

南及湖北西部，生于海拔900-2100米山地林中。

152. 古柯科 ERYTHROXYLACEAE
（徐朗然）

灌木或乔木。单叶互生，稀对生，全缘或偶具钝锯齿；托叶生于叶柄内侧，稀生于叶柄外侧，常早落。花两性，稀单性雌雄异株，辐射对称；花簇生或成聚伞花序。萼片5，基部连合，近覆瓦状排列或旋转排列，宿存；花瓣5，离生，脱落或宿存，内面具舌状体贴生基部，稀无；雄蕊5、10或20，2轮或1轮，花丝基部连合成环状或浅杯状，花药椭圆形，2室，纵裂；雌蕊由3-5心皮合成，子房上位，3-5室，常2室不发育或全发育，每室1-2悬垂胚珠，花柱3-1或5，离生或稍连合。核果或蒴果。种子无胚乳或具胚乳。

4属，约250种，分布于热带及亚热带，主产南美洲。我国1种、1栽培种。

古柯属 Erythroxylum P. Br.

灌木或小乔木。花单生或3-6朵簇生或腋生。花小，常为异长花柱花；萼片多基部连合；花瓣具爪，内面具舌状体贴生基部；雄蕊10，不等长或近等长，花丝基部连合成浅杯状，具腺体或无腺体，子房3室，2室不育，可育1室具1-2胚珠，花柱离生或连合。核果。种子1，具胚乳或无胚乳。

约200种，分布于热带及亚热带，主产南美洲。我国2种，其中1种为引进栽培。

1. 叶中脉两侧具纵脉各1条，托叶窄三角形，常全缘；雄蕊花丝无乳头状毛状体；核果具5纵棱 ……………………
……………………………………………………………………………… 1. **古柯 E. novogranatense**

1. 叶中脉两侧无纵脉，托叶宽三角形、披针形、流苏状或丝裂；雄蕊花丝具乳头状毛状体；核果具3纵棱 ⋯⋯⋯
⋯⋯⋯⋯⋯⋯⋯⋯⋯⋯⋯⋯⋯⋯⋯⋯⋯⋯⋯⋯⋯⋯⋯⋯⋯⋯⋯⋯⋯⋯ 2. **东方古柯 E. sinensis**

1. 古柯　　　　　　　　　　　　　　　　　图 371

Erythroxylum novogranatense (Morris) Hier. in Engl. Bot. Jahrb. 20. Beibl. n. 4935. 1895.

Erythroxylum coca Lam. var. *novogranatense* Morris in Kew. Bull. 25: 5. 1889.

灌木。叶倒卵形或窄椭圆形，长0.7-1.2厘米，宽0.8-1厘米，先端钝圆、微凹，基部楔形，全缘；叶柄长4-7毫米，托叶三角形，长1.5-3毫米。花单生或簇生叶腋；萼片5，长约1.5毫米，基部连合成环状；花瓣5，黄白色，卵状长圆形，长3-3.5毫米；雄蕊10，基部连合成浅杯状；花柱3，离生，长1-3毫米，宿存。核果红色，长圆形，具5纵棱，长7-8毫米，顶部渐尖，种子1。全年开花，盛花期2-3月，果期5-12月。

原产南美洲高山地区。海南、台湾及云南有栽培。叶味涩，微苦，为兴奋剂及强壮剂，用以恢复疲劳。由叶可提取古柯碱Cocaine，为重要局部麻醉药物。亦为南美哥伦比亚等地广为种植的毒品（海洛因、白面）植物。

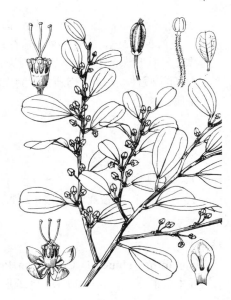

图 371 古柯　（黄少容绘）

2. 东方古柯　　　　　　　　　　　　　　图 372

Erythroxylum sinensis C. Y. Wu in Engl. Bot. Jahrb. 71: 189. 1940.

Erythroxylum kunthianum (Wall.) Kurz; 中国高等植物图鉴 2: 538. 1972.

小乔木或灌木状，高达6米。叶长椭圆形、倒披针形或倒卵形，长2-14厘米，宽1-4厘米，先端短渐尖，基部楔形；叶柄长3-8毫米，托叶宽三角形或披针形，长1-3毫米，齿裂、深裂或流苏状。花2-7簇生或单花腋生；花梗长4-6毫米；萼片5，基部连成浅杯状，长1-1.5毫米，深裂，裂片宽卵形；花瓣卵状长圆形，长3-6毫米；雄蕊10，基部连成浅杯状。核果长圆形或宽椭圆形，具3纵棱，稍弯，长0.6-1.7厘米。花期4-5月，果期5-10月。

产浙江、福建、江西、湖南、广东、海南、广西、云南及贵州，生于海拔230-2200米谷地林中。印度及缅甸东北部有分布。

图 372 东方古柯　（黄少容绘）

153. 粘木科 IXONANTHACEAE

（徐朗然）

乔木。叶互生，全缘或偶具钝锯齿；托叶细小或缺。花两性；聚伞花序，腋生。萼片5，基部连合，宿存，木质化；花瓣5，白色，旋转排列，宿存；雄蕊10或20，着生于环状花盘外缘；子房5室，与花盘分离，中轴胎座，每室具2悬垂胚珠，花柱单生，柱头头状或盘状。蒴果革质或木质，室间开裂，有时每室具假隔膜。种子具翅或顶部具僧帽状假种皮，胚乳肉质，胚侧生。

1属。

粘木属 Ixonanthes Jack

形态特征同科。

约10种，产热带亚洲。我国2种。

粘木　　　　　　　　　　　　　　　图 373　彩片 105

Ixonanthes chinensis Champ. in Proc. Linn. Soc. 2: 100. 1850.

乔木或灌木状，高达20米。叶纸质，椭圆形或长圆形，长4-16厘米，宽2-8厘米，先端尖，基部楔形，无毛，全缘，侧脉5-12对；叶柄长1-3厘米，具窄边。二歧或三歧聚伞花序，生于近枝顶叶腋，花序梗长于叶或等长。花梗长5-7毫米；萼片5，卵状长圆形或三角形，长2-3毫米，宿存；花瓣5，白色，卵状椭圆形或宽圆形。较萼片长1-1.5倍；雄蕊10，花期伸出花冠。蒴果卵状圆锥形或长圆形，长2-3.5厘米，径1-1.7厘米，顶部短尖，黑褐色，室间5瓣开裂，室背有较宽的纵凹陷。花期5-6月，果期6-10月。

产福建、湖南、广东、海南、香港、广西、湖南、云南及贵州，生于海拔750以下山谷、山顶、溪边、沙地、丘陵及林中。越南有分布。

图 373　粘木　（黄少容绘）

154. 亚麻科 LINACEAE

（徐朗然）

草本，稀灌木。单叶，互生或对生，全缘；无托叶或托叶不明显。花两性，整齐，4-5数；聚伞花序、二歧聚伞花序或蝎尾状聚伞花序。萼片覆瓦状排列，宿存，离生；花瓣旋转排列，离生或基部连合，常早落；雄蕊与花被同数或为其2-4倍，1轮，有时具1轮退化雄蕊，花丝基部连合；子房上位，2-3（-5）室，心皮常由中脉延伸成假隔膜，但隔膜不与中轴胎座连合，每室1-2胚珠；花柱与心皮同数，分离或合生，柱头各式。蒴果室背开裂。或为具1粒种子的核果。种子具微弱发育的胚乳，胚直立。

约12属，300余种，广布全世界，主产温带。我国4属、14种。

1. 灌木或小乔木。
  2. 花黄色，簇生或单生叶腋或枝顶；蒴果6-8瓣裂 ·················· 1. 石海椒属 Reinwardtia
  2. 花白色，聚伞花序腋生或顶生；蒴果4-5瓣裂 ·················· 2. 青篱柴属 Tirpitzia
1. 草本。
  3. 叶线形、线状披针形或披针形，叶基脉3出或1脉；花蓝色，稀白或黄色；蒴果10瓣裂，每室1种子 ········ 3. 亚麻属 Linum
  3. 叶椭圆形，羽状脉；花红色，稀白色；蒴果具1种子 ·················· 4. 异腺草属 Anisadenia

1. 石海椒属 Reinwardtia Dum.

灌木。托叶小，早落。花黄色，花序顶生或腋生，或单花腋生。萼片5，全缘，宿存；花瓣4-5，旋转排列，早萎；雄蕊5，花丝基部合生成环，退化雄蕊5，锥尖，与雄蕊互生；腺体2-5，与雄蕊环合生；子房3-4室，每室有2小室，每小室1胚珠；花柱3-4，分离或基部合生。蒴果6-8瓣裂。种子肾形。

2种。我国1种。

石海椒　　　　　　　　图 374　彩片 106

Reinwardtia indica Dum. Comm. Bot. 19. 1822.

Reinwardtia trigyna (Roxb.) Planch.; 中国高等植物图鉴 2: 534. 1972.

常绿灌木，高达1米；树皮灰色。叶椭圆形或倒卵状椭圆形，长2-8.8厘米，先端稍圆具小尖头，基部楔形，全缘或具细钝齿。花单生叶腋，或簇生枝顶，花径1.4-3厘米。萼片5，披针形，长0.9-1.2厘米，宿存；同株花的花瓣有5片或4片，黄色，分离，长1.7-3厘米，宽1.3厘米，早萎；雄蕊5，长约1.3厘米，花丝下部成翅状或瓣状；腺体5，与雄蕊环合生；子房3室；花柱3，下部合生。蒴果球形，6裂，每裂瓣1种子。花果期4月至翌年1月。

产湖北、四川及云南，生于海拔550-2300米林下、山坡灌丛中、沟边，常生于石灰岩土壤。福建、湖南、广东、广西、贵州等地有栽培。印度、巴基斯坦、尼泊尔、不丹、缅甸、泰国北部、越南及印度尼西亚有分布。花

图 374　石海椒　（余汉平绘）

艳丽，常栽培供观赏。嫩枝、叶药用，可消炎解毒、清热、利尿。

2. 青篱柴属 Tirpitzia Hallier

灌木或小乔木。叶互生，全缘，具短柄。聚伞花序，腋生、顶生或近顶生。萼片5，覆瓦状排列，宿存；花瓣5，爪细长，旋转排列；雄蕊5，花丝下部稍宽，基部合生成筒状，退化雌蕊5，与雄蕊互生；子房4-5室，每室2胚珠；花柱4-5。蒴果4-5瓣裂。种子上部具披针形膜质翅。

2种，分布于我国及越南。我国1种。

青篱柴　　　　　　　　　　　　　　　图375 彩片107

Tirpitzia sinensis (Hemsl.) Hallier in Beih. Bot. Centralbl. 39(2): 5. 1921.

Reinwardtia sinensis Hemsl. in Hook. Icon. Pl. 26: t. 2594. 1898.

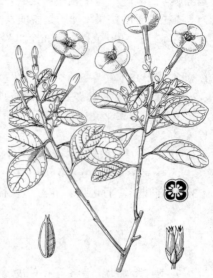

图 375 青篱柴 （余汉平绘）

灌木或小乔木，高达5米；树皮灰褐色。叶椭圆形、倒卵状椭圆形或卵形，长3-8.5厘米，先端钝圆或尖，基部宽楔形或近圆，全缘，上面绿色，下面淡绿色。聚伞花序腋生，长约4厘米；苞片宽卵形。花梗长2-3厘米；萼片5，披针形，长5-9毫米，先端钝圆；花瓣5，白色，长2-3.8厘米，瓣片宽倒卵形，开展，长1-2厘米；雄蕊5，

花丝基部合生成筒状，筒长2-4.8毫米，退化雄蕊5，锥尖状；子房4室，花柱4，柱头头状。蒴果长椭圆形或卵形，长1-1.9厘米，室间4瓣裂。花期5-8月，果期8-12或至翌年3月。

产湖南南部、广西、贵州及云南东南部，生于海拔340-2000米山坡、山地沃土及石灰岩山顶阳处。越南北方有分布。茎、叶可消肿、止痛、接骨。

3. 亚麻属 Linum Linn.

草本或茎基部木质化。茎不规则叉状分枝。单叶、对生、互生或散生，全缘，无柄，1脉或3-5脉，上部叶缘有时具腺睫毛。聚伞花序或蝎尾状聚伞花序，花5数；萼片全缘或边缘具腺睫毛；花瓣长于萼片，红、白、蓝或黄色，基部具爪，早落；雄蕊5，与花瓣互生，花丝下部具睫毛，基部合生，退化雄蕊5，齿状；子房5室（或具假隔膜成10室），每室2胚珠；花柱5。蒴果10瓣裂，常具喙。种子扁平，具光泽。

约200种，主要分布于温带及亚热带山地，地中海地区较集中。我国约9种。

1. 萼片边缘具腺毛，明显短于蒴果；一年生或二年生草本；花淡红、淡紫或蓝紫色；花瓣长为萼片2倍 ……………………………………………………………………………………………… 1. **野亚麻 L. stelleroides**
1. 萼片边缘无腺毛。
　2. 一年生植物；果假隔膜边缘具缘毛 ……………………………………………… 2. **亚麻 L. usitatissimum**
　2. 多年生植物；果假隔膜不具缘毛。

　　3. 花柱异长 ··· 3. 宿根亚麻 L. perenne
3. 花柱与雄蕊近等长。
　4. 叶具1脉；花梗纤细，外展或下垂。
　　5. 茎上部叶较疏散，通常无不育枝，叶缘内卷，基部叶鳞片状 ··················· 4. 垂果亚麻 L. nutans
　　5. 茎上部叶较密集，叶具长不育枝，叶片边缘平展 ····················· 4(附). 黑水亚麻 L. amurense
　4. 叶具（1）3-5脉；花梗较粗壮，直立或斜上升。
　　6. 叶线状披针形，1-3脉；萼片长3-4毫米 ································· 5. 短柱亚麻 L. pallescens
　　6. 叶线状或窄披针形，3-5脉；萼片长5-7毫米 ····················· 5(附). 阿尔泰亚麻 L. altaicum

1. 野亚麻　　　　　　　　　　　　　　图 376

Linum stelleroides Planch. in Lond. Journ. Bot. 5: 178. 1848.

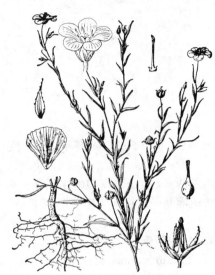

图 376　野亚麻　（引自《秦岭植物志》）

一年生或二年生草本，高达90厘米。茎直立，基部木质化。叶互生，线形，线状披针形或窄倒披针形，长1-4厘米，宽1-4毫米，先端钝、尖或渐尖，基部渐窄，两面无毛，基脉3出。单花或多花组成聚伞花序。花径约1厘米；萼片5，长椭圆形或宽卵形，长3-4毫米，先端尖，基部具不明显3脉，有黑色头状腺点，宿存；花瓣5，淡红、淡紫或蓝紫色，倒卵形，长达9毫米，先端啮蚀状，基部渐窄，雄蕊5，与花柱等长。蒴果球形或扁球形，径3-5毫米，有5纵沟，室间开裂。花期6-9月，果期8-10月。

　　产黑龙江、吉林、辽宁、内蒙古、河北、山东、山西、青海、甘肃、宁夏、陕西、河南、江苏北部、湖北、广西、贵州及四川，生于海拔630-2750米山坡、路边及荒地。俄罗斯（西伯利亚）、日本及朝鲜有分布。茎皮纤维可作人造棉、麻布及造纸原料。

2. 亚麻　　　　　　　　　　图 377 彩片 108

Linum usitatissimum Linn. Sp. Pl. 277. 1753.

一年生草本，高达1.2米。茎直立，上部分枝，基部木质化。叶互生，线形、线状披针形或披针形，长2-4厘米，宽1-5毫米，先端尖，基部渐窄，内卷，基脉3（5）出。花单生枝顶或枝上部叶腋，组成疏散聚伞花序。花径1.5-2厘米；萼片5，卵形或卵状披针形，长5-8毫米，具3（5）脉；花瓣5，倒卵形，长0.8-1.2厘米，蓝或蓝紫色，稀白或红色，先端啮蚀状；雄蕊5，花丝基部合生。蒴果球形，径6-9毫米，室间5瓣裂。花期6-8月，果期7-10月。

　　原产地中海地区，现欧、亚温带多栽培。全国各地有栽培，北方和西南地区较普遍；有的已野化。为重要纤维、油料及药用植物。

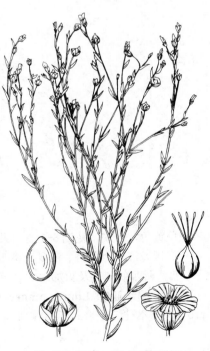

图 377　亚麻　（引自《图鉴》）

3. 宿根亚麻 图 378

Linum perenne Linn. Sp. Pl. 277. 1753.

多年生草本，高达90厘米。根粗壮，根颈木质化，具密集窄条形叶的营养枝。叶互生，窄条形或条状披针形，长0.8-2.5厘米，宽3（4）毫米，内卷，先端尖，基部渐窄，1-3脉。花多数，组成聚伞花序。花蓝、蓝紫、淡蓝色，径约2厘米；萼片5，卵形，长3.5-5毫米，外3片先端尖，内2片先端钝，全缘，5-7脉，稍凸起；花瓣5，倒卵形，长1-1.8厘米；雄蕊5，长于或短于雌蕊，或与雌蕊近等长。蒴果

图 378 宿根亚麻 （李志民绘）

近球形，径3.5-7（8）毫米，草黄色，开裂。花期6-7月，果期8-9月。

产内蒙古、河北、山西、陕西、宁夏、甘肃、新疆、青海、四川、云南及西藏，生于海拔4100米以下干旱草原、沙砾质干河滩、干旱山地阳坡稀疏灌丛中或草地。俄罗斯西伯利亚、欧洲及西亚有分布。

4. 垂果亚麻 图 379: 1

Linum nutans Maxim. in Bull. Acad. Sci. St. Pétersb. 26: 430. 1880.

多年生草本，高达10厘米。茎丛生，直立，基部木质化。茎生叶互生或散生，窄条形或条状披针形，长1-2.5厘米，宽1-3毫米，边缘稍卷，无毛。聚伞花序。花蓝或紫蓝色；花梗纤细，长1-2厘米，直立或稍弯向一侧；萼片5，卵形，长3-5毫米，基脉5，边缘膜质，先端尖；花瓣5，倒卵形，长约1厘米，先端圆，基部楔形；雄蕊5，与雌蕊近等长或短于雌蕊；子房5室，卵形。蒴果近球形，径6-7毫

图 379: 1.垂果亚麻　2-5.短柱亚麻
6.阿尔泰亚麻
（李志民绘）

米，草黄色，开裂。花期6-7月，果期7-8月。

产黑龙江、内蒙古、宁夏、陕西及甘肃，生于沙质草原及干山坡。蒙古、俄罗斯西伯利亚及贝加尔地区有分布。

[附] **黑水亚麻 Linum amurense** Alef. in Bot. Zeit. 25: 251. 1867, pro part. 本种与垂果亚麻的区别：茎上部叶较密，具密集线形叶的不育枝，叶边缘平展或稍卷。产东北、内蒙古、陕西、甘肃、宁夏及青海，生于草原、干山地、干河床沙砾地。蒙古及俄罗斯远东地区有分布。

5. 短柱亚麻 图 379: 2-5

Linum pallescens Bunge in Ledeb. Fl. Alt. 1: 438. 1829.

多年生草本，高达30厘米。根茎木质化。茎丛生，直立或基部仰卧，基

部木质化；营养枝具密集的窄叶。茎生叶散生，线状条形，长0.7-1.5厘米，宽0.5-1.5毫米，先端渐尖，基部渐窄，叶缘内卷，1或3脉。单花腋生或成聚伞花序。花径约7毫米；萼片5，卵形，长约3.5毫米，先端具短尖头，外3片具1-3（5）脉，果期中脉隆起；花瓣倒卵形，白或淡蓝色，长为萼片2倍，先端圆、微凹，基部楔形；雄蕊与雌蕊近等长，长约4毫米。蒴果近球形，草黄色，径约4毫米。花、果期6-9月。

产内蒙古、宁夏、陕西、甘肃、青海、新疆及西藏南部，生于低山干山坡、荒地及河谷砂砾地。俄罗斯西西伯利亚至中亚有分布。

[附] **阿尔泰亚麻** 图379：6 **Li-num altaicum** Ledeb. ex Juz. in Schischk. et Bobr. Fl. URSS 14: 113. 1949. 本种与短柱亚麻的区别：叶长2-2.5厘米，宽2-2.5毫米，3-5脉；萼片长5-7毫米；花瓣蓝或蓝紫色，长为萼片3倍。产新疆北部，生于山地草甸、草甸草原或稀疏灌丛中。中亚西天山及哈萨克斯坦有分布。

4. 异腺草属 Anisadenia Wall.

多年生草本。叶互生或近茎顶部轮生，全缘或具锯齿；托叶背面有多条凸起叶脉。穗状总状花序顶生。萼片5，披针形，外3片被具腺体刚毛；花瓣5，早落；雄蕊5，花丝基部合生成筒，有互生线形的退化雄蕊5枚；腺体3，与花丝筒合生，其中1枚较大；子房3室，每室2胚珠；花柱3。蒴果膜质，1种子。

2种，分布于喜马拉雅和我国。我国1种。

异腺草 图380

Anisadenia pubescens Griff. Notul. Pl. Asiat. 4: 535. 1854.

多年生草本，高达35厘米。茎被柔毛。叶长椭圆形或卵形，长0.9-4.5厘米，宽0.5-2.5厘米，先端尖，基部宽楔形，全缘，上面疏被伏毛，下面被较密伏毛；叶柄长0.2-1厘米，托叶2，钻状，长4-7毫米，不对称，近基部一侧耳状延伸。穗状总状花序，花序梗和花梗密被柔毛；苞片2，膜质，钻状，长2毫米，不对称，近基部一侧耳状下延。花梗中部具2小苞片；萼片5，披针形，长约6毫米，宽约1毫米，宿存，边缘被腺头刚毛；花瓣5，白或淡紫色，具细爪，长1.2-2厘米，旋转排列。蒴果膜质，1种子。花期6-9月。

产云南及西藏，生于海拔1600-3200米山地、山坡、阔叶林下、松林下或灌丛中。印度东北部有分布。

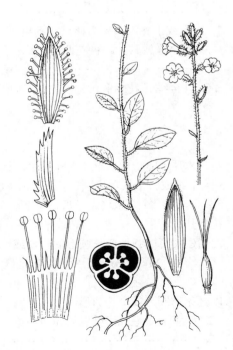

图 380 异腺草 （余汉平绘）

155. 金虎尾科 MALPIGHIACEAE

（王忠涛）

灌木、乔木、藤状灌木或木质藤本，植体常被分枝单细胞毛。单叶，通常对生，稀互生或3叶轮生，全缘，下面及叶柄常具腺体；托叶存在或无。总状花序腋生或顶生，单一或组成圆锥花序，稀聚伞花序或单花腋生；花通常两性，辐射对称或两侧对称，花梗具关节，小苞片通常2；花萼5裂，裂片覆瓦状排列，稀锒含状排列，其中1或5裂片背面基部具腺体，稀无腺体；花瓣5，常覆瓦状排列，具爪，具缘毛，齿裂或流苏状；雄蕊10，2轮，外轮与花瓣对生，花丝基部常合生，花药2室，纵裂，花盘不明显；子房上位，3室，中轴胎座，每室具1枚下垂的半倒生胚珠，花柱3，有时合生，宿存。果为具翅的各种翅果，不开裂或稀瓣裂，或为肉质核果，或为蒴果。种子具大而直的胚，或少数为弯胚，无胚乳。

约65属，1280种。广布于全球热带地区，主产南美洲。我国4属约23种。引入栽培2属2种。

1. 木质藤本或藤状灌木；果为翅果。
  2. 花两性；每心皮的侧翅及背翅均发育，稀背翅不发育或成鸡冠状突起。
    3. 花萼无腺体，花瓣无爪，花柱3；每心皮的侧翅发育成圆形或长圆形翅盘，背翅很少发育或成鸡冠状突起 ……………………………………………………………………………………… 1. 盾翅藤属 Aspidopterys
    3. 花萼基部具腺体或无，花瓣具爪，花柱通常1。
      4. 花萼基部具1大腺体，或无腺体；雄蕊不等长，其中1枚特大；每心皮的2侧翅及1背翅均发育成翅果的翅，通常中翅最长 ……………………………………………… 2. 风筝果属 Hiptage
      4. 花萼基部无腺体；雄蕊几等长；每心皮有3至多翅发育，形成星芒状翅果 …… 3. 三星果属 Tristellateia
  2. 花通常退化成单性，花瓣无爪或具爪；每心皮的侧翅不发育；翅果仅具1背翅 ……………………………………………………………………………………… 4. 翅实藤属 Rhyssopterys
1. 灌木或小乔木；果为核果或蒴果。
  5. 叶全缘或具齿缺；花两侧对称，花萼外面有大而无柄腺体6-10，雌蕊柱头膨大；果为核果 ……………………………………………………………………………………… 5. 金虎尾属 Malpighia
  5. 叶全缘；花辐射对称，花萼外面通常无腺体，雌蕊柱头不膨大；果为蒴果 …… 6. 金英属 Thryallis

1. 盾翅藤属 Aspidopterys A. Juss.

木质藤本或藤状灌木。叶对生，全缘，叶及叶柄无腺体，托叶无或者小而早落。花小，两性，辐射对称，黄或白色，组成腋生或顶生圆锥花序，稀总状花序或聚伞花序；花序梗具苞片，顶部具节，花梗常具2小苞片；花萼浅5裂，无腺体；花瓣5，无爪，全缘，广展或外弯；雄蕊10，全部发育，花丝丝状，无毛，分离或有时基部合生，花药基部着生；子房3裂，通常无毛，背裂平坦，侧裂有翅，花柱3，分离，无毛，柱头头状。果为翅果，每心皮的侧翅发育成圆形或长圆形的膜质或革质翅盘，翅具放射性脉纹，背翅很少发育或成鸡冠状突起。种子圆柱形。

约15-20种，分布于亚洲热带地区。我国有9种1变种。

1. 翅果卵圆形或窄长圆形。
  2. 叶下面无毛或沿叶脉被锈色短柔毛，余处疏被平伏丁字毛；子房无毛；翅果卵圆形 ……………………………………………………………………………………… 1. 盾翅藤 A. glabriuscula
  2. 叶下面密被铁锈色绒毛；子房疏被硬毛；翅果窄长圆形 …………… 1(附). 蒙自盾翅藤 A. henryi
1. 翅果圆形或近圆形。
  3. 翅果的翅半革质或干膜质。
    4. 小枝幼嫩时被红色绒毛，后变无毛；叶上面无毛，下面仅中脉基部被微柔毛；萼片无毛 ……………

··· 2. 广西盾翅藤 A. concava

4. 小枝、花序密被灰黄色绒毛；叶上面被柔毛，下面被灰白色绒毛；萼片密被淡黄色柔毛 ·············
··· 2(附). 花江盾翅藤 A. esquirolii

3. 翅果的翅膜质或纸质。
　5. 幼枝被黄褐色紧贴柔毛；翅果背部具明显的窄翅 ·············· 3. 贵州盾翅藤 A. cavaleriei
　5. 幼枝密被灰白色紧贴的丝质棉毛；翅果背面无翅或具狭脊 ·········· 4. 毛叶盾翅藤 A. nutans

1. 盾翅藤　　　　　　　　　　　　　　图381

Aspidopterys glabriuscula Wall. ex A. Juss. in Ann. Sci. Nat. ser. 2, Bot. 13: 267. 1840.

藤本。叶卵形、倒卵形或宽椭圆形，长6-11厘米，先端短渐尖，基部圆或近心形，全缘，幼时两面被锈色绢质短柔毛，老时下面沿主脉被锈色短柔毛，余疏被平伏丁字毛；叶柄长0.6-1厘米，被锈色短柔毛。圆锥花序顶生或腋生，长约15厘米；花径约7毫米，花梗长2-3.5毫米，关节位于中下部，节上部被短柔毛，基部具2披针形小苞片；萼片椭圆形，长约1毫米，外面被柔毛；花瓣椭圆形，长约3毫米；雄蕊长约2毫米；子房无毛，柱头头状。翅果卵圆形，长4.5-5厘米，宽1.5-2.2厘米，上部变窄，顶端圆钝，基部圆。种子线形，长约1厘米，位于翅果中部。花期8-9月，果期10-11月。

产广西、海南、云南及西藏东南部。印度、越南及菲律宾有分布。

[附] **蒙自盾翅藤 Aspidopterys henryi** Hutch. in Kew Bull. Misc.

图 381 盾翅藤 （黄少容绘）

Inform. 1917: 94. 1917. 本种与盾翅藤的主要区别：叶下面密被铁锈色绒毛；花序长达25厘米；子房疏被硬毛；翅果窄长圆形。产广西西南部及云南东南部。

2. 广西盾翅藤　　　　　　　　　图382: 1

Aspidopterys concava (Wall.) A. Juss. in Ann. Sci. Nat. ser. 2, Bot. 13: 266. 1840.

Hiraea concava Wall. Pl. Asiat. Resear. 1: 13. 1830.

木质藤本。小枝幼嫩时被红褐色短绒毛,后变无毛。叶卵状椭圆形或卵状长圆形，长7-10厘米，先端渐尖，基部圆或钝，稀近心形，全缘，上面无毛，下面仅中脉基部被微柔毛；叶柄长1-2厘米，无毛或被微柔毛。圆锥花序腋生，长5-10厘米，花序轴细弱，幼时被红褐色

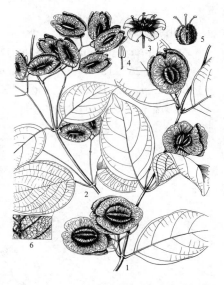

图 382: 1.广西盾翅藤 2-6.毛叶盾翅藤
（黄少容绘）

柔毛，老时近无毛，花梗纤细，无毛，长1-1.5厘米，中下部具关节，节下有互生小苞片；萼片长约2毫米，无毛，先端圆；花瓣白色，长圆形，长3.5-5毫米，无毛；子房无毛，花柱长3-4.5毫米。翅果近圆形或圆形，长2.5-4.5厘米，中间内凹，翅半革质或干膜质，顶端钝或微凹，基部圆，成熟时红褐色，背部具长1厘米，宽6毫米窄翅。花期7-8月，果期10-12月。

产广西，生于海拔300-600米石灰山密林中或丘陵灌丛中。中南半岛、马来西亚、印度尼西亚（苏门答腊）及菲律宾有分布。

[附] **花江盾翅藤 Aspidopterys esquirolli** Lévl. in Fedde, Repert.

3. 贵州盾翅藤

图383

Aspidopterys cavaleriei Lévl. in Fedde, Repert. Sp. Nov. 9: 458. 1911.

攀援藤本。小枝圆柱形，幼时被黄褐色紧贴柔毛，后变无毛。叶卵形、椭圆状卵形或近圆形，长11-25厘米，先端急渐尖，基部圆或近心形，全缘；叶柄长2.5-7厘米，无毛。总状圆锥花序长15-25厘米，常2序生于同一腋内，被锈色丁字柔毛；花梗长约7毫米，关节位于下部，无毛，基部具2小苞片；萼片长圆形，长约1.5毫米，外面被柔毛；花瓣5，黄白色，长圆形，长4-5毫米，无毛或被极疏微柔毛；

图 383 贵州盾翅藤 （邓晶发绘）

雄蕊长约为花瓣1/2，花药长圆形；子房无毛，长约1毫米，花柱长约2.5毫米。翅果近圆形，长3.5-4.5厘米，翅膜质，顶端2浅裂，基部圆，背部具1长1.5-1.8厘米、宽约3毫米的窄翅。花期2-4月，果期4-5月。

产广东、广西、贵州及云南，生于海拔280-800米山谷密林、疏林或灌丛中。

4. 毛叶盾翅藤

图382: 2-6

Aspidopterys nutans (Roxb. ex DC.) A. Juss. in Ann. Sci. Nat. ser. 2, Bot. 13: 267. 1840.

Hiraea nutans Roxb. ex DC. Prodr. 1: 585. 1824.

攀援藤本；幼枝和花序密被灰白色紧贴的丝质棉毛。小枝圆柱形，暗紫褐色。叶卵形、宽卵形或近圆形，长9-12厘米，先端渐尖，基部圆或近心形，全缘，上面幼时沿脉被柔毛，下面密被灰白色丝质紧贴丁字毛；叶柄长1.5-3厘米，密被灰白色柔毛。圆锥花序顶生或腋生，长11-15厘米；花梗长0.8-2厘米，中间具关节，几无毛，基部具2钻形

Sp. Nov. 11: 65. 1912. 本种与广西盾翅藤的区别：小枝、叶、叶柄及花序均密被灰黄色毡状丁字绒毛；叶上面被柔毛，下面被灰白色绒毛；萼片密被淡黄色柔毛。产广西西北部、四川及贵州西南部，生于海拔410-750米的山地林中。

小苞片；萼片卵形或阔椭圆形，长约1.5毫米，外面被柔毛；花瓣长圆状倒卵形，长4-5毫米；雄蕊长约为花瓣1/2，花药长圆形；子房密被灰白色柔毛，花柱3，叉开。翅果宽卵圆形，长3-3.5厘米，翅基部圆，顶端钝，微凹；果核位于中上部，周围被白色丝质毛，背部无翅或具窄脊。花期8-11月，果期11-12月。

产云南南部及西南部，生于海拔240-700米山坡疏林或灌丛中。印度、锡金、尼泊尔及中南半岛有分布。

2. 风筝果属 Hiptage Gaertn.

灌木、小乔木、木质藤本或藤状灌木。叶对生,革质或亚革质,全缘,无腺体或背面近边缘处有1列疏离的腺体;托叶无或极小。总状花序腋生或顶生;花两性,两侧对称,白色,有时带淡红色;花梗有小苞片2,中上部具关节;萼5裂,基部有1大腺体或无;花瓣5,具爪,多少不等大,被丝毛;雄蕊10,全部发育,不等长,其中1枚最大,花丝分离或下部结合,花药2室;子房3浅裂,裂瓣背面有附属体3-5,3室,每室有1胚珠,花柱单生,稀2,顶部弯卷。果成熟后每心皮分别发育成翅果或有时部分不发育;每果有3翅,中间的翅最长,两侧的翅较短。种子呈多角状球形。

约20-30种,分布于毛里求斯、印度、孟加拉、中南半岛、马来西亚、菲律宾、印度尼西亚及斐济。我国10种。

1. 花萼具腺体。
  2. 花萼的腺体长圆状披针形或长圆形,或多或少下延至花梗上。
    3. 花萼的腺体长圆状披针形,仅基部下延至花梗上。
      4. 灌木或小乔木;幼枝、叶两面及叶柄均密被淡黄或灰白色绒毛;花瓣白色;雄蕊的花丝多数长3-5毫米,其中1枚长0.8-1厘米;花柱长约1.2厘米 ·············· 1. **白花风筝果 H. candicans**
      4. 木质藤本;幼枝无毛或疏被柔毛;叶两面及叶柄无毛;花瓣粉红色;雄蕊的花丝多数长4-6毫米,最长的1枚达1.5厘米;花柱长达1.6厘米 ·············· 1(附). **越南白花风筝果 H. candicans var. harmandiana**
    3. 花萼的腺体长圆形,1/4-1/2下延至花梗上;叶两面无毛或下面中脉基部疏被短柔毛;灌木或藤本,攀援。
      5. 叶长9-18厘米,宽3-7毫米;花梗长1-1.6厘米,中下部具关节;翅果背部具三角形鸡冠状附属物 ·· 2. **风筝果 H. benghalensis**
      5. 叶长约18厘米,宽7.5-8.5厘米;花梗长2-2.5厘米,顶端增粗,中部具关节;翅果背部无附属物 ·· 2(附). **越南风筝果 H. benghalensis var. tonkinensis**
  2. 花萼的腺体近圆形或长圆形,不下延至花梗上。总状花序长2-3厘米;藤状灌木 ·············· 2(附). **田阳风筝果 H. tianyangensis**
1. 花萼不具腺体 ·· 3. **小花风筝果 H. minor**

1. 白花风筝果
图384

Hiptage candicans Hook. f. Fl. Brit. Ind. 1: 419. 1874.

直立灌木或小乔木;幼枝,叶柄和叶两面均密被淡黄或灰白色绒毛。叶对生,长圆形或椭圆状长圆形,长9-15厘米,先端短渐尖,基部宽楔形或圆,全缘,上面变无毛或仅脉上被疏毛;叶柄长0.5-1厘米。总状花序腋生,花序轴、花梗、苞片和萼片均密被黄褐色柔毛;花梗长1.5-2厘米,中下部具关节;苞片披针形;花萼具腺体,黑褐色,长圆状披针形,长3-4毫米,仅基部下延至花梗上,萼片5,

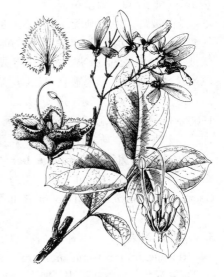

图 384 白花风筝果 (黄少容绘)

长4-5毫米,先端三角形;花瓣白色,卵形或近圆形,长0.8-1.1厘米,宽6-8毫米,外面密被白色丝毛;雄蕊不等长,花丝多数长3-5毫米,其中1枚长0.8-1厘米,花药长1.5-2毫米;花柱细,长约1.2厘米,顶端尖。翅果被黄褐色短柔毛，中间的翅椭圆状披针形，长3-3.5厘米，先端圆或有数浅裂，侧翅长1-1.5厘米，先端圆或具数浅裂。花期2-3月，果期4-5月。

产云南南部及西南部；生于海拔570-1300米山坡灌丛中或疏林中。印度、缅甸及泰国有分布。

[附] **越南白花风筝果** Hiptage candicans var. **harmandiana** (Pierre) P. Dop in Bull. Soc. Bot. France 55: 429. 1908. —— *Hiptage harmandiana* Pierre, Fl. For. Cochinch. Fasc. 17. t. 272A. 1892. 本变种与模式变种的主

要区别：木质藤本，幼枝无毛或疏被柔毛，叶两面无毛；花瓣粉红色；雄蕊的花丝多数长4-6毫米，最长1枚达1.5厘米；花柱长达1.6厘米。产云南南部，生于山地林中。老挝有分布。

2. 风筝果　　　　　　　　　　图385　彩片109

Hiptage benghalensis (Linn.) Kurz in Journ. Asiat. Soc. Beng. 14 (2): 36. 1874.

Banisteria benghalensis Linn. Sp. Pl. 427. 1753.

藤状灌木或藤本。叶长圆形、椭圆状长圆形或卵状披针形，长9-18厘米，先端渐尖，基部宽楔形或近圆，下面常具2腺体，全缘，幼时被短柔毛；叶柄长0.5-1厘米。总状花序腋生或顶生，长5-10厘米，被淡黄褐色柔毛；花梗长1-1.6（-2）厘米，密被黄褐色短柔毛，中下部具关节，有小苞片2；萼片外面密被黄褐色短柔毛，有1粗具大长圆形腺体，一半附着在萼片上，一半下延贴生于花梗上；花瓣白色，

图 385　风筝果　（黄少容绘）

基部具黄色斑点，或淡黄或粉红色，圆形或宽椭圆形，基部具爪，边具流苏，外面被短柔毛；雄蕊最大者长0.8-1.2厘米，其余长3-5毫米；花柱长约1.2厘米，拳卷状。翅果除果核被短绢毛外，余无毛，中翅椭圆形或倒卵状披针形，长3.5-5厘米，先端全缘或微裂，侧翅披针状长圆形，长1.5-3厘米，背部具三角形鸡冠状附属物。花期2-4月，果期4-5月。

产福建、台湾、广东、海南、广西、贵州及云南，生于海拔（100-）200-1900米沟谷密林、疏林中或沟边路旁，也栽培于园庭观赏。印度、锡金、孟加拉、中南半岛、马来西亚、菲律宾及印度尼西亚有分布。

[附] **越南风筝果** Hiptage benghalensis var. **tonkinensis** (Dop) S. K. Chen, Reipubl. Popul. Sin. 43(3): 120. 1997. —— *Hiptege madablota* Gaertn. var. *tonkinensis* Dop in Bull. Soc. Bot. France 55: 429. 1908. 本

变种与模式变种的主要区别：叶较大，长约18厘米，宽7.5-8.5厘米；花梗长2-2.5厘米，顶端增粗，关节位于中部，小苞片位于关节下部；翅果背部无附属物。产云南南部，生于海拔540-1400米沟谷疏林、沟边、田边的灌丛中。越南北方及老挝有分布。

[附] **田阳风筝果** Hiptage tia-nyangensis F. N. Wei in Acta Phytotax. Sin. 19 (3) : 358. f. 4. 1981. 本种与风筝果及越南风筝果的区别：花萼的腺体近圆形或长圆形，不下延至花梗上；总状花序长2-3厘米。产广西西部及贵州南部，生于海拔200-350米丘陵地区向阳山坡或山顶灌丛中。

3. 小花风筝果　　　　　　　　　　图386

Hiptage minor Dunn in Journ. Linn. Soc. Bot. 35: 487. 1903.

直立灌木，稀藤状灌木，高达90厘米。小枝幼时被微柔毛，后变无毛。叶卵形或卵状披针形，长4-8厘米，先端渐尖，基部楔形，两面无毛，叶脉在两面稍突起；叶柄长3-6毫米。总状花序腋生或顶生，比叶短，花序轴及花序梗被紧贴黄褐色柔毛；花梗中部具关节，苞片2，早落；花萼无

腺体，萼片三角形或近圆形，长约2毫米，外面被紧贴黄褐色柔毛；花瓣白色，近圆形，长7-8毫米，边具流苏；雄蕊明显短于花瓣；子房被短柔

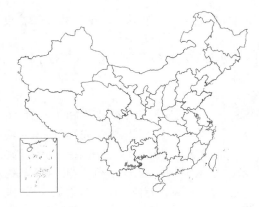

毛。翅果无毛或被微柔毛,中间翅长圆状椭圆形,长2.5-3厘米,先端通常2-3浅裂或圆,侧翅长1.2-1.5厘米,先端圆或有齿裂。花期3-4月,果期4-5月。

产贵州及云南,生于海拔200-1400米山坡疏林中或灌丛中。

图 386 小花风筝果 (黄少客绘)

3. 三星果属 **Tristellateia** Thouars

木质藤本,全株几无毛。叶对生或轮生,基部具2腺体,叶柄基部有2小托叶。总状花序腋生或顶生;花两性,辐射对称,具长梗;花萼5裂;花瓣5,长圆形,全缘,具长爪;雄蕊10,全部发育,花丝顶端具节;子房球形,3室,每室有1胚珠,花柱通常1。成熟心皮3,每心皮有3或多翅,并多少合生成一个星芒状的翅果。

约20-22种,主要分布于马达加斯加,其次为非洲东部和印度、马来西亚至澳大利亚、新喀里多尼亚。我国1种。

三星果 三星果藤   图387 彩片110

Tristellateia australasiae A. Rich. Sert. Astrol. 159. pl. 15. 1833.

木质藤本,长达10米。叶卵形,长6-12厘米,先端急尖或渐尖,基部

圆或心形,与叶柄交界处有2腺体,全缘,无毛;叶柄长1-1.5厘米;托叶线形或披针形,长约1毫米。总状花序顶生或腋生;花梗长1.5-3厘米,中下部具关节;花鲜黄色,径2-2.5厘米;萼片三角形,长3毫米;花瓣椭圆形,长0.8-1.3厘米,爪长2-3毫米;雄蕊长3-4毫米。星芒状翅果径1-2厘米。花期8月,果期10月。

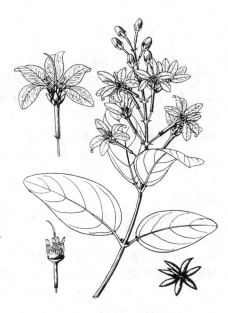

图 387 三星果 (邓晶发绘)

产台湾,生于近海边的林中。马来西亚、澳大利亚热带地区及太平洋诸岛屿有分布。

4. 翅实藤属 **Rhyssopterys** Bl. ex A. Juss.

木质藤本。小枝被平贴短柔毛。叶对生或近对生,全缘,通常下面边缘具小腺体,基部与叶柄顶端处有2圆形腺体;叶柄纤细;托叶退化或发育。总状花序腋生;花黄或白色,常退化为单性,辐射对称;花萼5深裂,无腺

体；花瓣5，无爪或多少具爪；雄蕊10，全部发育，花丝基部合生；子房3裂，3室，被粗伏毛，花柱3，分离。果为翅果，仅具1背翅。

约6种，分布于印度、马来西亚、菲律宾、印度尼西亚至澳大利亚（热带）及新喀里多尼亚。我国仅1种。

翅实藤

Rhyssopterys timoriensis (DC.) Bl. ex A. Juss. in Deless. Icon. Sel. Pl. 3: 21. pl. 35. 1837.

Banisteria timoriensis DC. Prodr. 1: 588. 1824.

木质藤本，长达10米。嫩枝密被短柔毛，老枝无毛。叶对生，卵形或宽卵形，通常长8-12厘米，先端急尖，基部稍呈心形、圆或截平，在基部与叶柄交界处有2个圆形的黑褐色腺体，全缘，上面无毛，下面无毛或有微柔毛，侧脉每边4-7；叶柄纤细，长1-7厘米，被黄褐色或灰白色微柔毛。花序腋生，花序梗和花梗被紧贴的灰白色短柔毛；苞片卵圆形，先端急尖，长约3毫米，外被黄褐色微柔毛；花香，花梗中部具关节，小苞片卵圆形，长约1.5毫米，外被黄褐色微柔毛；萼片圆形，长约2毫米，外被微柔毛；花瓣黄色，圆形或椭圆形，多少具爪，长0.6-1厘米，全缘；雄蕊长2-4毫米，花丝丝状；花柱3，细长，柱头头状。翅果长2-4厘米，宽1-1.5厘米。花期7月。

产台湾，生于海岸地区。马来西亚、印度尼西亚、密克罗尼西亚及澳大利亚有分布。

5. 金虎尾属 **Malpighia** Plum. ex Linn.

灌木或小乔木。叶对生，全缘或具齿，具短柄；托叶细小。花两性，两侧对称，排成紧密的聚伞花序或有时单花腋生；花萼5深裂，外面有大而无柄腺体6-10；花瓣5，不等大，覆瓦状排列，全缘，无毛，具长爪；雄蕊10，全部发育，无毛，较花瓣短，花丝基部合生；子房3室，无毛，花柱3，分离，其中2枚发育，1枚败育，柱头膨大。果为核果，核背有3-5翅。

约30种，主产热带美洲。我国引入栽培1种。

金虎尾   图388

Malpighia coccigera Linn. Sp. Pl. 426. 1753.

直立灌木，高约1米。嫩枝被乳突状小毛，老枝无毛。叶卵圆形或倒卵形，长6-15毫米，先端圆或截状微凹，基部圆或钝，上面绿色，无毛，下面苍白色或淡褐色，有刺状疏齿，或有时全缘；叶柄长0.5-1毫米；托叶针状，长约1毫米。花排成腋生的聚伞花序，或单花生于叶腋；花径约1厘米，花梗纤细，四棱形，长于叶，中下部具关节，小苞片2；萼片5，卵状长圆形，外有2枚大腺体，基部与花梗相接处被疏毛；花瓣初时淡红色，后变白色，长约8毫米，具长爪；雄蕊长约为花瓣的一半；子房无毛，花柱分离，仅2枚发育，弯曲，柱头膨大。核果近球形，径约8毫米，成熟时鲜红色。花期夏秋，果期秋冬。

原产美洲热带地区。广东广州及海南海口等地有栽培。

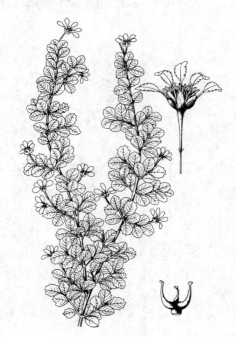

图 388 金虎尾 （邓晶发绘）

6. 金英属 **Thryallis** Linn.

矮小灌木。叶对生，全缘，基部有2小腺体，叶柄基部内侧有2托叶。总状花序顶生，具苞片；花两性，辐射对称；花梗具关节，在关节处有2小苞片；萼片5，通常无腺体，较花瓣短；花瓣5，具爪，全缘，无毛；雄蕊10，全部发育，花丝基部分离或多少连合；子房无毛，3室，通常有1至2室不发育；花柱3，分离，叉开，柱头不膨大。果为蒴果，3裂。

约20种，分布于美洲。我国引入栽培1种。

金英 图 389

Thryallis gracilis Kuntze, Rev. Gen. Pl. 1: 89. 1891.

灌木，高1-2米。枝柔弱，淡褐色，嫩枝被褐色柔毛，老枝无毛。叶长圆形或椭圆状长圆形，长1.5-5厘米，先端钝或圆，具短尖，基部楔形，有2腺体，侧脉每边4-5，不明显；叶柄长约1厘米；托叶针状，长2-3毫米。总状花序顶生，花序轴被红褐色柔毛；苞片长约3毫米，宿存；花梗长0.7-1.3厘米，被红褐色毛，中部具关节，小苞片2；花径1.5-2厘米，无毛；萼片卵圆形，长2-2.5毫米；花瓣黄色，长圆状椭圆形，长7-8毫米，中脉明显，花丝基部稍扩大，黄色，长2.5-4毫米，花药长2-2.5毫米；子房径2-3毫米，花柱圆柱形，长5-6毫米。蒴果球形，径约5毫米。花期8-9月，果期10-11月。

原产美洲热带地区，现广泛栽培于其他热带地区。广东广州及云南西双版纳等地有栽培。

图 389 金英 （黄少容绘）

156. 远志科 **POLYGALACEAE**

（陈书坤）

一年生或多年生草本，灌木或乔木，稀寄生小草本。单叶互生、对生或轮生，叶全缘，具羽状脉，稀为鳞片状；无托叶，稀托叶为鳞片状或刺状。花两性，两侧对称，白、黄或紫红色，总状、穗状或圆锥花序，基部具苞片或小苞片。萼片5，分离，稀基部合生，外3枚小，内2枚大，常呈花瓣状，或5枚近相等；花瓣5，稀全部发育，常3枚，基部合生，中间1枚内凹，呈龙骨瓣状，顶端背部常具流苏状附属物，稀无；雄蕊4-8，花丝常合生成鞘状，或分离，花药基着，顶孔开裂；无花盘，或具环状或线状体花盘；子房上位，2室，每室具1倒生下垂胚珠，稀1室，花柱1，柱头头状。蒴果或为翅果、坚果。种子1-2。

12属，约1000种，广布全世界，主产热带及亚热带地区。我国3属47种9变种。本科一些种供药用，用于神经衰弱、支气管炎及风湿性关节炎；一些种木材硬重致密，刨面光滑，可供室内装修。

1. 雄蕊8，稀6-7；翅果或蒴果。
　2. 攀援灌木；翅果 ··· 1. 蝉翼藤属 **Securidaca**
　2. 直立灌木或草本；蒴果 ··· 2. 远志属 **Polygala**
1. 雄蕊4-5；蒴果，边缘常具齿 ··· 3. 齿果草属 **Salomonia**

1. 蝉翼藤属 Securidaca Linn.

攀援灌木。单叶互生。总状或圆锥花序。花小，具苞片；萼片5，脱落，不等大，外3轮小，内2枚花瓣状；花瓣3，侧生花瓣与龙骨瓣近合生或分离，龙骨瓣盔状，具鸡冠状附属物；雄蕊8，花丝中部以下连成一侧开放的鞘，与花瓣贴生，花药2室，内向，斜孔开裂；子房1室，具1倒生下垂胚珠，花盘肾形；花柱镰状弯曲。翅果，翅长圆形或菱状长圆形，革质，多脉。种子1，无胚乳，无种阜，外种皮膜质。

约80种，主产热带美洲，少数分布热带亚洲及非洲。我国2种。

1. 花序长13-15厘米，多花；果核径0.7-1.5厘米，具长翅 ························· 蝉翼藤 **S. inappendiculata**
1. 花序长5-11厘米，少花；果核1.2-1.6厘米，具短翅 ························· (附). 瑶山蝉翼藤 **S. yaoshanensis**

蝉翼藤   图 390: 1-6 彩片 111

Securidaca inappendiculata Hassk. in Pl. Jav. Rar. 295. 1848.

攀援灌木，长6米。小枝被平伏毛。叶椭圆形或倒卵状长圆形，长7-12厘米，先端骤尖，基部宽楔形或近圆，两面被平伏毛或上面无毛，侧脉10-12对；叶柄长5-8毫米，被平伏毛。圆锥花序顶生及腋生，长13-15厘米，被平伏毛。苞片早落；萼片5，不等大，具缘毛，外3枚长圆状卵形，长约2毫米，内2枚花瓣状，长7毫米，具爪；花瓣淡紫红色，2侧瓣倒三角形，长5毫米，先端平截，龙骨瓣近圆形，长约

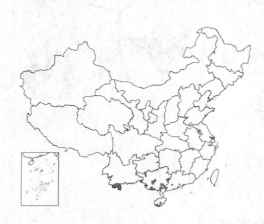

8毫米，顶端具兜状附属物。核果球形，径0.7-1.5厘米，顶端具长6-8厘米革质翅，具多数弧形脉。种子卵圆形，淡褐色。花期5-8月，果期10-12月。

产广东、海南、广西及云南，生于海拔500-1100米沟谷密林中。印度、缅甸、越南、印尼及马来西亚有分布。茎皮纤维坚韧，可作人造棉及造纸原料。茎及根药用，可活血散瘀、消炎止痛、清热利尿。

[附] **瑶山蝉翼藤** 图390: 7-9 **Securidaca yaoshanensis** Hao in Fedde, Repert. Sp. Nov. 11: 213. 1936. 本种与蝉翼藤的区别：叶上面无毛，花序长5-11厘米，少花，枣红色；花萼5，外3枝卵形，长3毫米，内

图 390: 1-6.蝉翼藤 7-9.瑶山蝉翼藤
（吴锡麟绘）

2枚花瓣状，近圆形，径约5毫米，果核近球形，径1.2-1.6厘米，翅长圆形或近菱形，长5-6厘米，宽1.6-2厘米。花期6月，果期10月。产云南及广西，生于海拔1000-1500米林中。

2. 远志属 Polygala Linn.

一年生或多年生草本，灌木或小乔木。单叶互生，稀对生或轮生（我国不产），叶纸质或近革质，全缘。总状花序顶生、腋生或腋外生。花两性，左右对称，具1-3苞片；萼片5，不等大，2轮，外3枚小，内2枚花瓣状；花瓣3，白、黄或紫红色，侧瓣与龙骨瓣常于中下部合生，龙骨瓣舟状、兜状或盔状，顶端背部具鸡冠状附属物，稀无附属物；雄蕊8，花丝全部或部分连成一侧开放的鞘，与花瓣贴生，花药基着，1-2室，顶孔开裂；子房2室，两侧扁，每室具1下垂倒生胚珠。蒴果，两侧扁。种子2，常黑色，种阜帽状或盔状或无种阜。

约500种，广布全球，我国42种8变种，广布全国，西南及华南最多。一些种的根含远志皂甙、远志碱、远志

糖醇、远志素、树脂及脂肪油，可镇咳、化痰、活血、止血、安神。

1. 萼片花后脱落，稀1枚外萼片宿存，龙骨瓣具鸡冠状附属物。
  2. 总状花序顶生、近顶生或与叶对生，稀圆锥花序；龙骨瓣具条状附属物；果片常具环状肋纹；种子球形，种阜盔状。
    3. 攀援状灌木；圆锥花序顶生 ·· 1. 红花远志 **P. tricholopha**
    3. 直立灌木；总状花序顶生、近顶生或与叶对生。
      4. 小枝、叶柄、叶及花序均被柔毛。
        5. 总状花序与叶对生；内萼片长圆状倒卵形，与花瓣成直角，龙骨瓣鸡冠状附属物无柄；蒴果宽肾形或稍心形，长1厘米，宽1.3厘米，具窄翅及缘毛；叶椭圆形、长圆状椭圆形或长圆状披针形 ·················
        ·· 2. 荷包山桂花 **P. arillata**
        5. 总状花序顶生或腋生；内萼片斜倒卵形，与花瓣不成直角，龙骨瓣鸡冠状附属物具柄；蒴果宽倒心形或圆形，径1-1.4厘米，无翅，无缘毛；叶披针形或椭圆状披针形 ·················· 3. 黄花倒水莲 **P. fallax**
      4. 小枝、花梗无毛或被柔毛，叶柄被柔毛；叶倒卵形或椭圆形，两面沿脉被柔毛；龙骨瓣具扇形浅裂席卷球形附属物；果肾状圆形，具有横脉的宽翅 ·················· 3(附). 球冠远志 **P. globulifera**
  2. 总状花序腋生或顶生；龙骨瓣具片状附属物；蒴果果片无环状肋纹；种子卵球形，或被长毛，无种阜，或被柔毛，具种阜。
    6. 灌木或亚灌木；萼片花后脱落。
      7. 鸡冠状附属物盾状或囊状；种子密被长毛，无种阜。
        8. 总状花序组成伞房状或圆锥花序；花长5（-8）毫米，龙骨瓣鸡冠状附属物盾状；蒴果长圆形倒卵形，长8毫米 ·················· 4. 尾叶远志 **P. caudata**
        8. 总花序2-5近枝顶簇生；花长1.2-2厘米，龙骨瓣鸡冠状附属物兜状；蒴果倒卵形或楔形，长1-1.4厘米
        ·· 5. 长毛籽远志 **P. wattersii**
      7. 鸡冠状附属物片状浅裂；种子被柔毛，种阜翅状。
        9. 灌木；叶线状披针形或椭圆状披针形；花长2-2.5厘米 ·················· 6. 密花远志 **P. trichornis**
        9. 草本或亚灌木；叶椭圆形、倒卵形或披针状；花长不及1.5厘米。
          10. 花白或黄色，外萼片不等大，外中萼片囊状或兜状。
            11. 花长约1.5厘米，白或淡绿白色，外中萼片及鸡冠状附属物兜状；叶稍肉质，椭圆状倒卵形或匙形，长1-1.5厘米 ·················· 7. 贵州远志 **P. dunniana**
            11. 花长约7毫米，黄色，外中萼片及鸡冠状附属物均囊状；叶膜质，椭圆状披针形，长10厘米 ·················
            ·· 7(附). 台湾远志 **P. arcuata**
          10. 花粉红或紫红色，外萼片近等大，卵形或椭圆形，或不等大，中间者呈小舟状。
            12. 外萼片近等大，卵形或椭圆形；龙骨瓣具2片鸡冠状附属物。
              13. 鸡冠状附属物片状3浅裂，花瓣3/4以下合生；叶卵状、倒卵状或椭圆状披针形，长3.5-8厘米，下面淡红或暗紫色 ·················· 8. 大叶金牛 **P. latouchei**
              13. 鸡冠状附属物片状2深裂，花瓣1/2以下合生；叶椭圆形，长1.5-4厘米，下面淡绿色 ·················
              ·· 9. 曲江远志 **P. koi**
            12. 外萼片不等大，中间1枚小舟状，沿中肋具窄翅；鸡冠状附属物4片微裂；叶倒卵形或长椭圆形
            ·· 10. 岩生远志 **P. saxicola**
    6. 一年生草本，稀灌木；外萼片花后1枚宿存。
      14. 花红或紫红色，龙骨瓣无明显鸡冠状附属物；果被柔毛 ·················· 11. 小扁果 **P. tatarinowii**
      14. 花黄色，龙骨瓣具鸡冠状附属物；蒴果无毛。
        15. 花序长不及5厘米；蒴果近球形；种子被毛。

16. 总状花序腋生，内萼片倒卵形，龙骨瓣长于侧瓣，具扇形鸡冠状附属物；种子卵形，无瘤体及附属物 ……………………………………………………… 12. **肾果小扁果 P. furcata**

16. 总状花序顶生及腋生；内萼片椭圆形，龙骨瓣短于侧瓣，具蝶结鸡冠状附属物；种子椭圆形，具瘤体及亮黑色长圆形附属物 ……………………………… 12(附). **凹籽远志 P. umbonata**

15. 花序长达 7 厘米；蒴果宽倒心形，种子卵球形，亮黑色，具疣体，无毛，种阜 2 裂下延 ……………………………………………………… 13. **心果小扁果 P. isocarpa**

1. 萼片宿存；龙骨部具丝状流苏，稀为蝶结状鸡冠状附属物。

17. 一年生草本。

18. 总状花序较叶短，腋生或腋外生；果球形或近球形。

19. 果近球形，无翅，无缘毛；叶长圆形或椭圆状长圆形，长 0.5-1.2 厘米 ……… 14. **小花远志 P. arvensis**

19. 果球形，具翅及缘毛；叶倒卵形、椭圆形或披针形，长 2.6-10 厘米 ………… 15. **华南远志 P. glomerata**

18. 总状花序顶生，枝叉生；果长圆形或球形。

20. 茎具窄翅状纵棱；叶长 2-2.5 厘米；内萼片倒卵形，鸡冠状附属物蝶结状 …………………………………………………………… 16. **长叶远志 P. longifolia**

20. 茎无棱翅；叶长 3-6.5 厘米；内萼片圆形或宽倒卵形；鸡冠状附属物流苏状 ……………………………………………………… 17. **蓼叶远志 P. persicariifolia**

17. 多年生草本。

21. 全株被刺毛状棉毛；总状花序腋生或与叶对生；花瓣离生；叶椭圆形或倒卵状椭圆形，先端钝或微凹 ……………………………………………… 18. **西南远志 P. crotalarioides**

21. 植物体被柔毛；总状花序顶生，近顶生或腋外生；花瓣中下部合生；叶线形、披针形、卵形或椭圆形，常渐尖，稀钝。

22. 花丝全部合生成鞘。

23. 总状花序与叶对生或腋外生，龙骨瓣与侧瓣近等长；果球形；叶卵形或披针形 ……………………………………………………………… 19. **瓜子金 P. japonica**

23. 总状花序顶生；龙骨瓣短于侧瓣；果长圆形；叶椭圆形或窄披针形 ……………………………………………………… 19(附). **新疆远志 P. hybrida**

22. 花丝 2/3 以下合生成鞘，以上分离或中间 2 枚分离，两侧各 3 枚合生。

24. 叶线形或线状披针形，宽 0.5-1（-3）毫米；果球形，具窄翅，无缘毛 ……… 20. **远志 P. tenuifolia**

24. 茎下部叶卵形，上部叶披针形或椭圆状披针形，宽 3-6 毫米以上；果近倒心形或近球形。

25. 内萼片镰刀状，先端渐尖；果近倒心形，具窄翅及缘毛；叶披针形或椭圆状披针形，长 1-2 厘米，宽 3-6 毫米，两面被柔毛 ……………………………… 21. **西伯利亚远志 P. sibirica**

25. 内萼片斜卵形，先端圆；果近球形，具宽翅，无缘毛。

26. 茎上部叶披针形，长 4-6 厘米，宽 2-2.2 厘米；内萼片斜卵形 …………………………………………………………… 22. **香港远志 P. hongkongensis**

26. 叶窄披针形，长 1.5-3 厘米，宽 3-4 毫米；内萼片椭圆形 …………………………………… 22(附). **狭叶香港远志 P. hongkongensis var. stenophylla**

1. 红花远志   图 391

Polygala tricholopha Chodat in Mem. Soc. Phys. Hist. Nat. Ganeve 31(2): 89. t. 17. f. 20. 1893.

攀援灌木，长达 6 米。幼枝被毛。叶长圆形、卵状或椭圆状长圆形，长 6-8 厘米，先端渐尖，基部宽楔形或近圆，无毛，侧脉 9-10 对；叶柄长 5 毫米。圆锥花序顶生，被柔毛。花梗长 3 毫米；萼片早落，外层中间 1 枚囊状，长约 7 毫米，两侧 2 枚肾形，内 2 萼片花瓣状，紫红色，椭圆形，长 1.5 厘米；花瓣黄色，2 侧瓣斜长圆形，长 1.1 厘米，顶端具鸡冠状附属物；雄蕊 3/5 以下合生，鞘具缘毛。蒴果

宽椭圆形或肾形，长8毫米，宽1.4厘米，具宽翅。种子圆形，种阜稍距状。花期7-8月，果期8-9月。

产海南、广西及云南西部，生于海拔（300-）1300-1700米山坡林中或林缘。

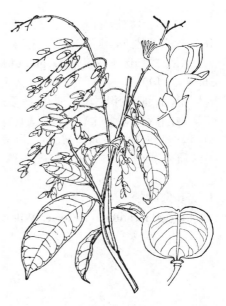

图 391 红花远志 （引自《图鉴》）

2. 荷包山桂花 黄花远志　　　　图392 彩片112

Polygala arillata Buch.-Ham. ex D. Don, Prodr. Fl. Nepal. 199. 1825.

小乔木或灌木状，高达5米。小枝密被柔毛。叶椭圆形、长圆状椭圆形或长圆状披针形，长6.5-14厘米，先端渐尖，基部楔形，两面疏被柔毛，后近无毛，侧脉5-6对；叶柄长1厘米，被柔毛。总状花序与叶对生，长7-10厘米，密被柔毛。花梗长约3毫米，基部具1苞片；萼片花后脱落，外层中央1枚兜状，内2枚花瓣状，红紫色，长圆状倒卵形，与花瓣几成直角；花瓣黄色，侧瓣短于龙骨瓣，龙骨瓣盔状，具

无柄条裂鸡冠状附属物；花丝2/3以下合生。蒴果宽肾形或稍心形，长1厘米，宽1.3厘米，具窄翅及缘毛。种子球形，径4毫米，疏被柔毛，种阜跨褶状。花期5-6月，果期6-11月。

产安徽、浙江、福建、江西、湖北、湖南、广东、广西、云南、贵州、西藏东南部、四川及陕西南部，生于海拔（700-）1000-2800（-3000）米山地林下或林缘。尼泊尔、锡金、印度、缅甸及越南北部有分布。根皮药用，可清热解毒、祛风除湿、补虚消肿。

图 392 荷包山桂花 （引自《图鉴》）

3. 黄花倒水莲　　　　图393 彩片113

Polygala fallax Hemsl. in Journ. Linn. Soc. Bot. 23: 59. 1886.

小乔木或灌木状，高达3米。小枝密被柔毛。叶披针形或椭圆状披针形，长8-17（-20）厘米，先端渐尖，基部楔形，两面被柔毛，侧脉8-9对；叶柄长0.9-1.1厘米，被柔毛。总状花序长10-15厘米，被柔毛。萼片早落，外层中间1枚盔状，内2枚花瓣状，斜倒卵形，长1.5厘米；花瓣黄色，侧瓣长圆形，长1厘米，先端近平截，2/3以下与龙骨瓣合生，龙骨瓣盔状，鸡冠状附属物具柄；花盘环状。蒴果宽倒心形或球形，径1-1.4厘米，具同心圆状棱。种子密被白色柔毛，种阜盔状。花期5-8月，果期8-10月。

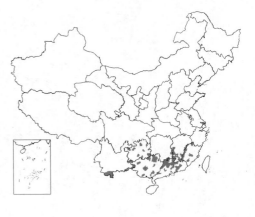

产江西、福建、湖南、广东、广西、贵州及云南，生于海拔（360-）1150-1650米山谷林下、水边。根药用，补气血、健脾利湿、活血调经。

[附] **球冠远志** Polygala globulifera Dunn in Journ. Linn. Soc. Bot. 35: 486. 1903. 本种的主要特征：小枝及花梗无毛或被柔毛；叶倒卵形或椭圆形，两面沿脉被柔毛，叶柄被柔毛；龙骨瓣具扇形，浅裂，席卷球形附属物，花盘杯状；果肾状圆形，具有横脉的宽翅。花期8-10月，果期10-11月。产云南南部及西南部，生于海拔1000-1500米山坡疏林中。印度北部及缅甸有分布。

4. 尾叶远志　　　　　　　　　　　　　　　　　图 394

Polygala caudata Rehd. et Wils. in Sarg. Pl. Wilson. 2: 161. 1914.

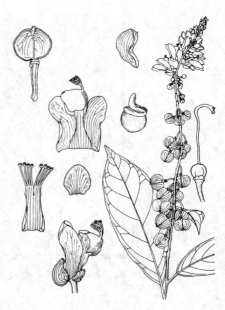

灌木，高达3米。幼枝被柔毛，后无毛。叶近革质，长圆形或披针形，稀倒卵状披针形，长3-12厘米，宽1-3厘米，先端尾尖，基部楔形，叶缘波状，无毛，侧脉7-12对；叶柄长0.5-1厘米。总状花序密集呈伞房状或圆锥花序，长2.5-5（-7）厘米，被平伏柔毛。花梗长1-1.5毫米，小苞片3，早落；花长5（-8）毫米；萼片早落，外3枚卵形，内2枚花瓣状，倒卵形或斜倒卵形；花瓣白、黄或紫色，龙骨瓣具盾状附属物；花丝3/4以下合生；花盘杯状。蒴果长圆状倒卵形，长8毫米，顶端凹，具窄翅。种子长1.5毫米，密被红褐色长毛。花期11月至翌年5月，果期5-12月。

图 393 黄花倒水莲 （肖 溶绘）

产湖北、湖南、广东、广西、四川、贵州及云南，生于海拔1000-1800（-2100）米石灰岩山地林下。根药用，可止咳、平喘、清热利湿。

5. 长毛籽远志　长毛远志　　　　　图 395 彩片 114

Polygala wattersii Hance in Journ. Bot. 19: 209. 1881.

图 394 尾叶远志 （吴锡麟绘）

小乔木或灌木状，高达4米。幼枝被腺毛状柔毛。叶近革质，椭圆形、椭圆状披针形或倒披针形，长4-10厘米，宽1.5-3厘米，先端近尾尖，基部楔形，无毛，侧脉8-9对；叶柄长0.6-1厘米。总状花序2-5簇生，长3-7厘米，被白色腺毛状柔毛。花梗长6毫米；小苞片早落；花长1.2-2厘米；萼片外3枚卵形，长2-3毫米，内2枚花瓣状，斜倒卵形，长1.3厘米；花瓣黄色，稀白或紫红色，龙骨瓣具2囊状附属物，侧瓣短于龙骨瓣；花丝3/4以下合生；花盘高脚蝶状。蒴果倒卵形或楔形，长1-1.4厘米，径6毫米。种子卵形，长2毫米，密被长达7毫米长毛，无种阜。花期4-6月，果期5-7月。

产湖北、湖南、广西、广东、四川、贵州、云南及西藏东南部，生于海拔1000-1500米石山林内或灌丛中。

根药用，可清热解毒、滋补强壮、舒筋活血。

6. 密花远志
图 396

Polygala tricornis Gagnep. in Bull. Soc. Bot. France 56: 21. 1909.

灌木，高达2米。幼枝被柔毛，后无毛。叶膜质至薄纸质，线状披针形

或椭圆状披针形，稀椭圆形，长7-12（-18）厘米，宽1.5-4（-6）厘米，先端渐尖，基部楔形，稀圆，上面疏被硬毛，下面无毛，侧脉6-7对；叶柄长2-2.5厘米。总状花序密集枝顶，长4-5厘米，被柔毛，花密集。萼片外3枚小，内2枚花瓣状，倒卵形，长1.6-1.9厘米，先端圆；花瓣白色带紫色至粉红色，透明，侧瓣长圆形，长2-2.5厘米，龙骨瓣盔状，具2束2-3裂鸡冠状附属物；花丝3/4以下合生；花盘环状。果序长达10厘米；蒴果四方状圆形，径8-9毫米，具宽翅。种子卵形，长3毫米，具瘤体及白色柔毛，种阜翅状，半透明。花期12月至翌年4月，果期3-6月。

图 395 长毛籽远志 （吴锡麟绘）

产广西、云南及西藏东南部，生于海拔1000-2500米山坡疏林内或灌丛中。

7. 贵州远志
图 397

Polygala dunniana Lévl. in Fedde, Repert. Sp. Nov. 9: 326. 1911.

多年生草本或亚灌木，高达10厘米。幼枝被柔毛，密被突起叶痕及皮孔。叶稍肉质，椭圆状倒卵

形或匙形，长1-1.5厘米，宽5-8毫米，先端钝，基部楔形，叶缘密被刚毛，下面无毛，侧脉2-3对；叶柄长6毫米，具翅。总状花序顶生，少花。花梗长6毫米，被柔毛；花长1.8厘米，白或淡绿白色；外萼片中间1枚兜状，长6毫米，两侧片长圆形，内2枚花瓣状，椭状长圆形，长1.4

图 396 密花远志 （吴锡麟绘）

厘米；花瓣侧瓣长圆形，2/3以下与龙骨瓣合生，龙骨瓣具4条指状附属物；花丝3/4以下合生成鞘；花盘环状。花期7-9月。

产贵州及云南，生于海拔1900米山坡、松林下。

[附] **台湾远志 Polygala arcuata** Hayata in Journ. Sci. Coll. 25(11): 54. pl. 1: f. 1-16. 1908. 本种与贵州远志的区别：叶椭圆状披针

形，长10厘米，侧脉4-5对；花长约7毫米，外中萼片及鸡冠状附属物均囊状。特产台湾中部及南部，生于中海拔地区。

8. 大叶金牛
图 398

Polygala latouchei Franch. in Journ. Soc. Bot. France 46: 206. 1899.

亚灌木，高达20厘米。小枝、叶柄及花序被柔毛。叶纸质，卵状、倒

卵状或椭圆状披针形，长3.5-8厘米，宽1.5-2.2厘米，先端骤尖，基部近圆，上面被白色刚毛，下面淡红或暗紫色，无毛，侧脉4-5对；叶柄长5-7毫米，具窄翅。总状花序长3-6厘米，花密集，花梗长2-3毫米，小苞片1，基生，早落；萼片外3枚卵形，内萼片花瓣状，椭圆形；花瓣膜质，粉红或紫红色，侧瓣长椭圆形，3/4以下与龙骨瓣合生，龙骨瓣短于侧瓣，具2片3浅裂鸡冠状附属物。蒴果近球形，径4毫米，具翅。种子卵形，具乳突，疏被柔毛，种阜翅状。花期3-4月，果期4-5月。

图 397 贵州远志 （吴锡麟绘）

产浙江南部、江西、福建、广东及广西，生于海拔（100-）700-1300米林下石缝中或山坡草地。全草可治咳嗽、小儿疳积、跌打损伤。

9. 曲江远志 图399

Polygala koi Merr. in Sunyatsenia 1: 196. 1934.

亚灌木，高达10厘米；无毛或幼嫩部分被平伏柔毛。叶稍肉质，椭圆形，长1.5-4厘米，宽0.6-1.5（-2）厘米，先端钝或近圆，基部楔形或近圆，上面无毛，侧脉3对；叶柄长0.5-1厘米，无毛。总状花序顶生，长2.5-3厘米，花序轴被毛，多花。花梗长2毫米，基生苞片1枚，宿存；外萼片3，椭圆形，长3毫米，内2枚椭圆状卵形，长7毫米；花瓣紫红色，侧瓣与龙骨瓣长9毫米，具2深裂鸡冠状附属物，花丝5/7以下合生。蒴果球形，径3毫米，具翅。花期4-9月，果期6-10月。

图 398 大叶金牛 （吴锡麟绘）

产湖南、广东及广西，生于海拔700-930米阔叶林下石缝中。

10. 岩生远志 图400

Polygala saxicola Dunn in Journ. Linn. Soc. Bot. 35: 385. 1903.

草本或亚灌木，高达10厘米。茎、枝被柔毛。叶倒卵形或椭圆形，长4.5-9厘米，先端钝圆，基部宽楔形或近圆，上面被白色刚毛，下面无毛，侧脉6-7对，叶柄长5毫米，被柔毛。总状花序1-3顶生，长3-6厘米，被柔毛，花密。花梗长1毫米；萼片外面中间1枚小舟状，背面沿中脉具翅，

长3.5毫米,内2枚花瓣状,倒卵形或圆形,长7毫米;花瓣粉红至淡紫色,长7毫米,龙骨瓣具4片微裂附属物;花丝3/4以下合生。蒴果球形或近方形,径5毫米,具翅,顶端凹缺具短尖头。种子卵形,长2毫米,被白色柔毛,种阜翅状,半透明。花期3-4月,果期4-5月。

产广西及云南,生于海拔1200-2100米山坡林下岩缝中。越南北部有分布。

11. 小扁豆　　　　　　　　　　　　　　图401 彩片115

Polygala tatarinowii Regel in Pl. Radd. 1: 278. t. 7. f. 10-11. [Bull. Soc. Nat. Moscou 34(2): 523.] 1861.

图 399 曲江远志　(吴锡麟绘)

一年生草本,高达15厘米;无毛。叶纸质,卵形、椭圆形或宽椭圆形,长0.8-2.5厘米,宽0.6-1.5厘米,先端骤尖,基部楔形下延,具缘毛,疏被柔毛;叶柄长0.5-1厘米。总状花序顶生,花密。小苞片披针形,早落;外萼片3枚卵形或椭圆形,内2枚长倒卵形;花瓣红或紫红色,龙骨瓣2/3以下合生,无鸡冠状附属物;花丝3/4以下合生。果序长达6厘米;蒴果扁球形,径2毫米,具翅,疏被柔毛。种子

近长圆形,长1.5毫米,被白色柔毛,种阜盔状。花期8-9月,果期9-11月。

产辽宁、河北、山东、山西、甘肃、陕西、河南、江西、台湾、湖北、湖南、广东、广西、四川、贵州、云南及西藏,生于海拔(540-)1300-3000(-3900)米山坡草地、林下或路边草丛中。全草治疟疾,作强壮剂。

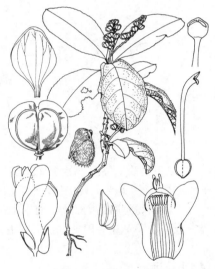

图 400 岩生远志　(吴锡麟绘)

12. 肾果小扁豆　　　　　　　　　　　　　　图402

Polygala furcata Royle, Ill. Bot. Himal. 76. t. 19B. III. 1839.

一年生草本,高达15厘米。茎具纵棱及窄翅。叶卵形、椭圆形或卵状披针形,长1.5-3厘米,宽1-1.5厘米,先端渐尖,基部宽楔形或圆,上面沿叶缘被刚毛,下面无毛,侧脉4-6对;叶柄长0.5毫米。总状花序腋生,长1-3厘米,多花。小苞片早落;萼片外3枚椭圆状卵形,内2枚倒卵形;花瓣黄色,侧瓣长方形,1/2以下与龙骨瓣合生,龙骨瓣长于侧瓣,具2扇形附属物;花丝2/3以下合生。蒴果近球形,径2.5毫米,顶端微凹,具翅,具1宿存外萼

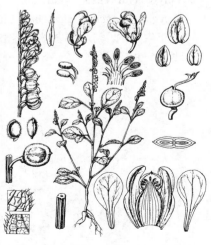

图 401 小扁豆　(引自《Fl. Taiwan》)

片。种子卵形，径1毫米，被白色柔毛，种阜下延微裂。花果期8-9月。

产广西、贵州及云南，生于海拔1300-1600米山坡林下或路边草丛中。喜马拉雅山区、印度北部及缅甸有分布。

[附] **凹籽远志** 图403: 9-16 Polygala umbonata Craib in Kew Bull. 1916: 260. 1916. 本种与肾果小扁豆的区别：叶长3-4厘米，宽1.5-2厘米，叶柄长约1厘米；花序顶生及腋生，内萼片椭圆形，龙骨瓣短于侧瓣，具蝶结鸡冠状附属物；种子椭圆形，具瘤体及亮黑色长圆形附属体。花果期10-11月。产云南南部，生于海拔约1200米山谷林下。

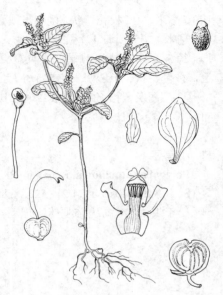

图 402 肾果小扁豆 （李锡畴绘）

13. 心果小扁豆

图403: 1-8

Polygala isocarpa Chodat in Engl. Bot. Jahrb. 52: Beibl. 115: 77. 1914.

一年生草本，高达14厘米。茎无毛。叶卵形或卵状三角形，长1.5-2.5厘米，宽0.6-1厘米，先端渐尖，基部楔形下延，疏生缘毛，两面无毛或极疏被刚毛；叶柄长约5毫米，具窄翅。总状花序顶生。小苞片早落；外萼片椭圆形，内2枚长圆形或卵形；花瓣黄色，侧瓣斜长圆形，长2毫米，先端微凹，1/2以下与龙骨瓣合生，龙骨瓣兜状，具2片状倒三角形附属物；花丝2/3以下合生。果序长达7厘米；蒴果宽倒心形，径2毫米，具窄翅。种子卵球形，径1毫米，具疣体，无毛，种阜2裂下延，白色。花果期9-10月。

产四川、贵州西南部及云南东南部，生于海拔1200-1400为山坡林下岩缝中或路边草丛中、田埂。全草可治黄水疮、小儿皮肤溃疡。

14. 小花远志

图404

Polygala arvensis Willd. Sp. Pl. 3: 876. 1802.

Polygala chinensis auct. non Linn.: 中国高等植物图鉴 2: 577. 1972.

一年生草本，高达15厘米。茎密被卷曲柔毛。叶长圆形或椭圆状长圆形，长0.5-1.2厘米，宽2-5毫米，先端具刺毛状尖头，基部宽楔形，侧脉不明显；叶柄极短，被柔毛。总状花序腋生或腋外生，较叶短，疏被柔毛，少花。花梗短，疏被毛，小苞片早落；萼片宿存，外3枚卵形，内2枚斜长圆形或长椭圆形；花瓣白或紫色，基部合生，龙骨瓣盘状，具2束多分枝附属物，侧瓣三角状菱形；花丝1/2以下合生成鞘，1/2

图 403: 1-8.心果小扁豆 9-16.凹籽远志 （李锡畴绘）

以上两侧各3枚合生，中间2枚分离。蒴果近球形，径2毫米，几无翅，极疏被柔毛。种子长圆形，密被白色柔毛；种阜3裂。花果期7-10月。

产江苏、安徽、浙江、江西、福建、台湾、湖南、广东、海南、广西及贵州，生于海岸水边、湿沙土及中低海拔山坡草地。印度及东南亚有分布。全草或散瘀止血、化痰止咳、解毒消肿。

15. 华南远志 图405

Polygala glomerata Lour. Fl. Cochinch. 436. 1790.

一年生草本，高达25（-90）厘米。茎、枝被卷曲柔毛。叶倒卵形、椭圆形或披针形，长2.6-10厘米，宽1-1.5厘米，基部楔形，疏被柔毛，侧脉少；叶柄长1毫米，被柔毛。总状花序腋上生，稀腋生，长约1厘米。花梗长1.5毫米；小苞片早落；萼片宿存，外3枚小，内2枚花瓣状，镰刀形；花瓣淡黄或白带淡红色，基部合生，侧瓣短于龙骨瓣，基部内侧具1簇柔毛，龙骨瓣具2束条裂附属物；花丝中部以下合生成鞘。蒴果球形，径2毫米，具窄翅及缘毛。种子卵形，密被柔毛，种阜盔状，沿种脐侧2裂。花期4-10月，果期5-11月。

产江西、福建、台湾、湖南、广东、海南、广西、贵州、四川及云南，生于海拔500-1000米山坡草地或灌丛中。印度、越南及菲律宾有分布。全草可清热解毒、消食、止咳、活血散瘀。

图 404 小花远志 （肖 溶绘）

16. 长叶远志 图406

Polygala longifolia Poir. in Lamk. Encycl. 5: 501. 1804.

一年生草本，高达47（-150）厘米。茎具翅状窄棱，疏被柔毛，少分枝。基生叶卵形，长0.5-1厘米，宽5毫米，上部叶披针形或椭圆状披针形，近顶部叶线状披针形，长2-2.5厘米，宽2-5毫米，先端渐尖，基部楔形，近无毛；近无柄。总状花序顶生，长5厘米，无毛或疏被柔毛，花密集。小苞片早落；萼片宿存，外3枚小，中间者舟状，内2枚倒卵形，花瓣状；花瓣粉红或淡紫色，侧瓣近菱形或近倒卵形，龙骨瓣短于侧瓣，具蝶结状附属物；花丝1/2以下合生。果序长10-20厘米；蒴果长圆形，长3毫米，径2毫米，果爿具蜂窝状网纹，两侧具不等斜翅。种子长圆形，被柔毛；种阜膜质，3

图 405 华南远志 （肖 溶绘）

裂，被柔毛。花果期8-11月。

产广东、广西、贵州及云南，生于海拔1100-1400米山坡林缘或草地。斯里兰卡、尼泊尔、印度、柬埔寨、老挝、马来西亚及澳大利亚有分布。

17. 蓼叶远志 图407 彩片116

Polygala persicariifolia DC. Prodr. 1: 326. 1824.

一年生草本，高达70厘米。茎被卷曲柔毛。叶披针形或线状披针形，长3-6.5厘米，宽0.5-1.5厘米，先端钝，基部楔形，两面被柔毛或微柔毛；具

短柄。总状花序叉生或顶生，长2-9厘米。花梗长2.5-5毫米，小苞片披针形，宿存；萼片宿存，中间1枚小

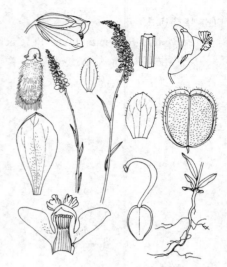

舟状，内2枚宽倒卵形或圆形，花瓣状；花瓣粉红至紫色，侧瓣近斜菱形，龙骨瓣盔状，具2束线状附属物；花丝2/3以下合生。蒴果长圆形或球形，长5毫米，果片具蜂窝状突起，具窄翅及缘毛。种子长圆形，被长柔毛，种阜盔状，三浅裂。花期7-9月，果期8-10月。

图 406 长叶远志 （吴锡麟绘）

产广西、四川、贵州及云南，生于海拔1200-2200米山坡林下、草地或路边。尼泊尔、印度、东南亚、安哥拉、南非及埃塞俄比亚有分布。全草可清热解毒。

18. 西南远志

图408

Polygala crotalarioides Buch.-Ham. ex DC. Prodr. 1: 327. 1824.

多年生草本，高达20厘米。茎、枝、叶、花序、苞片及萼片均被刺毛状棉毛。叶椭圆形或倒卵状椭圆形，长1.5-4（-7.5）厘米，宽0.7-2.5（-4）厘米，先端钝或微凹，基部宽楔形或近圆，侧脉3-5对；叶柄长约2毫米。总状花序腋生或与叶对生，长1.2-2厘米。花梗长2毫米；小苞片宿存；萼片宿存，3枚小，内2枚斜卵形；花瓣离生，紫红或白色带紫色条纹，龙骨瓣具流苏状附属物，侧瓣内侧基部被柔毛，中部具簇生毛；花丝4/5以下合生成鞘，鞘具缘毛。蒴果球形，径3.5毫米，具翅及缘毛。种子密被柔毛，种阜盔状，微裂。花果期7-9月。

图 407 蓼叶远志 （吴锡麟绘）

产四川西南部、云南及西藏南部，生于海拔1100-2300米山坡灌丛中或草地。尼泊尔、印度、老挝及泰国有分布。根药用，可化痰、活血、止痛、安神。

19. 瓜子金

图409

Polygala japonica Houtt. Handl. 10: 89. t. 62. f. 1. 1779.

多年生草本，高达20厘米。茎、枝被卷曲柔毛。叶厚纸质或近革质，卵形或卵状披针形，稀窄披针形，长1-2.3（-3）厘米，宽（3-）5-9毫米，先端钝，基部宽楔形或圆，无毛或沿脉被柔毛，侧脉3-5对；叶柄长1毫米，被柔毛。总状花序与叶对生，或腋外生，最上花序低于茎顶。花梗长7毫米，被柔毛；苞片1，早落；萼片宿存，外3枚披针形，被毛，内2枚花瓣状，卵形或长圆形；花瓣白或紫色，龙骨瓣舟状，具流苏状附属物，侧瓣长圆形，基部合生，内侧被柔毛；花丝全部合生成鞘，1/2与花瓣贴生。

蒴果球形，径6毫米，具宽翅。种子密被白色柔毛，种阜2裂下延，疏被柔毛。花期4-5月，果期5-8月。

产吉林、辽宁、河北、山东、甘肃、陕西、河南、江苏、安徽、浙江、江西、福建、台湾、湖北、湖南、广东、广西、四川、贵州及云南，生于海拔800-2100米山坡草地或田梗。朝鲜、日本、俄罗斯远东地区、越南、菲律宾及巴布亚新几内亚有分布。全草及根药用，可止咳、化痰、活血、止血、安神、解毒。

[附] **新疆远志** 彩片117 **Polygala hybrida** DC. Prodr. 1: 325. 1824.
本种与瓜子金的区别：叶宽2-4毫米，无柄；总状花序顶生；龙骨瓣短于侧瓣，花丝鞘内侧被柔毛；果长圆形，具翅。花期5-7月，果期6-9月。产新疆；生于海拔1200-1750米山坡林下，草地或河漫滩。蒙古及俄罗斯有分布。全草及根药用，可祛痰、安神，外用消痈肿。

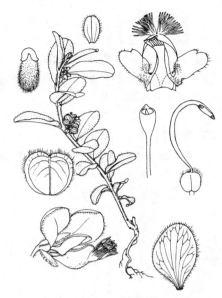

图 408 西南远志 （肖 溶绘）

20. 远志

图 410 彩片 118

Polygala tenuifolia Willd. Sp. Pl. 3: 879. 1800.

多年生草本，高达50厘米。茎被柔毛。叶纸质，线形或线状披针形，长1-3厘米，宽0.5-1（-3）毫米，先端渐尖，基部楔形，无毛或极疏被微柔毛；近无柄。扁侧状顶生总状花序，长5-7厘米，少花。小苞片早落；萼片宿存，无毛，外3枚线状披针形；花瓣紫色，基部合生，侧瓣斜长圆形，基部内侧被柔毛，龙骨瓣稍长，具流苏状附属物；花丝3/4以下合生成鞘，3/4以上中间2枚分离，两侧各3枚合生。果球形，径4毫米，具窄翅，无缘毛。种子密被白色柔毛，种阜2裂下延。花果期5-9月。

产黑龙江、吉林、辽宁、内蒙古、山西、河北、山东、河南、安徽、江苏、江西、湖北、湖南、四川、青海、甘肃、宁夏及陕西，生于海拔（200-）460-2300米草原、山坡草地、灌丛中及林下。朝鲜、蒙古及俄罗斯有分布。根药用，可安神、化痰，主治神经衰弱、健忘、失眠、支气管炎、腹泻、膀胱炎、痈疽。

图 409 瓜子金 （引自《Fl.Taiwan》）

21. 西伯利亚远志

图 411 彩片 119

Polygala sibirica Linn. Sp. Pl. 702. 1753.

多年生草本，高达30厘米。茎被柔毛。下部叶卵形，上部叶披针形或椭圆状披针形，长1-2厘米，宽3-6毫米，先端钝，基部楔形，两面被柔毛，上面中脉凹下；具短柄。总状花序腋外生或近顶生，被柔毛，少花。小苞片3；萼片宿存，被柔毛，外萼片披针形，内萼片近镰刀形，花瓣状；花瓣蓝紫色，2/5以下合生，侧瓣倒卵形，龙骨瓣具流苏状附属物；花丝2/3以下合生成鞘，鞘具缘毛。蒴果近倒心形，径5毫米，具窄翅及缘毛。种子密被白色柔毛，种阜白色。花期4-7月，果期5-8月。

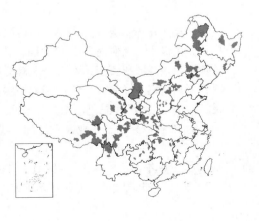

产黑龙江、吉林、辽宁、内蒙古、山西、河北、山东、河南、安徽、江西、湖北、湖南、贵州、云南、四川、西藏、青海、甘肃、宁夏及陕西，生于海拔 1100-3300 米砂土、石砾及石灰岩山地灌丛中、林缘及草地。东欧、俄罗斯西伯利亚、尼泊尔、克什米尔地区、印度东北部、蒙古及朝鲜北部有分布。根可代远志入药。

22. 香港远志　　　　　　　　　　　　　　　　图 412

Polygala hongkongensis Hemsl. in Journ. Linn. Soc. Bot. 23: 60. t. 2. f. 1-6. 1886.

草本或亚灌木，高达 50 厘米。茎、枝被卷曲柔毛。叶纸质或膜质，下部叶卵形，上部叶披针形，长 4-6 厘米，宽 2-2.2 厘米，无毛，侧脉 3 对；叶柄长 2 毫米，被柔毛。总状花序顶生，长 3-6 厘米，被柔毛。花梗长 1-2 毫米；小苞片脱落；萼片宿存，外 3 枚长 4 毫米，内 2 枚斜卵形，长 5-8 毫米；花瓣白或紫色，2/5 以下合生，侧瓣基部内侧被柔毛，龙骨瓣盔状，具流苏状附属物；花丝 2/3 以下合生成鞘。蒴果近球形，径 4 毫米，具宽翅。种子被柔毛，种阜 3 裂，长达种子 1/2。花期 5-6 月，果期 6-7 月。

产浙江、福建、江西、湖南、广东、香港、贵州及四川，生于海拔 500-1400 米沟谷林下或灌丛中。

[附] 狭叶香港远志 **Polygala hongkongensis** Hemsl. var. **stenophylla** (Hayata) Migo in Acta Phytotax. Geobot. 13: 86. 1943. —— *Polygala stenophylla* Hayata, Ic. Pl. Formos. 3: 33. 1913. 本变种与模式变种的区别：叶窄披针形，长 1.5-3 厘米，宽 3-4 毫米，内萼片椭圆形，长约 7 毫米，花丝 4/5 以下合生成鞘。产江苏、安徽、浙江、江西、福建、湖南及广西，生于海拔 350-1150 米山谷林下、林缘或山坡草地。

图 410　远志　（吴锡麟绘）

图 411　西伯利亚远志　（李锡畴绘）

3. 齿果草属 **Salomonia** Lour.

一年生草本或寄生小草本。茎枝绿色、黄色、褐色或紫罗兰色。单叶互生，叶膜质或纸质，全缘，或为褐色鳞片状。花极小，两侧对称；顶生穗状花序，具小苞片。萼片 5，近相等，宿存；花瓣 3，白或淡紫红色，中间 1 枚龙骨瓣状，盔形或弧形，较侧生花瓣长；雄蕊 4-5，花丝连合成鞘，与花瓣贴生，花药合生成块状或离生，顶孔开裂；子房 2 室，每室具 1 倒生胚珠，花柱上部较粗，弯曲，柱头头状。蒴果肾形、宽圆形或倒心形，侧扁，室背开裂。种子 2，卵形，黑色，光亮，无毛，无种阜，具胚乳。

约 10 种，分布于东亚及大洋洲。我国 3 种 1 变种。

1. 一年生草本，茎枝绿色；叶绿色，椭圆形、卵形、卵状心形或卵状披针形；蒴果边缘具齿，稀无齿。

　2. 茎具窄翅；叶卵状心形或近圆形，具柄；蒴果具三角状齿 ························ **1. 齿果草 S. cantoniensis**

2. 茎无翅；叶椭圆形或卵状披针形，无柄；蒴果具丝状长齿 ·················· 2. **椭圆叶齿果草 S. oblongifolia**

1. 寄生小草本，茎黄、褐或紫罗兰色；叶褐色，鳞片状；蒴果无齿 ·················· 3. **寄生鳞叶草 S. elongata**

1. 齿果草

图 413

Salomonia cantoniensis Lour. Fl. Cochinch. 14. 1790.

一年生草本，高达25厘米。茎细弱，多分枝，具窄翅无毛。叶膜质，卵状心形或心形，长0.5-1.6厘米，宽0.5-1.2厘米，先端钝，具短尖头，基部心形，无毛，基脉3出；叶柄长1.5-2毫米。穗状花序顶生，长1-6厘米，多花。花极小，长2-3毫米，无花梗；萼片极小，线状披针形，基部连合，宿存；花瓣3，淡红色，侧瓣长2.5毫米，龙骨瓣舟状；雄蕊4，花丝长2毫米，全部合生成鞘，被蛛丝状柔毛，花药合生成块状。蒴果肾形，长1毫米，宽2毫米，两侧具2列三角状尖齿，果爿具蜂窝状网纹。花期7-8月，果期8-10月。

产浙江、福建、江西、湖南、广东、海南、广西、贵州、云南及西藏，生于海拔600-1450米山坡林下、灌丛中或草地。印度、缅甸、泰国、越南、菲律宾及澳大利亚有分布。全草药用，可解毒消炎、散瘀镇痛。

图 412 香港远志 （李锡畴绘）

2. 椭圆叶齿果草

图 414: 1-3

Salomonia oblongifolia DC. Prodr. 1: 334. 1824.

一年生草本，高达20厘米；茎单1，少分枝，无毛。叶椭圆形或卵状披针形，长4-8毫米，宽1-2.5毫米，基部近圆，无毛，基脉3出；无柄。穗状花序顶生，长4-10厘米，花密集。小苞片线形，脱落；花长约2.5毫米，无梗；萼片披针状卵形，长1.2毫米；花瓣红紫色，长2-2.5毫米，中下部合生，龙骨瓣较侧瓣长；雄蕊4，花丝被蛛丝状长柔毛，花药合生成块状。蒴果肾形，宽2毫米，顶端凹下，边缘

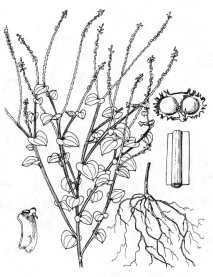

图 413 齿果草 （李锡畴绘）

具2列丝状长齿，果爿平滑。花期7-8月，果期8-9月。

产江苏、江西、福建、台湾、湖南、广东、海南、广西、贵州及云南，

生于海拔620-980米山坡空旷草地。日本、朝鲜南部、印度、中南半岛、菲律宾、马来西亚及澳大利亚有分布。

3. 寄生鳞叶草

图 414: 4-9

Salomonia elongata (Bl.) Kurz ex Koord. Exkursionsfl. Java 2: 453. 1912, in clavi.

Epirixanthes elongata Bl. Cat. Gew. Buitenz. 82. 1823; 中国高等植物图鉴 2: 580. 1972.

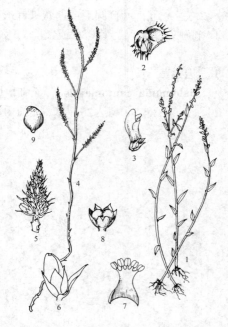

Salomonia elongata (Bl.) S. K. Chen; 中国高等植物图鉴补编 2: 185. 1983, in clavi, nom. invalidium.

寄生草本，高达16厘米。茎纤细，少分枝，紫罗兰色或黄褐色。叶鳞片状，长约2毫米，被柔毛。穗状花序顶生，花序梗纤细，长0.5-2.5厘米。密集，长1.3-1.5毫米，无梗，基部具苞片，苞片线状披针形；萼片分离，卵状披针形，长约1毫米；花瓣淡黄或白色带淡红，龙骨瓣较侧瓣长，长约1.5毫米。蒴果近倒心形，长约0.6毫米，宽约1毫米，边缘无齿或刺，宿萼包果。花果期7-10月。

产海南及云南南部，生于海拔600-1050米沟谷雨林或竹林中。缅甸、马来半岛及印尼爪哇有分布。

图 414: 1-3.椭圆叶齿果草 4-9.寄生鳞叶草 （李锡畴绘）

157. 黄叶树科 XANTHOPHYLLACEAE

（陈书坤）

乔木。单叶，互生，革质，全缘，干时常黄绿色；具柄，无托叶。总状或圆锥花序，腋生或顶生。花两性，两侧对称，具短梗；具小苞片；萼片5，覆瓦状排列，内2片稍长；花瓣（4）5，稍不等大，有时具爪，内面最下1片盔状，为龙骨瓣；雄蕊8，花丝分离，或2-4枚生于子房基部，余4-6枚贴生花瓣基部，下部稍膨大，被毛，花药内向，被毛；花盘环状，肉质，子房上位，具柄，1室，侧膜胎座2，每胎座具2至多数倒生胚珠，花柱丝状，柱头头状，2浅裂。核果，纤维状肉质或干燥。种子1，种皮膜质，无胚乳。

1属。

黄叶树属 Xanthophyllum Roxb.

形态特征同科。

约93种，分布于印度、马来西亚、印尼及大洋洲。我国4种。

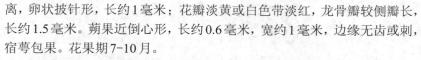

1. 花序长3-9厘米；叶卵状椭圆形或长圆状披针形，长4-12厘米，宽1.5-5厘米 ·········· 黄叶树 X. hainanense
1. 花序长达15厘米；叶披针形或长圆状披针形，长10-23.5厘米，宽2.5-6.5厘米 ·········

·· (附). 泰国黄叶树 **X. siamense**

黄叶树   图 415

Xanthophyllum hainanense Hu in Journ. Arn. Arb. 6: 142. 1925.

乔木,高达20米;树皮暗灰色,细纵裂。小枝无毛。叶卵状椭圆形或长圆状披针形,长4-12厘米,宽1.5-5厘米,先端长渐尖,基部宽楔形或稍圆,无毛,中脉及侧脉在两面凸起;叶柄长0.6-1厘米。总状或圆锥花序长3-9厘米,密被柔毛。花芳香,萼片5,两面均被柔毛,具缘毛,外3枚卵形,长2毫米,内2枚长约4毫米;花瓣5,白黄色,长圆状披针形或椭圆形,长约7毫米。核果球形,径1.5-2厘米,被柔

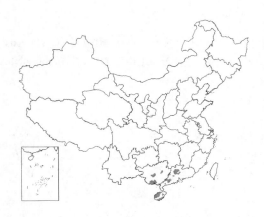

毛,后脱落。种子近球形,径8毫米,淡黄色。花期3-5月,果期4-7月。

产广东、海南及广西,生于海拔150-600米山地林中。木材坚硬致密,供建筑用。

[附] **泰国黄叶树 Xanthophyllum siamense** Craib in Kew Bull. 1922:

图 415 黄叶树 (引自《图鉴》)

236. 1922. 本种与黄叶树的区别:小枝被黄色柔毛;叶披针形或长圆状披针形,长10-24厘米,宽2.5-6.5厘米;核果径1.8毫米。产云南南部,生于海拔500-2000米密林中。泰国、老挝及柬埔寨有分布。

158. 省沽油科 **STAPHYLEACEAE**
(李 楠)

乔木或灌木。奇数羽状复叶稀单叶,对生或互生,有锯齿;有托叶稀无托叶。花整齐,两性或杂性,稀雌雄异株;圆锥花序。萼片5,覆瓦状排列;花瓣5;雄蕊5,花丝有时扁平,花药背着,内向;花盘常明显,多少有裂片,稀缺;子房上位,(2)3(4)室,连合或分离,每室1至几个倒生胚珠,花柱分离或连合。蒴果、菁葖果、核果或浆果;种子数枚。

5属,约60种,产热带亚洲、美洲及北温带。我国4属22种。

1. 奇数羽状复叶,互生,无托叶;花萼筒状,花盘小或缺;子房1室,1胚珠;核果状浆果或浆果 ··· 1. 瘿椒树属 **Tapiscia**
1. 3小叶复叶,稀单叶,对生,有托叶;花萼多少分离,花盘明显,子房3室,胚珠多数。
  2. 蒴果肿胀,果皮膜质,腹缝开裂;雄蕊与花瓣互生,生于花盘边缘 ·················· 2. 省沽油属 **Staphylea**
  2. 浆果、核果或菁葖果。
    3. 菁葖果革质,心皮(2)3,基部稍合生;雄蕊着生于花盘上;花萼宿存 ··· 3. 野鸦椿属 **Euscaphis**
    3. 浆果肉质或革质,心皮3,连生;雄蕊着生于花盘裂齿外 ·················· 4. 山香圆属 **Turpinia**

1. 瘿椒树属 Tapiscia Oliv.

　　落叶乔木。奇数羽状复叶互生，无托叶，小叶 3-10 对，具短柄，有锯齿，有小托叶。花小，黄色，两性或雌雄异株，辐射对称；圆锥花序腋生，雄花序由细长总状花序组成，花密集，花单生苞腋。萼筒状，5 裂；花瓣 5；雄蕊 5，突出；花盘小或缺；子房 1 室，1 胚珠；雄花较小，有退化子房。核果状浆果或浆果。

　　我国特有属，3 种。

1. 小叶下面灰白色，密被白粉点；果近球形或椭圆形 ·· 瘿椒树 T. sinensis
1. 小叶下面淡绿色，无白粉点；果倒卵形或椭圆状卵形 ·························· （附）. 利川瘿椒树 T. lichunensis

瘿椒树　银鹊树　　　　　　　　　　　　图 416　彩片 120

Tapiscia sinensis Oliv. in　Hook. Icon. Pl. 20: t. 1928. 1890.

　　落叶乔木，高达 15 米。复叶长达 30 厘米，小叶 5-9，窄卵形或卵形，长 6-14 厘米，基部心形或近心形，具锯齿，两面无毛或下面脉腋被毛，下面灰白色，密被近乳头状白粉点；侧生小叶柄短，顶生小叶柄长达 12 厘米。圆锥花序腋生，雄花与两性花异株，雄花序长达 25 厘米，两性花花序长约 10 厘米。花长约 2 毫米，有香气；两性花花萼钟状，长约 1 毫米，5 浅裂，花瓣 5，窄倒卵形，花柱长于雄蕊；雄花有退化雌蕊，雄蕊 5，与花瓣互生，伸出花外。核果近球形或椭圆形，长约 7 毫米。

　　产安徽、浙江、福建、湖北、湖南、广东、广西、贵州、云南、四川及陕西南部，生于山地林中。

　　[附] **利川瘿椒树 Tapiscia lichunensis** Cheng et C. D. Chu in 南京林学院林学系林业科学研究纪要　林学 1 号. 1963. 本种与瘿椒树的区别：小叶下面淡绿色，无白粉点，网脉隆起，沿中脉和侧脉密被毛，常簇

图 416　瘿椒树　（蔡淑琴绘）

生脉腋；果倒卵形或椭圆状卵形。产四川东部及湖北西部。

2. 省沽油属 Staphylea Linn.

　　落叶灌木或小乔木。复叶对生，有托叶，小叶 3-5 或羽状分裂，具小托叶，圆锥或总状花序腋生。花白色，下垂，花整齐，两性；花萼 5，被毛，具齿，脱落，覆瓦状排列；花瓣 5，直立，与花萼近等大；花盘平截；雄蕊 5，直立；子房基部 2-3 裂，稀叉齿状裂，连合为一室；花柱多数，分离或连合；柱头头状，胚珠多数，侧生于腹缝，成 2 列。蒴果薄膜质，泡状膨大，2-3 裂，每室 1-4 种子。种子近圆形，无假种皮，胚乳肉质，子叶扁平。

　　约 11 种，产欧洲、印度、尼泊尔、日本、北美洲及我国。我国 4 种。

1. 顶生小叶柄长约 1 厘米；蒴果扁平，2 裂 ··· 1. **省沽油 S. bumalda**
1. 顶生小叶长 1.5-4 厘米；蒴果 3（4）裂。
　2. 伞房花序；叶近革质，长圆状披针形或窄卵形 ····························· 2. **膀胱果 S. holocarpa**

2. 总状花序；叶纸质，长圆状椭圆形 ·· 3. **嵩明省沽油 S. forrestii**

1. 省沽油

图 417

Staphylea bumalda DC. Prodr. 2: 2. 1825.

落叶灌木。复叶柄长2.5-3厘米，3小叶，小叶椭圆形、卵圆形或卵状披针形，长（3.5-）4.5-8厘米，宽（2-）2.5-5厘米，先端尾尖，尖尾长约1厘步，基部楔形或圆，有细尖锯齿，上面无毛，下面青白色，主脉及侧脉有短毛；顶生小叶柄长0.5-1厘米，两侧小叶柄长1.2厘米。圆锥花序顶生，直立。萼片长椭圆形，淡黄白色；花瓣5，白色，倒卵状长圆形，长5-7毫米；雄蕊5，与花瓣近等长。蒴果膀胱状，扁平，2室，先端2裂。种子黄色，有光泽。花期4-5月，果期8-9月。

产辽宁、河北、河南、山西、陕西、四川、湖北、湖南、安徽、浙江、福建及江西北部，生于山地或林中。种子油可制肥皂及油漆。茎皮可作纤维原料。

图 417 省沽油 （引自《图鉴》）

2. 膀胱果

图 418

Staphylea holocarpa Hemsl. in Kew Bull. Misc. Inform. 1895: 15. 1895.

落叶灌木或小乔木，高达5（-10）米。幼枝平滑。3小叶，侧生小叶近无柄，顶生小叶柄长2-4厘米；小叶近革质，无毛，长圆状披针形或窄卵形，长5-10厘米，基部钝，先端骤渐尖，上面淡白色，有硬细锯齿，侧脉5-6对，有网脉。伞房花序长5厘米或更长。花白色或粉红色，叶后开放。蒴果梨形膨大，长4-5厘米，宽2.5-3厘米，基部窄，顶平截，3裂。种子近椭圆形，灰色，有光泽。

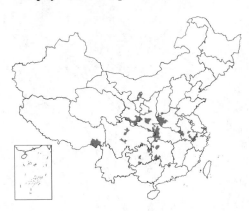

图 418 膀胱果 （引自《广东植物志》）

产陕西、甘肃、宁夏、山西、河南、西藏东南部、四川、贵州、安徽、浙江、湖北、湖南及广东北部。

3. 嵩明省沽油

图 419

Staphylea forrestii Balf. f. in Notes. Roy. Bot. Gard. Edinb. 13: 183. 1921.

乔木，高达17米。叶对生，叶轴长4-7厘米，无毛；小叶3（5），纸质，长圆状椭圆形或长卵形，长（6-）8-10厘米，先端长渐尖，基部宽楔形，具锯齿，上面深绿色，无毛，下面色淡，基部脉腋疏生白柔毛，两面中脉、侧脉明显。总状花序腋生，花多数，有线形小苞片。花萼5，线状

三角形,两面无毛或外面基部疏被柔毛;花瓣5,着生花盘边缘,匙形,长约9毫米,两面无毛;雄蕊5,与花瓣对生;花柱3,长约7毫米,基部疏被白柔毛,柱头头状,子房1室,胚珠多数。果长4.5-6.5厘米,宽2-3.5厘米,梨形。种子长5-7毫米,有光泽,榄绿色至黄色。花期5月,果期8月。

产云南、四川南部、贵州及广东北部,生于海拔2380-2700米山坡。

图 419 嵩明省沽油 (李锡畴绘)

3. 野鸦椿属 Euscaphis Sieb. et Zucc.

落叶灌木或小乔木;无毛。芽具2芽鳞。奇数羽状复叶对生,有托叶,脱落;小叶革质,有细锯齿,有小托叶。圆锥花序顶生。花两性;花萼5裂,覆瓦状排列;花瓣5;花盘环状,具圆齿;雄蕊5,着生于花盘基部外缘;子房上位,心皮2-3,无柄,花柱2-3,在基部稍合,柱头头状;胚珠2列,蓇葖1-3,展开,革质,腹缝开裂,花萼宿存。种子1-2,具假种皮,白色,近革质,子叶圆形。

3种,产日本至中南半岛。我国2种。

野鸦椿   图 420 彩片 121

Euscaphis japonica (Thunb.) Dippel in Termeszet. Fuzet. 3: 157. 1878.

Sambucus japonica Thunb. Fl. Jap. 125. 1784.

落叶小乔木或灌木,高达8米。小枝及芽红紫色,枝叶揉碎后有气味。

小叶(3-)5-9(-11),厚纸质,长卵形或椭圆形,稀圆形,长4-6(-9)厘米,先端渐尖,基部钝圆,疏生短齿,齿尖有腺体,下面沿脉有柔毛,中脉、侧脉两面明显;小叶柄长1.2厘米,小托叶三角状线形,有微柔毛。圆锥花序顶生,花序梗长达21厘米,花多,较密集。花黄白色,径4-5毫米;萼片与花瓣5,椭圆形,萼片宿存,心

图 420 野鸦椿 (李锡畴绘)

皮3,分离。蓇葖果长1-2厘米,果皮软革质,紫红色,有纵脉纹。种子近圆形,径约5毫米,假种皮肉质,黑色,有光泽。花期5-6月,果期8-9月。

产江苏南部、安徽、浙江、福建、台湾、江西、湖北、湖南、广东、海南、广西、云南、贵州、四川、甘肃南部、陕西南部及河南。日本及朝鲜有分布。木材可制器具;种子油可制皂;树皮提栲胶;根及干果药用,祛风除湿。也可栽培供观赏。

4. 山香圆属 Turpinia Vent.

乔木或灌木。叶对生，无托叶，奇数羽状复叶或单叶，小叶革质，对生，有时有小托叶。圆锥花序对生。花小，白色，整齐，两性，稀单性；萼片5，覆瓦状排列，宿存；花瓣5，圆形；花盘具圆齿或裂片；雄蕊5，着生于花盘裂齿外面，花丝扁平；子房无柄，3裂，3室，每室胚珠2至多数，2列，倒生。花柱3，柱头近头形。果近球形，有疤痕。种子下垂或平行附着，扁平，种皮硬膜质或骨质，子叶微隆起。

30-40种，产印度、斯里兰卡、日本、中国及北美洲。我国13种。

1. 单叶。
  2. 子房及花柱被柔毛。
    3. 花长0.8-1（-1.2）厘米；叶厚纸质，椭圆形或长椭圆形 ·············· 1. 锐尖山香圆 T. arguta
    3. 花长约5.5毫米；叶革质，长圆形、披针形或卵形 ·············· 2. 台湾山香圆 T. formosana
  2. 子房及花柱无毛；花长2-3毫米；叶薄革质，长椭圆形 ·············· 3. 亮叶山香圆 T. simplicifolia
1. 复叶。
  4. 花柱下部及子房疏被硬毛；果常被绒毛；小叶2-4（5）·············· 4. 硬毛山香圆 T. affinis
  4. 花柱及子房无毛；果常无毛。
    5. 叶纸质或近革质，长不及10厘米，二次脉明显。
      6. 叶长5-6厘米；花序疏散，较叶长 ·············· 5. 山香圆 T. montana
      6. 叶稍大稍厚；花序密集，较叶短 ·············· 5(附). 光山香圆 T. montana var. glaberrima
    5. 叶革质，长10-12厘米，二次脉不明显；花序密集 ··············
    ·············· 5(附). 越南山香圆 T. cochinchinensis

1. 锐尖山香圆　　　　　　　　　　图 421

Turpinia arguta (Lind1.) Seem in Bot. Voy. Herald 371. 1857.

Ochranthe arguta Lindl. in Bot. Reg. 21: t. 1819. 1836.

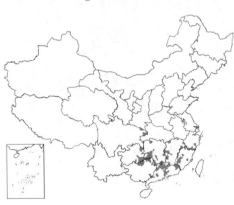

落叶灌木。单叶厚纸质，椭圆形或长椭圆形，长7-22厘米，宽2-6厘米，先端尾尖，尖尾长1.5-2毫米，基部钝圆或宽楔形，具疏锯齿，齿尖具硬腺体，侧脉10-13对，平行，无毛；叶柄长1.2-1.8厘米，托叶生于叶柄内侧。顶生圆锥花序，长（4）5-8（-17）厘米。花长0.8-1（-1.2）厘米，白色，花梗中部具2苞片；萼片5，三角形，绿色；花瓣白色，无毛；花丝长约6毫米，疏被柔毛；子房及花柱被柔毛。果近球形，幼时绿色，转红色，干后黑色，径（0.7-）1（-1.2）厘米，粗糙，种子2-3。

产浙江、福建、江西、湖北西部、湖南、广东、广西、贵州及四川东部。叶可作家畜饲料。

图 421　锐尖山香圆　（吴彰桦绘）

2. 台湾山香圆　　　　　　　　　　图 422

Turpinia formosana Nakai in Journ. Arn. Arb. 5: 80. 1924.

小乔木。小枝干后褐黑色，着叶处膨大。单叶革质，长圆形、披针形

或卵形，长3-12(-25)厘米，宽4-7厘米，先端渐尖或钝，基部楔形，具疏锯齿，两面无毛；上面中脉凹下，侧脉6-8，上面不显，下面隆起，上面网脉不显，下面明显，在近边缘网结；叶柄长（2）3-5厘米，顶端膨大具关节。圆锥花序顶生或腋生，长约15厘米，较疏散，无毛；苞片早落。花长约5.5毫米，黄

图 422　台湾山香圆
（引自《Woody Fl.Taiwan》）

白色；花萼5，长卵形，长3.5毫米，无毛；花瓣5，匙形，长约4毫米，无毛；雄蕊6，着生于花盘外，花丝长4.5毫米，微被柔毛；子房上位，3室，子房花柱被柔毛，柱头头状。果球形，绿或紫黄色，径0.8-1.5厘米。

产台湾，生于沿海至1500米林中，习见，北部尤多。

3. 亮叶山香圆　　　　　　　　　　　　　图 423: 1-2

Turpinia simplicifolia Merr. in Philipp. Journ. Sci. Bot. 27: 34. 1925.

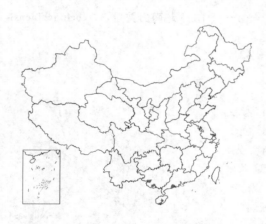

小乔木或灌木状。单叶薄革质，长椭圆形，长9-18厘米，先端骤尖，尾尖长1-1.5厘米，具细圆齿，齿端硬角质，基部楔形或宽楔形，侧脉12-14对，侧脉和网脉在两面均隆起；叶柄长1.5-5厘米。聚伞圆锥花序长7-12厘米。花萼白色，径约3毫米，萼片卵形；花瓣白或淡黄色，椭圆形，长约2毫米；雄蕊5，较花瓣稍短；花盘5裂；子房3室，每室2胚珠，子房及花柱无毛。浆果淡绿色，近球形，径0.5-

图 423: 1-2.亮叶山香圆　3-5.硬毛山香圆
（李锡畴绘）

1厘米，粗糙，顶端具3条凹纹，柱头痕迹明显。种子近圆形，径3-5毫米，淡黄色。花期3-6月，果期7-9月。

产广东、海南及广西，生于中海拔至高海拔山谷阴处或密林中。马来西亚至印度尼西亚及菲律宾有分布。

4. 硬毛山香圆　　　　　　　　　　　　　图 423: 3-5

Turpinia affinis Merr. et Perry in Journ. Arn. Arb. 22: 550. 1941.

乔木。复叶长6-14厘米，小叶2-4（5），革质，椭圆状长圆形，长7-18厘米，基部楔形，先端渐尖，尖尾长1-1.3厘米，具钝齿，侧脉7-10对，弯拱上升，网脉不明显；托叶早落，小托叶小，小叶柄长1-1.5厘米。圆锥花序长30厘米，被柔毛。花梗长约1.5毫米；花瓣长4毫米，倒卵状椭圆形，具缘毛，内面有绒毛；花盘有齿裂；子房和花柱下部具硬毛；胚珠6-

8。浆果近圆形，径1-1.5厘米，有疤痕，花柱宿存，有硬毛，果皮厚0.5-1毫米。花期3-4月，果期8-11月。

产湖北西南部、湖南西北部、广西、四川、云南及贵州，生于海拔（500-）

1000-2000米沟边或林中。树干可培养香菇、木耳。

5. 山香圆　　　　　　　　　　　　　　　　　　图424

Turpinia montana (B1.) Kurz in Journ. Asiat. Soc. Bengal 46(2): 182. 1875.

Zanthoxylum montana Bl. Bijdr. 248. 1852.

小乔木。复叶长约15厘米，绿色，小叶5，纸质，长圆形或长圆状椭圆形，长（4）5-6厘米，先端尾尖，尖尾长5-7毫米，基部宽楔形，具疏圆齿或锯齿，两面无毛，下面淡绿色，侧脉多，上面微可见，下面明显，网脉两面几不可见；侧生小叶柄长2-3毫米，顶生小叶柄长达1.5厘米。圆锥花序顶生，长达17厘米，花较多，疏散。花径约3毫米；花萼5，无毛，宽椭圆形，长约1.3毫米；花瓣5，椭圆形至圆形，长约2毫米；花丝无毛；花柱及子房无毛。果球形，紫红色，径4-7毫米，外果皮厚约0.2毫米，2-3室，每室1种子。

产湖南西南部、广东、海南、广西北部、贵州及云南。中南半岛、印度尼西亚爪哇及苏门答腊有分布。

[附] 光山香圆 **Turpinia montana** var. **glaberrima** (Merr.) T. Z. Hsu, Fl. Yunnan. 2: 360. 1978. —— *Turpinia glaberrima* Merr. in Lingnan Sci. Journ. 7: 312. 1931. 与模式变种的区别：叶稍大稍厚，花序密集，较叶短。产广东、广西、云南及贵州，生于山坡密林荫湿地。越南北部有分布。

图 424 山香圆　（引自《中国森林植物志》）

[附] 越南山香圆 **Turpinia cochinchinensis** (Lour.) Merr. in Journ. Arn. Arb. 19: 43. 1938. —— *Triceros cochinchinensis* Lour. Fl. Cochinch. 184. 1790. 本种与山香圆的区别：叶革质，长10-12厘米，二次脉不明显；花序密集。产广东、广西东南部、四川、贵州及云南南部，生于海拔1200-2100米密林中。印度、缅甸及越南有分布。

159. 伯乐树科 BRETSCHNEIDERACEAE
（刘全儒）

落叶乔木。奇数羽状复叶互生，无托叶；小叶对生或下部的互生，小叶全缘，羽状脉具柄。花大，两性，稍两侧对称；总状花序直立，顶生。花萼宽钟状，5浅裂；花瓣5，离生，覆瓦状排列，不相等，后面的2片较小，着生花萼上部；雄蕊8，花丝基部连合，着生花萼下部，较花瓣稍短，花丝丝状，花药丁字形着生；雌蕊1枚，子房无柄，上位，3-5室，中轴胎座，每室具2悬垂胚珠，花柱较雄蕊稍长，柱头头状。蒴果3-5瓣裂，果瓣木质。种子大，无胚乳；胚直伸，子叶肥大，胚根短。

1属1种，分布于我国及越南。

伯乐树属 Bretschneidera Hemsl.

特征同科。

单种属。

伯乐树 钟萼木

图 425 彩片 122

Bretschneidera sinensis Hemsl. in Hook. Icon. Pl. 28: pl. 2708. 1901.

乔木,高达20米;树皮灰褐色。小枝皮孔较明显。奇数羽状复叶长25-45厘米,总轴疏被柔毛或无毛,叶柄长10-18厘米;小叶7-15,纸质或近革质,长6-26厘米,宽3-9厘米,全缘,上面无毛,下面粉绿至灰白色,被柔毛,侧脉8-15对;小叶柄长0.2-1厘米。总状花序顶生,长20-36厘米,总花梗、花梗及花萼均被褐色绒毛。花径约4厘米;花梗长2-3厘米;花萼长1.2-1.7厘米,顶端具不明显5齿;

花瓣5,粉红色,长约2厘米;雄蕊短于花瓣,花药紫红色。蒴果近球形,熟时褐色,长2-4厘米。种子椭圆状球形,橙红色。花期3-9月,果期5月至翌年4月。

产浙江、福建、台湾、江西、湖北、湖南、广东、广西、云南、贵州

图 425 伯乐树 (冀朝祯绘)

及四川,生于海拔500-1500米山地林中。越南北部有分布。

160. 无患子科 SAPINDACEAE

（向巧萍　罗献瑞）

乔木或灌木,稀草质或木质藤本。羽状复叶或掌状复叶,稀单叶,互生,常无托叶。聚伞圆锥花序;苞片和小苞片小;花常小,单性,稀杂性或两性,辐射对称或两侧对称。雄花:萼片4、5(6);花瓣4、5(6),稀无花瓣或有1-4个发育不全的花瓣,离生,覆瓦状排列,内面基部常有鳞片或被毛;花盘肉质,全缘或分裂,稀无花盘;雄蕊5-10,常8,稀多数,生于花盘内或花盘上,常伸出,花丝分离,稀基部至中部连生,花药背着,纵裂,退化雌蕊小,常密被毛;雌花花被和花盘与雄花同,不育雄蕊与雄花中能育雄蕊常相似,但花丝较短,花药有厚壁,不裂;雌蕊由2-4心皮组成,子房上位,常3室,稀1或4室,全缘或2-4裂,花柱顶生或生于子房裂片间,柱头单一或2-4裂;每室1-2胚珠,稀多颗,常为中轴胎座。稀侧膜胎座。蒴果室背开裂,或浆果状或核果状,全缘或深裂为分果片,1-4室。每室1种子,稀2或多颗,种皮膜质或革质,稀骨质,假种皮有或无;胚常弯拱,无胚乳或胚乳很薄,子叶肥厚。

约150属,约2000种,分布于热带和亚热带,温带很少。我国25属、50余种。本科植物不少种类的木材坚实致密,供建筑、家具、造船等用,其中荔枝、龙眼、龙荔、绒毛番龙眼、广西檀栗和细子龙都是上等木材或优质硬

木；部分种类有可供食用的肉质假种皮，荔枝、龙眼和红毛丹都是著名的果树；不少种类为药用植物，荔枝核（种子）和龙眼肉（假种皮）是传统中药，无患子根是民间常用药物；有些种类的种子富含油脂，如文冠果、细子龙和茶条木等。

1. 攀援藤本；花序具卷须；蒴果囊状；种子有白色（鲜时绿色）、心形或半球形种脐 ………………………………………………………………………………………… 1. 倒地铃属 Cardiospermum
1. 乔木或灌木；花序无卷须。
  2. 果不裂，核果状或浆果状。
    3. 叶有叶柄。
      4. 果皮肉质；种子无假种皮；花瓣有鳞片。
        5. 掌状复叶，小叶1–5；果长不及1厘米；萼片和花瓣均4；花盘4全裂 ……… 2. 异木患属 Allophylus
        5. 羽状复叶；果长1厘米以上；萼片5；花盘完整或浅裂。
          6. 种皮骨质，种脐线形；花瓣4或5，稀6，有2个耳状小鳞片或1个大鳞片；落叶乔木 …………………………………………………………………… 3. 无患子属 Sapindus
          6. 种皮膜质或脆壳质，种脐圆形；常绿乔木或灌木。
            7. 叶轴和小叶下面被绒毛；花瓣4，鳞片大，兜状，背部有鸡冠状附属体；子房3裂，3室 ………………………………………………………………… 4. 赤才属 Erioglossum
            7. 叶轴和小叶下面均无毛；花瓣5，鳞片2，小，耳状，无鸡冠状附属体；子房2裂，2室 …………………………………………………………… 5. 滇赤才属 Aphania
      4. 果皮革质或脆壳质。
        8. 种子无假种皮；果不裂为分果爿，密被绒毛 ……………………… 6. 鳞花木属 Lepisanthes
        8. 种子有假种皮；果深裂为分果爿，但仅1或2个发育，常有小瘤体或刺，无毛或有疏毛。
          9. 假种皮与种皮分离；果无刺，常有小瘤体或近平滑。
            10. 萼片覆瓦状排列；小叶下面侧脉腋内有腺孔，如无腺孔由花序被星状毛 …………………………………………………………………… 8. 龙眼属 Dimocarpus
            10. 萼片镊合状排列；小叶下面脉腋内无腺孔；花序被绒毛，非星状毛 ……… 9. 荔枝属 Litchi
          9. 假种皮与种皮粘连。
            11. 花瓣和萼片均4 ……………………………………………… 11. 干果木属 Xerospermum
            11. 无花瓣或有5–6花瓣，萼5–6裂；果有软刺 ……………… 12. 韶子属 Nephelium
    3. 羽状复叶无柄，第一对小叶（近基）着生叶轴基部，如一对托叶；果无刺亦无瘤状突起。
      12. 奇数羽状复叶，小叶全缘；果不裂为分果爿，长1–1.2厘米 ……… 7. 爪耳木属 Otophora
      12. 偶数羽状复叶，小叶有锯齿；果深裂为2分果爿，常仅1个发育，长2厘米以上 …………………………………………………………………… 10. 番龙眼属 Pometia
  2. 蒴果，室背开裂。
    13. 叶互生。
      14. 单叶；萼片4，无花瓣；枝、叶和花序有胶液；果有翅 ……… 19. 车桑子属 Dodonaea
      14. 复叶；萼片5；枝、叶和花序均无胶液。
        15. 羽状复叶。
          16. 果膨胀，果皮膜质或纸质，有脉纹。
            17. 奇数羽状复叶；萼片镊合状排列，花丝被长柔毛；果无翅 ……… 18. 栾树属 Koelreuteria
            17. 偶数羽状复叶；萼片覆瓦状排列，花丝无毛；果有3翅 ……… 21. 黄梨木属 Bonoidendron
          16. 果不膨胀，果皮革质或木质。
            18. 种子无假种皮。

19. 偶数羽状复叶。
  20. 果长1厘米以上，果皮木质，无毛；种皮褐色，种脐宽大；花瓣有鳞片。
    21. 果深裂为分果爿；叶轴圆柱状 ·· 16. 细子龙属 Amesiodendron
    21. 果不裂为果爿；叶轴有三棱角 ·· 15. 檀栗属 Pavieasia
  20. 果长约8毫米，果皮革质，密被绒毛；种皮黑色，种脐小；花瓣无鳞片 ··········
                     ·· 22. 伞花木属 Eurycorymbus
19. 奇数羽状复叶；果不深裂为分果爿。
  22. 果被硬刺，1室，1种子；花瓣长约1毫米，白色，有鳞片，花盘裂片无附属体；常绿乔木 ········
                    ·· 17. 假韶子属 Paranephelium
  22. 果无刺，3室，每室有数颗种子，花瓣长约2厘米，基部紫红或黄色，无鳞片，花盘裂片有角状附属体；
    落叶灌木或小乔木 ·· 25. 文冠果属 Xanthoceras
18. 种子有假种皮；偶数羽状复叶。
  23. 果深裂为分果爿；小叶下面侧脉腋内有圆形小腺孔 ·········· 13. 滨木患属 Arytera
  23. 果不裂为果爿。
    24. 果梨状或棒状；雄蕊8，子房3室；小叶侧脉腋内有腺孔 ·········· 14. 柄果木属 Mischocarpus
    24. 果横椭圆形或近球形；雄蕊5，子房2室；小叶侧脉腋内无腺孔 ·········· 23. 假山萝属 Harpullia
15. 掌状复叶，小叶3；果皮革质或近木质；种子无假种皮；花瓣5，有鳞片 ·········· 24. 茶条木属 Delavaya
13. 叶对生，掌状复叶；蒴果棒状或近梨状；种子有2重假种皮 ·········· 20. 掌叶木属 Handeliodendron

1. 倒地铃属 Cardiospermum Linn

    草质或木质攀援藤本，稀灌木状。叶互生，常为二回三出复叶或二回3裂，托叶小，早落；小叶常有透明腺点。圆锥花序腋生，总花梗甚长，第一对分枝变态为卷须或刺状；苞片和小苞片钻形；花单性，雌雄同株或异株，两侧对称。花梗有关节；萼片4或5，覆瓦状排列，外面2片较小；花瓣4，两两成对，内面基部均有大鳞片，远轴一对花瓣的鳞片两侧不对称，背面有宽翅状附属体，近轴一对花瓣鳞片上端反折，被须毛，背面近顶部具鸡冠状附属体；花盘为2个大腺体状裂片，位于近轴一对花瓣基部；雄蕊（雄花）8，比花瓣稍长；子房（雌花）椭圆形，有3棱角，3室，花柱短；每室1胚珠，着生中轴中部。蒴果囊状，3室，果皮膜质或纸质，有脉纹；种子每室1颗，近球形，种脐心形或半球形；胚有很大的子叶，在外的一片拱形，在内的一片对折。

    约12种，多数产美洲热带，少数广布热带及亚热带地区。我国1种。

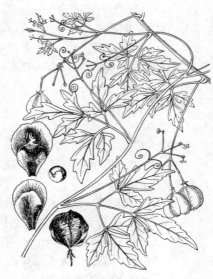

倒地铃   图 426 彩片 123

Cardiospermum halicacabum Linn. Sp. Pl. 1: 366. 1753.

    草质攀援藤本，长达5米。茎、枝绿色，有5或6棱，棱上被皱曲柔毛。二回三出复叶，叶柄长3-4厘米；小叶近无柄，薄纸质，顶生的斜披针形或近菱形，长3-8厘米，宽1.5-2.5厘米，先端渐尖，侧生的稍小，卵形或长椭圆形，疏生锯齿或羽状分裂，下面中脉和侧脉被疏柔毛。圆锥花序少花，总花

图 426 倒地铃 （冀朝祯绘）

梗长4-8厘米，卷须螺旋状。萼片4，被缘毛，外面2片圆卵形，长8-10毫米，内面2片长椭圆形，比外面2片约长1倍；花瓣乳白色，倒卵形。蒴果梨形、陀螺状倒三角形或有时近长球形，高1.5-3厘米，宽2-4厘米，褐色，被柔毛。种子黑色，有光泽，径约5毫米，种脐心形，鲜时绿色，干时白色。花期夏秋，果期秋季至初冬。

产福建、台湾、广东、香港、海南、广西、云南、贵州、湖北及湖南，

生于田野、灌丛中、路边和林缘；也有栽培。广布于热带及亚热带地区。全株药用，可清热利水、凉血解毒和消肿。

2. 异木患属 Allophylus Linn.

灌木，稀乔木。掌状复叶，无托叶；小叶1-5，常有锯齿，稀全缘。聚伞圆锥花序腋生，苞片和小苞片钻形或披针形；花小，闭合，单性，雌雄同株或异株，两侧对称；萼片4，外面2片椭圆形，稍小，内面2片近圆形；花瓣4，两两成对，内面基部有鳞片；花盘位于上侧，4全裂，裂片腺体状；雄蕊（雄花）8，有时较少；子房（雌花）2（3）裂，2（3）室，花柱基生，柱头外弯；每室1胚珠，着生中轴近基部。果深裂为2或3分果爿，常仅1个发育，浆果状，基部有宿存花柱和不育果爿，外果皮肉质，多浆汁，内果皮脆壳质。胚弯拱，子叶大，对折。

约200余种，分布于热带及亚热带。我国11种。

1. 大叶异木患　　　　　图 427

Allophylus chartaceus (Kurz) Radlk. in Engl. u. Prantl, Pflanzenf. III(4): 313. 1895.

Schmidelia chartacea Kurz in Journ. Asiat. Soc. Bengal 43(2): 183. 1874.

小灌木。小枝无毛。单身复叶（侧生退化小叶有时存在），叶柄粗，长2-8厘米，上面有沟；小叶具短柄，膜状纸质，宽披针形或椭圆形，

长18-32厘米，宽8-14厘米，有波状疏齿，两面无毛，有光泽，侧脉稍疏，斜升直达齿端，在下面凸起，小脉网状。聚伞圆锥花序不分枝，双生或几个簇生，与叶柄近等长或有时与叶近等长，花序轴有直纹，无毛。花芽径约2毫米；萼片近无毛；花瓣楔形，爪被毛，鳞片被红色长毛。果近球形，径约1厘米，红色。

产西藏东南部，生于海拔1100米山坡灌丛中。锡金及印度有分布。

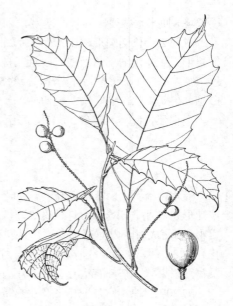

图 427　大叶异木患　（余汉平绘）

2. 异木患　　　　　　　　　　　　　　图 428

Allophylus viridis Radlk. in Abh. Akad. Wiss. Wien, Math.-Phys. 38: 229. 1909.

灌木，高达3米。小枝被微柔毛。三出复叶，叶柄长2-4.5厘米或更长，被柔毛；小叶纸质，顶生的长椭圆形或披针状长椭圆形，稀卵形或宽卵形，长5-15厘米，先端渐尖，基部楔形，侧生的披针状卵形或卵形，基部钝，外侧宽楔形，有小锯齿，仅下面侧脉腋有簇生柔毛；小叶柄长5-8毫米。花序总状，主轴不分枝，密花，近直立或斜升，与叶柄近等长或稍长，被柔毛，总花梗长1-1.5厘米。花径1-1.5毫米；苞片钻形，比花梗短；萼片无毛；花瓣宽楔形，长约1.5毫米，鳞片2深裂，被须毛；花盘、花丝基部和子房均被柔毛。果近球形，径6-7毫米，红色。花期8-9月，果期11月。

图 428　异木患　（引自《海南植物志》）

产广东雷州半岛及海南，生于低海拔至中海拔林下或灌丛中。越南北部有分布。根药用，治痢疾。

[附] **波叶异木患 Allophylus caudatus** Radlk. in Abh. Akad. Wiss. Wien, Math.-Phys. 38: 231. 1909. 本种与异木患的区别：小叶下面脉腋无毛，有波状粗齿，小叶柄长0.5-1.5厘米；叶柄长6-12.5厘米。产广西南部及云南东南部，常生于林内或灌丛中。

3. 滇南异木患　　　　　　　　　　　图 429: 1-2

Allophylus cobbe (Linn.) Raeusch. var. **velutinus** Corner in Gard. Bull. Str. Settl. 10: 41. 1939.

灌木，高达3米。嫩枝多少被毛。三出复叶；叶柄长5-11厘米，被微柔毛；小叶薄纸质，顶生小叶椭圆形或椭圆状披针形，长9-20厘米，宽4-6.5厘米，侧生小叶斜卵形或斜卵状披针形，先端渐尖或尾状渐尖，疏生小锯齿，两面脉上被短柔毛，下面脉腋有须毛；小叶柄长0.3-1.2厘米。花序腋生，不分枝，常与叶近等长，被短绒毛。花白色，萼片近圆形，径1-1.5毫米；花瓣匙形，长约1毫米，鳞片2裂，被长柔毛；花盘被柔毛；花丝基部被毛。果近球形，径约5-7毫米，红色。花期6-9月，果期12月。

产云南南部，生于海拔300-1200米林中。印度、中南半岛及马来西亚有分布。

[附] **云南异木患** 图429：3 **Allophylus hirsutus** Radlk. in Abh. Akad. Wiss. Wien, Math.-Phys. 38: 228. 1909. 本种与滇南异木患的区别：小枝、叶下面、叶柄和花序轴均密被褐黄色硬毛。侧生小叶基部以上有锐齿；花雌雄异株；果宽倒卵圆形，长约9毫米。产云南南部，生于疏林中。泰国及柬埔寨有分布。

4. 长柄异木患 图 429: 4-5

Allophylus longipes Radlk. in Abh. Akad. Wiss. Wien, Math.-Phys. 38: 233. 1909.

图 429: 1-2.滇南异木患 3.云南异木患 4-5.长柄异木患 （引自《云南植物志》）

小乔木或大灌木状，高达10米。小枝近无毛。三出复叶，叶柄长4-10厘米；小叶纸质，顶生的披针形或长椭圆状披针形，长12-24厘米，宽3-9厘米，先端尾尖，基部楔形，侧生的卵形或宽卵形，中部以上疏生小齿，侧脉脉腋常簇生柔毛；小叶柄长0.5-1厘米。花序复总状，常有几个至多个分枝，被灰黄色柔毛，总花梗长3-4.5厘米。花梗长2-3毫米，雌花梗斜立，雄花梗细而弯垂；花瓣短楔形，长约

1.3毫米，爪部被长柔毛，鳞片2裂；子房3裂，稀2裂，裂片常大小不等。果椭圆形，长0.9-1厘米，宽6-7毫米，红色。花期夏秋，果期秋冬。

产云南东南及西南部、贵州西南部、广西西北部，生于海拔1100-1600米密林中。越南北部有分布。

5. 海滨异木患 图 430: 1-6

Allophylus timorensis (DC.) Bl. Rumphia 3: 130. 1847.

Schmidelia timorensis DC. Prodr. 1: 611. 1824.

灌木，高达3米。小枝粗，无毛或被微柔毛。三出复叶，叶柄长3-6厘米；小叶纸质或稍肉质，宽卵形，顶生的长6-10厘米，宽3-6.5厘米，先端短钝尖，基部圆，疏生钝齿，侧生的稍小，与顶生的近同型，干后上面常

图 430: 1-6.海滨异木患 7-11.五叶异木患 （引自《云南植物志》）

黑色，下面茶褐色，下面侧脉脉腋簇生柔毛，侧脉约8对；小叶柄长0.5-1.8厘米。花序复总状。花梗长1-2毫米；萼片无毛；花瓣匙形，长约1毫米，先端圆或微缺，背面被长柔毛，鳞片2浅裂，密被长毛。果倒卵状或近球形，长0.8-1厘米，宽7-8毫米，红色。花期7月，果期10-11月。

产海南南部及台湾南部，生于滨海地区疏林内或灌丛中。马来半岛至伊里安岛及菲律宾有分布。

6. 五叶异木患

图430: 7-11

Allophylus dimorphus Radlk. Sap. Holl. Ind. 17. 56. 1877.

灌木，高达4米。小枝绿色，被柔毛。掌状复叶，小叶（3-4）5，叶柄长5-9厘米，被柔毛；小叶纸质，顶生的宽披针形或长椭圆形，长8-18厘米，宽3-6.5厘米，先端尾尖，基部楔形，中部以上有锐齿，侧生的较小，侧脉9-10对，两面稍突起，下面侧脉腋簇生柔毛；小叶柄长1-1.5厘米，最外侧的小叶几无柄。花序总状，不分枝，密花，单生，近直立或有时平展，密被柔毛，总花梗长1-2毫米。花梗长1.5-2毫米；萼片基部被疏柔毛；花瓣匙形，鳞片全缘；花丝中部以下成对连生。果椭圆形或近球形，红色，被疏毛。花期9月。

产海南东南部，生于橡胶林下。菲律宾及越南有分布。

3. 无患子属 Sapindus Linn.

乔木或灌木。偶数羽状复叶，稀单叶，互生，无托叶；小叶全缘。聚伞圆锥花序顶生或在小枝顶部丛生；苞片和小苞片均钻形；花单性，雌雄同株或异株，辐射对称或两侧对称。萼片（4）5，覆瓦状排列，外面2片较小；花瓣5，有爪，内面基部有2个耳状小鳞片或边缘增厚，无爪，内面基部有大鳞片；花盘肉质，有时浅裂；雄蕊（雄花）8，稀更多或较少，伸出，花丝中部以下或基部被毛；子房（雌花）常3浅裂，3室，花柱顶生；每室1胚珠，上升。果深裂为3分果爿，常仅1或2个发育，内侧附着1或2个半月形的不育果爿，果皮肉质，富含皂素，内面在种子着生处有绢毛。种子黑色或淡褐色，种皮骨质，无假种皮，种脐线形；胚弯拱，子叶肥厚，叠生。

约13种，分布于美洲、亚洲及大洋洲较温暖地区。我国4种、1变种。

1. 花辐射对称；花瓣5，有长爪，内面基部有2个耳状小鳞片；小叶5-8对 ·················· 1. **无患子 S. mukorossi**
1. 花两侧对称；花瓣4，无爪，内面基部有1个大鳞片。
  2. 萼片和花瓣外面被疏柔毛；花蕾球形；小叶4-6(7)对，上面中脉及侧脉有柔毛，下面被柔毛或近无毛 ········ ·· 2. **川滇无患子 S. delavayi**
  2. 萼片和花瓣外面密被绢质绒毛；花蕾宽卵形；小叶7-12对，两面无毛 ·········· 2(附). **毛瓣无患子 S. rarak**

1. 无患子

图431 彩片124

Sapindus mukorossi Gaertn. Fruct. 1: 342. t. 70. f. 3. 1788.

落叶大乔木，高达20余米。嫩枝绿色，无毛。小叶5-8对，常近对生，叶薄纸质，长椭圆状披针形或稍镰形，长7-15厘米或更长，宽2-5厘米，先端短尖或短渐尖，基部楔形，稍不对称，两面无毛或下面被微柔毛，侧脉细密，15-17对，近平行；小叶柄长约5毫米。圆锥花序顶生。花小，辐射对称，花梗短；萼片卵形或长圆状卵形，长约2毫米，外面基部被疏柔毛；花瓣5，披针形，有长爪，长约2.5毫米，鳞片2，小耳状；花盘碟状，无毛；雄蕊8，伸出，花丝长约3.5毫米，中部以下密被长柔毛。发育分果爿

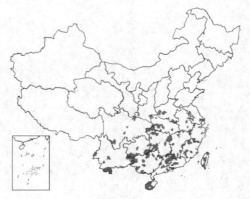

近球形，径2-2.5厘米，橙黄色，干后黑色。花期春季，果期夏秋。

产江苏、安徽、浙江、福建、台湾、江西、湖北、湖南、广东、香港、海南、广西、贵州、云南、四川、陕西及河南，寺庙、庭园和村边常见栽培。日本、朝鲜、中南半岛及印度有栽培。根和果入药，有小毒，能清热解毒、化痰止咳；果皮含皂素，可代肥皂，宜洗濯丝质品；木材质软，可做箱板和木梳等。

2. 川滇无患子　　　　　图432: 1-3 彩片125

Sapindus delavayi (Franch.) Radlk. in Abh. Akad. Wiss. Wien, Math.- Phys. 20: 233. 1890.

Pancovia delavayi Franch. in Bull. Soc. Bot. France 33: 462. 1886.

落叶乔木，高10余米。小枝被柔毛。小叶4-6（7）对，对生或近互生，纸质，卵形或卵状长圆形，两侧常不对称，长6-14厘米，先端短尖，基部钝，上面中脉和侧脉有柔毛，下面被疏柔毛或近无毛，侧脉纤细，多达18对；小叶柄长不及1厘米。花序顶生，直立，常三回分枝。花两侧对称，花蕾球形；花梗长约2毫米；萼片5，小的宽卵形，长2-2.5毫米，大的长圆形，长约3.5毫米，外面基部和边缘被柔毛；花瓣4（5-6），窄披针形，长约5.5毫米，外面被疏柔毛，鳞片长约为花瓣2/3；花盘半月状，肥厚；雄蕊8，稍伸出。发育果爿近球形，径约2.2厘米，黄色。花期夏初，果期秋末。

产云南、四川、贵州、湖北西部及陕西西南部，生于海拔1200-2600米密林中。

[附] **毛瓣无患子**　图432：4-11 **Sapindus rarak** DC. Prodr. 1: 608. 1824. 本种与川滇无患子的区别：萼片和花瓣外面密被绢质绒毛；花蕾宽卵形；小叶7-12对，两面无毛。产云南东南部及南部，生于海拔500-1700米疏林中。斯里兰卡、印度、中南半岛及印度尼西亚常栽培。

图 431　无患子　（引自《中国森林植物志》）

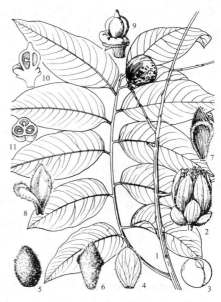

图 432: 1-3.川滇无患子　4-11.毛瓣无患子
（引自《云南植物志》）

4. 赤才属 Erioglossum Bl.

乔木或灌木。偶数羽状复叶，互生，无托叶。聚伞圆锥花序顶生或近枝顶腋生；花单性，雌雄同株，两侧对称。萼片5，覆瓦状排列，外面2片较小；花瓣4，有爪，鳞片兜状，背面近顶部有一鸡冠状附属体；花盘半月形；雄蕊（雄花）8，稍伸出，花丝带状，被长柔毛；子房（雌花）倒心形，3裂，3室，花柱线形，柱头3浅裂；每室1胚珠，着生中轴基部，上升。果深裂为3果爿，常仅1或2个发育，椭圆形，基部附着有微小不育果爿和宿存花柱，外果皮肉质，内果皮脆壳质。种子无假种皮，种皮薄，种脐圆形；胚直，子叶肥厚，并生。

1-2种，分布亚洲热带及澳大利亚。我国1种。

赤才 图 433 彩片 126

Erioglossum rubiginosum (Roxb.) Bl. Rumphia 3: 118. in obs. 1847.

Sapindus rubiginosus Roxb. Pl. Coromandel 1: 44. t. 62. 1795.

常绿灌木或小乔木。嫩枝、花序和叶轴均密被锈色绒毛。小叶2-8对，革质，近基1对卵形，向上渐大，椭圆状卵形或长椭圆形，长3-20厘米，先端钝或圆，稀短尖，全缘，上面中脉和侧脉有毛，下面密被绒毛，侧脉约10对；小叶柄粗，长不及5毫米。花序复总状，一回分枝，分枝上部密花，下部疏花；苞片钻形。花芳香，径约5毫米；萼片近圆形，长2-2.5毫米；花瓣倒卵形，长约5毫米；花丝被长柔毛。发育果爿长1.2-1.4厘米，宽5-7毫米，红色。花期春季，果期夏季。

产广东雷州半岛、海南及广西南部，生于灌丛中或疏林内。根药用，作

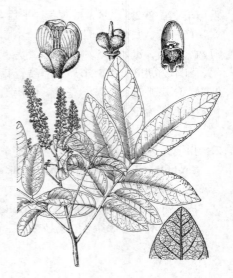

图 433 赤才 （引自《海南植物志》）

强壮剂。木材坚实，可作农具；果皮肉质，味甜可食。

5. 滇赤才属 Aphania Bl.

灌木或乔木，稀攀援状。偶数羽状复叶，互生，无托叶；小叶1-2（6）对，对生或近互生。聚伞圆锥花序顶生或腋生；花单性，雌雄同株或异株，辐射对称。萼片5，覆瓦状排列，外面2片较小；花瓣（4）5，常有爪，内面基部有2个耳状小鳞片；花盘碟状，5浅裂；雄蕊（雄花）（5）7-8，内藏或稍伸出，花药卵形或箭头形；子房（雌花）倒心形或倒卵形，2（3）裂，2（3）室，每室1胚珠，着生中轴中部。果深裂为2果爿，常仅1个发育，基部附着不育分果爿和宿存花柱，不脱落，外果皮肉质。种子无假种皮，种皮薄壳质，种脐圆形；胚直，子叶肥厚，并生，胚根极短，乳突状。

约26种，分布亚洲热带和大洋洲。我国2种。

滇赤才 图 434

Aphania rubra (Roxb.) Radlk. Sap. Holl Ind. 21. 69. 1878.

Scytalia rubra Roxb. Fl. Ind. ed. 2, 2: 272. 1832.

常绿乔木或大灌木。小枝无毛。叶连柄长达60余厘米，小叶3-6对，卵形或卵状披针形，长15-40厘米，先端渐尖或短渐尖，基部圆或近楔形，全缘，两面无毛；小叶柄粗，长约1厘米。花序腋生或近枝顶腋生，常比叶短。花梗长1-2毫米；萼片小的宽卵形，长1.2-2毫米，大的近圆形，径2.5-3毫

图 434 滇赤才 （引自《云南植物志》）

米；花瓣（4）5，紫红色，宽卵形，长4-5毫米，先端圆或近平截，鳞片被缘毛；雄蕊（7）8，花丝被长柔毛。子房常2裂，2室，花柱粗短，柱头2浅裂。果椭圆形，长约1.6厘米，宽约8毫米，紫红色。花期2-3月，果期5月。

产云南南部及广西西南部，生于潮湿山谷。印度、孟加拉、尼泊尔、锡金及不丹有分布。

6. 鳞花木属 Lepisanthes Bl.

乔木或灌木。偶数羽状复叶，互生，无托叶，小叶2至多对，常全缘。聚伞圆锥花序腋生、腋上生，或在老枝上侧生，单生或几个丛生；花单性，雌雄同株，辐射对称或两侧对称。萼片5，革质，外面2片圆形，内面的常宽卵形或椭圆形；花瓣（4）5，常匙形，有爪，内面爪之顶部有鳞片；花盘碟状或半月形；雄蕊（雄花）8，花盘内着生，比花瓣稍长，花丝扁平，常被毛；子房（雌花）2-3室，室间常有凹槽，花柱短，每室1胚珠。果横椭圆形或近球形，2或3室，室间常有凹槽，果皮革质或稍肉质，密被绒毛。种子椭圆形，两侧稍扁，无假种皮，种皮薄革质或脆壳质，褐色；胚弯拱，子叶肥厚，胚根乳突状。

约40种，分布于亚洲热带地区，少数产伊里安岛。我国3种。

1. 小叶无毛，基部楔形或钝，非心形。
  2. 复叶连柄长15-34厘米；花瓣宽匙形或爪之上近圆形，鳞片具冠状体；花盘半月形，3裂 ·············
    ··· 鳞花木 L. hainanensis
  2. 复叶连柄长达70厘米；花瓣线形或线状匙形，鳞片无冠状体；花盘近碟状 ·······················
    ·· （附）. 大叶鳞花木 L. browniana
1. 小叶下面、中脉、侧脉及网脉均被短硬毛，基部微心形 ······················ （附）. 心叶鳞花木 L. basicardia

鳞花木

图 435

Lepisanthes hainanensis H. S. Lo in Acta Phytotax. Sin. 17: 31. f. 1. 1979.

乔木，高达12米。偶数羽状复叶，连柄长15-34厘米，小叶4-6对；小叶长圆状披针形或椭圆状卵形，长6-20厘米，先端短渐尖或有时骤尖，基部宽楔形或钝，全缘，两面无毛，中脉、侧脉和网脉均两面凸起，侧脉15-22对；小叶柄粗壮，长约1厘米。花序腋生或生无叶老枝上，长达30厘米，密被柔毛，序轴有棱角，分枝开展；花蕾近球形，径约5毫米；萼片5，近圆形或宽倒卵形，凹陷，边缘薄，背面被绒毛；花瓣（4）5，上部楔状圆形，下部渐窄，有爪，长7-8毫米，边缘常啮蚀状，仅背面基部被白色长

图 435 鳞花木 （引自《植物分类学报》）

毛，鳞片边缘与花瓣边缘合生，先端2裂，被白毛，有冠状附属体；花盘偏于一边，呈半月形，常3裂，外面被绒毛；雄蕊（7）8，稍伸出，花丝密被毛；子房3室，被绒毛，花柱粗壮，柱头头状。果有粗而短的梗，近球状，径达2厘米，通常3室，室间无明显的凹槽，果皮革质，外面被灰色短绒毛，内面无毛；种子每室1颗。果柄粗短。果期6-7月。

产海南岛南部。

[附] 大叶鳞花木 Lepisanthes browniana Hiern in Hook. f. Fl. Brit. Ind. 1: 680. 1875. 本种与鳞花木的区别：羽状复叶连柄长达70厘米；花瓣线形或线状匙形，鳞片无冠状体；

花盘近碟状。产云南盈江，生于海拔约240米林中。缅甸有分布。

[附] **心叶鳞花木 Lepisanthes basicardia** Radlk. in Rec. Bot. Surv. Ind. 3: 345. 1907. 本种与鳞花木的区别：羽状复叶连柄长达75厘米或更长；小叶长达42厘米，基部稍偏斜，微心形，上面中脉被微柔毛，下面中脉、侧脉和网脉均被锈色硬毛，侧脉达30对。产云南盈江，生于海拔240米处林中。缅甸有分布。

7. 爪耳木属 Otophora Bl.

灌木或小乔木。奇数或偶数羽状复叶，互生，无柄；小叶2至多对，近基一对常小而无柄。聚伞圆锥花序顶生或腋生；花单性，常雌雄同株，辐射对称。萼片4或5，覆瓦状排列，外面2片较小，常膜质，内面2或3片稍厚，常花瓣状；花瓣4或5，比萼片小，里面基部有2耳状小鳞片；花盘碟状或环状；雄蕊（雄花）（5）8（9），花丝短，外弯，花药与花丝近等长，稍内弯，药隔宽；子房（雌花）椭圆形，2或3室，花柱短，柱头2或3裂；每室1胚珠，着生中轴近基部。果2-3室，或仅1室发育。种子无假种皮，种皮近革质；胚直，子叶肥厚。

约30种，分布亚洲热带地区，主产加里曼丹岛。我国1种。

爪耳木　　　　　　　　　　　　　　　　　图 436

Otophora unilocularis (Leenh.) H. S. Lo, Fl. Hainan. 3: 82. 575. 1974.

Lepisanthes unilocularis Leenh. in Blumea 17: 73. t. 1. 1969.

灌木，高约3米。小枝密被锈色绒毛。奇数羽状复叶长22-30厘米，叶轴密被绒毛；小叶12-14对，坚纸质，近基一对托叶状，卵形，长约1.5厘米，余披针形，长5-7厘米，宽1-1.5厘米，先端渐尖，基部偏斜，上侧楔形，下面钝圆，两面散生小腺点；中脉在上面凸起，被糙伏毛，侧脉8-10对，距叶缘2毫米处网结；小叶柄极短，被绒毛。果椭圆形，长1-1.2厘米，宽8-9毫米，平滑，无毛。种子1，长约8毫米，褐色，种脐圆形。

产海南，生于林中。

图 436　爪耳木　（引自《海南植物志》）

8. 龙眼属 Dimocarpus Lour.

乔木。偶数羽状复叶，互生；小叶对生或近对生，全缘。聚伞圆锥花序被星状毛或绒毛；苞片和不苞片均钻形；花单性，雌雄同株，辐射对称。萼杯状，5深裂，裂片覆瓦状排列，被星状毛或绒毛；花瓣5或1-4，常匙形或披针形，无鳞片，有时无花瓣；花盘碟状；雄蕊（雄花）8，伸出，花丝被硬毛；子房（雌花）倒心形，2或3裂，2或3室，密被小瘤体，小瘤体上有成束星状毛或绒毛，花柱生于子房裂片间，柱头2或3裂；每室1胚珠。果深裂为2或3果爿，常仅1或2个发育，发育果爿浆果状，近球形，基部附着不育分果爿，外果皮革质（干时脆壳质），内果皮纸质。种子近球形或椭圆形，种皮革质，平滑，种脐椭圆形，假种皮肉质，包种子全部或一半；胚直，子叶肥厚，并生。

约20种，分布亚洲热带。我国4种。

1. 花序和花萼被星状毛，花瓣5；果稍粗糙或有微隆起瘤状突起；叶下面无毛 ················· **1. 龙眼 D. longan**
1. 花序和花萼被柔毛或绒毛，无花瓣或有发育不正常的花瓣1-4；果被圆锥状短刺；叶下面被柔毛 ·········
··· **2. 龙荔 D. confinis**

1. 龙眼 桂圆

图437 彩片127

Dimocarpus longan Lour. Fl. Cochinch. 233. 1790.

Euphoria longan (Lour.) Steud.; 中国高等植物图鉴 2: 719. 1972.

常绿乔木，高常10余米，间有高达40米、胸径1米、具板根的大乔木。

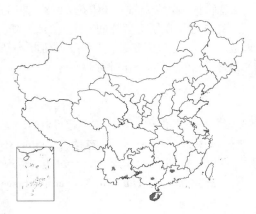

小枝被微柔毛，散生苍白色皮孔。小叶（3）4-5（6）对，长圆状椭圆形或长圆状披针形，两侧常不对称，长6-15厘米，宽2.5-5厘米，先端短钝尖，基部极不对称，下面粉绿色，两面无毛，侧脉12-15对；小叶柄长不及5毫米。花序密被星状毛。花梗短；萼片近革质，三角状卵形，两面被褐黄色绒毛和成束的星状毛；花瓣乳白色，披针形，

图 437 龙眼 （引自《海南植物志》）

与萼片近等长，外面被微柔毛。果近球形，径1.2-2.5厘米，常黄褐或灰黄色，稍粗糙，稀有微凸小瘤体。种子全为肉质假种皮包被。花期春夏间，果期夏季。

我国西南至东南部栽培很广，福建最盛，广东次之；云南、广东、海南及广西有野生或半野生林木。亚洲南部和东南部有栽培。肉质假种皮富

含维生素和磷质，有益脾、健脑作用；种子含淀粉，经处理后，可酿酒；木材坚重，暗红褐色，耐水湿，为造船、家具、细木工优良用材。

2. 龙荔 肖韶子

图438

Dimocarpus confinis (How et Ho) H. S. Lo in Acta Phytotax. Sin. 17: 32. 1979.

Pseuconephelium confine How et Ho in Acta Phytotax. Sin. 3: 390. 1955.

常绿大乔木，高达20余米，胸径1米余。小枝近无毛。小叶（2）3-5对，近基一对卵形，余长椭圆状披针形或长圆状椭圆形，长9-18厘米，宽

4-7.5厘米，先端短尖，基部内侧近圆或宽楔形，外侧楔形，下面稍粉绿，被柔毛，侧脉12-15对；小叶柄粗，长3-8毫米。花序密被绒毛。花具短梗；萼裂片革质，长约2毫米；常无花瓣或有发育不全花瓣1-4，常匙形；花盘垫状，被绒毛；子房2裂；2室，花柱稍粗短。果卵圆

图 438 龙荔 （引自《广东植物志》）

形，长2-2.3厘米。种子红褐色，全为肉质假种皮包被。花期夏季，果期夏末秋初。

产云南东南部、贵州南部、广西及广东西部，生于海拔400-1000米阔叶林中。越南北部有分布。材质坚重，耐腐，供建筑、家具和砧板等用。假种皮有甜味，种子含淀粉，有毒，未经处理不可食。

9. 荔枝属 Litchi Sonn.

乔木。偶数羽状复叶，互生，无托叶。聚伞圆锥花序顶生，被金黄色短绒毛；苞片和小苞片均小；花单性，雌雄同株，辐射对称。萼杯状，4或5浅裂，裂片镊合状排列；无花瓣；花盘碟状，全缘；雄蕊（雄花）6-8，伸出，花丝线状，被柔毛；子房（雌花）有短柄，倒心状，2（3）裂，2（3）室，花柱着生在子房裂片间，柱头2或3裂；每室1胚珠。果深裂为2或3果爿，常仅1或2个发育，果皮革质（干时脆壳质），有龟甲状裂纹，散生圆锥状小凸体，有时近平滑。种皮褐色，光亮，革质，假种皮肉质，包被种子全部或下半部；胚直，子叶并生。

2种，菲律宾1种，我国1种1变种。

1. 小叶先端骤尖或尾状短渐尖；果较密，卵圆形或近球形，径2.5-3.5厘米；树皮灰黑色；树高常不超过10米，无板根 ·· 荔枝 L. chinensis
1. 小叶先端渐尖；果较疏，椭圆形，径约2厘米；树皮棕褐色，有黄褐色斑块；树高达30余米，有发达的板根 ·· （附）. 野生荔枝 L. chinensis var. euspontanea

荔枝　　　　　　　　　　　　　　图 439　彩片 128

Litchi chinensis Sonn. Voy. Ind. 2: 230. pl. 129. 1782.

常绿乔木，高达10（-15）米。树皮灰黑色。小枝密生白色皮孔。小叶2-3（4）对，披针形、卵状披针形或长椭圆状披针形，长6-15厘米，宽2-4厘米，先端骤尖或短尾尖，全缘，下面粉绿色，两面无毛，侧脉纤细，上面不明显，下面明显或稍凸起；小叶柄长7-8毫米。花序多分枝。花梗纤细，长2-4毫米，有时粗短；萼被金黄色短绒毛；雄蕊6-7（8）。果卵圆形或近球形，长2.5-3.5厘米，熟时常暗红至鲜红色。种子全为肉质假种皮包被。花期春季，果期夏季。

荔枝是我国南部有悠久栽培历史的著名果树，广东和福建南部栽培最盛。亚洲东南部有栽培。荔枝的栽培品种很多，以成熟期、色泽、小瘤状凸体的显著度和果肉风味等性状区分。果食用，核入药为收敛止痛剂。木材坚实，纹理美观，耐腐，供造船、梁、柱、上等家具用。花多，富含蜜腺，为重要蜜源植物。

[附] **野生荔枝 Litchi chinensis** var. **euspontanea** Hsue Journ. South China Agric. Coll. 4(2): 33. f. 1-3. 1983. 本变种与模式变种的区别：大乔木，高达30余米，板根发达，树皮棕褐色，有黄褐色斑块；叶先端渐尖；果较疏，椭圆形，径约2厘米。产广东雷州半岛及海南，生于海拔1000米以下林中。

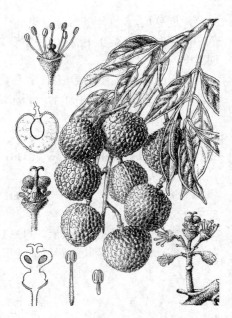

图 439 荔枝 （余汉平绘）

10. 番龙眼属 Pometia J. R. et G. Forst.

大乔木；常有板根。偶数羽状复叶，互生，无柄；小叶多对，近基一对小，着生叶轴基部，如一对托叶，有锯齿，侧脉常很多，平行。聚伞圆锥花序；花单性，雌雄同株，辐射对称。萼杯状，5深裂，裂片镊合状排列；花瓣 5，内面无鳞片或有 1 个腺体；花盘环状，5 浅裂；雄蕊（雄花）5，伸出，花丝无毛或基部被毛；子房（雌花）2 裂，2 室，裂片近球形，花柱丝状，顶部旋扭；每室 1 胚珠。果深裂为 2 果片，常仅 1 个发育，椭圆形，果皮厚，中层海绵质。种皮革质，假种皮包种子基部，与种皮粘连；胚弯拱，子叶横折叠。

约 8 种，广布亚洲热带地区和大洋洲。我国 2 种。

1. 花序分枝粗、挺直；萼被柔毛，花瓣比萼长 1 倍 ·························· 1. **番龙眼 P. pinnata**
1. 花序分枝细长、俯垂；萼被茸毛，花瓣与萼近等长或短很多 ·············· 2. **绒毛番龙眼 P. tomentosa**

1. 番龙眼 图 440

Pometia pinnata J. R. et G. Forst. Char. Gen. 110. pl. 55. 1776.

常绿大乔木，高达 20（-50）余米，板根发达。小枝有时被短硬毛。叶甚大，连柄长可至 1.5 米，叶轴和小叶近无毛或被绒毛；小叶密集，5-9（-15）对，近对生，第一对圆形、基部心形、托叶状，余长圆形或上部的近楔形，长 15-40 厘米，宽 5-10 厘米，先端短尖或渐尖，有整齐锯齿；小叶柄短。花序长 30-50 厘米，被微柔毛。花梗长 6 毫米，基部有关节；萼片长约 1 毫米，被微柔毛；花瓣倒卵状三角形，长约 2 毫米。果椭圆形或近球形，长 3 厘米，宽 2 厘米，无毛，有光泽。产台湾。菲律宾至萨摩亚群岛有分布。材质坚重，为优良建筑用材。

图 440 番龙眼 （引自《Fl. Taiwan》）

2. 绒毛番龙眼 图 441 彩片 129

Pometia tomentosa (Bl.) Teysm. et Binn. Cat. Hort. Bogor. 214. 1886.
Irina tomentosa Bl. Bijdr. 230. 1825.

常绿大乔木，高达 30 米，板根发达，树皮鲜红褐色，内皮含红色树脂。小枝、花序、叶轴和小叶被绒毛。小叶 4-13 对，近对生，第一对小叶半月形或钻形，被绒毛，余长圆形，长 16-20 厘米，先端短尖或渐尖，有整齐锯齿；小叶柄很短。花序有细长、末端俯垂的分枝，长达 40 厘米；苞片和小苞片均小。萼长 1-2 毫米，被茸毛；花瓣倒卵形或近圆形，与萼近等长或短很多。果窄椭圆形，长 3 厘米，宽 1.6 厘米，无毛。花期早春，果期夏季。

产云南西南部及东南部，为热带林上层主要树种之一。斯里兰卡、中南半岛、印度尼西亚的苏门答腊和爪

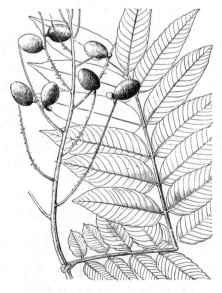

图 441 绒毛番龙眼 （邓盈丰绘）

哇有分布。树干高大，木材红色至红褐色，质坚重，纹理直，结构细匀，易

加工，抗腐抗虫，为滇南重要工业和建筑用材之一。

11. 干果木属 Xerospermum Bl.

乔木或灌木。偶数羽状复叶，互生，有柄；小叶1-2（3）对，全缘。聚伞圆锥花序腋生或顶生；苞片和小苞片均小；花小，单性，辐射对称。萼片4（5），近圆形，凹陷，覆瓦状排列；花瓣4（5），常被有关节长柔毛；花盘环状，圆齿状浅裂，裂片与萼片对生；雄蕊（雄花）8，着生花盘内，伸出，花丝被长柔毛；子房（雌花）2裂，2室，有小瘤体，花柱短，着生子房裂片间，顶端肿胀，不明显2裂；每室1胚珠。果深裂为2果爿，常仅1个发育，常有小瘤体，稀近平滑；假种皮与种皮粘连；胚弯拱，子叶肥厚，斜叠生。

约20余种，分布亚洲热带地区。我国1种。

干果木　　　　　　　　　　图442 彩片130

Xerospermum bonii (Lecomte) Radlk. in Fedde, Repert. Sp. Nov. 18: 341. 1922.

Mischocarpus fuscescens Bl. var. *bonii* Lecomte, Fl. Gen. Indo-Chine 1: 1029. 1912.

图 442 干果木　（刘怡涛绘）

小乔木。小枝无毛。偶数羽状复叶，小叶常2（3）对，纸质，生于叶轴下部的卵形，上部的椭圆状披针形或近卵形，长7-16厘米，宽2.5-5.5厘米，先端短渐尖，基部楔形，全缘，两面无毛；小叶柄长约4毫米。聚伞圆锥花序顶生，长约10厘米。萼片4，覆瓦状排列，卵圆形，外面2片径约1.5毫米，里面2片径约2.5毫米，两面无毛，边缘有睫毛；花瓣4，匙形，长约1毫米，外

面无毛，里面和边缘被褐色长柔毛。子房有瘤体和白色绒毛。果（未成熟）卵圆形，有圆锥状小突体。花期春季。

产云南南部及广西南部，生于海拔450米疏林中。越南有分布。

12. 韶子属 Nephelium Linn.

乔木。偶数羽状复叶，有柄，互生；小叶全缘。聚伞圆锥花序；花小，单性，雌雄同株或异株，辐射对称；苞片和小苞片均小。萼杯状，5-6裂，裂片小；无花瓣或有5-6花瓣；花盘环状；雄蕊（雄花）6-8，花丝被长柔毛；子房（雌花）2（3）裂，2（3）室，密被瘤体或小凸体，花柱着生在子房裂片间，柱头2或3裂；每室1胚珠。果深裂为2或3果爿，常仅1个发育，椭圆形，果皮革质，有软刺。假种皮肉质，与种皮粘连，包被种子全部；胚弯拱或稍直，子叶肥厚，并生或近叠生。

约38种，分布亚洲东南部。我国3种。

1. 果连刺长4-5厘米，径3-4厘米，刺长1厘米或更长 ·················· 1. **韶子 N. chryceum**
1. 果连刺长不及3厘米，径不超过2厘米，刺长3.5-5毫米 ·················· 2. **海南韶子 N. topengii**

1. 韶子　　　　　　　　　　图443

Nephelium chryseum Bl. Rumphia 3: 105. 1847.

常绿乔木，高达20米。小枝嫩部被锈色柔毛。小叶（2-3）4对，长圆

形，长6-18厘米，全缘，下面粉绿色，被柔毛，侧脉9-14对，在上面近平或微凹，在下面凸起；小叶柄长5-8毫米。花序多分枝，雄花序与叶近等长，雌花序较短。萼长1.5毫米，密被柔毛；花盘被柔毛；雄蕊7-8，花丝长3毫米，被长柔毛；子房2裂，2室，被柔毛。果椭圆形，红色，连刺长4-5厘米，宽3-4厘米，刺长1厘米或过之，两侧扁，基部宽，顶端尖，弯钩状。花期春季，果期夏季。

产云南南部、广西南部及广东西部，生于海拔500-1500米密林中。菲律宾及越南有分布。

图 443 韶子 （引自《中国植物志》）

2. 海南韶子

图 444 彩片 131

Nephelium topengii (Merr.) H. S. Lo, Fl. Hainan. 3: 84. 574. 1974.

Xerospermum topengii Merr. in Philipp. Journ. Sci. Bot. 23: 250. 1923.

常绿乔木，高达20米。小枝干后红褐色，常被微柔毛。小叶2-4对，薄革质，长圆形或长圆状披针形，长6-18厘米，宽2.5-7.5厘米，先端短尖，基部稍钝或宽楔形，全缘，下面粉绿色，被柔毛，侧脉10-15对，直而近平行；小叶柄长5-8毫米。花序和花与上种相似。果椭圆形，红黄色，连刺长约3厘米，宽不及2厘米，刺长3.5-5毫米。

产海南，生于低海拔至中海拔地区林中，为常见树种之一。果皮和树皮均含单宁。木材硬重，抗腐性不强，适作门、窗、家具、农具等用材。

图 444 海南韶子 （引自《海南植物志》）

13. 滨木患属 Arytera Bl.

乔木或灌木。偶状羽状复叶，互生，无托叶；小叶全缘。聚伞圆锥花序腋生；苞片和小苞片小；花单性，雌雄同株或异株，辐射对称。萼杯状，5裂，裂片镊合状排列；花瓣（4）5，与萼近等长或稍短，有爪，内面基部有2鳞片；花盘环状；雄蕊（雄花）7-10，伸出，花丝线状，被毛；子房（雌花）2或3裂，2或3室，花柱顶端2或3裂；每室1胚珠。蒴果深裂为2或3果爿，常仅1或2个发育，发育果爿成熟时室背开裂，果皮革质。种皮脆壳质，全为假种皮包被；胚弯拱，子叶叠生，上面一片较肥厚。

约20余种，主产澳大利亚，次为亚洲热带。我国1种。

滨木患

图 445 彩片 132

Arytera littoralis Bl. Rumphia. 3: 170. 1847.

常绿小乔木或灌木，高达10（-13）米。小枝嫩部被柔毛，密生黄白色皮孔。小叶2-3（4）对，近对生，长圆状披针形或披针状卵形，长8-18厘米，先端骤钝尖，基部宽楔形或近圆，两面无毛或下面侧脉腋内腺孔被毛，侧脉7-10对；小叶柄长不及1厘米。花序花密，比叶短，稀长于叶，被锈色绒毛。花芳香，梗长1-2毫米；萼裂片长约1毫米，被柔毛；花瓣5，与萼近等长，鳞片被长柔毛；花盘浅裂。蒴果发育果爿椭圆形，长1-1.5厘米，宽7-9毫米，红色或橙黄色。种子枣红色，假种皮透明。花期夏初，果期秋季。

图 445 滨木患 （黄少容绘）

产云南南部、广西南部、广东南部及海南，生于低海拔地区林内或灌丛中。广布亚洲东南部，南至伊里安岛。木材坚韧，可制农具。

14. 柄果木属 Mischocarpus Bl. nom. conserv.

乔木或灌木。偶数羽状复叶，具柄，无托叶；小叶1-5对，下面侧脉腋内有小腺孔，全缘。聚伞圆锥花序腋生或近枝顶丛生；苞片和小苞片均小；花单性，雌雄同株或异株，辐射对称。萼杯状，5裂，裂片镊合状排列；花瓣5或有时仅有发育不全的花瓣1-3，稀无花瓣，内面基部有鳞片或被毛，稀无；花盘环状；雄蕊（雄花）（7）8（-10），伸出，花丝常被毛；子房（雌花）有短柄，有3棱，3（4）室，花柱极短，顶生，柱头3，外弯；每室1胚珠。蒴果梨状或棒状，多少有3棱，基部或中部以下呈柄状，熟时室背开裂为3果瓣，1-3室，果皮革质。每室1种子，种皮脆革质，常枣红色，全为肉质、透明假种皮包被；胚弯拱，子叶叠生。

约12种，分布亚洲东南部和澳大利亚东海岸。我国3种。

1. 小叶2对，卵形或长圆状卵形；花无花瓣，花丝和花盘均无毛；小叶干时上面有光泽，平滑不显脉纹 ································· 1. 柄果木 M. sundaicus

1. 小叶（2）3-5对，披针形、长圆状披针形或长圆形，花瓣1-5或无；花丝和花盘被毛；小叶干后两面无光泽，网脉明显 ················· 2. 褐叶柄果木 M. pentapetalus

1. 柄果木

图 446: 1-4 彩片 133

Mischocarpus sundaicus Bl. Bijdr. 238. 1825.

常绿小乔木，高达10米。小枝无毛。叶连柄长10-20厘米，叶轴与小枝同色；小叶（1）2对，革质，卵形或长圆状卵形，长5-13厘米，宽2-5厘米，先端短渐尖，基部圆或宽楔形，干后上面平滑，有光泽，下面可见纤细网脉纹；小叶柄长约1厘米。花序复总状，近基部分枝，有时总状，不分枝，密被柔毛。花梗长1-2毫米；萼被柔毛；无花瓣；花丝和花盘均无毛。蒴果梨形，长8-9毫米，柄长2-2.5毫米，常1室，1颗种子。花期10-11月，果期翌年春夏间。

产海南及广西南部，常生于滨海地区林中，内陆少见。广布亚洲东南部及澳大利亚东海岸。

2. 褐叶柄果木

图 446: 5-6

Mischocarpus pentapetalus (Roxb.) Radlk. Sap. Holl. Ind. 43. 1879.

Schleichera pentapetala Roxb. Fl. Ind. ed. 2, 275. 1832.

常绿乔木，高达10米。小枝嫩部被绒毛。小叶（2）3-5对，披针形、长圆状披针形或长圆形，长10-25厘米，宽2.5-7.5厘米，先端渐尖或短渐尖，钝头，基部宽楔形或近圆，两面无毛，干后无光泽，网脉明显；侧脉10-15对，稍弯；小叶柄长0.8-1厘米。花序常多分枝，稀总状。花梗长2-5毫米；萼裂片三角状卵形，长约1.5毫米，两面被柔毛；花瓣1-5或无花瓣，披针形或

图 446: 1-4.柄果木 5-6.褐叶柄果木
（引自《中国植物志》）

鳞片状；花盘被短硬毛；花丝被柔毛。蒴果梨状或棒状，长1.2-2.5厘米，常1室，种子1。花期春季，果期夏季。

产广东、海南、广西及云南，生于密林中。广布亚洲热带地区。材质优良，可作工业用材。

15. 檀栗属 Pavieasia Pierre

乔木。偶数羽状复叶，互生，无托叶，叶轴有棱角，小叶常多对。聚伞圆锥花序近枝顶腋生；苞片和小苞片均小；花单性，雌雄异株，辐射对称。萼浅杯状，5深裂，裂片覆瓦状排列；花瓣5，卵形，内面基部有1个大鳞片，鳞片厚，顶部反折，背面和边缘被硬毛；花盘深杯状，稍肉质，边缘薄，深波状；雄蕊（雄花）（7）8，伸出，花丝线形，密被毛，药隔腺体状；子房（雌花）3室，花柱顶生，比子房长，柱头微3裂；每室1胚珠，弯生。蒴果，室背裂为3果瓣，3室或其中的1或2室小而空虚（无种子）；种子1-3。种皮革质，褐色，有光泽，种脐横椭圆形。

3种，分布越南北部和我国南部。我国2种。

云南檀栗

图 447

Pavieasia yunnanensis H. S. Lo in Acta Phytotax. Sin. 17: 33. f. 2. 1979.

乔木，高达25米。小枝及叶柄被硬毛。小叶5-6对，对生或近对生，长圆状卵形或长圆状披针形，稀卵形，长15-25厘米，先端短尖，基部钝或近圆，疏生钝齿，有时中部以下全缘，两面无毛，侧脉16-18对；小叶柄长约4毫米。花序主轴被绒毛；苞片和小苞片均钻形。花梗长

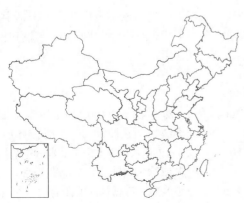

图 447 云南檀栗 （黄少容绘）

2-3毫米，近基部有被毛关节；萼裂片三角形，被微柔毛；花瓣红色，卵形或斜卵形，鳞片倒卵状楔形，长约为花瓣2/3，中部以上边缘和背面被褐色绒毛；花盘无毛；雄蕊紫红色。蒴果短纺锤形，长4-5.5厘米，宽约4厘米，有3棱，两端短尖，果皮木质，厚约5毫米，黄褐色，有皱纹，果柄粗，

长约8毫米；种子1-3。花期夏初，果期秋初。

产云南南部，生于海拔100-900米山谷密林中。越南北部有分布。

16. 细子龙属 Amesiodendron Hu

常绿乔木。偶数羽状复叶，互生，无托叶，叶轴圆柱状。聚伞圆锥花序常多分枝；花单性或杂性，雌雄同株，辐射对称。萼杯状，5（6）深裂，裂片覆瓦状排列；花瓣5（6-7），有短爪，内面基部有1个大鳞片；花盘杯状，中部以上收缩，边缘薄，深波状；雄蕊（雄花和两性花）8（9），伸出，花丝线状，长短不齐，花药长圆形，药隔肥大，略突出；子房（雌花和两性花）3裂，3室，花柱着生在子房裂片间，与子房近等长或稍长；每室1胚珠。蒴果深裂为3果爿，仅1或2个发育，室背裂为3果瓣，果皮坚硬，木质。种子近球状或稍扁，种皮革质，淡褐色，有光泽，无假种皮，种脐横椭圆形；胚弯拱，子叶叠生。

3种，分布我国南部和越南北部。

1. 果无瘤状凸起；花瓣内面的鳞片2裂 ·· 1. **田林细子龙 A. tienlinense**
1. 果有瘤状凸起；花瓣内面的鳞片全缘 ·· 2. **细子龙 A. chinense**

1. 田林细子龙 图448

Amesiodendron tienlinense H. S. Lo in Acta Phytotax. Sin. 17: 36. 1979.

乔木，高10余米。小枝近无毛或被微柔毛。小叶3-7对，对生或近对生，长圆状披针形，长5-8(-11)厘米，宽1.5-2.5厘米，先端钝渐尖。基部宽楔形，中部以上疏生小齿，两面无毛，侧脉15-16对，纤细；小叶柄长3-4毫米，被柔毛。花序密被柔毛；花单性，具短梗。萼裂片近三角形，两面被柔毛；花瓣5（6-7），近椭圆形，鳞片大，2裂，裂片反折，密被长毛；雄蕊8，花丝密被硬毛，长1.5-2毫米；子房密被毛。蒴果的发育果爿近球状，径1.3-1.5厘米，褐色。花期7月，果期11月。

图 448 田林细子龙 （邹贤桂绘）

产贵州南部及广西，生于林中。材质重，结构细，供造船、车辆和枪托等用。

2. 细子龙 图449

Amesiodendron chinense (Merr.) Hu in Bull. Fan Mem. Inst. Biol. Bot. 7: 207. 1937.

Paranephelium chinense Merr. in Lingnan Sci. Journ. 14: 30. f. 10. 1935.

乔木，高达25米，树皮暗灰色，近平滑。小枝被柔毛。小叶（3）4-6

（7）对，第一对（近基）卵形，余长圆形或长圆状披针形，有时披针形，长6-12厘米，宽1.5-3厘米，先端短渐尖或骤尖，钝头，基部宽楔形，边缘皱波状，有锯齿，下面有时被微柔

毛，侧脉10-12对；小叶柄长4-8毫米。花序常几个丛生枝顶，间有单个腋生，密被绒毛。花单性，花梗长2-3毫米；萼裂片长约1毫米；花瓣白色，卵形，长约2毫米，鳞片全缘，顶端反折，背面和边缘密被皱曲长毛。蒴果发育果爿近球状，径2-2.5厘米，黑色或茶褐色，有瘤状凸起和密集淡褐色皮孔。

图 449 细子龙 （黄少容绘）

花期5月，果期8-9月。

产海南、广西、贵州及云南，生于海拔300-1000米处的密林中。越南北部有分布。木材坚重，耐腐蚀，抗虫蛀，适于造船、水工、桩柱、桥梁及家具优质材。种子有毒。种仁含油量43%，可作工业用油。

17. 假韶子属 Paranephelium Miq.

常绿乔木。奇数羽状复叶，稀偶数羽状复叶，有柄；小叶1-5对，革质。聚伞圆锥花序；苞片和小苞片均小；花单性，雌雄同株或异株，辐射对称。萼杯状，5裂，裂片三角状卵形，镊合状排列；花瓣5，细小，比萼稍长，内面有宽大鳞片，鳞片与花瓣的边缘合生成漏斗状；花盘环状，5浅裂；雄蕊（雄花）6-10，伸出；子房（雌花）密被小瘤体，花柱顶生，柱头3裂，裂片外弯；每室1胚珠。蒴果近球形，常退化为1室，室背裂为3果瓣，果皮革质或纤维状木质，有小瘤体或木质硬刺。种皮革质，种脐横椭圆形；胚弯拱，子叶斜叠生。

约8种，分布亚洲热带地区。我国2种。

1. 小叶有锯齿；花序腋生 ································· **海南假韶子 P. hainanensis**
1. 小叶全缘；花序生于老茎 ································· （附）. **云南假韶子 P. hystrix**

海南假韶子

图 450 彩片 134

Paranephelium hainanensis H. S. Lo, Fl. Hainan. 3: 89. 575. 1974.

常绿乔木，高达9米。小枝有密集皮孔，嫩部被柔毛。小叶3-7，长圆形或长圆状椭圆形，长8-20厘米，宽3-7厘米，先端短尖或渐尖，基部楔形，疏生锯齿，两面无毛，侧脉纤细，12-15对，有时在上面凹下；小叶柄长约8毫米。花序多花，被锈色柔毛。花小，有短梗；萼裂片三角形，长约1毫米，两面被绒毛；花瓣5，卵形，长约1毫米，鳞片2裂，裂片叉开，被长柔毛；花盘5裂；雄蕊常8，花丝近无毛。蒴果近球形，径连刺2.5-3厘米，刺粗，木质，长约5毫米。花期4-5月。

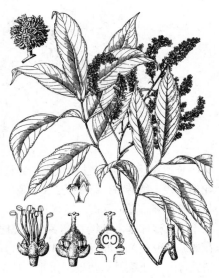

图 450 海南假韶子 （引自《海南植物志》）

产海南，生于海拔200米以下林中。

[附] **云南假韶子 Paranephelium hystrix** W. W. Smith in Rec. Bot. Surv. Ind. 5: 275. 1911. 本种与海南假韶子的区别：小叶7-11，长圆形或披针形，长15-45厘米，全缘，侧脉15-18对；花序自老茎上生出；蒴果

常椭圆形。果期秋季。产云南盈江，生于海拔约260米潮湿林中。缅甸北部有分布。

18. 栾树属 Koelreuteria Laxm.

落叶乔木或灌木。叶互生，一回或二回奇数羽状复叶，无托叶；小叶常有锯齿或分裂，稀全缘。聚伞圆锥花序顶生，稀腋生；花杂性同株或异株，两侧对称。萼片（4）5，镊合状排列，外面2片较小；花瓣4（5），略不等长，具爪，瓣片内面基部有2深裂的小鳞片；花盘厚，偏于一边，上端常有圆齿；雄蕊常8枚，有时较少，着生花盘之内，花丝分离，常被长柔毛；子房3室；每室2胚珠，着生中轴中部以上。蒴果膨胀，室背裂为3果瓣，果瓣膜质，有网状脉纹；每室1种子。无假种皮，种皮脆壳质，黑色；胚旋卷，胚根稍长。

4种，1种产斐济。我国3种、1变种。

1. 一回或不完全二回羽状复叶；小叶有不规则钝齿，近基部有缺刻；蒴果圆锥形，顶端渐尖 ·········· ·· **1. 栾树 K. paniculata**
1. 二回羽状复叶；小叶有小锯齿，无缺刻；蒴果椭圆形、宽卵形或近球形，顶端圆或钝。
   2. 小叶有稍密、内弯小锯齿 ······················· **2. 复羽叶栾树 K. bipinnata**
   2. 小叶常全缘，有时一侧近顶端有锯齿 ·············· **2(附). 全缘叶栾树 K. bipinnata var. integrifoliola**

1. 栾树 木栾 栾华   图451 彩片135

Koelreuteria paniculata Laxm. in Nov. Comm. Akad. Sci. Petrop. 16: 561. t. 18. 1772.

落叶乔木或灌木；树皮厚，灰褐至灰黑色，老时纵裂。一回或不完全二回或偶为二回羽状复叶，小叶（7-）11-18，无柄或柄极短，对生或互生，卵形、宽卵形或卵状披针形，长（3-）5-10厘米，先端短尖或短渐尖，基部钝或近平截，有不规则钝锯齿，齿端具小尖头，有时近基部有缺刻，或羽状深裂达中肋成二回羽状复叶，上面中脉散生皱曲柔毛，下面脉腋具髯毛，有时小叶下面被茸毛。聚伞圆锥

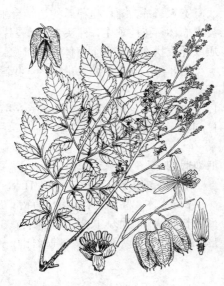

图 451 栾树 （引自《中国森林植物志》）

花序长达40厘米，密被微柔毛，分枝长而广展；苞片窄披针形，被粗毛。花淡黄色，稍芳香；花梗长2.5-5毫米；萼裂片卵形，具腺状缘毛，呈啮蚀状；花瓣4，花时反折，线状长圆形，长5-9毫米，瓣爪长1-2.5毫米，被长柔毛，瓣片基部的鳞片初黄色，花时橙红色，被疣状皱曲毛；雄蕊8，雄花的长7-9毫米，雌花的长4-5毫米，花丝下部密被白色长柔毛；花盘偏斜，有圆钝小裂片。蒴果圆锥形，具3棱，长4-6厘米，顶端渐尖，果瓣卵形，有网纹。种子近球形，径6-8毫米。花期6-8月，果期9-10月。

产辽宁、河北、山东、河南、安徽、江苏、福建、江西、湖北、湖南、贵州、四川、青海东部、甘肃、陕西及山西，耐寒耐旱，常栽培作庭园观赏树。木材黄白色，易加工，可制家具；叶可作蓝色染料，花可作黄色染料。

2. 复羽叶栾树

图 452 彩片 136

Koelreuteria bipinnata Franch. in Bull. Soc. Bot. France 33: 463. pl. 29. 1886.

乔木，高达20余米。二回羽状复叶，小叶9-17，互生，稀对生，斜卵形，长3.5-7厘米，先端短尖或短渐尖，基部宽楔形或圆，有内弯小锯齿；小叶柄长约3毫米或近无柄。圆锥花序长35-70厘米，分枝广展，与花梗均被柔毛。萼5裂达中部，裂片宽卵状三角形或长圆形，有短而硬的缘毛及流苏状腺体，边缘啮蚀状；花瓣4，长圆状披针形，瓣片长6-9毫米，瓣爪长1.5-3毫米，被长柔毛，鳞片2深裂。蒴果

图 452 复羽叶栾树 （引自《中国森林植物志》）

椭圆形或近球形，具3棱，淡紫红色，熟时褐色，长4-7厘米，宽3.5-5厘米，顶端钝或圆，有小凸尖，果瓣椭圆形或近圆形，具网状脉纹，内面有光泽。花期7-9月，果期8-10月。

产云南、贵州、四川、陕西、河南、安徽、江苏、浙江、江西、湖北、湖南、广西及广东，生于海拔400-2500米山地疏林中。速生树种，常栽培供观赏。木材可制家具；种子油供工业用。根入药，可消肿、止痛、活血、驱蛔，治咳嗽，花能明目，清热止咳，又为黄色染料。

[附] **全缘叶栾树 Koelreuteria bipinnata** Franch. var. **integrifoliola** (Merr.) T. Chen in Acta Phototax. Sin. 17: 38. 1979. — *Koelreuteria intergrifoliola* Merr. in Philipp. Journ. Sci. Bot. 21: 500. 1922. 本变种与模式变种的区别：小叶常全缘，有时一侧近顶部边缘有锯齿。产江苏、安徽、浙江、江西、湖北、湖南、广东、广西及贵州，生于海拔100-300米丘陵地、村旁或600-900米山地疏林中。

19. 车桑子属 Dodonaea Miller

乔木或灌木；全株或枝叶和花序有胶液。小枝常有棱角。单叶或羽状复叶，互生，无托叶。花单性，雌雄异株，辐射对称，单生叶腋或组成总状、伞房或圆锥花序。萼片（3）4（-7），果时脱落；无花瓣；花盘不明显；雄蕊（雄花）5-8，花丝极短，花药长圆形，有4钝角，药隔突出；子房（雌花）常有2-3（5-6）棱角，2-3（5-6）室，花柱顶生，比子房长，常旋扭，早落，柱头2-6裂；每室2胚珠，一上升，一下垂。蒴果翅果状2-3（-6）角，2-3（-6）室，两侧扁，室背常延伸为半月形或扩展纵翅，有时无翅或仅顶部有角。无假种皮，种脐厚；胚旋卷，子叶线形。

约50余种，主产澳大利亚及其附近岛屿。

车桑子 坡柳

图 453 彩片 137

Dodonaea viscosa (Linn.) Jacq. Enum. Pl. Carib. 19. 1760.

Ptelea viscosa Linn. Sp. Pl. 118. 1753.

灌木或小乔木。小枝扁，有窄翅或棱角，有胶液。单叶，纸质，线形、线状匙形、线状披针形、倒披针形或长圆形，长5-12厘米，宽0.5-4厘米，先端短尖、钝或圆，全缘或不明显浅波状，两面有粘液，无毛，干后光亮，侧脉多而密，纤细；叶柄短或近无柄。花序比叶短，密花，主轴和分枝均有棱角。花梗纤细，长2-5（-10）毫米；萼片4，披针形或长椭圆形，长

约3毫米；雄蕊7-8，花丝长不及1毫米，花药有腺点；子房有胶液，2-3室，花柱长约6毫米，顶端2-3深裂。蒴果倒心形或扁球形，2-3翅，高1.5-2.2厘米，连翅宽1.8-2.5厘米，种皮膜质或纸质，有脉纹。种子每室1-2颗，透镜状，黑色。花期秋末，果期冬末春初。

产四川、云南、广西、广东、海南、台湾及福建，生于干旱山坡、旷地或海边沙土。热带和亚热带地区有分布。耐干旱，萌芽力强，根系发达，是一种良好的固沙保土树种。种子油供制肥皂。全株含微量氢氰酸，叶含生物碱和皂苷，食之可引起腹泻。

图 453 车桑子 （黄少容绘）

20. 掌叶木属 Handeliodendron Rehd.

落叶乔木或灌木，高达8米，树皮灰色。小枝无毛。掌状复叶，对生，叶柄长4-11厘米；小叶4或5，薄纸质，椭圆形或倒卵形，长3-12厘米，先端常尾状骤尖，基部宽楔形，两面无毛，下面散生黑色腺点，侧脉10-12对；小叶柄长0.1-1.5毫米；无托叶。聚伞状圆锥花序顶生，长约10厘米，疏散，多花；花两性，两侧对生。花梗长2-5毫米，无毛，散生圆形小鳞秕；萼片5，覆瓦状排列，长椭圆形或近卵形，长2-3毫米，两面被微毛，有缘毛；花瓣4，有时5，长椭圆形，长约9毫米，中部反折，内面基部有小鳞片2，外面被伏贴柔毛；花盘半月形，肥厚，不规则浅裂；雄蕊7-8，伸出，花丝不等长，药室基部有小腺体；子房宽纺锤形，具长的雌蕊柄，3室，花柱短，柱头3，胚珠每室2。蒴果棒状或近梨状，长2.2-3.2厘米，其中雌蕊柄长1-1.5厘米，成熟时室背开裂为3果瓣，果皮厚革质。种子每室1，稀2，近卵圆形，长0.8-1厘米，种皮革质，黑色而有光泽，假种皮2层，包种子下半部。

我国特有单种属。

掌叶木

Handeliodendron bodinieri (Lévl.) Rehd. in Journ. Arn. Arb. 16: 66, pl. 119 et f. 1. 1935.

Sideroxylon bodinieri Lévl. Fl. Kouy-Tcheou 384. 1915.

图 454

形态特征同属。花期5月，果期7月。

产贵州南部及广西西北部，生于海拔500-900米石灰岩山地。

图 454 掌叶木 （黄少容绘）

21. 黄梨木属 Boniodendron Gagnep.

常绿小乔木。偶数羽状复叶，互生，无托叶；小叶基部不对称，有钝锯齿。聚伞圆锥花序顶生及腋生；分枝多，每花序上有多数雄花和少数雌花；花单性，花蕾球形。花梗具关节；萼片5，覆瓦状排列，外面一片较小；花瓣5，较萼片长，倒卵形或长圆形，具爪，瓣片基部两侧各具1枚向内折的耳状小鳞片；花盘环状，5浅裂；雄蕊（雄花）8，花丝无毛，伸出于花瓣之上，花药卵形，基部以上背着；子房（雌花）被毛，3室，每室有叠生胚珠2-3，柱头2浅裂或3裂。蒴果卵状球形或球形，具3翅，果瓣3，膜质，有脉纹，内面有光泽。每室1种子，近球形，种皮2层，外层的脆壳质，黑色，有光泽，内层较薄；胚螺旋状卷曲，胚根短。

　2种，1种产越南北部，1种产我国。

黄梨木　　　　　　　　　　　　　　　　　　　图455

Boniodendron minus (Hemsl.) T. Chen in Acta Phytotax. Sin. 17: 38. 1979.

Koelreuteria minus Hemsl. in Hook. Icon. Pl. 27. t. 2642. 1900.

小乔木，高达15米；树皮暗褐色，具纵裂纹。小枝被柔毛。复叶柄纤细，长1-2厘米，和叶轴均被柔毛；小叶10-20，披针形或椭圆形，长2-3（-4）厘米，宽1-1.5厘米，先端钝，基部一侧楔形，一侧圆或钝，有钝锯齿，两面除中脉被柔毛外，余无毛；小叶柄长约1毫米。花序约与叶等长，被柔毛，分枝广展。花淡黄至近白色；花蕾球形，径1.5毫米；花梗长2-3毫米，被柔毛；萼片5，上面4片长圆形，长约2.2毫米，下面1片近圆形，长约1.6毫米，均被白色柔毛，具缘毛；花瓣长圆形，长约2.4毫米，有羽状脉纹，被白色疏柔毛，内面无毛。

图 455 黄梨木 （引自《中国植物志》）

蒴果近球形，具3翅，径1.8-2.3厘米（连翅），顶端凹入，花柱宿存。种子径约4毫米。花期5-6月，果期7-8月。

　产湖南、广东、广西、贵州及云南东南部，生于石灰岩山地林中。

22. 伞花木属 **Eurycorymbus** Hand.-Mazz.

　落叶乔木，高达20米；树皮灰色。小枝被绒毛。偶数羽状复叶，互生，无托叶，叶轴被卷柔毛；小叶4-10对，近对生，长圆状披针形或长圆状卵形，长7-11厘米，先端渐尖，基部宽楔形，上面中脉被毛，下面近无毛或沿中脉两侧被微柔毛，有锯齿，侧脉纤细，约16对；小叶柄长达1厘米。聚伞圆锥花序顶生，稠密多花，分枝被绒毛。花单性，雌雄异株，辐射对称。花芳香，花梗长2-5毫米；萼片5，卵形，被绒毛；花瓣5，匙形，有短爪，无鳞片，花盘圆齿状浅裂；雄蕊（7）8，花丝无毛。蒴果深裂为3果爿，常1或2个发育，宽倒卵形或宽椭圆形，熟时室背开裂，果皮革质，密被绒毛。种子近球形，黑色，种脐小，朱红色，种皮坚硬，无假种皮；胚旋卷。

　我国特有单种属。

伞花木　　　　　　　　　　　　　　　图456 彩片138

Eurycorymbus cavaleriei (Lévl.) Rehd. et Hand.-Mazz. in Journ. Arn. Arb. 15: 8. 1934.

Rhus cavaleriei Lévl. in Fedde, Repert. Sp. Nov. 10: 474. 1912.

形态特征同属。花期5-6月，果期10月。

产台湾、福建、江西、湖北、湖南、广东、广西、贵州、四川东部及云南，生于海拔300-1400米阔叶林中。

23. 假山萝属 Harpullia Roxb.

灌木或乔木。偶数羽状复叶，互生，无托叶；小叶常全缘。聚伞圆锥花序复总状或总状；苞片和小苞片均小；花单性，雌雄同株，辐射对称。萼片5，覆瓦状排列；花瓣5，近楔形，稍肉质，顶部反折，或近匙形，有短爪，内面有2个耳状小鳞片，质薄，比萼长2倍；花盘小；雄蕊（雄花）5，与花瓣近等长，在花芽中直立，或比花瓣长，在花芽中对折；子房（雌花）两侧扁，2（3-4）室，花柱短或长而旋扭；每室1胚珠，悬垂，或2颗，叠生。蒴果常两侧扁，2（3-4）室，花柱短或长而旋扭；每室1胚珠，悬垂，或2颗，叠生。蒴果常两侧扁，2（3-4）室，室间有凹槽，果皮纸质或脆壳质。种皮薄壳质，有光泽，有白色或橙色肉质假种皮；胚弯拱，子叶厚，叠生。

约26余种，分布亚洲热带和澳大利亚。我国1种。

图 456 伞花木 （引自《中国植物志》）

假山萝　　　　　　　　　　　　　　图 457 彩片 139

Harpullia cupanoides Roxb. Fl. Ind. ed. 1, 2: 441. 1824.

乔木，高达20米。小枝粗，嫩部被金黄色绒毛。叶轴近无毛；小叶3-6（7）对，薄革质，斜披针形，长6-12厘米，宽2-4厘米，先端渐尖或短渐尖，基部楔形，两面无毛，侧脉约10对；小叶柄长5-8毫米。花序疏散，比叶短；苞片披针形，早落。花芳香，花梗长6-8毫米；萼片宽卵形，长约5毫米，两面被绒毛，宿存；花瓣楔形，稍肉质，长0.8-1厘米；花盘被绒毛；子房被绒毛。蒴果近球形或横椭圆形，两侧扁，高约2厘米，宽2-3厘米，熟时无毛，褐色。假种皮全包种子。花期春夏间，果期秋末。

产云南南部、广东雷州半岛及海南，生于海拔700米以下林中、村边或路旁。亚洲东南部至伊里安岛有分布。木材淡橙黄色，结构细，质坚重，适作梁、柱、门、窗、车辆、家具、农具等用材。

图 457 假山萝 （引自《中国植物志》）

24. 茶条木属 Delavaya Franch.

灌木或小乔木，高达8米。小枝无毛。掌状复叶，互生，无托叶；小叶3，顶生小叶椭圆形、卵状椭圆形或披针状卵形，长8-15厘米，先端长渐尖，基部楔形，小叶柄长约1厘米；侧生小叶卵形或披针状卵形，近无柄；小叶均有粗齿，稀全缘，两面无毛。聚伞圆锥花序单生或2-3个簇生；苞片和小苞片均小；花单性，雌雄异株。花梗长0.5-1厘米；萼片5，近圆形，覆瓦状排列，外面2片较小，宿存；花瓣5，白或粉红色，长椭圆形或倒卵形，长约8毫米，鳞片2裂，宽倒卵形、楔形或正方形，上部边缘流苏状，有爪；花盘下部短柱状，上部杯状，边缘膜质，波状；雄蕊（雄花）8，2胚珠，着生中轴中部，并生。蒴果倒心形，深紫色，2-3裂，裂片长1.5-2.5厘米，果皮革质或近木质。每室1种子，种皮黑色，无假种皮，种脐圆形。

单种属。

茶条木

图 458

Delavaya toxocarpa Franch. in Bull. Soc. Bot. France 33: 462. 1886.

形态特征同属。花期4月，果期8月。

产云南、广西西部及西南部，生于海拔500-2000米密林或灌丛中。越南北部有分布。种仁含油率69.9%-71.5%，有毒，不能食，供制肥皂等用。

图 458 茶条木 （引自《中国植物志》）

25. 文冠果属 Xanthoceras Bunge

落叶小乔木或灌木状。小枝无毛。奇数羽状复叶，小叶4-8对，披针形或近卵形，长2.5-6厘米，先端渐尖，基部楔形，顶生小叶常3深裂，有锐尖锯齿，下面淡绿色，嫩时被绒毛和星状毛，侧脉纤细，两面稍凸起。总状花序先叶抽出或与叶同放，花杂性同株，两性花花序顶生，雄花序腋生；苞片卵形，长0.5-1厘米。花辐射对称；花梗长1.2-2厘米；萼片5，长圆形，长6-7毫米，两面被灰色绒毛；花瓣5，宽倒卵形，长约2厘米，白色，基部紫红或黄色，具短爪，无鳞片；花盘5裂，裂片有角状附属体；雄蕊8，内藏，花丝无毛，花药药隔顶端和药室基部均有球状腺体；子房3室，每室7-8胚珠，花柱顶生，柱头乳头状。蒴果近球形或宽椭圆形，长达6厘米，有3棱角，室背裂为3果瓣，果皮厚，含纤维束，每室种子数粒。种皮厚革质，黑色，有光泽，无假种皮，种脐半月形；胚弯拱，子叶一大一小。

单种属。

文冠果

图 459 彩片 140

Xanthoceras sorbifolia Bunge, Enum. Pl. China Bor. Coll. 11. 1831.

形态特征同属。花期春季，果期秋初。

产辽宁、内蒙古、河北、山西、山东、河南、陕西、甘肃、青海及宁夏，生于丘陵山坡等处，北部各省也常栽培。种子可食，种仁含脂肪57.18%，蛋白质29.69%，营养价值很高，是我国北方有发展前途的木本油料植物。

图 459 文冠果 （余汉平绘）

161. 清风藤科 SABIACEAE

（吴容芬 郭丽秀）

落叶或常绿，乔木、灌木或攀援木质藤本。单叶或奇数羽状复叶，互生；无托叶。花两性或杂性异株，辐射对称或两侧对称。聚伞或圆锥花序，有时单生。萼片（3-4）5，分离或基部合生，覆瓦状排列；花瓣（4）5，覆瓦状排列，大小相等，或内面2片较外面3片小；雄蕊（4）5，与花瓣对生，全部发育或外面3枚不发育，花药2室，药隔窄或杯状；花盘杯状或环状；子房上位，无柄，2（3）室，每室有半倒生胚珠2或1颗。核果，1（2）室。种子单生，无胚乳，或有极薄胚乳，子叶折叠，胚根弯曲。

3属约100余种，分布于亚洲和美洲热带地区，有些种广布于亚洲东部温带地区。我国2属，45种、5亚种、9变种。

1. 雄蕊全部发育；花辐射对称，聚伞花序或聚伞圆锥花序，有时花单生；单叶；藤本 ·············· 1.**清风藤属 Sabia**
1. 雄蕊仅2枚发育；花两侧对称，圆锥花序；单叶或奇数羽状复叶；乔木或灌木 ·············· 2.**泡花树属 Meliosma**

1. 清风藤属 Sabia Colebr.

落叶或常绿攀援木质藤本。单叶，全缘。花小，两性，稀杂性，单生叶腋，或成腋生聚伞花序，有时成聚伞圆锥花序。萼片（4）5，覆瓦状排列；花瓣（4）5，比萼片长，与萼片近对生；雄蕊（4）5枚，全部发育，花丝窄条状或线状，或棒状，附着花瓣基部，两药室内侧纵裂；子房2室，基部为肿胀或齿裂的花盘所包，花柱2，合生，每室2胚珠。果具2个分果爿，常仅1个发育，花柱宿存，中果皮肉质，核（内果皮）脆壳质。种子1，近肾形，两侧扁，有斑点。

约30种，分布于亚洲南部及东南部。我国约16种、5亚种、2变种。

1. 花盘肥厚，枕状或短圆柱状，边缘环状或波状，稀稍具圆齿。
　2. 花单生叶腋，稀2朵并生；花瓣早落，花盘高大于宽，基部宽，枕状 ··············
　　　·············· 1. **鄂西清风藤 S. campanulata** subsp. **ritchieae**
　2. 聚伞花序，有1-5花。
　　3. 萼片近相等，长0.4-1.2毫米，半圆形、三角状卵形或宽卵形，无明显脉纹。
　　　4. 叶两面无毛；子房无毛。
　　　　5. 萼片、花瓣、花丝及花盘均无红色腺点，花盘肋状凸起不明显；聚伞花序有1-3花；叶长圆状卵形，宽1.5-3.5厘米，下面淡绿色 ·············· 2. **四川清风藤 S. schumanniana**
　　　　5. 萼片、花瓣、花丝及花盘均有红色腺点，花盘具肋状凸起；聚伞花序有2-20花；叶窄椭圆形或线状披针形，宽0.8-1.5（2）厘米，下面苍白色。
　　　　　6. 花序有6-20花 ·············· 2(附). **多花清风藤 S. schumannniana** subsp. **pluriflora**
　　　　　6. 花序具2花 ·············· 2(附). **两色清风藤 S. schumanniana** var. **bicolor**
　　　4. 叶两面有毛；子房有毛，稀无毛，花盘肋状凸起，无褐色腺点，花瓣有缘毛，基部无紫色斑点；叶椭圆状长圆形、椭圆形，稀椭圆状倒卵形，宽2-7厘米 ········ 3. **阔叶清风藤 S. yunnanensis** subsp. **latifolia**
　　3. 萼片稍不相等，长2-3毫米，近倒卵形，具脉纹，其中最大一片先端微缺，余先端圆；花瓣近圆形或倒卵形，长3-4毫米 ·············· 4. **凹萼清风藤 S. emarginata**
1. 花盘浅杯状，具不规则浅齿，深裂或深裂至基部。
　7. 花单生叶腋，花基部有4苞片；叶柄基部木质化成单刺状或双刺状在老枝宿存 ········ 5. **清风藤 S. japonica**
　7. 聚伞花序或聚伞圆锥花序。
　　8. 聚伞花序。

9. 嫩枝、花序、嫩叶柄和叶两面均无毛。

    10. 叶椭圆形或卵状椭圆形，干后栗褐色；聚伞花序有5-10花，总花梗长0.5-1.5厘米，花梗长1-4毫米 ……
    …… 6. **革叶清风藤** S. coriacea

    10. 叶卵形、卵状披针形或椭圆状卵形。

        11.叶面干后黑色，下面苍白色，卵形、椭圆状卵形或椭圆形，先端尖或钝；聚伞花序伞状；果核中肋凸起
        成翅状 …… 7. **灰背清风藤** S. discolor

        11. 叶面干后榄绿色，下面淡绿色，卵状披针形、长圆状卵形或椭圆状卵形，先端渐尖或镰状；聚伞花序非
        伞状；果核无中肋 …… 8. **平伐清风藤** S. dielsii

    9. 嫩枝、花序、嫩叶柄均被灰黄色绒毛或柔毛；叶下面被短柔毛或脉上有柔毛 ……
    …… 9. **尖叶清风藤** S. swinhoei

8. 聚伞伞房花序或聚伞圆锥花序。

    12. 聚伞伞房花序，总花梗很短；花瓣有红色斑纹 …… 10. **簇花清风藤** S. fasciculata

    12. 聚伞圆锥花序；分果爿近圆形，径5-7毫米；叶卵状披针形或窄长圆形 …… 11. **小花清风藤** S. parviflora

1. 鄂西清风藤   图 460

Sabia campanulata Wall. ex Roxb. subsp. **ritchieae** (Rehd. et Wils.) Y. F. Wu in Acta Phytotax. Sin. 20(4): 426. 1982.

Sabia ritchieae Rehd. et Wils. in Sarg. Pl. Wilson. 2: 195. 1914.

落叶藤本。叶膜质，嫩时披针形或窄卵状披针形，老叶长圆形或长圆状卵形，长3.5-8厘米，宽3-4厘米，先端尾尖或渐尖，基部楔形或圆，下面灰绿色，无毛或脉上有细毛，侧脉4-5对，网脉稀疏；叶柄长0.4-1厘米，被长柔毛。花单生叶腋。花深紫色，花梗长1-1.5厘米；萼片5，半圆形，长约0.5毫米，宽约2毫米；花瓣5，长5-6毫米，果时不增大、早落；雄蕊5，长4-5毫米，

图 460 鄂西清风藤 （邓盈丰绘）

花药外向开裂；花盘枕状，高大于宽，边缘环状。分果爿宽倒卵形，长约7毫米，果核中肋两边有蜂窝状凹穴。花期5月，果期7月。

产江苏中南部、安徽、浙江、福建、江西、湖北、湖南、广东北部、广西西北部、云南西北部、贵州、四川、陕西南部及甘肃南部，生于海拔500-1200米山坡及湿润山谷林中。

2. 四川清风藤   青木香   图 461

Sabia schumanniana Diels in Engl. Bot. Jahrb. 29: 451. 1901.

落叶藤本，长达3米。叶纸质，长圆状卵形，长3-13厘米，两面无毛，下面淡绿色，侧脉3-5对，网脉稀疏；叶柄长0.2-1厘米。聚伞花序有1-3花，总花梗长2-3厘米。花梗长0.8-1.5厘米；花淡绿色，萼片5，三角状卵形，长约0.5毫米；花瓣5，长圆形或宽倒卵形，长4-5毫米；花盘圆柱状，边缘波状；子房无毛，花柱长约4毫米。分果爿倒卵形或近圆形，长约6毫米，宽约7毫米，核中肋窄翅状，中肋两边各有2行蜂窝状凹穴，两侧面有块状凹穴，腹部平。花期3-4月，果期6-8月。

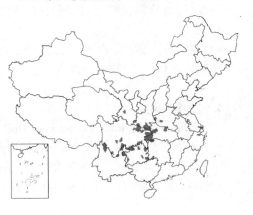

产甘肃、陕西南部、河南、湖北、湖南、贵州、四川及云南，生于海拔1200-2600米山区溪边和林中。茎皮可提取单宁；茎药用，治腰痛。

[附] **多花清风藤 Sabia schumanniana** subsp. **pluriflora** (Rehd. et Wils.) Y. F. Wu in in Acta Phytotax. Sin. 20(4): 427. 1982. —— *Sabia schumanniana* var. *pluriflora* Rehd. et Wils. in Sarg. Pl. Wilson. 2: 197. 1914. 本种与四川清风藤的区别：叶窄椭圆形或线状披针形，宽0.8-1.5（2）厘米；聚伞花序有6-20花；萼片、花瓣、花丝及花盘中部均有红色腺点。产湖北西部、四川东部，生于海拔600-1300米林中。

[附] **两色清风藤 Sabia schumanniana** subsp. **pluriflora** Rehd. et Wils. var. **bicolor** (L. Chen) Y. F. Wu in Acta Phytotax. Sin. 20(4): 428. 1982. —— *Sabia bicolor* L. Chen in Sargentia 3: 32. 1943. 本种与多花清风藤的区别：花序具2花，花盘红色腺点在肋状凸起顶端，叶下面灰白色，有时被毛。产云南中部、四川南部及贵州西部，生于海拔900-2600米山谷、山坡、溪边。

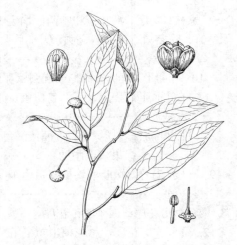

图 461 四川清风藤 （张泰利绘）

3. 阔叶清风藤　　　　　　　　　图462: 1-5

Sabia yunnanensis Franch. subsp. **latifolia** (Rehd. et Wils.) Y. F. Wu in Acta Phytotax. Sin. 20(4): 428. 1982.

Sabia latifolia Rehd. et Wils. in Sarg. Pl. Wilson. 2: 195. 1914; 中国高等植物图鉴2: 727. 1972.

落叶藤本，长达4米。叶长圆形、椭圆状倒卵形或倒卵状圆形，长5-14厘米，两面有柔毛，或下面脉上有毛，侧脉3-6对；叶柄长0.3-1厘米，有柔毛。聚伞花序有2-4花。花绿或黄绿色；萼片5，宽卵形或近圆形，有紫红色斑点；花瓣5，宽倒卵形或倒卵状长圆形，长4-6毫米，有缘毛，基部无紫红色斑点；花盘中部无凸起褐色腺点，有3-4条肋状凸起。分果爿近肾形，径6-8毫米；核有中肋，中肋两边各有1-2行蜂窝状凹穴，两侧面有浅块状凹穴，腹部平。花期4-5月，果期5月。

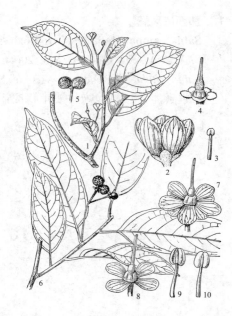

图 462: 1-5.阔叶清风藤　6-10.凹萼清风藤
（邓盈丰绘）

产云南、四川、贵州、河南、湖北西部、湖南及江西，生于海拔1600-2600米密林中。茎皮可作纤维原料。

4. 凹萼清风藤　　　　　　　　　图462: 6-10

Sabia emarginata Lecomte in Bull. Soc. Bot. France 54: 673. 1907.

落叶藤本。叶纸质，长圆状窄卵形、长圆状窄椭圆形或卵形，长5-11厘米，宽1.5-4厘米，先端渐尖或尖，基部楔形或圆，下面苍白色，侧脉4-5对，纤细。聚伞花序有2花，稀3朵，长1.5-1.8厘米。花梗长5-6毫米；

萼片5，稍不相等，长2-3毫米，近倒卵形，具脉纹，最大一片先端微缺，余先端圆；花瓣5，近圆形或倒卵形，长3-4毫米；花盘肿胀，有2-3条不明显肋状凸起，其上有不明显极小腺点。分果爿近圆形，径7-9毫米，萼片宿存。花期4月，果期6-7月。

产浙江西北部、湖北、湖南、广东北部、广西北部、贵州及四川，生于海拔400-1500米灌木林中。

5. 清风藤

图463

Sabia japonica Maxim. in Bull. Acad. Sci. St. Pétersb. 11: 430. 1867.

落叶藤本。老枝常宿存木质化单刺状或双刺状叶柄基部。叶卵状椭圆形、卵形或宽卵形，长3.5-9厘米，上面中脉有疏毛，下面带白色，脉上被疏柔毛，侧脉3-5对；叶柄长2-5毫米，被柔毛。先叶开花，单生叶腋。花基部有4苞片，苞片倒卵形；花梗长2-4毫米，果柄长2-2.5厘米；萼片5，近圆形或宽卵形，长约0.5毫米，具缘毛；花瓣5，淡黄绿色，倒卵形或长圆形倒卵形，长3-4毫米，具脉纹；花盘杯状，有5裂齿。分果爿近圆形或肾形，径约5毫米；核有中肋，两侧面具蜂窝状凹穴。花期2-3月，果期4-7月。

产陕西、河南、江苏、安徽、浙江、福建、江西、四川、贵州、广

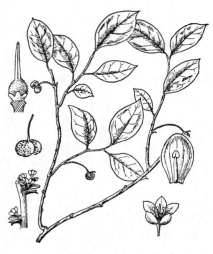

图 463 清风藤 （引自《图鉴》）

东及广西，生于海拔800米以下山区。日本有分布。植株含清风藤碱甲等多种生物碱，供药用，治风湿、鹤膝、麻痹。

6. 革叶清风藤

图464

Sabia coriacea Rehd. et Wils. in Sarg. Pl. Wilson. 2: 198. 1914.

常绿藤本。叶椭圆形或卵状椭圆形，长3.5-6.5（8）厘米，先端尖或渐尖，基部宽楔形或圆，下面淡绿色，侧脉4-7对，在离叶缘5-7毫米处叉开网结，网脉稀疏；叶柄长0.5-1.5厘米。聚伞花序有5-10花，伞状，长1.5-2.5厘米，总花梗长0.5-2厘米。花梗长1-4毫米；萼片5，宽卵形，长约1毫米；花瓣5，浅绿带紫红色，长圆状卵形或卵形，长约3毫米，有5条脉纹；花盘杯状。分果爿近圆形或倒卵形，长约

5毫米，鲜时红色；核有中肋，中肋两边各有一行蜂窝状凹穴，两侧面平，腹部微凹或平。花期4月，果期9-11月。

产福建、江西南部、湖南南部及广东，生于海拔1000米以下山区。

图 464 革叶清风藤 （邓盈丰绘）

7. 灰背清风藤   图465

Sabia discolor Dunn in Journ. Linn. Soc. Bot. 38: 358. 1908.

常绿藤本。嫩枝具纵纹，老枝深褐色，具白腊层。芽鳞宽卵形。叶纸质，卵形、椭圆状卵形或椭圆形，长4-7厘米，宽2-4厘米，先端尖或钝，基部圆或宽楔形，上面绿色，干后黑色，下面苍白色，侧脉3-5对；叶柄长0.7-1.5厘米。聚伞花序伞状，有4-5花，长2-3厘米，总花梗长1-1.5厘米。花梗长4-7毫米；萼片5，三角状卵形，长0.5-1毫米，具缘毛；花瓣5，卵形或椭圆状卵形，长2-3毫米，有

脉纹；雄蕊5，长2-2.5毫米，花药外向开裂；花盘杯状。分果爿红色，倒卵状圆形或倒卵形，长约5毫米；核中肋凸起成翅状，两侧面有不规则块状凹穴，腹部凸出。花期3-4月，果期5-8月。

图 465 灰背清风藤 （邓盈丰绘）

产安徽、浙江、福建、江西、湖南、贵州、广东及广西，生于海拔1000米以下山地灌木林中。

8. 平伐清风藤   图466

Sabia dielsii Lévl. in Fedde, Repert. Sp. Nov. 9: 456. 1911.

落叶藤本，长达2米。叶卵状披针形，长圆状卵形或椭圆状卵形，长6-12(14)厘米，宽2-6厘米，先端渐尖或镰状，基部圆或宽楔形，上面深绿色，干后榄绿色，下面淡绿色，侧脉4-6对，网脉稀疏；叶柄长0.3-1厘米。聚伞花序有2-6花，总花梗长1.5-3厘米。花梗长0.5-1厘米；萼片5，卵形，长0.5-1毫米，花瓣5，卵形或卵状椭圆形，长2-3毫米，先端圆，有脉纹；雄蕊5，花药

图 466 平伐清风藤 （邓盈丰绘）

内向开裂；花盘杯状。分果爿近肾形，长4-8毫米；核无中肋，两侧面有蜂窝状凹穴，腹部平。花期4-6月，果期7-10月。

产云南、贵州、四川、广西西北部及湖南西北部，生于海拔800-2000米山坡、溪边灌丛中或林缘。

9. 尖叶清风藤   图467 彩片141

Sabia swinhoei Hemsl. ex Forb. et Hemsl. in Journ. Linn. Soc. Bot. 23: 144. 1886.

常绿藤本。嫩枝、花序、嫩叶柄均被灰黄色绒毛或柔毛。小枝被柔毛。叶椭圆形、卵状椭圆形、卵形或宽卵形，长5-12厘米，先端渐尖或尾尖，

下面被短柔毛或脉上有柔毛，侧脉4-6对；叶柄长3-5毫米，被柔毛。聚伞花序有2-7花，被疏长柔毛，总花梗长0.7-1.5厘米。花梗长2-4毫米；萼片5，卵形，长1-1.5毫米，有不明显的红色腺点，有缘毛；花瓣5，淡绿色，卵状披针形或披针形，长3.5-4.5毫米；花盘浅杯状。分果爿深蓝色，近圆形或倒卵形，基部偏斜，长8-9毫米；核中肋不明显，两侧面有不规则条块状凹穴，腹部凸出。花期3-4月，果期7-9月。

产江苏南部、安徽南部、浙江、台湾、福建、江西、湖北、湖南、广东、海南、广西、贵州、四川及云南，生于海拔400-2300米山谷林中。

10. 簇花清风藤 图468

Sabia fasciculata Lecomte ex L. Chen in Sargentia 42. f. 4. 1943.

常绿藤本，长达7米。叶长圆形、椭圆形、倒卵状长圆形或窄椭圆形，长5-12厘米，侧脉5-8对；叶柄长0.8-1.5厘米。聚伞花序有3-4花，组成伞房状花序，有10-20花，总花梗长1-2毫米。花梗长3-6毫米，萼片5，卵形或长圆状卵形，长1-2毫米，具红色细微腺点，边缘白色；花瓣5，淡绿色，长圆状卵形或卵形，长约5毫米，中部有红色斑纹；花盘杯状，具5钝齿。分果爿红色，倒卵形，长0.8-1厘

米；核中肋凸起，窄翅状，中肋两边各有1-2行蜂窝状凹穴，两侧面平凹，腹部凸出呈三角形。花期2-5月，果期5-10月。

产云南、广西、广东北部及西部、福建南部，生于海拔600-1000米山岩、山谷、山坡、林中。越南、缅甸北部有分布。

11. 小花清风藤 图469

Sabia parviflora Wall. ex Roxb. Fl. Ind. et. Carey 2: 310. 1842.

常绿藤本。叶卵状披针形、窄长圆形，长5-12厘米，宽1-3厘米，先端渐尖，基部圆或宽楔形，上面深绿或榄绿色，下面灰绿色。聚伞圆锥花序，有10-20（25）花，总花梗长2-6厘米。花梗长3-6毫米；花绿或黄绿色；萼片5，卵形或长圆状卵形，长约0.8毫米，有缘毛；花瓣5，长圆形或长圆状披针形，长2-3毫米，有红色脉纹；花丝粗而扁平；花盘杯状，边缘有5深裂。分果爿

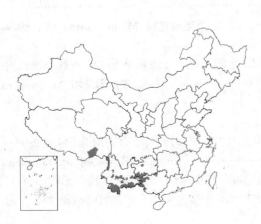

图 467 尖叶清风藤 （邓盈丰绘）

图 468 簇花清风藤 （邓盈丰绘）

图 469 小花清风藤 （邓盈丰绘）

近圆形，径5-7毫米；核中肋不明显，两侧面有不明显蜂窝状凹穴，腹部圆。花期3-5月，果期7-9月。

产西藏、云南、贵州及广西，生于海拔800-2800米山沟、溪边林内或山坡灌木林中。印度、缅甸、泰国、越南、印度尼西亚有分布。

2. 泡花树属 Meliosma Bl.

常绿或落叶，乔木或灌木；常被毛。芽裸露，被褐色绒毛。单叶或奇数羽状复叶，叶全缘或多少有锯齿。花小，两性，两侧对称；顶生或腋生圆锥花序。萼片4-5，覆瓦状排列，其下常有苞片；花瓣5，大小极不等，外面3片较大，近圆形或肾形，凹陷，覆瓦状排列；内面2片小，2裂或不裂，有时3裂而中裂片极小，多少附着发育雄蕊花丝基部；雄蕊5，2枚发育雄蕊与内面花瓣对生，花丝短，扁平，药隔成一杯状体，药室2，横裂，3枚退化雄蕊与外面花瓣对生，附着花瓣基部；花盘杯状，常有5小齿，子房2（3）室，柱头细小，每室2胚珠，半倒生。核果小，1室。

约50种，分布于亚洲东南部、美洲中部及南部。我国约29种、7变种。

1. 单叶或羽状复叶，如为羽状复叶，叶轴顶端的3片小叶的柄无节；萼片常5；外轮花瓣近圆形或宽椭圆形；果核腹部核壁中连接果柄与种子的维管束有管状通道。
    2. 单叶。
     3. 叶侧脉劲直，有时曲折，但不弯拱。
      4. 叶基部楔形或窄楔形，叶倒卵形，窄倒卵形或窄倒卵状椭圆形；内面2片花瓣2裂，或有时在2裂间具中小裂，短于发育雄蕊。
       5. 圆锥花序直立，主轴及侧枝劲直，或稍呈之字形曲折，侧枝不弯垂。
        6. 叶倒卵状楔形或窄倒卵状楔形，宽2.5-4厘米，先端短渐尖，具锐尖锯齿，侧脉16-20（-30）对，叶柄长1.6-2厘米；果核三角状卵圆形 ·········· 1. 泡花树 **M. cuneifolia**
        6. 叶倒卵形，宽3-7厘米，先端圆或近平截，具短骤尖，具波状齿，侧脉8-15对，叶柄长0.5-1.5厘米；果核扁球形，两侧面有网纹 ·········· 2. 细花泡花树 **M. paviflora**
       5. 圆锥花序弯垂，主轴及侧枝具之字形曲折，侧枝向下弯垂；内面2片花瓣2裂或有时具中小裂，裂片顶端有缘毛 ·········· 3. 垂枝泡花树 **M. flexuosa**
      4. 叶基部圆或钝圆，叶长椭圆形、倒卵状椭圆形或长圆形；内面2片花瓣窄披针形，不裂，长于发育雄蕊。
       7. 叶具刺状锯齿，下面被疏长柔毛，侧脉20-25（-30）对 ·········· 4. 多花泡花树 **M. myriantha**
       7. 叶近基部全缘。
        8. 叶下面疏被毛或仅中脉及侧脉被柔毛，侧脉12-22（24）对 ·········· 4(附). 异色泡花树 **M. myriantha** var. **discolor**
        8. 叶下面密被长柔毛，上面多少被柔毛，侧脉10-20对 ·········· 4(附). 柔毛泡花树 **M. myriantha** var. **pilosa**
    3. 叶侧脉弯拱上升。
     9. 圆锥花序呈扫帚状，宽4-7厘米；叶两面中脉及侧脉均凸起，上面无毛，叶缘稍外卷，叶柄具窄翅；内面2片花瓣2浅裂 ·········· 5. 狭序泡花树 **M. paupera**
     9. 圆锥花序宽塔形，宽8厘米以上。
      10. 叶长15-40厘米，宽4-16厘米，侧脉15-28对。
       11. 叶下面密被短绒毛，侧脉在上面凹下，中上部侧脉常伸出齿尖；萼片5，其下有同形苞片4-5 ·········· 6. 西南泡花树 **M. thomsonii**
       11. 叶下面无毛或被疏柔毛或紧贴微柔毛，侧脉在上面凸起，向上弯拱环结；萼片4-5，其下无同形苞片。
        12. 子房密被柔毛，果稍有毛；叶倒披针状椭圆形或倒披针形，先端渐尖，下面被紧贴疏微柔毛或无毛；内面2片花瓣不裂 ···························· 7. 山樣叶泡花树 **M. thorelii**

12. 子房及果均无毛；叶倒卵形或倒卵状长圆形，先端短骤尖或尾尖，下面被柔毛；内面2片花瓣分裂过半；
　　小枝被细柔毛；核果球形，径4-6毫米 ···························· 8. 单叶泡花树 **M. simplicifolia**

10. 叶长不及15厘米，如达15厘米则叶宽不及5厘米，侧脉不多于15对。

13. 叶全缘，稀上部具1-2齿。

14. 叶柄细，长2.5-6.5（10）厘米，基部圆柱状增粗，叶先端尾尖，尖头钝，叶常集生枝端。

15. 叶下面粉绿色，密被黄褐色小鳞片，侧脉3-5对；内面2片花瓣2裂达中部以下，叉开；果径4-6毫米 ·························· 9. 樟叶泡花树 **M. squamulata**

15. 叶下面淡褐色，疏被长柔毛，侧脉7-10对；内面2片花瓣不裂，披针形；果径2-4毫米 ··········
　　·························· 10. 灌丛泡花树 **M. dumicola**

14. 叶柄粗，长不及2.5厘米，基部非圆柱状增粗，叶先端非尾尖，尖头锐尖；叶不集生枝端。

16. 叶披针形或窄椭圆形，下面无毛；花径约2毫米，内面2片花瓣不裂，卵状窄椭圆形 ·············
　　·························· 11. 贵州泡花树 **M. henryi**

16. 叶倒披针形或倒卵形，下面被长柔毛；花径3-3.5厘米，内面2片花瓣2浅裂 ··········
　　·························· 12. 毛泡花树 **M. velutina**

13. 叶有锯齿。

17. 叶下面及花序疏被长柔毛或密被交织绒毛。

18. 叶下面、叶柄及花序被锈色绒毛 ·························· 13. 笔罗子 **M. rigida**

18. 叶下面、叶柄及花序密被长柔毛或交织绒毛 ············ 13(附).毡毛泡花树 **M. rigida** var. **pannosa**

17. 叶下面及花序被平伏疏散柔毛或粗毛。

19. 叶柄被疏柔毛或长柔毛；圆锥花序3(4)次分枝；内面2片花瓣2裂达中部，裂片线形。

20. 幼枝、叶柄、叶下面及花序疏被柔毛；叶倒披针形或披针形；圆锥花序宽广；花梗长1-1.5毫米 ·····
　　·························· 14. 香皮树 **M. fordii**

20. 幼枝、叶柄、叶下面及花序密被长柔毛；叶窄倒卵形或窄椭圆形；圆锥花序窄尖塔形；花近无梗 ···
　　·························· 14(附). 辛氏泡花树 **M. fordii** var. **sinii**

19. 叶柄密被短绒毛；圆锥花序2（3）次分枝；内面2片花瓣2浅裂，裂片卵形 ·················
　　·························· 15. 云南泡花树 **M. yunnanensis**

2. 羽状复叶，叶轴顶端具3小叶，小叶柄均无节。

21. 小叶革质，叶下面被平伏细毛或无毛。

22. 小叶窄长圆形或长圆状披针形，中脉在上面凸起或平，常全缘，稀上端有1-2小齿，叶背沿中脉疏生平伏毛 ·························· 16. 狭叶泡花树 **M. angustifolia**

22. 小叶窄卵形、卵状披针形或椭圆形、中脉在上面凹下，疏生细芒尖齿，两面无毛，或仅侧脉脉腋有髯毛。

23. 叶侧脉脉腋无髯毛 ·························· 17. 漆叶泡花树 **M. rhoifolia**

23. 叶侧脉脉腋有髯毛 ·························· 17(附). 腋毛泡花树 **M. rhoifolia** var. **barbulata**

21. 小叶纸质或近革质，叶下面（除羽叶泡花树叶两面无毛外）被柔毛、绒毛或腺毛。

24. 小叶上面除中脉及侧脉有细柔毛外余无毛。

25. 叶下面淡绿色，被疏长柔毛或绒毛。

26. 小枝褐色；叶卵形及卵状披针形，下面脉腋有髯毛或绒毛 ·········· 18. 南亚泡花树 **M. arnottiana**

26. 小枝常红色；叶窄长圆形、窄卵形或窄椭圆形，两面中脉及侧脉被柔毛 ··········
　　·························· 18(附). 山青木 **M. kirkii**

25. 叶下面粉绿色，除脉腋有髯毛外，余被棒状腺毛 ·········· 19. 腺毛泡花树 **M. glandulosa**

24. 小叶上面被疏短柔毛，叶下面被疏柔毛或近无毛。

27. 小叶下面密被或疏被柔毛或近无毛 ·························· 20. 红柴枝 **M. oldhamii**

27.小叶下面疏被棒状腺毛 ·· 20(附).**有腺红柴枝 M. oldhamii var. glandulifera**

1. 羽状复叶，叶轴顶端的1片小叶（稀2片）的柄具节；萼片常4，外轮3花瓣的最大1片宽肾形；果核腹部核壁中连接果柄与种子的维管束在核壁凹孔中或在果肉中，无管状通道。

28. 小叶下面侧脉腋有髯毛；圆锥花序长12-30厘米，花序总轴的皮孔不明显；内面2片花瓣2尖裂；果径6-7毫米 ··· 21. **珂楠树 M. beaniana**

28. 小叶下面侧脉腋无髯毛；圆锥花序长40-45（-60）厘米，花序总轴和分枝有皮孔；内面2花瓣2裂；果径1-1.2厘米 ··· 22. **暖木 M. veitchiorum**

1. 泡花树

图 470 彩片 142

Meliosma cuneifolia Franch. in Nouv. Arch. Mus. Hist. Nat. Paris ser. 2, 8: 211. 1886.

图 470 泡花树 （引自《图鉴》）

落叶灌木或乔木。单叶，倒卵形或窄倒卵状楔形，长8-12厘米，宽2.5-4厘米，具锐齿，上面初被短粗毛，下面被白色平伏毛，侧脉16-20对，劲直达齿尖，脉腋具髯毛；叶柄长1-2厘米。圆锥花序顶生，被柔毛。花梗长1-2毫米；萼片5，宽卵形，长约1毫米，外面2片较窄小，具缘毛；外面3片花瓣近圆形，宽2.2-2.5毫米，有缘毛，内面2片花瓣长1-1.2毫米，2裂达中部，裂片窄卵形，具缘毛；花盘具5

尖齿。核果扁球形，径6-7毫米；核三角状卵圆形，顶基扁，腹部近三角形，具不规则纵条凸起或近平滑，中肋在腹孔一边显著隆起延至另一边，腹孔稍下陷。花期6-7月，果期9-11月。

产甘肃、宁夏南部、陕西南部、河南、湖北、湖南、四川、贵州、云南北部及西藏，生于海拔650-3300米林中。木材优良；叶可提取单宁，树皮纤维可利用，根皮药用，治毒蛇咬伤。

2. 细花泡花树

图 471

Meliosma parviflora Lecomte in Bull. Soc. Bot. France 54: 676. 1907.

落叶灌木或小乔木；树皮灰色。单叶，倒卵形，长6-11厘米，宽3-7厘米，先端圆或近平截，具短骤尖，中部以下渐窄下延，上部以有疏浅波状小齿，下面疏被柔毛，侧脉腋具髯毛，侧脉8-15对；叶柄长0.5-1.5厘米。圆锥花序顶生，具4次分枝，被柔毛，主轴稍曲折。花白色，径1.5-2毫米；萼片5，宽卵形或圆形，宽约0.3毫米，具缘毛；外面3片花瓣近圆形，宽约1毫米，内面2片花瓣长约0.5毫米，2裂至中部，叉开，有

图 471 细花泡花树 （引自《中国植物志》）

时具中小裂，裂片有缘毛；子房被柔毛。核果球形，径5-6毫米；核扁球形，具凸起细网纹，中肋锐隆起，从腹孔一边不延至另一边，腹孔凹陷。花期夏季，果期9-10月。

产四川、河南、湖北、湖南北部、江苏南部、安徽及浙江北部，生于海拔100-900米溪边林中。木材坚重，可作车轴、斧柄及优良家具用材。

图 472 垂枝泡花树 （引自《图鉴》）

3. 垂枝泡花树 图472

Meliosma flexuosa Pamp. in Nuov. Giorn. Bot. Ital. n. ser. 17: 423. 1910.

小乔木。芽、嫩枝、嫩叶中脉、花序轴均被淡褐色长柔毛。腋芽常两枚并生。单叶，倒卵形或倒卵状椭圆形，长6-12（-20）厘米，先端渐尖或骤渐尖，中部以下渐窄下延，疏生粗齿，两面疏被柔毛，侧脉12-18对，脉腋髯毛不明显；叶柄长0.5-2厘米，基部包腋芽。圆锥花序弯垂，主轴及侧枝果时呈之形曲折。花梗长1-3毫米；花白色；萼片5，卵形，长1-1.5毫米，外1片小，具缘毛；外面3片花瓣近圆形，宽2.5-3厘米，内面2片花瓣长0.5毫米，2裂，裂片叉开，顶端有缘毛，有时3裂则中裂齿微小。果近卵形，长约5毫米；核具细网纹，中肋锐凸起，从腹孔一边延至另一边。花期5-6月，果期7-9月。

产河南、陕西南部、四川、贵州、湖北、安徽、浙江、福建西部、江西、湖南及广东北部，生于海拔600-2750米山地林中。

4. 多花泡花树 图473

Meliosma myriantha Sieb. et Zucc. in Abh. Akad. Wiss. Wien, Math.-Phys. 4(2): 153. 1845.

落叶乔木，高达20米；树皮小块状脱落。幼枝及叶柄被褐色平伏柔毛。单叶，倒卵状椭圆形或长圆形，长8-30厘米，先端渐锐尖，基部钝圆，基部至顶端有刺状锯齿，下面被疏长柔毛，侧脉20-25（30）对，脉腋有髯毛。圆锥花序顶生，直立，被柔毛。花具短梗；萼片（4）5，卵形，长约1毫米，有缘毛；外面3片花瓣近圆形，内面2片花瓣披针形，约与外花瓣等长。核果倒卵形或球形，径4-5毫米；核中肋稍钝隆起，两侧具细网纹。花期夏季，果期5-9月。

产山东及江苏北部，生于海拔600米以下山地落叶阔叶林中。朝鲜及

图 473 多花泡花树 （引自《图鉴》）

日本有分布。

[附] **异色泡花树 Meliosma myriantha** var. **discolor** Dunn in

Journ. Linn. Soc. Bot. 38: 358. 1908. 异色泡花树的特征：叶基部全缘，侧脉12-22（24）对，下面被疏毛或仅中脉及侧脉被毛；花序被疏毛。产浙江、安徽、江西、福建、广东北部、湖南南部及西南部、广西东北部、贵州北部及中南部，生于海拔200-1400米山谷、溪边、林中。

[附] 柔毛泡花树 **Meliosma myriantha** var. **pilosa** (Lecomte) Law in Acta Phytotax. Sin. —— *Meliosma pilosa* Lecomte in Bull. Soc. Bot. France 54: 676. 1907. 本变种与模式变种及异色泡花树不同之处在于叶缘锯齿常在中部以上，侧脉10-20条，叶下面密被长柔毛，上面多少被毛。产江苏、浙江、福建、江西、湖南、湖北、陕西西南部、四川南部、贵州东北部，生于海拔100-2000米的山谷、溪边林中。

5. 狭序泡花树

图 474

Meliosma paupera Hand.-Mazz. Anz. Akad. Wiss. Wien, Math.-Nat. 58: 150. 1921.

乔木。单叶，倒披针形或窄椭圆形，长5.5-14厘米，宽1-3厘米，先端渐尖，基部渐窄下延，全缘或中部以上疏生刺齿，上面除中脉有细毛外余无毛，下面具平伏细毛，侧脉7-10对，纤细向上弯拱网结；叶柄长0.7-1.3厘米，上面被细毛。圆锥花序疏散扫帚状，宽4-7厘米，具3（4）次分枝，稀疏纤细，弯垂，疏被平伏柔毛。花梗长1毫米，或近无梗；萼片5，宽卵形，外两片较窄小，有缘毛；外面3片

图 474 狭序泡花树 （邓盈丰绘）

花瓣宽卵形或圆形，内面2片2浅裂。果球形，径4-5毫米；核近球形，径3-4毫米，具网纹，中肋稍隆起，腹孔不张开。花期夏季，果期8-10月。

产云南东南部、贵州南部、广西、广东、湖南南部及江西南部，生于海拔200-1500米山谷、溪边、林中。越南有分布。

6. 西南泡花树

图 475

Meliosma thomsonii King ex Brandis, Ind. Trees. 195. 1906.

乔木。小枝、叶柄、叶背及花序密被褐色绒毛。单叶，革质，倒卵状长圆形或倒卵状椭圆形，长18-37厘米，宽7-16厘米，先端尖或短骤尖，基部楔形，中上部疏生浅齿，上面中脉凹下及侧脉被柔毛，侧脉16-20对，弯拱向上至边缘，中上部的常伸出齿尖；叶柄粗，长2-4厘米。圆锥花序宽塔形。花淡黄色，近无梗或梗极短；萼片5，卵形，长1-1.2毫米，被毛及有缘毛，外面紧贴与萼片同形的苞片4-5；外面3片花瓣近圆形，径约1.5毫米，内面2片花瓣长约1毫米，2裂至近中部，裂片近卵形，

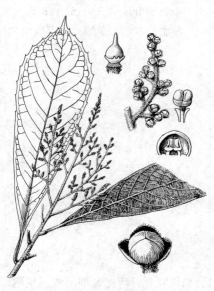

图 475 西南泡花树 （邓盈丰绘）

叉开，稍有缘毛；花盘具5芒尖齿。果扁球形，径7-8毫米；核近圆形，稍偏斜，具凸起不规则条纹，中肋尖锐隆起，从腹孔一边延至另一边。

产西藏东南部、云南西北部及广西北部，生于海拔1200-2000米林中。

尼泊尔、锡金、不丹、印度北部及缅甸北部有分布。

7. 山樣叶泡花树

图476: 1-6 彩片143

Meliosma thorelii Lecomte in Bull. Soc. Bot. France 54: 677. 1907.

乔木。单叶，革质、倒披针状椭圆形或倒披针形，长15-25厘米，宽4-8厘米，先端渐尖，基部窄楔形，全缘或中上部有锐尖小齿，无毛或下面疏被平伏微柔毛，脉腋有髯毛，侧脉15-22对，中脉与网脉干时两面均凸起；叶柄长1.5-2厘米。圆锥花序直立，侧枝平展，被褐色柔毛。花芳香，具短梗；萼片卵形，先端钝，有缘毛；外面3片花瓣白色，近圆形，径约2毫米，内面2片花瓣窄披针形，不裂，比外面的稍短；子房被柔毛。核果球形，顶基稍扁而稍偏斜，径6-9毫米；核近球形，壁厚、有稍凸起网纹，中肋钝凸起，腹孔小。花期夏季，果期10-11月。

图 476: 1-6.山樣叶泡花树
7-14.单叶泡花树 （引自《图鉴》）

产湖南西部、福建南部及东部、广东、海南、广西、贵州南部、云南及四川，生于海拔200-1000米林中。越南及老挝北部有分布。

8. 单叶泡花树

图476: 7-14

Meliosma simplicifolia (Roxb.) Walp. Repert. 1: 423. 1842.

Millingtonia simplicifolia Roxb. Pl. Coromandel 3: 48. t. 254. 1819.

乔木。小枝、叶柄、叶面中脉初被褐色细柔毛。单叶，纸质，倒卵形或倒卵状长圆形，长15-40厘米，宽5-15厘米，先端尾尖，2/3以下渐窄成楔形，常全缘，有时有小齿，叶下面被柔毛，脉腋有髯毛，侧脉15-20对；叶柄长1.5-2.5厘米。圆锥花序长10-40厘米。花近无梗；

萼片5（4）；卵状三角形，具柔毛和缘毛；外面3片花瓣近圆形，内面2片花瓣长约0.7毫米，稍短于雄蕊，分裂过半。核果球形，径3.5-6毫米；核近扁球形，具稀疏粗网纹，腹部具3粗棱成三角形，中肋从腹孔一边隆起延至另一边，腹部稍凹入。花期1-2月，果期4-5月。

产云南西南部，生于海拔1200-2000米常绿阔叶林中。斯里兰卡、印度、孟加拉、尼泊尔、不丹、锡金、缅甸、泰国及老挝北部有分布。

9. 樟叶泡花树

图477

Meliosma squamulata Hance in Journ. Bot. 14: 364. 1876.

小乔木。幼枝及芽被褐色柔毛，老枝无毛。单叶，椭圆形或卵形，长5-12厘米，宽1.5-5厘米，先端尾尖，尖头钝，基部楔形，全缘，下面粉绿色，密被黄褐色小鳞片，侧脉3-5对，向上弯拱；叶柄纤细，长2.5-6.5（-10）厘米。圆锥花序单生或2-8个聚生，长7-20厘米，总轴、分枝、花梗、苞

片均密被褐色柔毛。花白色；萼片5，卵形，有缘毛；外面3片花瓣近圆形，内面2片花瓣约与花丝等长，2裂至中部以下，裂片叉开。核果球形，径4-6毫米；核近球形，具不规则细网

纹，中肋稍钝隆起，腹孔小，具8-10条射出棱。花期夏季，果期9-10月。

产云南东南部、贵州、广西、海南、广东、湖南南部、江西西南部、福建、台湾及浙江，生于海拔1800米以下常绿阔叶林中。日本琉球有分布。

图 477 樟叶泡花树 （引自《图鉴》）

10. 灌丛泡花树

图 478

Meliosma dumicola W. W. Smith in Notes Roy. Bot. Gard. Edinb. 13: 170. 1921.

乔木，高达30米。小枝、芽、嫩叶下面、叶柄及花序均被褐色长柔毛。单叶，革质，窄椭圆形、窄倒卵状椭圆形或椭圆形，长5-15（18）厘米，宽1.5-5厘米，先端尾尖，稀渐尖，基部楔形，全缘，干时中脉及侧脉在上面凹下，下面淡褐色，疏被长柔毛，侧脉7-10对，稍弯拱近叶缘环结；叶柄长1.5-4厘米。圆锥花序单生或2-4集生枝顶，直立，3次分枝。花具短梗；萼片卵形，外面2片较小，有缘毛；外面3片花瓣近圆形，内面2片花瓣披针形，略长于发育雄蕊。核果倒卵形，径3-4毫米；核具不明显网纹，中肋细，从腹孔一边延至另一边，腹部平。花期3-4月，果期10-11月。

产海南、云南及西藏南部，生于海拔1200-2400米常绿阔叶林中，在1400-1900米地带常见。越南北部及泰国有分布。

图 478 灌丛泡花树 （邓盈丰绘）

11. 贵州泡花树

图 479

Meliosma henryi Diels in Engl. Bot. Jahrb. 29: 452. 1901.

小乔木；树皮黑褐色，厚长块状脱落。小枝具白色皮孔。单叶，披针形或窄椭圆形，长7-12厘米，宽1.5-3.5厘米，先端渐尖，基部窄楔形，两面仅中脉初被柔毛，全缘，侧脉5-9对，纤细弯拱向上环结；叶柄长1-2厘米，具柔毛。圆锥花序长10-20厘米，具2（3）次分枝，分枝劲直，被柔毛。花径约2毫米；花梗长1-4毫米；萼片椭圆状卵形，长约1毫米；外面3片花瓣扁圆形，内面2片花瓣卵状窄椭圆形；花盘浅，具5小齿。核果倒卵形，径7-8毫米；核近球形，顶基稍扁，径4-5毫米，无网纹或网纹极不明显，腹孔细小，腹部不突出。花期夏季，果期9-10月。

产湖北西部、四川东部、贵州、广西北部及湖南西南部，生于海拔700-1400米常绿阔叶林中。

12. 毛泡花树   图480

Meliosma velutina Rehd. et Wils. in Sarg. Pl. Wilson. 2: 202. 1914.

乔木，高达10米。当年生枝、芽、叶柄、叶背中脉、花序被褐色绒毛。

单叶，倒披针形或倒卵形，长9-17(-26)厘米，宽2.5-4.5(-9)厘米，先端渐尖，2/3以下渐窄成楔形，全缘或近顶端有数锯齿，上面中脉及侧脉残留长柔毛，下面被长柔毛，侧脉15-25对，向上弯拱近叶缘处会合；叶柄粗，长1-2.5厘米。圆锥花序顶生，长20-26厘米，宽15-20厘米，具2(3)分枝。花白色，径3-3.5毫米，近无花梗；

图 479 贵州泡花树 （仿《图鉴》）

萼片5，卵形，长1-1.2毫米，外面的较小，被柔毛，有缘毛；外面3片花瓣近圆形，径约1毫米，内面2片花瓣长约0.8毫米，2浅裂，裂片三角形，近顶端有缘毛；花盘浅杯状，具浅齿。花期4-5月。

产云南南部、广西及广东北部，生于海拔500-1500米阔叶林中。越南有分布。

13. 笔罗子   图481

Meliosma rigida Sieb. et Zucc. in Abh. Akad. Wiss. Wien, Math.-Phys. 4(2): 153. 1845.

乔木。芽、幼枝、叶背、叶柄及花序均被锈色绒毛。单叶，革质，倒披针形或窄倒卵形，长8-25厘米，先端尾尖，基部渐窄楔形，全缘或中部以上有数个尖齿，上面中脉及侧脉被柔毛，下面被锈色绒毛，侧脉9-18对；叶柄长1.5-4厘米。圆锥花序顶生，直立，花密生，径3-4毫米。萼片5或4，卵形或近圆形，背面基部被毛，有缘毛；外面3片花瓣白色，近圆形，内面2片

花瓣长约为花丝之半，2裂达中部，裂片锥尖，基部稍叉开，顶端具缘毛。核果球形，径5-8毫米；核球形，具细网纹。花期夏季，果期9-10月。

产云南、广西、贵州、湖北西南部、湖南、广东、海南、江西、浙江、福建及台湾，生于海拔1500米以下林中。日本有分布。木材淡红色，坚硬，

图 481 笔罗子 （引自《图鉴》）

可作工具柄、手杖等用；树皮及叶可提取拷胶。种子可榨油。

[附] **毡毛泡花树 Meliosma rigida** var. **pannosa** (Hand.-Mazz.) Law in Acta Phytotax. Sin. 20(4): 430. 1982. —— *Meliosma pannosa* Hand.-Mazz. in Anz. Akad. Wiss. Wien, Math.-Nat. 58: 179. 1982. 本变种与模式变种的区别：枝、叶背、叶柄及花序密被长柔毛或交织长绒毛。花期5-

14. 香皮树 图 482

Meliosma fordii Hemsl. in Journ. Linn. Soc. Bot. 23: 144. 1886.

乔木。小枝、叶柄、叶背及花序被褐色平伏柔毛。单叶倒披针形或披针形，长9-18（-25）厘米，先端渐尖，稀钝，基部窄楔形下延，全缘或近顶部有数齿，侧脉11-20对；叶柄长1.5-3.5厘米。圆锥花序宽广。花梗长1-1.5毫米，萼片4（5），宽卵形，背面疏被柔毛，有缘毛；外面3片花瓣近圆形，内面2片花瓣长约0.5毫米，2裂达中部，裂片线形，叉开。果近球形或扁球形，径3-5毫米；核具网纹。花期5-7月，果期8-10月。

产云南东南部、贵州、广西、海南、广东、湖南、江西南部及福建，生于海拔1000米以下常绿林中。越南、老挝、柬埔寨及泰国有分布。树皮及叶药用，治便秘。

[附] **辛氏泡花树 Meliosma fordii** var. **sinii** (Diels) Law in Acta Phytotax. Sin. 20(4): 430. 1982. —— *Meliosma sinii* Diels in Not. Bot.

15. 云南泡花树 图 483

Meliosma yunnanensis Franch. in Bull. Soc. Bot. France 33: 465. 1886.

乔木，高达30米。幼枝、叶背中脉疏被平伏柔毛。单叶，窄倒卵状椭圆形，倒卵状披针形或倒披针形，长4-15厘米，先端尾尖，2/3以下渐窄，中部以上疏生刺齿，下面疏被平伏柔毛，脉腋有髯毛，侧脉6-10对，稍弯拱至叶缘；叶柄长0.6-1厘米，密被绒毛。圆锥花序窄，2（3）次分枝，被黄色绒毛。花白色，径3-4毫米；萼片5，近圆形，具1-2小苞片，边缘有腺毛；外面3片花瓣近圆形；内面2片花瓣2浅裂，裂片卵形，顶端有缘毛，花盘5齿裂。核

6月，果期8-9月。产福建南部、江西南部、湖南南部、广东北部、广西东北部及贵州东南部，生于海拔800米以下山地林中。

图 482 香皮树 （仿《图鉴》）

Gart. Berlin 11: 213. 1931. 本变种与模式变种的区别：幼枝、叶柄、叶背、花序密被长柔毛；叶窄倒卵形或窄椭圆形；圆锥花序窄尖塔形；花近无梗。产广西东部及广东中部，生于海拔约1000米林中。

图 483 云南泡花树 （仿《图鉴》）

果近球形,稍扁,径3.5-5毫米;核扁球形,具稀疏网纹。花期夏季,果期8-10月。

产西藏、云南、四川及贵州,生于海拔1000-3000米林中。尼泊尔、锡金、不丹、缅甸北部及印度北部有分布。

16. 狭叶泡花树

图484

Meliosma angustifolia Merr. in Philipp. Journ. Sci. Bot. 21: 348. 1922.

常绿乔木。幼枝、叶柄、小叶柄和花序被淡褐色柔毛。奇数羽状复叶,小叶13-23,小叶革质,窄长圆形、长圆状披针形或披针形,长5-12厘米,宽1.5-3厘米,先端渐钝尖,基部窄楔形,全缘,稀有1-2小齿,下面中脉疏生平伏毛,侧脉5-7对。花芳香,近无梗,密集;萼片5,卵形;外面3片花瓣近圆形,径约2毫米,内面2片花瓣稍短于花丝,2裂;药隔圆盾状;子房密被黄色柔毛。核果倒卵形,长4-6毫米,有细毛。花期3-5月,果期8-9月。

图 484 狭叶泡花树 (引自《海南植物志》)

产江西西南部、云南东南部、广西、广东西南部及海南,生于海拔1500米以下山地。木材细匀,适作家具和美工用材。

17. 漆叶泡花树

图485

Meliosma rhoifolia Maxim. in Mél. Biol. Acad. Sci. St. Pétersb. 6: 262. 1867.

常绿乔木。羽状复叶,叶轴背面疏被长柔毛,小叶11-15,革质,窄卵形、卵状披针形或椭圆形,长5-15厘米,宽2-3.5厘米,先端渐尖或尾尖,基部圆或宽楔形,疏生具芒尖齿或全缘,下面灰绿色,两面无毛,侧脉9-13对;小叶柄长约1厘米。圆锥花序长约25厘米,宽约20厘米,具3(4)次分枝。花白色,具短梗;萼片5,卵形,长约1毫米,外面1片较窄小,有缘毛;外面3片花瓣扁圆形,长约2毫米,宽约2.2毫米,内面2片花瓣长约为花丝之半,2裂,裂片外侧流苏状;花盘5齿裂。核果近球形,径4-6毫米;核具疏条状网纹凸起。花期5-6月,果期8-10月。

产台湾中部以北,生于海拔300-1800米常绿阔叶林中。日本琉球有分布。

图 485 漆叶泡花树 (引自《海南植物志》)

[附] **腋毛泡花树 Meliosma rhoifolia** var. **barbulata** (Cufod.) Law, in Acta Phytotax. Sin. 20(4): 431. 1982. —— *Meliosma rhoifolia* subsp.

barbulata Cufod. in Oesterr. Bot. Zeit. 88: 254. 1939. 本种与模式变种的区别：小叶下面粉绿色，脉腋有黄色髯毛，侧脉6-9对。产贵州东部及东南部、广西东北部、湖南西部及南部、广东北部、福建、江西东部及东南部、浙江南部，生于海拔400-1100米常绿阔叶林中。种子可榨油。

18. 南亚泡花树

Meliosma arnottiana Walp. Repert. 1: 423. 1842.

常绿乔木。叶轴、叶下面、花序均疏被弯曲柔毛或绒毛。小枝褐色，羽状复叶，小叶近革质，7-15，下部小叶卵形，中部的长圆状卵形或窄长圆状椭圆形，顶端的窄椭圆形，长6-14（17）厘米，先端尾尖，尖头常弯曲，基部圆或宽楔形，全缘或中上部具细齿，下面淡绿色，侧脉5-10对，稍弯拱，侧脉腋有髯毛。圆锥花序长15-25厘米。花淡黄色，梗长1-1.5毫米，被柔毛；萼片5，卵形或近圆形，外面1片较窄小，有缘毛；外面3片花瓣扁圆形或圆形，内面2片花瓣与花丝等长或稍短，深裂达中部，叉开，具中间小裂齿，侧裂片卵形，有缘毛。核果倒卵形，径4-7毫米；核具稀疏粗网纹，中肋钝。花期5-7月，果期8-10月。

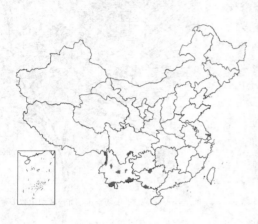

产四川南部、云南及广西，生于海拔500-2000米山谷、山坡常绿阔叶林中。斯里兰卡、印度、锡金、尼泊尔及越南有分布。

　　[附] **山青木** 图486 **Meliosma kirkii** Hemsl. et Wils. in Kew Bull.

图 486 山青木 （引自《中国植物志》）

19: 154. 1906. 本种与南亚泡花树的区别：小枝带红色；叶窄卵形、窄长圆形或窄椭圆形，两面中脉及侧脉被柔毛。产四川中南部及西南部，生于海拔约1500米林中。树皮含鞣质，可提取栲胶。

19. 腺毛泡花树　　　　　　　　　　图 487

Meliosma glandulosa Cufod. in Oesterr. Bot. Zeitschr. 88: 252. 1939.

常绿乔木。羽状复叶，小叶近革质，7-9，下部的卵形，中部的卵形或长圆状卵形，顶端的椭圆形，长5-12（25）厘米，先端短渐尖，基部宽楔形或圆钝，偏斜，上部2/3疏生小齿，沿中脉及侧脉有短粗毛，下面粉绿色，散生棒状腺毛，沿脉被平伏柔毛，脉腋有髯毛。圆锥花序顶生，长15-24厘米，主轴3棱，3次分枝，侧枝扁，被褐色柔毛。花径约2毫米，近无梗；萼片卵形，边缘有腺毛；外面3片花瓣淡绿色，宽卵形，内面2片花瓣短于花丝，2裂达中部，裂片卵形，有缘毛；子房密被柔毛。核果球形，径4-5毫米；核扁。

图 487 腺毛泡花树 （邓盈丰绘）

球形，有凸起网纹，中肋隆起。花期夏季，果期8-10月。

产贵州、广西、广东、湖南及江西，生于海拔400-1000米山地常绿阔叶林中。

20. 红柴枝 图488

Meliosma oldhamii Maxim. Diagn. Pl. Nov. Jap. Mandsh. 4 et 5: 263. 26-VI-1867.

图 488 红柴枝 (引自《中国森林植物志》)

落叶乔木。腋芽密被淡褐色柔毛。羽状复叶，小叶7-15，叶总轴、小叶柄及叶两面均被褐色柔毛，小叶薄纸质，下部的卵形，长3-5厘米，中部的长圆状卵形、窄卵形，顶端1片倒卵形或长圆状倒卵形，长5.5-8(-10)厘米，先端尖或渐锐尖，基部圆、宽楔形或窄楔形，疏生锐齿，侧脉脉腋有髯毛。圆锥花序直立，3次分枝，被褐色柔毛。花白色，花梗长1-1.5毫米；萼片5，椭圆状卵形，外1片较窄小，

具缘毛；外面3片花瓣近圆形，径约2毫米，内面2片花瓣稍短于花丝，2裂达中部，有时3裂而中间裂片微小，侧裂片窄倒卵形，先端有缘毛；子房被黄色柔毛。核果球形，径4-5毫米；核具网纹，中肋隆起。花期5-6月，果期8-9月。

产云南东北部、四川、贵州、广西、广东北部、湖南、江西、福建、浙江、江苏、安徽、山东、湖北、河南及陕西南部，生于海拔300-1300米山坡、山谷林中。朝鲜及日本有分布。木材坚硬，可作车辆用材；种子油可制润滑油。

[附] **有腺红柴枝** 有腺泡花树 **Meliosma oldhamii** var. **glandulifera** Cufod. in Oesterr. Bot. Zeitschr. 253. 1939. 有腺红柴枝与模式变种的区别：小叶下面疏被棒状腺毛。产安徽、江西、湖南及广西，生于海拔1200-1900米山地林中。

21. 珂楠树 图489

Meliosma beaniana Rehd. et Wils. in Sarg. Pl. Wilson. 2: 205. 1914.

乔木。小枝被褐色短绒毛。羽状复叶，小叶5-13，纸质，卵形或窄卵形，顶端的卵状椭圆形，长5-15厘米，先端渐尖，基部宽楔形或圆钝，偏斜，疏生小齿，稀近全缘，嫩叶上面、下面、小叶柄及叶轴均被褐色柔毛，脉腋有黄色髯毛，侧脉8-10对，远离叶缘开叉网结，顶端小叶柄具节。圆锥花序常数个集生近枝端，广展下垂，2(3)次分枝，被褐色柔毛。花淡黄色；萼片4，卵形；外面3片花瓣宽肾形，先端凹，内面2片花瓣约与花丝等长，2尖裂至1/4。核果球形，径6-7毫米；核扁球形，腹部平，三角状圆形，侧面平滑，中

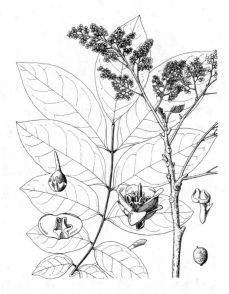

图 489 珂楠树 (引自《图鉴》)

肋圆钝。花期5-6月，果期8-10月。

产云南西北部、贵州、四川、陕西、河南、湖南、湖北、福建北部、江

西东南部及浙江，生于海拔1000-2500米山地林中。缅甸北部有分布。木材为优良家具用材。

22. 暖木

图 490

Meliosma veitchiorum Hemsl. in Kew Bull. 1906: 155. 1906.

乔木。幼嫩部分多少被褐色长柔毛。小枝粗，具粗大近圆形叶痕。羽状复叶，小叶纸质，7-11，卵形或卵状椭圆形，长7-15（20）厘米，宽4-8（10）厘米，先端尖或渐尖，基部圆钝，偏斜，两面脉上常残留柔毛，脉腋无髯毛，全缘或有粗齿。圆锥花序长40-45(-60)厘米，主轴及分枝密生粗大皮孔。花白色，被褐色细柔毛；萼片4(5)，椭圆形或卵形，长1.5-2.5毫米，外面1片较窄，先端钝；外面3片花瓣倒心形，内面2片花瓣2裂约达1/3，裂片先端圆，具缘毛。核果近球形，径1-1.2厘米；核近半球形，平滑或有不明显疏纹，中肋隆起，常形成钝嘴，腹孔宽，具三角形填塞物。花期5月，果期8-9月。

产云南北部、贵州东北部、广西北部、四川、陕西南部、河南、湖北、湖南、江西、福建、安徽南部及浙江，生于海拔1000-3000米林中。

图 490 暖木 （引自《中国植物志》）

162. 七叶树科 HIPPOCASTANACEAE

（李 楠）

落叶稀常绿，乔木稀灌木。冬芽大，有树脂或无。掌状复叶对生；无托叶，叶柄常长于小叶。聚伞圆锥花序，侧生小花序系蝎尾状聚伞花序或二歧式聚伞花序。花杂性，雄花常与两性花同株，不整齐或近整齐；萼片4-5，基部连成钟形，管状或离生；花瓣4-5，大小不等，基部爪状；雄蕊5-9，着生花盘内，长短不等；花盘环状或仅部分发育，不裂或微裂；子房上位，3室，每室2胚珠；花柱1，常扁平。蒴果1-3室，平滑或有刺，常室背3裂。种子球形，常1枚，稀2枚；种脐大，淡白色；无胚乳。

2属，30余种，分布于北半球温带和热带地区。我国1属9种，栽培2种。本科植物为优美庭园树及行道树；材质优良；树皮纤维较长，有很高的经济价值。

七叶树属 Aesculus Linn.

落叶乔木，稀灌木。冬芽大，芽鳞几对。掌状复叶对生，小叶有锯齿。聚伞圆锥花序顶生，直立，侧生小花序为蝎尾状聚伞花序。雄花与两性花同株，大形，不整齐；花萼钟形或筒状，上段4-5裂，大小不等，镊合状排列；花瓣4-5，基部爪状；花盘环状或仅部分发育，微裂或不裂；雄蕊5-8，常7，着生花盘内；子房无柄，3室，花

柱细长，柱头扁圆形，雄花子房不发育；每室2胚珠，重叠。蒴果1-3室，平滑，稀有刺，室背开裂。种子1-2枚，发育良好，无胚乳，种脐常较宽大。

约30余种，广布于亚、欧、美洲。我国10余种。

1. 小叶具柄；花序窄，近圆柱形；蒴果平滑。
　2. 花序基径2.4-5厘米，生于花序基部的小花序长2-2.5厘米。
　　3. 叶侧脉13-17对，小叶柄有灰色微柔毛；花序长达25厘米，花萼外面有微柔毛；果壳厚5-6毫米 ………………………………………………………………………………… 1. 七叶树 A. chinensis
　　3. 叶侧脉18-22对，小叶柄无毛；花序长达36厘米，花萼无毛；果壳厚1-2毫米 ……………………………………………………………… 1(附). 浙江七叶树 A. chinensis var. chekiangensis
　2. 花序基径8-10（12-14）厘米，生于花序基部的小花序长4-5（6-7）厘米。
　　4. 掌状复叶径约30厘米，稀更大，小叶近相等或中间小叶略大于两侧小叶。
　　　5. 蒴果径3-4厘米。
　　　　6. 小叶柄长1.5-2.5厘米，小叶下面有柔毛，嫩时较密，后脱落，近无毛，侧脉15-20对；种脐占种子1/3以下 …………………………………………………………… 2. 天师栗 A. wilsonii
　　　　6. 小叶柄长3-7毫米，小叶两面无毛，侧脉21-24对；种脐占种子约1/2 …………………………………………………………………………………… 2(附). 小果七叶树 A. tsiangii
　　　5. 蒴果径6-7.5厘米；种脐占种子1/2以上；小叶柄长3-7毫米，侧脉17-24对 …………………………………………………………………………………… 3. 云南七叶树 A. wangii
　　4. 掌状复叶径40-60厘米，小叶大小不等，中间小叶常大于两侧的约2倍 ……… 4. 长柄七叶树 A. assamica
1. 小叶无或近无小叶柄；花序粗，尖塔形；蒴果有刺或疣状凸起。
　7. 小叶下面略有白粉，有圆齿；蒴果宽倒卵圆形，有疣状凸起 …………… 5. 日本七叶树 A. turbinata
　7. 小叶下面绿色，有钝尖重锯齿；蒴果近球形，有刺 …………… 5(附). 欧洲七叶树 A. hippocastanum

1. 七叶树　　　　　　　　图 491 彩片 144

Aesculus chinensis Bunge in Mém. Div. Sav. Acad. Sci. St. Pétersb. 2: 84 1935.

落叶乔木，高达25米。小枝无毛或嫩时有微柔毛。冬芽有树脂。掌状复叶具5-7小叶，叶柄长10-12厘米，有灰色微柔毛；小叶纸质，长披针形或长倒披针形，稀长椭圆形，长8-16厘米，宽3-5厘米，基部楔形或宽楔形，下面脉基嫩时有疏柔毛，侧脉13-17对；中间小叶柄长1-1.8厘米，侧生小叶柄长0.5-1厘米，有灰色微柔毛。花序近圆柱形，长21-25厘米，基径（3）4-5厘米，花序轴有微柔毛，小花序具5-10朵花，长2-2.5厘米。花萼管状钟形，长3-5毫米，外面有微柔毛，不等5裂；花瓣4，白色，长倒卵形或长倒披针形，长0.8-1.2厘米，边缘有纤毛；雄蕊6，长1.8-3厘米；子房在两性花中卵圆形，花柱无毛。果

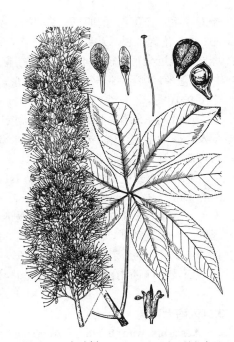

图 491 七叶树 （引自《中国森林植物志》）

球形或倒卵形，径3-4厘米，黄褐色，无刺，密被斑点，果壳干后厚5-6毫米。种子1-2，近球形，栗褐色；种脐白色，约占种子1/2。花期4-5月，果期10月。

产甘肃南部、陕西南部、河南、湖北西部、湖南西北部及四川，河北、山西南部等地有栽培。为优良行道树和庭园树。木材细密可制器具；种子药用，可散郁闷，榨油可制肥皂。

[附] **浙江七叶树** 彩片145 **Aesculus chinensis** var. **chekiangensis** (Hu et Fang) Fang, Fl. Reipubl. Popul. Sin. 46: 277. 1981. —— *Aesculus chekiangensis* Hu et Fang in Acta Sci. Nat. Univ. Szechuan. 3: 85. pl. 2. 1962. 本变种与模式变种的区别：小叶较薄，下面绿色，微有白粉，侧脉18-22对，小叶柄常无毛，中间小叶柄长1.5-2厘米；花序长30-36厘米，基径2.4-3厘米；花萼无毛；果壳干后厚1-2毫米；种脐占种子1/3以下。花期6月，果期10月。产浙江北部及江苏南部，生于低海拔林中，多栽培。

2. 天师栗 图492

Aesculus wilsonii Rehd. in Sarg. Pl. Wilson. 1: 498. 1913.

落叶乔木，高达20（-25）米。嫩枝密被长柔毛。冬芽有树脂。复叶柄长10-15厘米，嫩时微被柔毛；小叶5-7（-9），倒卵形或长倒披针形，长10-25厘米，上面仅主脉基部微被长柔毛，下面淡绿色，有灰色毛，具骨质硬头锯齿，侧脉20-25对，小叶柄长1.5-2.5（-3）厘米，微被柔毛。花序圆筒形，长20-30厘米，基径8-10厘米，基部小花序长3-4（-6）厘米，花浓香。花萼筒状，长6-7毫米，外面微有柔毛；花瓣4，倒卵形，前面的2枚花瓣有黄色斑块；雄蕊7，最长达3厘米；花盘微裂，无毛，两性花子房卵圆形，有黄色绒毛。蒴果黄褐色，卵圆形或近梨形，径3-4厘米，顶端有短尖头，无刺，有斑点，干时壳厚1.5-2毫米，3裂。种子常1枚，近球形，种脐占种子1/3以下。花期4-5月，果期9-10月。

图 492 天师栗 （引自《中国森林植物志》）

产云南东北部、四川、贵州、湖南、湖北西部、河南西南部、江西西部及广东北部，生于海拔1000-1800米阔叶林中。可作行道树和庭园树；木材可制器具；果可治胃病和心脏病。

[附] **小果七叶树 Aesculus tsiangii** Hu et Fang in Acta Sci. Nat. Univ. Szechuan 3: 93. pl. 6-7. 1962. 本种与天师栗的区别：小叶无毛，小叶柄长3-7毫米；种子卵圆形，种脐占种子约1/2。与七叶树的区别：小叶近革质，倒披针形，无毛，侧脉21-24对，花序长达35厘米，具长4-5厘米的小花序；蒴果卵圆形，有短尖头，果壳常厚2毫米。产贵州南部及广西西南部，生于海拔300-400米林中。

3. 云南七叶树 图493 彩片146

Aesculus wangii Hu in Acta Sci. Nat. Univ. Szechuan 3: 99. pl. 9-10. 1962.

图 493 云南七叶树 （冯先洁绘）

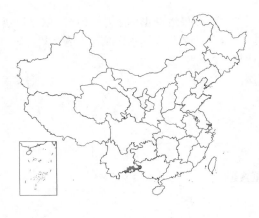

落叶乔木，高达20米。小枝无毛，有淡黄色椭圆形皮孔。冬芽有树脂。复叶柄长8-17厘米；小叶5-7，纸质，椭圆形或长椭圆形，稀倒披针形，长12-18厘米，上面无毛，下面淡绿色，嫩时沿叶脉疏被微柔毛，侧脉17-24对；小叶柄长3-7毫米，紫绿色，嫩时疏被微柔毛及黑色腺体，老时无毛。花序圆筒形，基径12-14厘米，长27-38（-40）厘米，总花梗有淡黄色微柔毛；小花序长5-7厘米，有4-9花。花萼管状，长6-8毫米，外有灰茸毛；花瓣4，外有灰茸毛；雄蕊5-6（7）；两性花的子房有密褐色茸毛。蒴果扁球形，稀倒卵形，长4.5-5厘米，径6-7.5厘米，先端有短尖头，无刺，黄褐色，有黄色斑点，常3裂，果壳干后厚1.5-2毫米。种子常1粒，近球形，暗栗褐色，种脐占种子1/2以上。花期4-5月，果期10月。

产云南东南部，生于海拔900-1700米林中。

4. 长柄七叶树

图494 彩片147

Aesculus assamica Griff. Notul. Pl. Asiat. 4: 540. 1854.

落叶乔木，高达10余米。小枝无毛。复叶柄长18-30厘米；小叶6-9，近革质，长圆状披针形，有钝齿，侧生小叶长12-20厘米，长为中间小叶的一半，无毛，下面淡绿色，干后淡紫色，侧脉23-25对；小叶柄紫或淡紫色，长0.5-1.5厘米。花序长40-45厘米，基径10厘米，总花梗有淡黄色微柔毛，基部小花序长4-4.5厘米，有5-6朵花。花梗长5-7毫米，有淡黄色柔毛；花萼

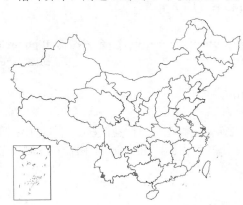

筒状，长7-8毫米，有淡黄灰色微柔毛；花瓣4，白色，有紫褐色斑块；雄蕊5-7，长2-2.5厘米；子房紫色，有柔毛。蒴果倒卵形或近椭圆形。花期2-5月，果期6-10月。

产云南西南部及广西西南部，生于海拔100-1500米阔叶林中。越南北部、泰国、缅甸北部、不丹、锡金、孟加拉及印度东北部有分布。

图 494 长柄七叶树 （孙英宝绘）

5. 日本七叶树

图495

Aesculus turbinata Bl. in Rumphia 3: 195. 1847.

落叶乔木，高达30米，胸径2米。小枝淡绿色，幼时有柔毛。冬芽卵形，有树脂。复叶柄长7.5-25厘米，小叶5-7，小叶无柄，倒卵形或长倒卵形，长20-35厘米，宽5-15厘米，中间小叶较侧生小叶大2倍以上，有圆齿，上面无毛，下面淡绿色，略有白粉，脉腋有簇毛，侧脉约20对。圆锥花序长15-25（-45）厘米，基径8-9厘米。花梗长3-4毫米；花萼筒状或筒状钟形，长3-5毫米，外面有绒毛；花瓣4（5），近圆形，长0.7-1厘米，白色或淡黄色，有红色斑点，有绒毛；雄蕊6-10，长1-1.8厘米，有长柔毛；雌蕊有长柔毛。果倒卵形或卵形，径5厘米，深棕色，有疣状凸起，熟

图 495 日本七叶树 （孙英宝绘）

后 3 裂。种子赤褐色，种脐约占种子 1/2。花期 5-7 月，果期 9 月。

原产日本。青岛及上海等地栽培。木材细密供制器具和建筑。

[附] **欧洲七叶树** 彩片 148 **Aesculus hippocastanum** Linn. Sp. Pl. 344. 1753. 本种与日本七叶树的区别：小叶下面淡绿色，有钝尖重锯齿；蒴果近球形，有刺。原产阿尔巴尼亚和希腊。上海及青岛等地有栽培。

163. 槭树科 ACERACEAE
（方明渊）

落叶稀常绿，乔木或灌木。冬芽具芽鳞或裸露。叶对生，具柄，无托叶，单叶稀复叶，不裂或掌状分裂。花序伞房状、总状、穗状或聚伞状。先叶开花或花叶同放，稀后叶开花。花小，绿或黄绿色，稀紫或红色，整齐，两性、杂性或单性，雄花与两性花同株或异株；萼片（4）5；花瓣（4）5，稀不发育；花盘内生或外生，稀不发育；雄蕊（4-）8（-12）；子房上位，2 室，每室具 2 枚直生或倒生胚珠，仅 1 枚发育，花柱 2 裂，柱头常反卷。小坚果具翅，称翅果。种子无胚乳，外种皮膜质，胚弯曲，子叶扁平，折叠或卷折。

2 属、200 余种，主产亚洲、欧洲及美洲北温带地区。我国 2 属、145 种，广布全国。

1. 果具圆形翅；羽状复叶，小叶 7-15；冬芽裸露 ·················· 1. 金钱槭属 Dipteronia
1. 果具长翅；单叶稀复叶，小叶 3-7（-9）；具鳞芽 ·················· 2. 槭属 Acer

1. 金钱槭属 Dipteronia Oliv.

落叶乔木。裸芽小，卵圆形。奇数羽状复叶，对生，小叶具锯齿。花杂性，雄花与两性花同株。圆锥花序，顶生及腋生。萼片 5；花瓣 5；外生花盘盘状，微凹缺；雄花具 8 雄蕊，生于花盘内侧，花丝细长。两性花具侧扁子房。小坚果具圆形翅。

2 种，我国特产。

1. 圆锥花序无毛；小坚果连圆翅径 2-2.5 厘米；奇数羽状复叶长 20-40 厘米，小叶 7-11，小叶长 7-10 厘米 ········· ·················· 1. 金钱槭 D. sinensis
1. 圆锥花序密被黄绿色柔毛；小坚果连圆翅径 4.5-6 厘米；奇数羽状复叶长 30-40 厘米，小叶 9-15，小叶长 9-14 厘米 ·················· 2. 云南金钱槭 D. dyerana

1. 金钱槭 双轮果　　　　　　　　　　　图 496 彩片 149

Dipteronia sinensis Oliv. in Hook. Icon. Pl. 19: t. 1889.

乔木，高达 15 米。奇数羽状复叶长 20-40 厘米；小叶 7-11，纸质，长卵形或矩圆状披针形，长 7-10 厘米，宽 2-4 厘米，先端稍尾尖，基部近圆或宽楔形，具钝锯齿，下面沿叶脉及脉腋被白色绒毛；叶柄长 5-7 厘米。圆锥花序顶生及腋生，长 15-30 厘米，无毛。花杂性，白色；萼片 5，卵形或椭圆形；花瓣 5，宽卵形，长 1-15 厘米；雄蕊 8，在两性花中较短；子房被长硬毛。翅果径 2-25 厘米，圆翅幼时红色，被长硬毛，熟后黄色，无毛；果柄长 1-2 厘米。花期 4 月，果期 9 月。

产河南西南部、陕西南部、甘肃东南部、湖北西部、湖南西北部、四川及贵州，生于海拔 900-2000 米林缘或疏林中。

2. 云南金钱槭　飞天子　　　　　　　　　图 497 彩片 150

Dipteronia dyerana Henry in Gard. Chron. ser. 3, 33: 22. 1903.

乔木，高达13米。奇数羽状复叶，长30-40厘米；小叶纸质9-15纸质，披针形或长圆状披针形，长9-14厘米，宽2-4厘米，先端渐尖或稍尾尖，粗锯齿较稀疏，两面中脉被柔毛，侧脉13-14对，在下面被柔毛；顶生小叶柄长2-3厘米，侧生小叶近无柄。果序圆锥状，长达30厘米，密被黄绿色柔毛。翅果径4.5-6厘米，幼时绿色，熟后黄褐色；果柄长2厘米，被柔毛。果期9月。

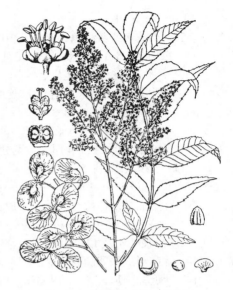

图 496　金钱槭　（引自《图鉴》）

产云南东南部及贵州西南部，生于海拔2000-2500米疏林中。树姿优美，果形奇特，可供观赏。种子富含油脂，可榨油供食用及工业用。

2. 槭属 **Acer** Linn.

落叶或常绿，乔木或灌木。冬芽具多数芽鳞，或具2或4枚对生芽鳞。叶对生，单叶稀复叶，小叶3-7（9）。雄花与两性花同株或异株，稀单性，雌雄异株。萼片与花瓣（4）5，稀无花瓣；花盘环状或微裂，稀不发育；雄蕊（4-）8（-12），生于花盘内侧、外侧，稀生于花盘上；子房2室，花柱2裂稀不裂，柱头常反卷。小坚果具2果核，每果核具长翅。

约200余种，分布亚洲、欧洲及美洲。我国143种，广布全国。多为乔木，树干通直，材质致密，纹理美观，为建筑、家具及工艺品优良用材；树冠浓密，树姿优美，为优良绿化及行道树种；有些树种秋叶红艳或鲜黄，可供观赏。

图 497　云南金钱槭　（引自《图鉴》）

1. 花两性或杂性，稀单性，花序常顶生，稀侧生；花常5数，稀4数，具花瓣及花盘；单叶，稀羽状或掌状复叶（3-7小叶）。

　2. 单叶。

　　3. 花两性或杂性，雄花与两性花同株或异株，花序顶生。

　　　4. 冬芽常无柄，芽鳞较多；花序伞房状或圆锥状。

　　　　5. 叶纸质，常3-5裂，稀7-11裂，冬季脱落。

　　　　　6. 翅果扁平，或侧扁；叶裂片全绿或波状，叶柄有乳汁。

　　　　　　7. 叶3-5裂，裂片钝形，边缘浅波状，常具纤毛；翅果扁平，脉纹显著。

　　　　　　　8. 小枝无毛；果长5厘米，无毛；翅果长2.5厘米 ……………………… 1. **庙台槭 A. miaotaiense**

　　　　　　　8. 小枝被柔毛；果序长3.5厘米，被长柔毛；翅果长3-3.2厘米 ……… 1(附). **羊角槭 A. yangjuechi**

　　　　　　7. 叶3-7裂；翅果侧扁，脉纹不显著。

　　　　　　　9. 果序总梗长1-2厘米。

10. 叶下面无毛。

11. 小枝灰或灰褐色；叶长5-10厘米，宽7-14厘米，近椭圆形；翅果长2-4厘米。

12. 叶长5-10厘米，宽8-12厘米，5-7裂，基部平截，稀近心形；小坚果侧扁，长1.3-1.8厘米，宽1-1.2厘米，翅和小坚果近等长 ………………………………………… 2. **元宝槭 A. truncatum**

12. 叶长6-8厘米，宽9-11厘米，常3裂，基部近心形，或平截；小坚果扁，长1-1.3厘米，宽5-8毫米，翅较小坚果长2-3倍。

13. 翅果长2-2.5 (3)厘米，两翅成钝角，或近平展 ……………………………… 3. **色木槭 A. mono**

13. 翅果长3.5-4厘米，两翅近平展 …………………… 3(附). **大翅色木槭 A. mono** var. **macropterum**

11. 小枝紫绿色；叶长4-6厘米，宽5-7厘米，3 (5) 裂；翅果长2-3厘米，两翅成钝角 …………………………………………………………………………… 4. **三尾青皮槭 A. cappadocicum** var. **tricaudatum**

10. 叶下面被灰色柔毛，叶长8-12厘米，宽7-13厘米；子房具腺体；翅果长3-3.5厘米，两翅成钝角 …………………………………………………………………………………… 5. **长柄槭 A. longipes**

9. 果序总梗长不及1厘米或无梗；叶下面无毛，有时脉腋具簇生毛。

14. 叶卵形或长卵圆形，宽6-9厘米；翅果长5.5厘米，两翅成锐角 ……………… 6. **梓叶槭 A. catalpifolium**

14. 叶近椭圆形，宽10-18厘米，（3）5裂或不裂；翅果长3.5-4.5厘米，两翅成钝角 ……………………………………………………………………………… 6(附). **阔叶槭 A. amplum**

6. 翅果凸起；叶裂片具锯齿，叶柄无乳汁。

15. 叶常7-13裂，稀5裂；花序伞房状，花序具少数花。

16. 子房被毛；叶柄及花梗幼时被毛；叶9-13裂。

17. 叶宽6-10厘米，9-11裂，幼叶两面被白色绒毛；子房被白色绒毛；翅果长2-2.5厘米，两翅成直角 …… ………………………………………………………………………………… 7. **紫花槭 A. pseudo-sieboldianum**

17. 叶宽9-12厘米，（7）9（11）裂，幼叶被白色绢毛；翅果被长柔毛，长2.5-2.8厘米，两翅成钝角 …………………………………………………………………………………… 7(附). **羽扇槭 A. japonicum**

16. 子房无毛；叶柄及花梗无毛。

18. 叶常7深裂，密生尖锯齿；翅果长2-2.5厘米，两翅成钝角 ……………… 8. **鸡爪槭 A. palmatum**

18. 叶7-9裂，尖锯齿较稀疏；翅果长3.5-4厘米，两翅近水平 ……………… 9. **杈叶槭 A. robustum**

15. 叶3-7裂；花序伞房状或圆锥状，花序具多花。

19. 小坚果基部常一侧较宽，另一侧较窄，成倾斜状。

20. 叶纸质，长6-10厘米，宽4-6厘米，常3-5羽状深裂，具不整齐钝锯齿；伞房花序，无毛；翅果长2.5-3厘米 …………………………………………………………………………… 10. **茶条槭 A. ginnala**

20. 叶近革质，长2-5厘米，宽1-3.5厘米，疏生不规则圆齿及重锯齿；伞房花序被腺毛；翅果长3-3.5厘米，幼时疏被柔毛及腺毛 ………………………………………………………… 11. **天山槭 A. semenovii**

19. 小坚果凸起成卵圆形或近球形，基部不倾斜。

21. 总状圆锥花序；翅果较大，两翅成锐角。

22. 叶裂片三角状卵形，先端尾尖，具不规则锐尖重锯齿，下面仅叶脉被柔毛；翅果长2.5-2.8厘米 …… …………………………………………………………………………………… 12. **长尾槭 A. caudatum**

22. 叶裂片宽卵形，先端尖，具粗锯齿，下面密被淡黄色绒毛；翅果长1.5-2厘米 …… …………………………………………………………………………………… 13. **花楷槭 A. ukurunduense**

21. 圆锥或伞房花序；翅果长1-3厘米，两翅成钝角或近水平。

23. 叶5-7裂。

24. 叶常7裂，有时兼有5裂。

25. 圆锥花序径2-3厘米，花较稀疏；萼片内面无毛；小坚果脉纹不显著。

26. 叶7裂，具不整齐尖锯齿，幼叶下面沿叶脉被长柔毛，脉腋具簇生毛；子房无毛 …… …………………………………………………………………………………… 14. **扇叶槭 A. flabellatum**

26. 叶7裂，具紧贴钝锯齿，下面微被柔毛，脉腋具白色簇生毛；子房被黄色柔毛 ·············
··· 18. **七裂槭 A. heptalobum**

25. 圆锥总状花序径1-1.8厘米，多花密集；萼片内面被长柔毛；子房密被淡黄色长柔毛 ·············
··· 15. **毛花槭 A. erianthum**

24. 叶常5裂，有时同一植株兼有5裂及3裂。

27. 叶近革质，5裂，具紧贴圆齿，下面稍被白粉 ··············· 16. **中华槭 A. sinense**

27. 叶纸质，下面无白粉。

28. 叶柄被长柔毛；子房密被淡黄色长柔毛；翅果长2.3-2.5厘米，两翅成钝角 ·············
··· 17. **桂林槭 A. kweilinense**

28. 叶柄无毛；子房微被长柔毛；翅果长3-3.5厘米，两翅近水平 ···············
··· 19. **五裂槭 A. oliverianum**

23. 叶3裂；花序圆锥状。

29. 叶全缘或近顶端疏生细齿；花序长5-6厘米；花5数，花盘无毛，子房被长柔毛；小坚果卵圆形，连翅
长2.5-3厘米，两翅近水平 ······························· 20. **三峡槭 A. wilsonii**

29. 叶具细尖锯齿；花序长3-4厘米；花4数，花盘被长柔毛，子房被疏柔毛；小坚果近球形，连翅长2-2.5
厘米，两翅成钝角 ······························· 20(附). **岭南槭 A. tutcheri**

5. 叶革质或纸质，多常绿，长圆形、披针形或卵形，常不裂或3裂。

30. 叶常3裂，裂片全缘，稀浅波状或具锯齿。

31. 叶常中部以上3裂，裂片常三角形或卵形，全缘，或具钝齿；翅果长2.5-3厘米。

32. 叶纸质，近全缘或具钝齿；翅果两翅成钝角或近直立 ··············· 21. **三角槭 A. buergerianum**

32. 叶革质，具钝齿；翅果两翅成钝角 ··············· 21(附). **异色槭 A. discolor**

31. 叶厚革质，3裂或同一植株兼有不裂叶片，裂片尾尖；翅果长3厘米，两翅成钝角，或近水平 ···············
··· 22. **金沙槭 A. paxii**

30. 叶不裂。

33. 叶基脉3出，两侧基脉长达叶片中部，较中脉生出的侧脉长。

34. 小枝、叶柄及叶下面均被黄色绒毛；翅果长约3厘米。

35. 小枝淡紫褐色；叶长圆形或长圆状披针形，宽4-5厘米，侧脉3-4对；翅果长2.8-3.2厘米，两翅成
锐角 ······························· 23. **樟叶槭 A. cinnamomifolium**

35. 小枝淡紫色；叶长圆状披针形或披针形，宽2.5-3.5厘米，侧脉5-6对；翅果长3-3.5厘米，两翅成
钝角 ······························· 23(附). **革叶槭 A. coriaceifolium**

34. 小枝及叶柄无毛，叶下面常被白粉，无毛；翅果长不及2.5厘米。

36. 叶革质，长圆状卵形，基部圆；幼果绿色，后黄色，两翅近直角。

37. 叶下面被白粉，常灰色 ··············· 24. **飞蛾槭 A. oblongum**

37. 叶下面无白粉，常淡绿色 ··············· 24(附). **绿叶飞蛾槭 A. oblongum** var. **concolor**

36. 叶纸质，卵状长圆形，基部近心形；幼果紫色，两翅成钝角或近水平。

38. 叶长6-9厘米；翅果长2厘米，两翅成钝角或近水平 ··············· 25. **紫果槭 A. cordatum**

38. 叶长3.5-7厘米，翅果长1.4-1.6厘米 ··············· 25(附). **小紫果槭 A. cordatum** var. **microcordatum**

33. 叶基部两侧基脉与中脉生出的侧脉近等长，成羽状脉，叶下面无白粉，淡绿色，革质，披针形。

39. 叶长10-15厘米，宽4-5厘米，侧脉7-8对，网脉干后显著；小坚果椭圆形 ···············
··· 26. **光叶槭 A. laevigatum**

39. 叶长7-11厘米，宽2-3厘米，侧脉4-5对，网脉不显著；小坚果近球形 ··············· 27. **罗浮槭 A. fabri**

4. 冬芽具柄，芽鳞2对；花序总状。

40. 叶长较宽大1/3至1倍，常不裂，稀3-5浅裂，裂片小，钝形；翅果两翅成钝角或近水平，稀锐角。

41. 叶常不裂，长6-14厘米，宽4-9厘米，具不整齐锯齿，幼叶下面沿叶脉被紫褐色柔毛；翅果长2.5-3厘米，

两翅成钝角或近水平 ·· 28. **青榨槭 A. davidii**

41. 叶3-5浅裂，侧裂片及基部裂片小，幼叶下面基部脉腋具簇生毛；翅果长2.5-2.9厘米，两翅成钝角或近水平。

  42. 叶5浅裂，侧裂片小，先端钝尖 ··························· 29. **葛萝槭 A. grosseri**

  42. 叶3深裂，侧裂片较长，先端锐尖 ············· 29(附). **长裂葛萝槭 A. grosseri** var. **hersii**

40. 叶长较宽大1/10-3/10，3-5裂，裂片尾尖。

43. 叶长6-11厘米，宽6-9厘米，3-5裂，裂片尾尖或长尾尖。

  44. 果柄长6-7毫米；叶5裂，裂片尾尖。

    45. 叶基部心形或近心形，叶柄长4-5厘米，紫或红紫色 ········ 30. **小楷槭 A. komarovii**

    45. 叶基部微心形，稀近平截，叶柄长5-7（-10）厘米，紫绿色 ······· 31. **五尖槭 A. maximowiczii**

  44. 果柄长1-2厘米；叶3深裂，裂片长尾尖 ·················· 32. **滇藏槭 A. wardii**

43. 叶长6-15厘米，宽4-12厘米，3-5裂。

46. 叶常3裂，稀5裂，下面沿叶脉被毛。

  47. 叶近圆形，长7-10厘米，宽6-8厘米，3裂有时基部2裂成5裂，具细锯齿，叶柄长6-7厘米；翅果两翅近水平 ·········· 33. **篦齿槭 A. pectinatum**

  47. 叶近卵形，长10-14厘米，宽7-11厘米，3裂，具粗锯齿，叶柄长3-5厘米；翅果两翅成钝角 ··· 34. **南岭槭 A. metcalfii**

46. 叶（3）5（7）裂，叶近圆形或卵形，下面脉腋具簇生毛，具钝尖重锯齿 ··· 35. **青楷槭 A. tegmentosum**

3. 花单性，稀杂性，花序腋生或侧生，稀顶生。

48. 叶革质或近革质，卵状椭圆形或长卵形，长8-15厘米，宽4-7厘米，全缘，叶柄长5-7厘米；翅果扁平，长6-7厘米，两翅成锐角，无毛 ·············· 36. **十蕊槭 A. decandrum**

48. 纸质，3-7裂，稀不裂，具锯齿；翅果凸起近球形。

49. 花4数；叶5-7浅裂或不裂。

  50. 叶5-7浅裂，具牙齿状锯齿；翅果长4厘米，两翅成直角 ·········· 37. **大齿槭 A. megalodum**

  50. 叶不裂或微裂，具不整齐尖锯齿；翅果长3-3.5厘米，两翅成锐角或近直立 ··· 38. **四蕊槭 A. tetramerum**

49. 花5数；叶3裂。

  51. 叶长宽4-6厘米，3裂，浅波状 ·················· 39. **秦岭槭 A. tsinglingense**

  51. 叶长10-20厘米，宽12-23厘米，常3裂，具不整齐锯齿 ········· 40. **房县槭 A. franchetii**

2. 3小叶复叶。

52. 幼枝、花序及小叶下面均被毛；翅果被毛。

53. 小叶下面密被毛。

  54. 小叶长椭圆形或长圆状披针形，长7-14厘米，下面被长柔毛；翅果长4-5厘米，被柔毛 ··· 41. **毛果槭 A. nikoense**

  54. 小叶菱形或椭圆形，长5-8厘米，下面被白粉及淡黄色疏柔毛；翅果长3.2-3.8厘米，被黄色绒毛 ············· 42. **血皮槭 A. griseum**

53. 小叶下面被白粉，沿叶脉疏被柔毛，叶柄长5-7厘米，近无毛；翅果长4-4.5厘米，被淡黄色疏柔毛 ··· 43. **三花槭 A. triflorum**

52. 幼枝、花序及小叶柄无毛；花序具3-5花；翅果紫褐色，长3-3.5厘米，无毛 ··· 44. **东北槭 A. mandshuricum**

1. 花单性，雌雄异株；花盘和花瓣不发育或微发育，常侧生于无叶小枝上；羽状复叶具3-5小叶，稀7-9。

55. 雌雄花均成下垂长总状或穗状花序；花梗极短或无；3小叶复叶 ········· 45. **建始槭 A. henryi**

55. 雌花序总状，雄花成聚伞花序；花梗长 1.5-3 厘米；羽状复叶，具 3-5 小叶，稀 7-9 ·············
·· 46. 枫叶槭 **A. negundo**

1. 庙台槭 图 498 彩片 151

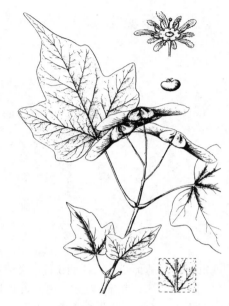

Acer miaotaiense P. C. Tsoong in Kew Bull. 1954: 83. 1954.

落叶大乔木，高达 25 米；树皮深灰色。小枝无毛。叶纸质，宽卵形，长 7-9 厘米，宽 6-8 厘米，先端骤短尖，基部心形，稀平截，常 3（5）裂，裂片卵形、边缘微浅波状，上面无毛，下面被柔毛，沿叶脉较密，基脉 3-5，侧脉 3-4 对；叶柄细，长 6-7 厘米，基部膨大，无毛。果序伞房状，长约 5 厘米，无毛；果柄细，长约 3 厘米。小坚果扁平，长宽约 8 毫米，密被黄色绒毛，果翅长圆形，宽 8-9 毫米，连小坚

果长 2.5 厘米，两翅近水平。

产陕西南部及甘肃东南部，生于海拔 1300-1600 米阔叶林中。

[附] **羊角槭 Acer yanjuechi** Fang et P. L. Chiu in Acta Phytotax. Sin. 17(1): 61. pl. 7: 1. 1979. 本种与庙台槭的区别：小枝被柔毛；果序被

图 498 庙台槭 （钱存源绘）

长柔毛；翅果长 3-3.2 厘米。产浙江北部，生于海拔约 700 米疏林中。

2. 元宝槭 图 499 彩片 152

Acer truncatum Bunge in Mém. Acad. Sci. St. Pétersb. Sav. Etr. 2: 84. 1835.

落叶乔木，高达 10 米。单叶，5（7）深裂，长 5-12 厘米，宽 8-12 厘米，裂片三角状卵形，基部平截，稀微心形，全缘，幼叶下面脉腋具簇生毛，基脉 5，掌状；叶柄长 3-13 厘米。伞房花序顶生；雄花与两性花同株。萼片 5，黄绿色；花瓣 5，黄或白色，矩圆状倒卵形；雄蕊 8，着生于花盘内缘。小坚果果核扁平，脉纹明显，基部平截或稍圆，翅矩圆形，常与果核近等长，两翅成钝角。花期 5 月，果期 9 月。

图 499 元宝槭 （引自《图鉴》）

产黑龙江、吉林、辽宁、内蒙古、河北、山西、山东、河南、甘肃、宁夏、陕西、安徽、江苏北部及四川东部，生于海拔 500-1800 米林中。种子

含油量达 50%，供工业用；木材细致坚韧，供建筑、家具用；树皮纤维可造纸。

3. 色木槭 地绵槭　　　　　　　　　　　图 500　彩片 153

Acer mono Maxim. in Bull. Phys.–Math. Acad. Sci. St. Pétersb. 15: 126. 1857.

落叶乔木，高达 20 米。小枝无毛。单叶，长 5-12 厘米，宽 9-11 厘米，常 5 裂，稀 3 或 7 裂，裂片三角状卵形，先端长渐尖，基部心形或近心形，上面无毛，下面脉腋具簇生毛，基脉 5；叶柄细，长 3-10 厘米，无毛。花杂性同株；伞房花序，顶生。花带黄绿色；花梗长；萼片 5；花瓣 5；雄蕊 8，无毛。小坚果扁平，卵圆形，无明显脉纹，果翅矩圆形，长 2-2.5（3）厘米，较果核长 1.5-2 倍，两翅成钝角

或近平展，基部心形。花期 5 月，果期 9-10 月。

　　产黑龙江、吉林、辽宁、内蒙古、山西、河北、河南、山东、江苏、安徽、浙江、江西、湖北、湖南、四川、甘肃及陕西，生于海拔 2400 米以下疏林中。朝鲜、日本有分布。木材细致坚韧，供制家具、车辆、胶合板、乐器等用；树皮可作造纸原料；种子可榨油；叶、树皮及果均含鞣质；树姿优美，秋叶鲜黄，可作行道树。

　　[附] **大翅色木槭 Acer mono** var. **macropterum** Fang in Acta

图 500　色木槭　（引自《图鉴》）

Phytotax. Sin. 17(1)：62. Pl. 8：1. 1979. 本变种与模式变种的区别：叶宽达 13 厘米，基部近心形或平截，常 5 裂；翅果幼时淡紫色，熟后淡黄色，小坚果连翅长 3.5-4 厘米，两翅近平展。产甘肃南部、四川、湖北西部、云南及西藏南部，生于海拔 2100-2700 米疏林中。

4. 三尾青皮槭　　　　　　　　　　　　图 501

Acer cappadocicum Gled. var. **tricaudatum** (Rehd. ex Veitch) Rehd. in Bailey, Stand. Cycl. Hort. 1：199. 1914.

Acer laetum C. A. Mey. var. *tricaudatum* Rehd. ex Veitch in Journ. Roy. Hort. Soc. 29(3)：254. 360. f. 100. 102. 1904.

落叶乔木，高达 20 米。冬芽卵圆形，芽鳞覆瓦状排列。小枝紫绿色，无毛。叶纸质，长 4-6 厘米，宽 5-7 厘米，基部圆或近平截，3 裂，稀 5 裂，裂片较小，三角形，先端细尾尖，基部圆或稍心形，上面无毛，下面脉腋具簇生毛，基脉 3（5）出；叶柄细，长 2-5 厘米，无毛，淡紫色。花杂性，雌花与两性花同株；伞房花序，顶生。花

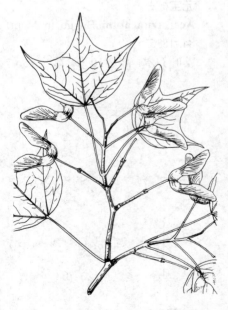

图 501　三尾青皮槭　（钱存源绘）

黄绿色；花梗无毛。翅果长 2.5-3 厘米，两翅成钝角或近直角，果核扁，近果核处翅宽约 5 毫米，上部翅宽 0.8-1 厘米，无毛。果期 9 月。

　　产陕西、甘肃南部、湖北西部、贵州、四川、云南及西藏，生于海拔

2000-2800米林缘或疏林中。

5. 长柄槭

图 502

Acer longipes Franch. ex Rehd. in Sarg. Trees & Shrubs 1: 178. 1905.

落叶乔木，高达10米；树皮灰色至紫灰色，微裂纹。冬芽4芽鳞具缘毛。幼枝紫绿色，无毛，老枝紫至紫灰色。叶纸质，近圆形，长8-12厘米，宽7-13厘米，常3裂或不裂，稀5裂，裂片三角形，先端短尾尖，基部稍心形，或近平截，上面绿色，无毛，下面淡绿色，被灰色柔毛，叶脉上毛密；叶柄细，长5-9厘米，无毛，或上部被柔毛。伞房花序，顶生，长约8厘米，径7-12厘米，无毛，总花梗长1-1.5厘米。花杂性，雄花与两性花同株。花黄绿色；花萼长圆状椭圆形，长4毫米；花瓣长圆状倒卵形，长4毫米；雄蕊8，无毛；子房具腺体。果核扁，连翅长3-3.5厘米，两翅成锐角。花期4月，果期9月。

产陕西南部、河南西南部、四川东部、湖北西部、湖南、江西、福建北部及安徽南部，生于海拔1000-1500米疏林中。

图 502 长柄槭 （冯先洁绘）

6. 梓叶槭

图 503 彩片 154

Acer catalpifolium Rehd. in Sarg. Pl. Wilson. 1: 87. 1911.

落叶乔木，高达25米。叶纸质，卵形或长卵圆形，长10-20厘米，宽5-9厘米，先端尾尖，基部圆，全缘，不裂，下面脉腋具黄色簇生毛，上面主脉及侧脉均凹下；叶柄长5-14厘米，无毛。伞房花序顶生。花杂性，黄绿色；萼片长卵圆形，先端凹缺；花瓣长倒卵形或倒披针形，长4-5毫米，无毛；雄花雄蕊长3-3.5毫米，着生于花盘内侧，两性花雄蕊较短；花盘盘状。小坚果扁平，连翅长4.5-5厘米，两翅成锐角；果柄长2-3厘米。花期4月上旬，果期8-9月。

产四川成都平原附近各地，生于海拔400-1000米阔叶林中。大乔木，树干通直，树冠伞形优美，可作行道树及观赏树。材质优良，供制家具、胶合板、装饰等用。

[附] **阔叶槭 Acer amplum** Rehd. in Sarg. Pl. Wilson. 1: 85. 1911.

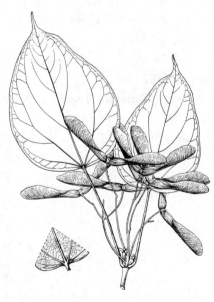

图 503 梓叶槭 （冯先洁绘）

本种与梓叶槭的区别：叶近椭圆形，宽10-18厘米，常5裂，稀3裂或不裂。翅果长3.5-4.5厘米，两翅成钝角。产西南、华中及华南。

7. 紫花槭 图 504

Acer pseudo-sieboldianum (Pax) Kom. in Acta Hort. Petrop. 22: 725. 1904.

Acer circumlobatum var. *pseudo-sieboldianum* Pax in Engl. Bot. Jahrb. 7: 200. 1886.

落叶小乔木或灌木状，高达8米；树皮灰色。幼枝绿或紫绿色，疏被白色柔毛，老枝被蜡粉。叶纸质，近圆形，宽6-10厘米，基部心形或深心形，9-11裂，裂片三角形或卵状披针形，先端渐尖，具尖锐重锯齿，幼时两面被白色绒毛，老时下面叶脉疏被毛；叶柄细，长3-4厘米，幼时密被绒毛，后脱落近无毛。花杂性，雄花与两性花同株；伞房花序被毛，径3-4厘米，总花梗紫色，被柔毛。萼片披针形，

紫或紫绿色；花瓣倒卵形，白或淡黄白色；雄蕊8，长4毫米，花丝紫色，无毛；子房疏被白色柔毛。翅果长2-2.5厘米，紫色至紫黄色，脉纹显著，两翅成直角，果核凸起。花期5-6月，果期9月。

产黑龙江东南部、吉林东部及辽宁，生于海拔700-900米山地林缘或针阔叶混交林中。俄罗斯及朝鲜有分布。为蜜源树种；叶可作染料；木材供制器具等用。

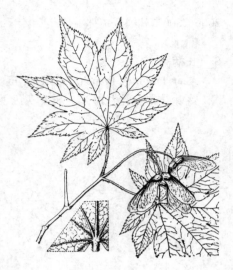

图 504 紫花槭 （赵宝恒绘）

[附] **羽扇槭 Acer japonicum** Thunb. Fl. Jap. 161. 1784. 本种与紫花槭的区别：叶宽9-12厘米，（7）9（11）裂，幼叶被白色绢毛；萼片长6毫米，花瓣长5毫米；翅果被长柔毛，长2.5-2.8厘米，两翅成钝角。花期5月，果期9月。原产日本及朝鲜。辽宁、山东栽培，用作绿化树种。

8. 鸡爪槭 图 505 彩片 155

Acer palmatum Thunb. in Nova Acta Reg. Soc. Sci. Upsal. 4: 40. 1783.

落叶小乔木；树皮深灰色。小枝紫或淡紫绿色，老枝淡灰紫色。叶近圆形，宽7-10厘米，基部心形或近心形，掌状（5）7（9）深裂，密生尖锯齿，上面无毛，下面脉腋具白色簇生毛；叶柄细，长4-6厘米，无毛。后叶开花；花紫色，杂性，雄花与两性花同株；伞房花序无毛，总花梗长2-3厘米。萼片卵状披针形；花瓣椭圆形或倒卵形；雄蕊较花瓣短，生于花盘内侧；子

房无毛。幼果紫红色，熟后褐黄色，长2-2.5厘米，果核球形，脉纹显著，两翅成钝角。花期5月，果期9月。

产山东、河南、江苏、安徽、浙江、湖北、湖南、江西、福建北部、贵

图 505 鸡爪槭 （赵宝恒绘）

州、四川及甘肃南部，生于海拔200-1200米林缘或疏林中，朝鲜、日本有分布。久经栽培，变种和变型很多，广植于庭园。

9. 枳叶槭

图 506

Acer robustum Pax in Engl. Pflanzenreich 8 (IV. 163): 79. 1902.

落叶乔木,高达10米。小枝细,紫褐色,老枝深绿褐色,无毛。叶近圆形,长6-8厘米,宽7-12厘米,基部平截或近心形,7-9深裂,裂片近卵形,长4-5厘米,先端尾尖,疏生不规则尖锯齿,幼叶两面被柔毛,后脱落,仅下面脉腋具簇生毛;叶柄细,长4-5厘米,无毛或近顶部微被长柔毛。花杂性,雄花与两性花同株;伞房花序具4-8花,总花梗长3-4厘米。萼片卵形或长圆形,紫色;花瓣长圆形或长圆状倒卵形,淡绿色;雄蕊长约4毫米,无毛。花盘位于雄蕊外侧;子房无毛或微被长柔毛。小坚果淡黄绿色,椭圆形,长5-7毫米,连翅长3.5-4厘米,翅宽约1厘米,两翅近水平。花期5月,果期9月。

产河南西南部、陕西南部、甘肃南部、湖北西部、湖南西北部、四川、

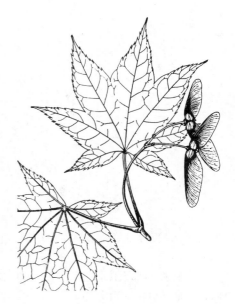

图 506 枳叶槭 (冀朝祯绘)

贵州及云南,生于海拔1000-2000米疏林中或林缘。

10. 茶条槭

图 507

Acer ginnala Maxim. in Bull. Phys.–Math. Acad. Sci. St. Pétersb. 15: 126. 1856.

落叶小乔木或灌木状,高达6米;树皮灰色,粗糙。小枝细,绿或紫绿色,老枝淡黄或黄褐色。叶纸质,卵圆形,长6-10厘米,宽4-6厘米,羽状3-5浅裂,先端渐尖,基部圆或心形,具不整齐粗锯齿,下面脉腋被柔毛;叶柄长4-5厘米,无毛。伞房花序具多花,无毛。花杂性,雄花与两性花同株;萼片卵形,黄绿色,边缘被长柔毛;花瓣长圆卵形,白色,较萼片长;雄蕊较花瓣长;子房密被长柔毛。翅果长2.5-3厘米,幼果被长柔毛,后渐脱落,两翅成锐角,或近直立。花期5月,果期10月。

产黑龙江、吉林、辽宁、内蒙古、河北、山西、河南、安徽、浙江、湖

图 507 茶条槭 (祁世章绘)

北、陕西、甘肃、宁夏及青海东部,生于海拔800米以下林中。蒙古、俄罗斯西伯利亚东部、朝鲜及日本有分布。

11. 天山槭

图 508

Acer semenovii Regel et Herder in Bull. Soc. Not. Moscou 39: 550. t. 12. f. 3-4. 1866.

落叶小乔木或灌木状,高达5米;树皮灰色,具细密纵裂条纹。小枝紫

或黄褐色，无毛。叶近革质，长卵形或三角状卵形，长2-5厘米，宽1-3.5厘米，基部圆，花序基部叶3裂，中裂片较大，侧裂片小，疏生不规则圆齿及重锯齿，下面淡绿色；叶柄细，长2-4厘米，无毛。伞房花序多花密集，被腺毛。花淡绿色。翅果长3-3.5厘米，两翅成直角，小坚果幼时疏被柔毛及腺毛，果翅基部较窄，上部半圆形，幼时淡红色，熟后淡黄色。花期5-6月，果期9月。

产新疆西部天山，生于海拔2000-2200米干旱河谷、坡地疏林中。俄罗斯、阿富汗、伊朗有分布。

图 508 天山槭 （冯先洁绘）

12. 长尾槭 图509

Acer caudatum Wall. Pl. Asiat. Rar. 2: 4. t. 132. 1831.

落叶乔木，高达20米。小枝紫或紫绿色，近无毛，老枝灰色。叶薄纸质，近圆形，长8-12厘米，宽8-12（-15）厘米，基部心形或深心形，5（7）深裂，裂片三角状卵形，先端尾尖，具不规则锐尖重锯齿，上面叶脉基部被毛，余无毛，下面叶脉被柔毛；叶柄长5-9厘米，幼时近顶端被毛，后脱落。总状圆锥花序顶生，密被黄色长柔毛，长8-10厘米，总花梗长3-5厘米。花杂性，雄花与两性花同株；

图 509 长尾槭 （胡 涛 绘）

萼片卵状披针形，黄绿色，花瓣线状长圆形或线状倒披针形，淡黄色。翅果淡黄褐色，长2.5-2.8厘米，翅宽7-9毫米，两翅成锐角或近直立。花期5月，果期9月。

产四川西部、云南西北部及西藏南部，生于海拔3000-4000米山谷松杉林下。尼泊尔、锡金、不丹及印度北部有分布。

13. 花楷槭 图510

Acer ukurunduense Trautv. et Mey. in Middendorf. Reise Sibir. 1: 24. 1856.

落叶乔木，高达10（-15）米。幼枝紫色，被黄色柔毛，老枝褐色，近无毛。冬芽短圆锥形，深紫色，被黄色柔毛。叶近圆形，长10-12厘米，宽7-9厘米，5（7）深裂，基部心形，裂片宽卵形，先端尖，具粗锯齿及重锯

齿，上面无毛，下面密被淡黄色绒毛，脉上毛密，基脉5出；叶柄长5-10厘米。总状圆锥花序顶生，长达10厘米，直立，被柔毛。雌雄异株；萼片淡黄绿色，披针形，长2毫米，微被柔毛；花瓣白色，微淡黄，倒披针形，长3毫米；雄蕊无毛；花盘微裂；位于雄蕊外侧，子房密被绒毛。翅果幼时淡红色，熟后黄褐色，小坚果微被毛，果核径6毫米，连翅长1.5-2厘米，两翅成直角。花期5月，果期9月。

产黑龙江、吉林及辽宁，生于海拔500-1500米疏林中。俄罗斯西伯利亚东部、朝鲜及日本有分布。

14. 扇叶槭 七裂槭　　　　　　　　　　　　　　图511

Acer flabellatum Rehd. in Sarg. Trees & Shrubs 1: 161. t. 81. 1905.

落叶乔木，高约10米；树皮平滑，褐色至深褐色。叶近圆形，宽8-12

厘米，常7裂，基部心形，裂片卵状三角形，先端渐尖或尾尖，具不整齐尖锯齿，下面脉上被长柔毛，脉腋具簇生毛，余近无毛，叶脉在两面凸起；叶柄长7厘米，幼时被长柔毛，后脱落无毛。花杂性，雄花及两性花同株；圆锥花序无毛。萼片淡绿色，卵状披针形，长约3毫米；花瓣淡黄色，倒卵形，与萼片近等长；雄蕊长约5毫米，位于花盘内侧；子房无毛。果序下垂；翅果淡黄褐色，长3-3.5厘米，两翅近水平。花期6月，果期10月。

产湖北西部、湖南西北部、江西西部、四川、贵州、云南及广西东北部，生于海拔1500-2300米疏林中。

15. 毛花槭 阔翅槭　　　　　　　　图512 彩片156

Acer erianthum Schwer. in Mitt. Deutsch. Dendr. Ges. 1901 (10): 159. 1901.

落叶乔木，高达10（-15）米；树皮灰或灰褐色。小枝无毛。叶纸质，近圆形，长9-10厘米，宽8-12厘米，基部近圆或平截，稀心形，上部5（7）深裂，裂片卵形，先端锐尖，中部以上具紧贴尖锐锯齿，基部全缘，上面无毛，下面微被柔毛或脉腋具簇生毛；叶柄长5-6厘米，无毛。圆锥总状花序径1-1.8厘

图 510　花楷槭　（孙英宝绘）

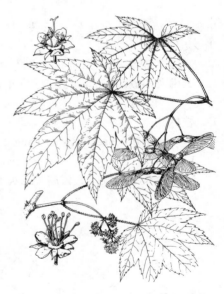

图 511　扇叶槭　（冯晋庸绘）

米，顶生，多花密集。花杂性；萼片（4）5，矩圆形，内面被长柔毛，边缘具睫毛；花瓣（4）5，较萼片稍短，白色，倒卵形；雄蕊8，在雄花中央簇生长毛；两性花子房密被淡黄色长柔毛。翅果熟时黄褐色，长2.5-3厘米，两翅成水平，小坚果球形。花期5月，果期9月。

产甘肃南部、陕西南部、河南、湖北西部、湖南西北部、四川、云南

东北部及广西东北部，生于海拔1800-2300米混交林中。

16. 中华槭　　　　　　　　　　　　　　图513　彩片157

Acer sinense Pax in Hook. Icon. Pl. 19: t. 1897. 1889.

落叶乔木，高达5（-10）米。小枝细，无毛，叶近革质，近圆形，长10-14厘米，宽12-15厘米，基部心形，常5深裂，裂片长圆卵形，先端尖，具紧贴细圆齿，近基部全缘，下面淡绿色，稍被白粉，脉腋具黄色簇生毛，余无毛；叶柄粗，长3-5厘米，无毛。圆锥花序顶生，下垂，长5-9厘米。花杂性，萼片淡绿色，卵状长圆形，边缘具纤毛；花瓣长圆形，白色；雄蕊5-8，花盘肥厚，微被疏柔毛；子房被白色疏柔毛，花柱无毛，2裂。翅果淡黄色，长3-3.5厘米，两翅近水平或近钝角。

产安徽南部、江西、福建、湖北西部、湖南、四川、贵州、广东、广西、云南及西藏东南部，生于海拔1200-2000米混交林中。

17. 桂林槭　　　　　　　　　　　　　　图514: 1-3

Acer kweilinense Fang et Fang f. in Acta Phytotax. Sin. 11: 157. 1966.

落叶乔木，高达8米；树皮灰或灰褐色，平滑。小枝细，无毛。叶纸质，椭圆形，长5-8厘米，宽7-11厘米，基部平截或近心形，5裂，裂片三角状卵形，先端尾尖，具紧贴尖锯齿，上面深绿色，无毛，下面绿色，沿主脉被淡黄色长柔毛，余无毛；叶柄细，长4-5厘米，被淡黄色长柔毛，近顶端毛密。花杂性，雄花与两性花同株，圆锥花序直立，长4-5厘米，总花梗长3厘米。萼片长圆卵形，紫绿色；花瓣长圆形，淡绿白色，雄蕊8，位于花盘内侧，无毛；子房密被淡黄色长柔毛，花柱无毛，2裂。幼果淡紫红色，熟时淡黄褐色，连翅长2.3-2.5厘米，翅宽6-8毫米，两翅成钝角，小坚果近球形，径4毫米。花期4月，果期9月。

产云南东南部、贵州东南部及广西东北部，生于海拔1000-1500米疏林中。

图 512　毛花槭　（引自《峨眉植物图志》）

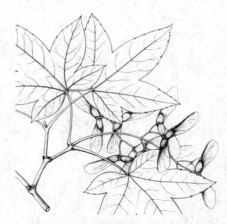

图 513　中华槭　（引自《图鉴》）

图 514: 1-3.桂林槭　4-5.七裂槭

（王利生绘）

18. 七裂槭

图 514: 4-5

Acer heptalobum Diels in Notizbl. Bot. Gart. Berlin 11: 211. 1931.

落叶乔木，高达13米；树皮深绿至黑色。小枝细，无毛，幼枝淡紫色，老枝褐绿色。叶近圆形，长9-14厘米，宽13-17厘米，基部心形，7裂，裂片长圆卵形，先端渐尖，具紧贴钝锯齿，下面微被柔毛，脉腋具白色簇生毛；叶柄细，长5-8厘米，无毛。花杂性，雄花与两性花同株，伞房状圆锥花序直立。萼片淡紫色，卵状披针形，具纤毛；花瓣白色，长倒卵形；雄蕊位于花盘内侧；子房被黄色柔毛，花柱2裂。幼果紫绿色，熟时黄褐色，连翅长3.2-3.4厘米，翅宽1-1.5厘米，两翅近水平，小坚果近球形。花期6月，果期9月。

产云南西北部、四川西南部及西藏南部，生于海拔2500-3100米混交林中。

19. 五裂槭

图 515

Acer oliverianum Pax in Hook. Icon. Pl. 19: t. 1897. 1889.

落叶小乔木，高达7米；树皮平滑，淡绿至灰褐色，常被蜡粉。小枝细，无毛或微被柔毛。叶纸质，近圆形，长4-8厘米，宽5-9厘米，基部近心形或近平截，5深裂，裂片三角状卵形，先端渐尖，锯齿细密，下面淡绿色，脉腋具簇生毛，叶脉两面显著；叶柄长2.5-5厘米，无毛或近顶端微被柔毛。伞房花序，杂性花，雄花与两性花同株。萼片卵形，紫绿色；花瓣卵形，白色；雄蕊8，生于花盘内侧；子房微

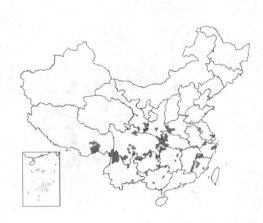

图 515 五裂槭 （引自《图鉴》）

被长柔毛，花柱无毛，2裂。翅果长3-3.5厘米，翅宽1厘米，两翅近水平。花期5月，果期9月。

产河南、陕西、甘肃、安徽、浙江、福建、江西、湖北、湖南、四川、贵州、广西、云南及西藏，生于海拔1500-2000米林缘或疏林中。

20. 三峡槭

图 516

Acer wilsonii Rehd. in Sarg. Trees & Shrubs 1: 157. t. 79. 1905.

落叶乔木，高达15米；树皮深灰色，平滑。小枝细，无毛，幼枝绿色，老枝紫绿色。叶薄纸质，卵圆形，长8-12厘米，宽9-12厘米，常3裂，基部圆或微心形，裂片三角状卵形，先端尾尖，近顶端疏生细齿，余全缘；叶柄细，长3-7厘米，无毛。总状圆锥花序长5-6厘米；杂性花。萼片5，卵状长圆形，黄绿色；花瓣5，长圆形，白色，雄蕊8；花盘无毛，生于雄蕊之外；两性花子房被长柔毛，花柱无毛，柱头2裂。果序下垂；翅果长2.5-3厘米，两翅近水平；小坚果卵球形，脉纹显著。花期4月，果期9月。

产浙江南部、江西、湖北西部、湖南、广东北部、广西、贵州、四川东部及云南，在巫山峡地区常见，生于海拔1400-2000米疏林中。

[附] **岭南槭** 彩片 158 **Acer tutcheri** Duthie in Kew Bull. 1908: 16. 1908. 本种与三峡槭的区别: 叶具细尖锯齿; 花序长 3-4 厘米; 花 4 数, 花盘被长柔毛, 子房被疏柔毛; 小坚果近球形, 径 6 毫米, 连翅长 2-2.5 厘米, 两翅成钝角。产浙江、江西、湖南南部、福建、广东及广西东部, 生于海拔 300-1000 米疏林中。

21. 三角槭 三角枫 图 517

Acer buergerianum Miq. in Ann Mus. Lugd.-Bat. 2: 88. 1865.

落叶乔木, 高达 20 米; 树皮灰褐色, 裂成薄条片剥落。幼枝被柔毛, 后脱落无毛, 稍被蜡粉。叶纸质, 卵形或倒卵形, 长 6-10 厘米, 3 裂或不裂, 先端短渐尖, 基部圆, 全缘或上部疏生锯齿, 幼叶下面及叶柄密被柔毛, 下面被白粉, 基脉 3 出。伞房花序顶生, 被柔毛。花梗长 0.5-1 厘米; 萼片 5, 卵形; 花瓣 5, 黄绿色, 较萼片窄; 子房密被淡黄色长柔毛, 花柱短, 2 裂。翅果长 2.5-3 厘米, 翅宽 0.8-1 厘米, 两翅近直立或成锐角, 小坚果凸起。花期 4 月, 果期 8-9 月。

产甘肃南部、陕西、河南、山东、江苏、安徽、浙江、福建、江西、湖北、湖南及广东北部, 生于海拔 300-1000 米阔叶林中。日本有分布。耐修剪, 可密植为绿篱。

[附] **异色槭** **Acer discolor** Maxim. in Bull. Acad. Sc. St.Pétersb. 26: 436. 1880. 本种与三角槭的区别: 叶革质, 卵圆形, 基部心形或近圆, 常 3 裂, 侧裂片很小, 疏生钝锯齿; 花单性同株; 翅果两翅成钝角。产陕西南部、甘肃东部、四川东部, 生于海拔 1200-1800 米疏林中。

22. 金沙槭 图 518 彩片 159

Acer paxii Franch. in Bull. Soc. Bot. France 33: 404. 1886.

常绿乔木, 高达 15 米; 树皮褐色至深褐色, 粗糙。小枝无毛。叶革质或厚革质, 卵形, 倒卵形或近圆形, 长 7-11 厘米, 宽 4-6 厘米, 不裂或 3 裂, 全缘或微波状, 下面淡绿色, 被白粉, 基脉 3 出; 叶柄长 3-5 厘米, 紫绿色, 无毛。伞房花序, 花杂性。萼片黄绿色, 披针形; 花瓣白色, 披针形或线状倒

图 516 三峡槭 (引自《图鉴》)

图 517 三角槭 (引自《图鉴》)

图 518 金沙槭 (刘敬勉绘)

披针形；雄花雄蕊较长，两性花雄蕊较短；花盘微裂；子房被白色绒毛，花柱长2毫米，柱头2裂。翅果长3厘米，小坚果凸起，两翅成钝角，或近

水平。花期3月，果期8月。

产云南及四川，生于海拔1500-2500米林中。

23. 樟叶槭　桂叶槭　　　　　　　　图 519　彩片 160

Acer cinnamomifolium Hayata, Ic. Pl. Formos. 3: 65. t. 14a 1-2. 1913.

常绿乔木，高达20米；树皮淡黑褐至淡黑灰色。小枝淡紫褐色，密被绒毛，老枝淡红褐或褐黑色，近无毛。叶革质，矩圆形或矩圆状披针形，长8-12厘米，宽4-5厘米，先端骤短尖，基部圆或宽楔形，全缘，下面淡绿色，被白粉及淡褐色绒毛，老叶毛渐少，侧脉3-4对，上面中脉凹下，基脉3出；叶柄长1.5-3.5厘米，淡紫色，被绒毛。翅果长2.8-3.2厘米，两翅成直角或锐角，果柄细，长2-2.5厘米，被绒毛。果期7-9月。

产浙江南部、福建、台湾、江西、湖南、湖北、贵州、广东北部及广西东北部，生于海拔300-1200米阔叶林中。

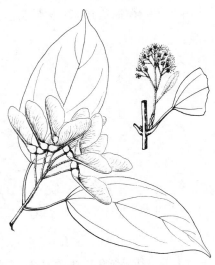

图 519　樟叶槭　（吴彰桦绘）

[附] **革叶槭 Acer coriaceifolium** Lévl. in Fedde, Repert. Sp. Nov. 10: 433. 1912. 本种与樟叶槭的区别：叶长圆状披针形或披针形，宽2.5-

3.5厘米，侧脉5-6对；翅果长3-3.5厘米，两翅成钝角。产四川东南部、湖北西南部、贵州及广西北部，生于海拔1500-2500米疏林中。

24. 飞蛾槭　　　　　　　　　　　图 520

Acer oblongum Wall. ex DC. Prodr. 1: 593. 1824.

常绿乔木，高达20米；树皮灰色，片状剥落。小枝紫色，老枝褐色，近无毛。叶革质，长圆状卵形，长5-7厘米，宽3-4厘米，先端渐尖或钝尖，全缘，基部圆，上面绿色有光泽，下面灰绿色，被白粉，侧脉6-7对，基部一对侧脉长达叶片1/3-1/2；叶柄长2-3厘米，无毛。伞房花序顶生，被柔毛。萼片5，长圆形，长2毫米；花瓣5，倒卵形，长3毫米；雄蕊8，生花盘内侧，花盘微裂，两性花子房被柔毛，花柱短，

图 520　飞蛾槭　（引自《峨眉植物图志》）

2裂。翅果长1.8-2.5厘米，翅宽8毫米，两翅近直角。花期4月，果期9月。

产陕西南部、甘肃南部、河南、湖北西部、湖南、福建、广东、广西、四川、贵州、云南及西藏南部，生于海拔1000-1800米阔叶林中。尼泊尔、锡金及印度北部有分布。

[附] **绿叶飞蛾槭 Acer oblongum** var. **concolor** Pax in Engl.

Pflanzenreich 8 (IV. 163): 32. 1902, pro parte. 本变种与模式变种的区别：叶下面淡绿色，无白粉。产河南西南部、湖北西部、四川东南部及云

南南部，生于海拔1000-1500米阔叶林中。

25. 紫果槭　紫槭　　　　　　　　　　　　　图 521

Acer cordatum Pax in Hook. Icon. Pl. 19: t. 1897. 1889.

常绿乔木，高达10米；树皮灰色至淡黑灰色，光滑。幼枝紫至紫绿色，老枝绿至灰绿色，无毛。叶纸质或近革质，卵状长圆形，稀卵形，长6-9厘米，宽3-4.5厘米，先端渐尖，基部近心形，近先端疏生细齿，余全缘，上面有光泽，两面脉纹显著，基部一对侧脉长为叶片1/3；叶柄长约1厘米，无毛。伞房花序具3-5花，总花梗细，无毛，淡紫色。萼片倒卵形，紫色；花瓣宽倒卵形，淡黄白色；雄蕊8；子房无毛。幼果紫色，熟后黄褐色，长2厘米，两翅成钝角或近水平，果柄长1-2厘米，无毛。花期4月下旬，果期9月。

产湖北西部、四川东部、贵州、湖南、江西、安徽、浙江、福建、广东及广西，生于海拔500-1200米山谷疏林中。

[附] **小紫果槭 Acer cordatum** var. **microcordatum** Metcalf in

图 521 紫果槭 （引自《图鉴》）

Lingnan Sci. Journ. 11: 199. 1932. pro parte. 本变种与模式变种的区别：叶长3.5-7厘米，宽1.5-2（-2.5）厘米；翅果长1.4-1.6厘米，翅宽5毫米。产浙江南部、福建、江西东南部、广东及广西东北部，生于低海拔疏林中。

26. 光叶槭　　　　　　　　　　　　　　图 522

Acer laevigatum Wall. Pl. Asiat. Rar. 2: 3, t. 104. 1830.

常绿乔木，高达15米。小枝绿或淡紫绿色，老枝淡褐绿或深绿色。革质，披针形或长圆状披针形，长10-15厘米，宽4-5厘米，先端渐尖，基部楔形或宽楔形，全缘或近顶端疏生细齿，下面幼时脉腋具簇生毛，后脱落无毛，侧脉7-8对；叶柄长1-1.5厘米，无毛。伞房花序顶生，花杂性，雄花与两性花同株。萼片长圆卵形，淡紫绿色；花瓣倒卵形，先端凹缺，白色，雄蕊6-8；花盘紫色，无毛；子房紫色，微被柔毛。小坚果椭圆形，连翅长3-3.7厘米，翅宽1厘米，两翅成钝角。花期3-4月，果期8-9月。

产陕西南部、湖北西部、湖南西北部、四川、贵州、广西及云南，生于海拔1000-2000米溪边或山谷林中。尼泊尔、锡金、印度北部、缅甸有分布。

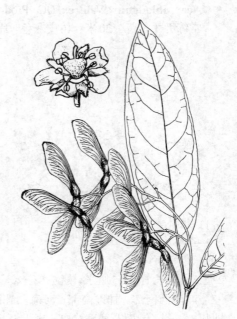

图 522 光叶槭 （引自《图鉴》）

27. 罗浮槭 红翅槭 图523

Acer fabri Hance in Journ. Bot. Brit. & For. 22: 76. 1884.

常绿乔木，高约10米；树皮灰褐至灰黑色。小枝紫绿色，老枝绿至绿褐色，无毛。叶革质，披针形或长圆状披针形，长7-11厘米，宽2-3厘米，先端渐尖，基部楔形，全缘，两面无毛或下面脉腋具簇生毛，侧脉4-5对，在两面明显；叶柄长1-1.5厘米，无毛。圆锥花序。花杂性，雄花与两性花同株；萼片长圆形，紫色，微被柔毛；花瓣倒卵形，白色，稍短于萼片；雄蕊8；子房无毛。幼果紫色，熟后

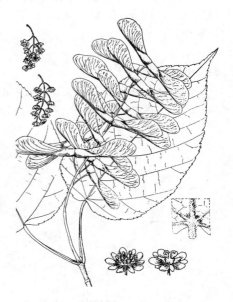

图 523 罗浮槭 （引自《峨眉植物图志》）

黄褐色，连翅长3-3.4厘米，翅宽0.8-1厘米，两翅成钝角；果柄长1-1.5厘米，无毛。花期3-4月，果期9月。

产湖北、湖南、江西、广东、广西、四川、贵州及云南，生于海拔500-1800米疏林中。

28. 青榨槭 图524 彩片161

Acer davidii Franch. in Nouv. Arch. Mus. Hist. Nat. Paris ser. 2, 8: 212. 1886.

落叶乔木，高达15米；树皮暗褐或灰褐色，纵裂成蛇皮状。幼枝紫绿色，无毛，老枝黄褐色。叶纸质，卵形或长卵形，长6-14厘米，宽4-9厘米，先端渐尖，基部近心形或圆，具不整齐锯齿，幼叶下面沿叶脉被紫褐色柔毛，后脱落。总状花序顶生，下垂。雄花与两性花同株；雄花序长4-7厘米，具9-12花，花梗长3-5毫米；雌花序长7-12厘米，具15-30花。花梗长1-1.5厘

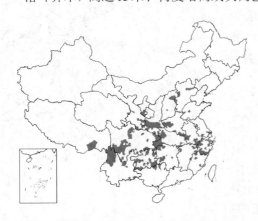

图 524 青榨槭 （仿《中国植物志》）

湖南、广东、广西、贵州、云南、西藏、四川、陕西、甘肃及宁夏，生于海拔500-1500米疏林中。速生，树姿优美，可作绿化树种。茎皮纤维供造纸原料；树皮及叶可提取栲胶。

米，萼片椭圆形，长约4毫米；花瓣倒卵形；子房被红褐色柔毛。翅果黄褐色，长2.5-3厘米，两翅成钝角或近水平。花期4月，果期9月。

产山西、河南、河北、山东、江苏、安徽、浙江、福建、江西、湖北、

29. 葛萝槭 图525

Acer grosseri Pax in Engl. Pflanzenreich 8 (IV. 163): 80. 1902.

落叶乔木；树皮光滑，淡褐色。小枝绿至紫绿色，无毛，老枝灰褐色。叶纸质，卵形，长7-9厘米，宽5-6厘米，5浅裂，先端短尾尖，基部近心

形，侧裂片小，先端钝尖，密生尖锐重锯齿，下面淡绿色，幼叶叶脉基部具淡黄色簇生毛，后渐脱落；叶柄长

2-3厘米，无毛。花单性，雌雄异株，总状花序下垂。花梗长3-4毫米，萼片长圆卵形，长3毫米，花瓣倒卵形，长3毫米，雄蕊长2毫米，无毛；雌花子房紫色，无毛。幼果淡紫色，熟后黄褐色，长2.5-3厘米，翅宽5毫米，两翅钝角或近水平。花期4月，果期9月。

产河北、山西、河南、陕西、甘肃、青海东部、湖北及安徽，生于海拔1000-1600米疏林中。

[附] **长裂葛萝槭**
Acer grosseri var. **hersii** (Rehd.) Rehd. in Journ. Arn. Arb. 14: 220. f. 8. 1933. —— *Acer hersii* Rehd. in Journ. Arn. Arb. 3: 217. 1922, pro parte. 本变种与模式变种的区别：叶3深裂，侧裂片较长，先端锐尖。产河南、湖北、湖南、江西、安徽、浙江，生于海拔500-1200米疏林中。

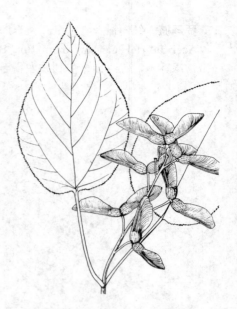

图 525 葛萝槭 （孙英宝绘）

30. 小楷槭

图 526

Acer komarovii Pojark. in Fl. URSS. 14: 611. 746. 1949.

落叶小乔木，高约5米；树皮光滑，灰色。小枝无毛。叶纸质，三角状卵形或长卵圆形，长6-10厘米，宽6-8厘米，常5裂，稀3裂，裂片先端短尾尖，基部心形或近心形，密生锐尖锯齿，下面幼时脉腋被红褐色柔毛；叶柄长4-5厘米，紫或红紫色。总状花序，顶生，花单性，雌雄异株。花黄绿色；萼片卵状长圆形；花瓣矩圆状倒卵形；雄蕊与萼片近等长，子房紫红色，无毛，花柱短，柱头反卷。翅果熟后黄褐色，长2-2.5厘米，两翅成钝角；果柄长7毫米。花期5月，果期9月。

产黑龙江、吉林及辽宁，生于海拔800-1200米疏林中。俄罗斯及朝鲜有分布。

图 526 小楷槭 （蔡淑琴绘）

31. 五尖槭

图 527 彩片 162

Acer maximowiczii Pax in Hook. Icon. Pl. 19: t. 1897. 1889.

落叶乔木，高5（-12）米；树皮黑褐色，平滑。小枝无毛。叶卵圆形或三角状卵形，长8-11厘米，宽6-9厘米，5裂，中裂片三角状卵形，先

端尾尖，侧裂片卵形，先端锐尖，基部两个小裂片先端钝尖，下面脉腋被红褐色柔毛；叶柄长5-7（-10）厘米，紫绿色，无毛。总状花序顶生，下垂。花黄绿色，单性，雌雄异株。雄花萼片长圆卵形，花瓣倒卵形；雌花萼片椭圆形，花瓣卵状长圆形，子房紫色，无毛。翅果熟后黄褐色，长2.3-2.5厘米，两翅成钝角，无毛；果柄长6毫米。花期5月，果期9月。

产山西南部、河南西部、陕西南部、甘肃南部、宁夏、青海、湖北西部、湖南、广西东北部、四川及贵州，生于1800-2500米林缘及疏林中。

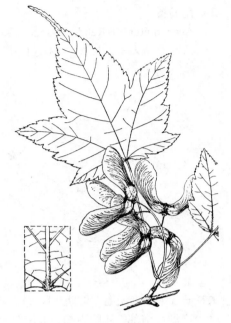

图 527 五尖槭 （蔡淑琴绘）

32. 滇藏槭

图 528: 1

Acer wardii W. W. Smith in Notes Roy. Bot. Gard. Edinb. 10: 8. 1917.

落叶乔木，高达8（-13）米；树皮灰至深灰色，粗糙。小枝无毛。叶纸质，卵圆形，长7-9厘米，宽6-8厘米，常3裂，中裂片长圆状三角形，先端具长2.5-3厘米尾尖，侧裂片卵形，先端具长2-2.5厘米尾尖，密生细锯齿，基部近心形，下面无毛，稀脉腋被红褐色疏柔毛；叶柄长3-5厘米，紫色，无毛。花紫色，单性，雌雄异株，圆锥状总状花序。萼片线状长圆形；花瓣与萼片同大；雄蕊无毛；子房紫色，无毛。翅果长2.2-2.5厘米，两翅成钝角，紫黄色；果柄长1-2厘米。花期5月，果期9月。

产云南西北部、西藏东部，生于海拔3000-3700米林中。缅甸东北部有分布。

33. 篦齿槭

图 528: 2 彩片 163

Acer pectinatum Wall. ex Nichols. in Gard. Chron. 1: 365. f. 69. 1881.

落叶乔木，高达8米；树皮深褐色，平滑。小枝淡紫或淡紫绿色，无毛。叶纸质，近圆形，长7-10厘米，宽6-8厘米，基部心形或深心形，3裂，有时基部2裂或5裂，中裂片卵圆形，先端具长1厘米尾尖，侧裂片先端锐尖，基部裂片细小，下面幼时沿叶脉被褐色长柔毛，后渐脱落无毛；叶柄淡紫红色，长6-7厘米，无毛。总状花序长4厘米，淡紫色，无毛。花单性，异株。雄花萼片淡紫绿色，长

图 528: 1.滇藏槭 2.篦齿槭
（引自《图鉴》）

圆状倒卵形；花瓣淡黄绿色，宽倒卵形。幼果淡紫红色，老时淡黄色，连翅长2.2-2.5厘米，两翅近水平，无毛；果柄长5-7毫米。花期4月下旬，果期9月。

产西藏南部及云南西北部，生于海拔2900-3700米山坡林中。锡金有分布。

34. 南岭槭

图 529

Acer metcalfii Rehd. in Journ. Arn. Arb. 14: 221. f. 9. 1933.

落叶乔木，高达10米；树皮平滑。小枝淡紫或黄绿色，老枝深绿至深褐色。叶近革质，近卵形，长10-14厘米，宽7-11厘米，基部近心形或圆，3裂，中裂片和侧裂片三角状卵形，先端锐尖，具粗钝锯齿，上面深绿色，无毛，下面淡绿色，幼时沿叶脉被红褐色绒毛，后脱落无毛；叶柄长3-5厘米，无毛。总状果序具6-9果；小坚果长8毫米，宽6毫米，翅果黄褐色，长2.2-2.5厘米，翅宽8毫米，两翅成钝角；果柄长5毫米，无毛。果期9月。

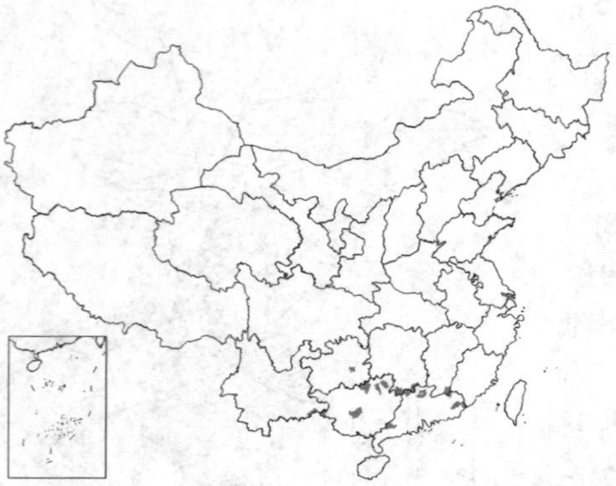

产湖南南部、江西南部、贵州东南部、广东、广西及云南东南部，生于海拔800-1500米疏林中或溪边。

图 529 南岭槭 （孙英宝绘）

35. 青楷槭

图 530

Acer tegmentosum Maxim. in Bull. Phys.–Math. Acad. Sci. St. Pétersb. 15: 125. 1856.

落叶乔木，高达15米；树皮灰至深灰色，平滑，具裂纹。小枝无毛。叶纸质，近圆形或卵形，长10-12厘米，宽7-9厘米，(3) 5 (7) 裂，裂片三角形，先端具短尖头，基部圆或近心形，具钝尖重锯齿，下面淡绿色，脉腋具淡黄色簇生毛，基脉5出，侧脉7-8对；叶柄长4-7 (-13) 厘米，无毛。花杂性，雄花与两性花同株；总状花序无毛。花黄绿色；萼片长圆形，长3毫米；花瓣倒卵形，长3毫米；子房无毛。翅果黄褐色，长2.5-3厘米，翅宽1-1.3厘米，两翅成钝角或近水平；果柄长5毫米。花期4月，果期9月。

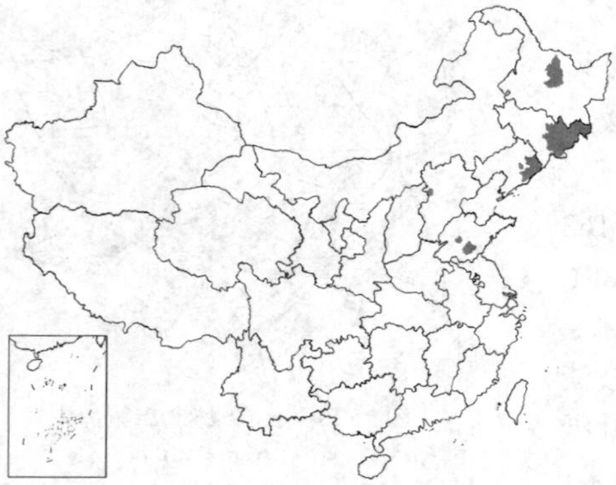

产黑龙江、吉林、辽宁、河北及山东，生于海拔500-1000米疏林中。

图 530 青楷槭 （冀朝祯绘）

俄罗斯西伯利亚东部及朝鲜北部有分布。

36. 十蕊槭

图 531

Acer decandrum Merr. in Lingnan Sci. Journ. 11: 47. 1932.

落叶乔木，高达12米；树皮灰褐色。小枝紫绿色，无毛，老枝紫褐色。叶革质或近革质，卵状椭圆形或长卵形，长8-15厘米，宽4-7厘米，先端短渐尖或短钝尖，基部楔形或宽楔形，全缘，下面淡绿色，侧脉3-5对，基脉长达叶片1/3-1/2；叶柄长5-7厘

米。总状花序腋生。花单性，雌雄异株；花淡紫褐色；萼片卵形，长2毫米；花瓣较萼片短；雄蕊8-12，着生于花盘外侧，微被柔毛；子房无毛，花柱短。翅果扁平，长6-7厘米，翅镰刀形，宽2厘米，常一翅发育良好，两翅成锐角。花期6月，果期10月。

产云南、广西南部、广东南部及海南，生于海拔800-1500米阔叶林中。越南有分布。

37. 大齿槭
图 532

Acer megalodum Fang et Su in Acta Phytotax. Sin. 17(1): 84. pl. 14: 3. 1979.

图 531 十蕊槭 （引自《图鉴》）

落叶乔木。小枝淡紫绿色，无毛，老枝淡绿色。叶纸质，卵形或长圆卵形，长6-8厘米，宽4-6厘米，5-7浅裂，中裂片渐尖，侧裂片和基部裂片短尖，具牙齿状锯齿，上面绿色，无毛，下面脉腋具簇生毛，侧脉7-8对；叶柄长（4-）6-7厘米，无毛。花4数，果序总状，长7-8厘米。幼果淡紫色，后淡黄色，小坚果凸起，径8毫米，翅镰刀形，宽1.2厘米，翅果长4厘米，两翅成直角；果柄长1.5-2厘米。

产陕西南部秦岭及甘肃东南部，生于海拔1500-2300米山谷疏林中。

图 532 大齿槭 （冯先洁绘）

38. 四蕊槭
图 533

Acer tetramerum Pax in Hook. Icon. Pl. 19: t. 1897. 1889.

落叶乔木，高达12米；树皮平滑，灰褐至深褐色。小枝紫或紫绿色，无毛。叶纸质，卵形或长圆卵形，长6-8厘米，宽4-5厘米，先端稍尾尖，基部圆或近平截，具不整齐尖锯齿，两面幼时疏被柔毛，后脱落，下面脉腋具白色簇生毛，侧脉4-6对；叶柄长2.5-5厘米，幼时微被柔毛。总状花序无毛，雄花序具3-5花，雌花序具5-8花。花黄绿色，萼片和花瓣均4，雄花具4雄蕊，稀5-6；雌花子房紫色，无毛。幼果紫色，熟时黄褐色，连翅长3-3.5厘米，两翅成锐角或近直立。花期4月上旬至5月上旬，果期9月。

产河南西部、陕西南部、甘肃南部、青海东部、湖北西部、湖南西北部、四川、云南及西藏，生于海拔1400-3300米疏林中。

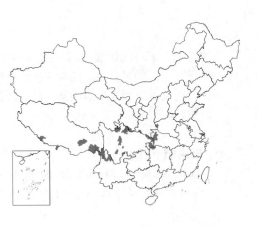

39. 秦岭槭　　　　　　　　　　　　图 534

Acer tsinglingense Fang et Hsieh in Acta Phytotax. Sin. 11: 180. 1966.

落叶乔木，高达10米。小枝淡紫色，被灰色柔毛，老枝近无毛。叶纸质，近圆形，长宽4-6厘米，3深裂，中裂片长卵圆形，具1-2对波状圆齿，侧裂片三角状卵形，浅波状或近全缘，下面被淡黄色柔毛；叶柄长6-10厘米，被柔毛。总状花序腋生。花单性，雌雄异株，淡绿色；萼片和花瓣均5；雄蕊8，长7毫米，花丝无毛，位于花盘内侧。小坚果凸起，黄色，径1厘米，翅宽1.5厘米，翅果长4-4.2厘米，两翅近直立。花期4月，果期8-9月。

产河南西部、陕西南部、甘肃东南部、浙江西北部、湖北西部及四川，生于海拔1200-1500米疏林中。

图 533 四蕊槭 （刘敬勉绘）

40. 房县槭　毛果槭　　　　　　　图 535

Acer franchetii Pax in Hook. Icon. Pl. 19: t. 1897. 1889.

落叶乔木，高达15米；树皮深褐色。叶纸质，长10-20厘米，宽12-23厘米，基部心形，稀圆，常3裂，稀基部具2小裂片成5裂，具不规则锯齿，幼时两面被柔毛，脉上毛密，老时脱落，仅下面脉腋具簇生毛，基脉（3）5；叶柄长3-6（-10）厘米，幼时被柔毛，后脱落。总状花序或总状圆锥花序，侧生，总花梗密被柔毛。花单性，雌雄异株；花梗长1-2厘米，被柔毛；萼片5；花瓣5；雄蕊8，稀10，花丝无毛；子房疏被柔毛。翅果长4-4.5（5）厘米，两翅成直角或锐角，小坚果近球形，幼时被毛。花期5月，果期9月。

图 534 秦岭槭 （张泰利绘）

产河南、陕西、甘肃南部、湖北西部、湖南、四川、贵州及云南，生于海拔1800-2300米混交林中。

41. 毛果槭　　　　　　　　　　　图 536

Acer nikoense Maxim. in Bull. Acad. Sci. St. Pétersb. 12: 227. 1867.

落叶乔木，高达20米。小枝淡紫色，疏被柔毛，老枝深褐色，近无毛。

3小叶复叶，叶纸质或近革质，长椭圆形或长圆状披针形，长7-14厘米，宽3-6厘米，先端短尖，疏生钝齿，稀全缘，顶生小叶基部楔形，小叶柄长0.5-1.5厘米，侧生小叶基部斜，近无柄，上面沿叶脉被柔毛，下面被长柔毛；叶柄长3-5厘米，被长柔毛。花杂性，雄花与两性花异株，聚伞花序，具3-5花。萼片黄绿色，倒卵形；花瓣长圆状倒卵形，长8毫米；雄蕊8；子房密被柔毛。翅果长4-5厘米，黄褐色，密被柔毛。两翅近直角；果柄长6毫米，疏被柔毛。花期4月，果期9月。

产浙江西北部、安徽南部、江西北部、湖南西北部及湖北西部，生于海拔1000-1800米疏林中。日本有分布。

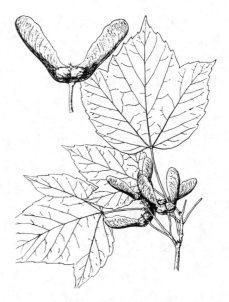

图 535 房县槭 （赵宝恒绘）

42. 血皮槭 图 537

Acer griseum (Franch.) Pax in Engl. Pflanzenreich 8 (Ⅳ. 163): 30, f. 9. 1902.

Acer nikoense Maxim. var. *grisea* Franch. in Journ. de Bot. 8: 294. 1894.

落叶乔木，高达20米；树皮光滑，赤褐色，常成纸状薄片剥落。3小叶复叶，小叶菱形或椭圆形，长5-8厘米，宽3-5厘米，先端钝尖，具粗钝锯齿，上面幼时被柔毛，后近无毛，下面被白粉及淡黄色疏柔毛，叶脉毛密；叶柄长2-4厘米，疏被柔毛。聚伞花序具3花，疏被柔毛。花黄绿色，雄花与两性花异株；萼片长圆卵形，长6毫米；花瓣长圆倒卵形，长7-8毫米；雄蕊10，花丝无毛，位于花盘内侧。翅

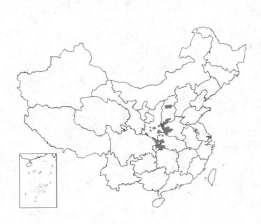

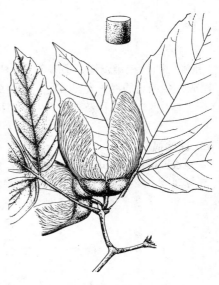

图 536 毛果槭 （王金凤绘）

果长3.2-3.8厘米，两翅成锐角或近直角，小坚果密被绒毛。花期4月，果期9月。

产山西、河南、陕西南部、甘肃东南部、湖北西部及四川东部，生于海拔1500-2000米林中。树姿优美，可作行道树及绿化树种。木材坚韧，供制上等家具；树皮纤维可造纸。

43. 三花槭 图 538

Acer triflorum Kom. in Acta Hort. Petrop. 18: 430. 1901.

落叶乔木，高达25米；树皮褐色，成薄片剥落。幼枝疏被柔毛，老枝紫褐色。3小叶复叶，小叶纸质，长圆卵形或长圆状披针形，长7-9厘米，宽2.5-3.5厘米，先端渐尖，中部以上疏生粗钝齿，稀全缘，顶生小叶基部楔形，小叶柄长5-7毫米，侧生小叶基部斜，小叶柄长1-2毫米，下面被白粉，两面沿叶脉疏被柔毛；叶柄淡紫色，长5-7厘米，近无毛。花序具3花，花杂性，雄花与两性花异株。小坚果近球形，被淡黄色柔毛，连翅长4-4.5厘米，翅宽1.6厘米，两翅成锐角或近直角。花期4月，果期9月。

产黑龙江东南部、吉林及辽宁，生于海拔400-1000米针叶林及针阔混交林中。朝鲜有分布。

44. 东北槭　白牛槭

图 539

Acer mandshuricum Maxim. in Bull. Acad. Sci. St. Pétersb. 22: 238. 1867.

落叶乔木，高达20（-30）米；树皮灰色，粗糙。幼枝紫褐色，无毛，老枝灰色。3小叶复叶，小叶纸质，长圆状披针形，长5-10厘米，宽1.5-3厘米，先端渐尖，顶生小叶基部楔形，侧生小叶基部稍偏斜，具钝锯齿，下面被白粉，沿中脉被柔毛；叶柄长4-7厘米，无毛。伞房花序具3-5花。花黄绿色，杂性，雄花与两性花异株；萼片长圆状卵形，长7毫米；花瓣长圆状倒卵形，雄蕊8，雄花雄蕊长1厘米；两性花雄蕊短，子房无毛，紫色。翅果紫褐色，长3-3.5厘米，两翅成锐角或近直角。花期6月，果期9月。

产黑龙江、吉林及辽宁，生于海拔500-1000米林中。

45. 建始槭

图 540: 1

Acer henryi Pax in Hook. Icon. Pl. 19: t. 1896. 1889.

落叶乔木，高约10米；树皮灰褐色。幼枝被柔毛，后无毛。3小叶复叶，薄纸质，小叶椭圆形，长6-12厘米，宽3-5厘米，先端渐尖，基部楔形，全缘或顶端具3-5对钝齿，下面叶脉密被毛，老时脱落；叶柄长4-8厘米，被毛。穗状花序，下垂，长7-9厘米，被柔毛，常侧生于2-3年生老枝上。花单性，雌雄异株；花梗极短或无；萼片卵形，长1.5毫米；花瓣短小或不发育；雄蕊（4）5（6），雌花子房无毛。幼果紫色，熟后黄褐色，连翅长2-2.5厘米，两翅成锐角或近直角；果柄长约2毫米。花期4月，果期9月。

产山西南部、河南、陕西南部、甘肃南部、江苏、安徽、浙江、福建、江西、湖北、湖南西北部、四川、贵州及云南东南部，生于海拔500-1500米疏林中。

图 537 血皮槭 （吴彰桦绘）

图 538 三花槭 （张桂芝绘）

图 539 东北槭 （引自《图鉴》）

46. 桉叶槭　白蜡槭　　　　　　　　　　　　　　图 540: 2

Acer negundo Linn. Sp. Pl. 1056. 1753.

落叶乔木，高达 20 米；树皮灰褐色。小枝无毛。羽状复叶，小叶 3-5
(7-9)，小叶纸质，卵圆形或椭圆状披针形，长 8-10 厘米，宽 2-4 厘米，先
端渐尖，基部楔形，具 3-5 对粗锯齿，下面淡绿色，脉腋被簇生毛，侧脉
5-7 对；叶柄长 5-7 厘米。先叶开花；雄花序聚伞状，雌花序总状，下垂。
花单性，雌雄异株；花梗长 1.5-3 厘米；无花瓣，无花盘；雄蕊 4-6，花丝
长；子房无毛。小坚果凸起，近长圆形或长圆卵形，无毛，连翅长 3-3.5 厘
米，两翅成锐角或近直角。花期 4-5 月，果期 9 月。

原产北美。辽宁、内蒙古、河北、山东、河南、陕西、甘肃、新疆、江
苏、浙江、江西、湖北等地引种栽培，用作行道树，在东北及华北等地生
长较好。

图 540: 1.建始槭 2.桉叶槭
（冯先洁绘）

164. 橄榄科 BURSERACEAE
（李 恒）

乔木或灌木，具芳香树脂或油脂。奇数羽状复叶，互生，常集生小枝上部，小叶全缘或具齿，托叶有或无。圆
锥花序，稀总状或穗状花序，腋生或有时顶生。花小，3-5 数，辐射对称，单性、两性或杂性，雌雄同株或异株。萼
片 3-6，基部稍连合；花瓣 3-6，常离生；花盘杯状、盘状或坛状，有时与子房合生成"子房盘"；雄蕊 1-2 轮，与
花瓣等数或为其 2 倍或更多，着生于花盘基部或边缘，离生或有时基部连合，外轮与花瓣对生；花药 2 室，纵裂；
子房上位，(1) 3-5 室，每室 (1) 2 胚珠，中轴胎座；花柱单一，柱头头状，3-6 浅裂。核果，肉质，不裂，稀木
质化且开裂，内果皮骨质，稀纸质。种子无胚乳，胚直伸或弯曲；子叶常肉质，稀膜质，旋卷折叠。

16 属，约 550 种，分布于南北半球热带地区，为热带森林主要树种。我国 3 属 13 种。

本科植物富含树脂，原产索马里、阿拉伯等地，我国有引种，为治拘挛、跌打损伤、痈疽疮毒、心腹疼痛的良
药。大多数为优良用材树种，有的可作紫胶虫寄主树。

1. 花 5-4 基数；果核 1 个以上；多为落叶乔木；小叶常具齿；小枝髓部无维管束。
　2. 无托叶和小托叶；花常单性，花托非杯状，萼片、花瓣及雄蕊不着生花托边缘；小叶具柄，柄髓部无维管束
　 ·· **1. 马蹄果属 Protium**
　2. 有托叶和小托叶；花常两性，花托杯状，萼片、花瓣、雄蕊着生花托边缘；小叶近无柄，柄髓部具维管束 ······
　 ·· **2. 嘉榄属 Garuga**
1. 花 3 基数；果核 1；常绿乔木；小叶常全缘；小枝髓部具维管束 ································· **3. 橄榄属 Canarium**

1. 马蹄果属 Protium Burm. f. nom. conserv.

乔木，稀灌木。小枝髓部无维管束。奇数羽状复叶互生，无托叶；小叶具柄，柄髓部无维管束。圆锥花序腋生
或近顶生；花 5-4 数，单性、两性或杂性。萼 4-5 浅裂，裂片在芽中覆瓦状排列，果时宿存而不增大，裂片反折；
花瓣 5，在芽中镊合状排列，顶端内卷，花时展开或反折；雄蕊为花瓣 2 倍或更多，离生，着生花盘外缘，花药 2

室，纵裂；花盘肥厚，无毛，雄花花盘扁平，雌花或两性花花盘环状或坛状，具凹槽，花丝无毛；子房4-5室，每室2胚珠，花柱短，柱头头状，4-5浅裂。核果，肉质，果核（1-2）4-5。子叶折叠，掌状分裂。

约90种，主产美洲热带，少数星散分布于亚洲热带各地。我国2种。

1. 叶轴、小叶两面沿叶脉及花序密被黄色长柔毛；小叶柄长 1-1.3 厘米；果径约 1 厘米 ······ 马蹄果 **P. serratum**
1. 叶轴、小叶两面沿叶脉及花序疏被短柔毛；小叶柄长 0.5-1 厘米；果径 1.5-2 厘米 ············· ··· （附）. 滇马蹄果 **P. yunnanensis**

马蹄果　　　　　　　　　　　　　　　图 541：1-7

Protium serratum (Wall. ex Colebr.) Engl. in DC. Monogr. Phan. 4: 88. 1883.

Bursera serrata Wall. ex Colebr. in Journ. Linn. Soc. Bot. 15: 361. 1827.

落叶乔木，高约8米，各部密被黄色长柔毛。小叶5-9，纸质至坚纸质，长圆形或卵状长圆形，长7-10厘米，两面网脉突起，稍被长柔毛，基部圆或宽楔形，先端骤尖或尾尖，疏生浅齿，有时全缘；小叶柄长1-1.3厘米。圆锥花序腋生，长6-14厘米。花淡青色；花梗长约2毫米；萼片长不及1毫米；花瓣长圆状披针形，长1.5-2毫米。核果近卵状球形，径约1厘米，宿存花柱偏生，无毛，果2-3核。花期4-5月，果期6月。

产云南西部，生于海拔600-1150米林中。印度、缅甸、泰国、柬埔寨、老挝、越南有分布。

[附] 滇马蹄果　图 541：8-9 **Protium yunnanensis** (Hu) Kalkm. in Blumea 7(3): 546. 1954. —— *Santiria yunnanensis* Hu in Bull. Fam. Men.

图 541：1-7.马蹄果　8-9.滇马蹄果
（曾孝濂绘）

Inst. Biol. Bot. ser. 10, 3: 129. 1940. 本种与马蹄果的主要区别：叶轴、小叶两面沿叶脉及花序疏被短柔毛；小叶柄长0.5-1厘米；果近球形。径1.5-2厘米。果期11月。产云南西双版纳勐腊县易武，生于海拔550米林中。

2. 嘉榄属 Garuga Roxb.

落叶乔木。小枝髓部无维管束。奇数羽状复叶；小叶对生，近无柄，髓部具维管束，具齿；小托叶常宿存。圆锥花序腋生或侧生，常近枝顶簇生。花两性，辐射对称，5数，花托凹下，球状或杯状；萼片近离生，三角形，镊合状排列；花瓣着生花托边缘，镊合状排列，内折，花时伸展或反折；花盘与花托连合，球状，具10个凹槽，雄蕊10，离生，着生于花盘凹槽上，花丝钻形，花药长卵形，2室，纵裂。子房具短柄 或无柄，4-5室，每室2下垂胚珠；花柱短，柱头头状，4-5浅裂。核果近球形，肉质，1-5核，具槽。种皮膜质；子叶复合，卷折。

约4-5种，分布于东南亚大陆热带、马来西亚北部及东部、大洋洲北部及西太平洋群岛。我国4种。

1. 花长3-6毫米；果长 0.5-1 厘米，径 0.5-1.2 厘米。
　2. 花序密被直伸柔毛；花白色，长3毫米；果卵形，横切面稍三角形，花萼宿存 ········· 1. **白头树 G. forrestii**

2. 花序被细柔毛或无毛；花黄色，长4-6毫米；果近球形，花萼脱落 ·····················
························ **2. 多花白头树 G. floribunda** var. **gamblei**
1. 花长 0.6-0.8（-1）厘米；果长 1-2.3 厘米，径（0.9-）1.1-1.8 厘米。
　　3. 子房被疏柔毛，花长约 0.8-1 厘米；叶轴及小叶被粗长柔毛，幼时最密 ·············· **3. 羽叶白头树 G. pinnata**
　　3. 子房无毛，花长 6 毫米；叶轴及小叶疏被细柔毛 ···················· **3(附). 光叶白头树 G. pierrei**

1. 白头树　　　　　　　　　　　图 542: 1-5 彩片 164

Garuga forrestii W. W. Smith in Notes Roy. Bot. Gard. Edinb. 13: 162. 1921.

落叶乔木，高达25米。幼枝密被柔毛，老枝无毛。小叶11-19，幼时密被柔毛，后渐脱落，小叶披针形或椭圆状长圆形，先端渐尖，基部圆或宽楔形，具浅齿，近无柄，具小托叶。最下1对小叶长约1厘米，中间1对长7-12厘米，宽2-4厘米，侧脉10-16对；顶生小叶长5-7厘米，柄长约1.5厘米。圆锥花序侧生及腋生，长14-25（-35）厘米，花序轴密被直伸柔毛。花白色；花托杯状，被绒毛；萼片近钻形，长2毫米，两面被毛；花瓣卵形，长约3毫米，被绒毛；雄蕊近等长；子房无柄，和花柱疏被柔毛。果近卵形，一侧肿胀，长0.7-1厘米，径6-8毫米，喙偏斜，花萼宿存。花期4月，果期5-11月。

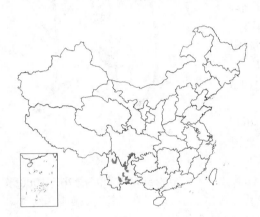

图 542: 1-5.白头树　6-7.多花白头树
8-9.光叶白头树（曾孝濂绘）

产四川西南部及云南，生于海拔900-2400米坡地或山谷林中。

2. 多花白头树　　　　　　　　图 542: 6-7

Garuga floribunda Decne. var. **gamblei** (King ex Smith) Kalkm. in Blumea 7(2): 466. 1953.

Garuga gamblei King ex Smith in Rec. Bot. Surv. India 4: 262. 1911.

乔木，高达26米。小枝除幼嫩部分外无毛。小叶9-19，叶轴及小叶中脉疏被细柔毛，余无毛；最下1对小叶，长圆形，长5-8毫米；小叶椭圆形或长披针形，基部圆，侧脉15-20对，疏生锯齿，无小托叶；中间1对长9-11厘米，宽3-5厘米；顶生小叶柄长0.6-2.5厘米。

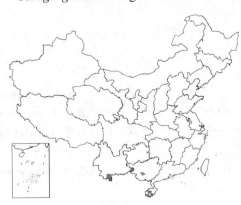

圆锥花序长25-35厘米，被细柔毛或无毛。花黄色，长4-6毫米；花托杯状，被柔毛；萼片三角形，被柔毛；花瓣长圆状披针形，长约3毫米，两面被细柔毛；雄蕊花丝基部被柔毛；花盘裂片三角形或四方形；子房具短柄，被绒毛。果近球形，长5-9毫米，径0.5-1.2厘米，无宿存花萼。花期5月，果期8-9月。

产云南、广西及海南，生于海拔700-900米密林中。印度、锡金、孟加拉国有分布。木材供制高级家具等用。

3. 羽叶白头树　　　　　　　　　图 543

Garuga pinnata Roxb. Pl. Coromandel 3: 5. t. 208. 1819.

乔木，高达10米。小枝除幼嫩部分被柔毛外无毛。小叶9-23，叶轴及小叶两面被长柔毛，叶及脉上毛密；最下1对小叶匙形或线形，长0.5-1厘米，中间小叶椭圆形或披针形，长5-11厘米，宽2-3厘米，先端渐尖，基部圆或楔形，疏生锯齿，侧脉10-15对，小叶柄长达4毫米，顶生小叶柄长

0.5-1厘米。圆锥花序腋生及侧生，长7.5-19(-22)厘米，幼时密被长柔毛，花序梗长2-6厘米。花白、黄白或绿黄色，长0.7-1厘米；花梗长1-3毫米，被长柔毛；萼片三角形，长2.5-3.5(4)毫米，两面被柔毛；花瓣长圆形，长5-5.5毫米，被卷曲柔毛；花丝基部被长毛；子房具短柄，疏被柔毛，花柱被长毛。果近球形，黄色，长1.1-1.5

图 543 羽叶白头树 （引自《图鉴》）

（1.8）厘米。花期3-4月，果期4-10月。

产四川南部、广西西南部、海南、云南南部及东南部，生于海拔400-1370米山谷疏林中。印度、锡金、孟加拉国、缅甸、泰国、柬埔寨、老挝及越南有分布。

[附] **光叶白头树** 图542：8-9 **Garuga pierrei** Guill. Rev. Gen. Bot. 19: 164. 1907. 本种与羽叶白头树的区别：叶轴及小叶疏被细柔毛；花长约6毫米，花瓣长圆状披针形，子房无毛。花期4-5月，果期9-10月。

产云南南部，生于海拔760-1000米的山谷疏林中。泰国，柬埔寨及越南有分布。

3. 橄榄属 **Canarium** Linn.

常绿乔木。小枝髓部具维管束；韧皮部具1个至数个树脂道。奇数羽状复叶，叶柄髓部具维管束；小叶对生或近对生，全缘，稀具浅齿。聚伞圆锥花序腋生或腋上生；具苞片；花3数，单性，雌雄异株。萼杯状，裂片三角形；花瓣3，离生，多长圆状倒卵形，稍肉质，乳白色；雄蕊6，1轮，花丝扁平，稀线形，花药背着，花盘内生，6浅裂；子房3室，每室具2并生胚珠，柱头头状，3微裂。核果，肉质，核骨质。种子褐色，无胚乳，富含油脂，子叶掌状分裂至3小叶，卷叠或折叠。

约100种，分布于亚洲及非洲热带地区、大洋洲北部。我国7种。

1. 无托叶。
　2. 小枝髓部中央具星散维管束；果核横切面非锐三角形。
　　3. 小叶全缘；果核横切面近圆形 ·· 2. **乌榄 C. pimela**
　　3. 小叶边缘微波状或具细圆齿；果核横切面近圆形或圆三角形 ············· 3(附). **滇榄 C. strictum**
　2. 小枝髓部中央无维管束；果核横切面锐三角形 ························· 2(附). **小叶榄 C. parvum**
1. 具托叶（常早落，但痕迹可见）。
　4. 小叶6-8对；果核横切面锐三角形，顶端骤尖、平截或凹下 ················· 3. **方榄 C. bengalense**
　4. 小叶6对以下；果核横切面非锐三角形，顶端渐尖或钝。
　　5. 小叶全缘，下面被细小疣状突起。
　　　6. 小叶长6-14厘米；花序腋生；果序长1.5-15厘米 ·················· 1. **橄榄 C. album**
　　　6. 小叶长13-20厘米，宽6-8厘米；花序腋上生（离叶腋2-3厘米）；果序长30厘米 ·············

1. 橄榄

图 544: 1-10 彩片 165

Canarium album (Lour.) Rauesch. Nomen. Bot. ed. 3, 287. 1797.

Pimela alba Lour. Fl. Cochinch. 408. 1790.

乔木，高达25（-35）米，胸径1.5米。小枝径5-6毫米，幼时被黄褐色绒毛，旋脱落。具托叶，小叶3-6对，披针形、椭圆形或卵形，长6-14厘米，宽2-5.5厘米，先端渐尖至骤渐尖，尖头长约2厘米，无毛或下面脉上疏被刚毛，下面被细小疣状突起，全缘，侧脉12-16对，花序腋生，微被绒毛或无毛；雄花为聚伞圆锥花序，长15-30厘米，多花；雌花序总状，长3-6厘米，具花12朵以下。花萼长2.5-3毫米，雄花萼具3浅齿，雌花萼近平截；雄蕊6，无毛，花丝连合1/2以上；雄花花盘球形或圆柱形，微6裂，雌花花盘环状，稍具3波状齿，厚肉质，内面疏被柔毛。果序长1.5-15厘米，具1-6果。果萼扁平，径5毫米，萼齿外弯；果卵圆形或纺锤形，长2.5-3.5厘米，无毛，黄绿色；外果皮厚，干时有皱纹；果核渐尖。花期4-5月，果期10-12月。

产台湾、福建、广东、海南、广西、贵州、四川及云南，生于海拔180-1300米沟谷、山坡林中，产区有栽培。越南有分布。为优良防风树种及行道树。木材供造船、家具及建筑等用。果可生食，药用治喉炎、咳血、肠炎。果核供雕刻，兼药用，治鱼骨鲠喉。种仁可食，亦可榨油，供制肥皂或作润滑油。

[附] **越榄** 黄榄果 图544：11-13 **Canarium tonkinense** Engl. ex

图 544: 1-10. 橄榄 11-13. 越榄

（曾孝濂绘）

Guill in Lecomte, Fl. Gén. Indo-Chine 1: 711. 1911. p. p. 本种与橄榄的主要区别：小叶长13-20厘米，宽6-8厘米；花序腋上生，离叶腋2-3厘米；果序长30厘米；果椭圆形，果核横切面圆三角形。花期4-6月，果期7-8月。产云南南部河口槟榔寨，生于海拔170-180米山区。经济价值与橄榄同。

2. 乌榄

图 545: 1-3 彩片 166

Canarium pimela Leenh. in Blumea 9(2): 406. 1959.

Canarium pimela Koenig; 中国高等植物图鉴 2: 563. 1972.

乔木，高达20米，胸径45厘米。小枝径1厘米，髓部具维管束。无托叶；小叶4-6对，无毛，宽椭圆形、卵形或圆形，稀长圆形，长6-17厘米，宽2-7.5厘米；先端骤渐尖，侧脉（8-）11（-15）对，网脉明显。聚伞圆锥花序稀近总状花序，无毛，雄花序多花，雌花序少花。雄花萼长2.5毫米，浅裂，雌花萼长3.5-4毫米，浅裂或近平截；雌花瓣长约8毫米；雄蕊6，雄花花药具两排刚毛，花丝连合近1/2，雄花花盘肉质，中央具凹穴，雌花花盘薄，具6个波状浅齿。果序长8-35厘米，1-4果；果柄长约2厘米，果萼近扁平，径0.8-1厘米，果熟时紫黑色，窄卵圆形，长3-4厘米，径1.7-2厘米，果核横切面近圆形。花期4-5月，果期5-11月。

产广东、海南、广西、云南南部及东南部，生于海拔540-1280米林内。越南，老挝及柬埔寨有分布。各地有栽培。果可生食。果肉腌制"榄角"作菜；榄仁为饼食及菜配料佳品；种子油供食用、制肥皂或作工业用油。木材用途同橄榄。根药用，治风湿腰腿痛、手足麻木、胃痛、火烫伤。

[附] **小叶榄** 图545：4-5 **Canarium parvum** Leenh. in Blumea 9(2): 408. 1959. 本种与乌榄的主要区别：小叶2（3-4）对，长4.5-8.5厘米，宽2-4厘米，下面被柔毛；果序长4-11厘米，稍被灰色柔毛；果萼3浅裂，径5毫米，果黄绿色，纺锤形。花期11月至翌年5月，果期翌年11月。产云南南部河口，生于海拔120-700米山谷林中。越南有分布。

图 545：1-3.乌榄 4-5.小叶榄
（仿《图鉴》）

3. 方榄

图546：1-7

Canarium bengalense Roxb. Fl. Ind. 136. 1832.

乔木，高达25米，胸径1.2米。小枝径1-1.5厘米，幼时疏被灰色柔毛。

顶芽被黄色柔毛。托叶钻形，被柔毛，早落；小叶6-8（-10）对，长圆形或倒卵状披针形，长10-20厘米，宽4.5-6厘米，先端骤渐尖，尖头长1-1.5厘米，基部圆，上面无毛，下面被柔毛，叶缘波状或全缘，侧脉18-20（-25）对。花序腋生，雄花为聚伞圆锥花序，长30-40厘米，近无毛，分枝长3-4厘米。花萼长2毫米，雄蕊6，

无毛，花丝连合1/2以上。雄花花盘筒状，高1.5-1.8毫米，边缘及外侧密被直伸硬毛；雌花花盘环状，3浅裂，流苏状。果序腋上生或腋生，长5-8厘米，具果1-3。果萼碟形，3浅裂，径约3毫米；果绿色，纺锤形具3凸肋，长4.5-5厘米，径1.8-2厘米，无毛，或倒卵形具3-4凸肋，顶端骤尖、平截或凹下，柱头宿存，果核横切面锐三角形至圆形。果期7-10月。

产广西西南部及云南东南部，生于海拔400-1300米林中。孟加拉国、印度东北部、缅甸、泰国及老挝有分布。果可食。种子油可制肥皂或作润滑油。木材用途同橄榄。

[附] **毛叶榄** 图546：8-9 **Canarium subulatum** Guill. in Bull. Soc. Bot. France 55: 613. 1908.本种与方榄的主要区别：幼枝被褐色茸毛，后脱落；具钻形或线形托叶，小叶2-5对，宽卵形或披针形，先端渐尖，下面被茸毛；果卵形或椭圆形。果期9月。产云南南部，生于海拔450-1500米沟谷疏林中。越南、泰国及柬埔寨有分布。

[附] **滇榄** 图546：10-11 **Canarium strictum** Roxb. Fl. Ind. 138. 1832. 本种与方榄的主要区别：幼枝密被锈色绵毛；小叶5-6对，卵状披针形或椭圆形，下面近无毛或密被锈色绒毛，叶缘具细圆齿或微波状；果倒卵状

图 546：1-7.方榄 8-9.毛叶榄
10-11.滇榄 （曾孝濂绘）

球形或椭圆形，长3.5-4.5厘米。果期4-5月。产云南西双版纳。印度、锡金及缅甸北部有分布。果可生食；种子可榨油；树脂深褐色，如松脂，可点灯照明。

165. 漆树科 ANACARDIACEAE
（闵天禄）

常绿或落叶，乔木或灌木，稀木质藤本或亚灌木状草本；韧皮部具树脂。单叶、3 小叶或羽状复叶，互生，稀对生；无托叶。圆锥花序，稀总状花序。花小，辐射对称，两性、单性或杂性。花萼 3-5 深裂，稀缺；花瓣 3-5，稀缺；内生花盘环状、杯状或坛状，全缘或 5-10 裂；雄蕊 5-12，花丝线形或钻形，花药内侧向纵裂；心皮 1-5，稀较多，合生，稀离生，子房上位，稀半下位或下位，1（2-5）室，每室 1 倒生胚珠。核果。种子 1，胚大，弯曲或直伸，子叶膜质或肉质，无胚乳或具少量胚乳。

约 60 属 600 余种，分布热带、亚热带，少数至北温带地区。我国 16 属 55 种。

1. 羽状复叶、3 小叶复叶或单叶；雌花具花被，无叶状苞片，心皮 3-5，稀 1。
  2. 单叶全缘；心皮 5，离生或仅 1 个。
    3. 心皮 5（6）、离生，常 1 枚发育；雄蕊 8-12，全发育；果为双凸镜状 ………… 1. 山檨子属 Buchanania
    3. 心皮 1；雄蕊 5-10，部分退化至仅 1 枚发育。
      4. 雄蕊 8-10，常 1 枚发育；花柱侧生；核果肾形，果托梨形或棒状 ………… 2. 腰果属 Anacardium
      4. 雄蕊 5，稀 10-12，常 1 枚稀 2-5 枚发育；花柱顶生；果非肾形，花托不形成果托 …………
      ………………………………………………………………………………………………… 3. 杧果属 Mangifera
  2. 羽状复叶，稀 3 小叶复叶或单叶；心皮 3-5，合生。
    5. 心皮 4-5，子房 4-5 室，稀 1 室。
      6. 乔木或灌木；子房 4-5 室。
        7. 花 5 基数；花柱顶生；核果球形或椭圆状球形。
          8. 花瓣覆瓦状排列；花柱 5。
            9. 花两性；花柱下部离生，上部靠合；果球形或扁球形，果核扁 ………… 4. 人面子属 Dracontomelon
            9. 花单性或杂性；花柱离生；果椭圆状球形，果核不扁 ………… 5. 南酸枣属 Choerospondias
          8. 花瓣镊合状排列，花柱合生，花杂性；果椭圆状或倒卵状球形 ………… 6. 槟榔青属 Spondias
        7. 花 4 基数；花柱侧生；核果近肾形，侧扁 ………………………………… 7. 厚皮树属 Lannea
      6. 木质藤本；子房 1 室 ………………………………………………………………… 8. 藤漆属 Pegia
    5. 心皮 3，子房 1 室。
      10. 子房上位，花托不形成果托。
        11. 花具花萼及花瓣。
          12. 单叶；果期不孕花梗伸长，被长柔毛 ……………………………………… 9. 黄栌属 Cotinus
          12. 羽状复叶或 3 小叶复叶。
            13. 羽状复叶，若 3 小叶复叶则花序腋生，中果皮蜡质。
              14. 圆锥花序顶生；果红色，被腺毛及柔毛，外果皮和中果皮连合，和果核分离 …………
              ………………………………………………………………………………………… 10. 盐肤木属 Rhus
              14. 圆锥或总状花序腋生；果黄绿色，无腺毛，外果皮分离，中果皮白色蜡质，和果核连生
              ………………………………………………………………………………………… 11. 漆属 Toxicodendron
            13. 3 小叶复叶；圆锥花序顶生兼腋生；中果皮红色胶质，和果核连生 ……… 12. 三叶漆属 Terminthia
        11. 花具花萼，无花瓣 …………………………………………………………………… 13. 黄连木属 Pistacia
      10. 子房半下位或下位；果期花托形成果托；单叶。
        15. 子房半下位，花柱 3 …………………………………………………………………… 14. 肉托果属 Semecarpus
        15. 子房下位，花柱 1 …………………………………………………………………… 15. 辛果漆属 Drimycarpus
1. 单叶；雌花无花萼、无花瓣，单心皮雌蕊着生叶状苞片中脉 ………………………… 16. 九子母属 Dobinea

1. 山樣子属 Buchanania Spreng.

常绿或落叶，乔木或灌木。单叶互生，全缘。圆锥花序。花两性，常5基数，白色，芳香；花萼3-5裂，覆瓦状排列；花瓣3-5，覆瓦状排列，花时外卷；花盘坛状或杯状，具纵槽或4-6裂；雄蕊8-12，全发育；心皮5（6），离生，常1枚发育，子房1室，1胚珠，花柱短，柱头头状。核果双凸镜状，红色，干后黑褐色。

约25种，分布热带亚洲及大洋洲。我国4种。

1. 叶下面或沿中脉被毛；花丝线形，花药长圆形。
　　2. 叶椭圆形或倒卵状椭圆形，长12-24厘米，下面被锈色长柔毛；花序被锈色绒毛 ⋯⋯⋯⋯⋯⋯⋯⋯⋯⋯⋯⋯⋯⋯⋯⋯⋯⋯⋯⋯⋯⋯⋯⋯⋯⋯⋯⋯⋯⋯⋯⋯⋯ 1. 豆腐果 B. latifolia
　　2. 叶倒卵形，长4-10厘米，下面沿中脉被微柔毛；花序被微柔毛 ⋯⋯⋯⋯⋯⋯⋯⋯⋯⋯⋯⋯⋯⋯⋯⋯⋯⋯⋯⋯⋯⋯ 1(附). 小叶山樣子 B. microphylla
1. 叶两面无毛；花丝钻形，花药箭形 ⋯⋯⋯⋯⋯⋯⋯⋯⋯⋯⋯⋯⋯⋯ 2. 山樣子 B. arborescens

1. 豆腐果　　　　　　　　　　图547 彩片167

Buchanania latifolia Roxb. Fl. Ind. 2: 385. 1832.

落叶乔木，高达15米；小枝粗，幼枝被锈色绒毛。叶椭圆形或倒卵状椭圆形，长12-24厘米，先端圆或凹缺，下面被锈色长柔毛，侧脉12-20对，

上面侧脉及网脉凹下；叶柄长1.5-2.2厘米，被长柔毛。花叶同放，圆锥花序被锈色绒毛。花无梗；萼片披针形，长1.5毫米，被锈色柔毛；花瓣长圆形，长2.5毫米，外卷；雄蕊10，花丝线形，花药长圆形；子房密被锈色绒毛。核果双凸镜状，径约9毫米，厚约6毫米，紫褐色。

产云南南部及海南，生于海拔120-900米沟谷疏林中。中南半岛、印度及马来西亚有分布。木材质轻，不耐腐，可作箱板及家具。种子可磨豆腐。

图 547 豆腐果 （李锡畴绘）

[附] **小叶山樣子 Buchanania microphylla** Engl. in DC. Monog. Phan. 4: 185. 1883. 本种与豆腐果的区别：叶倒卵形，长4-10厘米，两面沿中脉被微柔毛，侧脉及网脉两面凸起；花序被微柔毛，花萼长约1毫米；果较小。产海南，生于山坡或沟谷林中。菲律宾有分布。

2. 山樣子　　　　　　　　　　图548

Buchanania arborescens (Bl.) Bl. Mus. Bot. 1: 183. 1850.

Coniogeton arborescens Bl. Bidjr. 1159. 1827-1828.

常绿乔木。小枝疏被黄色微柔毛或近无毛。叶革质，倒卵状长圆形或倒卵状椭圆形，长8-18（-20）厘米，宽4-6厘米，先端钝或稍圆，基部窄楔形，全缘，两面无毛，侧脉纤细，10-15对，侧脉、网脉在两面凸起；叶柄

长 2-2.5（-3）厘米。花叶同放，圆锥花序顶生及腋生，长 8-10 厘米，被锈色微柔毛。花白色，径 3-4 毫米；花萼裂片近圆形，无毛，具睫毛，花瓣椭圆形或近圆形，长 3-4 毫米，肉质；雄蕊与花瓣近等长。花丝线状钻形，较花药稍长，花药箭形；花盘大而厚；心皮 5，被微柔毛，离生，1 枚发育。核果卵形，双凸镜状，径约 8 毫米，无毛。

产台湾南部，生于海边。印度、中南半岛、印尼爪哇及菲律宾有分布。

图 548 山様子 （引自《Fl.Taiwan》）

2. 腰果属 Anacardium (Linn.) Rottboell

灌木或乔木。单叶互生，全缘。圆锥花序顶生。花杂性或雌雄异株；具苞片；萼片 5 深裂，裂片覆瓦状排列；花瓣 5，覆瓦状排列，花时外卷；雄蕊 8-10，不等长，常 1 枚发育，花丝线形，花药宽椭圆形，丁字着生；心皮 1，子房 1 室 1 胚珠，花柱侧生。核果肾形，侧扁，果托肉质，梨形或棒状。种子肾形，直立。

约 15 种，主产热带美洲，1 种广植于热带地区。

腰果　　　　　　　　　　　　图 549　彩片 168

Anacardium occidentale Linn. Sp. Pl. 383. 1753.

小乔木或灌木状，高达 10 米。小枝无毛或近无毛。叶革质，倒卵形，长 8-14 厘米，先端圆、平截或微凹，无毛，侧脉及网脉两面凸起；叶柄长 1-1.5 厘米。圆锥花序长 10-20 厘米，多花，密被锈色微柔毛。苞片披针形，长 0.5-1 厘米；花黄色，杂性，无梗或具短梗；萼片披针形，长约 4 毫米；花瓣线状披针形，长 7-9 毫米；雄蕊 7-10，1 枚发育，长 8-9 毫米，不育雄蕊长 3-4 毫米；子房无毛，花柱侧生，钻形。核果长 2-2.5 厘米，宽 1.5 厘米，果托梨形，鲜黄或紫红色，长 3-7 厘米，径 4-5 厘米。种子长 1.5-2 厘米，宽约 1 厘米。

原产热带美洲。云南、广西、海南、广东、福建及台湾等地栽培，适生于低海拔干热地区。种仁富含油脂，多用于巧克力糖的原料。果托可食或作果酱、蜜饯。

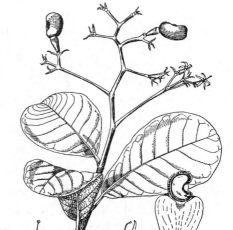

图 549　腰果　（引自《海南植物志》）

3. 杧果属 Mangifera Linn.

常绿乔木。单叶互生，全缘，具柄。圆锥花序顶生。花杂性，4-5 基数，苞片小，早落。花梗具节；花萼裂片 4-5，覆瓦状排列；花瓣 4-5（6），覆瓦状排列，具褐色脉纹；花盘垫状，4-5 浅裂，稀无；雄蕊 5，稀 10-12，常 1 枚稀 2-5 枚发育，余退化成小齿状，极稀无；心皮 1，与发育雄蕊对生，子房 1 室 1 胚珠，花柱顶生。核果中果皮肉质多汁，富含纤维，果核木质。种子大，子叶扁平，常不对称或分裂，胚直伸。

约 50 余种，分布于热带亚洲。我国 5 种。

多为著名热带水果，优良栽培品种果肉厚，纤维少，果核小，汁多味美。外果皮入药，可利尿，果核止咳；叶及树皮可作黄色染料；木材坚硬，耐海水，供舟车用材。树冠浓密，常绿，为热带庭园及行道树种。

1. 花序被毛。

　2. 花序长达 35 厘米，具总梗；退化雄蕊 3-4，具不育疣状花药；果长 5-10 厘米，果肉厚，果核扁 ·················
·· 1. 杧果 **M. indica**

2. 花序长约14厘米，基部分枝；无退化雄蕊；果长3.5-5厘米，果肉薄，果核不扁 ·················· ····························· 1(附). 泰国杜果 **M. siamensis**

1. 花序无毛。

　3. 叶披针状；花梗及萼片无毛；退化雄蕊无花药。

　　4. 叶窄披针形，宽2-2.8厘米；退化雄蕊2-3；果桃形，稍扁，无喙尖，果核扁 ·················· ·· 2. 扁桃 **M. persiciformis**

　　4. 叶披针形，宽3-5.5厘米；退化雄蕊1-2；果长卵形，具弯曲长喙，果核球形 ·················· ····································· 2(附). 林生杜果 **M. sylvatica**

　3. 叶长圆状披针形；花梗及萼片被微柔毛；退化雄蕊具不育花药 ················· 2(附). 长梗杜果 **M. longipes**

1. 杜果

图 550 彩片 169

Mangifera indica Linn. Sp. Pl. 200. 1753.

大乔木，高达20米。叶长圆形或长圆状披针形，长12-30厘米，先端渐尖，侧脉20-25对；叶柄长2-6厘米。圆锥花序长20-35厘米，具总梗，被黄色微柔毛，萼片长2.5-3毫米，被微柔毛；花瓣长3.5-4毫米，具3-5突起脉纹；能育雄蕊1，长约2.5毫米，退化雄蕊3-4，具极短花丝及不育疣状花药。核果肾形，长5-10厘米，径3-4.5厘米，果核扁。

图 550 杜果 （仿《图鉴》）

产云南、广西、海南、广东、福建及台湾，生于海拔200-1350米河谷及林中。中南半岛、印度及马来西亚有分布。国内外广为栽培，多优良品种，果形、大小、果肉厚度及品质均有差异。

[附] 泰国杜果 **Mangifera siamensis** Warbg. ex Craib. in Bot. Tidsskr. 32: 330. 1915. 本种与杜果的区别：花序长约14厘米，基部分枝，无退化雄蕊；果长3.5-5厘米，果肉薄，果核不扁。产云南南部，生于海拔630-640米。泰国北部有分布。

2. 扁桃

图 551: 1-5

Mangifera persiciformis C. Y. Wu et T. L. Ming, Fl. Yunnan. 2: 368. pl. 113. f. 1-5. 1979.

常绿乔木。叶窄披针形，长11-20厘米，宽2-2.8厘米，先端骤尖或短渐尖，边缘皱波状，无毛，侧脉网脉两面凸起，侧脉约20对，近叶缘弧形网结；叶柄长1.5-3.5厘米。圆锥花序顶生，单生或2-3簇生，长10-20厘米，基部分枝，无毛。苞片三角形，长约1.5毫米；花黄绿色，无毛；花梗长约2毫米，中部具节；萼片4-5，卵形，长约2毫米，无毛，内

凹；花瓣4-5，长圆状披针形，长约4毫米，具4-5突起脉纹；花盘垫状，4-5裂；能育雄蕊1，长2.5-3毫米，退化雄蕊2-3，钻形或小齿状，无花药；花柱近顶生，雄蕊近等长。核果桃形，稍扁，长5厘米，宽约4厘米，果肉较薄，多纤维，核极扁。

产云南东南部、贵州南部及广西南部，生于海拔290-600米山地。树干通直，树冠近塔形，为优良园林及行道树种。

[附] 林生杜果 图551: 6-7 彩片170 **Mangifera sylvatica** Roxb. Fl.

Ind. 1: 644. 1832. 本种与扁桃的区别：叶披针形，宽3-5.5厘米，先端渐尖，网脉不明显，叶柄长3-7厘米；苞片卵状披针形，花白色，花梗长3-8毫米，无毛，萼片卵状披针形，无毛，花瓣披针形或线状披针形，长约7毫米，退化雄蕊1-2，无花药；果长卵形，具弯曲长喙，果核球形。产云南南部，生于海拔620-1900米沟谷或山坡林中。中南半岛及东喜马拉雅热带地区有分布。

[附] 长梗杧果 Mangifera longipes Griff. Notul. 4: 419. 1854. 本种与林生杧果的区别：叶长圆状披针形；花梗及萼片被微柔毛，退化雄蕊具不育花药；果球形，顶端无喙状弯曲。产云南东南部及西南部，生于海拔约300米山地。中南半岛、马来西亚、印度尼西亚及菲律宾有分布。

图 551: 1-5.扁桃 6-7.林生杧果
（曾孝濂绘）

4. 人面子属 Dracontomelon Bl.

常绿乔木。奇数羽状复叶互生，小叶互生或近对生，全缘，稀具齿；具短柄。圆锥花序。花两性，具花梗；花萼5裂，裂片覆瓦状排列；花瓣5，覆瓦状排列，先端外卷；花盘环形，边缘浅波状；雄蕊10，与花瓣等长，花丝线形，花药长圆形，丁字着生；心皮5，合生，子房5室，每室1倒生垂悬胚珠，花柱5，上部靠合，下部离生，柱头尖塔形。核果球形或扁球形，果核扁，形如人面。种子椭圆状三棱形，稍扁。

约8种，分布中南半岛、马来西亚至斐济。我国2种。

人面子

图 552

Dracontomelon duperreanum Pierre, Fl. For. Cochinch. 5: pl. 374. 1898. *Dracontomelon dao* auct. non (Blanco) Merr. et Rolfe: 中国高等植物图鉴 2: 637. 1972.

常绿大乔木，高达25余米，胸径1.5米，具板根。幼枝被灰色绒毛。复叶长30-45厘米，小叶5-7对，叶轴及叶柄疏被柔毛；小叶长圆形，两面沿中脉被微柔毛，下面脉腋具髯毛，侧脉8-9对，侧脉及细脉两面凸起，小叶柄长2-5毫米。花序长10-23厘米，疏被灰色微柔毛。花白色；花梗长2-3毫米，被微柔毛；萼片宽卵形或椭圆状卵形，长3.5-4毫米，两面被灰黄色微柔毛；花瓣披针形或窄长圆形，长约6毫米，具3-5暗褐色脉纹，花时外卷；花盘浅波状，无毛；花丝线形，无毛，长约3.5毫米，花药长约1.5毫米。核果黄色，扁球形，长约2厘米，径约2.5厘米，果核扁，径1.7-1.9厘米；种子3-4。花期4-5月，果期8月。

产云南东南部、广西南部、海南及广东，生于海拔100-350米林中。越

图 552 人面子 （引自《海南植物志》）

南有分布。木材有光泽，纹理美观，耐久用，供造船、建筑及家具等用。

5. 南酸枣属 Choerospondias Burtt et Hill

落叶乔木，高达30米。小枝无毛，具皮孔。奇数羽状复叶互生，长2.5-40厘米，小叶7-13，对生，窄长卵形或长圆状披针形，长4-12厘米，先端长渐尖，基部宽楔形，全缘，下面脉腋具簇生毛；小叶柄长2-5毫米。花单性或杂性异株，雄花和假两性花组成圆锥花序，雌花单生上部叶腋。萼片5，被微柔毛；花瓣5，长圆形，长2.5-3厘米，外卷；雄蕊10，与花瓣等长；花盘10裂，无毛；子房5室，每室1胚珠，花柱离生。核果黄色，椭圆状球形，长2.5-3厘米，中果皮肉质浆状，果核顶端具5小孔。种子无胚乳。

单种属。

南酸枣   图 553

Choerospondias axillaris (Roxb.) Burtt et Hill. in Ann. Bot. ser. 1: 254. 1937.

Spondias axillaris Roxb. Fl. Ind. 2: 45. 1832.

形态特征同属。花期4月，果期8-10月。

产甘肃南部、安徽、浙江、福建、江西、湖北、湖南、广东、香港、海南、广西、贵州、云南、四川及西藏东南部，生于海拔300-2000米山坡、丘陵或沟谷林中。日本、中南半岛北部及印度东北部有分布。为速生用材树种。果肉可食，果核制活性炭，树皮及叶富含鞣质；茎皮纤维可造纸。树皮及果核药用，可消炎，止血，外用可治烫伤。

图 553 南酸枣 （引自《海南植物志》）

6. 槟榔青属 Spondias Linn.

落叶乔木。单叶或一至二回奇数羽状复叶互生，小叶全缘或具齿。圆锥或总状花序。花杂性；花萼4-5裂；花瓣4-5，镊合状排列；花盘波状浅裂；雄蕊8-10，花丝线形，花药长圆形；心皮（1）4-5，子房（1）4-5室，每室1胚珠，花柱合生。核果中果皮肉质，果核木质。

约12种，分布亚洲及美洲热带。我国3种。

1. 羽状复叶；子房4-5室。
  2. 小叶5-11对，被毛；花叶同放；果倒卵圆形，果核近方形 ···················· 1. **岭南酸枣 S. lakonensis**
  2. 小叶2-5对，无毛；先叶开花；果椭圆形，果核椭圆形 ···················· 2. **槟榔青 S. pinnata**
1. 单叶；子房1室 ·· 2(附). **单叶槟榔青 S. haplophylla**

1. 岭南酸枣   图 554

Spondias lakonensis Pierre, Fl. For. Cochinch. 5: pl. 375. 1898.

乔木，高达15米。幼枝被微柔毛。奇数羽状复叶具11-23小叶，叶轴及叶柄圆，被微柔毛；小叶长圆状披针形，长6-10厘米，宽1.5-3厘米，先端渐尖，基部宽楔形或圆，幼叶上面疏被微柔毛，后脱落，下面沿脉及脉腋被毛，侧脉8-10对；小叶柄长约2

毫米。花叶同放，圆锥花序长15-25厘米，序轴及分枝、花梗、花萼均被微柔毛。花梗长2.5-3.5毫米，花萼长约0.6毫米，花瓣长约2.5毫米，无毛；子房4（5）室。果倒卵圆形，长0.8-1厘米，径6-7毫米，果核近方形，4个侧面微凹，顶端具4角。

产福建、湖南西南部、广东、海南、广西及云南东南部，生于阳坡林中。中南半岛有分布。果酸甜可食。木材轻软，不耐腐，供家具、箱板等用。

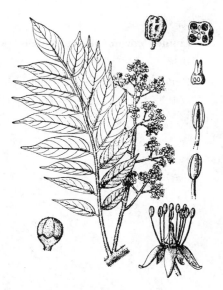

图 554 岭南酸枣 （引自《海南植物志》）

2. 槟榔青

图 555 彩片 171

Spondias pinnata (Linn. f.) Kurz, Prelim. Rep. For. et Veg. Pegu. Append. A. 44. app. B. 42. 1875.

Mangifera pinnata Linn. f. Suppl. Sp. Pl. 156. 1871.

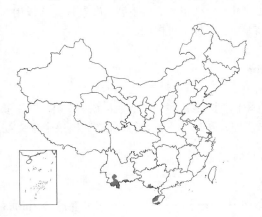

乔木，高达15米。复叶具5-9小叶，叶柄长10-15厘米，无毛；小叶对生，长圆状椭圆形或卵状长圆形，长7-12厘米，先端尾尖，侧脉密而平行，两面无毛，小叶柄长3-5毫米。先叶开花，圆锥花序顶生，长25-35厘米，无毛。花无梗或近无梗，基部具苞片；花萼无毛，裂片宽三角形；花瓣卵状长圆形；雄蕊10，花盘10裂；子房5室。核果黄褐色，椭圆形，长3.5-5厘米，果核椭圆形，种子2-3。花期3-4月，果期5-9月。

产云南南部、广西南部及海南，生于海拔（360-）460-1200米沟谷或山坡林中。中南半岛、印度、马来西亚、印度尼西亚及菲律宾有分布。果可食；树皮富含鞣质。

[附] **单叶槟榔青 Spondias haplophylla** Airy-Shaw et Forman in

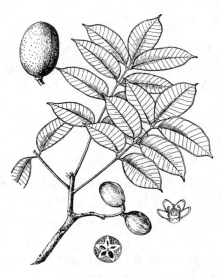

图 555 槟榔青 （引自《海南植物志》）

Kew Bull. 21(1): 17. f. 3. 1967. 本种与槟榔青的区别：单叶，无毛；花萼裂片短三角形，花瓣椭圆状长圆形；子房1室。产云南南部，生于海拔约1500米山区。缅甸北部有分布。

7. 厚皮树属 Lannea A. Rich.

乔木。奇数羽状复叶，互生；小叶对生，全缘。圆锥或总状花序顶生。花单性同株或异株；花萼4裂，裂片覆瓦状排列；花瓣4，覆瓦状排列；内生花盘环状；雄蕊8；雌花雄蕊较短，花药不育；子房4室，每室1胚珠，花柱侧生，雄花具退化雌蕊。核果近肾形，侧扁，较小，中果皮薄，果核近肾形，1-4室。

约20种，主产热带非洲。我国1种。

厚皮树

图 556 彩片 172

Lannea coromandelica (Houtt.) Merr. in Journ. Arn. Arb. 19: 353. 1938.

Dialium coromandelica Houtt. Nat. Hist. 2(2): 39. t. 5. f. 2. 1774.

落叶乔木；树皮厚，灰白色。小枝密被锈色星状毛。复叶具7-9小叶，叶轴及叶柄疏被锈色星状毛；小叶长卵形或长圆状卵形，长5.5-9厘米，先端尾尖，下面沿脉疏被锈色星状毛及微柔毛，侧脉6-10对；小叶柄长1-3毫米，被锈色星状毛。雄花序圆锥状，长15-30厘米，雌花序短总状，被锈色星状毛。花萼无毛，裂片卵形，长约1毫米；花瓣卵状长圆形，长约2.7毫米，外卷；雄蕊与花瓣等长；子房

图 556 厚皮树 （引自《海南植物志》）

4室，1室发育。核果紫红色，长0.8-1厘米。

产云南南部、广西南部、广东西南部及海南，生于海拔130-1800米山坡、溪边或沟谷林中。中南半岛印度及印尼爪哇有分布。树皮富含鞣质；茎皮纤维可织粗布；木材轻软，不易变形，干后不裂，供家具及箱板用；种子可榨油。

8. 藤漆属 Pegia Colebr.

木质藤本。奇数羽状复叶，互生；小叶对生或近对生，具齿；具短柄。圆锥花序。花杂性；花萼5裂，裂片覆瓦状排列；花瓣5，覆瓦状排列；雄蕊10，花药近圆形；花盘5裂，肥厚；子房球形，1室1胚珠。核果中果皮红色胶质，熟后紫褐色。种子扁长圆形。

约3种，分布中南半岛至东喜马拉雅地区。我国2种。

1. 幼枝、叶轴、叶柄及花序密被黄色绒毛；小叶卵形或卵状椭圆形 ·················· 藤漆 **P. nitida**
1. 幼枝无毛，叶轴及叶柄被卷曲微柔毛；花序疏被微柔毛；小叶长圆形或长圆状椭圆形 ··················
··················· (附). 利黄藤 **P. sarmentosa**

藤漆

图 557

Pegia nitida Colebr. in Trans. Linn. Soc. 15: 364. 1827.

攀援木质藤本。小枝密被黄色绒毛。复叶具9-15小叶，叶轴及叶柄圆，被黄色绒毛；小叶膜质或薄纸质，卵形或卵状椭圆形，长4-11厘米，宽2-4.5厘米，先端短渐尖或骤尖，基部近心形，上部具钝齿，上面疏被柔毛，中脉被微柔毛，下面沿中脉被黄色平伏柔毛，脉腋具髯毛，侧脉6-8对；小叶柄长2-3毫米。圆锥花序长20-35厘米，被黄色绒毛。花白色；小苞片钻形，被柔毛；花梗长约1.5毫米，无毛；萼片无毛，窄三角形，长约1毫米；花瓣长卵形，长约1.5毫米；雄蕊较花瓣短；子房无毛，花柱5，侧生。核果黑色，椭圆形，长约1厘米，稍扁。

产西藏东南部、云南、贵州及广西西部，生于海拔500-1750米沟谷林

中。中南半岛北部至东喜马拉雅地区有分布。

[附] **利黄藤** 彩片 173 **Pegia sarmentosa** (Lecomte) Hand.-Mazz. in Sinesia 3: 187. 1933. —— *Phlebochiton sarmentosa* Lecomte in Bull. Soc. Bot. France 54: 528. 1907. 本种与藤漆的区别：小枝无毛，叶轴及叶柄被卷曲微柔毛；小叶长圆形或长圆状椭圆形，上面中脉被卷曲微柔毛，下面无毛；花序疏被微柔毛。产云南东南部、贵州东南部、广西及广东，生于石山灌丛或密林中。越南、老挝及加里曼丹岛有分布。

图 557 藤漆 （李锡畴绘）

9. 黄栌属 Cotinus (Tourn.) Mill

落叶灌木或小乔木。单叶互生；叶柄细。圆锥花序顶生。花杂性，仅少数发育；不孕花花梗长，被长柔毛；苞片披针形，早落；花萼5裂，裂片覆瓦状排列；花瓣覆瓦状排列；花盘环状；雄蕊5，较花瓣短；心皮3，子房偏斜，1室1胚珠，花柱3，侧生。核果扁肾形。种子无胚乳。

约5种，间断分布于南欧、东亚及北美温带地区。我国2种3变种。木材黄色，古代作黄色染料；树皮及叶富含鞣质；叶含芳香油脂。

1. 叶下面无毛，被白粉 ··· **粉背黄栌 C. coggygria** var. **glaucophylla**
1. 叶两面或下面被灰色柔毛 ······················· （附）. **红叶 C. coggygria** var. **cinerea**

粉背黄栌 黄栌　　　　　　　　　　　　　图 558

Cotinus coggygria Scop. var. **glaucophylla** C. Y. Wu, Fl. Yunnan. 2: 386. 1979.

Cotinus coggygria auct. non Acop.: 中国高等植物图鉴 2: 639, 1972, pro part.

灌木，高达5米。芽鳞暗褐色。叶卵圆形，长3.5-10厘米，先端圆或微凹，基部圆或宽楔形，全缘，两面无毛，下面被白粉；叶柄长1.5-3.3厘米。圆锥花序顶生，近无毛。花梗长0.7-1厘米；萼片卵状披针形，长1.2毫米，无毛；花瓣长圆形，长2-2.5毫米；雄蕊长约1.5毫米；花盘5裂，紫褐色；子房无毛，花柱3，不等长，侧生。核果扁肾形，长4.5毫米，宽2.5毫米。

产陕西、甘肃、河北、河南、贵州、四川及云南，生于海拔1620-2400米山坡或沟边灌丛中。

[附] **红叶** 彩片 174 **Cotinus coggygria** var. **cinerea** Engl. in Engl. Bot. Jahrb. 1: 403. 1881. 与粉背黄栌的区别：叶两面或下面被灰色柔毛，

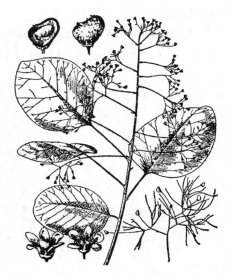

图 558 粉背黄栌 （引自《图鉴》）

叶柄极短；花序被柔毛。产山东、河北、河南、湖北西部及四川，生于海拔700-1620米阳坡灌丛中。东南欧有分布。秋叶红艳，北京称"西山红叶"。

10. 盐肤木属 Rhus (Tourn.) Linn. emend. Moench

落叶灌木或乔木。奇数羽状复叶、3小叶复叶或单叶，互生。圆锥或复穗状花序顶生。花杂性或单性异株；苞片宿存或脱落；花萼5裂，裂片覆瓦状排列；花瓣5，覆瓦状排列；内生花盘环状；雄蕊5，在雄花中伸出，花药卵圆形；子房1室1胚珠，花柱3裂。核果近球形，被腺毛及柔毛，红色，中果皮肉质，与外果皮连生，果核骨质。约250种，广布亚热带及暖温带。我国6种。

1. 小叶具锯齿。
   2. 叶轴具叶状宽翅 ·· 1. 盐肤木 R. chinensis
   2. 叶轴无翅 ··· 1(附). 滨盐肤木 R. chinensis var. roxburghii
1. 小叶全缘或上部疏生齿。
   3. 叶轴具叶状宽翅；小叶卵形或长圆形，先端圆，上面被糙伏毛，下面被微硬毛，具乳突 ··············
   ··· 2. 川麸杨 R. wilsonii
   3. 叶轴无翅，稀上部具窄翅。
     4. 小叶 7-13，下面沿中脉稍被毛。
       5. 小枝被毛；小叶下面常带红色，无柄。
         6. 小枝、叶轴、叶柄及小叶下面被微柔毛，叶轴上部具窄翅 ········ 3. 红麸杨 R. punjabensis var. sinica
         6. 小枝、叶轴、叶柄及小叶下面密被柔毛，叶轴无翅 ········ 3(附). 毛叶麸杨 R. punjabensis var. pilosa
       5. 小枝无毛；小叶下面非红色，两面沿中脉被毛或无毛，具短柄 ·············· 4. 青麸杨 R. potaninii
     4. 小叶 9-19，下面密被白色绢状绒毛 ···································· 4(附). 白背麸杨 R. hypoleuca

1. 盐肤木

图 559 彩片 175

Rhus chinensis Mill. Gard. Dict. ed. 8, 7. 1768.

图 559 盐肤木 （引自《中国森林植物志》）

小乔木或灌木状，高达10米。小枝被锈色柔毛。复叶具7-13小叶，叶轴具叶状宽翅，叶轴及叶柄密被锈色柔毛，小叶椭圆形或卵状椭圆形，长6-12厘米，具粗锯齿，下面灰白色，被锈色柔毛，脉上毛密；小叶无柄。圆锥花序被锈色柔毛，雄花序长30-40厘米，雌花序较短。花白色；苞片披针形；花梗长约1毫米，被微柔毛；花萼被微柔毛，裂片长卵形，长约1毫米；花瓣倒卵状长圆形，长约2毫

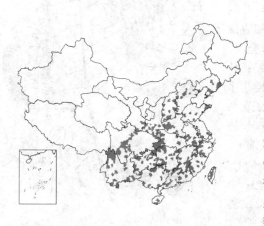

米，外卷；雄蕊长约2毫米，雌花退化雄蕊极短。核果红色，扁球形，径4-5毫米，被柔毛及腺毛。花期8-9月，果期10月。

产辽宁、河北、山西、河南、山东、江苏、安徽、浙江、福建、台湾、江西、湖北、湖南、广东、海南、广西、贵州、云南、四川、甘肃及陕西，生于海拔170-2700米阳坡、丘陵、沟谷疏林或灌丛中。日本、朝鲜半岛南部、中南半岛、印度、马来西亚及印度尼西亚有分布。

幼枝及叶生虫瘿，称五倍子，富含鞣质，为医药、制革、塑料、墨水等工业原料。树皮含鞣质约3.5%；种子含油量20-25%，可榨油供工业用；虫瘿可药用，为收敛剂、止血剂及解毒药，叶煎液可治疮。秋叶红艳，供观赏。

[附] **滨盐肤木 Rhus chinensis** var. **roxburghii** (DC.) Rehd. in Journ. Arn. Arb. 20: 416. 1939. —— *Rhus semialata* Murr. var. *roxburghii* DC. Prodr. 2: 67. 1826. 本种与原变种的区别：叶轴无翅。产西南、华南及华东，生于海拔280-2800米山坡、沟谷疏林、灌丛中。

2. 川麸杨　　　　　　　　　　图 560: 1-5

Rhus wilsonii Hemsl. in Kew Bull. 1906: 155. 1906.

灌木。幼枝密被灰黄色柔毛。复叶具11-19（-27）小叶，叶轴具叶状宽翅，和叶柄被微硬毛及柔毛；小叶卵形或长圆形，长2-6厘米，全缘，先端圆，具小尖头，上面被糙伏毛，下面粉绿色，被微硬毛，具乳突，上面中脉及侧脉微凹，近无柄。圆锥花序顶生或近顶生，长3-10厘米，密被灰白色柔毛。花黄白色，径约3毫米；苞片披针形，长1-3毫米，小苞片被毛；花梗长1-3毫米，被柔毛；花萼裂片三角状卵形，长约1毫米；花瓣卵状长圆形，长约2毫米，具褐色羽状脉纹，中下部被白色髯毛；花盘波状5浅裂，无毛；花柱3，无毛。果稍扁球形，红色，径约4毫米，被具节柔毛及腺毛。花期4-6月，果期9-10月。

图 560: 1-5.川麸杨　6.红麸杨
（李锡畴绘）

产四川及云南，生于海拔350-1300（-2300）米石灰岩山地灌丛中。

3. 红麸杨　　　　　　　　　　图 560: 6

Rhus punjabensis Stewort var. **sinica** (Diels) Rehd. et Wils. in Sarg. Pl. Wilson. 2: 176. 1914.

Rhus sinica Diels in Engl. Bot. Jahrb. 29: 432. 1900.

乔木，高达15米。幼枝被微柔毛。复叶具7-13小叶，叶轴上部具窄翅；小叶卵状长圆形或长圆形，长5-12厘米，先端渐尖或长渐尖，基部圆或近心形，全缘，下面疏被微柔毛或仅脉被毛，常变红色；近无柄。花序长15-20厘米，密被细绒毛。花白色；苞片钻形，长1-2毫米；花萼裂片三角形，长约1毫米；花瓣长圆形，长约2毫米，外卷，被微柔毛；花盘紫红色；雄蕊与花瓣等长。果稍扁，近球形，径约4毫米，暗紫红色，被具节柔毛及腺毛。

产云南、西藏、四川、贵州、湖南、湖北、陕西、甘肃南部及河南，生于海拔460-3000米山坡灌丛或林中。

[附] **毛叶麸杨 Rhus punjabensis** var. **pilosa** Engler in DC. Monog. Phan. 4: 378. 1883. 本种与红麸杨的区别：小枝、叶轴、叶柄及小叶下面均密被柔毛，叶轴无翅。产云南西北部、四川西部及西藏东南部，生于海拔2000-3500米山坡或沟谷林中。

4. 青麸杨　　　　　　　　　图 561 彩片 176

Rhus potaninii Maxim. in Acta Hort. Petrop. 11: 110. 1889.

乔木。小枝无毛。复叶具7-11小叶，叶轴无翅，被微柔毛；小叶卵状长圆形或长圆状披针形，长5-10厘米，先端渐尖，基部偏斜，近圆，全缘，两面沿中脉被微柔毛或近无毛；具短柄。圆锥花序长10-20厘米，被微柔毛。花白色；苞片钻形；花梗长约1

毫米，被微柔毛；萼片卵形，被微柔毛；花瓣卵形或卵状长圆形，长1.5-2毫米，被微柔毛；花盘厚；雄蕊与花瓣等长。果近球形，稍扁，径3-4毫米，红色，密被具节柔毛及腺毛。

产西藏、云南、四川、甘肃、陕西、山西、河北、河南、湖北、湖南西北部、安徽西部及浙江，生于海拔900-2500米林中。

[附] 白背麸杨 **Rhus hypoleuca** Champ. ex Benth. in Kew Journ. Bot. 4: 43. 1852. 本种与青麸杨的区别：小叶9-19，下面密被白色绢状绒毛。产湖南南部、福建、台湾、广东及其沿海，生于海拔700-1500米山坡及丘陵疏林中。

图 561 青麸杨 （引自《图鉴》）

11. 漆属 Toxicodendron (Tourn.) Mill.

落叶乔木或灌木，稀攀援藤本；具白色乳液，干后变黑。奇数羽状复叶，稀3小叶复叶，互生，小叶对生。圆锥或总状花序腋生。花杂性或单性异株；苞片披针形，早落；花萼5裂，裂片覆瓦状排列；花瓣5，覆瓦状排列，常具褐色羽状脉纹；花盘环状、垫状或杯状浅裂；雄蕊5，在雌花中较短；子房1室1胚珠，花柱3裂。核果球形或稍侧扁，黄色，有光泽，外果皮薄，与中果皮离生，中果皮厚，白色蜡质，具褐色树脂条纹，与骨质果核连生。种子具胚乳，胚大。

约20种，间断分布于东亚及北美。我国16种。

1. 乔木或灌木；奇数羽状复叶。
  2. 小枝、叶柄及花序轴粗；果序直立；果被微柔毛，熟后外果皮不规则开裂。
    3. 复叶叶轴及叶柄被锈色绒毛；花序被锈色绒毛。
      4. 花序长为叶长之半，总梗长3-9厘米；小叶宽5-7厘米。
        5. 果径4-5毫米 ··· 1. **小果绒毛漆 T. wallichii** var. **macrocarpum**
        5. 果径0.8-1厘米 ··· 1(附). **绒毛漆 T. wallichii**
      4. 花序与叶等长，总梗长达20厘米；小叶宽3.5-4厘米 ················· 1(附). **黄毛漆 T. fulvum**
    3. 复叶叶轴及叶柄无毛或近无毛。
      6. 小叶下面被绒毛，侧脉25-35对，平行 ················· 2. **小果大叶漆 T. hookeri** var. **microcarpum**
      6. 小叶下面无毛或沿脉疏被微柔毛，侧脉15-20对 ················· 3. **裂果漆 T. griffithii**
  2. 小枝、叶柄及花序轴纤细；果序下垂；果无毛或稀被短刺毛，熟后外果皮不裂。
    7. 小枝、叶轴、叶柄、小叶及花序均被毛。
      8. 花序与叶等长或近等长；小枝、叶轴及花序均被柔毛；复叶具9-13小叶，小叶下面中脉密被黄柔毛 ·····
      ··· 4. **漆树 T. vernicifluum**
      8. 花序约为叶长之半。
        9. 小枝、叶轴、叶柄及花序被黄褐色绒毛；小叶无缘毛；果无毛，长约8毫米 ·····················
        ··· 5. **木蜡树 T. sylvestre**
        9. 小枝及花序被微硬毛；小叶具缘毛；果被短刺毛，长5-6毫米 ·········· 6. **毛漆树 T. trichocarpum**

7. 小枝、复叶及小叶均无毛。

  10. 圆锥花序被微柔毛；核果不偏斜 ·· 7. **尖叶漆 T. acuminatum**

  10. 花序无毛；核果极不对称。

    11. 乔木或小乔木；花序圆锥状。

      12. 花序长为叶长之半；花瓣长2毫米，无褐色羽状脉纹；小叶长圆状椭圆形或宽披针形 ············

      ··· 8. **野漆树 T. succedaneum**

      12. 花序与叶近等长；花瓣长3毫米，具褐色羽状脉纹；小叶倒卵状椭圆形或卵状长圆形 ············

      ··· 9. **大花漆 T. grandiflorum**

    11. 灌木；花序总状，较叶短；小叶上部疏生齿 ························ 10. **小漆树 T. delavayi**

1. 攀援木质藤本；3小叶复叶；果被刺毛 ························ 11. **刺果毒漆藤 T. radicans** subsp. **hispidum**

1. 小果绒毛漆

图 562: 1

Toxicodendron wallichii (Hook. f) Kuntze var. **microcarpum** C. C.
Huang ex T. L. Ming, Fl. Yunnan. 2: 394. pl. 119. f. 1. 1979.

小乔木。小枝粗，幼枝、叶下面、小叶柄及花序均被锈色绒毛。复叶长

达30厘米，具7-11小叶，叶
轴及叶柄被锈色绒毛；小叶
椭圆形，长10-13厘米，宽
5-7厘米，基部圆或近心形，
全缘，上面中脉被毛，侧脉
20-25对；小叶柄长1-3毫米。
圆锥花序为叶长之半，总梗
长3-9厘米。花淡黄色，近
无梗；花萼无毛，裂片长约
0.5毫米；花瓣长圆形，长约
2毫米；花盘5浅裂；雄蕊与
花瓣等长。果序直立；果球

图 562: 1.小果绒毛漆 2-3.小果大叶漆 4-7.裂果漆 （引自《图鉴》）

形，径4-5毫米，被微柔毛，不规则开裂。

产西藏东南部、云南、广西及四川，生于海拔700-2400米山坡或沟谷
林中。

[附] **绒毛漆 Toxicodendron wallichii** (Hook. f.) Kuntze, Rev. Gen.
Pl. 154. 1891. —— *Rhus wallichii* Hook. f. Fl. Brit. Ind. 2: 11. 1876. 本
种与小果绒毛漆的区别：果径0.8-1厘米。产西藏南部，生于海拔1850-2400
米常绿阔叶林中。印度北部及尼泊尔有分布。

[附] **黄毛漆 Toxicodendron fulvum** (Craib) C. Y. Wu et T. L. Ming,
Fl. Yunnan. 2: 394. 1979. —— *Rhus fulva* Craib in Kew Bull. 1926： 361.

2. 小果大叶漆

图 562: 2-3

Toxicodendron hookeri (Sahni et Bahadur) C. Y. Wu et T. L. Ming
var. **microcarpum** (C. C. Huang et T. L. Ming) C. Y. Wu et T. L.
Ming, Fl. Republ. Popul. Sin. 45(1): 110. 1980.

Toxicodendron insigne Hook. f. var. *microcarpum* C. C. Huang ex T.
L. Ming, Fl. Yunnan. 2: 396. pl. 119. f. 2-3. 1979.

1926. 本种的特征：花序与复叶等长，
总梗长达20厘米；小叶长圆形，宽
2.5-4厘米。产云南南部，生于海拔
1000米疏林中。泰国北部有分布。

小乔木。小枝粗，幼枝被微柔毛，后无毛。复叶具7-9小叶，叶轴及叶柄无毛或近无毛；小叶椭圆形或长圆状椭圆形，长14-23厘米，上面无毛，下面被绒毛，侧脉25-35对，平行；小叶柄长3-5毫米，被锈色绒毛。圆锥花序腋生，长20-35厘米，疏被锈色绒毛或近无毛，总梗长6-10厘米。苞片卵状披针形，长约1毫米；花梗长1毫米；花萼无毛，裂片宽卵形，长0.5毫米；花瓣长圆形，长约2毫米；花药长圆形，长约0.75毫米；花盘无

毛。核果黄色，径3.5-4毫米，被微柔毛，不规则开裂，具褐色树脂条纹。花期7月，果期8-11月。

产西藏东南部及云南西北部，生于海拔1250-2600米林中。

3. 裂果漆　　　　　　　　　　　图562: 4-7

Toxicodendron griffithii (Hook. f.) Kuntze, Rev. Gen. Pl. 153. 1891.

Rhus griffithii Hook. f. Fl. Brit. Ind. 2: 12. 1876.

小乔木；小枝粗，幼枝近无毛；小叶长圆形或卵状长圆形，长9-25厘米，先端渐尖，基部圆或近心形，全缘，无毛或下面中脉及侧脉疏被微柔毛，侧脉15-20对；小叶柄长2-3毫米，稀被毛。圆锥花序腋生，被微柔毛，长

13-18厘米；总梗长5-6厘米。花萼被微柔毛或近无毛，裂片宽卵形；花瓣线状长圆形；雄蕊伸出；花盘厚；子房被绒毛。核果淡黄色；近球形，稍扁，径6-8.5毫米，被微柔毛，不规则开裂，中果皮厚，蜡质，具褐色树脂条纹。

产云南及贵州西南部，生于海拔1900-2250米山地灌丛中。泰国、缅甸及印度东北部有分布。

4. 漆树　漆　　　　　　　　　图563　彩片177

Toxicodendron vrenicifluum (Stokes) F. A. Barkl. in Ann. Midl. Nat. 24: 680. 1940.

Rhus verniciflua Stokes in Bot. Mat. Med. 2: 164. 1812; 中国高等植物图鉴 2: 634. 1972.

乔木，高达20米；树皮灰白色，浅纵裂。幼枝被黄色柔毛。奇数羽状复叶长15-30厘米，叶轴及叶柄被微柔毛，具9-13小叶；小叶卵状椭圆形或长圆状椭圆形，长6-13厘米，宽3-6厘米，下面沿中脉密被黄色柔毛；小叶柄长4-7毫米。圆锥花序与复叶等长。花黄绿色，具梗；花萼无毛，长约1毫米；花瓣长圆形，长约2.5毫米，具褐色羽状脉纹；雄蕊与花瓣等长。核果扁球形，径7-8毫米，灰黄色，有光泽，无毛，不裂。花期5-6月，果期10月。

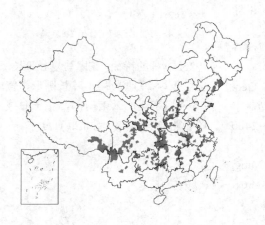

图 563 漆树 （李锡畴绘）

产辽宁、河北、山西、河南、山东、江苏、安徽、浙江、福建、江西、湖北、湖南、广东、广西、贵州、云南、西藏、四川、陕西、甘肃及宁夏，生于海拔800-2800（-3800）米阳坡、林中，在产区广为栽培，有二千余年栽培历史。生漆为优良涂料，防腐性能极好，易结膜干燥，耐高温，供涂

饰海底电缆、机器、车、船、建筑、家具及工艺品。种子可榨取漆油，供制高级香皂及油墨；果肉含蜡质，为蜡烛、蜡纸原料；木材可制家具及作装饰材。

5. 木蜡树 图 564

Toxicodendron sylvestre (Sieb. et Zucc.) Kuntze, Rev. Gen. Pl. 154. 1891.

Rhus sylvestris Sieb. et Zucc. in Abh. Akad. Wiss. Wien, Mach.-Phys 4(3): 140. 1846; 中国高等植物图鉴 2: 635. 1972.

小乔木。芽及小枝被黄褐色绒毛。复叶具7-13小叶，叶轴及叶柄密被黄褐色绒毛，叶柄长4-8厘米；小叶对生，卵形或卵状椭圆形，长4-10厘米，先端渐尖或稍骤尖，基部圆或宽楔形，全缘，上面被微柔毛，下面被柔毛，中脉毛较密；小叶具短柄或近无柄。圆锥花序长8-15厘米，为叶长之半，被锈黄色绒毛，总梗长1.5-3厘米。花黄色，花梗长1.5毫米，被卷曲微柔毛；花

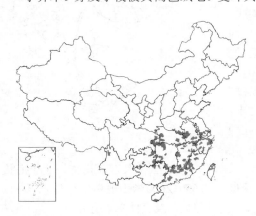

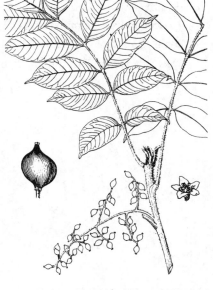

图 564 木蜡树 （杨建昆绘）

萼无毛，裂片卵形，长约0.5毫米；花瓣长圆形，长约1.6毫米，具暗褐色脉纹；雄蕊伸出，花丝线形。核果极偏斜，侧扁，长约8毫米，径6-7毫米，无毛，有光泽，熟后不裂。

产河南、安徽、江苏、浙江、福建、台湾、江西、湖北、湖南、广东、海南、广西、贵州、云南、四川及陕西，生于海拔140-800（-2300）米山地林中。朝鲜半岛及日本南部有分布。

6. 毛漆树 毛果漆 图 565

Toxicodendron trichocarpum (Miq.) Kuntze, Rev. Gen. Pl. 154. 1891.

Rhus trichocarpa Miq. in Ann. Mus. Lugd.-Bat. 2: 84. 1866.

乔木或灌木状。小枝及花序被黄褐色微硬毛。复叶具9-15小叶，叶轴及叶柄被微毛；小叶卵形或卵状椭圆形，长4-10厘米，先端渐钝尖，两面被黄色柔毛或上面近无毛，具缘毛；近无柄。圆锥花序长10-20厘米，为叶长之半。苞片窄线形；花黄绿色，花梗长1.5毫米，被毛；花萼无毛，裂片窄三角形，长约0.8毫米；花瓣倒卵状长圆形，长约2毫米，无毛；雄蕊长约2.2毫米，花丝线形，花药卵形；花盘

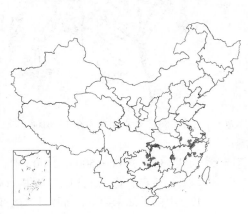

图 565 毛漆树 （引自《图鉴》）

5浅裂，无毛。核果扁球形，长5-6毫米，径7-8毫米，被短刺毛，不裂，中果皮蜡质，具褐色树脂条纹。花期6月，果期7-9月。

产贵州、湖南、湖北、江西、福建、浙江及安徽，生于海拔900-2500米山地密林或灌丛中。朝鲜半岛及日本南部有分布。

7. 尖叶漆

图 566 彩片 178

Toxicodendron aciminatum (DC.) C. Y. Wu et T. L. Ming, Fl. Reipubl. Popul. Sin. 45(1): 119. pl. 31. f. 4-5. 1980.

Rhus acuminata DC. Prodr. 2: 68. 1825.

图 566 尖叶漆 （李锡畴绘）

小乔木。复叶长 16-28 厘米，无毛，具 5-9 小叶，叶柄长 5-10 厘米；小叶对生，椭圆形或长圆形，长 5-11 厘米，先端尾尖，两面无毛，侧脉 15-25 对，细密近平行；小叶柄长 3-5 毫米。圆锥花序长达 12 厘米，为叶长之半，被微柔毛。花黄绿色；花梗长 1.5-2 毫米，被微柔毛；花萼被微柔毛，裂片卵形，长约 1 毫米；花瓣 5，长圆形，长 2.5-3 毫米，具褐色羽状脉；雄蕊 5；花盘 5 裂。核果横椭圆形，长 4-5 毫米，径 5-6 毫米，无毛，有光泽。

产云南及西藏南部，生于海拔 1650-2600 米山地林中。印度、不丹、尼泊尔及克什米尔有分布。

8. 野漆树　野漆

图 567 彩片 179

Toxicodendron succedaneum (Linn.) Kuntze, Rev. Gen. Pl. 154. 1891.

Rhus succedanea Linn. Mant. 2: 221. 1771; 中国高等植物图鉴 2: 635. 1972.

乔木；各部无毛。顶芽紫褐色，小枝粗。

图 567 野漆树 （引自《海南植物志》）

复叶长 25-35 厘米，具 9-15 小叶，无毛，叶轴及叶柄圆，叶柄长 6-9 厘米；小叶长圆状椭圆形或宽披针形，长 5-16 厘米，宽 2-5.5 厘米，先端渐尖，基部圆或宽楔形，下面常被白粉，侧脉 15-22 对；小叶柄长 2-5 毫米。圆锥花序长 7-15 厘米，为叶长之半。花黄绿色，径约 2 毫米；花梗长约 2 毫米；花萼裂片宽卵形，长约 1 毫米；花瓣长圆形，长约 2 毫米；雄蕊伸出，与花瓣等长。核果斜卵形，径 0.7-1 厘米，稍侧扁，不裂。

产河北、山东、河南、安徽、江苏、浙江、江西、福建、台湾、湖北、湖南、广东、海南、广西、贵州、四川、云南、西藏及陕西西南部，生于海拔（150-）300-1500（-2500）米山坡、丘陵疏林内、林缘或灌丛中。印度、中南半岛、朝鲜半岛及日本南部有分布。

9. 大花漆

图 568

Toxicodendron grandiflorum C. Y. Wu et T. L. Ming, Fl. Yunnan 2: 404. pl. 121. f. 5-9. 1979.

小乔木，高达 8 米；各部无毛。顶芽紫褐色。幼枝被白粉。复叶长 20-

30 厘米，具 7-15 小叶，叶轴及叶柄纤细，紫色，常被白粉，叶柄长 4-6.5 厘米；小叶近对生，倒卵状椭圆形或卵

状长圆形，长5.5-10厘米，先端渐尖或稍尾尖，基部楔形或稍圆，下面被白粉，侧脉约20对；小叶柄长约5毫米。圆锥花序长15-25（-30）厘米，与叶近等长。花淡黄色，径约4毫米；花梗长2-3毫米；花萼裂片宽卵形，长约1毫米；花瓣椭圆形，长约3毫米，具褐色羽状脉纹，开花时不反卷；花丝钻形，长约1.5毫米，花药卵状长圆形，长约2毫米。果淡黄色，偏斜，稍侧扁，长6-7毫米，宽7-8毫米，有光泽，不裂。

产云南及四川西南部，生于海拔700-2700米山坡疏林或石山灌丛中。

图 568 大花漆 （李锡畴绘）

10. 小漆树 山漆树 图569

Toxicodendron delavayi (Franch.) F. A. Barkl.in Ann. Midl. Nat. 24: 680. 1940.

Rhus delavayi Franch. in Bull. Soc. Bot. France 33: 466. 1886; 中国高等植物图鉴 2: 636. 1972.

灌木；树皮灰褐色，各部无毛。幼枝被白粉。羽状复叶长达13厘米，具5-9小叶，叶柄长3.5-5厘米；小叶对生，卵状披针形或披针形，长3.5-5.5厘米，宽1.2-2.5厘米，先端稍骤尖或短渐尖，全缘或上部疏生锯齿，下面被白粉，侧脉12-16对；小叶柄长1-2毫米或近无柄。花序总状，长6-8.5厘米，纤细，花淡黄色，径约2毫米；花

图 569 小漆树 （引自《图鉴》）

梗长约1毫米；花萼裂片三角形，具1-3褐色脉纹；花瓣具褐色羽状脉纹；花丝钻形，与花药近等长；花盘10裂。核果斜卵形，径约6毫米，稍侧扁。

产云南、四川及贵州东南部，生于海拔1100-2500米阳坡林下或灌丛中。种子油供制肥皂及润滑油。

11. 刺果毒漆藤 图570

Toxicodendron radicans (Linn.) Kuntze subsp. **hispidum** (Engl.) Gillis in Rhodora 73(794): 213. 1971.

Rhus toxicodendron var. *hispida* Engl. in Engl. Bot. Jahrb. 29: 433. 1900.

攀援灌木或藤本。幼枝被锈色柔毛。3小叶复叶；叶柄长5-10厘米，被

锈黄色柔毛；侧生小叶长圆形或卵状椭圆形，长6-13厘米，先端骤尖，基部圆，全缘，上面近无毛，下面沿中脉、侧脉疏被柔毛或近无毛，脉腋具红褐色髯毛；近无柄；顶生小叶倒卵状椭圆形或倒卵状长圆形，长8-16厘米，先端骤尖，基部楔形；小叶柄长0.5-2厘米，被柔毛。圆锥花序长约5厘米，被黄褐色微硬毛。苞片长圆形，被毛；花梗长约2毫米，被毛；萼片具3条褐色纵脉，无毛；花瓣长圆形，长约3毫米，具不明显褐色羽状脉；花丝线形，长约2毫米，花药长圆形。核果黄色，斜卵形，长约5毫米，宽6毫米，被长达1毫米刺毛。

产四川、云南东北部、贵州、湖南、湖北、安徽西部、福建西北部及台湾，生于海拔（600）1600-2200米山地林下。乳液有毒，易引发漆疮。

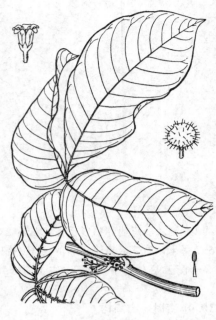

图 570 刺果毒漆藤 （李锡畴绘）

12. 三叶漆属 Terminthia Bernh.

灌木或小乔木。3小叶复叶，稀5小叶；小叶全缘或具齿。圆锥花序顶生兼腋生。花杂性；苞片宿存；花萼4-5裂，裂片覆瓦状排列；花瓣4-5，覆瓦状排列，开花时外卷；花盘盘状；雄蕊4-5，花药卵形；子房1室1胚珠，花柱3，离生。核果近球形，中果皮红色胶质，与内果皮连生。

约70种，主产非洲，少数种分布地中海地区。我国1种。

三叶漆　　　　　　　　　　　　　　　　图 571　彩片 180

Terminthia paniculata (Wall. ex G. Don) C. Y. Wu et T. L. Ming, Fl. Yunnan. 2: 408. pl. 123. f. 1-7. 1979.

Rhus paniculata Wall. ex G. Don, Syst. 2: 73. 1832.

图 571 三叶漆 （李锡畴绘）

小乔木或灌木状。小枝无毛。掌状3小叶，叶柄长2.5-4厘米，无毛；小叶长圆状椭圆形或倒披针形，侧生小叶长3-7厘米，顶生小叶长6-11厘米，先端骤尖或钝，具小尖头，基部楔形，全缘或波状，无毛，近无柄。圆锥花序长12-20厘米，分枝纤细，被黄色微柔毛。苞片钻形，长1-2毫米；花淡黄色；花梗长约1毫米，被微柔毛；花萼裂片卵圆形，无毛；花瓣椭圆形，长约1.5毫米，具褐色羽状脉；花丝细线形，长约0.5毫米，花药卵圆形；花盘10裂，无毛。核果近球形，稍扁，径约4毫米，橙红色，无毛。

产云南，生于海拔400-1500米稀树山坡或灌丛中。缅甸北部、印度东北部及不丹有分布。

13. 黄连木属 Pistacia Linn.

落叶或常绿，乔木或灌木。偶数羽状复叶，互生，稀3小叶复叶、奇数羽状复叶或单叶；小叶全缘。圆锥或总状花序腋生。花雌雄异株，无花瓣；苞片1；雄花花萼1-5裂，雄蕊3-5（-7），花丝极短，与花盘连生或无花盘，花药长圆形，药隔伸出，具退化子房或无；雌花花萼2-10裂，无退化雄蕊，子房1室1胚珠，柱头3裂，鸡冠状外弯。核果。种子扁，无胚乳。

约10种，分布地中海沿岸、中亚至东亚、墨西哥至危地马拉。我国2种，引入1种。

1. 偶数羽状复叶；果球形，径约5毫米。

  2. 小叶披针形或窄披针形，长5-10厘米，先端渐尖；先花后叶；雄花无退化子房 ········· 1. **黄连木 P. chinensis**

  2. 小叶长圆形，长1-3.5厘米，先端圆或微凹，具芒刺状尖头；花叶同放；雄花具退化子房 ···················

  ···················· 2. **清香木 P. weinmannifolia**

1. 3小叶复叶，稀5小叶；果长圆形，长达2厘米，径约1厘米 ·············· 2 (附). **阿月浑子 P. vera**

1. 黄连木

图 572 彩片 181

Pistacia chinensis Bunge in Mém Acad. Sci. St. Pétersb. 2: 89. 1835.

落叶乔木，高达25米，胸径1米。偶数羽状复叶具10-14小叶，叶轴及叶柄被微柔毛；小叶近对生，纸质，披针形或窄披针形，长5-10厘米，宽1.5-2.5厘米，先端渐尖或长渐尖，基部窄楔形或近圆，侧脉两面突起；小叶柄长1-2毫米。先花后叶，雄圆锥花序花密集，雌花序疏散，均被微柔毛。花具梗；苞片披针形，长1.5-2毫米；雄花花萼2-4裂，披针形或线状披针形，长1-1.5毫米，雄蕊3-5，花丝长不及

图 572 黄连木 （引自《中国森林植物志》）

0.5毫米，花药长约2毫米；无退化子房。雌花花萼7-9裂，长0.7-1.5毫米，外层2-4片，披针形或线状披针形，内层5片卵形或长圆形，无退化雄蕊。核果红色均为空粒，不能成苗，绿色果实含成熟种子，可育苗。花期3-4月，果期9-11月。

  产河北、山西、河南、山东、江苏、安徽、浙江、福建、台湾、江西、湖北、湖南、广东、海南、广西、贵州、云南、西藏、四川、陕西及甘肃，生于低山丘陵及平原。木材黄色，坚重致密，供建筑、家具、雕刻及细木工等用。

2. 清香木

图 573 彩片 182

Pistacia weinmannifolia J. Poiss. ex Franch. in Bull. Soc. Bot. France 33: 467. 1886.

小乔木或灌木状，高达8米。偶数羽状复叶具8-18小叶，叶轴具窄翅，被微柔毛；小叶革质，长圆形或长圆状倒卵形，长1.3-3.5厘米，宽0.8-1.5厘米，先端圆或微凹，具芒刺状尖头，上面侧脉凹下。花叶同放，花序被黄褐色柔毛及红色腺毛。花无梗，苞片卵圆形，径约1.5毫米；雄花花萼5-8裂，裂片长圆形或长圆状披针形，长1.5-2毫米，雄蕊5 (-7)，具退化子房；雌花花萼7-10裂，裂片卵状披针形，长1-1.5毫米，无退化雄蕊。核果球形，径约5毫米，紫红色。

  产西藏东南部、云南、四川、贵州及广西，生于海拔580-2700米石山灌丛中。缅甸北部有分布。叶含芳香油，民间用以碾粉制香。

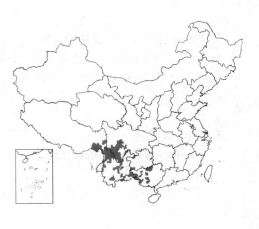

[附] **阿月浑子 Pistacia vera** Linn. Sp. Pl. 1025. 1753. 本种与清香木的区别：3 小叶复叶，稀 5 小叶；果长圆形，长达 2 厘米，径约 1 厘米。原产中东及南欧。新疆栽培。树皮及种仁药用，为强壮剂；种子可榨油。

14. 肉托果属 Semecarpus Linn. f.

乔木。单叶互生，全缘，具柄。圆锥花序顶生。花杂性或雌雄异株，雌花和两性花稍大，无梗或具短梗；花萼杯状，5（6）裂，脱落；花瓣5（6），覆瓦状排列；花盘环状或浅杯状；雄蕊5，花丝线形，花药丁字着生；子房半下位，1室1胚珠，花柱3。核果卵球形，中果皮肉质，富含树脂，果托肉质包果中下部。

约 50 种，分布热带亚洲及大洋洲。我国 3 种。

1. 叶宽卵形或琴形，先端钝圆或微凹，上面中脉被毛，下面疏被微柔毛 ┄┄┄┄┄┄┄┄┄┄┄┄┄┄┄┄┄┄┄┄┄┄┄┄┄┄ **1. 小果肉托果 S. microcarpa**
1. 叶倒披针形或椭圆状披针形，先端骤尖或渐尖，两面无毛。
　2. 叶倒披针形，长 15-20 厘米，宽 4-7.5 厘米；花序被微柔毛 ┄┄┄┄┄┄┄┄ **2. 网脉肉托果 S. reticulata**
　2. 叶椭圆状披针形，长 25-50 厘米，宽 8-12 厘米；花序无毛 ┄┄┄┄┄ **2(附). 大叶肉托果 S. gigantifolia**

图 573 清香木 （李锡畴绘）

1. 小果肉托果　　　　　　　　图 574: 1-2

Semecarpus microcarpa Wall. ex Hook. f. Fl. Brit. Ind. 2: 31. 1876.

落叶乔木，高达 18 米。幼枝紫褐色，小枝圆，灰褐色，被微柔毛。叶宽倒卵形或琴形，长 9.5-16 厘米，宽 5.5-8.5 厘米，先端圆或微凹，基部楔形，上面沿中脉被毛，下面灰白色，疏被微柔毛，中脉及侧脉褐色，上面中脉微凹，侧脉约 15 对，近平行；叶柄长 1-1.5 厘米，被微柔毛。圆锥花序顶生，长约 15 厘米，密被锈色微绒毛。苞片披针形，长约 1.5 毫米，密被锈色微绒毛；雄花黄绿色，无梗；花萼密被灰色微柔毛，裂片钝三角形，长 0.5 毫米，具睫毛；花瓣 5，卵形，长 1.5-2 毫米，疏被灰白色微柔毛，具褐色羽状脉；花盘褐色，无毛；雄蕊与花瓣等长，花丝线形，长约 1 毫米，花药卵形，长约 0.7 毫米；退化子房被黄色绒毛。

2. 网脉肉托果　　　　　　　　图 575

Semecarpus reticulata Lecomte in Bull. Soc. Bot. France. 54: 610. 1907.

落叶大乔木，高达 30 米；树皮灰白色。小枝粗，灰白色，无毛。叶倒

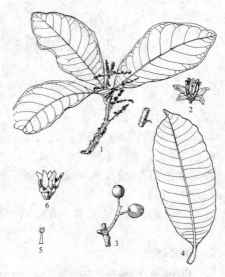

图 574: 1-2.小果肉托果　3-6.辛果漆
（李锡畴绘）

产云南西部，生于海拔1200米林中。缅甸北部及印度东北部有分布。

披针形，长15-30厘米，宽4-7.5厘米，先端骤尖或短尾状，两面无毛，下面灰白色，侧脉约15对，两面网脉凸起；

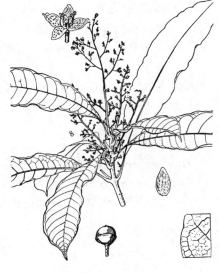

叶柄长1.5-5厘米，无毛。圆锥花序长约15厘米，被微柔毛。苞片被微绒毛；花梗长0.5-1毫米，被微绒毛；花萼被微绒毛，裂片三角形，长约0.5毫米；花瓣长1.5-2毫米，疏被腺毛及微柔毛，具褐色脉纹；雄蕊长约2.5毫米；子房被绒毛。核果侧扁，径约1厘米，中下部具肉质果托。

产云南南部，生于海拔540-1350米山坡林中。越南、老挝及泰国北部有分布。

[附] **大叶肉托果** 彩片183 **Semercarpus gigantifolia** Vidal. Syn. Atlas 22. t. 36. f. A. 1883. 本种与网脉肉托果的区别：叶椭圆状披针形或卵状披针形，长25-50厘米，宽5.5-12厘米；无毛；核果径约2厘米。产台湾。菲律宾有分布。

图 575 网脉肉托果 （李锡畴绘）

15. 辛果漆属 Drimycarpus Hook. f.

乔木。单叶互生，全缘，具柄。花序总状。花杂性；花萼5裂，裂片覆瓦状排列；花瓣5，覆瓦状排列；花盘环状；雄蕊5，着生花盘基部；子房下位，1室1胚珠，花柱1。果托肉质，包果大部或近全部，具多数纵棱，果肉纤维质，富含树脂。

2种，分布东喜马拉雅及中南半岛北部。我国均产。

辛果漆 图 574: 3-6

Drimycarpus recemosus (Roxb.) Hook. f. in Benth. et Hook. f. Gen. Pl. 1: 424. 1862.

Holigarna racemosa Roxb. Fl. Ind. 2: 82. 1832.

乔木，高达18米。小枝无毛。叶椭圆形，长20-34厘米，先端骤尖，基部宽楔形或圆，全缘波状，无毛。下面苍白色，侧脉15-20对，在上面稍凹下；叶柄长1-2厘米。花序长2-10厘米，被微柔毛或脱落无毛。苞片三角状卵形，长0.5毫米；花梗长约1.5毫米；花萼无毛，裂片三角形，长约0.7毫米；花瓣卵形，长2.5-3毫米，直立；雄蕊与花瓣近等长，花丝钻形，长约0.5毫米；子房无毛，花柱长约1毫米；雄花无退化子房。果椭圆状，径约2厘米。

产云南东南部，生于海拔130-900米沟谷林中。越南北部、缅甸北部、印度东北部、锡金及不丹有分布。

16. 九子母属 Dobinea Buch.-Ham. ex D. Don

灌木或亚灌木状草本。单叶，互生或对生，具齿；具长柄。花单性，雌雄异株，雄花序聚伞总状或圆锥状，顶生；苞片线形；花萼钟状，4-5裂；花瓣4-5；雄蕊8-10；具退化子房。雌花序总状；雌花生于叶状苞片中部，花梗与中脉连生；苞片宽椭圆形或近圆形，宿存；无花萼，无花瓣，无退化雄蕊，花盘环状，子房无柄，1室，花柱顶生。果双凸镜状，具叶状苞片。

2种，分布东喜马拉雅地区。我国均产。

1. 亚灌木状草本；叶互生，卵状心形；雌花序总状；苞片径2-2.5厘米 ⋯⋯⋯⋯⋯⋯⋯⋯⋯⋯⋯⋯ 1. **羊角天麻 D. delavayi**
1. 灌木；叶对生，长圆状披针形；雌花序圆锥状；苞片径1-1.3厘米 ⋯⋯⋯⋯⋯⋯⋯⋯⋯⋯ 2. **贡山九子母 D. vulgaris**

1. 羊角天麻

图 576 彩片 184

Dobinea delavayi (Baill.) Baill. in Bull. Soc. Linn. Paris 2: 834. 1890.

Podoon delavayi Baill. in Bull. Soc. Linn. Paris 1: 81. 1887.

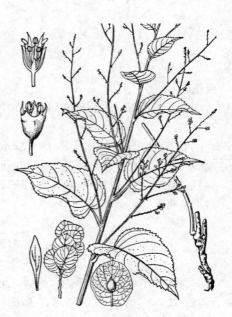

图 576 羊角天麻 （李锡畴绘）

多年生亚灌木状草本，具圆柱状根茎。茎紫色，高约1米，上部被微柔毛。叶互生，心形或卵状心形，长6-11厘米，上部叶卵形或卵状披针形，基部心形，具不整齐锯齿，上面疏被微柔毛或近无毛，下面被微硬毛，脉上较密；叶柄长1.5-6厘米，上部叶无柄或近无柄。雄花序聚伞圆锥状，长8-15厘米，被柔毛。花萼4-5裂；花瓣4-5，匙形；花盘紫红色；雄蕊8-10；退化子房圆锥形，被柔毛。雌花序总状，长7-14厘米，被柔毛；苞片椭圆形，被柔毛。果径3-4毫米，被微柔毛，宿存苞片宽椭圆形或近圆形，径2-2.5厘米。

产云南及四川西南部，生于海拔1100-2300米阳坡灌丛中。根茎药用，可消炎止痛、舒筋活络，治乳腺炎、腮腺炎、疮疖、风湿、骨折。

2. 贡山九子母

图 577

Dobinea vulgaris Buch.-Mam. ex D. Don, Prodr. Fl. Nepal. 249. 1825.

灌木，高达3米。幼枝被微柔毛。叶对生，长圆状披针形，长7.5-11（-17.5）厘米，宽2.3-3.5（-3.5）厘米，先端渐尖，基部圆或楔形，具细尖锯齿，两面疏被微柔毛或仅脉上被毛；叶柄长0.5-1.4厘米，被微柔毛。雄花序和雌花序圆锥状，被微柔毛。雄花花萼4裂；花瓣4，长圆形；雄蕊8，4长4短；具退化子房；雌花雌蕊生于苞片中脉中部，花梗与中脉连生；苞片倒心形或近圆形。核果径2-2.5毫米，宿存苞片径1-1.3厘米，顶端倒心形或微凹。

图 577 贡山九子母 （李锡畴绘）

产云南西北部及西藏东南部，生于海拔1350-1700米江边、河谷疏林中。印度东北部、锡金及尼泊尔有分布。

166. 苦木科 SIMAROUBACEAE

（李　楠）

落叶或常绿，乔木或灌木；树皮常有苦味。叶互生，稀对生，常羽状复叶，稀单叶；托叶缺或早落。花序腋生，总状、圆锥状或聚伞花序，稀穗状花序。花小，辐射对称，单性、杂性或两性；萼片3-5；花瓣3-5，分离，稀缺；花盘环状或杯状；雄蕊与花瓣同数或为花瓣2倍，花丝分离，常在基部有鳞片，花药长圆形，丁字着生，2室，纵裂；子房常2-5裂，2-5室，每室1-2胚珠，倒生或弯生，中轴胎座；花柱2-5，分离或多少结合，柱头头状。翅果、核果或蒴果，常不裂。种子有胚乳或无，胚直或弯曲，胚轴小，子叶厚。

约20属120种，主产热带和亚热带地区。我国5属11种3变种。

1. 直立灌木或乔木；枝无刺。
　2. 奇数羽状复叶，小叶常有锯齿，宽2厘米以上；子房每室1胚珠。
　　3. 翅果，扁平，长椭圆形 ··· 1. 臭椿属 Ailanthus
　　3. 核果，卵形、长卵形或球形。
　　　4. 果具宿存萼片；小叶两面无毛或幼时下面中肋或侧脉有柔毛 ··········· 2. 苦木属 Picrasma
　　　4. 果无宿存萼片；小叶下面或两面被柔毛 ·· 3. 鸦胆子属 Brucea
　2. 单叶，全缘，叶宽约5毫米；子房每室2胚珠 ····························· 4. 海人树属 Suriana
1. 近直立或稍攀援灌木；枝条有锐利钩刺 ···································· 5. 牛筋果属 Harrisonia

1. 臭椿属 Ailanthus Desf.

落叶、常绿乔木或小乔木。小枝被柔毛，有髓。叶互生，奇数或偶数羽状复叶，小叶对生或近对生，基部偏斜，先端渐尖，全缘或有锯齿，有的基部二侧各具1-2枚大锯齿，齿端背面有腺体。花小，杂性或单性异株，圆锥花序生于枝顶叶腋。萼片5，覆瓦状排列；花瓣5，镊合状排列；花盘10裂；雄蕊10，着生花盘基部，雌花中雄蕊不发育或退化；2-5个心皮分离或仅基部结合，每室1胚珠，弯生或倒生，花柱2-5，分离或结合，雄花中雌蕊几退化。翅果长椭圆形。种子1，扁平，少或无胚乳，外种皮薄，子叶2，扁平。

约10种，分布于亚洲至大洋洲北部。我国5种，2变种。

1. 小叶全缘，基部两侧无粗锯齿；心皮3-5。
　2. 乔木；心皮3，花丝下部有毛 ··· 1. 岭南臭椿 A. triphysa
　2. 小乔木；心皮5，花丝下部无毛 ·· 1(附). 常绿臭椿 A. fordii
1. 小叶全缘或具波状锯齿，基部两侧各有1至数个粗锯齿；心皮5。
　3. 嫩枝常具软刺；小叶基部两侧常各有2-4粗锯齿，叶柄有时有刺 ·········· 2. 刺臭椿 A. vilmoriniana
　3. 嫩枝无软刺；小叶基部两侧常各有1-2粗锯齿，叶柄无刺。
　　4. 嫩枝无毛或初被柔毛，后脱落；叶全缘。
　　　5. 小叶纸质，宽2.5-4厘米；翅果长3-4.5厘米 ························ 3. 臭椿 A. altissima
　　　5. 小叶薄革质，宽3.5-6厘米；翅果长5-7厘米 ········· 3(附). 大果臭椿 A. altissima var. sutchuenensis
　　4. 嫩枝密被灰白或灰褐色柔毛；叶有波状或浅波状锯齿 ················ 3(附). 毛臭椿 A. giraldii

1. 岭南臭椿　　　　　　　　　　　图 578

Ailanthus triphysa (Dennst.) Alston in Trimen Handb. Fl. Ceylon 6. suppl. 41. 1931.

Adenanthera triphysa Dennst. Schluss. Hort. Mal. 32. 1818.

常绿乔木，高达20（-45）米。羽状复叶长30-65厘米，小叶6-17（-30）对；小叶卵状披针形或长圆状披

针形，长15-20厘米，宽2.5-5.5厘米，基部宽楔形或近圆，偏斜，全缘，上面无毛，下面有短柔毛或无毛；小叶柄被柔毛，长5-7毫米。圆锥花序腋生，稍被柔毛，长25-50厘米；苞片早落。花梗长约2毫米；花萼被柔毛，5浅裂；花瓣5，长约2.5毫米；雄蕊10，着生花瓣基部，花丝下部有毛，在雌花中长1-3毫米，在雄花中长3-6毫米；心皮3，无毛，花柱分离，柱头3裂，盾状。翅果长4.5-8厘米。花期10-11月，果期翌年1-3月。

产广东、广西及云南，生于林中。印度、东南亚有分布。

[附] **常绿臭椿 Ailanthus fordii** Nooteboom in Steen, Fl. Males. ser. 1, 6: 220. 1962. 本种与岭南臭椿的区别：小乔木；心皮5，花丝下部无毛。产广东南部沿海地区及云南西双版纳地区，生于海拔约540米山地林中。

图 578 岭南臭椿 （引自《中国树木分类学》）

2. 刺臭椿 刺樗 图579

Ailanthus vilmoriniana Dode in Rev. Hortic 444. 1907.

乔木，高10余米。幼枝具软刺。奇数羽状复叶，长50-90厘米，小叶8-17对，对生或近对生，披针状长椭圆形，长9-15（-20）厘米，宽3-5厘米，先端渐尖，基部宽楔形或稍圆，基部有2-4对粗锯齿，齿背有腺体，上面仅叶脉有较密柔毛，余无毛或有微柔毛，下面灰绿色，有柔毛；叶柄常紫红色，有时有刺。圆锥花序长约30厘米。翅果长4.5-5厘米，先端扭曲。

产甘肃南部、陕西西南部、山东南部、河南西部、湖北、湖南、贵州东部、四川及云南，生于山坡或山谷阳处疏林中，云南产地海拔达2800米。

图 579 刺臭椿 （引自《云南植物志》）

3. 臭椿 图580 彩片185

Ailanthus altissima (Mill.) Swingle in Journ. Wash. Acad. Sci. 6: 459. 1916.

Toxicodendron altissima Mill. Card. Dict. ed. 8, 10. 1768.

落叶乔木，高达20余米。嫩枝被黄或黄褐色柔毛，后脱落。奇数羽状复叶，长40-60厘米，叶柄长7-13厘米；小叶13-27，对生或近对生，纸质，卵状披针形，长7-13厘米，宽2.5-4厘米，先端长渐尖，基部平截或稍圆，全缘，具1-3对粗齿，齿背有腺体，下面灰绿色。圆锥花序长达30厘米。翅果长椭圆形，长3-4.5厘米。花期4-5月，果期8-10月。

产辽宁、内蒙古、河北、山西、河南、山东、江苏、安徽、浙江、福建、台湾、江西、湖北、湖南、广东、广西、贵州、云南、西藏、四川、陕西、甘肃、宁夏及新疆。世界各地栽培。可作石灰岩地区造林树种，也可作园林风景树和行道树。木材可制农具车辆等；叶可饲椿蚕（天蚕）；树皮、根皮、果实均可药用，清热利湿、收敛止痢；种子含油量35％。

图 580 臭椿（余汉平绘）

[附] **大果臭椿 Ailanthus altissima** var. **sutchuenensis** (Dode) Rehd. et Wils. in Sarg. P1. Wilson. 3: 449. 1917. —— *Ailanthus sutchuenensis* Dode in Bull. Soc. Dendr. France 192. f. a. 1907.本种与模式变种的区别：小枝紫红色，无毛，密布白色皮孔；叶柄基部常紫红色，稍上部具紫红色斑点，小叶薄革质，长9-15厘米，宽3.5-6厘米，无毛，基部宽楔形或略圆；翅果长5-7厘米。产江西、湖北、湖南、广西、四川及云南，生于海拔700-2500米山地疏林中。

[附] **毛臭椿 Ailanthus giraldii** Dode in Bull. Soc. Dendr. France 191. 1907. 本种与臭椿及大果臭椿的区别：嫩枝密被灰白或灰褐色柔毛；小叶9-16（-20）对，有波状或浅波状锯齿。产陕西、甘肃、四川及云南，生于山地疏林或灌木林中。

2. 苦树属 Picrasma B1.

乔木；全株有苦味。枝无毛。奇数羽状复叶，小叶对生或近对生；托叶早落或宿存。聚伞圆锥花序腋生。花单性或杂性，4-5基数；苞片小或早落；花梗下部具关节；萼片小，分离或下部结合，宿存；花瓣于芽中镊合状排列或近镊合状排列，先端具内弯短尖，比萼片长，在雌花中宿存；雄蕊4-5，着生花盘基部；花盘稍厚，全缘或4-5浅裂；心皮2-5，分离，在雄花中退化，花柱基部合生，上部分离，柱头分离，每心皮1胚珠，基生。核果。种脐宽，无胚乳。

约9种，多分布于美洲和亚洲热带及亚热带地区。我国2种1变种。

1. 小叶具不整齐粗锯齿；果蓝绿色，长6-8毫米 ·················· 1. 苦树 P. quassioides
1. 小叶全缘或具波状锯齿；果红褐色，长1-1.3厘米 ·················· 2. 中国苦树 P. chinensis

1. 苦树 苦木

图581 彩片186

Picrasma quassioides (D. Don) Benn. P1. Jav. Rar. 198. 1844.

Simaba quassioides D. Don, Prodr. F1. Nepal. 248. 1825.

落叶乔木；树皮紫褐色，平滑。复叶长15-30厘米，小叶9-15，卵状披针形或宽卵形，具不整齐粗锯齿，先端渐尖，基部楔形，上面无毛，下面幼时沿中脉和侧脉有柔毛，后无毛；托叶披针形，早落。雌雄异株，复聚伞花序腋生，花序轴密被黄褐色微柔毛。萼片（4）5，卵形或长卵形，被黄褐色微柔毛；花瓣与萼片同数，卵形或宽卵形；雄花雄蕊长为花瓣2倍，与萼片对生，雌花雄蕊短于花瓣；花盘4-5裂；心皮2-5，分离。核果蓝

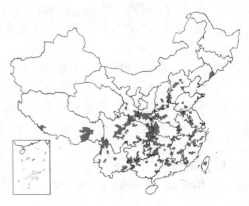

绿色，长6-8毫米，萼片宿存。花期4-5月，果期6-9月。

产辽宁、河北、山西、河南、山东、江苏、安徽、浙江、福建、台湾、江西、湖北、湖南、广东、香港、广西、贵州、云南、西藏、四川、陕西及甘肃，生于海拔（1400-）1650-2400米山地林中。印度北部、不丹、尼泊尔、朝鲜及日本有分布。

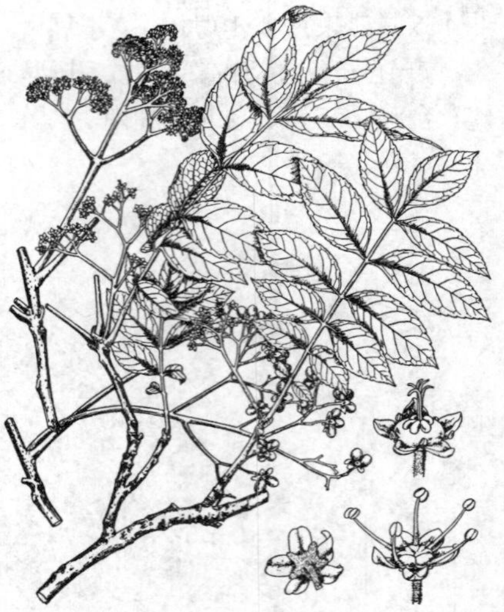

2. 中国苦树　　　　　　　　　　　　　　　图 582

Picrasma chinensis P. Y. Chen in Acta Bot. Austr. Sin. 1: 71. f. 1: 1-9. 1983.

乔木，高达15米。奇数羽状复叶互生，小叶5-9对，小叶对生或近对生，两面无毛，长圆形或卵状长圆形，长7-13厘米，宽2.5-5厘米，先端长渐尖或尾尖，全缘或有时波状或具皱波状锯齿，基部楔形或宽楔形，或一侧略圆；小叶柄长3-9毫米，托叶早落。圆锥花序长5-12厘米；花杂性，雄花比两性花小；萼片4，卵圆形，长0.6-1毫米，外被微柔毛；花瓣4，黄绿色，卵状长圆形，长2-2.5毫米；雄蕊4，约与花瓣等长；花盘4裂，被白色长柔毛；两性花，花梗长4-5毫米；萼片4，宽卵形，外微被柔毛；心皮4室，花柱4裂。核果红褐色，球形，长1-1.3厘米，宽7-9毫米，包于宿存花瓣内。花期4-5月，果期6-8月。

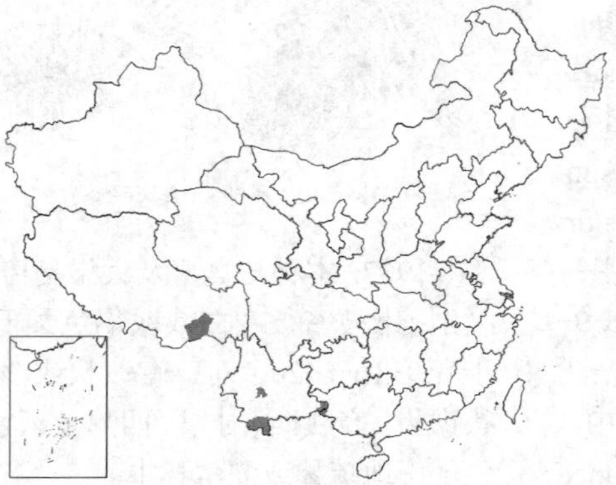

产广西西部、云南及西藏，生于海拔600-1400米山地林中。中南半岛有分布。

图 581　苦树（引自《中国森林植物志》）

3. 鸦胆子属 **Brucea** J. F. Mill.

灌木或小乔木；根皮及茎皮有苦味。奇数羽状复叶，无托叶。花单性，稀两性，雌雄同株或异株；聚伞圆锥花序腋生。萼片4，基部连合；花瓣4，细小，分离，在芽中覆瓦状排列，花盘厚，4裂；雄蕊4，着生花盘外缘裂片之间；在雌花中雄蕊仅有痕迹或退化；心皮4，分离；每心皮1胚珠，倒生，下垂；花柱分离或仅基部粘合。核果坚硬，稍肉质。种子无胚乳。

约6种，产非洲和亚洲热带地区及大洋洲。我国2种。

图 582　中国苦树（邓盈丰绘）

1. 叶卵形或卵状披针形，有粗齿；果长6-8毫米，径4-6毫米，干后具不规则多角形网纹 ·················
·· 1. 鸦胆子 **B. javanica**
1. 叶椭圆状披针形、卵状披针形或宽披针形，全缘；果长0.8-1.2厘米，径6-8毫米，干后具浅网纹 ·················
·· 2. 柔毛鸦胆子 **B. mollis**

1. 鸦胆子　　　　　　　　　　　　　图 583　彩片 187

Brucea javanica (Linn.) Merr. in Journ. Arn. Arb. 9: 3. 1928.

Rhus javanica Linn. Sp. Pl. 265. 1753.

灌木或小乔木。嫩枝、叶柄和花序均被黄色柔毛。小叶3-15对，卵形或卵状披针形，长5-10（-13）厘米，先端渐尖，基部宽楔形或近圆，有粗齿，两面被柔毛，下面较密；小叶柄长4-8毫米。雄花序长15-25（-40）厘米，雌花序长约雄花序一半。花暗紫色，径1.5-2毫米；雄花花梗长约3毫米；萼片被微柔毛；花瓣被疏柔毛或近无毛，长1-2毫米。雌花花梗长约2.5毫米，雄蕊退化。核果1-4，分离，长卵形，长6-8毫米，径4-6毫米，熟时灰黑色，干后有不规则多角形网纹，外壳硬骨质而脆。种仁富含油脂，味极苦。花期夏季，果期8-10月。

图 583 鸦胆子 （引自《图鉴》）

产福建、台湾、广东、广西、海南、贵州及云南南部，在云南生于海拔950-1000米旷野、山麓灌丛或疏林中。东南亚至大洋洲有分布。种子称鸦胆子，清热解毒、治痢疾。

2. 柔毛鸦胆子　　　　　　　　　　图 584

Brucea mollis Wall. ex Kurz in Journ. Asiat. Soc. Beng. 42: 64. 1873.

灌木或小乔木。嫩枝黄绿色，被微柔毛，枝红紫色，密布白色皮孔。复叶轴及叶柄密被黄色柔毛，长20-45（-60）厘米；小叶5-15对，椭圆状披针形、卵状披针形或宽披针形，长5-12（-15）厘米，先端长渐尖或渐尖，基部宽楔形或略圆，全缘，幼时密被黄色长柔毛，老时被微柔毛或无毛，侧脉8-10对；小叶柄长3-7毫米。花序长10-25厘米，花序轴密被黄色柔毛，后疏被柔毛或无毛。花径2-3毫米；花萼被柔毛；花瓣匙形，被柔毛，比雄蕊长；雄花花盘扁球形，雌花花盘浅盘形；子房密被柔毛。核果卵圆形，长0.8-1.2厘米，径6-8毫米，无毛，干后红褐色，有浅网纹。花期3-4月，果期8-10月。

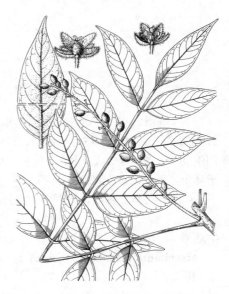

图 584 柔毛鸦胆子 （余汉平绘）

产广西、海南、云南及西藏，生于海拔750-1200（-1850）米山地林中，或路边灌丛中。印度、锡金、不丹、中南半岛、马来西亚及菲律宾有分布。

4. 海人树属 Suriana Linn.

灌木或小乔木。嫩枝密被柔毛和头状腺毛；分枝密，小枝常有瘤状疤痕。单叶互生，柄极短，常聚生枝顶，稍肉质，线状匙形，长2.5-3.5厘米，宽约5毫米，先端钝，基部渐窄，全缘，叶脉不明显。花两性，5基数，聚伞花序腋生，有花2-4朵，稀单生。花梗长约1厘米，有柔毛，基部具关节；苞片宿存，披针形，长4-9毫米，宽1-1.5

毫米，被柔毛；萼片卵状披针形或卵状长圆形，长0.5-1厘米，基部合生，有毛；花瓣黄色，覆瓦状排列，倒卵状长圆形或圆形，具短爪，脱落；雄蕊10，有时5枚不发育，花丝基部被绢毛，长5毫米；心皮5，分离，有毛，倒卵状球形；每心皮2胚珠，并列，基底着生；花柱无毛，长5毫米。果核果状，3-5个聚生，花萼宿存，有毛，近球形，长约3.5毫米，花柱宿存。种子1，胚弯曲，无胚乳。

单种属。

海人树

图 585

Suriana maritima Linn. Sp. P1. 284. 1753.

形态特征同属。花果期夏秋。

产海南西沙群岛，生于海岛边缘沙地或石缝中。印度、印度尼西亚、菲律宾及太平洋岛屿有分布。

图 585 海人树 （邓盈丰绘）

5. 牛筋果属 Harrisonia R. Br. ex Juss.

有刺灌木。叶具1-3小叶或奇数羽状复叶，叶轴具窄翅。花两性；总状或聚伞花序。萼细小，4-5裂；花瓣4-5，比花萼长；雄蕊为花瓣数两倍，花丝基部有小鳞片；花盘半球形或杯状；子房球形或4-5浅裂，4-5室，每室1倒生胚珠，花柱4-5，合生，或仅基部分离，柱头头状，有4-5浅槽纹。果浆果状，肉质，近球形，小核2-5颗。种子球形，单生，有少量胚乳。

4种，产非洲热带、亚洲和大洋洲。我国1种。

牛筋果

图 586

Harrisonia perforata (Blanco) Merr. in Philipp. Journ. Sci. Bot. 7: 236. 1912.

Paliurus perforata Blanco, F1. Filip. 174. 1837.

近直立或稍攀援灌木。叶柄基部有一对锐利钩刺，奇数羽状复叶长8-14厘米，小叶5-13，叶轴有窄翅，小叶纸质，菱状卵形，长2-4.5厘米，具短柄，上面沿中脉被柔毛，下面无毛或中脉疏生柔毛，有钝齿，有时全缘。总状花序顶生，被毛。萼片卵状三角形，长约1毫米，被柔毛；花瓣白色，披针形，长5-6毫米；雄蕊花丝基部鳞片被白色柔毛；花盘杯状；子房4-5浅裂。果肉质，近球形，径1-1.5厘米，无毛，熟时淡紫红色。花期4-5月，果期5-8月。

产广东雷州半岛及海南，生于低海拔灌木林和疏林中。中南半岛、马

图 586 牛筋果 （邓盈丰绘）

来半岛、菲律宾及印度尼西亚有分布。根味苦,清热解毒,对疟疾有疗效。

167. 马桑科 CORIARIACEAE

（班　勤）

灌木或多年生亚灌木状草本。小枝具棱角。单叶,对生或轮生,全缘,无托叶。花两性或单性,辐射对称,小,单生或排列成总状花序。萼片5,小,覆瓦状排列;花瓣5,比萼片小,里面龙骨状,肉质,宿存,花后增大而包于果外;雄蕊10,分离成与花瓣对生的雄蕊贴生于龙骨状突起上,花药大,伸出,2室,纵裂;心皮5-10,分离,子房上位,每心皮有1自顶端下垂的倒生胚珠,花柱顶生,分离,线形,柱头外弯。浆果状瘦果,成熟时红色至紫黑色。种子无胚乳,胚直立。

1属,约15种,分布于地中海区、新西兰、中南美洲、日本及我国。我国3种。

马桑属 Coriaria Linn.

属特征与科同。

1. 灌木;花序腋生。
　　2. 叶椭圆形或宽椭圆形,先端急尖;雄花中具退化雌蕊 ·················· 1. **马桑 C. nepalensis**
　　2. 叶卵状披针形,先端渐尖;雄花中无退化雌蕊 ·················· 2. **台湾马桑 C. intermedia**
1. 亚灌木状草本;花序顶生 ·················· 3. **草马桑 C. terminalis**

1. 马桑　　　　　　　　　图 587: 1-7 彩片 188

Coriaria nepalensis Wall. Pl. As. Rar. 3: t. 289. 1832.

Coriaria sinica Maxim.; 中国高等植物图鉴 2: 623. 1972.

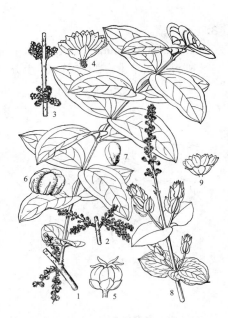

灌木,高1.5-2.5米。小枝四棱形或成4窄翅,幼枝疏被微柔毛,后变无毛,老枝紫褐色,具突起的圆形皮孔。叶对生,纸质或薄革质,椭圆形或宽椭圆形,长2.5-8厘米,先端急尖,基部圆,全缘,两面无毛或脉上疏被毛,基出3脉,弧形伸至顶端;叶柄短,紫色,基部具垫状突起物。总状花序生于二年生枝上,雄花序先叶开放,长1.5-2.5厘米,多花密集,序轴被腺状微柔毛。花梗长约1毫米,无毛;

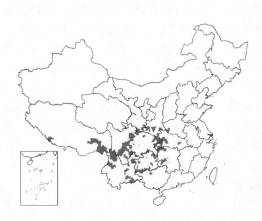

萼片卵形,边缘半透明,上部具流苏状细齿;花瓣极小,卵形,长约0.3毫米;花丝线形,开花时伸长,花药长圆形,药隔伸出,不育雌蕊存在;雌

图 587: 1-7.马桑　8-9.草马桑

花序与叶同出，长4-6厘米，序轴被腺状微柔毛；苞片稍大，长约4毫米，萼片与雄花同；花瓣肉质，龙骨状；心皮5，耳形，侧向压扁，花柱具小疣体，柱头上部外弯，具多数小疣体。果球形，果期花瓣肉质增大包于果外，成熟时由红色变紫黑色，径4-6毫米；种子卵状长圆形。

产甘肃、陕西、河南西南部、湖北、湖南、四川、贵州、广西、云南

及西藏，生于海拔400-3200米的灌丛中。印度及尼泊尔有分布。果可提酒精。种子榨油可作油漆和油墨。茎叶可提栲胶。全株含马桑碱，有毒，可作土农药。

2. 台湾马桑

图 588

Coriaria intermedia Matsumura in Bot. Mag. Tokyo 12: 62. 1898.

小灌木，高1-2米，多分枝。小枝四棱形，紫红色，具突起皮孔，老枝上皮孔双凸镜状，纵裂。叶对生，膜质或纸质，卵状披针形，长3.5-6.5厘米，先端渐尖，基部宽楔形或近圆，全缘，两面无毛，基出3脉达先端；叶柄长1-2厘米，基部具垫状突起物。花单性同株，总状花序生于二年生的小枝上，长2-4厘米，基部具多层三角形淡红色芽鳞。花梗长2-3毫米；萼片5，卵圆形，长约2.5毫米，先端钝，在雌花中萼片先端具流苏状锯齿；花瓣5，线状长圆形，长0.5-1毫米，里面龙骨状；雄蕊10，花丝线形，长约5毫米，内折，花药线状长圆形，长约2.5毫米，药隔伸长，具小疣体，在雌花中不育雄蕊存在或无；心皮5（在雄花中缺），耳形，长约0.7毫米，侧向压扁，腹面中部多少连合，花柱直立，长约1毫米，柱头线状外弯，长约1.5毫米，

3. 草马桑

图 587: 8-9

Coriaria terminalis Hemsl. in Hook. Icon. Pl. 3: t. 2220. 1892.

亚灌木状草本，高0.5-1米。少分枝；小枝四棱形或呈角状窄翅，被腺状柔毛，紫红色。叶对生，薄纸质，下部的叶宽卵形或近圆形，长4-6厘米，上部或侧枝的叶卵状披针形或长圆状披针形，长2.5-4厘米，先端圆而具短尖或急尖头，基部心形半抱茎或近圆，两面被腺状柔毛，具腺状缘毛，基出（3-）5-9脉；叶无柄或具短柄。花小，单性，同株而不同序。总状花序顶生，长12.5-21厘米，序轴紫红色，被白色腺状柔毛；苞片披针形，长3-4毫米，紫色。萼片宽卵形或

图 588 台湾马桑
（引自《Woody Fl.Taiwan》）

粉红色，具多数小疣体。果球形，径约4毫米，成熟时红色。

产台湾，生于海拔达2500米灌丛或疏林中。菲律宾有分布。

卵形或卵状披针形，长2.5-3毫米，渐尖或急尖，边缘半透明，外面具灰白色小斑点；花瓣5，卵形，长1-1.5毫米，肉质，里面龙骨状，花后增大；雄蕊10，2轮，花丝线形，花药长圆形，具小疣体，药隔伸出，药室基部具短尾；心皮5，子房侧面压扁，长1毫米，花柱短，柱头线形外弯，长约2毫米，具小疣体。果径2.5-3毫米，成熟时紫红色或黑色。

产云南西北部、四川及西藏，生于海拔1900-3700米山坡林下或灌丛中。印度及锡金有分布。

168. 棟科 MELIACEAE
（陈邦余）

常绿或落叶，乔木或灌木，稀亚灌木。羽状复叶，稀3小叶复叶或单叶，互生，稀对生，小叶对生、近对生，稀互生，全缘，稀具锯齿，基部稍偏斜，无托叶。花两性或杂性异株，辐射对称；多为聚伞圆锥花序，或为总状花序、穗状花序。花萼小，4-5（6）裂；花瓣（3）4-5（-7），离生或基部连合；雄蕊4-12，花丝连合成筒状，球形或陀螺形，花药生于花丝筒内缘或顶部，稀花丝离生；具内生花盘或缺；子房上位，（1）2-5室，每室（1）2胚珠，稀多数。蒴果、浆果或核果。种子具翅或无翅，有胚乳或无，常具假种皮。

约50属，1400种，主产热带及亚热带地区，少数至温带。我国15属，62种，12变种，引入栽培3属，3种。木材坚韧，色泽美，有香气、耐腐朽，易加工，多为优良速生用材树种。

1. 蒴果；种子具翅。
  2. 雄蕊花丝离生，花盘短柱状，肉质或长柄状。
    3. 花盘5棱短柱状，短于子房；种子两端或上端具翅 ·············· 1. 香椿属 Toona
    3. 花盘长柄状，长于子房；种子下端具翅 ·············· 2. 洋椿属 Cedrela
  2. 雄蕊花丝连合成筒，花盘杯状、浅杯状或不发育。
    4. 花药着生花丝筒内上部，内藏。
      5. 蒴果由基部向上室间开裂；种子上端具翅 ·············· 3. 桃花心木属 Swietenia
      5. 蒴果顶端4-5瓣裂；种子边缘具圆形膜质翅 ·············· 4. 非洲棟属 Khaya
    4. 花药着生花丝筒内缘，突出；种子下部具翅 ·············· 5. 麻棟属 Chukrasia
1. 核果、浆果或蒴果；种子无翅。
  6. 单叶或3小叶复叶。
    7. 花盘杯状或缺，包子房基部 ·············· 6. 杜棟属 Turraea
    7. 花盘筒状，包达子房顶部。
  6. 羽状复叶。
    8. 矮小亚灌木，植株高不及50厘米；花瓣中部以下连合筒状 ·············· 7. 地黄连属 Munronia
    8. 乔木或灌木；花瓣离生。
      9. 雄蕊花丝基部、中部以下连成筒状或离生。
        10. 花丝基部连合，子房常5室；核果 ·············· 8. 浆果棟属 Cipadessa
        10. 花丝下部连合；子房2-3室；浆果或蒴果。
          11. 浆果 ·············· 9. 割舌树属 Walsura
          11. 蒴果，2瓣裂 ·············· 10. 鹪鸪花属 Trichilia
      9. 雄蕊花丝几全部连成筒状。
        12. 子房每室1-2胚珠。
          13. 花丝筒球形或陀螺形，花柱极短或缺。
            14. 浆果。
              15. 花药5-6（7-10），1轮 ·············· 11. 米仔兰属 Aglaia
              15. 花药10，2轮 ·············· 12. 雷棟属 Reinwardtiodendron
            14. 蒴果。
              16. 雄花成圆锥花序，雌花或两性花成穗状或总状花序；幼叶无鳞片 ······ 13. 山棟属 Aphanamixis
              16. 圆锥花序多分枝；幼叶常被鳞片 ·············· 14. 崖摩属 Amoora
          13. 雄蕊花丝筒圆筒形或圆柱形，花柱长。
            17. 花盘筒状，与子房等长或较长；蒴果 ·············· 15. 樫木属 Dysoxylum

17. 花盘环状、浅杯状或缺。

  18. 蒴果，革质；小叶全缘 ··· 16. **溪桫属 Chisocheton**

  18. 核果，近肉质；小叶具缺齿或不明显钝齿或全缘 ················· 17. **楝属 Melia**

12. 子房每室具 2 列 4-8 叠生胚珠 ······································· 18. **木果楝属 Xylocarpus**

1. 香椿属 Toona Roem.

乔木。芽鳞数个。羽状复叶，互生；小叶全缘，稀疏生细齿，常具透明细点。花小，两性；聚伞圆锥花序。萼筒短，5 齿裂或深裂为 5 萼片；花瓣 5，离生；雄蕊 5，离生，与花瓣互生，着生花盘上，花丝钻形，花药丁字着生，基部心形，退化雄蕊 5 或无，与花瓣对生；花盘短柱状，具 5 棱，肉质；子房 5 室，每室具 2 列 8-12 胚珠，花柱线形，柱头盘状。蒴果，革质或木质，5 室，5 瓣裂，多数种子。种子侧扁，上端具长翅或两端具翅。

约 15 种，分布于亚洲至大洋洲。我国 4 种 6 变种。

1. 小叶全缘或具细齿；雄蕊 10，其中 5 枚不发育或为退化雄蕊；子房及花盘无毛；蒴果具苍白色小皮孔；种子上
  端具膜质翅。

  2. 小叶两面无毛，下面常粉绿色；花序疏被锈色柔毛或近无毛 ················· 1. **香椿 T. sinensis**

  2. 小叶两面被柔毛，下面沿脉密被长毛；花序被微柔毛 ········· 1(附). **陕西香椿 T. sinensis** var. **schensiana**

1. 小叶常全缘；雄蕊 5，子房及花盘被毛；蒴果具大皮孔；种子两端具膜质翅。

  3. 蒴果长 1.8-2 厘米 ··· 2. **小果香椿 T. microcarpa**

  3. 蒴果长 2-3.5 厘米。

    4. 小叶两面无毛或下面脉腋被毛。

      5. 叶长圆状卵形或披针形，长 8-15 厘米，最下一对小叶基部一侧圆，一侧楔形；花瓣无毛或被微柔毛 ······
      ··· 3. **红椿 T. ciliata**

      5. 叶卵状长圆形或卵状披针形，长 5-10 厘米，最下一对小叶卵形，基部两侧近圆，花瓣稍被微柔毛 ·········
      ································· 3(附). **滇红椿 T. ciliata** var. **yunnanensis**

    4. 小叶下面及叶轴被柔毛，脉上毛密 ······················· 3(附). **毛红椿 T. ciliata** var. **pubescens**

1. 香椿
            图 589: 1-5 彩片 189

Toona sinensis (A. Juss.) Roem. Fam. Nat. Reg. Veg. Syn. 1: 139. 1846.

Cedrela sinensis A. Juss. in Mém. Mus. Hist. Nat. Paris 19: 255, 294. 1830.

落叶乔木，高达 25 米；树皮浅纵裂，片状剥落。偶数羽状复叶，长 30-50 厘米；小叶 16-20，卵状披针形或卵状长圆形，长 9-15 厘米，宽 2.5-4 厘米，先端尾尖，基部一侧圆，一侧楔形，全缘或疏生细齿，两面无毛，下面常粉绿色，侧脉 18-24 对；小叶柄长 0.5-1 厘米。聚伞圆锥花序疏被锈色柔毛或近无

图 589: 1-5.香椿 6-9.小果香椿
（引自《图鉴》）

毛。花萼5齿裂或浅波状，被柔毛；花瓣5，白色，长圆形，长4-5毫米；雄蕊10，5枚能育，5枚退化；花盘无毛，近念珠状。蒴果窄椭圆形，长2-3.5厘米，深褐色，具苍白色小皮孔。种子上端具膜质长翅。花期6-7月，果期10-11月。

产辽宁南部、河北、河南、安徽、江苏、浙江、江西、湖北、湖南、广东、广西、贵州、云南、西藏、四川、甘肃及陕西，生于海拔1500-2300米以下山区及平原；各地多栽培。木材红褐色，坚韧富弹性，不翘不裂，耐腐力强，易加工，为高级家具、室内装修及造船优良木材；根皮及果药用，可止血、止痛。幼芽嫩叶芳香可口，多食用品种。

[附] **陕西香椿 Toona sinensis** var. **schensiana** (C. DC.) X. M.

Chen in Journ. Wuhan Bot. Res. 4(2): 187. 1986. —— *Cedrela sinensis* A. Juss. var. *schensiana* C. DC. in Rec. Bot. Surv. India 3: 361. 1908. 本变种与原变种的主要区别：小叶两面被柔毛，下面沿脉密被长毛；花序被微柔毛。产陕西、贵州及云南，生于山坡或溪边。

2. 小果香椿 紫椿   图 589: 6-9

Toona microcarpa (C. DC.) Harms in Engl. u. Prantl. Nat. Pflanzenfam. 3(4): 270. 1897.

Cedrela microcarpa C. DC. Monogr. Phanerog. 1: 745. 1878.

乔木，高达25米。幼枝灰色，被微柔毛，后脱落。偶数羽状复叶，长30-50厘米，无毛，长10-15厘米；小叶6-9（-12）对，纸质，长圆形或长圆状卵形，长8-15厘米，宽3.5-6厘米，先端渐尖或尾尖，基部圆或宽楔形，偏斜，全缘，两面无毛或下面叶脉及脉腋被毛，侧脉12-15对；小叶柄长5-

8毫米，被柔毛。圆锥花序被硬毛。花梗长1-3毫米；萼片圆形，被硬毛；花瓣白色，椭圆状倒卵形，长5-6毫米；雄蕊5，花丝下部被长柔毛；花盘及子房被硬毛，花柱无毛。蒴果椭圆形，无毛，长1.8-2厘米，果瓣薄，皮孔大。种子椭圆形，两端具膜质翅。花期3-5月，果期8-10月。

产湖北、湖南、福建、广东、海南、广西、四川、贵州及云南，生于海拔850-2200米阔叶林或山坡疏林中。锡金、印度、缅甸及中南半岛有分布。

3. 红椿 红楝子   图 590 彩片 190

Toona ciliata Roem. Fam. Nat. Reg. Veg. Syn. 1: 139. 1846.
Toona sureni auct. non (Bl.) Roem. nec (Bl.) Merr.: 中国高等植物图鉴 2: 574. 1972.

大乔木，高达20余米。幼枝被柔毛，后脱落。偶数或奇数羽状复叶，长25-40厘米，小叶7-8对；叶柄圆，长6-10厘米；小叶纸质，长圆状卵形或披针形，长8-15厘米，宽2.5-6厘米，先端尾尖，基部一侧圆，一侧楔形，全缘，两面无毛或下面脉腋被毛，侧脉12-18对；小叶柄长0.5-1.3厘米。圆锥花序顶生，被硬毛或近无毛。花梗长1-2毫米；花萼短，5裂，被微柔毛；花瓣5，白

图 590 红椿 （引自《海南植物志》）

色，长圆形，长4-5毫米，无毛或被微柔毛；雄蕊5，花丝疏被柔毛，花

盘与子房等长，被粗毛；子房密被长硬毛，花柱无毛，蒴果长椭圆形，木质，干后紫褐色，皮孔苍白色，长2-3.5厘米。种子两端具膜质翅。

产安徽、福建、湖南、广东、海南、广西、四川、云南及西藏，生于低海拔沟谷林中或山坡疏林中。印度、中南半岛、马来西亚及印度尼西亚有分布。木材红褐色，纹理通直，耐腐，供建筑、造船、家具、雕刻等用。

[附] **滇红椿 Toona ciliata** var. **yunnanensis** (C. DC.) C. Y. Wu, Fl. Yunnan. 1: 207. 1977. —— *Cedrela yunnanensis* C. DC. in Rec. Bot. Surv. India 3: 366. 1908. 本变种与原变种的区别：小叶长5-10厘米，宽3-5厘米，最下一对卵形，基部两侧近圆，上部叶卵状长圆形或卵状披针形；花瓣稍被微柔毛。产海南、广东、广西、四川及云南，生于海拔350-1400米沟谷疏林中。

[附] **毛红椿 Toona ciliata** var. **pubescens** (Franch.) Hand.-Mazz. Symb. Sin. 7: 631. 1933. —— *Cedrela toona* Roxb. var. *pubescens* Franch. in Bull. Soc. Bot. France 33: 452. 1885. 本变种与原变种的区别：叶轴及小叶下面被柔毛，脉上毛密；花瓣近卵状长圆形，花柱被长硬毛；蒴果顶端圆。产江西、湖北、湖南、广东、贵州、四川及云南，生于低海拔至中海拔山地林中。

2. 洋椿属 Cedrela P. Br.

落叶大乔木。奇数羽状复叶，小叶全缘或稍有锯齿。花两性；圆锥花序顶生。花萼短，4-5裂；花瓣5，离生，与长柄状花盘连生；雄蕊5，着生于长柄状花盘顶端，花丝锥状，花药丁字着生，基部心形；子房着生于长柄状花盘顶端，5室，每室12胚珠。蒴果革质或膜质，5瓣裂。种子扁平，多数，下端具翅。

7-8种，分布于美洲及西印度群岛。我国引入栽培1种。

洋椿 图 591

Cedrela glaziovii C. DC. in Mart. Fl. Brasil. 11(1): 224. t. 65. f. 2. 1878.

乔木，高达10米。小枝无毛。叶连柄长达45厘米，小叶8-9对；小叶膜质，卵状长椭圆形，长8-12厘米，宽3.5-4厘米，先端渐锐尖，基部圆或楔形，两面无毛，侧脉10-12对，网脉两面明显；小叶柄长1-1.5厘米。花序无毛。萼5齿裂，疏被微柔毛；花瓣白色，长椭圆形，长约8毫米，两面被灰色柔毛；花盘长柄状，无毛，花柱及子房无毛。蒴果长椭圆形，无毛，长约4厘米，皮孔苍白色。

原产南美洲。广州等地有栽培。

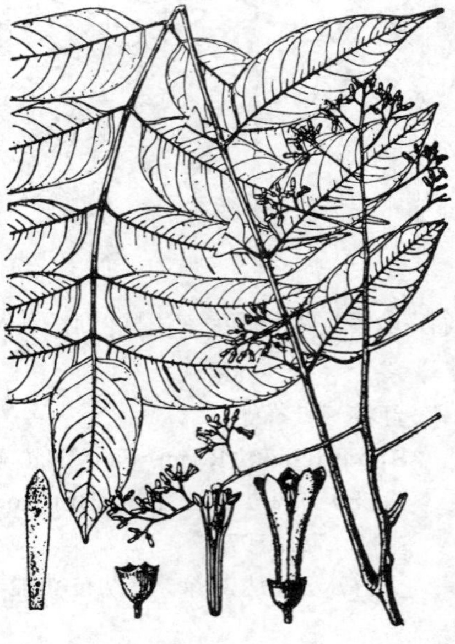

3. 桃花心木属 Swietenia Jacq.

大乔木。偶数羽状复叶，无毛；小叶基部偏斜。花两性；圆锥花序腋生或顶生。萼5裂；花瓣5，离生，雄蕊花丝筒壶形，顶端10齿裂，花药10，着生于筒口内缘；花盘环状或浅杯状；子房无柄，5室，每室胚珠多颗，花柱圆柱状，柱头盘状。蒴果木质，由基部向上室间5瓣裂，果爿与具5棱与宿存中轴分离；种子多数，2列。种子上端具长翅；胚乳稍肉质，子叶肉质，胚根极短。

7-8种，分布于美洲热带及亚热带地区、西印度群岛及西非。我国引种栽培1种。

图 591 洋椿 （引自《广东植物志》）

桃花心木 图 592: 1-7

Swietenia mahagoni (Linn.) Jacq. Enum. Pl. Carib. 20. 1760.

Cedrela mahagoni Linn. Syst. ed. 10: 940. 1759.

常绿大乔木，高达25米，胸径4米；树干基部具板根，树皮淡红色，鳞片状。复叶长35厘米，小叶4-6对，无毛；小叶革质，斜披针形或斜卵状披针形，长10-16厘米，宽4-6厘米，先端长渐尖，基部一侧楔形，一侧近圆，全缘或具1-2浅钝齿，无毛，侧脉约10对。圆锥花序腋生，长6-15厘米，无毛。花梗长约3毫米；萼浅杯状，5裂，裂片圆形；花瓣白色，无毛，长3-4毫米。蒴果卵形，木质，径约8厘米，5瓣裂。种子多数，长1.8厘米，连翅长7厘米。花期春夏，果期6-10月。

原产南美洲。台湾、福建、广东、广西、海南及云南引入栽培。木材色泽美观，硬度适中，易打磨，不易变形，抗虫蚀，供装饰、家具、舟车等用；为世界著名珍贵用材树种。

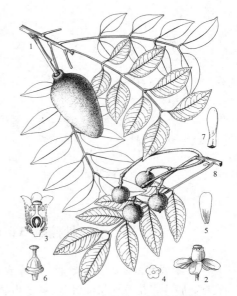

图 592: 1-7.桃花心木 8.非洲楝
（引自《图鉴》）

4. 非洲楝属 Khaya A. Juss.

乔木。偶数羽状复叶；小叶全缘，无毛。花两性；圆锥花序腋上生或近顶生。花萼4-5深裂，花瓣4-5，离生；雄蕊花丝筒坛状或杯状，花药8-10，着生花丝筒内面近顶端；花盘杯状；子房4-5室，每室8-18胚珠，柱头盘状，具4槽。蒴果木质，顶端4-5瓣裂。种子边缘具圆形膜质翅。

8种，分布于非洲热带地区及马达加斯加。我国引种栽培1种。

非洲楝　　　　　　　　　　　　图 592: 8

Khaya senegalensis (Desr.) A. Juss. in Mém. Mus. Hist. Nat. Paris 19: 249. 1830.

Swietenia senegalensis Desr. in Lam. Encycl. 3: 678. 1791.

乔木，高达20米。幼枝具暗褐色皮孔。小叶3-8对，长圆形、长圆状椭圆形或卵形，长7-17厘米，宽3-6厘米，先端短尖，基部楔形或稍圆，侧脉9-14对，全缘；小叶柄长0.5-1厘米。圆锥花序短于叶，无毛。萼片4，宽卵形，长约1毫米，无毛；花瓣4，椭圆形，长3毫米，无毛；雄蕊花丝筒坛状；子房无毛，4室。蒴果球形，自顶端室轴开裂。种子椭圆形或近圆形，边缘具膜质翅。

原产热带非洲及马达加斯加。台湾、福建、广东、广西及海南有栽培。树姿优美，可作行道树；木材可制胶合板。

5. 麻楝属 Chukrasia A. Juss.

大乔木，高达25米。芽鳞被粗毛。小枝红褐色，无毛。偶数羽状复叶，长30-50厘米，无毛，小叶5-8对，互生，纸质，卵形或长圆状披针形，长7-12厘米，宽3-5厘米，先端稍尾尖，基部圆或楔形，两面无毛或近无毛，全缘，侧脉10-15对；小叶柄长4-8毫米，无毛。圆锥花序顶生，长15-25厘米，花序轴及分枝无毛或近无毛；苞片线形，早落。花萼浅杯状，4-5齿裂，被毛；花瓣4-5，离生，旋转排列，黄色或稍带紫色，长圆形，长1.2-1.5厘米；雄蕊花丝筒圆筒形，顶端近平截或具10钝齿，花药10，着生花丝筒口内缘，突出，花盘不发育；子房具短柄，3-5室，被毛。蒴果木质，近球形或椭圆形，长4.5厘米，径3.5-4厘米，灰黄至褐色，无毛，具淡褐色小疣点，3-4瓣裂。种子多数，扁平，椭圆形，径5毫米，下部具长翅，连翅长1.2-2厘米。

单种属。

麻楝　　　　　　　　　　　　　图 593

Chukrasia tabularis A. Juss. in Mém. Mus. Hist. Nat. Paris 19: 251. 1830.

形态特征同属。花期4-5月，果期7月至翌年1月。

产广东、海南、广西、云南及西藏东部，生于海拔380-1530米山地疏林中。尼泊尔、印度、斯里兰卡、中南半岛及马来半岛有分布。木材黄褐或红褐色，芳香、坚韧、有光泽、易加工、耐腐，供建筑、造船、上等家具等用。

[附]　**毛麻楝 Chukrasia tabularis** var. **velutina** (Wall.) King

in Journ. Asiat. Soc. Bengal 64(2): 88. 1895. —— *Plagiotaxis velutina* Wall. Syn. Monogr. 1: 135. 1846. 本变种与原变种的主要区别：叶轴、叶柄、小叶下面及花序轴均密被黄色绒毛。产广东、广西、贵州及云南。印度、锡金及斯里兰卡有分布。

图 593 麻楝 （引自《海南植物志》）

6. 杜楝属 Turraea Linn.

乔木或灌木。单叶，互生，全缘或具钝齿。花两性，单生或成短总状花序，腋生。花萼杯状或钟状，4-5齿裂；花瓣4-5，离生，线状匙形；雄蕊花丝筒圆柱形，顶端正膨大，具齿；花药8-10，着生花丝筒口部内缘，内藏或稍突出；花盘环状或缺；子房无毛，4至多室，每室2倒生胚珠，花柱丝状，伸出花丝筒外。蒴果，室背开裂，果爿革质或木质，由具翅中轴分离。种子长椭圆形，稍弯曲，平滑，种脐宽，腹生。

90种，产亚洲热带地区、大洋洲及南非。我国1种。

杜楝   图 594 彩片 191

Turraea pubescens Hellen in Vet. Acad. Nya Handl. 4: 308. 1788.

灌木，高达3米。幼枝被黄色柔毛，后脱落。叶椭圆形、卵形或倒卵形，长5-10厘米，宽2-4.5厘米，先端渐尖，基部宽楔形或近圆，两面疏被柔毛，幼叶密被毛，侧脉8-10对，全缘，或疏生不明显钝齿或浅波状；叶柄长0.5-1厘米，被黄色柔毛。花序具4-5花，被绒毛；小苞片披针形，被绒毛。花梗长约1.2厘米；花萼钟状，被绒毛，长2-3毫米，5齿裂；花瓣5，白色，

图 594 杜楝 （引自《海南植物志》）

线状匙形，长3-4.5厘米；花药10，花丝筒窄长，近顶部稍膨大，4-5裂，裂片2深裂，无毛；花盘高约1毫米，无毛；子房5室，柱头瓶状。蒴果球形，径1-1.5厘米。种子5，长椭圆形，常弯曲，长7毫米。花期4-7月，果期8-11月。

产广东南部、海南及广西南部，生于低海拔山地、海边疏林、灌丛中。中南半岛及印度尼西亚有分布。

7. 地黄连属 Munronia Wight.

小灌木或亚灌木。茎常不分枝。奇数羽状复叶、3小叶复叶或单叶，互生；小叶对生，全缘或具钝齿。花两性；伞房或总状花序腋生或单花。萼片5，基部连合或离生；花瓣5，中部以下连成筒状；雄蕊花丝筒圆柱状，下部与

花冠筒合生，短于花瓣裂片，顶端10齿裂，花药10，顶生；花盘膜质，筒状，与子房近等长；子房5室，每室2叠生胚珠，花柱纤细，柱头头状，顶端5裂。蒴果被毛，具5棱，室背5裂，果片薄革质，与具5翅中轴分离。种子扁平，弯拱，种脐腹生，凹入。

约15种，分布于印度及东南亚。我国8种2变种。

1. 单叶地黄连　　　　　　　　　　　　图595

Munronia unifoliolata Oliv. in Hook. Icon. Pl. 18: t. 1907. 1887.

亚灌木，高达30厘米；全株被微柔毛。单叶，坚纸质，长椭圆形，长3-5.5（-7）厘米，宽1.3-1.5厘米，先端钝或短尖，基部宽楔形或圆，全缘或疏生钝齿，两面被微柔毛，侧脉4-6对；叶柄长1.2-3厘米，被微柔毛。花序具1-3花。萼5裂，裂片披针形，长2-2.5毫米；花冠白色，长1.7-2厘米，花冠筒细，与裂片等长或较长，疏被微柔毛，裂片倒披针状椭圆形，花丝筒稍突出，裂片10，线形或披针

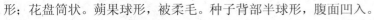

形；花盘筒状。蒴果球形，被柔毛。种子背部半球形，腹面凹入。

图 595　单叶地黄连　（肖　溶　绘）

产湖北、湖南、四川、贵州及云南，生于海拔约450米蔽阴岩边及石缝中。

2. 矮陀陀　滇黔地黄连　　　　　　图596: 1-2

Munronia henryi Harms in Ber. Dutsch. Bot. Ges. 35: 771. 1917.

小亚灌木，高达30厘米。奇数羽状复叶簇生茎顶，连柄长5-7厘米，和小叶均被柔毛；小叶5-7，最下部小叶卵形、长椭圆形或倒卵形，长0.5-1厘米，先端圆钝，常全缘，中部叶卵形、长椭圆形或倒卵形，长1.5-2.5厘米，先端钝或圆，全缘或上部疏生钝齿，顶生小叶及上部叶披针形或长椭圆状披针形，长3-7厘米，宽1.3-3厘米，先端渐尖或钝，全缘或具不规则钝齿或缺齿，幼时下面被柔毛，上面边缘及中脉被柔毛，老时近无毛。花序具2-3花，总花梗长5-7毫米。花梗长0.7-1.2厘米，被长柔毛，具小苞片；萼5裂达基部，裂片披针形，长2-3毫米，被长柔毛；花冠白色，近无毛，花冠筒与花丝筒下部连合，长3-3.5厘米，裂片长椭圆状倒披针形或披针形，长约1厘米。

蒴果扁球形，被柔毛，5裂。花果期6-11月。

产贵州、广西及云南，生于海拔1000-1400米林下湿地。

[附] **云南地黄连** 图596：3-6 **Munronia delavayi** Franch. in Bull. Soc. Bot. France 33: 451. 1886. 本种与矮陀陀的主要区别：小叶（5）7-9，长2-3.5厘米，中部以上深齿裂或近羽状全裂，下部全缘，两面疏被平伏柔毛；花冠筒长约2.2厘米。花期5-7月。产云南西北及东北部，生于海拔1100-1750米金沙江河谷岩缝中。

[附] **地黄连 Munronia sinica** Diels in Engl. Bot. Jahrb. 29: 425. 1900. 本种与矮陀陀的主要区别：小叶3（5），长3-6厘米，疏生粗齿。花期6月，果期8月。产四川南部，生于阴处石缝中。全草药用，治咳嗽、跌打损伤及风湿；外敷治肿毒。

图 596: 1-2.矮陀陀 3-6.云南地黄连
（李锡畴绘）

8. 浆果楝属 Cipadessa Bl.

灌木或乔木。奇数羽状复叶，互生或近对生；小叶3-6对，常全缘。花两性；圆锥花序腋生。花小，近球形；花萼浅杯状，5齿裂；花瓣5，长椭圆形，离生；雄蕊10，花丝线形，基部连成浅杯状花丝筒，上部离生，顶端2齿裂，内面常被毛，花药生于花丝顶端2齿裂间；花盘短，与花丝筒基部连合；子房（1-3）5室，每室2并生胚珠，花柱短，柱头头状。核果浆果状，稍肉质，球形具5棱，内含5核，每核具1-2种子。种子具肉质胚乳，胚近叶状，胚根向上，突出。

约4种，分布于马达加斯加、印度及马来半岛。我国2种。

1. 叶轴、花序及小叶两面密被柔毛 ················· **灰毛浆果楝 C. cinerascens**
1. 叶轴、花序无毛或稍被微柔毛；小叶上面无毛，下面沿中脉及侧脉疏被平伏长柔毛 ················· （附）. **浆果楝 C. baccifera**

灰毛浆果楝   图597: 1-9 彩片192

Cipadessa cinerascens (Pellegr.) Hand.-Mazz. Symb. Sin. 7: 632. 1933. *Cipadessa fruticosa* Bl. var. *cinerascens* Pellegr. in Lecomte, Fl. Gén. Indo-Chine 1: 784. 1911.

小乔木或灌木状，高达4米。幼枝具棱，被黄色柔毛，散生灰白色皮孔。叶长20-30厘米，叶轴及叶柄密被黄色柔毛；小叶4-6对，纸质，卵形或卵状长圆形，长5-10厘米，宽3-5厘米，先端尖或稍骤尖，基部圆或宽楔形，两面被平伏灰黄色柔毛，下面毛密，侧脉8-10对。花序长10-15厘米，被黄色柔毛。花径3-4毫米；花梗长1.5-2毫米；萼短，疏被黄色柔毛，裂齿宽三角形；花瓣白至黄色，线状长椭圆形，疏被平伏柔毛，长2-3毫米；花丝筒外面无毛，内面疏被毛，花药10，无毛。核

图 597: 1-9.灰毛浆果楝 10-11.浆果楝
（余汉平绘）

果球形，径约5毫米，紫黑色。花期4-10月，果期8-12月。

产广西、四川、贵州及云南，生于低海拔山地疏林或灌丛中。越南有分布。根、叶药用，可祛风去湿、行气止痛；种子油可制肥皂。

[附] 浆果楝 图597：10-11 **Cipadessa baccifera** (Roth.) Miq. in Ann. Mus. Bot. Ludg.-Bat. 4: 6. 1868. —— *Melia baccifera* Roth. Nov. Pl. Ind. Or. 215. 1821. 本种与灰毛浆果楝的主要区别：叶轴及叶柄无毛或稍被微柔毛；小叶膜质，长卵形，长椭圆形或披针形，基部楔形或宽楔形，上面无毛，下面沿中脉及侧脉疏被平伏长柔毛；花序无毛；花瓣长椭圆形，近无毛。花期4-6月，果期12月至翌年2月。产云南西南及东南部，生于山地疏林或灌丛中。斯里兰卡、印度、中南半岛及印度尼西亚有分布。

9. 割舌树属 **Walsura** Roxb.

乔木。复叶互生；小叶1-5，对生，全缘。花两性；圆锥花序。花萼5齿裂或深裂；花瓣5，离生；雄蕊10，花丝扁平，中部以下连成筒状或基部合生或离生，花药内向，着生于花丝顶端或花丝顶端2裂齿间；花盘杯状，肉质；子房2-3室，每室2胚珠，花柱与子房近等长。浆果，被柔毛；种子1-2。

30-40种，分布于印度、中南半岛、马来西亚及印度尼西亚。我国3种。

1. 小叶3-5；雄蕊花丝顶端不裂 ·················· 1. **割舌树 W. robusta**
1. 小叶1-3；雄蕊花丝顶端2齿裂 ·················· 2. **越南割舌树 W. cochinchinensis**

1. 割舌树
图 598: 1-5 彩片 193

Walsura robusta Roxb. Fl. Ind. ed. 2, 2: 386. 1832.

乔木，高达25米。小枝无毛。复叶长15-30厘米，叶柄长2.5-8厘米；小叶3-5，对生，长椭圆形或椭圆状披针形，顶生小叶长7-16厘米，宽3-7厘米，侧生小叶长5-14厘米，宽1.5-5厘米，先端渐尖，基部楔形，两面无毛，侧脉5-8对，两面稍凸起；小叶柄长0.5-2厘米。圆锥花序长8-17厘米，疏被粉状质柔毛。花具梗；花萼短，被粉质柔毛，裂片卵形；花瓣白色，长椭圆形，长3-4毫米，被粉质柔毛；雄蕊10，花丝顶端渐尖，不裂，内面被硬毛，基部或中部以下连合成筒，内面上部被硬毛，花药着生花丝顶端；花盘杯状；子房2室，柱头盘状，不裂。浆果球形或卵形，径1-2厘米，密被黄褐色柔毛。花期2-3月，果期4-6月。

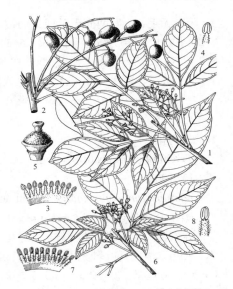

图 598: 1-5.割舌树 6-8.越南割舌树
（余汉平绘）

产广西、海南及云南，生于低海拔山地林中。印度、中南半岛、马来半岛及印度尼西亚有分布。

2. 越南割舌树
图 598: 6-8

Walsura cochinchinensis (Baill.) Harms. in Engl. u. Prantl. Nat. Pflanzenfam. 3(4): 302. 1897.

Heynea cochinchinensis Baill. in Adansonia 11: 265. 1873-1876.

小乔木或灌木状，高达8米。复叶长15-20厘米，叶柄长1-4厘米，具棱；小叶1-3，对生，薄革质，卵形或卵状披针形，顶生小叶长8-12厘米，宽3-3.5厘米，先端渐尖，基部楔形，两面无毛，下面粉绿色，侧脉

8-10对；侧生小叶柄长0.5-1.5厘米，顶生小叶柄长2.5-3.5厘米。圆锥花序长1-6厘米，被柔毛。花梗纤细；花萼5齿裂，裂片三角形，被微柔毛；花瓣5，白色，窄长圆形，长约5毫米，被微柔毛；雄蕊10，花丝宽，顶端2齿裂，中部以下连合成筒，

稍被微柔毛，花药着生顶端裂齿间；花盘杯状，红色，无毛，子房2室，柱头盘状，2齿裂。浆果球形或卵形，径1.5厘米，密被黄褐色柔毛，外果皮薄，内果皮硬革质。花期4-7月，果期6-12月。

产广西南部及海南，生于低海拔山地林中。越南有分布。

10. 鹧鸪花属 **Trichilia** P. Br.

乔木。奇数羽状复叶互生；小叶对生，全缘。花两性；聚伞圆锥花序。花萼短，4-5裂；花瓣4-5，长椭圆形，离生；雄蕊花丝下部连合，上部8-10深裂，裂片线形，顶端2齿裂，花药8-10，着生2齿间；花盘环状，肉质；子房2-3室，每室2并生胚珠，柱头2-3裂。蒴果，2瓣裂，种子1-2。

约86种，分布于美洲、非洲热带地区、印度、中南半岛及马来半岛。我国2种1变种。

1. 蒴果无毛；小叶两面无毛或下面被黄色微柔毛。
  2. 小叶长 8-16 厘米；蒴果长 2.5-3 厘米，径 1-2.5 厘米 ·············· 1. 鹧鸪花 **T. connaroides**
  2. 小叶长 7-9 厘米；蒴果长 1.5 厘米，径 1-1.2 厘米 ·········· 1(附). 小果鹧鸪花 **T. connaroides** var. **microcarpa**
1. 蒴果被黄色柔毛；小叶上面无毛或沿中脉被微柔毛，下面被黄色长柔毛，脉上毛密 ·· 2. 茸果鹧鸪花 **T. sinensis**

1. 鹧鸪花　　　　　　　图 599: 1-7 彩片 194

Trichilia connaroides (Wight et Arn.) Bentv. in Acta Bot. Neerl. 11: 13. 1962.

Zanthoxylon connaroides Wight et Arn. Prodr. 148. 1834.

Heynea trijuga Roxb. ex Sims; 中国高等植物图鉴 2: 572. 1972.

乔木，高达10米。幼枝被黄色柔毛，后脱落。奇数羽状复叶长20-36厘米，小叶3-4对，叶轴无毛；小叶膜质，卵状披针形或卵状长椭圆形，长（5-）8-16厘米，宽（2.5-）3.5-5（-7）厘米，先端渐尖，基部楔形、宽楔形或圆，上面无毛，下面苍白色，无毛或被黄色微柔毛，侧脉8-12对；小叶柄长4-8毫米。聚伞圆锥花序腋生，被微柔毛，花序梗长。花梗长3-4毫米；花萼5裂，裂齿圆或钝三角形，花瓣5，白或淡黄色，长椭圆形，被微柔毛或无毛；雄蕊花丝筒10裂至中部以下，裂片内面被硬毛，花药10，着生裂片顶

图 599: 1-7. 鹧鸪花　8. 小果鹧鸪花

（余汉平绘）

端齿裂间；子房无毛，柱头近球形，2裂。蒴果椭圆形，长2.5-3厘米，径1-2.5厘米，无毛。种子1，具白色假种皮。花期4-6月，果期5-6月、11-12月。

产广西西部及云南，生于低海拔山地林中。印度、中南半岛及印度尼西亚有分布。

[附] 小果鹧鸪花 图599：8 **Trichilia connaroides** var. **microcarpa** (Pierre) Bentv. in Acta Bot. Neerl. 11: 17. 1962. —— *Heynea trijuga* Roxb. var. *microcarpa* Pierre, Fl. Forest. Cochinch. 352. 1885.; 中国高等植物图鉴 2: 572. 1972. 本变种与原种的主要区别：小叶长7-9厘米，侧脉7-9对；蒴果长1.5厘米，径1-1.2厘米。产海南、广东、广西、贵州及云南，生于中海拔以下山地林中。越南有分布。

2. 茸果鹧鸪花 图600

Trichilia sinensis Bentv. in Acta Bot. Neerl. 11: 17. 1962.

Heynea velutina How et T. Chen; 中国高等植物图鉴 2: 573. 1972.

灌木，高达3米。幼枝被黄色柔毛，后脱落。奇数羽状复叶长13-30厘米，叶柄长5-7厘米，与叶轴均被黄色柔毛；小叶7-9，膜质，披针形或长椭圆形，长7-15厘米，宽2-5厘米，先端长渐尖，基部楔形，上面无毛或沿中脉被微柔毛，下面被黄色长柔毛，脉上毛密，侧脉8-9对；小叶柄长3-5毫米，顶生小叶叶柄长达3厘米，密被黄色柔毛。聚伞圆锥花序腋生，被黄色柔毛。花梗长2-4毫米，和花萼均被黄色柔毛；花萼杯状，长1-1.5毫米，5齿裂，裂齿卵状三角形；花瓣5，白色，长圆形，长3.5-4毫米；雄蕊花丝筒10深裂，裂片2裂，无毛，内面近口部具髯毛；柱头圆锥形，2裂。蒴果近球形，径0.8-1.2厘米，被黄色柔毛及密集横线条。种子1（2），近球形，黑紫或黑色，有光泽，具白色假种皮。花期4-9月，果期8-12月。

图 600 茸果鹧鸪花 （引自《广东植物志》）

产海南、广西及云南，生于低海拔山坡疏林内或灌丛中。越南有分布。

11. 米仔兰属 **Aglaia** Lour.

乔木或灌木；植株常被鳞片或星状柔毛。羽状复叶或3小叶，稀单叶；小叶全缘。花小，杂性异株，近球形；圆锥花序。花萼4-5齿裂或深裂；花瓣3-5，凹入，离生或有时下部与花丝筒连合；花丝筒球形、壶形、陀螺形或卵形，全缘或5齿裂，花药5-6（7-10），1轮，着生花丝筒顶部内缘；稀着生顶部，内藏，微突出，稀稍突出；花盘不明显或缺；子房1-2（3-5）室，每室1-2胚珠，花柱极短或无花柱，柱头盘状或棒状。浆果，果皮革质。种子常为胶状肉质假种皮包被，无胚乳。

250-300种，分布于印度、马来西亚、澳大利亚至波利尼西亚。我国7种1变种。

1. 小叶两面无毛。

  2. 叶柄及叶轴具窄翅；小叶对生，侧脉8对；圆锥花序无毛 ················ 1. **米仔兰 A. odorata**

  2. 叶柄及叶轴无翅；小叶互生或近对生，侧脉9对以上；圆锥花序被鳞片毛。

    3. 小叶5-9，近对生或对生，长8-12厘米，侧脉9-13对；圆锥花序被锈色或淡黄色鳞片状星状毛 ·············

·· 2. 山楝 **A. roxburghiana**

3. 小叶9-13，互生或近对生，长5-15厘米，侧脉12-16对；圆锥花序褐暗灰色鳞片 ················

··· 3. 碧绿米仔兰 **A. perviridis**

1. 小叶两面密被鳞片或下面密被鳞片。

4. 小叶7-11，倒卵形或倒卵状椭圆形，长4-8厘米，上面密被银色鳞片，下面密被淡黄色鳞片；花具5花药 ·····

··· 4. 台湾米仔兰 **A. formosana**

4. 小叶3-5，长圆形，长8-10厘米，上面无毛，下面密被褐色鳞片；花具6花药 ···············

·· 4(附). 椭圆叶米仔兰 **A. elliptifolia**

1. 米仔兰

图 601

Aglaia odorata Lour. Fl. Cochinch. 173. 1790.

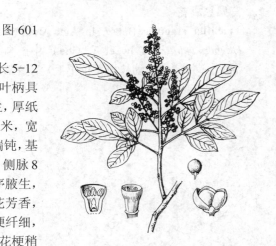

图 601 米仔兰 （邓盈丰绘）

小乔木或灌木状。茎多分枝，幼枝顶部被星状锈色鳞片。复叶长5-12（-16）厘米，叶轴及叶柄具窄翅，小叶3-5，对生，厚纸质，长2-7（-11）厘米，宽1-3.5（-5）厘米，先端钝，基部楔形，两面无毛，侧脉8对。极纤细。圆锥花序腋生，长5-10厘米，无毛。花芳香，径约2毫米，雄花花梗纤细，长1.5-3毫米，两性花花梗稍粗短；花萼5裂，裂片圆形；黄瓣5，黄色，长圆形或近圆

形，长1.5-2毫米，顶端圆而平截；雄蕊花丝筒倒卵形或近钟形，无毛，顶端全缘或具圆齿，花药5，内藏；子房密被黄色粗毛。浆果，卵形或近球形，长0.8-1.2厘米，初被散生星状鳞片，后脱落。种子具肉质假种皮。花期夏秋。

产广东、海南及广西，生于低海拔山地疏林内或灌丛中。福建、贵州、云南、四川各地有栽培，北方温室盆栽供观赏。东南亚有分布。花含芳香油0.5%-0.8%，可熏茶或提取芳香油。

2. 山楝

图 602

Aglaia roxburghiana Miq. Ann. Mus. Bot. Lugd.-Bat. 4: 41. 1868.

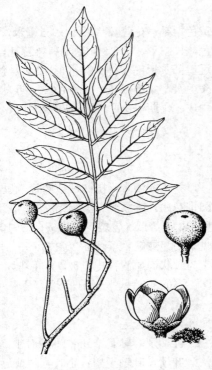

图 602 山楝 （邓盈丰绘）

乔木，高达15米。幼枝被锈色鳞片状星状毛。复叶叶柄及叶轴幼时被锈色鳞片柔毛，后脱落；小叶5-9，近对生或对生，薄纸质，椭圆形或长椭圆形，长8-12厘米，宽2.5-4.5厘米，先端渐钝尖，基部楔形或宽楔形，两面无毛，侧脉9-13对，全缘；小叶柄长5-8毫米。圆锥花序

顶生，被锈色或淡黄色鳞片星状毛。花梗与花萼均被锈色鳞片星状毛；花萼长约0.6毫米，5裂，裂片圆形；花瓣5，长圆形，长1-1.5毫米，无毛；雄蕊花丝筒近球形，顶端全缘或浅波状，花药5，内藏；子房密被鳞片星状毛。浆果近球形或梨形，径1.5-2.5厘米，密被黄褐绒毛。花期6-10月，果期7月至翌年4月。

产广东、广西及海南，生于湿润山谷密林中。中南半岛、马来半岛有分布。木材带红色，坚韧，纹理美观，比重0.98，供车辆、船板、建筑、高级家具等用。

3. 碧绿米仔兰 图603

Aglaia perviridis Hiern in Hook. f. Fl. Brit. Ind. 1: 556. 1875.

乔木，高达15米。复叶长约30厘米，小叶9-13，厚纸质或稍革质，互生或近对生，长椭圆形或卵状长椭圆形，长5-15（-18）厘米，宽（2）3-4.5厘米，先端渐尖，基部楔形或圆，两面无毛，侧脉12-16对；小叶柄长0.5-1厘米。圆锥花序腋生，长20-24厘米，被暗灰色鳞片。花径约2毫米，无毛，具短梗；花萼5深裂，裂片圆形，具睫毛；花瓣5，白色，圆形或卵形，长约1.5毫米；雄蕊花丝筒近球形，无毛；花药5，卵形；子房每室2胚珠。浆果肾状长圆形，长3-3.8厘米，径约2厘米，被锈色鳞片。种子1，具暗黄色肉质假种皮。

产云南南部及东南部，生于沟谷雨林、季雨林及常绿阔叶林中。印度及锡金有分布。

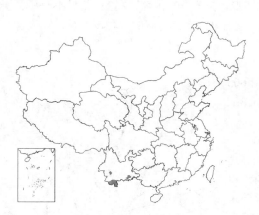

图 603 碧绿米仔兰 （邓盈丰绘）

4. 台湾米仔兰 图604 彩片195

Aglaia formosana (Hayata) Hayata, Ic. Pl. Formos. 3: 52. 1913.

Aglaia elaeagnoidea Benth. var. *formosana* Hayata in Matsum. et Hayata, Enum. Pl. Formos. 78. 1906.

常绿中乔木，胸径达30厘米；树皮红褐色，薄片剥落。小枝、叶柄、叶轴及花序无密被银色或淡黄色星状鳞片。小叶7-11，薄革质，对生，倒卵形或倒卵状椭圆形，长4-8厘米，宽1.5-3厘米，先端钝，基部楔形，上面密被银色鳞片，下面密被淡黄色鳞片，上面中脉稍凹下，侧脉5-6对；小叶柄长0.5-1厘米。圆锥花序腋生，长约15厘米，密被黄褐色鳞片。花径约2毫米；花萼5裂，裂片近圆形，被淡黄色鳞片；花瓣5，长圆形，长约1.2毫米，凹入，被淡黄

图 604 台湾米仔兰 （引自《Flora Taiwan》）

色鳞片；雄蕊花丝筒球形，顶端5浅裂，花药5，浆果球形，径1-1.4厘米。

花期9月。

产台湾,生于南部及东南部沿海地区和岛屿。菲律宾有分布。

[附] **椭圆叶米仔兰** 彩片 196 **Aglaia elliptifolia** Merr. in Philipp. Journ. Sci. Bot. 3: 413. 1908. 本种与台湾米仔兰的主要区别:小枝被锈色鳞片;小叶3-5,长圆形,长8-10(-20)厘米,基部圆,上面无毛,中脉凸起,下面密被褐色鳞片,侧脉8-9对;花瓣卵形,长约2.5毫米,花药6;浆果椭圆形,长约2厘米,径1.8厘米。产台湾南部及东南部,生于沿海地区及岛屿林中。菲律宾有分布。

12. 雷棟属 Reinwardtiodendron Koord.

乔木或灌木。奇数羽状复叶;小叶少数,革质,全缘。花小,近球形,雌雄异株;花序腋生,雄花成圆锥花序,雌花成总状或穗状花序,花萼5裂;花瓣5;雄蕊花丝筒球形或卵形,花药10,内藏,2轮;花盘不明显;子房3-5室,每室2胚珠,花柱极短或几缺,柱头3-5浅裂。肉质浆果。种子1-2,为肉质的假种皮包被。

6-7种,分布于印度、马来西亚至菲律宾。我国1种。

雷棟 椰色木 图 605

Reinwardtiodendron dubium (Merr.) X. M. Chen in Journ. Wuhan Bot. Res. 4(2): 183. 1986.

Lansium dubium Merr. in Gov. Lab. Publ. (Philipp.) 17: 23. 1904.

图 605 雷棟 (引自《海南植物志》)

小乔木或灌木状,高达6米。复叶长12-20厘米,小叶3-5,近对生或对生,薄革质,椭圆形或长圆状披针形,长6-10厘米,宽2.5-4厘米,先端钝尖,基部楔形,全缘,两面无毛,侧脉多数,纤细;小叶柄长3-5毫米。雌花成穗状花序,长7-12厘米。雌花无梗,球形,径2-3毫米;花萼长不及2毫米,裂片圆形;花瓣圆形,长约3毫米,无毛。浆果球形,长1.7-2厘米,径1.2-1.3厘米,被褐色、粉质柔毛,种子1-2。果期2-3月。

产海南,生于山地灌丛中。菲律宾有分布。

13. 山棟属 Aphanamixis Bl.

乔木或灌木。奇数羽状复叶;小叶对生,全缘,基部常偏斜。花杂性异株,球形;雄花成圆锥花序,雌花或两性花成穗状或总状花序。花无梗;萼片5,离生或基部连合;花瓣3,凹入;雄蕊花丝筒近球形,较花瓣稍短,花药3-6,内藏;花盘极小或缺;子房3室,每室1-2胚珠,花柱缺,柱头尖塔状或圆锥状。蒴果,室间3瓣裂,果爿革质。种子具假种皮。

约25种,分布于印度、中南半岛、马来西亚。我国4种。

1. 小叶柄长0.6-1.2厘米。
　2. 花径6-7毫米;小叶革质,宽6-10厘米,侧脉13-20对 ························ 1. **大叶山棟 A. grandifolia**
　2. 花径2-3毫米;小叶近革质,宽达5厘米,侧脉11-12对 ························ 2. **山棟 A. polystachya**

1. 小叶柄长 2-3 毫米。

  3. 小叶膜质，长 15-20 厘米，侧脉 12-14 对 ⋯⋯⋯⋯⋯⋯⋯⋯⋯⋯⋯⋯⋯⋯⋯⋯⋯⋯⋯ 3. **华山棟 A. sinensis**

  3. 小叶革质，长 7-14 厘米，侧脉 8-10 对 ⋯⋯⋯⋯⋯⋯⋯⋯⋯⋯⋯⋯⋯⋯⋯⋯⋯ 3(附). **台湾山棟 A. tripetala**

1. 大叶山棟

图 606: 1-3

Aphanamixis grandifolia Bl. Bijdr. 165. 1825.

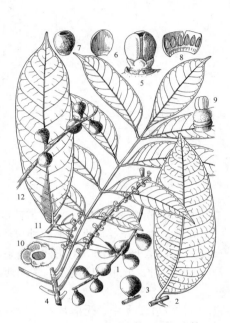

乔木，高达 30 米。复叶长 20-60（-90）厘米，小叶 11-21，革质，无毛，长椭圆形，长 17-26 厘米，宽 6-10 厘米，先端渐钝尖，基部圆形或楔形，侧脉 13-20 对；小叶柄粗，长约 1 厘米。花序腋上生，稍被微柔毛，雄花成圆锥花序，雌花和两性花成穗状花序。花球形，径 6-7 毫米；萼片圆形，径约 3 毫米；花瓣 3，圆形，径 6-7 毫米，无毛；花药 6；柱头具 3 棱。蒴果球状梨形，径

2.5-2.8 厘米，无毛。种子黑褐色，扁球形，长 1.3-1.5 厘米，径 1-1.2 厘米。花期 6-8 月，果期 10 月至翌年 4 月。

    产云南、广西、广东及海南，生于中海拔以下山地沟谷林中；产区有栽培。中南半岛、马来半岛及印度尼西亚有分布。种子出油率 25%-30%，供制肥皂及润滑油。

图 606: 1-3.大叶山棟　4-10.山棟　11-12.华山棟　（余汉平绘）

2. 山棟

图 606: 4-10 彩片 197

Aphanamixis polystachya (Wall.) R. N. Parker in Ind. Forest. 57: 486. 1931.

Aglaia polystachya Wall. in Roxb. Fl. Ind. ed. Carey 2: 429. 1824.

乔木，高达 30 米。复叶长 30-50 厘米，小叶 9-11（-15），近革质，长椭圆形，长 8-20 厘米，宽达 5 厘米，先端渐尖，基部楔形或宽楔形，两回无毛，侧脉 11-12 对，全缘；小叶柄长 0.6-1.2 厘米。花序腋上生，长不及 30 厘米，雄花成穗状圆锥花序，雌花成穗状花序。花径 2-3 毫米；花无梗；具 3 枚小苞片；萼片 4-5，圆形，径 1-1.5 毫米，花瓣 3，圆形，径约 3 毫米，凹入；雄蕊花丝筒球形，无毛，花药 5-6；子房被粗毛，3 室，几无花柱。蒴果近卵形，或倒卵状扁球形，长 2-2.5 厘米，径约 3 厘米，橙黄色，3 瓣裂。种子具假种皮。花期 9-11 月，果期翌年 5-6 月。

    产云南、广东、广西南部及海南，生于低海拔山地林中；产区广为栽培。印度、中南半岛、马来半岛、印度尼西亚有分布。木材红色，坚实。供水利、建筑、造船等用；种仁含油量约 51%，供制肥皂、润滑油等用；树皮含鞣质，为亚热带南部速生用材和防护林树种。

3. 华山棟

图 606: 11-12

Aphanamixis sinensis How et T. Chen in Acta Phytotax. Sin. 4: 29. f. 3. 1955.

乔木或灌木状，高达 8 米。幼枝被平伏黄色柔毛，枝密被瘤状皮孔。

复叶长40-60厘米；小叶9-11，膜质，长圆形，顶生小叶倒卵状长圆形，长15-26厘米，宽4.5-6厘米，先端尾状钝尖，基部宽楔形，两面无毛，叶脉两面凸起，侧脉12-14对；小叶柄长约3毫米。果序长12-30厘米。蒴果斜倒卵形或近球形，径1.8-2厘米。种子红褐色，有光泽。果期10月至翌年1月。

产海南、广东及云南东南部，生于山地密林中，稀见。

[附] 台湾山棟 **Aphanamixis tripetala** (Blanco) Merr. in Sp. Blancoanae 211. 1918. —— *Trichilia tripetala* Blanco, Fl. Filip. 354. 1837. 本种与华山棟的主要区别：小叶11-15，革质，卵形或椭圆形，长7-14厘米，侧脉8-10对。产台湾兰屿。菲律宾有分布。

14. 崖摩属 Amoora Roxb.

乔木。奇数羽状复叶，幼时常被鳞片。花杂性异株；圆锥花序多分枝，生于短枝上或腋生。萼3-5裂；花瓣3-5，肥厚；雄花花丝筒近球形或钟状，具6-10不明显圆齿，花药6-10，内藏，着生花丝筒内侧；花盘退化；子房3-5室，每室1-2胚珠，无花柱。蒴果，室背3-5瓣裂，稀不裂。种子具肉质假种皮。

约25种，分布于印度及马来西亚。我国8种1变种。

1. 叶柄及叶轴无毛、无鳞片；小叶6-8，互生或近对生 ·············· 1. 望谟崖摩 A. ouangliensis
1. 叶柄及叶轴被鳞片。
　2. 小叶两面无毛，或沿中脉被微小或疏生鳞片。
　　3. 小叶5-9，互生；花药6；果倒卵状球形 ·············· 2. 云南崖摩 A. yunnanensis
　　3. 小叶7-15，小叶对生或近对生；花药7-10；果近球形 ·············· 3. 粗枝崖摩 A. dasyclada
　2. 小叶6-9，下面疏被鳞片，侧脉12-14对；花药5-6；蒴果球形，径1-2.5厘米 ··············
　　·············· 4. 四瓣崖摩 A. tetrapetala

1. 望谟崖摩

图 607: 1-2

Amoora ouangliensis (Lévl.) C. Y. Wu, Fl. Yunnan. 1: 237. pl. 56: 4-5. 1977.

Ficus ouangliensis Lévl. in Fedde, Repert. Sp. Nov. 4: 66. 1907.

乔木，高达13米。小枝被苍白色鳞片。复叶长约50厘米，叶柄及叶轴无毛；小叶6-8，小叶互生或近对生，椭圆形或长椭圆状披针形，长10-18厘米，宽5-7厘米，先端渐尖，基部楔形或圆，上面中脉被鳞片，下面密被鳞片，侧脉12-15对；小叶柄长5-8毫米，被鳞片。果序长6-10厘米，被鳞片。果椭圆形，长约2.5厘米，顶端骤尖，基部渐窄成短柄状，被鳞片，多皱纹，宿

图 607: 1-2.望谟崖摩 3-6.云南崖摩

（余汉平绘）

萼圆形，萼齿4，稍反卷，被鳞片。果皮木质，果柄长1.3厘米。种子1-3，为肉质假种皮包被。

2. 云南崖摩

图 607: 3-6

Amoora yunnanensis (H. L. Li) C. Y. Wu, Fl. Yunnan. 1: 231. pl. 55: 1-4. 1977.

Aglaia yunnanensis H. L. Li in Journ. Arn. Arb. 25: 305. 1944.

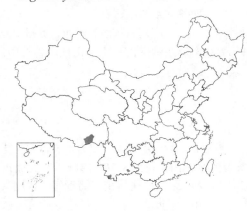

乔木，高达13米。幼枝被黄色鳞片。复叶长（25-）35-40厘米，叶柄及叶轴疏被鳞片或脱落；小叶5-9，互生，纸质，椭圆形或椭圆状披针形，长8-20（-25）厘米，宽（2-）4-6（-7.5）厘米，先端渐尖，基部楔形或稍圆，两面有时中脉疏被鳞片，侧脉10-12（-16）对；小叶柄长0.5-1.5厘米，被黄色鳞片。圆

产广西、贵州及云南南部，生于中海拔山地林中。

锥花序腋生，雄花序长11-15厘米，纤细，花梗细长，常弯曲；两性花序长6-10厘米，粗壮；花梗粗短直伸，均密被褐色鳞片。花径3-5毫米，花萼浅杯状，具5浅钝齿，被鳞片；花瓣3，宽卵形或圆形，长约4毫米，凹入，无毛；雄蕊花丝筒长2-3毫米，无毛，花药6；子房密被鳞片，柱头三棱状锥形，具3凹槽。果倒卵状球形，长1.5-2厘米，顶端凹，基部常窄缩，宿萼碟状。种子2-3，具红色假种皮。花期3-5月和7-9月。

产西藏南部、云南南部，生于常绿阔叶林内或灌木林中。

3. 粗枝崖摩

图 608: 1-7 彩片 198

Amoora dasyclada (How et T. Chen) C. Y. Wu, Fl. Yunnan. 1: 234. pl. 55: 5. 1977.

Aglaia dasyclada How et T. Chen in Acta Phytotax. Sin. 4: 21. 1955.

乔木，高达25米。小枝粗壮，被黄色鳞片。复叶长25-40厘米，叶柄及叶轴粗，被黄色鳞片；小叶7-15，对生或近对生，稀互生，厚纸质，长圆形，稀卵状长圆形，长8-17厘米，宽3-7厘米，先端短钝尖，顶生小叶基部楔形或宽楔形，侧生小叶基部圆或近平截，两面无毛，上面中脉凹下，下面被微小鳞片，侧脉12-14对；小叶柄长1-1.5厘米，初被小鳞片，后脱落。圆锥花

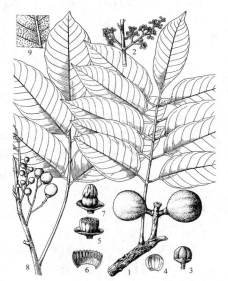

图 608: 1-7.粗枝崖摩 8-9.四瓣崖摩
（余汉平绘）

序腋生，密被黄色星状鳞片。花径3-4毫米；花梗长1-3毫米；花萼杯状，高约1毫米，近全缘，被淡黄色鳞片；花瓣3，近球形，内凹，长3-3.5毫米，雄蕊花丝筒近球形，无毛，长约2毫米，具微齿，花药7-10，内藏；子房5室，胚珠5，被黄色鳞片，柱头圆锥状，具5槽纹。蒴果密被微小星状鳞片，近球形，径3.5-4厘米。花期6-7月，果期10月至翌年4月。

产海南及云南南部，生于山地沟谷雨林中。

4. 四瓣崖摩

图 608: 8-9

Amoora tetrapetala (Pierre) Pellegr. in Suppl. Fl. Gén. Indo-Chine ed. Humb. 1: 717. 1948.

Aglaia tetrapetala Pierre, Fl. Forest. Cochinch. 4: 2. 337. 1896.

乔木，高达20余米。幼枝被鳞片，后脱落。叶轴及叶柄被鳞片；小叶6-9，互生，革质，长椭圆形，长8-15(-18)厘米，宽3.5-6.5厘米，先端渐钝尖，基部楔形、宽楔形或稍圆，下面疏被鳞片，侧脉8-14对；小叶柄长0.5-1厘米，被鳞片。圆锥花序被鳞片，雄花花梗纤细，两性花花梗粗，被鳞片；花萼浅杯状，被鳞片，4-5齿裂，裂齿圆；花瓣（3）4，长圆形或近圆形，长3-4毫米，凹入；雄蕊花丝筒近球形，无毛，具钝齿，花药5-6，内藏；无花盘；子房被鳞片，2-3室，每室2胚珠。蒴果球形，径1-2（-2.5）厘米，被鳞片，花萼宿存。花期夏秋，果期冬季至翌年初夏。

产广东、海南、广西、贵州、云南及西藏南部，生于山地沟谷林中。越南有分布。

15. 樫木属 Dysoxylum. Bl.

乔木。羽状复叶互生，稀对生；小叶全缘。花两性；圆锥花序腋生。萼杯状，4-5齿裂或深裂为4-5萼片；花瓣4-5，长圆形，离生或下部与雄蕊花丝筒连合；花丝筒圆筒形，顶端条裂或具钝齿；花药8-10，内藏于花丝筒顶部；花盘筒状，与子房等长或较长，全缘或具钝齿；子房（3）4-5室，每室1-2胚珠；花柱与花丝筒近等长，柱头盘状。蒴果，5-4（3）瓣裂，每室1-2种子。种子具假种皮或无，种脐宽，腹生，子叶大。

约75种，分布于印度、中南半岛、马来半岛、印度尼西亚至澳大利亚及新西兰。我国15种1变种。

1. 小叶老时两面无毛。
  2. 叶轴及叶柄无皮孔或皮孔不明显。
    3. 小叶长25-35厘米，宽8-15厘米 ·· 1. 樫木 **D. excelsum**
    3. 小叶长7-16厘米，宽3-7厘米。
      4. 圆锥花序被黄褐色平伏柔毛，花瓣外被红褐色平伏柔毛 ·················· 2. 香港樫木 **D. hongkongense**
      4. 圆锥花序被粉质微柔毛，花瓣两面被粉质微柔毛 ·················· 3. 红果樫木 **D. binectariferum**
  2. 叶轴及叶柄具明显皮孔；圆锥花序被褐色微柔毛；花瓣外被微柔毛 ······
    ·· 3(附). 皮孔樫木 **D. lenticellatum**
1. 小叶老时下面或下面脉上被毛。
  5. 小叶侧脉25-30对，小叶下面被淡黄色长柔毛；花瓣外面被柔毛 ·············· 4. 多脉樫木 **D. lukii**
    6. 花瓣无毛；小叶下面疏被长毛，中脉及侧脉上毛密 ·················· 5. 海南樫木 **D. mollissimum**
    6. 花瓣顶部被黄色小粗毛或密被柔毛；小叶下面沿中脉及侧脉密被微柔毛。
      7. 花瓣长1.5厘米，顶端被黄色小粗毛；蒴果径2-2.5厘米 ·············· 6. 兰屿樫木 **D. cumingianum**
      7. 花瓣长2.5厘米，顶端密被柔毛；蒴果径4-6厘米 ·············· 6(附). 大花樫木 **D. leytense**

1. 樫木

图609

Dysoxylum excelsum Bl. Bijdr. 176. 1825.

乔木，高达13米。复叶长40-60厘米；小叶7-9，互生，椭圆形或长椭圆形，长（9-）25-35厘米，宽（5-）8-15厘米，先端骤尖，基部楔形、宽楔形或稍圆，两面无毛，侧脉11-16对，上面稍凹下；小叶柄长约1厘米。圆锥花序腋生，最下部分枝长20-35厘米，无毛或疏被柔毛。花萼4裂，被微柔毛；花瓣4，白色，线状长椭圆形，长0.6-1厘米，被微柔毛；雄蕊花丝筒圆柱状，顶部全缘或具钝齿，无毛，花药8；花盘圆柱状，长于子房2倍，顶端具8圆齿，具睫毛，无毛，内面被倒毛；子房4室，每室2胚珠，

柱头伸出花丝筒。蒴果球形或近梨形，无毛，长3.5厘米，径3.5-4厘米，顶端凹下。种子具假种皮。花期9-11月，果期翌年4-6月。

产广西西南部、云南东南部及南部，生于海拔130-1000米山地沟谷林中。印度、中南半岛、印度尼西亚有分布。

2. 香港樫木　　　　　　　　　　　图 610: 1-2

Dysoxylum hongkongense (Tutch.) Merr. in Lingnam. Sci. Journ. 13: 33. 1934.

Chisocheton hongkongensis Tutch. in Journ. Linn. Soc. Bot. 37: 64. 1905.

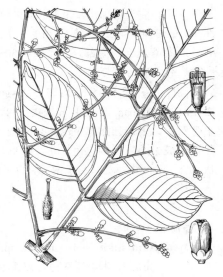

图 609 樫木 （余汉平绘）

乔木，高达25米。幼枝被黄色柔毛或近无毛。复叶长20-30厘米；小叶10-16，近革质，长椭圆形，长7-15（-18）厘米，宽3-6.5厘米，先端钝或短渐尖，基部楔形或圆，两面无毛，侧脉8-15对；小叶柄长0.6-1厘米。圆锥花序近枝顶腋生，长12-25厘米，被黄褐色平伏柔毛。花梗粗，长2-4毫米，被黄褐色柔毛；花萼浅杯状，5齿裂，被柔毛；花瓣5，白色，长椭圆形，长5-6毫米，被红褐色平伏柔毛；

花丝筒顶端平截或具波状细钝齿，高约4毫米，被毛，花药8，内藏；花盘管状，具钝齿，顶端具亮黄色缘毛；子房3室，密被黄色丝毛，花柱无毛，长约2毫米，柱头无毛，盘状。蒴果梨形，径约4厘米。种子长椭圆形，深褐色，长达2.5厘米，具假种皮。花期5-7月和10-12月，果期11-12月和翌年3-6月。

产海南、香港、广东、广西及云南南部，生于中海拔以下山地林中。木材坚实，供建筑、农具等用。

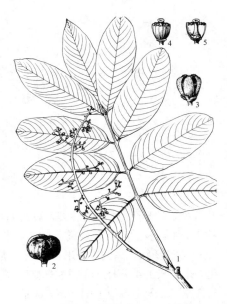

图 610: 1-2.香港樫木 3-5.皮孔樫木 （孙英宝绘）

3. 红果樫木　　　　　　　　　　　图 611

Dysoxylum binectariferum (Roxb.) Hook. f. ex Bedd. in Trans. Linn. Soc. 25: 212. 1865.

Gaurea binectariferum Roxb. Fl. Ind. ed. 2, 2: 240. 1832.

乔木，高达20米。幼枝被柔毛，后脱落。复叶长20-30（-40）厘米；小叶5-11，互生，厚纸质，长圆形或长圆状椭圆形，长8-16（-23）厘米，宽4-7（-15）厘米，先端渐尖或短尖，基部楔形或稍圆，两面无毛，侧脉9-14对；小叶柄长3-8毫米。圆锥花序腋生，分枝短，被粉质微柔毛。花各部均被粉质微柔毛，花梗长2-4毫米；萼革质，杯状，4浅裂，裂片三角形；花瓣4，黄色，长圆形，长6-8毫米；花丝筒圆筒形，与花瓣离生，管口8齿裂，花药8，着生于花丝筒口内缘；花盘圆柱状，与子房近等长，顶端具8-10小齿；子房密被灰白色柔毛，花柱圆柱状，下部被灰白色柔毛，

上部无毛，柱头扁球形，无毛。蒴果倒卵状梨形或近球形，无毛，长4.5-5厘米，径3-4厘米。种子4，红色。花期3-4月，果期5-11月。

产海南及云南南部，生于海拔550-1700米山地沟谷密林中。斯里兰卡、印度、中南半岛有分布。

[附] **皮孔樫木** 图610：3-5 **Dysoxylum lenticellatum** C. Y. Wu ex H. Li, Fl. Yunnan. 1: 251. pl. 59: 5-8. 1977. 本种与红果樫木的主要区别：小叶对生，膜质或纸质，卵圆形、椭圆形或倒披针形；花序被褐色微柔毛；花各部被微柔毛或细柔毛，花萼碟形，花瓣白色。花药10（-12），柱头盘状。产云南西南、南部及东南部，生于海拔900-1400米沟谷雨林或石灰岩溪边林中。

4. 多脉樫木 图612

Dysoxylum lukii Merr. in Philipp. Journ. Sci. Bot. 23: 247. 1923.

乔木，高达15米。枝灰色，被柔毛，顶生小枝密被淡黄色柔毛。复叶长约60厘米，叶柄及叶轴密被柔毛；小叶9-15，近对生或互生，纸质，披针形或长圆状披针形，长10-30厘米，宽3-9厘米，先端渐尖，基部圆或楔形，上面中脉密被柔毛，余无毛或疏被柔毛，下面被淡黄色长柔毛，侧脉25-30对，上面叶脉微凹。圆锥花序腋生，长约20厘米，被淡黄色柔毛。花4基数；花梗长约4毫米；花萼近盘状，径2.5毫米，顶端微浅裂，被柔毛；花瓣线状长圆形，长6-7毫米，宽约2毫米，被柔毛；花丝筒长约5毫米，无毛，管口具细钝齿，花药8，内藏；花盘环状，高约1毫米，无毛，顶端具小钝齿；子房密被淡黄色长柔毛，花柱长3-4毫米，下部被长柔毛。蒴果倒卵状球形或梨形，长约4厘米，径3厘米，无毛。种子倒卵形，无假种皮。花期5-7月和9-11月，果期10-11月和翌年3-4月。

产海南、广东、广西及云南，生于中海拔山地林中。

5. 海南樫木 图613

Dysoxylum mollissimum Bl. Bijdr. 175. 1825.

乔木，高达20米。小枝被柔毛。复叶长25-30（-45）厘米，叶柄及叶轴被长柔毛；小叶20-23，对生或近对生，膜质，长圆形或长圆状披针形，长5-11（-13）厘米，宽2-3.5（-4.5）厘米，先端稍渐尖，基部圆或楔形，上面中脉被柔毛，余无毛，下面疏被长毛，中脉及侧脉毛密，侧脉12-15对；小叶柄长3-5毫米，被柔毛。圆锥花序腋生，少花，长约18厘米，疏被柔毛。花4基数；花梗被柔毛，长1-2毫米；花萼碟状，径约2毫米，裂片圆形，被柔毛；花瓣黄色，线状匙形，长约8.5毫米，无毛；花丝筒长约7

图 611 红果樫木 （引自《图鉴》）

图 612 多脉樫木 （邓盈丰绘）

毫米，两面被白色纤毛，顶端具钝齿，花药8；花盘圆筒形，长约3毫米，具钝齿；子房密被长柔毛，花柱长7-8毫米。蒴果球形，黄色，径1.6-2厘米，果皮薄，坚韧。花期5-9月（广东）、1-2月（云南），果期10-11月（广东）、3-4月（云南）。

产海南、广东、广西及云南，生于中海拔以下山地林中。印度尼西亚有分布。

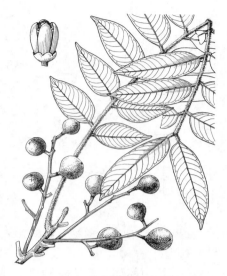

图 613 海南樫木 （余汉平绘）

6. 兰屿樫木 图 614

Dysoxylum cumingianum C. DC. Monogr. Phan. 1: 497. 1878.

中乔木。幼枝密被粗毛，后脱落。奇数羽状复叶长30厘米；小叶7-9，膜质，椭圆形或卵状椭圆形，长（5-）12-16厘米，宽（3-）5-6厘米，先端骤钝尖，基部楔形或圆，上面无毛，下面沿中脉及侧脉密被微柔毛，侧脉8-10对。总状圆锥花序线状，由枝上抽出，长约8厘米，密被黄色粗毛。花萼膜质，壶状，密被粗毛，4齿裂；花瓣4，膜质，线状长椭圆形，长约1.5厘米，顶部被黄色小粗毛；花丝筒圆柱状，无毛，花药8；花盘圆柱状，无毛，内面被倒毛；子房密被黄色长柔毛，4室，每室1胚珠。蒴果球形，径2-2.5厘米，红褐色，4-5瓣裂。

产台湾兰屿。菲律宾有分布。

[附] **大花樫木 Dysoxylum leytense** Merr. in Philipp. Journ. Sci. Bot. 8: 376. 1913. 本种与兰屿樫木的主要区别：幼枝被柔毛；小叶12-14，纸质，先端短渐尖，侧脉14对；花萼高脚杯状，无毛。花瓣长圆形，长约2.5厘米，顶部密被柔毛；蒴果球形，径4-6厘米。产台湾兰屿。菲律宾有分布。

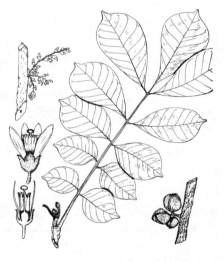

图 614 兰屿樫木 （引自《Fl. Taiwan》）

16. 溪桫属 Chisocheton Bl.

乔木。羽状复叶互生；小叶对生或近对生，全缘。花两性或杂性异株，4-5基数；圆锥花序或近穗状花序腋生。萼杯状或管状，全缘或稍具齿；花瓣4-5，线状长椭圆形，离生；雄蕊花丝筒长圆柱形，稍短于花瓣，窄裂或近全缘，花药着生顶部内缘；花盘环状、浅杯状或缺；子房2-4室，被粗毛，每室1胚珠，花柱线状，柱头头状。蒴果，革质，2-4室，室间2-4瓣裂。种子盾状，具不完全假种皮。

约50种，分布于印度、中南半岛至马来半岛。我国1种。

溪桫 图 615 彩片 199

Chisocheton paniculatus (Roxb.) Hiern in Hook. f. Fl. Brit. Ind. 1: 552. 1875.

Guarea paniculata Roxb. Fl. Ind. ed 2, 2: 242. 1832.

乔木，高达16米。幼枝及花序被黄褐色粗毛。复叶长0.3-1米，叶轴及叶柄被平伏粗毛；小叶10-12对，小叶纸质至薄革质，长圆形或长圆状披针形，长13-30厘米，宽4-6厘米，先端渐尖，基部楔形、宽楔形或圆，无

毛或下面脉上被平伏柔毛，侧脉9-12(-15)对。圆锥花序被粗毛，下部分枝长达20厘米。花梗长3-5毫米，被黄褐色粗毛；萼筒状，长约1.5毫米，平截或不明显4齿裂；花瓣4，线状匙形，长1.4-1.8厘米，宽约1.5毫米，花丝筒顶端具7-8裂，花药长圆形；花盘环状或浅杯状，无毛；子房4室，被粗毛。蒴果梨状球形，幼时被黄褐色微柔毛，熟后无毛，橙红色。花期6-7月，果期10月。

产广西南部及云南南部，生于山地沟谷密林中。越南及印度有分布。

图 615 溪桫 (余汉平绘)

17. 棟属 Melia Linn.

落叶或常绿乔木。茎鳞少数。幼嫩部分常被粉质星状毛。二至三回羽状复叶互生；小叶锯齿或缺齿，稀近全缘。花两性；聚伞圆锥花序腋生。花萼5-6深裂；花瓣白或紫色，5-6，离生，旋转排列；雄蕊花丝筒圆筒形，具10-12线纹，顶部10-12齿裂，花药10-12，着生于裂齿间，内藏或部分突出；花盘环状，子房3-6(-8)室，每室2叠生胚珠，花柱细长，柱头头状，3-6裂。核果，近肉质，核骨质，每室1下垂种子。胚乳薄或无胚乳，子叶叶状，胚根圆柱形。

约3种，产东半球热带及亚热带地区。我国2种。

1. 子房5-6室；果长1-2厘米；小叶具钝齿；花序与叶近等长 ················· 1. 棟 M. azedarach
1. 子房6-8室，果长约3厘米；小叶近全缘或具不明显钝齿；花序长约为叶的一半 ················· 2. 川棟 M. toosendan

1. 棟 棟树

图 616 彩片 200

Melia azedarach Linn. Sp. Pl. 384. 1753.

落叶乔木，高达30米，胸径1米。二至三回奇数羽状复叶，长20-40厘米；小叶卵形、椭圆形或披针形，长3-7厘米，宽2-3厘米，先端渐尖，基部楔形或圆，具钝齿，幼时被星状毛，后脱落，侧脉12-16对。圆锥花序与叶近等长，无毛或幼时被毛。花芳香；花萼5深裂，裂片卵形或长圆状卵形；花瓣淡紫色，倒卵状匙形，长约1厘米，两面均被毛；花丝筒紫色，长7-8毫米，具10窄裂片，每裂片2-3齿裂，花药10，着生于裂片内侧；子房

图 616 棟 (引自《中国森林植物志》)

5-6室。核果球形或椭圆形，长1-2厘米，径0.8-1.5厘米。花期4-5月，果期10-11月。

产河北、河南、山东、山西、江苏、安徽、浙江、福建、江西、湖北、湖南、广东、海南、广西、贵州、云南、西藏、四川、甘肃及陕西，生于低海拔旷野、路边或疏林中；已广为栽培。边材黄白色，心材黄至红褐色，纹理粗，轻软有光泽，易加工，抗虫蛀，供家具、建筑、农具、乐器等用。种子含油量约50%；树皮、根皮含鞣质，可提取栲胶；叶、树皮、根皮及花可作杀虫剂，果可作羊饲料。

2. 川棟 图617

Melia toosendan Sieb. et Zucc. in Abh. Akad. Wiss. Wien, Math.-Phys. 4(2): 159. 1845.

图 617 川棟 （李锡畴绘）

乔木，高达10余米。幼枝密被褐色星状鳞片，后脱落。二回羽状复叶长35-45厘米；小叶膜质，椭圆状披针形，长4-10厘米，宽2-4.5厘米，先端渐尖，基部楔形或近圆，两面无毛，全缘或具不明显钝齿，侧脉12-14对。圆锥花序长约为叶的1/2，密被灰褐色星状鳞片。萼片长椭圆形或披针形，被柔毛；花瓣淡紫色，匙形，长0.9-1.3厘米，疏被柔毛；花丝筒紫色，顶端具10齿，每齿3裂，花药稍外露；花盘近杯状；子房6-8室。核果椭圆状球形，长约3厘米，径约2.5厘米，熟后淡黄色。花期3-4月，果期10-11月。

产甘肃、湖北、四川、贵州、广西及云南，其他省区有栽培。果实晒干称川棟子、金铃子或川棟实，药用可止痛、杀虫，主治胃痛、疝痛。木材用途同棟。

18. 木果棟属 **Xylocarpus** Koenig

乔木。偶数羽状复叶互生；小叶1-2对，全缘。花两性；聚伞圆锥花序腋生。花萼短，4裂；花瓣4，长圆形，花蕾时旋转排列；雄蕊花丝筒壶状，顶端具8裂齿，花药8，着生花丝筒裂齿内，内藏；花盘肉质，半球形，与子房基部连合；子房4室，每室具2列、4-8叠生胚珠，花柱圆柱状，柱头盘状。蒴果球形，果皮肉质，4瓣裂，种子6-12。内种皮海绵质，无胚乳，子叶厚，种脐腹生。

3种，分布于非洲及亚洲热带海岸及大洋洲北部。我国1种。

图 618 木果棟 （引自《广东植物志》）

木果棟 图618 彩片201

Xylocarpus granatum Koenig in Naturf. 20: 2. 1784.

乔木或灌木状，高达5米。枝无毛。多叶长15厘米，总轴及叶柄无毛，叶柄长3-5厘米；小叶4，对生，近革质，椭圆形或倒卵状长圆形，长4-9厘米，宽2.5-5厘米，先端圆，基部楔形或宽楔形，两面无毛，常苍白色，侧脉8-10对；小叶柄长约4毫米。聚伞圆锥花序无毛。花梗长达1厘米；花萼裂片圆形；花瓣白色，倒卵状长圆形，革质，长6毫米；雄蕊花丝筒卵状壶形，顶端裂片近圆形，微2裂，花药椭圆形，基部心形，无毛；花盘与子房近等长，顶端肉质，具条纹；子房每室4胚珠，花柱近四角形，无毛。蒴果球形，具柄，径10-12厘米，种子8-12。种子具棱，无假种皮。花果期4-11月。

产海南，生于浅水海滩红树林中。印度、越南及马来西亚有分布。

169. 芸香科 RUTACEAE

（傅国勋 黄成就）

常绿或落叶，乔木或灌木，稀草本；富含挥发性芳香油，有刺或无刺。单叶或复叶，互生或对生，具透明油腺点；无托叶。花两性或单性，稀杂性同株，辐射对称，稀两侧对称。聚伞花序，稀总状或穗状花序，稀单花。萼片4-5，离生或部分合生；花瓣（2-3）4-5，离生，稀下部合生，覆瓦状排列，稀镊合状排列，稀花瓣与萼片无区别，具5-8花被片，1轮；雄蕊4-5，或为花瓣倍数，花丝分离或部分合生成多束或呈环状，花药纵裂，药隔顶端常具油腺点；心皮4-5，离生或合生，稀较少或更多，花盘环状，子房上位，稀半下位，花柱分离或合生，中轴胎座，稀侧膜胎座，每心皮2或1、3胚珠，稀更多。聚合蓇葖果、蒴果、翅果、核果、柑果或浆果。种子有或无胚乳，子叶平凸或皱褶，富含油腺点，胚直伸或弯生，稀多胚。

约150属，900种。主产热带及亚热带，少数至温带。我国连引入栽培的共28属，约150余种及28变种。

1. 心皮离生或靠合；聚合蓇葖果。
  2. 乔木、灌木或木质藤本；花单性，每心皮2（1）胚珠。
    3. 叶互生。
      4. 奇数羽状复叶，稀3小叶或单小叶；茎枝具皮刺；每心皮2胚珠；花序直立 ························ 1. 花椒属 Zanthoxylum
      4. 单叶；茎枝无刺；每心皮1胚珠；雄花序总状下垂，脱落；雌花常单生 ············ 2. 臭常山属 Orixa
    3. 叶对生。
      5. 雄花具4-5雄蕊，雌花雌蕊具花柱；奇数羽状复叶或3小叶，稀单小叶 ··········· 3. 吴茱萸属 Evodia
      5. 雄花具8雄蕊，雌花花柱甚短；单小叶 ····················· 4. 蜜茱萸属 Melicope
  2. 一年生或多年生宿根草本；花两性，每心皮3胚珠或更多。
    6. 花辐射对称，花瓣长不及2厘米，子房无毛；内果皮宿存，胚弯生。
      7. 心皮5-4；花组成花序，稀单花顶生。
        8. 花白或桃红色；聚伞圆锥花序；叶二至三回3出复叶 ············· 5. 石椒草属 Boenninghausenia
        8. 花黄色；伞房状聚伞花序或聚伞花序，稀单花顶生。
          9. 伞房状聚伞花序或单花顶生；花瓣全缘；单叶 ············ 6. 拟芸香属 Haplophyllum
          9. 聚伞花序；花瓣流苏状撕裂；二至三回羽状复叶 ············ 7. 芸香属 Ruta
      7. 心皮2；单花腋生，花黄色；3小叶复叶 ············ 8. 裸芸香属 Psilopeganum
    6. 花稍左右对称，花瓣长2厘米以上，子房被粗硬毛；内果皮脱落；胚直伸；奇数羽状复叶 ························
      ························ 9. 白鲜属 Dictamnus
1. 心皮合生；核果、翅果或浆果。
  10. 翅果；3小叶复叶 ······························ 12. 榆桔属 Ptelea
  10. 核果或浆果。
    11. 核果含胶液或水液，5-4室，小核5-8；花单性，稀两性。

12. 木质攀援藤本；茎枝具刺；3 小叶复叶；花单性 ……………………………………… 10. **飞龙掌血属 Toddalia**
12. 乔木或灌木；茎枝无刺；单叶或复叶；花单性或两性。
  13. 单小叶或奇数羽状复叶。
    14. 浆果状核果含胶液；雄蕊 5，花瓣 5，花单性；奇数羽状复叶 …………… 11. **黄檗属 Phellodendron**
    14. 核果富含水液；雄蕊 8，花瓣 4，花两性或单性；单小叶或 3 小叶 ……… 13. **山油柑属 Acronychia**
  13. 单叶；核果；雄蕊、花瓣均 5-4，花单性或杂性 ……………………………… 14. **茵芋属 Skimmia**
11. 浆果；花两性；种子无胚乳。
  15. 茎枝无刺；羽状复叶，若为单叶或单小叶，则幼芽及花梗均被红或褐锈色微柔毛；浆果具胶液，无汁胞。
    16. 花瓣镊合状排列；子室常扭转；子叶厚纸质，折叠 ……………………… 15. **小芸木属 Micromelum**
    16. 花瓣覆瓦状排列；子室不扭转；子叶肉质，平凸。
      17. 花蕾球形，稀宽卵形；花柱粗短，较子房短，稀等长，柱头与花柱约等宽或稍宽。
        18. 子房每室 1 悬垂胚珠；幼芽、幼枝顶部或花芽常被红色或锈褐色柔毛 ……… 16. **山小桔属 Glycosmis**
        18. 子房每室 2 胚珠；幼芽、幼枝等部无红色或锈褐色柔毛 ……………………… 17. **黄皮属 Clausena**
      17. 花蕾椭圆形；花柱较子房细长，柱头头状 …………………………………… 18. **九里香属 Murraya**
  15. 茎枝具刺；单叶、单小叶、3 小叶，稀羽状复叶（叶轴常具翅）；浆果具汁胞，或果皮硬木质或厚革质，其种
    子具绵毛。
    19. 果皮非硬木质，非厚革质；种子无毛。
      20. 木质攀援藤本；果具胶液，无汁胞。
        21. 3 小叶复叶，叶柄长 5 厘米以上 …………………………………… 19. **三叶藤桔属 Luvunga**
        21. 单叶或单小叶，叶柄长不及 2 厘米 ……………………………… 20. **单叶藤桔属 Paramignya**
      20. 乔木或灌木；果具汁胞。
        22. 雄蕊为花瓣 2 倍（10-8）；单叶或单小叶 ……………………… 21. **酒饼簕属 Atalantia**
        22. 雄蕊为花瓣 4 倍或与花瓣同数；复叶，稀单叶。
          23. 落叶小乔木；3 小叶复叶；子房及果均被毛或子房被毛 ……… 22. **枳属 Poncirus**
          23. 常绿乔木或灌木；单小叶，稀单叶；子房及果稀被毛。
            24. 子房 2-5（6）室，每室 2 胚珠 ………………………… 23. **金桔属 Fortunella**
            24. 子房（6）7-15 室或更多，每室 4-8 胚珠 …………… 24. **柑桔属 Citrus**
    19. 果皮硬木质；种子被毛；雄蕊 20 枚以上；3 小叶复叶 ………………………… 25. **木桔属 Aegle**

1. 花椒属 Zanthoxylum Linn. (Xanthoxylum J. F. Gmel.)

    常绿或落叶，乔木或灌木，稀藤本。茎枝常具皮刺。叶互生，奇数羽状复叶，稀单叶或 3 小叶；小叶互生，稀对生，具锯齿，稀全缘，具透明油腺点。聚伞花序、聚伞状圆锥花序，或伞房状聚伞花序。花单性，雌雄异株，稀杂性；花萼（4）5 裂，花瓣（4）5，稀无花瓣；或花萼花瓣无区别，具 4-8 花被片，1 轮；雄花具 4-10 雄蕊，药隔顶端常具油腺点，退化雌蕊垫状；雌花花盘细小，雌蕊具 5-2 离生心皮，子房 1 室，每室具 2 并列胚珠，花柱靠合或分离，柱头头状。聚合蓇葖果，外果皮红或紫红色，具油腺点，内果皮干后软骨质，成熟时内外果皮分离，每蓇葖具 1 种子，稀 2 颗。种子褐黑色，有光泽，内种皮具细点状网纹，胚乳肉质，富含油脂，胚直伸或弯生，稀多胚，子叶扁平，胚根短。

    约 250 种，广布于亚洲、非洲、大洋洲、北美洲热带及亚热带地区，温带较少。我国 41 种、14 变种。本属植物有重要经济价值，许多种的根皮、茎皮、果皮及叶含生物碱、黄酮类和酰胺类化合物及芳香油，民间药用，可祛风湿、散血瘀、镇痛，作驱虫剂。有些种的果实可作食油香料。种子富含油脂，可制皂及作润滑油。

1. 花萼 4-5 裂，花瓣 4-5，2 轮，雄花具 4-5 雄蕊，花丝常较花瓣长；雌花具 3-4 心皮，稀 2-5，花柱靠合，直伸；

小叶对生，稀互生。

2. 萼片与花瓣均4；萼片顶部紫红色；果瓣顶侧具短芒状残存花柱，稀无。

  3. 聚伞状圆锥花序，腋生或兼顶生；果柄长不及1厘米，非紫红色。

    4. 果瓣无毛，无刺。

      5. 果瓣长不及9毫米。

        6. 小叶对生，叶轴及叶两面中脉疏生钩刺。

          7. 小叶两面无毛 ·· 1. **两面针 Z. nitidum**

          7. 小叶下面被毛 ························· 1(附). **毛叶两面针 Z. nitidum var. tomentosum**

        6. 小叶互生或兼对生。

          8. 小叶3-7（9），密被油腺点，叶干后油腺点褐色，微凸起，叶上面常有蜡质光泽 ············

                                         2. **大花花椒 Z. macranthum**

          8. 小叶5-13（-25），油腺点不明显，或稀少。

            9. 果瓣长7-8毫米；小叶全缘 ·················· 3. **拟蚬壳花椒 Z. leatum**

            9. 果瓣长5-6毫米；小叶上部具细齿或全缘。

              10. 果序轴及果柄均无毛或疏被微柔毛；小叶5-25（-31） ·········· 4. **花椒簕 Z. scandens**

              10. 果序轴及果柄均被柔毛或粉状微毛。

                11. 叶下面中脉下部被柔毛，幼叶侧脉疏被柔毛 ·········· 4(附). **广西花椒 Z. kwangsiense**

                11. 叶下面无毛。

                  12. 果柄长0.7-1厘米；小叶柄长0.5-1厘米，小叶先端长尾尖 ············

                                 4(附). **云南花椒 Z. khasianum**

                12. 果柄长不及5毫米；小叶柄长1-4毫米，小叶先端钝或短尖；小枝被灰白色蜡鳞 ·········

                                 5. **石山花椒 Z. calcicola**

      5. 果瓣长1-1.5厘米，外果皮较内果皮宽，果常簇生。

        13. 小枝无密集针刺；小叶全缘。

          14. 小叶长7-16厘米，宽3-6厘米 ·················· 6. **蚬壳花椒 Z. dissitum**

          14. 小叶长10-20厘米，宽1-2厘米 ·············· 6(附). **长叶蚬壳花椒 Z. dissitum var. lanciforme**

        13. 小枝具密集针刺 ··············· 6(附). **刺蚬壳花椒 Z. dissitum var. hispidum**

    4. 果瓣具锐刺或被毛。

      15. 果瓣被毛；小叶上面被粗短毛，下面密被长柔毛 ·········· 7. **糙叶花椒 Z. collinsae**

      15. 果瓣具锐刺。

        16. 果瓣及小叶均无毛，或小叶下面中脉被毛 ·········· 8. **刺壳花椒 Z. echinocarpum**

        16. 果瓣及小叶下面均被绒毛 ·········· 8(附). **毛刺壳花椒 Z. echinocarpum var. tomentosum**

  3. 伞房状聚伞花序顶生，总花梗近顶部具3-7花组成小伞房花序；果柄长1厘米以上，与果瓣均紫红色。

    17. 果柄长1-1.5厘米，径1-1.5毫米；小叶具多数油腺点，叶上面中脉凹下，被微柔毛，具锐齿 ·········

                               9(附). **尖叶花椒 Z. oxyphyllum**

    17. 果柄长1.5-4.5厘米，径不及1毫米；小叶油腺点不显或少数可见，叶缘具细齿或下部全缘。

      18. 小叶上面中脉微凸或上部平，小叶柄及中脉下部被微柔毛 ·········· 9. **狭叶花椒 Z. stenophyllum**

      18. 小叶上面中脉凹下，无毛，小叶柄无毛 ·········· 10. **贵州花椒 Z. esquirolii**

2. 萼片及花瓣均5，萼片绿色；伞房状聚伞花序顶生；果瓣径不及5毫米，顶侧无或具短芒尖。

  19. 乔木；小叶常宽2厘米以上，下面被毛，或两面被毛。

    20. 花枝无刺，枝髓心小，充实；叶轴具窄翅，上面浅沟状。

      21. 雌蕊具2（3）心皮；小叶基部偏斜 ·········· 11. **簕欓花椒 Z. avicennae**

      21. 雌蕊具3（4）心皮；小叶两侧对称或稍偏斜，基部近圆 ·········· 11(附). **小花花椒 Z. micranthum**

20. 花枝具直刺，髓心中空；叶轴下部圆，无窄翅；雌蕊具（2）3（4）心皮。

    22. 小叶两面无毛，油腺点密，显著。

        23. 小叶下面被灰白色粉霜，干后暗绿或淡黄绿色 ·················· 12. **椿叶花椒 Z. ailanthoides**

        23. 小叶下面无灰白色粉霜，干后红褐或黑褐色 ·················· 13. **大叶臭花椒 Z. myriacanthum**

    22. 小叶下面被毡状绒毛，油腺点不显 ·························· 14. **朵花椒 Z. molle**

19. 灌木；小叶宽 4-6 毫米，叶上面被毛或毛状凸体，下面无毛 ·········· 15. **青花椒 Z. schinifolium**

1. 花被片 4-8，1 轮，无萼片与花瓣之分；雄花具 4-8 雄蕊，花丝与花被片等长；雌花具 2-7 心皮，花柱离生，外
  弯；小叶对生。

24. 花被片大小不等，中部以上最宽；果瓣油腺点不凸起或不显，顶侧具短芒尖。

    25. 小叶 2-5，3 小叶复叶，或单小叶，叶缘无针刺 ·················· 16. **异叶花椒 Z. ovalifolium**

    25. 小叶 1-3（5），叶缘具针刺 ·················· 16(附). **刺异叶花椒 Z. ovalifolium** var. **spinifolium**

24. 花被片大小近相等，中部以下最宽；果瓣油腺点凸起，顶侧几无芒尖。

  26. 果瓣基部圆，非短柄状。

    27. 叶轴具翅或具绿色窄边。

      28. 花序无总花梗，呈老茎生花状；果柄长不及 2 毫米；枝、叶密被褐锈色柔毛 ·····················
      ···················· 17. **毛刺花椒 Z. acanthopodium** var. **timbor**

      28. 花序具总花梗；果柄长 2-6 毫米或稍长；小叶上面中脉平或微凹。

        29. 枝、叶及花序轴均无毛，或幼枝疏被毛 ·················· 18. **竹叶花椒 Z. armatum**

        29. 幼枝及花序轴密被褐锈色柔毛 ·················· 18(附). **毛竹叶花椒 Z. armatum** var. **ferrugineum**

    27. 叶轴无翅，或具窄边，叶轴上面具浅纵沟。

      30. 小叶长 3 厘米以上，宽 1.5 厘米以上。

        31. 叶轴具窄翅，若叶轴上面近平则叶轴被柔毛。

          32. 小叶上面无毛，下面基部中脉两侧具簇生毛，叶缘齿间具油腺点 ········ 19. **花椒 Z. bungeanum**

          32. 小叶两面被毛，或一面被毛。

            33. 小叶两面被毛，或下面被柔毛 ·················· 19(附). **毛叶花椒 Z. bungeanum** var. **pubescens**

            33. 小叶上面被微柔毛 ·················· 19(附). **浪花花椒 Z. undulatifolium**

        31. 叶轴圆，有时上部腹面稍平或具浅纵沟；小叶密被油腺点，无毛，干后暗红褐色至黑褐色 ·········
        ···················· 20. **岭南花椒 Z. austrosinense**

      30. 小叶长不及 3 厘米，宽不及 1.5 厘米。

        34. 小叶宽 3-8 毫米，先端圆钝，侧脉 3-5 对；花序轴无毛或几无毛 ······· 21. **川陕花椒 Z. piasezkii**

        34. 小叶宽 0.4-1.5 厘米，先端短尖，稀钝，侧脉 5-8 对；花序轴密被稍粗短毛 ·········
        ···················· 21(附). **微毛花椒 Z. pilosulum**

  26. 果瓣基部骤缢窄下延成短柄；小叶密被油腺点。

    35. 小叶上面疏生刚毛状倒伏细刺，下面无毛，或沿中脉两侧被疏柔毛 ·········· 22. **野花椒 Z. simulans**

    35. 小叶上面无刺，下面中脉基部两侧具簇生毛 ·················· 22(附). **梗花椒 Z. stipitatum**

1.　两面针　光叶花椒　　　　　　　　　图 619

Zanthoxylum nitidum (Roxb.) DC. Prodr. 1: 727. 1824.

Fagara nitida Roxb. Fl. Ind. 1: 439. 1820.

木质藤本，幼株为直立灌木。茎枝、叶轴下面及小叶两面中脉常具钩刺。奇数羽状复叶，小叶（3）5-11，小叶对生，厚纸质至革质，宽卵形、近圆形，或窄长椭圆形，长 3-12 厘米，先端尾状，凹缺具油腺点，基部圆或宽楔形，疏生浅齿或近全缘，两面无毛；小叶柄长 2-5 毫米，稀近无柄。聚伞状圆锥花序腋生。萼片 4，稍紫红色；花瓣 4，淡黄绿色，长约 3 毫米；雄花具 4 雄蕊。雌花雌蕊具（3）4 心皮。果皮红褐色，果瓣径 5.5-7 毫米，顶端具短芒尖，油腺点多；果柄长 2-5 毫米。种子近球形，径 5-6 毫米。花

期3-5月，果期9-11月。

产浙江南部、福建、台湾、湖南南部、广东、海南、广西、贵州南部及云南，生于海拔800米以下山野。印度、泰国、越南、菲律宾有分布。根、茎、叶及果皮药用，可活血散瘀、镇痛、消肿。叶及果皮可提取芳香油；种子油供制肥皂。

[附] **毛叶两面针 Zanthoxylum nitidum** var. **tomentosum** Huang in Guihaia 7: 5. 1987. 本变种与模式变种的区别：小枝及叶轴具较多钩刺；小叶长椭圆形，稀卵形，先端长渐尖，小叶柄长1-3毫米；叶轴、小叶柄、花序轴及小叶下面均被稍粗短毛，叶脉毛较长；果瓣径约5毫米。果期5月。产广西东南部，生于低山丘陵灌丛中。

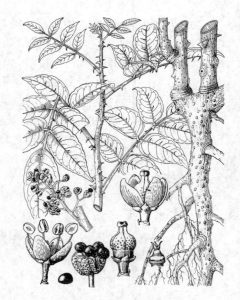

图 619　两面针　（引自《植物分类学报》）

2. 大花花椒　　　　　　　　　　　　图 620

Zanthoxylum macranthum (Hand.-Mazz.) Huang in Acta Phytotax. Sin. 6: 70. 1957.

Fagara macranthum Hand.-Mazz. in Sinensia 5: 17. 1934.

攀援灌木，高达3米；皮刺稀少。奇数羽状复叶，小叶3-7（9）；小叶对生，革质，卵形、椭圆形或倒卵状披针形，长5-10厘米，基部楔形或近圆，中部以上具浅齿或近全缘，密被油腺点，干后褐色，微凸起，上面常有蜡质光泽，中脉微凹下；叶柄长2-5厘米，叶轴下面有时疏生弯刺。聚伞圆锥花序腋生。雌花几无梗或梗长约1毫米；雄花花梗较长；萼片4，长不及1毫米；花瓣4，宽椭圆形，淡黄绿色，长约3毫米；雌蕊具4心皮。果序长3-5厘米，果柄长2-3毫米；果瓣红褐色，径5.5-6毫米，顶端具短芒尖，油腺点稍明显。花期4-5月，果期8-9月。

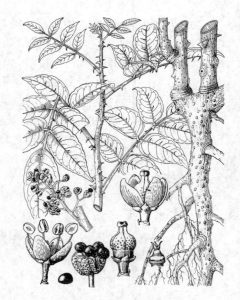

图 620　大花花椒　（李锡畴绘）

产河南西南部、湖北西部、湖南、贵州、四川、云南及西藏东南部，生于海拔1000-3100米山地疏林或灌丛中。

3. 拟蚬壳花椒　　　　　　　　　　　图 621

Zanthoxylum laetum Drake in Journ. de Bot. 6: 274. 1892.

木质藤本，高达8米。茎枝具钩刺，叶轴刺较多。奇数羽状复叶具5-13小叶；小叶互生，或兼有近对生，薄革质，全缘，卵形或卵状椭圆形，稀

长圆形，长8-15厘米，先端短渐尖，基部楔形，油腺点不明显，侧脉9-14对，网脉较明显，叶下面中脉常被短

刺；小叶柄长2-6毫米。聚伞圆锥花序腋生，有时兼顶生，长约5厘米。萼片4，淡紫绿色，长约1毫米；花瓣4，黄绿色，宽卵形，长4-5毫米；雄花具4雄蕊。果瓣离生，长7-8毫米，径7-9毫米，红褐色，边缘常紫红色，顶端具长不及1毫米的喙尖，干后油腺点凹下。花期3-5月，果期9-12月。

产广东南部、海南、广西及云南南部，生于海拔500-1300米山地林中或山谷林中。越南有分布。根及茎皮可毒鱼。

4. 花椒簕 图 622

Zanthoxylum scandens Bl. Bijdr. 249. 1825.

Zanthoxylum cuspidatum Champ. ex Benth.：中国高等植物图鉴 2: 545. 1972.

藤状灌木。小枝细长披垂，枝干具短钩刺。奇数羽状复叶，小叶5-25(-31)，草质，互生或叶轴上部叶对生，卵形、卵状椭圆形或斜长圆形，长4-10厘米，先端钝微凹，基部宽楔形，或稍圆，全缘或上部具细齿，上面中脉微凹下，无毛，或被粉状微毛，叶轴具短钩刺。聚伞状圆锥花序腋生或顶生。花单性；萼片4，淡紫绿色，宽卵形，长约0.5毫米；花瓣4，淡黄绿色，长2-3毫米；雄花具4雄蕊；雌花具（3）

4心皮。果序及果柄均无毛或疏被微柔毛；果瓣紫红色，长5-6毫米，径4.5-5.5毫米，顶端具短芒尖，油腺点不显。花期3-5月，果期7-8月。

产安徽南部、浙江、江西、福建、台湾、湖北、湖南、广东、海南、广西、贵州、四川东部及云南，生于沿海低地至海拔1500米山坡灌丛中或疏林下。东南亚有分布。

[附] **广西花椒 Zanthoxylum kwangsiense** (Hand.-Mazz.) Chun ex Huang in Acta Phytotax. Sin. 6: 71. 1957. —— *Fagara kwangsiensis* Hand.-Mazz. in Sinensia 3: 186. 1933. 本种与花椒簕的区别：幼枝、叶轴及花序轴均密被柔毛。小叶5-9，纸质，披针形、卵形或倒披针形，中部以上具细圆齿或不明显，中脉及小叶柄均被柔毛，油腺点不明显。产广西东部、贵州南部、四川东部，生于海拔600-700米灌丛中或疏林下。

图 621 拟蚬壳花椒 （引自《分类学报》）

图 622 花椒簕 （余汉平绘）

[附] **云南花椒 Zanthoxylum khasianum** Hook. f. Fl. Brit. Ind. 1. 494. 1875. 本种的主要特征：幼枝、叶上面中脉及花序轴均被黄褐色长毛；复叶具5-13小叶，小叶先端长尾尖，下面无毛，小叶柄长0.5-1厘米；果柄细，长0.7-1厘米，密被长柔毛。产云南西部，生于海拔1500-2500米山坡疏林或灌丛中。印度、缅甸、尼泊尔有分布。

5. 石山花椒

图 623

Zanthoxylum calcicola Huang in Acta Phytotax. Sin. 6(1): 65. pl. 13. 1957.

藤状灌木, 高达4米。小枝被微柔毛及灰白色蜡鳞, 幼枝及叶轴疏生短

钩刺。奇数羽状复叶; 小叶 9-31, 近对生, 革质或近革质, 披针形或斜长圆形, 稀卵形, 长2-5厘米, 先端钝或短尖, 微凹缺, 基部近圆或宽楔形, 近顶部疏生细圆齿, 侧脉9-12对, 油腺点不明显或稀少; 小叶柄长1-3毫米。聚伞圆锥花序腋生。萼片及花瓣均4(5), 具短睫毛, 萼片宽卵形; 花瓣长圆形, 长2-3毫米。果序长3-

图 623　石山花椒　（引自《植物分类学报》）

6厘米; 果柄粗, 长不及5毫米; 果瓣红色, 长5-6毫米, 干后具凹下油腺点。花期3-4月, 果期9-11月。

产广西西部、贵州西南部、云南东南部, 生于海拔500-1600米石灰岩山地疏林中。

6. 蚬壳花椒　山枇杷

图 624: 1-8

Zanthoxylum dissitum Hemsl. in Journ. Linn. Soc. Bot. 23: 106. 1886.

木质藤本, 茎枝及叶轴被稍下弯皮刺。奇数羽状复叶; 小叶（3）5-9,

互生或近对生, 厚纸质或近革质, 长椭圆形或披针形, 稀近圆形, 长7-16厘米, 宽3-6厘米, 先端尾尖, 全缘, 无毛, 上面中脉凹下, 有时下面中脉具钩刺, 油腺点细小。聚伞圆锥花序腋生, 长约10厘米。雄花萼片4, 紫绿色, 宽卵形, 长约1毫米, 花瓣4, 淡黄绿色, 宽卵形, 长4-5毫米。果密集成簇; 果瓣似蚬, 褐色, 外果皮较内果

图 624: 1-8.蚬壳花椒 9.长叶蚬壳花椒 10.刺蚬壳花椒 （引自《图鉴》）

皮宽, 平滑, 边缘较薄, 干后成弧状环, 长1-1.5厘米。花期4-5月, 果期 9-10月。

产陕西南部、甘肃南部、河南西南部、湖北、湖南、广东、海南、广西、四川、贵州及云南, 生于海拔300-2600米坡地杂木林或灌丛中。根、茎及叶均药用, 可活血散瘀、解毒消肿。

[附] **长叶蚬壳花椒** 图624: 9 **Zanthoxylum dissitum** var. **lanciforme** Huang in Acta Phytotax. Sin. 16: 82. 1978. 本变种与模式变种的区别: 小

叶窄带状披针形, 长10-20厘米, 宽 1-2厘米, 先端渐长尖, 基部窄楔形, 叶缘浅波状, 侧脉疏离。花期11-12月。产广西东部, 生于海拔约1000米山谷密林下。

[附] **刺蚬壳花椒** 图624: 10 **Zanthoxylum dissitum** var. **hispidum** (Reeder et Cheo) Huang in Acta

Phytotax. Sin. 6: 78. 1957. —— *Fagara dissita* var. *hispida* Reeder et Cheo in Journ. Arn. Arb. 32: 69. 1951. 本变种与模式变种的区别：小枝密被针刺；花序轴疏生细刺。花期4-5月，果期9-11月。产四川中部及西南部、云南东北部，生于海拔1500-1800米山地疏林中。

7. 糙叶花椒 图625

Zanthoxylum collinsae Craib in Kew Bull. 1926: 165. 1926.

木质藤本，高达4米。枝疏被钩刺。奇数羽状复叶，小叶5-9，对生，纸质稍硬，宽卵形或卵状椭圆形，长7-19厘米，先端骤短尖，基部圆或稍心形，全缘，或疏生浅钝齿，上面被粗毛，或仅中脉被毛，下面密被长柔毛，有时下面中脉具钩刺，侧脉8-12对；小叶柄长2-4毫米，被毛，与叶轴均疏被刺。聚伞圆锥花序腋生，长3-5厘米，被微柔毛。萼片4，长约1毫米；花瓣4，长约3毫米。果柄长2-4毫米，被柔毛；果瓣被毛，径约6毫米，疏生油腺点，干时凹下。花期4-5月，果期9-10月。

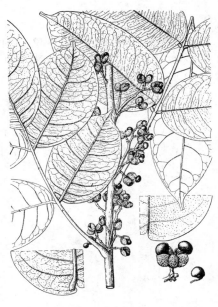

图 625 糙叶花椒 （引自《植物分类学报》）

产广西西北部、贵州西南部及云南南部，生于海拔500-1000米坡地疏林或灌丛中。越南北部、老挝及泰国东北部有分布。

8. 刺壳花椒 图626

Zanthoxylum echinocarpum Hemsl. in Ann. Bot. 9: 149. 1895.

木质藤本，高达5米，具皮刺。奇数羽状复叶，叶轴及小叶柄密被黄褐色柔毛及皮刺；小叶（3）5-11，厚纸质，互生或对生，卵形、卵状椭圆形或长椭圆形，长7-13厘米，先端短渐尖或尾尖，基部圆，或稍心形，全缘或近全缘，无毛，叶下面沿中脉常具小钩刺；小叶柄长2-5毫米。聚伞圆锥花序腋生及顶生，花序轴被黄褐色柔毛和皮刺，多花密集。雄花萼4，淡紫绿色，花瓣4，长2-3毫米；雌花花萼及花瓣与雄花相似，心皮（3）4（5），具刺。果柄长1-3毫米，或近无果柄；果瓣密被分叉刺，刺长0.4-1厘米。花期4-5月，果期10-12月。

图 626 刺壳花椒 （引自《植物分类学报》）

Huang in Acta Phytotax. Sin. 16(2): 82. 1978. 本变种与模式变种的区别：小枝、小叶柄、叶轴、小叶下面及花序轴均密被褐色长绒毛；果瓣被毛。

产湖北、湖南、广东、广西、贵州、四川及云南，生于海拔200-1000米山坡灌丛中及山谷林下。

[附] 毛刺壳花椒 Zanthoxylum echinospermum var. **tomentosum**

产广西西北部、贵州南部、云南东南部，生于海拔300-1800米坡地疏林或灌丛中。

9. 狭叶花椒 图627：1-8

Zanthoxylum stenophyllum Hemsl. in Ann. Bot. 9: 147. 1895.

Zanthoxylum pashanense N. Chao: 中国高等植物图鉴 补编2: 151. 1987.

小乔木或灌木状。小枝淡紫红色，被直刺及弯刺。奇数羽状复叶具9-23小叶，叶轴具直刺及弯刺；小叶互生，纸质至近革质，披针形、窄长披针形，稀卵形。长2-11厘米，先端长渐尖或短尖，基部楔形或近圆，油腺点不显，具细钝齿，齿间具油腺点，上面中脉微凸或上部平，下部被微柔毛，下面中脉有时具短刺，两面网脉均微凸；小叶柄长1-3毫米，被微柔毛。伞房状聚伞花序顶生，约30朵花，

图 627：1-8.狭叶花椒 9-11.尖叶花椒
（余汉平绘）

Trans. Linn. Soc. Lond. 20: 42. 1851. 本种与狭叶花椒的区别：叶轴下面多刺；小叶具锐齿，上面中脉凹下，被微柔毛，油腺点多，小叶柄长不及2厘米；果柄长1-1.5厘米，果瓣紫红色，顶端具短芒尖；种子球形，径约5毫米。花期5-6月，果期9-10月。产云南西部、西藏南部，生于海拔1800-2900米疏林中或针阔叶林混交林林缘。缅甸、印度东北部、尼泊尔及锡金有分布。

具细刺。萼片4，长约0.5毫米；花瓣4，长2.5-3毫米。果瓣淡紫红或鲜红色，径4.5-5毫米，顶端具长达2.5毫米芒尖；油腺点干后凹下；果柄长（1）1.5-3厘米，径1-1.5毫米，紫红色。种子卵圆形，径约4毫米。花期5-6月，果期8-9月。

产陕西西南部、甘肃南部、河南西部、四川、湖北西部及湖南东北部，生于海拔700-2400米山地灌丛中。

　　[附] **尖叶花椒** 图627：9-11 **Zanthoxylum oxyphylum** Edgew. in

10. 贵州花椒 岩椒 图628 彩片202

Zanthoxylum esquirolii Lévl. in Fedde, Repert. Sp. Nov. 13: 266. 1914.

小乔木或灌木状。茎枝具小钩刺，干后淡红紫色稍被白霜，各部无毛。奇数羽状复叶，叶轴具小钩刺；小叶5-13，互生或有时对生，纸质至厚纸质，卵形或披针形，稀宽卵形，长3-10厘米，先端长尾尖，基部近圆或宽楔形，油腺点不明显或少数可见，具细齿或下部全缘，上面中脉凹下，无毛，小叶柄长3-6毫米，无毛。伞房状聚伞花序顶生，具花约30朵。萼片4，宽卵

图 628 贵州花椒 （引自《植物分类学报》）

形，长1-1.5毫米；花瓣4，长圆形，长约3毫米；雌花心皮（3-）4，花柱长，柱头头状。果瓣紫红色，径约5毫米，顶端芒尖长1-2毫米，油腺点常凹下，果柄长达4.5厘米，径0.5-1毫米，紫红色。花期5-6月，果期9-10

月。

产贵州、四川及云南，生于海拔750-3200米山地疏林下或灌丛中。

11. 簕欓花椒 勒欓 图629

Zanthoxylum avicennae (Lam.) DC. Prodr. 1: 726. 1824.

Fagara avicennae Lam. Encycl. 2: 445. 1788.

落叶乔木或灌木状，高达12（-15）米；主干具鸡爪状刺，刺基部鼓钉

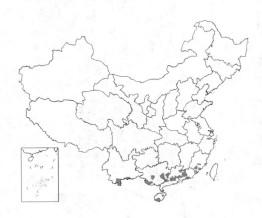

状，红褐色。幼树枝叶密被刺，各部无毛。奇数羽状复叶，叶轴上面浅沟状，常具绿色窄翅；小叶11-21；幼苗小叶多达31片，常对生，斜卵形、斜长方形或镰刀状，稀倒卵形，长2.5-7厘米，宽（1）2-3厘米，先端短钝尖，基部楔形偏斜，全缘，或中部以上疏生不明显钝齿。伞房状聚伞花序顶生，多花。花梗长1-3毫米；萼片5，宽卵形，

图 629 簕欓花椒 （引自《图鉴》）

绿色，花瓣5，黄白色；雄花具5雄蕊；雌花花瓣长约2.5毫米，心皮2（3）。果瓣淡紫红色，径4-5毫米，顶端无芒尖，油腺点多明显，微凸；果柄长3-6毫米。种子卵形，径3.5-4.5毫米。花期6-8月，果期10-12月。

产福建、广东、海南、广西及云南南部，生于海拔400-650米平地、山坡、谷地林中。菲律宾、越南北部、泰国、马来西亚、印尼（爪哇）有分布。叶、根皮及果皮药用，可祛风除湿、化痰、止痛、活血，又作驱蛔虫剂。

[附] **小花花椒 Zanthoxylum micranthum** Hemsl. in Ann. Bot. 9:

147. 1895. 本种与簕欓花椒的区别：茎枝疏生短刺；小叶披针形，基部近圆或宽楔形，两侧对称或稍偏斜，具钝齿，密生透明油腺点；雌花心皮3（4）；果瓣紫红色，油腺点细小；种子卵圆形。产河南西南部、湖北西部、湖南、贵州、四川、云南，生于海拔300-1200米山坡疏林中。

12. 椿叶花椒 樗叶花椒 图630

Zanthoxylum ailanthoides Sieb. et Zucc. in Abh. Akad. Wiss. Wien, Math.-Phys. 4(2): 138. 1846.

落叶乔木，高达15米，胸径30厘米；树干具基部宽达3厘米、长2-5毫米鼓钉状皮刺。花枝具直刺；小枝髓心中空，小枝近顶部常疏生短刺；各部无毛。奇数羽状复叶，小叶11-27，对生，纸质至厚纸质，长披针形或近卵形，长7-18厘米，宽2-6厘米，先端渐长尖，基部近圆，具浅圆锯齿，油腺点密，

图 630 椿叶花椒 （引自《图鉴》）

显著，两面无毛，下面被灰白色粉霜，上面中脉凹下，侧脉11-16对。伞房状聚伞花序顶生，多花，花序轴疏生短刺。花瓣5，淡黄白色，雄花具5雄蕊，雌花心皮3（4）。果瓣淡红褐色，顶端无芒尖，径约4.5毫米，油腺点多，干后凹下；果柄长1-3毫米。花期8-9月，果期10-12月。

产云南东南部、四川东南部、贵州、广西、广东、江西南部、福建、台

湾及浙江，生于海拔300-1500米山地林中。日本有分布。根皮及树皮药用，可祛风湿，活血散瘀，治风湿骨痛、跌打肿痛。

13. 大叶臭花椒 图631

Zanthoxylum myriacanthum Wall. ex Hook. f. Fl. Brit. Ind. 1: 496. 1875.

落叶乔木，高达15米；树干具鼓钉状锐刺。花枝具直刺。奇数羽状复叶，无刺，叶轴无窄翅；小叶7-17，对生，坚纸质至革质，宽卵形、卵状椭圆形、长圆形，稀近圆形，长10-20厘米，宽4-10厘米，先端渐尖或短尾尖，基部圆或宽楔形，上部具浅圆齿，两面无毛，油腺点密，显著，下面无灰白色粉霜，干后红褐或黑褐色。伞房状聚伞花序顶生，长10-35厘米，花多而芳香，花序轴稍被柔毛，疏生小刺。萼片宽卵形，长约1毫米，花瓣5，白色，长圆形，长约2.5毫米；雄花具5雄蕊，花丝较花瓣长；雌花花瓣长约3毫米，心皮（2）3（4）。果瓣红褐色，径约4.5毫米，顶端无芒尖，油腺点多。花期6-8月，果期9-11月。

产浙江、江西、福建、广东、广西、海南、湖南、贵州及云南，生

图 631 大叶臭花椒 （余汉平绘）

于海拔200-1500米坡地林中。越南、缅甸、印度有分布。枝、叶及果均药用，药效同簕欓花椒；也可作调味香料。

14. 朵花椒 朵椒 图632

Zanthoxylum molle Rehd. in Journ. Arn. Arb. 8: 150. 1927.

落叶乔木，高达10米；树干具锥形鼓钉状锐刺。花枝具直刺；小枝髓心中空。奇数羽状复叶，叶轴下部圆，无窄翅；小叶13-19，对生，几无柄，厚纸质，宽卵形或椭圆形，稀近圆形，长8-15厘米，宽4-9厘米，先端短尾尖，基部圆或稍心形，全缘或具细圆齿，侧脉11-17对，叶下面密被白灰或黄灰色毡状绒毛，油腺点不显或稀少。伞房状聚伞花序顶生，多花，花序轴被褐色柔毛，疏生小刺。花梗密被柔毛；萼片5，长0.5毫米；花瓣5，白色，

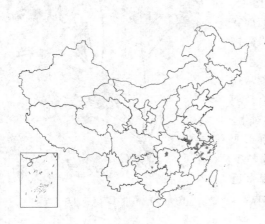

图 632 朵花椒 （引自《图鉴》）

长2-3毫米；心皮3。果瓣淡紫红色，顶部无芒尖，径4-5毫米，油点多而细小，干后凹下。花期6-8月，果期10-11月。

产河南、安徽、浙江、江西、湖南、贵州，生于海拔100-900米丘陵较干旱地带疏林或山谷溪边林中。树皮可代中药"海桐皮"。叶、果可提取芳香油。

15. 青花椒　香椒子　　　　　图633

Zanthoxylum schinifolium Sieb. et Zucc. in Abh. Akad. Wiss. Wien, Math.-Phys. 4: 137. 1846.

图 633　青花椒　（引自《图鉴》）

灌木，高达2米。茎枝无毛，基部具侧扁短刺。奇数羽状复叶，叶轴具窄翅；小叶7-19，对生，纸质，叶轴基部小叶常互生，宽卵形、披针形或宽卵状菱形，长0.5-1（-7）厘米，宽4-6（-25）毫米，先端短尖至渐尖，基部圆或宽楔形，上面被毛或毛状凸体，下面无毛，具细锯齿或近全缘，侧脉不明显。伞房状聚伞花序顶生。萼片5，宽卵形，长0.5毫米；花瓣淡黄白色，长圆形，长约2毫米；雌花具3（4-5）心皮，几无花柱。果瓣红褐色，径4-5毫米，具淡色窄缘，顶端几无芒尖，油腺点小。花期7-9月，果期9-12月。

产辽宁、河北、河南、山东、安徽、江苏、浙江、江西、福建、台湾、湖北、湖南、广东、广西及贵州，生于平原至海拔800米山地疏林、灌丛或岩缝中；有栽培。朝鲜及日本有分布。根、叶、果均药用，果可发汗、止渴、健胃；果可提取芳香油，又可作调味香料。

16. 异叶花椒　　　　　　　　图634

Zanthoxylum ovalifolium Wight, Illustr. Ind. Bot. 1: 169. 1839.

Zanthoxylum dimorphophyllum Hemsl.; 中国高等植物图鉴 补编 2: 145. 1983.

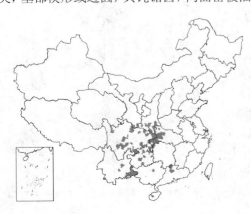

图 634　异叶花椒　（引自《植物分类学报》）

小乔木或灌木状，高达10米。枝无刺；幼枝及芽被红褐色柔毛。单小叶、3小叶复叶，稀3-5小叶；小叶对生，革质，卵形、椭圆形，稀倒卵形，长（2-）4-9（-20）厘米，宽（1）2-3.5（-7）厘米，先端圆钝、短尖或渐尖，基部楔形或近圆，具钝锯齿，两面密被油腺点，上面中脉平或微凸起，被微柔毛，网脉明显。聚伞状圆锥花序腋生及顶生，长2-5厘米。花被片（5）6-8，1轮，淡黄绿色，大小不等，大的长2-3毫米；雄花具6雄蕊；雌花心皮2-3，花柱背弯。果瓣紫红色，径6-8毫米，油腺点稀少，顶侧具短芒尖。花期4-6月，果期9-11月。

产甘肃、陕西、湖北、湖南、四川、云南、贵州、广西、广东、海南及台湾，生于海拔300-2400米山地林中，石灰岩山地常见。尼泊尔、锡金、印度及缅甸东北部有分布。根皮药用，可舒筋活血、消肿镇痛，果可健胃及作驱虫剂。

[附] 刺异叶花椒 **Zanthoxylum ovalifolium** var. **spinifolium** (Rehd. et Wils.) Huang in Guihaia 7: 4. 1987. —— *Zanthoxylum dimorphophylum* Hemsl. var. *spinifolium* Rehd. et Wils. in Sarg. Pl. Wilson. 2: 126. 1914.; 中国高等植物图鉴 2: 541. 1972. 及补编2: 145. 1983. 本变种与模式变种的

17. 毛刺花椒

图 635

Zanthoxylum acanthopodium DC. var. **timbor** Hook. f. Brit. Ind. 1: 493. 1875.

Zanthoxylum acanthopodium var. *villosum* Huang; 中国高等植物图鉴 2: 541. 1972.

小乔木或灌木状，高达6米。枝被锈色柔毛，具扁宽锐刺。奇数羽状复叶，叶轴具翅，稀具痕迹，叶柄基部具1对扁平锐刺；小叶3-9，稀单小叶，对生，纸质，卵状椭圆形或披针形，长（1-）6-10厘米，宽（0.4-）2-4厘米，先端短渐尖，基部楔形或近圆，具细齿，稀全缘，两面被褐锈色柔毛；小叶柄短或无柄。花密集成团伞状，聚伞花序腋生于老枝上，雄花序长不及3厘米，雌花序短。花被片6-8，1轮，

大小相等，淡黄绿色，窄披针形，长约1.5毫米；雄花具5雄蕊，花丝紫红色，长达3毫米；雌花具2-3心皮。果紫红色，具大而凸起油腺点，被毛，果瓣径约4毫米；果柄长不及2毫米。花期4-5月，果期9-10月。

18. 竹叶花椒 竹叶椒

图 636 彩片 203

Zanthoxylum armatum DC. Prodr. 1: 727. 1824.

Zanthoxylum planispinum Sieb. et Zucc.; 中国高等植物图鉴 2: 540. 1972.

小乔木或灌木状，高达5米。枝无毛，基部具宽而扁锐刺。奇数羽状复叶，叶轴、叶柄具翅，下面有时具皮刺，无毛；小叶3-9（-11），对生，纸质，几无柄，披针形、椭圆形或卵形，长3-12厘米，宽1-4.5厘米，先端渐尖，基部楔形或宽楔形，疏生浅齿，或近全缘，齿间或沿叶缘具油腺点，叶下面基部中脉两侧具簇生柔毛，下面中脉常被小刺。聚

区别：小叶1-3（5），叶缘具针刺。产河南西南部、陕西南部、湖北、湖南、贵州及四川，生于海拔480-2100米山坡疏林或灌丛中。

图 635 毛刺花椒 （引自《图鉴》）

产贵州、广西、云南、四川及西藏，生于海拔1500-3200米较干旱地带灌丛中、密林下、沟边。缅甸、印度、尼泊尔、锡金有分布。果作食品调味剂及香料。

图 636 竹叶花椒 （引自《植物分类学报》）

伞状圆锥花序腋生或兼生于侧枝之顶，长2-5厘米，具花约30朵，花枝无毛。花被片6-8，1轮，大小几相同，淡黄色，长约1.5毫米；雄花具5-6雄蕊，雌花具2-3心皮。果紫红色，疏生微凸油腺点，果瓣径4-5毫米。花期4-5月，果期8-10月。

产山东、甘肃南部、陕西、河南、江苏、安徽、浙江、江西、福建、台湾、湖北、湖南、广东、广西、贵州、四川、云南及西藏，生于低山丘陵地带，上达海拔3100米山地林缘及灌丛中，石灰岩山地常见。有些地区有栽培。日本、朝鲜、越南、老挝、缅甸、印度、尼泊尔有分布。果作食品调味及防腐剂；根、茎、叶、果及种子均药用，可祛风散寒、行气止痛，治风湿性关节炎、牙痛、跌打肿痛，又作驱虫剂及醉鱼剂。

19. 花椒 图637

Zanthoxylum bungeanum Maxim. in Bull. Acad. Sci. St. Pétersb. 16: 212. 1871.

落叶小乔木或灌木状，高达7米。茎干被粗壮皮刺，小枝刺基部宽扁直伸，幼枝被柔毛。奇数羽状复叶，叶轴具窄翅，小叶5-13，对生，无柄，纸质，卵形、椭圆形，稀披针形或圆形，长2-7厘米，宽1-3.5厘米，先端尖或短尖；基部宽楔形或近圆，两侧稍不对称，具细锯齿，齿间具油腺点，上面无毛，下面基部中脉两侧具簇生毛。聚伞状圆锥花序顶生，长2-5厘米，花序轴及花梗密被柔毛或无毛。花

被片6-8，1轮，黄绿色，大小近相同；雄花具5-8雄蕊；雌花具（2）3（4）心皮。果紫红色，果瓣径4-5毫米，散生凸起油腺点，顶端具甚短芒尖或无。花期4-5月，果期8-9月。

产辽宁、青海、甘肃、宁夏、陕西、山西、山东、河北、河南、安徽、江苏、浙江、江西、湖北、湖南、广西、贵州、四川、云南及西藏，生于海拔2600米以下山坡灌丛中，也有栽培。为北方著名香料及油料树种，果皮、种子为调味香料。种子可榨油供食用及制肥皂、油漆等；木材坚实，可制器具、手杖等。枝条多刺，耐修剪，可作绿篱，兼收果实。

[附] **毛叶花椒 Zanthoxylum bungeanum** var. **pubescens** Huang in Acta Phytotax. Sin. 6: 24. 1957. 本变种与模式变种的区别：幼枝、叶轴、花序轴及小叶两面均被柔毛，有时果柄及小叶上面无毛。产青海东部、甘

20. 岭南花椒 图638

Zanthoxylum austrosinense Huang in Acta Phytotax. Sin. 6: 53. pl. 5. 1957.

小乔木或灌木状，高达6米；各部无毛。枝少刺或多刺。奇数羽状复叶，

[附] **毛竹叶花椒 Zanthoxylum armatum** var. **ferrugineum** (Rehd. et Wils.) Huang in Guihaia 7: 1. 1987. —— *Zanthoxylum alatum* Roxb. var. *planispinum* (Sieb. et Zucc.) Rehd. et Wils. f. *ferrugineum* Rehd. et Wils. in Sarg. Pl. Wilson. 2: 125. 1914. 本变种与模式变种的区别：幼枝及花序轴均被褐锈色柔毛。产陕西、湖南、广东、广西、贵州、四川及云南。

图 637 花椒 （引自《植物分类学报》）

肃、陕西南部、四川西部及西北部，生于海拔1700-3200米山地灌丛中。用途同花椒。

[附] **浪叶花椒 Zanthoxylum undulatifolium** Hemsl. in Ann. Bot. 9: 148. 1895. 本种与花椒的区别：小枝被锈色微柔毛；小叶3-5（7），叶缘波状，上面被微柔毛；果红褐色。产湖北西部、四川东部、云南东北部、陕西南部、河南西部，生于海拔1600-2300米山坡疏林或灌丛中。

叶轴圆，有时上部腹面稍平或具浅纵沟；小叶5-11，对生，侧生小叶披针形，叶轴基部叶常卵形，长6-11厘米，

宽3-5厘米，先端渐尖，基部圆或近心形，具细锯齿，侧脉11-15对，油腺点密而大，两面无毛。伞房状聚伞花序顶生，少花。花梗长5-8毫米；花被片7-9，近2轮，大小稍不等，长约1.5毫米，上部暗紫红色，下半部淡黄绿色；两性花具3-4雄蕊，心皮4；雄花具6-8雄蕊；雌花具3-4雌蕊。果及果柄暗紫红色；果瓣径约5毫米，疏生微凸起油腺点，芒尖极短。花期3-4月，果期8-9月。

产安徽南部、浙江、江西、福建、湖北西南部、湖南、广东北部及广西东北部，生于海拔300-900米灌丛或林中。根皮、茎皮药用，可祛风、散瘀消肿、镇痛，有小毒，宜慎用。

图 638 岭南花椒 （引自《植物分类学报》）

21. 川陕花椒

图 639：1-4

Zanthoxylum piasezkii Maxim. in Acta Hort. Petrop. 11: 93. 1889.

小乔木或灌木状，高达3米；各部无毛。小枝基部具宽扁皮刺。奇数羽状复叶，叶轴具窄翅；小叶7-17，对生，无柄，厚纸质，卵圆形、宽椭圆形、倒卵状菱形或斜卵形，长0.3-2.5厘米，先端圆钝，基部楔形或近圆，全缘或近顶部疏生细圆齿，齿间具油腺点，中脉微凹下，侧脉3-5对，疏被油腺点，两面无毛，干后淡褐至褐黑色。聚伞状圆锥花序顶生及腋生，无毛或近无毛。花被片6-8，1轮，卵状长圆形，长0.5-1.5毫米，淡黄绿色；雄花具5-6雄蕊；雌花花被片较长，具2-3（4）心皮。果紫红色，疏生凸起油腺点，果瓣径4-5毫米。花期5月，果期6-7月。

图 639：1-4.川陕花椒 5-8.微毛花椒

（邓盈丰 余汉平绘）

产陕西南部、甘肃南部、河南西部及四川，生于海拔1700-2500米干旱山坡或河谷两岸灌丛中。果可提取芳香油；种子可榨油。

[附] 微毛花椒 图639：5-8 **Zanthoxylum pilosulum** Rehd. et Wils. in Sarg. pl. Wilson. 2: 123. 1914. 本种与川陕花椒的区别：幼枝被微柔毛；小叶5-11，薄纸质，干后苍绿色，小叶先端短尖，稀钝，具细锯齿，侧脉5-8对；花序轴密被稍粗短毛。产四川西部及西北部、陕西南部、甘肃南部，生于海拔2500-3100米山坡及山地灌丛中。

22. 野花椒

图 640 彩片204

Zanthoxylum simulans Hance in Ann. Sci. Nat. Bot. ser. 5, 5: 208. 1866.

小乔木或灌木状，枝干散生基部

宽扁锐刺,幼枝被柔毛或无毛。奇数羽状复叶,叶轴具窄翅;小叶5-9(15),对生,无柄,卵圆形、卵状椭圆形或菱状宽卵形,长2.5-7厘米,宽1.5-4厘米,先端尖或短尖,基部宽楔形或近圆,密被油腺点,上面疏被刚毛状

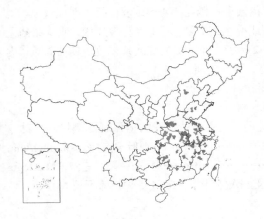

倒伏细刺,下面无毛或沿中脉两侧被疏柔毛,干后黄绿或暗绿褐色,疏生浅钝齿。聚伞状圆锥花序顶生。花被片5-8,1轮,大小近相等,淡黄绿色;雄花具5-8(-10)雄蕊;雌花具2-3心皮。果红褐色,果瓣基部骤缢窄成长1-2毫米短柄,密被微凸油腺点,果瓣径约5毫米。花期3-5月,果期7-9月。

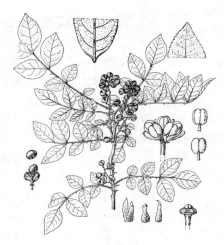

图 640 野花椒 (引自《植物分类学报》)

产陕西、河北、河南、山东、安徽、江苏、浙江、福建、台湾、江西、广东北部、湖南、湖北及贵州东北部,生于平地、低山丘陵或林下。果、叶及根药用,为健胃药,可止吐泻及利尿;叶及果可作食品调味料;果皮及种子可提取芳香油及油脂。

[附] **梗花椒 Zanthoxylum stipitatum** Huang in Guihaia 7: 2. 1987. 本种与野花椒的区别:枝干具长达1.5厘米基部宽扁三角形皮刺;小叶11-17,宽不及1厘米,小叶具细锯齿,上面无刺,下面中脉基部两侧具红褐色簇生毛,干后红褐至暗红黑色;果轴、果枝及果瓣均紫红色。产福建西北部、湖南南部、广东北部、广西东北部,生于海拔100-800米山坡或林下。

2. 臭常山属 Orixa Thunb.

落叶小乔木或灌木状,高达3米;幼嫩部分常被柔毛。枝髓心常中空。单叶,互生,薄纸质,具油腺点,叶倒卵形或椭圆形,长3-15厘米,宽2-9厘米,先端钝尖,基部楔形,全缘或上部具细钝锯齿;叶柄长3-8毫米。花单性,雌雄异株;雄花序总状下垂,整个花序脱落,具膜质苞片。花小,淡黄绿色;萼片4,甚小;花瓣4,覆瓦状排列;雄蕊4,花丝分离,生于花盘基部四周,花盘近正方形。雌花单生,或在侧生短枝上数朵呈总状花序状,心皮4,靠合,花柱短,每心皮1胚珠聚合。聚合蓇葖果裂为4个果瓣,外果皮厚,硬壳质,具横向肋纹,内果皮软骨质,蜡黄色,光滑,每果瓣具1近球形褐黑色种子。种子具肉质胚乳。

单种属。

臭常山 日本常山　　　　　　　　　　图 641

Orixa japonica Thunb. Fl. Jap. 61. 1784.

形态特征同属。花期4-5月,果期9-11月。

产陕西东南部、河南、安徽、江苏、浙江、江西、福建、湖南、湖北、贵州、四川及云南西北部,生于海拔500-1300米山地林中或阳坡;产区有栽培。根、茎及叶药用,可退热、止咳,治胃痛、风湿关节痛,外用治肿毒。

图 641 臭常山 (余汉平绘)

3. 吴茱萸属 Evodia J. R. et G. Forst. (Euodia J. R. et G. Forst.)

常绿或落叶，灌木或乔木；无刺。单小叶、3小叶或奇数羽状复叶，对生，具油腺点。聚伞圆锥花序或伞房状圆锥花序，顶生或腋生。花单性，雌雄异株；萼片及花瓣均4或5；花盘小；雄花具4-5雄蕊，花丝被疏长毛，退化雌蕊短棒状，不裂或4-5裂；雌蕊具4-5离生心皮，每心皮具并列或叠生2胚珠，退化雄蕊鳞片状，或具花药无花粉，花柱靠合，柱头头状。蓇葖果，沿腹、背缝开裂，每果瓣具1-2种子，外果皮紫红或茶褐色，具油腺点，内果皮薄壳质或木质，蜡黄或褐色。种子近肾形，褐色至蓝黑色，光亮，胚乳肉质。

约150种，分布于亚洲、非洲东部及大洋洲。我国约20种、5变种。

1. 单小叶或（2）3小叶复叶；萼片、花瓣均4，雌花的不育雄蕊具花药、无花粉；雄花的退化雌蕊垫状，不裂。
　2. 单小叶 ·· 1. 单叶吴萸 E. simplicifolia
　2. 3小叶复叶，或同株兼具2小叶或单小叶 ··· 2. 三桠苦 E. lepta
1. 奇数羽状复叶；雌花具鳞片状退化雄蕊，偶具花药；雄花的退化雌蕊短棒状，上部4-5裂，稀不裂。
　3. 每果瓣具1种子。
　　4. 萼片及花瓣均4，稀兼有5片 ·· 3. 牛纠吴萸 E. trichotoma
　　4. 萼片及花瓣均5，稀兼有4片。
　　　5. 幼枝及鲜叶揉之有腥臭气味；小枝、小叶两面及花序轴均密被长柔毛；小叶油腺点明显。
　　　　6. 雌花簇生；果密集成团；果瓣无皱纹 ·· 4. 吴茱萸 E. rutaecarpa
　　　　6. 雌花疏生；果疏生 ······························· 4(附). 波氏吴萸 E. rutaecarpa var. bodinieri
　　　5. 幼枝及鲜叶揉之无腥臭气味；小枝无毛或被短毛；小叶油腺点不明显或稀少。
　　　　7. 小叶下面被短柔毛及半透明淡黄褐色细小油腺点 ············ 5(附). 华南吴萸 E. austrosinensis
　　　　7. 小叶无毛或叶下面沿中脉两侧或脉腋具簇生毛，油腺点不明显。
　　　　　8. 小叶无毛 ··· 5. 楝叶吴萸 E. glabrifolia
　　　　　8. 小叶下面被毛。
　　　　　　9. 幼枝暗紫红色；小叶下面沿中脉两侧疏被长柔毛 ··············· 6. 云南吴萸 E. ailanthifolia
　　　　　　9. 幼枝紫褐色，小叶下面中脉两侧被灰白色卷曲长毛或脉腋具簇生毛 ········· 7. 臭辣吴萸 E. fargesii
　3. 每果瓣具2种子，果瓣顶部有或无喙状芒尖。
　　10. 果瓣无或几无芒尖。
　　　11. 内果皮木质，淡褐色，果瓣无毛；种子暗褐色 ································· 8. 无腺吴萸 E. fraxinifolia
　　　11. 内果皮脆壳质，蜡黄色，果瓣两侧被短伏毛；种子蓝黑色 ··················· 9. 石山吴萸 E. calcicola
　　10. 果瓣具喙状芒尖；果瓣两侧被短伏毛。
　　　12. 果瓣长5-6毫米，喙状芒尖长1-3毫米 ··· 10. 臭檀吴萸 E. daniellii
　　　12. 果瓣长7-8毫米，喙状芒尖长3-5毫米 ··· 11. 密序吴萸 E. henryi

1. 单叶吴萸　单叶吴茱萸　　　　　　　　图642 彩片205

Evodia simplicifolia Ridl. in Journ. Linn. Soc. Bot. 38: 306. 1908.

小乔木，高达5米。枝叶无毛。单小叶，对生，或兼具3小叶，叶纸质，长椭圆形，长8-15厘米，先端尖或钝圆，基部楔形，全缘，油腺点密，侧脉明显；叶柄长1-2（5）厘米。聚伞花序腋生，长不及4厘米，具10-30花。花枝短或无梗；萼片及花瓣均4；花瓣白色，长1.5-2毫米，顶端内弯；雌花具4不育雄蕊，有花药、无花粉；花柱较子房长。果瓣褐色至茶褐色，薄壳质，长约5毫米，散生半透明油腺点，每果瓣具1种子。花期4-5月及9-10月，果期6月及11月。

产云南南部，生于海拔650-1300米山地疏林中。越南、老挝、泰国及柬埔寨有分布。

2. 三桠苦　三叉苦　图643

Evodia lepta (Spreng.) Merr. in Trans. Amer. Philos. Soc. 23: 219. 1935.

Ilex lepta Spreng. Syst. Veg. 1: 496. 1825.

乔木，高达8米。枝叶无毛。3小叶复叶，偶兼具2小叶或单小叶，小叶纸质，长椭圆形或倒卵状椭圆形，长6-20厘米，先端钝尖，基部楔形，全缘，油点多；小叶柄甚短。伞房状圆锥花序腋生，稀兼有顶生，长4-12厘米，多花。萼片及花瓣均4；萼片长约0.5毫米；花瓣淡黄或白色，长1.5-2毫米，具透明油腺点；雄花退化雌蕊垫状，密被白毛；雌花不育雄蕊有花药、无花粉；花柱与子房等长。果瓣淡黄或褐色，散生透明油腺点，每果瓣1种子。花期4-6月，果期7-10月。

产浙江东南部、台湾、福建、江西南部、广东、海南、广西、贵州及云南，生于海拔2000米以下平原及山地密林内、林缘及灌丛中。越南、老挝、泰国有分布。木材淡黄色，结构细致，易加工，不耐腐，供制器具及箱板。根、叶、果药用，作清热解毒剂，可预防流感。

3. 牛纠吴萸　牛纠吴茱萸　图644　彩片206

Evodia trichotoma (Lour.) Pierre, Fl. For. Cochinch. 3. pl. 287. f. A. 1893.

Tetradium trichotoma Lour. Fl. Cochinch. 91. 1790.

小乔木，高约6（-10）米。幼枝暗紫红色，无毛。奇数羽状复叶，对生；小叶（3）5-11，纸质，椭圆形、披针形或卵形，长6-15厘米，先端渐尖，基部楔形，全缘，无毛，油腺点干后褐黑色。聚伞圆锥花序顶生，长达25厘米，多花。萼片及花瓣均4，稀兼有5片；萼片宽卵形，长不及1毫米；花瓣长圆形，白色，长3-4毫米；雄花具4雄蕊，花丝疏被白色长毛，退化雌蕊短棒状；雌花具鳞片状退化雄蕊，花瓣较雄花大。果鲜红至暗紫红色，干后暗褐色，散生黑褐色油腺点，具横皱纹，每果瓣1种子。花期6-7月，果

图 642　单叶吴萸　（余汉平绘）

图 643　三桠苦　（余汉平绘）

图 644　牛纠吴萸　（引自《植物分类学报》）

期9-11月。

产广东、海南、广西、贵州及云南,生于海拔300-1600米山坡灌丛或林中。越南、老挝、泰国北部有分布。

4. 吴茱萸　　　　　　　　　　　图645 彩片207

Evodia rutaecarpa (Juss.) Benth. Fl. Hongk. 59. 1861. in nota

Boymia rutaecarpa Juss. in Mem. Mus. Hist. Nat. Paris 12: 507. t. 25. f. 39. 1825.

小乔木或灌木状,高达5米。奇数羽状复叶;小叶5-11,稍厚纸质,卵形,椭圆形或披针形,长6-18厘米,先端短尾尖,基部楔形或稍圆,全缘或浅波状,两面及叶轴密被长柔毛,或仅中脉两侧被短毛,油腺点大且密。聚伞圆锥花序顶生,花序轴粗,雌花簇生。萼片及花瓣均5,稀兼有4片;雄花花瓣长3-4毫米,腹面被疏长毛;退化雌蕊4-5深裂;雌花花瓣长4-5毫米,腹面被毛,退化雄蕊鳞

图 645 吴茱萸 (引自《图鉴》)

片状或短线状,或兼有细小不育花药。果序径(3-)12厘米,果密集成团,暗紫红色,油腺点大,果瓣无皱纹,每果瓣1种子。花期4-6月,果期8-11月。

产河南、安徽、江苏、浙江、福建、台湾、江西、湖北、湖南、广东、广西、贵州、云南、四川、陕西及甘肃,生于海拔1500米以下平原、山地疏林或灌丛中;有栽培。日本有分布。幼果经炮制后药用,为苦味健胃剂及镇痛剂,又作驱蛔虫药。

[附] **波氏吴萸 Evodia rutaecarpa** var. **bodinieri** (Dode) Huang in Acta Phytotax. Sin. 6: 113. 1957. —— *Evodia bodinieri* Dode in Bull. Soc. Bot. France 55: 703. 1908. 本变种与吴茱萸的区别:小叶薄纸质,下面叶脉被疏柔毛;雌花序雌花疏生,花瓣长约4毫米,腹面被疏毛或几无毛;果疏生,果柄细长。产广东北部、广西东北部、湖南西南部、贵州东南部,生于石灰岩山地、山坡草丛中或林缘;有栽培。

5. 楝叶吴萸 楝叶吴茱萸　　　　图646 彩片208

Evodia glabrifolia (Champ. ex Benth.) Huang in Guihaia 11: 9. 1991.

Boymia glabrifolia Champ. ex Benth. in Journ. Bot. Kew. Misc. 3: 330. 1851.

Evodia meliaefolia (Hance ex Walp.) Benth.; 中国高等植物图鉴 2: 547. 1972.

乔木,高达20米。奇数羽状复叶;小叶(5)7-11,卵形、卵状椭圆形或斜卵状披针形,长6-10厘米,先端稍尾尖,基部楔形,具细钝齿或全缘,下面灰绿色,两

图 646 楝叶吴萸 (余汉平绘)

面无毛，油腺点不显或极少；小叶柄长（0.6）1-1.5（2）厘米。伞房状聚伞圆锥花序顶生，多花。萼片及花瓣均5，稀兼有4片；花瓣白色，长约3毫米；雄花退化雌蕊短棒状，顶部（4）5浅裂；雌花退化雄蕊鳞片状或仅具痕迹。果瓣淡紫红色，油腺点稀少，较明显，果瓣两侧面被短伏毛，内果皮肉质，白色，干后暗蜡黄色，壳质，果瓣径5毫米，种子1。花期7-9月，果期10-12月。

产台湾、福建、湖南西南部、广东、香港、海南、广西及云南，生于海拔500-800米山区或平地常绿阔叶林中。树干通直，抗旱、抗风。木材坚韧，供家具或农具等用，为华南低山地区有发展前途的速生用材树种。种子含油量约26.3%，可制肥皂、润滑油。根及果药用，可健胃、镇痛、消肿；

叶可饲养篦麻蚕。

[附] **华南吴萸 Evodia austrosinensis** Hand.-Mazz. in Sinensia 5: 1. 1934. 本种与棟叶吴萸的区别：小叶下面被短柔毛及半透明黄色细小油腺点；花瓣淡黄白色。花期6-7月，果期9-11月。产广东北部、广西西南部及云南南部，生于海拔200-1800米山地疏林或沟谷中。

6. 云南吴萸 云南吴茱萸 图 647

Evodia ailanthifolia Pierre, Fl. For. Cochinch. 4. pl. 287. f. B. 1893.
乔木，高达15（25）米。幼枝暗紫红色。奇数羽状复叶；小叶7-13；

卵状披针形或披针形，长6-12厘米，宽3-6厘米，叶轴基部叶常卵形，先端渐尖或尾尖，基部宽楔形或近圆，具细圆锯齿或近全缘，叶轴、小叶柄及小叶下面沿中脉两侧疏被长柔毛，油腺点小，甚少，下面灰绿或苍灰色；小叶柄长0.4-1厘米。聚伞圆锥花序顶生，花序轴及花梗被长柔毛。萼片5，长不及1毫米；花瓣5，窄卵形，长约3

图 647 云南吴萸 （引自《植物分类学报》）

毫米，腹面被疏短毛；雄花雄蕊5，退化雌蕊5浅裂。果瓣长4-5毫米，两侧面被灰色短伏毛，每果瓣1种子。花期5-7月，果期8-10月。

产广西、贵州及云南，生于海拔400-1400米山坡疏林或山谷密林中。

越南北部、印度东北部及缅甸有分布。

7. 臭辣吴萸 臭辣吴茱萸 图 648 彩片 209

Evodia fargesii Dode in Bull. Soc. Bot. France 55: 703. 1908.
乔木，高达17米。幼枝紫褐色。奇数羽状复叶；小叶5-9（11）；斜卵

形或斜披针形，长8-16厘米，先端长渐尖，稀短尖，基部圆或楔形，叶缘波状或具细钝齿，上面无毛，下面灰绿色，干后带苍灰色，沿中脉两侧被灰白色卷曲长毛，或脉腋具卷曲簇生毛，油腺点不显或细小且稀少，叶轴及小叶柄均无毛；小叶柄长不及1厘米。聚伞圆锥花序顶

图 648 臭辣吴萸 （引自《植物分类学报》）

生，多花。萼片5，卵形，长不及1毫米；花瓣5，长约3毫米，被短柔毛；雄花退化雌蕊5深裂，裂瓣被毛；雌花退化雄蕊极短，不显。果瓣（3）5（4），紫红色，每果瓣1种子。花期6-8月，果期8-10月。

8. 无腺吴萸 无腺吴茱萸 图649

Evodia fraxinifolia (D. Don) Hook. f. Fl. Brit. Ind. 1: 490. 1875.

Rhus fraxinifolia D. Don, Prodr. Fl. Nepal. 248. 1825.

乔木，高达20米。幼枝及芽密被银灰或灰褐色微柔毛。奇数羽状复叶；小叶（5）7-13，纸质，卵状椭圆形或长椭圆形，基部叶常卵形，长4-20厘米，宽2-8厘米，先端尾尖，基部对称，称偏斜，全缘或具圆锯齿，两面中脉均被短伏毛，稀近无毛，下面油腺点干后黑色，细小，疏生中脉两侧。聚伞圆锥花序顶生，花序轴密被灰黄或灰褐色短伏毛。萼片及花瓣均5；花瓣白色，长约3毫米，被疏毛；雄花花丝长6-7毫米，花药黑紫色，退化雄蕊4-（5）浅裂；两性花雄蕊较雌蕊长。果紫红色，果瓣长6-8毫米，顶端几无或无芒尖，无毛，油腺点大，内果皮木质，淡褐色；每果瓣具2种子，种子暗褐色。果期9-11月。

产云南及西藏东南部，生于海拔1800-2700米针阔叶混交林中。不丹、

图 649 无腺吴萸 （引自《植物分类学报》）

产陕西南部、河南、安徽、浙江、湖北、湖南、江西、福建、广东、广西、贵州、四川及云南，生于海拔600-1500米山地林中。

锡金、尼泊尔、印度及缅甸东北部有分布。

9. 石山吴萸 石山吴茱萸 图650

Evodia calcicola Chun ex Huang in Acta Phytotax. Sin. 6: 120. pl. 32. 1957.

乔木，高达15米。幼枝密被灰色微柔毛。奇数羽状复叶；小叶3-7；近革质，宽卵形、卵状椭圆形或长椭圆形，长4-12厘米，先端尾尖，基部圆，全缘，下面基部两侧具簇生毛，油腺点不显或稀少；小叶柄长2-4毫米或近无柄。伞房状圆锥花序顶生，花序轴被微柔毛。萼片及花瓣均5；花瓣长3-4毫米，被短毛；雄花退化雌蕊上部密被长柔毛；雌花退化雄蕊鳞片状，心皮腹面及花柱下部密被灰白色短毛。果瓣橙红至紫红色，干后暗褐黑色，两侧面被短伏毛，内外果皮约等厚，内果皮蜡黄色，脆壳质，果瓣长5-6毫米，具2种子。种子蓝黑色。

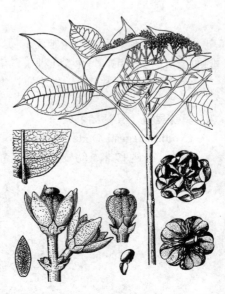

图 650 石山吴萸 （引自《植物分类学报》）

花期5-6月，果期8-9月。

产广西、贵州及云南东南部，生

于海拔300-1600米石灰岩山地阳坡疏林中。

10. 臭檀吴萸 臭檀吴茱萸　　　　　　　　图 651　彩片 210

Evodia daniellii (Benn.) Hemsl. in Journ. Linn. Soc. Bot. 22: 104. 1886.

Zanthoxylum daniellii Benn. in Ann. Mag. Nat. Hist. ser. 3, 10: 201. t. 5. 1862.

乔木，高达20米，胸径约1米。奇数羽状复叶；小叶5-11，纸质或薄纸质，宽卵形或卵状椭圆形，长6-15厘米，先端长渐尖或短尖，基部圆或宽楔形，具细钝锯齿，油腺点散生或不显，上面中脉被疏短毛，下面中脉两侧被长柔毛或脉腋具簇生毛；小叶柄长2-6毫米。伞房状聚伞花序顶生，花序轴及分枝被柔毛。萼片及花瓣均5；萼片卵形，长不及1毫米；花瓣长约3毫米；雄花退化雌蕊圆锥状，4-5裂，

被毛；雌花退化雄蕊鳞片状。果瓣紫红色，干后淡黄或淡褐色，长5-6毫米，两侧面被短伏毛，顶端具长1-2.5（3）毫米芒尖，内外果皮均较薄，内果皮干后蜡黄色，软骨质，每果瓣2种子。种子褐黑色。花期6-8月，果期9-11月。

图 651　臭檀吴萸　（引自《图鉴》）

　产辽宁、河北、山西、河南、山东、江苏、安徽、湖北、云南、四川、贵州、青海东部、陕西、甘肃及宁夏，生于海拔500-2300米平地及阳坡。朝鲜北部有分布。

11. 密序吴萸 密序吴茱萸　　　　　　　　图 652

Evodia henryi Dode in Bull. Bot. Soc. France 55: 706. 1908.

乔木，高达15米。幼枝暗紫红色。奇数羽状复叶；小叶5-9，薄纸质，披针形或卵状椭圆形，长7-15厘米，先端骤短尖，基部宽楔形或近圆，具钝锯齿，疏生油腺点，上面中脉疏被短毛，下面中脉两侧疏被长毛，或脉腋具稍卷曲簇生毛。聚伞圆锥花序顶生，雄花序长不及5厘米；雌花序径约8厘米，花序轴密被灰白色短毛。雄花花瓣长约4.5毫米，退化雌蕊5深裂，密被毛；雌花

退化雄蕊鳞片状，心皮背部密被短毛。果瓣紫红色，长7-8毫米，两侧面被短伏毛，顶端具长3-5毫米芒尖，内外果皮约等厚，内果皮软骨质，蜡黄色，每果瓣具2种子。花期6-7月，果期9-10月。

　产河南西部、湖北西部、陕西南部及四川，生于海拔1000-2200米山地林内或灌丛中。

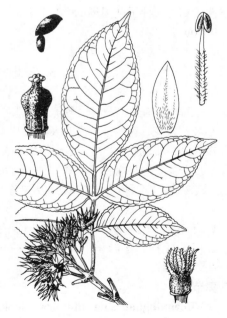

图 652　密序吴萸　（余汉平绘）

4. 蜜茱萸属 Melicope J. R. et G. Forst.

乔木或灌木。叶对生或互生，单小叶或3小叶，稀羽状复叶，密生透明油腺点。花单性；聚伞花序腋生。萼片及花瓣均4；花瓣镊合状排列，盛花时花瓣顶部内卷；雄花具8雄蕊着生于花盘基部，花丝分离，钻状；雌蕊具4心皮，心皮近基部合生，花柱靠合，柱头头状，4浅裂，每心皮1室，每室2胚珠。聚合蓇葖果具4果瓣，每果瓣1种子，内果皮硬纸质，与外果皮分离。种子细小，褐黑或蓝黑色，有光泽；胚乳肉质。

约50种，主产太平洋岛屿及澳大利亚，亚洲大陆有分布。我国台湾及海南各1种。

蜜茱萸

图 653

Melicope patulinervia (Merr. et Chun) Huang in Acta Phytotax. Sin. 6: 132. 1957.

Evodia patulinervia Merr. et Chun in Sunyatsenia 5: 87. 1940.

灌木，高达3米。单小叶，对生，纸质，长圆形，长5-15厘米，先端钝尖，基部楔形或近圆，全缘或近全缘，侧脉10-15对，油腺点细小；叶柄长1-3厘米。聚伞花序长约3厘米，或3花簇生叶腋；苞片小，脱落。萼片宽卵形，长约0.5毫米；花瓣长卵形，长约1.5毫米，稍肉质；雄蕊8，稍不等长，短于花瓣；花柱极短。果序长约3厘米，果柄长3-5毫米；果瓣1-2，稀4，果瓣裂至基部，果皮具网纹，果瓣宿存。种子椭圆形，长4-5毫米，蓝黑色，有光泽。花期3-4月，果期9-10月。

图 653 蜜茱萸 （余汉平绘）

产海南，生于海拔约900米坡地疏林中。

5. 石椒草属 Boenninghausenia Reichb. ex Meisn.

草本，有浓烈气味，各部具油腺点，二至三回三出复叶，互生，小叶全缘。聚伞圆锥花序，顶生，花枝基部具小叶；多花。花两性；萼片及花瓣均4；花瓣白或桃红色，覆瓦状排列；雄蕊8，着生于花盘基部，花丝线形，长短相间；雌蕊具4心皮，心皮基部靠合，花柱4，粘合，柱头稍粗，每心皮6-8胚珠。聚合骨突果具4果瓣，内、外果皮分离，每果瓣种子数粒。种子肾形，被瘤点，胚乳肉质。

2种、1变种，分布于亚洲大陆东南部及少数岛屿，东至日本。我国均产。

1. 子房柄果时长4-8毫米；小叶长1-2.5厘米 ·················· **臭节草 B. albiflora**
1. 子房无柄；小叶长不及1厘米 ·················· (附). **石椒草 B. sessilicarpa**

臭节草

图 654: 1-4

Boenninghausenia albiflora (Hook.) Reichb. ex Meisn. Conspect. 197. 1828.

Ruta albiflora Hook. Exot. Fl. t. 79. 1823.

多年生草本，有浓烈气味，高达80厘米，基部近木质。枝、叶无毛，灰绿色，稀紫红色，幼枝髓心大而空心。叶薄纸质，小裂片倒卵形、菱形或椭圆形，长1-2.5厘米，下面灰绿色，老叶常褐红色。花序多花，花枝纤细，基部具小叶。萼片长约1毫米；花瓣白色，有时顶部桃红色，长圆形或倒卵状长圆形，长6-9毫米，具透明油腺点；雄蕊8，长短相间，花丝白色，花药红褐色。果瓣长约5毫米，子房柄果时长4-8毫米，每果瓣（3）4（5）种子。种子长约1毫米，褐黑色。花果期7-11月。

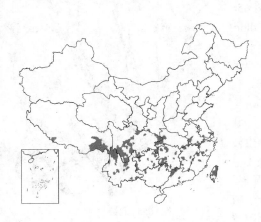

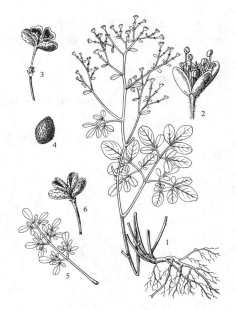

产江苏、安徽、浙江、福建、台湾、江西、湖北、湖南、广东、广西、贵州、云南、西藏、四川及陕西，生于海拔700-2800米山地草丛中或疏林下。缅甸、锡金、不丹、尼泊尔、印度东北部有分布。全草药用，可清热、散瘀、舒筋、消炎，治风寒感冒、咽炎、腮腺炎、支气管炎、皮下出血；外敷治痈疽及外伤出血。

图 654：1-4.臭节草 5-6.石椒草
（余汉平绘）

[附] **石椒草** 图654：5-6 **Boenninghausenia sessilicarpa** Lévl. in Fedde, Repert. Sp. Nov. 12: 282. 1913. 本种与臭节草的区别：子房无柄；小叶长3-8毫米，宽2-6毫米。产云南东北部、四川西南部，生于海拔较高石灰岩山地灌丛中及山沟林缘。全株药用，可治胃痛，煎水外用，可洗疮毒、止痒、除臭。

6. 拟芸香属 Haplophyllum A. Juss.

多年生草本或小灌木。茎基部木质，各部密生透明油腺点，分枝多。单叶互生，全缘，近无柄。伞房聚伞花序或单花顶生。花黄色，两性；萼片5，细小，基部合生；花瓣5，全缘，覆瓦状排列；雄蕊（8）10，等长，花丝中部以下宽，疏被长毛，药隔顶端具油腺点；雌蕊具（2-）5心皮，2-4室，每室具2叠生胚珠，花柱细长，柱头头状，花盘小。聚合蓇葖果具（2-）5果瓣，外果皮薄壳质，内果皮暗黄色，每果瓣2种子。种子肾形或马蹄形，具网纹，胚乳肉质，胚稍弯曲。

约50余种，分布地中海沿岸、中亚、我国西北及东北西部。我国3种。

1. 伞房状聚伞花序多花；雌蕊具2-3心皮 ⋯⋯⋯⋯⋯⋯⋯⋯⋯⋯⋯⋯⋯⋯⋯⋯ 1. **北芸香 H. dauricum**
1. 单花顶生；雌蕊具4-5心皮 ⋯⋯⋯⋯⋯⋯⋯⋯⋯⋯⋯⋯⋯⋯⋯⋯⋯⋯ 2. **针枝芸香 H. tragacanthoides**

1. 北芸香　　　　　　　　　　　　　　　　　　　图655

Haplophyllum dauricum (Linn.) G. Don, Gen. Syst. 1: 781. 1831.
Peganum dauricum Linn. Sp. pl. 445. 1753.

多年生草本，高达50厘米，全株有香气。叶厚纸质，线状披针形或窄长圆形，长0.5-2厘米，先端尖，灰绿色，油腺点甚多，中脉不明显，几无叶柄。伞房状聚伞花序顶生，多花。苞片线形；萼片长约1毫米；花瓣黄色，长圆形，边缘膜质，长6-8毫米，散生半透明油腺点；雄蕊10，花药长椭圆形；子房（2）3（4）室。果自顶部开裂，在果柄处分离而脱落，每果瓣2种子。花期6-7月，果期8-9月。

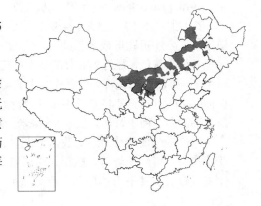

产黑龙江、吉林、内蒙古、河北、宁夏及陕西西北部，生于低海拔干旱山坡、草原或石缝中。蒙古、俄罗斯远东有分布。可作家畜饲料。

2. 针枝芸香

图 656

Haplophyllum tragacanthoides Diels in Notes Roy. Bot. Gard. Edinb. 9: 1028. 1936.

小亚灌木，高达15厘米。茎基部分枝密集，长针状枯枝宿存。叶厚纸质，短线形或窄椭圆形，长3–9毫米，灰绿或绿色，疏生油腺点，具细小钝齿，叶脉不明显；无叶柄。花单生枝顶。萼片卵形，长不及1毫米；花瓣5，黄色，长圆形，长7–8毫米，宽约3毫米，疏生半透明大油腺点；雄蕊较花柱长，花柱长约2.5毫米，心皮（4）5。果宿存，顶部开裂，果皮具油腺点，果瓣

径约5毫米。种子肾形，长2–2.5毫米，种皮具皱纹。花期5–6月，果期7–8月。

产内蒙古、宁夏及甘肃，生于海拔约1500米干旱石质山坡。

图 655 北芸香 （田 虹绘）

图 656 针枝芸香 （田 虹绘）

7. 芸香属 Ruta Linn.

多年生草本，基部木质，有浓烈气味。羽状复叶，互生，密生油腺点。聚伞或伞房花序。花黄色；萼片4–5，基部合生，花合增大宿存；花瓣4–5，覆瓦状排列，边缘撕裂流苏状；雄蕊8–10，长短相间，着生花盘基部；雌蕊具4–5靠合心皮，花柱底着，柱头不增大，4–5室，每室具2–4垂悬于中轴上的胚珠。蒴果裂为4–5果瓣。种子具脊棱及瘤点，胚乳肉质，胚稍弯。

约10种，分布于加纳利群岛、地中海沿岸及亚洲西南部。我国引入栽培2种。

芸香

图 657 彩片 211

Ruta graveolens Linn. Sp. Pl. 383. 1753.

多年生草本，高达1米，全株有浓烈气味。二至三回羽状复叶，长6–12厘米，小裂片短匙形或窄长圆形，长0.5–3厘米，宽2–5毫米，灰绿或带蓝绿色。花金黄色，径约2厘米；萼片及花瓣均4；雄蕊8，花初放时与花瓣对生的4雄蕊附着花瓣，与萼片对生的4枚斜展外露，花盛开时8雄蕊并列直伸；花柱短，子房4室，每室胚珠数颗。蒴果球形，顶端开裂至中部，被凸起油腺点。种子肾形，长约1.5毫米，褐黑色。花期3–6月，果期7–9月。

原产地中海沿岸地区。我国南北各地有栽培，南方可露地越冬。茎枝及叶药用，可清热解毒、散瘀，治感冒、牙痛、头痛、跌打扭伤、小儿急性支气管炎；种子为镇痉剂及驱蛔虫剂。

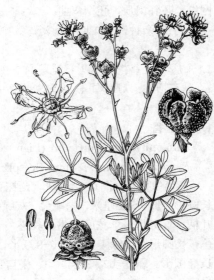

图 657 芸香 （余汉平绘）

8. 裸芸香属 Psilopeganum Hemsl.

多年生草本，高达80厘米；全株有柑桔清香气味。枝纤细，绿色。3小叶复叶，互生，密生透明油腺点，小叶薄纸质，椭圆形或倒卵状椭圆形，顶生小叶长不及3厘米，宽不及1厘米，侧生小叶长0.4-1厘米，宽2-6毫米，先端钝圆，微凹缺，基部楔形，微具钝齿，下面灰绿色，无毛。花两性，单花腋生。花梗细长；萼片4，卵形，长约1毫米，绿色；花瓣4-5，卵状椭圆形，长4-6毫米，黄色；雄蕊8或10，花丝分离，线形，黄色，花药纵裂，背着；雌蕊具2心皮，心皮近顶部离生，2室，每室4胚珠，花柱靠合，纤细，淡黄绿色，柱头稍粗，微凹。蒴果顶端孔裂，果皮近膜质，每果瓣具3-4种子。种子肾形，长约1.5毫米，被小瘤，胚乳肉质。

单种属，我国特产。

图 658 裸芸香 （余汉平绘）

裸芸香 山麻黄　　　　　　　　　　图 658

Psilopeganum sinense Hemsl. in Journ. Linn. Soc. Bot. 23: 103. 1886.

形态特征同属。花期3-5月，果期6-8月。

产湖北西部、四川及贵州北部，生于海拔300-1000米山坡草丛中或林下。重庆、桂林有栽培。叶、果可提取芳香油；果药用，可利尿、消肿、驱蛔虫，治气管炎。

9. 白鲜属 Dictamnus Linn.

多年生草本，有浓烈气味。奇数羽状复叶，互生，小叶对生，密生透明油腺点。总状花序顶生。花枝基部具1苞片；萼片5，基部合生；花瓣5，两侧稍对称，下面1片下倾，余4片斜展；雄蕊10，着生花盘基部，花丝分离；雌蕊具5心皮，花柱线形，柱头稍粗，每心皮3-4胚珠。蒴果裂为5果瓣，每果瓣2瓣裂，顶部具尖喙，具2-3种子，内果皮近角质。种子黑色，有光泽，胚乳肉质，胚根短。

约5种，分布于欧亚大陆。我国1种。

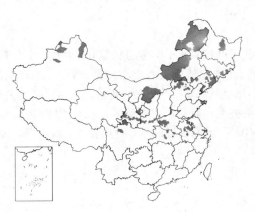

图 659 白鲜 （余汉平绘）

白鲜　　　　　　　　　　图 659 彩片212

Dictamnus dasycarpus Turcz. in Bull. Soc. Mosc. 15: 637. 1842.

多年生草本，高达1米。根肉质粗长，淡黄白色。幼嫩部分被柔毛及凸起油腺点。复叶叶轴具窄翅，小叶9-13，椭圆形、长圆形或长圆状披针形，长3-12厘米，先端渐尖，基部楔形，无柄，具细锯齿，上面密被油腺点，沿脉被毛，老时毛渐脱落。总状花序长达30厘米。花梗长

1-1.5厘米；苞片窄披针形；萼片长6-8毫米；花瓣白带紫红色或粉红带深紫红色脉纹，倒披针形，长2-2.5厘米，雄蕊伸出；萼片及花瓣均密生透明油腺点。蒴果5瓣裂，果瓣长约1厘米，具尖喙。种子近球形，径约3毫米。花期5月，果期8-9月。

产黑龙江、吉林、辽宁、河北、山西、河南、山东、江苏、安徽、湖北、四川、陕西、甘肃、宁夏、青海及新疆，生于平地、低山、丘陵灌丛中、草地、疏林下，石灰岩山地常见。朝鲜、蒙古、俄罗斯远东地区有分布。根皮制干称白鲜皮，可清热解毒、杀虫、止痒，治风湿性关节炎、外伤出血、荨麻疹。

10. 飞龙掌血属 Toddalia A. Juss.

木质藤本；老茎具木栓层，茎枝及叶轴具钩刺。幼枝近顶部被锈褐色细毛或密被灰白色毛。3小叶复叶，互生，密生透明油腺点，小叶无柄，卵形、倒卵形、椭圆形或倒卵状椭圆形，长5-9厘米，先端骤尖或短尖，基部宽楔形，中部以上具钝圆齿，侧脉多而纤细。雄花序为伞房状圆锥花序，雌花序为聚伞圆锥花序。花单性；萼片及花瓣均（4）5，萼片长不及1毫米，基部合生；花瓣长2-2.5毫米，镊合状排列；雄花具（4）5雄蕊；雌蕊具（4）5心皮，子房（4）5室，每室2胚珠，花柱短，柱头头状。核果橙红或朱红色，近球形，径0.8-1厘米，含胶液，具4-8分核。种子肾形，长5-6毫米，种皮褐黑色，脆骨质，胚乳肉质，胚弯曲。

单种属。

飞龙掌血

Toddalia asiatica (Linn.) Lam. Tab. Encycl. Meth. 2: 116. 1793.

Paullinia asiatica Linn. Sp. Pl. 365. 1753.

图 660 彩片 213

形态特征同属。花期春夏，果期秋冬。

产浙江、福建、台湾、江西、湖北、湖南、广东、海南、广西、贵州、云南、西藏、四川、甘肃、陕西及河南，生于海拔2000米以下平地及山地灌丛、林中，攀援树上，石灰岩山地常见。亚洲及非洲热带有分布。果味甜，果皮麻辣；全株药用，多用根，有小毒，可活血、散瘀、消肿、止痛，治感冒、胃痛、风湿骨痛、跌打损伤、咯血。老茎可制烟斗。

图 660 飞龙掌血 （余汉平绘）

11. 黄檗属 Phellodendron Rupr.

落叶乔木；树皮木栓层发达，内皮黄色。无顶芽，侧芽为裸芽，包于叶柄基部。奇数羽状复叶，对生，小叶具锯齿，齿间具油腺点。花单性，雌雄异株。聚伞状圆锥花序顶生。萼片、花瓣、雄蕊及心皮均5数；萼片基部合生，背面常被柔毛；花瓣覆瓦状排列，腹面脉上被长柔毛；雄蕊生于细小花盘基部，花药纵裂，背着，药隔顶端突尖，花丝基部两侧或腹面常被长柔毛，退化雌蕊短小，5叉裂，裂瓣基部密被毛；雌花退化雄蕊鳞片状，子房5室，每室2胚珠，花柱短，柱头头状。浆果状核果具胶液，蓝黑色，小核4-10。种子卵状椭圆形，种皮骨质，胚乳薄，肉质，子叶扁平，胚直伸。

约4种，主产亚洲东部。我国2种、1变种。

1. 叶轴及叶柄无毛或近无毛；小叶下面无毛或沿中脉两侧或中脉基部两侧被毛；果序上的果疏散。
　　2. 叶轴、花序及果序轴较纤细；小叶薄纸质，下面基部两侧密被长柔毛，具细钝锯齿及缘毛 ┈┈┈┈┈┈┈┈┈
　　┈┈┈┈┈┈┈┈┈┈┈┈┈┈┈┈┈┈┈┈┈┈┈┈┈┈┈┈┈ 1. 黄檗 **P. amurense**
　　2. 叶轴、花序及果序轴较粗；小叶质地较厚，下面无毛或沿中脉两侧或中部以下疏被柔毛，叶缘浅波状，具浅
　　　圆齿或全缘 ┈┈┈┈┈┈┈┈┈┈┈┈┈┈┈┈┈ 2(附). 秃叶黄檗 **P. chinense** var. **glabriusculum**
1. 叶轴及叶柄密被锈褐色短柔毛；小叶下面密被毛或叶脉被长柔毛；果序上的果较密集成团 ┈┈┈┈┈┈┈┈┈
　┈┈┈┈┈┈┈┈┈┈┈┈┈┈┈┈┈┈┈┈┈┈┈┈┈┈┈┈┈ 2. 川黄檗 **P. chinense**

1. 黄檗

图 661　彩片 214

Phellodendron amurense Rupr. in Bull. Phys. Math. Acad. Sci. St. Pétersb. 15: 353. 1857.

图 661　黄檗　（冯金环绘）

落叶乔木，高达 20（-30）米，胸径 1 米。老树树皮具厚木栓层，淡灰至灰褐色，深纵裂，内皮鲜黄色，味苦。奇数羽状复叶对生，叶轴及叶柄均细；小叶 5-13，薄纸质至纸质，卵状披针形或卵形，长 6-12 厘米，先端长渐尖，基部宽楔形或圆，具细钝齿及缘毛，上面无毛或中脉疏被短毛，下面基部中脉两侧密被长柔毛，后脱落。萼片宽卵形，长约 1 毫米；花瓣黄绿色，长 3-4 毫米；雄花较花瓣长。果球形，径约 1 厘米，蓝黑色，具 5-8（10）浅纵沟。花期 5-6 月，果期 9-10 月。

产黑龙江、吉林、辽宁、内蒙古、河北、山西、山东、河南及安徽，生于海拔 500-1000 米针阔叶混交林中或河谷沿岸。木材坚韧，纹理美观，易加工，供制上等家具、造船、胶合板及航空工业用材；树皮内层药用，可清热、解毒、消炎、杀菌、镇咳祛痰，治痢疾、急性肠炎、急性黄胆型肝炎、泌尿系统感染；外用治火烫伤；果可镇咳、祛痰。

2. 川黄檗　黄皮树

图 662　彩片 215

Phellodendron chinense Schneid. Ill. Handb. Laubholzk. 2: 126. 1907.

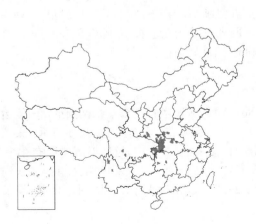

落叶乔木，高达 20 米，胸径 1 米；树皮木栓层较薄，浅纵裂。奇数羽状复叶对生，叶轴及叶柄较粗，密被褐锈色或褐色柔毛；小叶 7-15，纸质，长圆状披针形或卵状椭圆形，长 8-15 厘米，先端渐尖，基部宽楔形或圆，全缘或浅波状，上面中脉被短毛或嫩叶被疏短毛，下面密被长柔毛，叶脉毛密；小叶柄长 1-3 毫米，被毛。花序顶生，花密集，花序轴粗，密被柔毛。果多数密集成团，椭圆形或近球形，径 1-1.5 厘米，蓝黑色，小核 5-8（10）。花期 5-6 月，果期 9-11 月。

产陕西南部、河南、浙江、湖北、湖南、四川、云南北部，生于海拔 600-1700 米山地林中。树皮药用，药效同黄檗。种子含油量 20-25%。

[附] **秃叶黄檗**　光叶黄皮树　彩片 216 **Phellodendron chinense** var. **glabriusculum** Schneid. Ill. Handb.

Laubholzk. 2: 126. 1907. 本变种与模式变种的区别：叶轴、叶柄及小叶柄无毛或疏被毛，小叶下面沿中脉两侧疏被毛或近无毛；果序的果较疏散。产陕西南部、甘肃南部、湖北、湖南、江苏、浙江、台湾、广东、广西、贵州、四川、云南，生于海拔800-2100米山地林中。湖北利川、广东阳山及连山、广西融江两岸有栽培，生长良好。

12. 榆桔属 Ptelea Linn.

落叶小乔木或灌木。3（5）小叶复叶，互生，稀对生，小叶具透明油腺点，无柄。聚伞花序。花单性或杂性；萼片及花瓣均（4）5，萼片基部合生；花瓣覆瓦状排列，外面被短细毛；雄花具（4）5雄蕊，子房（2）3室，每室具3叠生胚珠，花柱细短，柱头2-3浅裂，花盘明显。翅果扁圆形，具2-3宽阔、脉纹明显的膜质翅，内果皮坚韧，每室1种子。种皮革质，胚乳肉质，子叶长圆形，胚短小。

约10种，产北美洲。我国引进1种。

图 662 川黄檗 （引自《图鉴》）

榆桔 图663

Ptelea trifoliata Linn. Sp. Pl. 118. 1753.

小乔木，高约3米；树冠圆形。芽叠生，无顶芽。3小叶复叶，互生，小叶无柄，卵形或长椭圆形，长6-12厘米，基部楔形或近圆，顶生小叶基部窄楔形，具细钝齿或近全缘，下面脉上疏被毛，侧脉纤细。伞房状聚伞花序，径4-10厘米。花蕾近球形；花淡绿或黄白色，稍芳香；花梗被毛；萼片长1-2毫米；花瓣椭圆形或倒披针形，长约8毫米，边缘被毛。翅果扁圆，形似榆钱，径1.5-2厘米，网脉明显。种子长圆状卵形，长6-8毫米。花期5月，果期8-9月。

原产北美。辽宁大连及熊岳、北京均有栽培。树皮作强壮药，可利尿、安神、健胃、消食。

图 663 榆桔 （余汉平绘）

13. 山油柑属 Acronychia J. R. et G. Forst.

常绿乔木。单小叶对生，或3小叶，全缘，具透明油腺点。聚伞圆锥花序。花单性，或两性，淡黄白色，稍芳香，具小苞片；萼片4，基部合生；花瓣4，覆瓦状排列；雄蕊8，生于花盘基部，2轮，外轮4枚与花瓣互生，内轮4枚与花瓣对生，花丝分离，中部以下被毛；雌蕊具4个合生心皮，花盘细小，子房4室，每室1-2胚珠，柱头较花柱稍粗。核果富含水液，具4小核，每小核1种子。种皮褐黑色，胚乳肉质，胚直伸，子叶扁平。

约42种，分布于亚洲热带、亚热带及大洋洲各岛屿，主产澳大利亚。我国2种。

山油柑 图664 彩片217

Acronychia pedunculata (Linn.) Miq. Fl. Ind. Bat. Suppl. 532. 1861.
Jambolifera pedunculata Linn. Sp. Pl. 349. 1753, pro parte

乔木，高达15米；树皮灰白至灰黄色，平滑，内皮淡黄白色，剥离时具柑桔叶香气。小枝常中空。单小叶，椭圆形、倒卵形或倒卵状椭圆形，长7-18厘米，全缘；叶柄长1-2厘米，基部稍粗。花两性，黄白色，径1.2-1.6厘米；花瓣窄长椭圆形，两侧边缘内卷，内面被毛。果序下垂，果淡黄色，半透明，近球形而稍具棱角，径1-1.5厘米，顶端短喙尖，具4条浅沟纹，富含水分，味甜。种子倒卵形，长

4-5毫米，厚2-3毫米。花期4-8月，果期8-12月。

产台湾、福建、广东、海南、广西及云南，生于海拔400-1600米山坡林中及河谷林缘。东南亚有分布。根、叶、果药用，可活血、健脾、止咳，治消化不良、跌打瘀痛、气管炎、感冒、咳喘。

图 664 山油柑 （余汉平绘）

14. 茵芋属 Skimmia Thunb.

常绿灌木或小乔木。单叶，互生，全缘，常集生枝上部，密生透明油腺点。聚伞圆锥花序顶生。花单性或杂性；萼片（4）5，基部合生，边缘膜质，具缘毛；花瓣（4）5，覆瓦状排列，具油腺点，较萼片长2-4倍；雄蕊（4）5，花丝分离；雌花退化雄蕊较子房短；雄花退化雌蕊顶部2-4浅裂或不裂；两性花雄蕊有早熟性；子房（2-）5室，每室1胚珠，花柱短，柱头头状。核果具浆汁，红或蓝黑色，有小核（2-）5，稀1个。种子小，扁卵形，顶部短尖，基部圆，平滑，种皮薄革质，具极小窝点，胚乳肉质，子叶扁平，胚很短。

约6种，分布于亚洲东部。我国5种。

1. 叶上面中脉被柔毛；灌木。
　　2. 花常两性；果红色 ································· **1. 茵芋 S. reevesiana**
　　2. 花常单性；果蓝黑色 ······················· **2. 黑果茵芋 S. melanocarpa**
1. 叶两面无毛；果蓝黑色；小乔木 ··············· **3. 乔木茵芋 S. arborescens**

1. 茵芋 图 665 彩片 218

Skimmia reevesiana Fortune, Journ. Tea Countr. China 329. 1852.

灌木，高达2米。叶革质，具柑桔叶香气，集生枝上部，椭圆形、披针形、卵形或倒披针形，长5-12厘米，先端短钝尖，基部宽楔形，上面中脉稍凸起，被柔毛；叶柄长0.5-1厘米。花序轴及花梗均被毛；花密集，芳香。花两性；萼片及花瓣（3-4）5，萼片半圆形，长1-1.5毫米；花瓣黄白色，长3-5毫米；雄蕊与花瓣同数；雌花退化雄蕊棒状，雄花退化雌蕊扁球形，顶部短尖，不裂。果球形、椭圆形或倒卵形，长0.8-1.5厘米，红色，具2-4种子。种子长5-9毫米，具极小窝点。花期3-5月，果期9-10月。

图 665 茵芋 （引自《图鉴》）

产安徽、浙江、福建、台湾、江西、湖北、湖南、广东、海南、广西、贵州、云南及四川，生于海拔1200-2600米林中。菲律宾有分布。全株或枝叶药用，治风湿、肾炎、水肿。

2. 黑果茵芋   图 666

Skimmia melanocarpa Rehd. et Wils. in Sarg. Pl. Wilson. 2: 138. 1914, pro parte.

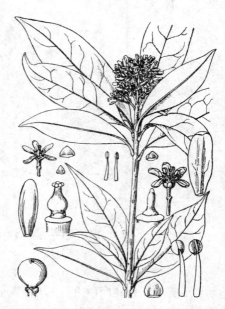

图 666 黑果茵芋 （引自《植物分类学报》）

灌木，高达1米。叶革质，近枝顶较密，长圆形或倒披针状长圆形，长3-7（-11）厘米，先端渐尖或短尖，上面沿中脉密被柔毛；叶柄长0.5-1厘米。花淡黄白色，单性或两性或杂性异株；花序长不及4厘米，几无总花梗，花序轴被微柔毛。萼片5，宽卵形，具缘毛；花瓣5，稍不等大；雄花花瓣常反折，倒披针形或长圆形，长3-4毫米，雄蕊与花瓣等长或稍长；两性花雄蕊

较花瓣短；雄花退化雌蕊短棒状，长不及2毫米，顶端不裂。果蓝黑色，近球形，径约8毫米，分核3-4，果顶端具（4）5圆形瘤状疤痕（花柱迹）。

产甘肃南部、陕西南部、湖北西部、四川、云南及西藏东南部，生于海拔2000-3000米山地林下。锡金有分布。

3. 乔木茵芋   图 667

Skimmia arborescens Anders. ex Gamble in Journ. Linn. Soc. Bot. 43: 491. 1916.

图 667 乔木茵芋 （引自《植物分类学报》）

小乔木，高达8米。叶纸质，椭圆形或倒卵状椭圆形，长5-18厘米，先端骤短尖或长渐尖，基部楔形，两面无毛，上面中脉微凸起，侧脉7-10对；叶柄长1-2厘米。花序长2-5厘米，花序轴被微柔毛或无毛。花单性或杂性；萼片宽卵形，长1.5-2毫米，具缘毛；花瓣5，倒卵形或卵状长圆形，长4-5毫米，平展或斜展，雄花雄蕊5，较花瓣长，退化雌蕊长3-4毫米，棒状，顶部3-

4深裂；雌花不育雄蕊较花瓣短。果球形，径6-8毫米，蓝黑色，种子1-3。花期4-6月，果期7-9月。

产广东、广西、贵州、云南、四川及西藏东部，生于海拔1000-2800米山地密林下或山顶矮林中。缅甸、印度东北部、锡金、不丹、尼泊尔有分布。

15. 小芸木属 **Micromelum** Bl.

灌木或小乔木。枝及叶柄常具较大微凸起油腺点。奇数羽状复叶，互生，小叶互生，常不对称，密生透明腺点。聚伞圆锥花序或近平顶伞房状聚伞花序。花两性；萼片5，下部合生；花瓣5，镊合状排列；雄蕊10，花丝分离，长短相间，着生花盘基部；子房常被毛，3-5室，常扭转，每室2胚珠，花柱较子房稍长，早落，柱头头状。浆果，稍含胶液，具油腺点，种子1-2，隔膜螺旋状扭转。种皮膜质，无胚乳，子叶叶状，厚纸质，褶叠，胚根长。

约10种，分布于亚洲热带及亚热带地区。我国2种、1变种。

1. 小叶宽2-4厘米，疏生锯齿或浅波状；花瓣长3-4毫米 ························· 1. **大管 M. falcatum**
1. 小叶宽4厘米以上，生于叶轴下部的宽不及3厘米，具圆齿、钝齿、浅波状或全缘；花瓣长0.5-1厘米。
  2. 小枝、叶轴、花序轴均绿色，密被短伏毛；小叶上面无毛 ·············· 2. **小芸木 M. integerrimum**
  2. 小枝、叶轴、花序轴及小叶密被长粗毛 ··············· 2(附). **毛叶小芸木 M. integerrimum** var. **mollissimum**

1. 大管

图 668: 1-5

Micromelum falcatum (Lour.) Tanaka in Bull. Mus. Hist. Nat. Paris ser. 2, 2: 157. 1930.

Aulacia falcata Lour. Fl. Cochinch. 273. 1790.

图 668: 1-5.大管 6-8.小芸木
9.毛叶小芸木 （引自《图鉴》）

小乔木或灌木状，高达3米。小枝、叶柄及花序轴均被长毛。复叶具5-11小叶，小叶卵形、卵状椭圆形或镰状披针形，长4-9厘米，宽2-4厘米，先端长渐尖，基部圆或楔形，下面密被毛，疏生锯齿或浅波状，侧脉5-7对；小叶柄长3-7毫米。伞房状聚伞花序顶生，多花。花白色；花萼浅杯状，裂片宽三角形，长不及1毫米；花瓣长圆形，长3-4毫米，被长毛，盛花时反卷；雄蕊10，

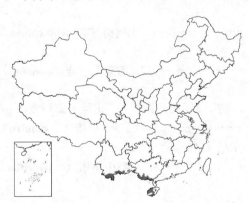

长短相间；子房密被长毛，花柱较子房长，花盘细小。浆果椭圆形或倒卵形，长0.8-1厘米，熟时朱红色，疏生透明油腺点，种子1-2。花期1-4月，果期6-8月。

产广东、海南、广西及云南，生于海拔1200米以下山地灌丛中或林中。越南、老挝、柬埔寨、泰国有分布。

2. 小芸木

图 668: 6-8 彩片219

Micromelum integerrimum (Buch.-Ham. ex Coleb.) Roem. Syn. Monogr. 1: 47. 1846.

Bergera integerrima Buch.-Ham. ex Coleb. in Trans. Linn. Soc. Lond. 15: 367. 1827.

小乔木，高达8米；树皮灰色，平滑。小枝、叶轴、花序轴均绿色，密被短伏毛。复叶具7-15小叶，斜卵状椭圆形、斜披针形或斜卵形，长4-13（20）厘米，宽3-6（8）厘米，边缘浅波状，基部圆或楔形，上面常无毛，

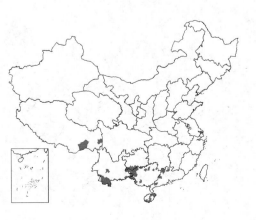

下面初被疏柔毛，后脱落；小叶柄长2-5毫米。花萼浅杯状，裂片长约1毫米；花瓣淡黄白色，长0.5-1厘米，背面被毛，盛开时反折；雄蕊10，长短相间，长的与花瓣近等长；花盘凸起，花柱与子房近等长或稍长，子房柄果时伸长。浆果椭圆形或倒卵形，长1-1.5厘米，径0.7-1.2厘米，熟时橙黄或朱红色，种子1-2。花期2-4月，果期7-9月。

产广东、海南、广西、贵州南部及西南部、云南、西藏东南部，生于海岸砂地灌丛中，上达海拔400-2000米山地林中。越南、老挝、柬埔寨、泰国、缅甸、印度、尼泊尔有分布。根、树皮、叶药用，可祛风除湿、散瘀消肿，治感冒咳嗽、风湿骨痛、胃痛、跌打肿痛。

[附] **毛叶小芸木** 图668：9 彩片220 **Micromelum integerrimum var. mollissimum** Tanaka in Bull. Mus. Hist. Nat. Paris ser. 2, 2: 157. 1930. 本变种与模式变种的区别：小枝、叶轴、花序轴及小叶均密被长粗毛。产广西西南部、云南南部，生于海拔100-600米沟谷密林中。越南、老挝、柬埔寨、菲律宾有分布。

16. 山小桔属 Glycosmis Correa

灌木或小乔木。幼嫩部分常被红或褐锈色柔毛。单小叶或小叶2-7，互生，稀单叶，油腺点多，常无毛。聚伞圆锥花序腋生或顶生。花两性；花梗短，常被毛；萼片（4）5，基部合生；花瓣（4）5，覆瓦状排列；雄蕊10，稀8枚或更少，等长或长短相间，着生隆起花盘基部，较花瓣短或等长，花丝扁平，稀线形，药隔顶部具油腺点；花柱粗短，子房（3-4）5室，每室1悬垂胚珠。浆果半干质或富汁液，含胶质，种子1-2（3）。种皮薄膜质，子叶肉质，平凸，胚根短。

约50余种，分布于亚洲南部及东南部、大洋洲东北部。我国11种、1变种。

1. 单叶，叶柄长0.3-1厘米 ·································· 1. **山桔树 G. cochinchinensis**
1. 复叶为单小叶，或小叶2-7。
　2. 全为单小叶，叶中部以上最宽，叶柄长1.5-3厘米 ·················· 2. **海南山小桔 G. montana**
　2. 复叶具2-7小叶，或兼有单小叶。
　　3. 小叶（4-6）7，疏生浅齿，或浅波状小齿；花序长达10厘米以上；子房被锈褐色微柔毛，花丝下部渐宽 ······
　　　·································· 3. **锈毛山小桔 G. esquirolii**
　　3. 小叶2-4（5），或兼有单小叶，全缘；花序长3-5（-14）厘米；子房无毛，花丝上宽下窄 ·················
　　　·································· 4. **小花山小桔 G. parviflora**

1. 山桔树

图669 彩片221

Glycosmis cochinchinensis (Lour.) Pierre ex Engl. in Engl. u. Prantl, Nat. Pflanzenfam. 3(4): 185. 1896.

Toluifera cochinchinensis Lour. Fl. Cochinchin. 262. 1790.

小乔木或灌木状，高达4米。单叶，近圆形、宽椭圆形、卵形、长圆形或披针形，长（2）4-26厘米，全缘，无毛，干后稍有光泽，上面中脉平或微凸起；叶柄长0.3-1厘米。花序腋生或兼有顶生，多花密集成簇，稀单花或3-5花着生于极短总花梗，或成长达5厘米圆锥花序，花序轴初被褐锈色微柔

图 669 山桔树 （引自《图鉴》）

毛。花梗极短；萼裂片卵形，长约1毫米；花瓣白色，长约3毫米；雄蕊10，近等长，药隔顶端具油腺点，花丝向下渐宽；具子房柄。果球形，径0.8-1.4厘米，淡红色，具半透明油腺点。花、果期几全年。

产台湾、海南、广西南部、云南，生于海拔约1000米以下山地林下或灌丛中。东南亚有分布。

2. 海南山小桔

图 670

Glycosmis montana Pierre, Fl. For. Cochinch. pl. 285b. 1893.

小乔木或灌木状，高达3米。幼枝被红锈色微柔毛。单小叶，叶柄长（0.6-）1.5-3厘米；小叶硬纸质或薄革质，倒卵状长圆形或倒披针形，有时兼有长椭圆形，长5-15厘米，先端骤渐钝尖或长尾尖，基部楔形，全缘，无毛，上面中脉稍凸起，侧脉8-10对，小叶柄长0.2-1厘米。花序长1-3厘米，花序轴被红锈色微柔毛。花近无梗；花萼裂片宽卵形，长不及1毫米，被毛；花瓣白色，长约3毫米，早落；雄蕊10，近等长，花丝向下渐宽；子房具柄。果球形，径约8毫米，粉红色，具半透明油腺点。花期10月至翌年3月，果期7-9月。

图 670 海南山小桔 （余汉平绘）

产海南及云南东南部，生于海拔200-500米丘陵坡地或溪边林中。越南东北部有分布。果微甜，可食。

3. 锈毛山小桔

图 671

Glycosmis esquirolii (Lévl.) Tanaka in Bull. Soc. Bot. France 75: 709. 1928.

Clsusena esquirolii Lévl. in Fedde, Repert. Sp. Nov. 9: 324. 1911.

小乔木，高达10米。偶数或奇数羽状复叶，小叶（4-6）7，卵形或长椭圆形，长10-16厘米，先端渐钝尖，基部楔形，一侧弯斜，疏生浅齿，幼叶下面被红锈色微柔毛，老叶两面无毛，上面中脉平或下部稍凹下，侧脉8-14对在上面凸起。花序顶生，或兼有腋生，顶生的长10厘米以上，分枝多，花疏散，花序轴、花梗、萼片及花瓣背面均密被红锈色粉状微柔毛。花瓣淡黄白色，长3-4毫米；雄蕊10，近等长，花丝向下渐宽；子房与花柱均被微柔毛。幼果球形或倒卵形，径约3毫米。花期10月至翌年3月，幼果4月。

图 671 锈毛山小桔 （刘文林绘）

产广西西部、贵州南部及云南南部，生于海拔400-1300米山地灌丛或林中，石灰岩山地常见。

4. 小花山小桔　　图 672

Glycosmis parviflora (Sims) Kurz in Journ. Bot. n. s. 5: 40. 1876.

Limonia parviflora Sims in Curtis's Bot. Mag. t. 2416. 1823.

小乔木或灌木状，高达3米。羽状复叶具2-4小叶，或兼有单小叶，椭圆形、长圆形、披针形，或倒卵状椭圆形，长5-19厘米，先端钝尖，基部楔形，无毛，全缘，侧脉明显；小叶柄长1-5毫米。花序腋生及顶生，长3-5厘米，稀较短，顶生的长达14厘米；花序轴、花梗、萼片常被早落的褐锈色微柔毛。萼裂片卵形；花瓣白色，长椭圆形；雄蕊（5-8）10，稍不等长，花丝上部宽，下部稍窄；子房无毛，具

图 672　小花山小桔 （引自《福建植物志》）

柄。果球形或椭圆形，径1-1.5厘米，淡黄白色变淡红或暗朱红色，半透明，油腺点明显。花期3-5月，果期7-9月。

产台湾、福建、广东、海南、广西、贵州及云南，生于海拔200-1000米山坡、河谷、溪边林内及灌丛中。越南东北部有分布。根及叶药用，可健胃、化痰止咳，叶可散瘀消肿。

17. 黄皮属 Clausena Burm. f.

灌木或乔木。奇数羽状复叶；小叶互生，稀对生，常具透明油腺点。聚伞圆锥花序顶生或腋生。花小，两性，花蕾球形，稀卵形；花萼（4）5裂，基部合生；花瓣（4）5，覆瓦状排列；雄蕊（8）10，2轮，外轮与萼片对生，内轮较短，与花瓣对生，着生隆起花盘基部，花丝顶端钻尖，中部曲膝状，基部宽，稀线形；子房（4）5室，稀融合成3-1室，则隔膜消失，每室具并列2胚珠，稀1颗，中轴胎座，花柱粗短。浆果。种皮膜质，褐色，子叶肉质深绿，平凸，有时两侧边缘稍内卷，油腺点甚多，胚茎被微柔毛。

约30种，分布于亚洲、非洲及大洋洲。我国9种、2变种，引入栽培1种。

1. 萼片及花瓣均4，稀兼有5片；雄蕊8。
　　2. 小叶15-27，小叶长2-9厘米，宽1-3厘米；子房被毛；果橙黄或朱红色 ·················· 1. 假黄皮 **C. excavata**
　　2. 小叶5-15；子房无毛；果蓝黑色。
　　　3. 小叶无毛，有时幼叶叶脉疏被短毛 ························ 2. 齿叶黄皮 **C. dunniana**
　　　3. 小叶两面被毛，果时小叶有时上面中脉被毛 ··········· 2(附). 毛齿叶黄皮 **C. dunniana** var. **robusta**
1. 萼片及花瓣均5，稀兼有4片；雄蕊10。
　　4. 果淡黄或淡朱红色，近半透明，若不透明则果皮被毛。
　　　5. 子房及果被毛；花蕾球形，具5纵脊 ························ 3. 黄皮 **C. lansium**
　　　5. 子房被毛或无毛；果无毛；花蕾无纵脊。
　　　　6. 果椭圆形；叶轴中部小叶宽5厘米以上 ··········· 4. 云南黄皮 **C. yunnanensis**
　　　　6. 果球形或宽卵形；叶轴中部小叶宽不及5厘米。
　　　　　7. 小叶斜卵状披针形或卵形，长2-6厘米，具圆齿，先端凹缺 ··········· 5. 小黄皮 **C. emarginata**
　　　　　7. 小叶镰状披针形或斜卵形，长5-12厘米，叶缘波状或上部具浅钝齿，先端微凹 ·········
　　　　　　 ···················· 5(附). 细叶黄皮 **C. anisum-olens**

4. 果蓝黑色；花蕾宽卵形，顶端稍窄尖 ·················· 3(附). **光滑黄皮 C. lenis**

1. 假黄皮
图 673 彩片 222

Clausena excavata Burm. f. Fl. Ind. 87. 1768.

小乔木或灌木状。小枝及叶轴均密被上弯短柔毛，散生微凸油腺点。奇数羽状复叶，小叶21-27（-41），斜卵形、斜披针形或斜四边形，长2-9厘米，叶缘波状，两面被毛或仅叶脉被毛，老叶近无毛；小叶柄长2-5毫米。花序顶生。花瓣4（5），白或淡黄白色，卵形或倒卵形，长2-3毫米；雄蕊8，长短相间，花丝中部曲膝状；子房密被灰白色长柔毛。果椭圆形，长1.2-1.8厘米，径0.8-1.5厘米，初被毛，

图 673 假黄皮 （引自《Fl. Taiwan》）

熟时暗黄变淡红至朱红色，无毛。花期4-5月及7-8（-10）月，盛果期8-10月。

产台湾、福建、广东、海南、广西及云南，生于海拔1000米以下平地、山坡灌丛或疏林中。越南、老挝、柬埔寨、泰国、缅甸、印度有分布。叶药用，可止痛，治感冒。

2. 齿叶黄皮
图 674: 1-2

Clausena dunniana Lévl. in Fedde, Repert. Sp. Nov. 11: 67. 1912.

小乔木或灌木状，高达5米。小枝、叶轴、小叶下面中脉及花序轴均被凸起油腺点。奇数羽状复叶，小叶5-15，卵形或披针形，长4-10厘米，先端钝尖，有时微凹，锯齿圆钝，稀波状，两面无毛，幼叶脉上疏被短毛；小叶柄长4-8毫米。花序顶生兼有近枝顶腋生。花梗无毛；萼片及花瓣均4，稀5片；花瓣白色，长圆形，长3-4毫米；雄蕊8（10），花丝中部曲膝状，子房无毛。果近球形，径1-1.5厘米，熟时蓝黑色。花期6-7月，果期10-11月。

图 674: 1-2.齿叶黄皮 3-4.毛齿叶黄皮
（余汉平绘）

产湖南、广东、广西、贵州、四川东南部及云南南部，生于海拔300-1500米山地林中、土山及石灰岩灌丛中。越南东北部有分布。

[附] **毛齿叶黄皮** 图 674：3-4 **Clausena dunniana** var. **robusta** (Tanaka) Huang in Acta Phytotax. Sin. 16: 85. 1978. —— *Clausena dentata* (Willd.) Roem. var. *robusta* Tanaka in Journ. de Bot. 68: 228. 1930. 本变种与模式变种的区别：小叶及果稍大；小叶两面均被长柔毛，叶

下面毛较密，果时小叶有时上面中脉被毛或叶缘疏被毛。产湖北西部、湖南、广西、贵州、四川东部、云南南部，生于海拔300-1300米山地林中及沟边。

3. 黄皮 图 675 彩片 223

Clausena lansium (Lour.) Skeels in U. S. Depart. Agr. Bur. Pl. Ind. Bull. 176: 29. 1909.

Quinaria lansium Lour. Fl. Cochinch. 272. 1790.

图 675 黄皮 （邓盈丰绘）

小乔木，高达5（-12）米。小枝、叶轴、花序轴密被凸起油腺点及短毛。奇数羽状复叶，小叶5-11，卵形或卵状椭圆形，长6-14厘米，基部近圆或宽楔形，叶缘波状或具浅圆锯齿，上面中脉常被细毛；小叶柄长4-8毫米。顶生，多花。花瓣5，白色，稍芳香，长圆形，长约5毫米，被毛；雄蕊10，长者与花瓣等长，花丝下部稍宽，非曲膝状；子房密被长毛，子房柄短。

果球形、椭圆形或宽卵形，长1.5-3厘米，径1-2厘米，淡黄至暗黄色，被毛，果肉乳白色，半透明。花期3-5月，果期6-8月。

产福建、广东、海南、广西、贵州南部及云南。为南方果品之一，可生食，也可盐渍或糖渍。根、叶及种子可止痛、散热、化痰，治胃痛、感冒。

[附] **光滑黄皮 Clausena lenis** Drake in Journ. de Bot. 6: 276. 1892. 本种与黄皮的区别：幼枝及叶轴密被卷曲细毛及油腺点，毛渐脱落；小叶9-15，斜卵形、斜卵状披针形，或斜长方形，长2-5（18）厘米，疏生粗齿，幼叶两面疏被柔毛，老叶无毛，花序轴、花梗及苞片被柔毛；果蓝黑色。花期4-6月，果期9-10月。产海南、广西西南部、云南南部，生于海拔500-1300米山地林中。越南东北部有分布。

4. 云南黄皮 图 676

Clausena yunnanensis Huang in Acta Phytotax. Sin. 8: 91. pl. 8(1). 1959.

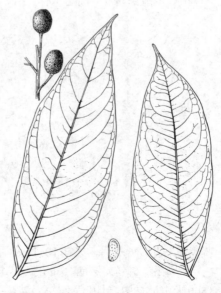

图 676 云南黄皮 （余汉平绘）

小乔木，高达8米；树皮灰色。幼枝、叶轴均被钩毛，散生褐黄色半透明腺点。奇数羽状复叶，小叶纸质，5-11，长圆形或长卵状椭圆形，长10-40厘米，先端短尾尖，基部楔形，叶缘浅波状，两面无毛，下面脉上有时被柔毛，侧脉7-12对；小叶柄长4-6毫米。顶生花序长达40厘米。花梗长1.5-3毫米；萼片5，卵形，长约1毫米；花瓣5，长2-3毫米；雄蕊10，花丝中部以下宽，曲膝状，腹面及药隔顶端均具油腺点；花柱与子房近等长。果橙黄色，椭圆形，长达3厘米，径达2厘米。花期6月，果期9-10月。

产广西西南部及云南东南部，生于海拔500-1300米山地密林中。

5. 小黄皮

图 677

Clausena emarginata Huang in Acta Phytotax. Sin. 8: 93. pl. 8. f. 2. 1959.

图 677 小黄皮 （余汉平绘）

乔木，高达15米。幼枝、叶轴均被细柔钩毛及瘤状油腺点。奇数羽状复叶，小叶5-11，近无柄，斜卵状披针形或卵形，长2-6厘米，先端钝尖，凹缺，具圆锯齿，上面中脉被柔毛，余无毛。花序顶生或兼有腋生，长3-7厘米；花序轴及分枝均被柔毛。花芳香，近无梗；花瓣5，白色，长约4毫米，花时稍反折；雄蕊10，花丝中部以下宽，曲膝状；子房无毛，具子房柄。果球形或稍长，径0.8-1厘米，淡黄或乳黄色，半透明。花期3-4月，果期6-7月。

产广西西部及云南，生于海拔300-800米山谷密林中及石灰岩灌丛中。果味酸甜。根、叶药用，可止咳、止痛，治感冒、咳嗽、胃痛。

[附] **细叶黄皮 Clausena anisum-olens** (Blanco) Merr. in Bur. Gov. Lab. 17: 21. 1904. —— *Cookia anisum-olens* Blanco, Fl. Filip. 359. 1837. 本种与小黄皮的区别：小叶镰状披针形或斜卵形，长5-12厘米，先端钝尖，微凹，叶缘波状或上部具浅钝齿；果径1-2厘米，淡黄或淡朱红色。花期4-5月，果期7-8月。原产菲律宾。台湾有野生，广东、广西、云南均有栽培。鲜果可食，多吃有轻度麻舌感。枝、叶药用，可祛风除湿。

18. 九里香属 Murraya Koenig ex Linn.

灌木或小乔木。奇数羽状复叶，小叶互生，叶轴稀具翅。近平顶伞房状聚伞花序，顶生或腋生。花两性；花蕾椭圆形；萼片（4）5，基部合生；花瓣（4）5，覆瓦状排列，散生半透明油腺点；雄蕊（8）10，2轮，长短相间，花丝线状，由基部向上渐窄尖，离生，花药细小，花盘明显；子房5-2室，每室具叠生或并列2胚珠或1颗，花柱纤细，常较子房长，柱头头状，子房柄短或无。浆果，有粘液，种子4-1粒。种皮光滑或被绵毛，子叶肉质，平凸，深绿色，具油腺点。

约12种，分布于亚洲热带、亚热带及大洋洲东北部。我国9种、1变种。

1. 茎皮禾秆色或淡黄白色；花瓣长1厘米以上，花柱较子房长2-5倍；果红色，种皮被绵毛。
  2. 叶轴具翅；聚伞花序腋生，少花 ································· 1. **翼叶九里香 M. alata**
  2. 叶轴无翅；伞房状聚伞花序顶生或兼有近顶生，多花。
    3. 小叶卵形或卵状披针形，先端短尾尖 ················· 2. **千里香 M. paniculata**
    3. 小叶倒卵形或倒卵状椭圆形，先端圆钝或钝尖 ·········· 3. **九里香 M. exotica**
1. 茎皮暗褐色；花瓣长不及8毫米，宽不及3毫米；花丝较子房长2倍以下；果紫黑色，种皮无毛。
  4. 萼片及花瓣均4（5）片，雄蕊8（10）；小叶5-9，宽卵形或卵状披针形，宽2-4厘米 ·········
  ················· 4. **豆叶九里香 M. euchrestifolia**
  4. 萼片及花瓣均5；雄蕊10；小叶17-31，斜卵形或斜卵状披针形，宽0.5-2厘米 ·········
  ················· 5. **调料九里香 M. koenigii**

1. 翼叶九里香 图 678

Marraya alata Drake in Journ. de Bot. 6: 276. 1892.

灌木，高达2米。奇数羽状复叶，叶轴具翅，宽0.5-3毫米，小叶5-9，倒卵形或倒卵状椭圆形，长1-3厘米，先端圆，稀钝，具不规则细钝齿或全缘，幼叶两面被细毛，老叶无毛；小叶柄短或近无柄。聚伞花序腋生，少花，总花梗长约5毫米。花梗长5-8毫米；花萼裂片5，长1.5-2毫米；花瓣5，白色，长1-1.5厘米，具纵脉多条；雄蕊10，长的5枚与花瓣等长或稍长，短的5枚与柱头等高或稍高；花柱较子房长约2倍，子房2室，每室1胚珠。果卵形或球形，径约1厘米，朱红色，种子2-4粒。种子被绵毛。花期5-7月，果期10-12月。

图 678 翼叶九里香 （邓盈丰绘）

产广东西南部、海南及广西南部，生于近海岸砂地灌丛中。越南东北部沿海地区有分布。

2. 千里香 九里香 图 679 彩片 224

Murraya paniculata (Linn.) Jacks. in Malay. Misc. 1: 31. 1820.

Chalcas paniculata Linn. Mant. Pl. 68. 1767.

小乔木，高达12米。奇数羽状复叶，小叶3-5（7），卵形或卵状披针形，长3-9厘米，先端短尾尖，基部楔形，全缘波状，侧脉4-8对；小叶柄长不及1厘米。伞房状聚伞花序腋生及顶生，具花10（-50）朵。花萼裂片5，卵形；花瓣5，白色，倒披针形或窄长椭圆形，长达2厘米，花时稍反折，散生淡黄色半透明油腺点；雄蕊10，子房2室。果橙黄至朱红色，窄长椭圆形，稀卵形，长1-2厘米，径0.5-1.4厘米，油腺点多。种子被绵毛。花期4-9月，果期9-12月。

图 679 千里香

产福建、台湾、广东、海南、广西、湖南南部、贵州南部及云南，生于海拔130-1300米山地林中，石灰岩地区常见。菲律宾、印度尼西亚、斯里兰卡有分布。

3. 九里香 图 680 彩片 225

Murraya exotica Linn. Mant. Pl. 563. 1771.

小乔木，高达8米。奇数羽状复叶，小叶3-5-7，倒卵形或倒卵状椭圆形，长1-6厘米，先端圆钝或钝尖，有时微凹，基部楔形，全缘；小叶柄

甚短。花序伞房状或圆锥状聚伞花序，顶生，或兼有腋生。花白色，芳香；萼片卵形，长约1.5毫米；花瓣5，长椭圆形，长1-1.5厘米，花时反折；雄蕊10，较花瓣稍短，花丝白色；花柱及子房均淡绿色，柱头黄色。果橙黄至朱红色，宽卵形或椭圆形，顶部短尖，稍歪斜，有时球形，长0.8-1.2厘米，径0.6-1厘米，果肉含胶液。种子被绵毛。花期4-8月，果期9-12月。

产台湾、福建、广东、海南、广西、云南及贵州，生于海岸附近平地、缓坡、小丘灌木丛中。南方用作绿篱及盆景。

图 680 九里香 （余汉平绘）

4. 豆叶九里香 图681

Murraya euchrestifolia Hayata, Ic. Pl. Formos. 6: 11. 1916.

小乔木，高达7米。幼叶叶轴腹面、花序轴及花梗被微柔毛。奇数羽状复叶；小叶5-9，近革质，宽卵形或卵状披针形，长5-8厘米，先端短尖或渐尖，全缘，侧脉及支脉明显。伞房状聚伞花序。花梗短；萼裂片4（5），淡黄绿色，卵形；花瓣4（5），倒卵状椭圆形，散生油腺点；雄蕊8，稀10，花丝向下渐宽。果球形，径1-1.5厘米，鲜红至暗红色。种皮无毛。花期4-5月或6-7月，果期11-12月。

产台湾、广东、海南西部、广西西部及南部、贵州西南部、云南，生于海拔1400米以下平地、丘陵山地灌丛或阔叶林中。

图 681 豆叶九里香 （余汉平绘）

5. 调料九里香 图682

Murraya koenigii (Linn.) Spreng. Syst. Veg. 2: 315. 1825.

Bergera koenigii Linn. Mant. Pl. 563. 1771.

小乔木或灌木状，高达4米。奇数羽状复叶，小叶17-31，斜卵形、斜卵状披针形或宽卵形，长2-5厘米，先端短尖或渐尖，基部楔形或圆，叶轴及小叶两面中脉均被柔毛，稀中脉下部疏被毛，全缘或具细钝齿。伞房状聚伞花序顶生及腋生，多花，花序轴及花梗被柔毛。萼裂片5，卵形，长不及1毫米；花瓣5，倒披针形或长圆形，白色，长5-7毫米，具油腺点；雄蕊10。果长椭圆形，稀球形，长1-1.5厘米，蓝黑色。种子无毛。花期3-4月，果期7-8月。

产海南及云南，生于近海岸砂地灌丛中及海拔500-1600米山地阔叶林中及河谷沿岸。越南、老挝、缅甸、印

图 682 调料九里香 （引自《图鉴》）

度、斯里兰卡有分布。

19. 三叶藤桔属 Luvunga (Roxb.) Buch.-Ham. ex Wight et Arn.

木质攀援藤本。钩刺或直刺腋生，花序生于枝与刺之腋间。3小叶复叶及单叶，小叶全缘或具细齿，叶柄长5厘米以上。聚伞圆锥花序或总状花序，少花。花两性；萼片（4）5，合生至中部；花瓣（4）5，白色，肉质，散生油腺点，覆瓦状排列；雄蕊（8）10，等长或稍不等长，花丝离生或部分合生，花药线状或窄披针形；子房长卵状，具短柄，2-4室，每室具2叠生或并列胚珠，花柱稍粗，柱头头状。浆果果皮厚，果肉具胶液。种皮膜质，具脉纹，子叶平凸，等大，肉质，深绿色。

约10种，分布于亚洲热带地区。我国1种。

三叶藤桔　　　　　　　　　　　　　　　　　图 683

Luvunga scandens (Roxb.) Buch.-Ham. ex Wight et Arn. Prodr. 90. 1834.

Limonia scandens Roxb. Fl. Ind. 2: 380. 1832.

攀援藤本。茎干下部具直刺，上部具钩刺。初生叶及茎干下部为单叶，叶带状，长达30厘米，叶柄长（2-）5-9厘米；茎干上部为3小叶复叶，稀2小叶，小叶长椭圆形或倒卵状椭圆形，长6-20厘米，密被透明油腺点，侧脉不明显，小叶柄粗，长0.5-1厘米。总状花序具花不超过10朵；花序轴及花梗均甚短。花萼长4-5毫米，4浅裂；花瓣4，白色，肉质，长圆形，长0.8-1厘米；雄蕊8，花丝基部合生。浆果球形或倒梨形，径3-5厘米，黄色，果皮厚，平滑，密生油腺点。种子1-4，宽卵形，长2-3厘米。花期3-4月，果期10-12月。

图 683 三叶藤桔 （余汉平绘）

产海南及云南，生于海拔600米以下河岸、溪谷常绿阔叶林中，攀援树上。

20. 单叶藤桔属 Paramignya Wight

木质攀援藤本。钩刺腋生。单小叶或单叶，互生，全缘，密生透明油腺点；叶柄长不及2厘米。花两性，白色，单花或数花成簇，腋生。萼片（4）5，合生至中部；花瓣（4）5，覆瓦状排列；雄蕊（8）10，花丝离生，花药长椭圆形，花盘柱状；子房具短柄，3-5室，每室1-2胚珠。浆果，果皮厚，密生油腺点。种子1-5，侧扁，种皮膜质，子叶肉质，平凹。

约15种，分布于亚洲热带及澳大利亚北部。我国2种。

单叶藤桔　　　　　　　　　　　　　　　　　图 684

Paramignya confertifolia Swingle in Journ. Arn. Arb. 21: 17. pl. 4. f. 1-2. 1940.

木质攀援藤本，高达6米。枝髓心大，幼枝被柔毛，刺下弯，长0.3-1

厘米，果枝刺短或无刺。单叶，椭圆形或卵形，长5-9厘米，宽2.5-5厘米，先端骤短钝尖或短尾尖，基部圆，

稀楔形，全缘或具细钝齿，两面无毛，侧脉8-12对，网脉明显；叶柄长0.4-1.2厘米，稍被毛，基部枕状。单花或3花腋生。萼裂片5，稍三角形，长约1毫米；花瓣5，白色，长0.7-1厘米，具油腺点；雄蕊长5-7毫米；子房5室，被细毛。果近球形，无毛，径约2厘米，熟时黄色，果皮具粗大油腺点，有松节油香气；果柄长3-5毫米。花期7-9月，果期10-12月。

产海南、广西南部及云南东南部，生于海拔600米以下河岸或溪谷林中，攀援树上。越南北部有分布。

21. 酒饼簕属 Atalantia Correa

图 684 单叶藤桔 （引自《海南植物志》）

小乔木或灌木，具刺或无刺，各部具透明油腺点。单叶或单小叶，全缘。花少数簇生叶腋或成总状花序，稀聚伞花序。花两性；萼片（4）5，合生至中部；花瓣（4）5，覆瓦状排列；雄蕊（8）10，离生或合生成束，着生于稍凸起的花盘基部，长短相间或等长，花药椭圆形；子房5-2室，每室2-1胚珠；花柱与子房等长，柱头头状。浆果具汁胞；种子大，1-6粒。种皮膜质，平滑，子叶深绿色，平凸。

约17种，产亚洲热带及亚热带地区。我国6-8种。

1. 单叶。
  2. 茎枝多长刺，稀近无刺；叶长2-6（-10），先端圆，凹缺；果蓝黑色 ·················· 1. 酒饼簕 A. buxifolia
  2. 茎枝无刺或疏生短刺；叶长10-21厘米，先端尖；果鲜红色 ·················· 2. 广东酒饼簕 A. kwangtungensis
1. 单小叶，叶片与叶柄间具关节。
  3. 花径1-1.5厘米，花瓣长0.8-1厘米；叶卵状披针形，先端渐长尖；果径1.2-1.5厘米 ·················
    ·················· 3. 尖叶酒饼簕 A. acuminata
  3. 花径5-6毫米，花瓣长3-4毫米；叶宽卵形、卵状椭圆形，稀近披针形，先端短尖；果径1.5-2厘米 ·················
    ·················· 3(附). 薄皮酒饼簕 A. henryi

1. 酒饼簕   图 685 彩片 226

Atalantia buxifolia (Poir.) Oliv. in Journ. Linn. Soc. Bot. 5, Suppl. 2: 26. 1861.

Citrus buxifolia Poir. in Lam. Encycl. 4: 580. 1797.

灌木，高达2.5米。茎多刺，长达4厘米，稀无刺。单叶，硬革质，有柑桔香气，卵形、倒卵形、椭圆形或近圆形，长2-6（-10）厘米，先端圆，凹缺，中脉在叶面稍凸起，侧脉多，近平行，叶缘有弧形边脉，油点甚多；叶柄粗，长1-7毫米。花多朵簇生叶腋，稀单生。萼裂片及花瓣均5片；花瓣白色，长3-4毫米，雄蕊10，分离，有时少数在基部合生。果球形，稍扁圆形或近椭圆形，径0.8-1.2厘米，果皮平滑，有稍凸起油腺点，蓝黑色，含胶液；果萼宿存。花期5-12月，果期9-12月，常在同一植株上花果并茂。

产福建、台湾、广东、海南及广西，生于海岸灌丛中及近海岸平地、缓坡、低丘陵疏林或灌丛中。果味甜。根、叶药用，祛风散寒、行气止痛，治支气管炎、咳嗽、感冒、风湿关节炎、慢性胃炎、胃溃疡及跌打肿痛。

2. 广东酒饼簕　　　　　　　　　　　　　　　　图 686

Atalantia kwangtungensis Merr. in Philipp. Journ. Sci. Bot. 21: 496. 1922.

灌木，高达2米；茎枝无刺，或疏生短刺。单叶，椭圆状披针形或长圆形，稀倒卵状椭圆形，长10-21厘米，先端尖，边缘波痕状，密布透明油腺点。花3或数朵生于长不及5毫米总花梗上，腋生。萼裂片及花瓣均4片；花瓣长3-5毫米，白色；雄蕊8，两两合生成4束，有时中部以下合生成筒状。果宽卵形或橄榄状，稀球形，鲜红色，径0.7-1.5厘米，果皮厚约0.5毫米，平滑，油腺点大，种子1-3。花期6-7月，果期11月至翌年1月。

产广东西南部、海南及广西南部，生于海拔100-400米山地常绿阔叶林中。

3. 尖叶酒饼簕　　　　　　　　　　　　　　　　图 687: 1-4

Atalantia acuminata Huang in Guihaia 11: 6. 1991.

小乔木，高达6米；各部无毛。叶柄基部具刺状托叶，刺长2-5毫米。单小叶，卵状披针形，长6-12厘米，先端渐长尖，基部楔形，全缘，叶柄长3-6(8)毫米。总状花序腋生，具3-9花。花径1-1.5厘米；花萼裂片4，宽卵形，长约2毫米；花瓣5，白色，长0.8-1厘米；雄蕊8，较花瓣稍短。果球形，径1.2-1.5厘米，油腺点大而密。花期5月，果期10月。

产广西西部及云南东南部，生于海拔700-850米山地疏林或灌丛中。越南北部有分布。

　[附] **薄皮酒饼簕** 图687: 5-10 **Atalantia henryi** (Swingle) Huang in Guihaia 11: 5. 1991. —— *Atalantia racemosa* Wight et Arn. var. *henryi* Swingle in Journ. Arn. Arb. 21: 127. pl. 4. f. 1-4. 1940. 本种与尖叶酒饼簕的区别：叶宽卵形、卵状椭圆形，稀近披针形，先端短尖；花径5-6毫米，花瓣长3-4毫米；果径1.5-2厘米，果皮平滑，油腺点不明显。花期4-

图 685 酒饼簕 （余汉平绘）

图 686 广东酒饼簕 （余汉平绘）

图 687: 1-4.尖叶酒饼簕 5-10.薄皮酒饼簕
（余汉平绘）

5月，果期11-12月。产广西西部、云南南部，生于海拔300-1100米山地林中。越南东部有分布。

22. 枳属 Poncirus Raf.

落叶或常绿小乔木。分枝多，具粗刺，枝常曲折。3小叶复叶，稀单叶或2小叶，幼苗常为单叶及单小叶。花单生或2-3朵簇生。花两性；萼片5，下部合生；花瓣5，覆瓦状排列，稀4-6片；雄蕊为花瓣4倍或与花瓣同数，花丝离生，子房被毛，6-8室，每室4-8胚珠，花柱粗短，柱头头状。浆果称柑果，具瓢囊和有柄汁胞，常球形，淡黄色，密被柔毛，稀无毛，油腺点多。种子多数，卵形，种皮平滑，子叶及胚均乳白色，单胚或多胚，种子萌发时子叶不出土。

2种，产长江中游两岸及淮河流域，北至山东南部，西南至云南富宁，南至五岭。

1. 落叶；花瓣（4）5（-7），无毛；雄蕊常20 ·· 枳 **P. trifoliata**
1. 常绿；花瓣5-9，被绒毛；雄蕊35-43···································· （附）. 富民枳 **P. polyandra**

枳　枸橘　　　　　　　　　　　　　　　　图 688 彩片 227

Poncirus trifoliata (Linn.) Raf. Sylva Tellur. 143. 1838.

Citrus trifoliata Linn. Sp. Pl. ed. 2, 1101. 1763.

落叶小乔木，高达5米。枝绿色，稍扁，密生粗刺。叶柄具窄翅；3小叶复叶，稀4-5小叶，小叶长2-5厘米，宽1-3厘米，先端圆钝，微凹缺，具细钝齿或全缘。花单生或成对腋生，先叶开花。具完全花及不完全花，后者雄蕊发育，雌蕊退化；花有大小二型，径3.5-8厘米。萼片长5-7毫米；花瓣（4）5（-7），白色，匙形，长1.5-3厘米，无毛；雄蕊常20枚。果近球形，径3.5-6厘米，暗黄色，粗糙或平滑，

油胞小而密，微有香气。种子20-50，宽卵形，长0.9-1.2厘米。花期5-6月，果期10-11月。

产山东、河南、山西、陕西、甘肃、安徽、江苏、浙江、湖北、湖南、江西、广东、广西、贵州及四川。野生或多栽培作绿篱及砧木。果药用，称枳壳或枳实，可疏肝、和胃、理气、止痛，治胃痛、疝气、跌打损伤。

[附] 富民枳 **Poncirus polyandra** S. Q. Ding et al. in Acta Bot.

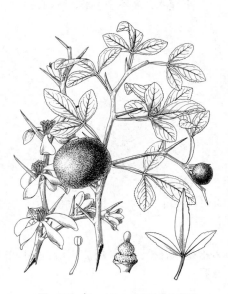

图 688 枳 （引自《中国植物志》）

Yunnan. 6: 292. f. 1. 1984. 本种与枳的区别：常绿小乔木；花瓣5-9，宽椭圆形，被绒毛，雄蕊35-43；果扁球形，径6-7厘米。花期3-4月，果期8-9月。产云南富民县，生于海拔2400米峡谷阳坡石灰岩灌丛中。

23. 金桔属 Fortunella Swingle

常绿灌木或小乔木。幼枝绿色，稍扁具棱，刺腋生或无刺。单小叶，稀单叶，油腺点多，芳香，侧脉不明显。单花或数朵簇生叶腋。花两性；花萼（4）5裂；花瓣5，覆瓦状排列；雄蕊为花瓣3-4倍，合生成4或5束，间有个别离生；花盘稍隆起；子房2-5（6）室，每室2胚珠，花柱长，柱头头状。柑果，果心小，汁胞纺锤形或近球

形，具短柄。种子卵形，顶端尖，基部圆，平滑，饱满，胚及子叶均绿色，常多胚。

约6种，分布亚洲东南部。我国5种及少数杂交种，产长江以南。

1. 单叶，叶柄长1-3（-5）毫米；果径6-8毫米 ································· 1. 金豆 **F. venosa**
1. 单小叶，稀兼有少数单叶；叶柄长5毫米以上。
  2. 果球形，径0.8-1厘米；小叶椭圆形或倒卵状椭圆形，先端圆，稀短钝尖 ·········· 2. 山桔 **F. hindsii**
  2. 果球形、椭圆形或卵圆形，径1厘米以上；小叶先端尖或钝。
    3. 小叶卵状椭圆形或长圆状披针形；果球形或宽卵形 ············· 3. 金柑 **F. japonica**
    3. 叶卵状披针形或长椭圆形；果椭圆形或卵状椭圆形 ············· 4. 金桔 **F. margarita**

1. 金豆

图689

Fartunella venosa (Champ. ex Benth.) Huang in Guihaia 11: 8. 1991.
Sclerostylis venosa Champ. ex Benth. in Hook. Journ. Bot. Kew Misc. 3: 327. 1851.

小灌木，高不及1米。枝刺长1-3厘米，花枝刺长不及5毫米。单叶椭圆形，稀倒卵状椭圆形，长（1）2-4厘米，宽（0.4）1-1.5厘米，先端圆或钝，稀短尖，基部宽楔形，全缘，上面中脉稍隆起；叶柄长1-3（-5）毫米，与叶柄连接处无关节。单花腋生于叶柄与刺之间。花萼杯状，（3-4）5裂，裂片三角形，淡绿色；花瓣白色，长3-4（5）毫米；雄蕊10-15，花丝合生成筒状，稀两两合生。果球形或椭圆形，径6-8毫米，橙红色，果皮平滑，果肉味酸。花期4-5月，果期11月至翌年1月。

图 689 金豆 （引自《浙江植物志》）

产安徽南部、浙江、福建、江西中部及湖南南部，栽培或野生。

2. 山桔

图690

Fortunella hindsii (Champ. ex Benth.) Swingle in Journ. Wash. Acad. Sci. 5: 175. 1915.

Sclerostylis hindsii Champ. ex Benth. in Hook. Journ. Bot. Kew Misc. 3: 327. 1851.

灌木，高达2米。多枝，刺短。单小叶或兼有单叶，小叶椭圆形或倒卵状椭圆形，长4-6厘米，先端圆，稀短钝尖，基部圆或宽楔形，近顶部具细钝齿，稀全缘；

图 690 山桔 （引自《图鉴》）

叶柄长6-9毫米,与叶片连接处具关节。花单生或少数簇生叶腋。花梗甚短;花萼(4)5浅裂;花瓣5,长不及5毫米;雄蕊约20,花丝合生成4-5束,子房3-4室。果球形或稍扁球形,径0.8-1厘米,橙黄或朱红色,果皮平滑,果肉味酸。花期4-5月,果期10-12月。

产安徽南部、浙江、江西、福建、广东及海南,生于低海拔山坡疏林、山谷溪边灌丛中。南方多庭园栽培,北方温室栽培作盆景供观赏。

3. 金柑

图 691

Fortunella japonica (Thunb.) Swingle in Journ. Wash. Acad. Sci. 5: 175. 1915.

Citrus japonica Thunb. in Nov. Acta. Upsal. 3: 199. 1780.

小乔木或灌木状,高达5米。枝具刺。小叶卵状椭圆形或长圆状披针形,长4-8厘米,先端钝或短尖,基部宽楔形,全缘或中部以上具细钝齿;叶柄长0.6-1厘米,具窄翅或不明显,与叶片连接处具关节。花单朵或2-3朵簇生。花梗长不及6毫米;花萼裂片(4)5;花瓣长6-8毫米,雄蕊15-25,花丝合生成数束,子房4-6室。果球形或宽卵形,径1.5-2.5厘米,橙黄至橙红色,果皮厚1.5-2毫米,果肉酸或稍甜。花期4-5月,果期11月至翌年2月。

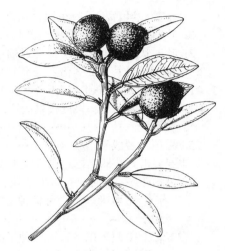

图 691 金柑 (余汉平绘)

产浙江、福建、广东、海南及广西东南部,生于海拔600-1000米山地常绿阔叶林中。秦岭南坡以南各地栽培。鲜果可食。嫁接繁殖;盆栽供观赏,称四季桔。

4. 金桔

图 692

Fortunella margarita (Lour.) Swingle in Journ. Wash. Acad. Sci. 5: 170. f. 2. 1915.

Citrus margarita Lour. Fl. Cochinch. 2: 467. 1790.

小乔木或灌木状,高约3米。枝具刺,栽培品种无刺。叶卵状披针形或长椭圆形,长5-11厘米,先端稍尖或钝,基部宽楔形或近圆;叶柄长达1.2厘米,具窄翅及关节。单花或2-3花簇生。花梗长3-5毫米;花萼4-5裂;花瓣长6-8毫米;雄蕊20-25;花柱长为子房1.5倍。果椭圆形或卵状椭圆形,径2-3.5厘米,金黄或橙红色,果皮味甜,果肉味酸。花期3-5月,果期10-12月。盆栽品种多次开花。

南方各地栽培,台湾、福建、广东、广西较多,北方温室盆栽。果可鲜食或制蜜饯、盐渍;药用可理气解郁、化痰止咳。也可作盆景供观赏。

图 692 金桔 (仿《图鉴》)

24. 柑桔属 Citrus Linn.

常绿灌木或小乔木。具枝刺;幼枝扁,具棱。单身复叶互生,叶柄具翅及关节,稀单叶,叶缘具细钝齿,稀全缘,密生芳香透明油腺点。花两性,稀单性;花单生、簇生叶腋,或少花成总状或聚伞花序。花萼杯状,(3-)5浅裂,宿存;花瓣5,覆瓦状排列,花时常背卷,白色或背面紫红色,芳香;雄蕊20-25(-60),离生或合生成束;子房(6)7-15室,每室4-8胚珠,柱头头状,花盘具蜜腺。柑果大,无毛,稀被毛,外果皮密生油胞,中果皮内层为网状桔络，内果皮具多个瓢囊，瓢囊内壁具菱形或纺缍型半透明汁胞，汁胞柄纤细。种皮平滑或具肋状棱，子叶及胚乳白或绿色，单胚或多胚。

　　约20余种，原产亚洲东南部及南部。现热带及亚热带地区广泛栽培。我国连引进栽培的约15种。多为优良果树。

1. 叶柄翅长为叶片1/2以上。
　　2. 叶柄翅较叶片稍长或稍短；花单生或兼有少花的总状花序；果皮厚不及1厘米。
　　　3. 叶卵形，具钝齿；果径3.5厘米 ·······························1. 箭叶橙 **C. hystrix**
　　　3. 叶卵状披针形，全缘，稀近顶部疏生浅钝齿；果径7-8厘米 ···········2. **宜昌橙 C. ichangensis**
　　2. 叶柄翅较叶片长2-3倍；总状花序，稀兼有单花；果皮厚1.5-2厘米 ·········2(附). **红河橙 C. hongheensis**
1. 叶柄无翅，或具窄翅，长不及叶片1/2，萌枝之叶柄翅较叶片稍长。
　　4. 单叶，叶柄无翅；果皮较果肉厚或为果肉厚度的一半。
　　　5. 果不裂 ···3. **香橼 C. medica**
　　　5. 果顶部裂成手指状肉条 ··································3(附). **佛手 C. medica** var. **sarcodactylis**
　　4. 单身复叶，叶柄具翅；果肉较果皮厚。
　　　6. 总状花序，有时兼有腋生单花；果皮不易剥离。
　　　　7. 果径10厘米以上；可育种子常为不规则多面体，顶端扁平，种子具单胚；幼枝、叶下面、花梗、萼片及子房均被毛 ···4. **柚 C. maxima**
　　　　7. 果径10厘米以下；可育种子的种皮圆滑，或具肋纹，顶端凸尖或平截。
　　　　　8. 果皮橙红、橙黄或朱红色，果顶无乳头状凸尖。
　　　　　　9. 果肉味酸，有时带苦味 ······························5. **酸橙 C. aurantium**
　　　　　　9. 果肉味甜或酸甜 ····································6. **甜橙 C. sinensis**
　　　　　8. 果皮黄或淡绿黄色，果径5厘米以上，果顶具乳头状凸尖，果肉酸；花瓣长1.5-2厘米；叶宽4厘米以上 ··6(附). **柠檬 C. limon**
　　　6. 单花腋生或少花簇生；果皮易剥离。
　　　　10. 单花腋生；果皮易剥离 ·····························7. **香橙 C. junos**
　　　　10. 单花腋生或少花簇生，稀3-5花成总状花序；果皮易剥离或稍难剥离。
　　　　　11. 果肉酸，有柠檬气味；花瓣背面淡紫红色 ·············8. **黎檬 C. limonia**
　　　　　11. 果肉甜或酸，无柠檬气味；花瓣白色；单花腋生或数花簇生。
　　　　　　12. 果肉甜或酸，不含果胶；栽培种 ···············9. **柑桔 C. reticulata**
　　　　　　12. 果肉极酸，富含果胶；野生种。
　　　　　　　13. 叶宽披针形；汁胞纺缍形 ···············9(附). **道县柑桔 C. daoxianensis**
　　　　　　　13. 叶宽椭圆形或卵形；汁胞球形或卵形 ·········9(附). **莽山野桔 C. mangshanensis**

1. 箭叶橙　　　　　　　　　　　　　　　　　　　　　图693

Citrus hystrix DC. Cat. Pl. Hort. Bot. Montp. 97. 1813.

　　小乔木，高达6米。枝具长刺。单身复叶，油腺点多，厚纸质，叶身卵形，长3-5厘米，先端骤短尖或短尖，基部宽楔形或近圆，具钝齿；叶柄翅倒卵状菱形，顶端平截稍凹，基部楔形，密被油腺点，具钝齿，叶柄长3-6毫米。单花或3至数朵簇生叶腋。果柄长约1厘米，径4毫米；果萼5裂，裂片三角形，长约2毫米，宿存，果近球形稍长，高约4厘米，径3.5厘米，果顶乳头状凸尖，果皮较平滑，厚约2毫米，瓢囊6-7，果心充实。种子6-8，具蜂窝状网纹，长1.5-1.8厘米。

　　产云南及广西北部，生于海拔600-1900米山谷密林下、溪边。

2. 宜昌橙 图694

Citrus ichangensis Swingle in Journ. Agr. Res. 1: 4. 1913. pro parte.

小乔木或灌木状，高达4米。枝干多锐刺，刺长1-2.5厘米，花枝常无刺。叶卵状披针形，长2-8厘米，先端稍骤渐尖，全缘或具细钝齿；叶柄翅较叶稍短小或稍长。单花腋生。花萼5浅裂；花瓣5，淡紫红或白色，长1-1.8厘米；雄蕊20-30，花丝合生成多束。果扁球形、球形或梨形，顶部乳头状突起或圆，高3-5厘米，径4-6厘米，梨形的高9-10厘米，径7-8厘米，淡黄色，粗糙，油胞大，突起，果皮厚3-6毫米，果肉酸苦。花期5-6月，果期10-11月。

产陕西南部、甘肃南部、湖北西部、湖南、广西、贵州、四川及云南，生于海拔600-2500米陡崖、石缝中、山脊或沿河谷坡地。有栽培。耐寒、抗病力强，为嫁接柑桔类果树优良砧木。

[附] **红河橙** Citrus hongheensis Ye et al. in Acta Phytotax. Sin. 14: pl. 1. 1976. 本种与宜昌橙的区别：叶柄翅窄长圆形，长6-16厘米，较叶片长2-3倍；总状花序具5-9花，稀单花腋生，果皮厚1.5-2厘米。花期3-4月，果期9-10月。产云南南部红河县，生于海拔800-2000米山坡林中。

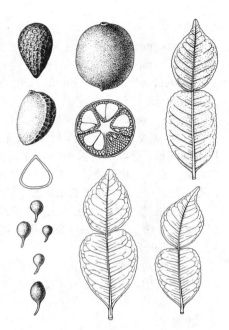

图 693 箭叶橙 （余汉平绘）

3. 香橼 枸橼 图695

Citrus medica Linn. Sp. Pl. 782. 1753.

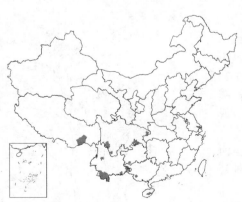

小乔木或灌木状，高达5米。幼枝、芽及花蕾均暗紫红色，枝刺长达4厘米。单叶，稀兼有单身复叶，无叶柄翅；叶椭圆形或卵状椭圆形，长6-12厘米，先端圆或钝，稀短尖，具细浅钝齿，叶柄短。总状花序具花达12朵，有时兼有腋生单花。花瓣5，长1.5-2厘米；雄蕊30-50。果椭圆形、近球形或纺锤形，重达2公斤，果皮淡黄色，粗糙，难剥离，内果皮稍淡黄色，棉质，松软，瓤囊10-15，果肉近透明或淡乳黄色，味酸或稍甜，有香气。花期4-5月，果期10-11月。

产海南、广西、四川、贵州西南部、云南及西藏东部；南方多栽培或已野化。越南、老挝、缅甸、印度、锡金有分布。果药用，称枸橼片，可消胀、化痰。可用作嫁接佛手砧木。

[附] **佛手** 彩片228 Citrus medica var. **sarcodactylis** (Nooten) Swingle

图 694 宜昌橙 （余汉平绘）

in Sarg. Pl. Wilson. 2: 141. 1914. —— *Citrus sarcodactylis* Nooten, Pl. Fr. Peuill. Java Pl. 3. 1863. 本变种与香橼的区别：果裂成手指状肉条，果皮厚，常无种子。长江以南各地栽培。指状肉条直伸或斜展的称开佛手，抱合如拳的称佛拳手，有浓香。果药用，可理气化痰；也可作盆景供观赏。

4. 柚　　　　　　　　　　　　　　　　　图 696 彩片 229

Citrus maxima (Burm.) Merr. in Bur. Sci. Publ. Manil. (Interp. Rumph. Herb. Amboin. 46) 296. 1917.

Aurantium maximum Burm. Herb. Amboin Auct. Index Univ. Sign. Z. 1, Verso. 1755.

Citrus grandis (Linn.) Osbeck; 中国高等植物图鉴 2: 559. 1972.

乔木，高达8米。幼枝、叶下面、花梗、花萼及子房均被柔毛。叶宽卵形或椭圆形，连叶柄翅长9-16厘米，宽4-8厘米，先端钝圆或短尖，基部圆，疏生浅齿；叶柄翅长2-4厘米，宽0.5-3厘米。总状花序，稀单花腋生。花萼（3-）5浅裂；花瓣长1.5-2厘米；雄蕊25-35。果球形、扁球形、梨形或宽圆锥状，径10厘米以上，淡黄或黄绿色，果皮海绵质，油胞大，凸起，果实心松软。可育种子常为不规则多面体，顶端扁平，单胚。花期4-5月，果期9-12月。

长江以南各地，北至河南南部广泛栽培。为著名水果，品种繁多。根、叶及果皮药用，可理气、化痰、消食。

图 695 香橼 （引自《图鉴》）

5. 酸橙　　　　　　　　　　　　　　　　　　图 697

Citrus aurantium Linn. Sp. Pl. 782. 1753.

小乔木，高达6米。徒长枝刺长达8厘米。叶卵状长圆形或椭圆形，长5-10厘米，全缘或具浅齿；叶柄翅倒卵形，长1-3厘米，宽0.6-1.5厘米，稀叶柄无翅。总状花序少花，有时兼有腋生单花。花径2-3.5厘米；花萼（4）5浅裂，无毛；雄蕊20-25，基部合生成多束。果球形或扁球形，果皮厚，难剥离，橙黄或朱红色，油胞大，凹凸不平，果肉味酸，有时带苦味。花期4-5月，果期9-12月。

原产亚洲东南部热带地区。秦岭以南各地栽培，有时半野生。果肉味酸，不宜食用，多用作嫁接甜橙等砧木，根系发达、树龄长、耐旱耐寒、抗病力强。叶、花、果皮均含芳香油。栽培品种代代花(cv. **Daidai**)，可用作薰制花茶。

图 696 柚 （引自《图鉴》）

6. 甜橙　橙　　　　　　　　　　　　　　　图 698 彩片 230

Citrus sinensis (Linn.) Osb. Reise Ostind. China 250. 1765.

Citrus aurantium Linn. var. *sinensis* Linn. Sp. Pl. 782. 1753.

小乔木，高达5米。枝少刺或近无刺。叶柄翅窄或具痕迹；叶卵形或卵状椭圆形，稀披针形，长6-10厘米，先端短尖，基部宽楔形，全缘或具不明显浅齿，无毛。总状花序少花，或兼有腋生单花。花瓣5，长圆形，长1.2-1.5厘米，白色，稀背面带淡紫红色；雄蕊20-25。果球形、扁球形或椭圆形，橙黄至橙红色，果皮难剥离或稍易剥离，果肉味甜或酸甜，种子少或无。花期3-5月，果期10-12月，晚熟品种至翌年2-4月。

秦岭以南各地广泛栽培，西北至陕西西南部、甘肃东南部、西南至西藏东南部，海拔1500米以下地带可栽种。我国特产著名水果，栽培品种甚多，有甜橙、黄果、血橙、脐橙等。

[附] **柠檬** 洋柠檬 彩片231 **Citrus limon** (Linn.) Burm. f. Fl. Ind. 173. 1768. —— *Citrus medica* Linn. var. *limon* Linn. Sp. Pl. 782. 1753. 本种与甜橙的区别：叶宽4-6厘米，叶缘具钝齿；单花腋生或少花簇生，花萼杯状，花瓣长1.5-2厘米；果椭圆形或卵形，径5厘米以上，果皮黄或淡

图 697 酸橙 （引自《图鉴》）

绿色,果顶具乳头状凸尖,果肉酸,难剥离,密布含柠檬香气的油腺点,味酸至甚酸。花期4-5月,果期9-11月。国外引入,长江以南栽培。花、叶及果皮富含芳香油,可蒸取柠檬油。

7. 香橙 蟹橙
图699

Citrus junos Sieb. ex Tanaka in Journ. Hered. 13: 243. 1922.

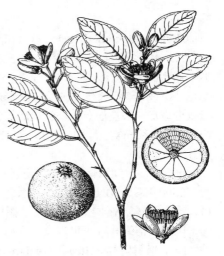

图 698 甜橙 (引自《福建植物志》)

小乔木,高达6米。常具粗长刺。叶厚纸质,叶柄翅倒卵状椭圆形,长1-2.5厘米,宽0.4-1.5厘米,先端圆钝,基部窄楔形,叶卵形、卵状披针形或椭圆形,长2.5-8厘米,宽1-4厘米,先端渐窄钝尖或短钝尖,常凹缺,上部具细浅齿,稀近全缘。单花腋生,下垂。花梗短;花瓣白色,有时背面淡紫红色,长1-1.3厘米;雄蕊20-25。果扁球形或近梨形,径4-8厘米,顶部具环状凸起及放射浅沟,果皮粗糙,油胞大,皮厚2-4毫米,淡黄色,易剥离,具香气,果肉味酸,带苦味。花期4-5月,果期10-11月。

产甘肃南部、陕西南部、湖北、湖南、江苏、安徽、浙江、贵州、四川及云南。栽培历史悠久,耐寒、耐旱,常用作柑桔类砧木。果药用,代枳实或枳壳。

8. 黎檬
图700

Citrus limonia Osb. Reise Ostind. China 250. 1765.

图 699 香橙 (引自《图鉴》)

小乔木,高达5米。小枝多锐刺。单身复叶,叶柄翅线状或仅具痕迹,夏梢叶柄翅较明显,叶宽椭圆形或卵状椭圆形,长6-8厘米,宽3-4厘米,基部楔形,具钝齿。少花簇生或单花腋生,有时3-5花成总状花序。花瓣背面淡紫红色,长1-1.5厘米;雄蕊25-30。果扁球形或球形,径4-5厘米,果皮甚薄,光滑,淡黄色(白黎檬)或橙红色(红黎檬),稍难剥离,果肉味极酸,稍有柠檬香味,瓢囊壁厚而韧。花期4-5月,果期9-10月。

产贵州南部、四川、云南及海南,生于较干燥坡地或河谷两岸坡地。福建西南部、广东及广西南部、四川沿江河谷低地有栽培。越南、老挝、柬埔寨、缅甸及印度东北部有分布。果可盐渍制成柠檬,或糖渍,加甘草制甘草柠檬。果药用,可下气、和胃、消食,可解妇女怀孕呕吐。

图 700 黎檬 (引自《图鉴》)

9. 柑桔

图 701 彩片 232

Citrus reticulata Blanco, Fl. Filip. 610. 1837.

小乔木，高达4米。刺较少。单身复叶，叶柄翅窄或仅有痕迹，叶披针形、椭圆形或宽卵形，长5-9.5厘米，先端常凹缺，上部常具圆齿，稀全缘。单花腋生或2-3花簇生。花瓣白色，长约1.5厘米；雄蕊20-25。果常扁球形或近球形，果皮淡黄、朱红或深红色，易剥离，桔络网状，易分离，果心大而空，稀充实，汁胞常纺缍形，果肉酸或甜，或味苦。花期4-5月，果期10-12月。

产秦岭、淮河以南地区，广泛栽培，稀半野生。为我国著名水果之一，约有2500年栽培历史，其品种品系之多，为世界各国之冠；著名品种有椪柑、黄岩蜜橘、南丰蜜橘、福橘、蕉柑等。果皮药用，称陈皮，可理气健脾、化痰；桔络和种子可理气、止痛、化痰。

[附] **道县野桔 Citrus daoxianensis** S. W. He et G. F. Liu in Acta Bot. Yunnan. 12(3): 287. 1990. 本种与柑桔的区别：叶宽披针形，长6-7.2厘米，宽2.3-3厘米，疏生细圆齿；柑果球形，果顶部具短硬尖，径2.8-3.2厘米，重11-20克；内果皮厚膜质，囊瓣7-8，肾形，富含果胶；汁胞纺缍形，淡黄或橙黄色，具柄，含油腺点，味极酸。花期5月，果期11月。产湖南南部，生于海拔500-550米山区。

[附] **莽山野桔 Citrus mangshanensis** S. W. He et G. F. Liu in Acta Bot. Yunnan. 12(3): 288. 1990. 本种与柑桔的区别：叶宽椭圆形或卵形，长4.2-5.3厘米，具细圆齿；花瓣白色；花柱粗短。柑果近梨形或扁球

图 701 柑桔 （引自《广东植物志》）

形，径6-7.5厘米，果顶部具短硬尖，富含果胶，汁胞球形或卵形，含油腺点，味极酸微苦。果期10月。产湖南南部，生于海拔约700米山区。

25. 木桔属 Aegle Correa

落叶小乔木，高约10米；树皮灰色；多粗硬锐刺。长枝具刺，短枝无刺。幼苗具单叶，稍后抽出单小叶、3小叶复叶及2小叶；小叶多油腺点，宽卵形或长椭圆形，长4-12厘米，顶生小叶较大，具长柄，侧生小叶近无柄，锯齿浅钝。花两性，芳香；单花或少花成聚伞花序腋生。花萼（4）5裂，被毛；花瓣（4）5，白色，稍肉质，具透明油腺点，长约1厘米；雄蕊20-50，花丝短，连成多束，花药线形；花盘细小，花柱短，子房8-20室。果高10-12厘米，径6-8厘米，淡绿黄色，平滑，果皮硬木质，厚3-4毫米；果柄长4-6厘米。种子多数，扁卵形，具透明胶液，种皮被绵毛，子叶大，萌发时出土。

单种属。

木桔

图 702

Aegle marmelos (Linn.) Correa in Trans. Linn. Soc. Lond. 5: 223. 1800.

Crataeva marmelos Linn. Sp. Pl. 444. 1753.

形态特征同属。果期10月。

产云南西南部，生于海拔600-1000米稍干旱坡地林中；有栽培。东南亚有分布。

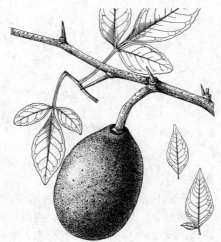

图 702 木桔 （引自《广东植物志》）

根、树皮、叶、花均可作清热剂。果肉有香气，可作清肠胃药、缓泻剂。食嫩叶可避孕或致流产。

170. 蒺藜科 ZYGOPHYLLACEAE
（刘瑛心）

灌木、亚灌木或多年生草本、稀一年生草本。偶数羽状复叶或单叶，托叶分裂或不裂，常宿存；小叶常对生、稀互生或簇生，常肉质。花两性，辐射对称；1-2朵腋生或为总状花序、聚伞花序。萼片（4）5，离生或基部稍连合；花瓣5，稀缺；雄蕊与花瓣同数或多1-3倍，花丝常长短相间，外轮与花瓣对生，花丝下部常具鳞片，花药丁字形着生，纵裂；具花盘；子房上位，（2）3-5（-12）室，每室1-数个胚珠。蒴果、分果爿、浆果或核果。

27属，350种。分布于温带、亚热带及热带。我国6属、31种、2亚种、4变种。耐干旱、瘠薄及盐碱，抗风沙，多为优良治沙，保持水土植物。种子富含油脂。

1. 聚伞花序；浆果状核果；雄蕊花丝无附属物 ···················· 1. 白刺属 Nitraria
1. 花1-2朵腋生；蒴果或分果爿；花丝具附属物或基部宽。
　2. 蒴果。
　　3. 单叶，分裂；外轮雄蕊长于内轮，花丝基部宽 ·············· 2. 骆驼蓬属 Peganum
　　3. 小叶对生，1对或多对，不裂；雄蕊近等长，花丝基部具鳞片。
　　　4. 草本；花5数；蒴果具5棱或5翅，或浆果状；小叶1-5对 ·········· 3. 驼蹄瓣属 Zygophyllum
　　　4. 灌木；花4数；蒴果具4翅；小叶1对 ···················· 4. 霸王属 Sarcozygium
　2. 分果爿。
　　5. 分果爿5；花萼5，花瓣5，雄蕊5，花丝基部具腺体 ············ 5. 蒺藜属 Tribulus
　　5. 分果爿4；花萼4，花瓣4，雄蕊8，花丝基部具膜状附属物 ········ 6. 四合木属 Tetraena

1. 白刺属 Nitraria Linn.

落叶灌木。枝先端常成硬刺。单叶肉质，全缘或顶端齿裂；托叶锥尖。蝎尾状聚伞花序顶生及腋生。花小，白或黄绿色；萼片5，连合，宿存；花瓣5；雄蕊10-15，无附属体；子房上位，3室，每室1胚珠，柱头卵形。核果，外果皮薄，内果皮骨质。

11种，分布于亚洲、欧洲、非洲及澳大利亚。我国6种。

1. 果熟时外果皮干膜质，膨胀成球形，果核窄纺锤形；叶条形或倒披针状条形，宽2-4毫米 ···················· 1. 泡泡刺 N. spherocarpa
1. 浆果状核果，熟时肉质，果核卵状圆锥形；叶非条形。
　2. 果长1.2-1.8厘米，熟时深红色，果汁紫黑色，果核长0.8-1厘米；叶长圆状匙形或倒卵形，长2.5-4厘米，宽0.7-2厘米，全缘，先端圆钝、平截，有时2-3齿裂 ········ 2. 大白刺 N. roborowskii
　2. 果长不及1.2厘米；叶宽2-9毫米。
　　3. 果椭圆形或近球形，长6-8毫米，熟时暗红色，果汁暗蓝紫色，果核长4-5毫米；幼枝之叶4-6簇生，倒披针形 ···················· 3. 小果白刺 N. sibirica

3. 果长0.8-1.2厘米；幼枝之叶2-3簇生。
　　4. 叶、花瓣及子房均无毛，果窄卵圆形，径3-4毫米 ………………………………… 4. **白刺 N. tangutorum**
　　4. 叶密被银白色柔毛；花萼、花瓣及子房均被柔毛；果近球形，径约1厘米 …………
　………………………………………………………………… 4(附). **毛瓣白刺 N. praevisa**

1. 泡泡刺

图703 彩片233

Nitraria sphaerocarpa Maxim. in Mém. Biol. Acad. Sci. Pétersb. 11: 657. 1883.

灌木，枝长达50厘米，弧曲，营养枝先端刺状，老枝黄褐色，幼枝灰白色。叶近无柄，2-3簇生，条形或倒披针状条形，全缘，长0.5-2.5厘米，宽2-4毫米，先端稍尖或钝。花序长2-4厘米，密被黄褐色柔毛。花梗长1-5毫米；萼片绿色，被柔毛；花瓣白色，长约2毫米。幼果披针形，密被黄褐色柔毛，熟时外果皮干膜质，膨胀成球形，果径约1厘米，果核窄纺锤形，长6-8毫米，先端渐尖，具蜂窝状小孔。花期5-6月，果期6-7月。

图 703 泡泡刺 (蒋兆兰绘)

产内蒙古西部、甘肃及新疆，生于戈壁、山前平原及砾质平坦沙地，极耐干旱。蒙古有分布。

2. 大白刺

图704

Nitraria roborowskii Kom. in Acta Hort. Pétrop. 29(1): 168. 1908.

灌木，高达2米。枝多数，多平卧或直立，枝刺白色，稍有光泽。叶2-3簇生，长圆状匙形或倒卵形，长2.5-4厘米，宽0.7-2厘米，先端圆钝或平截，全缘或先端具2-3裂齿。花较稀疏。核果卵形或近椭圆形，长1.2-1.8厘米，径0.8-1.5厘米，熟时深红色，果汁紫黑色；果核窄卵形，先端钝，长0.8-1厘米，径3-4毫米。花期6月，果期7-8月。

产内蒙古西部、甘肃、陕西西北部、宁夏、新疆及青海，生于沙漠地区、湖盆边缘、绿洲外围沙地。蒙古有分布。果酸甜可口，有"沙漠樱桃"之称，可制野果饮料，清香味美，营养丰富。枝条平铺地面，积沙成丘，称"白刺包"，高达20余米，为优良固沙植物。

图 704 大白刺 (蒋兆兰绘)

3. 小果白刺 白刺

图705

Nitraria sibirica Pall. Fl. Ross. 1: 80. 1784.

灌木，高达1.5米。多分枝，小枝灰白色，先端刺尖。幼枝之叶4-6簇

生,倒披针形或倒卵状匙形,长0.6-1.5厘米,宽2-5毫米,基部楔形,无毛或幼时被柔毛。聚伞花序长1-3厘米,疏被柔毛。萼片绿色;花瓣黄绿或近白色,长圆形,长2-3毫米。果椭圆形或近球形,长6-8毫米,熟时暗红色,果汁暗蓝紫色,味甜微咸;果核卵形,先端尖,长4-5毫米。花期5-6月,果期7-8月。

产吉林、辽宁、内蒙古、新疆、青海、甘肃、宁夏、陕西、河北、山西及山东,生于盐渍化沙地、湖盆边缘沙地及沿海沙地。蒙古、西伯利亚及中亚有分布。为优良防风固沙植物。

图 705 小果白刺 （引自《图鉴》）

4. 白刺 图706

Nitraria tangutorum Bobr. in Сов. Бот. 14(1): 19. 1946.

灌木,高达2米。多分枝,枝弯曲、先端刺针状,幼枝白色,幼枝之叶2-3簇生,宽倒披针形、长椭圆状匙形,长1.8-3厘米,宽6-8毫米,先端圆钝,稀尖,基部楔形,无毛,全缘,稀先端2-3齿裂。花较密,白色,花瓣及子房无毛。核果卵形,有时椭圆形,长0.8-1.2厘米,径6-9毫米,熟时深红色,果汁玫瑰色;果核窄卵形,长5-6毫米,径3-4毫米,先端短渐尖。花期5-6月,果期7-8月。

产内蒙古、陕西北部、甘肃河西、宁夏、新疆、青海及西藏,生于荒漠及半荒漠湖盆沙地、河流阶地、山前平原积沙地。用途同大白刺。

[附] **毛瓣白刺 Nitraria praevisa** Bobr. in Бот. Жут. 50(8): 1058. 1965. 本种与白刺的区别:叶密被银白色柔毛;花萼、花瓣及子房均被柔毛;核果近球形,径约1厘米。产内蒙古阿拉善左旗、甘肃河西及兰州地

图 706 白刺 （蒋兆兰绘）

区、宁夏北部、青海柴达木盆地,生于干旱地区及古河床阶地。

2. 骆驼蓬属 Peganums Linn.

多年生草本。叶对生,分裂为条状裂片;托叶刺毛状。花大,单生,黄白或淡黄色;萼片5,深裂成不规则裂片,果期宿存;花瓣5;雄蕊15,花丝基部宽;花盘环状;花柱上部三棱状,子房3室,每室胚珠多数。蒴果3裂,种子多数。

6种,分布于地中海沿岸、中亚、蒙古、北美。我国3种。

1. 植株无毛或幼时被毛；花瓣倒卵状长圆形，黄白色；叶裂片宽1-3毫米。
  2. 茎直立或开展，无毛；叶全裂为3-5条形或披针状条形裂片，裂片宽1.5-3毫米；萼裂片条状，有时仅顶部分裂 ··· 1. 骆驼蓬 P. harmala
  2. 茎平卧，幼枝、幼叶被毛；叶二至三回深裂，裂片宽1-1.5毫米；萼片3-5深裂 ··· 2. 多裂骆驼蓬 P. multisectum
1. 植株密被短硬毛；花瓣倒披针形，淡黄色；叶裂片宽不及1毫米 ················ 3. 骆驼蒿 P. nigellastrum

1. 骆驼蓬 图 707 彩片 234

Peganum harmala Linn. Sp. Pl. 444. 1753.

多年生草本，高达70厘米，直立或开展，无毛。根径达2厘米。茎基部多分枝。叶互生，卵形，全裂为3-5条形或披针状条状裂片，裂片长1-3.5厘米，宽1.5-3毫米。花单生枝端或叶腋，与叶对生。萼裂片条形，长1.5-2厘米，有时仅顶端分裂；花瓣黄白色，倒卵状长圆形，长1.5-2厘米，宽6-9毫米；雄蕊15，短于花瓣，花丝近基部宽。蒴果近球形，稍扁。种子三棱形，稍弯，黑褐色，被小瘤。花期

图 707 骆驼蓬 （引自《中国沙漠植物志》）

5-6月，果期7-9月。染色体2n=24。

产河北西部、山西北部、内蒙古西部、甘肃、宁夏、青海、新疆及西藏，生于荒漠、半荒漠带干旱草地、绿洲边缘、轻盐渍化沙地、壤质低山或河谷沙地。蒙古、中亚、西亚、伊朗、印度、地中海地区及非洲北部有分布。牧草植物；种子可作红色染料；种子油供工业用；叶片可代肥皂；全草药用，治关节炎，又可作杀虫剂。

2. 多裂骆驼蓬 图 708

Peganum multisectum (Maxim.) Bobr. in Schischk. et Bobr. Fl. USSR 14: 149. 1949.

Peganum harmala Linn. var. *multisecta* Maxim. Fl. Tangut. 1: 103. 1889.

多年生草本，幼时被毛，茎平卧，长达80厘米，积沙成丘。叶二至三回深裂，基部裂片与叶轴近垂直，裂片长0.6-1.2厘米，宽1-1.5毫米。萼片3-5深裂；花瓣淡黄白色，倒卵状长圆形，长1-1.5厘米，宽5-6毫米；雄蕊短于花瓣，基部宽。蒴果近球形，顶部稍平。种子多数，稍三角形，长2-3毫

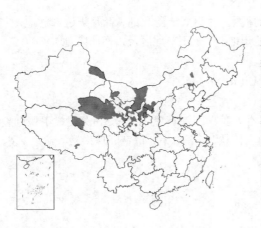

图 708 多裂骆驼蓬 （陶明琴绘）

米，稍弯，被小瘤。花期5-7月，果期6-9月。

产陕西北部、内蒙古、宁夏、甘

肃、新疆、青海及西藏，生于半荒漠地区沙地、黄土山坡、荒地。

3. 骆驼蒿　　　　　　　　　　　　　　　　　　图 709

Peganum nigellastrum Bunge in Mém. Acad. Sci. st. Pétersb. 2: 87. 1835.

图 709 骆驼蒿 （引自《图鉴》）

多年生草本，高达25厘米；植株密被短硬毛。茎直立或开展，基部多分枝。叶二至三回深裂，裂片条形，长达1厘米，宽不及1毫米，先端渐尖，花单生茎端或叶腋。花梗被硬毛；萼片披针形，长达1.5厘米，5-7条状深裂，裂片长约1厘米，宽约1毫米，宿存；花瓣淡黄色，倒披针形，长1.2-1.5厘米。蒴果近球形，黄褐色。种子多数，黑褐色，被小瘤。花期5-7月，果期7-9月。

产新疆北部、内蒙古、陕西北部、甘肃、宁夏、河北、山西及河南，生于沙质石砾地、山前平原、丘间低地、固定或半固定沙地。西伯利亚东部及蒙古有分布。牧草植物。

3. 驼蹄瓣属 **Zygophyllum** Linn.

多年生草本，稀一年生草本。偶数羽状复叶，对生，肉质，托叶2，草质或膜质；小叶扁平或棒状。花1-2腋生。萼片5，有时早落；花瓣5，橘红、白、黄色，有时爪为橘红色或边缘色淡；雄蕊8-10，花丝基部具鳞片状附属物；花盘肉质；子房3-5室，柱头全缘。蒴果具翅或有棱，5瓣裂或不裂，每室1-数粒种子。种子具胚乳。

约100余种，主产亚洲中部、中亚、地中海沿岸及非洲。我国17种、5变种。

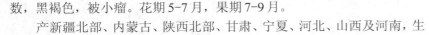

1. 浆果状蒴果，无翅；植株铺散 ·· 1. **戈壁驼蹄瓣 Z. gobicum**
1. 蒴果具翅或无翅；植株直立、开展、仰卧。
　2. 蒴果无翅或翅不显著，圆柱形或长圆状卵形。
　　3. 小叶1对。
　　　4. 雄蕊短于花瓣；叶斜卵形 ·· 2. **长梗驼蹄瓣 Z. obliquum**
　　　4. 雄蕊长于花瓣。
　　　　5. 植株高达1米；蒴果先端钝或圆。
　　　　　6. 蒴果径5毫米以下；小叶宽0.7-1厘米。
　　　　　　7. 小叶长圆形或倒披针形；茎直立 ····················· 3. **细茎驼蹄瓣 Z. brachypterum**
　　　　　　7. 小叶倒卵形或长圆状倒卵形；茎开展或铺散 ····· 4. **驼蹄瓣 Z. fabago**
　　　　　6. 蒴果径6毫米以上；小叶宽1.5-3厘米 ················· 4(附). **大叶驼蹄瓣 Z. macropodum**
　　　　5. 植株高达15厘米；蒴果线状披针形，先端渐尖 ····· 5. **石生驼蹄瓣 Z. rosovii**
　　3. 小叶1-3对。
　　　8. 植株直立或开展；小叶椭圆形、长圆形、倒披针形、斜倒卵形或窄长圆形，宽0.3-1.5厘米。
　　　　9. 蒴果镰状弯曲，长2.5-4厘米 ····························· 6. **长果驼蹄瓣 Z. jaxarticum**
　　　　9. 蒴果直伸，长1.6-2.5厘米 ····························· 7. **粗茎驼蹄瓣 Z. loczyi**
　　　8. 植株平铺或仰卧；小叶线形或线状长圆形，宽1-3毫米 ····· 8. **蝎尾驼蹄瓣 Z. mucronatum**

2. 蒴果具翅，球形、长圆形或倒披针形。

  10. 小叶 1 对；蒴果球形，长约 1 厘米 ·················· 9(附). **拟豆叶驼蹄瓣 Z. fabagoides**

  10. 小叶 1-5 对；蒴果非球形，如球形，则大于 1 厘米。

    11. 小叶 1-3 对。

      12. 花瓣短于萼片；小叶 1-2 对；蒴果球形，长 1.5-2.5 厘米 ·········· 9. **大花驼蹄瓣 Z. potaninii**

      12. 花瓣长于萼片或近等长；小叶 1-3 对；蒴果非球形。

        13. 花瓣与萼片近等长；蒴果椭圆形或披针形。

          14. 雄蕊长于花瓣近 2 倍 ·················· 9(附). **伊犁驼蹄瓣 Z. iliense**

          14. 雄蕊短于花瓣或近等长 ·················· 9(附). **尖果驼蹄瓣 Z. oxycarpum**

        13. 花瓣稍长于萼片；小叶 2-3 对；蒴果长圆状卵形或卵圆形 ············ 10. **翼果驼蹄瓣 Z. pterocarpum**

    11. 小叶 3-5 对 ·················· 10(附). **大翅驼蹄瓣 Z. macropterum**

1. 戈壁驼蹄瓣 戈壁霸王   图 710

Zygophyllum gobicum Maxim. Enum. Pl. Mongol. 298. t. 14. f. 1-6. 1889.

多年生草本，有时全株灰绿色。茎有时带橘红色，基部多分枝，铺散，枝长 10-20 厘米。托叶离生，卵形，叶柄长 2-7 毫米；小叶 1 对，斜倒卵形，长 0.5-2 厘米，宽 3-8 毫米。2 花并生叶腋。花梗长 2-3 毫米；萼片 5，绿或橘红色，椭圆形或长圆形，长 4-6 毫米；花瓣淡绿或橘红色，椭圆形，较萼片短；雄蕊长 6-8 毫米。浆果状蒴果下垂，无翅，椭圆形，长 0.8-1.4 厘米，径 6-7 毫米，顶端钝，不裂。花期 6 月，果期 8 月。

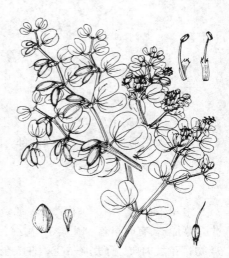

图 710 戈壁驼蹄瓣 （陶明琴绘）

产内蒙古西部、甘肃及新疆东部，生于沙砾石戈壁或沙地。蒙古有分布。

2. 长梗驼蹄瓣 长梗霸王   图 711

Zygophyllum obliquum Popov in Bull. Univ. Asie Centr. 11: 113. 1925.

多年生草本，高达 80 厘米。根粗壮，多数。茎基部多分枝，上升或外倾，茎下部托叶连合，上部托叶离生，托叶宽卵形、长圆形或披针形，长约 3 毫米，边缘窄膜质，叶柄具翅，扁平，短于小叶；小叶 1 对，斜卵形，长 1-2 厘米，宽 0.7-1 厘米，灰蓝色，先端尖，基部楔形。花 1-2 个腋生。花梗长 1-1.8

图 711 长梗驼蹄瓣 （陶明琴绘）

厘米；萼片5，卵形或长圆形，长5-8毫米，边缘膜质；花瓣倒卵形，长0.6-1厘米，下部橘红色，上部色较淡；雄蕊短于花瓣，鳞片长圆形，长为花丝之半。蒴果圆柱形，长约3厘米，径5-8毫米，具5棱，果直立。种子卵形，径约2.5毫米。花期6-8月，果期7-9月。

产甘肃及新疆，生于低山山坡、河滩沙砾地、河谷。帕米尔地区及中亚有分布。

3. 细茎驼蹄瓣 细茎霸王　　　　　图712

Zygophyllum brachypterum Kar. et Kir. in Bull. Soc. Nat. Mosc. 14: 397. 1841.

多年生草本，高达25厘米。茎直立或开展，多分枝。托叶卵形，长3-5毫米，叶柄短于小叶或近等长，具翅；小叶1对，长圆形或倒披针形；长1.5-2.5厘米，宽5-6厘米，质薄，先端圆钝。1-2花腋生。花梗长1-1.5厘米；萼片5，不等长，长7-9毫米；花瓣卵圆形，长4-5毫米；雄蕊长1-1.2厘米，鳞片细深裂。蒴果圆柱形或长圆形，长1-1.6厘米，径约5毫米，具5棱，顶端钝。种子近肾形，长约3毫米，径1.5-2毫米。花期5-6月，果期7月。

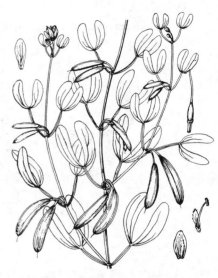

图 712 细茎驼蹄瓣 （陶明琴绘）

产甘肃西部及新疆，生于荒漠地带山坡下部、河谷。中亚及蒙古有分布。

4. 驼蹄瓣　　　　　图713

Zygophyllum fabago Linn. Sp. Pl. 385. 1753.

多年生草本，高达80厘米。茎多分枝，开展或铺散。托叶革质，卵形或椭圆形，长0.4-1厘米，绿色，茎中部以下托叶连合，上部托叶披针形，叶柄短于小叶；小叶1对，倒卵形或长圆状倒卵形，长1.5-3.3厘米，宽0.6-2厘米，先端圆。花梗长0.4-1厘米；萼片卵形或椭圆形，长6-8毫米，边缘白色膜质；花瓣倒卵形，与萼片近等长，先端近白色，下部橘红色；雄蕊长1.1-1.2厘米，鳞片长圆形，长为雄蕊之半。蒴果长圆形或圆柱形，长2-3.5厘米，径4-5毫米，具5棱，下垂。种子多数，长约3毫米，径2毫米，具斑点。花期5-6月，果期6-9月。

产内蒙古西部、甘肃、新疆及青海，生于冲积平原、绿洲、湿润沙地、荒地及渠边。中亚、伊朗、伊拉克及叙利亚有分布。

[附] **大叶驼蹄瓣** 大叶霸王 **Zygophyllum macropodum** Boriss. in

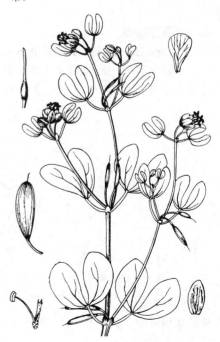

图 713 驼蹄瓣 （陶明琴绘）

Schischk. et Bobr. Fl. USSR 14: 724. 1949. 本种与驼蹄瓣的主要区别：叶

柄具窄翅，小叶斜卵圆形或长圆形；萼片宽卵形，花瓣白色，长圆形；蒴果圆柱形，径0.7-1厘米，直立；种子长约5毫米。花期5月，果期7-8月。

产新疆准噶尔盆地，生于荒地、田边、盐渍化沙地。中亚有分布。

5. 石生驼蹄瓣

图714

Zygophyllum rosovii Bunge in Linnaea 17: 5. 1843.

多年生草本，高达15厘米。根木质，径达3厘米。茎基部多分枝，开展，无毛。托叶离生，卵形，长2-3毫米，白色膜质，叶柄长2-7毫米；小叶1对，卵形，长0.8-1.8厘米，宽5-8毫米，绿色，先端钝或圆。花1-2腋生。花梗长5-6毫米；萼片椭圆形或倒卵状长圆形，长5-8毫米，边缘膜质；花瓣倒卵形，与萼片近等长，先端圆，白色，下部橘红色，具爪；雄蕊长于花瓣，

图 714 石生驼蹄瓣 （陶明琴绘）

橙黄色，鳞片长圆形。蒴果条状披针形，长1.8-2.5厘米，宽约5毫米，先端渐尖，稍弯或镰状弯曲，下垂。种子灰蓝色，长圆状卵形。花期4-6月，果期6-7月。

产内蒙古西部、甘肃及新疆，生于砾石低山坡、洪积砾石滩、石质峭壁。蒙古及中亚有分布。

6. 长果驼蹄瓣

图715

Zygophyllum jaxarticum Popov in Ввея. Фл. Узбек. 4: 58. 1959.

多年生草本，高达30厘米。茎多分枝，开展或倾斜。托叶膜质，宽三角状，边缘具细齿，叶柄长1-2厘米，扁平；小叶1-3对，窄长圆形、长圆形、倒披针形，长1-2.5厘米，宽3-5毫米。花1-2腋生。花梗长4-7毫米；萼片长圆状倒卵形，长7-8毫米，边缘宽膜质；花瓣倒卵形，与萼片近等长；雄蕊不等长，长0.5-1厘米，鳞片长圆状条形，生于花丝上部。蒴果下垂，柱状，镰形弯曲，长2.5-4厘米，宽4-5毫米，先端短渐尖或尖，具棱。种子长圆状披针形，长4-5毫米，径约1.5毫米，粗糙。花期4-5月，果期6-7月。

图 715 长果驼蹄瓣 （陶明琴绘）

产甘肃及新疆，生于盐渍化山前平原、荒漠化盐渍化土壤、湖滨。哈萨克斯坦及乌兹别克斯坦有分布。

7. 粗茎驼蹄瓣 粗茎霸王

图716

Zygophyllum loczyi Kanitz in Pl. Szechenyi (Kolozsvar) 13. t. 1. f. 7-9. 1891.

一年生或二年生草本，高达25厘

米。茎开展或直立，基部多分枝。托叶膜质或草质，上部托叶离生，三角状，基部的连合为半圆形，叶柄短于小叶，具翅；茎上部小叶1对，中下部的2-3对，椭圆形或斜倒卵形，长0.6-2.5厘米，宽0.4-1.5厘米，先端钝或圆。花1-2腋生。花梗长2-6毫米；萼片5，椭圆形，长5-6毫米，绿色，具白色膜质边缘；花瓣近卵形，橘红色，边缘白色，短于萼片或近等长；雄蕊短于花瓣。蒴果圆柱形，直伸，长1.6-2.5厘米，径5-6毫米，果皮膜质。种子多数，卵形，长3-4毫米，顶端尖，被凹点。花期4-7月，果期6-8月。

产内蒙古西部、甘肃、新疆及青海，生于海拔700-2800米洪积平原、砾石戈壁、盐化沙地。

图 716 粗茎驼蹄瓣 （陶明琴绘）

8. 蝎尾驼蹄瓣 蝎尾霸王　　　　　　　　图 717

Zygophyllum mucronatum Maxim. in Mém. Biol. Acad. Sci. Pétersb. 11: 175. 1881.

多年生草本，高达25厘米。茎多分枝，平卧或开展，具沟棱及皮刺。托叶三角状，边缘膜质，细条裂，叶柄及叶轴具扁翅，有时与小叶等宽；小叶2-3对，条形或条状长圆形，长约1厘米，先端刺尖。花1-2朵腋生。花梗长2-5毫米；萼片窄倒卵形或长圆形，长5-8毫米；花瓣倒卵形，稍长于萼片，上部近白色，下部橘红色，具爪；雄蕊长于花瓣，花药橘黄色，鳞片长达花丝之半。蒴果披针形、圆柱形，稍

图 717 蝎尾驼蹄瓣 （蒋兆兰绘）

具5棱，顶端渐尖或尖，下垂，子房5室，每室1-4种子。种子椭圆形或卵形，黄褐色，具密孔。花期6-8月，果期7-9月。

产内蒙古西部、甘肃、宁夏、新疆及青海，生于海拔800-3000米山坡、山前平原、冲积扇、河流阶地、黄土山坡。

9. 大花驼蹄瓣 大花霸王　　　　　　　　图 718

Zygophyllum potaninii Maxim. in Mém. Biol. Acad. Sci. Pétersb. 11. 174. 1881.

多年生草本，高达25厘米。茎直立或开展，基部多分枝，粗壮，无毛。托叶草质，卵形，连合，长约3毫米，边缘膜质，叶柄长3-6毫米，叶轴具窄翅；小叶1-2对，斜倒卵形、椭圆形或近圆形，长1-2.5厘米，宽0.5-2厘米，肥厚。花2-3朵腋生，下垂。花梗短于萼片；萼片倒卵形，稍黄色，

长0.6-1.1厘米；花瓣白色，下部橘黄色，匙状倒卵形，短于萼片；雄蕊长于萼片，鳞片条状椭圆形，长为花丝之半。蒴果下垂，近球形，长1.5-2.5厘米，径1.5-2.6厘米，具5翅，翅宽5-7毫米，每室4-5种子。种子斜卵

形，长约5毫米。花期5-6月，果期6-8月。

产内蒙古西部、甘肃及新疆，生于沙地、砾质、石砾低山坡。蒙古及中亚有分布。

[附] **拟豆叶驼蹄瓣** 拟豆叶霸王 **Zygophyllum fabagoides** Popov in Bull. Univ. Asie Centr. 11: 113. 1925. 本种与蒴果具翅的几种驼蹄瓣的区别：小叶1对；蒴果近球形，长约1厘米。花期5-7月，果期8月。产甘肃河西及新疆伊犁河流域，生于流动沙丘、沙地、荒漠河岸林。中亚有分布。

[附] **伊犁驼蹄瓣** 伊犁霸王 **Zygophyllum iliense** Popov in Bull. Univ.

Asie Centr. 12. 112. t. 6. f. 17. 1926. 本种与大花驼蹄瓣的区别：托叶膜质，离生，白色，长约1毫米，小叶1-3对，上部者常1对，宽卵形或近圆形，长1-1.2厘米；花1-2朵腋生；花梗长5-7毫米，萼片长圆形，长5-6毫米，花瓣倒卵形或长圆形，长与萼片近相等，雄蕊长为瓣片2倍；蒴果圆柱形、椭圆形或长圆状卵形，径6毫米。产新疆伊犁河流域，生于荒漠地带低山坡、戈壁滩。中亚有分布。

[附] **尖果驼蹄瓣** 尖果霸王 **Zygophyllum oxycarpum** Popov in Bull. Univ. Asie Centr. 12: 112. t. 6(3); f. 19. 1926. 本种与大花驼蹄瓣的

10. 翼果驼蹄瓣 翼果霸王 图719
Zygophyllum pterocarpum Bunge in Ledeb. Fl. Alt. 2: 103. t. 382. 1830.

多年生草本，高20厘米。茎多数，开展。托叶卵形，上部者披针形，长1-2毫米，叶柄长4-6毫米，扁平，具翅；小叶2-3对，条状长圆形或披针形，长0.5-1.5厘米，宽2-5毫米，灰绿色。花1-2腋生。花梗长4-8毫米；萼片椭圆形，长5-7毫米；花瓣长圆状倒卵形，稍长于萼片，长7-8毫米，上部白色，下部橘红色；雄蕊不伸出花瓣，鳞片长为花丝1/3。蒴果长圆状卵形或卵圆

形，长1-2厘米，径0.6-1.5厘米，具5翅，膜质，翅宽2-3毫米。花期5-6月，果期6-8月。

产内蒙古西部、甘肃及新疆，生于石质山坡。哈萨克斯坦有分布

[附] **大翅驼蹄瓣** 大翅霸王 Zygophyllum macropterum C. A. Mey.

图 718 大花驼蹄瓣 （蒋兆兰绘）

区别：叶柄长1-2厘米，小叶2-3对，条状长圆形，宽1-3毫米；萼片长圆状卵形，长3-5毫米，花瓣短于萼片或近等长，雄蕊鳞片长为花丝1/4-1/3，条形；蒴果披针形，径0.7-1厘米，具5窄翅，翅宽2-3毫米。花期4-6月，果期5-7月。产新疆准噶尔盆地扎依尔山，生于砾质地及石质山坡。哈萨克斯坦有分布。

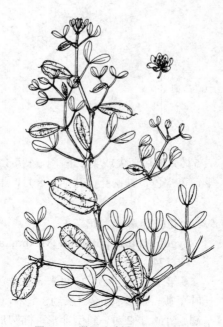

图 719 翼果驼蹄瓣 （蒋兆兰绘）

in Ledb. Fl. Alt. 2: 102. 1830. 本种与翼果驼蹄瓣的区别：茎具糙皮刺；叶柄长 1-2 厘米，小叶 3-5 对，倒卵形或长圆形；花瓣倒卵形，长于萼片，橘红色；蒴果近球形或卵状球形，长 2-4.5 厘米，径 2-4 厘米，翅宽 0.5-1.2 厘米。花期 4-5 月，果期 5-8 月。产新疆，生于低山、河流阶地。俄罗斯及中亚有分布。

4. 霸王属 Sarcozygium Bunge

灌木。枝弯曲，顶端刺尖。2 小叶复叶，具柄，在老枝上簇生，在新枝上对生。花 1-2 腋生。萼片 4；花瓣 4；雄蕊 8，具鳞片。蒴果常具 3 翅，翅纸质，3 室，每室 1 种子。

我国 2 种。

1. 蒴果近球形，长 1.8-4 厘米，连翅长宽近等长；萼片倒卵形 ·············· 1. **霸王** S. xanthoxylon
1. 蒴果窄卵形或倒卵形，长 1-1.6 厘米，径 0.8-1（-1.6）厘米；萼片椭圆形 ········· 2. **喀什霸王** S. kaschgaricum

1. 霸王　　　　　　　　　　　图 720　彩片 235

Sarcozygium xanthoxylon Bunge in Linnaea 17: 7. 1843.

Zygophyllum xanthoxylon (Bunge) Maxim.；中国高等植物图鉴 2: 537. 1972.

灌木，高达 1 米。枝之字形弯曲，开展，枝皮淡灰色，木质部黄色，顶端刺尖。叶柄长 0.8-2.5 厘米；小叶 1 对，长匙形、窄长圆形或条形，长 0.8-2.4 厘米，宽 2-5 毫米，先端圆钝，基部渐窄，肉质。花生于老枝叶腋。萼片倒卵形，绿色，长 4-7 毫米；花瓣倒卵形或近圆形，具爪，淡黄色，长 0.8-1.1 厘米；雄蕊长于花瓣，鳞片倒披针形，先端浅裂，长约为花丝 2/5。蒴果近球形，长 1.8-4 厘米，翅宽 5-

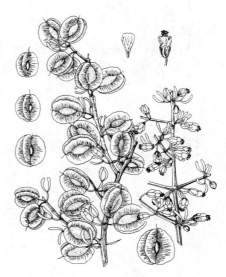

图 720　霸王　（陶明琴绘）

9 毫米。种子肾形，长 6-7 毫米，径约 2.5 毫米。花期 4-5 月，果期 7-8 月。产内蒙古西部、甘肃西部、宁夏西部、新疆及青海，生于荒漠、半荒漠沙砾河流阶地、低山山坡、碎石低丘及山前平原。蒙古有分布。可作家畜饲料。

2. 喀什霸王　　　　　　　　　图 721

Sarcozygium kaschgaricum (Boriss.) Y. X. Liou, Fl. Reipubl. Popul. Sin. 43(1): 142. 1998.

Zygophyllum kaschgaricum Boriss. in Schischk. et Bobr. Fl. URSS 14: 728. 1949.

灌木，高达 50 厘米。枝弯曲，顶端刺尖，节间短，枝皮灰绿色，具不明显棱纹，木质部黄色。托叶小，膜质，叶柄长 0.6-1.5 厘米，簇生老枝；小叶 1 对，肉质，条形，长 0.6-1.7 厘米，先端钝。花 1-2 腋生。花梗长 0.6-1 厘米；萼片 4，椭圆形，果期宿存。蒴果窄卵形或倒卵形，长 1-1.6（2.4）厘米，径 0.8-1（1.6）厘米，翅宽约 2 毫米，顶端具尖头，果下垂。果期 7

月。

产新疆，生于低山冲蚀沟边。中亚有分布。

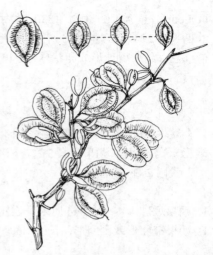

图 721 喀什霸王 （陶明琴绘）

5. 蒺藜属 Tribulus Linn.

草本，平卧。偶数羽状复叶。花单生叶腋。萼片5，覆瓦状排列，开展；花瓣5，黄色；花盘杯状，10裂；雄蕊10，外轮5枚较长，与花瓣对生，内轮5枚较短，基部具腺体；子房5室，每室1-5胚珠。早由5个不裂的分果爿组成，具锐刺。种皮薄膜质，无胚乳。

约20种，主产热带、亚热带地区，温带有分布。我国2种。

1. 花径约1厘米；花梗短于叶 ……………………………… 1. 蒺藜 T. terrester
1. 花径约3厘米；花梗与叶近等长 …………………… 2. 大花蒺藜 T. cistoides

1. 蒺藜 图 722 彩片 236

Tribulus terrester Linn. Sp. Pl. 386. 1753.

一年生草本。茎平卧，深绿或淡褐色，无毛、被长柔毛或长硬毛；枝长20-60厘米。复叶长1.5-5厘米；小叶对生，3-8对，长圆形或斜长圆形，长0.5-1厘米，宽2-5毫米，基部近圆稍偏斜，被柔毛，全缘。花腋生。花梗短于叶；萼片宿存；花瓣5；雄蕊10，生于花盘基部，花丝基部具鳞片状腺体；子房5棱，柱头5裂，每子室3-5胚珠。分果爿5，长4-6毫米，被小瘤，无毛或被毛，中部边缘具2枚锐刺，下部具2枚锐刺。花期5-8月，果期6-9月。

产黑龙江、吉林、辽宁、内蒙古、山西、河北、河南、山东、安徽、江苏、浙江、福建、台湾、湖北、湖南、海南、广西、云南、西藏、青海、四川、陕西、甘肃、宁夏及新疆，生于沙地、荒地、山坡、田间。全球温带有分布。果药用，可明目、利肝，幼嫩枝叶可治皮肤瘙痒症；种子可榨油；茎皮纤维供造纸。

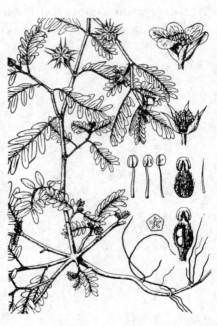

图 722 蒺藜 （引自《图鉴》）

2. 大花蒺藜 图 723

Tribulus cistoides Linn. Sp. Pl. 387. 1753.

多年生草本，枝平卧地面或上升，长达60厘米，密被柔毛。小叶4-7对，近无柄，长圆形或倒卵状长圆形，长0.6-1.5厘米，宽3-6毫米，先端圆钝或尖，基部偏斜，上面疏被柔毛，下面密被长柔毛。花单生叶腋，径约3厘米。花梗与叶近等长；萼片披针形，长约8毫米，被长柔毛；花瓣倒卵状长圆形，长约2厘米；子房被淡黄色硬毛。果径约1厘米，分果爿长0.8-1.2毫米，被小瘤及2-4锐刺。花期5-6月。

产海南陵水、云南元江，生于滨海沙滩、滨海疏林中及干热河谷。热带地区广布。

6. 四合木属 Tetraena Maxim.

落叶灌木，高达90厘米。老枝红褐色，稍有光泽或被柔毛；小枝密被白色丁字毛。2小叶复叶对生或簇生短枝；小叶2，肉质，倒披针形，长3-8毫米，宽1-3毫米，先端圆钝，具刺尖，密被丁字毛，无柄；托叶卵形，膜质，白色。花1-2朵着生短枝。萼片4，卵形或椭圆形，长约3毫米，被丁字毛，宿存；花瓣4，椭圆形或近圆形，长约2毫米，白色，具爪，爪长约1.5毫米；雄蕊8，2轮，外轮较短，花丝近基部具白色膜质附属物；具花盘，子房4深裂，4室，被毛，花柱丝状，着生子房近基部。果下垂，具4个不裂的分果爿，分果爿长6-8毫米，径3-4毫米。种子镰形，淡黄色，长5-6毫米，被小瘤；无胚乳。

我国特产单种属。

图 723 大花蒺藜 （蒋兆兰绘）

四合木　　　　　　　　　　　　图 724

Tetraena mongolica Maxim. Enum. Mongol. 129. 1889.

形态特征同属。花期5-6月，果期7-8月。

产内蒙古，生于荒漠、低山山坡、河流坂地。枝含油脂，易燃烧，也可作饲料；为优良固沙植物。

图 724 四合木 （蒋兆兰绘）

171. 酢浆草科 OXALIDACEAE
（徐朗然）

一年生或多年生草本，极稀灌木或乔木。根茎或鳞茎状块茎，常肉质，或有地上茎。掌状或羽状复叶或单叶，基生或茎生；无托叶或托叶细小。花两性，辐射对称，单花或成近伞形或伞房花序，稀总状或聚伞花序。萼片5，离生或基部合生，覆瓦状排列，稀镊合状排列；花瓣5，有时基部合生，旋转排列；雄蕊10，2轮，5长5短，花丝基部常连合，有时5枚无花药，花药2室，纵裂；雌蕊具5心皮，子房上位，5室，每室1至数颗胚珠，中轴胎座，花柱5，离生，宿存。蒴果或肉质浆果。种子常肉质，外种皮干燥时有弹力，稀具假种皮，胚乳肉质。

7-10属，约1000余种，主产南美洲，次为非洲，亚洲极少。我国3属，10种。

1. 乔木；奇数羽状复叶；肉质浆果 ·· 1. 阳桃属 **Averrhoa**
1. 草本或茎基部木质化；3 小叶复叶或偶数羽状复叶；蒴果。
　2. 草本；3 小叶复叶；蒴果果瓣与中轴粘贴 ························· 2. 酢浆草属 **Oxalis**
　2. 茎基部木质化的草本；偶数羽状复叶；蒴果果瓣与中轴分离 ··· 3. 感应草属 **Biophytum**

1. 阳桃属 **Averrhoa** Linn.

　　乔木。奇数羽状复叶互生或近对生，小叶全缘；无托叶。花小；聚伞或圆锥花序，腋生，或生于枝干上，为"茎上生花"或"老干生花"。萼片 5，覆瓦状排列，基部合生，红色，近肉质；花瓣 5，白色，淡红或紫红色。螺旋排列；雄蕊 10，长短互间，基部合生，全部发育或 5 枚无花药；子房 5 室，每室多数胚珠，花柱 5。浆果肉质，下垂，具（3）5（6）棱，横切面呈尾芒状，有种子数粒。种子有假种皮或无。

　　2 种，原产亚洲热带地区，现多栽培。我国南部栽培 1 种。

阳桃

图 725 彩片 237

Averrhoa carambola Linn. Sp. Pl. 428. 1753.

　　乔木，高达 12 米；树皮暗灰色。奇数羽复叶，互生，小叶 5-13，全缘，卵形或椭圆形，长 3-7 厘米，先端渐尖，基部圆，一侧歪斜，下面疏被柔毛或无毛。聚伞或圆锥花序。萼片 5，长约 5 毫米，覆瓦状排列，基部合成环状；花瓣稍背卷，长 0.8-1 厘米，背面淡紫红色，有时粉红或白色；雄蕊 5-10；子房 5 室，每室多数胚珠，花柱 5。浆果肉质下垂，具 5 棱，稀 6 或 3 棱，长 5-8 厘米，淡绿或腊黄色，有时带暗红色。花期 4-12 月，果期 7-12 月。

　　原产马来西亚及印度尼西亚。广东、广西、福建、台湾及云南有栽培。现广植于热带各地。果生津止渴；根皮、茎皮及叶药用，可利尿、止痛止血。

图 725 阳桃 （引自《图鉴》）

2. 酢浆草属 **Oxalis** Linn.

　　一年生或多年生草本。具块茎或鳞茎。茎匍匐。叶互生或基生，掌状复叶，常具 3 小叶，小叶夜间闭合下垂；无托叶或托叶极小。花基生或为聚伞花序式，花序梗腋生或基生。花黄、红、淡紫或白色；萼片 5，覆瓦状排列；花瓣 5，覆瓦状排列，有时基部微合生；雄蕊 10，长短互间，全部具花药，花丝基部合生或分离；子房 5 室，每室 1 至多数胚珠，花柱 5，常 2 型或 3 型，分离。蒴果室背开裂，果瓣宿存于中轴上。种子具 2 瓣状假种皮，种皮光滑；胚乳肉质，胚直立。

　　约 800 种，广布全世界，主产南美及南非，特别是好望角。我国 3 种、3 亚种、1 变种。引入多种，庭园栽培。

1. 花白或紫红色。
　2. 花常白色；小叶长 0.5-2 厘米，宽 0.8-3 厘米。
　　3. 小叶倒心形；蒴果卵球形 ································· 1. 白花酢浆草 **O. acetosella**
　　3. 小叶倒三角形；蒴果椭圆形、近球形或长圆柱形。
　　　4. 蒴果椭圆形或近球形 ················· 1(附). 山酢浆草 **O. acetosella** subsp. **griffithii**
　　　4. 蒴果长圆柱形 ················· 1(附). 三角酢浆草 **O. acetosella** subsp. **japonica**
　2. 花淡紫至紫红色；小叶长 1-4 厘米，宽 1.5-6 厘米 ········· 2. 红花酢浆草 **O. corymbosa**
　5. 茎细弱，直立或匍匐；托叶长圆形或卵形 ················· 3. 酢浆草 **O. corniculata**

5. 茎直立，不分枝或少分枝；托叶无或不明显 ·················· 3(附). **直酢浆草 O. corniculata**

1. 白花酢浆草　　　　　　　　图 726: 1-2　彩片 238

Oxalis acetosella Linn. Sp. Pl. 433. 1753.

多年生草本，高达 10 厘米。根茎横生。茎不明显，基部围以鳞片状叶

柄基。叶基生，小叶 3，倒心形，长 0.5-3 厘米，先端凹下，两侧角钝圆，基部楔形，两面被毛或背面无毛，有时两面无毛。花序梗基生，单花，与叶柄近等长或更长。萼片 5，卵状披针形，长 3-5 毫米，先端具短尖，宿存；花瓣 5，白色，稀粉红色，倒心形，长为萼片 1-2 倍，先端凹下，基部窄楔形；雄蕊 10，长短互间，花丝纤细，基部合生；子房 5 室，花柱 5，细长，柱头头状。蒴果卵球形，长 3-4 毫米。花期 7-8 月，果期 8-9 月。

产黑龙江、吉林、辽宁、陕西、四川、西藏及云南，生于海拔 800-3400 米针阔混交林及灌丛中。北美、日本、朝鲜、俄罗斯及中欧有分布。全草药用。

图 726: 1-2.白花酢浆草 3-4.三角酢浆草
（引自《图鉴》）

[附] **三角酢浆草** 图 726：3-4 **Oxalis acetosella** subsp. **japonica** Hara in Journ. Fac. Sci. Univ. Tokyo, 6: 82. 1952. 本亚种与模式亚种的主要区别：小叶宽倒三角形；蒴果长圆柱形。产东北，生于山地阴湿林下、灌丛中及溪边。日本、朝鲜及俄罗斯远东地区有分布。

[附] **山酢浆草** 图 728：5-9 **Oxalis acetosella** subsp. **griffithii** (Edgew. et Hook. f.) Hara in Journ. Jap. Bot. 30: 22. 1955. —— *Oxalis griffithi* Edgew. et Hook. f. in Hook. f. Fl. Brit. Ind. 1: 436. 1874; 中国高等植物图鉴 2: 519. 1972. 本亚种与模式亚种的主要区别：小叶倒三角形或宽倒三角形；蒴果椭圆形或近球形。产华东、华中、西南、陕西及甘肃，生于海拔 800-3000 米密林、灌丛中、沟谷。尼泊尔、印度有分布。全草药用，可利尿、解热。

2. 红花酢浆草　铜锤草　　　　　图 727　彩片 239

Oxalis corymbosa DC. Prodr. 1: 696. 1824.

多年生直立草本。具球状鳞茎。叶基生，小叶 3，扁圆状倒心形，长 1-4 厘米，宽 1.5-6 厘米，先端凹缺，两侧角圆，基部宽楔形，上面被毛或近无毛；下面疏被毛；托叶长圆形，与叶柄基部合生。花序梗长 10-40 厘米，被毛。花梗长 0.5-2.5 厘米，花梗具披针形干膜质苞片 2 枚；萼片 5，披针形，长 4-7 毫米，顶端具暗红色小腺体 2 枚；花瓣 5，倒心形，长 1.5-2 厘米，淡紫或紫红色；雄蕊 10，5 枚超出花柱，另 5 枚达子房中部，花丝被长柔毛；子房 5 室，花柱 5，被锈色长柔毛。花、果期 3-12 月。

原产南美洲地区。河北、陕西、华东、华南、四川及云南等地栽培。供观赏，南方各地已野化，生于低海拔山地、路边、荒地或水田中。全草药用，治跌打损伤、赤白痢、止血。

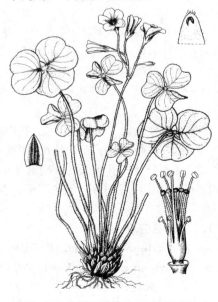

图 727 红花酢浆草 （引自《图鉴》）

3. 酢浆草

图 728: 1-4 彩片 240

Oxalis corniculata Linn. Sp. Pl. 435. 1753.

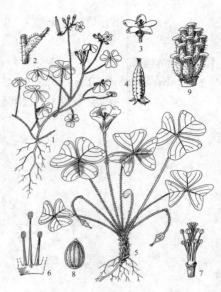

图 728: 1-4.酢浆草 5-9.山酢浆草
（李志民绘）

草本，高达35厘米，全株被柔毛。根茎稍肥厚。茎细弱，直立或匍匐。叶基生，茎生叶互生；托叶长圆形或卵形，基部与叶柄合生；小叶3，无柄，倒心形，长0.4-1.6厘米，宽0.4-2.2厘米，先端凹下，基部宽楔形，两面被柔毛或上面无毛，边缘具贴伏缘毛。花单生或数朵组成伞形花序状，花序梗与叶近等长。萼片5，披针形或长圆状披针形，长3-5毫米，背面和边缘被柔毛；花瓣5，黄色，长圆状倒卵形，长6-8毫米；雄蕊10，基部合生，长、短互间；子房5室，被伏毛，花柱5，柱头头状。蒴果长圆柱形，长1-2.5厘米，5棱。花、果期2-9月。

产辽宁、内蒙古、山西、河北、河南、山东、江苏、安徽、浙江、福建、台湾、江西、湖北、湖南、广东、海南、广西、贵州、云南、西藏、青海、四川、甘肃及陕西，生于山坡草地、河谷沿岸、路边、田边、荒地或林下阴湿处。亚洲温带及亚热带、欧洲、地中海地区及北美有分布。全草药用，可解热、利尿，消肿散瘀；茎叶含草酸，可用以磨擦铜器，使其光泽。牛羊食过多，可中毒致死。

[附] **直酢浆草 Oxalis corniculata** var. **strica** (Linn.) Huang et L. R. Xu, Fl. Reipubl. Popul. Sin. 43(1): 13. 1998. —— *Oxalis stricta* Linn. Sp. Pl. 433. 1753. 本种与原种的主要区别：茎直立，不分枝或少分枝；无托叶或托叶不明显。产东北及华北，生于林下、沟谷潮湿处。东北亚、俄罗斯、欧洲、地中海地区及北美有分布。

3. 感应草属 Biophytum DC.

一年生或多年生草本。单茎生或二歧分枝，基部常木质化，叶簇生茎顶或枝上，偶数羽状复叶；叶柄基部膨大；小叶对生，常偏斜。花单生或数朵组成花序。花黄色，稀紫红色；萼片5；花瓣5；子房5室，花柱5，柱头头状。蒴果室背开裂有时达基部，具5个开展果瓣，果瓣与中轴分离，每果瓣具多粒种子。种皮具小瘤状突起。

约70种，主产南美及非洲，亚洲热带及亚热带地区有分布。我国3种。

1. 花1至数朵簇生花序梗顶端，花序梗较长。
  2. 茎常二歧分枝；花梗长0.3-1厘米；小叶两面被长伏毛 ·············· **1. 分枝感应草 B. fruticosum**
  2. 茎不分枝；花梗长约2毫米；小叶被短伏毛 ·························· **2. 感应草 B. sensitivum**
1. 花数朵簇生茎顶端，无花序梗；花梗长约3毫米 ················ **2(附). 无柄感应草 B. petersianum**

1. 分枝感应草

图 729

Biophytum fruticosum Bl. Bijdr. 242. 1852.

Biophytum esquilolii Lévl.; 中国高等植物图鉴 2: 517. 1972.

草本，高达25厘米。茎常二歧分枝或不分枝，密被伏毛或下部无毛。羽状复叶多数簇生枝顶，小叶6-16对，长圆形或倒卵状长圆形，长0.4-12厘米，宽3-7毫米，先端近圆，具小尖头，基部平截，无柄，顶端具芒尖，两面被长伏毛。花序梗纤细，与叶近等长，具1-3花或多花簇生花序梗顶端

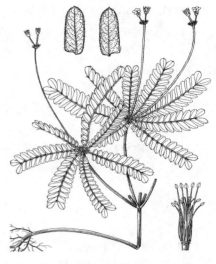

组成伞形花序。花梗长 0.3-1 厘米；萼片 5，披针形，长 3-5 毫米，密被长伏毛，宿存；花瓣 5，被毛；花柱 5，线形。蒴果椭圆形，长 4-5 毫米。花期 6-12 月，果期 8 月至翌年 2 月。

产海南、广西、贵州、四川及云南，生于海拔 380-1000 米岩壁、林中。全草药用。

图 729 分枝感应草 （余汉平绘）

2. 感应草 图 730

Biophytum sensitivum (Linn.) DC. Prodr. 1: 690. 1824.

Oxalis sensitiva Linn. Sp. Pl. 437. 1753.

一年生草本，高达 20 厘米。茎不分枝，被糙毛。羽状复叶多数，长 3-13 厘米，簇生茎顶，小叶 6-14 对，无柄，小叶长圆形或倒卵状长圆形，长 0.3-1.5 厘米，宽 2-7 毫米，先端圆，基部平截，被伏毛，叶缘具糙毛。花数朵簇生于花序梗呈伞形，与叶近等长。萼片 5，披针形，长 5-6 毫米，宿存，疏被毛；花瓣 5，黄色，长于萼片；雄蕊 10，分离，长、短相间。蒴果椭圆状倒卵形，长 4-5 毫米，具 5 纹棱，被毛。花、果期 7-12 月。

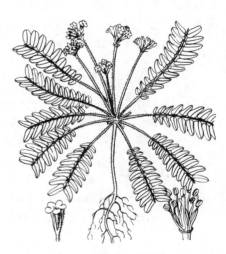

产台湾、广西、海南及云南，生于海拔 200-400 米山坡、草地、林下阴湿处。亚洲热带有分布。全草药用。

图 730 感应草 （李志民绘）

[附] **无柄感应草 Biophytum petersianum** Klotzsch. in Peters. Reise Mossamb. Bot. 1: 81. 1862. 本种与感应草的主要区别：花数朵簇生茎顶，无花序梗；花梗长约 3 毫米。产云南，生于海拔 850-1600 米山谷、溪边、林下。非洲及东南亚有分布。

172. 牻牛儿苗科 GERANIACEAE

（徐朗然）

草本，稀亚灌木或灌木。叶互生或对生，常掌状或羽状分裂；具托叶。聚伞花序腋生，稀花单生；花两性，整齐，辐射对称。萼片 5 或 4，覆瓦状排列；花瓣 5-4，覆瓦状排列；雄蕊 10-15，2 轮，外轮与花瓣对生，花丝基部合生或离生，花药丁字着生，纵裂；常具 5 蜜腺，与花瓣互生；子房上位，心皮 2-3-5，常 3-5 室，每室 1-2 倒生胚珠，花柱与心皮同数，常下部合生，上部离生。蒴果，常由中轴延伸成喙，稀无喙，室间开裂，稀不裂，每果瓣具1种子,开裂果瓣由基部向上反卷或成螺旋状卷曲,顶部常附着于中轴顶端。种子具胚乳或无胚乳,子叶折叠。

11属,约750种。广布于温带、亚热带及热带山地。我国4属,约62种。

1. 蒴果具喙,开裂。
 2. 花辐射对称,花萼无距。
  3. 外轮雄蕊无花药;果开裂时果瓣由基部向上螺旋状卷曲,内面被长糙毛 ············ **1. 牻牛儿苗属 Erodium**
  3. 雄蕊全部具花药;果瓣开裂时由基部向上反卷,内面无毛或被微柔毛 ·············· **2. 老鹳草属 Geranium**
 2. 花稍两侧对称,花萼具距 ·· **3. 天竺葵属 Pelagonium**
1. 蒴果无喙,不裂 ·· **4. 熏倒牛属 Biebersteinia**

1. 牻牛儿苗属 Erodium L'Hér.

  草本,稀亚灌木状。茎分枝或无茎,节膨大。叶对生或互生,羽状分裂;托叶淡褐色,干膜质。花序梗腋生,伞形花序,稀具2花。花对称或稍不对称;萼片5,覆瓦状排列;花瓣5,覆瓦状排列;蜜腺5,与花瓣互生;雄蕊10,2轮,外轮无花药,与花瓣对生,内轮具花药,与花瓣互生,花丝中部以下宽,基部稍合生;子房5裂,5室,每室2胚珠,花柱5。蒴果瓣裂,每果瓣1种子,开裂时由基部向螺旋状卷曲,果瓣内面被长糙毛。种子无胚乳。

  约90种,主要分布于欧亚温带、地中海地区、非洲、澳大利亚及南美。我国4种。

1. 一年生草本,高不及15厘米。
 2. 植株灰白色,具茎 ·· **1. 尖喙牻牛儿苗 E. oxyrrhynchum**
 2. 植株绿色,茎不明显 ·· **2. 芹叶牻牛儿苗 E. cicutarium**
1. 多年生植物,植株高20-30厘米 ·· **3. 牻牛儿苗 E. stephanianum**

1. 尖喙牻牛儿苗   长喙牻牛儿苗   图 731

Erodium oxyrrhynchum M. Bieb. Fl. Taur. Cauc. 2: 138. 1808.

Erodium hoefftianum C. A. Mey.; 中国高等植物图鉴 2: 531. 1972.

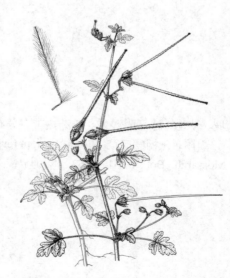

  一年生草本,高达15厘米,全株被灰白色柔毛。茎仰卧,下部多分枝。叶对生,长卵形,长1.5-2.5厘米,常3深裂,中裂片长卵形,具浅裂状圆齿,侧裂片具不规则圆齿,上面密被绒毛;茎上部叶较小,裂片有时全缘。花序梗腋生或顶生,长2-3厘米,密被绒毛,每梗具2花或1-3花。萼片椭圆形或椭圆状卵形,长5-6毫米,先端圆,具短尖头,背面密被柔毛;花瓣紫红色,倒卵形,与萼片近等长。蒴果椭圆形,长5-6毫米,被长柔毛;喙长7-9毫米,易脱落,开裂后呈羽毛状。花期4-5月,果期5-6月。

  产新疆北部及喀什地区,生于砾石戈壁、半固定沙丘及山前地带冲沟。

图 731 尖喙牻牛儿苗 (冯晋庸绘)

中亚、哈萨克斯坦、高加索及西亚有分布。

2. 芹叶牻牛儿苗 图732

Erodium cicutarium (Linn.) L'Her. ex Ait. Hort. Kew. ed. 1. 2: 412. 1789.

Geranium cicutarium Linn. Sp. Pl. 680. 1753.

一年生或二年生草本，高达20厘米。茎多数，直立，斜升或蔓生，被灰白色柔毛。叶对生或互生，长圆形或披针形，长5-12厘米，二回羽状深裂，具短柄或近无柄，小裂片短小，全缘或具1-2齿，两面被灰白色伏毛。伞形花序具2-10花，腋生，花序梗被白色早落长腺毛。萼片卵形，长4-5毫米，3-5脉，先端尖，被腺毛或具粘质长毛；花瓣紫色，倒卵形，稍长于萼片，先端

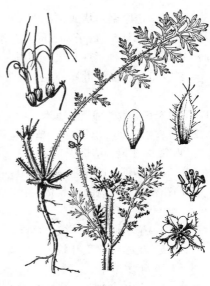

图 732 芹叶牻牛儿苗 （李志民绘）

钝圆或凹下，基部楔形，被糙毛；花丝紫红色；子房密被白色柔毛。蒴果长2-4厘米，被伏毛。花期6-7月，果期7-10月。

产内蒙古、河北、河南、山东、江苏、安徽、福建、陕西、四川及西藏，生于山地砂砾山坡、沙质平原及干河谷。印度西北部、欧洲及北非有分布。

3. 牻牛儿苗 图733 彩片241

Erodium stephanianum Willd. Sp. Pl. 3: 625. 1800.

多年生草本，高达50厘米。茎多数，仰卧或蔓生，被柔毛。叶对生，二回羽状深裂，小裂片卵状条形，全缘或疏生齿，上面疏被伏毛，下面被柔毛，沿脉毛被较密。伞形花序具2-5花，腋生，花序梗被开展长柔毛和倒向短柔毛。萼片长圆状卵形，长6-8毫米，先端具长芒，被长糙毛；花瓣紫红色，倒卵形，先端圆或微凹。蒴果长约4厘米，密被糙毛。花期6-8月，果期8-9月。

产黑龙江、吉林、辽宁、内蒙古、河北、河南、山东、

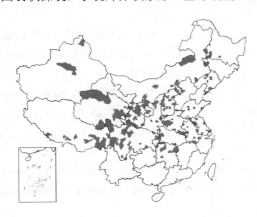

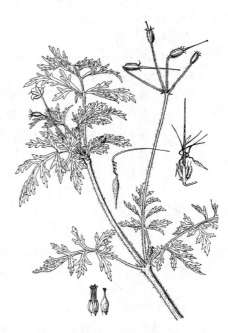

图 733 牻牛儿苗 （引自《东北植物志》）

山西、新疆、青海、甘肃、宁夏、陕西、江苏、安徽、湖北、湖南、四川及西藏，生于干山坡、田边、沙质河滩地及草原凹地。俄罗斯西伯利亚及远东、日本、蒙古、哈萨克斯坦、中亚、阿富汗、克什米尔地区及尼泊尔有分布。全草药用，可祛风除湿、清热解毒。

2. 老鹳草属 Geranium Linn.

草本，稀亚灌木或灌木，常被倒毛。茎节明显。叶对生或互生，具托叶，具长柄；叶掌状分裂，稀二回羽裂或

边缘具齿。花序聚伞状或花单生，每梗具2花，稀单花或多花，花序梗被腺毛或无腺毛。花整齐；花萼和花瓣5，覆瓦状排列，腺体5，每子室2胚珠。蒴果具长喙，5果瓣，每果瓣1种子，果瓣在喙顶部合生，开裂时沿主轴由基部向上反卷，弹出种子或与果瓣同时脱落，附着于主轴顶部，果瓣内无毛。种子具胚乳或无。

约400种，广布世界，主产温带至热带山区。我国约55种、5变种。

1. 花径3-5毫米，稀近1厘米。
　2. 叶二至三回三出羽状；植株有鱼腥味 ┄┄┄┄┄┄┄┄┄┄┄┄┄┄┄┄┄┄┄ 1. 汉荭鱼腥草 **G. robertianum**
　2. 叶掌状分裂；植株无鱼腥味。
　　3. 花瓣基部具暗紫色圆形斑眼 ┄┄┄┄┄┄┄┄┄┄┄┄┄┄┄┄┄ 2. 二色鱼腥草 **G. ocellatum**
　　3. 花瓣基部无斑眼或具宽条状紫斑。
　　　4. 一年生草本。
　　　　5. 花序梗常数个簇生茎端，呈伞形花序 ┄┄┄┄┄┄┄┄┄┄ 3. 野老鹳草 **G. carolinianum**
　　　　5. 花序梗单生叶腋，具2花 ┄┄┄┄┄┄┄┄┄┄┄┄┄┄┄ 4. 圆叶老鹳草 **G. rotundifolium**
　　　4. 多年生草本。
　　　　6. 茎生叶3裂；植株有时被腺毛 ┄┄┄┄┄┄┄┄┄┄┄┄┄┄┄ 5. 老鹳草 **G. wilfordii**
　　　　6. 叶5裂或茎上部叶3裂；植株无腺毛。
　　　　　7. 花白或淡紫红色，脉纹深紫色；花序梗粗，每梗具1花，稀2花；叶裂片先端锐尖 ┄┄┄┄┄┄┄┄
　　　　　┄┄┄┄┄┄┄┄┄┄┄┄┄┄┄┄┄┄┄┄┄┄┄┄┄┄┄┄┄ 6. 鼠掌老鹳草 **G. sibiricum**
　　　　　7. 花紫红色；花序梗纤细，每梗具2花，稀1花；叶裂片先端钝圆 ┄┄┄┄┄┄┄┄┄┄┄┄┄┄┄
　　　　　┄┄┄┄┄┄┄┄┄┄┄┄┄┄┄┄┄┄┄┄┄┄┄┄┄┄┄┄┄ 7. 尼泊尔老鹳草 **G. nepalense**
1. 花径1厘米以上。
　8. 花瓣向后反折。
　　9. 花白色 ┄┄┄┄┄┄┄┄┄┄┄┄┄┄┄┄┄┄┄┄┄┄┄┄┄┄┄┄┄ 8. 反瓣老鹳草 **G. refractum**
　　9. 花紫红或紫黑色。
　　　10. 花瓣短于萼片或与萼片近等长。
　　　　11. 花瓣倒长卵圆形，紫黑或黑紫色，短于萼片 ┄┄┄┄┄┄┄┄ 9. 中华老鹳草 **G. sinense**
　　　　11. 花瓣倒长卵形，紫红色，稍长于萼片 ┄┄┄┄┄┄┄┄┄┄ 10. 五叶老鹳草 **G. delavayi**
　　　10. 花瓣长为萼片1.5倍。
　　　　12. 叶互生，叶5裂至中部或稍过之 ┄┄┄┄┄┄┄┄┄┄┄┄ 11. 毛蕊老鹳草 **G. platyanthum**
　　　　12. 叶对生，叶深裂近基部 ┄┄┄┄┄┄┄┄┄┄┄┄┄┄┄ 12. 紫萼老鹳草 **G. refractoides**
　8. 花瓣开展或辐射状，不向后反折。
　　13. 叶上面被2-3棒状毛。
　　　14. 叶5深裂，裂片宽楔形、倒卵形或倒卵状菱形 ┄┄┄┄┄┄┄┄ 13. 紫地榆 **G. strictipes**
　　　14. 叶裂片上部齿状浅裂或3深裂 ┄┄┄┄┄┄┄┄┄┄┄┄┄ 14. 阔裂紫地榆 **G. platylobum**
　　13. 叶上面被短伏毛。
　　　15. 叶圆形，由顶部向内5裂，小裂片先端圆齿状；花序伞形或近伞形 ┄┄┄ 15. 多花老鹳草 **G. polyanthes**
　　　15. 叶五角形或肾圆形，裂片羽状分裂，先端尖。
　　　　16. 花瓣先端2浅裂；块根2-3，倒卵形或近球形 ┄┄┄┄┄┄ 16. 球根老鹳草 **G. transversale**
　　　　16. 花瓣先端全缘或微凹；块根纺锤形、块状或圆柱状。
　　　　　17. 花序梗具腺毛（白花老鹳草 **G. albiflorum** 有时无腺毛，但花瓣白色，先端微凹）。
　　　　　　18. 花径3-3.5厘米；叶深裂不达基部。
　　　　　　　19. 花序梗和花梗短，花序近头状 ┄┄┄┄┄┄┄┄┄ 17. 大花老鹳草 **G. himalayense**
　　　　　　　19. 花序梗腋生。

20. 花冠紫红色 ·· 18. 丘陵老鹳草 **G. collinum**

20. 花冠白色或基部淡红色 ·············· 19. 吉隆老鹳草 **G. lamberti**

18. 花径不及2.5厘米；叶常深裂达基部或近基部。

  21. 花后花梗下垂；叶常7-9裂。

    22. 叶深裂达基部。

      23. 茎直立；花梗短于花。

        24. 植株高达50厘米；花瓣紫红色 ················· 20. 草地老鹳草 **G. pratense**

        24. 植株高不及20厘米；花瓣白色 ·········· 20(附). 草甸老鹳草 **G. pratense** var. **affine**

      23. 茎下部仰卧；花梗长为花1.5-2倍 ···· 21. 蓝花老鹳草 **G. pseudosibiricum**

    22. 叶分裂达2/3 ······ 22. 东北老鹳草 **G. erianthum**

  21. 花梗或果柄直立或稍弯；叶常7裂。

17. 花序梗无腺毛,若具腺毛则花瓣脉紫黑色或腺毛无腺头。

  25. 基生叶圆形或心形,5-7深裂达基部,小裂片条形或长圆状卵形。

    26. 叶互生；具念珠状块根 ··················· 23. 甘青老鹳草 **G. pylzowianum**

    26. 叶对生；具肥厚块根或纺锤状块根。

      27. 具簇生纺锤形块根 ······ 24. 粗根老鹳草 **G. dahuricum**

      27. 块根非簇生纺锤状。

        28. 大草本,高达80厘米；叶小裂片常条形。

          29. 果柄下弯；叶掌状5深裂,小裂片卵形或大齿状 ···· 25. 突节老鹳草 **G. krameri**

          29. 果柄直立；叶羽状分裂,小裂片长形 ···· 26. 线裂老鹳草 **G. soboliferum**

        28. 小草本,高达20厘米；小裂片多圆卵形。

          30. 具卵形或长卵形块根 ······ 27. 萝卜根老鹳草 **G. napuligerum**

          30. 具圆锥状块根 ······ 28. 长根老鹳草 **G. donianum**

  25. 基生叶三角状或五角状,(3-)5-7裂不超过叶3/4,小裂片常较宽。

    31. 花瓣脉纹、雄蕊和花柱黑紫色。

      32. 托叶宽卵形,长短于宽,先端钝圆 ······ 29. 宽托叶老鹳草 **G. wallichianum**

      32. 托叶卵形,长大于宽,先端尖或稍钝圆 ······ 29(附). 红叶老鹳草 **G. rubifolium**

    31. 花瓣脉纹非黑紫色,雄蕊和花柱深褐或紫红色。

      33. 叶5裂近中部或稍过之（不超过叶2/3）。

        34. 茎常不分枝；花瓣先端平截或微凹 ······ 30. 直立老鹳草 **G. rectum**

        34. 茎常分枝；花瓣先端钝圆。

          35. 叶小裂片先端圆齿状 ······ 31. 灰岩紫地榆 **G. franchetii**

          35. 叶小裂片先端锐齿状或钝齿状。

            36. 叶分裂不过中部,上部具不整齐牙齿,下面疏被毛或沿脉被伏毛

            ·············· 32. 朝鲜老鹳草 **G. koreanum**

            36. 叶分裂达叶2/3,小裂片具1-3牙齿,下面沿脉被糙毛

            ·············· 33. 灰背老鹳草 **G. wlassowianum**

      33. 叶5-7裂过2/3或近基部。

        37. 花瓣长1.5-2.5厘米 ······ 34. 云南老鹳草 **G. yunanense**

        37. 花瓣长不及1.5厘米 ······ 35. 湖北老鹳草 **G. rosthornii**

1. 汉荭鱼腥草 纤细老鹳草   图734: 1 彩片242   一年生草本,高达50厘米,植株

Geranium robertianum Linn. Sp. Pl. 681. 1753.   有鱼腥味。茎直立或基部仰卧。叶基

生或茎上对生，叶五角状，长2-5厘米，二至三回三出羽状，一回裂片卵状，具柄，二回裂片具短柄或近无柄，三回为羽状深裂，两面疏被柔毛。花序腋生及顶生，长于叶，花序梗被柔毛和腺毛，每梗具2花。花梗直生；萼片长卵形，长5-7毫米，疏被柔毛和腺毛；花瓣粉红或紫红色，倒卵形，稍长于萼或为其1.5倍，先端圆，雄蕊与萼片近等长，花药黄色，花丝白色，被糙毛；花柱分枝暗紫红色。蒴果长约2厘米，花期4-6月，果期5-8月。

产新疆、西藏、云南、贵州、四川、湖北及台湾，生于山地林下、岩壁、沟坡。欧洲、地中海地区东部、中亚、俄罗斯西西伯利亚、朝鲜及日本有分布。

图 734: 1.汉荭鱼腥草 2.二色老鹳草
（李志民绘）

2. 二色老鹳草　　　　　　　　　　图 734: 2

Geranium ocellatum Camb. in Jacq. Voy. Bot. 33. 1841–1844.

一年生草本，高达20厘米。茎仰卧，多分枝。叶对生，肾圆形，宽1.5-2.5厘米，5-7掌状深裂，裂片楔形，上部3裂或羽状分裂，有时具齿状缺刻，两面被柔毛。总状花序腋生和顶生，长于叶，被倒向柔毛和开展腺毛。每花梗具2花，有时1花；花梗与花序梗长约为花2倍；萼片长卵形，长3-4毫米，背面下部和边缘被长柔毛；花瓣紫红色，倒卵形，基部具暗紫色圆形斑眼，雄蕊稍短于萼片，花丝紫红色，无毛；花柱分枝紫红色。蒴果长约1.5厘米，被柔毛，果瓣具横皱纹。花期2-4月，果期4-5月。

产贵州、云南及四川南部，生于海拔1600-2000米山地草坡、田间。西亚及北非有分布。

3. 野老鹳草　　　　　　　　　　图 735

Geranium carolinianum Linn. Sp. Pl. 682. 1753.

一年生草本，高达60厘米。茎直立或仰卧。叶互生或最上部对生，叶圆肾形，长2-3厘米，基部心形，掌状5-7裂近基部，裂片楔状倒卵形或菱形，上部羽状深裂，小裂片条状长圆形，上面被伏毛，下面沿脉被伏毛。花序腋生和顶生，长于叶，被倒生短毛和开展长腺毛，每花序梗具2花，花序梗常数个簇生茎端，花序呈伞形。萼片长卵形或近椭圆形，长5-7毫米，被柔毛或沿脉被开展糙毛和腺毛；花瓣淡紫红色，倒卵形，稍长于萼，先端圆，雄蕊稍短于萼片。蒴果长约2厘米，被糙毛。花期4-7月，果期5-9月。

原产美洲。在山东、安徽、江苏、江西、湖南、湖北、四川及云南已野化，生于平原、低山、荒坡草丛中。全草药用，可祛风、收敛、止泻。

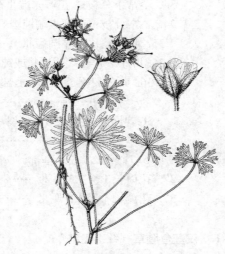

图 735 野老鹳草 （冯晋庸绘）

4. 圆叶老鹳草 图 736

Geranium rotundifolium Linn. Sp. Pl. 683. 1753.

一年生草本，高约15厘米。茎单一，直立叶对生；托叶三角状卵形，长1.5-2毫米，叶肾圆形，长约1厘米，宽约1.5厘米，掌状5裂至2/3或更深，裂片倒卵状楔形，下部全缘，上部常3浅裂至深裂，小裂片近卵形，两面疏被柔毛。花序梗腋生和顶生，等于或稍长于叶，被柔毛和开展腺毛，每梗具2花。萼片椭圆形或椭圆状卵形，长约2毫米，被短毛或开展长柔毛；花瓣紫红色，倒卵形，长约为萼片1.5倍，先端圆。蒴果长7-8毫米，被微柔毛。花期5-6月，果期6-7月。

产新疆，生于低山草原。东欧、南欧、西亚至中亚有分布。

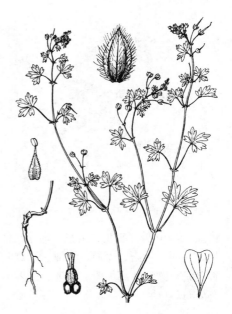

图 736 圆叶老鹳草 （李志民绘）

5. 老鹳草 图 737 彩片 243

Geranium wilfordii Maxim. in Bull. Acad. Sci. St. Pétersb. 26: 453. 1880.

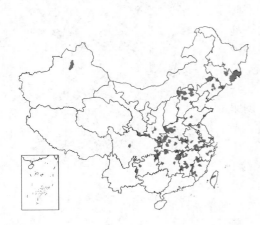

多年生草本，高达50厘米。植株有时被腺毛。根茎粗壮，具簇生纤维状细长须根。茎直立。叶对生，圆肾形，长3-5厘米，宽4-9厘米，基生叶5深裂达2/3，裂片倒卵状楔形，下部全缘，上部不规则齿裂，上面被伏毛，下面沿脉和边缘被柔毛；茎生叶3裂。花序稍长于叶，花序梗短，被柔毛，有时混生腺毛，每梗具2花。萼片长卵形，长5-6毫米，背面被柔毛，有时混生开展腺毛；花瓣白或淡红色，倒卵形，与萼片近等长；雄蕊稍短于萼片，花丝淡褐色，被缘毛；花柱与分枝紫红色。蒴果长约2厘米，被柔毛和糙毛。花期6-8月，果期8-9月。

产黑龙江、吉林、辽宁、内蒙古、河北、河南、山东、江苏、安徽、浙江、福建、台湾、江西、湖北、湖南、贵州、云南、四川、陕西、甘肃及新疆，生于海拔1800米以下山地林下、草甸。俄罗斯远东地区、朝鲜及日本有分布。全草药用，祛风通络。

图 737 老鹳草 （冯晋庸绘）

6. 鼠掌老鹳草 图 738

Geranium sibiricum Linn. Sp. Pl. 683. 1753.

多年生草本，高达70厘米。具直根。茎仰卧或近直立，疏被倒向柔毛。叶对生，肾状五角形，长3-6厘米，宽4-8厘米，基部宽心形，掌状5深裂，裂片倒卵形、菱形或长椭圆形，先端锐尖，中部以上齿状羽裂或齿状深缺刻，下部楔形，两面疏被伏毛。花序

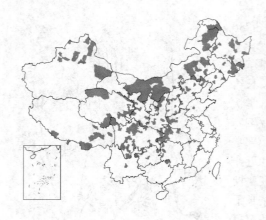

梗粗，腋生，长于叶，被倒向柔毛，具1花，稀2花。萼片卵状椭圆形或卵状披针形，长约5毫米，背面沿脉疏被柔毛；花瓣倒卵形，白或淡紫红色，等于或稍长于萼片，先端微凹或缺刻。蒴果长1.5-1.8厘米，疏被柔毛，果柄下垂。花期6-7月，果期8-9月。

产黑龙江、吉林、辽宁、内蒙古、山西、河北、山东、河南、江西、湖北、湖南、广西、贵州、四川、陕西、甘肃、青海、宁夏、新疆及西藏，生于林缘、稀疏灌丛中、河谷草甸。欧洲、高加索、中亚、俄罗斯西伯利亚、蒙古、朝鲜及日本北部有分布。

图 738 鼠掌老鹳草 （引自《图鉴》）

7. 尼泊尔老鹳草　　　　　　　　　图 739

Geranium nepalense Sweet, Geran. 1: t. 12. 1820-1822.

多年生草本，高达50厘米。根纤维状。茎仰卧，被倒生柔毛。叶对生，稀互生，叶五角状肾形，基部心形，掌状5深裂，裂片菱形或菱状卵形，长2-4厘米，宽3-5厘米，先端钝圆，中部以上齿状浅裂或缺刻状，两面疏被伏毛。花序梗纤细，长于叶，每梗2花，稀1花。萼片卵状披针形，长4-5毫米；花瓣紫红色，倒卵形，等于或稍长于萼片，先端平截或圆，基部楔形；花柱不明显，柱头分枝长约1

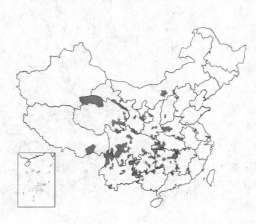

毫米。蒴果长1.5-1.7厘米，果瓣被长柔毛，喙被短柔毛。花期4-9月，果期5-10月。

产内蒙古、河北、山西、青海、甘肃、宁夏、陕西、河南、湖北、湖南、江西、福建、广东、广西、四川、贵州、云南及西藏东部，生于山地阔叶林林缘、灌丛中、荒山草坡。孟加拉、锡金及尼泊尔有分布。全草药用，强筋骨、祛风湿、收敛、止泻。

图 739 尼泊尔老鹳草 （冯晋庸绘）

8. 反瓣老鹳草　　　　　　　　　图 740: 1-2

Geranium refractum Edgew. et Hook. f. in Hook. f. Fl. Brit. Ind. 1: 428. 1874.

多年生草本，高达40厘米。根茎粗壮。茎多数，直立。叶对生，五角形，长约5厘米，宽约5厘米，掌状5深裂近基部，裂片菱形或倒卵状菱形，

下部全缘，上面被伏毛，下面疏被柔毛。花序梗腋生和顶生，长于叶，被倒向柔毛和开展腺毛。花梗等于或长于花，花后下折；萼片长卵形或椭圆状卵形，长7-8毫米；花瓣白色，倒长卵形，反折，长约为萼片1.5倍，先端圆，基部楔形；子房被柔毛。花期7-8月，果期8-9月。

产西藏南部及四川，生于海拔3800-4500米山地灌丛中、草甸。尼泊尔、不丹、锡金及缅甸北部有分布。

9. 中华老鹳草 图740: 3-7

Geranium sinense R. Knuth in Engl. Pflanzenr. Heft 53. 4(129): 577. 1912.

图 740: 1-2.反瓣老鹳草 3-7.中华老鹳草
（李志民绘）

多年生草本，高达60厘米。茎被倒向柔毛。茎下部叶互生，上部叶对生，叶五角形，基部心形，宽8-12厘米，5深裂近基部，裂片菱形或倒卵状菱形，下部全缘，上部一至二回齿状锐裂，上面疏被伏毛，下面疏被柔毛。花序腋生和顶生，花序梗具2花，或为顶生聚伞状花序，花序梗长于叶，密被开展柔毛和稀疏腺毛。花梗长约为花1.5倍；萼片长卵形，长6-8毫米，被开展糙毛；花瓣紫黑色，卵圆形，稍短于萼片，向上反折；花丝紫红色，花药黑色；花柱分枝暗褐色。蒴果长2-3毫米，被柔毛。花期7-8月，果期9-10月。

产云南西北部及四川西南部，生于海拔2600-3200米山地林内或山坡草地。根药用，治痢疾。

10. 五叶老鹳草 五角叶老鹳草 图741

Geranium delavayi Franch. in Bull. Soc. Bot. France 33: 442. 1886.

多年生草本，高达60厘米。茎直立。叶对生，五角形，基部心形，长3-8厘米，宽5-10厘米，掌状5裂或不明显7裂，裂片菱形，下部楔形、全缘，上部羽状浅裂或齿状缺刻，小裂片长卵形，上面被伏贴糙毛，下面疏被糙毛。花序腋生或组成圆锥状聚伞花序，长于叶，花序梗密被倒向柔毛和开展长腺毛，每梗具2花。花梗等于或长为花2倍；萼片卵状椭圆形，长7-9毫米，疏被柔毛；花瓣紫红色，基部深紫色，倒长卵形，稍长于萼片，向上反折；雄蕊长为萼片1.5倍，花丝淡紫色，花药黑紫色；花柱分枝紫红色。蒴果长2.5-3厘米，被柔毛，花期6-8月，果期8-10月。

图 741 五叶老鹳草 （引自《图鉴》）

产贵州西北部、云南及四川南部，生于海拔2300-4100米山地草甸、林缘、灌丛中。全草药用，治痢疾、肠炎。

11. 毛蕊老鹳草

图 742 彩片 244

Geranium platyanthum Duthie in Gard. Chron. ser. 3, 39: 52. 1906.

Geranium eriostemon Fisch. ex DC.; 中国高等植物图鉴 2: 520. 1972.

多年生草本，高达80厘米。茎被开展长糙毛和腺毛。叶互生，五角状肾圆形，长5-8厘米，宽8-15厘米，掌状5裂达叶中部或稍过之，裂片菱状卵形或楔状倒卵形，下部全缘，上部具不规则牙齿状缺刻，上面疏被糙伏毛，下面沿脉被糙毛。伞形聚伞花序，长于叶，被开展糙毛和腺毛，花序梗具2-4花。萼片长卵形或椭圆状卵形，长0.8-1厘米，被糙毛或开展腺毛；花瓣淡紫红色，宽倒卵形或近

圆形，向上反折，长1-1.4厘米，先端浅波状；雄蕊长为萼片1.5倍，花丝淡紫色，花药紫红色；花柱上部紫红色。蒴果长约3厘米，被开展糙毛和糙腺毛。花期6-7月，果期8-9月。

图 742 毛蕊老鹳草 （李志民绘）

产黑龙江、吉林、内蒙古、河北、河南、山西、陕西、甘肃、宁夏、青海、四川及湖北西部，生于山地林下、灌丛中、草甸。俄罗斯东西伯利亚及远东地区、蒙古及朝鲜有分布。

12. 紫萼老鹳草 反瓣老鹳草

图 743

Geranium refractoides Pax ex Hoffm. in Fedde, Repert. sp. Nov. Beih. 18: 430. 1922.

多年生草本，高达40厘米。茎直立，被倒向柔毛和开展腺毛。叶对生，圆形或肾圆形，宽4-5厘米，5深裂近基部，裂片倒卵状楔形，下部全缘，上部羽状分裂，小裂片常具不规则牙齿，上面被伏毛，下面沿脉疏被柔毛。花序梗顶生或腋生，与叶近等长，具2花，被开展紫红色腺毛和倒向柔毛。花梗下垂，果期下折；萼片长卵形，长0.8-1厘米，背面被腺毛；花瓣淡紫红色，倒卵形，稍长于萼片，反

折；雄蕊与萼片近等长，上部淡紫红，花药褐色；花柱分枝淡褐色。蒴果长约2.5厘米，被柔毛。花期7-8月，果期8-9月。

图 743 紫萼老鹳草 （仿《图鉴》）

产四川西部、云南西北部及西藏东部，生于海拔3000-4300米山地草甸、林缘、灌丛中。

13. 紫地榆

图 744

Geranium strictipes R. Knuth in Engl. Pflanzenr. Heft 53. 4(129): 581. 1912.

多年生草本，高达30厘米。叶对生，五角状圆肾形，长3-4厘米，宽

4-5厘米，5深裂至4/5，裂片宽楔形、倒卵形或倒卵状菱形，先端掌状羽裂，裂齿钝圆，上面被棒状透明伏毛，

下面沿脉被糙毛。花序梗腋生和顶生,长于叶,被倒向柔毛和腺毛。花梗长为花1.5-2倍;萼片椭圆形或卵状长圆形,长6-7毫米,沿脉和边缘具腺毛;花瓣紫红色,倒卵形,长为萼片1.5倍或更长;雄蕊与萼近等长,花药深褐色。蒴果长2.5-3厘米,被柔毛。花期7-8月,果期8-9月。

图 744 紫地榆 (李志民绘)

产云南及四川西南部,生于海拔2700-3000米山坡草地、林下灌丛中。根药用,清积食。

14. 阔裂紫地榆 宽片老鹳草 图745

Geranium platylobum (Franch.) R. Knuth in Engl. Pflanzenr. Heft 53. 4(129): 183. 1912.

Geranium strigosum Franch. var. *platylobum* Franch. Pl. Delav. 113. 1889.

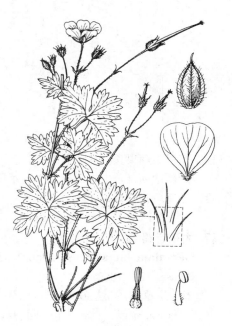

多年生草本,高达35厘米。叶对生,五角形或五角状肾圆形,长2-4厘米,宽3-5厘米,5深裂,裂片倒卵状菱形或楔状宽倒卵形,下部宽楔形、全缘,上部齿状浅裂或3深裂,小裂片先端具2-3牙齿,齿端钝,上面被透明短伏毛,下面沿脉被糙毛。花序梗腋生和顶生,长于叶,被倒向柔毛和开展腺毛。花梗长为花1.5-2倍,花、果期均直立;萼片卵状椭圆形,长6-7毫米,沿脉和边缘被开展腺毛;花瓣紫色,倒卵形,长为萼片1.5-2倍,雄蕊与萼片近等长,花药深褐色;花柱分枝深褐色。蒴果长2.5-3.2毫米,被柔毛。花期6-7月,果期7-8月。

图 745 阔裂紫地榆 (李志民绘)

产四川西南部、云南及西藏东南部,生于海拔2100-3400米林下、灌丛中、沟谷、草坡。

15. 多花老鹳草 图746

Geranium polyanthes Edgew. et Hook. f. in Hook. f. Fl. Brit. Ind. 1: 431. 1875.

多年生草本,高达50厘米。叶互生,托叶披针形,长0.7-1厘米,叶圆形或肾圆形,基部心形,7深裂近基部,裂片倒卵状楔形,下部全缘,上部缺刻状或齿状3-5裂,小裂片全缘或齿状浅裂,上面被糙伏毛,下面近无

毛或沿脉疏被柔毛。花序伞形或具2花，腋生，花序梗密被柔毛和开展腺毛。萼片长卵形或椭圆状卵形，长6-7毫米，被糙毛；花瓣深紫红色，倒卵形，长约萼片2倍，先端钝圆或微凹；雄蕊与萼片近等长，花药暗紫黑色。蒴果长1.5-2厘米，被柔毛。花期7-8月，果期8-10月。

产四川、云南西北部及西藏东南部，生于海拔3000-3700米阔叶林内、灌丛中、草甸。锡金、印度有分布。

16. 球根老鹳草 串珠老鹳草　　　　　　　　　　　　图747

Geranium transversale (Kar. et Kir.) Vved. in Bavl. Fl. Centr. Kaz. 2: 429. 1934.

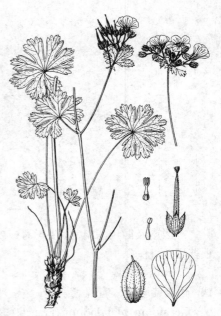

图 746 多花老鹳草 （李志民绘）

多年生草本，高达20厘米。块根2-3，倒卵形或近球形。叶互生或对生，叶圆形，径2-3厘米，掌状7-9深裂近基部，裂片窄菱形或上部裂片近条形，具齿，上面被伏毛，下面疏被柔毛。花序聚伞状，腋生和顶生，花序梗密被开展柔毛，每梗具2花。花梗直立；萼片卵形或椭圆形，长4-5毫米，被长柔毛；花瓣倒卵形，紫红色，长约为萼片2倍，先端2浅裂，被缘毛；雄蕊稍长于萼片，花药褐色；花柱暗褐色。蒴果长约2厘米，被柔毛。花期5-6月，果期6月。

产新疆西部，生于山前荒漠及草原。吉尔吉斯、塔吉克、乌兹别克及哈萨克斯坦有分布。

17. 大花老鹳草　　　　　　　　　　　　图748: 1

Geranium himalayense Klotzch in Bot. Ergebn. Reise Prinz. Wald. Preuss. 122. 1862.

多年生草本，高达30厘米。叶对生，5-7深裂近基部，裂片倒卵状菱形，下部窄楔形、全缘，上部一至二回羽状分裂，小裂片长卵形，上面被伏毛，下面沿脉密被柔毛。花序梗腋生或顶生，长于叶，密被开展腺毛和柔毛，具2花或有时单花。花梗等于或稍长于花；萼片披针状卵形或长圆状卵形，长1.2-1.5厘米，被柔毛；花瓣紫红色，辐射状开展，倒卵形，长2-2.5厘米；雄蕊与萼片近等长，花药褐色；雌蕊被柔毛。蒴果长约3厘米。花期6-7月，果

图 747 球根老鹳草 （冯晋庸绘）

期8-9月。

产西藏西南部，生于海拔3700-4400米山地。印度北部、尼泊尔、巴基斯坦、阿富汗、伊朗及塔吉克斯坦有分布。

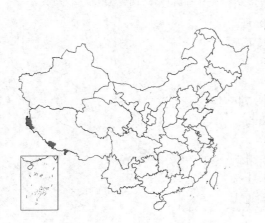

18. 丘陵老鹳草

图 748: 2-6

Geranium collinum Steph. ex Willd. Sp. Pl. 3: 705. 1800.

多年生草本，高达35厘米。茎丛生，直立或基部仰卧。叶对生，五角形或基生叶近圆形，长4-5厘米，宽5-7厘米，掌状5-7深裂近基部，裂片菱形，下部楔形、全缘，上部羽状浅裂至深裂，上面被伏毛，下面沿脉被柔毛。花序长于叶，花序梗密被柔毛和腺毛，每梗具2花。花梗长与花相等或为花2倍；萼片椭圆状卵形或长椭圆形，长1-1.2厘米，被柔毛和腺毛；花冠紫红色，近辐射状，花瓣倒卵形，长1.8-2厘米；雄蕊与萼片近等长，花药深褐色；花柱分枝深褐色。蒴果长3-3.5厘米，被柔毛。花期7-8月，果期8-9月。

产新疆及西藏西部，生于海拔2200-3500米山地森林草甸。中欧、西亚及中亚有分布。

图 748: 1.大花老鹳草 2-6.丘陵老鹳草
（李志民绘）

19. 吉隆老鹳草

图 749

Geranium lamberti Sweet, Hort. Brit. Add. 492. 1827.

多年生草本，高约40厘米。茎直立或基部仰卧。叶对生，五角状，长3-4厘米，宽4-6厘米，基部心形，5深裂近基部，裂片宽菱形，上部羽状浅裂至深裂，小裂片近卵形，上面被伏毛，下面疏被柔毛。花序梗腋生和顶生，长于叶，被倒向柔毛和开展腺毛，每梗具2花。花梗长约为花2-3倍；萼片卵状椭圆形或长椭圆形，长1.2-1.4厘米，被柔毛；花瓣白色或基部淡红色，近辐射状开展，倒卵形，长2-2.9厘米；雄蕊与萼片近等长，紫褐色；花柱分枝紫褐色。花期7月。

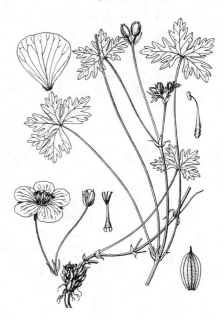

图 749 吉隆老鹳草 （李志民绘）

产西藏西南部，生于海拔约3000米山地灌丛中。印度西北部、锡金、尼泊尔及克什米尔有分布。

20. 草地老鹳草 草原老鹳草

图 750 彩片 245

Geranium pratense Linn. Sp. Pl. 681. 1753.

多年生草本，高达50厘米。茎直立。叶对生，叶肾圆形或上部叶五角状肾圆形，基部宽心形，长3-4厘米，宽5-9厘米，掌状7-9深裂近基部，裂片菱形或窄菱形，羽状深裂，小裂片条状卵形，具1-2齿，上面疏被伏毛，下面沿脉被柔毛。花序梗腋生或于茎顶成聚伞花序，长于叶，密被倒向柔毛和开展腺毛，每梗具2花。花梗短于花；萼片卵状椭圆形或椭圆形，长1-1.2厘米，密被柔毛和开展腺毛；花瓣紫红色，宽倒卵形，长为

萼片1.5倍；雄蕊稍短于萼片，花丝上部紫红色，花药紫红色；花柱分枝紫红色。蒴果长2.5-3厘米，被柔毛和腺毛。花期6-7月，果期7-9月。

产黑龙江、内蒙古、河北、山西、河南、湖北、四川、甘肃、宁夏、青海、西藏及新疆，生于山地草甸。欧洲、中亚、俄罗斯西伯利亚及蒙古有分布。

图 750　草地老鹳草　（引自《图鉴》）

[附] **草甸老鹳草 Geranium pratense** var. **affine** (Ledeb.) Huang et L. R. Xu, Fl. Reipubl. Popul. Sin. 43(1): 58. 1998. —— *Geranium affine* Ledeb. Ic. Pl. Fl. Ross. 4: 20. t. 371. 1883. 本变种与模式变种的区别：花白色，植株高不及20厘米。产新疆阿尔泰，生于海拔1400-2000米山地。哈萨克斯坦及俄罗斯西伯利亚有分布。

21. 蓝花老鹳草　　　　　　　　　图 751　彩片 246

Geranium pseudosibiricum J. Mayer, Boehm. Abh. 238. 1786.

多年生草本，高达40厘米。茎下部仰卧。

叶对生，肾圆形，掌状5-7裂近基部，裂片菱形或倒卵状楔形，上部羽状浅裂至深裂，下部小裂片条状卵形，具1-2齿，上面疏被伏毛，下面沿脉的边缘被柔毛和腺毛。花序梗腋生，具1-2花。花梗长为花1.5-2倍；萼片卵形或椭圆状长卵形，长5-7毫米，被柔毛和腺毛；花瓣宽倒卵形，紫红色，长为萼片2倍，被长柔毛；雄蕊稍长于萼片，花药褐色，花柱暗紫红色。蒴果长2-2.5厘米。被柔毛和开展腺毛。花期7-8月，果期8-9月。

图 751　蓝花老鹳草　（仿《图鉴》）

产新疆，生于海拔1000-1500米山地、河谷、林缘。东欧、中亚、哈萨克斯坦及蒙古有分布。

22. 东北老鹳草　　　　　　　　　图 752

Geranium erianthum DC. Prodr. 1: 641. 1824.

多年生草本，高达60厘米。叶互生，有时上部对生，叶五角状肾圆形，基部心形，长5-8厘米，宽8-14厘米，掌状5-7深裂至叶2/3，裂片菱形或倒卵状楔形，上部缺刻状深裂或牙齿状，上面疏被伏毛，下面沿脉被糙毛。

聚伞花序顶生，长于叶，花序梗被糙毛和腺毛，每梗具2-3（5）花。花梗等于或短于花，果期直；萼片卵状椭圆形或长卵形，长7-8毫米，被长糙毛和腺毛；花瓣紫红色，长为萼片1.5倍，先端圆，微凹；雄蕊稍长于萼片，花丝褐色；花柱分枝褐色。蒴果长约2.5毫米，被糙毛和腺毛。花期7-8月，果期8-9月。

产吉林东部及辽宁东部，生于林缘、草甸、灌丛中、林下。俄罗斯西伯利亚及远东地区、日本北部及北美有分布。

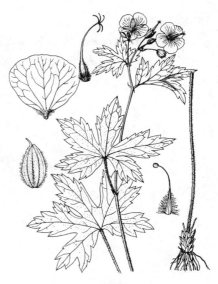

图 752 东北老鹳草 （李志民绘）

23. 甘青老鹳草 图 753

Geranium pylzowianum Maxim. in Bull. Acad. Sci. St. Pétersb. 26: 452. 1880.

多年生草本，高达20厘米。具念珠状块根。茎直立。叶对生，肾圆形，长2-3.5厘米，宽2.5-4厘米，掌状5-7深裂至基部，裂片倒卵形，1-2次羽状深裂，小裂片宽条形，上面疏被伏柔毛，下面沿脉被伏毛。花序长于叶，每梗具2花或4花呈二歧聚伞状，花序梗密被倒向柔毛。花梗长为花1.5-2倍，下垂；萼片披针形或披针状长圆形，长0.8-1厘米，被长柔毛；花瓣紫红色，倒卵圆形，长为萼片2倍，先端平截；雄蕊与萼片近等长；花丝淡褐色，花药深紫色，花柱分枝暗紫色。蒴果长2-3厘米，疏被柔毛。花期7-8月，果期9-10月。

产陕西南部、甘肃、青海、四川、云南及西藏东部，生于海拔2500-5000米山地针叶林林缘、草地、草甸。尼泊尔有分布。全草药用，清热解毒，治咽喉肿痛，肺热咳嗽。

24. 粗根老鹳草 图 754

Geranium dahuricum DC. Prodr. 1: 642. 1824.

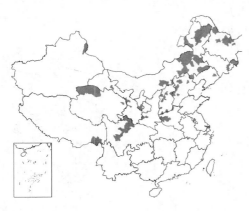

多年生草本，高达60厘米。具簇生纺锤形块根。茎直立，有时基部具腺毛。叶对生，七角状肾圆形，长3-4厘米，宽5-6厘米，掌状7深裂近基部，裂片羽状深裂，小裂片披针状条形、全缘，上面被柔毛，下面疏被柔毛。花序长于叶，密被倒向柔毛，花序梗具2花。花梗长约为花2倍，花、果期下弯；萼片卵状椭圆形，长5-7毫米，背面和边缘被

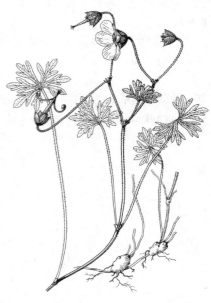

图 753 甘青老鹳草 （冯晋庸绘）

长柔毛；花瓣紫红色，倒长卵形，长约为萼片1.5倍；雄蕊稍短于萼片，褐色，子房密被伏毛。花期7-8月，果期8-9月。

产黑龙江、吉林、辽宁、内蒙古、河北、山西、陕西、宁夏、甘肃、青海、四川西部、西藏东部及新疆，生于海拔3500米以下山地草甸。俄罗斯东西伯利亚及远东地区、蒙古、朝鲜有分布。

25. 突节老鹳草

图 755: 1-6

Geranium krameri Franch. et Sav. Enum. Pl. Jap. 306. 1879.

多年生草本，高达70厘米。根茎短粗，具簇生细长块根。叶对生，肾圆形，长4-6厘米，宽6-10厘米，掌状5深裂近基部，裂片窄菱形楔状倒卵形，下部全缘，上部羽状浅裂至深裂，小裂片卵形或大齿状，上面疏被伏毛，下面沿脉被糙毛。花序长于叶，花序梗被倒向糙毛，每梗具2花。萼片椭圆状卵形，长6-9毫米，疏被柔毛；花瓣紫红或白色，倒卵形，长为萼片1.5倍；雄蕊与萼片近等长，花丝褐色；花柱褐色。蒴果长约2.5厘米，被糙毛；果柄下弯。花期7-8月，果期8-9月。

产黑龙江、吉林及辽宁，生于草甸、灌丛中。俄罗斯远东地区、朝鲜及日本有分布。

图 754 粗根老鹳草 （冯晋庸绘）

26. 线裂老鹳草

图 755: 7-11

Geranium soboliferum Kom. in Acta Hort. Pétrop. 18: 433. 1901.

多年生草本，高达60厘米。具簇生细长块根。直立。叶对生，圆肾形，长5-6厘米，宽7-8厘米，掌状5-7深裂近基部，裂片窄菱形，基部以上羽状深裂，小裂片条形，下部小裂片具1-2齿，上面疏被柔毛，下面边缘和沿脉被糙毛。花序腋生和顶生，长于叶，花序梗密被伏毛，具2花。花梗长为花1.5倍；萼片长卵形，长7-8毫米，被伏毛；花瓣紫红色，宽倒卵形，长为萼片2倍；雄蕊与萼片近等长，褐色；花柱分枝褐色。蒴果长约2.5厘米，被柔毛；果柄直立。花期7-8月，果期8-9月。

产黑龙江及吉林，生于草甸、阔叶林下。俄罗斯远东地区及朝鲜有分布。

图 755: 1-6.突节老鹳草 7-11.线裂老鹳草 （李志民绘）

27. 萝卜根老鹳草

图 756

Geranium napuligerum Franch. Pl. Delav. 115. 1889.

多年生草本，高达20厘米。具卵形或长卵形块根。茎仰卧。叶对生，近

圆形或肾圆形,基部心形,径1.5厘米,掌状5深裂近基部,裂片倒卵状楔形,下部全缘,上部3-5深裂,小裂片多圆卵形,两面被糙伏毛。花序长于叶,被柔毛和疏腺毛,花序梗具2花。花梗下垂;萼片条状长圆形,长5-7毫米,被柔毛和开展腺毛;花瓣紫红色,倒长卵形,长约为萼片2倍;雄蕊与萼片近等长,花丝褐色,花药深褐色;花柱分枝暗褐色。蒴果长1.5-2厘米,被柔毛和开展腺毛。花期7-8月,果期9-10月。

产云南西北部、四川西南及北部、陕西南部、甘肃南部及青海,生于海拔1800米以上林内、草甸、灌丛中。

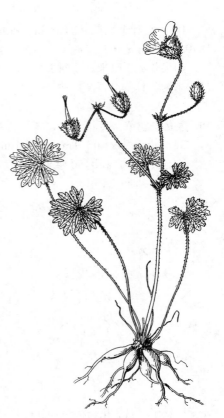

图 756 萝卜根老鹳草 (冯晋庸绘)

28. 长根老鹳草 图 757

Geranium donianum Sweet, Geran. 1. sub t. 338. 1827.

多年生草本,高达30厘米。具圆锥状块根。叶对生,圆形或圆肾形,7深裂近基部,裂片倒卵形,基部楔形,上部3深裂,小裂片近条形,上面被伏毛。花梗长为花2-3倍;萼片椭圆形或卵状椭圆形,长6-7毫米,被糙毛;花瓣紫红色,倒卵形,长为萼片2倍,先端平截或微凹;雄蕊稍长于萼片,褐色,花药暗黑色;子房密被柔毛,花柱分枝褐色。蒴果长约2厘米。花期7-8月,果期8-9月。

产西藏、云南、四川西部、甘肃南部及青海东南部,生于海拔3000-4500米草甸、灌丛中及林缘。尼泊尔、锡金及不丹有分布。

29. 宽托叶老鹳草 图 758

Geranium wallichianum D. Don ex Sweet, Gern. 1. t. 90. 1821.

多年生草本,高达60厘米。具多数圆锥状块根。叶对生,三角形,长2-3厘米,宽3-4厘米,3-5深裂,裂片菱状卵形,下部楔形、全缘、上部羽状齿裂或缺刻状,小裂片卵形,上面疏被柔毛,下面沿脉被毛;托叶宽卵形,先端钝圆。花序梗长于叶,被开展透明长腺毛。花梗长为花2-3倍;萼片卵状椭圆形,长6-7毫米,疏被柔毛;花瓣紫红色,倒卵形,长为萼片2倍,先端平截或微凹;雄蕊与萼片近等长,黑紫色;花柱分枝黑紫色。蒴果长2.5厘米,被柔毛,下垂。花期6-7月,果期8-9月。

产西藏西南部,生于海

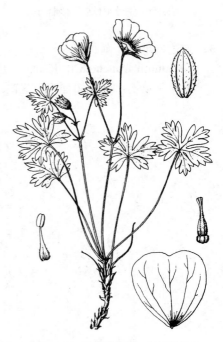

图 757 长根老鹳草 (李志民绘)

拔3200-3400米山地阔叶林下。印度、尼泊尔、巴基斯坦及阿富汗有分布。

[附] **红叶老鹳草 Geranium rubifolium** Lindl. in Bot. Reg. 26: 67. 1840. 本种与宽托叶老鹳草的区别：叶五角状，托叶卵形，先端尖或稍钝圆；蒴果长约3厘米。花期7-9月，果期9-10月。产西藏南部，生于海拔2700米河谷针阔叶混交林中。

30. 直立老鹳草

图 759: 1-5

Geranium rectum Trautv. in Bull. Soc. Nat. Mosc. 32: 459. 1800.

图 758 宽托叶老鹳草 （李志民绘）

多年生草本，高达50厘米。茎直立，常不分枝。叶对生，五角状肾圆形，长3-8厘米，宽5-14厘米，掌状5裂至2/3，裂片楔状菱形或倒卵状楔形，下部全缘，上部不规则羽状浅裂至深裂，小裂片齿状，先端尖，两面疏被柔毛。花序长于叶，花序梗疏被柔毛，具2花。花梗上部密被倒向柔毛；萼片长卵形或椭圆形，长6-7毫米，被绢毛；花瓣倒长卵形，紫红色，长为萼片2倍，先端平截或微凹；

雄蕊稍长于萼片，花药褐色；分枝暗褐色。蒴果长2.5-3厘米，疏被绢毛或近无毛。花期7-8月，果期8-9月。

产新疆，生于山地云杉林下、河谷草甸潮湿处。中亚西天山有分布。

31. 灰岩紫地榆

图 759: 6-10

Geranium franchetii R. Knuth in Engl. Pflanzenr. 53. 4(129): 177. 1912.

多年生草本，高达60厘米。茎直立，常分枝。叶对生，五角形或五角状肾圆形，基部深心形，长4-5厘米，宽5-9厘米，掌状5深裂达2/3，裂片宽菱形或倒卵状菱形，下部楔形、全缘，上部圆齿状羽浅裂，小裂片先端圆齿状，上面疏被伏毛，下面疏被柔毛。花序梗长于叶，被倒向柔毛，具2花。花梗长约为花2倍；萼片卵状长圆形，长7-8毫米，沿脉被糙柔毛；花瓣紫红色，长为萼片1.5倍，倒长卵

图 759: 1-5.直立老鹳草 6-10.灰岩紫地榆（李志民绘）

形，先端钝圆；雄蕊与萼片近等长，花药褐色。蒴果长约2厘米，被柔毛。花期6-8月，果期9-10月。

产云南、四川、湖北西部、贵州及广西，生于海拔700-3000米山地林下、灌丛中、草地。

32. 朝鲜老鹳草

图 760

Geranium koreanum Kom. in Acta Hort. Pétrop. 18: 34. 1901.

多年生草本，高达50厘米。根茎下部簇生细纺锤形长根。茎直立，常

分枝。叶对生，五角状肾圆形，长5-6厘米，宽8-9厘米，3-4裂不过中部，

裂片宽楔形，下部全缘，上部具不整齐牙齿，上面疏被伏毛，下面疏被毛或沿脉被伏毛。花序腋生或顶生，二歧聚伞状，长于叶，花序梗被倒向糙毛，具2花。花梗长为花1.5-2倍；萼片长卵形或长圆状椭圆形，长0.8-1厘米，沿脉被糙毛；花瓣淡紫色，倒圆卵形，长为萼片1.5-2倍，先端圆；雄蕊稍长于萼片，花丝褐色；花柱上部褐色。蒴果长约2厘米，被糙毛。花期7-8月，果期8-9月。

产黑龙江、辽宁东部及山东沿海地区，生于海拔500-800米山地阔叶林下、草甸。俄罗斯远东地区及朝鲜有分布。

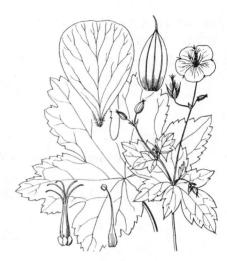

图 760 朝鲜老鹳草 （李志民绘）

33. 灰背老鹳草 图761

Geranium wlassowianum Fisch. ex Link, Hort. Berol. 2: 197. 1882.

多年生草本，高达70厘米。具簇生纺锤形块根。直立或基部仰卧，常分枝。叶对生，五角状肾圆形，长4-6厘米，宽6-9厘米，5裂达叶2/3，裂片倒卵状楔形，下部全缘，上部3深裂，中间小裂片窄长，3裂，侧小裂具1-3牙齿，上面被伏毛，下面灰白色，沿脉被糙毛。花序稍长于叶，花序梗被倒向柔毛，具2花。花梗长为花1.5-2倍；萼片长卵形或椭圆形，长0.8-1厘米，密被柔毛和开展疏散长柔

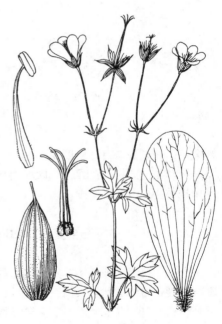

毛；花瓣淡紫红色，宽倒卵形，长约萼片2倍，先端圆；雄蕊稍长于萼片，褐色；花柱分枝褐色。蒴果长约3厘米，被糙毛。花期7-8月，果期8-9月。

图 761 灰背老鹳草 （李志民绘）

产黑龙江、吉林、辽宁、内蒙古、山西、河北、河南及山东，生于低、中山山地草甸、林缘等处。俄罗斯东西伯利亚、贝加尔及远东地区、蒙古、朝鲜有分布。

34. 云南老鹳草 图762

Geranium yunnanense Franch. Pl. Delav. 114. 1889.

多年生草本，高达60厘米。茎直立。叶对生，五角形，长宽6-10厘米，5-7深裂近基部，裂片菱形，下部楔形，上部3深裂，小裂片不规则齿裂，齿裂片卵形或长卵形，上面被伏毛，下面沿脉被糙毛。花序梗长于叶，被柔毛，具2花。花梗长为花1-2倍；萼片卵状椭圆形，长1-1.2厘米，边缘

和下面沿脉被长糙毛；花瓣紫红色，稀白色，长1.5-2.5厘米，宽倒卵形，先端圆；雄蕊与萼片近等长，花丝褐色，花药黑紫色；花柱分枝深褐色，长4-5毫米。蒴果长2.5-3厘米，被柔毛。花期6-8月，果期8-9月。

产云南西北部及四川西南部，生于海拔3200-4300米山地林内、灌丛中、草甸。

35. 湖北老鹳草 图763

Geranium rosthornii R. Knuth in Engl. Pflanzenr. Heft 53. 4(129): 180. 1912.

多年生草本，高达60厘米。具纺锤形块根。茎直立或仰卧。叶对生，五角状圆形，掌状5深裂近基部，裂片菱形，下部全缘，上部羽状深裂，小裂片条形，下部小裂片具2-3齿，上面被伏毛，下面沿脉被柔毛。花序长于叶，被柔毛，花序梗具2花。萼片卵形或椭圆状卵形，长6-7毫米，被柔毛；花瓣倒卵形，紫红色，长不及1.5厘米，先端圆；雄蕊稍长于萼片，褐色；花柱分枝深紫色。蒴果长约2厘米，被柔毛。花期6-7月，果期8-9月。

产河南、安徽、湖北西部、陕西南部、甘肃及四川，生于海拔1600-2400米山地林下、山坡草丛中。

图 762 云南老鹳草 （李志民绘）

3. 天竺葵属 Pelargonium L'Hér.

草本、亚灌木或灌木，具香气。茎稍肉质。叶对生或互生；叶不裂或掌状分裂，边缘波状，具齿；具托叶。伞形或聚伞花序，稀花单生，花序梗腋生或与叶对生；具苞片。花常两侧对称，萼片5，覆瓦状排列，基部合生，近轴1枚成长距并与花梗合生；花瓣5，覆瓦状排列，上方2枚较大而同形，下方3枚同形；无蜜腺；雄蕊10，花丝基部常合生或偏生，其中1-3枚无花药或花药发育不全；子房5室，每室2胚珠，花柱分枝5。蒴果具喙，5裂，熟时果瓣由基部向上卷曲，附于喙顶端，每室1种子。种子无胚乳。

约250种，主要分布于热带及南非。我国引种栽培5种，多为盆栽观赏花卉。

图 763 湖北老鹳草 （李志民绘）

1. 平卧草本，无毛或近无毛 ·· 1. **盾叶天竺葵 P. peltatum**
1. 直立草本，被毛，基部稍木质化。
  2. 茎肉质；叶圆形或肾形，具浅钝锯齿或齿裂；有鱼腥味 ················· 2. **天竺葵 P. hortorum**
  2. 茎稍木质；叶各式分裂；植株有时具香味。

3. 叶成角状或微浅裂,具锐齿 ·· 3. 家天竺葵 P. domesticum

3. 叶深裂近基部 ·· 4. 香叶天竺葵 P. graveolens

1. 盾叶天竺葵

图 764 彩片 247

Pelargonium peltatum (Linn.) Ait. Hort. Kew. 2: 427. 1789.

Geranium peltatum Linn. Sp. Pl. 678. 1753.

多年生攀援或缠绕草本,长达1米。茎具棱角,多分枝,无毛或近无毛。叶互生,稍肉质;托叶三角状心形,叶柄盾状着生于叶缘以内;叶近圆形,径5-7厘米,五角状浅裂或近全缘,裂片宽三角形,先端微钝,边缘具睫毛。伞房花序腋生,有花数朵,花序梗被柔毛。花梗长0.6-1厘米,被柔毛,位于萼距之下;萼片披针形,长约1厘米,无毛或稍被长柔毛;花冠洋红色,上面2瓣具深色条纹(栽培种类其花瓣常为同一颜色),下面3瓣分离。

原产南非。我国各地栽培。

2. 天竺葵

图 765: 1-5 彩片 248

Pelargonium hortorum Bailey, Stand. Cyl. Hort. 2531. 1916.

多年生草本,高达60厘米。茎直立,基部木质化,密被柔毛,具鱼腥味。叶互生;托叶宽三角形或卵形,被柔毛和腺毛,叶圆形或肾形,基部心形,径3-7厘米,边缘波状浅裂,具圆齿,两面被透明柔毛,上面叶缘以内有暗红色马蹄形环纹。伞形花序腋生,具多花,花序梗长于叶,被柔毛;总苞片数枚,宽卵形。花梗长3-4厘米,被柔毛和腺毛;萼片窄披针形,长0.8-1厘米,密被腺毛和长柔毛;花瓣红、橙红、粉红或白色,宽倒卵形,长1.2-1.5厘米,先端圆,下面3枚常较大。果长约3厘米,被柔毛。花期5-7月,果期6-9月。

原产南非。我国各地栽培。

图 764 盾叶天竺葵 (李志民绘)

3. 家天竺葵 大花天竺葵

图 765: 6

Pelargonium domesticum Bailey, Stand. Cycl. Hort. 2532. 1916.

多年生草本,高达40厘米。茎直立,基部木质化,被开展长柔毛。叶互生;托叶干膜质,三角状宽卵形,叶圆肾形,基部心形或平截,长3-7厘米,宽5-8厘米,具不规则锐锯齿,有时3-5浅裂。伞形花序与叶对生或腋生,长于叶,具花数朵。花梗长不及1.5厘米,疏被柔毛和腺毛;萼片披针形,长0.5-1.5厘米;花冠粉红、淡红、深红或白色,长2.5-3.5厘米,先端钝圆,上面2片较宽大,具黑紫色条纹;子房密被绒毛。花期7-8月(温室冬季亦开花)。

原产南非。我国北方常见栽培。

图 765: 1-5.天竺葵 6.家天竺葵
(李志民绘)

4. 香叶天竺葵

图 766

Pelargonium graveolens L'Hér. Gern. t. 17. 1787-1788.

多年生草本或灌木状,高达1米。茎直立,基部木质化,密被柔毛,有香味。叶互生;托叶宽三角形或宽卵形,叶近圆形,基部心形,径2-10厘米,掌状5-7裂达中部或近基部,裂片长圆形或披针形,小裂片具不规则齿裂或锯齿,两面被长糙毛。伞形花序与叶对生,长于叶,具5-12花。花梗长3-8毫米或近无梗;萼片长卵形,绿色,长6-9毫米,距长4-9毫米;花瓣玫瑰色或粉红色,长为萼片2倍,先端钝圆,上面2片较大。蒴果长约

2厘米，被柔毛。花期5-7月，果期8-9月。

原产南非。全国各地庭园栽培。云南滇中高原有成片种植，提取香叶醇 (Geranil)。

4. 熏倒牛属 Biebersteinia Steph. ex Fisch.

草本。茎发育或无茎；茎、叶具黄色腺毛和浓烈气味。叶互生；具托叶，叶一至三回羽状分裂，小裂片浅裂至深裂。总状或圆锥状聚伞花序。萼片5，覆瓦状排列；花瓣5，黄色，覆瓦状排列；雄蕊10，基部合生成环，全部具花药；腺体5，与花瓣互生；子房5深裂，5室，每室具1胚珠，花柱生自裂隙底部，柱头5裂。蒴果无喙，熟时自果轴分离，不裂。

约5种，分布于地中海区、西亚、中亚、我国西北部及西喜马拉雅。我国2种。

图 766 香叶天竺葵 （引自《图鉴》）

1. 一年生草本；雄蕊基部环裂为5个卵形裂片 ⋯⋯⋯⋯⋯⋯⋯⋯⋯⋯⋯⋯⋯ **1. 熏倒牛 B. heterostemon**
1. 多年生草本；雄蕊基部环不裂 ⋯⋯⋯⋯⋯⋯⋯⋯⋯⋯⋯ **2. 高山熏倒牛 B. odora**

1. 熏倒牛　　　　　　　　　　　图767: 1-6
Biebersteinia heterstemon Maxim. in Mém. Biol. Acad. Sci. St. Pétersb. 11: 176. 1881.

一年生草本，高达90厘米，具腥臭味，全株被深褐色腺毛和白色糙毛。

茎单一，直立，上部分枝。叶三回羽状全裂，小裂片长约1厘米，窄条形或齿状；托叶半卵形，长约1厘米，与叶柄合生，先端撕裂。圆锥聚伞花序，长于叶；苞片披针形，长2-3毫米，先端尖；萼片宽卵形，长6-7毫米，花瓣黄色，倒卵形，稍短于萼片，具波状浅裂。蒴果肾形，不裂，无喙。花期7-8月，果期8-9月。

图 767: 1-6.熏倒牛 7.高山熏倒牛
（李志民绘）

产甘肃、宁夏南部、青海、四川北部及西藏东南部，生于海拔1000-3200米黄土山坡、河滩地。

2. 高山熏倒牛　　　　　　　　　图767: 7
Biebersteinia odora Steph. ex Fisch. in Mém. Soc. Nat. Mosc. 1: 89. 1806.

多年生草本，高达25厘米，全株被黄色腺毛和糙毛。茎分枝匍匐，上部成花葶状，具1-2无柄叶片。基生叶窄长圆形，长8-10厘米，宽1-2厘米；托叶披针形，与叶柄合生至上部，叶羽状全裂，裂片羽状深裂近基部，

小裂片倒长卵形或宽条形，先端被较密腺毛。花序总状，长于叶，花序梗密被腺毛；苞片倒长卵形，长为花梗1/2或稍过。花梗与花近等长；萼片长卵形，长6-8毫米，先端钝圆，边缘具长腺毛；花瓣黄色，长为萼片1.5倍，先端钝圆或具裂齿；雄蕊稍长于萼片；子房被柔毛。花期7-8月。

产新疆西北部、西藏西部及四川西北部，生于海拔2600-5100米碎石、冰碛堆积物及砂砾山坡。印度、巴基斯坦克什米尔及中亚天山有分布。

173. 旱金莲科 TROPAEOLACEAE
（徐朗然）

一年生或多年生肉质草本，多浆汁。叶互生，盾状，全缘或分裂；具长柄。花两性，不整齐，具长距；花萼5，二唇状，基部合生，其中1片成长距；花瓣5或少于5，覆瓦状排列，异形；雄蕊8，2轮，分离，长短不等，花药2型，纵裂；子房上位，3室，中轴胎座，每室1倒生胚珠，花柱1，柱头线状，3裂。果为分果爿，熟时裂为3个具1粒种子小果。种子无胚乳。

1属约80种。主产南美热带地区。我国引种栽培1属。

旱金莲属 Tropaeolum Linn.

一年生或多年生肉质、匍匐或攀援草本。根有时为块状。叶圆盾形，全缘或浅裂；具长柄，无托叶。花两性，黄、桔红、紫或杂色，左右对称，具长距；萼片5，二唇形，覆瓦状排列，基部合生；花瓣5或少于5，异形，着生于距开口处的3片较小，基部具爪，较大的2片与萼片的距结合；雄蕊8，2轮，分离，长短不等，花药2室，纵裂；柱头线状。

约80种，分布于南美。多种可供观赏。我国引进1种。

旱金莲　　　　　　　　　图 768 彩片 249

Tropaeolum majus Linn. Sp. Pl. 345. 1753.

蔓生一年生草本。叶互生；叶柄长6-31厘米，向上扭曲，盾状，叶圆形，径3-10厘米，具波状浅缺刻，下面疏被毛或有乳点。花黄、紫、桔红或杂色，径2.5-6厘米；花托杯状；萼片5，长椭圆状披针形，长1.5-2厘米，基部合生，其中1片成长距；花瓣5，常圆形，边缘具缺刻，上部2片全缘，长2.5-5厘米，着生于距开口处，下部3片基部具爪，近爪处边缘具睫毛；雄蕊8，长短互间，分离。果扁球形，熟时分裂成3个具1粒种子小果。花期6-10月，果期7-11月。

原产南美秘鲁及巴西。河北、江苏、福建、江西、广东、云南、贵州、四川及西藏等地栽培，为盆栽或露地观赏花卉，有的已野化。

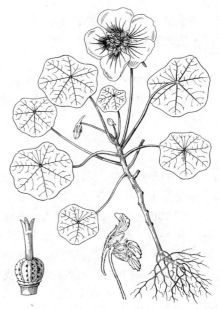

图　768　旱金莲　（余汉平绘）

174. 凤仙花科 BALSAMINACEAE
（陈艺林）

一年生或多年生草本，稀附生或亚灌木。茎通常肉质，直立或平卧，下部节常生根。单叶，螺旋状排列，对生或轮生，羽状脉，具圆齿或锯齿，齿端具小尖头，齿基部常具腺状小尖；具柄或无柄，无托叶或叶柄基具 1 对托叶状腺体。花两性，雄蕊先熟，两侧对称，常 180° 倒置，排成腋生或近顶生总状或假伞形花序，或无总花梗而束生或单生。萼片 3（5），侧生萼片离生或合生，全缘或具齿，下面倒置的 1 枚萼片（唇瓣）花瓣状、舟状、漏斗状或囊状，基部渐窄或骤缢缩成具蜜腺的距，距短或细长，直、内弯或拳卷，顶端肿胀，尖，稀 2 裂，稀无距；花瓣 5，分离，或背面 1 枚花瓣（旗瓣）离生，扁平或兜状，背面常有鸡冠状突起，下面 4 枚侧生花瓣成对合生成 2 裂翼瓣，基部裂片小于上部裂片；雄蕊 5，与花瓣互生，花丝短，扁平，内侧具鳞片状附属物，在雌蕊上部连合或贴生，环绕子房和柱头，柱头成熟前脱落，花药 2 室，缝裂或孔裂；雌蕊具 4 或 5 心皮，子房上位，4 或 5 室，每室具 2 至多数倒生胚珠，花柱 1，极短或无花柱，柱头 1-5。果为假浆果或多少肉质、具 4-5 裂片弹裂的蒴果。种子多数从裂片中弹出或单一而包藏果中，无胚乳 。

2 属，约 900 余种，主要分布于亚洲热带和亚热带及非洲，少数种产欧洲、亚洲温带地区及北美洲。我国 2 属均产，约 220 余种。

1. 侧生花瓣成对合生；果多少肉质、具 4-5 裂片弹裂的蒴果 ·································· 1. 凤仙花属 Impatiens
1. 全部花瓣离生；果为肉质不裂假浆果 ·································· 2. 水角属 Hydrocera

1. 凤仙花属 Impatiens Linn.

属的形态特征与科描述相同，但下面 4 枚侧生花瓣成对合生成翼瓣；果为多少肉质弹裂的蒴果，成熟时种子从裂片中弹出而有别于水角属。

约 900 余种，分布于旧大陆热带、亚热带山区和非洲，少数种产欧洲、亚洲温带及北美洲。我国约 220 余种，其中除了在我国民间广泛栽培供观赏和药用的凤仙花（指甲花、急性子）I. balsamina 以及近年来引种栽培的苏丹凤仙花（玻璃翠）I. wallerana 和赞比亚凤仙花 I. usambarensis 外均为野生。

凤仙花属植物花形奇特美丽，我国种类繁多，占全世界约 1/4，为花卉栽培和开发利用提供有观赏价值的丰富植物资源。其中凤仙花、华凤仙、棒凤仙、金凤花、水金凤、冷水七、牯岭凤仙花、毛凤仙花、东北凤仙花及锐齿凤仙花等供药用，清热解毒、止痛消肿，治恶疮毒痈、蛇伤等。

1. 蒴果短，椭圆形或纺锤形，中部肿大，顶端喙尖；种子圆球形。
　2. 花序无总花梗；花单生或 2-3 簇生叶腋。

3. 叶对生，无柄或近无柄，线形或线状披针形，基部近心形或平截，疏生刺状锯齿；蒴果无毛 ……………
………………………………………………………………………………… 1. 华凤仙 **I. chinensis**

3. 叶互生，具柄，基部楔形；蒴果被绒毛或密柔毛。
  4. 叶披针形、窄椭圆形或倒披针形，基部具数对无柄黑色腺体，具锐锯齿；叶柄、叶两面无毛；蒴果
    密被柔毛 ………………………………………………………… 2. 凤仙花 **I. balsamina**
  4. 叶卵形或卵状披针形，基部边缘常具长 1-3 毫米睫毛，具不明显圆齿或全缘；叶柄、叶两面被柔毛；
    蒴果被绒毛 ………………………………………………… 3. 缅甸凤仙花 **I. aureliana**

2. 花序具总花梗，具 2 或 3-5 花；花近伞形或总状排列，稀单花。
  5. 叶互生或上部叶螺旋状排列，宽椭圆形或卵形，无毛，叶柄具 1-2、稀数个具柄腺体；花 2，稀 3-5，
    花各种颜色；苞片线状披针形或钻形；唇瓣浅舟状，基部缢缩成长 2.4-4 厘米线状内弯的细距 ……
    ……………………………………………………………………… 4. 苏丹凤仙花 **I. wallerana**
  5. 叶互生或上部近轮生，披针形、椭圆状披针形或长圆状匙形，上面沿脉被糙毛，下面无毛；花 1-2，金
    黄色，喉部具紫褐色斑；苞片卵状披针形，下面被小刚毛；唇瓣长漏斗形，基部渐窄成长 2.2-2.5 厘
    米卷曲的距 ……………………………………………………… 5. 金黄凤仙花 **I. xanthina**

1. 蒴果纺锤形、棒状或线状圆柱形；种子长圆形或倒卵圆形。
  6. 总花梗极短或无，具 1-2 花，花粉紫色；花梗基部具苞片或无；侧生萼片 4；翼瓣上部裂片合生或粘连
    成片状，或背部小耳合生；蒴果纺锤状或棒状；花药钝。
    7. 花序具极短总花梗，具 2 花，稀单花；花梗基部具宿存苞片；翼瓣基部裂片梨形，上部裂片斧形 ………
    ………………………………………………………………………… 6. 丰满凤仙花 **I. obesa**
    7. 花单生；花梗基部无苞片；翼瓣基部裂片宽镰刀状扇形，上部裂片合生成宽 2-2.5 厘米圆片 …………
    ……………………………………………………………………… 6(附). 越南凤仙花 **I. musyana**

6. 总花梗长，具 1 至多花；花梗基部具苞片；翼瓣上部裂片离生；蒴果棒状或线形圆柱形。
  8. 翼瓣基部裂片先端钝。
    9. 全部花梗基部具苞片，稀无苞片。
      10. 总花梗常具多花；花总状排列。
        11. 花长 4-5 厘米；唇瓣囊状或囊状漏斗形。
          12. 侧生萼片 4，外面 2 枚卵形或斜卵形，内面 2 枚线形或线状披针形。
            13. 叶疏生茎上；总花梗腋生，长于叶，具 3-9 花；唇瓣檐部半球形或杯状，基部窄成长 8 毫
              米的弯距 ……………………………………………… 7. 高黎贡山凤仙花 **I. chimiliensis**
            13. 叶密集茎上部；总花梗顶生或腋生，短于叶或与叶等长；唇瓣囊状或宽漏斗状。
              14. 花黄、淡黄或粉红色；唇瓣囊状。
                15. 多年生草本。
                  16. 总花梗短于叶，具 4-7 花；苞片膜质，卵状长圆形；花大型，淡黄色，喉部具红或
                    红紫色斑点；翼瓣具柄，长 2.7-3 厘米 ………… 8. 香港凤仙花 **I. hongkongensis**
                  16. 总花梗长于叶或与叶等长，具 3-8（-13）花；苞片革质，卵形或舟形；花黄或黄白
                    色；唇瓣具红棕色斑纹，翼瓣具宽柄，长 2 厘米 ………… 9. 湖北凤仙花 **I. pritzelii**
                15. 一年生草本 …………………………………………… 10. 管茎凤仙花 **I. tubulosa**
              14. 花黄或白色；唇瓣囊状或囊状漏斗形。
                17. 花大；唇瓣囊状，基部具长 2-3 厘米内卷或螺旋状细距；叶长圆状卵形或长圆状倒披针形，
                  长达 22 厘米 ……………………………………………… 11. 大叶凤仙花 **I. apalophylla**
                17. 花较大，唇瓣近囊状或漏斗形，基部具短于檐部 1/2 的粗距或短距。
                  18. 花淡黄色；旗瓣倒卵形，先端圆，凹，具小尖，唇瓣近囊状，具内弯短距 ………………
                  ………………………………………………………………… 12. 棒凤仙花 **I. claviger**

18. 花黄色；旗瓣三角状圆形，先端圆，唇瓣漏斗状，基部具卷曲短距 ············ 13. 峨眉凤仙花 **I. omeiana**
12. 侧生萼片 2。

  19. 植株上部、小枝及叶疏被毛；花黄色；苞片肉质，三角状卵形；侧生萼片具 5-6 细脉 ············
                                         14. 湖南凤仙花 **I. hunanensis**

  19. 植株无毛；花白色，具红色条纹；苞片草质，披针形 ············ 15. 红纹凤仙花 **I. rubro-striata**
11. 花长不及 4 厘米；唇瓣漏斗状、杯状或窄漏斗状。

  20. 花较大，长达 4 厘米；唇瓣漏斗状或囊状。

    21. 总花梗长 6-10 厘米，花黄色，5-13 朵排成总状花序；侧生萼片和苞片先端有具腺体的芒尖；茎上部疏
        生腺毛或无毛；叶先端渐尖，叶柄基部无腺体 ············ 16. 路南凤仙花 **I. loulanensis**

    21. 总花梗长约 1 厘米，花蓝或蓝紫色，4-6（-8）排成近伞房状花序；侧生萼片斜卵形；叶先端渐窄或
        尾尖，基部有 2 枚腺体 ············ 17. 蓝花凤仙花 **I. cyanantha**
  20. 花较小，长 2-3 厘米。

    22. 翼瓣上部裂片线形或披针形，稀长圆状斧形。

      23. 侧生萼片 2。

        24. 侧生萼片舟状或窄长圆形，先端突尖；唇瓣口部先端短喙尖或渐尖；苞片宿存。

          25. 花黄或紫红色，无斑点，侧生萼片窄长圆形；唇瓣口部先端短喙尖。

            26. 花黄色；总花梗长达 14 厘米 ············ 18. 黄金凤 **I. siculifer**
            26. 花紫红色；总花梗长达 17 厘米；叶柄和叶脉更粗 ··· 18(附). 紫花黄金凤 **I. siculifer** var. **porphyrea**

          25. 花黄色，具紫色斑点；侧生萼片卵形，具小尖；唇瓣舟状，口部急弯，先端渐尖，基部具长
            达 1.5 厘米长距 ············ 18(附). 长距黄金凤 **I. dolichoceras**

        24. 侧生萼片卵状长圆形、长圆状披针形或镰刀形；唇瓣口部先端稍尖，具角状喙尖或长芒尖；苞片
         脱落。

          27. 侧生萼片卵状长圆形或长圆状披针形，渐尖；唇瓣口部先端无芒尖。

            28. 总花梗通常短于叶；苞片卵状披针形；翼瓣上部裂片窄长；唇瓣口部先端具角状喙尖，基部窄
            成稍弯的长细距 ············ 19. 窄花凤仙花 **I. stenantha**

            28. 总花梗超出叶，长 3-5.3 厘米；苞片钻形或钻状披针形，先端无腺体；唇瓣口部先端钝或稍尖，
            基部具钩状长距 ············ 19(附). 长梗凤仙花 **I. longipes**

          27. 侧生萼片镰刀形，先端具长芒尖；翼瓣上部裂片长圆状斧形；唇瓣口部先端具绿色长角，基部具
           螺旋状内弯的距 ············ 20. 镰萼凤仙花 **I. drepanophora**

      23. 侧生萼片 4，外面 2 枚宽卵形，内面 2 枚线形；叶密集茎、枝顶端，长圆状卵形或长圆状披针形；
        总花梗具 4-6 花；花黄色；苞片线形、脱落；唇瓣基部具与檐部等宽的圆柱状直距 ············
                                   21. 同距凤仙花 **I. holocentra**
    22. 翼瓣上部裂片斧形或半月形，稀斜卵形。

      29. 茎粗壮，不分枝，稀分枝。

        30. 茎上部及总花梗被褐或紫褐色腺毛；叶菱形或卵状菱形，具锐锯齿。

          31. 花长不及 2 厘米，带白色，具紫红色斑点；翼瓣上部裂片斜卵形，尖；唇瓣漏斗状，基部具螺
            旋状卷曲长距 ············ 22. 东北凤仙花 **I. furcillata**

          31. 花长 3-4 厘米，淡紫或红紫色；翼瓣上部裂片长圆状斧形；唇瓣钟状漏斗形，内面具暗紫色斑
            点，基部渐窄成长 1.5 厘米内卷粗距 ············ 23. 野凤仙花 **I. textori**
        30. 茎上部及总花梗无毛；叶非菱形或卵状菱形，具圆齿状锯齿或细锯齿。

          32. 苞片卵形，脱落。

            33. 叶膜质，披针形或窄披针形；总花梗短于叶，具 3-5 花；侧生萼片长 5 毫米 ············
                                       24. 滇水金凤 **I. uliginosa**

33. 叶硬纸质，卵状披针形或披针形；总花梗长于叶，具6-10花；侧生萼片长0.8-1厘米 ⋯⋯⋯⋯⋯⋯
⋯⋯⋯⋯⋯⋯⋯⋯⋯⋯⋯⋯⋯⋯⋯⋯⋯ 24(附). **水凤仙花 I. aquatilis**

32. 苞片披针形或线状披针形，厚质，宿存；侧生萼片斜卵形，长6-9毫米，先端具长尖头 ⋯⋯⋯⋯⋯⋯
⋯⋯⋯⋯⋯⋯⋯⋯⋯⋯⋯⋯⋯⋯⋯ 25. **井冈山凤仙花 I. jinggangensis**

29. 茎纤细，稀粗壮。

34. 总花梗长或较长，具多花，总状花序。

35. 总花梗直立，常密集上部叶腋，近伞房状或总状排列；花多数或较多，束生或轮生，稀互生，大或中等大。

36. 叶对生，互生或近轮生，上部叶最大，常密集茎、枝顶端。

37. 翼瓣基部裂片尖或渐尖；唇瓣囊状或漏斗状，基部具内弯或近直的距。

38. 茎圆柱状，具槽沟；叶对生或上部叶轮生，具柄，叶柄基部有红或紫红色具柄腺体；花较大，唇瓣囊状，基部骤窄成长4-5毫米内弯的短距 ⋯⋯⋯⋯⋯⋯ 26. **槽茎凤仙花 I. sulcata**

38. 茎四棱形或至少上部4棱；叶互生或上部叶近轮生，或下部叶对生；叶柄基部具1对球状腺体；花较小，唇瓣漏斗状，基部具内弯细距。

39. 叶具柄，披针形或卵状披针形，基部楔形。

40. 下部叶对生，上部叶互生，具长柄，具圆齿状锯齿；苞片披针形，长6毫米；花紫或淡紫色
⋯⋯⋯⋯⋯⋯⋯⋯⋯⋯⋯⋯⋯⋯⋯⋯⋯⋯ 27. **草莓凤仙花 I. fragicolor**

40. 叶互生或上部叶近轮生，具短柄，边缘具尖锯齿；苞片极窄，先端具腺状尖；花粉色 ⋯⋯⋯⋯
⋯⋯⋯⋯⋯⋯⋯⋯⋯⋯⋯⋯⋯⋯⋯⋯ 27(附). **藏西凤仙花 I. thomsonii**

39. 叶无柄，基部圆或心形，抱茎；旗瓣近圆形，2裂；唇瓣无斑点，基部骤窄成内弯短距 ⋯⋯⋯
⋯⋯⋯⋯⋯⋯⋯⋯⋯⋯⋯⋯⋯⋯⋯⋯ 28. **抱茎凤仙花 I. amplexicaulis**

37. 翼瓣基部裂片近圆形，上部裂片尾状，稍尖；唇瓣宽锥状或弯囊状，口部具角，具紫色斑点，基部缢缩成钩状或内弯短距；侧生萼片斜卵形，先端具腺状芒尖 ⋯⋯⋯ 29. **双角凤仙花 I. bicornuta**

36. 叶互生；总花梗常生于上部或中部叶腋，非伞房状，花较少，总状排列。

41. 花淡黄或淡紫色；侧生萼片斜卵形或半卵形，一侧边缘具腺体；翼瓣上部裂片具长带形尾尖；唇瓣短斜囊状，基部骤窄成钩状或内弯短距；苞片小，宿存 ⋯⋯⋯ 30. **荨麻叶凤仙花 I. urticifolia**

41. 花蓝紫或粉紫色；侧生萼片宽卵圆形，边缘无腺体；翼瓣上部裂片斧形；唇瓣舟状，基部具稍弯或近直距；苞片大，早落 ⋯⋯⋯⋯⋯⋯⋯ 30(附). **舟状凤仙花 I. cymbifera**

35. 总花梗细长，开展，稀直立，腋生，总状排列；花小或极小，黄或白色，稀粉红色，通常单生，稀束生或轮生。

42. 花芽（除距外）圆球形或近圆球形；唇瓣口部平面平展。

43. 唇瓣漏斗状，舟状或锥状，具距。

44. 苞片宿存。

45. 花小，极多数，黄色，稀淡紫色，束生或轮生辐射状排列，翼瓣3裂，下部2裂片近圆形，上部裂片长圆形；唇瓣窄漏斗状，基部具短而尖的直距 ⋯⋯⋯⋯⋯⋯ 31. **辐射凤仙花 I. radiata**

45. 花较多数，互生，总状或伞房状排列；翼瓣2裂，稀3裂。

46. 翼瓣背面具圆形小耳；唇瓣锥状。

47. 花黄或淡黄色；侧生萼片镰刀形或斜卵形，先端具短芒尖，一侧上部边缘具1腺体；唇瓣锥状，基部具内弯长距 ⋯⋯⋯⋯⋯⋯⋯⋯⋯ 32. **总状凤仙花 I. racemosa**

47. 花白或淡粉色；侧生萼片卵形或卵状钻形，具3脉，先端具腺状尖，边缘无腺体；唇瓣舟状，基部具短直距 ⋯⋯⋯⋯⋯⋯⋯⋯⋯ 32(附). **疏花凤仙花 I. laxiflora**

46. 翼瓣背面具反折小耳；唇瓣舟状，基部具长或较长弯距。

48. 花小，径约1厘米。

49. 花白色，无斑点；翼瓣2浅裂，唇瓣基部具长不及1毫米楔状三角形短距 ……………………………………………………………………………………… 33. **短距凤仙花 I. brachycentra**

49. 花淡黄色，喉部具淡红色斑点；翼瓣3浅裂；唇瓣基部具长5-7毫米锥状直距 ………………………………………………………………………………… 33(附). **小花凤仙花 I. parviflora**

48. 花较大，径超过1厘米，硫磺色或淡黄色，侧生萼片宽卵形，或刚毛状披针形；旗瓣中肋背面具龙骨状突起；唇瓣基部窄成长2-2.5厘米近直的长距。

50. 茎肥大粗壮；总花梗多数，腋生或顶生；花径达1.5毫米；侧生萼片窄三角状卵形，具1脉 ……………………………………………………………………… 34. **粗茎凤仙花 I. crassicaudes**

50. 茎较细；总花梗常密集茎端，腋生，具3-10余花；花伞房状或总状
排列；花长1.5-2厘米；侧生萼片斜卵形或镰刀形，具3-6脉 …… 34(附). **脆弱凤仙花 I. infirma**

44. 苞片早落；茎纤细；花淡紫色，径8-9毫米；侧生萼片镰刀形；蒴果短棒状，具5棱和瘤状突起 …………………………………………………………………… 35. **瘤果凤仙花 I. tuberculata**

43. 唇瓣舟状，基部肿胀而无距；花白色或稀紫色 …………………………36. **无距凤仙花 I. margaritifera**

42. 花芽（不含距）卵圆形或长圆形；唇瓣口部极偏斜而成锐角，先端钝或稍尖，无芒尖 …………………………………………………………………………………… 19(附). **长梗凤仙花 I. longipes**

34. 总花梗短或极短，具2花，稀单花；花梗基部有苞片或无。

51. 花单生，无总花梗，蓝紫色；花梗基部具钻形苞片，被黄褐色短柔毛；侧生萼片2，疏被微毛 ……………………………………………………………………………… 37. **柔毛凤仙花 I. puberula**

51. 总花梗极短，具2花，稀1花；花粉红或紫红色；花梗基部常具2刚毛状苞片；侧生萼片4；旗瓣中肋背面具窄龙骨状突起；翼瓣上部裂片斧形，先端2浅裂；花药钝 …… 38. **锐齿凤仙花 I. arguta**

10. 总花梗具2花，稀单花至多花；侧生萼片2。

52. 总花梗具1-2花，稀至5花，腋生。

53. 花药渐尖；侧生萼片半卵形，长7毫米，中肋一侧加厚，渐尖，具不明显细齿；唇瓣舟状，基部渐窄成长1.8厘米顶部内卷的细距；叶具圆齿状锯齿，基部尖，具1对腺体 …… 39. **弯距凤仙花 I. recurvicornis**

53. 花药钝；叶柄基部具2球状大腺体；苞片生于花梗中部。

54. 植株密被或疏生柔毛；总花梗长0.5-1.5厘米；花金黄色。

55. 侧生萼片圆形，具5脉，沿脉被微柔毛；唇瓣囊状，被微毛，基部骤窄成内弯短距；蒴果线形，密被柔毛 …………………………………………………………………… 40. **西藏凤仙花 I. cristata**

55. 侧生萼片卵形，被疏柔毛；唇瓣漏斗状，无毛，基部具长达1厘米弯距；蒴果无毛或近无毛 …… …………………………………………………………………………………… 40(附). **糙毛凤仙花 I. scabrida**

54. 植株无毛；总花梗长1-2厘米；花白或黄色，具红色斑点。

56. 侧生萼片镰刀形；翼瓣基部裂片近圆形，上部裂片长圆状镰刀形；唇瓣斜舟状，基部无距；叶基部无腺体 …………………………………………………………………… 41. **藏南凤仙花 I. serrata**

56. 侧生萼片卵形或卵状长圆形，具绿色小尖；翼瓣基部裂片极小，上部裂片圆形，2裂；侧裂片镰状内弯；唇瓣漏斗状，基部具长1-2厘米直或内弯距；叶基部有腺体 …… …………………………………………………………………………………… 41(附). **镰瓣凤仙花 I. falcifer**

52. 总花梗具2花，稀3-5花或单花，腋生或顶生。

57. 花药顶端尖。

58. 茎平卧、横走或匍匐，节上常生纤维状须根，上部疏生短刚毛。

59. 花单生，蓝紫色；花梗中上部具苞片；苞片披针形或线状披针形；翼瓣具柄，上部裂片近圆形；翼瓣裂片圆形；唇瓣基部具内弯或螺旋状卷曲距 …… 42. **鸭跖草状凤仙花 I. commellinoides**

59. 花2-3，黄色；花梗基部具苞片；苞片卵状披针形；翼瓣上部裂片斧形，背部上下端具圆形缺刻；

唇瓣口部平展；基部具长达 2 厘米 2 分叉内弯距 ·· 42(附). 匍匐凤仙花 **I. reptans**

58. 茎直立不分枝或分枝，无毛。

　60. 茎具翅，常向上弯曲；叶卵形、椭圆形或披针状椭圆形，具锐锯具，上面及下面沿脉被糙毛；花单
　　生，稀 2，红紫色或白色具紫色斑点 ····································· 43. 单花凤仙花 **I. uniflora**

　60. 茎无翅，疏分枝，小枝斜上或开展；叶具圆齿状齿或锯齿，两面无毛；总花梗具 1 或 2-3 花。

　　61. 唇瓣檐部漏斗状或舟状。

　　　62. 花单生；花梗中上部的苞片披针形；花淡紫色或粉红色；唇瓣基部的距长 1-3.5 厘米。

　　　　63. 叶基部具 1-3 对球形腺体；侧生萼片中肋背面具窄翅。

　　　　　64. 叶基部具 2 球形腺体；侧生萼片长卵形，有时一侧具细齿；翼瓣上部裂片宽斧形；唇瓣窄漏斗
　　　　　　状，基部具内弯长细距 ·· 44. **翼萼凤仙花 I. pterosepala**

　　　　　64. 叶基部具 1-3 对球形腺体；侧生萼片卵圆形，不等侧，全缘；翼瓣上部裂片长圆形；唇瓣宽
　　　　　　漏斗状，基部具长 3.5 厘米的长距 ······························· 45. **浙皖凤仙花 I. neglecta**

　　　　63. 叶基部无腺体；侧生萼片披针形，中肋背面具绿色龙骨状突起；唇瓣基部具长 1-1.5 厘米细距 ·······
　　　　　　·· 46. **秦岭凤仙花 I. linocentra**

　　　62. 总花梗具 2-3 花；花梗中上部苞片卵形或卵状披针形；花粉紫色；唇瓣囊状，基部具长 6-7 毫米
　　　　上弯 2 裂距 ·· 47. **中州凤仙花 I. henanensis**

　　61. 唇瓣角状、舟状、漏斗状或囊状。

　　　65. 唇瓣檐部漏斗状或囊状。

　　　　66. 茎基部或基部匍匐茎节膨大成球状块茎，具不定根。

　　　　　67. 茎基部匍匐，匍匐茎节膨大成块茎状；叶卵形、长卵形或披针形，侧脉 4-5 对，下面沿脉疏
　　　　　　被极小肉刺；翼瓣下裂片圆形；唇瓣基部下延为弯曲细距 ········· 48. **块节凤仙花 I. pinfanensis**

　　　　　67. 茎直立，基部有近球状块茎；叶窄长圆形或线状披针形，侧脉 7 对，下面被褐色短毛；翼瓣
　　　　　　基部裂片具小尖；唇瓣基部具长 1.2 厘米细距 ········· 48(附). **柳叶菜状凤仙花 I. epilobioides**

　　　　66. 茎基部或下部节无球状块茎。

　　　　　68. 总花梗具 2（3）花；花紫红色；苞片卵状披针形；侧生萼片斜宽卵形或近圆形；唇瓣口部
　　　　　　宽 1.8 厘米，基部窄成长 1 厘米内弯距；叶卵状披针形或椭圆形，侧脉 8-9 对 ····················
　　　　　　··· 49. **滇西凤仙花 I. forrestii**

　　　　　68. 总花梗具 1 花；花粉红色，具紫色斑点；苞片线状披针形；侧生萼片卵状披针形；唇瓣口部
　　　　　　宽 1.3 厘米，基部窄成内弯短距 ····························· 50. **齿叶凤仙花 I. odontophylla**

　　　65. 唇瓣檐部舟状或漏斗状。

　　　　69. 翼瓣上部裂片斧形，全缘；叶基部边缘具少数具柄腺体。

　　　　　70. 总花梗具 3-5 花，长 2-3 厘米；苞片卵形；侧生萼片宽卵形或近心形，具 5 脉；唇瓣檐部舟
　　　　　　状，口部斜上，基部渐窄成长 1.5-2 厘米内弯或卷曲细距 ··············· 51. **心萼凤仙花 I. henryi**

　　　　　70. 总花梗具 2-3 花，长 1-2 厘米；苞片卵状披针形；侧生萼片近圆形，常偏斜，绿色透明；唇
　　　　　　瓣漏斗状，口部平展，基部延伸成长 1.6-1.7 厘米卷曲细距 ·········· 52. **陇南凤仙花 I. potaninii**

　　　　69. 翼瓣上部裂片长圆形或窄斧形，背部先端以下具深裂；唇瓣檐部舟状，基部窄成长 1.5 厘米内弯或
　　　　　旋卷的距；侧生萼片宽卵形，背面中肋呈龙骨状突起；苞片卵状披针形；总花梗长 3-6 厘米，
　　　　　具 2-4 花 ··· 53. **川鄂凤仙花 I. fargesii**

57. 花药顶端钝；总花梗具 1-2 花。

　71. 花梗基部或近基部具苞片；花黄色；侧生萼片膜质，卵圆形或卵状披针形；唇瓣基部窄成内弯或卷曲
　　距 ··· 54. **蒙自凤仙花 I. mengtzeana**

　71. 花梗中上部具苞片；花淡红色；侧生萼片绿色，斜宽卵形或近圆形；唇瓣基部窄成内弯顶端内卷距 ·····
　　·· 55. **绿萼凤仙花 I. chlorosepala**

9. 花序最下面的花梗无苞片。

　72. 唇瓣具漏斗状、囊状或内弯距。

　　73. 侧生萼片4。

　　　74. 植株、叶两面均被柔毛；侧生萼片、旗瓣及唇瓣均被长柔毛或髯毛 …… 56(附). **髯毛凤仙花 I. barbata**

　　　74. 植株、叶、侧生萼片、旗瓣及唇瓣均无毛。

　　　　75. 茎、枝和总花梗具紫或红褐色斑点；外面2萼片线形，内面2萼片线状披针形 ……………………

　　　　　　　　　　　　　　　　　　　　　　　　　　　　　 56. **窄萼凤仙花 I. stenosepala**

　　　　75. 茎、枝和总花梗无斑点；外面2萼片卵状长圆形或圆形。

　　　　　76. 叶同型，叶柄长0.3-1厘米；旗瓣背面中肋具鸡冠状突起；翼瓣上部裂片全缘 ……………………

　　　　　　　　　　　　　　　　　　　　　　　　　　　　 57. **黄麻叶凤仙花 I. corchorifolia**

　　　　　76. 叶异型，上部叶卵状披针形，近无柄，下部叶卵形或卵状长圆形，具长柄；旗瓣中肋细，先端

　　　　　　　以下具节；翼瓣上部裂片具齿裂 ……………… 57(附). **异型凤仙花 I. dimorphophylla**

　73. 侧生萼片2。

　　77. 花药顶端尖。

　　　78. 花黄或淡黄色。

　　　　79. 苞片卵形、披针形或钻形，全缘。

　　　　　80. 叶具粗圆齿，齿端具尖头或刚毛。

　　　　　　81. 叶卵形或卵状椭圆形，基部楔形；苞片披针形；侧生萼片卵形或宽卵形，长5-6毫米；唇

　　　　　　　瓣喉部具橙红色斑点；旗瓣背面中央具绿色鸡冠状突起 ……… 58. **水金凤 I. noli-tangere**

　　　　　　81. 叶椭圆形或卵状长圆形，基部圆或心形；苞片卵形，极小；侧生萼片圆形或宽卵形，长6-

　　　　　　　8毫米。

　　　　　　　82. 苞片极小或在基部的花梗无苞片；侧生萼片圆形或卵状圆形，具网状脉；翼瓣无柄，上部

　　　　　　　　裂片斧形 ……………………………… 59. **四川凤仙花 I. sutchuanensis**

　　　　　　　82. 苞片卵形，长2-3毫米；侧生萼片近心形，具绿色脉和小尖头；翼瓣具长柄，上部裂片

　　　　　　　　长椭圆形；唇瓣内面具紫色斑点 ……………… 59(附). **长翼凤仙花 I. longialata**

　　　　　80. 叶具浅圆齿，稀近全缘；苞片长1-2毫米，线状钻形；侧生萼片硬质，近圆形或卵状圆形，

　　　　　　具5脉；唇瓣具红色斑点 ……………………… 60. **齿瓣凤仙花 I. odontopetala**

　　　　79. 苞片圆形，边缘具齿；侧生萼片膜质，宽卵形或圆形，具4-8脉；叶质硬，长圆形或卵状长圆

　　　　　形，侧脉6-7对 ……………………………… 61. **阔苞凤仙花 I. latebracteata**

　　　78. 花深紫红或淡紫蓝色。

　　　　83. 苞片线状钻形，长2毫米；花深紫红色；旗瓣圆形，背面中肋中部具象鼻状长粗喙；唇瓣宽漏

　　　　　斗状，具紫色斑点 ……………………………… 62. **大鼻凤仙花 I. nasuta**

　　　　83. 苞片披针形，长3-4毫米；花淡紫蓝色，旗瓣扁球形或近肾形，背面中肋近上部具上弯长喙；

　　　　　唇瓣深囊状，具紫红色斑点 ………………………… 63. **顶喙凤仙花 I. compta**

　　77. 花药钝。

　　　84. 叶边缘具粗圆齿或粗齿。

　　　　85. 下部和中部叶具长柄，上部叶无柄或近无柄，基部心形，抱茎具粗圆齿；花长2.5-3厘米，淡

　　　　　紫红、紫红或污黄色；唇瓣囊状。

　　　　　86. 花淡紫红或污黄色；唇瓣基部具内弯短距 ………… 64. **耳叶凤仙花 I. delavayi**

　　　　　86. 花紫红色；唇瓣基部近无距或具长不及2毫米直或弯距 …… 65. **近无距凤仙花 I. subecalcarata**

　　　　85. 叶均具柄，基部楔形，具圆齿状齿；花长不及2.5厘米，黄色；唇瓣舟状。

　　　　　87. 苞片线形或钻形；侧生萼片卵状长圆形或圆形，中肋背面无突起；翼瓣无柄，基部裂片近圆

　　　　　　形；旗瓣中肋背面具绿色宽翅；唇瓣基部具长1.7-2厘米内弯细距 ……………………………

1. 华凤仙 图 120:1-7 彩片 294

Impatiens chinensis Linn. Sp. Pl. 937. 1753.

一年生草本，高30-60厘米。茎纤细，无毛，上部直立，下部横卧，节稍膨大，有不定根。叶对生，线形或线状披针形，稀倒卵形，长2-10厘米，基部近心形或平截，有托叶状腺体，疏生刺状锯齿，上面被微糙毛，下面无毛，侧脉5-7对，不明显；无柄或几无柄。花单生或2-3簇生叶腋，无总花梗，紫红或白色。花梗细，长2-4厘米，一侧常被硬糙毛；苞片线形，位于花梗基部；侧生萼片2，线形，长约1厘米，唇瓣漏斗状，长约1.5厘米，具条纹，基部成内弯或旋卷长距；旗瓣圆形，径约1厘米，先端微凹，背面中肋具窄翅；翼瓣无爪，长1.4-1.5厘米，2裂，下部裂片近圆形，上部裂片宽倒卵形或斧形，外缘近基部具小耳。蒴果椭圆形，中部膨大，顶端喙尖，无毛。

种子数粒，圆球形，径约 2 毫米，黑色，有光泽。

产安徽、浙江、福建、江西、湖南南部、广东、海南、广西及云南，生于海拔 100-1200 米池塘、沟旁或沼泽地。印度、缅甸、越南、泰国及马来西亚有分布。全草入药，清热解毒、消肿、活血散瘀。

2. 凤仙花 指甲花 急性子　　　　图 120：8-16 图 121 彩片 295

Impatiens balsamina Linn. Sp. Pl. 938. 1753.

一年生草本，高 0.6-1 米。茎粗壮，肉质，无毛或幼时疏被柔毛，下部节常膨大。叶互生，最下部叶有时对生；叶披针形、窄椭圆形或倒披针形，长 4-12 厘米，基部楔形，有锐锯齿，向基部常有数对无柄黑色腺体，两面无毛或疏被柔毛，侧脉 4-7 对；叶柄长 1-3 厘米，两侧具数对具柄腺体。花单生或 2-3 簇生叶腋，无总花梗，白、粉红或紫色，单瓣或重瓣。花梗长 2-2.5 厘米，密被柔毛；苞片线形，位于花梗基部；侧生萼片 2，卵形或卵状披针形，长 2-3 毫米，唇瓣深舟状，长 1.3-1.9 厘米，被柔毛，基部尖成长 1-2.5 厘米内弯的距；旗瓣圆形，兜状，先端微凹，背面龙骨状突起；翼瓣爪长 2.3-3.5 厘米，2 裂，下部裂片倒卵状长圆形，上部裂片近圆形，先端 2 浅裂，外缘近基部具小耳。蒴果宽纺锤形，长 1-2 厘米，密被柔毛。花期 7-10 月。

各地庭园广泛栽培，为习见观赏花卉。民间常用花及叶染指甲。茎及种子入药，茎称"凤仙透骨草"，祛风湿、活血、止痛。

3. 缅甸凤仙花　　　　　　　　　　　图 122

Impatiens aureliana Hook. f. in Hook. Inco. Pl. t. 2859. 1908.

草本，高 15-20 厘米。叶互生，具柄或上部叶近无柄，卵形或卵状披针形，长 3-5 厘米，先端尖，基部渐窄成长 0.5-1.2 厘米的叶柄，具不明显圆齿或全缘，基部边缘具长 1-3 毫米睫毛，侧脉 4-5 对，两面被开展柔毛。花单生上部叶腋，粉紫色，宽约 2 厘米；花梗细，长 2-3 厘米，被柔毛，基部具小苞片或 1 小芽；侧生萼片 2，窄钻形，长 1-1.5 毫米，被毛；旗瓣粉紫色，宽倒卵形，长约 9 毫米，基部凹入，先端凹或 2 浅裂，背面龙骨状突起，具短喙尖，被微毛；翼瓣无爪，长 1.2 厘米，2 裂，基部裂片宽长圆形，长 9 毫米，先端微凹或平截，上部裂片三角状卵形，长约 8 毫米，先端圆或微凹，背部具半圆形小耳；唇瓣檐部舟状，口部斜上，宽 0.8-1 厘米，先端尖，基部骤窄成长 1-3 厘米细距。蒴果纺锤形，长 1.5 厘米，被绒毛，顶端喙尖。种子少数。花期 7-9 月。

产云南西南部，生于海拔 680-1700 米阔叶林中或河边。缅甸有分布。

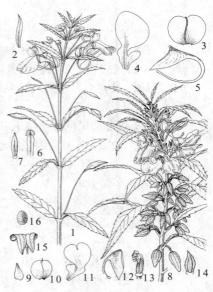

图 120：1-7.华凤仙 彩片 24　8-16.凤仙花
（张泰利　张荣厚绘）

图 121 凤仙花 （引自《图鉴》）

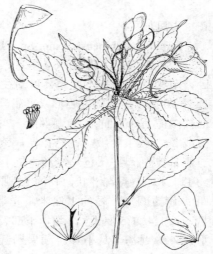

图 122 缅甸凤仙花 （张泰利绘）

4. 苏丹凤仙花 玻璃翠 图 123

Impatiens wallerana Hook. f. in Oliv. F. T. A. 1: 302. 1868.

多年生肉质草本，高30-70厘米。叶互生或上部螺旋状排列，叶宽椭圆形、卵形或长圆状椭圆形，长4-12厘米，叶柄长1.5-6厘米，叶柄具1-2、稀数个具柄腺体，边缘具圆齿状小齿，齿端具小尖，侧脉5-8对，两面无毛。总花梗生于茎、枝上部叶腋，具（1）2（3-5）花，长3-5（6）厘米。花梗细，长1.5-3厘米，基部具苞片；苞片线状披针形或钻形，长约2毫米，花鲜红、深红、粉红、紫红、淡紫、蓝紫或白色；侧生萼片2，淡绿或白色，卵状披针形或线状披针形，长3-7毫米；旗瓣宽倒心形或倒卵形，长1.5-1.9厘米，先端微凹，背面中肋具窄鸡冠状突起顶端具短尖；翼瓣无爪，长1.8-2.5厘米，2裂，基部裂片与上部裂片近等大，基部裂片倒卵形或倒卵状匙形，长1.4-2厘米，上部裂片长1.2-2.3厘米，全缘或微凹；唇瓣浅舟状，长0.8-1.5厘米，基部缢缩成长2.4-4厘米线状内弯细距。蒴果纺锤形，长1.5-2厘米，无毛。花期6-10月。

图 123 苏丹凤仙花 （引自《河北植物志》）

原产东非洲，世界各地广泛栽培。河北、北京及天津温室栽培，广东及香港有室外栽培，供观赏。

5. 金黄凤仙花 图 124

Impatiens xanthina Comber in Notes Roy. Bot. Gard. Edinb. 18: 248. 1934.

一年生草本，高10-20厘米。叶互生或上部近轮生，具短柄或密集茎枝顶端，披针形、椭圆状披针形或长圆状匙形，长4.5-7厘米，具圆齿状锯齿，齿端具小尖，齿间具刚毛，侧脉7-9对，上面沿脉被极疏糙毛，下面无毛或沿脉被微毛，上部叶近无柄，下部叶渐窄成长1.5厘米叶柄。总花梗细，被微毛，具1-2花。花梗长1-2厘米，中部或中下部具苞片；苞片卵状披针形，下面具小刚毛。花金黄色，喉部具紫褐色斑，长2-2.5厘米；侧生萼片2，三角状卵形，长9毫米；旗瓣近圆形，僧帽状，长6-7毫米，背面被微毛，基部有紫污斑；翼瓣近无爪，长1.5-1.6厘米，2裂，基部裂片圆形，基部有紫斑，上部裂片斧形或匙状斧形，先端圆，背部无小耳；唇瓣长漏斗形，檐部舟状，长2厘米，基部渐窄成长2.2-2.5厘米

图 124 金黄凤仙花 （张泰利绘）

伸长卷曲距，口部平展，宽6-8毫米，先端突尖。蒴果椭圆形，肿胀，长1-1.5厘米。花期8-9月，果期10月。

产云南西北部，生于海拔1600-2800米山谷、林下岩石边阴湿处。缅甸东北部有分布。

6. 丰满凤仙花 图 125

Impatiens obesa Hook. f. in Nouv. Arch. Mus. Paris ser. 4, 10: 242. 1908.

肉质草本，高30-40厘米；全株无毛。叶互生，具柄，常密集茎上部，卵形或倒披针形，长4-15厘米，基部楔状窄成长1-4厘米叶柄，具细锯齿，齿端具小尖，基部两侧具2无柄腺体，侧脉8-15对，两面

无毛。总花梗生于上部叶腋，长2-3毫米，具2花，稀单花。花梗细，长1-2.5厘米，无毛，基部具宿存苞片，苞片卵形，膜质，长约2毫

米；花粉紫色，长2-3厘米；侧生萼片4，外面2枚圆形或椭圆状圆形，径0.8-1.5厘米，顶端2裂或平截，背面具鸡冠状突起，顶端具小尖；翼瓣无爪，长1.8-2.5厘米，2裂，基部裂片梨形，开展，上部裂片斧形，背部具三角形反折小耳；唇瓣短囊状或杯状，长1.5厘米，口部斜上，宽1.5厘米，先端渐尖，基部骤窄成内弯短矩。蒴果纺锤形，具柄。花期6-7月。

产江西南部、湖南北部及广东北部，生于海拔400-750米山坡林缘或山谷水旁。

[附] **越南凤仙花 Impatiens musyana** Hook. f. in Kew Bull. 1909: 8. 1909. 丰满凤仙花的主要区别：花单生；花梗基部无苞片，侧生萼片质硬，具网状脉，翼瓣上部裂片合生成宽2-2.5厘米的圆片。产云南东南部，生

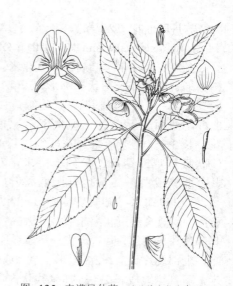

图 125 丰满凤仙花 （孙英宝仿张泰利绘）

于海拔800-1900米山谷密林中、溪边或岩石旁。越南北部有分布。

7. 高黎贡山凤仙花 图 126

Impatiens chimiliensis Comber in Notes Roy. Bot. Gard. Edinb. 18: 246. 1935.

一年生粗壮草本，高0.75-1.3米；全株无毛。茎上部具叶，叶疏散互生，膜质，卵形或卵状椭圆形，长（6）8-13厘米，基部宽楔形，边缘具粗圆齿状齿，齿间有刚毛，侧脉5-7对；叶柄长1.5-3厘米。总花梗生于上部叶腋，长14厘米，花3-9排成总状花序。花梗长1.5-2厘米；基部有苞片；苞片膜质，卵形，长5-6毫米，先端具长尖头，宿存。花黄色或具紫色晕，长4厘米；侧生萼片4，外面2枚宽卵形，长6-8毫米，具3-5细脉，内

层2枚披针形，长1.2厘米，具3脉；旗瓣圆形，长7-8毫米，先端凹，具小尖，背面龙骨状突起；翼瓣无爪，长2.5-3厘米，2裂，基部裂片宽卵形，上部裂片椭圆状披针形，背部有宽小耳；唇瓣檐部半球状或杯状，长2.5厘米，口部平，宽2厘米，先端尖，基部窄成长8毫米内弯距。蒴果线形，喙尖长约2厘米。花期9月，果期10月。

图 126 高黎贡山凤仙花
（孙英宝仿张泰利绘）

产云南西北部，生于海拔3200米灌丛边阴湿处或溪边。缅甸北部有分布。

8. 香港凤仙花 图 127

Impatiens hongkongensis C. Grey-Wilson in Kew Bull. 33(4): 551. f. 1. 1979.

多年生草本，高60-70厘米；全株无毛。叶螺旋状排列，具柄，椭圆形或椭圆状披针形，长8-18厘

米，先端渐尖或尾尖，基部楔形窄成长0.8-2.7厘米叶柄，边缘具极浅圆齿，齿端具小尖头，侧脉5-9对，弧弯，基部具3-4对具柄腺体。总花梗单生上部叶腋，长3.7-6.6厘米，（3）4-7花疏总状排列。花梗长2-3.4毫米，基部具苞片；苞片卵状长圆形，长4-7毫米，脱落；淡黄色，喉部红，具红或淡红紫色斑点；侧生萼片4，外面2枚卵形，稍不对称，长0.9-1厘米，内面2枚线状长圆形，膜质，长1.1-1.3厘米；旗瓣半兜状，宽卵形或半圆形，长1-1.3厘米，背面中肋具鸡冠状突起；翼瓣具爪，长2.7-3厘米，2裂，基部裂片倒卵状匙形，长1.8-2.1厘米，上部裂片长圆状倒卵形，长9毫米；唇瓣囊状，长1.7-2.4厘米，宽2.8厘米，基部缩窄成长1.5-2厘米线形内弯距。未成熟蒴果棒状，长约1.5厘米。花期10月。

产广东南部及香港，生于海拔150-170米山坡潮湿处。

图 127 香港凤仙花
（孙英宝仿《Kew Bull.》）

9. 湖北凤仙花 图 128

Impatiens pritzelii Hook. f. in Nouv. Arch. Mus. Paris ser. 4, 10: 243. 1908.

多年生草本，高20-70厘米；全株无毛。叶互生，常密集茎端，长圆状披针形或宽卵状椭圆形，长5-18厘米，基部楔状下延于叶柄，边缘具圆齿状齿，齿间具小刚毛，侧脉7-9对。总花梗生于上部叶腋，长于叶或与叶等长，3-8（-13）花总状排列。花梗细，长2-3厘米，基部有苞片；苞片卵形或舟形，长5-8毫米，革质，先端渐尖，早落；花黄或黄白色，宽1.6-2.2厘米；侧生萼片4，外面2枚宽卵形，长0.8-1厘米，不等侧，具脉，内面2枚线状披针形，长1-1.4厘米，透明，先端弧状，具1脉；旗瓣宽椭圆形或倒卵形，长1.4-1.6厘米，膜质；翼瓣具宽爪，长2厘米，2裂，基部裂片倒卵形，上部裂片长圆形或近斧形，先端圆或微凹，背部有反折三角形小耳；唇瓣囊状，内弯，长2.5-3.5厘米，具淡棕红色斑纹，口部平展，宽1.5-1.8厘米，先端尖，基部渐窄成长1.4-1.7厘米内弯或

图 128 湖北凤仙花 （孙英宝仿张泰利绘）

卷曲距。花期10月。

产湖北及四川东南部，生于海拔400-1800米山谷林下、沟边或湿润草丛中。根、茎药用，祛风除湿、散瘀消肿、止痛止血、清热解毒。

10. 管茎凤仙花　　　　　　　　　图 129　彩片 296

Impatiens tubulosa Hemsl. in Journ. Linn. Soc. Bot. 23: 102. 1886.

一年生草本，高30-40厘米。茎无毛。叶互生，下部叶花期凋落，上部叶常密集，披针形或长圆状披针形，长6-13厘米，基部窄楔形下延，边缘具圆齿状齿，齿端具胼胝状小尖，两面无毛，侧脉7-9（-11）对，弧状弯曲；叶柄长0.5-1.5厘米。总花梗和花序轴粗，劲直，总花梗长2-4厘米，花3-4（-5）朵排成总状花序。花梗长2-4厘米，基部有1苞片；苞片膜质，卵状披针形，长5-7毫米；花黄色；侧生萼片4，外面2枚斜卵形，长5-6

图 129　管茎凤仙花　（孙英宝仿张泰利绘）

毫米，背面中肋具窄翅，内面2枚窄披针形或线状披针形，长0.9-1厘米，先端长渐尖；唇瓣囊状，口部稍斜上，先端具小尖，基部渐窄成长约2厘米上弯距；旗瓣倒卵状椭圆形，长约1厘米，背面中肋具绿色龙骨状突起，先端具小喙尖；翼瓣具短爪，长约1.5厘米，2裂，下部裂片长圆形，上部裂片倒卵形，外缘无小耳。蒴果棒状，长2-2.5厘米，上部膨大，具喙尖。花期8-12月。

产浙江南部、福建、江西、湖南及广东，生于海拔500-700米林下或沟边阴湿处。

11. 大叶凤仙花　　　图 130　图 131：1-7　彩片 297

Impatiens apalophylla Hook. f. in Nouv. Arch. Mus. Paris ser. 4, 10: 243. 1908.

草本，高30-60厘米。叶互生，密集茎上部，长圆状卵形或长圆状倒披针形，长10-22厘米，边缘具波状圆齿，齿间有小刚毛，侧脉9-10对。总花梗腋生，长7-15厘米，花4-10排成总状花序。花梗长约2厘米；花大，黄色；侧生萼片4，外面2枚斜卵形，内面2枚条状披针形；旗瓣椭圆形，有小突尖；翼

图 130　大叶凤仙花　（引自《图鉴》）

瓣短，无爪，2裂，基部裂片长圆形，先端渐尖，上部裂片窄矩圆形，先端圆钝，背面的耳宽；唇瓣囊状，基部具长2-3厘米内卷或螺旋状细距。蒴果棒状。

产广东、广西、贵州及云南，生于海拔900-1500米山谷沟底、山坡草丛中，或林下阴湿处。全草入药，散瘀、通经，治风湿、跌打内伤和月经不调。

12. 棒凤仙花

图 132 彩片 298

Impatiens claviger Hook. f. in Hook. Icon. Pl. t. 2863. 1908.

一年生草本，高 50-60 厘米；全株无毛。茎常具翅。叶常密集上部，互生，具柄，膜质，倒卵形或倒披针形，长 8-15（18）厘米，

基部楔状窄长 1-2 厘米的叶柄，边缘具圆齿状锯齿，侧脉 5-6 对，弧状。总花梗生于上部叶腋，长 8-10 厘米，花多数，排成总状。花梗长 1-2 厘米，基部有苞片；苞片草质，卵形，长 3-4 毫米，脱落。花淡黄色，长 4-5 厘米，下垂；侧生萼片 4，外面 2，斜卵形，长 0.8-1.2 厘米，内面 2 枚线状披针形，镰刀状弯，长 1.7 厘米；旗瓣倒卵形，长 2 厘米，先端圆，凹，具小尖头，背面中上部龙骨状突起；翼瓣无爪，长 2.5-2.6 厘米，2 裂，基部裂片圆形，上部裂片内弯，长圆形，先端圆钝，背部具圆形小耳；唇瓣近囊状，长 3 厘米，口部斜上，宽 2 厘米，基部骤窄成长 5-6 毫米内弯短距。花期 10 月至翌年 1 月，果期 1-2 月。

图 132 棒凤仙花 （孙英宝仿《Hook. Ic. Pl.》）

产广西及云南东南部，生于海拔 1000-1800 米山谷疏或密林下潮湿处。越南北部有分布。全草入药，清凉、消肿。

13. 峨眉凤仙花

图 133

Impatiens omeiana Hook. f. in Nouv. Arch. Mus. Paris ser. 4, 10: 244. 1908.

直立草本，高 30-50 厘米。叶互生，常密生茎上部，披针形或卵状矩圆形，长 8-16 厘米，先端渐尖，基部楔形，边缘有粗圆齿，齿间有小刚毛，侧脉 5-7 对；叶柄长 4-5 厘米。总花梗顶生，长 4-10 厘米，花 5-8 排成总状花序。花梗细，长约 2 厘米，基部有一卵状长圆形苞片；花大，黄色；侧生萼片 4，外面 2 枚斜卵形，内面 2 枚镰刀形；旗瓣三角状圆形，先端圆，有

突尖，背面中肋稍厚；翼瓣无爪，2 裂，基部裂片近方形，上部裂片较长，斧形，先端圆，背面的耳宽；唇瓣漏斗状，基部具卷曲短距。

图 133 峨眉凤仙花 （引自《图鉴》）

花期 8-9 月。

产四川，生于海拔 900-1000 米灌木林下或林缘。

14. 湖南凤仙花

图 134 彩片 299

Impatiens hunanensis Y. L. Chen in Acta Phytotax. Sin. 27(5): 402. f. 4. 1989.

一年生草本，高 30-60 厘米。茎上部疏被短柔毛。叶近膜质，互生，具柄，卵形或卵状披针形，长 5-13 厘米，边缘具粗圆齿或圆齿状锯齿，齿间具细刚毛，基部窄成长

2.5-4 厘米的细柄, 中脉下面明显, 被疏微毛, 侧脉 5-6 对, 弧状弯, 上面疏被贴生糙毛, 下面沿脉有短毛。总花梗单生于上部叶腋, 短于叶, 劲直, 3-4 花排成疏总状。花梗细, 长 0.5-1 厘米, 基部具苞片; 苞片三角状卵形, 长 2-3 毫米, 肉质, 宿存; 花黄色, 径 2.5-3 厘米;

图 134 湖南凤仙花 (冀朝祯绘)

侧生萼片 2, 斜卵形或近圆形, 宽约 5 毫米, 具 5-6 细脉; 旗瓣圆形, 长 1-1.2 厘米, 先端凹, 背面中肋具鸡冠状突起; 翼瓣长 2.5 厘米, 具短爪, 基部裂片圆形, 上部裂片斧形, 顶端圆形, 背部具半卵形、反折的小耳; 唇瓣囊状, 长达 3 厘米, 基部骤窄成长 1-1.2 厘米钩状或内卷距, 口部斜上, 长 1.5 厘米。蒴果 (未成熟) 长 2.5 厘米, 棒状, 顶端尖。

产湖南、江西、广东及广西, 生于海拔 700-800 米山谷林下河边或岩石上。

15. 红纹凤仙花　　　　　　　图 135　彩片 300

Impatiens rubro-striata Hook. f. in Hook. Icon. Pl. t. 2955. 1911.

一年生草本, 高 30-90 厘米; 全株无毛。叶互生, 卵形、椭圆形或长卵圆形, 长 5-10 厘米, 先端尾尖, 基部窄楔形, 边缘具粗圆锯齿, 齿尖有小刚毛, 基部边缘具数个腺体, 侧脉 5-8 对; 叶柄长 2-4 厘米。

总花梗短, 细弱, 腋生, 长 2-3 厘米, 花 3-5 排成总状花序。花梗细, 长 1-1.5 厘米, 基部具披针形苞片, 苞片草质, 长 1-2 毫米; 花白色, 具红色条纹, 长 4-5 厘米; 侧生萼片 2, 宽卵形, 先端钝, 具小尖头, 宽 6-7 毫米; 旗瓣圆形, 背面中肋具龙骨突; 翼瓣长 1-1.4 厘米, 2 裂, 上裂片宽斧形, 先端钝圆, 下

图 135 红纹凤仙花 (孙英宝仿张泰利绘)

裂片椭圆形, 先端钝; 唇瓣囊状, 基部下延, 形成向内弯曲短距。蒴果纺锤形。花期 6-7 月, 果期 7-9 月。

产广西、贵州西南部、四川及云南, 生于海拔 1700-2600 米山谷溪旁、疏林下潮湿处或灌丛下草地。

16. 路南凤仙花　　　　　　　图 136

Impatiens loulanensis Hook. f. in Hook. Icon. Pl. t: 2953. 1911.

一年生草本, 高 50-80 厘米。茎粗壮, 直立, 有分枝, 上部生疏腺毛或无毛。叶互生, 卵状长圆形或卵状倒披针形, 长 7-18 厘米, 先端渐尖, 基部楔形, 边缘有粗圆齿或小圆齿, 侧脉 6-8 对; 叶柄长 2-

5 厘米, 基部无腺体。总花梗腋生, 长 6-10 厘米, 花 5-13 排成总状花序。花梗细, 基部有 1 苞片; 苞片卵形, 先端有具腺体的芒尖; 花

黄色；侧生萼片2，宽卵形，先端有具腺体的芒尖；旗瓣圆形，背面中肋有龙骨突，先端具小尖；翼瓣近无爪，2裂，基部裂片近圆形，上部裂片窄披针形；唇瓣漏斗状，基部下延成内弯长距。蒴果线形。

产贵州及云南，生于海拔700-2500米山谷湿地、林下草丛或水沟边。全草入药，舒筋活络，治跌打肿痛及蛇咬伤。

图 136 南凤仙花 （引自《图鉴》）

17. 蓝花凤仙花   图 131：8-16 图 137

Impatiens cyanantha Hook. f. in Hook. Icon. Pl. t. 2866. 1908.

一年生草本，高20-70厘米。叶互生，椭圆形或披针形，长5-10厘米，先端渐尖或尾尖，基部长楔形，具粗圆锯齿，边缘齿间具小刚毛，侧脉5-6对，叶基部具2有短柄或无柄腺体；叶柄长1-3厘米。总花梗细弱，长约1厘米，花4-6（-8）排成近伞房状花序。苞片小，脱落；花蓝或蓝紫色，侧生萼片2，革质，斜圆形，基部具囊状凹陷；旗瓣小，圆形，中肋纤细；翼瓣2裂，上裂片斧形，先端钝圆，下裂片小，圆形；唇瓣囊状，基部下延为细长内弯长距，长1-1.6厘米。蒴果窄纺锤形，长约2厘米。花期7-9月，果期8-10月。

图 137 蓝花凤仙花
（孙英宝仿《Hook.KIc.KP1.》）

产贵州及云南，生于海拔1000-2500米林下、沟边、路旁等阴湿环境。全草入药，活血化瘀、解毒消肿、舒筋活络，治跌打肿痛及蛇咬伤。

18. 黄金凤   图 138 彩片 301

Impatiens siculifer Hook. f. in Nouv. Arch. Mus. Paris ser. 4, 10: 246. 1908.

一年生草本，高30-60厘米。叶互生，通常密集茎或分枝上部，卵状披针形或椭圆状披针形，长5-13厘米，先端尖或渐尖，基部楔形，边缘有粗圆齿，齿间有小刚毛，侧脉5-11对；下部叶的叶柄长1.5-3厘米，上部叶近无柄。总花梗长达14厘米，生于上部叶腋，花5-8排成总状花序。花梗纤细，基部有一披针形宿存苞片；花黄色；侧生萼片2，窄长圆形，先端突尖；旗瓣近圆形，背面中肋增厚成窄翅；翼瓣无爪，2裂，基部裂片近三角形，上部裂片线形；唇瓣窄漏斗状，先

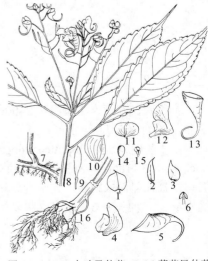

图 131：1-7.大叶凤仙花 8-16.蓝花凤仙花
（引自《贵州植物志》）

端有喙状短尖,基部延长成内弯或下弯长距。蒴果棒状。

产福建、江西、湖北、湖南、广东、广西、贵州、四川及云南,生于海拔800-2500米山坡草地、草丛、水沟边、山谷潮湿地或密林中。茎入药,清热解毒、消肿、止痛。

[附] **紫花黄金凤 Impatiens siculifer var. porphyrea** Hook. f. in Nouv. Arch. Mus. Paris ser. 4, 10: 247. 1908. 与模式变种的主要区别:花紫红色;花总梗长达17厘米;叶柄和叶脉更粗。产湖南西南部、广西西部及云南南部,生于草坡。

[附] **长距凤仙花 Impatiens dolichoceras** Pritz. ex Diels in Engl. Bot. Jahrb. 29: 456. 1900. 与黄金凤的主要区别:花黄色,具紫色斑点;侧生萼片卵形,先端具小尖头;唇瓣舟状,口部骤弯,先端渐尖,基部渐窄成长达1.5厘米长距,具紫色斑点。产湖北西南部及四川东南部,生

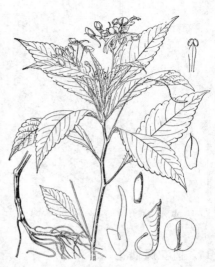

图 138 黄金凤 (引自《图鉴》)

于海拔1200-2100米山谷沟边阴湿处或草丛中。

19. 窄花凤仙花

图 139:1-7

Impatiens stenantha Hook. f. in Fl. Brit. Ind. 1: 478. 1875.

一年生草本,高30-60厘米。茎无毛。叶互生,椭圆状卵形或椭圆状披针形,长7-15厘米,先端尖或尾尖,基部楔形窄成长1-3.5厘米的叶柄,基部有2柄状腺体,边缘具粗圆齿,齿间具小刚毛,侧脉7-9对,两面无毛。总花梗腋生或顶生,纤细,通常短于叶,具3-5花。花梗细,基部有卵状披针形苞片;苞片常脱落。花黄色或有紫红色斑点;萼片长圆状披针形,长约4毫米;旗瓣圆形,背面中肋不加厚;翼瓣无爪,基部裂片卵状长圆形,上部裂片窄长,背面具反折小耳;唇瓣漏斗状,口部极偏斜,上端具角状喙尖,基部窄成细长稍弯距。花期5-7月。

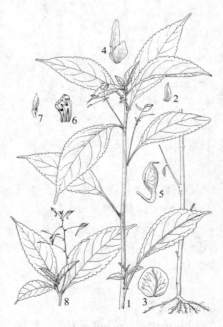

图 139:1-7.窄花凤仙花 8.镰萼凤仙花
(冀朝祯绘)

产云南及西藏,生于海拔2400-3000米山坡杂木林下或灌丛中。尼泊尔、不丹及印度有分布。

[附] **长梗凤仙花 Impatiens longipes** Hook. f. et Thoms. in Journ. Linn. Soc. 4: 150. 1860. 本种鉴别特征为花芽(不含距)卵圆形或长圆形,唇瓣口部极偏斜而成锐角,先端钝或稍尖,无芒尖。与窄花凤仙花的主要区别:总花梗长3-3.5厘米,明显超出叶;苞片钻形或钻状披针形,先端无腺体;唇瓣口部钝或稍尖,基部具钩状长距。产西藏南部,生于海拔约4100米山谷草地。印度及不丹有分布。

20. 镰萼凤仙花 图 139:8

Impatiens drepanophora Hook. f. in Rec. Bot. Surv. Ind. 4: 17. 8, 2. 1905.

草本，高达 1 米。茎无毛。叶互生，卵状披针形，长 6-13 厘米，基部楔形，侧脉 7-9 对，两面无毛；叶柄长达 5 厘米，基部 2 个具柄腺体。总花梗腋生或近顶生，开展，长 7-10（15）厘米；5-10 花排成总状花序。花梗纤细，长 1.5-2 厘米，基部有卵状披针形苞片；苞片绿色，先端具小尖头腺体，脱落；花黄色，长达 3.5 厘米；侧生萼片 2，镰刀形，长约 2 毫米，浅绿色，先端具长芒尖；旗瓣橙黄色，稍具距；翼瓣具爪，基部裂片窄长圆形，具红色斑点，上部裂片长圆状斧形；唇瓣口部上端边缘有绿色长角，基部具螺旋状内弯距。蒴果棒状。花期 8 月。

产云南西部及西藏，生于海拔 2000-2200 米山坡常绿林下或溪边。尼泊尔、不丹、印度东北部及缅甸北部有分布。

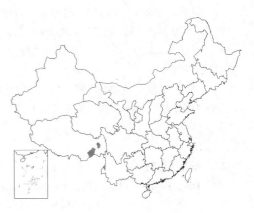

21. 同距凤仙花 图 140

Impatiens holocentra Hand.-Mazz. Symb. Sin. 7: 647. t. 10: abl. 21-22. 1933.

一年生草本，高 30-50 厘米。叶互生，常密生于茎、枝顶端，长圆状卵形或长圆状披针形，长 5-17 厘米，宽 2.5-4 厘米，先端尾状渐尖，基部楔形，边缘有粗圆齿，齿间有小刚毛，侧脉 7-11 对；叶柄长 1-2.5 厘米。总花梗腋生，长约 6-8 厘米；花 4-6 朵排成总状花序。花梗长 2-2.5 厘米，中部有一脱落性线形苞片；花较小，黄色；侧生萼片 4，外面 2 个宽卵形，先端急尖，内面 2 个极小，线形；旗瓣倒卵形，先端有小突尖，背面中肋无龙骨突；翼瓣近

图 140 同距凤仙花 （引自《图鉴》）

无爪，2 裂，基部裂片三角形，先端渐尖，上部裂片稍长，披针形，背面有短耳；唇瓣窄漏斗状，口部先端有小喙，基部具与檐部等宽的圆柱状直距。蒴果条形。

产云南，生于海拔 2700-2800 米亚高山山谷溪流或阴湿处。缅甸东北部有分布。

22. 东北凤仙花 图 141 图 142:1-6 彩片 302

Impatiens furcillata Hemsl. in Journ. Linn. Soc. Bot. 23: 101. 1886.

一年生草本，高 30-70 厘米。茎上部疏生褐色腺毛或近无毛。叶互生，菱状卵形或菱状披针形，长 5-13 厘米，宽 2.5-5 厘米，先端渐尖，基部楔形，有锐锯齿，侧脉 7-9 对；叶柄长 1-2.5 厘米。总花梗腋生，长 3-5 厘米，疏生深褐色腺毛；花 3-9 排成总状花序。花梗细，基部有 1 条形苞片；花长不及 2 厘米，带白色，具紫红色斑点；侧生萼片

图 141 东北凤仙花 （引自《图鉴》）

2，卵形，先端突尖；旗瓣圆形，背面中肋有龙骨突，先端有短喙；翼瓣有爪，2 裂，基部裂片近卵形，先端尖，上部裂片较大，斜卵形，尖；唇瓣漏斗状，基部具螺旋状卷曲长距。蒴果近圆柱形，顶端具短喙。

产黑龙江、吉林、辽宁、内蒙古南部、河北及山东，生于海拔 700-1050 米山谷河边、林缘或草丛中。朝鲜半岛北部及俄罗斯远东地区有分布。

23. 野凤仙花

图 142：7-14

Impatiens textori Miq. in Ann. Mus. Bot. Lugd.-Batav. 2: 76. 1865.

一年生草本，高 40-90 厘米。茎多分枝，常带淡红色，上部小枝和总花梗被红紫色腺毛。叶互生或在茎顶部近轮生，叶菱状卵形或卵状披针形，稀宽披针形，长 3-13 厘米，具锐锯齿，齿端具小尖，侧脉 7-8 对，下面淡绿色，沿脉被毛；叶柄长 4-4.5 厘米，上部叶渐小，近无柄。总花梗生于上部叶腋，斜上，长 4-10 厘米，具 4-10 花。花梗细，长 1-2 厘米，基部具苞片，苞片卵状披针形或三角状卵形，长 3-5 毫米；花淡紫或红紫色，具紫色斑点，长 3-4 厘米；侧生萼片 2，宽卵形，暗紫红色，长 0.7-1 厘米；旗瓣

卵状方形，径约 1.2 厘米，先端具小尖，背面中肋具龙骨状突起，翼瓣具爪，长约 2 厘米，2 裂，基部裂片卵状长圆形，上部裂片长圆状斧形，背部具小耳；唇瓣钟状漏斗形，长达 2.5-3 厘米，口部斜上，宽 1.5-1.8 厘米，先端渐尖，基部渐窄成长 1.5 厘米内卷粗距，内面具暗紫色斑点。蒴果纺锤状，长 1-1.8 厘米。喙尖。花期 8-9 月。

产吉林、辽宁及山东中部，生于海拔约 1050 米山沟溪旁。俄罗斯远东地区、朝鲜半岛及日本有分布。

图 142：1-6.东北凤仙花 7-14.野凤仙花
（引自《东北草本植物志》）

24. 滇水金凤

图 143 彩片 303

Impatiens uliginosa Franch. in Bull. Soc. Bot. France 33: 448. 1886.

一年生草本，高 60-80 厘米，全株无毛。叶互生，叶膜质，披针形或窄披针形，长 8-19 厘米，基部窄成极短叶柄，具圆齿状锯齿或细锯齿，齿端具小尖，侧脉 6-8 对，上面深绿色，下面浅绿色，干时紫色，基部具少数具柄腺体；叶柄基部有 1 对球状腺体。总花梗多数生于上部叶腋，近伞房状排列，长 8-9 厘米，具 3-5 花。花梗细，长 1-1.5 厘米，基部有苞片，苞片卵形，长 4-5 毫米，脱落；花红色，长 2.5-3 厘米；侧生萼片 2，斜卵圆形，长 5 毫米，具多脉；旗瓣圆形，径 1-1.1 厘米，背面具龙骨状突起，具突尖；翼瓣无爪，长 1.5 厘米，基部裂片圆形，上部裂片约长于基裂片 2 倍，半月形，顶端短收缩，背

图 143 滇水金凤 （张泰利绘）

部具小耳；唇瓣檐部漏斗形，长 1.4-1.5 厘米，口部斜上，宽 1.3-1.5 厘米，基部窄成与檐部近等长内弯距。蒴果近圆柱形，长 1.5-2 厘米，渐尖。花期 7-8 月，果期 9 月。

产云南，生于海拔 1500-2600 米林下、水沟边潮湿处或溪边。全草入药，祛瘀消肿、止痛。有毒，应注意用量。

[附] **水凤仙花** 彩片 304 **Impatiens aquatilis** Hook. f. in Nouv. Arch. Mus. Paris ser. 4, 10: 247. 1908. 与滇水金凤的主要区别：叶硬纸质，卵状披针形或披针形；总花梗常长于叶，具 6-10 花；侧生萼片长 0.8-1 厘米。产云南，生于海拔 1500-3000 米湖边或溪边阴湿处。

25. 井冈山凤仙花　　　　　　图 144 彩片 305

Impatiens jinggangensis Y. L. Chen, in Acta Phytotax. Sin. 27(5): 399. f. 3. 1989.

一年生草本，高 30-90 厘米，无毛。叶互生，卵状披针形或长圆状披针形，长 8-13 厘米，宽 1.5-2.5 厘米，具粗圆齿，齿间具细刚毛，侧脉 5-7 对，弧状弯，上面绿色，下面淡绿色；基部楔状窄成长 1.5-3.5 厘米叶柄，叶柄基部有 2 枚具柄腺体。总花梗单生上部叶腋，长于叶；3-8 花，近伞房状排列。花梗细，长 1-1.5 厘米，基部有苞片，苞片长 3-5 毫米，披针形或线状披针形，较厚，宿存；花紫或鲜粉红色，径 1.5-2.5 厘米；侧生萼片 2，斜卵

图 144 井冈山凤仙花 （冀朝祯绘）

形，长 6-9 毫米，先端具长尖头，具脉；旗瓣近圆形，径 1-1.1 厘米，先端微凹，基部平截，背面龙骨状突起，翼瓣长 1 厘米，无爪，基部裂片近圆形，长 5 毫米，基部宽楔形，上部裂片斧形，背部具大而反折的小耳，唇瓣宽漏斗状，基部窄成长 1.5-2 厘米，内弯，棒状顶端 2 裂的距，口部近平展或略斜上，长 1-1.2 厘米，先端尖。蒴果线形，长 1.7-2.2 厘米，直立，具喙。花果期 8-10 月。

产江西西南部及湖南，生于海拔 800-1240 米河边阴湿处或山谷密林下。

26. 槽茎凤仙花　　　　　　　图 145

Impatiens sulcata Wall. in Roxb. Fl. Ind. ed Carey 2: 458. 1824.

一年生草本，高 0.6-1.2 米。茎圆柱形，具槽沟，节常具疏腺体。叶对生或上部轮生，椭圆状卵形或卵状披针形，长 6-20 厘米，宽 2-5.5 厘米，具圆齿状锯齿，侧脉 8-12 对；叶柄长 1.5-3.5 厘米，有疏腺体或无腺体，基部有红或紫红色具柄腺体。花较大，多数排成近伞房状总状花序；总花梗长 3.5-9 厘米。花梗上端膨大，基部有披针形或卵状披针形苞片，粉红或紫红色；侧生萼片 2，斜卵状心形，具小尖头；旗瓣近圆形，背面几无龙骨突，顶端具弯喙尖；翼瓣宽，无爪，基部裂片近斧形，尖，上部裂片宽斧形；唇瓣囊状，基部骤窄成长 4-5 毫米内弯短距。蒴果短棒状，下垂，顶端喙尖。花果期 8-9 月。

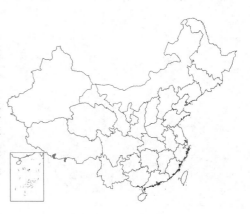

产西藏南部，生于海拔3000-4000米冷杉林下、水沟边或潮湿处。印度、尼泊尔及不丹有分布。

27. 草莓凤仙花 图 146

Impatiens fragicolor Marq. et Airy-Shaw in Journ. Linn. Soc. Bot. 48: 167. 1929.

一年生草本，高30-70厘米，茎四棱形，无毛，常紫色。叶下部对生，上部互生，披针形或卵状披针形，长3.5-10（12）厘米，宽1.5-4厘米，具圆齿状锯齿，齿端具小刚毛，侧脉7-9对；叶柄长0.5-3厘米，基部具球状腺体。总花梗5-7，生于上部叶腋，近伞房状排列，与叶等长或稍长于叶，具1-6花。花梗长0.5-1.7（-2）厘米，顶端常扩大，基部有披针形苞片，苞片长5-6毫米，宿存；花紫或淡紫色，长2-2.5毫米；侧生萼片2，斜卵形，具短尖头，基部近心形，长6-7毫米；旗瓣心状宽卵形，先端钝或微凹，背面中肋不明显加厚，翼瓣无爪，长达2厘米，基部裂片近卵形，上部裂片斧形；唇瓣宽漏斗状，长达2.7厘米，基部有内弯细距。蒴果长圆状线形，长约2厘米，顶端喙尖。花期7-8月。

产西藏，生于海拔3100-3900米路边或河边草丛中或沟边湿地。

[附] 藏西凤仙花 **Impatiens thomsonii** Hook. f. in Journ. Linn. Soc. Bot. 4: 128. 1860. 与草莓凤仙花的主要区别：叶互生或上部叶近轮生，具短柄，边缘具尖锯齿；苞片极窄，先端具腺状尖；花粉红色。产西藏西南部，生于海拔约3700米水沟边。印度及克什米尔地区有分布。

28. 抱茎凤仙花 图 147

Impatiens amplexicaulis Edgew. in Trans. Linn. Soc. 20: 37. 1851.

一年生草本，高20-40厘米。茎四棱形，节具腺体，无毛。叶无柄，下部对生，上部互生，长圆形或长圆状披针形，长5-15厘米，宽2.5-5厘米，基部圆或心形，抱茎，具球形腺体，具圆齿状锯齿，齿端具小尖，侧脉9-10对，两面无毛。总花梗腋生；花粉红或粉紫色，6-12排成伞形或总状花序。花梗长1-1.5厘米，上端膨大，基部有卵状披针形苞片；侧生萼片2，斜长圆形，稀镰刀形；旗瓣近圆形，2裂，背

图 145 槽茎凤仙花 （冀朝祯绘）

图 146 草莓凤仙花 （冀朝祯绘）

图 147 抱茎凤仙花 （冀朝祯绘）

面中肋具窄龙骨状突起，先端喙尖；翼瓣无爪，基部裂片近圆形，先端渐尖，上部裂片卵形，具斑点；唇瓣斜囊状，无斑点，基部骤窄成内弯短距。蒴果近圆柱形，顶端喙尖。花期7-8月，果期8-9月。

产云南西北部及西藏南部，生于海拔2900-3900米路边灌丛中。印度西北部、尼泊尔、喜马拉雅山区西部温带地区有分布。

29. 双角凤仙花　　　　　　　图 148 彩片 306

Impatiens bicornuta Wall. in Roxb. Fl. Ind. ed. Carey 2: 460. 1824.

一年生草本，高达1米。茎无毛，有分枝。叶膜质，互生，密集上部，椭圆形或椭圆状披针形，长7-15（20）厘米，先端尾尖，有粗圆齿，基部有小刚毛，侧脉10-12对，两面无毛或下面被疏短毛；叶柄长2-7厘米，基部具球状腺体。总花梗直立，密集茎上部叶腋，长达25厘米，花淡蓝紫色，多花排成中断的总状花序。花梗束生或轮生，纤细，长1.5-2.5厘米；侧生萼片2，小，斜卵形，先端具芒状腺体；旗瓣近圆形，先端具小尖头；

图 148 双角凤仙花 （冀朝祯绘）

翼瓣无爪，基部裂片近圆形，先端圆钝，上部裂片尾状，稍尖，背面有反折小耳；唇瓣宽锥状或弯囊状，口部具角，基部缢缩成钩状或内弯短距，具紫色斑点。蒴果圆柱形，顶端喙尖。花期6-8月。

产西藏南部，生于海拔2400-2800米水边草地或阔叶林和铁杉林下。印度及尼泊尔有分布。

30. 荨麻叶凤仙花　　　　　　　图 149

Impatiens urticifolia Wall. in Roxb. Fl. Ind. ed. Carey 2: 457. 1824.

一年生草本，高0.5-1米。茎无毛。叶互生，膜质，下部叶有长柄，上部叶无柄，椭圆状卵形、椭圆形或长圆状披针形，长8-20厘米，宽2.5-5.5（6）厘米，先端尾尖，具圆齿，齿基部有刚毛，侧脉9-12对，弧状，两面无毛；叶柄长2.5-5厘米，基部具有柄或无柄腺体。总花梗腋生或近顶生，纤细，开展或多少弧状，短或长于叶，具3-5花。花梗丝状或纤细，长于苞片；苞片宿存，卵状披针形；花径达2.5厘米，淡黄或淡紫色，具红色纹条；侧生萼片2，斜卵形或半卵形，一侧边缘具腺体；旗瓣圆形，背面具不显明龙骨突；翼瓣无爪，基部裂片圆形，上部裂片具长带形

图 149 荨麻叶凤仙花 （冀朝祯绘）

尾尖，先端尖，背面具反折小耳；唇瓣短斜囊状，基部骤窄成内弯或钩状短距。蒴果线形，长2.5厘米，顶端喙尖。花期6-8月。

产西藏南部，生于海拔2300-3400米山坡林下或高山栎或冷杉林下。尼泊尔、印度北部及不丹有分布。

[附] **舟状凤仙花 Impatiens cymbifera** Hook. f. in Fl. Brit. Ind. 1: 474. 1875. 与荨麻叶凤仙花的区别：花蓝紫或淡紫色；侧生萼片宽卵形，边缘无腺体；翼瓣上部斧形；唇瓣舟形，具稍弯或近直距；苞片大，早

落。产西藏南部，生于海拔约 2500 米山坡阴湿林下。尼泊尔、印度北部、不丹及缅甸有分布。

31. 辐射凤仙花

图 150

Impatiens radiata Hook. f. in Fl. Brit. Ind. 1: 476. 1875.

一年生草本，高达 60 厘米。茎多分枝。叶互生，长圆状卵形或披针形，长 6-12 厘米，宽 2-3 厘米，具圆齿，齿间有小刚毛，侧脉 7-9 对；叶柄长 1.5-2.5 厘米，基部有 2 个球状腺体。总花梗生于上部叶腋，长达 18 厘米；花多数，束生或轮生，辐射状，每轮有 3-5 花。花梗纤细，基部有披针形苞片，苞片先端具腺，宿存；花小，黄色，稀浅紫色；侧生萼片 2，小，卵状披针形，具长尖头；旗瓣近圆形，先端具短喙尖；翼瓣 3 裂，下部 2 裂片近圆形，上部裂片长圆形；唇瓣窄漏斗状，基部具短尖直距。蒴果线形。

产贵州、四川、云南及西藏，生于海拔 2100-3500 米山坡湿润草丛

图 150 辐射凤仙花 （引自《图鉴》）

中或林下阴湿处。印度、尼泊尔及不丹有分布。

32. 总状凤仙花

图 151

Impatiens racemosa DC. Prodr. 1: 688. 1824.

一年生草本，高 20-60 厘米，全株无毛。叶膜质，椭圆状披针形或椭圆状卵形，长 5-10 厘米，宽 2-4 厘米，先端渐尖，具圆齿，齿基有小刚毛，侧脉 7-9 对，两面无毛；基部楔状窄成长 1-2.5 厘米叶柄，叶柄基部有球状腺体。总花梗纤细，生于上部叶腋或近顶生，常长于叶，具 4-10 花，总状排列。花梗纤细，基部有卵状披针形苞片，苞片先端具腺体，宿存；花小，黄或淡黄色；侧生萼片小，镰刀状或斜卵形，干时红色，先端具短芒尖，一侧上部边缘具一腺体；旗瓣圆形；翼瓣无爪，基部裂片圆形，上部裂片宽斧形，背面具圆形小耳；唇瓣锥状，基部具内弯长距。蒴

果线形或窄棒状，长达 2.5 厘米，顶端喙尖。花期 6-8 月。

产云南及西藏南部，生于海拔 1700-2400 米水沟边草丛中。印度、不丹、尼泊尔及克什米尔地区有分布。

图 151 总状凤仙花 （冀朝祯绘）

[附] **疏花凤仙花 Impatiens laxiflora** Edgew. in Traus. Linn. Soc. 20: 39. 1851. 与总状凤仙花的主要区别：花白或粉红色，侧生萼片卵形

或卵状钻形，具 3 脉，先端具腺状尖，边缘无腺体；唇瓣舟形，具短直距。产西藏（错那），生于海拔约 3200 米沟边。印度北部、不丹

至克什米尔地区有分布。

33. 短距凤仙花　　图 152

Impatiens brachycentra Kar. et Kir. in Bull. Soc. Nat. Mosc. 15: 179. 1842.

一年生草本，高 30-60 厘米。叶互生，椭圆形或卵状椭圆形，长 6-15 厘米，宽 2-5 厘米，先端渐尖，基部楔形，边缘有具小尖的圆锯齿，侧脉 5-7 对；叶柄长 1-2.5 厘米。总花梗腋生，长 5-10 厘米，花 4-12 排成总状花序。花梗纤细，基部有一披针形宿存苞片；花极小，白色，直立；侧生萼片 2，卵形，稍钝；旗瓣宽倒卵形；翼瓣近无爪，2 浅裂，基部裂片长圆形；上部裂片大，宽长圆形，背面具反折小耳；唇瓣舟状，基部有长不及 1 毫米楔状三角形短距。蒴果条状矩圆形。花期 8-9 月。

图 152　短距凤仙花　（引自《图鉴》）

产新疆，生于海拔 850-2100 米山坡林下、林缘或山谷水旁及沼泽地。中亚地区有分布。

[附] 小花凤仙花 **Impatiens parviflora** DC. Prodr. 1: 687. 1824. 与短距凤仙花的区别：花淡黄色，喉部具淡红色斑点；翼瓣 3 浅裂；唇瓣基

部具长 5-7 毫米锥状直距。产新疆，生于海拔 1200-1680 米河岸边、沼泽地或山坡沟边潮湿处。欧洲、中亚、俄罗斯西伯利亚地区及蒙古有分布。

34. 粗茎凤仙花　　图 153

Impatiens crassicaudex Hook. f. in Hook. Icon. Pl. t. 2957. 1911.

一年生草本，高 20-30 厘米。茎肉质，粗壮，基径 1 厘米。叶互生，卵形，长 3-5 厘米，宽 1-2 厘米，先端尾尖，基部窄成 1-3 厘米的叶柄，具圆齿状锯齿，侧脉 4-5 对，无毛。总花梗多数，腋生或顶生，直立或开展，具少数花，排成总状花序。花梗长 6-8 毫米，基部有卵形苞片，苞片长 3-4 毫米，近宿存；花径达 1.5 厘米，黄或淡黄色，侧生萼片 2，窄三角状卵形，具 1 脉；旗瓣圆形，径约 8 毫米，背面龙骨状突起；翼瓣无爪，基部裂片圆形，上部裂片长于基裂片 2 倍，斧形，背面具反折小耳；唇瓣檐部短舟状，基部窄长成 2-2.5 厘米近直的长距。蒴果线形，长 2-2.5 厘米，顶端喙尖。花果期 9 月。

图 153　粗茎凤仙花
（孙英宝仿《Hook. Ic. Pl.》）

产四川西部、云南西北部及西藏东部，生于海拔约3300米水沟边。

[附] **脆弱凤仙花 Impatiens infirma** Hook. f. in Nouv. Arch. Mus. Paris. ser. 4, 10: 248. 1908. 与粗茎凤仙花的主要区别：茎较细；总花梗常密集顶端，腋生，具数至10余花，花长1.5-2厘米；侧生萼片斜卵状或镰刀状，具5-6脉。产四川及西藏，生于海拔3100-3600米沟边或山谷林下。

35. 瘤果凤仙花

图 154：1-2

Impatiens tuberculata Hook. f. et Thoms. in Journ. Linn. Soc. Bot. 4: 155. 1860.

一年生草本，高20-30厘米。茎纤细，全株无毛。叶互生，椭圆形或椭圆状卵形，长1.5-3厘米，具圆齿，齿基部具小刚毛，侧脉5-6对；叶柄长0.5-1厘米，基部无腺体。总花梗腋生或顶生，短或长于叶，具4-8花，总状排列。花梗纤细，长5-7毫米；苞片早落；花径8-9毫米，淡紫色；侧生萼片2，镰刀形；旗瓣圆形，兜状，背面龙骨状突起；翼瓣2裂，裂片圆形；唇瓣舟状，具极短距。蒴果直立或平展，短棒状，长0.8-1厘米，具5棱，沿棱具密或疏瘤状突起，顶端圆钝，具小尖头。花期8-9月。

产西藏南部，生于海拔约3800米冷杉林缘草丛中或沟边。印度北部及不丹有分布。

图 154：1-2.瘤果凤仙花 3-10.川西凤仙花
（冀朝祯绘）

36. 无距凤仙花

图 155

Impatiens margaritifera Hook. f. in Nouv. Arch. Mus. Nat. Hist. Paris ser. 4, 10: 249. pl. 2. 1908.

一年生草本，高达40-50厘米。茎无毛。叶互生，卵形，薄膜质，长3-10厘米，先端渐尖，基部楔形，具2个大腺体，有粗圆齿，齿间有小刚毛，侧脉5-7对；叶柄长1-5厘米。总花梗细长，腋生，花较小，通常6-8花排成总状花序。花梗短，基部有线形或线状长圆形苞片，苞片长2-4毫米，脱落。花白色，稀紫色，长达2厘米；侧生萼片2，小，卵圆形，先端具小突尖；旗瓣椭圆状倒卵形或近圆形，背面中肋具细尖头；翼瓣窄，具宽爪，基部裂片卵状长圆形，上部裂片较长，窄斧形，背面有宽小耳；唇瓣舟状，基部肿胀，无距。蒴果线形，长达1.8厘米。花期7-9月。

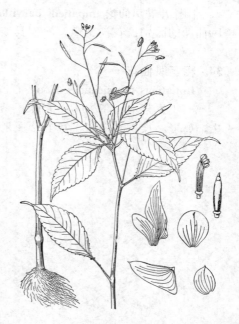

图 155 无距凤仙花 （引自《图鉴》）

产云南西北部及西藏东南部，生于海拔2600-3800米河滩湿地、溪边草丛中或冷杉林下。

37. 柔毛凤仙花　　　　　　　图 156　彩片 307
Impatiens puberula DC. Prodr. 1: 687. 1824.

一年生草本，高 30-60 厘米。茎上部被柔毛。叶膜质，互生，椭圆形或椭圆状披针形，长 5-15 厘米，宽 2.5-4.5 厘米，先端渐尖或长渐尖，基部楔形渐窄成长 0.5-2.5 厘米的柄，基部无腺体，边缘具圆齿，侧脉 5-7 对，上面被糙伏毛，下面沿脉被柔毛。花单生，无总花梗。花梗近顶生或生于上部叶腋，长 2.5-3.5 厘米，基部具钻形苞片，被黄褐色柔毛；花蓝紫色，长 3-3.5 厘米；侧生萼片 2，宽卵形，渐尖，疏被微柔毛；旗瓣圆形，背面中肋具鸡冠状突起，突起上缘被微毛；翼瓣无爪，基部裂片小，圆形，上部裂片宽半倒卵形，唇瓣檐部锥状或漏斗状，基部窄成内弯长距。蒴果线形，长 2.5 厘米，顶端喙尖。花期 6-7 月。

图 156　柔毛凤仙花　（冀朝祯绘）

产云南及西藏南部，生于海拔 2100-2500 米林缘草丛中或林下。尼泊尔、印度北部及不丹有分布。

38. 锐齿凤仙花　　　　　　　图 157
Impatiens arguta Hook. f. et Thoms. in Journ. Linn. Soc. 4: 137. 1860.

多年生草本，高达 70 厘米。茎无毛。叶互生，卵形或卵状披针形，长 4-15 厘米，宽 2-4.5 厘米，有锐锯齿，侧脉 7-8 对，两面无毛；叶柄长 1-4 厘米，基部有 2 具柄腺体。总花梗极短，腋生，具 2 花，稀 1 花。花梗细长，基部常具 2 刚毛状苞片；花大或较大，粉红或紫红色；侧生萼片 4，外面 2 个半卵形，先端长突尖，内面 2 个窄披针形；旗瓣圆形，背面中肋有窄龙骨状突起，先端具小突尖；翼瓣无爪，2 裂，基部裂片宽长圆形，上部裂片斧形，先端 2 浅裂，背面有小耳；唇瓣囊状，基部延长成内弯短距。蒴果纺锤形，顶端喙尖。花期 7-9 月。

产四川、云南及西藏，生于海拔 1850-3200 米河谷灌丛草地、林下

图 157　锐齿凤仙花　（引自《图鉴》）

潮湿处或沟边。印度、尼泊尔、不丹及缅甸有分布。花入药，通经活血、利尿。

39. 弯距凤仙花　　　　　　　图 158
Impatiens recurvicornis Maxim. in Acta Hort. Petrop. 9: 88. 1890.

一年生草本，高 40-50 厘米，全株无毛。茎上部具叶。叶互生，

膜质，卵状披针形或披针形，长 5-8 厘米，宽 2-2.5 厘米，基部尖，常具 2 腺体，窄成长 1-2 厘米细叶柄，

最上部的叶柄短，具圆齿状锯齿，齿端具小尖，侧脉6-8对，下面浅绿色。总花梗生于上部叶腋，长5-7厘米，纤细，开展，具单花。花梗中上部具1苞片，苞片卵形，长3-4毫米，先端长芒状渐尖，脱落；花粉紫色，长3-4厘米，侧生萼片2，半卵形，长7毫米，先端渐尖，具不明显细齿，中肋一侧加厚；旗瓣圆形，径1.3厘米，基部2深裂，中肋背面具窄龙骨状突起，先端具长5毫米粗喙尖；翼瓣近无爪，长1.8-2厘米，2裂，基部裂片扁长圆形，上部裂片长圆形，背部具反折小耳；唇瓣檐部舟状，长1.3-1.5厘米，口部斜升，先端尖，基部渐窄成长1.8厘米顶端内卷细距；花药顶端渐尖。蒴果窄线形，长2.5厘米，顶端渐尖，具条纹。种子少数，长圆形，扁。花期8月。

产甘肃南部及湖北西南部，生于海拔500-1200米山谷、湿地或沟边草丛中。

图 158 弯距凤仙花
（孙英宝仿《Hook. Ic. Pl.》）

40. 西藏凤仙花   图 159

Impatiens cristata Wall. in Roxb. Fl. Ind. ed. Carey 2: 460. 1824.

一年生草本，高30-80厘米，全株被柔毛。叶互生，披针形或卵状披针形，长5-10厘米，宽2-3.5厘米，基部楔状窄成长1-2.5厘米叶柄，叶柄基部有2球状大腺体，具锯齿，侧脉9-11对，两面被柔毛。总花梗长0.5-1.5厘米，具2-5花，稀单花。花梗细，中部具刚毛状或刚毛状披针形苞片，被柔毛；花金黄色，长达2.5厘米；侧生萼片2，圆形，具5脉，沿脉被微柔毛；旗瓣圆形，中肋背面具鸡冠状突起；翼瓣无爪，基部裂片圆形，上部裂片长圆状斧形，背面有反折小耳；唇瓣囊状，多少被微毛或脱落，基部骤窄成内弯短距。花药顶端钝。蒴果线形，长2.5-3厘米，密被柔毛，顶端喙尖。花期7-9月。

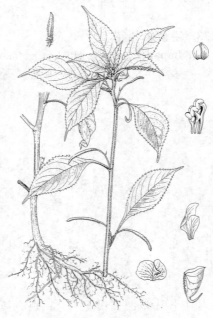

图 159 西藏凤仙花 （冀朝祯绘）

产西藏南部，生于海拔2000-3100米林下或水沟边。印度西北部、尼泊尔及不丹有分布。

[附] 糙毛凤仙花 Impatiens scabrida DC. Prodr. 1: 687. 1824. 与西藏凤仙花的主要区别：侧生萼片卵形，被疏柔毛；唇瓣漏斗状，无毛，具长达1厘米弯距；蒴果无毛或近无毛。产西藏亚东，生于河边灌丛或林下阴湿处。尼泊尔及不丹有分布。

41. 藏南凤仙花

图 160

Impatiens serrata Benth. ex Hook. f. et Thoms. in Journ. Linn. Soc. 4: 136. 1860.

一年生草本，高 30—60 厘米，全株无毛。叶膜质，互生，具柄，卵状披针形，长 3.5—9 厘米，宽 1.5—3.5 厘米，具锐锯齿，基部边缘具缘毛而无腺体。总花梗纤细，单生叶腋，长 1—1.5 厘米，具 2 或 1 花。花梗细，中部有刚毛状苞片，苞片绿色，宿存；花长 1—1.5 厘米，具 2 或 1 花。花长 1—1.5 厘米，白或浅黄色，具红色斑点，侧生萼片 2，小，镰刀状；旗瓣宽椭圆形，中肋背面具窄龙骨状突起，具小尖头；翼瓣无爪，基部裂片近圆形，上部裂片长圆状镰刀形；唇瓣斜舟状，无距；花药顶端钝。蒴果线形，长 2—2.5 厘米，顶端 5 裂。花期 7—9 月。

图 160 藏南凤仙花 （冀朝祯绘）

产西藏南部，生于海拔 2900—3300 米山坡林下或阴湿处。尼泊尔、印度北部及不丹有分布。

[附] **镰瓣凤仙花 Impatiens falcifer** Hook. f. in Curtis's Bot. Mag. 1903. 与藏南凤仙花的区别：侧生萼片卵形或卵状长圆形，具绿色小尖；翼瓣基部裂片极小，圆形，上部宽大，2 裂，侧裂片镰状内弯；唇瓣漏斗状，具长 1—2 厘米直或内弯距。产西藏南部，生于海拔 2300—2500 米河边草地或栎林下。印度、尼泊尔及不丹有分布。

42. 鸭跖草状凤仙花

图 161 彩片 308

Impatiens commellinoides Hand.-Mazz. Symb. Sin. 7: 657. t. 10: 6—9. 1933.

一年生草本，高 20—40 厘米。茎纤细，平卧，有分枝，上部被疏短刚毛，下部节略膨大。叶互生，卵形或卵状菱形，长 2.5—6 厘米，宽 1—3 厘米，基部楔形，具疏锯齿，有糙缘毛，上面沿脉有糙毛，下面灰绿色，无毛，侧脉 5—7 对，弧曲；叶柄长达 2 厘米，被糙毛。总花梗连花梗长 2—4 厘米，被糙毛，具 1 花，中上部有 1 枚苞片，苞片草质，披针形或线状披针形，长 3—5 毫米，宿存；花蓝紫色；侧生萼片 2；宽卵形，长约 5 毫米，先端突尖；旗瓣圆形，径约 1 厘米，先端微凹，具小尖，背面中肋有绿色窄龙骨状突起；翼瓣具爪，长 1.2—1.5 厘米，2 裂，裂片均近圆形，上部裂片较大，外缘无明显小耳；唇瓣宽漏斗状，基部渐窄成长约 1.5 厘米内弯或螺旋状卷曲距；花药顶端尖。蒴果线状圆柱形，长约 1.8 厘

图 161 鸭跖草状凤仙花
（张泰利 张荣厚绘）

米，顶端短尖。花期 8—10 月，果期 11 月。

产浙江、福建、江西、湖南及广东，生于海拔 300-900 米田边或山谷沟边。

[附] **葡匐凤仙花 Impatiens reptans** Hook. f. in Nouv. Arch. Mus. Hist. Nat. Paris ser 4, 10: 253. 1908. 与鸭跖草状凤仙花的主要区别：花2-3，黄色；苞片卵状披针形；翼瓣近无爪，上部裂片斧形，背面上下端具圆形缺裂，基部具先端尖或分叉内弯距。产湖南西北部及贵州（贵阳），生于丘陵水边潮湿地。

43. 单花凤仙花　　　　　　　　图 162

Impatiens uniflora Hayata in Journ. Coll. Sci. Univ. Tokyo 25: 66. 1908.

一年生草本，高8-50厘米。茎具翅。叶互生，纸质，卵形，椭圆形或披针状椭圆形，长1-10厘米，基部楔形，具锐锯齿，齿端具小尖，侧脉4-5对，弧曲，上面及下面沿脉被糙毛；叶柄长0.3-2厘米。

花单生，稀2，腋生或顶生，淡红紫、淡紫或白色，花冠内面有淡紫或黄色斑点，总花梗长3-5厘米。花梗细，长1-1.5厘米，常被疏糙毛，基部具2苞片，苞片卵形，长1-2毫米；侧生萼片2，卵形或斜卵形，长4毫米，先端尾尖；旗瓣近肾形，长9毫米，中肋具龙骨状突起，先端具尾状突尖；翼瓣无爪，长1.9厘米，3裂，基部裂片长圆形，上部裂长圆状斧形，具短裂片，先端尖；唇瓣囊状，长2-2.5厘米，口部平展，宽1.2-1.5厘米，先端突尖，基部渐窄成长1.5厘米内弯距；花药顶端尾尖。蒴果线形，长1.7-2厘米，顶端喙尖。花期6-10月。

图 162　单花凤仙花　（张泰利　张荣厚绘）

产台湾，生于海拔1600-3000米山坡松林或草坡。

44. 翼萼凤仙花　　　　　　　　图 163

Impatiens pterosepala Hook. f. in Kew Bull. 7: 274. 1910.

一年生草本，高30-60厘米。茎疏分枝，小枝斜上或开展。叶互生，卵形或长圆状卵形，长3-10厘米，宽2.5-4厘米，基部楔形，具2球形腺体，有圆齿，两面无毛，侧脉5-7对；叶柄长1.5-2厘米。总花梗腋生，长约4厘米，中上部有一披针形苞片，1花。花淡紫或紫红色；侧生萼片2，长卵形，有时一侧有细齿，背面中肋有窄翅；旗瓣圆形，先端微凹，基部心形，背面中肋有全缘或波状窄翅，翅先端有短喙；翼瓣近无爪，2裂，基部裂片长圆形，上部裂片宽斧形，背面有小耳；唇瓣窄漏斗状，基部

图 163　翼萼凤仙花　（引自《图鉴》）

延长成细长内弯距。花药顶端尖。蒴果线形。

产河南西部、陕西南部、安徽南部、江西、湖北、湖南、广西北

部及四川东部，生于海拔1500-1700米山坡灌丛中或林下阴湿处或沟边。

45. 浙皖凤仙花 图 164

Impatiens neglecta Y. L. Xu et Y. L. Chen in Acta Phytotax. Sin. 37(2): 196. f. 2. 1999.

一年生草本，高30-60厘米，全株无毛。茎疏分枝。叶互生，膜质，长圆状卵形，长7-13厘米，基部楔形，常具1-3对球形腺体，具粗锯齿，齿端具小尖，侧脉5-7对；叶柄长1.5-4厘米。总花梗粗，直立，生于上部叶腋，长2-3厘米；具1花。花梗细，中上部具苞片，苞片披针形，长2毫米，宿存。花淡紫色，长2.5-3.5厘米，侧生萼片2，卵圆形，不等侧，全缘，长6-7毫米，先端圆，具小尖，中肋背面具窄翅；旗瓣宽卵形，长1厘米，宽1.2厘米，先端圆，基部微心形，中肋背面具翅；翼瓣具爪，长1.7厘米，2裂，基部裂片椭圆形，上部裂片长圆形，背部具月牙形反折小耳；唇瓣宽漏斗形，长4.5厘米，口部平展，宽1.5厘米，先端尖，基部渐窄成长3.5厘米内弯距；花药顶端尖。蒴果线状圆柱形，长3-4

图 164 浙皖凤仙花 （孙英宝 仿张泰利绘）

厘米。花果期7-10月。

产安徽南部及浙江，生于海拔1000-1200米山坡林下或溪边潮湿处。

46. 秦岭凤仙花 图 165

Impatiens linocentra Hand.-Mazz. in Oesterr. Bot. Zeitschr. 82: 250. 1933.

一年生草本，高30-60厘米，全株无毛。叶互生，最上部叶密集，近轮生；叶膜质，卵形或卵状椭圆形，长6-9厘米，具密圆齿状锯齿，齿端具小尖，侧脉5-6对，下面浅绿色；叶柄长约3厘米，最上部的叶柄短或近无柄。总花梗生于上部叶腋，长4-6厘米，具1花。花梗细，长4厘米，中上部具苞片，苞片革质，卵状披针形，长4-5毫米，宿存；花粉红色，干时紫色，长2.5-3厘米；侧生萼片2，披针形，长5-6毫米，膜质，先端具小尖，中肋背面绿色，具龙骨状突起，基部扩大具齿；旗瓣心形，深僧帽状，背面具绿色宽龙骨状突起；翼瓣无爪，长0.7-2厘米，2裂，基部裂片卵形，上部裂长于基裂片2倍，宽或近斜卵圆形，背部具圆小耳；唇瓣漏斗形，长2-2.5厘米，口部极斜，长7-8毫米，先端细尖，檐部

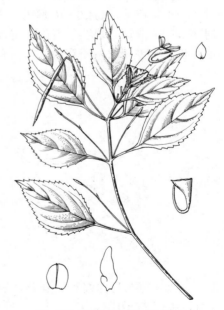

图 165 秦岭凤仙花 （孙英宝绘）

舟状，基部窄成长1-1.5厘米丝状稍弯细距；花药顶端突尖。蒴果线

形，长2.5-3厘米。花期8月，果期9-10月。

产河南及陕西，生于海拔800-1800米山谷林缘阴湿处。

47. 中州凤仙花　　　　　　　　　　　图 166

Impatiens henanensis Y. L. Chen in Acta Phytotax. Sin. 37(1): 88. 1999.

一年生草本，高40-60厘米，近无毛。茎绿色或下部绿色，疏分枝。叶互生，卵形或椭圆状卵形，长8-13厘米，先端渐尖或尾尖，具1-2对球形腺体，具锯齿，齿端具小尖，侧脉7-11对，下面有时紫色；叶柄长0.5-1.5厘米。总花梗生于上部叶腋，短于叶，具2-3花。花梗细，长0.5-1.5厘米，中上部有苞片，苞片卵形或卵状披针形，长4-5毫米，具3-5脉，宿存；花粉紫色，宽2-2.5厘米；侧生萼片2，斜卵形或卵形，长7-8毫米，喙尖，中

肋背面具极窄翅；旗瓣近圆形，径7-8毫米，中肋背面具鸡冠状突起，先端尖；翼瓣具短爪，长1.8-2厘米，2裂，基部裂片长圆形，上部裂片斧形，背部具近半月形反折小耳；唇瓣囊状，长2.5-3厘米，口

图 166 中州凤仙花　（孙英宝仿张泰利绘）

部斜上，宽1.5厘米，基部骤窄成长6-7毫米上弯2裂距；花药顶端尖。蒴果线状圆柱形，长2.5-3厘米，喙尖。花期8月，果期9月。

产山西南部及河南，生于海拔1200-1450米山谷林缘或阴湿处。

48. 块节凤仙花　　　　　　　图 167 彩片 309

Impatiens pinfanensis Hook. f. in Hook. Icon. Pl. t. 2869. 1908.

一年生草本，高20-40厘米。茎疏被白色微绒毛，基部匍匐，匍匐茎节膨大成球状块茎，着生不定根。叶互生，卵形、长卵形或披针形，长3-6厘米，具粗锯齿，齿尖有小刚毛，侧脉4-5对，上面沿叶脉疏被极小肉刺，下部叶柄长，上部叶柄极短，长0.3-2毫米。总花梗腋生，长4-5厘米，1花，中上部具1窄长披针形小苞片。花红色，长约3厘米；侧生萼片2，椭圆形，长约5毫米，先端具喙；旗瓣圆形或倒卵形，背面中肋有龙骨突，先端具小尖头；翼瓣2裂，上裂片斧形，先端圆，下裂片圆形；唇瓣漏斗

状，基部下延为弯曲细距；花药顶端尖。蒴果线形，具条纹。花期6-8月，果期7-10月。

产湖北、湖南、贵州、四川东南部及云南，生于海拔900-2000米林下、沟边等潮湿环境。

[附] **柳叶菜状凤仙花** Impatiens epilobioides Y. L. Chen in Acta Phytotax.

图 167 块节凤仙花　（引自《贵州植物志》）

Sin. 16(2): 47. pl. 4: 6; f. 18. 1978. 与块节凤仙花的主要区别：茎直立，基部有近球状块茎；叶窄长圆形或线状披针形，侧脉7对，下面被褐色短毛；翼瓣基部裂片具小尖；唇

片具小尖；唇瓣具长 1.2 厘米细距。产四川南部，生于海拔 1000-2500 米河边。

49. 滇西凤仙花 图 168

Impatiens forrestii Hook. f. ex W. W. Smith in Notes Roy. Bot. Gard. Edinb. 8: 339. 1915.

一年生草本，高 35-90 厘米。茎无毛。叶互生，膜质，卵状披针形或近椭圆形，长 10-15 厘米，具锯齿，齿端具腺状尖头，上面暗绿色，被贴生硬毛，下面淡绿色，无毛，侧脉 8-9 对，弧弯，下面叶脉明显；叶柄长 1-2 厘米，无毛。总花梗生于上部叶腋，与叶等长或短于叶，直立或略弯，具 2（3）花。花梗长 1-2 厘米，无毛，基部或中部有苞片，苞片卵状披针形，长 3-4 毫米，先端具腺状尖，宿存，被刚毛；花紫红色，长 3-3.5 厘米，具斑点及条纹；侧生萼片 2，斜宽卵形或近圆形，长 8-9 毫米，背面中肋不增厚，顶端具小尖，脉网状；旗瓣肾形，长 1.8-2 厘米，背面中肋增厚，具龙骨状突起，顶端具角；翼瓣具短爪，长 3.5 厘米，2 裂，基部裂片近圆形，径约 1.4 厘米，上部裂片长于基部裂片 2 倍，镰状扇

图 168 滇西凤仙花 （孙英宝绘）

形，背部具小耳；唇瓣檐部囊状，连同距长 3 厘米，口部斜上，宽 1.8 厘米，先端尖，基部骤狭成长 1 厘米内弯的距；花药顶端尖。花期 8 月。

产四川南部及云南，生于海拔约 2600 米山谷阴湿处或溪旁。缅甸北部有分布。

50. 齿叶凤仙花 图 169

Impatiens odontophylla Hook. f. in Nouv. Arch. Mus. Hist. Nat. Paris. ser. 4, 10: 249. 1908.

一年生草本，高 10-25 厘米，全株无毛。叶互生，薄膜质，卵形或卵状披针形，长（3）5-9 厘米，基部楔状窄成长 0.5-2.5 厘米细叶柄，具粗锯齿，齿端具小尖，齿间无刚毛，侧脉 6-7 条，下面灰绿色，边缘基部无腺体或具腺毛。总花梗丝状，生于上部叶腋，长 2.5 厘米，具 1 花。花梗丝状，中上部有苞片，苞片线状披针形，长 1-2 毫米，宿存；花粉红色，长达 2 厘米，具紫色斑点；侧生萼片 2，膜质，卵状披针形，长 5 毫米，基部不等侧，

图 169 齿叶凤仙花 （孙英宝绘）

具 3 脉；旗瓣圆形，径 1.2 厘米，先端凹，中肋细；翼瓣具短爪，长 1.8 厘米，2 裂，基部裂片圆形，上部近 2 裂；上部裂片长于基部裂片 2 倍，长圆形，背部具伸长反折小耳；唇瓣檐部漏斗状，长 2 厘米，具

红色条纹，口部平展，宽 1.3 厘米，先端尖，基部窄成内弯短距；花药顶端尖。花期 8 月。

产湖北西部及四川，生于海拔 1600-2400 米山坡林缘、沟谷阴湿处。

51. 心萼凤仙花

图 170

Impatiens henryi Pritz. ex Diels in Engl. Bot. Jahrb. 29: 455. 1900.

一年生草本，高30-80厘米，全株无毛。叶互生，膜质，卵形或卵状长圆形，长4-12厘米，先端尾尖，基部渐窄成长2-3.5厘米叶柄，具圆齿状齿，齿端具小尖，基部边缘具2-4对具柄腺体，侧脉6-7对，下面浅绿色。总花梗生于上部叶腋，长2-3厘米，具3-5花。花梗长5-7毫米，基部具苞片，苞片膜质，卵形，长2-3毫米，宿存；花淡黄色，长1.5-2厘米，侧生萼片2，宽卵形或近心形，长4毫米，具5脉；旗瓣宽心形，长5-6毫米，中肋背面具三角形鸡冠状突起，先端具小尖；翼瓣无爪，长1.5-1.6厘米，2裂，

图 170 心萼凤仙花 （张泰利绘）

基部裂片近圆形，上部裂片长约为基裂片2倍，斧形，背面具反折小耳；唇瓣檐部舟状，长5毫米，口部斜上，宽1厘米，基部渐窄成长1.5-2 厘米内弯或卷曲细距；花药顶端尖。蒴果线形，长1.5厘米。花期8月。

产湖北，生于海拔1200-2000米林下沟边或山坡沟边湿地草丛中。

52. 陇南凤仙花

图 171 彩片 310

Impatiens potaninii Maxim. in Acta. Hort. Petrop. 11: 90. 1890.

一年生草本。茎高30-60厘米，上部分枝。叶互生，卵形或长圆形，长5-10厘米，先端渐尖，基宽楔形，具钝圆粗锯齿，沿基部常有数个腺体；叶柄较短，顶生者常近无柄。总花梗腋生，长1-2厘米，具2-3花。花淡黄色；苞片卵状披针形，长3-4毫米；侧生萼片2，近圆形，常偏斜，绿色透明，先端具小尖头；旗瓣圆形或扁圆形，宽6-8毫米，背面中肋有龙骨突起；翼瓣长约1.5厘米，2裂，基部裂片长约为上部裂1/3，倒卵状长圆形，直立，上部裂片宽斧形；唇瓣漏斗状，长约1.2厘米，口部平

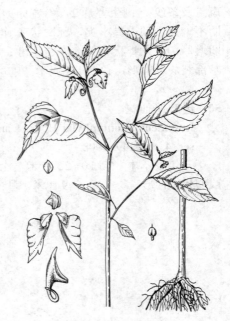

图 171 陇南凤仙花
（孙英宝仿《秦岭植物志》）

展，喉部具褐色点，基部延伸成长1.6-1.7厘米卷曲细距；花药顶端具短尖。蒴果窄线形，长约1.5厘米。花期8-10月。

产甘肃南部及四川北部，生于海拔1200-2300米山谷、林缘或沟旁湿处。

53. 川鄂凤仙花

Impatiens fargesii Hook. f. in Nouv. Arch. Mus. Hist. Nat. Paris ser. 4, 10: 256. 1908.

一年生草本，高30-40厘米，全株无毛。叶多密集茎端，互生，

叶卵形、卵状披针形或长圆形，长5-10厘米，基部骤窄成长2-7厘米叶柄，具小圆齿或圆齿状锯齿，上

面深绿色，下面淡绿色，侧脉7-8对，纤细。总花梗极细，长3-6厘米，具2-4花。花梗长1-1.5厘米，丝状，基部有苞片，苞片卵状披针形，长1-2.5毫米，迟落；花黄色，宽7-8毫米；侧生萼片2，宽卵形，长4毫米，近不等侧，有7脉，背面中肋龙骨状突起；旗瓣圆形，径7毫米，基部凹入，中肋背面中部具短角，较上部边缘具小钩；翼瓣近无柄，长1.4厘米，基部裂片圆形，上部裂片长于基裂片1倍，长圆形或窄斧形，近尖，背部先端以下具深裂，背面具小耳；唇瓣檐部舟状，长6毫米，顶端圆，具小尖，基部窄成长1.5厘米内弯或旋卷距；花药顶端尖。蒴果纤细，长1.8厘米，直立，尖。花期8-9月。

产湖北西南部及四川东部，生于海拔1300-1550米山谷沟边、水潭潮湿地、草丛中。

54. 蒙自凤仙花　　　　　　　图 172 彩片 311

Impatiens mengtzeana Hook. f. in Nouv. Arch. Mus. Host. Nat. Paris ser. 4, 10: 256. 1908.

一年生粗壮草本，高20-40厘米，全株无毛。叶互生，卵形、倒卵形、椭圆形或倒披针形，长5-10厘米，稀具睫毛，具圆齿状锯齿，齿端具小尖，侧脉6-8对，上面深绿色，疏生贴短毛，下面浅绿色，无毛；叶柄长2.5-3厘米。总花梗生于上部叶腋，长3-5厘米，具1-2花。花梗长0.5-1厘米，下面的在基部、上面的近基部具苞片，苞片窄披针形，长3-7毫米，脱落；花黄色，长3-5厘米；侧生萼片2，卵圆形或卵状披针形，膜质，长0.8-1

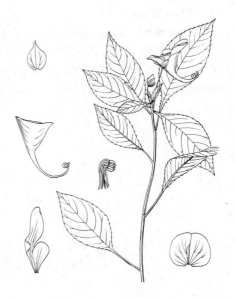

图 172 蒙自凤仙花　（孙英宝仿张泰利绘）

厘米，中肋细，3-5脉；旗瓣圆形，径1.5-1.8厘米，中肋细，中部具小节或肿胀；翼瓣近具爪，长3-4厘米，2裂，基部裂片圆形，上部裂宽斧形，先端圆，背部具肾形反折小耳；唇瓣檐部漏斗状或近囊状，具红色条纹，长3-3.5厘米，口部平展长1.5-2.2厘米，基部窄成长2.5厘米内弯或卷曲长距；花药顶端钝。蒴果长圆形，长1.5-2.5厘米。

花期8-10月。

产广西及云南，生于海拔600-2100米山谷河边、山涧沟边或混交林中潮湿处。

55. 绿萼凤仙花　　　　　　　图 173 彩片 312

Impatiens chlorosepala Hand.-Mazz. in Beih. Bot. Centralbl. 52: 167. 1931.

一年生草本，高30-40厘米。茎无毛。叶常密集茎上部，互生，膜质，长圆状卵形或披针形，长7-11厘米，基部楔状窄成长1-3.5厘米叶柄，具指状托叶腺，具圆齿状齿，齿间具小尖，上面被白色疏生伏毛，下面淡绿色，无毛，侧脉5-6对，弧状，向基部具少数腺体。总花梗生于上部叶腋，长3.5-6厘米，具1-2花。花梗长1-1.5厘米，中上部有苞片，苞片披针形或线状披针形，长3-4毫米，宿存；花淡红

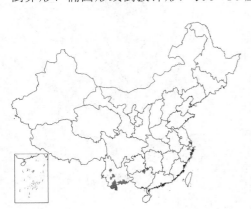

色，长 3.5-4 厘米；侧生萼片 2，绿色，斜宽卵形或近圆形，长 0.8-1 厘米，背面中肋不增厚；旗瓣圆形，长 0.7-1.2 厘米，兜状，背面窄龙骨状突起；翼瓣具短爪，长 2.5 厘米，2 裂，基部裂片半圆形，上部裂片长圆形，背部具小耳；唇瓣檐部漏斗状，长 1.5 厘米，口部平，宽 1.5 厘米，先端具小尖，基部骤窄成长 2-2.5 厘米、内弯顶端内卷距，具粉红色纹条；花药顶端钝。蒴果披针形，长 1.5-2 厘米，顶端喙尖。花期 10-12 月。

产江西南部、湖南、广东、广西及贵州，生于海拔 300-1300 米山谷水旁阴处或疏林溪旁。全株药用，广西俗称"金耳环"，民间用以消热消肿，治疔疮，用茎、叶外敷或外洗。

图 173 绿萼凤仙花 （张泰利绘）

56. 窄萼凤仙花

图 174 彩片 313

Impatiens stenosepala Pritz. ex Diels in Engl. Bot. Jahrb. 29: 453. 1900.

一年生草本，高 20-70 厘米，全株无毛。茎和枝有紫或红褐色斑点。叶互生，常密集于茎上部，长圆形或长圆状披针形，长 6-15 厘米，先端尾尖，基部楔形，有圆锯齿，基部有少数缘毛状腺体，侧脉 7-9 对；叶柄长 2.5-4.5 厘米。总花梗腋生，有 1-2 花。花梗纤细，基部有 1 条形苞片；花大，紫红色；侧生萼片 4，外面 2 个线形，内面 2 个线状披针形；旗瓣宽肾形，先端微凹，背面中肋有龙骨突，中上部有小喙；翼瓣无爪，2 裂，基部裂片椭圆形，上部裂片长圆状斧形，背面有近圆形的耳；唇瓣囊状，基部圆形，有内弯短矩；花药顶端钝。蒴果条形。

图 174 窄萼凤仙花 （引自《图鉴》）

产山西南部、河南、陕西南部、甘肃东部、湖北、湖南、贵州东北部及四川东部，生于海拔 800-1800 米山坡林下、山沟水旁或草丛中。

[附] **髯毛凤仙花 Impatiens barbata** Comber in Notes Roy. Bot. Gard. Edinb. 18: 244. 1934. 与窄萼凤仙花的区别：植株各部多少被毛；叶先端尖或渐尖；花淡黄色；外面的侧生萼片斜卵形。产四川西南部及云南西北部，生于海拔 2000-3000 米开旷山坡、沟边林下或溪旁。外形似黄麻叶凤仙花，但幼茎、叶及花芽均被长柔毛，唇瓣口部上端一侧被髯毛而与后者不同。

57. 黄麻叶凤仙花

图 175 彩片 314

Impatiens corchorifolia Franch. in Bull. Soc. Bot. France 33: 448. 1886.

一年生草本，高 30-50 厘米，全株无毛。叶互生，卵形或卵状披针形，长 3-10 厘米，宽 1.5-3.5 厘米，先端尾尖，基部有缘毛状具柄腺体，边缘有锯齿，侧脉 6-7 对；叶柄长 0.3-1 厘米。总花梗细，短于叶，2 花，稀 1 花。花梗短，花下部有一卵形宿存苞片，或中部有 1-2 线形苞片；花大，黄色，有时有紫斑；侧生萼片 4，外面 2 个卵状长圆形，先端渐尖，内面 2 个小，长圆状披针形或条形；旗瓣圆形，背面中肋鸡冠状突起，先端小突尖；翼瓣近无爪，基部裂片圆形，上

部裂片全缘，宽斧形，背面有较大的耳；唇瓣囊状，基部圆，距极短，内弯，2裂。花药顶端钝。蒴果条形。

产四川及云南，生于海拔2100-3500米杂木林下或山谷林缘阴湿处。

[附] **异型叶凤仙花 Impatiens dimorphophylla** Franch. in Bull. Soc. Bot. France 33: 446. 1886. 与黄麻叶凤仙花的主要区别：叶异形，上部叶卵状披针形，近无柄，下部叶卵形或卵状长圆形，具长柄；旗瓣中肋细，先端以下具节，翼瓣上部裂片具齿裂。产四川西南部及云南，生于海拔2800-3400米高山松林或铁杉林下。

图 175 黄麻叶凤仙花 （引自《图鉴》）

58. 水金凤　　　　　图 176　图 181：7-13　彩片 315

Impatiens noli-tangere Linn. Sp. Pl. 983. 1753.

一年生草本，高40-70厘米。叶互生；卵形或卵状椭圆形，长3-8厘米，基部楔形，边缘有粗圆齿状齿，齿端具小尖，两面无毛，上面深绿色，下面灰绿色；叶柄纤细，长2-5厘米。最上部的叶柄短或近无柄。总花梗长1-1.5厘米，具2-4花，排成总状花序。花梗长1.5-2毫米，中上部有1苞片，苞片草质，披针形，长3-5毫米，全缘，宿存；花黄色；侧生2萼片卵形或宽卵形，长5-6毫米；旗瓣圆形或近圆形，径约1厘米，先端微凹，背面中肋具绿色鸡冠状突起，先端具短喙尖；翼瓣无爪，长2-2.5厘米，2裂，下部裂片长圆形，上部裂片宽斧形，近基部疏生橙红色斑点，外缘近基部具钝角状小耳；唇瓣宽漏斗状，喉部疏生橙红色斑点，基部渐窄成长1-1.5厘米内弯距；花药顶端尖。蒴果线状圆柱形，长1.5-2.5厘米。花期7-9月。

产黑龙江、吉林、辽宁、内蒙古、河北、山东、山西、河南、陕西、宁夏、甘肃、青海、安徽、浙江、江西、湖北、湖南、广东及云南，生于海拔900-2400米山坡林下、林缘草地或沟边。朝鲜半岛、日本及俄罗斯远东地区有分布。

图 176 水金凤 （引自《图鉴》）

59. 四川凤仙花　　　　　图 177

Impatiens sutchuanensis Franch. ex Hook. f. in Nouv. Arch. Mus. Hist. Nat. Paris ser. 4, 10: 262. 1908.

一年生草本，高30-50厘米，全株无毛。叶互生，中部和下部的叶具长柄，薄膜质，圆卵形或长圆形，长4-5厘米，叶柄长3-5厘米，最上部的叶无柄或具短柄，长圆形，基部心形，边缘具粗圆齿或圆齿状齿，齿端具刚毛，侧脉6-8对，上面绿色，下面淡绿色，两面无毛。总花梗生于上部叶腋，直立，纤细，长2-2.5厘米，具2-3花。花梗细，长1厘米，最下面的基部无苞片，中部的具极小苞片；花长1.5-

2 厘米，黄白色；侧生萼片 2，膜质，圆形或宽卵状圆形，长宽 6−8 毫米，先端具小尖，具网状脉；旗瓣圆形或倒卵形，宽 1−1.2 厘米，中肋背面中尖稍增厚，具突尖；翼瓣无爪，长 2−3 厘米，2 裂，基部裂片长圆形或圆形，上部裂片长于基裂片 2 倍，斧形，稍弯，背部边缘顶端以下有时具刚毛，背部具窄小耳；唇瓣漏斗状，长达 3 厘米，口部近斜上，长 1.5 厘米，先端尖，基部渐窄成顶端卷曲的长距；花药顶端尖。蒴果线形，花期 8−9 月。

产陕西南部、湖北西部、湖南西北部及四川东北部，生于海拔 1200−1850 米山坡林下或沟边潮湿地。

[附] **长翼凤仙花 Impatiens longialata** Pritz. ex Diels in Engl. Bot. Jahrb. 29: 454. 1900. 与四川凤仙花的主要区别：苞片卵形，长 2−3 毫米；侧生萼片近心形，具绿色脉和小尖头；翼瓣具长爪，上面裂片长椭圆形；唇瓣内面具紫色斑点。产湖北及四川，生于海拔 500−2000 米山谷沟边或路旁潮湿草丛中。

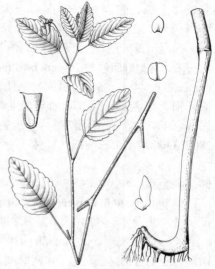

图 177 四川凤仙花 （孙英宝绘）

60. 齿瓣凤仙花　　　　　　　　　图 178

Impatiens odontopetala Maxim. in Acta. Hort. Petrop. 11: 95. 1890.

一年生草本，根纺锤状，具多数纤维状根。茎高 40−50 厘米，无毛。叶互生，具短柄或上部叶无柄，叶膜质，长圆形或卵状长圆形，长 3−4 厘米，基部圆或近心形，具浅圆齿，稀近全缘，具（5）6−9 对脉，上面绿色，下面灰绿色，或带紫色；叶柄长 2−3 厘米。总花梗生于上部叶腋，长 3−3.5 厘米，具 1−2 花。花梗长 1−1.5 厘米，中部或中上部具苞片，苞片线状钻形，长 1−2 毫米，全缘，宿存；花淡黄色，长 2−2.5 厘米；侧生萼片 2，近圆形或卵状圆形，宽 6−7 毫米，质硬，先端具小尖，具 5 脉；旗瓣僧帽状，圆形，长 8 毫米，宽 9 毫米，背面中肋增厚，中部以上具鸡冠状突起，冠尖近三角形或舌状，顶端以下钩状或角状；翼瓣近无爪，长 1.7−2 厘米，2 裂，基部裂片长圆形，直立，上部裂片斧形，先端圆，背具伸长反折小耳；唇瓣漏斗状，长 2−2.4 厘米，具红色斑点，口部平展，先端长渐尖，基部窄短于檐部一半内弯的距；花药顶端尖。蒴果线形，长 1.5−2 厘米，顶端喙尖。花期 8−9 月，果期 10 月。

产甘肃南部及四川北部，生于海拔 1800 米林下。

图 178 齿瓣凤仙花
（孙英宝仿《Hook. Ic. Pl.》）

61. 阔苞凤仙花　　　　　　　　　图 179

Impatiens latebracteata Hook. f. in Kew Bull. 1910: 273. 1910.

高大一年生草本，全株无毛。叶互生，质硬，长圆形或卵状长圆形，长 3−5 厘米，基部圆或心形，具圆齿状齿，齿端具小尖，齿间无

刚毛，侧脉6-7对，中脉纤细；叶柄长0.5-3厘米，细，下部无腺体。花总梗短于叶，纤细，具2-5花。花梗长0.5-1厘米，中部具苞片，苞片圆形，宽3-4毫米，边缘具齿，宿存；花黄色，径达1厘米；侧生萼片2，宽卵形或圆形，长6-8毫米，膜质，具4-8脉；翼瓣无爪，长1.5-1.7厘米，基部裂片圆形或宽长圆形，上部裂大于基部裂片2倍，斧形，先端圆，背部具反折小耳；唇瓣漏斗状，口部近平，长达2厘米，内弯；花药顶端尖。蒴果窄椭圆形，长1.5-2（3）厘米，直立。花期8月。

产陕西南部及四川中部，生于海拔约1900米山坡、林缘或阴湿处。

图 179 阔苞凤仙花 （孙英宝绘）

62. 大鼻凤仙花   图 180：1-7

Impatiens nasuta Hook. f. in Nouv. Arch. Mus. Hist. Nat. Paris ser 4, 10: 263. 1908.

一年生草本，高0.6-1米，全株无毛。叶互生，中部和下部叶具长柄，最上部叶具短柄或无柄，叶膜质，长4-7厘米，中部叶卵形或卵状长圆形，基部近圆，叶柄长3-6厘米，纤细，侧脉7-11对，最上部叶长圆形，基部心形，具粗圆齿，齿端凹入，齿间无刚毛。总花梗生于上部叶腋，长2-3厘米，具1-2花，稀3花。花梗长1-1.5厘米，中下部具苞片，苞片线状钻形，长约2毫米，宿存。花深紫红色，长3-3.5厘米，侧生萼片2，膜质，斜宽卵形或近圆形，长6-7毫米，不等侧，先端突尖，网状脉；旗瓣圆形；宽1-1.2厘米，僧帽状，背面中脉中部具象鼻状长粗喙；翼瓣无

爪，长2.5-3厘米，2裂，基部裂片宽长圆形，长1.2厘米，上部边缘弯，上部裂片较宽，背部具反折长小耳，具紫色斑点；唇瓣檐部宽漏斗形，长1.5-2厘米，具紫色斑点，口部平展，宽1-1.3厘米，基部渐窄成长1-1.5厘米，内卷具2齿的距；花药顶端尖长。蒴果线形，长2.5-3厘米，镰状弯，顶端喙尖。花期8月，果期9-10月。

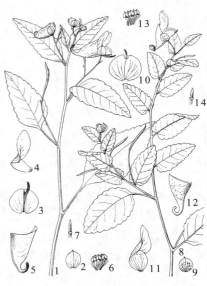

图 180：1-7.大鼻凤仙花 8-14.顶喙凤仙花
（张泰利绘）

产湖北西部及四川东北部，生于海拔1250-2050米山坡灌丛或林中岩石边、草坪、沟边。

63. 顶喙凤仙花   图 180：8-14

Impatiens compta Hook. f. in Nouv. Arch. Mus. Hist. Nat. Paris ser. 4, 10: 264. 1908.

一年生草本，高0.5-1米，全株无毛。茎径达1厘米。叶互生，膜质，卵形或卵状长圆形，长3-10厘米，基部圆或近心形，具粗圆齿，齿端凹入，侧脉5-7对，下面浅绿色，下部叶叶柄丝状，长2-4厘米，上部叶无柄或具短柄，窄长圆形，基部心形。总花梗生于茎枝上部叶腋，长1-3厘米，具1-2（3）花。花梗细，长0.8-1厘米，中部具苞片，苞片披针形，长3-4毫米，宿存；花淡紫蓝色，长3.5-4厘米；

侧生萼片2，圆形或卵状圆形，长8毫米，先端突尖，不等侧，具网状脉；旗瓣扁球形或近肾形，宽1.1-1.2厘米，背面中肋近上部具上弯长喙；翼瓣伸长，无爪，长2.5-3厘米，2裂，基部裂片圆形，径6毫米，上部裂片披针状斧形，背部顶端以下，具微缺刻，具弯曲刚毛，背部具反折小耳；唇瓣深囊状，长2.5-3.5厘米，口部平展，宽1.5厘米，先端尖，基部骤窄成长约1厘米内弯钝距，具紫红色斑点；花药

顶端尖。蒴果线形，长3-4厘米，顶端喙尖。花期8-9月。

产湖北西部及四川，生于海拔1560-2200米沟边林下、山坡草丛中或溪边。

64. 耳叶凤仙花　　　　　图 181：1-6 彩片 316

Impatiens delavayi Franch. in Bull. Soc. Bot. France 33: 445. 1886.

一年生草本，高30-40厘米，全株无毛。叶互生，下部和中部叶具柄，宽卵形或卵状圆形，长3-5厘米，薄膜质，基部骤窄成长2-3厘米细柄，上部叶无柄或近无柄，长圆形，基部心形，稍抱茎，边缘有粗圆齿，齿间有小刚毛，侧脉4-6对，无毛。总花梗纤细，长2-3厘米，生于茎枝上部叶腋，具1-5花。花梗细短，下部有1卵形苞片，苞片宿存；花长2-3厘米，淡紫红或污黄色；侧生萼片2，斜卵形或卵圆形，不等侧；旗瓣圆形，兜状，背面中肋圆钝；翼旗基部楔形，基部裂片近方形，上部裂片斧形，背面具大小耳；唇瓣囊状，基部骤窄成内弯短距，距端2浅裂；花药顶端钝。蒴果线形，长3-4厘米。花期7-9月。

产湖南、四川、云南及西藏东南部，生于海拔3400-4200米山麓、溪边、山沟水边、冷杉林或高山栎林下。

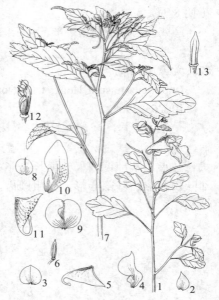

图 181：1-6.耳叶凤仙花　7-13.水金凤
（张泰利　张荣厚绘）

65. 近无距凤仙花　　　　　图 182

Impatiens subecalcarata (Hand.-Mazz.) Y. L. Chen in Acta Phytotax. Sin. 16(2): 51. 1978.

Impatiens delavayi Franch. var. *subecalcarata* Hand.-Mazz. Symb. Sin. 7: 653. 1933.

一年生草本，高30-60厘米。叶互生，下部叶近对生；叶膜质，卵形或卵状长圆形，长2.5-9厘米，宽楔形或心形，边缘具粗圆齿，齿端凹或浅波状，稀近全缘，侧脉4-6对，不明显，上面被疏微毛或近无毛，下面浅绿色；下部叶柄长2.5-4.5厘米，上部叶柄极短或近无柄，基部

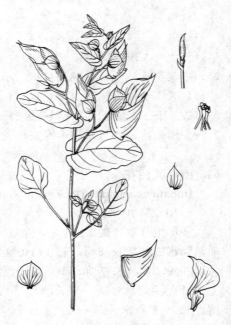

图 182 近无距凤仙花 （孙英宝仿张泰利绘）

心形，抱茎。总花梗生于上部叶腋，长3-4厘米，具1-2花。花梗长1.3-1.5厘米，上部具苞片，苞片革质，卵状披针形，长3毫米，宿存；花紫红色，长2.5-3厘米，侧生萼片2，斜宽卵形，长1-1.2厘米，具5脉；旗瓣圆形，径1.5厘米，背面中肋具突尖；翼瓣具短爪或近无爪，长2.5-3厘米，2裂，基部裂片卵圆形，先端微凹，上部裂片宽斧形，弯月状，先端渐尖，背部具伸长反折小耳；唇瓣囊状，长2-2.5厘米，口部斜升，宽1.5-2厘米，基部近圆，骤窄成长约2毫米直或弯距，或近无距；花药顶端钝。蒴果线形，长3-3.5厘米。花期7-8月，果期9月。

产四川西南部及云南，生于海拔3500-3700米亚高山杂木林下或山坡林缘。

66. 西固凤仙花

图 183 彩片 317

Impatiens notolophora Maxim. in Acta Hort. Pedrop. 11: 91. 1889.

一年生草本，高40-60厘米，全株无毛。叶互生，具细长柄，中部叶有时近对生，薄膜质，宽卵形或卵状椭圆形，稀近圆形，长3-6厘米，基部骤窄成长2.5-4厘米叶柄，边缘具粗圆齿，齿端微凹，侧脉4-5（6）对，不明显，上部叶卵形，最上部叶近无柄，基部圆或心形。

总花梗生于茎枝上部叶腋，极细，长3-4厘米，具3-5花。花梗丝状，长5-8（-10）毫米，上部具苞片，苞片线形或钻形，长3-5毫米，宿存。花黄色，长不及2.5厘米；侧生萼片2，卵状长圆形或圆形，长3-4毫米，膜质，绿色，具小尖；旗瓣近圆形，长5毫米，背面中肋具绿色宽翅，先端圆；翼瓣无爪，长1.5厘米，2裂，基部裂片肉质，近圆形，上部裂片具柄，圆形或宽斧形，先端稍尖，背面向中部具小裂片，背部具小耳，弯曲对生；唇瓣檐部小舟形，长约4毫米，基部渐窄成长1.7-2厘米内弯细距，顶端棒状；花药顶端钝。蒴果窄纺锤形，长1.5-2.5厘米。花期7-8月，果期8-9月。

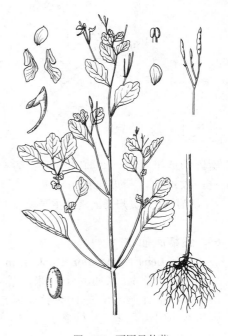

图 183 西固凤仙花
（孙英宝仿《秦岭植物志》）

产河南西部、陕西南部、甘肃南部及四川，生于海拔2200-3600米混交林中或山坡林下阴湿处。

67. 川西凤仙花

图 154：3-10

Impatiens apsotis Hook. f. in Hook. Icon. Pl. t. 2972. 1911.

一年生草本，高10-30厘米。无毛。叶互生，薄膜质，卵形，长3-5厘米，基部楔形或平截，具粗齿，齿端钝、微凹或具小尖头，基部无腺体，侧脉4-5对；叶柄细，长1-5厘米。总花梗腋生，短或长于叶柄；具1-2花。花梗长约1厘米，中部以上具1卵状披针形苞片；花径1厘米，白色，侧生萼片2，线形，绿色，背面中肋具龙骨状突起；旗瓣绿色，舟状，直立，背面中肋具短而宽的翅；翼瓣具柄，基部裂片卵形，上部裂片长于基部裂片3倍，斧形，背面具肾状小耳；唇瓣檐部舟状，向基部漏斗状，窄成内弯与檐部等长的距。花药钝。蒴果窄线形，长3-3.5厘米，顶端尖。花期6-9月。

产青海东南部、四川及西藏，生于海拔2200-3000米河谷或林缘潮湿地。

68. 毛凤仙花　　　　　　　　　　图 184　图 185：10-17
Impatiens lasiophyton Hook. f. in Hook. Icon. Pl. t. 2871. 1908.

一年生草本，高 30-60 厘米，全株有开展黄褐色绒毛。叶互生，椭圆形、卵形或卵状披针形，长 3-8 厘米，边缘有粗圆齿或圆齿状锯齿，侧脉 7-8 对，两面有粗毛；叶柄长 1-3 厘米。总花梗长 2-3 厘米，腋生，花 2 朵。花梗纤细，花下部有 1 披针形苞片；花黄或白色；侧生萼片 2（-4），全缘，半卵形，长 5-8 毫米，先端突尖，外面有硬柔毛；旗瓣圆形，基部 2 裂，背面中肋有厚翅，先端有宽喙；翼瓣无爪，2 裂，基部裂片小或退化，上部裂片宽斧形或半月形，背面有小耳；唇瓣宽漏斗状，基部延长成内弯距；花药顶端钝。蒴果线状纺锤形。

产广西、贵州及云南，生于海拔 1700-2700 米山谷阴湿处、沟边或密

图 184　毛凤仙花　（引自《图鉴》）

林中。全草入药，消炎、散瘀、解毒、舒筋活络，治跌打损伤及蛇伤。

69. 细柄凤仙花　　　　　　　　　　图 185：1-9
Impatiens leptocaulon Hook. f. in Hook. Icon. Pl. t. 2872. 1909.

一年生草本，高 30-50 厘米，茎节和上部生褐色柔毛。叶互生，卵形或卵状披针形，长 5-10 厘米，基部窄楔形，有几个腺体，边缘有小圆齿或小锯齿，无毛，叶脉 5-8 对；叶柄长 0.5-1.5 厘米。总花梗细，有 1 或 2 花。花梗短，中上部有披针形苞片；花红紫色；侧生萼片 2，半卵形，长突尖，不等侧，一侧透明、边缘有细齿；旗瓣圆形，中肋龙骨状，先端有小喙；翼瓣无爪，基部裂片圆形，上部裂片倒卵状矩圆形，背面有钝小耳；唇瓣舟形，下延长成内弯长矩；花药顶端钝。蒴果线形。

产河南、江西西南部、湖北、湖南、贵州、四川及云南东北部，生于海拔 1200-2000 米山坡草丛中、阴湿处或林下沟边。

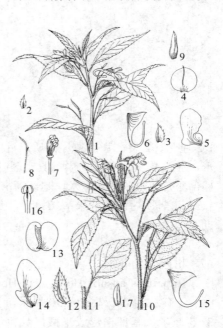

图 185：1-9.细柄凤仙花　10-17.毛凤仙花
（张泰利　张荣厚绘）

70. 睫毛萼凤仙花　　　　　　　　　　图 186
Impatiens blepharosepala Pritz. ex Diels in Engl. Bot. Jahrb. 29: 455. 1900.

一年生草本，高 30-60 厘米，全株无毛。叶互生，常密生于茎和分枝上部，长圆形或长圆状披针形，长 7-12 厘米，宽 3-4 厘米，先端渐尖或尾尖，基部楔形，有 2 枚球状腺体，边缘有圆齿，齿端具

小尖，侧脉 7-9 对。总花梗腋生，有 1-2（3）花。花梗中上部有一线形苞片；花紫色；侧生萼片 2，卵形，先端突尖，边缘有疏小齿，

有睫毛，脱落；旗瓣近肾形，先端凹，背面中肋有窄翅，翅端具喙；翼瓣无爪，2裂，基部裂片长圆形，上部裂片大，斧形；唇瓣宽漏斗状，基部骤延长成长达3.5厘米内弯距；花药顶端钝。蒴果线形。

产安徽、浙江、福建、江西、湖北、湖南、广东北部及贵州西北部，生于海拔500-1600米山谷水旁、沟边林缘或山坡阴湿处。

图 186 睫毛萼凤仙花 （引自《图鉴》）

71. 浙江凤仙花　　　　　图 187

Impatiens chekiangensis Y. L. Chen, in Bull. Bot. Res. (Harbin) 8(2): 4. 1988.

一年生草本，高20-50厘米，全株无毛。叶互生，中部和上部叶卵状长圆形，长3-7厘米，膜质，基部楔形，具2-3对具柄腺体，边缘有圆齿状齿，齿端具小尖，下面浅绿色，两面无毛，侧脉5-7对，弧状；叶柄长1.5-3厘米；最上部叶近密集，较小，具短叶柄。总花梗单生叶腋，长2-3厘米，具2花，稀3花，近叉状。花梗长1.5-2厘米，基部有苞片；苞片线状披针形或线形，长3-6毫米，具短尖，宿存；花粉紫色，长2-2.5厘米，侧生萼片2，卵圆形，长约6毫米，全缘，5-7脉；旗瓣近圆形，长1.2-1.3厘米，向上稍缩窄，先端凹，背面有龙骨状突起，顶端具内弯喙

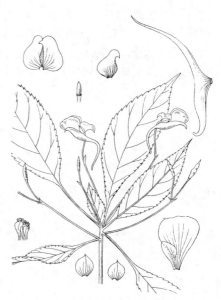

图 187 浙江凤仙花 （冀朝祯绘）

尖；翼瓣近无爪，长1.8-2厘米，2裂，基部裂片卵状长圆形，小，上部裂片斧形，先端圆或微凹，背部无小耳；唇瓣窄漏斗状，长2-2.5厘米，口部斜上，宽1.5厘米，先端具小尖，基部渐窄成长2-2.5厘米内弯距；花药顶端钝。蒴果纺锤形，长1.5厘米，顶端长喙尖。

产浙江，生于海拔400-960米山谷河边林下或阴湿岩石上。

72. 阔萼凤仙花　　　　　图 188

Impatiens platysepala Y. L. Chen in Bull. Bot. Res. (Harbin) 8(2): 6. 1988.

一年生草本，高30-50厘米，全株无毛。叶互生，卵状披针形，长8-15（20）厘米，宽2.5-5厘米，先端短尾尖或渐尖，基部楔形，边缘有圆齿状锯齿或圆齿状齿，齿端有内弯小尖，上面深绿色，下面淡绿色，侧脉9-11对，弧状，两面无毛；叶柄长3-6厘米，中部以上

有具柄刚毛状腺体。总花梗短粗，单生叶腋，长不及1厘米，具（2）3花，近伞形排列。花梗长1.5-2.5厘米，基部有苞片；苞片薄膜质，淡粉红色，卵状披针形，长1-1.2厘米，先端具突尖；花粉红色，长3.5-4厘米，侧生萼片2，宽卵形或近圆形，全缘，长1-1.5厘米，先端短突尖，背面龙骨状突起，具5脉；旗瓣薄膜质，近圆形，径1.6-1.8厘米，先端凹，背面中肋有鸡冠状突起，冠突上端圆，具短喙尖；翼瓣具爪，长2-2.5厘米，2裂，基部裂片长圆状倒卵形，长7-8毫米，上部裂片宽斧形，长1.2-1.3厘米，背部具近肾形反折小耳；唇瓣宽漏斗状，口部平展，宽约2厘米，先端渐尖，基部渐窄成长3-4厘米弧状或卷曲顶端棒状距；花药顶端钝。蒴果线状圆柱形，长2.5-3毫米，顶端长喙尖。花期8-10月。

产浙江及江西，生于海拔约1000米山地林下或林缘沟边。

图 188 阔萼凤仙花 （冀朝祯绘）

73. 高山凤仙花 图 189

Impatiens nubigena W. W. Smith in Notes Roy. Bot. Gard. Edinb. 8: 190. 1914.

一年生细弱草本，高10-40厘米，全株无毛。叶互生，宽卵形、卵状长圆形、菱形或近圆形，长1.5-3厘米，稀长5-6厘米，具浅波状圆齿或近全缘，侧脉5-7对，上面绿色，下面浅绿色，下部叶具长柄；叶柄细，长1.5-3.5厘米，中部及上部叶无柄，基部心形抱茎，卵状长圆形，长2-3厘米，基部具圆形耳。总花梗生于茎枝上部叶腋，长1.5-2厘米，下部的总花梗通常具1花，较上部的具2花。花梗长0.5-1.5厘米，线状，下部具苞片，苞片卵形或卵状披针形，长2毫米，近宿存；花白色，长1厘米或较小；侧生萼片2，宽卵形，长2-3毫米，先端具硬小尖，具3-5脉；旗瓣圆形，

长5-6毫米，先端微凹，具小尖；翼瓣无爪，长0.9-1厘米，2裂，基部裂片斜卵形，达翼瓣中部，上部裂片长约基裂片2倍，长圆状披针形，背部无小耳；唇瓣檐部舟状，长6-7毫米，口部平展，宽5-6毫米，中部以下基部之间具长不及1毫米尖距；花药顶端钝。蒴果线形，长2.5-4厘米。花期8月，果期9月。

产四川、云南西北部及西藏东南部，生于海拔2700-4000米高山栎或冷杉林下岩石边、山坡草地或山沟水边。

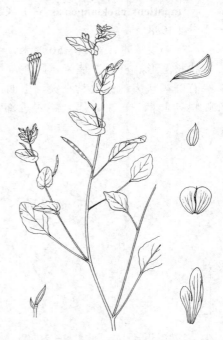

图 189 高山凤仙花 （张泰利绘）

74. 齿萼凤仙花 图 190

Impatiens dicentra Franch. ex Hook. f. in Nouv. Arch. Mus. Hist. Nat. Paris ser. 4, 10: 268. pl. 5. 1908.

一年生草本，高60-90厘米。叶互生，卵形或卵状披针形，长8-

15 厘米，先端尾尖，基部楔形，有圆锯齿，齿端有小尖，基部边缘有数个具柄腺体，侧脉 6-8 对；叶柄长 2-5 厘米。花梗较短，腋生，中上部有卵形苞片，单花。花长达 4 厘米，黄色；侧生萼片 2，宽卵状圆形，渐尖，常具粗齿，稀全缘，背面中肋有窄龙骨状突；旗瓣圆形，背面中肋龙骨状突呈喙状；翼瓣无爪，2 裂，裂片披针形，先端具细丝状毛，背面有小耳；唇瓣囊状，基部延长成内弯短距，距 2 裂；花药顶端钝。蒴果条形，顶端有长喙。

产河南西部、陕西南部、江西、湖北、湖南、贵州、四川及云南西北部，生于海拔 1000-2700 米山沟溪边、林下草丛中。

75. 宽距凤仙花　　　　　　　　　　　图 191
Impatiens platyceras Maxim. in Acta Hort. Petrop. 11: 89. 1890.

一年生草本，高 0.3-1 米。叶互生，卵形或披针状卵形，长 7-12 厘米，先端尾尖，基部微心形或钝圆，近基部数对齿尖，具腺毛，具粗钝齿，上面绿色，下面淡绿色，沿叶脉疏被短毛；下部叶具较长叶柄，向上渐短至近无柄。花长 2-3 厘米，淡紫红色；总花梗生上部叶腋，有 1-4 花。花梗纤细，长 2-3 厘米，上部有 1 窄卵形苞片，长约 3 毫米；侧生萼片 2，宽卵形或近圆形，长 5-6 毫米，薄膜质，先端尖，边缘不整齐撕裂；旗瓣宽肾形，长约 1.2 厘米，背面中肋具鸡冠状突起，先端具尖头，翼瓣长约 2 厘米，2 裂，基部裂片长圆形，先端有丝状长尖，上部裂片斧形；唇瓣囊状，具紫褐色斑纹，长约 1 厘米，宽达 2 厘米，基部延伸成内弯短距，距端 2 裂；花药顶端钝。蒴果线形，长约 8 厘米。花期 7-8 月。

产甘肃南部、湖北西部及四川，生于海拔 2000-3200 米山坡林下阴湿处。

76. 牯岭凤仙花　　　　　图 192　彩片 318
Impatiens davidi Franch. Pl. David. 1: 65. 1886.

一年生草本，高达 90 厘米，无毛。叶互生，卵状长圆形或卵状披针形，稀椭圆形，长 5-10 厘米，先端尾尖，有粗圆齿状齿，齿端具小尖，两面无毛，侧脉 5-7 对，弧曲；叶柄长 4-8 厘米。花梗长约 1 厘米，果时长达 2 厘米，单花，中上部有 2 苞片，苞片

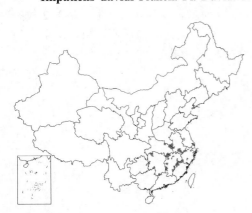

图 190 齿萼凤仙花 （张泰利 张荣厚绘）

图 191 宽距凤仙花 （孙英宝绘）

图 192 牯岭凤仙花 （引自《图鉴》）

草质，卵状披针形，长约3毫米，宿存；花淡黄色；侧生2萼片膜质，宽卵形，长约1厘米，先端具小尖，全缘，有9细脉；旗瓣近圆形，径约1厘米，先端微凹，背面中肋具绿色鸡冠状突起，顶端具短喙尖；翼瓣具爪，长1.5-2厘米，2裂，下部裂片长圆形，先端长尾状，上部裂片斧形，外缘近基部具钝角状小耳；唇瓣囊状，具黄色条纹，基部骤窄成长约8毫米钩状距，距端2浅裂；花药顶端钝。蒴果线状圆柱形，长3-3.5厘米。花期7-9月。

产安徽、浙江、福建、江西、湖北、湖南及广东北部，生于海拔300-700米山谷林下或草丛中潮湿处。

77. 关雾凤仙花 黄花凤仙花 图 193

Impatiens tayemonii Hayata, Icon. Pl. Formos. 5: 4. 1916.

直立无毛草本。叶互生，披针状椭圆形，膜质，长4-10厘米，具圆齿状齿，齿端微凹或平截，具小尖头，侧脉4-5对，两面无毛；叶柄长0.5-2.5厘米。花单生，稀2，腋生，黄色，内面具粉红色斑点；花梗纤细，长1.5-4.5厘米，外弯，中上部具2苞片，苞片线形或卵形，长2-4毫米；侧生萼片2，卵圆形，长6.5-7毫米，先端具小尖，全缘，具7-8细脉；旗瓣近圆形，长1.1厘米，顶端具小尖，背面中肋增厚，具驼峰状鸡冠状突起；翼瓣具爪，长1.5-2厘米，2裂，基部裂片卵形，较窄，先端丝状尾尖，上部裂片斧形；唇瓣宽漏斗状，长1.5-2厘米，口部平展，宽6毫米，先端突尖，基部缢缩成长2.5厘米、顶端叉状内弯距；花药顶端钝。蒴果

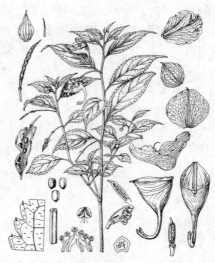

图 193 关雾凤仙花 （引自《Fl. Taiwan》）

线形，长2.2厘米，顶端喙尖。花期7-8月。

产台湾，生于海拔1700-3000米松林下阴湿处。

2. 水角属 Hydrocera Blume

多年生水生或沼生草本，全株无毛。茎直立或浮于水面，肉质，中空，高达1米，多分枝，具棱，水下部分白色，径达4厘米，具纤维质根，水上部分绿色，常带粉红色。叶互生，无柄或具短柄，基部具1对无柄腺体；叶线形或线状披针形，长10-20厘米，疏生锯齿或近全缘，侧脉10-17对，上面深绿色，下面淡绿色。总花梗腋生，长0.7-1.6厘米，花3-5朵排成总状花序，粉红或淡黄色。花梗细，长1.2-3厘米，基部具苞片，苞片披针形，长6-9毫米，脱落；侧生萼片4，外面2枚椭圆形，长1.2-1.5厘米，内面2枚椭圆状倒披针形，长1-1.5厘米，下面1萼片（唇瓣）舟状或囊状，长1.5-2厘米，口部平展，基部骤缢缩成长6-8毫米内弯宽距；花瓣5，离生，旗瓣半兜状，倒卵形，长1.5-1.9厘米，翼瓣4，离生，基部2枚窄长圆形，长2-2.5厘米，上部2枚椭圆状倒卵形，长1.3-1.5厘米；花药顶端钝。肉质假浆果，球形，径0.8-1厘米，有5棱，具短喙，熟时紫红色。种子单生，弯，具皱纹，无胚乳。

单种属。

水角

图 194

Hydrocera triflora (Linn.) Wight. et Arn. Prodr. Fl. Pen. Ind. Orient. 140. 1834.

Impatiens triflora Linn., Sp. Pl. 938. 1753.

形态特征同属。

产海南，生于海拔约100米湖边、沼泽潮地或水稻田中。印度、斯里兰卡、泰国、越南、老挝、柬埔寨、马来西亚及印度尼西亚有分布。

图 194 水角 （张泰利 张荣厚绘）

175. 五加科 ARALIACEAE

（向其柏）

乔木、灌木或木质藤本，稀多年生草本。有刺或无刺。叶互生，稀轮生。单叶、掌状或羽状复叶；托叶常与叶柄基部连成鞘状，稀无托叶。花整齐，两性或杂性，稀单性异株；伞形、头状、总状或穗状花序，再组成各类复花序；苞片宿存或早落。花梗具关节或无；萼筒与子房连合，具萼齿或近全缘；花瓣5-10，在芽内镊合状或覆瓦状排列，稀帽盖状；雄蕊与花瓣同数，或为其倍数，着生花盘边缘，丁字药；子房下位，2-15室，稀多数，花柱与子室同数，离生、部分连合或连成柱状；胚珠倒生，单个悬垂子室顶端。核果或浆果状。种子常侧扁，胚乳均匀或嚼烂状。染色体基数x=11，12。

60余属，约1200种，分布于热带至温带。我国23属，约175种。除新疆外，全国各地均有分布。本科为重要药用和观赏植物资源。

1. 子房2-11室，稀多室。
  2. 花瓣镊合状排列。
    3. 二至五回羽状复叶；花梗无关节，子房2室 ·········· 19. 幌伞枫属 Heteropanax
    3. 单叶，掌状分裂或掌状复叶。
      4. 单叶或掌状分裂。
        5. 藤本植物，具攀援气根 ·········· 6. 常春藤属 Hedera
        5. 直立藤本或乔木，无攀援气根。
          6. 植物体具刺。
            7. 子房6-12室；果径1.2-2厘米 ·········· 1. 刺通草属 Trevesia
            7. 子房2（3-5）室；果径小于1.2厘米。
              8. 果红黄色；花柱2，离生或部分合生，反曲；灌木 ·········· 4. 刺参属 Oplopanax
              8. 果蓝黑色；花柱连成柱状；乔木或灌木。
                9. 落叶乔木；花两性；胚乳均匀 ·········· 5. 刺楸属 Kalopanax
                9. 常绿乔木或灌木；花两性或杂性；胚乳嚼烂状或均匀 ·········· 11. 罗伞属 Brassaiopsis
          6. 植物体无刺。
            10. 花无梗；头状花序 ·········· 9. 华参属 Sinopanax
            10. 花具梗；伞形花序。
              11. 子房（4）5-10室。
                12. 叶柄基部具篦齿状或流苏状附属物 ·········· 10. 兰屿加属 Osmoxylon
                12. 叶柄基部无篦齿状或流苏状附属物。
                  13. 叶5-9（-11）裂，裂片具锯齿；子房5或10室 ·········· 2. 八角金盘属 Fatsia
                  13. 叶全缘或2-3裂，裂片全缘；子房（2-4）5室 ·········· 7. 树参属 Dendropanax
              11. 子房2室。
                14. 花梗近顶端具关节 ·········· 12. 梁王茶属 Pseudopanax
                14. 花梗无关节。
                  15. 灌木，具匍匐茎；枝粗，髓心大，白色 ·········· 3. 通脱木属 Tetrapanax
                  15. 乔木或直立乔木或灌木，无匍匐茎，枝较细，无粗大白色髓心。
                    16. 叶全缘，无毛，常具红褐或红黄色半透明腺点 ·········· 7. 树参属 Dendropanax
                    16. 幼叶稍被毛，常具锯齿，无半透明腺点。
                      17. 同株花序顶生及腋生并存；果椭圆形或球形，花盘不明显 ·········· ·········· 8. 常春木属 Merrilliopanax

17. 同株花序顶生或腋生，两者不并存；果球形或陀螺形，花盘隆起 ·············· 11. **罗伞属 Brassaiopsis**

4. 掌状复叶。

    18. 雄蕊 30-70，子房 20-70 室或更多；大藤本 ·············· 14. **多蕊木属 Tupiandanthus**

    18. 雄蕊 5-12，子房 2-12 室。

        19. 常具刺；小叶柄长不及 1 厘米 ·············· 18. **五加属 Eleutherococcus**

        19. 常无刺；小叶柄长 1 厘米以上。

            20. 花梗近顶端具关节。

                21. 花柱离生或基部连合；果扁球形；胚乳均匀 ·············· 12. **梁王茶属 Pseudopanax**

                21. 花柱连成柱状；果卵球形或球形，具纵棱；胚乳嚼烂状 ·············· 13. **大参属 Macropanax**

            20. 花梗近顶端无关节。

                22. 子房 5（-11）室；小叶全缘，稀疏生锯齿 ·············· 15. **鹅掌柴属 Schefflera**

                22. 子房 2（-4）室；小叶具细齿或芒状齿；果扁球形。

                    23. 花序伞房状圆锥形；花瓣 5，雄蕊 5，子房 2 室 ·············· 16. **人参木属 Chengiopanax**

                    23. 伞形花序单生或数个簇生成复伞形花序，或组成伞房状；花瓣 4，雄蕊 4（5），子房 2-4（5）室

                    ·············· 17. **吴茱萸五加属 Gamblea**

2. 花瓣覆瓦状排列。

    24. 多年生草本；掌状复叶 3-5（7）轮生茎顶；子房 2（-5）室 ·············· 23. **人参属 Panax**

    24. 灌木或乔木，稀多年生草本；羽状复叶，稀单叶，互生；子房（3-）5-6 室。

        25. 常绿乔木；总状花序组成圆锥状 ·············· 20. **总序羽叶参属 Parapentapanax**

        25. 落叶乔木、灌木或多年生草本；伞形花序组成圆锥状、总状或伞房状。

            26. 全为木本，无刺；花序由花芽发育而成，花序基部具宿存芽鳞 ·············· 21. **羽叶参属 Pentapanax**

            26. 多为木本，常具刺，少数为多年生草本，无刺或具软刺毛；花芽为混合芽，花序基部常无宿存芽鳞 ···

            ·············· 22. **楤木属 Aralia**

1. 子房 1 室；胚马蹄形 ·············· 24. **马蹄参属 Diplopanax**

1. 刺通草属 Trevesia Vis.

灌木或小乔木。单叶，掌状深裂呈掌状复叶状；托叶与叶柄连合或不明显。花两性；伞形花序组成圆锥状。花梗无关节；花瓣 6-12，镊合状排列，常连合成帽盖状，早落；雄蕊 6-12；子房 6-12 室，花柱连合。核果。种子扁；胚乳均匀。

4-5 种，产东南亚、印度东部、马来西亚及太平洋岛屿。我国 1 种。

刺通草   图 769

Trevesia palmata (Roxb. ex Lindl.) Vig. Mem. Acad. Torin 2(4): 262. 1842.

Gastonia palmata Roxb. ex Lindl. Bot. Reg. t. 894. 1825.

常绿小乔木。树干及小枝常具短刺。叶革质，近圆形，径 30-45 厘米，5-9 深裂，裂片披针形，具锐齿或羽状分裂，幼树叶掌状深裂，无毛或疏被星状毛，侧脉明显；叶柄长 30-45 厘米，具刺，托叶与叶柄连成鞘状，先端 2 裂。花序长达 45 厘米，被锈色绒毛，伞形花序径约 4.5 厘米。花梗长 1.5-2 厘米；萼被锈色绒毛，萼齿 10；花瓣 6-12；雄蕊 6-12；子房 6-12 室。果近球形，径 1-1.8 厘米，宿存花柱粗，长约 4 毫米。花期 10 月，果期翌年 5-7 月。

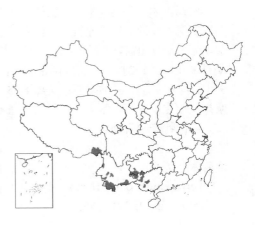

产广西、贵州、云南及西藏东南部，生于海拔1000-2000米林中。印度、尼泊尔、孟加拉、越南、老挝、柬埔寨及泰国有分布。叶药用，治跌打损伤；髓心利尿。叶形奇特，可栽培供观赏。

2. 八角金盘属 Fatsia Decne. et Planch.

常绿灌木或小乔木。单叶，掌状5-9（-11）分裂；裂片具锯齿；托叶不明显。花两性或杂性，伞形花序组成顶生圆锥状。花梗无关节；萼筒全缘或具小齿；花瓣5，镊合状排列；雄蕊5；子房5或10室，花柱5或10，离生，花盘隆起。2种，我国1种，另1种产日本。

多室八角金盘   图 770

Fatsia polycarpa Hayata in Journ. Coll. Sci. Univ. Tokyo 25(19): 105. pl. 13. 1908.

小乔木。幼枝被褐色长绒毛，后渐脱落。叶圆形，径15-30厘米，5-7掌状深裂，裂片卵状长圆形或椭圆形，先端尾尖，疏生锯齿，幼叶两面被褐色绒毛，后渐脱落，掌状脉；叶柄与叶近等长。花序长30-40厘米，密被毛，伞形花序具花约20朵，径约2.5厘米，花序梗长约1.5厘米。花梗长约1厘米；萼筒具棱，边全缘；花瓣长三角形，长约3.5毫米；子房10室，花柱离生。果球形，径3-4毫米。

产台湾中部，生于海拔2000-2800米林中。可栽培供观赏。叶及根药用，治跌打损伤、祛瘀血。

图 769 刺通草 （冯晋庸绘）

图 770 多室八角金盘
（引自《Woody Fl.Taiwan》）

3. 通脱木属 Tetrapanax K. Koch

常绿灌木，高达4米。根茎径6-9厘米；匍匐茎无刺。小枝粗，髓心大，白色，幼枝密被锈色或淡褐色绒毛。单叶，集生枝顶，掌状分裂，近圆形，径达50厘米，裂片5-11，浅裂或深裂达叶长2/3，裂片卵状长圆形，先端渐尖，全缘或具粗齿，上面无毛，下面密被锈色星状毛；托叶先端2裂，锥形，叶柄长50厘米以上，无毛。伞形小花序具多花，径1-2厘米，组成圆锥状，长达50厘米以上，顶生，密被锈黄色绒毛。花淡黄色；花梗长约4毫米，无关节；萼密被毛，齿不明显；花瓣4（5），长约2毫米，镊合状排列；雄蕊4（5）；子房2室，花柱2，丝状，离生。浆果状核果，球形，紫黑色，径约4毫米。

我国特产单种属。

通脱木 通草   图 771 彩片 250

Tetrapanax papyriferus (Hook.) K. Koch in Wochenschr. Gartn. Pflanzenk. 2: 371. 1859.

Aralia papyrifera Hook. in Jour. Bot. Kew Gard. Misc. 4: 53. t. 1-2.

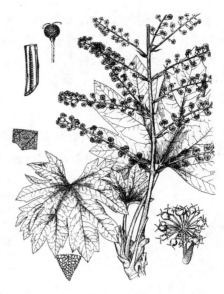

1852.

形态特征同属。花期10-12月，果期翌年1-2月。

产河南、陕西南部、四川、云南西北部、贵州、湖北、安徽西部、江西、湖南、广西、广东及台湾，生于低海拔至中山地带，西部可达2800米山地疏林中或荒山。有栽培。茎髓药用，称"通草"，可利尿、清热解毒、消肿、通乳；髓心切片，可制纸花及工艺品。花蕾治阴囊下坠。根有行气、利水、消食、下乳的功效。

图 771 通脱木 （引自《中国药用植物志》）

4. 刺参属 Oplopanax Miq.

多刺灌木。单叶，掌状分裂。花两性或杂性；伞形小花序组成总状或圆锥状，序轴被刺及刺毛。花梗无关节；萼具5裂齿；花瓣5，镊合状排列；雄蕊5；子房5室，花柱2，离生或部分连合，反曲。果倒卵圆形，具纵沟。种子扁；胚乳均匀。

3种，产东亚及北美。我国1种。

东北刺人参　刺参　　　　　　　图772 彩片251

Oplopanax elatus Nakai, Fl. Sylv. Kor. 16: 38. pl. 11. 1927.

落叶灌木，高达3米；多刺。小枝粗，密被针刺。叶近圆形，径15-30（-44）厘米，5-7掌状浅裂，裂片三角形，具不整齐锯齿及刺毛，两面被毛及疏生刚毛；叶柄长3-10厘米，被刺毛。花序顶生，长约25厘米，密被短刺或刺毛，伞形花序具6-10花，组成总状。花梗长3-6毫米；萼无毛；花柱细长，连合至中部。果倒卵圆形，径0.7-1.2厘米，黄红色，宿存花柱长4-4.5毫米。

图 772 东北刺人参 （引自《中国植物志》）

花期6-7月，果期9月。

产吉林东部及辽宁，生于海拔1400-1800米针阔混交林下。俄罗斯远东地区、朝鲜有分布。根、茎药用，为强壮剂和兴奋剂；也可栽培供观赏。

5. 刺楸属 Kalopanax Miq.

落叶乔木，高达30米，胸径1米；树皮灰黑色，纵裂，树干及枝上具鼓钉状扁刺。幼枝被白粉。单叶，在长枝上互生，在短枝上簇生，近圆形，径9-25厘米，（3）5-7掌状浅裂，裂片宽三角状卵形或长圆状卵形，先端渐尖，基部心形或圆，具细齿，掌状脉5-7；叶柄细，长8-30（-50）厘米，无托叶。花两性；伞形花序组成伞房状圆锥花序；序梗长2-6厘米。花梗长约5毫米，疏被柔毛，无关节；花白或淡黄色；萼筒具5齿；花瓣5，镊合状排列；雄蕊5，花丝较花瓣长约2倍；子房2室，花柱2，连成柱状，顶端离生。果近球形，径约4毫米，蓝黑色，宿存花柱顶端2裂。种子扁平，胚乳均匀。

　　单种属，产东亚。

刺楸　　　　　　　　　　　　图773 彩片252

Kalopanax septemlobus (Thunb.) Koidz. in Bot. Mag. Tokyo 39: 306. 1925.

Acer septemlobum Thunb. Fl. Jap. 161. 1784.

图 773 刺楸 （引自《中国植物志》）

　　形态特征同属。花期7-8月，果期9-10月。

　　产吉林、辽宁、河北、山西、河南、山东、江苏、安徽、浙江、福建、江西、湖北、湖南、广东、广西、贵州、云南、四川、西藏、甘肃及陕西，生于海拔2500米以下山地林中。材质优良，供建筑、乐器、雕刻、家具等用；树皮及根药用，可清热祛痰，收敛镇痛；种子榨油，可制肥皂或工业用；树皮及叶可提取栲胶。为产区重要用材树种。

6. 常春藤属 Hedera Linn.

　　常绿攀援灌木或藤本，具气根。单叶，全缘或分裂；无托叶。伞形花序单生或组成总状。花梗无关节；萼筒近全缘或具5齿；花瓣5，镊合状排列；雄蕊5；子房5室，花柱连合。果球形，浆果状。种子卵形，胚乳嚼烂状。

　　5种，产亚洲、欧洲及非洲北部。我国2变种。为观赏植物。

常春藤　　　　　　　　　　　图774 彩片253

Hedera napalensis K. Koch var. **sinensis** (Tobl.) Rehd. in Journ. Arn. Arb. 4: 250. 1923.

图 774 常春藤 （引自《中国植物志》）

Hedera sinensis Tobl. Gatt. Hedera 80. 1912.

　　常绿藤本，长达30米；茎具攀援气根。小枝被锈色鳞片。营养枝之叶三角状卵形或戟形，长5-12厘米，先端短渐尖，基部平截，全缘或3裂；花枝之叶椭圆状卵形或椭圆状披针形，稀卵形或菱形，长5-6厘米，先端长渐尖，基部楔形或宽楔

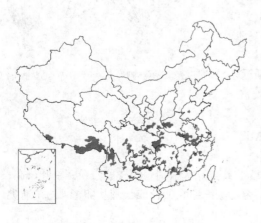

形；叶下面疏被鳞片；叶柄长2-9厘米，被鳞片。花梗长约1厘米；花淡黄白色，芳香；萼筒近全缘，被锈色鳞片。果球形，径约1厘米，黄或橙红色。花期8-9月，果期翌年3-4月。

产甘肃东南部、陕西南部、河南、山东、江苏、安徽、浙江、福建、江西、湖北、湖南、广东、广西、云南、贵州、四川及西藏，生于东部低海拔至西部海拔3500米以下山地，常攀援林缘树上、岩壁。各地常见栽培。越南及老挝有分布。全株药用，可舒筋活血、祛风、利湿、平肝、解毒，治关节酸痛、痈疮肿毒、肾炎水肿、跌打损伤。枝叶青翠，供观赏；茎叶可提取栲胶。

7. 树参属 Dendropanax Decne. et Planch.

灌木或乔木；无刺。单叶，全缘或2-5裂，裂片全缘，具半透明红褐或红黄色腺点；无托叶或托叶与叶柄基部连合。花两性或杂性；伞形花序单生或组成复伞形花序。花梗无关节；萼筒全缘或具5小齿；花瓣5，镊合状排列；雄蕊5；子房（2-4）5室。种子胚乳均匀。

约80种，产热带美洲及东亚。我国16种。

1. 花柱离生或顶端离生，或果时顶端离生；叶具红或黄色透明腺点。
　2. 子房5室；果具棱。
　　3. 果径0.8-1.2厘米；花柱离生 ·························· 1. **大果树参 D. hoi**
　　3. 果径4-6毫米；花柱基部连合 ·························· 2. **树参 D. dentigerus**
　2. 子房2-3室，花柱2（3），下部连合，上部离生；果无棱 ·········· 3. **双室树参 D. bilocularis**
1. 花柱连成柱状；叶无透明腺点。
　4. 叶纸质，羽状脉；伞形花序4-5组成复伞形花序 ·············· 4. **海南树参 D. hainanensis**
　4. 叶革质，基脉三出；伞形花序单生或2-3簇生。
　　5. 叶网脉两面隆起，具边脉；果稍具5棱 ·················· 4(附). **榕叶树参 D. caloneurus**
　　5. 叶脉不甚明显，无边脉；果无棱 ····················· 5. **变叶树参 D. proteus**

1. 大果树参　　　　　　　　　　　　图 775

Dendropanax hoi Shang in Acta Phytotax. Sin. 37(6): 607. 1999.

Dendropanax macrocarpus auct. non Cuatrec.: 中国植物志 54: 61. 1978.

乔木，高达14米。小枝淡黄色。叶薄革质，卵形或卵状长圆形，长12-17厘米，先端尖或短渐尖，基部宽楔形或近圆，全缘，离基三出脉，中脉隆起，侧脉3-5对，两面隆起，具半透明红色腺点；叶柄长3-6厘米，无毛。伞形花序单生或3-4簇生，具10-20花，花序梗长1.5-3厘米。花梗长4-8毫米；萼倒圆锥形，近全缘；花瓣5，三角形，长约2毫米；雄蕊5，较花瓣稍长；子房5室，花柱5，离生。果球形，径0.8-1.2厘米，具5棱，宿存花柱5，长约1.5毫米，反曲；果柄长0.6-2厘米。花期8-9月，果期10-12月。

图 775　大果树参　（引自《中国植物志》）

产广西西南部及云南东南部，生于海拔1000-2000米常绿阔叶林中。

2. 树参 杞李参 图776 彩片254

Dendropanax dentigerus (Harms ex Diels) Merr. in Brittonia 4(1): 132. 1941.

Gilibertia dentigera Harms ex Diels in Engl. Bot. Jahrb. 29: 487. 1900.

Dendropanax chevalieri (Vig.) Merr.; 中国高等植物图鉴 2: 1029. 1972.

小乔木。叶革质，椭圆形，稀倒卵状椭圆形，长7-10厘米，不裂或2-3裂，裂片三角状卵形或卵状披针形，全缘或具不明显细齿，基脉三出，侧脉4-6对，网脉两面隆起，密被半透明红色腺点；叶柄长0.5-1.5厘米。伞形花序单生或2-5簇生，具花20朵以上，径2-3厘米，花序梗粗，长1.5-5厘米。花梗长0.5-1.5厘米；萼筒近全缘，子房5室，花柱5，基部连合。果长圆状球

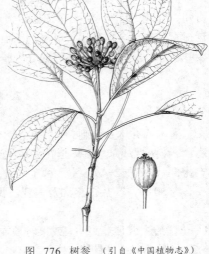

图 776 树参 （引自《中国植物志》）

形，长6-8毫米，具5枞棱；果柄长1-3厘米。花期8-9月，果期10-12月。
产安徽南部、浙江、福建、江西、湖北、湖南、广东、海南、广西、贵州、云南及四川，生于海拔1800米以下林中。越南、老挝及柬埔寨有分布。根及树皮药用，可祛风除湿、舒筋活血、壮筋骨。可供观赏。

3. 双室树参 图777

Dendropanax bilocularis C. N. Ho in Acta Phytotax. Sin. 2: 72. pl. 4. 1952.

灌木，高约2米。叶纸质，倒卵状长圆形或椭圆形，长4-11厘米，先端渐尖，基部宽楔形，两面无毛，全缘或近先端疏生细齿，基脉三出，侧脉6-8对，密被半透明红色腺点；叶柄长0.4-1.5厘米。伞形花序单生枝顶或2-3簇生，花序梗长4-8毫米。花梗长3-5毫米；萼筒全缘或具不明显小齿；花瓣宽三角形，长1.5毫米；子房2（3）室，花柱2（3），下部连合，上部离生。果球形，平滑，径约5毫米；

图 777 双室树参 （引自《中国树木志》）

产广东西南部、广西东南部及云南东南部，生于海拔200-850米溪边或常绿阔叶林中。

宿存花柱长约1.5毫米，反曲；果柄长0.8-1厘米。花期9月，果期11月。

4. 海南树参 海南杞李参 图778

Dendropanax hainanensis (Merr. et Chun) Chun in Sunyatsenia 4: 247. 1940.

Gilibertia hainanensis Merr. et Chun in Sunyatsenia 2: 296. f. 37.

1935.

乔木。叶纸质，椭圆形或卵状椭圆形，长6-11厘米，先端长渐尖或尾尖，全缘，羽状脉，侧脉约8对，无透明腺点；叶柄细，长1-9厘米。伞形花序4-5组成复伞形花序，花序梗长1.5-2厘米。花梗长约4毫米；萼筒近全缘；花瓣长1.5-2毫米；子房5室，花柱连合。果球形，径7-9毫米，具5棱，暗紫红色，宿存花柱长约2毫米。花期6-7月，果期10月。

产湖南南部、广东北部、海南、广西、贵州东南部及云南东南部，生于海拔700-1000米常绿阔叶林中。越南及柬埔寨有分布。

[附] **榕叶树参 Dendro-panax caloneurus** (Harms) Merr. in Brittonia 4(1): 132. 1941. —— *Gilibertia caloneurus* Harms in Notizbl. Bot. Gart. Berlin 13: 452. 1937. —— *Dendropanax ficifolius* Tseng et Hoo; 中国植物志 54: 71. 1978. 本种与海南树参的区别：叶革质，长圆形，先端渐尖，基脉三出，侧脉8-10对，在叶缘处连成边脉，网脉两面隆

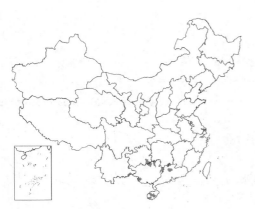

图 778 海南树参 （冯晋庸绘）

起；伞形花序单生枝顶；果径约5毫米，稍具4棱，紫色。产云南东南部，生于海拔1000-1500米林中。越南北部有分布。

5. 变叶树参　　　　　　　　图 779　彩片 255

Dendropanax proteus (Champ. ex Benth.) Benth. Fl. Hongk. 136. 1861. *Hedera protea* Champ. ex Benth. in Journ. Bot. Kew. Gard. Misc. 4: 122. 1852.

灌木。叶椭圆形、卵状椭圆形、椭圆状披针形或条状披针形，长2.5-12厘米，先端渐尖或长渐尖，稀骤尖，基部楔形，分裂叶倒三角形，2-3（5）裂，近先端具2-3细齿，或中部以上具细齿，稀全缘，两面无毛，基脉三出，侧脉5-9对，叶脉不甚明显，无边脉，无透明腺点；叶柄长0.5-5厘米。伞形花序单生或2-3簇生，花多数，花序梗粗，长0.5-2厘米。花梗长0.5-1.5厘米；萼筒具4-5小齿；花瓣4-5，卵状三角形，长1.5-2毫米；子房4-5室，花柱连成柱状。果球形，平滑，径5-6毫米；宿存花柱长1-1.5毫米。花期8-9月，果期9-10月。

产福建、江西、湖南南部、广东、广西及云南东部，生于山岩溪边林

图 779　变叶树参 （冯晋庸绘）

中、阳坡、路边。根及树皮治风湿及跌打损伤。

8. 常春木属 Merrilliopanax Li

常绿灌木或小乔木，无刺；常被星状毛。单叶。不裂或2-3（-5）裂；无托叶。伞形花序组成圆锥状，顶生及腋生。花梗无关节；萼筒具5小齿；花瓣5，镊合状排列；雄蕊5；子房2室，花柱2，基部连合，上部离生，花盘不明显。果椭圆形或球形。种子2；胚乳均匀。

4种，产喜马拉雅山东部。我国3种。

1. 叶卵形或卵状椭圆形，不裂或2-3裂，全缘或疏生锯齿；果柄长3-4毫米 ························· 常春木 **M. listeri**
1. 叶长圆形或椭圆状披针形，不裂，具细锯齿，稀全缘；果柄长0.8-1.5厘米 ··· (附). **长梗常春木 M. membranifolius**

常春木　　　　　　　　　　　　　　　　　　图 780

Merrilliopanax listeri (King) Li in Sargentia 2: 63. f. 10. 1942.

Dendropanax listeri King in Journ. Asiat. Beng. 67(2): 294. 1898.

Merrilliopanax chinensis Li; 中国高等植物图鉴 2: 1033. 1972; 中国植物志 54: 81. 1978.

小乔木，高达10米；树皮淡灰色。幼枝被柔毛。叶纸质，卵形或卵状椭圆形，长6-18厘米，先端渐尖，基部宽楔形或圆，不裂或2-3浅裂，裂片卵状三角形，全缘或疏生锯齿，上面无毛，下面疏被星状毛或近无毛，基脉三出，侧脉4-5对；叶柄长4-15厘米。圆锥花序顶生及腋生，长10-15厘米，序轴及分枝疏被星状柔毛。花梗长3-8毫米。果球状椭圆形，径3-4毫米，花柱2，中部以下连合，顶端离生，反曲；果柄长3-4毫米。

图 780 常春木　（引自《图鉴》）

产云南西北部，生于海拔1200-1700米林中。缅甸及印度有分布。

[附] **长梗常春木 Merrilliopanax membranifolius** (W. W. Smith.) Shang in Bull. Mus. Nation. Hist. Nat. B, Adansonia 3: 291. 1983. —— *Nothopanax membranifolius* W. W. Smith in Notes Roy. Bot. Gard. Edinb. 10: 53. 1917; 中国植物志 54: 81. 1978. 本种的特征：叶长圆形或椭圆状披针形，长8-20厘米，不裂，具细锯齿，稀全缘；果球形，径4-5毫米，果柄长0.8-1.5厘米。花期6月，果期10月。产云南西部及西北部，生于海拔1600-3300米林中。缅甸及印度有分布。

9. 华参属 Sinopanax Li

常绿小乔木，高达12米，胸径38厘米；无刺。小枝密被灰色星状绒毛或疏生平伏柔毛。单叶，近圆形，长约20厘米，不裂或3-5浅裂，基部宽楔形或心形，具不整齐缺齿，上面无毛或近无毛，下面密被星状毛；叶柄长20-40厘米，托叶与叶柄基部连合，先端尖。花两性；头状花序组成伞房状圆锥花序。花无梗，每花基部具3小苞片；萼筒具5小齿，基部无关节；花瓣5，镊合状排列；雄蕊5；子房2室，花柱2，离生；花盘扁平。果宽球形，径约5毫米，宿存花柱反曲。种子卵状三角形；胚乳嚼烂状。

我国特产单种属。

华参

Sinopanax formasana (Hayata) Li in Journ. Arn. Arb. 30: 231. 1949.

图 781

Oreopanax formosana Hayata in Journ. Coll. Sci. Univ. Tokyo 25(19): 108. pl. 14. 1908.

形态特征同属。

产台湾,生于海拔1000-3000米阳坡林中。树姿优美,可供观赏。

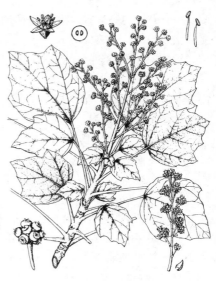

图 781 华参 (吕义宾绘)

10. 兰屿加属 Osmoxylon Miq.

乔木或灌木。单叶,掌状分裂或掌状复叶;托叶与叶柄基部连成鞘状,具篦齿状或流苏状附属物。花两性或杂性;伞形花序组成圆锥状花序或复伞形花序。萼筒具小齿;花瓣4-8,离生或连合,镊合状排列;雄蕊5-30,花丝宽扁,花药载形;子房5-多室;花柱短,离生。果球形,肉质。

约15种,产太平洋热带岛屿。我国1种。

兰屿加

Osmoxylon pectinatum (Merr.) W. R. Philipson in Blumea 23(1): 111. 1976.

图 782

Boerlagiodendron pectinatum Merr. in Philipp. Journ. Sci. Bot. 3: 253. 1908; 中国高等植物图鉴 2: 1026. 1972; 中国植物志 54: 8. 1978.

常绿小乔木,高约7米。枝粗,无毛。叶宽卵形或近圆形,径20-25厘米,基部宽楔形或近圆,常3-7裂,裂片宽卵形,先端尖,掌状脉3-7,具钝圆齿,上面无毛,下面沿叶脉被毛;叶柄长15-25厘米,托叶鞘篦齿状。复伞形花序,具4-5分枝,分枝长3-4厘米,中央花序为雄花,两侧花序为两性花。花梗长3-6毫米,无关节;萼平截,具齿;花瓣5;雄蕊5;子房5室。果球形,具5纵沟,花柱宿存。

图 782 兰屿加 (引自《Woody Fl.Taiwan》)

产台湾(兰屿、火烧岛),生于林中。菲律宾有分布。

11. 罗伞属 Brassaiopsis Decne. et Planch.

常绿乔木或灌木。枝具刺,稀无刺。单叶,掌状分裂,稀不裂,或掌状复叶;托叶与叶柄基部连合。花两性或杂性;伞形花序组成圆锥状,顶生或腋生,花梗无关节;小苞片常宿存;萼筒具5小齿;花瓣5,镊合状排列;雄蕊5；子房2（3-5）室，花柱与子室同数，连合，子房半下位，花盘隆起。果球形或陀螺形。种子2（3-5），胚乳嚼烂状或均匀。

约30种，产亚洲南部及东南部。我国21种。

1. 单叶，掌状分裂，稀不裂。
　　2. 灌木；小枝无刺；叶不裂或2-3裂；伞形花序2-5组成总状 ················· 1. **锈毛罗伞 B. ferruginea**
　　2. 乔木；枝较粗，具刺；叶裂片3-11；伞形花序多数组成圆锥状。
　　　3. 花序轴常无刺。
　　　　4. 叶3-5深裂，裂片三角形状卵形或卵状椭圆形，全缘或上部疏生齿，下面密被黄灰色星状毛 ·········
　　　　·· 2. **星毛罗伞 B. stellata**
　　　　4. 叶7-9深裂，裂片倒披针形或长圆状披针形，具细齿，下面被锈色绒毛或无毛 ·············
　　　　·· 3. **盘叶罗伞 B. fatsioides**
　　　3. 花序轴具刺。
　　　　5. 叶5-7浅裂，裂片卵形或卵状三角形，长不及叶之半 ············· 4. **浅裂罗伞 B. hainla**
　　　　5. 叶7-9（-11）深裂，裂片长圆形或长圆状披针形，超过叶长之半 ········· 5. **纤齿罗伞 B. ciliata**
1. 掌状复叶。
　　6. 花序侧生，数个伞形花序组成总状，长约8厘米 ················· 6. **细梗罗伞 B. gracilis**
　　6. 花序顶生，由多数伞形花序组成圆锥状，长达35厘米。
　　　7. 小叶长圆形，长10-16厘米，下面密被淡黄色鳞片；子房（2）3-5室，花序具宿存刺尖小苞片 ·········
　　　·· 7. **尾叶罗伞 B. producta**
　　　7. 小叶长圆形、卵状椭圆形或披针形，长15-35厘米，下面无黄色鳞片；子房2室，小苞片早落 ·········
　　　·· 8. **罗伞 B. glomerrulata**

1. 锈毛罗伞　锈毛掌叶树　　　　　　　　　图783

Brassaiopsis ferruginea (Li) Hoo et Tseng in Acta Phytotax. Sin. Add. 1: 149. 1965.

Dendropanax ferrugineus Li in Sargentia 2: 47. f. 8. 1942.

Euaraliopsis ferruginea (Li) Ho et Tseng; 中国植物志 54: 24. 1978.

灌木，高约2米。小枝较细，无刺，初被锈色星状绒毛，后脱落。叶纸质，不裂或2-3裂，不裂叶披针形，长圆状披针形或卵状披针形，长7-20厘米；分裂叶之裂片窄披针形，先端尾尖，基部宽楔形或近圆，具细齿，幼叶两面密被锈色星状毛，老叶下面被星状毛；叶柄长4-10厘米。伞形花序径约3厘米，2-5组成总状，长不及10厘米，初密被锈色星状毛，后脱落，花序梗长2-7厘米。果球形，径约8毫米，黑色。种子球形。花期6-7月，果期7-8月。

图 783 锈毛罗伞 （引自《图鉴》）

产广东北部、广西、云南东南部、贵州及四川峨眉山，生于海拔1200-1700米林中。

2. 星毛罗伞

图 784

Brassaiopsis stellata K. M. Feng, Fl. Yunnan. 2: 463. 1979.

小乔木, 高达7米。小枝疏生短刺, 密被黄灰色星状绒毛。叶纸质, 近圆形, 长19-25厘米, 基部心形, 3-5深裂, 裂片三角状卵形或卵状椭圆形, 先端渐尖, 全缘或上部疏生齿, 上面疏被星状毛, 下面密被黄灰色星状毛; 叶柄长10-40厘米。圆锥花序长27-40厘米, 密被星状毛, 伞形花序径3-3.5厘米, 花序梗长约4厘米。果球形, 径约8毫米, 幼时被毛, 宿存花柱长1-2毫米; 果柄长1-2厘米, 被星状绒毛。花期9-10月, 果期11月。

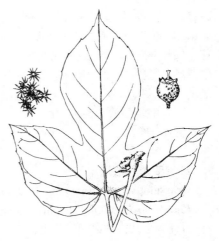

图 784 星毛罗伞 （引自《云南植物志》）

产云南东南部及广西西南部, 生于海拔600-2500米阳坡疏林、灌丛中。

3. 盘叶罗伞 盘叶掌叶树

图 785

Brassaiopsis fatsioides Harms in Sarg. Pl. Wilson. 2: 556. 1916.

Euaraliopsis fatsioides (Harms) Hutch.; 中国植物志 54: 22. 1978.

小乔木, 高达10米, 胸径20厘米。枝具刺。叶纸质, 宽达30厘米, 7-9掌状深裂, 裂片倒披针形、长圆状披针形或卵状长圆形, 具细齿, 上面疏被刚毛或无毛, 下面被锈色绒毛或无毛; 叶柄长30厘米以上。花序长30厘米以上, 稍被毛, 伞形花序径约4厘米, 花序梗长2-3厘米。花梗长0.5-1.5厘米, 无毛或疏被毛; 萼筒近无毛, 萼齿不明显; 花瓣白色。果球形, 蓝黑色, 径5-6毫米; 果柄长约1.5厘米。花期7月, 果期翌年1-2月。

图 785 盘叶罗伞 （引自《云南植物志》）

产云南、四川及贵州西北部, 生于海拔500-2700米沟谷或山坡林中。

4. 浅裂罗伞 浅裂掌叶树

图 786

Brassaiopsis hainla (Buch.-Ham. ex D. Don) Seem in Journ. Bot. 2: 291. 1864.

Hedera hainla Buch.-Ham. ex D. Don, Prodr. Fl. Nepal. 187. 1825.

Euaraliopsis hainla (Buch.-Ham.) Hutch.; 中国植物志 54: 18. 1978.

乔木, 高达15米。枝具圆锥状刺。叶纸质, 宽17-35厘米, 5-7掌状浅裂, 裂片卵形或卵状三角形, 长不及叶长之半, 先端尾尖, 基部圆, 具锐

齿，上面初被柔毛，后脱落，下面疏被星状毛，掌状脉5-7；叶柄长15-25厘米。圆锥花序顶生，密被柔毛，序轴疏生短刺，伞形花序径2.5-3.5厘米，花序梗长1.5-2厘米。花梗长0.8-1厘米；萼具5披针形齿；花瓣卵形。果扁球形，黑色，径约8毫米，宿存花柱约2.5毫米。花期2-3月，果期7-8月。

产云南及西藏东南部，生于海拔1300-2100米山谷林中。尼泊尔、不丹及锡金有分布。

图786 浅裂罗伞 （引自《中国植物志》）

5. 纤齿罗伞 假通草   图787 彩片256

Brassaiopsis ciliata Dunn in Journ. Linn. Soc. Bot. 35: 499. 1903.

Euaraliopsis ciliata (Dunn) Hutch.; 中国植物志 54: 19. 1978.

灌木。小枝密被绒毛，疏生扁刺。叶纸质，宽约30厘米，7-9（-11）掌状深裂，裂片长圆形或长圆状倒披针形，长15-20厘米，具芒状细齿，两面脉上疏被刚毛；叶柄长20-35厘米，无刺或疏被细刺。圆锥花序顶生，长20-30厘米，序轴及分枝密被刚毛及细刺，伞形花序径3-5厘米，花序梗长2-5厘米，密被刚毛。花梗长1-1.5厘米，被刚毛；花白色0；萼筒被毛。果卵球形或扁球形，径7-8毫米，宿存花柱长约1.5毫米。花期10-11月，果期翌年2月。

产广西西部及西北部、贵州、云南东南部、四川中部、西藏南部，生于海拔2200米以下沟谷林中。越南有分布。

图787 纤齿罗伞 （引自《图鉴》）

6. 细梗罗伞   图788

Brassaiopsis gracilis Hand.-Mazz. in Sinensia 3: 197. 1933.

灌木，高约4米。小枝无毛，具圆锥形小刺。掌状复叶，叶柄细，长6-15厘米；小叶5-9，膜质，卵形或椭圆状披针形，长8-20厘米，先端长渐尖，基部楔形，侧生小叶基部常歪斜，具细齿，上面疏被刺毛，下面无毛或被柔毛，侧脉6-8对，两面明显，小叶柄长不及1.5厘米，稍被毛。花序侧生，由数个伞形花序组成总状，长约8厘米，伞形花序径1.5-2厘米，花序梗长2-4厘米，密被绒毛。花梗长约5毫米，密被锈色绒毛，苞片三角形，密被绒毛；

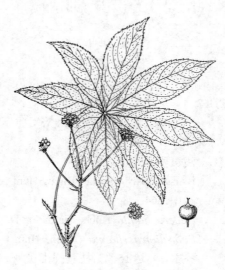

图788 细梗罗伞 （引自《中国植物志》）

花瓣绿色，三角形，长约2.8毫米。果球形，径约5毫米；宿存花柱长约2.5毫米；果柄长约1.5厘米。花期8月，果期12月。

产云南东南部、贵州西南部及广西西北部，生于海拔1000-1600米沟谷疏林中。

7. 尾叶罗伞 尾叶鹅掌柴　　　　　　　　　图789

Brassaiopsis producta (Dunn) Spang in Candollea 39(2): 485. 1984.
Heptapleurum productum Dunn in Journ. Linn. Soc. Bot. 35: 499. 1903.

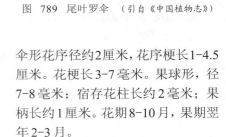

图 789　尾叶罗伞　（引自《中国植物志》）

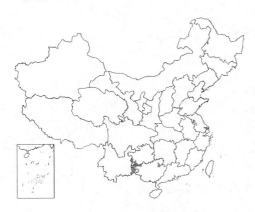

Schefflera productum (Dunn) Vig.; 中国植物志 54: 47. 1978.

小乔木。小枝具锥形刺。掌状复叶，叶柄长10-35厘米；小叶（3）4-7（8），革质，长圆形，稀卵状披针形，长10-16厘米，中部以上具尖锯齿，稀全缘，无毛，下面密被淡黄色鳞片；小叶柄长1-3厘米。圆锥花序顶生，长达35厘米，幼时披锈色或淡黄色毛，后脱落；苞片三角状卵形，常宿存，

伞形花序径约2厘米，花序梗长1-4.5厘米。花梗长3-7毫米。果球形，径7-8毫米；宿存花柱长约2毫米；果柄长约1厘米。花期8-10月，果期翌年2-3月。

产云南东南部、广西西北及东北部、贵州西南部，生于海拔1600米以下灌丛或疏林中。

8. 罗伞 鸭嘴罗伞　　　　　　　　图790　彩片257

Brassaiopsis glomerulata (Bl.) Regel in Gartenfl. 12: 275. t. 411. 1863.
Aralia glomerulata Bl. Bijdr. 872. 1826.

乔木。小枝具刺，幼时被锈红色绒毛。掌状复叶，叶柄长30-50厘米；

小叶5-9，长圆形、卵状椭圆形或宽披针形，长15-35厘米，全缘或疏生细齿，幼叶两面被锈红色星状绒毛，后脱落；小叶柄长2-9厘米。圆锥花序长30厘米以上，初被锈红色绒毛，后脱落，伞形花序径2-3厘米，花序梗长2-5厘米；小苞片早落。花白色，芳香；子房2室。果扁球形或球形，径0.7-1厘米；宿存花柱长1-2毫米；

图 790　罗伞　（引自《图鉴》）

果柄长1-3.5厘米。花期5-6月，果期翌年1-2月。

产湖南西南部、海南、广西、云南、贵州、四川中部及西藏东南部，生于海拔400-2400米山谷或山坡密林中。中南半岛、印度尼西亚、尼泊尔及印度有分布。根、树皮及叶药用，治风湿骨痛、跌打损伤、腰肌劳损。

12. 梁王茶属 Pseudopanax C. Koch

常绿灌木或乔木，无刺，无毛。掌状复叶或单叶，或掌状分裂；无托叶或不明显。伞形花序单生，或组成总状或圆锥状。花梗近梗端具关节；萼筒全缘或具5齿；花瓣5，镊合状排列；雄蕊5；子房2（3-4）室，花柱2（3-4），离生或基部连合。果扁球形。种子侧扁；胚乳均匀。

约15种，主产大洋洲。我国2种。药用植物。

1. 单叶或掌状2-3裂，或深裂成3小叶，小叶无柄 ·············· 1. 异叶梁王茶 P. davidii
1. 掌状复叶，小叶2-5，稀单叶，小叶具柄 ·············· 2. 掌叶梁王茶 P. delavayi

1. 异叶梁王茶 图791 彩片258

Pseudopanax davidii (Franch.) W. R. Philipson in N. Zeal. Journ. Bot. 3: 338. 1965.

Panax davidii Franch. Nouv. Arch. Mus. Paris ser. 2, 8: 248. 1885.

Nothopanax davidii (Franch.) Harms ex Diels; 中国高等植物图鉴 2: 1033. 1972; 中国植物志 54: 83. 1978.

图 791 异叶梁王茶 （引自《图鉴》）

小乔木，高达12米。同一植株常兼有单叶及掌状分裂叶，单叶长圆状卵形或长圆状披针形，长6-20厘米，先端长渐尖，基部圆或宽楔形；或为掌状2-3裂，或深裂成3小叶，小叶无柄，基脉三出，两面无毛，具细锯齿；叶柄长5-20厘米。圆锥状花序长达18厘米，伞形花序径约2.5厘米，花序梗长约2厘米。花梗长约7毫米，近顶端具关节；花白或淡黄色。果扁球形，径5-6毫米，宿存花柱顶端反曲。花期6-8月，果期9-11月。

产湖北西部、湖南、广西西北部、云南、贵州、四川及陕西南部，生于海拔800-1800米林缘、溪边疏林或灌丛中，在云南高达3000米。根皮及树皮药用，治跌打损伤、风湿性关节炎、肩周炎、月经不调等症。

2. 掌叶梁王茶 图792

Pseudopanax delavayi (Franch.) W. R. Philipson in N. Zeal. Journ. Bot. 3: 338. 1965.

Panax delavayi Franch. in Journ. de Bot. 10: 305. 1896.

灌木。掌状复叶，叶柄长4-12厘米；小叶2-5，革质，长圆状披针形，长6-12厘米，先端渐尖，基部窄楔形，近全缘或具细锯齿，无毛；小叶柄长0.2-1厘米。圆锥花序顶生，长达15厘米，无毛；伞形花序径约2厘米，花序梗长1-1.5厘米；苞片卵形，长约2毫米，早落。花梗长约5毫米；萼无毛，长约1毫米；花瓣白色，三角状卵形，长约1.5毫米。果扁球形，径约5毫米；宿存花柱长2-3毫米，顶端2裂。花期9-10月，果期12月至翌年1月。

产贵州西南部、云南及四川西南部,生于海拔1500-2500米林内或灌丛中。全株药用,治咽喉肿痛、急性结膜炎、月经不调、消化不良、风湿腰腿痛、跌打损伤、骨折等症。

13. 大参属 Macropanax Miq.

常绿乔木或灌木,无刺。掌状复叶,稀单叶;托叶与叶柄连合或无托叶。花杂性;伞形花序组成圆锥状;苞片小,早落。花梗顶端具关节;萼筒具5-10齿;花瓣5-10,镊合状排列;雄蕊5-10;子房2(3)室,花柱连成柱状,稀顶端分裂。果卵球形或球形,具纵棱。种子扁,胚乳嚼烂状。

约14种,产亚洲东南部。我国6种。

1. 花序密被毛;小叶椭圆形或椭圆状披针形,先端渐尖,侧脉6-10对;萼筒无毛;果卵球形 ·· 1. 大参 M. dispermus
1. 花序无毛。
  2. 小叶倒卵状披针形,疏生锯齿 ····································· 2. 短梗大参 M. rosthornii
  2. 小叶椭圆形或椭圆状披针形,全缘,稀上部具细齿。
    3. 花瓣、雄蕊均5;果长5-6毫米 ································ 3. 波缘大参 M. undulatus
    3. 花瓣、雄蕊均7-10;果长约9毫米 ····················· 3(附). 十蕊大参 M. decandrus

图 792 掌叶梁王茶 (引自《中国植物志》)

1. 大参 图793

Macropanax dispermus (Bl.) Kuntze, Rev. Gen. 271. 1891.

Aralia disperma Bl. Bijdr. 872. 1826.

Macropanax oreophilus Miq.; 中国植物志 54: 132. 1976.

乔木,高达12米,胸径45厘米。掌状复叶,小叶(3-)5-7,薄革质,椭圆形或椭圆状披针形,长7-20厘米,疏生腺齿,无毛,侧脉6-10对;叶柄长7-20厘米,小叶柄长1-8厘米。圆锥花序长达40厘米,密被锈色星状毛;伞形花序径约1.5厘米。花梗长4-7毫米,密被褐色星状毛;萼无毛;花瓣三角状卵形,黄绿色,长约1.5毫米。果卵球形,稍具棱,长约5毫米;宿存花柱长2-3毫米;果柄长0.8-1厘米。花期8-9月,果期翌年1-2月。

图 793 大参 (引自《中国植物志》)

产云南及西藏,生于海拔300-2300米林中。中南半岛、印度、马来西亚有分布。

2. 短梗大参 图794

Macropanax rosthornii (Harms ex Diels) C. Y. Wu ex Hoo in Acta Phytotax. Sin. Add. 1: 166. 1965.

Nothopanax rosthornii Harms ex Diels in Engl. Bot. Jahrb. 29: 487. 1900.

小乔木,高达8米,胸径20厘米;全株无毛。掌状复叶,叶柄长4-20厘

米；小叶3-5（7），纸质，倒卵状披针形，6-18厘米，先端短渐尖，基部楔形，疏生锯齿，侧脉8-10对；小叶柄长0.3-1厘米。花序长达15厘米，伞形花序径1.5厘米，具5-10花。总梗长1-1.5厘米。花梗长5-6毫米；萼筒近全缘；花瓣三角状卵形，白色，长1.5毫米。果卵球形，长约4毫米；宿存花柱长1.5-

图 794 短梗大参 （引自《中国植物志》）

2毫米，顶端2裂。花期7-9月，果期10-12月。

产福建、江西、湖北、湖南、广东北部、广西、贵州、四川及甘肃南部，生于海拔1500米以下山地林内、灌丛中或路边。

3. 波缘大参 图 795

Macropanax undulatus (Wall. ex G. Don) Seem. in Journ. Bot. 2: 294. 1864.

Hedera undulata Wall. ex G. Don, Gen. Syst. 3: 394. 1834.

乔木。掌状复叶，叶柄长10-15厘米；小叶3-7，纸质，椭圆状披针形，长6-18厘米，先端渐尖，基部楔形或圆，全缘，稀上部具细齿，无毛，侧脉约6对；小叶柄长0.5-1.5厘米，中央小叶柄长达5厘米。圆锥花序长达30厘米，无毛；伞形花序径约2.5厘米，花序梗长0.5-1厘米。花梗长3-5毫米；花白色；花萼具不明显5齿，花瓣、雄蕊均5。果卵球形，具棱，长5-6毫米；宿存花柱长约2毫米。花期10-11月，果期翌年5-6月。

产西藏东南部、云南、广西西南部及贵州西南部，生于海拔1800米以下山地沟谷或山坡林中。根药用，治小儿疳积、劳伤筋骨痛。

图 795 波缘大参 （冯晋庸绘）

长约8毫米，萼筒具7-10小齿，花瓣及雄蕊均7-10；果长约9毫米。花期2月，果期4月。产海南中部及南部，生于山谷或山坡林中。

[附] **十蕊大参 Macropanax decandrus** Hoo in Acta Phytotax. Sin. Add. 1: 164. 1965. 本种与波缘大参的主要区别：小叶3-5，椭圆形，先端尾尖，基部楔形或宽楔形，小叶柄长1-5厘米；花序长8-12厘米；花梗

14. 多蕊木属 Tupidanthus Hook. f. et Thoms.

大藤本，初为直立灌木，后长成攀援藤本，茎长达30米。掌状复叶，叶柄长15-35厘米，托叶与叶柄基部连合；小叶7-9，革质，倒卵形或长圆状披针形，长12-26厘米，先端短渐尖，基部宽楔形或圆，全缘，无毛，侧脉

20-30对，小叶柄长3-5厘米。花两性；伞形花序组成复伞形或圆锥状花序，花序具3-7花。花梗粗，长2-3厘米；花径1.5-3厘米；花梗无关节；萼齿不明显；花瓣革质，连成帽盖状，早落；雄蕊30-70；子房20-70室或更多，柱头多数，连成长条状或放射状；花盘宽扁。果扁球形，厚革质，核果状，径2.5-3.5厘米。种子多数；胚乳均匀。

单种属。

多蕊木

图 796

Tupidanthus calyptratus Hook. f. et Thoms. in Bot. Mag. Tokyo 82: t. 4908. 1856.

形态特征同属。

产云南及西藏东南部，生于海拔约1600米山地林中，攀援树上。印度、孟加拉、缅甸、越南、老挝、柬埔寨及泰国有分布。可栽培供观赏；茎叶药用，治风湿、跌打损伤、肝炎、神经痛、痢疾。

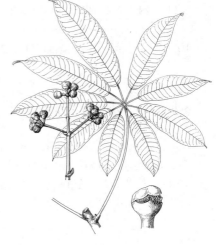

图 796 多蕊木 （冯晋庸绘）

15. 鹅掌柴属 **Schefflera** J. R. et G. Forst.

常绿乔木、灌木或攀援状；无刺。掌状复叶，稀单叶，叶柄基部与托叶连合；小叶全缘，稀疏生锯齿。花两性；伞形、头状或穗状花序，组成复伞形、总状或圆锥状。花梗无关节；花瓣5-11，镊合状排列；雄蕊5-11；子房5（-11）室。浆果球形或卵形。胚乳均匀或微皱。

约200余种，广布于热带及亚热带地区。我国35种。

1. 花序总状、稀穗状，组成圆锥状花序；花柱连成柱状。
  2. 花序穗状；花无梗；叶下面常密被星状毛 ·················· 1. 穗序鹅掌柴 **S. delavayi**
  2. 花序总状；花具梗；叶下面无毛或疏被星状毛。
    3. 小叶12-16，卵状椭圆形，具苞片状小叶 ·················· 1(附). 海南鹅掌柴 **S. hainanensis**
    3. 小叶5-9（11），无苞片状小叶。
      4. 花5出数；小叶柄长约1厘米，小叶倒披针形 ·················· 1(附). 瑞丽鹅掌柴 **S. shweliensis**
      4. 花6出数；小叶柄长1-3厘米，小叶卵状长圆形或长圆状披针形 ·················· 1(附). 台湾鹅掌柴 **S. taiwaniana**
1. 花序伞形或头状，组成圆锥状花序。
  5. 花无梗或近无梗；花簇生成球形或头状花序。
    6. 花5-8朵，簇生成球形；无花柱 ·················· 2. 球序鹅掌柴 **S. pauciflora**
    6. 花多数，成头状花序；具花柱，上部离生 ·················· 2(附). 中华鹅掌柴 **S. chinensis**
  5. 花具梗；伞形花序。
    7. 无花柱或不明显，柱头着生子房顶端。
      8. 小叶7-9，倒卵状长圆形 ·················· 3. 鹅掌藤 **S. arboricola**
      8. 小叶5-7，椭圆形或长圆形 ·················· 4. 密脉鹅掌柴 **S. elliptica**
    7. 具花柱。
      9. 花柱基部连合，顶端离生，反曲 ·················· 5. 离柱鹅掌柴 **S. hypoleucoides**

9. 花柱连成柱状。

  10. 叶下面被毛，或幼时密被毛，后脱落。

    11. 花柱粗，果时长约1毫米；伞形花序下部常有单花散生；叶下面被星状毛或无毛 ·············

                          6. 鹅掌柴 **S. heptaphylla**

    11. 花柱较细，果时长约2毫米；伞形花序，无单花散生；叶下面密被小星状毛 ·············

                        7. 星毛鹅掌柴 **S. minutistellata**

  10. 小叶两面无毛；果柄长 1.5-2 厘米 ·············· 7(附). 樟叶鹅掌柴 **S. pesavis**

1. 穗序鹅掌柴

图 797 彩片 259

Schefflera delavayi (Franch.) Harms ex Diels in Engl. Bot. Jahrb. 29: 486. 1900.

Heptapleurum delavayi Franch. in Journ. de Bot. 10: 307. 1896.

小乔木。小枝密被黄褐色星状毛。小叶4-7，卵状长椭圆形或卵状披针形，长8-24厘米，基部钝圆，全缘或疏生不规则缺齿，幼树之叶常羽状分裂，下面密被灰白或黄褐色星状毛，侧脉8-12(-15)对；叶柄长 12-25 厘米，小叶柄长1-10厘米。穗状花序组成圆锥状，密被星状绒毛。花无梗；萼具 5 齿；花瓣三角状卵形，白色；雄蕊5；子房4-5室，花柱柱状。果球形，紫黑色，径约4毫米；果柄长约1毫米。花期10-11月，果期翌年 1 月。

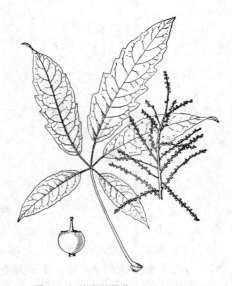

图 797 穗序鹅掌柴 （引自《图鉴》）

  产福建、江西、湖北、湖南、广东、广西、云南、贵州及四川，生于海拔600-3000米常绿阔叶林中。根及根皮药用，祛风湿、强筋骨，治跌打损伤、肾虚腰痛、咽喉肿痛、皮炎、湿疹。

  [附] **海南鹅掌柴 Schefflera hainanensis** Merr. et Chun in Sunyatsenia 2: 295. 1935. 本种与穗序鹅掌柴的主要区别：小叶12-16，具苞片状小叶，卵状椭圆形，长5-12厘米，基部宽楔形，下面粉绿色，无毛；总状花序组成圆锥状；果柄长约3毫米。花期9-10月，果期10-11月。产海南，生于海拔约1500米林中。

  [附] **瑞丽鹅掌柴 Schefflera shweliensis** W. W. Smith in Notes Roy. Bot. Gard. Edinb. 10: 65. 1917. 本种与穗序鹅掌柴的主要区别：小叶5-9（-11），倒披针形，基部楔形，无毛，侧脉7-9对；总状花序组成圆锥状；花梗长约5毫米。果期11月。产云南西部，生于海拔1900-2700米山

地林缘或林中。木材可作家具。

  [附] **台湾鹅掌柴** 彩片 260 **Schefflera taiwaniana** (Nakai) Kanehira, Formos. Trees rev. ed. 527. f. 488. 1936. —— *Agalma taiwanianum* Nakai in Journ. Arn. Arb. 5: 19. 1924. 本种与穗序鹅掌柴的区别：小枝无毛；小叶卵状长圆形或长圆状披针形，长10-15厘米，无毛，侧脉5-7对；总状花序组成圆锥状；花具梗，萼筒具6小齿，花瓣6，雄蕊6，子房6室；果径5-7毫米。产台湾阿里山，生于海拔2000-2900米针叶林中。

2. 球序鹅掌柴

图 798 彩片 261

Schefflera pauciflora R. Vig. in Ann. Sci. Nat. Bot. 9: 357. 1909.

Schefflera glomerulata Li；中国高等植物图鉴 2: 1028. 1972.

小乔木，有时为藤本。小叶（3）5-7，倒卵状椭圆形或倒卵状长圆形，稀椭圆形，长8-15厘米，基部楔形，全缘，无毛，侧脉约8对；叶柄长10-

17厘米，小叶柄长3-5厘米。花5-8朵簇生成球形，组成圆锥花序，长15-20厘米。花近无梗；萼筒无毛，近全缘；无花柱，柱头5。果卵形，长4-

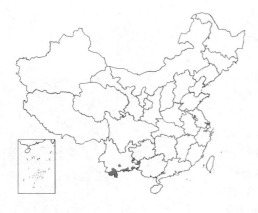

5毫米，具5棱；花盘圆锥状五角形。花期8-9月，果期9-10月。

产广东西部、广西西部、云南及贵州西南部，生于海拔1700米以下山坡或山谷常绿阔叶林中。印度及越南有分布。根皮及树皮可治跌打损伤、风湿性关节炎。

[附] **中华鹅掌柴 Schefflera chinensis** (Dunn) Li in Sargentia 2: 17. 1942. —— *Oreopanax chinense* Dunn in Journ. Linn. Soc. Bot. 35: 500. 1903. 本种与球序鹅掌柴的区别：小叶椭圆形或卵状椭圆形，长10-23厘米，下面灰绿色，侧脉8-12对，叶柄长达40厘米；花多数簇生成头状；花无梗或近无梗，花柱上部离生，果球形或倒卵状球形，径5-6毫米。花期11月，果期翌年3-4月。产云南西南部，生于海拔1500-2700米山谷、沟边密林中。

图 798 球序鹅掌柴 （冯晋庸绘）

3. 鹅掌藤 图799 彩片262

Schefflera arboricola (Hayata) Merr. in Lingnan Sci. Journ. 5(1-2): 139. 1929.

Heptapleurum arboricola Hayata, Ic. Pl. Formos. 6: 23. 1916.

灌木，有时藤本，高达4米。小枝无毛。小叶7-9，倒卵状长圆形，稀长圆形，长6-10厘米，基部楔形或宽楔形，全缘，两面无毛，侧脉4-6对，网脉明显；叶柄长10-20厘米，小叶柄长1.5-3厘米。花序长约20厘米，伞形花序具3-10花，花序梗长1-5毫米。花梗长1.5-2.5毫米，疏被星状绒毛；花白色，萼筒近全缘；花瓣5-6，无毛；子房5-6室，柱头5-6，无花柱。果近球形，长约5毫米，具5-6棱；果柄长3-6毫米。花期7-10月，果期9-11月。

图 799 鹅掌藤 （引自《Formos. Trees》）

产台湾、广东、海南及广西南部，生于海拔900米以下溪边或林中。全株药用，可止痛、活血、消肿，治风湿性关节炎、胃痛。

4. 密脉鹅掌柴 图800 彩片263

Schefflera elliptica (Bl.) Harms in Engl. u. Prantl, Nat. Pflanzenfam. 3(8): 39. 1894.

Sciadophyllum ellipticum Bl. Bijdr. 878. 1826.

Schefflera venulosa (Wight et Arn.) Harms; 中国高等植物图鉴 2: 1028. 1972; 中国植物志 54: 41. 1978.

小乔木，高达10米，有时为蔓生状灌木。小叶（3）5-7，椭圆形，长11-16厘米，先端尖，基部宽楔形或圆，全缘，无毛，侧脉4-6对，网脉明显；叶柄长10-14厘米，无毛。花序长达20厘米，初被绒毛，后脱落，伞形花序径0.7-1厘米，序梗长5-7毫米。花梗长1-3毫米；花萼无毛，全

缘；花瓣5，无毛；雄蕊5，与花瓣等长；子房5室，无花柱，柱头5。果卵形，径3-4毫米，具5棱，幼果被腺点，果柄长4-6毫米。花期5月，果期6月。

产贵州、云南及西藏东南部，生于山谷常绿阔叶林中，在滇西山地可达海拔2100米。印度、巴基斯坦、越南及泰国有分布。供药用，治

图 800 密脉鹅掌柴 （引自《Formos. Trees》）

跌打损伤及风湿性关节炎。

5. 离柱鹅掌柴 图 801

Schefflera hypoleucoides Harms in Fedde, Repert. Sp. Nov. 16: 246. 1919.

乔木，高达15米，胸径30厘米。小叶5-7，长圆形或长圆状椭圆形，长11-26厘米，先端渐尖，基部宽楔形或圆，全缘或疏生粗锯齿，幼树之叶常羽状分裂，下面无毛或疏被星状毛，侧脉10-16对；叶柄长达30厘米，无毛或近无毛。圆锥花序顶生，长15-30厘米，幼时密被星状绒毛，后渐脱落，伞形花序径2-2.5厘米，花序梗长2-5厘米。花梗长3-5毫米，被绒毛；花萼、花瓣均被绒毛，5出数；

图 801 离柱鹅掌柴 （引自《图鉴》）

子房5室，花柱5，下部连合，顶部离生。果卵球形，径约7毫米；宿存花柱长约2毫米，顶端反曲。花期12月，果期翌年4月。

产云南及广西西部，生于海拔600-2000米山谷林中。

6. 鹅掌柴 图 802

Schefflera heptaphylla (Linn.) D. G. Frodin in Journ. Linn. Soc. Bot. 104(3): 314. 1990.

Vitis heptaphylla Linn. Mant. Alt. 212. 1771.

Schefflera octophylla (Lour.) Harms; 中国高等植物图鉴 2: 1028. 1972; 中国植物志 54: 50. 1978.

乔木。幼枝密被星状毛，后渐脱落。小叶6-10，椭圆形或倒卵状椭圆形，长7-18厘米，先端尖或短渐尖，基部楔形或宽楔形，全缘，幼树之叶常具锯齿或羽裂，幼叶密被星状毛，老叶下面沿中脉及脉腋被毛，或无毛，侧脉7-10对；叶柄长15-30厘米。花序圆锥形，长达30厘米，密被星状毛，后渐脱落，伞形花序梗长1-2厘米，有时分枝具少数单花。花梗长约5毫

米；花白色，芳香；花萼被毛，花瓣5-6，花时反曲，无毛；子房5-10室。果球形，宿存花柱粗，长约1毫米。花期10-11月，果期12月至翌年1月。

产浙江南部、福建、台湾、江西南部、湖南南部、广东、广西、云南及西藏南部，生于海拔2100米以下常绿阔叶林中。日本、印度、越南及老挝有分布。为秋冬良好蜜源树种；根、皮及叶药用，治风湿、感冒、咽喉肿痛、跌打损伤、骨折；木材可培养银耳。

7. 星毛鹅掌柴 图803

Schefflera minutistellata Merr. ex Li in Sargentia 2: 24. 1942.

小乔木。小枝密被黄褐色星状绒毛。小叶7-15，卵状披针形或长圆状披针形，长7-18厘米，全缘，下面密被灰色星状毛，后渐脱落，侧脉8-12对；叶柄长12-45厘米，小叶柄长1-7厘米。花序长达40厘米，初密被黄褐色星状绒毛，后脱落，伞形花序径约2厘米，花序梗长1-3厘米。花梗长4-6毫米；萼筒密被星状毛，具5齿；花瓣无毛；子房5室，花柱柱状，长1毫米。果球形，径约4毫米，具5棱，宿存花柱长约2毫米。花期9月，果期11月。

产福建南部、江西南部、湖南南部、广东、广西、贵州、云南及西藏东部，生于海拔1000-1800米山地疏林或灌丛中。根、根皮及树皮药用，治感冒及骨折。

[附] **樟叶鹅掌柴 Schefflera pesavis** Viguier in Ann. Sci. Nat. ser. 9, Bot. 9: 334. 1909. 本种与星毛鹅掌柴的区别：全株无毛；小叶（3）5（7），卵形、椭圆形，稀倒卵状椭圆形，长4-10厘米，侧脉5-8对，叶柄长3-10厘米；伞房状圆锥花序长约15厘米；花梗长1-1.5厘米，萼齿不明显，花柱细锥形；果径约5毫米，稍具5棱，果柄长1.5-2厘米，花柱长约3毫米。产广西西南部，生于海拔600-900米山坡疏林中。越南北部有分布。

图 802 鹅掌柴 （引自《图鉴》）

图 803 星毛鹅掌柴 （冯晋庸绘）

16. 人参木属 Chengiopanax Shang et J. Y. Huang

落叶乔木，无刺。掌状复叶，小叶3-9，具细齿；托叶小，与叶柄连合。花两性；伞形花序组成伞房状圆锥花序，序轴短；苞片早落。花梗无关节；花萼具5小齿；花瓣5，镊合状排列；雄蕊5，药背着，纵裂；子房2室，花柱2，连成柱状。果扁球形，浆果状。种子2；胚乳均匀。

2种，中国、日本各产1种。

华人参木 图804

Chengiopanax fargesii (Franch.) Shang et J. Y. Huang in Bull. Bot. Res. (Harbin) 13(1): 48. 1993.

Heptapleurum fargesii Franch. in Journ. de Bot. 1896. 306. 1896.

乔木，高达25米。小枝、叶及花序幼时密被锈色星状柔毛，后脱落。小叶5-7（9），常为5，椭圆形、长圆

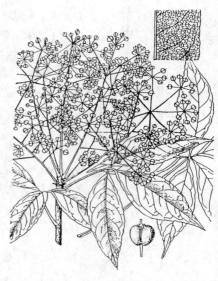

形或披针形,长4.5-13厘米,先端尖或渐尖,基部宽楔形,无毛或近无毛,疏生细齿,侧脉6-8对,两面隆起;叶柄长3-7厘米或稍长,小叶柄长0.2-1厘米。伞房状圆锥花序顶生,径达30厘米,序轴长1-2厘米,分枝长10-20厘米,花序径0.7-1厘米,具8-20花,花序梗长1-2厘米。花梗长3-6毫米;花萼具5小齿;花瓣5,白色;子房2室,花柱连成柱状。果扁球形,径4-6毫米,宿存花柱长1-1.5毫米。花期9月,果期11-12月。

产湖南西北及西南部、湖北西部、四川东部,生于海拔800-2000米山谷、山坡林中。木材轻软、易加工,为优良用材树种。

图 804　华人参木　(引自《中国植物志》)

17. 吴茱萸五加属 Gamblea C. B. Clarke (Evodiopanax)

落叶灌木或乔木,无刺。掌状复叶,小叶3-5,稀单叶,具芒状齿。花两性;伞形花序单生或簇生成复伞形,或组成伞房状,常着生短枝顶端。花梗无关节;萼近全缘或具4(5)小齿;花瓣4(5),镊合状排列;雄蕊4(5);子房2-4(5)室,花柱2-4,常中下部连合,上部离生,反曲。浆果状核果。种子2-4;胚乳均匀。

约5种,产喜马拉雅及亚洲东部地区。我国3种。

1. 小叶3;果径5-7毫米;萼近全缘;小乔木或灌木状 ························· 吴茱萸五加 G. ciliata var. evodiaefolius
1. 小叶(3-4)5;果径0.8-1.2厘米;萼具4-5小齿;乔木 ········· (附). 大果吴茱萸五加 G. pseudoevodiaefolius

吴茱萸五加

图 805

Gamblea ciliata Clarke var. **evodiaefolius** (Franch.) Shang, Lowry et Frodin in Adansonia ser. 3, 51. 2000.

Acanthopanax evodiaefolius Franch. in Journ. de Bot. 10: 306. 1896.; 中国高等植物图鉴 2: 1038. 1972; 中国植物志 54: 106. 1978.

小乔木或灌木状,高达10米。幼枝无毛。3小叶复叶,小叶纸质,椭圆形、长圆状披针形或卵形,长6-12厘米,先端短尖或长渐尖,基部楔形或宽楔形,全缘或具细齿,齿端具刺毛,上面无毛,下面脉腋具簇生毛,侧脉6-8对,两面明显;叶柄长5-10厘米,小叶无柄或具短柄,初密被淡褐色柔毛,旋脱落。复伞形花序,稀单生,花序梗长2-8毫米。花梗长1-2厘米,无毛;萼无毛,近全缘;花瓣4,绿色,长约2毫米;

图 805　吴茱萸五加　(冯晋庸绘)

雄蕊4,与花瓣等长;子房2(4)室;花柱2(4)。果近球形,径5-7毫米,稍具2或4棱。花期5-6月，果期8-10月。

产安徽、浙江、福建、江西、湖北、湖南、广东、广西、贵州、云南、四川及陕西，生于东部海拔1200米以下至西部上达3300米山谷、山坡林缘或林中。根皮有祛风湿、强筋骨、去阏血的功效。

[附] **大果吴茱萸五加 Gamblea pseudoevodiaefolius** (K. M. Feng) Shang, Lowry et Frodin in Adansonia ser. 3, 22(1): 54. 2000. —— *Acanthopanax evodiaefolius* Franch. var. *pseudoevodiaefolius* K. M. Feng, Fl. Yunnan. 2: 485. 1979. 本种与吴茱萸五加的区别：小叶常5，稀3-4；果径0.8-1.2厘米；萼具4-5小齿；乔木。产云南东南部、广西中部、东部及南部，生于海拔1000-1800米山坡疏林中。越南北部有分布。

18. 五加属 Eleutherococcus Maxim.

灌木，直立或蔓生，稀小乔木。枝具刺，稀无刺。掌状复叶或3小叶复叶，小叶柄长不及1厘米；无托叶或托叶不明显。花两性，稀单性异株；伞形或头状花序组成复伞形或圆锥状花序。花梗无关节或关节不明显；萼筒具5小齿，稀全缘；花瓣5，镊合状排列；雄蕊5；子房2-5室，花柱宿存。果具棱。种子2-5；胚乳均匀。

约30种，产亚洲。我国18种。多为药用植物。

1. 子房（3-4）5室。
  2. 花柱连成柱状。
    3. 小叶倒卵形或倒卵状长圆形，长3-6厘米，全缘或上部疏生钝齿，小枝上部之叶柄短或近无柄 ·················· ··· 1. **短柄五加 E. brachypus**
    3. 小叶长圆形或倒卵状椭圆形，长8-14厘米，具锯齿，叶柄较长。
      4. 小叶薄纸质；小枝具针刺 ·································· 2. **刺五加 E. senticosus**
      4. 小叶纸质；小枝被锥状刺或扁钩刺，较粗。
        5. 具锥形刺，向下不弯曲；子房5室，花柱长约1毫米 ·················· 3. **藤五加 E. leucorrhizus**
        5. 具扁钩刺，向下弯曲；子房3-5室，花柱长约2毫米 ·················· 4. **糙叶五加 E. henryi**
  2. 花柱离生或中部以上离生。
    6. 花柱离生或近全部离生；小枝疏生短刺或无刺；小叶5，倒披针形或倒卵状披针形 ················· ··· 5. **乌蔹莓叶五加 E. cissifolius**
    6. 花柱中部以下连合，上部离生；小枝密被向下针刺；伞形花序单生枝顶，无轮生于主轴之花 ········· ··· 6. **红毛五加 E. giraldii**
1. 子房2室。
  7. 花无梗或近无梗；头状花序 ·················· 7. **无梗五加 E. sessiliflorus**
  7. 花具梗；伞形花序。
    8. 伞形花序腋生或生于短枝顶端 ·················· 8. **五加 E. gracilistylus**
    8. 伞形花序顶生。
      9. 植株具扁钩刺；小叶3（4-5），纸质，小叶柄长2-8毫米 ·················· 9. **白簕 E. trifoliatus**
      9. 植株无刺或具不明显细刺；小叶（2）3，膜质，小叶无柄 ·················· 10. **匍匐五加 E. scandens**

1. 短柄五加　图806

Eleutherococcus brachypus (Harms) Nakai, Fl. Sylv. Kor. 16: 27. 1927. *Acanthopanax brachypus* Harms in Engl. Bot. Jahrb. 36: Beibl. 82: 80. 1905; 中国植物志 54: 104. 1978.

灌木，高约2米。小枝节上具1-2下弯短刺，稀无刺。小叶3-5，纸质，倒卵形或倒卵状长圆形，长3-6厘米，基部楔形，全缘或上部疏生钝齿，无毛，侧脉3-5对；小枝上部之叶柄短或近无柄，下部之叶柄长约7厘米，小叶近无柄，无毛。伞形花序单生或3-4簇生，径2-3厘米，花序梗长约2厘米。花梗长1-1.5厘米，无毛；花萼

无毛，具5小齿；子房5室，花柱连成柱状。果近球形，径约5毫米，具5棱，宿存花序长约2毫米。花期7-8月，果期9-10月。

产陕西、甘肃东部及南部、宁夏南部，生于海拔2000米以下阳坡灌丛中。

图 806 短柄五加 （引自《中国树木志》）

2. 刺五加

图 807 彩片 264

Eleutherococcus senticosus (Rupr. et Maxim.) Maxim. Prim. Fl. Amur. 132. 1859.

Hedera senticosa Rupr. et Maxim. in Bull. Phys.-Math. Acad. St. Pétersb. 15: 134. 1856, 367. 1857.

Acanthopanax senticosus (Rupr. et Maxim.) Harms; 中国高等植物图鉴 2: 1036. 1972; 中国植物志 54: 99. 1978.

灌木。小枝密被下弯针刺。小叶（3）5，薄纸质，椭圆状倒卵形或长圆形，长5-13厘米，先端短渐尖，上面脉被粗毛，下面脉被柔毛，具锐尖复锯齿，侧脉6-7对；叶柄长3-12厘米，有时被细刺，小叶柄长0.5-2厘米。伞形花序单生枝顶，或2-6簇生，径2-4厘米，花序梗长5-7厘米。花梗长1-2厘米；花紫黄色；萼无毛；子房5室；花柱连合。果卵状球形，长约8毫米，具5棱；宿存花柱长约1.5毫米。花期6-7月，果期8-10月。

图 807 刺五加 （引自《图鉴》）

产黑龙江、吉林、辽宁、内蒙古、河北、山西、河南、陕西北部、甘肃南部、青海东南部、四川北部及云南东北部，生于海拔2000米以下灌丛中、林内或沟边。根皮（五加皮）及茎皮药用，可舒筋活血、祛风湿，治关节炎、风湿性腰痛、阳痿、遗精、遗尿；种子榨油，供制皂及工业用。

3. 藤五加

图 808 彩片 265

Eleutherococcus leucorrhizus Oliv. in Hook. Icon. Pl. 18. t. 1711. 1887.

Acanthopanax leucorrhizus (Oliv.) Harms; 中国植物志 54: 100. 1978.

灌木或蔓生状，高约4米。小枝无毛，节具向下锥形刺。小叶（3）5，纸质，长圆形、倒披针形或披针形，稀倒卵形，长6-14厘米，先端渐尖或长渐尖，基部楔形，具尖锐复锯齿，幼叶下面被柔毛，后脱落，无毛，侧

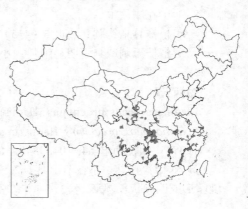

脉6-10对；叶柄长3-10厘米，小叶柄长3-6毫米。伞形花序单生枝顶，或数个簇生成伞房状，径4-5厘米，花序梗长4-10厘米。花梗长1-2厘米，无毛；花黄绿色；萼无毛，具5小齿；子房5室，花柱柱状。果卵球形，径5-7毫米，具5棱；宿存花柱长约1毫米。花期6-8月，果期8-11月。

产宁夏南部、甘肃、陕西、山西南部、河南、安徽、江苏南部、浙江、福建、江西、湖北、湖南、广西北部、贵州、云南东北部及四川，生于灌丛中、沟边或林缘。根皮及树皮药用，可除风湿、通关节、强筋骨。

4. 糙叶五加 图809 彩片266

Eleutherococcus henryi Oliv. in Hook. Icon. Pl. 18. t. 1711. 1887.

Acanthopanax henryi (Oliv.) Harms; 中国高等植物图鉴 2: 1036. 1972; 中国植物志 54: 102. 1978.

灌木，高达3米。枝疏生扁钩刺，向下弯曲，幼枝密被柔毛，后渐脱落。

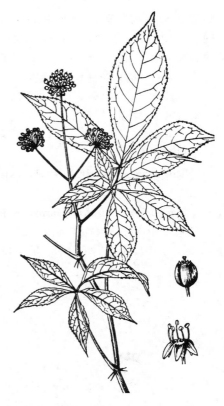

图 808 藤五加 （引自《中国树木志》）

小叶（3）5，纸质，椭圆形或倒披针形，稀倒卵形，长6-12厘米，先端尖或渐尖，基部窄楔形，中部以上具细齿，上面稍被糙毛，下面脉被柔毛，侧脉6-8对；叶柄长4-7厘米，密被粗毛，小叶柄长3-6毫米或近无柄。伞形花序数个簇生枝顶，径1.5-2.5厘米，花序梗长1.5-3.5厘米，被粗毛，后脱落。花梗长0.7-1.5厘米；萼稍被柔毛或无毛，具5小齿；子房3-5室，花柱柱状。果球形，径约8毫米，具4-5棱，黑色，宿存花柱长约2毫米。花期7-9月，果期9-10月。

产浙江、安徽、河南、湖北、四川、陕西及山西南部，生于海拔800-3200米林缘、灌丛中。

5. 乌蔹莓叶五加 图810

Eleutherococcus cissifolius (Griff. ex Seem.) Nakai, Chosen-shokubutsu 1: 420. 1914.

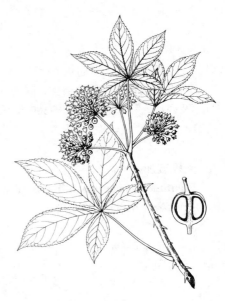

图 809 糙叶五加 （吴彰桦绘）

Aralia cissifolius Griff. ex Seem. in Journ. Bot. 6: 134. 1868.

Acanthopanax cissifolius (Griff. ex Seem.) Harms; 中国植物志 54: 89. 1978.

灌木，高约3米。小枝疏被短刺或无刺，幼时被柔毛。小叶（3）5，倒披针形、倒卵状披针形或长圆形，长3-8厘米，先端渐尖，基部楔形，单锯齿或复锯齿，上面无毛或疏被刚毛，下面初密被柔毛，后脱落；叶柄长4-12厘米，有时具刺，小叶柄长2-

5毫米。伞形花序单生，有时具1-2个腋生小伞形花序，径2-3厘米，花序梗长3-12厘米。花梗长0.8-1.5厘米，初被柔毛，后脱落；花黄绿色；萼筒倒圆锥形，无毛，全缘；子房（3-）5室，花柱（3-）5，离生。果球形，径约8毫米；宿存花柱长约2毫米。花期7月，果期10月。

产青海东部、西藏及云南西北部，生于海拔2500-3600米山地灌丛中。根皮治风湿、骨折。

6. 红毛五加 图811

Eleutherococcus giraldii (Harms) Nakai in Journ. Arn. Arb. 5(1): 9. 1924.

Acanthopanax giraldii Harms in Engl. Bot. Jahrb. 36: Beibl. 82: 80. 1905; 中国高等植物图鉴 2: 1035. 1972; 中国植物志 54: 91. 1978.

灌木。小枝密被向下针刺，稀无刺。小叶（3）5，倒卵形长圆形，稀卵形，长2.5-8厘米，基部楔形，具不整齐复锯齿，上面无毛或疏被刚毛，下面被柔毛，侧脉约5对；叶柄长3-7厘米，小叶近无柄。伞形花序单生枝顶，径1.5-3.5厘米，花序梗长0.5-1（2）厘米。花梗长0.5-1.5厘米，无毛或幼时被柔毛；花白色；萼筒近全缘，无毛；子房5室，花柱5，基部连合，顶端离生。果球形，径约8毫米，具5棱，黑色。花期6-7月，果期9-10月。

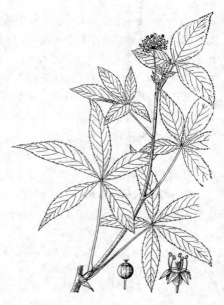

图 810 乌蔹莓叶五加 （引自《中国植物志》）

产青海、甘肃、宁夏南部、陕西、河南西部、湖北西部、四川、云南西北及西部，生于海拔1300-3500米山地灌丛中。根皮药用，可祛风湿、通关节、强筋骨。

7. 无梗五加 图812 彩片267

Eleutherococcus sessiliflorus (Rupr. et Maxim.) S. Y. Hu in Journ. Arn. Arb. 61(1): 109. 1980.

Panax sessiliflorus Rupr. et Maxim. in Bull. Phys.-Math. Acad. St. Pétersb. 15: 133. 1857.

Acanthopanax sessiliflorus (Rupr. et Maxim.) Seem.; 中国高等植物图鉴 2: 1037. 1972; 中国植物志 54: 115. 1978.

小乔木或灌木状。小枝

图 811 红毛五加 （冯晋庸绘）

无刺或疏被短刺。小叶3-5，纸质，倒卵形、长圆状倒卵形或长圆状披针形，长7-18厘米，具锯齿，近无毛，侧脉5-7对；叶柄长3-12厘米，有时被小刺，小叶柄长0.2-1厘米。头状花序5-6组成圆锥状，花序梗长0.5-3厘米，密被柔毛。花无梗；萼筒密被白色绒毛，具5小齿；花瓣紫色，初被柔毛；子房2室，花柱连合，顶端离生。果倒卵状球形，长1-1.5厘米，稍具棱，黑色；宿存花柱长2-3毫米。花期8-9月，果期9-10月。

产黑龙江、吉林、辽宁、内蒙古、河北、山西及山东东北部，生于海拔200-1000米林内、灌丛中。朝鲜有分布。根皮泡制"五加皮药酒"，可除风湿、健胃、利尿。

8. 五加 细柱五加　　　　　图813 彩片268

Eleutherococcus gracilistylus (W. W. Smith) S. Y. Hu in Journ. Arn. Arb. 61: 109. 1980.

Acanthopanax gracilistylus W. W. Smith in Notes Roy. Bot. Gard. Edinb. 10: 6. 1917; 中国高等植物图鉴 2: 1035. 1972; 中国植物志 54: 108. 1978.

灌木，有时蔓生状。小枝常下垂，无毛，节上疏生扁钩刺。小叶（3）5，倒卵形或倒披针形，长3-8厘米，具细钝齿，下面脉腋具淡黄或褐色簇生毛，沿脉疏被刚毛，侧脉4-5对；叶柄长3-8厘米，疏被细刺，小叶近无柄。伞形花序径约2厘米，腋生或2-3簇生短枝顶端，花序梗细，长1-4厘米。花梗细，长0.6-1厘米，无毛；花黄绿色；子房2室，花柱2，离生。果扁球形，径约6毫米，黑色，宿存花柱反曲。

图 812 无梗五加 （冯晋庸绘）

花期4-7月，果期6-10月。

产江苏南部、安徽、浙江、福建、江西、湖北、湖南、广东、广西、云南、贵州、四川、甘肃东部、陕西、河南及山西西南部，在东南沿海低海拔地带，四川中西部及云南西北部上达3000米，生于林内、灌丛中、林缘。为著名中药，称"五加皮"，可泡制"五加皮酒"，为强壮剂，可祛风湿、强筋骨、活血去瘀；嫩叶可作蔬菜，叶治皮肤风痒；树皮含芳香油；枝叶煮水液，可治棉蚜、菜虫。

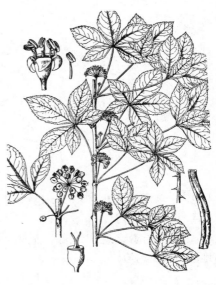

图 813 五加 （引自《中国药用植物志》）

9. 白勒　　　　　图814 彩片269

Eleutherococcus trifoliatus (Linn.) S. Y. Hu in Journ. Arn. Arb. 61: 110. 1980.

Zanthoxylum trifoliatum Linn. Sp. Pl. 270. 1753.

Acanthopanax trifoliatus (Linn.) Merr.; 中国高等植物图鉴 2: 1037. 1972; 中国植物志 54: 112. 1978.

灌木，常蔓生状。小枝细长，疏被钩刺。小叶3（4-5），卵形、椭圆状卵形或长圆形，长4-10厘米，先端尖或渐尖，基部楔形，具锯齿，无毛，或上面疏被刚毛，侧脉5-6对；叶柄长2-6厘米，有时疏被细刺，小叶柄长2-8毫米。伞形花序径1.5-3.5厘米，3-10组成顶生复伞形或圆锥状花序，花

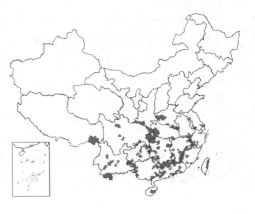

序梗长2-7厘米。花梗长1-2厘米,无毛;萼齿5,无毛;子房2室,花柱2,中部以上离生。果球形,侧扁,径约5毫米,黑色。花期8-11月,果期9-12月。

产江苏南部、安徽、浙江、福建、台湾、江西、湖北、湖南、广东、海南、广西、云南、西藏东南部、贵州、四川、陕西南部及河南,在东部低海拔,西部上达3300米,生于山坡、沟谷、林缘、灌丛中。印度、缅甸、越南及老挝有分布。根及根皮药用,可清热解毒、祛风湿、舒筋活血。

10. 匍匐五加 图815

Eleutherococcus scandens (Hoo) Ohashi in Journ. Jap. Bot. 62(12): 359. 1987.

Acanthopanax scandens Hoo in Acta Phytotax. Sin. Add. 1: 158. 1965; 中国植物志 54: 113.1978.

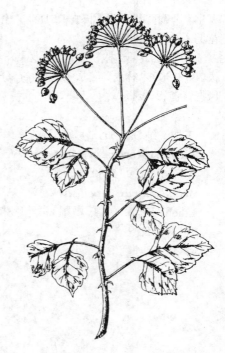

图 814 白勒 (引自《图鉴》)

蔓生灌木。小枝无刺或具不明显细刺,无毛。小叶(2)3,膜质,卵形或卵状椭圆形,侧生小叶菱状卵形,长4-7厘米,先端尖或渐尖,基部宽楔形或近心形,具复锯齿,齿端具刺毛,两面疏被刚毛,侧脉4-6对,明显;叶柄长2-5厘米,无毛,小叶无柄。伞形花序1-3顶生,花序梗长1-2厘米。苞片披针形,长约2毫米,小苞片锥形,长约1毫米;花梗长约8毫米,无毛;萼无毛,具5小齿;子房2室,花柱2,上部离生。果扁球形,径约8毫米,黑色。种子肾形,白色。花期6-7月,果期9-10月。

产安徽南部、浙江北部、福建西北部、江西北部及东部,生于低海拔地区山坡及沟边。

19. 幌伞枫属 Heteropanax Seem.

常绿灌木或乔木,无刺。二至五回羽状复叶;托叶与叶柄基部连合。花杂性;伞形花序组成总状或圆锥状花序,腋生花序具雄花,顶生花序具两性花;苞片及小苞片宿存。花梗无关节;萼筒具5小齿;花瓣5,镊合状排列;雄蕊5;子房2室,花柱2,离生。果扁球形或侧扁。种子扁;胚乳嚼烂状。

约8种,产亚洲南部及东南部。我国6种。多为观赏、药用及用材树种。

图 815 匍匐五加 (引自《浙江植物志》)

1. 小叶长5.5-13厘米;果扁球形,厚3-5毫米 ·························· 1. 幌伞枫 H. fragrans
1. 小叶长2.5-6厘米;果甚扁,厚1-2毫米 ·························· 2. 华幌伞枫 H. chinensis

1. 幌伞枫 图 816

Heteropanax fragrans (D. Don) Seem. Fl. Vit. 114. 1865.

Hedera fragrans D. Don, Prodr. Fl. Nepal. 187. 1825.

乔木, 高达30米, 胸径70厘米。三至五回羽状复叶, 长达1米; 小叶对生, 纸质, 椭圆形, 长5.5-13厘米, 先端短渐尖, 基部楔形, 全缘, 无毛, 侧脉6-10对; 叶柄长15-30厘米, 小叶柄甚短, 顶生小叶柄长1-2厘米。伞形花序密集成头状, 径约1.2厘米, 花序梗长1-1.5厘米, 总状排列, 组成顶生圆锥花序, 长达40厘米, 密被锈色星状绒毛, 后渐脱落。花梗长不及2毫米; 花萼、花瓣均被毛。果扁球形, 径约7毫米, 厚3-5毫米; 果柄长约8毫米。种子2, 扁平。花期10-12月, 果期翌年2-3月。

产云南、广西、广东及海南, 生于海拔1400米以下林中。木材供制家具等用; 根及树皮药用, 治烧伤、蛇伤、骨髓炎、骨折、扭伤、疮毒, 髓心可利尿。为优美观赏树种。

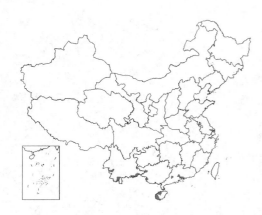

图 816 幌伞枫 (冯晋庸绘)

2. 华幌伞枫 图 817

Heteropanax chinensis (Dunn) Li in Sargentia 2: 95. f. 13. 1942.

Heteropanax fragrans (D. Don) Seem. var. *chinensis* Dunn in Journ. Linn. Soc. Bot. 38: 360. 1906.

灌木, 高达3米; 树皮灰色。幼枝密被锈色绒毛。三至五回羽状复叶, 长达60厘米; 小叶椭圆状披针形, 长2.5-6厘米, 先端长渐尖, 基部楔形, 上面有光泽, 下面灰白色, 全缘, 微反卷, 侧脉约6对; 叶柄长15-30厘米。伞形花序径约2厘米, 总状排列, 组成圆锥花序, 长约30厘米, 密被锈色毛, 分枝长约7厘米; 花序梗长1-1.5厘米。花梗长约4毫米; 花黄色, 芳香; 花萼、花瓣均被锈色绒毛。果扁球形, 厚1-2毫米, 长约8毫米; 宿存花柱长约2毫米, 离生; 果柄长约1厘米。花期10-11月, 果期翌年1-2月。

图 817 华幌伞枫 (引自《图鉴》)

产贵州南部、云南南部及广西南部, 生于低海拔林内或灌丛中。根及树皮药用, 治疗疮及跌打损伤。

20. 总序羽叶参属 Parapentapanax Hutch.

常绿乔木，植株无刺。一回羽状羽叶，小叶具柄；柄内具小托叶。花两性或杂性；总状花序组成顶生圆锥花序，花序基部具覆瓦状芽鳞。花梗具关节；花萼具5小齿；花瓣5，覆瓦状排列；雄蕊5；子房5室。果球形，具5棱。胚乳均匀。

约3种，产喜马拉雅山区及新加里多尼亚。我国2种。

总序羽叶参　　　　　　　　　　　　　　图818

Parapentapanax racemosus (Seem.) Hutch. Gen. Fl. Pl. 2: 56. 1967.

Pentapanax racemosus Seem. in Journ. Bot. 2: 295. 1864; 中国植物志 54: 143. 1978.

常绿乔木，高达20米。羽状复叶具小叶5，卵状长圆形，长6-15厘米，基部圆或近心形，近全缘或疏生不明显锯齿，无毛，侧脉约8对，明显；叶柄长10-30(-40)厘米，小叶柄长0.4-2.5厘米，顶生小叶柄长达4厘米。圆锥花序长达50厘米，顶生，序轴及分枝稍被柔毛，每分枝具多数总状花序。花梗长1-2毫米；萼无毛，长约1毫米，具5小齿；花瓣5，三角状卵形，淡绿色，长约1毫米；雄蕊5，与花瓣

图 818　总序羽叶参　（引自《云南植物志》）

等长；子房5，花柱5，中部以下连合，上部离生。果近球形，径约4毫米，稍具5棱；果柄长3-4毫米。花期6-7月，果期8月。

产西藏南部及云南，生于海拔1700-2600米林中。锡金及印度有分布。

21. 羽叶参属 Pentapanax Seem.

落叶乔木或灌木，有时蔓生状，无刺。羽状复叶，稀单叶，全缘或具齿；托叶微小或不明显。花序由花芽发育而成，花序茎部具宿存芽鳞；花两性或杂性；伞形花序组成圆锥状或数个成总状，有时多数花轮生于序轴。花梗近顶端具关节；花萼具5小齿；花瓣5(-7)，覆瓦状排列；雄蕊5(-7)；子房(3-)5(-8)室；花柱连成柱状或离生。果球形，具纵棱。种子侧扁，胚乳均匀。

约18种，主产东南亚，少数分布于中美洲。我国14种。

1. 叶或小叶全缘或具不明显细齿。
　2. 单叶，下面粉白色 ·· 1. 粉背羽叶参 P. hypoglaucus
　2. 羽状复叶，小叶3-5，稀单叶。
　　3. 伞形花序2-8组成总状，花序具梗 ······················· 2. 寄生羽叶参 P. parasiticus
　　3. 花序轴上部的花常轮生，花序无梗，序轴下部数个伞形花序具梗 ·········· 3. 轮伞羽叶参 P. verticillatus
1. 小叶具锯齿（羽叶参之全缘叶变种除外）。
　4. 花序组成总状或圆锥状，具序轴。
　　5. 花序及小叶无毛或近无毛；叶侧脉4-6对。

6. 一至二回羽状复叶，每羽片具小叶5-7，卵形或近圆形，长3-6厘米；花柱离生 ························
·························· 4. 圆叶羽叶参 **P. caesius**

6. 一回羽状复叶，小叶（3）5，宽卵形或长圆状卵形，长5-9厘米；花柱连成柱状 ····························
·························· 4(附). 云南羽叶参 **P. yunnanensis**

5. 花序及小叶常被毛；叶侧脉7对以上。

　7. 花柱基部连合，顶端5裂，或全部离生 ·················· 5. 马肠子树 **P. tomentellus**

　7. 花柱连成柱状。

　　8. 小叶3-5，下面脉腋具簇生毛；花序分枝具1-4伞形花序 ·················· 6. 锈毛羽叶参 **P. henryi**

　　8. 小叶5-7，近无毛；花序分枝顶生1伞形花序 ·················· 6(附). 台湾羽叶参 **P. castanopsisicola**

4. 花序组成伞房状，无序轴或序轴长1-2厘米，花柱连成柱状。

　9. 伞形花序2-6组成复伞形花序 ·················· 7. 羽叶参 **P. fragrans**

　9. 伞形花序单生，具长梗，不分枝 ·················· 7(附). 长梗羽叶参 **P. longipedunculatus**

1. 粉背羽叶参　湖南参　　　　　　　　　　图 819

Pentapanax hypoglaucus (C. J. Qi et T. R. Cao) Shang et X. P. Li in Preceed. Int. Sym. Bot. Gard. 627. 1990.

Hunaniopanax hypoglaucus C. J. Qi et T. R. Cao in Acta Phytotax. Sin. 26(1): 47. f. 1. 1988.

灌木，常附生树干。茎无刺。小枝无毛。单叶互生，薄纸质，椭圆形或卵状椭圆形，稀近圆形，长7-11厘米，先端微钝，基部圆或宽楔形，全缘，下面粉白色，无毛，侧脉5-6对，明显；叶柄长1.5-4.5厘米，近顶端具关节。伞形花序3-6组成复伞形，无总梗，花序轴基部具多数宿存芽鳞。花梗长0.6-1.2厘米，疏被锈色腺毛；萼筒具5小齿；花瓣5，白色；雄蕊5；子房5室，花柱连成短柱状。果扁球形，径约4毫米，具纵棱。花期9-10月。

图 819 粉背羽叶参 （引自《植物分类学报》）

产湖南西南部及广西东北部，生于海拔800-1400米密林中，常附生树干。

2. 寄生羽叶参　　　　　　　　　　图 820

Pentapanax parasiticus (D. Don) Seem. in Journ. Bot. 2: 296. 1864.

Hedera parasitica D. Don, Prodr. Fl. Nepal. 188. 1825.

蔓生灌木，有时附生于树干。羽状复叶，小叶3-5，有时单生，小叶膜质，卵形或卵状披针形，长3-7厘米，全缘，无毛，侧脉6-8对；叶柄长3-6厘米，小叶柄长3-5毫米，无毛。圆锥花序顶生，长不及10厘米，伞形花序2-8组成总状，伞形花序径2-3厘米，花序梗长1-4厘米。花梗细，长0.8-1.5厘米，无毛；花红色；萼无毛，具5小齿；子房5室，花柱连成柱状。果卵球形，径约5毫米，宿存花柱长1.5-2毫米。花期9-10月，果期11-12月。

产四川中南部、云南西北部及西藏，生于海拔2500米以下灌丛中或附生树干。印度及尼泊尔有分布。

3. 轮伞羽叶参　　　　　　　　　　　　图 821

Pentapanax verticillatus Dunn in Journ. Linn. Soc. Bot. 35: 498. 1903.

灌木，高达5米。小枝无毛。3小叶复叶，稀单叶，叶薄革质，卵形或卵状椭圆形，长5-8厘米，先端尖，基部宽楔形或圆，全缘，下面被白粉，侧脉6-8对，明显；叶柄长3-5厘米，小叶柄长约5毫米，基部具关节。圆锥花序顶生，序轴长6-10厘米，被红锈色绒毛，基部常着生数个伞形花序，花序具梗，上部花轮生于序轴上，花序无梗；伞形花序径1.5-2厘米，花多数。花紫红色；花梗细，长6-8毫米，

萼无毛，具5小齿；子房5室；花柱连成柱状。果球形，紫红色，径约5毫米；果柄密被红锈色毛。花期6-11月，果期翌年1-2月。

产云南及广西西部，生于海拔1200-2000米林中。越南北部有分布。

4. 圆叶羽叶参　　　　　　　　　　　　图 822

Pentapanax caesius (Hand.-Mazz.) Shang in Journ. Nan. Inst. For. 2: 26. 1985.

Aralia caesius Hand.-Mazz. Symb. Sin. 7: 702. 1933.

小乔木或灌木状；无刺，全株无毛。一至二回羽状复叶长10-25厘米，每羽片具5-7小叶，基部具1对小叶；小叶纸质，卵形或近圆形，长3-6厘米，基部圆或平截，具细齿，下面灰白色，侧脉4-6对，两面隆起；叶柄长2.5-9厘米，小叶柄长0.2-1厘米，顶生小叶柄长达3厘米。圆锥花序长达30厘米，总状分枝，伞形花序径2-2.5厘米，序梗长1.5-4厘米。花梗长约1厘米；花柱5，离生。果球形，

具5棱，径4-6毫米，黑色。花期5-6月，果期8-9月。

产四川西南部、云南西北及北部，生于海拔2100-3000米灌丛、石缝中或林缘。

[附] **云南羽叶参 Pentapanax yunnanensis** Franch. in Journ. de Bot.

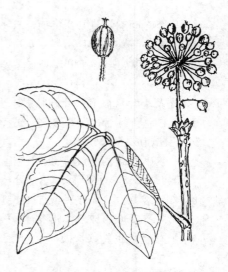

图 820　寄生羽叶参　（向其柏绘）

图 821　轮伞羽叶参　（张世经绘）

图 822　圆叶羽叶参　（引自《中国树木志》）

10: 305. 1896. 本种的特征：一回羽状复叶，小叶（3）5，宽卵形或长圆状卵形，长5-9厘米，侧脉约6对，小叶柄甚短；花柱连成柱状。产云南西北及西部，生于海拔1200-1500米林中。根皮及树皮治骨折。

5. 马肠子树

图 823

Pentapanax tomentellus (Franch.) Shang in Journ. Nan. Inst. For. 2: 24. 1985.

Aralia tomentella Franch. in Journ. de Bot. 10: 304. 1896.

图 823 马肠子树 （引自《中国植物志》）

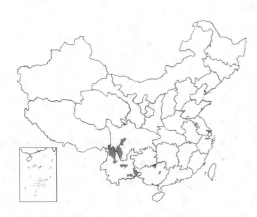

小乔木，高达8米。小枝被星状绒毛，后脱落。羽状复叶，小叶（3）5，卵形或长圆状卵形，顶生小叶椭圆形，长6-14厘米，先端骤渐尖或尖，基部圆或心形，稀宽楔形，具锯齿，下面被锈褐色柔毛，或无毛，脉腋具簇生毛，侧脉6-8对；叶柄长8-12厘米，小叶柄长约5毫米。圆锥花序顶生，长达30厘米，密被锈色柔毛，伞形花序3-8，径0.8-2厘米，总状排列，花序梗长1-4厘米。花梗长3-8毫米；花白色；萼具5小齿；子房5室，花柱基部连合，顶端5裂或全部离生。果球形，径3-4毫米；宿存花柱顶端反曲。花期8-10月，果期9-11月。

产广西、云南及四川西南部，生于1200-3000米林中。根皮药用；嫩叶可作蔬菜。

6. 锈毛羽叶参

图 824

Pentapanax henryi Harms in Engl. Bot. Jahrb. 23: 21. 1896.

图 824 锈毛羽叶参 （冯晋庸绘）

小乔木或灌木状。幼枝被锈色绒毛。羽状复叶，小叶3-5，卵状长圆形或卵状披针形，顶生小叶椭圆形，长5-14厘米，基部楔形，稀圆，具锐齿，下面脉腋具簇生毛，侧脉8-12对；叶柄长8-12厘米，小叶柄长0.5-3厘米。圆锥花序长12-25厘米，被锈色或黄褐色柔毛，侧枝具1-4伞形花序，伞形花序径1-2厘米。花梗长0.5-1厘米；子房5室，花柱连成柱状，顶端不裂。果球形，径5-6毫米；宿存花柱长2-3毫米。花期10-11月，果期11-12月。

产云南、贵州、四川、湖北西部、安徽、浙江及江西北部，生于海拔1200-2000米山地疏林中或石山坡地。根皮药用，治膀胱炎。

[附] 台湾羽叶参 Pentapanax castanopsisicola Hayata, Ic. Pl. Formos. 5: 74. pl. 8. f. 15. 1915. 本种与锈毛羽叶参的主要区别：小叶5-7，锯齿细密，近无毛，侧生小叶几无柄；花序分枝顶端常单生1伞形花序，径约2.5厘米，具花约50朵；果扁球形，径

约3毫米。产台湾阿里山，生于海拔约1800米林中，附生树上。

7. 羽叶参 五叶参 图825

Pentapanax fragrans (Roxb. ex D. Don) Ha in Probl. Comp. Morfol. Serm. Plant. (Leningrad) 76. 1975.

Hedera fragrans Roxb. ex D. Don. Prodr. Fl. Nepal. 187. 1825.

Pentapanax leschenaultii (Wight et Arn.) Seem.; 中国高等植物图鉴 2: 1040. 1972; 中国植物志 54: 147. 1978.

图 825 羽叶参 （冯晋庸绘）

小乔木，或藤状灌木。羽状复叶，小叶3-5，椭圆状卵形，长6-12厘米，具刺毛状锯齿，侧脉6-10对；叶柄长10-15厘米，小叶柄长0.3-1厘米。伞房状圆锥花序，顶生，长8-15厘米，序轴长1-2厘米；分枝8-12，每分枝具2-6(8)伞形花序，被柔毛，伞形花序径2-2.5厘米，序梗长1-3厘米。花梗长0.5-1厘米；花白色；萼具5小齿；花柱连成柱状。果卵球形，径3-4毫米，具5棱，宿存花柱长1.5-2毫米。花期7-8月，果期9-10月。

产西藏南部、四川西南部及云南，生于海拔2000-3300米林缘、沟谷或灌丛中。印度、锡金及缅甸有分布。

[附] **长梗羽叶参 Pentapanax longipedunculatus** N. S. Bui in Adansonia 2(3): 392. 1969. 本种与羽叶参的主要区别：灌木；小叶5-7，椭圆状披针形、卵形或卵状披针形，具细锯齿；7-20个伞形花序组成伞房状，花序梗长4-10.5厘米，花梗长1-1.5厘米。产云南南部，生于海拔1800-2300米密林中。越南有分布。

22. 楤木属 Aralia Linn.

小乔木或灌木，具刺，稀多年生草本，具软刺或无刺。一至三回羽状复叶，叶轴具关节；托叶与叶柄基部连合，顶端离生，稀不明显。花芽为混合芽；花两性或杂性；伞形花序，稀头状花序，组成圆锥状或伞房状花序，花序基部常无宿存芽鳞。花梗具关节；萼筒具5小齿；花瓣5，覆瓦状排列；雄蕊5，花丝细长；子房（2-4）5室，花柱长（2-）5，离生或基部连合。核果或浆果状，具棱。种子扁；胚乳均匀。

约40种，主产亚洲东南部，少数产北美及中美洲。我国29种。药用植物；嫩枝叶可作蔬菜。

1. 小乔木或灌木，小枝具刺。
  2. 花无梗；头状花序组成圆锥状花序 ························· 1. 头序楤木 A. dasyphylla
  2. 花具梗；伞形花序组成圆锥状花序。
    3. 圆锥状花序序轴长10厘米以上，一级分枝成总状排列。
      4. 叶轴及花序轴具扁刺。
        5. 叶轴及花序轴密被针状刺毛，兼有扁刺；小叶两面被刺毛 ··············· 2. 长刺楤木 A. spinifolia
        5. 叶轴及花序轴无刺毛，疏生扁刺；小叶下面密被柔毛，两面脉上疏被刺毛；果径约4毫米 ·············
        ··· 3. 虎刺楤木 A. armata
      4. 叶轴及花序轴无刺，或疏生刺但不为扁刺。
        6. 小枝密被黄褐色细长刺；花序被锈色鳞片状毛；小叶无毛，下面灰白色 ·············

.... 4. 棘茎楤木 **A. echinocaulis**

　　6. 小枝疏生粗短刺；花序被长柔毛、粗毛或糙毛；小叶被毛，下面非灰白色。

　　　　7. 顶生伞形花序径1-1.5厘米；花梗长4-8毫米；小叶长5-13厘米，侧脉7-10对 ....

.... 5. 楤木 **A. chinensis**

　　　　7. 顶生伞形花序径2-3厘米；花梗长0.8-1.5厘米。

　　　　　　8. 小叶及花序密被黄褐色绒毛；伞形花序具30-50花 .... 6. 黄毛楤木 **A. decaisneana**

　　　　　　8. 小叶及花序密被黄灰或灰色柔毛；伞形花序具15-20花 .... 6(附). 云南楤木 **A. thomsonii**

　3. 圆锥花序序轴长不及10厘米，一级分枝成伞房状排列。

　　　9. 小叶具波状或钝圆锯齿，下面灰白色。

　　　　10. 小枝具粗刺，长不及2毫米；圆锥花序分枝顶端具复伞形花序，下面具3-8伞形花序，组成总状 ....

.... 7. 波缘楤木 **A. undulata**

　　　　10. 小枝具扁刺，刺长约6毫米；圆锥花序分枝顶端单生伞形花序，其下具1-3伞形花序 ....

.... 7(附). 台湾楤木 **A. bipinnata**

　　　9. 小叶具细锯齿或疏生锯齿，下面灰绿色 .... 8. 辽东楤木 **A. elata**

1. 多年生草本，无刺或具软刺。

　11. 小叶长1-3.5厘米，具深缺刻及重锯齿；伞房状圆锥花序 .... 9. 芹叶龙眼独活 **A. apioides**

　11. 小叶长4-15厘米，具粗锯齿或重锯齿。

　　12. 圆锥花序长达50厘米，伞形花序径1.5-2.5厘米；花白色，花梗长1-1.2厘米，萼无毛 ....

.... 10. 食用土当归 **A. cordata**

　　12. 伞房状圆锥花序，伞形花序径1-1.5厘米；花紫色，萼筒疏被糙毛 .... 11. 龙眼独活 **A. fargesii**

1. 头序楤木 毛叶楤木 　　　　　　　　　　　图 826

Aralia dasyphylla Miq. in Fl. Ind. Bat. 1: 751. 1855.

小乔木。小枝刺长约5毫米，幼枝密被黄褐色绒毛。二回羽状复叶，长达70厘米，羽片具7-9小叶，薄革质，卵形或长圆状卵形，长5.5-11厘米，先端渐尖，基部圆或心形，具细锯齿，上面粗糙，下面密被褐色绒毛，侧脉7-9对；叶柄长约30厘米，有刺或无刺，小叶无柄，顶生小叶柄长达4厘米，密被黄褐色绒毛。头状花序，径约5毫米，花序梗长0.5-1.5厘米，组成圆锥状花序，长达50厘米，密被黄褐色绒毛。

图 826 头序楤木 （冯晋庸绘）

花无梗；萼无毛，具5小齿；子房5室；花柱5，离生。果球形，径约3.5毫米，紫黑色，具5棱。花期8-10月，果期10-12月。

　　产河南、安徽南部、浙江、福建、湖北西南部、湖南、四川、贵州、广东及广西，生于海拔1000米以下林缘、阳坡灌丛中。越南、印度尼西亚及马来西亚有分布。

2. 长刺楤木 　　　　　　　　　　　　图 827

Aralia spinifolia Merr. in Philipp. Journ. Sci. Bot. 15: 294. 1919.

灌木，高达3米。小枝密被针状刺毛，长2-4毫米，疏生扁刺，长0.2-

1厘米。二回羽状复叶，叶柄、叶轴及羽片轴均密被刺及刺毛；羽片具

5-9小叶,薄纸质,长圆状卵形或卵状椭圆形,长7-11厘米,先端渐尖或长渐尖,基部圆,具不整齐锯齿或复锯齿,齿端具小尖头,两面被刺及刺毛,下面较密,侧脉5-7对;侧生小叶近无柄。圆锥花序长达35厘米,密被刺及刺毛,伞形花序径约2.5厘米,花序梗长1-6厘米。花梗长1-1.5厘米。果卵球形,长约5毫米,黑褐色,具5棱;宿存花柱长约5毫米,中上部离生。花期8-10月,果期10-12月。

产浙江南部、福建、江西、湖南西南部、广东及广西,生于海拔1000米以下林缘、荒山、荒地。根治头昏、头痛、吐血、血崩、风湿、跌打损伤。

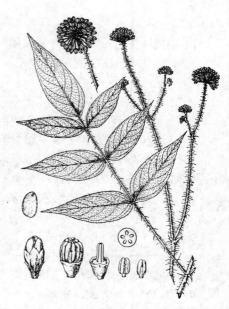

图 827 长刺楤木 (引自《图鉴》)

3. 虎刺楤木　　　　　　　　　　图 828

Aralia armata (Wall. ex G. Don) Seem. in Journ. Bot. 6: 134(Revis. Heder. 91.) 1868.

Panax armatum Wall. ex G. Don Gen. Hist. 3: 386. 1834.

灌木;多刺,刺长4毫米以下,顶端弯曲,基部宽扁。三回羽状复叶,长达1米,叶轴及羽叶轴疏生细刺;羽片具5-9小叶,纸质,长圆状卵形,长4-11厘米,先端渐尖,基部圆或心形,具细齿或不整齐锯齿,两面脉上疏被刺毛,下面密被柔毛,后渐脱落,侧脉约6对。圆锥花序长达50厘米,序轴及分枝疏生弯刺,伞形花序径2-4厘米,花序梗长1-5厘米。花梗长1-1.5厘米,被细刺及柔毛。果球形,径约4毫米,具5棱。花期8-10月,果期9-11月。

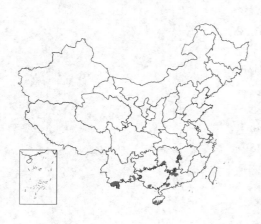

产云南南部、贵州、广西、海南、广东、湖南及江西西部,生于海拔

图 828 虎刺楤木 (冯晋庸绘)

1400米以下林缘或灌丛中。锡金、印度、缅甸及越南有分布。根皮药用,治肝炎、肾炎、前列腺炎、乳腺炎。

4. 棘茎楤木　　　　　　　　　　图 829

Aralia echinocaulis Hand.-Mazz. Symb. Sin. 7: 704. t. 11. f. 8. 1933.

小乔木。小枝密被黄褐色细刺,刺长0.7-1.4厘米。二回羽状复叶,羽片具5-9小叶,薄纸质,长圆状卵形或卵状披针形,长4-12厘米,疏生细齿,无毛,下面灰白色,侧脉6-9对,中脉及侧脉在下面常带紫红色;叶柄长达40厘米,无刺或疏生刺,小叶近无柄。圆锥花序长达50厘米,紫褐色,被锈色鳞片状毛;伞形花序径1-3厘米,花序梗长1-5厘米。花梗长0.8-3厘米;花白色;萼无毛,具5小齿;花柱5,离生。果球形,径约3毫米,具5棱;宿存花柱长1-1.5毫米,

基部连合，顶端反曲。花期6-8月，果期9-11月。

产安徽、浙江、福建、江西、湖北、湖南、广东、广西、贵州、云南及四川，生于东部海拔1200米以下，西部海拔2600米以下林缘或灌丛中。根皮药用，可健胃、止痛。

图 829 棘茎楤木 (冯晋庸绘)

5. 楤木 图830

Aralia chinensis Linn. Sp. Pl. 273. 1753.

小乔木或灌木状；干皮疏被粗短刺。小枝被黄褐色绒毛，疏生细刺。二至三回羽状复叶，长达1.1米；羽片具5-11（13）小叶，小叶卵形、宽卵形或长卵形，长5-13厘米，具锯齿，上面疏被糙毛，下面被淡黄褐或灰色柔毛，侧脉7-10对；小叶近无柄，顶生小叶柄长达3厘米。圆锥花序长达60厘米，密被淡黄褐或灰色柔毛，伞形花序径1-1.5厘米，花序梗长1-4厘米。花梗长4-6毫米，被柔毛；花白色；萼无毛；花柱5，离生或基部连合。果球形，径约3毫米，黑色；宿存花柱长约1.5毫米。花期7-9月，果期9-12月。

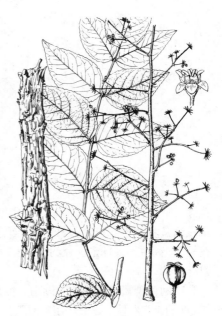

图 830 楤木 (冯晋庸绘)

产甘肃东南部、陕西南部、山西南部、河北、河南、山东、江苏、安徽、浙江、福建、江西、湖北、湖南、广东、广西、贵州、四川、云南及西藏东南部，生于东部低海拔地区至西部海拔2700米以下林缘、灌丛中。种子含油量约21%；根皮及树皮药用，可治肝炎、胃炎、肾炎、风湿痛、跌打损伤、骨折、糖尿病。

6. 黄毛楤木 图831 彩片270

Aralia decaisneana Hance in Ann. Sci. Nat. Bot. 5: 215. 1866.

灌木。小枝密被黄褐色绒毛，具细刺。二回羽状复叶，长达1.2米，叶轴及羽片轴密被黄褐色绒毛；羽片具7-13小叶，革质，卵形或长圆状卵形，长7-15厘米，先端渐尖或尾尖，基部圆，稀近心形，具细尖齿，两面密被黄褐色绒毛，侧脉6-8对。圆锥花序长达60厘米，密被黄褐色绒毛，疏生细刺，伞形花序径约2.5厘米，具30-50花，花序梗长2-4厘米，花梗长0.8-1.5厘米，密被绒毛；花淡绿白色；萼无毛；花柱5，基部连合，上部离生。果球形，径约4毫米，具5棱，黑色。花期9-10月，果期11-12月。

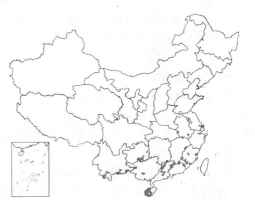

产安徽南部、福建、江西、湖北东部、广东、海南、广西、贵州、云南南部及东南部，生于海拔1200米以下阳坡或疏林地。根皮药用，治风湿痛、肝炎及肾炎。

[附] **云南楤木 Aralia thomsonii** Seem. in Journ. Bot. 6: 134. (Revis. Heder. 91.) 1868. 本种与黄毛楤木的主要区别：小枝密被黄灰或灰色长柔毛，具粗刺；二至三回羽状复叶，叶轴及羽片轴密被长柔毛，小叶椭圆形或卵状长圆形，具细锯齿或近全缘，两面密被柔毛，侧脉8-10对；伞形花序具15-20花；花梗密被柔毛。产云南南部及广西西部，生于海拔1000-2100米山坡、林缘或沟边。印度、缅甸及越南有分布。

图 831 黄毛楤木 （冯晋庸绘）

7. 波缘楤木

Aralia undulata Hand.-Mazz. Symb. Sin. 7: 705. t. 12. f. 6. 1933.

小乔木。小枝具粗刺，刺长不及2毫米。二回羽片复叶，羽片具5-15小叶，纸质，卵形或卵状披针形，长5-14厘米，先端长渐尖或尾尖，基部圆，具波状齿，齿具小尖头，侧脉7-9对，两面隆起，下面灰白色；叶柄无毛，疏生短刺，小叶柄长3-8毫米，顶生者长达4.5厘米。伞房状圆锥花序，序轴长达10厘米，分枝长达55厘米，具总状二级分枝，分枝顶端具3-5伞形花序，其下有3-8个总状排列的伞形花序，伞形花序径0.5-1厘米，花序梗长0.5-2厘米。花梗长2-5毫米，被褐色鳞片状粗毛；苞片披针形，长约3毫米；花白色；萼无毛，具5小齿；花柱5，离生。果球形，径约3毫米，黑色，具5棱。花期6-8月，果期10月。

产河南西南部、四川、湖南、贵州、广西、广东北部及浙江，生于海拔800-1500米林中。根药用，治跌打损伤、闭经痛经。

[附] **台湾楤木** 图 832 **Aralia bipinnata** Blanco, Fl. Filip. 222. 1837. 本种与波缘楤木的区别：小枝疏生扁刺，长约6毫米；小叶具波状或钝圆锯齿；花序顶端单生伞形花序，其下有1-3个总状排列的小伞形花序。产台湾（阿里山），生于海拔200-2100米林中空地、林缘或采伐迹地。

图 832 台湾楤木 （引自《Formos. Trees》）

8. 辽东楤木　　　　　　　　　图 833 彩片 271

Aralia elata (Miq.) Seem. in Journ. Bot. 6: 134(Revis. Heder. 90.) 1868.
Dimorphanthus elata Miq. Comm. Phytogr. 95. t. 12. 1840.

小乔木或灌木状。小枝疏被细刺，刺长1-3毫米。二至三回羽状复叶，叶轴及羽片基部被短刺；羽片具7-11小叶，宽卵形或椭圆状卵形，长5-15厘米，基部圆或心形，稀宽楔形，具细齿或疏生锯齿，两面无毛或沿脉疏被柔毛，下面灰绿色，侧脉6-8对；叶柄长20-40厘米，无毛，小叶柄长3-

5毫米,顶生者长达3厘米。伞房状圆锥花序,长达45厘米,序轴长2-5厘米,密被灰色柔毛,伞形花序径1-1.5厘米,花序梗长0.4-4厘米。花梗长6-7毫米;苞片及小苞片披针形。果球形,径约4毫米,黑色,具5棱。花期6-8月,果期9-10月。

产黑龙江、吉林、辽宁、河北、山东、河南北部及安徽西部,生于海拔1000米以下荒地或林缘。嫩芽可作蔬菜;根皮药用,祛风湿、活血、安神、滋肾;种子榨油供工业用。

9. 芹叶龙眼独活 图834

Aralia apioides Hand.-Mazz. Symb. Sin. 7: 701. t. 11. f. 7. 1933.

图 833 辽东楤木 (冯晋庸绘)

多年生草本,高达1.5米;具匍匐根茎。茎粗壮,具纵沟。一至二回羽状复叶,羽片具3-9小叶,膜质,卵形或长卵形,长1-3.5厘米,顶生小叶先端长渐尖,基部心形或楔形,侧生小叶先端钝,基部稍歪斜,具缺刻及重锯齿,上面无毛或稍被糙毛,下面被鳞片状毛,侧脉4-5对;小叶柄长0.1-1.5厘米。伞房状圆锥花序,顶生及腋生,长达30厘米,疏被柔毛或近无毛,伞形花序径约1厘米,具5-12花,花序梗长1.5-3厘米。花梗长1-4毫米;萼无毛,具5小钝齿;子房(3)5室;花柱(3-)5,离生。果近球形,径约4毫米,具(3)5棱,黑色。花期6月,果期8月。

产云南西北部及四川西南部,生于海拔3000-3500米山坡灌丛中或林下。

图 834 芹叶龙眼独活 (引自《中国树木志》)

10. 食用土当归 土当归 图835

Aralia cordata Thunb. Fl. Jap. 127. 1784.

多年生草本,高达3米;根茎长圆柱状。茎粗壮。二至三回羽状复叶;托叶和叶柄基部连合,离生部分锥形,长约3毫米,边缘具纤毛;羽片具3-5小叶,小叶长卵形或长圆状卵形,长4-15厘米,先端骤尖,基部圆或心形,具粗锯齿,上面无毛,下面脉上疏被柔毛,侧脉6-8对;小叶柄长达2.5厘米,顶生者长达5厘米。圆锥花序顶生及腋生,长达50厘米,稀疏,分枝具数个总

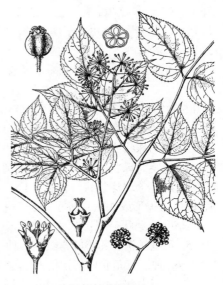

图 835 食用土当归
(引自《中国药用植物志》)

状排列的伞形花序，伞形花序径1.5-2.5厘米，花序梗长1-5厘米。花梗长1-1.2厘米，被柔毛；花白色；萼无毛；花柱5，离生。果球形，径约3毫米，具5棱，宿存花柱长约2毫米，离生或基部连合。花期7-8月，果期9-10月。

产河北、安徽南部、浙江、福建、台湾、江西、广西东北部、湖北西部、贵州东南部及四川，生于海拔900-1600米林下或草丛中。根药用，治风湿及腰膝疼痛、牙痛、头痛。

11. 龙眼独活 图 836 彩片 272

Aralia fargesii Franch. in Journ. de Bot. 10: 303. 1896.

多年生草本，地下茎径1-2厘米，长20-30厘米。茎上部具一至二回羽状复叶，下部具二至三回羽状复叶；羽片具3-5小叶，小叶膜质，宽卵形或长圆状卵形，长8-15厘米，先端渐尖或长渐尖，基部心形，具锯齿，两面脉上被糙毛，下面沿脉被柔毛，侧脉5-6对。伞房状圆锥花序顶生及腋生，伞形花序在分枝上总状排列，径1-1.5厘米，具10-20花，花序梗长1.5-6厘米。花梗长2-5毫米，被糙毛；花紫色；萼筒疏被糙毛。果近球形，长约5毫米，具5棱，黑色。花期7-8月，果期10-11月。

产陕西南部、湖北西部、四川、云南及西藏南部，生于海拔1800-2800

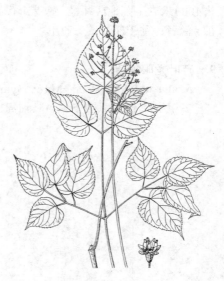

图 836 龙眼独活 （引自《中国树木志》）

米山谷、山坡疏林或灌丛中。根治小儿痘疮、跌打损伤、头痛头晕及腰痛。

23. 人参属 Panax Linn.

多年生草本；根茎肉质，纺锤状、竹节状或念球状。茎单生，直立，基部具鳞片。掌状复叶，轮生于茎端，小叶3-5（7），具锯齿。花两性或杂性；伞形花序，常单生枝顶。花梗近顶端具关节；萼筒具5小齿；花瓣5，覆瓦状排列；雄蕊5，花丝短；子房下位，2（3-5）室，每室1胚珠，花柱2（3-5），离生或基部连合。果浆果状。种子2-3，胚乳均匀。

约8种，产北美、亚洲东部及喜马拉雅山区。我国6种，引种栽培1种。

1. 根茎竹鞭状或念珠状；种子卵球形，长3-5毫米，径2-4毫米。
  2. 根茎竹鞭状；小叶倒卵状椭圆形或长椭圆形 ························· 1. **竹节参 P. japonicus**
  2. 根茎念珠状或念珠疙瘩状。
    3. 根茎念珠状；小叶倒卵状椭圆形或椭圆形，不裂 ··············· 1(附). **珠子参 P. japonicus var. major**
    3. 根茎念珠疙瘩状，稀竹鞭状；小叶羽状分裂 ············· 1(附). **羽叶三七 P. japonicus var. bipinnatifidus**
1. 根茎纺锤形或块状；种子径5-8毫米。
  4. 小叶非羽状分裂；花柱2（3），离生，或顶端离生。
    5. 根茎纺锤状；小叶常具柄；种子三角状卵形或侧扁。
      6. 种子三角状卵形，稍3棱，厚5-6毫米；小叶倒卵形或倒卵状椭圆形；伞形花序具80-100花，花柱连合至中部 ·· 2. **三七 P. notoginseng**
      6. 种子侧扁，厚2-2.5毫米；小叶椭圆形或长圆形，若为倒卵形，先端长渐尖；伞形花序具20-50花，花柱离生至基部。

    7. 花序梗长15-30厘米；小叶上面疏被刺毛，具细密锯齿 ┈┈┈┈┈┈┈┈┈┈┈ 3. 人参 **P. ginseng**

    7. 花序梗与叶柄等长或近等长；小叶沿叶脉疏被刺毛或无毛，具粗锯齿 ┈┈ 3(附). 西洋参 **P. quinquefolius**

  5. 根茎姜状块根；小叶无柄或近无柄；种子三角状半球形 ┈┈┈┈┈┈┈┈┈ 3(附). 姜状三七 **P. zingiberensis**

4. 小叶羽状分裂，上面沿脉疏被刺毛；根茎块状纺锤形；花柱2，连成柱状；种子近球形 ┈┈┈┈┈
┈┈┈┈┈┈┈┈┈┈┈┈┈┈┈┈┈┈┈┈┈┈┈┈┈┈┈┈┈┈ 3(附). 屏边三七 **P. stipuleanatus**

1. 竹节参　　　　　　　　　　　　图837

Panax japonicus C. A. Mey. in Rep. Pharm. Prakt. Chem. Russ. 7: 525.
1842.

多年生草本，高达1米；根茎竹鞭状，肉质。茎无毛。掌状复叶3-5轮

生茎端；叶柄长8-11厘米，无毛；小叶5，膜质，倒卵状椭圆形或长椭圆形，长5-18厘米，先端渐尖或长渐尖，基部宽楔形或近圆，具锯齿或重锯齿，两面沿脉疏被刺毛。伞形花序单生茎顶，具50-80花，花序梗长12-21厘米，无毛或稍被柔毛。花梗长0.7-1.2厘米；萼具5小齿，无毛；花瓣5，长卵形；雄蕊5，花丝较花瓣短；子房2-5室；

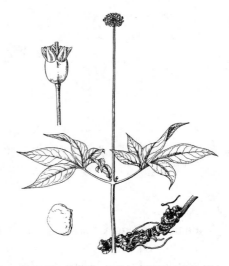

图 837　竹节参　（引自《中国药用植物志》）

花柱2-5，连合至中部。果近球形，径5-7毫米，红色。种子2-5，白色，卵球形，长3-5毫米，径2-4毫米。花期5-6月，果期7-9月。

产青海、甘肃、陕西南部、河南、湖北西部、湖南西南部、江西、浙江、安徽南部、福建西北部、广西北部、贵州、四川、云南及西藏，生于海拔1200-3200米林下或灌丛中。越南、缅甸、尼泊尔、日本及朝鲜有分布。根茎药用，可活血散瘀、消肿止痛、止咳化痰。

[附] 珠子参 大叶三七 **Panax japonicus** var. **major** (Burk.) C. Y. Wu et K. M. Feng ex C. Chow et al. in Acta Phytotax. Sin. 13(2): 43. 1975. —— *Aralia quinquefolia* (Linn.) Decne. et Planch. var. *major* Burk in Kew Bull. 1902: 7. 1902. —— *Panax pseudo-ginseng* Wall. var. *major* (Burkill) Li; 中国高等植物图鉴 2: 1046. 1972. 本变种与模式变种的主要区别：根茎念珠状；小叶倒卵状椭圆形或椭圆形，不裂，长较宽大2-3倍，上面沿脉疏被刚毛，下面无毛或沿脉稍被刚毛。产河南、山西、陕西、甘肃、四川、西藏、云南西部及西北部、贵州，生于海拔1700-3600米山坡密林中。喜马拉雅山区、缅甸北部及越南有分布。根茎药效同模式变种。

2. 三七　田七　假人参　　　　　　图838

Panax notoginseng (Burkill) F. H. Chen ex C. Chow et W. G. Huang in Acta Phytotax. Sin. 13(2): 41. 1975.

Aralia quinquefolia (Linn.) Decne. et Planch. var. *notoginseng* Burkill

[附] 羽叶三七 **Panax japonicus** var. **bipinnatifidus** (Seem.) C. Y. Wu et K. M. Feng ex C. Chow et al. in Acta Phytotax. Sin. 13(2): 43. 1975.
—— *Panax bipinnatifidus* Seem. in Journ. Bot. 6: 54. (Rev. Hedera. 100) 1868; 中国高等植物图鉴 2: 1045. 1972. 本变种与模式变种的区别：根茎念珠疙瘩状，稀竹鞭状；小叶羽状全裂，具锯齿。产西藏东南部、云南、四川、湖北西部、陕西南部及甘肃，生于海拔1900-3400米林下。印度、尼泊尔及缅甸有分布。根茎药效同模式变种。

in Kew Bull. 1902: 7. 1902. quoad A. Henry 11407A.

Panax pseudo-ginseng Wall.

var. *notoginseng* (Burkill) Hoo et Tseng; 中国植物志 54: 183. 1978. *Panax pseudo-ginseng* auct. non Wall.: 中国高等植物图鉴 2: 1045. 1972. pro parte.

多年生草本，高达60厘米。主根纺锤形。茎无毛。掌状复叶3-6轮生茎顶，叶柄长5-12厘米，无毛；小叶长椭圆形、倒卵形或倒卵状长椭圆形，长3.5-13厘米，先端渐尖，具重锯齿，齿尖具短尖头，两面沿脉疏被刺毛。伞形花序单生茎顶，具80-100花，花序梗长7-25厘米，无毛或疏被柔毛。花梗长1-2厘米，被柔毛；花淡黄绿色；萼具5小齿；花瓣5；花丝与花瓣等长；子房2室，花柱2，连合

至中部，果时顶端反曲。果扁球状肾形，径约1厘米，鲜红色。种子2，白色，三角状卵形，稍3棱，厚5-6毫米。花期7-8月，果期8-10月。

图 838 三七 （引自《云南植物志》）

产云南东南部，广西、福建、江西庐山及浙江等地有栽培，多种植于海拔400-1800米山谷、山坡林下或人工荫棚内。纺锤根可活血止血、去瘀止痛、滋补强壮，为著名跌打损伤特效药，叶、花、果及茎均富含三萜皂碱。

3. 人参　　　　　　　　　　　　图 839　彩片 273

Panax ginseng C. A. Mey. in Bull. Phys.-Math. Acad. St. Pétersb. 1: 340. 1843.

多年生草本，高达60厘米；根茎短；主根纺锤形。茎单生，无毛。掌状复叶3-6轮生茎顶，叶柄长3-8厘米，无毛；小叶3-5，膜质，中央小叶椭圆形或长圆状椭圆形，长8-12厘米，侧生小叶卵形或菱状卵形，长2-4厘米，先端长渐尖，基部宽楔形，具细密锯齿，齿具刺尖，上面疏被刺毛，下面无毛，侧脉5-6对；小叶柄长0.5-2.5厘米。伞形花序单生茎顶，具30-50花，花序梗长15-30厘米。花梗长0.8-

1.5厘米；花淡黄绿色；萼具5小齿，无毛；花瓣5；花丝短；子房2室，花柱2，离生。果扁球形，鲜红色，径6-7毫米。种子肾形，乳白色。

产黑龙江东部、吉林东部及辽宁东部，生于低海拔林下。东北山区多栽培，河北、山西有栽培。根茎为著名强壮滋补药，有调整血压、恢复心脏功能，治疗神经衰弱等特效。

[附] **西洋参** 彩片 274 **Panax quinquefolius** Linn. Sp. Pl. 1058. 1753. 本种与人参的主要区别：小叶长圆状倒卵形，先端骤渐尖，具粗锯齿；伞形花序具6-20花，花序梗与叶柄等长；果径约1.2厘米。原产北美。黑龙

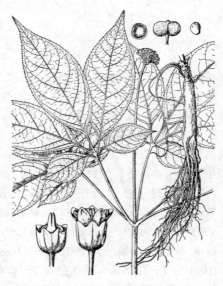

图 839　人参 （引自《中国药用植物志》）

江、吉林、辽宁、河北、贵州、江西、江苏有栽培。为著名强壮滋补药。

[附] **姜状三七 Panax zingiberensis** C. Y. Wu et K. M. Feng in Acta Phytotax. Sin. 13(2): 42. 1975. 本种与人参的主要区别：根茎肉质，姜块状；叶柄长8-15厘米，小叶椭圆

形或倒卵状长椭圆形，长10-18厘米，基部楔形，小叶近无柄；花梗长4-6毫米，花柱2，中部以下连合；种子三角状半球形。花期7-8月，果期8-10月。产云南东南部，生于常绿阔叶林下。昆明有栽培。根茎药用，治跌打损伤、咳嗽、外伤出血及贫血。

[附] **屏边三七** 彩片275 **Panax stipuleanatus** C. T. Tsai et K. M. Meng in Acta Phytotax. Sin. 13(2): 44. 1975. 本种的鉴别特征：根茎葡匐，块根纺锤形；掌状复叶，小叶5（7），羽状分裂，裂片先端尾尖，侧脉7-11对，上面沿脉疏被刺毛；花序具50-80花，花序梗长8-10厘米；花柱2，连成柱状；果近球形或近肾形；种子近球形。花期5-6月，果期7-8月。产云南东南部，生于海拔1100-1700米山谷林内。越南北部有分布。根茎药用，散瘀止痛、疗伤止血、滋补强壮。

24. 马蹄参属 **Diplopanax** Hand.-Mazz.

乔木，高5-13米，无刺。单叶，革质，倒卵状披针形或倒卵状长圆形，长9.5-15.5厘米，先端短尖，基部窄楔形，上面光绿色，无毛，下面灰绿色，沿中脉有稀疏星状毛或无毛，全缘，侧脉6-11对，两面均明显；叶柄粗，无毛，长2-6厘米；无托叶。花两性，顶生穗状圆锥花序长达27厘米，花序上部的花单生，无花梗，下部的花3-5朵成伞形花序，无序梗或有长0.2-1.5厘米的序梗。苞片早落；萼下面有关节，长3-4毫米，密被短柔毛，有5个三角形尖齿；花瓣5，肉质，长约3毫米，外面有短柔毛；雄蕊10，5个常不育，花丝短于花瓣；子房1室，1胚珠，花柱圆锥状。果长圆状卵圆形或卵圆形，稍侧扁，无毛，长4.5-5.5厘米，外果皮厚，干时坚硬，稍有纵脉。种子1，侧扁而弯曲，胚横切面马蹄形，胚乳均一。

我国特有单种属。

马蹄参 图840 彩片276

Diplopanax stachyanthus Hand.-Mazz. in Sinensia 3: 198. 1933.

形态特征同属。

产云南东南部、贵州东南部、广西、广东及湖南，生于海拔1300-1900米山地。越南北部有分布。

图 840 马蹄参 （蔡淑琴绘）

176. 伞形科 UMBELLIFERAE（APIACEAE）

（佘孟兰 刘守炉 溥发鼎）

一年生至多年生草本。直根圆锥形，稀圆柱形或不规则块状。茎空心或有髓部。叶互生，叶柄基部有叶鞘；叶一回掌状分裂，一至四回羽状或羽状分裂，稀单叶。复伞形花序，稀单伞形花序；常具总苞片和小总苞片，全缘、齿裂、稀羽裂。花萼与子房贴生，萼齿5或不明显；花瓣5，基部窄，先端常有内折小舌片；子房下位，2室，花柱2，直立或外曲，有垫状或圆锥形花柱基。双悬果两侧扁或背腹扁，熟时2分果从合生面分离，连接2分果的心皮柄顶端分裂或裂至基部；果具5条主棱（背棱1，中棱2，侧棱2），棱间有沟槽，中果皮层内棱槽和合生面常有油管1至多数。胚乳软骨质，腹面平直、凸出或凹入。

约280余属、2500种，广布全球温带。我国97属（其中含10个栽培属），约590种、60变种。

1. 单叶，叶肾形或圆心形；伞形花序单生；内果皮木质；油管无或主棱内有油管，棱槽无。
  2. 茎匍匐，常节上生根；有或无总苞片，但不呈叶形；果近圆形或肾形。
    3. 果棱间无小横脉，无网状脉纹 ………………………………………………… 1. 天胡荽属 Hydrocotyle
    3. 果棱间有小横脉，有网状脉纹 ………………………………………………… 2. 积雪草属 Centella
  2. 茎直立；总苞片2，叶状；果长圆状卵形，侧棱翅状 ………………………… 3. 马蹄芹属 Dickinsia
1. 复叶，稀单叶；复伞形花序，稀单生；内果皮为薄壁细胞组织；油管明显或不明显，分布在主棱或棱槽内。
  4. 单叶，具锐锯齿、缺刻状齿或掌状分裂；单伞形花序、复伞形花序或头状；外果皮有皮刺、鳞片或小瘤，内果皮为薄壁细胞组织；花柱长，无花柱基，有环状花盘。
    5. 基生叶近圆形或心状五角形，掌状分裂；单伞形花序或复伞形花序；花杂性 ……… 4. 变豆菜属 Sanicula
    5. 基生叶长椭圆状卵形、披针形或倒披针形，不裂，具刺状锯齿；头状花序或紧密穗状花序；花两性 ………
    ………………………………………………………………………………………… 5. 刺芹属 Eryngium
  4. 常为复叶，稀单叶；复伞形花序，稀单伞形花序；伞辐多数；外果皮平滑或有柔毛，稀有细刺；内果皮除薄壁细胞外，紧贴表皮下有纤维层；花柱短或长，着生顶端。
    6. 果具主棱和次棱，有时主棱不如次棱显著，侧棱非翅状；油管位于棱槽内或次棱之下。
      7. 果无刺，有时有瘤状突起 …………………………………………… 96. 防风属 Saposhnikovia
      7. 果有刚毛及刺毛 ……………………………………………………… 97. 胡萝卜属 Daucus
    6. 果主棱突起，侧棱常翅状，有时无次棱；油管位于棱槽内。
      8. 分果合生面深凹或中空。
        9. 心皮柄周围薄膜组织内有结晶簇。
          10. 果卵形、圆卵形或长圆形，棱槽内有刺成行分布；萼齿5，显著。
            11. 果主棱不显著，棱间密生直伸或钩状皮刺 ……………………………… 11. 窃衣属 Torilis
            11. 果主棱和次棱均突起，有1-3行粗皮刺 ……………………………… 12. 刺果芹属 Turgenia
          10. 果长圆形，有时有喙，光滑或有刺（不明显成行）；萼齿不明显（滇藏细叶芹属具萼齿）。
            12. 果下部渐窄，基部尾状；果棱线形呈刺状突起 ………………… 9. 香根芹属 Osmorhiza
            12. 果下部宽，基部圆钝；果棱圆钝稍突起或线形，非刺状突起。
              13. 花瓣先端不凹下或微凹下，小尖头平直或稍内折，果有喙；油管细或不明显。
                14. 果喙部短于果，上部有棱和细槽，下部主棱平直；小总苞片薄膜质，向下反折 …………………
                ………………………………………………………………………… 8. 峨参属 Anthriscus
                14. 果喙长于果；主棱宽钝；小总苞片草质，不反折 ……………… 14. 针果芹属 Scandix
              13. 花瓣先端凹下，小舌片内折；果顶端圆钝或尖，无喙，油管粗。
                15. 果长筒形，上部渐窄；棱槽内油管1。
                  16. 无块茎，根纺锤形；果条状长筒形 …………………… 6. 细叶芹属 Chaerophyllum

16. 具球形块茎，有须根；果稍梨形 ·················· 10. 块茎芹属 Krasnovia

15. 果长圆形，上下近等宽；棱槽油管 2-4。

17. 萼齿不明显或钻状；小总苞片卵状披针形，常向下反折 ·········· 7. 迷果芹属 Sphallerocarpus

17. 萼齿披针形，宿存；小总苞片线状披针形，不反折 ·········· 13. 滇藏细叶芹属 Chaerophyllopsis

9. 心皮柄周围薄壁组织内无结晶簇。

18. 果球形或双扁球形，核果状，果皮下层细胞木质化而坚硬。

19. 基生叶与茎生叶异形；果球形；花序外缘花有辐射瓣 ·········· 15. 芫荽属 Coriandrum

19. 基生叶与茎生叶同形；果双球形；花序外缘花无辐射瓣 ·········· 16. 双球芹属 Schrenkia

18. 果卵球形或卵形，非核果状，表皮下层细胞非木质化。

20. 果 5 棱突起，宽或厚翅状。

21. 果具多数细小油管，沿种子胚乳排成一环。

22. 内果皮厚，海绵质；除主棱外，具窄次棱，棱翅全缘 ·········· 30. 绵果芹属 Cachrys

22. 内果皮非海绵质；果无次棱，主棱边缘圆齿波状 ·········· 29. 毒芹属 Conium

21. 果棱槽油管 1-4，合生面油管 2-6，较粗。

23. 果侧枝木栓质，呈波褶状 ·········· 34. 栓翅芹属 Prangos

23. 果侧枝较薄，非木栓质，边缘全缘平滑。

24. 总苞片和小总苞片均发达，常羽裂或全缘，边缘膜质；果棱翅发育均匀 ·········· 23. 棱子芹属 Pleurospermum

24. 总苞片无，稀少数，早落；小总苞片窄，全缘；果棱翅发育不均匀 ·········· 25. 羌活属 Notopterygium

20. 果棱不明显突起或呈线形，微突起。

25. 单伞形花序，伞辐少数，短而密集；花瓣平直，先端短尖，稍内折，果长卵形，顶端窄缢缩 ·········· 17. 山茉莉芹属 Oreomyrrhis

25. 复伞形花序，伞辐多数；花瓣先端宽钝内折；果卵形或长卵形，顶端不缢缩或稍缢缩。

26. 果棱和棱槽界限不明显，具有多数纵纹或 9-11 棱；花瓣卵状披针形或倒卵形，基部非爪状。

27. 果棱槽油管 1（2），合生面油管 2 ·········· 22. 矮泽芹属 Chamaesium

27. 果油管多数，围绕种子胚乳排成一环。

28. 花柱基短圆锥状 ·········· 21. 明党参属 Changium

28. 花柱基扁平，边缘波状，果熟时藏于果顶的空凹处 ·········· 31. 隐盘芹属 Cryptodiscus

26. 果棱和棱槽的界限分明，常具 5 棱；果光滑或有泡状小瘤，花瓣倒卵形或长椭圆形，基部具爪。

29. 果棱槽 1 油管，合生面 2 油管。

30. 叶小裂片线形或丝状，长达 1 厘米，宽 1-2 毫米；块茎球形，具须根 ·········· 32. 丝叶芹属 Scaligera

30. 叶小裂片非丝状，长 0.4-6 厘米，宽 0.2-1 厘米；无块茎；根圆柱形，老根有密集环纹突起 ·········· 33. 环根芹属 Cyclorhiza

29. 果棱槽（1）2-4 油管，合生面 2-6（8）油管。

31. 果有泡状小瘤 ·········· 28. 瘤果芹属 Trachydium

31. 果常光滑，无泡状小瘤。

32. 花瓣深紫红色，花柱基和花柱均紫色 ·········· 27. 紫伞芹属 Melanosciadium

32. 花瓣白、粉红、带紫红或黄色，花柱基和花柱非紫色。

33. 萼齿无或细小不显著。

34. 种子胚乳深凹成槽状；总苞片无或少数；小总苞片线形 ·········· 24. 凹乳芹属 Vicatia

34. 种子胚乳微凹；总苞片和小总苞片均发达，全缘、3 裂或羽裂 ··········

·· 18. 滇芎属 Physospermopsis

33. 萼齿卵形、钻形、三角形或披针形。

35. 花瓣白或淡粉红色，近圆形或倒卵状圆形，先端有内折小舌片。

36. 果窄卵形；花柱基圆锥状 ························· 19. 滇芹属 Sinodielsia

36. 果卵圆形或宽卵形；花柱基平或短圆锥状 ············· 20. 东俄芹属 Tongoloa

35. 花瓣黄或白色，舟形，先端无内折小舌片 ············· 26. 舟瓣芹属 Sinolimprichtia

8. 分果合生面平直。

37. 果主棱等宽，分果多两侧扁，横剖面近半圆形。

38. 叶全缘、线形、线状披针形或卵状披针形 ············· 35. 柴胡属 Bupleurum

38. 叶有细齿、浅裂、深裂或全裂。

39. 分果主棱和次棱均发达，棱槽1油管明显。

40. 果卵形，稍两侧扁，次棱被圆形小泡或成行头状或棒状柔毛 ··········· 36. 隐棱芹属 Aphanopleura

40. 果长圆形，两端渐窄，密被白色刚毛 ··········· 37. 孜然芹属 Cuminum

39. 果有5条主棱，棱槽1至多数油管。

41. 植株高不及25厘米。

42. 小草本，非垫状；果5棱线形突起，非翅状 ··········· 46. 小芹属 Sinocarum

42. 垫状草本；果5棱宽翅状，木栓质 ··········· 74. 栓果芹属 Cortiella

41. 植株高30厘米以上。

43. 沼生植物，基部茎节密生须根。

44. 外果皮厚，棱槽窄，果棱钝不明显；油管多数，围绕胚乳成一环 ··········· 57. 天山泽芹属 Berula

44. 外果皮薄，棱槽较宽；果棱线形，棱槽1-3油管，合生面2-6油管 ··········· 58. 泽芹属 Sium

43. 陆生植物，基部茎节不生根。

45. 萼齿钻形、三角形或披针形。

46. 果棱槽1油管，合生面2油管。

47. 果棱翅状，翅缘硬膜质，有不整齐宽齿 ··········· 69. 狭腔芹属 Stenocoelium

47. 果棱翅状，翅全缘，非硬膜质。

48. 叶小裂片全缘 ··········· 66. 翅棱芹属 Pterygopleurum

48. 叶小裂片有锯齿、浅裂或深裂。

49. 果主棱有厚翅，背腹扁 ··········· 72. 厚翅芹属 Pachypleurum

49. 果主棱宽钝，木栓质，两侧扁 ··········· 40. 毒芹属 Cicuta

46. 果棱槽（1）2-3油管，合生面2-6（-8）油管。

50. 伞形花序，花多数密集呈球形，花瓣白、紫或紫褐色 ··········· 73. 单球芹属 Haplosphaera

50. 复伞形花序，伞辐多或少；花有梗，伞形花序不密集呈球状；花瓣常白色。

51. 花瓣基部窄长，下端呈小袋状 ··········· 47. 囊瓣芹属 Pternopetalum

51. 花瓣基部平直，非小袋状。

52. 植株矮小；叶小裂片线形，宽约1毫米 ··········· 56. 山茴香属 Carlesia

52. 植株常高大；叶小裂片各式，较宽 ··········· 60. 西风芹属 Seseli

45. 萼齿不发育，近无齿。

53. 无总苞片和小总苞片。

54. 全株有强烈香味。

55. 叶小裂片非线形，先端3裂；果非长圆形 ··········· 38. 芹属 Apium

55. 叶小裂片线形，宽约1毫米；果长圆形 ··········· 63. 茴香属 Foeniculum

54. 植株无强烈香味。

56. 花瓣先端具丝状尾尖，平直或卷曲 ·················· 50. 丝瓣芹属 Acronema
56. 花瓣先端非丝状尾尖。
  57. 叶小裂片丝线形，宽1-2毫米 ·················· 59. 细叶旱芹属 Ciclospermum
  57. 叶小裂片常卵形、心形或卵状披针形。
    58. 花柱细长，叉开弯曲呈羊角状；果长圆形，棱槽无油管 ······ 52. 羊角芹属 Aegopodium
    58. 花柱长或短，较粗，常弯曲；果卵圆形或微心形，棱槽油管1-4，合生面油管2-6。
      59. 茎及果有糙毛；花瓣有柔毛 ·················· 41. 糙果芹属 Trachyspermum
      59. 茎及果无糙毛；花瓣无毛 ·················· 49. 茴香属 Pimpinella
53. 总苞片有或无，小总苞片多数或少数。
  60. 叶小裂片线形或线状披针形，全缘。
    61. 总苞片和小总苞片二至三回羽状全裂，线形或毛发状 ······ 62. 苞裂芹属 Schultzia
    61. 总苞片和小总苞片线形或卵状椭圆形，不裂，或无总苞片。
      62. 果棱翅状尖锐；小总苞片向下反折 ·········· 53. 西归芹属 Seselopsis
      62. 果棱微突起，圆钝非宽翅状；小总苞片不反折。
        63. 果棱实心 ·················· 54. 斑膜芹属 Hyalolaema
        63. 果棱中空 ·················· 70. 空棱芹属 Cenolophium
  60. 叶小裂片卵形、倒卵形、卵状披针形，边缘有齿、浅裂或深裂。
    64. 果棱槽油管1，合生面油管2。
      65. 果有毛。
        66. 果密被绒毛或柔毛 ·················· 42. 绒果芹属 Eriocycla
        66. 果散生疣状毛或乳头状毛 ·········· 51. 细裂芹属 Harrysmithia
      65. 果无毛。
        67. 总苞片羽裂 ·················· 44. 阿米芹属 Ammi
        67. 总苞片线形或长卵形，全缘。
          68. 总苞片线形，革质；小总苞片线形或钻状，边缘非膜质；果棱非木栓质 ·················· 39. 欧芹属 Petroselinum
          68. 总苞片和小总苞片边缘膜质；果棱翅木栓质 ······ 67. 蛇床属 Cnidium
    64. 果棱槽油管1-4，合生面油管2-8。
      69. 植株高5-10厘米 ·················· 48. 矮伞芹属 Chamaesciadium
      69. 植株高0.2-1.2米。
        70. 油管多数细小，围绕胚乳成一环，果熟时不明显 ······ 65. 亮叶芹属 Silaum
        70. 棱槽油管1-3，合生面油管2-6。
          71. 伞辐2-3，极不等长；果线状或卵状长圆形 ······ 43. 鸭儿芹属 Cryptotaenia
          71. 伞辐5-16，不等长或近等长；果球状卵形、长卵形或卵形。
            72. 总苞片和小总苞片不反折 ·········· 45. 葛缕子属 Carum
            72. 总苞片和小总苞片均反折 ·········· 55. 白苞芹属 Nothosmyrnium
37. 果侧棱较背棱宽1倍以上，果背腹扁；横剖面扁圆形或甚扁。
  73. 果侧翅成熟时分离。
    74. 全株被白色柔毛；果球状倒卵形，果棱宽翅状，木栓质，密被长柔毛及绒毛 ·· 83. 珊瑚菜属 Glehnia
    74. 全株无毛或部分有毛；果常长圆形，背棱稍突起，稀厚翅状，果皮光滑或有微毛，棱上无毛。
      75. 伞形花序外缘花花瓣显著增大 ·········· 79. 柳叶芹属 Czernaevia
      75. 伞形花序外缘花花瓣等大。
        76. 萼齿三角形或卵形，宿存 ·········· 81. 山芹属 Ostericum

76. 萼齿不明显或细小。

　　77. 叶鞘宽，成囊兜状。

　　　　78. 棱槽油管3-4，合生面油管6-7，或油管多数，围绕胚乳成环状；果棱厚翅状 ……… 77. 古当归属 Archanglica

　　　　78. 棱槽油管1（-3），合生面油管2-4；果棱较薄 ……………………… 80. 当归属 Angelica

　　77. 叶鞘长圆状披针形，有时宽，非囊兜状。

　　　　79. 总苞片和小总苞片均多数，均向下反折 ………………… 82. 欧当归属 Levisticum

　　　　79. 总苞片无或有1-2片，早落；小总苞片多数，不反折。

　　　　　　80. 多枝根成簇，粗纤维状；叶鞘长圆状披针形，叶小裂片全缘或浅裂 ……… 76. 山芎属 Conioselinum

　　　　　　80. 根圆柱形；叶鞘宽，膨大，长卵形或卵圆形，叶具锐齿或重锯齿 ……… 78. 高山芹属 Coelopleurum

73. 两个分果的侧翅外缘连合，围绕果实形成侧翅环。

　81. 果翅缘厚硬；背棱常不突起或微突起；油管有的棒头状，常不达果基部，或线形达基部。

　　82. 油管末端棒头状，常不达果基部 ……………………………… 93. 独活属 Heracleum

　　82. 油管线形，达果基部或稍短。

　　　　83. 无总苞片和小总苞片；花瓣等大 ……………………… 92. 欧防风属 Pastinaca

　　　　83. 有或无总苞片；小总苞多片，披针形或线形；外缘花具辐射瓣。

　　　　　　84. 有总苞片；背部果棱丝状，非龙骨状突起；油管长，直达果基部 ………… 94. 大瓣芹属 Semenovia

　　　　　　84. 无总苞片；背部果棱龙骨状突起；油管短而尖 ……………… 95. 四带芹属 Tetrataenium

　81. 分果翅缘不厚，背棱突起；油管上下等粗，直达果基部。

　　85. 茎直立或匍匐，近基部或根茎的节上常生须根。

　　　　86. 伞形花序外缘花的花瓣大，为辐射瓣；果侧棱木栓质 ……………… 61. 水芹属 Oenanthe

　　　　86. 花瓣等大，无辐射瓣；果侧棱非木栓质 ……………… 71. 藁本属 Ligusticum

　　85. 茎直立，基部节上不生须根。

　　　　87. 多年生小草本，高5-10（-20）厘米，茎退化；兼有复伞形花序及单伞形花序 …… 75. 喜峰芹属 Cortia

　　　　87. 多年生草本，高20厘米以上，茎发达；全为复伞形花序。

　　　　　　88. 花瓣黄或淡黄色；常无总苞片，稀1-2片。

　　　　　　　　89. 全株有香味；萼齿不明显 ……………… 64. 莳萝属 Anethum

　　　　　　　　89. 果具香味，茎叶无香味；萼齿钻形、三角形或三角状披针形。

　　　　　　　　　　90. 果棱槽油管1，合生面油管2；无小总苞片 ……………… 91. 伊犁芹属 Talassia

　　　　　　　　　　90. 果棱槽油管1-5，合生面油管2-12；小总苞片数枚。

　　　　　　　　　　　　91. 茎生叶叶鞘常膨大；萼齿细小，花后不增大；果无毛 ……………… 85. 阿魏属 Ferula

　　　　　　　　　　　　91. 茎生叶叶鞘窄小；萼齿披针形，花后增大成白色膜质；果有密毛 ……… 86. 球根阿魏属 Schumannia

　　　　　　88. 花瓣白或带紫色，常有总苞片，稀无或偶有少数而早落。

　　　　　　　　92. 花近无梗，伞形花序的花密集成头状 ……………… 87. 簇花芹属 Soranthus

　　　　　　　　92. 花梗长或短，伞形花序非头状。

　　　　　　　　　　93. 果背棱与侧棱均厚木栓质，侧棱宽厚翅状 ……………… 88. 胀果芹属 Phlojodicarpus

　　　　　　　　　　93. 果背棱线形，侧棱有翅，非木栓质。

　　　　　　　　　　　　94. 总苞片宿存；萼齿无或不明显 ……………… 89. 前胡属 Peucedanum

　　　　　　　　　　　　94. 常无总苞片或偶有1-2片，早落；萼齿三角形、线形或卵状披针形。

　　　　　　　　　　　　　　95. 花紫或淡紫色；根圆柱形，富含淀粉，横断面白色 ……………… 90. 川明参属 Chuaminshen

　　　　　　　　　　　　　　95. 花白色；根圆锥形或不规则块状，纤维质，木质化，横断面黄褐色。

　　　　　　　　　　　　　　　　96. 背棱窄翅状，侧棱宽翅状，不内弯 ……………… 68. 亮蛇床属 Selinum

96. 背棱稀突起，侧棱宽翅状内弯呈弓形 ·································· 84. **弓翅芹属 Arcuatopterus**

1. 天胡荽属 Hydrocotyle Linn.

（刘守炉）

多年生草本。茎细长，直立或匍匐。叶有裂齿或掌状分裂；叶柄细长，无叶鞘，托叶膜质。单伞形花序，花密集成头状；花序梗常腋生。花无萼齿；花瓣卵形，花蕾时镊合状排列。果心状圆形，两侧扁，背部圆钝，背棱和中棱显著，侧棱常藏于合生面，无网状脉纹，油管不明显，内果皮有1层厚壁细胞，围绕种子胚乳。

约75种，分布热带至温带地区。我国18种及2变种。

1. 花序梗短于叶柄，数个簇生茎顶叶腋，密被柔毛 ························· 1. **红马蹄草 H. nepalensis**
1. 花序梗短或长于叶柄，单生于茎、枝各节或茎顶。
   2. 叶长0.5-1.5（-2.5）厘米，宽0.8-2（-5）厘米，花序无梗或短于叶柄。
     3. 花序无梗，稀梗长1-3毫米；果有糙毛 ······················· 2. **密伞天胡荽 H. pseudo-conferta**
     3. 花序梗纤细，长0.5-3.5厘米；果无毛。
       4. 叶不裂或5-7浅裂，裂片宽倒卵形 ························ 3. **天胡荽 H. sibthorpioides**
       4. 叶3-5深裂近基部，裂片楔形 ············ 3(附). **破铜钱 H. sibthorpioides var. batrachium**
   2. 叶长1-8厘米，宽2-11厘米；花序梗长于叶柄或近等长。
     5. 花和果较疏生，果柄长2.5-8毫米。
       6. 叶5-7深裂达中部或近基部。
         7. 叶深裂近基部，裂片基部楔形 ···················· 4. **裂叶天胡荽 H. dielsiana**
         7. 叶裂至中部或3/5，裂片中部与基部等宽或较宽 ····· 4(附). **鄂西天胡荽 H. wilsonii**
       6. 叶5-7裂近中部以上。
         8. 叶宽卵状五角形或菱状五边形，裂片先端尾状，叶柄及叶下面近无毛 ··········
         ·· 5. **缅甸天胡荽 H. burmanica**
         8. 叶圆肾形，裂片先端尖或具短尖头，叶柄及叶两面有柔毛 ······· 6. **中华天胡荽 H. shanii**
     5. 果密集成头状，无柄或柄长1-2毫米。
       9. 叶基部弯缺稍开展或两叶耳相接，两面无毛或有毛，裂片先端圆钝；花序梗较叶柄长1/2-2倍。
         10. 叶基部稍开展或相近；花序梗与叶柄等长或超过1/2-1/3 ····· 7. **肾叶天胡荽 H. wilfordi**
         10. 叶基部弯缺两叶耳相接与重迭；花序梗较叶柄长1-2倍 ····· 8. **长梗天胡荽 H. ramiflora**
       9. 叶基部弯缺开展，两面有毛，裂片三角状，先端较尖；花序梗与叶柄近等长或稍长 ··········
         ·· 9. **柄花天胡荽 H. himalaica**

1. 红马蹄草   图841 彩片277

Hydrocotyle nepalensis Hook. Exot. Bot. 1. t. 30. 1823.

多年生草本，高达45厘米。叶圆形或肾形，长2-5厘米，宽3.5-9厘米，5-7浅裂，裂片有钝锯齿；叶柄长4-27厘米。伞形花序数个簇生茎顶叶腋，花序梗短于叶柄，被柔毛；伞形花序有花20-60，密集成球形。花无萼齿；花瓣卵形，白或绿白色，有时具紫红色斑点。果长1-1.2毫米，径1.5-1.8毫米，熟后黄褐或紫黑色。花果期5-11月。

产河南、安徽、浙江、福建、台湾、江西、湖北、湖南、广东、海南、广西、贵州、云南、西藏、四川、陕西西南部及甘肃南部，生于海拔350-2080米山坡、路边荫湿地或沟边草丛中。克什米尔、不丹、印度、缅甸、马来西亚及印度尼西亚有分布。

2. 密伞天胡荽

图 842

Hydrocotyle pseudo–conferta Masamune in Journ. Soc. Trop. Agric. (Taiwan) 4: 301. 1932.

多年生匍匐草本。茎细弱，节上生根。叶肾形或圆肾形，长1-2.5厘米，宽1.5-5厘米，5-7浅裂，裂片有钝圆齿，两面有柔毛。伞形花序双生茎顶，兼有单生茎节，花序无梗，稀梗长1-3毫米。花瓣卵形，淡绿或白色，有黄色腺点；花丝短于花瓣；花柱短，直伸或外弯。果基部近心形，长1-1.2毫米，径1.5-2毫米，两侧扁，背棱和中棱凸起，黄绿色，有紫色斑点和白色糙毛。花果期4-10月。

产浙江南部、台湾北部及云南南部，生于海拔850-1080米湿润路边、荒地、山坡、林下、溪边。

3. 天胡荽

图 843 彩片 278

Hydrocotyle sibthorpioides Lam. Encycl. Méth. Bot. 3: 153. 1789.

草本。茎匍匐、铺地，节生根。叶圆形或肾状圆形，长0.5-1.5厘米，宽0.8-2.5厘米，不裂或5-7浅裂，裂片宽倒卵形，有钝齿，上面无毛，下面脉上有毛；叶柄长0.7-9厘米。伞形花序与叶对生，单生节上，花序梗纤细，长0.5-3.5厘米，伞形花序有花5-18。花无梗或梗极短；花瓣绿白色，卵形，长约1.2毫米；花丝与花瓣等长或稍长；花柱长约1毫米。果近心形，两侧扁，中棱隆起，幼时草黄色，熟后有紫色斑点。花果期4-9月。

产河北、山东、江苏、安徽、浙江、福建、台湾、江西、湖北、湖南、广东、海南、广西、贵州、云南、西藏东南部、四川及陕西西南部，生于海拔450-3000米林下、沟边及湿润草地。朝鲜、日本、东南亚及印度有分布。

[附] **破铜钱 Hydrocotyle sibthorpioides** var. **batrachium** (Hance) Hand.-Mazz. et Shan in Sinensis 7: 480. 1936. —— *Hydrocotyle batrachium* Hance in Ann. Sci. Nat. 4. ser. 18: 220. 1862. 本变种与模式变种的区别：叶3-5深裂近基部，裂片楔形。产安徽、浙江、福建、台湾北部、江西、湖北、四川东南及中南部、湖南西部、广东、广西，生于海拔150-2500米山

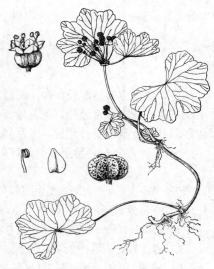

图 841 红马蹄草 （引自《中国植物志》）

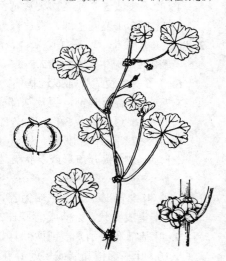

图 842 密伞天胡荽 （引自《中国植物志》）

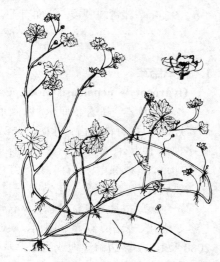

图 843 天胡荽 （仿《江苏南部种子植物手册》）

地、路边杂草地及沟边。越南有分布。全草药用，治肝炎、胃炎、消肿解毒。

4. 裂叶三胡荽　　　　　　　　　　　图 844

Hydrocotyle dielsiana H. Wolff in Fedde, Repert. Sp. Nov. 27: 112. 1929.

细弱草本，高达30厘米。茎直立或基部匍匐，上部密被白色柔毛。叶长2-4厘米，宽4-8厘米，5-7深裂近基部，裂片基部楔形，上部有少数缺刻和锯齿，两面有毛，叶基脉5-7；叶柄长2.5-7厘米。花序梗丝状，单生茎端，与叶对生或近腋生，长于叶柄，有柔毛；伞形花序有花20-35，花较疏生。花瓣白色，长卵形，中脉不明显。果近心状球形，长约1.3毫米，径约2.1毫米，幼

时淡紫色，熟时褐色或深褐色，无毛，背棱和中棱凸起，合生面缢缩；果柄长 3-5 毫米。花果期7-8月。

产湖北西部，生于海拔 1200 米山坡路边。

[附] 鄂西天胡荽 Hydrocotyle wilsonii Diels et H. Wolff ex Shan et

图 844　裂叶三胡荽　（引自《中国植物志》）

S. L. Liou in Acta Phytotax. Sin. (2): 127. 1964. 本种与裂叶天胡荽的区别：叶裂至中部或3/5，裂片中部与基部等宽或较宽。产湖北西部及四川东部，生于海拔1250-1780米湿润草地或竹林下。

5. 缅甸天胡荽　　　　　　　　　　　图 845

Hydrocotyle burmanica Kurz in Journ. As. Soc. Beng. 42(2): 60. 1874.

多年生草本，高达1.2米。茎直立或基部平卧，无毛。叶宽卵状五角状或菱状五边形，长5-8厘米，宽7-12厘米，5浅裂，裂片先端尾状，有锯齿，下面光滑或脉上偶有短刺毛；基脉7-9；叶柄长7-19厘米，无毛，托叶膜质，卵圆形。花序梗纤细，与叶对生，长6-16厘米；伞形花序有花30-55，花白色。果近球形，基部浅心形或平截，两侧扁，长约1.2毫米，宽1.6毫米，紫

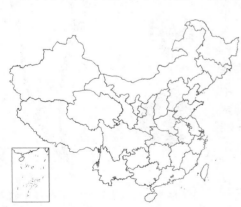

褐色；果柄长 6-8 毫米，无毛。花果期7-8月。

产广东、广西东南部及云南，生于海拔约1700米溪边、林下。缅甸有分布。

图 845　缅甸天胡荽　（引自《中国植物志》）

6. 中华天胡荽　　　　　　　　　　　图 846

Hydrocotyle shanii Boufford in Acta Phytotax. Sin. 28(4): 331. 1990.

Hydrocotyle chinensis (Dunn) Craib；中国植物志 55(1): 23. 1979.

多年生草本。茎匍匐，节易生根。叶圆肾形，长2.5-7厘米，宽3-8厘米，掌状5-7浅裂，裂片先端尖或具短尖头，有锯齿，两面有柔毛；叶柄长4-23厘米，有柔毛。伞形花序单生于节上，腋生或与叶对生，花序梗长于叶柄；花序有25-50朵花。花梗长2-7毫米；花瓣膜质，先端短尖，有淡黄或紫褐色腺点。果近球形，基部心形或平截，两侧扁，长1.3-2毫米，宽1.5-2.1毫米，黄或紫红色。花果期5-11月。

产浙江西南部、湖北西南部、湖南西部、广东西南部、贵州北部、云南及四川，生于海拔1060-2900米沟边及荫湿草地。全草药用，可镇痛、清热。

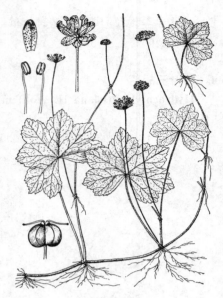

图 846 中华天胡荽 （引自《中国植物志》）

7. 肾叶天胡荽

图 847

Hydrocotyle wilfordi Maxim. in Bull. Acad. Sci. St. Pétersb. 31: 45. 1887.

多年生草本，高达45厘米。茎直立或匍匐，节上生根。叶近圆形或肾圆形，长1.5-3.5厘米，宽2-7厘米，不明显7浅裂，裂片有钝圆齿，基部心形，弯缺稍开展，两面无毛或下面脉上疏生短刺毛；叶柄长3-19厘米。伞形花序梗纤细，单生于枝条上部，与叶对生，长于叶柄或等长；花序多花，密集成头状。花无梗或梗极短；小总苞片膜质，细小，具紫色斑点；花瓣白或黄绿色，卵形。果长1.2-1.8毫米，径1.5-2.1毫米，基部心形，两侧扁，熟时紫褐或黄褐色，有紫色斑点。花果期5-9月。

产浙江、福建北部、江西南部、湖北西部、广东、海南、广西、贵州西北部、云南、四川及西藏东南部，生于海拔350-1400米阴湿山谷、田野及沟边。朝鲜、日本、越南有分布。

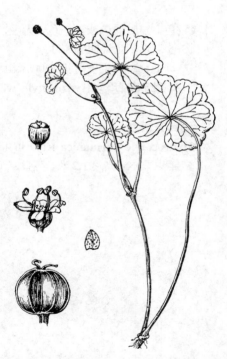

图 847 肾叶天胡荽 （引自《中国植物志》）

8. 长梗天胡荽

图 848

Hydrocotyle ramiflora Maxim. in Bull. Acad. Sci. St. Pétersb. 31: 46. 1887.

茎细长，基部匍匐，枝稍直立，高达26厘米，无毛或被柔毛。叶圆肾形，长0.8-2.3厘米，宽1.6-4.5厘米，5-7浅裂，裂片疏生钝齿，基部弯缺两叶耳相接并重叠，两面疏生短刺

毛；叶柄长1-15厘米，有弯曲柔毛。花序梗单生于茎上部各节，与叶对生，较叶柄长1-2倍；伞形花序多花。花瓣卵形，乳白色，长约1毫米，具透明黄色腺点。果心状球形，长1-1.4毫米，径1.9-2.1毫米，深褐、紫褐至紫黑色。花果期6-8月。

产浙江南部及西北部、台湾北部，生于潮湿草地或林下。日本有分布。

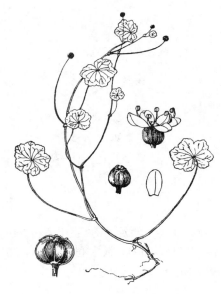

图 848 长梗天胡荽 （引自《中国植物志》）

9. 柄花天胡荽

图 849 彩片 279

Hydrocotyle himalaica P. K. Mukh. in Ind. For. 95: 470. t. 1. 1969.

Hydrocotyle podentha auct. non. Molk.: 中国植物志 55(1): 28. 1977.

多年生草本。茎基部匍匐，上部直立，高达37厘米，被柔毛。叶肾圆形，长1.5-3.5厘米，宽3-6厘米，5-7浅裂，裂片三角状，基部心形，弯缺开展，有锯齿，两面有短刺毛或具紫色疣基的毛；叶柄长1.5-15厘米，托叶膜质，全缘或2-3裂。伞形花序多花，密集成头状，花序梗1-3生于茎端各节，与叶对生，与叶柄近等长或稍长。花白色，无梗或具短梗；花瓣卵形，有黄或紫红色腺点。果心状圆形，长1-1.2毫米，径1.5-2毫米，熟时褐黄至紫红色。花果期6-7月。

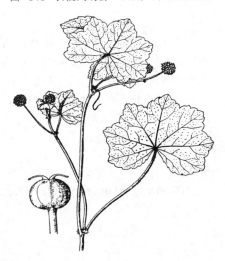

图 849 柄花天胡荽 （引自《中国植物志》）

产湖南西部、四川中部及南部、云南、西藏东部及南部，生于海拔1000-3000米荫湿草地、沟边或林下。印度及印度尼西亚有分布。

2. 积雪草属 Centella Linn.

（刘守炉）

匍匐草本。茎细长，节上生根。叶具长柄。单伞形花序，花序梗短，单生或2-4聚生叶腋。花近无梗；苞片2，卵形，膜质；萼齿细小；花瓣5，覆瓦状排列；雄蕊5，与花瓣互生；花柱与花丝等长，基部膨大。果肾形或圆形，两侧扁，合生面缢缩，分果主棱5，棱间有小横脉，有网状脉纹；内果皮骨质。种子侧扁，横剖面窄长圆形，棱槽油管不显著。

约20种，分布于热带和亚热带地区，主产南非。我国1种。

积雪草

图 850

Centella asiatica (Linn.) Urban in Mart. Fl. Brasil. 11(2): 287. 1879.

Hydrocotyle asiatica Linn. Sp. Pl. 234. 1753.

多年生草本，茎匍匐，节上生根。叶肾形或马蹄形，长1-2.8厘米，宽

1.5-5厘米，有钝锯齿，两面无毛或下面脉上疏生柔毛；叶柄长1.5-27厘米。伞形花序有花3-4朵；花瓣卵形，紫红或乳白色。果两侧扁，有毛或平滑。花果期4-10月。

产江苏南部、安徽、浙江、福建、台湾、江西、湖北、湖南、广东、海南、广西、贵州、云南、西藏东南部、青海东北部、四川、陕西西南部、山西及河南，生于海拔200-1900米阴湿草地或沟边。东南亚、大洋洲群岛、日本、澳大利亚及中非、南非有分布。全草可清热利湿、消肿解毒。

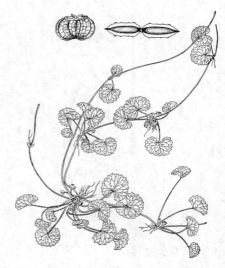

图 850 积雪草 （史渭清绘）

3. 马蹄芹属 Dickinsia Franch.
（刘守炉）

一年生草本。根茎短。叶有长柄，柄基部有鞘；叶圆肾形，长2-5厘米，宽5-11厘米，先端稍内凹，基部深心形，有钝锯齿，掌状脉7-11；叶柄长8-25厘米。总苞片2，着生茎顶，叶状，无柄，对生。花序梗3-6，生于两叶状苞片之间，常不等长，两侧的较短，中间的与总苞片等长或稍长；伞形花序有数朵小花。花梗基部有小总苞片；萼齿细小或不显著；花瓣白色，卵形，覆瓦状排列；雄蕊5；花柱短，外曲，花柱基圆锥形。果背腹扁，近四棱形，长3-3.5毫米，宽2.2-2.8毫米，背面有主棱5条，边缘呈翅状，无油管。种子扁，长圆形。

我国特有单种属。

马蹄芹

图 851 彩片 280

Dickinsia hydrocotyloides Franch. in Nouv. Arch. Mus. Hist. Nat. Paris ser. 2, 8: 244. pl. 8. f. A. 1886.

形态特征同属。花果期4-10月。

产湖北西南部、湖南西北部、贵州北部、四川中部及南部、云南西北部，生于海拔1500-3200米山坡、林下或沟边。

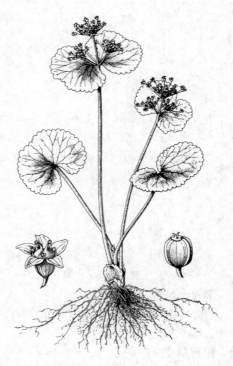

图 851 马蹄芹 （冀朝祯绘）

4. 变豆菜属 Sanicula Linn.
（刘守炉）

二年生或多年生草本。茎直立或倾卧向上，有分枝或呈花葶状。叶柄基部有膜质鞘；基生中掌状3-5裂，裂片有齿。单伞形花序或复伞形花序；总苞片叶状，有锯齿或缺刻，小总苞片细小。花杂性；雄花有梗，两性花无梗或有短梗；萼有齿；花瓣常白色，顶端有内折小舌片。果密生皮刺或瘤状凸起。

约37种，主要分布于热带和亚热带地区。我国15种及1变种。

1. 茎和花序不分枝；伞形花序有雄花9-20。
　　2. 总苞片长于或等于伞形花序，伞辐常3，中间伞辐长于两侧伞辐；果有钩状皮刺 ··············
　　　　··· 1. 红花变豆菜 **S. rubriflora**
　　2. 总苞片短于伞形花序，伞辐（3）4，近等长；果有瘤状和鳞片状突起 ·········· 2. 鳞果变豆菜 **S. hacquetioides**
1. 茎和花序分枝；伞形花序有雄花2-8。
　　3. 茎分枝或花序较短；伞形花序有两性花1（锯叶变豆菜有时2）朵。
　　　　4. 萼齿卵形；果下部皮刺鳞片状，上部皮刺稍弯曲 ························· 3. 锯叶变豆菜 **S. serrata**
　　　　4. 萼齿线形或刺毛状；果有波状薄片或短直皮刺。
　　　　　　5. 侧生伞形花序无梗或具短梗；假总状花序 ··············· 4. 天蓝变豆菜 **S. coerulescens**
　　　　　　5. 伞形花序常叉状分枝，侧生花序有长梗。
　　　　　　　　6. 总苞片和茎生叶退化或细小；果皮刺基部连成薄片状或鸡冠状突起 ·············
　　　　　　　　··· 5. 薄片变豆菜 **S. lamelligera**
　　　　　　　　6. 总苞片和茎生叶发达；果皮刺短直，非钩状，有时皮刺基部连成薄片 ···········
　　　　　　　　··· 6. 直刺变豆菜 **S. orthacantha**
　　3. 茎分枝或花序开展；伞形花序有两性花2-3。
　　　　7. 叶分裂达基部4/5-5/6，裂片基部相接 ······················· 7. 川滇变豆菜 **S. astrantiifolia**
　　　　7. 叶3全裂或3-5深裂，裂片基部分离或不明显相接。
　　　　　　8. 茎和花序多分枝；萼齿线形或刺毛状。
　　　　　　　　9. 果长2.5-3毫米，皮刺基部不膨大；萼齿线状披针形或刺毛状；花柱长于萼齿而外曲 ·········
　　　　　　　　··· 8. 软雀花 **S. elata**
　　　　　　　　9. 果长4-5毫米，皮刺基部膨大；萼齿果熟时喙状；花柱与萼齿等长，稀稍长，不反曲 ········
　　　　　　　　··· 9. 变豆菜 **S. chinensis**
　　　　　　8. 茎下部不分枝，茎上部或花序叉式分枝；萼齿卵形 ··········· 10. 首阳变豆菜 **S. giraldii**

1. 红花变豆菜

图 852

Sanicula rubriflora Fr. Schmidt in Mém. Acad. St. Pétersb. 9: 123. 1859.

　　多年生草本，高达1米。茎无毛。基生叶多数，叶柄长13-55厘米，叶鞘宽膜质；叶圆心形或肾状圆形，长3.5-10厘米，宽6.5-12厘米，掌状3裂，中裂片倒卵形，基部楔形，侧裂片宽倒卵形，常2裂至中部或中部以下，有尖锯齿，齿端刺毛状。总苞片2，叶状，无柄，长于或等于伞形花序，每片3深裂，裂片长3.5-9厘米，有锯齿；伞形花序3出，中间伞辐长于两侧伞辐；小总苞片3-7，全缘或疏生1-3齿，花序有雄花15-20，两性花3-5。花梗短；

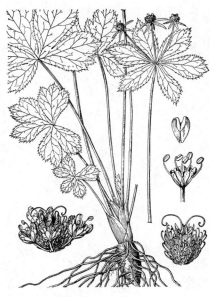

图 852 红花变豆菜 （史渭清绘）

萼齿卵状披针形，有中脉；花瓣淡红至紫红色，先端内凹，基部渐窄；花柱外曲。果卵形或卵圆形，长约4.5毫米，基部有瘤状突起，上部有钩状皮刺。花果期6-9月。

产黑龙江东部及南部、吉林东部、辽宁东部及内蒙古东南部，生于海

拔200-470米林下及阴湿富含腐殖质地方。俄罗斯西伯利亚东部、蒙古、朝鲜及日本北部有分布。

2. 鳞果变豆菜 图853

Sanicula hacquetioides Franch. in Bull. Soc. Philom. Paris ser. 3, 6: 110. 1894.

植株高达30厘米。茎直立，无毛，不分枝。叶圆形或心状圆形，长1-3.5厘米，宽2-4（-7）厘米，两面无毛，掌状3深裂，中裂片宽倒卵形，基部楔形，先端近平截或稍圆，3浅裂，侧裂片菱状倒卵形，2浅裂至深裂，有细锯齿。伞形花序顶生，不分枝；总苞片叶状，短于伞形花序，无柄，伞辐（3）-4，近等长，长0.5-2.5厘米；小总苞片披针形或卵状披针形；花序有雄花9-14，两性花1-3。萼齿卵形或倒卵形，先端突尖；花瓣白、灰白或淡粉红色，倒卵形，长约1.5毫米，顶端深凹。果宽卵形或球形，长2-2.5毫米，径2.5-3毫米，有鳞片状和瘤状突起。花果期5-9月。

产甘肃南部、青海东南部、四川西部、贵州东北部及东部、云南西部

图 853 鳞果变豆菜 （引自《中国植物志》）

及西北部，生于海拔2650-3800米空旷草地、山坡、林下及河边草丛中。

3. 锯叶变豆菜 图854

Sanicula serrata H. Wolff in Engl. Pflanzenr. 61 (IV. 228.): 56. 1913.

多年生草本，高达30厘米。茎上部分枝。基生叶柄长5-15厘米，叶鞘膜质；叶近圆形或五角形，长1.5-3厘米，宽3-6厘米，掌状3-5深裂，裂片有不规则锐锯齿；茎生叶无柄或具短柄，叶3-5深裂。伞形花序2-4；总苞片小，卵形或卵状披针形；伞辐长3-5毫米；伞形花序有花6-8，雄花5-7。雄花有短梗；萼齿卵形；花瓣白或粉红色；两性花1-2，无梗，萼齿和花瓣形状同雄花。果卵形、宽卵形或卵圆形，长约1.2毫米，径1毫米，下部皮刺鳞片状，上部皮刺稍弯；油管不明显。花果期3-6月。

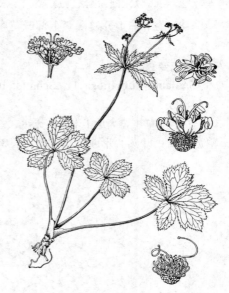

图 854 锯叶变豆菜 （引自《中国植物志》）

西藏东部，生于海拔1360-3160米山地林下。

产甘肃南部、陕西南部、湖北西部、四川中部及北部、云南西北部及

4. 天蓝变豆菜 图855

Sanicula coerulescens Franch. in Bull. Soc. Philom. Paris ser. 8, 6: 109. 1894.

多年生草本，高达40厘米。茎直立。基生叶心状卵形，长3-7厘米，宽4-10厘米，掌状3裂或3小叶，小叶先端常2浅裂，有锯齿，齿端有刺毛；叶柄长5-17厘米。假总状花序，花茎主枝下部伞形花序近簇生，有短梗或无梗，有总苞片和小总苞片；伞形花序有雄花（4）5（6），两性花1朵，位于雄花中间。萼齿线形或刺毛状；花瓣白、淡蓝或蓝紫色，倒卵形或匙形，稍长于萼齿，基部渐窄，先端内凹。果球形或卵圆形，长约2毫米，皮刺短直，上部皮刺基部连成薄片。胚乳腹面平直；油管5。花果期3-7月。

产湖北西部、四川东南部及中部、贵州北部及东南部、云南东北部及

图 855 天蓝变豆菜 （引自《中国植物志》）

东南部，生于海拔820-1550米山谷林下、溪边。

5. 薄片变豆菜 图856

Sanicula lamelligera Hance in Journ. Bot. Brit. & For. 16: 11. 1878.

多年生草本，高达30厘米。茎2-7，上部有少数分枝。基生叶圆心形或近五角形，长2-6厘米，宽3-9厘米，掌状3裂成3小叶，小叶有缺刻和锯齿；叶柄长4-18厘米。花序常二至四回二歧分枝或2-3叉，分叉之间的伞形花序短，总苞片细小；伞辐3-7，长0.2-1厘米；小总苞片4-5，线形；伞形花序有雄花4-5，两性花1朵。萼齿线形或刺毛状；花瓣白、粉红或淡蓝紫色，倒卵形，基部渐窄，先端内凹。果长卵形或卵形，长约2.5毫米，径2毫米，幼果有啮蚀状或微波状薄片，熟后成短直皮刺，皮刺基部连成薄片或鸡冠状突起。油管5；胚乳腹面平直。花果期4-11月。

产安徽南部、浙江、福建、台湾、江西、湖北、湖南、广东、广西东北部及东南部、贵州、云南东南部及四川，生于海拔500-2000米山

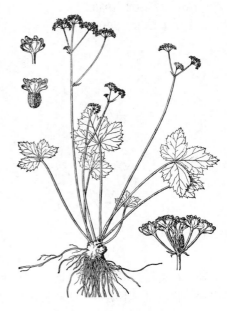

图 856 薄片变豆菜 （引自《中国植物志》）

坡林下、沟谷和溪边。日本南部有分布。

6. 直刺变豆菜 图857

Sanicula orthacantha S. Moore in Journ. Bot. Brit. & For. 13: 227. 1875.

多年生草本，高达35(-50)厘米。茎直立，上部分枝。基生叶圆心形或

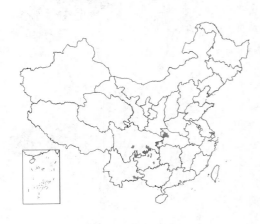

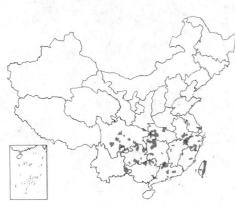

心状五角形，长2-7厘米，宽3.5-7厘米，掌状3全裂，侧裂片常2裂至中部或近基部，有不规则锯齿；叶柄长5-26厘米；茎生叶稍小于基生叶，具柄，掌状3裂。花序常2-3分枝；总苞片3-5，长约2厘米；伞形花序有雄花5-6，两性花1朵。萼齿窄线形或刺毛状，长达1毫米；花瓣白，淡蓝或淡紫红色，倒卵形，先端内凹。果卵形，长2.5-3毫米，有短直皮刺，有时皮刺基部连成薄片，油管不明显。花期4-9月。

图 857 直刺变豆菜 （引自《中国植物志》）

产安徽西南部及南部、浙江、福建、江西、湖北、湖南、广东北部及西南部、广西、云南、贵州、四川、陕西西南部及甘肃南部，生于海拔260-3200米山涧林下、沟谷和溪边。

7. 川滇变豆菜 图858

Sanicula astrantiifolia H. Wolff et Kretsch. in Fedde, Repert. Sp. Nov. 27: 308. 1930.

多年生草本，高达70厘米。茎上部二至四回叉状分枝。基生叶圆肾形或宽卵状心形，长2-8厘米，宽2.5-14厘米，掌状3深裂达基部4/5-5/6，裂片基部相接，裂片常有1-2深缺刻，具锯齿，齿端有刺毛，掌状脉3-5；叶柄长5-16（-30）厘米。花序二歧分枝，中枝短于侧枝，有总苞片和小总苞片；伞形花序2-3出，伞辐长0.5-1厘米；伞形花序有雄花6-8，两性花2-3。萼齿线状披针形或喙状，长约1毫米；花瓣绿白或粉红色，近中部内曲。果倒圆锥形，下部皮刺短，上部皮刺钩状，油管不明显。花果期7-10月。

图 858 川滇变豆菜 （史渭清绘）

产湖北西部、四川西南部、云南及西藏东部，生于海拔1000-3000米山坡草地或林下。全草药用，治风湿关节痛，跌打损伤。

8. 软雀花 图859

Sanicula elata Hamilt. in D. Don Prodr. Fl. Nepal. 183. 1825.

多年生草本，高达80厘米。茎上部分枝。基生叶宽卵状心形、圆心形或近五角形，长3-7厘米，宽4-10厘米，掌状3-5裂，裂片有缺刻和锯齿，齿端有小尖头；茎生叶有短柄，叶3（-5）裂。花序二至四回叉式分枝，侧枝长，较开展，顶部和中间分枝短，有些侧生伞形花序近无梗；总苞片（1）2，对生，无柄，披针形，全缘或疏生1-2齿；伞辐不等长；小总苞片7-10，长约1毫米；伞形花序有花4-8，其中雄花1-4，两性花3（4）。萼齿线状披针形或刺毛状；花瓣倒卵形，白、淡黄或淡蓝色，先端内凹；花柱较萼齿长2倍，外曲。果长2.5-3毫米，有钩状皮刺。花果期5-10月。

产甘肃西南部、四川、湖北西南部、湖南西北部、广西西北部、贵州西南部、云南、西藏东南部及南部，生于海拔1000-3300米林下或沟边。日本、越南、缅甸、喜马拉雅地区、印度及斯里兰卡有分布。

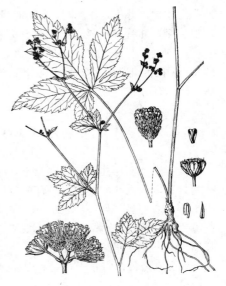

图 859 软雀花 （引自《中国植物志》）

9. 变豆菜 图 860

Sanicula chinensis Bunge in Mém. Acad. Sav. Etrang. St. Pétersb. 2: 106. 1835.

多年生草本，高达1米。茎粗壮、无毛。基生叶近圆肾形或圆心形，常3（5）裂，中裂片倒卵形，基部近楔形，侧裂片深裂，稀不裂，裂片有不规则锯齿；叶柄长7-30厘米；茎生叶有柄或近无柄。伞形花序二至三回叉式分枝；总苞片叶状，常3深裂，小总苞片8-10，卵状披针形或线形，长1.5-2毫米；伞形花序有花6-10，雄花3-7，两性花3-4。萼齿果熟时喙状；花瓣白或绿白色，先端内凹；花柱与萼齿等长，稀稍长。果圆卵形，长4-5毫米，径3-4毫米，有钩状基部膨大的皮刺，合生面油管显著。花果期4-10月。

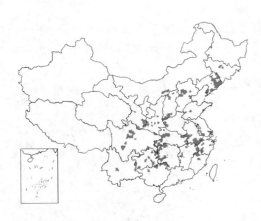

产吉林、辽宁、内蒙古南部、河北、山东、江苏南部、安徽南部、浙江、福建北部、江西、湖北、湖南、广西北部、贵州、云南、四川、甘肃南部、陕西中部及南部、山西及河南西部，生于海拔200-2300米山坡、林下或沟边草丛中。日本、朝鲜及俄罗斯西伯利亚东部有分布。

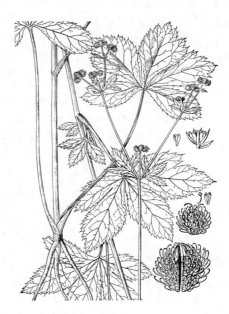

图 860 变豆菜 （史渭清绘）

10. 首阳变豆菜 图 861

Sanicula giraldii H. Wolff in Engl. Pflanzenr. 61 (IV. 228): 60. 1913.

多年生草本，高达60厘米。茎1-4，无毛，上部分枝。基生叶多数，肾圆形或圆心形，长2-6厘米，宽3-10厘米，掌状3-5裂，裂片有不规则重锯齿；叶柄长5-25厘米；茎生叶有短柄，分枝基部叶无柄，掌状分裂，有重锯齿和缺刻。花序二至四回分叉，主枝长10-20厘米，分叉间的伞梗长0.5-4厘米；总苞片叶状，对生，小总苞片卵状披针形；伞形花序有花6-7，雄花3-5，两性花3。萼齿卵形；花瓣白或绿白色，宽倒卵形，先端内

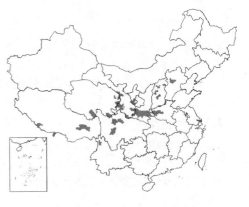

曲；花柱长于萼齿2倍。果卵形或宽卵形，长2-2.5毫米，径2.5-3毫米，有钩状皮刺，油管不明显。花果期5-9月。

产河北、河南、山西、陕西南部、宁夏南部、甘肃、青海东部及南部、四川、云南西北部、西藏南部及东部，生于海拔1500-3700米山坡林下、沟边。朝鲜有分布。

图 861 首阳变豆菜 （仿《图鉴》）

5. 刺芹属 Eryngium Linn.
（刘守炉）

一年生或多年生草本。茎直立、无毛。单叶、全缘或分裂，有锯齿；叶柄具鞘，无托叶。头状花序有总苞片。花小，两性；无梗或近无梗；萼齿5，硬尖，具中脉；花瓣5，窄，先端有内折小舌片；雄蕊5，花丝长于花瓣。果稍侧扁，有鳞片状或瘤状突起，果棱不明显，油管5，果横剖面近圆形。胚乳腹面平直或稍突出。

约220余种，广布于热带和温带地区。我国2种。

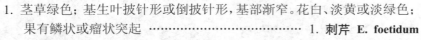

1. 茎草绿色；基生叶披针形或倒披针形，基部渐窄。花白、淡黄或淡绿色；果有鳞状或瘤状突起 ……………………………… 1. 刺芹 E. foetidum
1. 茎灰白、淡紫灰或淡紫色；基生叶长椭圆状卵形，基部心形；花淡蓝色；果有白色窄长鳞片 …………………………………………………………… 2. 扁叶刺芹 E. planum

1. 刺芹   图 862

Eryngium foetidum Linn. Sp. Pl. 232. 1753.

二年生或多年生草本，高达40厘米。茎无毛，草绿色，上部3-5歧聚伞式分枝。基生叶披针形或倒披针形，长5-25厘米，宽1.2-4厘米，两面无毛，有骨质锐锯齿；叶柄短、基部有鞘；茎生叶着生叉状分枝基部、对生、无柄、有深锯齿。圆柱形头状花序生于茎分叉处及上部短枝，长0.5-1.2厘米，径3-5毫米，无花序梗；总苞片4-7，长1.5-3.5厘米，宽0.4-1厘米，披针形，有1-3刺状锯齿，小总苞片宽线形，边缘膜质。萼齿卵状披针形或卵状三角形；花瓣白、淡黄或淡绿色，先端内折。果卵圆形或球形，长1.1-1.3毫米，有鳞状或瘤状突起。花果期4-12月。

产云南南部、广西、广东及海南，生于海拔100-1540米丘陵、山坡林

图 862 刺芹 （史渭清绘）

下或沟边草地。南美东部、中美、安的列斯群岛、亚洲、非洲热带有分布。

2. 扁叶刺芹   图 863

Eryngium planum Linn. Sp. Pl. 233. 1753.

植株高约75厘米。茎灰白、淡紫灰或淡紫色，基部常残留纤维状叶鞘。基生叶长椭圆状卵形，长5-5.8厘米，宽2.5-5厘米，有粗锯齿，基部心形；

叶柄长6-11.5厘米。头状花序宽卵形或半球形，生于分枝顶端，长0.8-1.5厘米；总苞片线形或披针形，疏生1-

2刺毛，先端尖；小总苞片线形或钻形。萼齿卵形；花瓣淡蓝色，膜质，先端内曲。果长椭圆形，卵形或近圆形，长3-3.5毫米，径1.5-1.8毫米，背腹扁，被白色窄长鳞片；无心皮柄。花果期7-8月。

产新疆北部，生于海拔550-1400米荒地、田边、河岸、沙丘及林缘。欧洲中部及南部、俄罗斯高加索、西伯利亚西部、天山、阿尔泰山地区有分布。

图 863 扁叶刺芹 （史渭清绘）

6. 细叶芹属 Chaerophyllum Linn.
（刘守炉）

一年生至多年生草本。根纺锤形。茎直立，有分枝。叶二至多回羽状分裂，叶柄基部有鞘。复伞形花序，总苞片1-2或无，小总苞片2-6。花杂性；无萼齿；花瓣倒卵圆形，顶端有内折小舌片；雄蕊5，与花瓣互生；花柱短于花柱基。果顶端喙状，两侧扁，合生面常窄，果棱宽钝；果横剖面近圆形；心皮柄不裂或顶端2浅裂。胚乳腹面凹下，每棱槽1油管。

约40种，分布于欧洲、亚洲及北美洲。我国2种。

细叶芹 香叶芹 图864

Chaerophyllum villosum Wall. ex DC. Prodr. 4: 225. 1830.

一年生草本，高达1.2米。茎常有白色硬毛。基生叶早落或宿存；较下部茎生叶宽卵形，长10-20厘米，三至四回羽状分裂，小裂片卵形，细小，有细齿，两面疏生粗毛，有时上面无毛；叶柄长2.5-7厘米，叶鞘有毛。复伞形花序顶生或腋生，无总苞片；伞辐2-5，长1.5-3.5厘米；小总苞片2-6，线形，长1.5-4毫米，疏生睫毛；伞形花序有花9-13，雄花4-8，两性花3-7。

图 864 细叶芹 （史渭清绘）

花瓣白、淡蓝或淡蓝紫色，倒卵形，先端内凹；花丝与花瓣等长；花柱短于花柱基。果条状长圆形，长7-9毫米，宽1.5-2.5毫米，顶端喙状，果棱钝，无毛；果柄长3-6毫米。花果期7-9月。

产四川南部、贵州、云南及西藏南部，生于海拔2100-3400米山坡林下或路边草地。阿富汗、克什米尔地区、印度北部有分布。

7. 迷果芹属 Sphallerocarpus Bess. et DC.
（刘守炉）

多年生草本，高达1.2米。茎圆柱形，多分枝，有柔毛。叶二至三回羽状分裂，裂片渐尖。复伞形花序，顶生花序全为两性花，侧生花序有时为雄性，花序外缘有时有辐射瓣；常无总苞片；伞辐6-13，不等长；小总苞片5，向下反折，边缘膜质，有毛。萼齿钻状或不明显；花瓣倒卵形，先端有内折小舌片；花柱短，花柱基圆锥形或平，全缘或波状皱褶。果椭圆状长圆形，长4-7毫米，两侧微扁，合生面缢缩，有5条波状棱，棱槽2-3油管，合生面4-6油管；心皮柄2裂。胚乳腹面内凹。

单种属。

迷果芹 图865

Sphallerocarpus gracilis (Bess. ex Trevir.) K.-Pol. in Bull. Soc. Nat. Mosc. new ser. 29: 202. 1915.

Chaerophyllum gracile Bess. ex Trevir. in Acta Acad. Carol. Nat. Curios. 13(1): 172. 1826.

形态特征同属。花果期7-10月。

产黑龙江、吉林、辽宁北部、河北、山西、内蒙古、宁夏、甘肃、新疆东北部、青海及四川西北部，生于海拔580-2800米山坡、河岸、林缘及荒草地。蒙古、俄罗斯西伯利亚东部及朝鲜有分布。

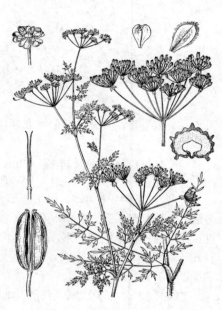

图 865 迷果芹 （史渭清绘）

8. 峨参属 Anthriscus (Pers.) Hoffm.
（刘守炉）

二年生或多年生草本。茎直立，圆柱形。叶三出羽状分裂或羽状多裂；叶柄具鞘。复伞形花序，无总苞片；伞辐开展；小总苞片数枚，薄膜质，常反折。花杂性；萼齿不明显；花瓣白或黄绿色，先端内折，外缘花有辐射瓣；花柱基圆锥形，花柱短，心皮柄常不裂。果顶端喙状，喙短于果体，两侧扁，上部有棱和细槽，合生面常缢缩；果柄顶端有一圈小刚毛；分果横剖面近圆形；胚乳腹面有深槽，油管不明显。

约20余种，分布于欧、亚、非及美洲。我国2种。

1. 果光滑或疏生小瘤点 ·· 1. 峨参 A. sylvestris
1. 果密生疣毛或细刺毛 ·· 2. 刺果峨参 A. nemorosa

1. 峨参 图866

Anthriscus sylvestris (Linn.) Hoffm. Gen. Umbell. 40. f. 14. 1814.

Chaerophyllum sylvestris Linn. Sp. Pl. 1: 258. 1753.

茎高达1.5米，多分枝，近无毛或下部有细柔毛。基生叶有长柄；叶卵形，长10-30厘米，二回羽状分裂，小裂片卵形或椭圆状卵形，长1-3厘米，宽0.5-1.5厘米，有锯齿，下面疏生柔毛；茎生叶有短柄或无柄，基部鞘状，有时边缘有毛。复伞形花序径2.5-8厘米；伞辐4-15，不等长；小总苞片5-8，卵形或披针形，先端尖，反折。花白色，稍带绿或黄色。果长卵形或线状长圆形，长0.5-1厘米，宽1-1.5毫米，光滑或疏生小瘤点。花果期4-5月。

产吉林、辽宁、内蒙古、河北、山西南部、陕西南部、甘肃、新疆西北部、宁夏南部、青海东部及南部、西藏东部、云南西北部、四川、贵州中部、湖南、湖北、河南西部、安徽东部及南部、江苏南部、浙江西北部、江西北部及西部，生于海拔450米以下低山丘陵、山坡、林下、山谷、溪边。欧洲及北美有分布。根药用，为滋补强壮剂。

图 866 峨参 （引自《中国植物志》）

2. 刺果峨参 林地峨参 图 867

Anthriscus nemorosa (M. Bieb.) Spreng. Pl. Umbell. Prodr. 27. 1813.

Chaerophyllum nemorosa M. Bieb. Fl. Tour.–Cauc. 1: 232. 1808.

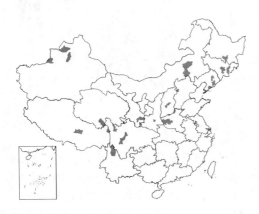

茎高达1.2米，有沟纹，无毛或下部有短柔毛。叶宽三角形，长7-12厘米，二至三回羽状分裂，小裂片披针形或长圆状披针形，有深锯齿；最上部茎生叶柄鞘状，顶端及边缘有白柔毛。复伞形花序顶生，总苞片无或具1枚；伞辐6-12，长2-5厘米，无毛，小总苞片3-7，边缘有毛；伞形花序有花3-11。花瓣白色，基部窄，顶端有内折小尖头；花柱长于花柱基。果线状长圆形，长6-9毫米，有疣毛或细刺毛。花果期6-9月。

产黑龙江南部、吉林东部、辽宁东部及南部、内蒙古、河北西部、山西、河南、陕西南部、甘肃南部、新疆西北部、青海南部、西藏中东部、四川西北部及西部、云南西北部，生于海拔1620-3800米山坡草丛中及林下。亚洲北部及欧洲东部有分布。

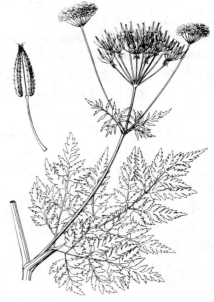

图 867 刺果峨参 （引自《图鉴》）

9. 香根芹属 Osmorhiza Rafin.
（刘守炉）

多年生草本。根圆锥形。茎直立。叶二至三回羽状分裂或二回三出羽状复叶，小裂片有锯齿。复伞形花序疏散；总苞片少数或无；伞辐开展，不等长；小总苞片4-5，线形或线状披针形，常向下反折。花小，白、紫红或黄绿色；萼齿不明显；花瓣卵圆形或倒卵圆形，先端有内折小舌片；花柱基圆锥形，花柱直立或稍外展。果线状长圆形或棍棒状，顶端尖细成喙，基部尾状，两侧微扁，合生面有时稍缢缩，主棱纤细，棱上及基部被刺毛；心皮柄2裂至中部；棱槽油管不明显；胚乳腹面微凹。

约11种及1变种，分布东亚及北美。我国1种及1变种。

1. 二回羽片基部常深裂至全裂，裂片有少数锯齿 ·· 香根芹 O. aristata
1. 二回羽片基部不裂或1-2深裂，裂片有不规则锯齿 ·················· (附). 疏叶香根芹 O. aristata var. laxa

香根芹 图 868

Osmorhiza aristata (Thunb.) Rydb. in Bull. Surv. Nebraska 3: 37. 1894.

Chaerophyllum aristatum Thunb. Fl. Jap. 119. 1784.

植株高达70厘米。根有香气。茎圆柱形，有分枝，幼时有毛，后脱落。基生叶宽三角形，二至三回羽状分裂或二回三出羽状复叶；小裂片长卵形或卵状披针形，长1-3厘米，宽0.5-2厘米，先端钝或渐尖，有粗锯齿、缺刻或羽状分裂，两面有硬毛或仅脉上有毛。复伞形花序开展；总苞片1-4，钻形或宽线形，膜质，早落；伞辐3-5，长3-8厘米；小总苞片4-5，长2-5毫米，宽1-1.5毫米，下面或边缘有毛。萼齿不明显；花瓣倒卵形；子房有白色扁平软毛。果线形或棍棒状，长1-2.2厘米，基部尾状，果棱有刺毛。花果期5-7月。

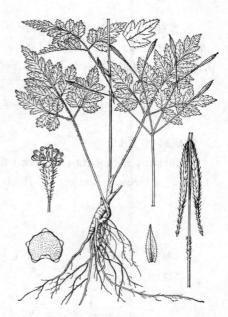

图 868　香根芹　（史渭清绘）

产黑龙江、吉林、辽宁、河北、山西、陕西南部、甘肃南部、宁夏南部、云南、西藏、四川、湖北、河南、安徽、江苏南部、浙江北部、江西及台湾，生于海拔250-1120米山坡林下、溪边或草丛中。俄罗斯西伯利亚、蒙古、朝鲜、日本及印度有分布。

[附] 疏叶香根芹 Osmorhiza aristata var. **laxa** (Royle) Constance et Shan in Univ. Calif. Publ. Bot. 23(3): 130. 1948. —— *Osmorhiza laxa* Royle, Illustr. Bot. Himal. 233. pl. 52. f. 1. 1839. 本变种与模式变种的区别：二回羽片卵形或宽卵形，近基部两侧有1-2深裂，有不规则粗锯齿或浅裂。产甘肃南部、四川西南部、云南西北部及西藏东部，生于海拔1600-3500米山坡林下、山沟及河边草地。巴基斯坦、克什米尔地区、不丹及印度西部有分布。

10. 块茎芹属 Krasnovia M. Pop. et Schischk.

（刘守炉）

多年生草本，高达1米。有球形块茎。茎被长软毛。基生叶二至三回羽状全裂，小裂片线状长圆形，长0.3-1厘米，宽0.5-2毫米，两面光滑或下面有毛；茎生叶较小，无柄，着生鞘上。复伞形花序有伞辐5-8，不等长；总苞片1-2，早落或无；伞形花序多花；小总苞片5，披针形或卵状披针形。萼齿不显著；花瓣白色，倒卵形，先端凹下，有内折小舌片，外缘花瓣稍大，花柱外曲。果卵状长圆形，长3-5毫米，宽约1.5毫米，顶端缢缩，黑褐色，有光泽，主棱突起；胚乳腹面平直或内凹，每棱槽1油管，合生面2油管。

单种属。

块茎芹　　　　　图 869

Krasnovia longiloba (Kar. et Kir.) M. Pop. ex Schischk. in Fl. URSS. 16: 118. 1950.

Sphallerocarpus longilobus Kar. et Kir. in Bull. Soc. Nat. Nat. Mosc. 15: 307. 1842.

形态特征同属。花期4-5月，果期5-6月。

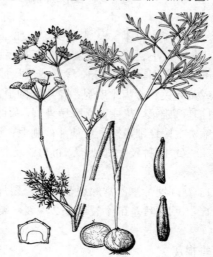

图 869　块茎芹　（陈荣道绘）

产新疆西北部，生于砾石草坡或灌丛中。中亚地区有分布。

11. 窃衣属 Torilis Adans

（刘守炉）

一年生或多年生草本；被毛。根圆锥形。叶柄具鞘；叶一至二回羽状分裂或多裂。复伞形花序；总苞片有或无；小总苞片线形或钻形。花白、紫红或蓝紫色；萼齿5，三角形；花瓣倒卵形，先端内凹，背部有粗伏毛；花柱基圆锥形，花柱短、直伸或外曲；心皮柄顶端2浅裂。果圆卵形或长圆形，有皮刺；胚乳腹面凹下，每棱槽1油管，合生面2油管。

约20种，分布于欧洲、亚洲、南北美洲和非洲热带。我国2种。

1. 总苞片3-6，伞辐4-12；果圆卵形，长1.5-4毫米，宽1.5-2.5毫米 ·························· 1. 小窃衣 T. japonica
1. 总苞片常无，稀有1线形苞片，伞辐2-4；果长圆形，长4-7毫米，宽2-3毫米 ··············· 2. 窃衣 T. scabra

1. 小窃衣　　　　　　　　　　　　图 870

Torilis japonica (Houtt.) DC. Prodr. 4: 219. 1830.

Caucalis japonica Houtt. Nat. Hist. II. 8: 42. 1777.

植株高达1.2米。茎有纵纹及粗毛。叶长卵形，一至二回羽状分裂，两

面疏生紧贴粗毛，一回羽片卵状披针形，长2-6厘米，宽1-2.5厘米，先端渐窄，边缘羽状深裂至全裂，小裂片有粗齿、缺刻或分裂。复伞形花序，花序梗长3-25厘米，有倒生粗毛；总苞片3-6，常线形；伞辐4-12，长1-3厘米；小总苞片5-8，线形或钻形；伞形花序有花4-12。萼齿三角状披针形；花瓣被

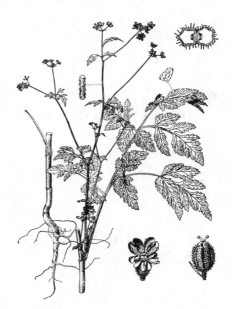

图 870 小窃衣 （陈荣道绘）

平伏细毛，先端有内折小舌片。果圆卵形，长1.5-4毫米，宽1.5-2.5毫米，常有内弯或钩状皮刺。花果期4-10月。

产吉林、辽宁、内蒙古南部、河北、山西、河南、山东、江苏、安徽、浙江、福建、台湾、江西、湖北、湖南、广东、广西、贵州、云南、西藏南部及东部、青海东部、四川、陕西、甘肃南部及宁夏南部，生于海拔150-

3060米林下、沟边和溪边草丛中。朝鲜、日本至喜马拉雅山区、印度、缅甸、越南及苏门答腊有分布。

2. 窃衣　　　　　　　　图 871 彩片 281

Torilis scabra (Thunb.) DC. Prodr. 4: 219. 1830.

Chaerophyllum scabra Thunb. Fl. Jap. 119. 1784.

植株高达70厘米；全株被平伏硬毛。茎上部分枝。叶卵形，二回羽状分裂，小叶窄披针形或卵形，长0.2-1厘米，宽2-5毫米，先端渐尖，有缺刻状锯齿或分裂；叶柄长3-4厘米。复伞形花梗长1-8厘米，常无总苞片，稀有1钻形苞片；伞辐2-4，长1-5厘米；小总苞片数个，钻形，长2-3毫米；伞形花序有花3-10。花白或带淡紫色；萼齿三角形；花瓣被平伏毛。果长圆形，长4-7毫米，宽2-3毫米，有皮刺。花果期4-11月。

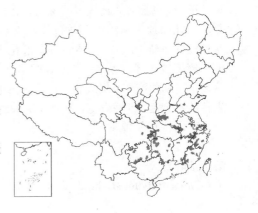

产山东、江苏南部、安徽、浙江、福建、台湾、江西、湖北、湖南、广东、贵州、云南东北部、四川东部及东北部、宁夏南部，生于海拔250-2400米山坡林下、河边及空旷草地。日本有分布。

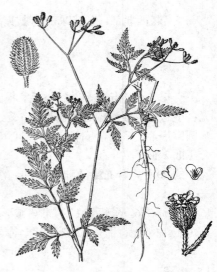

图 871 窃衣 （引自《中国植物志》）

12. 刺果芹属 Turgenia Hoffm.
（刘守炉）

一年生草本，高约30厘米。茎密被柔毛和开展灰白色刺毛。叶一回羽状分裂，羽片窄长圆形，长1-2.5厘米，宽0.5-1厘米，无柄，基部一对羽片有短柄，上面沿脉被柔毛，下面密被柔毛，沿脉被刺毛，有深锯齿或不规则锯齿。复伞形花序有伞辐2-5，伞辐长3-4厘米，总苞片4-5，披针形，小总苞片5，宽卵形；花杂性，伞形花序内为雄花，外为两性花。萼齿钻状披针形；花瓣紫红或玫瑰红色，两性花的一个花瓣倒肾形，成辐射瓣，先端内折成2裂状。果卵形，长7-9毫米，两侧扁平，合生面缢缩，主棱有3行粗刺，次棱有1行粗刺，棱槽1（2）油管，合生面2油管；胚乳腹面深凹，两侧边缘内卷成带状环。

单种属。

刺果芹　　　　　　　　　　　　　　　　　　　　图 872

Turgenia latifolia (Linn.) Hoffm. Gen. Umbell. ed. 2. 59. 1816.

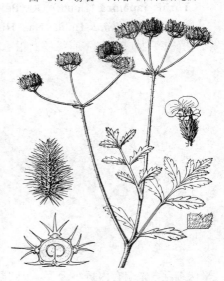

Tordylium latifolium Linn. Sp. Pl. 240. 1753.

形态特征同属。花期7月，果期8月。

产新疆北部，生于海拔700-1400米山坡路边、荒地和田间。欧洲、巴尔干、地中海地区、高加索、中亚、小亚细亚及印度有分布。

图 872 刺果芹 （张荣生绘）

13. 滇藏细叶芹属 Chaerophyllopsis H. de Boiss.
（佘孟兰）

纤细直立草本，高达50厘米。下部叶柄长约12厘米，叶鞘宽；叶长约10厘米，二至多回羽状全裂或分裂，小裂片卵形，薄膜质，具浅裂或深齿，上面有鳞状毛，下面密被白色鳞状毛。复伞形花序顶生和侧生；总苞片无或1片，小总苞数片，线状披针形，较花梗短；伞辐18-20，开展；每伞形花序有花10余朵。花梗密被白色鳞状毛；萼齿披针形，宿存；花瓣长圆形，先端凹下，有内曲小舌片；花柱早落，花柱基圆锥形。果线状长圆形，很小，两侧扁，分果近圆柱形，光滑，果棱线形突起，5棱等宽，棱槽1-2油管，合生面2油管；心皮柄2裂。

我国特有单种属。

滇藏细叶芹　　　　　　　　　　　　　　　　　图 873

Chaerophyllopsis huai H. de Boiss. in Bull. Soc. Bot. France 56: 353.

1909.

形态特征同属。花期8-9月，果期9-10月。

产云南西北部及西藏东南部，生于海拔3600-3800米山地沟谷灌丛中及草地。

14. 针果芹属 Scandix Linn.
（佘孟兰）

一年生草本。叶一至三回羽裂，小裂片细窄。复伞形花序或单伞形花序，总苞片无或1；伞辐少数，有时1条；小总苞片草质，不反折。萼齿不明显或细小；花瓣白色，长圆形，先端微凹下，小舌片窄，内曲，外花瓣常不等长。果近圆筒形，稍两侧扁，先端喙状，有时长为果数倍，果棱细，主棱宽钝，突起；油管细，棱槽油管1或无；胚乳腹面凹下成深槽；心皮柄不裂或2浅裂。

约10余种，分布亚洲和欧洲，主产地中海地区。我国1种。

图 873 滇藏细叶芹 （史渭清绘）

针果芹

Scandix stellata Banks et Solander in Russell. Nat. Hist. Aleppo ed. 2. 2: 249. 1794.

一年生草本，高约30厘米。茎纤细。叶一至三回羽裂，小裂片窄线形。总苞片无或偶有1片，与叶相似；伞辐1-3；小总苞片数片，羽裂。果喙长为果1.5-3倍；果棱线形突起，每棱槽油管1，合生面油管2，有时无。

产新疆，生于荒地、草地或路边。

15. 芫荽属 Coriandrum Linn.
（刘守炉）

直立草本；光滑，叶揉之有香味。根细长。基生叶与茎生叶异形，叶一回或多回羽状分裂。复伞形花序顶生或与叶对生；总苞片常无，有时具1线形全缘分裂的苞片；小总苞片数枚，线形；伞辐少数，开展。花白、玫瑰或淡紫红色；萼齿大小不等；花瓣倒卵形，先端内凹，伞形花序外缘花有辐射瓣；花柱基圆锥形，花柱开展。果球形，外果皮坚硬，光滑，背面主棱及次棱明显；胚乳腹面内凹；油管不明显或有1条位于次棱下方。

2种，分布于地中海区域。我国引入栽培1种。

芫荽 图874 彩片282

Coriandrum sativum Linn. Sp. Pl. 256. 1753.

植株高达1米。茎圆柱形，多分枝。基生叶一至二回羽状全裂，裂片宽卵形或楔形，长1-2厘米，深裂或具缺刻；叶柄长3-15厘米；茎生叶二至多回羽状分裂，小裂片线形，长0.2-1.5厘米，宽0.5-1.5毫米，全缘。复伞

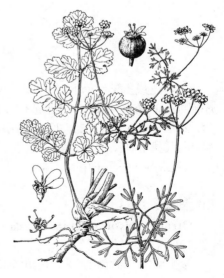

图 874 芫荽 （引自《中国植物志》）

形花序顶生，花序梗长2-8厘米；伞辐3-7；小总苞片2-5，线形；伞形花序有孕花3-9。果径约1.5毫米。花果期4-11月。

原产欧洲地中海地区。我国各地普遍栽培。茎叶作蔬菜和香料，健胃消食；果药用，可驱风，透疹、祛痰。

16. 双球芹属 Schrenkia Fisch. et Meyer
（刘守炉）

多年生草本。根木质化。茎单生。基生叶与茎生叶同形；叶二至三回羽状全裂。复伞形花序顶生和侧生，有总苞片和小总苞片，伞辐不等长。花杂性；萼齿钻状披针形，宿存；花瓣白色，长圆形，先端内折而微凹，具短爪；花柱基扁圆锥形，花柱外倾或在果期成水平状叉开。果双扁球形，果皮革质，分果有5条不明显龙骨状主棱和纵纹；油管不显著；胚乳腹面凹下。

7种，分布于欧洲及中亚。我国1种。

双球芹　　　　　　　　　　　　　　　　图875

Schrenkia vaginata (Ledeb.) Fisch et Meyer in Schrenk Enum. Pl. Nov. 1: 65. 1841.

Cachrys vaginata Ledeb. Fl. Alt. 1: 366. 1829.

多年生草本，高达50厘米。茎基部有残存枯叶鞘，下部分枝互生，上部轮生或对生，或分枝成聚伞状。基生叶丛生，有短柄；茎生叶无柄，叶鞘宽；叶二至三回羽状分裂，小裂片长圆形或线形，长0.2-1.5厘米，宽1-2毫米，无毛。复伞形花序，伞辐8-16；总苞片窄披针形；伞形花序有6-14朵两性花，间有少量雄花，花梗不等长，中间的花近无梗；小总苞片8-10，线状披针形。果双扁球形，不分离，分果径1-1.5毫米。花期5月，果期6月。

图 875 双球芹 （张荣生绘）

产新疆北部，生于山地砾石质干山坡。俄罗斯阿尔泰及中亚地区有分布。

17. 山茉莉芹属 Oreomyrrhis Endl.
（刘守炉）

二年生或多年生草本。茎甚短。叶多数根生，具柄；叶羽状深裂或全裂。单伞形花序顶生，有花4-20朵，花序梗细长；总苞片叶状，线形或倒披针形，全缘或2-3深裂。花小，白或紫色；萼无齿；花瓣长圆形，先端稍内弯；花丝短于花瓣，花药卵圆形；花柱基与花柱等长或稍短。果两侧稍扁，合生面缢缩；主棱钝而隆起，心皮柄2裂，每棱槽1油管。

约23种，分布于中美、南美、大洋洲及亚洲南部。我国2种。

山茉莉芹　　　　　　　　　　　图876 彩片283

Oreomyrrhis involucrata Hayata in Journ. Coll. Sci. Tokyo 30(1): 128. 1911.

簇生草本，高达12厘米。根纺锤形。基生叶多数，叶柄长2-6厘米，叶鞘膜质；叶长圆形或宽卵形，长1.5-3厘米，一至二回羽状分裂，羽片2-

3对，有柄；羽片倒卵形或倒披针形，长0.5-1.5厘米，羽状浅裂至3深裂。伞形花序梗4-8，长5-12厘米，被白色向下反折柔毛；总苞片4-7，基部

稍连合，线形或倒披针形，长1-2厘米，全缘或2-3深裂，两面有毛。花小；花瓣白色。果长圆形或线形，长3-4毫米，宽约2毫米，顶端渐尖，紫黑色；胚乳腹面微凹。

产台湾，生于海拔2000-4000米山坡、路边草地。

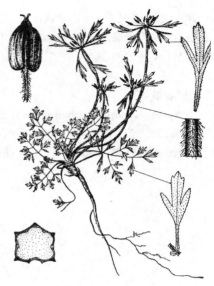

图 876 山茉莉芹 （引自《图鉴》）

18. 滇芎属 Physospermopsis Wolff
（刘守炉）

多年生草本。叶一至二回羽状分裂，稀不裂。复伞形花序；总苞片发达，上部3裂或羽裂；小总苞片全缘，先端3裂或羽裂。花白、黄或暗紫色；萼齿细小；花瓣倒卵形，有短爪，先端钝圆或有极短内折小舌片；花柱基果时圆锥形，花柱短。果卵形或宽卵形，基部稍心形，平滑，两侧扁；分果主棱5，丝状隆起；心皮柄2裂；每棱槽2-3油管，合生面2-4油管；胚乳腹面平或凹下。

约7种，我国均产。

1. 基生叶羽片3枚，叶轴有翅；总苞片长0.5-1.5厘米，先端3浅裂 ………………………… 1. **滇芎 P. delavayi**
1. 基生叶羽片3枚以上，叶轴无翅或不明显；总苞片长1.5-7厘米，上部羽状分裂。
  2. 基生叶顶生羽片倒卵形，3裂或有少数钝齿 ………………………… 2. **紫脉滇芎 P. rubrinervis**
  2. 基生叶顶生羽片三角形或卵状披针形，深裂或羽状深裂。
    3. 小总苞片全缘或顶端有2-3齿；果长1.5-2毫米；胚乳腹面近平直 ………………………… 3. **木里滇芎 P. muliensis**
    3. 小总苞片顶端3裂或羽状浅裂至深裂；果长约3.2毫米；胚乳腹面微凹 ………………………… 4. **波棱滇芎 P. obtusiuscula**

1. 滇芎

图 877

Physospermopsis delavayi (Franch.) H. Wolff in Notizbl. Gart. Berlin 9: 278. 1925.

Arracacia delavayi Franch. in Bull. Soc. Philom. Paris ser. 8, 6: 115. 1894.

植株高达90厘米。茎无毛。基部常残留纤维状叶鞘。基生叶三角形或卵状长圆形，长3.5-6厘米，宽2.5-5.5厘米，一回羽状分裂或3深裂；羽片常3枚，倒卵形或倒卵圆形，长2-3厘米，宽1-2.5厘米，先端不规则3浅裂，有缺刻状锯齿；叶轴长4-7.5厘米，有窄翅。复伞形花序顶生或侧生，花序梗长

图 877 滇芎 （史渭清绘）

7-20厘米；总苞片4-5，叶状，先端3浅裂；伞辐5-8，长3-5.5厘米；小总苞片3-4，全缘或先端3裂。花白色；萼齿长约0.2毫米；花瓣有短爪。果宽卵形，长2-3毫米，宽2.5-4毫米，果棱突起。花果期5-9月。

产湖北西南部、四川西南部及云南，生于海拔1000-2000米山坡草地。

2. 紫脉滇芎

图878

Physospermopsis rubrinervis (Franch.) Norman in Journ. Bot. Brit. & For. 76. 231. 1938.

Trachydium rubrinerve Franch. in Bull. Soc. Philom. Paris ser. 8, 7: 112. 1894.

植株高达50厘米。茎直立，无毛，基部有纤维状叶鞘。下部茎生叶三角形或宽卵状三角形，长3.5-5厘米，宽3-4厘米，一回羽状分裂或3裂；羽片卵形，长1.5-2.5厘米，宽1-1.5厘米，上部疏生不等锯齿、缺刻或分裂；上部1对茎生叶常退化，叶柄鞘状，叶疏生2-3缺刻状锯齿。复伞形花序顶生，花序梗长6-23厘米；总苞片2-5，上部分裂；伞辐9-14，不等长；小总苞片3-4，与果柄等长或稍长；伞形花序有花9-25。花白色；萼齿不明显；花瓣有短爪，脉1条。果宽卵

图 878 紫脉滇芎 （史渭清绘）

形，长、宽约3毫米。花果期8月。

产云南及四川西南部，生于海拔3200-3625米山坡草地。

3. 木里滇芎

图879

Physospermopsis muliensis Shan et S. L. Liou, Fl. Reipubl. Popul. Sin. 55(1): 105. 297. 1979.

植株高达30厘米。主根纺锤形。茎直立，圆柱形。叶卵状长圆形，长3-4厘米，宽2.5-3厘米，一回羽状分裂，羽片1-4对，下面1对羽片卵形或长卵形，长1.2-2厘米，宽约1厘米，边缘深裂或羽状浅裂；侧枝茎生叶常对生，长1.5-2.2厘米，叶柄鞘状，叶3裂、羽状条裂或疏生缺刻。复伞形花序顶生；总苞片5-6，下部楔形，上部有分裂；伞辐10-15，不等长；小总苞片3-4，披针形，全缘或顶端有2-3齿；伞形花序有花9-20。萼齿不明显；花瓣倒卵形。果卵形，长1.5-2毫米，基部心形，主棱突起；心皮柄2裂；胚乳腹面近平直。花果期10月。

图 879 木里滇芎 （史渭清绘）

产云南西北部及四川西南部，生于海拔3150-4000米山坡草地。

4. 波棱滇芎 图880

Physospermopsis obtusiuscula (C. B. Clarke) Norman in Journ. Bot. Brit. et For. 76: 231. 1938.

Trachydium obtusiusculum C. B. Clarke in Hook. f. Fl. Brit. Ind. 2: 673. 1879.

植株高达43厘米。茎直立，稍带暗紫色。叶片羽状分裂，羽片卵形，长约1.5厘米，深裂或羽状半裂；小裂片长2-4毫米，宽1-2毫米。伞形花序顶生，花序梗长9-18厘米；总苞片4-6，上部羽状分裂；伞辐14-17，不等长；小总苞片3-4，先端常3裂，长于果柄；伞形花序有花7-12。萼齿细小。果卵形或宽卵形，长约3.2毫米，基部微心形，顶端渐窄；主棱突起，稍波状褶皱；胚乳腹面微凹。花果期8-9月。

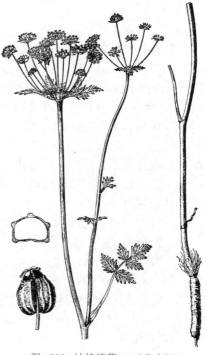

图 880 波棱滇芎 （陈荣道绘）

产四川西南部、云南西部、西藏东部及南部，生于海拔约4000米山坡草丛中或林下草地。尼泊尔、不丹及印度东北部阿萨姆有分布。

19. 滇芹属 Sinodielsia Wolff

（刘守炉）

多年生草本。主根纺锤形。茎有分枝，近无毛。叶二至三回羽状分裂，羽片4-6对，下部羽片有短柄，上部无柄，小裂片宽卵形，深裂或有不规则缺刻状锯齿，两面无毛。复伞形花序有长梗；总苞片无或少数；伞辐常6-8，开展，长2-6厘米；小总苞片窄线形，7-9枚；伞形花序多花。花杂性；萼齿钻形；花瓣白或带淡粉红色，近圆形，先端有内折小舌片；花柱基圆锥形，花柱短，果时外曲。果窄卵形，长约3毫米，稍侧扁，光滑，果棱丝状；分果半圆柱形，背部突起，果皮薄，每棱槽2-3油管，合生面4油管，胚乳腹面凹下；心皮柄2叉状。

我国特有单种属。

滇芹 图881

Sinodielsia yunnanensis H. Wolff in Notizbl. Bot. Gart. Berlin 9: 278. 1925.

形态特征同属。

产四川西南部、云南及西藏东部，生于海拔2000-3040米山坡草地、河滩地、疏林内和石缝中。全草药用，治风寒感冒、发烧、头痛。

图 881 滇芹 （陈荣道绘）

20. 东俄芹属 Tongoloa Wolff
（刘守炉）

多年生草本。根圆锥形。茎直立，有分枝。叶柄下部成膜质叶鞘；叶三出三至四回羽状分裂或二至三回羽状分裂，小裂片窄。复伞形花序顶生，总苞片和小总苞片少数或无。花白、淡紫或暗紫色；萼齿细小；花瓣先端钝、微凹或有内折小舌片；花柱基扁平或短圆锥形，花柱短，外曲。果基部心形，合生面缢缩；主棱5，丝状；每棱槽2-3油管，合生面2-4油管；胚乳腹面微凹。

约10种，主产我国。

1. 小总苞片线形；基生叶三至四回羽状分裂，小裂片线形，全缘或1-3裂齿 ············ 1. **云南东俄芹 T. loloensis**
1. 无小总苞片（城口东俄芹有时有小总苞片）。
　　2. 花紫红色 ·································· 2. **城口东俄芹 T. silaifolia**
　　2. 花白色，有时带淡红色。
　　　3. 基生叶二至三回羽状分裂，小裂片宽1-3毫米。
　　　　4. 基生叶小裂片长2-4.5厘米；花瓣先端无内折小舌片；果柄短而直 ········ 3. **宜昌东俄芹 T. dunnii**
　　　　4. 基生叶小裂片长0.3-1.5厘米；花瓣先端有内折小舌片；果柄纤细 ········ 4. **纤细东俄芹 T. gracilis**
　　　3. 基生叶三至四回羽状分裂，小裂片宽0.5-1毫米 ·············· 5. **细叶东俄芹 T. tenuifolia**

1. 云南东俄芹 图882

Tongoloa loloensis (H. de Boiss.) H. Wolff in Engl. Pflanzenr. 90(IV. 228): 318. 1927.

Pimpinella loloensis H. de Boiss. in Bull. Herb. Boiss. 2(2): 809. 1902.

直立草本，高达1.1米。茎光滑，上部分枝。基生叶和茎下部叶有柄，柄长12-22厘米；叶三角形，三至四回羽状分裂，下部羽片有短柄，上部无柄；小裂片线形，全缘或有1-3裂齿；序托叶的叶柄鞘状，叶退化。复伞形花序，花序梗长4-11厘米；无总苞片或有1-2，线形；伞辐8-19，长2-5厘米；小总苞片3-6，线形；伞形花序有花12-21朵。花白色；萼齿细小；花瓣卵圆形或倒卵圆形，基部窄，先端内凹，分果卵形或宽卵形，心皮柄2裂；每棱槽3油管，合生面4油管。花果期7-10月。

图 882 云南东俄芹 （陈荣道绘）

产云南西北部及四川西南部，生于海拔2500-3650米山坡草地。

2. 城口东俄芹 图883

Tongoloa silaifolia (H. de Boiss.) H. Wolff in Notizbl. Bot. Gart. Berlin. 9: 280. 1925.

Pimpinella silaifolia H. de Boiss. in Bull. Herb. Boiss. 2(2): 809. 1902.

植株高达60厘米。茎无毛。基生叶和下部茎生叶有柄，柄长6-12厘米；叶鞘膜质抱茎；叶宽披针形，长5-8厘米，宽约5厘米，二至三回羽状分

裂，小裂片长0.5-1厘米，宽1.5-2毫米，先端尖，中脉1；茎上部叶一至二回羽状分裂，裂片线形。复伞形花序顶生和侧生，顶生花序梗粗，侧生花序梗细；伞辐8-22；无总苞片，小总苞片无或有。花紫红色；萼齿细小；花瓣长倒卵形，基部窄，先端钝或微凹。分果圆心形或宽卵形，长约2毫米，主棱丝状，合生面缢缩，胚乳腹面微凹，每棱槽3油管。花果期9-10月。

产宁夏南部、甘肃、陕西南部、湖北西部、四川、云南西北部及西藏东部，生于海拔2230-3350米湿润草地。

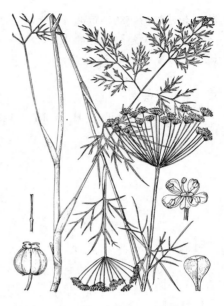

图 883 城口东俄芹 （史渭清绘）

3. 宜昌东俄芹 图 884

Tongoloa dunnii (H. de Boiss.) H. Wolff in Engl. Pflanzenr. 90(IV. 228): 317. 1927.

Pimpinella dunnii H. de Boiss. in Bull. Herb. Boiss. 3(2): 841. 1903.

多年生草本，高达70厘米。茎无毛。较下部茎生叶具柄，柄长7-18厘米，叶鞘抱茎；叶近宽三角形，二至三回羽状全裂或三出二回羽状全裂；小裂片线形，长2-4.5厘米，宽1.5-3毫米，全缘，中脉1；序托叶一至二回羽状分裂，裂片线形。复伞形花序顶生和侧生，无总苞片和小总苞片；伞辐7-17，长3-6厘米；伞形花序有花10-25。花白色；萼齿卵形，直伸；花瓣长椭圆形或长倒卵形，长1.2-2毫米，先端无内折小舌片；花丝与花瓣近等长或稍短；花柱外曲。果卵形或近圆心形，长约1.5毫米，主棱明显，果柄短直。花期8月。

产湖北西部、四川西部及西藏东南部，生于海拔2000-4000米山坡林下或溪边草地。

图 884 宜昌东俄芹 （陈荣道绘）

4. 纤细东俄芹 图 885

Tongoloa gracilis H. Wolff in Notizbl. Bot. Gart. Berlin. 9: 279. 1925.

多年生草本，高达75厘米。根圆锥形。茎无毛，下部稍带紫罗兰色，有分枝。较下部茎生叶有长柄，柄细弱；叶近三出三回羽状分裂；小裂片线形，长0.3-1.5厘米，宽约1毫米；上部茎生叶二至三回羽状分裂，小裂片细小；序托叶叶柄鞘状。复伞形花序顶生，花序梗长3-12厘米；无总苞片和小总苞片；伞辐5-11，长2.5-6厘米；伞形花序多花。花梗纤细；花白、淡红或白稍带红色；萼齿卵状三角形或半圆形；花瓣倒卵圆形，基部窄，先端有内折小舌片；花柱基扁平，花柱外折。幼果宽卵形，长约 2 毫米；果柄纤细。花期 8-9 月。

产青海、西藏东北部、四川及云南西北部，生于海拔 2300-4500 米山坡路边、林缘草地和草原地带。

5. 细叶东俄芹 图 886

Tongoloa tenuifolia H. Wolff in Fedde, Repert. Sp. Nov. 28: 128. 1929.

多年生草本。茎无毛，中空。基生叶少数，叶鞘宽膜质；叶宽三角形或三角状菱形，三至四回羽状分裂，一回和二回羽片有柄，小裂片线形，长 3-5 毫米，宽 0.5-1 毫米，两面无毛。复伞形花序顶生和侧生，顶生花序梗较侧生花序梗粗，长 8-25 厘米；无总苞片和小总苞片；伞辐 6-11，长 4-9 厘米，伞形花序有多花。花梗细弱，

图 885 纤细东俄芹 （陈荣道绘）

果时增粗；花白色，有时稍淡红色；萼齿卵形，细小；花瓣倒卵圆形，先端无内折小舌片。幼果宽卵形，长 2-2.5 毫米，宽约 2 毫米，主棱明显，每棱槽 3 油管，胚乳腹面微凹。花期 8 月。

产四川西北部及西部、云南西北部及西藏东部，生于海拔 3500-4300 米山坡泽地及灌丛中。

21. 明党参属 **Changium** Wolff

（刘守炉）

多年生草本，高达 1 米；全株无毛。主根纺锤形或长索形，深褐或淡黄色，内部白色。茎直立，有白粉。基生叶有长柄；叶宽卵形，三出二至三回羽状全裂；小羽片卵形或宽卵形，长 1-2 厘米，3 裂、羽裂或羽状缺刻。复伞形花序顶生和侧生，无总苞片；伞辐 4-10，长 2.5-10 厘米，开展，小总苞片少数，钻形或线形；伞形花序有花 8-20。花白色；萼齿 5；花瓣长圆形或卵状披针形，先端内折；花柱基短圆柱状，花柱外折。果圆卵形或卵状长圆形，长 2-3 毫米，无毛，侧扁，有 10-12 纵纹，胚乳腹面深凹，油管多数。

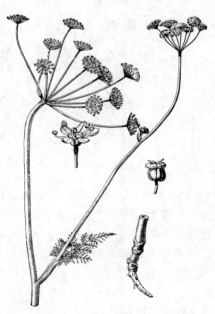

我国特有单种属。

图 886 细叶东俄芹 （陈荣道绘）

明党参 图 887

Changium smyrnioides H. Wolff in Fedde, Repert. Sp. Nov. 19: 315. 1924.

形态特征同属。花期 4 月。

产河南西部及东南部、安徽、江苏南部、浙江西北部及西部、江西北部及湖北，生于海拔 200-400 米山地灌丛中、石缝中或山坡草地。根为滋补剂强壮剂，可清肺、化痰、平肝、和胃及解毒。

22. 矮泽芹属 Chamaesium Wolff
（刘守炉）

草本。叶鞘宽膜质；叶一回羽状分裂；羽片对生，无柄。复伞形花序；总苞片和小总苞片少数或无；伞辐多数；伞形花序有多花。花梗短；萼齿5，细小；花瓣5，白、淡黄或草绿色，基部窄，顶端宽内折，凹下；花柱基扁，花柱果时外折。果主棱及次棱均隆起，合生面稍缢缩，胚乳腹面微凹，每棱槽1（2）油管，合生面2油管。

约7种及1变种，我国均产。锡金有分布。

1. 茎和花序梗极短；小总苞片3-5裂或羽状分裂，裂片卵形或卵状长圆形，长于伞形花序 ················· 1. **大苞矮泽芹 C. spatuliferum**
1. 茎和花序梗长；小总苞片无或有，线形，全缘，稀1-3裂，短或稍长于伞形花序。
  2. 小总苞片线形，全缘，稀分裂。
    3. 基生叶羽片顶端3-6裂或有钝锯齿；小总苞片长于幼时伞形花序 ···
    ················· 2. **松潘矮泽芹 C. thalictrifolium**
    3. 基生叶羽片全缘，稀顶端具2-3浅齿；小总苞片短于伞形花序 ······
    ················· 3. **矮泽芹 C. paradoxum**
  2. 小总苞片无，稀1-2片，钻形。
    4. 茎较细，下部叶羽片2-4对，疏离；花序疏散，花草绿色 ·········· 4. **绿花矮泽芹 C. viridiflorum**
    4. 茎较粗，下部叶羽片4-6对，相接或稍疏离；花序较紧密，花白或淡黄色 ················· 5. **鹤庆矮泽芹 C. delavayi**

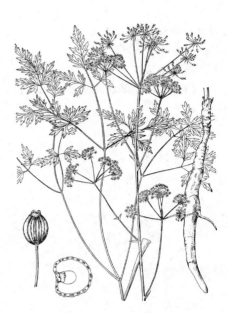

图 887 明党参 （引自《中国植物志》）

1. 大苞矮泽芹
图 888

Chamaesium spatuliferum (W. W. Smith) Norman in Journ. Bot. Brit. et For. 76: 231. 1938.

Trachydium spatuliferum W. W. Smith in Notes Roy. Bot. Gard. Edinb. 8: 210. 1914.

草本，高达12厘米；植株无毛。主根粗，长达23厘米。茎短，直立。基生叶常早凋，茎生叶叶柄长1.5-5厘米，叶鞘抱茎；叶长圆形，长2-4厘米，一回羽状分裂，羽片3-4对；侧生羽片宽卵形或近圆形，长0.5-1厘米，基部近平截或钝圆，先端3裂，有时有3-4个圆齿。复伞形花序，花序梗短；总苞片4-5，羽状分裂；伞辐9-18，不等长；小总苞片3-7，有分裂，长于伞形花序。萼齿细小；花瓣白或绿色。果近半圆柱形，主棱及次棱均隆起，每棱槽1油管。花果期6-7月。

产云南西北部、四川西北部及西藏东部，生于海拔3540-4500米山地灌

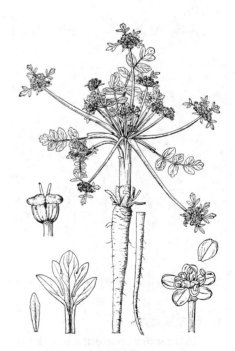

图 888 大苞矮泽芹 （史渭清绘）

丛中、草甸及河边草地。

2. 松潘矮泽芹

图889

Chamaesium thalictrifolium H. Wolff in Acta Hort. Gothob. 2: 302. 1926.

图 889 松潘矮泽芹 （史渭清绘）

草本，高达40厘米；植株无毛。主根纺锤形，褐色。茎上部分枝，基部残留紫黑色叶鞘。基生叶叶柄长4-15厘米；叶长圆形，长2.5-8厘米，一回羽状分裂，羽片2-6对，侧生羽片卵形或宽卵形，长0.8-2厘米，基部平截或圆截，3-6裂或有不等锯齿，无柄。复伞形花序；总苞片2-4，羽状分裂；伞辐6-13；小总苞片2-5，线形，

全缘或分裂。萼齿细小；花瓣白或淡绿色，基部窄，先端稍内弯。果长圆形，长约2.5毫米，基部稍心形。花果期7-8月。

产甘肃南部、青海南部、四川北部、云南西北部及西藏东部，生于海拔3500-4040米山坡路边。

3. 矮泽芹

图890

Chamaesium paradoxum H. Wolff in Notizbl. Bot. Gart. Berlin. 9: 275. 1925.

植株高达35厘米。茎中空，有分枝。基生叶长圆形，长3-4.5厘米，一

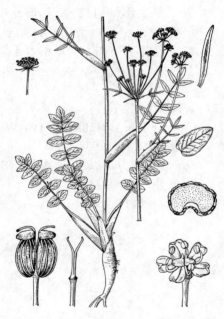

图 890 矮泽芹 （史渭清绘）

回羽状分裂；羽片4-6对，无柄，卵形或长卵形，长0.7-1.5厘米，全缘，稀先端有2-3浅齿。复伞形花序；总苞片3-4，线形，全缘或分裂，短于伞辐；伞辐8-17；小总苞片线形，长3-4毫米。花白或淡黄色；萼齿细小；花瓣倒卵形，先端圆，基部稍窄，中脉1。果长圆形，长1.5-2.2毫米，宽1-1.5毫米，基部稍心形，主棱和次棱均隆起，

心皮柄2裂，胚乳腹面微凹，每棱槽1油管，合生面2油管。花果期2-9月。

产青海、四川西部及西北部、云南西北部及西藏东部，生于海拔3200-4300米山坡湿草地及林缘。

4. 绿花矮泽芹

图891

Chamaesium viridiflorum (Franch.) H. Wolff et Shan in Sinensia 8: 87. 1937.

Trachydium viridiflorum Franch. in Bull. Soc. Philom. Paris ser. 8, 6:

111. 1894.

光滑草本，高达32厘米。主根有细长根茎，根茎有小结节。茎较细，单生，直立。基生叶长圆形，长1.5-3.5厘米，宽0.8-2.5厘米，一回羽状分裂；下部叶的羽片2-4对，疏离；侧生羽片卵形、宽倒卵形或卵状长圆形，长0.4-1.2厘米，宽2-6毫米，先端3浅裂，稀不裂。复伞形花序，花序梗长1.5-8厘米；总苞片2-5，全缘或分裂；伞辐6-11，不等长；小总苞片无或有1-2；小伞形花序有花7-15，花序疏散。萼齿极小；花瓣草绿色，倒卵形，基部较窄，先端钝，内曲。果卵形或长卵形，长约1.5毫米，基部稍心形。花果期7-8月。

产云南西北部、四川西南部及西北部，生于海拔3200-4300米山坡路边或林下。锡金有分布。

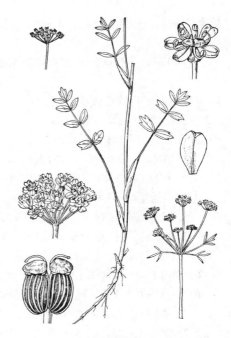

图 891 绿花矮泽芹 （史渭清绘）

5. 鹤庆矮泽芹　　　　　　　　　　图 892

Chamaesium delavayi (Franch.) Shan et S. L. Liou, Fl. Reipubl. Popul. Sin. 55(1): 130. 1979.

Trachydium delavayi Franch. in Bull. Soc. Philom. Paris ser. 8, 6: 110. 1894.

草本，高达20（33）厘米。茎较粗，直立，基部残留紫黑色叶鞘。基生叶柄长2.5-5厘米；叶长圆形，长3-6厘米，宽1.5-2.5厘米，一回羽状分裂，下部叶的羽片4-6对，无柄，相接或下部1-2对稍疏离；侧生羽片宽卵形或卵圆形，长0.8-1.5厘米，先端3浅裂或有2-3钝齿。复伞形花序较紧密；无总苞片和小总苞片；伞辐5-6；伞形花序有花8-17。花小，白或淡黄色；萼齿近半圆形；花瓣基部窄，先端钝。果卵形或长卵形，长2-2.5毫米，心皮柄2裂，每棱槽1油管。花果期8-10月。

产四川西南部及云南西北部，生于海拔3500-3950米山区草地。

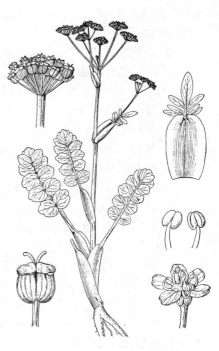

图 892 鹤庆矮泽芹 （史渭清绘）

23. 棱子芹属 Pleurospermum Hoffm.
（刘守炉）

二年生或多年生草本。叶鞘抱茎；叶一至四回羽状或三出羽状分裂。复伞形花序；总苞片和小总苞片常羽裂或全缘，常有白色膜质边缘。花白或带紫红色；萼齿细小；花瓣先端有内折小舌片，基部窄；花柱基圆锥形或扁。

果稍两侧扁，外果皮疏松，果棱常有翅，每棱槽1（2-3）油管，合生面2（-4-6）油管；心皮柄2裂至基部，胚乳腹面内凹。

约40种，主产亚洲北部和欧洲东部，喜马拉雅地区为多。我国32种及2变种。

1. 果棱常有平直或微波状窄翅。
  2. 叶二至四回羽状分裂。
    3. 叶二至三回羽状分裂。
      4. 植株高 5-10 厘米，常具短茎；果有瘤状突起 ················· 1. 矮棱子芹 **P. nanum**
      4. 植株高 20-40 厘米，无短茎；果无瘤状突起 ········· 2. 西藏棱子芹 **P. hookeri** var. **thomsonii**
    3. 叶三至四回羽状分裂。
      5. 叶小裂片线形，宽不及1毫米；伞辐9-15 ················· 3. 太白棱子芹 **P. giraldii**
      5. 叶小裂片线形或窄披针形，宽1毫米以上；伞辐20-30 ········· 4. 美丽棱子芹 **P. amabile**
  2. 叶一至二回或三出二回羽状分裂。
    6. 植株高 8-40 厘米；叶二回羽状分裂；伞辐2-4 ········· 5. 二色棱子芹 **P. govanianum** var. **bicolor**
    6. 植株高 0.4-1 米，叶三出二回羽状分裂；伞辐10-25。
      7. 伞辐 10-15，长 2-3.5 厘米；果棱有微波状褶皱 ········· 6. 翼叶棱子芹 **P. decurrens**
      7. 伞辐 15-25，长 5-8 厘米；果棱具平直窄翅 ················· 7. 归叶棱子芹 **P. angelicoides**
1. 果棱有较宽波状褶皱，鸡冠状或牙齿状。
  8. 果棱有较宽微波状翅或波状褶皱。
    9. 植株有短茎。
      10. 果棱有波状褶皱；伞辐上升开展。
        11. 叶二回羽状分裂；小总苞片先端不裂 ················· 8. 皱果棱子芹 **P. nubigenum**
        11. 叶三回羽状全裂；小总苞片上部二回羽状分裂 ········· 9. 异伞棱子芹 **P. heterosciadium**
      10. 果棱有微波状翅；伞辐短 ················· 10. 垫状棱子芹 **P. hedinii**
    9. 植株无短茎，茎常直伸。
      12. 植株高 10-40 厘米；叶小裂片长 4-5 毫米 ················· 11. 粗茎棱子芹 **P. crassicaule**
      12. 植株高 0.4-2 米；叶小裂片长 1-6 厘米。
        13. 叶三出二回羽状分裂或3-5裂。
          14. 总苞片线形或披针形，脱落 ················· 12. 棱子芹 **P. camtschaticum**
          14. 总苞片倒披针形，边缘有膜质翅，宿存 ················· 13. 芷叶棱子芹 **P. heracleifolium**
        13. 叶三出三回羽状分裂。
          15. 叶小裂片披针状长圆形，宽3-5毫米；总苞片8-12，窄长圆形；小总苞片匙形 ·················
          ················· 14. 松潘棱子芹 **P. franchetianum**
          15. 叶小裂片窄卵形或披针形，宽0.5-1厘米；总苞片6-9，倒披针形；小总苞片倒披针形 ·················
          ················· 15. 宝兴棱子芹 **P. davidii**
  8. 果棱鸡冠状或有牙齿。
    16. 茎无毛；叶三出二回羽状分裂，裂片菱状卵形；总苞片全缘；伞辐近等长 ·················
    ················· 16. 鸡冠棱子芹 **P. cristatum**
    16. 茎有糙毛或小瘤状突起；叶二至三回羽裂，小裂片线形或线状披针形；总苞片上部羽裂；伞辐不等长。
      17. 茎高10-30厘米，有臭味；总苞片长4-6厘米；小总苞片长1-2厘米 ·················
      ················· 17. 丽江棱子芹 **P. foetens**
      17. 茎高30厘米以上，无特殊气味；总苞片长2-4厘米；小总苞片长0.7-1厘米 ·················
      ················· 18. 瘤果棱子芹 **P. wrightianum**

1. 矮棱子芹 图893

Pleurospermum nanum Franch. in Bull. Soc. Philom. Paris ser. 8, 6: 140. 1894.

多年生小草本；全株无毛。茎长5-10厘米。基生叶柄长2-3.5厘米，基部叶鞘膜质；叶三角状披针形，长3-5厘米，二至三回羽裂，一回羽片4-5对，最下1对有短柄；小裂片线形或披针形，先端有尖头。顶生复伞形花序径5-7厘米；总苞片5-7，与上部叶相似，长2-3厘米；伞辐5-15，长2-5厘米；小总苞片上部羽裂，边缘膜质；伞形花序有花15-20。花梗不等长；萼齿短三角形；花瓣白或稍带淡紫红色，倒卵形。幼果果棱有5窄翅，果有小瘤。花期8月。

产云南西北部、四川中北部及西藏,生于海拔3000-5200米山地草甸或灌丛中。

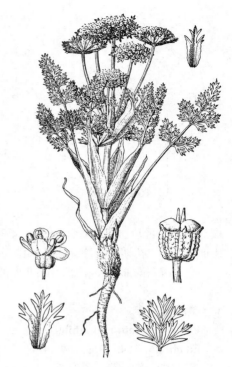

图 893 矮棱子芹 （史渭清绘）

2. 西藏棱子芹 图894

Pleurospermum hookeri C. B. Clarke var. **thomsonii** C. B. Clarke in Hook. f. Fl. Brit. Ind. 2: 705. 1879.

多年生草本，高达40厘米；全株无毛。基生叶柄长4-10厘米；叶近三角状卵形，长5-7厘米，二至三回羽裂，羽片7-9对，最下1对羽片有柄；小裂片长5-7毫米，羽裂成线形小裂片。复伞形花序顶生，径5-7厘米；总苞片5-7，线状披针形，长1.5-2.5厘米，顶端长尖或羽裂；伞辐6-12，长2-4厘米；小总苞片7-9，与总苞片同形。萼齿卵形，长约1毫米；花瓣白色，先端有内折小舌片。果卵圆形，果棱有窄翅，每棱槽3油管，合生面6油管。果期9-10月。

产甘肃、青海、四川、云南西北部及西藏,生于海拔3500-5300米山坡草地或沟边湿地。巴基斯坦、克什米尔地区至不丹有分布。

图 894 西藏棱子芹 （张大成绘）

3. 太白棱子芹 图895

Pleurospermum giraldii Diels in Engl. Bot. Jahrb. 29: 492. 1900.

多年生草本，高达35厘米；全株无毛。基生叶有柄，叶鞘膜质抱茎；叶三角状卵形，长5-8厘米，三至四回羽状全裂，小裂片线形，长1.5-3毫

米，宽0.3-0.5毫米。复伞形花序常单生，稀2-3，径3.5-4.5厘米；总苞片5-7，卵状椭圆形或倒卵形，长1.5-2厘米，宽5-8毫米，多白色膜质，上部羽状细裂；伞辐9-15，长1.5-2.5厘米；小总苞片与总苞片同形，较花梗稍长；伞形花序有花18-30。花梗长2.5-3.5毫米；花白色；萼齿细小；花瓣倒卵形，先端有内折小舌片。果长圆形，长3.5-4毫米，果棱有翅，每棱槽3油管，合生面6油管。花期7-8月，果期9-10月。

产甘肃东南部、陕西南部及湖北西部，生于海拔3000-3600米山坡草地。

图 895 太白棱子芹 （张大成绘）

4. 美丽棱子芹

图896

Pleurospermum amabile Craib et W. W. Smith in Trans. Bot. Soc. Edinb. 26: 154. 1913.

多年生草本，高达60厘米。茎直立，基部有褐色残存叶鞘。基生叶柄长达10厘米，叶宽三角形，长约15厘米，三至四回羽裂，小裂片线形或窄披针形，宽1毫米以上；茎上部叶柄短或近无柄，叶鞘膜质，宽卵形，长3-5厘米，有紫色脉纹，边缘啮蚀状。顶生伞形花序有总苞片3-6，与上部叶同形，下部鞘状，上部羽状分裂，伞辐20-30，长约4厘米，小总苞片近长圆形，有紫色脉纹，长0.6-1厘米。萼齿三角形；花瓣紫色，倒卵形。果窄卵形，长约5毫米，果棱有微波状翅，每棱槽3油管，合生面6油管。花期8-9月，果期9-10月。

图 896 美丽棱子芹 （张大成绘）

产西藏、云南西北部及四川西南部，生于海拔3600-5100米山坡草地或灌丛中。

5. 二色棱子芹

图897

Pleurospermum govanianum (Wall. ex DC.) Benth. et C. B. Clarke var. **bicolor** Wolff in Fedde, Repert. Sp. Nov. 27: 115. 1929.

直立草本，高达40厘米。基生叶有长柄，叶鞘膜质抱茎；叶长圆形，长4-10厘米，二回羽裂；一回羽片4-5对，稍疏生，最下1对有短柄，羽片长圆形或卵形，长1.5-3厘米，小裂片有牙齿3-7。复伞形花序顶生，总苞片3-4，窄卵形或倒披针形，长1.5-2.5厘米，上部羽裂；伞辐2-4；小总

苞片宽卵形，边缘宽膜质，淡黄色，中间绿微带紫色，较花长；小伞形花序有多花。花白色；萼齿窄三角形；花瓣宽卵形或近圆形。果倒卵形，长2.5-3毫米，果棱有波状翅，每棱槽2油管，合生面4油管。花期8-9月，果期9-10月。

产云南西北部、四川西南部及西藏东南部，生于海拔3500-4000米杜鹃林内草地或砾石陡坡。

6. 翼叶棱子芹　　　　　　　　　　　　　　图898

Pleurospermum decurrens Franch. in Bull. Soc. Philom. Paris ser. 8, 6: 140. 1894.

多年生草本，高达1米。茎无毛。叶宽三角形，长、宽5-12厘米，三出二回羽裂，小裂片卵形或卵状长圆形，长2-3厘米，裂片有缺刻或牙齿；茎上部叶简化。复伞形花序顶生；总苞片6-10，绿或淡绿色，边缘膜质，披针形，长1.5-2厘米，宽4-6毫米，先端尖或3浅裂，或有齿；伞辐10-15，长2-3.5厘米；小总苞片长0.7-1厘米，近膜质，全缘；伞形花序有多花。花瓣白色，卵形或披针形，长约2毫米。

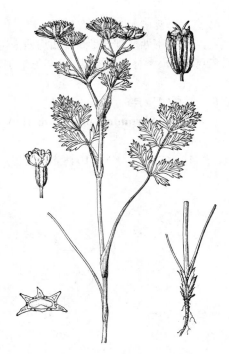

图 897　二色棱子芹　（张大成绘）

果心状卵形，长4-5毫米，密生水泡状微突起，果棱有微波状褶皱，每棱槽1油管，合生面2油管。花期7月，果期8-9月。

产云南西北部、四川西南部及中部，生于海拔3000-4000米山区草地。

7. 归叶棱子芹　　　　　　　　　　　　　　图899

Pleurospermum angelicoides (Wall. ex DC.) Benth. et C. B. Clarke in Hook. f. Fl. Brit. Ind. 2: 703. 1879.

Ligusticum angelicoides Wall. Cat. 548. 1828. nom. nud.

Hymenolaena angelicoides DC. Prodr. 4: 245. 1830.

多年生草本，高达1米。根粗壮，径3-4厘米。茎无毛。基生叶长圆形，长10-15厘米，近三出二回羽状分裂；小裂片长圆形，长3-8厘米，先端尖，基部楔形，有细齿，有时不明显3裂；叶鞘长4-5厘米。顶生复伞形花序径8-10厘米；总苞片5-8，窄披针形，长2-3厘米，先端尾尖，边缘薄膜质；伞

图 898　翼叶棱子芹　（张大成绘）

辐15-25，长5-8厘米，小总苞片窄披针形，长1-2厘米；侧生伞形花序较小。花瓣卵圆形，长约2毫米，白或微带紫色。果长圆形，长0.8-1厘米，宽3-4毫米，果棱具平直窄翅，侧棱

较宽，每棱槽1油管，合生面2油管。花期6-8月，果期8-9月。

产云南西北部及西部、四川西南部及西北部、西藏东南部，生于海拔2700-4100米林下、沟边湿地。尼泊尔、锡金、不丹及印度北部有分布。

8. 皱果棱子芹 图900

Pleurospermum nubigenum H. Wolff in Fedde, Repert. Sp. Nov. 12: 448. 1922.

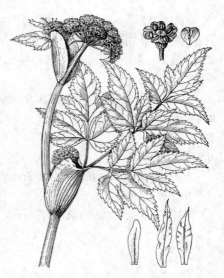

图 899 归叶棱子芹 （史渭清绘）

多年生草本，高约10厘米。茎粗短，少分枝。叶长圆形，二回羽状分裂，羽片4-5对，最下1对羽片有柄；小裂片线形或披针形，长约5毫米，宽1-2毫米，叶柄长约2厘米，基部鞘状。顶生伞形花序大，总苞片叶状；伞辐6-15，上升开展，粗壮，小总苞片10-15，倒卵形或长圆形，长0.5-1厘米，宽3-4毫米，先端尖，不裂，边缘宽膜质；伞形花序多花。花梗长3-5毫米，扁平有翅；萼齿披针形，长约0.5毫米；花瓣白色，匙形，先端钝圆，有爪。果长圆形，长3-4毫米，果棱褶皱波状，每棱槽3油管，合生面5-6油管。花期7月，果期8月。

产四川西北部及西南部、西藏东部，生于海拔4700-4900米山坡草地。

图 900 皱果棱子芹 （张大成绘）

9. 异伞棱子芹 图901

Pleurospermum heterosciadium H. Wolff in Fedde, Repert. Sp. Nov. 21: 243. 1925.

多年生草本，高达25厘米。根粗壮，径5-8毫米。茎短，基部有残存叶鞘。基生叶柄长5-10厘米，基部鞘状，边缘白色膜质；叶长圆形或窄卵形，三回羽状全裂，一回羽片5-7对，基部1对羽片有短柄或近无柄；小裂片线形或窄倒披针形，长2-4毫米，宽约0.5毫米；茎生叶与基生叶同形，稍小。复伞形花序顶生；总苞片叶状，较茎生叶小；伞辐上升开展，8-15，长10-20厘米，小总苞片10-15，长约1厘米，中部以下边缘白色膜质，上部羽裂，裂片线形。花梗扁平，长3-5毫米；萼齿近三角形；花瓣白色，宽卵形或宽长圆形，先端有内折小舌片。花期8月。

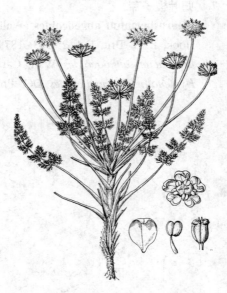

图 901 异伞棱子芹 （张大成绘）

产四川中西部及云南西北部，生于海拔3500-4500米山地草甸和山坡草地。

10. 垫状棱子芹

图 902 彩片 284

Pleurospermum hedinii Diels in Hedin. South. Tibet 6(3): 52. pl. 6. f. 5-6. 1922.

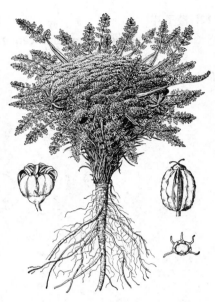

图 902 垫状棱子芹 （张大成绘）

多年生莲座状草本，高达5厘米，径10-15厘米。茎短，粗壮，肉质，基部有栗褐色残鞘。基生叶窄长椭圆形，长2-5厘米，二回羽裂；一回羽片5-7对，近无柄，小裂片倒卵形或匙形，长1-2.5毫米；叶柄长2-4厘米，扁平，基部宽达4毫米；叶柄长2-4厘米，扁平，基部宽达4毫米。顶生复伞形花序径5-10厘米，总苞片多数，叶状；伞辐多数，小总苞片8-12，倒卵形或倒披针形，长4-8毫米，不裂或羽裂。萼齿近三角形；花瓣淡红或白色，近圆形。果卵形或宽卵形，长4-5毫米，有密集小水泡状突起，果棱有宽翅，微波状褶皱，每棱槽1油管，合

生面2油管。花期7-8月，果期8-9月。

产青海、四川西北部及西南部、云南西北部及西藏，生于海拔4600-5200米山坡草地。

11. 粗茎棱子芹

图 903

Pleurospermum crassicaule H. Wollf in Fedde, Repert. Sp. Nov. 21: 241. 1925.

多年生草本，高达40厘米。茎直伸，淡紫色，近无毛。基生叶长圆形，长3-7厘米，近二回羽状分裂，一回羽片6-9对，下部羽片有短柄，上部羽片近无柄；小裂片窄卵形或披针形，长4-5毫米，宽1.5-2毫米，不裂或2-3裂；叶柄扁，长2.5-4厘米，下部鞘状。顶生复伞形花序径4-6厘米，总苞片5-8，叶状，长1.5-4厘米，下部有宽膜质边缘，上部羽裂；伞辐7-15，长2-5厘米，小总苞片5-8，宽卵形，

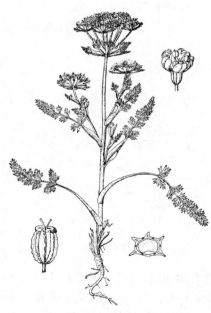

图 903 粗茎棱子芹 （张大成绘）

长0.7-1.1厘米，上部羽裂，边缘宽膜质。花多数；花梗长2-4毫米；花瓣白或带粉红色，宽卵形。果长圆形，长约3毫米，果棱有较宽波状褶皱，密生水泡状突起，棱槽1-2油管，合生面2油管。花果期9-10月。

产青海东北部、甘肃中部、四川西北部及西南部、云南西北部、西藏东南部，生于海拔3000-4500米山坡草地。

12. 棱子芹   图 904

Pleurospermum camtschaticum Hoffm. Gen. Umbell. ed. 1. 10. 1814.

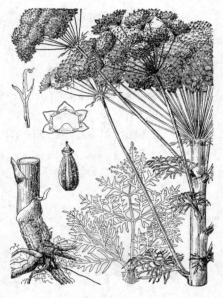

图 904 棱子芹 （陈荣道绘）

多年生草本，高达2米。根粗壮，径2-3厘米。茎中空，幼时有毛，后无毛。基生叶或茎下部叶有长柄；叶宽卵状三角形，长15-30厘米，三出二回羽状全裂，小裂片窄卵形或窄披针形，长2-6厘米，有缺刻状牙齿，脉上及边缘有糙毛。顶生复伞形花序径10-20厘米，总苞片多数，线形或披针形，长2-8厘米，羽裂或全缘，外折，脱落；伞辐20-60，有糙毛，小总苞片6-9，线状披针形，全缘或分裂；花多数。花梗长1-1.2厘米；花瓣白色，宽卵形。果卵形，长0.7-1厘米，果棱窄翅状，边缘有小钝齿，密生水泡状突起，每棱槽1油管，合生面2油管。花期7月，果期8月。

产黑龙江南部、吉林南部、辽宁东部、内蒙古、河北西北部、山西、河南北部及西部，生于山坡草地。蒙古、朝鲜、日本及俄罗斯有分布。

13. 芷叶棱子芹   图 905

Pleurospermum heracleifolium Franch. et de Boiss. in Bull. Soc. Bot. France 53: 433. 1906.

图 905 芷叶棱子芹 （陈荣道绘）

多年生草本，高达60厘米。茎直立，基部残留暗褐色叶鞘。基生叶宽三角形或三角状宽卵形，长、宽均8-12厘米，3-5裂或近三出二回羽裂，裂片卵形或窄卵形，长2-5厘米，不裂或3-5裂，先端有尖头，基部下延，有不规则锯齿和缺刻；叶柄长约18厘米，基部鞘状；序托叶3，倒卵形或菱状卵形，长6-8厘米，3-5裂。顶生复伞形花序径10-15厘米；总苞片7-9，倒披针形，先端3-5裂或不裂，边缘有膜质翅，宿存；小总苞片5-9，长1-2厘米，先端不裂或少裂，边缘窄膜质；花多数。花梗长约1厘米；萼齿不明显；花瓣白色，椭圆形，长约1.5毫米。幼果卵形。花期8月。

产四川西南部、云南西北部及西藏，生于海拔2400-4100米山坡草地、林下、林缘。

14. 松潘棱子芹 异伞棱子芹   图 906

Pleurospermum franchetianum Hemsl. in Journ. Linn. Soc. Bot. 29: 307. 1892.

二年生或多年生草本，高达70厘米。茎直立，中空，径0.5-1.2厘米。

叶柄长3-12厘米，叶鞘膜质；叶卵形，长7-10厘米，近三出三回羽状分裂；小裂片披针状长圆形，宽3-5毫米，有不整齐缺刻。顶生复伞形花序有短梗，侧生花序梗较长，常为不孕花，总苞片8-12，窄长圆形，先端3-5裂，边缘膜质；伞辐多数，长3.5-7厘米，小总苞片8-10，匙形，全缘或先端3浅裂，边缘白色膜质；伞形花序有多花。花梗长0.6-1厘米；花瓣白色，倒卵形。果椭圆形，有水泡状突起，主棱波状，侧棱翅状，每棱槽1油管，合生面2油管。花期7-8月，果期9月。

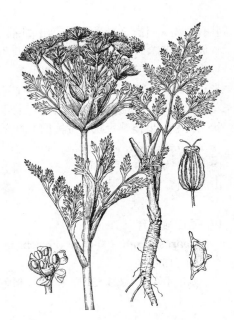

图 906 松潘棱子芹 （张大成绘）

产河南西部、陕西南部、宁夏南部、甘肃东部及南部、青海东部及西北部、四川西部、云南西北部，生于海拔2500-4300米山坡林中。

15. 宝兴棱子芹　　　　　　　　　　　　　图907

Pleurospermum davidii Franch. in Nouv. Arch. Mus. Hist. Nat. Paris ser. 2, 8: 247. 1885.

多年生草本，高达1.5米。茎直立，粗壮，中空，无毛。基生叶柄长达10厘米，基部鞘状；叶宽三角状卵形，长8-15厘米，三出三回羽状分裂；小裂片窄卵形或披针形，宽0.5-1厘米，有不规则齿裂；序托叶3-5，倒卵形，长5-12厘米，基部楔形，上部羽裂。顶生复伞形花序径10-15厘米，总苞片6-9，倒披针形，长4-9厘米，上部羽裂；伞辐多数，长5-10厘米，小总苞片6-9，倒披针形，长1.3-2厘

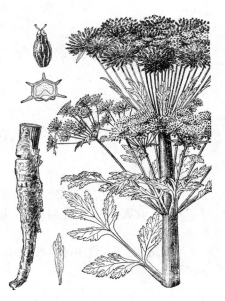

图 907 宝兴棱子芹 （陈荣道绘）

米，常3浅裂；花多数。花梗长1-1.5厘米，扁平；萼齿不明显；花瓣白色，倒卵形。果卵形，长6-8毫米，果棱有波状宽翅，有水泡状突起，每棱槽1油管，合生面2油管。花期7月，果期8-9月。

产四川中部及西南部、云南西北部、西藏东南部及南部，生于海拔3200-4000米山坡草地或林下。

16. 鸡冠棱子芹　　　　　　　　　　　　　图908

Pleurospermum cristatum H. de Boiss. in Bull. Soc. Bot. France 53: 434. 1906.

二年生草本，高达1.2米；植株无毛。茎直立，中空。基生叶和茎下部

叶有长柄；叶三角状卵形，三出二回羽状分裂，长15-28厘米，小裂片菱状卵形，长1.5-6厘米，先端渐尖，有不整齐缺刻及粗齿；茎上部叶简化。顶生复伞形花序径约5厘米，侧生花序小，总苞片3-7，匙形，长1-2.5厘米，全缘；伞辐近等长；伞形花序有花15-25。花白色；花梗长3-5毫米；花瓣卵圆形，先端有内折小舌片。果卵状长圆形，长4-5毫米，密生水泡状微突起，果棱鸡冠状，每棱槽1油管，合生面2油管。

　　产安徽西部、湖北西部、河南北部及西部、山西北部及中南部、陕西南部、甘肃南部、青海东部、宁夏南部，生于海拔1300-2600米山坡林缘或山沟草地。

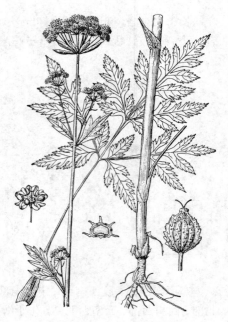

图 908 鸡冠棱子芹 （张大成绘）

17. 丽江棱子芹　　　　　　　　　　　　　　　图 909

Pleurospermum foetens Franch. in Bull. Soc. Philom. Paris ser. 8, 6: 140. 1894.

　　多年生草本，高达30厘米。茎、叶和花序常带紫色，有臭味。茎短，直立，有糙毛。基生叶和茎下部叶具长柄，柄基部鞘状；叶长圆形，长3-6厘米，二至三回羽裂；小裂片线形或线状披针形，长1-3毫米，有时2-3裂；茎上部叶简化，有短柄。顶生复伞形花序径10-15厘米，总苞片6-8，长4-6厘米，基部有膜质宽边，上部羽裂；伞辐15-25，不等长，小总苞片与总苞片同形，长1-2厘米，宽0.5-1厘

米。花白或粉红色；萼齿细小；花瓣长约2毫米，先端尖，具爪。果卵圆形，密生水泡状小突起，果棱有翅，呈啮蚀状，每棱槽1油管，合生面2油管。花期7月，果期8-9月。

　　产云南西北部、四川西南部及西藏东南部，生于海拔3700-4150米山地草甸及山坡草地。

图 909 丽江棱子芹 （张大成绘）

18. 瘤果棱子芹　　　　　　　　　　　　　　　图 910

Pleurospermum wrightianum H. de Boiss. in Bull. Herb. Boiss. II, 3(10): 847. 1903.

　　多年生草本，高达80厘米。茎直立，带紫红色，有小瘤状突起。基生叶长圆形，长8-10厘米，二至三回羽裂，一回羽片5-7对；小裂片线状披针形，先端尖；叶柄有窄翅，基部宽，非鞘状；茎生叶简化。顶生复伞形花序径15-20厘米，总苞片7-9，线状披针形，长2-4厘米，上部羽裂，有窄膜质边缘；伞辐10-20，长5-10厘米，有小瘤状突起，小总苞片与总苞片同形，长0.7-1厘米；伞形花序有花10-15。花梗长0.6-1.2厘米。果卵形，长5-6毫米，密生小水泡状突起，果棱有鸡冠状翅，沿沟槽散生小瘤状突起，每棱槽1油管，合生面2油管。果期9-10月。

产青海南部、四川西部、云南西北部及西藏东部，生于海拔3600-4600米山坡灌丛中、草地或山谷砂砾地。

24. 凹乳芹属 Vicatia DC.
(刘守炉)

多年生草本。叶二至三回羽状分裂，叶鞘膜质。复伞形花序；伞辐多数；总苞片少或无，小总苞片数枚。萼齿不显著；花瓣白、粉红或紫红色；花柱基圆盘状，边缘波状，花柱短，叉开。果顶端窄；主棱5，合生面缢缩，分果横剖面近五角形，胚乳腹面内凹，槽状，每棱槽2-5油管，合生面4-6油管；心皮柄不裂或2浅裂。

3-4种，分布于印度、巴基斯坦及喜马拉雅山区。我国2种。

1. 叶小裂片长圆形或宽卵形，长1-2.5厘米，宽0.5-1.5厘米，边缘羽裂或
   缺刻状 ······························· 1. 西藏凹乳芹 V. thibetica
1. 叶小裂片窄线形，长3-6毫米，宽0.5-1毫米，全缘 ·················
   ································· 2. 凹乳芹 V. coniifolia

图 910 瘤果棱子芹 （史渭清绘）

1. 西藏凹乳芹 图911

Vicatia thibetica H. de Boiss. in Bull. Soc. Bot. France 53: 423. 1906.

多年生草本，高达70厘米。根圆锥形，长达15厘米。除伞辐基部有糙毛外，全株无毛。基生叶近三角形，长10-15厘米，三出二至三回羽裂；小裂片长圆形或宽卵形，长1-2.5厘米，宽0.5-1.5厘米，羽状深裂或缺刻状；顶部茎生叶细羽裂或3裂。复伞形花序径5-9厘米，总苞片1或早落；伞辐8-16，长2-5厘米；伞形花序有花8-13，小总苞片4-7，钻形。花萼无齿；花瓣白或带紫色，倒卵形，顶端稍内折。果长圆形或卵形，主棱细线形，每棱槽3-5油管，合生面6油管。花期6-8月，果期8-9月。

产青海东南部、四川西北部及西南部、云南西北部及南部、西藏东部及南部，生于海拔2070-4400米山坡草地、林下及河滩灌丛中。

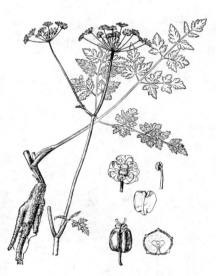

图 911 西藏凹乳芹 （陈荣道绘）

2. 凹乳芹 图912

Vicatia coniifolia Wall. ex DC. Prodr. 4: 243. 1830.

多年生草本，高达25厘米。根圆锥状，长2-8厘米。茎无毛。基生叶和茎生叶均三出三回羽状分裂，长1.5-3厘米，宽1.2-3厘米，一回羽片3-5对；小裂片窄线形，长3-6毫米，宽0.5-1毫米，全缘，两面无毛；叶鞘膜质。复伞形花序径1.5-4厘米，无总苞片；伞辐6-9，长1.5-3厘米，小总苞片数枚；伞形花序有花9-15。花白或带紫色；萼齿不明显；花瓣倒卵

形，具爪，中脉明显。果长圆形，主棱丝状，每棱槽2-3油管，合生面4油管。花期6-8月，果期8-9月。

产四川中北部、云南西北部及西藏，生于海拔3000-4700米灌丛草地。阿富汗、巴基斯坦、印度西北部、尼泊尔、锡金、不丹有分布。

25. 羌活属 Notopterygium H. de Boiss.
（佘孟兰）

多年生草本。主根粗壮，根茎发达，多分枝，具香气。茎圆柱形，中空，有细纵纹。叶二至三回羽裂或全裂。复伞形花序顶生和侧生，总苞片无，稀少数，小总苞片线形；伞辐少数至多数。萼齿卵状三角形；花瓣淡黄或白色；花柱基隆起或平，花柱短。分果近圆形，背腹稍扁，背棱、中棱及侧棱均成宽翅，发育不均匀；心皮柄2裂；每棱槽2-4油管，合生面4-6油管。种子胚乳腹面内凹。

6种，我国特产。

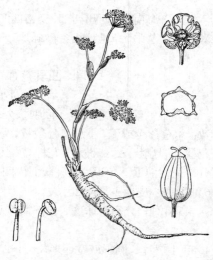

图 912 凹乳芹 （陈荣道绘）

1. 根茎粗长，呈竹节状；叶小裂片边缘缺刻状浅裂或羽状深裂 ················· 1. 羌活 N. incisum
1. 根茎不规则块状；叶小裂片具粗锯齿 ···························· 2. 宽叶羌活 N. franchetii

1. 羌活
图 913

Notopterygium incisum Ting ex H. T. Chang in Acta Phytotax. Sin. 13(3): 85. 1975.

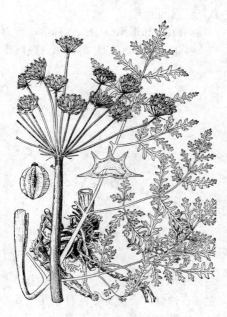

图 913 羌活 （陈荣道绘）

植株高达1.2米。根茎粗长，呈竹节状。茎带紫色。基生叶具柄，叶鞘

披针形抱茎，边缘膜质；叶三回羽裂，小裂片长圆状卵形或披针形，长2-5厘米，缺刻状浅裂或羽状深裂，茎上部叶无柄，叶鞘抱茎。复伞形花序径4-15厘米，总苞片3-6，线形，长4-7毫米，早落；伞辐10-20(-40)，长3-12(-15)厘米，小总苞片6-10，线形，长3-5毫米，伞形花序有花15-20。萼齿卵状三角形；花瓣长卵形，白色，

先端内折；花柱基短圆锥形。分果长圆形，背部稍扁，长5毫米，主棱5，均成宽约1毫米的翅；棱槽3油管，合生面6油管。花期7月，果期8-9月。

产河南西部及东南部、陕西南部、甘肃、青海、四川西部及西藏东北部，生于海拔2000-4200米林缘及灌丛中。根茎药用，可解热、散寒、祛风湿、利关节、止痛。

2. 宽叶羌活
图 914

Notopterygium franchetii H. de Boiss. in Bull. Herb. Boiss. 2(3): 839. 1903.

植株高达1.8米。根茎不规则块状，多枝根和须根。茎带紫色。基生叶及茎下部叶叶柄长1-22厘米，叶鞘抱茎；叶三出二至三回羽状复叶，一回

羽片2-3对，小裂片长圆状卵形或卵状披针形，长3-8厘米，基部稍楔形，具粗锯齿。复伞形花序径5-14厘米，总苞片无或1-3，早落；伞辐10-17

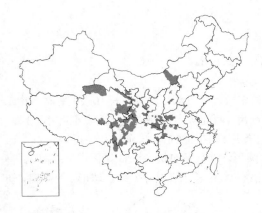

(-23)，长3-12厘米，小总苞片4-5，线形，长3-4毫米。萼齿卵状三角形；花瓣淡黄色，倒卵形，顶端内折；花柱基短圆锥形，花柱短。果近球形，分果长5毫米，背棱及侧棱均成宽翅，常发育不均匀；棱槽3-4油管，合生面4油管。花期7月，果期8-9月。

产内蒙古中部、河北西北部、河南西部及北部、山西、陕西中部及南部、甘肃西南部及中部、宁夏南部、青海、西藏东北部、云南西北部、四川及湖北，生于海拔1200-5000米山地林内、河滩坡地或沟谷林中。

图 914 宽叶羌活 （韦力生绘）

26. 舟瓣芹属 Sinolimprichtia Wolff
（刘守炉）

多年生草本，高达30厘米。根圆锥形。茎粗壮，中空。基生叶宽卵状长圆形或长圆形，长4-8厘米，三出二回羽裂或羽状多裂，下部1对羽片长2-4厘米，羽状分裂，小裂片线形，长1-3毫米；叶柄长约10厘米，叶鞘膜质。复伞形花序无总苞片；伞辐15-27，较紧密，小总苞片多数，线形或线状披针形，伞形花序多花。花淡黄或白色；萼齿卵形；花瓣舟状。幼果近陀螺状圆柱形或长圆形，稍侧扁，背棱丝状，侧棱有翅状边缘；分果横剖面近五角状半圆形，每棱槽2-3油管，合生面2油管。

我国特有，单种属，1种、1变种。

1. 小总苞片线形或线状披针形 ································· 舟瓣芹 **S. alpina**
1. 小总苞片二至三回羽状全裂或多裂 ··········· (附). **裂苞舟瓣芹 S. alpina** var. **dissecta**

舟瓣芹　　　　　图 915: 1-8

Sinolimprichtia alpina H. Wolff in Fedde, Repert. Sp. Nov. 12: 449. 1922.

形态特征同属。花期5-7月。

产青海南部及西部、四川西部、云南西北部及西藏中东部，生于海拔3100-4600米山区沙地、山坡草地或石缝中。

[附] **裂苞舟瓣芹**　图 915：9 **Sinolimprichtia alpina** var. **dissecta** Shan et S. L. Liou, Fl. Republ. Popul. Sin. 55(1): 192. 299. 1979. 本变种与模式变种的区别：小总苞片二至三回羽状全裂或多裂；羽轴边缘膜质。产四川西部及云南西北

图 915: 1-8.舟瓣芹 9.裂苞舟瓣芹
（引自《图鉴》）

部，生于海拔3600-4000米山地草披或石缝中。

27. 紫伞芹属 Melanosciadium H. de Boiss.

（溥发鼎）

多年生草本，高达2米。直根，长15-20厘米。茎带紫红色，分枝多数。茎下部叶具柄，长10-20厘米；叶二回三出分裂，小裂片卵圆形，长3-10厘米，先端渐尖，基部楔形，有锯齿，两面脉上被细刚毛；茎上部叶小，3裂。复伞形花序顶生和侧生，伞辐5-14，长不及2厘米，被疏柔毛；小总苞片5-10，线形，与伞形花序近等长；伞形花序有花10-20朵。花梗密被柔毛；萼齿不明显；花瓣深紫红色，近圆形，内弯呈兜状，基部楔形，顶端微凹，有1内弯近长方形小舌片；花柱基短圆锥形，紫红色，边缘微波状，花柱紫色，稍长于花柱基。果卵球形，两侧扁，幼果有毛，熟后无毛；果棱线形；每棱槽2-4油管，合生面6油管。

我国特有单种属。

紫伞芹　　　　　　　　　　　　　　　　　　图 916

Melanosciadium pimpinelloideum H. de Boiss. in Bull. Herb. Boiss. 2: 804. 1902.

形态特征同属。花果期7-9月。

产四川东部、云南东北部、贵州西北部、湖北西部及西南部，生于海拔1100-1900米湿地林下、林缘、多石坡地、阴湿谷坡草丛中。

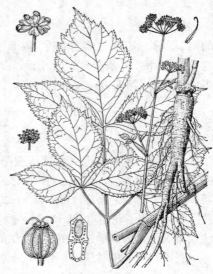

图 916 紫伞芹 （史渭清绘）

28. 瘤果芹属 Trachydium Lindl.

（溥发鼎）

多年生草本。茎常单生。叶二至三回羽裂、或三出一至三回羽裂，稀单叶。复伞形花序顶生和侧生，总苞片全缘，顶端3裂或羽裂；小总苞片常与总苞片同形；伞形花序有花10-40朵。萼齿细小，花瓣白或紫红色，顶端微凹，有内弯小舌片；花柱基短圆锥形。果两侧扁；果棱线形，棱间有泡状小瘤，每棱槽1（2-4）油管，合生面2（4-8）油管。

约15种。分布中亚、喜马拉雅自孟加拉国西部、巴基斯坦、印度至中国西南部。我国8种。

1. 叶三出或一至三回羽裂；总苞片线形，全缘，或顶端3裂；小总苞片与总苞片同形；每棱槽2-3油管。
　2. 萼齿不明显；花瓣基部楔形；果棱间密生泡状小瘤；胚乳腹面深凹 ············ 1. **密瘤瘤果芹 T. subnudum**
　2. 萼齿细小；花瓣有短爪；果棱间疏生泡状小瘤；胚乳腹面微凹。
　　3. 叶三出一至二回羽裂，小裂片披针形、卵圆形或倒卵圆形 ············ 2. **云南瘤果芹 T. kingdon-wardii**
　　3. 叶三出二至三回羽裂，小裂片线状披针形 ·················· 3. **西藏瘤果芹 T. tibetanicum**
1. 叶二至三回羽裂；总苞片和小总苞片一至二回羽裂；每棱槽1油管 ··················· 4. **瘤果芹 T. roylei**

1. 密瘤瘤果芹　　　　　　　　　　图 917

Trachydium subnudum C. B. Clarke ex H. Wolff in Fedde, Repert. Sp. Nov. 27: 125. 1929.

Trachydium verrucosum Shan et Pu；中国植物志 55(1): 203. 299.

1979.

草本，高达30厘米。直根。茎较短，有1-2分枝，或不分枝。基生叶三出二回羽裂，一回羽片4-5对，小裂片卵圆形或披针形，长3-5毫米，宽1-4毫米，边缘缺刻状；茎生叶一回羽裂。总苞片1至数片，线形，全缘，早落；伞辐5-7（-15），长4-16厘米，带紫色；小总苞片2-7（-15），与总苞片同形；伞形花序20-30朵花。萼齿不明显；花瓣白色，基部楔形；花柱短。果宽卵球形，果棱间密生泡状小瘤；每棱槽3油管，合生面6油管；胚乳腹面深凹。花果期7-9月。

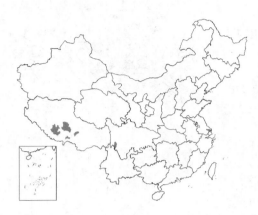

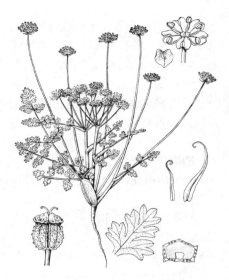

图 917 密瘤瘤果芹 （史渭清绘）

产西藏中南部及四川西南部，生于海拔3000-4000（-5000）米山地草甸、沟边灌丛中或河滩草地。印度有分布。

2. 云南瘤果芹 图918

Trachydium kingdon-wardii H. Wolff in Fedde, Repert. Sp. Nov. 27: 124. 1929.

植株高达10厘米。茎极短，或不明显。基生叶三出一至二回羽裂，一回羽片2-5（6）对，小裂片披针形、卵圆形或倒卵圆形，长4-7毫米，宽1-2毫米；茎生叶一回羽裂。总苞片偶有1个，线形，全缘，或顶端3裂，早落；伞辐（5-）10-20，长5-10厘米，小总苞片1-5或无，与总苞片同形。萼齿细小；花瓣白色或带蓝紫色，有短爪；花柱与花柱基近等长。果宽卵球形，果棱间疏生泡状小瘤；每棱槽2-3油管，合生面4-6油管；胚乳腹面微凹。花果期7-11月。

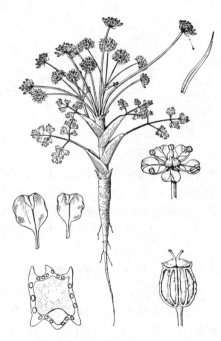

图 918 云南瘤果芹 （史渭清绘）

产青海南部、西藏东南部及南部、云南西北部、四川西部及西南部，生于海拔2700-4800米山地灌丛草甸、山谷溪边草地、林下或多石坡地。

3. 西藏瘤果芹 图919

Trachydium tibetanicum H. Wolff in Fedde, Repert. Sp. Nov. 27: 122. 1929.

植株高达30厘米。根长圆锥形，长达10厘米，下部常分支。茎极短。叶柄纤细，叶三出二至三回羽裂，一回羽片3-4对，小裂片线状披针形，长4-5毫米，宽1-2毫米；茎生叶与基生叶同形。总苞片早落；伞辐10-20，

长 4-8（-14）厘米，无小总苞片，或偶有 1 片，线形，全缘；伞形花序有花 10-30 朵。萼齿细小；花瓣卵形或倒卵形，白或带紫红色，有短爪；花柱与花柱基近等长。果宽卵球形，果棱间疏生泡状小瘤；每棱槽 3 油管，合生面 6 油管；胚乳腹面微凹。花果期 8-11 月。

产西藏东南部、云南西北部及四川西北部，生于海拔 3000-4000 米山地草甸或坡地石隙中。

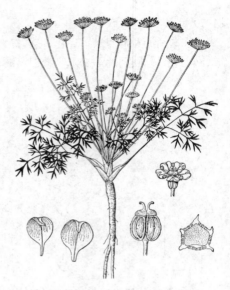

图 919 西藏瘤果芹 （史渭清绘）

4. 瘤果芹 图 920

Trachydium roylei Lindl. in Royle Illustr. Bot. Himal. Mount. 1: 232. 1835.

植株高达 25 厘米；无毛。直根粗壮，长达 10 厘米。基生叶二至三回羽裂，一回羽片 4-6 对，小裂片线状披针形，长 1-3 毫米，宽 0.5-1 毫米；茎生叶与基生叶同形。复伞形花序顶生，或有几个侧生花序；总苞片 3-5，一至二回羽裂；伞辐 5-10，长 3-7 厘米；伞形花序有花 20-40 朵；小总苞片 6-10，与总苞片同形，长于伞形花序。萼齿不明显；花瓣白色，有短爪；花柱基短圆锥形，黑紫色；花柱长约 1 毫米。果宽卵球形，长约 3 毫米，宽约 2.5 毫米；果棱间疏生泡状小瘤；每棱槽 1 油管，合生面 2 油管；胚乳腹面微凹。花果期 8-11 月。

产西藏东南部及四川西南部，生于海拔 3000-4500 米山地草甸或砾石坡地。克什米尔地区、巴基斯坦及印度有分布。

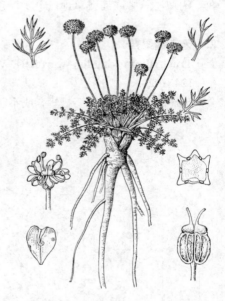

图 920 瘤果芹 （史渭清绘）

29. 毒参属 Conium Linn.

（刘守炉）

二年生草本，高达 1.8 米。根圆锥形。茎有斑点，中空，多分枝。叶二回羽裂，羽片有柄；小裂片长圆形或卵状披针形，长 1-3 厘米，宽 0.5-1 厘米，羽状深裂；基生叶有长柄，茎生叶柄鞘状。复伞形花序顶生和腋生，二歧式分枝；总苞片 5，卵状披针形；伞辐 10-20，小总苞片 5-6，卵形，基部合生；伞形花序有花 12-20。花萼无齿；花瓣白色，倒心形，基部楔形，顶端有内折小舌片；花柱基圆锥形，花柱外曲。果近卵球形或卵形，长 3-4 毫米，侧扁，果主棱 5，线形，边缘圆齿波状，胚乳腹面深凹，油管多数，沿胚乳排成一环。

单种属。

毒参 图 921

Conium maculatum Linn. Sp. Pl. 243. 1753.

形态特征同属。

产新疆北部，生于海拔600-1700米山坡林缘、沟边或田间。欧洲、亚洲、北美洲及北非有分布。为有毒植物，主要成分为毒芹碱。

30. 绵果芹属 Cachrys Linn.

（刘守炉）

多年生草本。茎直立。叶三至四回羽状全裂，裂片线形。复伞形花序，有总苞片和小总苞片。萼齿短或无；花瓣黄色，顶端向内弯曲。果大，有主棱及次棱，棱翅全缘，内果皮厚，海绵质。油管多数，围绕胚乳表面，胚乳腹面内凹。

约20余种，主产地中海东部地区。我国1种。

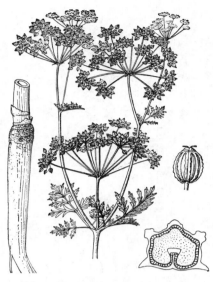

图 921　毒参　（张荣生绘）

大果绵果芹　　　　　　　　　　　　　　图 922

Cachrys macrocarpa Ledeb. Fl. Alt. 1: 364. 1829.

多年生草本，高约50厘米。根圆锥形。茎上部分枝，枝对生或轮生，有毛。基生叶多数，有短柄，柄有毛；叶宽卵形，三至四回羽状全裂；小裂片线形，长0.5-2厘米，宽0.5-1.5毫米，两面无毛，边缘有疏毛；茎生叶较小，有短鞘。复伞形花序顶生和腋生，总苞片5，卵状披针形或线形；伞辐5-10(-18)；伞形花序有花7-12，小总苞片卵状披针形，膜质。萼齿不明显；花瓣长圆形，先端内凹。果倒卵状椭

圆形，长1-1.8厘米，宽0.5-1厘米，主棱5，近翅状，次棱窄。花期5月，果期6月。

产新疆北部，生于砾石质山坡或草坡。中亚地区有分布。

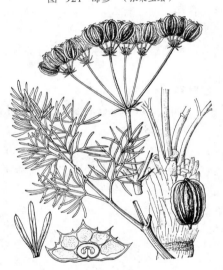

图 922　大果绵果芹　（张荣生绘）

31. 隐盘芹属 Cryptodiscus Schrenk

（刘守炉）

多年生草本。直根粗壮。茎直立。叶二至三回羽状全裂。复伞形花序有或无总苞片，伞形花序有花6-20，有小总苞片。萼齿不显著；花瓣白色，顶端无缺刻，内曲；花柱基扁平，边缘波状或浅裂，果时不显露。果近球形，顶端凹入，果棱不显著，合生面窄；油管多数，围绕胚乳表面，胚乳腹面深凹。

约4种，分布中亚荒漠地区。我国2种。

双生隐盘芹　　　　　　　　　　　　　　图 923

Cryptodiscus didymus (Regel) Korov. in Bull. Univ. Asia Centr. 7: 23. 1924.

Cachrys didyma Regel in Trudy Bot. Sad. 5. 1877.

多年生草本，高达50厘米。根圆锥形，径约1厘米。茎单一，上部分枝，有毛。基生叶多数，具柄及叶鞘；叶宽卵形，长10-15厘米，三回羽

状全裂，小裂片长圆状披针形；上部茎生叶较小，柄鞘状。复伞形花序顶生和侧生，总苞片1-3，披针形，有毛，脱落；伞辐4-6；伞形花序有花6-10，小总苞片5，披针形。花瓣椭

圆形，长约1.5毫米，有毛。果长5-9毫米，径0.6-1厘米，无毛。花期4-5月，果期6月。

产新疆北部，生于海拔430-1300米砾石粘土平原及干坡。俄罗斯西伯利亚及中亚有分布。

图 923 双生隐盘芹 （张荣生绘）

32. 丝叶芹属 Scaligeria DC.

（刘守炉）

多年生草本；有块茎。茎直立，有棱。叶羽状全裂，小裂片线形或丝状。复伞形花序顶生和侧生，有总苞片和小总苞片。花两性；萼无齿；花瓣白色，顶端有内折小舌片；花柱基近圆锥状，花柱短，外曲。果棱不显著；棱槽1（3-5）油管，胚乳腹面深凹或平直。

约22种，分布欧洲地中海地区、小亚细亚至中亚，主产俄罗斯。我国1种。

丝叶芹

图 924

Scaligeria setacea (Schrenk) Korov. in Bull. Univ. Asie Centr. 8-b, 2: 67. 1928.

Carum setaceum Schrenk in Fisch. et Mey. Enum. Pl. Nov. 1: 61. 1841.

多年生草本，高达1.2米。块茎球形。茎上部分枝。基生叶早枯，有长柄；叶宽卵形，三回羽状全裂，小裂片线形，长达1厘米，宽1-2毫米；茎生叶近无柄，小裂片长达2厘米。复伞形花序，总苞片2-6，钻形；伞辐6-20；伞形花序有花10-25，小总苞片细小。花萼无齿；花瓣白色，宽倒卵形，长约1毫米。果长椭圆形或长圆状卵形，长2-4毫米，主棱5，分果横剖面近圆形，每棱槽1油管，合生面2油管；胚乳腹面深凹。花期6月，果期7-8月。

图 924 丝叶芹 （张荣生绘）

产新疆北部，生于山坡草地、林下、灌丛中。中亚地区有分布。

33. 环根芹属 Cyclorhiza Sheh et Shan

（佘孟兰）

多年生草本。直根圆柱形，老根有密集环纹突起。茎单一，空管状。基生叶四回羽状全裂。复伞形花序少分枝，无总苞片；无小总苞片。萼齿窄三角形；花瓣黄色，小舌片骤尖，内曲；花柱短，花柱基圆锥形。果两侧扁，分果横剖面五角形，5果棱窄翅状；棱槽1油管，合生面2油管，胚乳腹面深凹；心皮柄2裂至基部。

特有属，2种。

1. 叶小裂片线状披针形或长椭圆形，长0.4-2厘米，宽2-6毫米；果长4毫米，径2-2.5毫米 ················
·· 1. 环根芹 C. waltonii
1. 叶小裂片长卵形、卵状披针形或线状披针形，长2-6厘米，宽3-8（-10）毫米；果长5-6.5毫米，径2-3.5毫米
·· 2. 南竹叶环根芹 C. peucedanifolia

1. 环根芹

图925

Cyclorhiza waltonii (H. Wolff) Sheh et Shan in Acta Phytotax. Sin. 18(1): 46. 1980.

Ligusticum waltonii H. Wolff in Fedde, Repert. Sp. Nov. 27: 317. 1929.

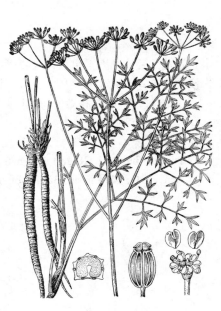

图 925 环根芹 （史渭清绘）

多年生草本，高达1米。根圆柱形，长达25厘米，黄褐色。基生叶数片，叶柄基部黑紫色；叶宽三角状卵形，长8-20厘米，四回羽状全裂，小裂片线状披针形或长椭圆形，长0.4-2厘米，宽2-6毫米，稍带粉绿色。复伞形花序径3-16厘米，无总苞片；伞辐4-14，长1-4厘米，无小总苞片；伞形花序有花10-20。萼齿窄三角形；花瓣倒卵状圆形，小舌片窄内曲；花柱粗短，花柱基圆锥形。果椭圆形，长约4毫米，径2-2.5毫米，两侧扁，横剖面五角形，褐色，5棱均龙骨状突起，色较浅；棱槽1油管，合生面2油管，胚乳腹面深凹。花期7-8月，果期9-10月。

产云南西北部、四川西南部及中西部、西藏南部，生于海拔2400-4600米山地向阳草坡、林下、干燥砾石地、河谷或岩缝中。

2. 南竹叶环根芹

图926

Cyclorhiza peucedanifolia (Franch.) L. Constance in Edinb. Journ. Bot. 54(1): 101. 1997.

Arracacia peucedanifolia Franch. in Bull. Soc. Philom. Paris ser. 8, 6: 114. 1894.

Cyclorhiza major (Sheh et Shan) Sheh; 中国植物志 55(3): 236. 1992.

多年生草本，高达1.5米；全株无毛。根圆柱形，常分叉。茎单一，粗壮，中空，基部紫褐色，上部多分枝。基生叶具长柄，叶鞘宽膜质，暗紫色；叶宽卵状三角形，小

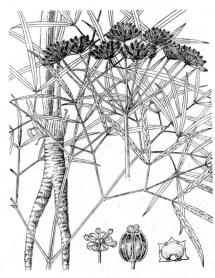

图 926 南竹叶环根芹 （史渭清绘）

裂片长卵形、卵状披针形或线状披针形，长2-6厘米，宽3-8（-10）毫米，先端渐尖，基部楔形或钝，边缘稍反曲。无总苞片或1-2片，膜质，早脱落；伞辐5-12，长2-9厘米，无小总苞片；伞形花序有花8-10。萼齿钻形；花柱基圆锥形，花柱短，反曲。果长椭圆形，淡褐色，长5-6.5毫米，径2-3.5毫米，横剖面五角形，5棱均龙骨状突起，颜色较浅；胚乳腹面深凹；

棱槽1油管，合生面2油管。花期7-8月，果期9-10月。

产云南西北部、四川西南部及西藏东部，生于海拔1800-4600米山地林下或灌丛草地。

34. 栓翅芹属 Prangos Lindl.

多年生草本。茎分枝，对生或轮生。叶三至四回羽裂，小裂片线形，全缘。伞形花序顶生和侧生，总苞片数片；小总苞片数片。萼齿不明显；花瓣先端具内折小舌片；花柱基扁。果稍背腹扁，背棱线形突起，侧棱翅状或突起，果棱木栓质；油管多数，环绕胚乳；胚乳腹面凹下，有时呈深槽。

约30种，产中亚和地中海地区。我国3种、1亚种。

新疆栓翅芹

Prangos herderi (Regel) Herrnst. et Heyn subsp. **xinjiangensis** X. Y. Chen ex Q. X. Lin in Bull. Bot. Res. (Harbin) 9: 399. 1989.

图 927

多年生草本，高达70厘米。茎被糙毛。基生叶簇生，叶三至四回羽状全裂，小裂片线形，长0.5-1.5厘米，宽0.5-1毫米，叶柄、小叶柄及叶缘均被糙毛。复伞形花序多数，组成伞房状，花序梗被糙毛，总苞片2-5(-7)，线形，长0.5-1.5厘米，被糙毛；伞辐6-11，长2-6厘米，小总苞片3-5，窄披针形，伞形花序有6-10花。花瓣卵状披针形。果椭圆形，横剖面半圆形，长0.9-1.2厘米，径0.6厘米，无棱，中果皮发达，海绵质。

图 927 新疆栓翅芹 （陈荣道绘）

产新疆中北部，生于海拔约1100米山坡草地。

35. 柴胡属 Bupleurum Linn.

（佘孟兰）

多年生，极稀一年生草本。单叶全缘，基生叶常多数，有柄，叶鞘抱茎；茎生叶常无柄，基部较窄抱茎，心形或被茎贯穿；叶脉近弧状平行。复伞形花序疏散，总苞片1-5，有时无；小总苞片3-10。萼齿不明显；花瓣5，黄色，有时稍紫色，顶端有内折小舌片；花柱短，花柱基盘形。果稍两侧扁，果棱线形，横剖面圆形或近五边形，每棱槽（1-2）3油管，合生面（2-）4（-6）油管，有时油管不明显；心皮柄2裂至基部；胚乳腹面平直或稍凹入。

约150种，主产北半球亚热带地区。我国42种17变种。柴胡为重要中药，可解毒、镇痛、利胆，治感冒、上呼吸道感染及流感。可作中药柴胡原料约20余种，主要有：北柴胡、银州柴胡、红柴胡、黑柴胡、马尾柴胡、锥叶柴胡及线叶柴胡等。

1. 小总苞片卵形或近圆形，似花瓣，长远超过伞形花序。
   2. 茎生叶长达15厘米，宽卵形，基部宽圆，心形并被茎贯穿 ·················· 1. **金黄柴胡 B. aureum**

2. 茎生叶小，基部抱茎。

  3. 植株高 7-20（-25）厘米。

    4. 小总苞片黄、黄绿或带紫色；基生叶线形或披针形，先端窄尖。

      5. 植株矮小匍伏；小总苞片 6-10，带紫色，花柱基暗紫色 ·············· 2. 匍枝柴胡 **B. dalhousieanum**

      5. 植株直立；小总苞片 5-8，黄或黄绿色，花柱基深黄色 ·············· 3. 三辐柴胡 **B. triadiatum**

    4. 小总苞片绿色，基生叶倒披针形，先端宽钝尖 ·············· 4. 密花柴胡 **B. densiflorum**

  3. 植株高 25 厘米以上。

    6. 基生叶和茎中部叶基部宽，心形抱茎，稀非心形。

      7. 根灰褐色；花瓣暗紫色。

        8. 茎下部叶线形，先端窄渐尖。

          9. 茎中部叶披针形，基部稍宽，稍抱茎，平直，非心形 ···························

           ············ 5. 空心柴胡 **B. longicaule** var. **franchetii**

          9. 茎中部叶长披针形，基部宽圆或心形抱茎 ········ 5(附). 抱茎柴胡 **B. longicaule** var. **amplexicaule**

        8. 茎下部叶倒披针形，叶柄细长，先端宽而圆钝 ·········· 5(附). 秦岭柴胡 **B. longicaule** var. **giraldii**

      7. 根暗褐色；花瓣黄绿色。

        10. 基生叶窄长圆形或倒卵状披针形，先端圆钝，具长柄 ·············· 6. 黑柴胡 **B. smithii**

        10. 基生叶窄披针形，先端渐尖；茎生叶窄厚，宽 3-7 毫米，基部非耳形 ··············

          ············ 6(附). 小叶黑柴胡 **B. smithii** var. **parvifolium**

    6. 基生叶和茎生叶基部稍窄，非心形。

      11. 花瓣紫或深紫色，如为黄色，小总苞片长 5-7 毫米。

        12. 小总苞片 5（7），绿色 ·············· 7. 大苞柴胡 **B. euphorbioides**

        12. 小总苞片 7-9，2 轮，粉绿蓝色。

          13. 花瓣背面深紫色；小总苞片长 7-9 毫米 ·············· 8. 紫花鸭跖柴胡 **B. commelynoideum**

          13. 花瓣黄色；小总苞片长 5-7 毫米 ········ 8(附). 黄花鸭跖柴胡 **B. commelynoideum** var. **flaviflorum**

      11. 花瓣黄色。

        14. 总苞片 1-2，线状披针形，早落 ·············· 9. 兴安柴胡 **B. sibiricum**

        14. 总苞片 1-5，椭圆形或卵形，宿存。

          15. 总苞片椭圆形，先端渐尖或钝尖。

            16. 茎粗壮，中部分枝；小总苞片卵状披针形或披针形 ·············· 10. 有柄柴胡 **B. petiolulatum**

            16. 茎纤细，基部分枝；小总苞片宽卵形 ··············

              ············ 10(附). 细茎有柄柴胡 **B. petiolulatum** var. **tenerum**

          15. 总苞片卵形或近圆形，先端圆或钝。

            17. 叶薄纸质，下面灰白色绿色；花淡黄色。小总苞片绿色。

              18. 茎分枝粗壮疏散；茎下部叶线状披针形或长椭圆形 ·············· 11. 川滇柴胡 **B. candollei**

              18. 茎分枝多而细；基生叶丛生，长匙状披针形，中部以下渐窄成长柄 ··············

                ············ 11(附). 多枝川滇柴胡 **B. candollei** var. **virgatissimum**

            17. 叶厚纸质，带红褐色，叶缘厚，红色 ·············· 12. 丽江柴胡 **B. rockii**

1. 小总苞片窄小，较伞形花序短或近等长。

  19. 叶大型，基部宽，心形抱茎。

    20. 花瓣和花柱基黄色；果暗褐色。

      21. 植株高 0.8-1.5 米，分枝、花序梗、伞辐均较长，伞辐长（0.5-）3-4 厘米。

        22. 中部以上叶卵形或窄卵形，基部心形抱茎 ·············· 13. 大叶柴胡 **B. longiradiatum**

        22. 中部以上叶披针形或窄倒卵形，基部渐窄，稀心状耳形 ··············

··13(附). 南方大叶柴胡 **B. longiradiatum** f. **australe**

21. 植株矮而粗壮，分枝粗短；花序梗较短，伞幅长1-2厘米 ·····························

···························13(附). 短伞大叶柴胡 **B. longiradiatum** var. **breviradiatum**

20. 花瓣和花柱基深紫色；果深紫褐色 ···························14. 紫花大叶柴胡 **B. boissieuanum**

19. 叶中等大或偏小，基部窄，非心形。

23. 植株高不及20厘米。

24. 根颈密集宿存褐色枯鞘纤维；茎生叶线形 ·····················15. 锥叶柴胡 **B. bicaule**

24. 根颈无枯鞘纤维；茎生叶披针形或窄卵形 ·················16. 短茎柴胡 **B. pusillum**

23. 植株高30厘米以上。

25. 主根红褐或橙黄褐色。

26. 根颈无毛刷状叶鞘纤维；叶倒披针形 ·······················17. 银州柴胡 **B. yinchowense**

26. 根颈有毛刷状叶鞘纤维；叶线形或线状披针形。

27. 花序多分枝，圆锥花序疏散，伞形花序有花6-15；伞辐3-8，长1-2厘米 ····················

·······················18. 红柴胡 **B. scorzonerifolium**

27. 花序分枝较少。

28. 伞辐长1.1-3.5厘米，小总苞片长4-7毫米 ·····················

·····················18(附). 长伞红柴胡 **B. scorzonerifolium** f. **longiradiatum**

28. 伞辐长0.3-1.2厘米，伞形花序有花4-6（8）·····················

·····················18(附). 少花红柴胡 **B. scorzonerifolium** f. **pauciflorum**

25. 主根非红褐色。

29. 叶网脉细而明显，沿支脉和其末端有褐色油脂点；果每棱槽1油管，合生面2油管。

30. 植株高达80厘米，全株绿色；茎基部带紫褐色；叶下面网脉明显；小总苞片5，等大

·····················19. 小柴胡 **B. hamiltonii**

30. 植株高达25厘米，全株带红色；叶下面网脉不明显；小总苞片3（4-5），不等大 ·····················

·····················19(附). 矮小柴胡 **B. hamiltonii** var. **humile**

29. 叶网脉不明显，无褐色油脂点；果棱槽1-3油管，合生面2-4油管。

31. 茎单生。

32. 基生叶披针形，长3-20厘米，宽5毫米以上。

33. 叶缘白色软骨质。

34. 叶宽0.6-1.4厘米；小总苞片短于花梗 ·················20. 竹叶柴胡 **B. marginatum**

34. 叶宽3-6毫米；小总苞片长于花梗

·····················20(附). 窄竹叶柴胡 **B. marginatum** var. **stenophyllum**

33. 叶缘非白色软骨质 ·····················21. 长白柴胡 **B. komarovianum**

32. 基生叶窄长线形，长16-30厘米，宽0.3-1厘米 ·················22. 马尾柴胡 **B. microcephalum**

31. 茎多数，丛生状。

35. 基生叶倒披针形，先端骤尖或圆钝，有小尖头，宽1-2厘米 ·····················

·····················23. 阿尔泰柴胡 **B. krylovianum**

35. 基生叶窄线形或倒披针形，先端长渐尖，宽不及1厘米。

36. 茎多回分枝，茎、枝常呈之字曲折。

37. 叶披针形、倒披针形或线状披针形。

38. 茎分枝长而开展；伞形花序多而疏散 ·····················24. 北柴胡 **B. chinense**

38. 茎分枝细而多；伞形花序多而密集 ·····················24(附). 多伞北柴胡 **B. chinense** f. **chiliosciadium**

37. 叶椭圆状披针形。

1. 金黄柴胡

图 928

Bupleurum aureum Fisch. in Hoffm. Gen. Umbell. 115. 1814.

多年生草本，高达1.2米。有匍匐褐色根茎。茎下部叶有长柄；叶宽卵形或长倒卵形，长4-6.5厘米，9-11脉；茎中部以上为近无柄的穿茎叶，叶大头提琴状，长12-20厘米，宽3-5.5厘米，基部耳形抱茎，先端钝尖；茎顶部叶小，心形抱茎，绿色或黄色，卵形或心形。顶生花序径达10厘米，侧生花序径3-5厘米，总苞片3-5，不等大，卵形，长0.6-2.8厘米；伞辐6-10，不等长，长1.5-6厘米，小总苞片5（6-7），等大，椭圆形，长0.5-1.2厘米，长于伞形花序，质薄，金黄色。花瓣黄色；花柱较长。果长圆形，深褐色，长4-6毫米，宽2.5-3毫米；每棱槽3油管，合生面4油管。花期7-8月，果期8-9月。

产新疆北部，生于海拔1400-1900米山坡林缘、灌丛中、林间草地和河边。蒙古及俄罗斯西伯利亚有分布。

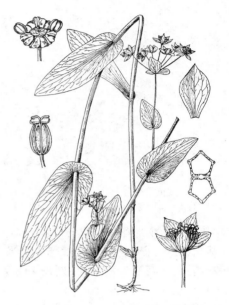

图 928 金黄柴胡 （史渭清绘）

2. 匍枝柴胡

图 929

Bupleurum dalhousieanum (C. B. Clarke) K.-Pol. in Acta Hort. Petrop. 30: 165. 1915.

Bupleurum longicaule Wall. ex DC. var. *dalhousieanum* C. B. Clarke in J. D. Hook. Fl. Brit. Ind. 5: 677. 1879.

多年生草本，高达14厘米。直根细长。茎多数，基部匍匐斜伸，稍紫红色。基生叶线形，带紫色，长3-5厘米，宽2-3毫米；中部以上茎生叶披针形或窄卵形，长1.5-3厘米，宽5-8毫米，先端渐尖或短尾尖，基部近圆形抱茎，7-11脉。复伞形花序稀少，顶生；总苞片1-3，卵圆形，不等大，长0.5-1厘米，先端钝尖，有小尖头；伞辐2-4，不等长，长1-2厘米；伞形花序径1.1-1.3厘米；小总苞片6-10，带紫色，宽卵形，骤尖，长6-8毫米；伞形花序有花16-24。花瓣紫色，中肋突出，小舌片梯形；花柱基暗紫色。果长圆形，褐色，果棱窄翅状；棱槽3油管，合生

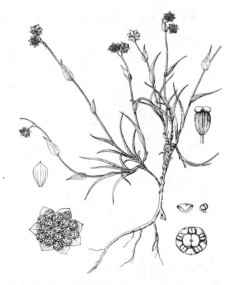

图 929 匍枝柴胡 （引自《中国植物志》）

面4油管。花期7-8月，果期8-9月。

产云南西北部、四川、西藏中部及南部，生于海拔3700-4850米山区砾石坡地灌丛中、草甸或河滩沼泽地。

3. 三辐柴胡

图 930

Bupleurum triradiatum Adams ex Hoffm. Gen. Umbell. 115. 1814.

多年生草本，高达20（-30）厘米。茎1-3，直立。基生叶线形、披针

形或椭圆状披针形，长2.5-10厘米，宽0.3-1厘米，3-5脉；茎生叶1-4，无柄，披针形或窄卵形，基部稍窄或圆形抱茎，长1.5-6厘米，宽3-7毫米，5-15脉。复伞形花序1-3，径2-5厘米；伞辐2-3，近等长，长1-2.5厘米；总苞片1-3，卵形或宽卵形，骤尖或钝尖，长0.6-2厘米；小总苞片5-8，质薄，黄或黄绿色，有时红或蓝紫色，长4-8毫米；伞形花序有花18-26。花瓣内面黄色，外面带紫或紫褐色；花柱基深黄色。果长椭圆形，长2.5-3毫米，红褐色；每棱槽1-3油管，合生面2-4油管。花期7-8月，果期8-9月。

图 930 三辐柴胡 （引自《中国植物志》）

产新疆中部、青海、四川西部、云南西北部及西藏东北部，生于海拔2350-4900米山地草甸、阳坡或石缝中。俄罗斯西伯利亚及日本有分布。

4. 密花柴胡

图 931

Bupleurum densiflorum Rupr. in Mém. Acad. St. Pétersb. 14(4): 47. 1869.

多年生草本，高达30厘米。茎纤细，有1-2短分枝。基生叶倒披针形，

质薄，长6-13厘米，宽3-7毫米，先端钝尖，中部以下渐窄成细长叶柄，抱茎，下面粉绿色；茎生叶1-3，披针形，无柄，抱茎。伞形花序顶生，总苞片1-3，不等大，卵状披针形，长0.5-1.5厘米，基部耳状抱茎；伞辐2-3（4），纤细，不等长，长1.5-5厘米；小总苞片5-6，绿色，宽卵形，革质，长5-7毫米，先端圆钝，有小尖

头，背面有淡蓝色白霜；伞形花序有花10-20。花瓣褐黄色，中脉隆起呈紫色，小舌片先端2裂，黄色；花柱基暗紫色。果长圆形，长3-4毫米，棱突起成窄翅；油管粗，每棱槽2油管，合生面2油管。花期7-8月，果期8-

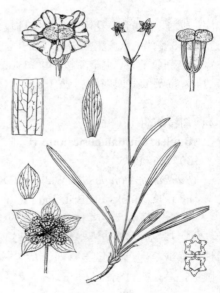

图 931 密花柴胡 （史渭清绘）

9月。

产新疆中部及青海东部，生于海拔2500-3400米山地草甸、斜坡石砾土。哈萨克斯坦有分布。

5. 空心柴胡

图 932

Bupleurum longicaule DC. var. **franchetii** H. de Boiss. in Bull. Soc. Bot. France 53: 425. 1906.

多年生草本，高达1米。茎单生，挺直，中空；小枝带紫色。基部叶窄

长圆状披针形，长10-19厘米，宽0.7-1.5厘米，先端尖，下部稍窄抱茎，9-13脉；中部茎生叶披针形，13-17脉，

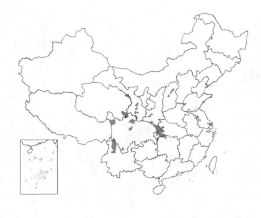

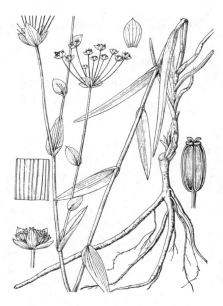

基部稍宽，稍抱茎；序托叶窄卵形或卵形，先端骤尖或圆，基部无耳。总苞片2-4，宽卵形，不等大；小总苞片5，宽卵形，先端钝，有小尖头；伞形花序有花8-15。果长圆形，长3-3.5毫米，有淡褐色窄翅。

产山西北部、陕西南部、甘肃南部、青海东部、四川、湖北西南部及西部、湖南北部、云南西北部，生于海拔1400-4000米河谷林缘、山坡草地或林下。

[附] **抱茎柴胡 Bupleurum longicaule** var. **amplexicaule** C. Y. Wu ex Shan et Y. Li in Acta Phytotax. Sin. 12(3): 277. 1974. 本变种的鉴别特征：茎下部叶线形，基部叶鞘抱茎；茎中部叶长披针形，基部宽圆或心形抱茎，茎上部叶卵形，基部深心形，耳状抱茎。产云南西北部，生于海拔2700-4000米林下、灌丛中或草坡。

[附] **秦岭柴胡 Bupleurum longicaule** var. **giraldii** H. Wolff in Engl. Pflanzenr. 43(Ⅳ. 228): 123. 1910. 本变种的鉴别特征：茎下部叶倒披针形，先端圆或钝，中部以下缢缩成长柄；茎生叶无柄，叶卵形或长卵

图 932 空心柴胡 （史渭清绘）

形，基部心形抱茎。产青海、陕西太白山及光头山、山西、湖北西部，生于海拔2500-3300米山坡草丛中。

6. 黑柴胡   图 933

Bupleurum smithii H. Wolff in Acta Hort. Gothob. 2: 304. 1926.

多年生草本，高达60厘米。根暗褐色，多分枝。茎多数，常丛生。基部叶丛生，窄长圆形或倒卵状披针形，长10-20厘米，宽1-2厘米，先端圆钝，基部渐窄成柄，带紫红色，抱茎，叶缘白色膜质；茎生叶窄长圆形，具短柄或近无柄抱茎。总苞片1-2或无；伞辐4-9，长0.5-4厘米；小总苞片6-9，卵形或宽卵形，长0.6-1厘米，较伞形花序长0.5-1倍。花瓣黄绿色，有时背面带紫红色；花柱基干后紫褐色。

果褐色，卵形，长3.5-4毫米，果棱窄翅状；每棱槽3油管，合生面3-4油管。花期7-8月，果期8-9月。

产内蒙古南部、河北、河南、山西、陕西南部、甘肃南部、宁夏南部及青海，生于海拔1400-3800米山坡草地、山谷及山顶阴处。

[附] **小叶黑柴胡 Bupleurum smithii** var. **parvifolium** Shan et Y. Li in Acta Phytotax. Sin. 12(3): 273. 1974. 本变种与模式变种的区别：植株高达40厘米；茎密集丛生，细而微弯成弧形；叶长6-11厘米，宽3-7毫

图 933 黑柴胡 （引自《中国植物志》）

米，基部抱茎，非深心形或深耳形；伞形花序径0.8-1.1厘米；小总苞片5，长3.5-6毫米，宽2.5-3.5毫米。产内蒙古北部、山西东北部、甘肃、宁夏、青海东部及南部，生于海拔2300-

4100米固定沙丘、高山草甸及阴坡灌丛中。

7. 大苞柴胡　　　　　　　　　　　　　　　图934

Bupleurum euphorbioides Nakai in Bot. Mag. Tokyo 27: 313. 1914.

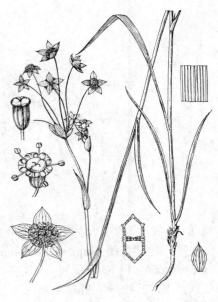

一至二年生草本，高达60厘米。根细长。茎上部1-2分枝。基生叶线形，长7-15厘米，宽1-3毫米，下部渐窄成柄，5-7脉；茎生叶窄披针形或线形，无柄，茎顶部叶卵状披针形，基部稍心形抱茎，长2.5-9厘米，宽0.8-1.4厘米，15-25脉。伞形花序数个，径2-11厘米；总苞片2-5，不等大，卵形，长0.3-3厘米，顶生花序总苞片大而显著；伞辐4-11，极不等长，长0.5-10厘米，顶生花序伞辐长，弧形弯曲；小总苞片5（7），倒卵状椭圆形或近圆形，长4-9毫米，具小尖头。花瓣外部带紫色。果卵形，长3毫米，宽2毫米，紫褐色，每棱槽3（4-5）油管，合生面4油管。花期7-8月，果期8-9月。

图 934 大苞柴胡 （引自《中国植物志》）

产黑龙江南部及吉林东部，生于海拔1200-2500米山坡林缘及草地。朝鲜北部有分布。

8. 紫花鸭跖柴胡　　　　　　　　　　　　图935

Bupleurum commelynoideum H. de Boiss. in Bull. Herb. Boiss. ser. 2, 2: 805. 1902.

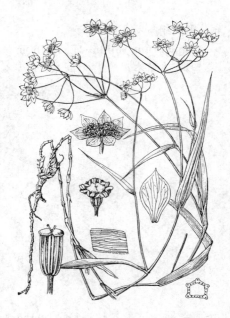

多年生草本，高达48厘米。根深褐色。数茎绿色，基部有枯鞘纤维。基部叶线形，长8-18厘米，宽2.5-4毫米，无柄抱茎，基部紫色；茎中部叶卵状披针形，先端长尾状，长8-11厘米，宽0.5-1厘米，边缘白色干膜质；茎顶部叶窄卵形。伞形花序生于枝顶，总苞片1-2，不等大，早落；伞辐3-7，长1.5-5厘米，小总苞片7-9，2轮，卵形或宽卵形，长7-9毫米，较花长1倍以上，带粉紫色；花瓣深紫色，边缘鲜黄色，腹面紫或黄色；花柱基深紫色。果褐红色，短圆柱形，长2-2.5毫米，宽1.5毫米；每棱槽3油管，合生面4油管。花期8-9月，果期9-10月。

产青海东部、甘肃南部、四川西南部及西北部、云南西北部、西藏南部及东南部，生于海拔3000-4320米冷杉林下、冰蚀谷地或灌丛草地。

[附] **黄花鸭跖柴胡 Bupleurum commelynoideum** var. **flaviflorum**

图 935 紫花鸭跖柴胡 （引自《中国植物志》）

Shan et Y. Li in Acta Phytotax. Sin. 12(3): 276. 1974. 本变种与模式变种的区别：花黄色，伞形花序径0.8-1.2厘米；小总苞片长5-7毫米，宽2-3毫米。产甘肃东部、青海、四川西部、西藏东部及南部，生于2700-4800米山地针叶林下或灌丛草甸中。

9. 兴安柴胡

图936

Bupleurum sibiricum Vest in Schult. Syst. Veg. 6: 368. 1820.

多年生草本，高达70厘米。茎丛生，基部带紫红色，宿存叶鞘纤维。基生叶多数，窄披针形，长12-25厘米，宽0.7-1.6厘米，先端渐尖，有硬头，中部以下渐窄成长柄，叶柄长5-10厘米；茎上部叶披针形，长2.5-6厘米，宽0.8-1.1厘米，基部半抱茎，无叶耳。复伞形花序少数，径4-6厘米；伞辐5-14，粗壮，稍弧形弯曲，不等长，长1.5-4.5厘米；总苞片1-2，线状披针形，早落；小总苞片（5-）7-12，椭圆状披针形，长5-7毫米，宽2-3毫米；伞形花序有花10-22；花瓣鲜黄色；花柱基深黄色。果暗褐色，卵状椭圆形，长3-4毫米，宽2.5-3毫米，每棱槽3油管，合生面4-6油管。花期7-8月，果期8-9月。

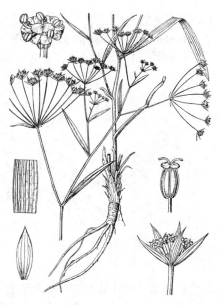

图 936 兴安柴胡 （史渭清绘）

产黑龙江、辽宁、内蒙古及宁夏，生于海拔300-800米山地。俄罗斯西伯利亚有分布。

10. 有柄柴胡

图937

Bupleurum petiolulatum Franch. in Bull. Soc. Philom. Paris ser. 8, 6: 117. 1894.

多年生草本，高达70厘米。直根粗长，深褐色。茎粗壮，中部分枝。茎下部叶窄长披针形或椭圆形，长9-14厘米，宽1-1.3厘米，先端钝尖，有细长突尖头，中部以下渐窄成柄抱茎，边缘稍带红色，茎中部叶圆形，近顶部叶同形而小，无柄。复伞形花序顶生和腋生；花序梗长3-5厘米；总苞片1-3，椭圆形，长4-9毫米，宽2-4毫米，先端钝尖，有小突尖，宿存；伞形花序有花8-16，小总苞片卵状披针形或披针形。花瓣黄色。果暗褐色，长圆柱形，长4-5毫米，宽1.8-2.1毫米，果棱色浅，极细，棱槽3油管，合生面4油管。花期7-8月，果期8-9月。

产湖北西部、四川西南部及西北部、云南西北部、西藏东部及西南部，生于海拔2300-3400米山地草坡、灌丛中或林下。

[附] **细茎有柄柴胡 Bupleurum petiolulatum** var. **tenerum** Shan et

图 937 有柄柴胡 （史渭清绘）

Y. Li in Acta Phytotax. Sin. 12(3): 277. 1974. 本变种与模式变种的区别：茎纤细，基部分枝；小总苞片宽卵形。产四川西北部及西藏西南部，生于海拔2800-3850米山坡林下。

11. 川滇柴胡 图938

Bupleurum candollei DC. Prodr. 4: 131. 1830.

多年生草本，高达1米。茎基坚硬，分枝粗壮疏散。叶薄纸质，下面灰白绿色；茎下部叶线状披针形或长椭圆形，长12-15厘米，宽5-8毫米，先端圆钝，有小突尖头；中部叶长圆形，基部渐窄成短柄；茎上部叶窄倒卵形，长1.5-4厘米，宽0.8-1厘米，先端圆钝，基部楔形，近无柄。复伞形花序顶生和腋生；伞辐4-8，长1-3厘米；总苞片3-5，卵形或近圆形，长0.3-2厘米；

小总苞片5，绿色，宽椭圆形或近圆形，长5-7毫米；伞形花序有花10-15。花瓣淡黄色，上部内折成扁圆形。果深褐色，圆柱形，长2.5毫米，棱近窄翅状；每棱槽3油管，合生面4油管。花期7-8月，果期9-10月。

产云南、四川中部及西南部、西藏南部，生于海拔1900-3300米山坡林下或草地。亚洲中部、克什米尔地区、印度、尼泊尔有分布。

[附] **多枝川滇柴胡 Bupleurum candollei var. virgatissimum** C. Y. Wu ex Shan et Y. Li in Acta Phytotax. Sin. 12(3): 275. 1974. 本变种与模

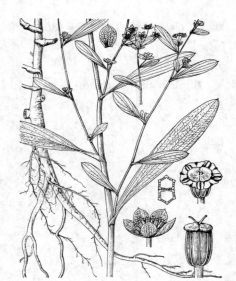

图 938 川滇柴胡 （史渭清绘）

式变种的区别：分枝多而细，花序梗与伞辐均较细；基生叶丛生，长匙状披针形。产云南中部及四川南部，生于海拔2600-3000米山坡林中。

12. 丽江柴胡 图939 彩片285

Bupleurum rockii H. Wolff in Fedde, Repert. Sp. Nov. 27: 186. 1929.

多年生草本，高达1米。数茎，常带紫红色。基生叶厚纸质，线形或倒披针形，带红褐色，具增厚红色边缘，长10-15厘米，宽0.8-1厘米，下部渐窄成柄，抱茎；茎生叶卵状披针形或卵状长椭圆形，上部叶宽卵形或近圆形，边缘紫色。花序长而挺直，顶生花序径6-8厘米；总苞片1-3，绿色有时带红色，卵状椭圆形，长0.7-2厘米，先端圆钝；伞辐（3-）8-12，长1-4厘米；小总苞片5，有时带红色，椭圆

状倒卵形，与伞形花序近等长；伞形花序有花10-12。花瓣黄色。果红褐色，卵形，长4-5毫米，径2.2-2.6毫米；每棱槽3油管，合生面4油管。花期7-8月，果期9-10月。

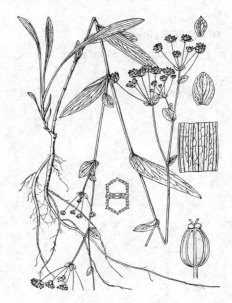

图 939 丽江柴胡 （史渭清绘）

产云南西北部、四川中部及西南部、西藏东南部，生于海拔1950-4200米山坡草地或疏林中。

13. 大叶柴胡 图940

Bupleurum longiradiatum Turcz. Fl. Baical.-dahur. 1: 478. 1842-1845.

多年生草本，高达1.5米；多分枝。基生叶宽卵状披针形，长8-17厘

米，宽2.5-5（-8）厘米，下面常粉蓝色，基部楔形缢缩成柄，叶鞘抱茎，带紫色；茎中部以上叶无柄，卵形或窄卵形，基部心形抱茎。伞形花序多数，宽大而疏散；

伞辐3-9，不等长，长0.5-3.5厘米；总苞片1-5，披针形，不等大，长0.2-1厘米，宽1-2毫米；小总苞片5-6，等大，卵状披针形，长2-5毫米，宽0.7-1.5毫米；伞形花序有花5-16。花瓣扁圆形，小舌片宽内折，顶端2浅裂状凹入，深黄色；花柱基黄色。果暗褐色，长圆状椭圆形，被白粉，长4-7毫米，径2-2.5毫米；每棱槽3-4油管，合生面4-6油管。花期8-9月，果期9-10月。

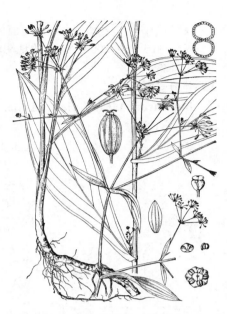

图 940 大叶柴胡 （史渭清绘）

产黑龙江、吉林、辽宁、内蒙古东北部、河北北部、山东东北部、河南西部及东南部、陕西南部、甘肃东南部。

[附] 南方大叶柴胡 Bupleurum longiradiatum f. australe Shan et Y. Li in Acta Phytotax. Sin. 12(3): 269. 1974. 本变型与模式变种的区别：植株较高大粗壮；中部以上叶披针形或窄倒卵形，基部楔形，稀心状耳形；花瓣黄色，中脉带紫色。产安徽南部及西南部、浙江西北部及江西北部，生于海拔750-1000米山坡草地。

[附] 短伞大叶柴胡 Bupleurum longiradiatum var. **breviradiatum**

Fr. Schmidt in Maxim. Prim. Fl. Amur. 125. 1859. 本变种与模式变种的区别：茎及分枝粗短；叶宽短、厚；花序梗较短，伞辐长1-2厘米；果长约3毫米，径2毫米，红褐色。产黑龙江及辽宁。俄罗斯西伯利亚、朝鲜及日本北部有分布。

14. 紫花大叶柴胡　　　　　　　　　图 941

Bupleurum boissieuanum H. Wolff in Fedde, Repert. Sp. Nov. 27: 186. 1929.

Bupleurum longiradiatum Turcz. var. *prophyranthum* Shan et Y. Li; 中国植物志 55(1): 221. 1979.

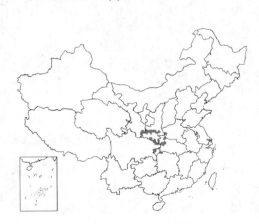

多年生草本，高达1.2米。直根粗壮。茎1-3，下部多分枝。茎下部叶稍镰状披针形，基部渐窄成柄；茎生叶宽卵形或宽披针形，长20-25厘米，宽约10厘米，基部抱茎，边缘稍厚，茎顶部叶窄小无柄。伞形花序多分枝，分枝疏散；花序梗细柔，长3-10厘米；总苞片5，窄披针形；伞辐5-8，纤细，长3-7厘米；小总苞片5-6，与总

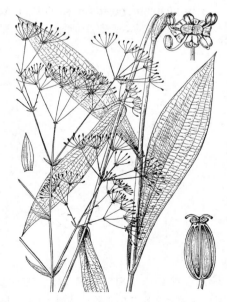

图 941 紫花大叶柴胡 （史渭清绘）

苞片同形；伞形花序有花10-15。花梗长0.8-1厘米；花瓣深紫色，花柱基圆锥状，深紫色，花柱短，外曲。果长圆形，深紫褐色，长4.5-6毫米；果柄纤细，长1.4-1.8厘米。每棱槽3油管，合生面6油管。

产河南西部、陕西南部、甘肃南部、青海东部、四川东部、湖北西部及北部，生于海拔800-2400米山地阴坡、林下、林缘、灌丛中或湿润处。

15. 锥叶柴胡 图942

Bupleurum bicaule Helm in Mem. Soc. Nat. Mosc. 2: 108. t. 8. f. dextr. 1809.

多年生草本，高达20厘米。直根木质化，深褐色，有横纹突起；根颈多分枝，宿存多数枯鞘纤维。茎多数，纤细，上部分枝少数。叶线形，长7-16厘米，宽1-3毫米，先端渐尖，基部渐宽成柄；茎生叶长0.4-4厘米，宽0.5-2.5厘米，基部半抱茎，上部叶锥形。复伞形花序少，径1-2厘米；总苞片无或1-3，细小；伞辐4-7，长0.4-1.5厘米；伞形花序有花7-13；小总苞片5，披针形，长2-2.5毫米。花瓣鲜黄色；花柱基深黄色。果宽卵形，蓝褐色，长2.5-3毫米，果棱线形突起；棱槽3油管，合生面2-4油管，较细或不明显。花期7-8月，果期8-9月。

产黑龙江西北部、内蒙古东北部及中部、河北北部、山西及陕西北部，

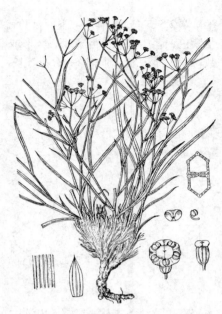

图 942 锥叶柴胡 （引自《中国植物志》）

生于海拔650-1550米山地阳坡或干旱砾石草地。阿富汗、伊朗、日本、朝鲜、蒙古、俄罗斯西伯利亚东部及中部有分布。

16. 短茎柴胡 图943

Bupleurum pusillum Krylov in Acta Hort. Bot. Petrop. 21: 18. 1903.

多年生草本，高达10厘米；全株带蓝灰绿色。茎丛生，下部微匍地再斜升，分枝曲折。基生叶簇生，线形或窄倒披针形，长2-5厘米，宽1-4毫米，质厚；茎生叶披针形或窄卵形，长1-2厘米，宽3-5厘米，无柄抱茎，边缘有细白边。复伞形花序径1-2.5厘米；总苞片1-4，不等大，卵状披针形，长4-9厘米，宽1-2.5毫米；伞辐3-6，不等长；小总苞片5（6-7），卵形，绿色，背面有白粉，顶端有硬尖头；伞形花序有花10-15。花瓣黄色，花柱基深黄色。果卵圆状椭圆形，长3.5-4毫米，径1.8-2.5毫米；棱槽3（4）油管，合生面4油管。花期6-7月，果期8-9月。

图 943 短茎柴胡 （引自《中国植物志》）

产内蒙古、青海、宁夏及新疆，生于海拔2300-3500米干旱阳坡草地、石砾堆或灌丛中。蒙古及俄罗斯西伯利亚有分布。

17. 银州柴胡

图 944

Bupleurum yinchowense Shan et Y. Li in Acta Phytotax. Sin. 12(3): 283. 1974.

多年生草本，高达50厘米。主根长圆柱形，淡红褐色，根颈生数茎。茎纤细，基部带紫色。基生叶常早落，倒披针形，长5-8厘米，宽2-5毫米，先端圆或骤尖，下部渐窄成柄；中部叶倒披针形，近无柄。复伞形花序小而多，径1-1.8厘米，花序梗纤细；总苞片无或1-2，钻形；伞辐（3）4-6（-9），长0.4-1.1厘米；小总苞片5，线形，紧贴花梗，长1-2毫米；伞形花序有花6-9。花瓣黄色，中脉褐色。

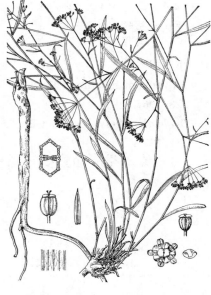

图 944 银州柴胡 （引自《中国植物志》）

果宽卵形，长2.8-3.2毫米，径2-2.2毫米，深褐色。每棱槽3油管，合生面4油管。花期8月，果期9月。

产内蒙古南部、山西西部、陕西北部及中部、甘肃东部、宁夏南部、青海东部，生于海拔1800-3000米阳坡、山麓、山沟草地及河谷阶地。

18. 红柴胡

图 945

Bupleurum scorzonerifolium Willd. Enum. Hort. Berol. 300: 1809.

多年生草本，高达60厘米。主根圆锥形，红褐色；根颈有毛刷状叶鞘状纤维。茎上部多分枝，成圆锥状之字形曲折。叶线形或线状披针形，基生叶下部缢缩成柄，余无柄，长6-16厘米，宽2-7毫米，基部稍抱茎，3-5脉，叶缘白色软骨质。花序多分枝，圆锥花序疏散；伞辐（3）4-6（-8），长1-2厘米，纤细，稍弧曲；总苞片1-3，钻形；伞形花序有花6-15；小总苞片5，窄披针形。花瓣黄色。果宽椭

图 945 红柴胡 （史渭清绘）

圆形，长2.5毫米，宽2毫米，深褐色，果棱淡褐色；每棱槽5-6油管，合生面4-6油管。花期7-8月，果期8-9月。

产黑龙江、吉林、辽宁、河北、山东、安徽、福建南部、湖北、河南、山西、陕西、甘肃及宁夏东部，生于海拔160-2250米干草原、阳坡及林缘。俄罗斯、蒙古、朝鲜及日本有分布。

[附] 长伞红柴胡 **Bupleurum scorzonerifolium** f. **longiradiatum** Shan et Y. Li in Acta Phytotax. Sin. 12(3): 282. 1974. 本变型的鉴别特征：花序梗长2.5-3厘米，伞辐长1.1-3.5厘米；小总苞片长4-7毫米；果棱粗

而明显。产辽宁、河北及青海，生于阳坡草丛中。

[附] 少花红柴胡 **Bupleurum scorzonerifolium** f. **pauciflorum** Shan et Y. Li in Acta Phytotax. Sin. 12(3): 282. 1974. 本变型的鉴别特征：伞辐

2-3（4-5），长0.3-1.2厘米；伞形花序有花4-6（8）。产江苏南部及安徽东部，生于海拔约300米阳坡。

19. 小柴胡

图946

Bupleurum hamiltonii Balak. in Journ. Bombay. Nat. Hist. Soc. 5(63): 328. 1967.

Bupleurum tenue auct. non Buch.-Ham. ex D. Don: 中国植物志 55(1): 281. 1979.

二年生草本，高达80厘米；全株绿色。茎基带紫褐色，下部多分枝。叶质薄，长椭圆状披针形，长3-8厘米，宽4-8毫米，先端钝圆，有小突尖头，基部稍缢缩抱茎，无柄，7-9脉，下面网脉明显，沿小脉有褐黄色油脂点。复伞形花序多数，花序梗细，长2-3.5厘米；伞辐2-5，长0.6-1.3厘米，挺直；总苞片2-4，长椭圆形，不等大，长3-6毫米，叶脉末端有褐色油脂点；小总苞片5，等大；伞形花序径1-

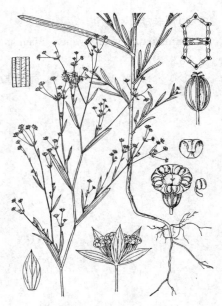

图 946 小柴胡 （史渭清绘）

1.3毫米，有花3-5。花瓣近圆形。果椭圆形，长2.5毫米，褐色，棱粗，淡黄色，每棱槽1油管，合生面2油管。花果期9-10月。

产贵州、四川、湖北西南部、广西北部、云南及西藏南部，生于海拔600-2900米阳坡草丛中或干沙地、瘠土。克什米尔地区、不丹、印度北部、泰国、尼泊尔有分布。

[附] **矮小柴胡 Bupleurum hamiltonii** var. **humile** Franch. in Bull. Soc. Philom. Paris ser. 8, 6: 118. 1894. —— *Bupleurum tenue* Buch.-Ham. ex D. Don var. *humile* Franch.; 中国植物志 55(1): 284. 1979. 本变种的鉴别特征：一年生草本，高达25厘米；全株带红色；叶长1-3厘米，宽1.5-3毫米，下面网脉及油脂点不明显；伞形花序伞辐2-4；小总苞片3（4-5），不等大。产云南西部、四川西南及中西部，生于海拔2400-3000米干旱灌丛草坡。

20. 竹叶柴胡

图947

Bupleurum marginatum Wall. ex DC. Prodr. 4: 132. 1830.

多年生草本，高达1.2米。直根纺锤形，深红褐色。茎单生，基部稍紫褐色。叶下面绿白色，近革质，叶缘白色软骨质，下部叶与中部叶同形，长披针形，长10-16厘米，宽0.6-1.4厘米，先端硬尖头长达1毫米，网脉不明显，基部缢缩抱茎。复伞形花序多分枝，顶生花序短于侧生花序，径1.5-4厘米；伞辐3-4（-7），长1-3厘米；总苞片2-5，披针形，长1-4毫米；

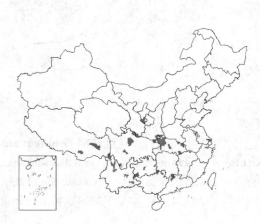

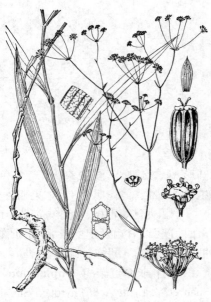

图 947 竹叶柴胡 （引自《中国植物志》）

伞形花序径4-9毫米；小总苞片5，披针形，长1.5-2.5毫米，有白色膜质边缘；伞形花序有花6-12。花梗长2-4.5毫米；花瓣淡黄色，小舌片方形；花柱基厚盘状。果长圆形，长3.5-4.5毫米，深褐色，果棱窄翅状；每棱槽3油管，合生面4油管。花期6-9月，果期9-11月。

产宁夏南部、甘肃南部、陕西南部、湖北、湖南南部、广东北部、广西东北部、贵州、云南、四川及西藏东部，生于海拔750-3500米山坡草地或林下。印度及尼泊尔有分布。

[附] **窄竹叶柴胡 Bupleurum marginatum var. stenophyllum** (H. Wolff) Shan et Y. Li in Acta Phytotax. Sin. 12(3): 292. 1974. ——

Bupleurum falcatum Linn. var. *stenophyllum* H. Wolff in Hand.-Mazz. Symb. Sin. 7: 713. 1933. 本变种主要特征：植株高达60厘米；叶长3-10厘米，宽3-6毫米，骨质边缘较窄，基生叶紧密2列；花序少，小总苞片长于花梗。产西部及西南地区，生海拔2700-4000米山地林下、山坡、溪边。

21. 长白柴胡 图948

Bupleurum komarovianum Lincz. in Fl. URSS 16: 319. 1950.

多年生草本，高达1米。须根发达，黑褐色。茎基多分枝，纵棱突起，上部常之字弯曲并分枝。基生叶和下部叶披针形或窄椭圆形，近革质，下面灰蓝色，长15-20厘米，宽1.6-2.5厘米，先端骤尖，有短柄或无柄；茎上部叶小，椭圆形或镰刀形。伞形花序多分枝，花序径1.5-5厘米；无总苞片或有1-3片，披针形或线形，长1-7毫米，宽0.5-2毫米；伞辐4-13，极不等长，长0.6-4厘米，开展；小总苞片5，线形，长2.5-3.5毫米。花瓣鲜黄色。果椭圆形，顶端平截，长2.8-3.2毫米，径2-2.2毫米；棱槽5油管，合生面6-8油管，果熟时不明显。花期7-8月，果期8-9月。

产黑龙江及吉林，生于海拔230米山地林缘、灌丛中、草地或石砾山坡。

图 948 长白柴胡 （引自《中国植物志》）

22. 马尾柴胡 图949

Bupleurum microcephalum Diels in Engl. Bot. Jahrb. 29: 494. 1900.

二年生草本，高达1米。直根稍粗长，黄褐色。茎单生，基部带紫色，侧枝细长。基生叶丛生，叶下面稍粉绿色，窄长线形，长16-30厘米，宽0.3-1厘米，边缘有极窄白边，叶鞘抱茎；茎中部叶圆形，基部半抱茎。复伞形花序多数，花序梗细长；总苞片3-5，近鳞片状，长0.5-1.2毫米；伞辐(3)4-6(-9)，长0.7-5厘米，伞形花序径2-5厘米；小总苞片

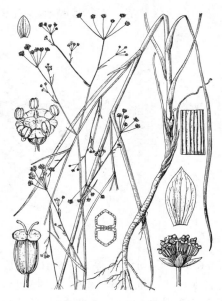

图 949 马尾柴胡 （引自《中国植物志》）

5，近匙形，长1.5-2.5毫米，宽0.5-1毫米，先端钝尖；伞形花序径2.5-5毫米，有花6-12。花瓣黄色，小舌片近方形。果宽卵形，顶端平截，基部圆，褐色，被白粉，长2.6-3毫米，径2-2.2毫米。花期7-8月，果期8-10月。

产甘肃南部及四川，生于海拔1400-3200米山地阳坡或灌丛中。

23. 阿尔泰柴胡　　　　　　　　图950

Bupleurum krylovianum Schischk. ex Kryl. Fl. Sibir. Occid. 8: 2010. 1935.

多年生草本，高达80厘米。根部土黄色。

根颈多分枝。茎丛生，茎下部分枝。基生叶近革质，倒披针形，长10-20厘米，宽1-2厘米，先端骤尖或圆钝，有硬质小尖头，中部以下缢缩成长柄，5-7脉；中部叶披针形，有时镰状，长4-17厘米，宽0.7-1.5厘米，基部楔形，上部叶小，椭圆形。复伞形花序多数，径3-7厘米，中央花序伞辐10-20，侧生者6-8，长0.5-3.5厘米；总苞片4-6（-8），披针形，常反折，长0.4-1.1厘米，宽0.5-3毫米；小总苞片5，卵状披针形，与小伞形花序近等长；伞形花序有花18-22。花瓣小舌片方形。果椭圆形，长3.5-4毫米，径1.5-2毫米；果棱翅状，棱槽1（2）油管，合生面2油管。花期7-8月，果期8-9月。

图 950　阿尔泰柴胡　（引自《中国植物志》）

产新疆，生于海拔1200-2000米干旱砾石山坡灌丛中。亚洲中部及西伯利亚有分布。

24. 北柴胡　　　　　　　　图951　彩片286

Bupleurum chinense DC. Prodr. 4: 128. 1930.

多年生草本，高达90厘米。主根褐色，坚硬。茎上部多回分枝长而开

展，常呈之字曲折。基生叶披针形，长4-7厘米，宽6-8厘米，先端渐尖，基部缢缩成柄；茎中部叶披针形，长4-12厘米，宽0.6-1.8（-3）厘米，有短尖头，叶鞘抱茎，7-9脉，下面常有白霜。复伞形花序多，成疏散圆锥状；总苞片2-3或无，窄披针形，长1-5毫米；伞辐3-8，纤细，长1-3厘米；小总苞片5，披针形，长3-3.5毫米，宽0.6-1毫米；伞形花序有花5-10，花瓣小舌片长圆形，顶端2浅裂；花柱基深黄色。果椭圆形，褐色，长约3毫米，棱翅窄，淡褐色；每棱槽3（4）油管，合生面4油管。花期9月，果期10月。

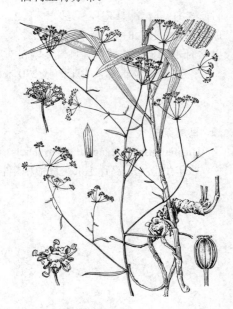

图 951　北柴胡　（史渭清绘）

产黑龙江、吉林、辽宁、内蒙古、甘肃、陕西、山西、河北、河南、湖

北、山东、江苏、安徽、浙江及福建，生于阳坡、溪边或草丛中。为重要中药材。

[附] **多伞北柴胡 Bupleurum chinense f. chiliosciadium** (H. Wolff) Shan et Y. Li in Acta Phytotax. Sin. 12(3): 293. 1974. —— *Bupleurum falcatum* var. *chiliosciadium* H. Wolff in Acta Hort. Gothob. 2: 303. 1926. 本变型主要鉴别特征：茎分枝细而多，伞形花序多而密集，径红5毫米，伞辐长1.5-2厘米。产河北、陕西南部、甘肃、安徽东部及西南部、江苏。

[附] **百花山柴胡 Bupleurum chinense f. octoradiatum** (Bunge) Shan et Sheh, Fl. Reipubl. Popul. Sin. 55(1): 293. 1979. —— *Bupleurum octoradiatum* Bunge in Mem. Sav. Etr. St. Pétersbg. 2: 106. 1831. 本变型的主要鉴别特征：茎上部分枝向两侧均匀开展，非之字斜上；叶椭圆状披针形。产吉林、河北及山西。

[附] **北京柴胡 Bupleurum chinense f. pekinense** (Franch. ex Forb. et Hemsl.) Shan et Y. Li in Acta Phytotax. Sin. 12(3): 293. 1974. —— *Bupleurum pekinense* Franch. ex Forb. et Hemsl. in Journ. Linn. Soc. Bot. 23: 327. 1887. 本变型主要鉴别特征：茎分枝呈之字斜上；下部茎生叶椭圆状披针形，长5-10厘米，宽1-2厘米，硬纸质，两面灰绿色。产北京、河北、山西及陕西，生于560-1550米山坡草地。

25. 马尔康柴胡　　　　　　　　　　　图 952

Bupleurum malconense Shan et Y. Li in Acta Phytotax. Sin. 12(3): 284. 1974.

多年生草本，高达65厘米。根圆锥形，紫褐色。茎3-5，少分枝，细长坚挺，基部紫色。基生叶多数，线形，质厚坚挺，长10-15厘米，宽2-5毫米，基部抱茎。复伞形花序多而小，花序径1-2厘米，花序梗常带紫色；总苞片细小，2-3片，长1-5毫米，宽0.5-1毫米；伞辐3-5，长1-2厘米；伞形花序径4-6厘米，有花7-11；小总苞片5，披针形，长2-2.5毫米，与伞形花序近等长。花瓣小舌片近方形，顶端2裂。果卵状椭圆形，褐色，长2.5-3毫米，径1.5-1.8毫米；每棱槽3油管，合生面4油管。花期7-9月，果期9-10月。

产甘肃南部、青海东部及南部、四川西北部及西南部、西藏东南部，生

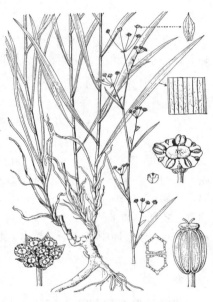

图 952　马尔康柴胡　（史渭清绘）

于海拔2000-3800米山坡草地、河谷阶地、溪边、河滩草甸或湿润田边。

36. 隐棱芹属 Aphanopleura Boiss.

（佘孟兰）

一年生草本。叶二至三回羽状分裂或全裂，裂片上部3齿裂。花两性；萼齿不明显；花瓣白或粉红色，倒卵形，先端尖而内曲；花柱基圆锥形，花柱向外叉开，较花柱基长约2倍。果两侧扁，有不明显钝棱，有棒状或头状柔毛；每棱槽1油管，合生面2油管，油管粗，果横剖面五角形。胚乳腹面平直；心皮柄顶端分裂。

约3-4种，产中亚干旱地区。我国1-2种。

细叶隐棱芹　　　　　　　　　　　图 953

Aphanopleura capillifolia (Regel et Schmalh.) Lipsky in Bull. Acad. Sci. St. Pétersb. 5(4): 379. 1896.

Pimpinella capillifolia Regel et Schmalh. in Izv. Obshch. Estestv.

Antrop. Etnogr. 34(2): 29. 1881.

一年生草本，高达20厘米。茎中部以上有分枝，光滑或有白色粗毛，下部紫红色。基生叶早枯；茎生叶二回羽状分裂或二回三出分裂，小裂片线形或窄披针状线形，长0.5-1(-2.5)厘米，宽1-2毫米；叶柄长于叶片，具叶鞘；上部叶分裂少，裂片线形。伞形花序顶生，径1.5-2.5厘米；伞辐3-8，叉开，纤细，长1.5厘米；总苞片无或有1-3片，披针形，膜质；伞形花序径4-5毫米；小总苞片4-6(7)，线状披针形。花瓣先端凹缺或平截，中脉突出。果宽卵形，长1.2-1.5毫米，径1毫米，疏被棒状毛。花期5月，果期6月。

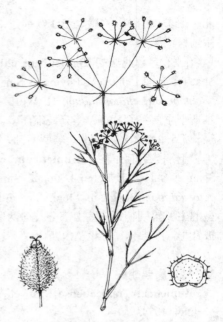

产新疆，生于粘土坡地或砂质旷地。中亚有分布。

图 953 细叶隐棱芹 （陈荣道绘）

37. 孜然芹属 **Cuminum** Linn.
（佘孟兰）

一年生或二年生草本；全株带粉白绿色。叶鞘窄，边缘白色膜质；叶二回三出全裂，小裂片丝线形。复伞形花序；总苞片线形，边缘白色膜质，反折；伞轴3-5；小总苞片3-5。花瓣先端微缺，小舌片内折。双悬果瓣不易分离，灰褐色；果两端渐窄，两侧稍扁，密被白色刚毛，果主棱稍钝圆，突起，次棱明显；每棱槽1油管，合生面2油管。胚乳腹面微凹。

2种，分布地中海和中亚地区。我国栽培1种。

孜然芹　　　　　　　　　　　　　　　　图 954

Cuminum cyminum Linn. Sp. Pl. 254. 1753.

一、二年生草本，高达40厘米；除果有毛外，全株无毛。叶柄长1-2厘米或近无柄；叶三出二回羽状全裂，小裂片长1.5-5厘米，宽0.3-0.5毫米。复伞形花序多数，二歧式分枝，伞形花序径2-3厘米；总苞片3-6，顶端芒状长刺，有时3深裂，长1-5厘米，反折；伞辐3-5，伞形花序有花7，小总苞片与总苞片相似，长3.5-5毫米，宽0.5毫米。花瓣粉红或白色，长圆形；萼齿钻形；花柱基圆锥状，花柱短，叉开，柱头头状。果长圆形，长6毫米，径1.5毫米，密被白色刚毛。花期4月，果期5月。

原产埃及、埃塞俄比亚。新疆引种栽培。果可作食品调料，也可药用，治消化不良和胃寒腹痛。

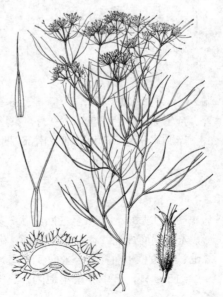

图 954 孜然芹 （陈荣道绘）

38. 芹属 **Apium** Linn.
（刘守炉）

一年生至多年生草本。根圆锥形。茎有分枝，无毛。叶一回羽状分裂或三出羽状多裂，小裂片先端3裂；叶柄基部有鞘。复伞形花序与叶对生或顶生；伞辐上升展开。花白色、稍黄绿色，稀稍粉红色；萼齿细小或退化；花瓣顶端有内折小舌片；花柱短或向外反曲。果两侧扁，每棱槽1油管，合生面2油管；果横剖面近圆形，胚乳腹面平直；心皮柄不裂或顶端2裂。

约20种，分布于温带地区。我国栽培2种。

1. 叶一至二回羽裂，裂片卵形或近圆形，3浅裂或3深裂；果棱尖 ·········· 1. 旱芹 A. graveolens
1. 叶三至四回羽状多裂，裂片线形；果棱钝 ·········· 2. 细叶旱芹 A. leptophyllum

1. 旱芹 药芹 图 955

Apium graveolens Linn. Sp. Pl. 264. 1753.

Apium graveolens var. *dulce* auct. non DC.: 中国高等植物图鉴 2: 1067. 1972.

二年生或多年生草本，高达1.5米；全株无毛，有浓香。茎有棱角。基生叶柄长2-26厘米；叶长圆形或倒卵形，长7-18厘米，3裂达中部或3全裂，裂片有锯齿；上部茎生叶常裂成3小叶。复伞形花序多数，无总苞片和小总苞片；伞辐3-16，长0.5-2.5厘米；伞形花序有花7-29。花梗长1-1.5毫米。果近球形或椭圆形，长约1.5毫米，果棱尖。花期4-7月。

原产亚洲西南部、非洲北部和欧洲。我国南北各地栽培作蔬菜。

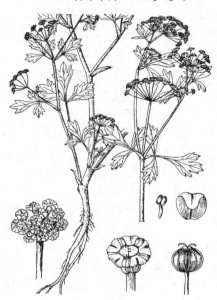

图 955 旱芹 （引自《图鉴》）

2. 细叶旱芹 图 956

Apium leptophyllum (Pers.) F. Muell. in Benth. et Muell. Fl. Austral. 3: 372. 1866.

Pimpinella leptophyllum Pers. Syn. Pl. 1: 324. 1805.

一年生草本，高达45厘米。茎多分枝，无毛。基生叶柄长2-5（11）厘米；叶长圆形或长圆状卵形，长2-10厘米，三至四回羽状多裂，裂片线形；上部茎生叶三出二至三回羽裂，裂片长1-1.5厘米。复伞形花序无梗，稀有短梗，无总苞片和小总苞片；伞辐2-3（5），长1-2厘米，无毛；伞形花序有花5-23。花梗不等长。果圆心形或圆卵形，长、宽约1.5-2毫米，果棱钝；心皮柄顶端2浅裂。

原产加勒比海多米尼加岛。江苏南部、安徽东南部、浙江东北及东部、湖北东北部、湖南西北部、福建东部及南部、广东东南部有栽培，已野化，生于杂草地或沟边。美洲、大洋洲、日本、马来西亚和印度尼西亚爪哇有分布。

图 956 细叶旱芹 （引自《图鉴》）

39. 欧芹属 Petroselinum Hill

（佘孟兰）

二年生稀一年生草本。叶二至三回羽状分裂。萼齿不明显；花瓣黄绿或白色带红晕，近基部心形，先端凹入，有内折小舌片；花柱基短圆锥形，柱头头状。果卵形，稍侧扁，合生面稍缢缩或呈双球形，果棱5，线形；每棱槽1油管，合生面2油管；胚乳腹面平直。

约3种，原产欧洲西部和南部。我国栽培1种。

欧芹 图 957

Petroselinum crispum (Mill.) Hill, Hand.-List Herb. Pl. Kew. ed. 3, 122. 1925.

Apium crispum Mill. Gard. Dict.

ed. 8: 2. 1768.

二年生草本，高达1米；全株无毛。根纺锤形。茎分枝对生或轮生。基生叶和茎下部叶有长柄；叶二至三回羽裂，小裂片倒卵形，基部楔形，3裂或深齿裂；齿圆钝，有白色小尖头；上部叶3裂，裂片披针状线形，全缘或3裂。伞形花序有伞辐10-20（-30）；总苞片1-2，线形；伞形花序有花20；小总苞片6-8，线形或钻形。花瓣长0.5-0.7毫米。果卵形，灰褐色，长2.5-3毫米，径2毫米。花期6月，果期7月。

我国大城市有栽培，嫩叶作蔬菜。果药用，可利尿。

40. 毒芹属 Cicuta Linn.

（刘守炉）

多年生草本。茎直立、无毛。叶二至三回羽裂。复伞形花序顶生或侧生；总苞片无或少数；伞辐多数，小总苞片多数。萼齿5；花瓣白色，先端有内折小舌片；花柱基圆盘状；花柱短，向外反曲。果两侧扁，主棱宽钝，木栓质，横剖面圆形；每棱槽1油管，合生面2油管；胚乳腹面平直或微凹，心皮柄2裂。

约20种，分布北温带地区。我国1种及1变种。

图 957 欧芹 （陈荣道绘）

毒芹   图958

Cicuta virosa Linn. Sp. Pl. 255. 1753.

粗壮草本，高达1米。茎单生，中空，有分枝。基生叶柄长15-30厘米，叶鞘膜质，抱茎；叶三角形或三角状披针形，长12-20厘米，二至三回羽裂；小裂片窄披针形，长1.5-6厘米，有锯齿或缺刻。复伞形花序梗长2.5-10厘米，无总苞片或1-2片；伞辐6-25，长2-3.5厘米；小总苞片线状披针形，长3-5毫米；伞形花序有花15-35。花梗长4-7毫米；萼齿卵状三角形；花瓣倒卵形或近圆形。果卵圆形，长2-3毫米，合生面缢缩。花果期7-8月。

图 958 毒芹 （史渭清绘）

产黑龙江、吉林、辽宁、内蒙古、河北、山东、河南、山西、陕西北部、甘肃南部、宁夏东部、青海北部及新疆，生于海拔400-2900米林下、湿地或沟边。蒙古、朝鲜、日本及俄罗斯远东地区有分布。有毒植物。

41. 糙果芹属 Trachyspermum Link

（刘守炉）

直立草本。茎常被糙毛。叶羽裂或三出二至三回羽裂。复伞形花序，常无总苞片和小总苞片；伞辐少。萼齿不明显；花瓣倒卵形，顶端有内折小舌片，疏生糙毛；花柱基圆锥形，花柱短而外展；心皮柄2裂至基部。果两侧扁，疏生糙毛。胚乳腹面平直，每棱槽2-3油管。

约12种，分布于非洲至南亚。我国2种、1变种。

1. 果疏生糙毛；最上部茎生叶羽裂 ·· 糙果芹 T. scaberulum

1. 果密生白色糙毛；最上部茎生叶 3 裂或不裂 ·························· （附）. 马尔康糙果芹 T. triradiatum

糙果芹   图 959: 1-4

Trachyspermum scaberulum (Franch.) H. Wolff et Hand.-Mazz. Symb. Sin. 7: 713. 1933.

Carum scaberula Franch. in Bull. Soc. Philom. Paris ser. 8, 6: 125. 1894.

多年生草本，高达1.6米。茎被糙毛。基生叶和较下部茎生叶有柄，柄细弱，有毛；叶长 3-10 厘米，宽 2.5-7 厘米，一至二回羽裂；裂片卵状披针形或近卵状三角形，长 1.5-3.5厘米，宽0.5-2.5厘米，有不规则锯齿或缺刻，两面有糙毛；较上部茎生叶羽裂，裂片窄披针形，有少数裂齿。复伞形花序顶生和侧生，花序梗长 1-4 厘米，细弱；伞辐3-8。花梗纤细；花瓣白色。果宽卵形或圆心形，疏生糙毛。花果期 7-9 月。

产云南东部及西北部、贵州南部、四川及西藏东部，生于海拔600-2600米山坡、草地及灌木丛中。

[附] 马尔康糙果芹 图959: 5-8 **Trachyspermum triradiatum** H. Wolff in Acta Hort. Gothob. 2: 305. 1926. 本种与糙果芹的区别：最上部

图 959: 1-4.糙果芹 5-8.马尔康糙果芹
（史渭清绘）

茎生叶常 3 裂或不裂，裂片线形；果密生白色糙毛。产四川西北部，生于海拔2400-3000米山坡草丛中及灌木林下。

42. 绒果芹属 Eriocycla Lindl.
（佘孟兰）

多年生草本。茎常分枝。叶一至二回羽裂。复伞形花序；总苞片有或无；小总苞片线形；萼齿小或不明显；花瓣白或黄色，稀紫色；先端内折；花柱基边缘波状，花柱长。果密被绒毛或柔毛，果棱细或不明显，每棱槽1油管，合生面2油管。胚乳腹面平直或稍凹入。

约8种，分布伊朗北部至中国西部。我国3种、2变种。

1. 植株带灰绿色，近光滑；叶裂片长圆形，长 0.8-1.1 厘米，宽 6-8 毫米 ······················· 绒果芹 E. albescens

1. 植株淡绿色，有短毛；叶裂片宽长圆形，长 2.5-5 厘米，宽 1.5-3 厘米 ·····················
（附）. 大叶绒果芹 E. albescens var. latifolia

绒果芹   图 960

Eriocycla albescens (Franch.) H. Wolff in Engl. Pflanzenr. 90(IV. 228): 107. 1927.

Pimpinella albescens Franch. Pl. David. 1: 239. 1884.

多年生草本，高达70厘米；植株带灰绿色，近光滑。基生叶和茎下部叶一回羽状全裂，具4-7对羽片，裂片长圆形，长 0.8-1.1 厘米，宽 6-8 毫

米，基部常不对称，全缘或顶端 2-3 深裂，有粗锯齿，叶质硬，两面脉上有糙毛；顶部叶披针形，全缘，叶鞘膜质。复伞形花序径 3-5 厘米，花序梗长达10厘米；总苞片1或无，线形；

伞辐4-6；伞形花序径约1厘米，有花10-20，小总苞片5-9，披针状线形，较花梗短。花梗密生白毛；萼齿卵状披针形；花瓣倒卵形，白色，有短毛；花柱基短圆锥状，果期紫色。分果卵状长圆形，长3-3.5（-4）毫米，宽1.2-1.5毫米，密生白色长毛。花期8-9月，果期9-10月。

产辽宁西南部、河北、内蒙古南部及宁夏，生于石灰岩干燥山坡。

[附] **大叶绒果芹 Eriocycla albescens** var. **latifolia** Shan et Yuan in Acta Phytotax. Sin. 21(1): 88. 1983. 本变种与模式变种的区别：植株稍有短毛，淡绿色；叶小裂片长2.5-4厘米，宽1.5-3厘米，3深裂，每裂片2-3裂。产辽宁西北部及河北。

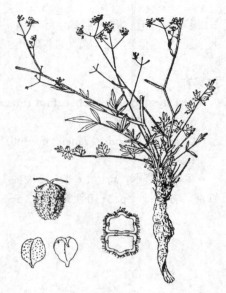

图 960 绒果芹 （引自《图鉴》）

43. 鸭儿芹属 Cryptotaenia DC.

（刘守炉）

多年生草本。叶三出全裂，小叶有重锯齿，缺刻或不规则浅裂。复伞形花序或呈圆锥状；伞辐2-3，极不等长。花白色，萼齿细小或不明显；花瓣白色，顶端内折；花丝短于花瓣；花柱基圆锥状。果线状长圆形或卵状长圆形，主棱5，圆钝，光滑。每棱槽1-3油管，合生面4油管。

5-6种，产欧洲、非洲、北美及东亚。我国1种及2变种。

鸭儿芹

图 961

Cryptotaenia japonica Hassk. Retz. 1: 113. 1856.

植株高达1米。茎直立，有分枝，有时稍带淡紫色。基生叶或较下部的茎生叶有柄，柄长5-20厘米，3小叶；顶生小叶菱状倒卵形，近无柄，有不规则锐齿或2-3浅裂。花序圆锥状，花序梗不等长，总苞片和小总苞片1-3，线形，早落；伞形花序有花2-4。花梗极不等长；花瓣倒卵形，顶端有内折小舌片。果线状长圆形，长4-6毫米，宽2-2.5毫米，合生面稍缢缩，胚乳腹面近平直。花期4-5月，果期6-10月。

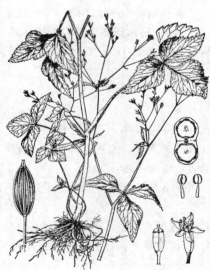

图 961 鸭儿芹 （引自《图鉴》）

产辽宁东部、山西南部、河南西部、安徽、江苏南部、浙江、福建、台湾、江西、湖北、湖南、广东北部、广西、贵州、云南、四川、甘肃南部及陕西南部，生于海拔2000-2400米山地、山沟及林下较阴湿地带。朝鲜、日本有分布。

44. 阿米芹属 Ammi Linn.
（佘孟兰）

一年生或二年生草本，全株无毛。叶二至三回羽裂或三裂。复伞形花序；总苞片及小总苞片多数；伞辐多数。萼齿极小或不明显；花瓣白或微黄色，边缘花瓣倒心形，顶端有时2深裂，裂片不等长，具爪；花柱基短圆锥形，边缘稍波状，花柱长，外曲。果长圆形，稍侧扁，合生面窄，分果横剖面五角形；果棱丝状；每棱槽1油管，合生面2油管；胚乳腹面平直。

约6种，主产地中海地区，欧、亚及热带非洲有分布。我国引入2种。

阿米芹　　　　　　　　　　　　　　　　　　　　　　　　图 962

Ammi visnaga (Linn.) Lam. Fl. Franc. 3: 462. 1778.

Daucus visnaga Linn. Sp. Pl. 242. 1753.

二年生草本，高达1米。基生叶羽裂；叶柄长约10厘米；茎上部叶二至三回羽裂，小裂片线形，长2-3厘米，宽0.5-1毫米，先端刚毛状；鞘抱茎。复伞形花序具长梗，径6-10厘米；总苞片多数，一至二回羽裂；伞辐60-100（-150），纤细，长2-5厘米；小总苞片多数，钻形；伞形花序，多花。花瓣白色。果光滑，卵形或卵状长圆形，长2-2.5毫米，宽约1.5毫米；心皮柄不裂。花期6月，果期7-8月。

原产地中海地区，欧亚有分布。我国引种栽培。果含凯林 (khellin) 成分，可治疗冠状血栓症及泌尿疾病。

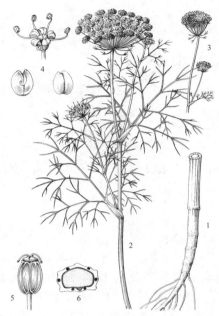

图 962 阿米芹 （史渭清绘）

45. 葛缕子属 Carum Linn.
（溥发鼎）

多年生或二年生草本；无毛。叶二至四回羽裂，小裂片线形或披针形。复伞形花序顶生和侧生。花瓣白色，稀带紫或淡红色，宽倒卵形，基部楔形，顶端凹下，具内折小舌片；花柱基圆锥形；花柱向两侧弯曲。果卵形或长卵形，两侧扁，果棱线形；每棱槽1（-3）油管，合生面2-4油管；胚乳腹面平直或稍凸起；心皮柄2裂至基部。

约25种，产亚洲、欧洲。我国4种。

1. 小总苞片等于或长于伞形花序，边缘具纤毛；萼齿三角形 ························· 1. **河北葛缕子 C. bretschneideri**
1. 小总苞片短于伞形花序，边缘无纤毛；或无小总苞片；萼齿无。
　2. 茎基部无叶鞘残留纤维；常无小总苞片 ····························· 2. **葛缕子 C. carvi**
　2. 茎基部有叶鞘残留纤维；小总苞片5-8。
　　3. 基生叶三至四回羽裂；花瓣白色；每棱槽油管1 ·············· 3. **田葛缕子 C. buriaticum**
　　3. 基生叶二至三回羽裂；花瓣紫红色；每棱槽油管3 ·········· 4. **暗红葛缕子 C. atrosanguineum**

1. 河北葛缕子　　　　　　　　　　　　　　　图 963

Carum bretschneideri H. Wolff in Engl. Pflanzenr. 90(IV. 228): 369. 1927.

多年生草本，高达45厘米。根圆锥形，长2-10厘米，径0.2-1厘米。基生叶及茎下部叶柄长10-15厘米；叶二至三回羽裂，小裂片披针形，长5-7毫米，宽约1毫米。总苞片1-6，线形，边缘具纤毛；伞辐8-12，长1-4厘米；小总苞片5-8，与总苞片同形，等于或长于伞形花序；每伞形花序有15-25花。萼齿三角形；花瓣白色。果长卵形，每棱槽油管1，合生面油管2。花果期5-9月。

产河北西部及中部、山西东北部，生于海拔1500-2000米荫湿地带。

2. 葛缕子 荬蒿

图964

Carum carvi Linn. Sp. Pl. 263. 1753.

多年生草本，高达0.7（-1.5）米。根圆柱形或纺锤形，长达25厘米，径0.5-1厘米。茎基部无叶鞘残留纤维。叶二至三回羽裂，小裂片线形或线状披针形，长3-5毫米，宽1-2毫米。复伞形花序径3-6厘米，无总苞片，稀1-4片，线形；伞辐3-10，长1-4厘米，极不等长；无小总苞片，偶1-4片，线形；伞形花序有4-15花。萼无齿；花瓣白或带淡红色。果长卵形，长4-5毫米，宽2毫米；每棱槽油管

1，合生面油管2。2n=20。花果期5-8月。

产内蒙古、河北、山西、陕西南部、甘肃南部、宁夏、新疆、青海、西藏、四川、贵州东北部、云南中部及西北部，生于海拔4300米以下河滩草丛、林下、高山灌丛草甸。欧洲、亚洲有分布。欧洲栽培，果可提取挥发油作香料及健胃剂，残渣供家畜饲料；全草药用，可驱风健胃；嫩叶可食。

图 963 河北葛缕子 （史渭清绘）

3. 田葛缕子 田荬蒿 丝叶葛缕子
图965

Carum buriaticum Turcz. in Bull. Soc. Nat. Mosc. 17: 713. 1844.

Carum buriaticum Trucz. f. *angustissimum* (Kitag.) Shan et Pu; 中国植物志 55(2): 28. 1985.

图 964 葛缕子 （史渭清绘）

多年生草本，高达80厘米。根圆柱形，长达18厘米，径0.5-2厘米。茎基部有残留叶鞘纤维。叶三至四回羽裂，小裂片线形，长2-5毫米，宽0.5-1毫米。复伞形花序径4-8厘米；总苞片2-4，线形或线状披针形，伞辐10-15，长2-5厘米；小总苞片5-8，披针形，短于伞形花序，边缘无纤毛；伞形花序

有10-30花。萼无齿；花瓣白色。果长卵形，长3-4毫米，宽1.5-2毫米；每棱槽1油管，合生面2油管。2n=11。花果期5-10月。

产辽宁、内蒙古、河北、山东西南部、河南、山西、陕西、甘肃、宁夏、新疆、青海、西藏及四川西部，生于海拔3600米以下田间、路边、河岸、山地草丛中、林下、高山草甸。蒙古及俄罗斯有分布。

图 965 田葛缕子 （史渭清绘）

4. 暗红葛缕子

图 966

Carum atrosanguineum Kar. et Kir. in Bull. Soc. Nat. Mosc. 15: 359. 1842.

多年生草本，高达40厘米。直根纤细，有多数分支。茎基部被叶鞘残留纤维。基生叶二至三回羽裂，小裂片披针形，长3-5毫米，宽1.5-2毫米。无总苞片，稀1-2，线形或披针形；伞辐5-10，长2-4厘米；小总苞片2-5，与总苞片同形，短于伞形花序，边缘无纤毛；伞形花序有6-10花。萼无齿；花瓣紫红色。果卵形，长3-4毫米，宽1.5-2毫米；每棱槽3油管，合生面4油管；

图 966 暗红葛缕子 （史渭清绘）

胚乳腹面平直。花果期5-8月。

产新疆，生于海拔1800-3600米河滩草地，或山谷林下。俄罗斯有分布。

46. 小芹属 Sinocarum H. Wolff ex Shan et Pu
（溥发鼎）

纤细草本；无毛。根胡萝卜状。基生叶和茎下部叶有纤细长柄；叶鞘卵形或长圆状卵形；叶三出一至三回羽裂，或一至三回羽裂。复伞形花序；常无总苞片，稀1-4片；伞辐5-15（-20）；小总苞片1-9，或缺；伞形花序有（3-）10-20花。萼具齿，或不明显；花瓣6，紫红，或带蓝紫色，具爪；花柱短。果两侧扁；果棱5，线形，横剖面近半圆形；每棱槽1-3油管，合生面2-6油管；胚乳腹面平直。

约12种，分布于不丹、尼泊尔、锡金及印度。我国9种。

1. 小总苞片全缘，或顶端2-3裂；萼齿三角形 ·· 1. **长柄小芹 S. dolichopodum**
1. 小总苞片全缘；萼齿钻形，或不明显。
　2. 花瓣2-3裂，或掌状3-4裂。
　　3. 萼齿钻形；花瓣全缘，或顶端2-3裂 ·· 2. **紫茎小芹 S. coloratum**
　　3. 萼齿不明显；花瓣掌状3-4裂 ·· 2(附). **裂瓣小芹 S. schizopetalum**
　2. 花瓣全缘。
　　4. 基生叶具3小叶；伞辐2-3；萼齿不明显 ····································· 3. **少辐小芹 S. pauciradiatum**
　　4. 基生叶二回羽裂，或三出一至三回羽裂；伞辐4-15；萼齿钻形。
　　　5. 基生叶二回羽裂，小裂片长圆状卵形；小总苞片5-8 ·················· 4. **蕨叶小芹 S. filicinum**
　　　5. 基生叶三出一至三回羽裂，小裂片线状披针形，或线形；无小总苞。
　　　　6. 基生叶三出一至二回羽裂，小裂片线状披针形，或线形；伞辐4-7（-10）；花瓣蓝紫色 ·················
　　　　··· 5. **钝瓣小芹 S. cruciatum**
　　　　6. 基生叶三出二至三回羽裂，小裂片线形；伞辐8-15；花瓣白色 ·············· 6. **阔鞘小芹 S. vaginatum**

1. 长柄小芹

图 967

Sinocarum dolichopodum (Diels) H. Wolff ex Shan et Pu, Fl. Reipubl. Popul. Sin. 55(2): 35. 1985.

Carum dolichopodum Diels in Notes Roy. Bot. Gard. Edinb. 5: 287. 1912.

植株高达15厘米。根茎长5-20厘米。茎带紫色，常不分枝。基生叶及茎下部叶柄长3-6厘米；叶三角形，长4-6厘米，宽2-4厘米，二至三回

羽裂，一回羽片4-5对，小裂片卵圆形，长1-1.5厘米，宽5-8毫米，3裂或羽裂；茎上部叶无柄，具鞘，叶片较小，3裂。无总苞；伞辐5-6，长4-5厘米；小总苞片2-6，线状披针形，全缘，或顶端2-3裂；伞形花序有10-15花。萼齿三角形；花瓣白或带紫色。果长圆状卵形，每棱槽3油管，合生面6油管。花果期8-9月。

产云南西北部及四川西南部，生于海拔3000-4000米山地草甸、岩缝中。

图 967 长柄小芹 （史渭清绘）

2. 紫茎小芹　　　　　　　　　　　　　　　图968

Sinocarum coloratum (Diels) H. Wolff ex Shan et Pu, Fl. Reipubl. Popul. Sin. 55(2): 33. 1985.

Carum coloratum Diels in Notes Roy. Bot. Gard. Edinb. 5: 287. 1912.

植株高达25厘米。直根粗长。茎带紫色。叶披针形，或卵圆状披针形，长2-7厘米，宽1-4厘米，一至二回羽裂，羽片4-5对，小裂片线状披针形，长0.3-1厘米，宽0.5-2毫米。无总苞片，或偶有1片；伞辐5-8(-12)，长1-3厘米；小总苞片2-3，线形，全缘；伞形花序有8-15花。萼齿钻形；花瓣白色，全缘，或顶端2-3裂；花柱直立，或微向两侧弯曲。果卵形。花果期8-10月。

产西藏南部、云南西北部、四川西部及甘肃，生于海拔2900-4600米山地林下、林缘、草地、灌丛草甸、河滩草丛、覆盖苔藓的岩石上。印度有分布。

[附] **裂瓣小芹** Sinocarum schizopetalum (Franch.) H. Wolff ex Shan et Pu, Fl. Reipubl. Popul. Sin. 55(2): 33. 1985. —— *Carum schizopetalum* Franch. in Bull. Soc. Philom. Paris ser. 8, 6: 118. 1894. 本种与紫茎小芹的区别：叶三出一至二回羽裂，小裂片长圆状披针形；萼齿不明显，花瓣掌状3-4裂；果长圆状卵形。产云南西北部，生于海拔2400-4000米林下或坡地荫蔽处。

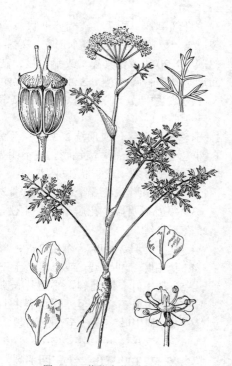

图 968 紫茎小芹 （史渭清绘）

3. 少辐小芹　　　　　　　　　　　　　　　图969

Sinocarum pauciradiatum Shan et Pu in Acta Phytotax. Sin. 18: 374. 1980.

纤细小草本，高达5厘米。茎1-2，带紫色，不分枝，或偶有1个分枝。基生叶3-4，有短柄，连同叶鞘长1-1.5厘米；叶三角形，长4-7毫米，基部宽5-6毫米，3小叶，小叶掌状分

裂，裂片长1-1.5毫米，宽约1毫米；茎生叶1-2，较小，无柄，叶鞘紫色，叶片羽裂。无总苞片，偶有1片；伞辐2-3，长5-8毫米，无小总苞片；伞形花序有3-10花。萼齿不明显；花瓣卵形，长约5毫米，全缘、带紫红色，具短爪。幼果卵形。

产西藏东南部、云南西北部及四川西南部，生于海拔3200-4500米石灰岩山地草丛、古冰碛石缝中、灌丛草甸。

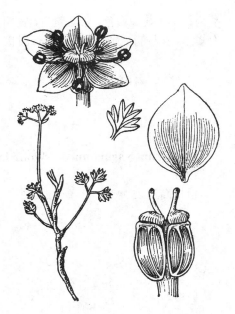

图 969 少辐小芹 （史渭清绘）

4. 蕨叶小芹　　　　　　　　　　　　　图 970

Sinocarum filicinum H. Wolff in Fedde, Repert. Sp. Nov. 27: 182. 1929.

植株高达30厘米。茎单生，或2-3个丛生，1-3个分枝，稀不分枝。基生叶及茎下部叶柄长8-15厘米，叶三角形，长3-5厘米，宽2-4厘米，二回羽裂，一回羽片3-7对，小裂片长圆状卵形，长0.5-1厘米，宽3-5毫米，有锯齿；茎上部叶较小，一回羽裂。总苞片1-4，线状披针形，或早落；伞辐2-8，长1-3厘米，近等长；小总苞片5-8，与总苞片同形；伞形花序有10-15(-20)花。萼齿钻形；花瓣卵形或宽倒卵形，白色，全缘，有爪；花柱向两侧弯曲。果卵形或长卵圆形。花果期6-9月。

产西藏、云南及四川西南部，生于海拔2500-4500米高山草甸或岩缝中。

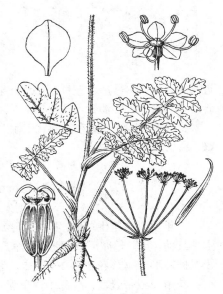

图 970 蕨叶小芹 （史渭清绘）

5. 钝瓣小芹　　　　　　　　　　　　　图 971

Sinocarum cruciatum (Franch.) H. Wolff ex Shan et Pu, Fl. Reipubl. Popul. Sin. 55(2): 33. 1985.

Carum cruciatum Franch. in Bull. Soc. Philom. Paris ser. 8, 6: 124. 1894.

植株高达30厘米，带苍白色。茎1-3，不分枝，或1-2个分枝。基生叶及茎下部叶柄长5-7厘米；叶近三角形，长5-6厘米，宽3-4厘米，三出一至二回羽裂，一回羽片3-5对，小裂片线状披针形，长0.3-1厘米，宽约1毫米，或线形，长0.5-3.5厘米，宽0.5-1毫米；茎上部叶一回羽裂或3裂。无总苞片和小总苞片；伞辐4-7(-10)，长1-3厘米；伞形花序有10-15花。

萼齿钻形；花瓣白色，带蓝紫色，宽倒卵形或长卵形，全缘，顶端微钝圆，有短爪，花柱直立或微弯曲。果长圆状卵形；每棱槽油管单生，合生面2油管。

产西藏、云南及四川，生于海拔2800-4200米河滩草地、高山灌丛草甸中。

6. 阔鞘小芹　　　　　　　　　　　　　　　图972

Sinocarum vaginatum H. Wolff in Fedde, Repert. Sp. Nov. 27: 183. 1929.

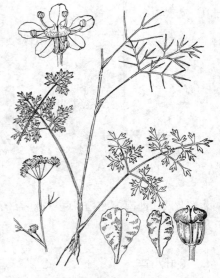

图 971　钝瓣小芹　（史渭清绘）

植株高达25厘米。茎单生，或2-7个丛生，1-2个分枝，或不分枝。基生叶和茎下部叶柄长5-18厘米；叶三角形，长5-8厘米，宽4-7厘米，三出二至三回羽裂，一回羽片5-6对，小裂片线形，长1-3厘米，宽0.5-2毫米；茎上部叶1-2回羽裂。无总苞片，或偶有1片；伞辐8-15，长1-2厘米，不等长；无小总苞片；伞形花序有10-20花。萼齿钻形；花瓣白色，卵形，倒卵形或近圆形，全缘，具爪；花柱基垫状，果长圆状卵形；果棱明显，每棱槽油管单生，合生面2油管。花果期7-9月。

产青海南部、西藏东南部、云南及四川，生于海拔3200-4300米山地林缘、高山灌丛草甸中。

47. 囊瓣芹属 Pternopetalum Franch.
（溥发鼎）

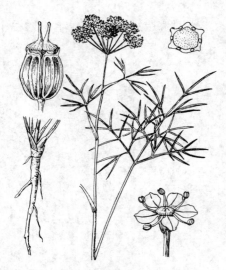

图 972　阔鞘小芹　（史渭清绘）

一年生或多年生草本；根纺锤形或圆柱形。茎直立，单生，稀丛生。基生叶具柄，叶鞘长卵形或卵形。复伞形花序；常无总苞片；小总苞片1-4，线状披针形；伞形花序有2-3（-5）花。花梗极不等长；萼齿明显或棱细小；花瓣白或带紫色，基部增厚呈囊状，顶端凹下，有内折小舌片，稀平展；花柱基圆锥形。果两侧扁；果棱粗糙，具丝状细齿，或线形；胚乳腹面平直。

约25种，主产我国，有22种，东亚和喜马拉雅山区有分布。

1. 植株较高大；茎生叶与基生叶同形；果棱粗糙，或有丝状细齿。
　2. 茎不分枝；叶几全部基生，稀具1茎生叶；花序顶生 ……………………… 1. 裸茎囊瓣芹 P. nudicaule
　2. 茎分枝；有基生叶和茎生叶；花序顶生和侧生。
　　3. 叶一至二回三出分裂，或三出羽裂，先端尾状；果棱粗糙。
　　　4. 叶一至二回三出分裂，有重锯齿 ……………………… 2. 川鄂囊瓣芹 P. rosthornii
　　　4. 叶三出羽裂，有钝锯齿 ……………………… 3. 散血芹 P. botrychioides
　　3. 叶3全裂，或一至二回三出分裂，先端非尾状；果棱常具丝状细齿。
　　　5. 叶二回三出分裂；果卵球形，每棱槽1油管 ……………………… 4. 囊瓣芹 P. davidii

5. 叶三出分裂，两侧裂片2-3浅裂；果卵形或卵球形，每棱槽1-3油管。

　6. 叶裂片长卵圆形或菱形，叶柄及叶脉疏被糙伏毛；果卵形 ·················· 5. **五匹青 P. vulgare**

　6. 叶裂片宽卵圆形，叶柄及叶脉密被糙伏毛；果卵球形 ····································
　　　························· 5(附). **毛叶五匹青 P. vulgare** var. **strigosum**

1. 植株纤细；茎生叶与基生叶异形，稀同形，或无茎生叶；果棱不明显。

　7. 茎生叶与基生叶同形。

　　8. 叶三出二至三回羽裂；萼齿小；花柱基短圆锥形，花柱短；两个心皮均发育 ··············
　　　·· 6. **纤细囊瓣芹 P. gracilimum**

　　8. 叶三出三至四回羽裂；萼齿钻形；花柱基圆锥形，花柱较长；常仅1个心皮发育 ··············
　　　·································· 7. **膜蕨囊瓣芹 P. trichomanifolium**

　7. 茎生叶与基生叶异形。

　　9. 茎常单生。

　　　10. 根纺锤形，或具纤细匍匐的地下茎；小伞形花序有花2-3朵，常2朵。

　　　　11. 萼齿三角形或钻形；花柱基圆锥形，花柱长；果卵球形 ············ 8. **异叶囊瓣芹 P. heterophyllum**

　　　　11. 萼齿不明显；花柱基短圆锥形，花柱短；果卵形。

　　　　　12. 常具细长根茎；果长2-2.5毫米 ·················· 9. **东亚囊瓣芹 P. tanakae**

　　　　　12. 无地下根茎；果长约3毫米 ·················· 10. **羊齿囊瓣芹 P. filicinum**

　　　10. 根叉状分枝，无根茎；伞形花序有花（2）3（4）。

　　　　13. 花瓣白色，花柱基圆锥形，花柱长；果长卵形 ·················· 11. **澜沧囊瓣芹 P. delavayi**

　　　　13. 花瓣带淡紫色，花柱基短圆锥形，花柱短；果卵形 ·········· 12. **心果囊瓣芹 P. cardiocarpum**

　　9. 茎4-6丛生 ··· 13. **丛枝囊瓣芹 P. caespitosum**

1. 裸茎囊瓣芹　　　　　　　　　　　　　　　　　　　　图 973

Pternopetalum nudicaule (H. de Boiss.) Hand.-Mazz. Symb. Sin. 7: 718. 1933.

Cryptotaeniopsis nudicaulis H. de Boiss. in Bull. Soc. Bot. France 53: 427. 1906.

植株纤细，高达25厘米。茎不分枝。基生叶4-6，叶柄长6-15厘米；

叶3全裂，有3小叶，侧生小叶卵圆形，顶生小叶菱形，长（1.5-）3-6（-8.5）厘米，宽（1）2-3（-5）厘米，全缘或2-3浅裂，有锯齿；常无茎生叶，或偶有1个。复伞形花序顶生；无总苞片；伞辐10-30，长3-5厘米，小总苞片2-3；伞形花序有2-3花。萼齿钻形；花瓣白色，长倒卵形，基部窄；花柱基圆锥形，花柱长，直立。果长卵

图 973 裸茎囊瓣芹 （引自《图鉴》）

形；果棱粗糙；每棱槽1-3油管，合生面2-4油管。

产云南东南部及东北部、贵州、湖南、江西西南部、广西北部及广东

北部，生于海拔600-1800米山区溪边阴湿岩缝中、林下。越南有分布。

2. 川鄂囊瓣芹　　　　　　　　　　　　　图 974

Pternopetalum rosthornii (Diels) Hand.-Mazz. Symb. Sin. 7: 719. 1933.

Pimpinella rosthornii Diels in Engl. Bot. Jahrb. 29: 495. 1900.

多年生草本，高达80厘米。茎1-2。叶一至二回三出分裂，小裂片长圆状卵形，或卵状披针形，长1-11厘米，宽0.5-2.5厘米，先端尾状，基部楔形，有重锯齿；茎生叶2-5，无柄或有短柄。复伞形花序无总苞片；伞辐（7-）15-30（-40），长2-4厘米，小总苞片2-3，披针形；伞形花序有2-3花。萼齿钻形；花瓣白色，倒卵形，基部窄；花柱基圆锥形，花柱长，直伸。果卵球形，长约3毫米，宽约2毫米；果棱粗糙；每棱槽1-3油管，合生面2-4油管。花果期4-8月。

产陕西西南部、四川东部及东南部、湖北西部，生于海拔900-2100米山谷坡地、河边、竹林下、林缘、潮湿岩缝中。

图 974 川鄂囊瓣芹 （引自《图鉴》）

3. 散血芹　　　　　　　　　　　　　图 975

Pternopetalum botrychioides (Dunn) Hand.-Mazz. Symb. Sin. 7: 718. 1933.

Cryptotaeniopsis botrychioides Dunn in Journ. Linn. Soc. Bot. 35: 494. 1903.

植株高达60厘米。茎1-2（3），1-2个分枝，稀不分枝。基生叶柄长10-15厘米；叶三出羽裂，一回羽片2-3对，小裂片卵圆形或菱形，长1-6厘米，宽0.5-1.5厘米，中部以上有钝齿；常仅1个茎生叶，稀2-3，较小，有短柄或无柄；三出羽裂，或一回羽裂，顶端裂片先端尾状。复伞形花序无总苞片；伞辐（6-）15-30（-40），长2-3（-5）厘米，小总苞片2-3；伞形花序2（3）花。萼齿钻形；花瓣白色；

图 975 散血芹 （浦发鼎绘）

花柱基圆锥形，花柱长。果卵球形；每棱槽油管单生，稀2-3，合生面2-4油管。花果期4-8月。

产云南、四川、贵州及湖北西部，生于海拔700-3000米山谷、坡地林下、林缘或灌丛中。

4. 囊瓣芹　　　　　　　　　　　　　图 976

Pternopetalum davidii Franch. in Nouv. Arch. Mus. Hist. Nat. Paris 2: 246. 1885.

植株高达45厘米。茎1-3，分枝；基生叶柄长8-15厘米；叶二回三出

分裂，小裂片卵形或菱形，基部钝圆，先端渐尖或尖，脉上被糙伏毛，有锯齿；茎生叶与基生叶同形，较小，具

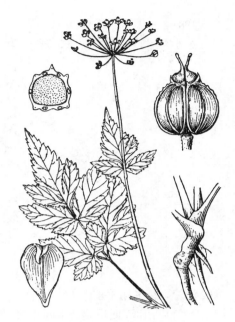

图 976 囊瓣芹 （引自《图鉴》）

短柄或无柄。复伞形花序无总苞片；伞辐15-20（-25），长3-3.5厘米，内侧被糙伏毛，小总苞片2-3；伞形花序有2-4花。萼齿钻形；花瓣白色；花柱基圆锥形，花柱长。果卵球形，长与宽约3毫米；果棱具丝状细齿；每棱槽1油管，合生面2油管。花果期4-10月。

产陕西南部、甘肃南部、西藏东南部、云南、四川、湖南北部、湖北西部及贵州中部，生于海拔1500-3000米林下、灌丛中，溪边草地。

5. 五匹青 图 977

Pternopetalum vulgare (Dunn) Hand.-Mazz. Symb. Sin. 7: 719. 1933.

Cryptotaeniopsis vulgare Dunn in Hook. Icon. Pl. 28: t. 2737. 1902.

Pternopetalum vulgare (Dunn) Hand.-Mazz. var. *foliosum* Shan et Pu; 中国植物志 55(2): 45. 1985.

植株高达50厘米。茎1-3，常1个分枝。基生叶2-5，柄长10-20厘米；叶三出分裂，裂片长卵圆形或菱形，两侧裂片2-3浅裂，叶柄及叶脉疏被糙伏毛，叶缘有锯齿；茎生叶与基生叶同形，较小，有短柄或无柄。复伞形花序无总苞片；伞辐15-30，长3-4（-6）厘米，小总苞片1-4；伞形花序有2-5花。萼齿三角形；花瓣白色，或微带淡紫色；花柱基圆锥形，花柱长。果卵形，长4-5毫米，宽2-3毫米；果棱粗

图 977 五匹青 （引自《图鉴》）

糙，或具丝状细齿；每棱槽1-3油管，合生面2-4油管。花果期4-7月。

产甘肃南部、四川、云南、贵州、湖南及湖北，生于海拔1400-3500米林下、沟边、山谷坡地荫湿处。印度东北部、尼泊尔东部、缅甸北部有分布。

[附] **毛叶五匹青 Pternopetalum vulgare** var. **strigosum** Shan et Pu in Acta Phytotax. Sin. 16(3): 68. 1978. 本变种与模式变种的区别：叶

小裂片宽卵圆形，叶柄及叶脉密被糙伏毛；花瓣带淡红色；果卵球形。产四川西南部及边缘山地、贵州西北部，生于海拔1900-2500米林下及荫湿草坡。

6. 纤细囊瓣芹 天全囊瓣芹 图 978

Pternopetalum gracilimum (H. Wolff) Hand.-Mazz. Symb. Sin. 7: 719. 1933.

Cryptotaeniopsis gracilima H. Wolff in Acta Hort. Gothob. 2: 306. 1926.

Pternopetalum wangianum Hand.-Mazz.; 中国植物志 55(2): 63.

1985.

细小草本，高达20厘米，无毛。茎1-6，偶有1个分枝。基生叶柄长5-7厘米；叶三出二至三回羽裂，一回羽片4-5对，小裂片线形，长1.5-5毫米，宽0.5-1毫米；偶有1个茎生叶。复伞形花序常顶生，无总苞片；伞辐（5-）10-15（-30），长1-3厘米，小总苞片2，披针形；伞形花序2-3花。萼齿小；花瓣白色，宽倒卵形；花柱基短圆锥形，花柱短；两个心皮发育。果长卵形；每棱槽油管单生，合生面2油管。花果期5-8月。

产甘肃南部、四川及云南西北部，生于海拔1500-3400米林下、荫湿岩缝中。

7. 膜蕨囊瓣芹　　　　　　　　图 979

Pternopetalum trichomanifolium (Franch.) Hand.-Mazz. Symb. Sin. 7: 719. 1933.

Carum trichomanifolium Franch. in Bull. Mus. Hist. Nat. Paris 1: 64. 1895.

植株高达40（-60）厘米。茎1-3，偶有1个分枝。叶几全部基生，柄长3-18厘米；叶三出三至四回羽裂，小裂片线形，长1.5-4毫米，宽0.5-2毫米；偶有1个茎生叶，与基生叶同形。复伞形花序无总苞片；伞辐（6-）15-30（-40），长（2）3-4厘米，小总苞片2-4，线状披针形；伞形花序有2-4花。萼齿钻形；花瓣白色，倒卵形；花柱基圆锥形，花柱长；常仅1个心皮发育。果长卵形；每棱槽1-3油管，合生面4油管。花果期3-5月。

8. 异叶囊瓣芹　　　　　　　　图 980

Pternopetalum heterophyllum Hand.-Mazz. in Oesterr. Bot. Zeitschr. 90: 122. 1941.

植株高达30厘米；根纺锤形。茎纤细，单生，不分枝，或中上部1-2个分枝。基生叶柄长3-10厘米；叶三出分裂，小裂片扇形或菱形，长与宽

图 978 纤细囊瓣芹 （引自《图鉴》）

图 979 膜蕨囊瓣芹 （史渭清绘）

产西藏东部、云南西部、四川、贵州、湖北西南部、湖南西北部、广西北部及广东北部，生于海拔600-2400米林下、沟边、荫蔽潮湿岩缝中。

约1厘米，有锯齿；茎生叶与基生叶异形，具短柄或无柄；叶三出一至二回羽裂，或3裂，小裂片线形，长2-5厘米，宽1-2毫米。复伞形花序无

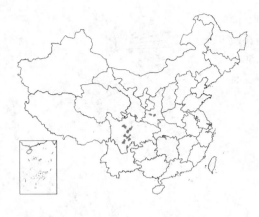

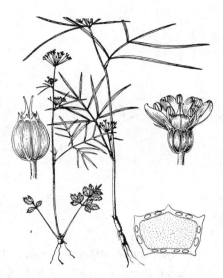

总苞片；伞辐10-20，长1-2厘米，小总苞片1-3；伞形花序2（3）花。萼齿三角形或钻形；花瓣白色，长卵形，顶端不内折；花柱基圆锥形，花柱较花柱基长2倍。果卵球形，长约1.5毫米，宽约1毫米；每棱槽2油管，合生面4油管。花果期4-9月。

产陕西中南部、甘肃南部、四川及湖南北部，生于海拔1200-3300米林下、沟边草丛中、灌丛草坡。

图 980 异叶囊瓣芹 （引自《植物分类学报》）

9. 东亚囊瓣芹

图 981

Pternopetalum tanakae (Franch. et Sav.) Hand.-Mazz. Symb. Sin. 7: 719. 1933.

Chamaele tanakae Franch. et Sav. Enum. Pl. Jap. 2: 371. 1879.

纤细草本，高达25（-30）厘米。根纺锤形，常具细长根茎，节膨大成瘤状。茎1-2，不分枝，或1-2个分枝。基生叶柄长2-10厘米；叶三出二回羽裂，小裂片扇形或披针形，长0.5-1.5厘米，宽3-8毫米；茎生叶一至二回羽裂，或三出分裂，小裂片披针形或线形伸长，长1-2.5厘米，宽2-3毫米。无总苞片；伞辐5-25（-30），长1.5-3厘米，小总苞片1-3；伞形花序有1-2（3）花。萼齿小；花瓣白色；花柱基短圆锥形，花柱短。果卵形，长2（-2.5）毫米，宽1（2）毫米；每棱槽1-2油管，合生面2油管。花果期4-8月。

产安徽南部、浙江西北部、福建西北部、江西东北部、湖北西部、四川及甘肃中南部，生于海拔700-1600米山地林下。朝鲜、日本、尼泊尔东部、不丹及印度东北部有分布。

图 981 东亚囊瓣芹 （浦发鼎绘）

10. 羊齿囊瓣芹

图 982

Pternopetalum filicinum (Franch.) Hand.-Mazz. Symb. Sin. 7: 718. 1933.

Carum filicinum Franch. in Bull. Soc. Philom. Paris ser. 8, 6: 121. 1894.

植株高达40厘米。根纺锤形。茎1-2，常1-2（3）个分枝，或不分枝。基生叶柄长3-7厘米；叶三出分裂，或三出二回羽裂，小裂片扇形或披针形；茎生叶与基生叶异形，叶二回三出分裂，小裂片线形，长2-4毫米，宽

1-2毫米。复伞形花序无总苞片；伞辐7-24，长2-4厘米；小总苞片2-3；伞形花序2（3）花。萼齿细小；花瓣白色；花柱基短圆锥形，花柱短。果长卵形，长约3毫米，宽约1毫米；每棱槽1-2油管，合生面2油管。

产甘肃、陕西南部、河南西部、湖北西部、四川及云南西北部，生于海拔1500-3900米林下或草坡。印度有分布。

图 982 羊齿囊瓣芹 （浦发鼎绘）

11. 澜沧囊瓣芹

图 983: 1-3

Pternopetalum delavayi (Franch.) Hand.-Mazz. Symb. Sin. 7: 718. 1933.

Carum delavayi Franch. in Bull. Soc. Philom. Paris ser. 8, 6: 120. 1894.

植株高达60（-150）厘米。根纺锤形，叉状分支。茎常单生，被疏柔毛，3-5（-7）个分枝。基生叶和茎中下部叶有细柄，长4-15厘米；叶三出羽裂，小裂片扇形、菱形，长1-2（-5）厘米，宽1（-3）厘米；茎上部叶与基生叶异形，一至二回三出分裂，小裂片线形，长4（-10）厘米，宽3-8毫米。复伞形花序无总苞片；伞辐（4-）13-18（-25），长3-5厘米，小总苞片2-4；伞形花序有（2）3（4）花。萼齿钻状；

花瓣白色；花柱基圆锥形，花柱长；有时仅1个心皮发育。果长卵形，长3-4毫米，宽1.5-2毫米；每棱槽1-3油管，合生面4油管。花果期7-9月。

产西藏东部、云南及四川，生于海拔2300-4500米林下、林缘、高山灌丛草甸。

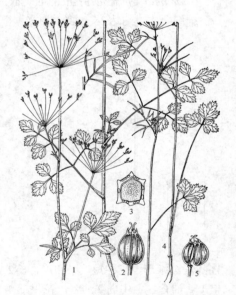

图 983 1-3.澜沧囊瓣芹 4-5.心果囊瓣芹 （浦发鼎绘）

12. 心果囊瓣芹

图 983: 4-5

Pternopetalum cardiocarpum (Franch.) Hand.-Mazz. Symb. Sin. 7: 718. 1933.

Carum cardiocarpum Franch. in Bull. Soc. Philom. Paris ser. 8, 6: 120. 1894.

植株高达40（-90）厘米。根纺锤形，有叉状分支。茎单生，3-5个分枝。基生叶和茎下部叶柄长4-12厘米；叶三出羽裂，小裂片菱形、扇形，长与宽均约1厘米；茎上部叶与基生叶异形，叶三出羽裂或3裂，小裂片菱形，较小，或线形，长0.5-25厘米，宽约2毫米。复伞形花序无总苞片；伞辐5-25，长1.5-3厘米，小总苞片1-3；伞形花序有2-4花。萼齿钻状；花瓣带淡紫色；花柱短，花柱基短圆锥形。果卵形，长2-3毫米，宽1.5-

2毫米；每棱槽1-3油管，合生面4油管。花果期5-8月。

产西藏东部、云南西北部及四川，生于海拔2700-4300米沟边、针叶林下、林缘、高山灌丛草甸中。锡金及不丹有分布。

13. 丛枝囊瓣芹

图984

Pternopetalum caespitosum Shan in Sinensia 14: 113. 1943.

一年生草本，高达30（-60）厘米。茎纤细，4-6个丛生，分枝密。基生叶柄长1.5-7厘米；叶一至二回三出分裂，小裂片卵形，长与宽约1厘米，或线状披针形，长2-4厘米，宽约2毫米；茎上部叶3裂，小裂片线形，长3-7厘米，宽3-5毫米。复伞形花序无总苞片；伞辐5-20，长2-4厘米，被柔毛；小总苞片2-3，线状披针形；伞形花序2-3花。萼齿钻状；花瓣白色；花柱基短圆锥形，花柱短。果卵球形；每棱槽1-3油管，合生面2-4油管。

图 984 丛枝囊瓣芹 （浦发鼎绘）

产陕西西南部、云南西北部、西藏东部及四川，生于海拔2300-3600米林下、林缘或灌丛草坡。

48. 矮伞芹属 Chamaesciadium C. A. Mey.

（溥发鼎）

多年生草本。直根粗壮。叶一至二回羽裂。复伞形花序；总苞片线形，全缘、顶端2-3裂，或一至三回羽裂。花瓣白或黄色，先端微凹，有内弯小舌片；花柱基短圆锥形，边缘波状，花柱长于花柱基。果无毛，两侧扁；果棱5，线形；每棱槽3-4油管，合生面6-8油管；胚乳腹面平直；心皮柄顶端2裂。

3种1变种，分布于高加索向南至土耳其、伊朗北部。我国1变种。

单羽矮伞芹

图985

Chamaesciadium acaule (Beib.) H. de Boiss. var. **simplex** Shan et Pu in Acta Phytotax. Sin. 21(1): 81. 1983.

多年生小草本，高不及10厘米。茎短，带紫红色，1-2个分枝，或不分枝；基生叶有柄；叶一回羽裂，羽片3对，长4-5毫米，宽3-4毫米，全缘，或具5-6齿，顶端3裂。总苞片4-6，线状披针形，全缘，长0.6-1厘米；伞辐10-12，带紫红色，小总苞片7-9，与总苞片同形；伞形花序有10-15花。萼齿不明显；花瓣白色，卵状长圆形。果长圆状卵球形，长3-4毫米，宽1.5-2毫米。

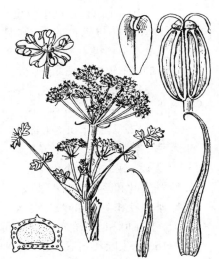

图 985 单羽矮伞芹 （史渭清绘）

产新疆西部，生于海拔2500-2700米草地。

49. 茴芹属 Pimpinella Linn.
（溥发鼎）

多年生草本，稀一年生或二年生草本。茎常分枝。叶不裂、三出分裂、羽裂或三出羽裂。复伞形花序，每伞形花序具多花，稀2-4花。花瓣白色，稀淡紫红色，顶端微凹，具内弯小舌片，或顶端短尖，不内弯；花柱长于花柱基，果期向两侧弯曲。果心状卵球形，稀长圆状卵球形，两侧扁，果棱线形或不明显；每棱槽（1）2-3（4）油管，合生面2-6油管；胚乳腹面平直，稀微内凹。

约150种，分布于亚洲、欧洲和非洲。我国44种。

1. 果有毛；萼无齿。
　2. 一年生或二年生草本；无小总苞片，稀2-4片。
　　3. 茎上部有多数侧生花序；伞辐2-3，无小总苞片 ································· 1. 下曲茴芹 P. refracta
　　3. 茎有少数侧生花序；伞辐3-5（-20），小总苞片2-4，或无。
　　　4. 伞辐（4-）15-20，长1.5-4厘米，无小总苞片 ······················· 2. 微毛茴芹 P. puberula
　　　4. 伞辐3-5，长0.5-1厘米，小总苞片2-4 ····························· 3. 木里茴芹 P. silvatica
　2. 多年生草本；常有总苞片和小总苞片。
　　5. 茎生叶与基生叶同形，3裂；顶生花序有全育花，侧生花序多为不育花 ·······
　　　·· 4. 巍山茴芹 P. kingdon-wardii
　　5. 茎生叶与基生叶异形，不裂、3裂或羽裂；顶生和侧生花序的花均能育。
　　　6. 具须根 ·· 5. 异叶茴芹 P. diversifolia
　　　6. 直根纺锤形、长圆锥形或圆柱形。
　　　　7. 基生叶和茎下部叶不裂，3裂，稀羽裂。
　　　　　8. 基生叶及茎下部叶常不裂。
　　　　　　9. 小总苞片1-3，短于花梗；果具乳头状皱块 ················· 6. 革叶茴芹 P. coriacea
　　　　　　9. 小总苞片1-6，近于或稍长于花梗；果有细小颗粒状毛 ····· 7. 杏叶茴芹 P. candolleana
　　　　　8. 基生叶及茎下部叶三出分裂，稀不裂。
　　　　　　10. 小总苞片近于或长于花梗；果每棱槽油管单生 ············· 8. 藏茴芹 P. tibetanica
　　　　　　10. 小总苞片近于或短于花梗；果每棱槽1-4油管 ············· 9. 重波茴芹 P. bisinuata
　　　　7. 基生叶与茎下部叶一回羽裂，三出一至二回羽裂，稀3裂或不裂。
　　　　　11. 伞辐极不等长，长0.2-7厘米 ·························· 10. 直立茴芹 P. smithii
　　　　　11. 伞辐近等长，长0.5-2.5（-3）厘米。
　　　　　　12. 基生叶与茎下部叶三出一至二回羽裂，稀不裂；花柱长于花柱基2-3倍 ·····
　　　　　　　·· 11. 城口茴芹 P. fargesii
　　　　　　12. 基生叶和茎下部叶一回羽裂或3裂；花柱稍长于花柱基 ······· 12. 中甸茴芹 P. chungdienensis
1. 果无毛；萼齿明显、细小或无。
　13. 萼无齿，或萼齿细小。
　　14. 基生叶和茎下部叶不裂或3裂；伞形花序有2（-4）花 ·············· 13. 少花茴芹 P. rubescens
　　14. 基生叶和茎下部叶二回3裂、三出二回羽裂、或一至三回羽裂；伞形花序有5-25花。
　　　15. 基生叶和茎下部叶一至三回羽裂。
　　　　16. 基生叶和茎下部叶一回羽裂；有总苞片和小总苞片；果心状卵球形 ·········
　　　　　·· 14. 台湾茴芹 P. niitakayamensis
　　　　16. 基生叶和茎下部叶一至三回羽裂；无总苞和小总苞片；果长圆状卵形。
　　　　　17. 基生叶与茎下部叶一回羽裂，小羽片卵圆状披针形或卵圆形 ········· 15. 羊红膻 P. thellungiana
　　　　　17. 基生叶与茎下部叶二至三回羽裂，小裂片线形 ············· 16. 蛇床茴芹 P. cnidioides

1. 下曲茴芹 图986

Pimpinella refracta H. Wolff in Fedde, Repert. Sp. Nov. 27: 190. 1929.

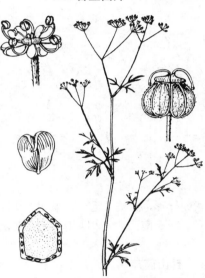

一年生草本，高达45厘米；无毛。直根。茎单生，有多数纤细分枝。基生叶与茎下部叶具短柄；叶一至二回羽裂，一回羽片3-4对，小羽片卵圆状披针形，长1-2厘米，宽0.5-1厘米；茎上部叶3裂，裂片披针形。茎上部有多数下弯侧生花序；无总苞片和小总苞片；伞辐2-3，长1-1.5厘米；伞形花序3-6花。萼无齿；花瓣白色，宽卵圆形，先端微凹，具内弯小舌片；花柱基

图 986 下曲茴芹 （史渭清绘）

近垫状，花柱短。果心状卵球形，微被柔毛，果棱不明显；每棱槽3油管，合生面4油管；胚乳腹面平直。花果期6-8月。

    产云南西北部及西南部、贵州西南部，生于海拔1200-2000米山地灌丛中。

2. 微毛茴芹 图987

Pimpinella puberula (DC.) H. de Boiss. in Ann. Sci. Nat. Bot. 3(1): 129. 1844.

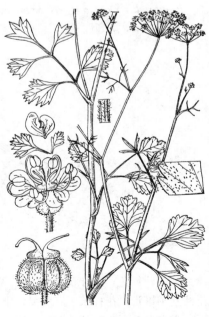

Ptychotis puberula DC. Prodr. 4: 109. 1830.

    一年生草本，高达50厘米；被柔毛。直根。茎纤细，分枝少。基生叶柄长3-5厘米；叶不裂或3裂，裂片心形或卵圆形，宽约2厘米，有锯齿或缺齿；茎上部叶一至二回羽裂，小羽片披针形或线形，长0.5-1.5厘米，宽1-

图 987 微毛茴芹 （史渭清绘）

2毫米。复伞形花序无总苞片和小总苞片；伞辐（4-）15-20，长1.5-4厘米；伞形花序有15-25花。萼无齿；花瓣白色，宽卵圆形，先端微凹，有内弯小舌片，背面有毛，外缘花瓣较大；花柱基近垫状，花柱长于花柱基。果卵形，密被柔毛，长1-1.5毫米，宽0.9-1.2毫米。花期7月。

产新疆东部，生于海拔1800米以下荫蔽河谷坡地。哈萨克斯坦、土库曼斯坦、吉尔吉斯斯坦、塔什干、乌兹别克斯坦、俄罗斯、中亚、西亚、菲律宾有分布。

3. 木里茴芹 图988

Pimpinella silvatica Hand.-Mazz. Symb. Sin. 7: 714. 1933.

二年生草本，高达70厘米。直根。茎分枝少，被柔毛。基生叶和茎下部叶柄长5-7厘米；叶一至二回3裂，小裂片长圆状卵形，长1.5-4厘米，宽1-2厘米，下面有毛，上面脉上有毛；茎上部叶较小，3裂，裂片披针形。复伞形花序无总苞片，偶有1片，线形；长于花梗；伞形花序有5-8花。萼无齿；花瓣白色，宽卵圆形或近圆形，先端微凹，有内弯小舌片；花柱基近垫状，花柱长于花柱基。果心状卵球形，微被柔毛。花果期7-9月。

产云南西北部、四川西南及西部，生于海拔2500-3400米沟谷坡地。

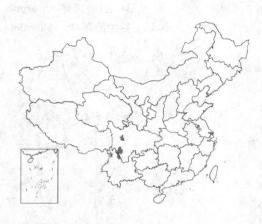

图 988 木里茴芹 （史渭清绘）

4. 巍山茴芹 图989

Pimpinella kingdon-wardii H. Wolff in Fedde, Repert. Sp. Nov. 27: 184. 1929.

Pimpinella weishanensis Shan et Pu；中国植物志 55(2): 89. 1985.

多年生草本，高达1米。须根。茎单生，疏被柔毛。基生叶柄长3-10（-20）厘米；复叶具3-5小叶，心形、卵圆形或宽卵圆形，长3-9厘米，宽2-6厘米，稀单叶，两面疏被柔毛，茎生叶与基生叶同形，小叶长圆状卵形或披针形，长1-2厘米，宽0.5-1厘米。复伞形花序无总苞片，偶有1-5片，线形；伞形花序有10-25花；顶生花序的花全育，侧生花序的花不育，或伞形花序的外缘花发育。萼无齿；花瓣白或带淡紫红色，卵圆形或宽卵形，先端微凹，有内弯小舌片，稀不内弯；花柱基圆锥形，花柱长于花柱基。果心状卵球形，疏被柔毛；每棱槽3油管，合生面6油管；胚乳腹面平直。花果期7-9月。

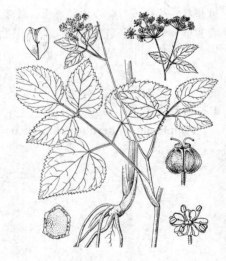

图 989 巍山茴芹 （史渭清绘）

产西藏、云南及四川，生于海拔1600-4000米高山草甸、林下、林缘、沟谷灌丛中、山地草坡。

5. 异叶茴芹

图 990

Pimpinella diversifolia DC. Prodr. 4: 122. 1830.

多年生草本，高达2米。具须根。茎单生，疏被柔毛。基生叶柄长2-13厘米；叶3裂，裂片心状卵圆形，长1.5-4厘米，宽1-3厘米，有粗锯齿，稀不裂或一回羽裂；茎生叶与基生叶异形，一回羽裂或3裂，裂片披针形。复伞形花序常无总苞片，稀1-5片，披针形；伞辐6-15（-30），长1-4厘米，小总苞片1-8，线形；伞形花序有6-20花。萼无齿；花瓣白色，宽卵圆形，先端微凹，有内弯小舌片，背面

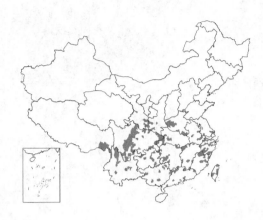

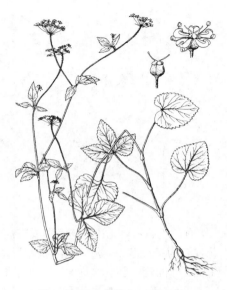

图 990 异叶茴芹 （引自《图鉴》）

有毛；花柱基圆锥形，花柱长约为花柱基2-3倍。果心状卵球形，被毛；每棱槽2-3油管，合生面4-6油管；胚乳腹面平直。花果期5-10月。

产江苏、安徽、浙江、福建、台湾、江西、湖北、湖南、广东、广西、贵州、云南、西藏、四川、甘肃、陕西、河南及河北南部，生于海拔3300

米以下山地、林下、林缘、沟边、灌丛草坡。日本、阿富汗、巴基斯坦、尼泊尔、印度及东南亚有分布。

6. 革叶茴芹

图 991

Pimpinella coriacea (Franch.) H. de Boiss. in Bull. Soc. Bot. France 56: 351. 1909.

Carum coriacea Franch. in Bull. Soc. Philom. Paris ser. 8, 6: 127. 1894.

多年生草本，高达70厘米。根纺锤形或长圆锥形。茎常单生，或2-3个。基生叶与茎下部叶有柄；叶不裂，心状卵圆形，长（1-）2-5厘米，宽1-3厘米，下面有毛，有粗锯齿；茎上部叶较小，无柄，叶一回羽裂或3裂，裂片披针形。复伞形花序无总苞片，或1-2片，线形；伞辐（8-）15-20，长2-4（-6）厘米，疏被柔毛，小总苞片1-3，线形，短于花梗；伞形花序有15-25花。萼无齿；花瓣白色，宽卵圆形，

图 991 革叶茴芹 （引自《图鉴》）

有毛；花柱基圆锥形。果心状卵球形，具乳头状皱块；每棱槽1-3油管，合生面2-4油管；胚乳腹面平直。花果期5-10月。

产云南、四川东南部、贵州及广西，生于海拔900-3200米山地、林下、沟边、草地、灌丛草坡。

7. 杏叶茴芹

图 992

Pimpinella candolleana Wight et Arn. Prodr. Fl. Ind. Orient. 1: 369. 1834.

多年生草本，高达1米。根纺锤形，长5-15厘米。茎1-2，基生叶柄

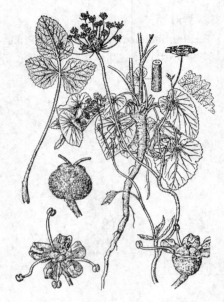

长2-20厘米；叶不裂，心状卵圆形，长（1-）3-8厘米，宽2-7厘米，有粗锯齿，稀3裂；茎生叶少，3裂或一回羽裂，稀不裂，叶两面疏被柔毛。复伞形花序无总苞片，或1-7片，线形；伞辐（6-）10-25，长1.5-4厘米，有毛，小总苞片1-6，线形，近于或稍长于花梗；伞形花序有10-20花。中央花近无梗，有的不育；萼无齿；花瓣白或带淡紫红色，宽卵圆形；花柱基圆锥形，花柱长为花柱基2-3倍。果心状卵形，被颗粒状毛；每棱槽2-3油管，合生面2-4油管；胚乳腹面平直。花果期6-10月。

产云南、四川、贵州及广西西南部，生于海拔1300-3500米山地、林缘、沟边、灌丛草坡。印度有分布。

图 992 杏叶茴芹 （引自《图鉴》）

8. 藏茴芹

图 993: 1-4

Pimpinella tibetanica H. Wolff in Fedde, Repert. Sp. Nov. 27: 319. 1930.

多年生草本，高达1米。根纺锤形，长达10厘米。茎1-3。基生叶少，柄长5-15厘米，叶3裂，裂片心状卵圆形，长2-5厘米，宽1-3厘米，稀不裂；茎生叶与基生叶同形，3裂，裂片卵圆形或披针形。复伞形花序无总苞片，或1-5片，线形；伞辐8-20，长1-4厘米，小总苞片3-7，线形，近于或长于花梗；伞形花序有10-20花。萼无齿；花瓣白色，卵圆形，先端微凹，有内弯小舌片，背面有毛；花柱基圆锥形，花柱长约为花柱基2倍。果心状卵球形，被颗粒状毛；每棱槽油管单生，合生面2油管；胚乳腹面平直。花果期6-10月。

产西藏南部、云南及四川，生于海拔700-2700米以下山地、林缘、草坡。

图 993: 1-4.藏茴芹 5-9.重波茴芹
（史渭清绘）

9. 重波茴芹

图 993: 5-9

Pimpinella bisinuata H. Wolff in Fedde, Repert. Sp. Nov. 27: 332. 1930.

多年生草本，高达70厘米。根纺锤形。茎纤细，3-4个分枝，稀不分枝。基生叶柄长3-5厘米，叶3裂，裂片心状卵圆形或卵圆状披针形，长1-3厘

米，宽1-1.5厘米；茎中下部叶不裂，叶心状卵圆形，长2.5-4厘米，宽1.5-2厘米；茎上部叶较小，3-5裂或羽裂，裂片披针形。复伞形花序无总苞片，偶有1片，线形；伞辐8-15，长达3.5厘米，疏被柔毛，小总苞片3-5，线形，近于或短于花梗；伞形花序有10-20花。萼无齿；花瓣白色，卵圆形或宽卵圆形，先端微凹，有内弯小舌片，背面有毛；花柱基圆锥形，花柱稍长于花柱基。果心状卵球形，有毛；每棱槽1-4油管，合生面2-4油管；胚乳腹面平直。花果期7-9月。

产云南及四川，生于海拔1000-3500米山地、溪边、灌丛中或草坡。

10. 直立茴芹

图 994: 1-8

Pimpinella smithii H. Wolff in Acta Hort. Gothob. 2: 307. 1926.

多年生草本，高达50厘米。根圆柱形，长10-20厘米。茎多分枝。基生叶和茎下部叶柄长5-20厘米；叶三出二回羽裂，小裂片卵圆形或卵圆状披针形，长1-10厘米，宽0.5-4厘米；茎上部叶二回3裂、一回羽裂或2-3裂，裂片卵圆状披针形或披针形。复伞形花序常无总苞片，或偶有1片，线形；伞辐5-25，粗壮，极不等长，长0.2-7厘米，小总苞片2-8，线形；伞形花序有10-25花。萼无齿；花瓣白色，宽卵圆形或卵圆形；花柱基短圆锥形，花柱短。果心状卵球形，径约2毫米，有毛；每棱槽2-4油管，合生面4-6油管；胚乳腹面平直。花果期7-9月。

产河北西部、山西、陕西、甘肃、青海东部、西藏东部、云南、四川、河南、湖北西部及广西东北部，生于海拔1400-3600米山地、林下、林缘、沟边。

图 994: 1-8.直立茴芹 9-13.中甸茴芹
（浦发鼎绘）

11. 城口茴芹

图 995

Pimpinella fargesii H. de Boiss. in Bull. Herb. Boiss. 2: 808. 1902.

多年生草本，高达1米。根圆柱形或纺锤形。茎中上部3-4分枝。基生叶三出一至二回羽裂，一回羽片2-3对，小羽片卵圆形或卵圆状披针形，长3-4厘米，宽1.5-3厘米，稀不裂，叶心状卵圆形；茎生叶与基生叶同形，3裂，裂片披针形。顶生花序径3-6厘米，侧生花序较小，无总苞片，或偶有1片，线形；伞辐（7-）15-25，近等长，长（1-）2-3厘米，小总苞片1-5，线形，与花梗近等长；伞形花序有10-20花。萼无齿；花瓣卵圆形，白色；花柱基圆锥形，花柱长约为花柱基2-3倍。果心状卵球形，有毛；每棱槽2-3油管，

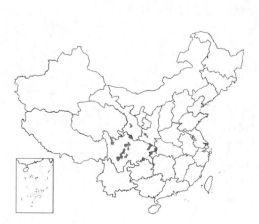

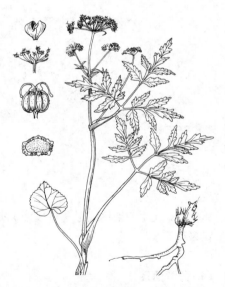

图 995 城口茴芹（史渭清绘）

合生面4油管。花果期7-9月。

产陕西西南部、甘肃、四川、湖南西部及湖北西部，生于海拔500-3400米山地、林缘、沟边、草地或灌丛草坡。

12. 中甸茴芹

图 994: 9-13

Pimpinella chungdienensis C. Y. Wu ex Shan et Pu in Acta Phytotax. Sin. 18(3): 375. 1980.

多年生草本，高达70厘米。根长圆锥形。茎1（2），纤细，分枝2-3。基生叶和茎下部叶3裂或一回羽裂，小羽片2-3对，心状卵圆形，长1-3厘米，宽1-2.5厘米，有粗锯齿；茎生叶较小，3裂，裂片卵圆形或披针形。复伞形花序径2.5-3厘米，无总苞片，偶有1片，线形；伞辐4-10，长0.5-2.5厘米，小总苞片1-3，线形，短于花梗；伞形花序6-10花。萼无齿；花瓣白色，卵圆形或宽卵形；花柱基短圆锥形，花柱稍长于花柱基。果心状卵球形，径约1毫米，密被柔毛；每棱槽3油管，合生面4油管；胚乳腹面平直。花果期7-9月。

产西藏东部、云南西北部及四川西部，生于海拔2400-4000米，亚高山针叶林下、沟边、灌丛草地或荫湿岩缝中。

13. 少花茴芹

图 996

Pimpinella rubescens (Franch.) H. Wolff ex Hand.-Mazz. Symb. Sin. 7: 715. 1933.

Hydrocotyle rubescens Franch. in Bull. Soc. Philom. Paris ser. 8, 6: 108. 1894.

植株高达40厘米。根纺锤形，茎基部3-5分枝，密被柔毛。基生叶和茎下叶柄长2-5厘米；叶3裂或不裂，心状圆形、宽卵圆形或卵圆形，长与宽0.5-2厘米，两面被毛，有圆钝齿；茎上部叶小，无柄，3裂，裂片卵圆形或披针形。复伞形花序小，无总苞片和小总苞片；伞辐2-3，不等长；伞形花序2(-4)花。花梗极不等长；萼无齿；花瓣卵圆形或宽卵圆形，淡红色；花柱基圆锥形，花柱短。果心状卵球形，无毛，果棱线形；每棱槽3油管，合生面4油管；胚乳腹面平直。花果期6-8月。

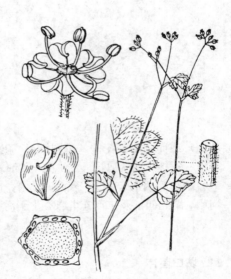

图 996 少花茴芹 （史渭清绘）

产云南西北部及四川西南部，生于海拔3000-3600米山地、荫湿沟谷、坡地或岩缝中。

14. 台湾茴芹

图 997

Pimpinella niitakayamensis Hayata Ic. Pl. Formos. 10: 20. 1921.

多年生草本，高达40厘米。根圆柱形，长约10厘米。茎单生，2-3分枝或不分枝。基生叶柄长3-4厘米；叶一回羽裂，小羽片2-4对，近无柄，宽卵圆形或近圆形，稀2-3裂，长1-2厘米，宽0.5-1.5厘米，有锯齿；茎生叶少，一至二回羽裂，羽片披针形。总苞片1-3，线状披针形；伞辐6-8(-12)，长2-3(4)厘米，小总苞片1-5，线形；伞形花序6-8花。萼无齿；花瓣白色，宽卵形；花柱基短圆锥形，花柱近于或稍长于花柱基。果

心状卵球形，长2-3毫米，宽1.5-2毫米，无毛；每棱槽2-3油管，合生面4-6油管；胚乳腹面平直。果期9-10月。

产台湾，生于海拔2300-3300米山地、林下苔藓层中或草坡。

15. 羊红膻

图 998: 1-3

Pimpinella thellungiana H. Wolff in Engl. Pflanzenr. 90(IV. 228): 304. 1927.

多年生草本，高达80厘米。根圆柱形，长5-15厘米，径0.5-1厘米。茎基部有残留叶鞘纤维，茎上部少分枝。基生叶和茎下部叶柄长5-20厘米；叶一回羽裂，小羽片3-5对，卵圆形或卵状披针形，长1-4（-7）厘米，宽0.5-2（-4）厘米，具缺刻状或羽状条裂，下面密被柔毛；茎上部叶较小，一回羽裂，小羽片2-3对，或仅具叶鞘。复伞形花序无总苞片和小总苞片；伞辐8-20（-25），长2-3（4）厘米；伞形花序10-25花。萼无齿；花瓣白色，卵圆形或宽卵圆形；花柱基圆锥形，花柱与果近等长。果长圆状卵形，长约3毫米，宽约2毫米；每棱槽3油管，合生面6油管；胚乳腹面平直。花果期6-9月。

产黑龙江、内蒙古、河北、山西、山东、河南及湖北，生于海拔600-1700米山地、林下或灌丛草坡。日本、俄罗斯有分布。全草作兽药，治牛马倒毛、劳伤等症；根药用，健胃、增加冠脉血流量，可治头昏、心悸及克山病。

16. 蛇床茴芹

图 998: 4

Pimpinella cnidioides Pearson ex H. Wolff in Fedde, Repert. Sp. Nov. 27: 83. 1929.

多年生草本。根圆柱形。茎直立，疏被柔毛。基生叶和茎下部叶柄长5-20厘米；叶二至三回羽裂，一回羽片5-6对，小裂片线形，长0.5-1.5厘米，宽1-2毫米，疏被柔毛；茎上部叶一回羽裂或3裂，小裂片线形。复伞形花序无总苞片和小总苞片；伞辐15-25，长2-4厘米；伞形花序有15-20花。萼无

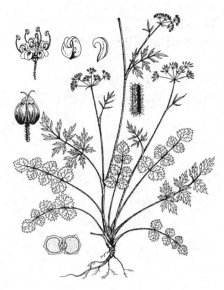

图 997 台湾茴芹 （引自《Fl.Taiwan》）

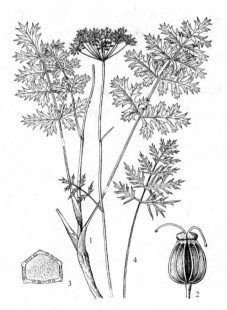

图 998: 1-3.羊红膻 4.蛇床茴芹 （史渭清绘）

齿；花瓣白色，宽卵圆形，先端微凹，具内弯小舌片；花柱基圆锥形，花柱与果近等长。果长圆状卵形；每棱槽3油管，合生面4油管；胚乳腹面平直。花果期6-9月。

产黑龙江、内蒙古东部及河北中部，生于山地草坡。

17. 短柱茴芹

图 999: 1-6

Pimpinella brachystyla Hand.-Mazz. in Oesterr. Bot. Zeitschr. 82: 251. 1933.

图 999: 1-6.短柱茴芹 7-13.川鄂茴芹
（史渭清绘）

多年生草本，高达80厘米。根纺锤形或长圆锥形。茎直立，2-4分枝，疏被柔毛。基生叶和茎下部叶柄长4-15厘米；叶二回三出或三出二回羽裂，小裂片卵圆形或宽卵圆形，长2-5厘米，宽1.5-3厘米；茎上部叶二回3裂，或一回羽裂，小裂片长圆状卵形或披针形。复伞形花序常无总苞片，偶有1片，线状披针形；伞辐4-6（-8），极不等长，长1.5-2.5厘米，小总苞片2-4，线形，与花梗近等长。萼无齿；花瓣白色，宽卵圆形，先端微凹，有内弯小舌片；花柱基短圆锥形，花柱短。果心状卵球形，无毛，长约2毫米，宽约1.5毫米；每棱槽3-4油管，合生面4-6油管；胚乳腹面平直。花果期6-8月。

产内蒙古、河北、山西、陕西南部、甘肃中南部及四川西北部，生于海拔500-3300米亚高山针叶林林缘、沟边、河谷坡地。

18. 川鄂茴芹

图 999: 7-13

Pimpinella henryi Diels in Engl. Bot. Jahrb. 29: 495. 1900.

多年生草本，高达1.2米。根圆柱形。茎3-5分枝。基生叶柄长18-25厘米；叶二回3裂，小裂片长圆状卵形，长4-12厘米，宽2-10厘米，有粗锯齿或不规则缺刻；茎生叶与基生叶同形，一回羽裂或3裂，裂片卵圆状披针形。复伞形花序径5-10厘米，无总苞片，或偶有1片，线形；伞辐15-25，长2-4厘米，小总苞片1-2，线形，或无；伞形花序有15-30花。萼无齿；花瓣白色，长圆状卵形，先端短尖，无内弯小舌片；花柱基圆锥形，花柱近于或短于果。果心状卵球形，无毛；每棱槽2-3油管，合生面4-6油管；胚乳腹面平直。花果期5-9月。

产山西南部、陕西南部、甘肃南部、四川及湖北西部，生于海拔1500-3100米山地林下、林缘或沟边草地。

19. 菱叶茴芹

图 1000

Pimpinella rhomboidea Diels in Engl. Bot. Jahrb. 29: 496. 1900.

多年生草本，高达1米。根圆柱形，长10-20厘米。茎2-4分枝。基生叶少，叶柄长10-20厘米；叶二回3裂，两侧裂片长圆状卵形或宽卵圆形，顶端裂片菱形，长7-9厘米，宽3-9厘米，先端尾尖，叶脉疏被柔毛，有锯齿或不规则缺齿；茎生叶与基生叶同形，较小、无柄，3裂。复伞形花序径5-10厘米，无总苞片，或1-5片，线形；伞辐10-25，长2-6.5厘米；小总苞片2-5，线形，近于或短于花梗；伞形花序15-30花。萼无齿；花瓣白色，长圆状卵形，先端短尖，不内凹；花柱基圆锥形；花柱长约花柱基2

倍。果心状卵球形，无毛；每棱槽3油管，合生面6油管；胚乳腹面内凹。花果期5-9月。

产陕西、甘肃南部、云南西北部、四川、湖南西北部、湖北西部及河南西部，生于海拔1200-3700米山地林下、沟边、灌丛草地。

20. 短果茴芹

图 1001

Pimpinella brachycarpa (Kom.) Nakai in Journ. Coll. Sci. Imp. Univ. Tokyo 26: 261 (Fl. Koreana I). 1909.

Pimpinella calycina Maxim. var. *brachycarpa* Kom. in Acta Hort. Petrop. 25: 145. (Fl. Mansh. III) 1905.

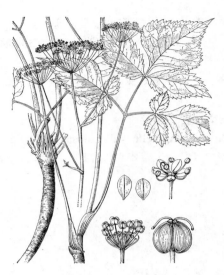

图 1000 菱叶茴芹 （史渭清绘）

多年生草本，高达85厘米。须根。茎2-3分枝。基生叶3裂，成3小叶，侧生小叶卵圆形，长3-8厘米，宽4-6.5厘米，顶生小叶宽卵圆形，长5-8厘米，宽4-6厘米，叶脉有毛，有粗锯齿，稀二回3裂；茎生叶与基生叶同形，无柄，3裂，裂片披针形。复伞形花序常无总苞片，或1-3片，线形；伞辐7-15，长2-4厘米，小总苞片2-5，线形，短于花梗；伞形花序有15-20花。萼齿披针形；花瓣白色，宽卵圆形，先端微内凹，有内弯小舌片；花柱基圆锥形，花柱长约花柱基2-3倍。果心状卵球形，无毛；每棱槽2-3油管，合生面6油管；胚乳腹面平直。花果期6-9月。

产吉林东部及辽宁东部，生于海拔500-900米山地林缘、沟边。朝鲜、俄罗斯有分布。

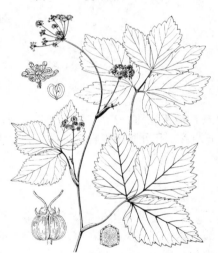

图 1001 短果茴芹 （引自《图鉴》）

21. 锐叶茴芹

图 1002

Pimpinella arguta Diels in Engl. Bot. Jahrb. 29: 496. 1900.

多年生草本，高达1米。根纺锤形。茎中上部2-3分枝。基生叶与茎下部叶柄长达10厘米；叶二回3裂，小裂片卵圆状披针形或菱形，长2-6厘米，宽1-2厘米，先端尾尖，背面脉上有毛，有锐锯齿；茎上部叶二回3裂，裂片卵圆状披针形或披针形。复伞形花序无总苞片；伞辐9-20，长2-7厘米，小总苞片3-8，线形，短于花梗；伞形花序有10-25花。萼齿披针形；花瓣白色，

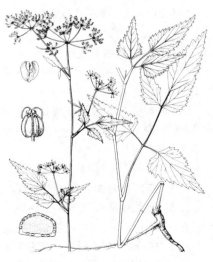

图 1002 锐叶茴芹 （引自《图鉴》）

宽卵圆形，先端微凹，具内弯小舌片；花柱基圆锥形，花柱长于花柱基。果心状卵球形，长约4毫米，宽约3毫米，无毛；每棱槽3油管，合生面4油管；胚乳腹面平直。花果期6-9月。

产陕西、甘肃、四川、云南西北部、贵州东南部、湖北、河南西部、安

徽东南部及湖南东部，生于海拔1500-3400米山地林下、林缘、谷地、荫湿灌丛草坡、河滩草地。

图 1003 谷生茴芹 （仿《秦岭植物志》）

22. 谷生茴芹 图 1003

Pimpinella valleculosa K. T. Fu, Fl. Tsinling. 1(3): 405. 457. 1981.

多年生草本，高达1米。根圆柱形，长10-15厘米。茎直立，带紫红色。基生叶和茎下部叶柄长3-12厘米；叶三出三至四回羽裂，小裂片线形，长0.5-2.5厘米，宽1-2毫米；茎上部叶一回羽裂或3裂，裂片线形。复伞形花序无总苞片；伞辐6-10，长1-2.5厘米，小总苞片3-7，线形，近于或短于花梗；伞形花序有6-13花。萼齿钻形；花瓣白色，宽卵圆形，先端微凹，有内弯小舌片；花柱基圆锥形，花柱长约花柱基2-3倍。果长圆状卵形，无毛；每棱槽2-3油管，合生面4-6油管；胚乳腹面平直。花果期7-11月。

产陕西西南及南部、甘肃南部及四川东部，生于海拔400-1200米山地荫湿河谷、坡地草丛中。

50. 丝瓣芹属 Acronema Edgew.

（刘守炉）

二年生或多年生草本。根块状，极稀胡萝卜状。茎直立，无毛。叶三出羽裂或一至三（四）回羽裂；序托叶小裂片常线形。复伞形花序，总苞片和小总苞片常无，极稀有；伞辐常不等长。花两性或杂性；花瓣白或紫红色，先端丝状尾尖，稀短尖或钝；花丝短；花柱基扁或稍隆起，花柱短。果稍侧扁，合生面缢缩，无毛，主棱5，丝状；心皮柄顶端2裂或裂至基部；分果横剖面近半圆形，每棱槽1-3油管，合生面2-4油管。

约23种，主产喜马拉雅山区。我国19种、2变种。

1. 基生叶小裂片线形或线状披针形。
  2. 萼有齿；根有时串珠状 ················· 1. 丽江丝瓣芹 A. schneideri
  2. 萼无齿；根块状 ················· 1(附). 禾叶丝瓣芹 A. graminifolium
1. 基生叶小裂片非线形或线状披针形。
  3. 有小总苞片1-3 ················· 2. 丝瓣芹 A. tenerum
  3. 无小总苞片。
    4. 萼有齿；基生叶为3小叶或三出二回羽裂。
      5. 基生叶为3小叶或3深裂，小叶近无柄，下面常带淡紫色 ········· 3. 星叶丝瓣芹 A. astrantiifolium
      5. 基生叶常为三出二回羽裂，小叶有柄，下面非淡紫色 ········· 4. 四川丝瓣芹 A. sichuanense
    4. 萼无齿；基生叶一至三回羽裂或三出一回羽裂。
      6. 植株高5-25厘米；茎生叶与序托叶同形；侧生伞形花序1-2。
        7. 基生叶一回羽片有羽轴，小裂片近倒卵形或长椭圆状披针形，宽2-3毫米，全缘或3浅裂；花瓣基部较

窄 ……………………………………………………… 5. 羽轴丝瓣芹 A. nervosum
7. 基生叶一回羽片无羽轴，小裂片倒卵形，宽0.7-1.5厘米，有钝齿；花瓣基部较宽，有腺毛 ………
…………………………………………………… 6. 苔间丝瓣芹 A. muscicolum
6. 植株高25厘米以上，茎生叶与序托叶异形；侧生伞形花序多数。
8. 叶二至三回羽裂，一回羽片柄长1.5-3.5厘米，二回羽片柄长0.5-1厘米 ………………
…………………………………………………… 7. 圆锥丝瓣芹 A. paniculatum
8. 叶一至二回羽裂，一回羽片有短柄，二回羽片近无柄。
9. 花瓣顶端有腺毛；幼果宽卵形；茎上部侧生伞形花序长11-20厘米 ……… 8. 锡金丝瓣芹 A. hookeri
9. 花瓣顶端无腺毛；果卵圆形；茎上部侧生伞形花序长2-8厘米 ………………
…………………………………………………… 8(附). 多变丝瓣芹 A. commutatum

1. 丽江丝瓣芹 图 1004

Acronema schneideri H. Wolff in Fedde, Repert. Sp. Nov. 27: 301. 1929.

植株高达75厘米。根短，有时串珠状。茎直立，无毛。基生叶柄长8.5-15厘米；叶二至三回羽裂，下面1对羽片有短柄，常3裂近基部，小裂片线形，长4.5-9厘米，宽2-5毫米；序托叶叶柄鞘状，叶3裂或不裂，线形。顶生伞形花序梗长5-7厘米，无总苞片和小总苞片；伞辐5-13，长1.5-5.5厘米；伞形花序有5-10花。花梗不等长；萼齿卵状三角形；花瓣紫红色，稀白色微紫红色，卵状披针形；花柱基花期

图 1004 丽江丝瓣芹 （史渭清绘）

扁，果期隆起，花柱外折。幼果卵形。花期7-8月，果期9-10月。

产西藏南部、云南西北部及四川，生于海拔2500-4100米山坡灌丛或冷杉林中。

[附] **禾叶丝瓣芹 Acronema graminifolium** (W. W. Smith) S. L. Liou et Shan in Acta Phytotax. Sin. 18(2): 197. 1980. —— *Acronema hookeri* (C. B. Clarke) H. Wolff var. *graminifolium* W. W. Smith in Engl.

Pflanzenr. 90(IV. 228): 323. 1927. 本种主要特征：根块状；基生叶小裂片线形或线状披针形；萼无齿；花瓣先端丝状尾尖，长约花瓣4/5。产西藏东部及南部，生于海拔2600-3500米山坡、林下。锡金及不丹有分布。

2. 丝瓣芹 图 1005

Acronema tenerum (Wall. ex DC.) Edgew. in Transect. Linn. Soc. London 20: 51. 1851.

Sison tenerum Wall. Cat. n. 593. 1828. nom. nud.

Melosciadium tenerum (Wall.) DC. Prodr. 4: 105. 1830.

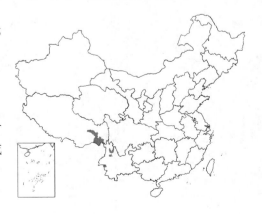

草本，高达20厘米。根卵圆形，极稀芜菁状。茎直立，单生，细弱，有少数分枝。基生叶柄长2-5厘米；叶二至三回羽裂，小裂片楔状倒卵形或卵圆形，长和宽均约5毫米，常3浅裂。顶生伞形花序梗长2-5厘米，纤细，总苞片无或近于无；伞辐3-4，不等长，长1-2厘米；伞形花序有3-5花，

小总苞片1-3，细小。花梗短，萼无齿；花瓣紫色，卵形，顶端丝状，长约花瓣1/2-1/3；花丝极短，花药近圆形；花柱基扁，花柱外折。果卵形，长约2毫米，主棱丝状。花期8月。

产云南及西藏东南部，生于海拔3400-3500米山地阴湿岩缝中。锡金、印度有分布。

3. 星叶丝瓣芹

图 1006

Acronema astrantiifolium H. Wolff in Fedde, Repert. Sp. Nov. 27: 192. 1929.

直立草本，高达50厘米。根块状或萝卜状，径约5毫米。基生叶柄长4-8厘米；叶半圆形或宽三角形，长1.5-3.5厘米，宽2-5厘米，3深裂近基部或为3小叶，小叶上部有锯齿或缺齿，近无柄，下面常带淡紫色；序托叶常3裂，裂片线形。复伞形花序，无总苞片和小总苞片；伞辐5-12，不等长，长1.5-6厘米；伞形花序有7-12花。花梗纤细；萼齿窄三角形；花瓣卵形或卵状披针形，基部较窄，顶端

图 1005 丝瓣芹 （史渭清绘）

丝状，有乳头状毛；花柱基稍隆起，花柱向外叉开。果近卵圆形，长和宽均约2毫米，主棱丝状，果横剖面近圆形，胚乳腹面平直。花期8-9月，果期9-10月。

产云南西北部及四川西部，生于海拔2800-4200米山坡林下或高山草坡。

4. 四川丝瓣芹

图 1007

Acronema sichuanense S. L. Liou et Shan in Acta Phytotax. Sin. 18(2): 199. 1980.

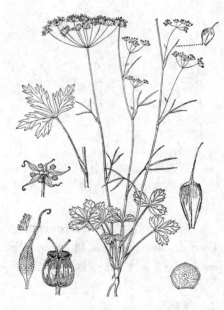

图 1006 星叶丝瓣芹 （史渭清绘）

细弱草本，高达30厘米。根卵圆形，径约5毫米。较下部的茎生叶柄长2-5.5厘米；叶宽三角形，常三出二回羽裂，一回羽片柄长2-5厘米，二回羽片柄长0.2-2.5厘米，羽片顶端3浅裂或深裂至基部，小叶有柄，下面非淡紫色；序托叶3深裂，裂片线形。顶生伞形花序梗纤细，常无总苞片或偶有1枚；伞辐3-6，长1.5-4厘米；伞形花序有3-10花，无小总苞片。花梗不等长；

萼齿细小；花瓣顶端丝状，长约花瓣2/3，光滑。幼果卵形或宽卵形，主棱丝状，每棱槽2-3油管，合生面2-4油管，胚乳腹面近平直。花期6-7月，果期8-9月。

产青海南部、四川西部及云南西

北部，生于海拔3600-4000米林下或岩缝阴湿处。

5. 羽轴丝瓣芹 图1008

Acronema nervosum H. Wolff in Fedde, Repert. Sp. Nov. 27: 315. 1929.

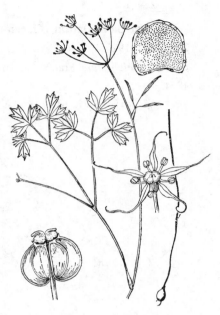

草本，高达25厘米。根块状，径约5毫米。茎单生，细弱。基生叶宽三角形，一至二回羽裂，一回羽片有羽轴，小裂片近倒卵形或长椭圆状披针形，长5-8毫米，宽2-3毫米，全缘或3浅裂；序托叶叶柄鞘状，叶片羽裂，羽片2-3对，或3深裂或不裂。顶生伞形花序梗短，无总苞片和小总苞片；伞辐4-5，长1.5-2.7厘米；伞形花序有6-9花。花梗长不及1厘米；萼无齿；花瓣淡紫色，披针形或卵状

披针形，基部较窄，顶端丝状，长约花瓣1/2；花柱基圆盘状，花柱幼果时外折。幼果卵圆形，主棱丝状，无毛。

产四川西南部及西藏，生于海拔4100-4470米山坡林下。锡金、印度有分布。

图 1007 四川丝瓣芹 （仿《植物分类学报》）

6. 苔间丝瓣芹 图1009

Acronema muscicolum (Hand.-Mazz.) Hand.-Mazz. in Symb. Sin. 7: 715. 1933.

Pimpinella muscicolum Hand.-Mazz. in Anz. Akad. Wiss. Wien, Math.-Nat. 62. 226. 1925.

草本，高达20厘米。根卵圆形，长0.5-1厘米。茎单生，直立，无毛。基生叶柄长2.5-6厘米；叶近圆心形，常3深裂至基部，小裂片倒卵形，宽0.7-1.5厘米，有钝齿；序托叶柄鞘状，叶片小，3裂，裂片倒卵形，先端3浅裂。顶生伞形花序梗长2-5厘米，侧生伞形花序1-2，细弱，无总苞片和小总苞片；伞辐3-6，不等长；伞形花序有3-

7花。萼无齿；花瓣深紫色，卵形或菱状卵形，顶端丝状，长约花瓣3/4，基部较宽，有腺毛。幼果卵形或卵圆形，基部微心形，长约1毫米，主棱丝

图 1008 羽轴丝瓣芹 （史渭清绘）

状。花期8-9月。

产四川西南部、云南西北部及西藏东南部，生于海拔3200-4100米山坡林下湿处与苔藓混生。

7. 圆锥丝瓣芹 图 1010

Acronema paniculatum (Franch.) H. Wolff in Engl. Pflanzenr. 90(Ⅳ. 228): 323. 1927.

Carum paniculatum Franch. in Bull. Soc. Philom. Paris ser. 8, 6: 122. 1894.

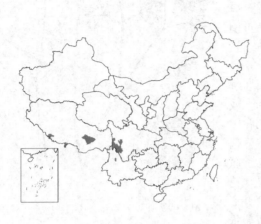

植株高达80厘米。块根，径约5毫米。基生叶柄长3.5-6厘米；叶宽卵形或宽三角形，二至三回羽裂，一回羽片柄长1.5-3.5厘米，二回羽片柄长0.5-1厘米，羽片3全裂或3深裂，裂片先端3浅裂或疏生锯齿；序托叶小，1-3裂，裂片线形，全缘或具1-2齿。顶生伞形花序梗长2-8厘米；无总苞片和小总苞片；伞辐3-7，长1-2.5厘米，果期达5厘米；伞形花序有3-7花。萼无齿；花瓣白色或边缘稍淡紫红色，顶端丝状，长约花瓣2/3。果卵圆形，基部微心形，主棱丝状，每棱槽3油管，胚乳腹面平直。花期8-9月。

产西藏、四川西部及云南西北部，生于海拔2000-3800米林下及高山灌丛草甸。

8. 锡金丝瓣芹 图 1011: 1-3

Acronema hookeri (C. B. Clarke) H. Wolff in Engl. Pflanzenr. 90(Ⅳ. 228): 323. 1927.

Pimpinella hookeri C. B. Clarke in Hook. f. Fl. Brit. Ind. 2: 203. 1894.

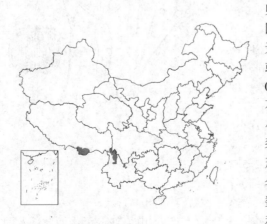

直立草本，高达80厘米。茎多分枝，侧枝长。基生叶柄长4-8厘米；叶卵状三角形，二回羽裂，一回羽片有短柄，二回羽片近无柄；小裂片卵形，斜卵形或宽卵形，长1-2厘米，宽0.7-1.3厘米，3深裂或疏生不规则锯齿；茎上部序托叶小，叶柄鞘状，叶常3深裂，裂片1-3裂或全缘。顶生伞形花序梗长4.5-8厘米，侧生伞形花序长11-20厘米，多数，近总状排列，无总苞片和小总苞片；伞辐3-6，长2.5-6厘米；伞形花序常有5花。花梗长0.5-1.5厘米；萼无齿；花瓣白色，披针形或长圆状披针形，顶端丝状，有腺毛。幼果宽卵形，基部微心形，顶端渐窄，每棱槽3油管。花期8月，果期9-10月。

图 1009 苔间丝瓣芹 （引自《图鉴》）

图 1010 圆锥丝瓣芹 （史渭清绘）

产云南北部及西北部、西藏南部，生于海拔2100-3200米林下或沟谷。印度东北部、锡金及尼泊尔有分布。

[附] **多变丝瓣芹** 图 1011：4-8 **Acronema commutatum** H. Wolff

in Fedde, Repert. Sp. Nov. 27: 192. 1929. 本种与锡金丝瓣芹的主要区别: 花瓣顶端无腺毛; 茎上部侧生伞形花序长2-8厘米; 果卵圆形。产四川西部及西南部、西藏东部, 生于海拔2700-3500米山坡林下。

51. 细裂芹属 Harrysmithia H. Wolff

（佘孟兰）

一年生草本, 植株纤细。基生叶二至三回羽状全裂, 小裂片披针形、卵形或线形。伞形花序多分枝, 无总苞片或有1片; 小总苞片少数, 细小。花两性; 萼无齿; 花柱基扁圆锥形, 花柱长而叉开。果卵状球形, 熟时稍扁, 合生面微缢缩; 果棱窄翅状。果散生疣状毛或乳头状毛; 每棱槽1油管, 合生面2油管; 分果横剖面近五角形, 胚乳腹面近平直; 心皮柄近顶端2裂。

我国特有属, 2种。

细裂芹　　　　　　　　　　　　　　　　　　　　　　图 1012

Harrysmithia heterophylla H. Wolff in Acta Hort. Gothob. 2: 311. 1926.

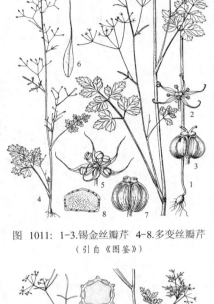

图 1011: 1-3.锡金丝瓣芹　4-8.多变丝瓣芹
（引自《图鉴》）

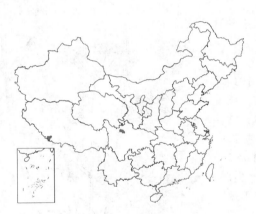

植株高达1米, 光滑。叶卵状三角形, 三出三回羽状全裂, 长5-6厘米, 宽8厘米, 薄纸质, 小裂片披针形或卵形, 顶端2-3裂, 长0.5-1厘米, 宽2-3毫米, 边缘有细微刚毛; 茎上部叶二回羽裂, 小裂片全缘, 线形, 长2-3厘米, 宽1-2毫米。复伞形花序腋生, 无总苞片; 伞辐4-7, 四棱形, 丝状, 叉开, 长0.6-1厘米, 小总苞片少数, 极窄; 伞形花序有3-8花。果卵状球形, 长宽均1.3毫米, 有乳头状疣毛, 果棱翅状, 边缘有不整齐钝齿。

产四川西北部及西藏, 生于海拔约3300米高山草甸。

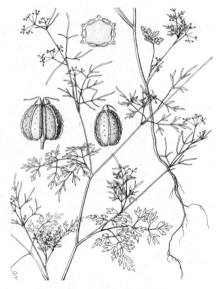

图 1012 细裂芹 （引自《图鉴》）

52. 羊角芹属 Aegopodium Linn.

（刘守炉）

多年生草本。根茎匍匐状。叶鞘膜质; 基生叶及较下部茎生叶宽三角形或三角形, 三出或三出二至三回羽裂, 小裂片卵形或卵状披针形, 有齿、缺裂或浅裂; 较上部茎生叶常为三出羽状复叶。复伞形花序, 无总苞片和小总苞片。萼齿细小或无; 花瓣白或淡红色, 倒卵形, 先端有内折小舌片; 花柱基圆锥形, 花柱细长, 顶端叉开呈羊角状。果无毛, 主棱丝状, 心皮柄顶端2浅裂。

约7种, 分布欧洲和亚洲。我国5种、1变种。

1. 较下部茎生叶常三出二回羽裂, 二回羽片近无柄, 或为一回羽状复叶。
　2. 叶小裂片卵形或长卵状披针形, 长1.5-3.5厘米, 宽0.7-2厘米, 先端渐尖 ………… 1. **东北羊角芹 A. alpestre**
　2. 叶小裂片披针形, 长3-11厘米, 宽不及2厘米, 先端长渐尖或尾尖 ………… 2. **巴东羊角芹 A. henryi**

1. 较下部茎生叶三出三至四回羽裂，二回羽片有柄 ·················· 3. **湘桂羊角芹 A. handelii**

1. 东北羊角芹

图 1013

Aegopodium alpestre Ledeb. Fl. Alt. 1: 354. 1829.

多年生草本，高达1米。基生叶柄长5-13厘米；叶宽三角形，长3-9厘米，宽3.5-12厘米，常三出二回羽裂，小裂片卵形或长卵状披针形，长1.5-3.5厘米，宽0.7-2厘米，先端渐尖，有不规则锯齿或缺裂，齿端尖；茎生叶一回羽状复叶或羽状浅裂。复伞形花序，花序梗长7-15厘米；伞辐9-17，长2-4.5厘米；伞形花序有多花。花梗长0.3-1厘米；萼齿退化；花瓣白色；花柱向外反折。果长圆形或长圆状卵形，主棱明显，棱槽较宽；胚乳腹面平直。花果期6-8月。

产黑龙江、吉林、辽宁、内蒙古、河北、陕西、甘肃及新疆，生于林下、河边及山顶草地。俄罗斯西伯利亚、蒙古、朝鲜及日本有分布。

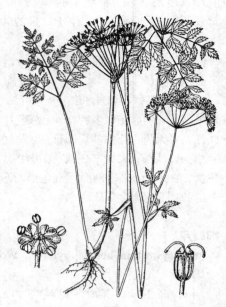

图 1013 东北羊角芹 （引自《图鉴》）

2. 巴东羊角芹

图 1014

Aegopodium henryi Diels in Engl. Bot. Jahrb. 29: 497. 1901.

直立草本，高达1米。茎上部近无毛。叶宽三角形，长约14厘米，常三出二回羽裂，小裂片披针形，长3-11厘米，宽不及2厘米，先端长渐尖或尾尖，基部近平截或楔形，有不规则锯齿；最上部茎生叶一回羽裂，叶柄鞘状。花序梗长6-20厘米；伞辐8-18，长2.5-4.5厘米；伞形花序有多花。花梗不等长；萼齿退化；花瓣白色，倒卵形，脉1条；花柱基圆锥形，花柱向下反折。果长圆状卵形或长卵形，长3-3.5毫米，主棱纤细。花果期6-8月。

产甘肃南部、陕西南部、湖北西部、湖南西北部、四川、河南西部及

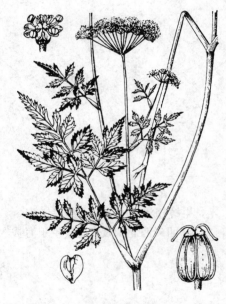

图 1014 巴东羊角芹 （引自《图鉴》）

安徽南部，生于海拔500-1650米山坡林下。

3. 湘桂羊角芹

图 1015

Aegopodium handelii H. Wolff in Hand.-Mazz. Symb. Sin. 7: 717. 1933.

直立草本，高达1米。茎较粗壮，有分枝，枝开展。较下部茎生叶有

柄，具膜质抱茎叶鞘；叶宽三角形，长约23厘米，三出三至四回羽裂，小裂片卵形或宽卵形，长1.5-2.5厘米，

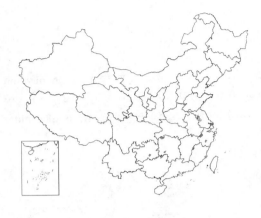

宽1-1.5厘米，先端渐尖，基部楔形，有不规则浅裂或缺齿，叶脉及齿缘微粗糙。复伞形花序，花序梗长8-15厘米；伞辐9-11，长3-4（-6）厘米，伞形花序有多花。花梗不等长；萼齿退化；花瓣白色；花柱长约1.2毫米，向外反折。果长圆状卵形或长圆形，长约3.5毫米，径约2毫米；胚乳腹面近平直。花果期7-8月。

产浙江、江西东部、湖南西南及西北部、广西东北部、贵州东南部，生于海拔850-1150米山谷灌丛中。

图 1015　湘桂羊角芹　（引自《中国植物志》）

53. 西归芹属 **Seselopsis** Schischk.

（佘孟兰）

多年生草本，高达90厘米。直根圆锥状，下部分枝。茎下部带紫色，无毛。基生叶有长柄，叶鞘宽，边缘白色膜质；叶二至三回三出羽状全裂，一回羽片3对，小裂片披针状线形，长2-9厘米，宽1-5厘米，无毛。复伞形花序，无总苞片；伞辐6-18，小总苞片线形，向下反折，多数；伞形花序有15-25花。花梗不等长；萼齿不明显；花瓣白色或淡紫色，倒心形，先端微凹，有内折小舌片，外缘花瓣大；花柱基短圆锥形，花柱反曲，柱头头状。分果椭圆形或卵状椭圆形，长3-4毫米，背部稍扁；果棱翅状尖锐；油管粗，每棱槽1油管，合生面2油管。

单种属。

西归芹　天山邪蒿　　　　　　　　　　图 1016

Seselopsis tianschanicum Schischk. in Bot. Mat. Herb. Inst. Bot. Acad. Sci. URSS 13: 159. 1950.

形态特征同属。花期7月，果期8月。

产新疆，生于海拔1500-2500米草原灌丛中和草坡。中亚地区有分布。根药用，可治跌打损伤、贫血等症。

图 1016　西归芹　（引自《中国植物志》）

54. 斑膜芹属 **Hyalolaena** Bunge

（佘孟兰）

多年生草本。根块状。叶三回羽状全裂。复伞形花序，具总苞片和小总苞片各5片，薄膜质；伞辐6-20；伞形花序多花。萼齿不显著；花瓣白色，先端微凹，有内折小舌片；花柱基圆锥状，花柱短，叉开或弯曲。分果椭圆形或长圆状椭圆形，背腹扁，合生面宽，外果皮紧贴；果棱实心，丝状突起；每棱槽1-4油管，合生面2-10油管；

心皮柄2深裂至基部。

约2种，分布于中亚地区及我国新疆。

1. 块根纺锤状；茎下部叶卵形；小总苞片长圆形 ················· 斑膜芹 H. trichophyllum
1. 块根胡萝卜状；叶下部叶长圆形；小总苞片倒卵形或椭圆形，有5-8条紫红色脉 ········
·· （附）. 柴胡状斑膜芹 H. bupleuroides

斑膜芹　　　　　　　　　　　　　　图 1017

Hyalolaena trichophyllum (Schrenk) Pimenov et Kljuykov in Bot.
Zhurn. 67: 887. 1982..

Carum trichophyllum Schrenk, Enum. Pl. Nov. 1: 161. 1841.

Hymenolyma trichophyllum (Schrenk) Korov.; 中国植物志 55(2): 145.
1985.

多年生草本，高达70厘米；全株光滑。块根长圆状或纺锤形，灰褐色，
长2-5厘米。茎中部以上伞
房状分枝。叶柄长2.5-4厘
米，叶鞘宽；叶卵形，一回
羽片长圆形，无柄，小裂片
丝状或线形，长3-5毫米，宽
0.2毫米。伞形花序径1.5-3.5
厘米；伞辐8-15，不等长；
总苞片5，长圆形，边缘宽
膜质，短于伞辐；伞形花序
有8-15花；小总苞片椭圆
形，膜质，黄白色，有3条
脉纹。花瓣白色，宽卵形。果

图 1017 斑膜芹 （韦力生绘）

椭圆形，长1-3毫米，径1-1.5毫米，褐色；每棱槽1油管，合生面2油管。
花期6月，果期7月。

产新疆，生于半荒漠或砾石山坡。中亚地区有分布。

[附] **柴胡状斑膜芹 Hyalolaena bupleuroides** (Schrenk) Pimenov et
Kljuykov in Bot. Zhurn. 67: 888. 1982. —— *Hymenolyma bupleuroides*
(Schrenk) Korov.; 中国植物志 55(2): 145. 1985. 本种与斑膜芹的区别：茎下部叶长圆形；小总苞片倒卵形或椭圆形，有5-8条紫红色脉纹；果棱槽3-4油管，合生面6-10油管。产新疆，生于荒地、田边或半荒漠低山山坡。中亚有分布。

55. 白苞芹属 Nothosmyrnium Miq.
（刘守炉）

多年生草本。茎近叉式分枝。叶二至三回羽裂，小裂片有不规则锯齿。复伞形花序，总苞片数片，反折，边缘薄膜质；伞辐5-16，不等长或近等长，小总苞片数片，反折，边缘薄膜质。花白色；萼齿不明显；花瓣倒卵形，脉1条，先端渐尖；花柱基圆锥形，花柱细长开展。果球状卵形，光滑，侧扁，合生面缢缩，背棱和中棱线形，侧棱通常不明显，油管多数；心皮柄2裂。

2种、2变种，产东亚。我国均产。

白苞芹　　　　　　　　　　　　图 1018

Nothosmyrnium japonicum Miq. Ann. Mus. Bot. Lugd.-Bat. 3: 58.
1867.

多年生草本，高达1.2米。主根长3-4厘米。叶卵状长圆形，长10-20厘

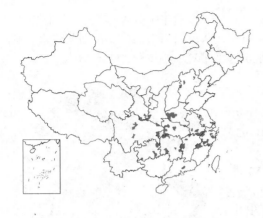

米，宽8-15厘米，三出二回羽状复叶，一回羽片柄长2-5厘米,二回羽片有短柄或无柄；羽片卵形或卵状长圆形，长2-8厘米，宽2-4厘米，有锐齿、牙齿或缺刻，下面被疏柔毛；茎上部叶常3裂。复伞形花序顶生和腋生，花序梗长5-17厘米；总苞片3-4，长约1.5厘米，披针形或卵形，先端长尖，伞辐7-15，不等长；小总苞片3-5，卵形或披针形。花白色，花梗纤细。果球状卵形，基部稍心形，长2-3毫米，径1-2毫米，侧扁。花果期9-10月。

图 1018 白苞芹 （史渭清绘）

产河北、山西东北部、陕西西南部、甘肃南部、河南西部、江苏南部、安徽南部、浙江、福建北部、江西、湖北、湖南、广东、贵州及四川，生于海拔1400-1800米山坡林下、荫湿草地。根药用，可镇静止痛。

56. 山茴香属 Carlesia Dunn
（刘守炉）

多年生草本，高达30厘米。根圆锥形。茎有分枝。基生叶多数，三回羽裂，小裂片线形；有叶鞘；茎生叶二至三回羽裂，小裂片线形。复伞形花序顶生与腋生；总苞片数枚，线形，长5-8毫米，宽约1毫米；伞辐7-12（-20），长1-3厘米，小总苞片钻形或线形，长2-5毫米。花白色，有短梗；萼齿卵状三角形，长不及1毫米，有毛；花瓣倒卵形，基部窄，先端有内折小舌片，中脉1条；雄蕊长于花瓣；花柱基圆锥形，花柱花后与果近等长。果长倒卵形或长椭圆状卵形，被短糙毛，主棱钝，每棱槽3油管，胚乳腹面平直。

我国特有单种属。

山茴香

图 1019

Carlesia sinensis Dunn in Hook. Icon. Pl. 28: 2739. 1905.

形态特征同属。花果期7-9月。

产辽宁、河北及山东，生于海拔300-950米山峰石缝中。

图 1019 山茴香 （史渭清绘）

57. 天山泽芹属 Berula Hoffm.
（佘孟兰）

多年生湿生草本。须根发达，常有走茎，茎节生须根。基生叶一回羽状全裂，沉水叶常多裂，叶柄长，具叶鞘。

复伞形花序与叶对生，有总苞片和小总苞片，边缘均白色膜质；伞辐不等长；伞形花序多花。萼齿三角形钻状；花瓣白色，宽卵形，顶端微缺，有内折小舌片，具爪；花柱基圆锥形。果卵状球形，两侧扁；光滑，外果皮木栓厚，果棱钝不甚明显；油管多数，围绕胚乳成一环；分果横剖面圆形；胚乳腹面平直；心皮柄2裂至基部。

1-2种，分布欧洲、西亚和中亚、北美及澳大利亚。我国1种。

天山泽芹　　　　　　　　　　　　　图 1020

Berula erecta (Huds.) Cov. in Contrib. U. S. Nat. Herb. 4: 115. 1893.

Sium erectum Huds. Fl. Angl. 103. 1762.

湿生草本，高约50厘米，全株无毛。茎直立，中空，中部以上分枝。基生叶长2-7厘米，宽1-3厘米，一回羽状全裂，有羽片8-9对，羽片长圆状披针形，有不规则锐齿；茎上部叶近无柄，叶鞘短披针形，边缘白色膜质。伞辐5-15，长2-3厘米，总苞片3-6，披针形，不等大，向下反折，边缘白色膜质；伞形花序10-20花，小

图 1020 天山泽芹　（张荣生绘）

总苞片5-6，披针形，不等大。果卵状球形，外果皮厚木栓质，长2毫米，径1.5毫米。花期7月，果期8月。

产新疆，生于低山、平原、水边。欧洲、西亚和中亚有分布。

58. 泽芹属 Sium Linn.
（刘守炉）

水生或陆生多年生草本；全株无毛。具须根或块根。叶一回羽裂。复伞形花序，总苞片数个，小总苞片窄；伞辐少数；花白、黄或绿色。花瓣倒卵形或倒心形，先端有内折小舌片，外缘花瓣有时为辐射瓣；花柱基平，稀圆锥形，花柱向外反折。果皮薄，稍侧扁，合生面稍缢缩，光滑，果棱线形，每棱槽1-3油管，合生面2-6油管；心皮柄2裂达基部。

约16种，分布西伯利亚、东亚、北美、欧洲与非洲。我国3种。

泽芹　　　　　　　　　　　　　图 1021

Sium suave Walt. Fl. Carol. 115. 1788.

植株高达1.2米。有成束纺锤根和须根。叶长圆形或卵形，长6-25厘米，宽7-10厘米，一回羽裂，羽片3-9对，无柄，披针形或线形，长1-4厘米，宽0.3-1.5厘米，有锯齿。花序顶生和侧生，花序梗较粗，长3-10厘米，总苞片6-10，披针形或线形，外折；伞辐10-20，长1.5-3厘

图 1021 泽芹　（史渭清绘）

米，小总苞片线状披针形，全缘。花白色，花梗长3-5毫米；萼齿细小。果卵形，长2-3毫米，果棱厚。花期8-9月，果期9-10月。

产黑龙江、吉林、辽宁、内蒙古、河北、山西、陕西北部、河南、山东、江苏、安徽、浙江、台湾、江西北部及湖北东部，生于沼泽地、溪边及水边湿地。西伯利亚、亚洲东部及北美有分布。

59. 细叶旱芹属 Ciclospermum La Gasca

一年生草本。茎多数分枝。光滑。叶鞘膜质；叶三至四回羽状全裂，小裂片窄。花序顶生或与叶对生，复伞形花序，稀单伞形花序；总花梗短或无；伞形花序少花；无总苞片和小总苞片；伞辐少。萼齿细小或无；花瓣卵形，先端尖，无小舌片；花柱基短圆锥形，花柱短或近无。果侧扁，合生面稍缢缩，无毛或稀有毛；果棱5，线形突起，近木质化；每棱槽油管1，合生面油管2；胚乳平直。

约3种，分布温带和热带美洲。我国1种。

细叶旱芹　　　　　　　　　　　　　　图1022

Ciclospermum leptophyllum (Pers.) Sprague ex Britton et Wils. in Bot. Porto Rico 6: 52. 1925.

Pimpinella leptophylla Pers. Syn. Pl. 1: 324. 1805; 中国植物志 55(2): 7. 1985.

一年生草本，高达45厘米。基生叶柄长2-5（-11）厘米；叶宽长圆形或长圆状卵形，长2-10厘米，三至四回羽状全裂，小裂片丝线形，宽1-2毫米；茎生叶常三出羽状多裂，裂片线形，长1-1.5厘米。复伞形花序无梗或有短梗；伞辐2-3（-5），长1-2厘米，无毛；伞形花序有5-23花。萼无齿；花瓣白、绿或稍带粉红色，先端稍内折，中脉显著。果卵圆形，长宽1.5-2毫米，果棱线形钝状突起。心皮柄顶端2浅裂。

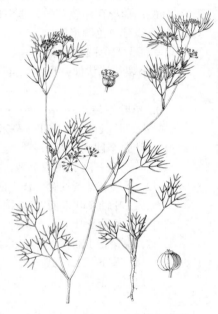

图 1022 细叶旱芹 （陈荣道绘）

产安徽、江苏南部、福建及广东东部，生于湿润地或低地杂草丛中。为外来种。美洲、大洋洲、日本、马来西亚及印度尼西亚爪哇有分布。

60. 西风芹属 Seseli Linn.
（佘孟兰）

多年生草本，有时灌木状。根圆锥形。叶一至数回羽裂或全裂，稀三出一回全裂或单叶不裂。复伞形花序。花瓣白或黄色，小舌片内折，中脉褐黄色，背部有毛；花柱长而下弯，花柱基短圆锥形，底部边缘常波状。果两侧扁或有时稍背腹扁，横剖面近五角形，果棱线形，钝或尖锐突起，背棱与侧棱近等宽，有时侧棱稍宽；每棱槽油管1（2-4），合生面2-4（6-8）油管；胚乳腹面平直；心皮柄2裂达基部。

约100余种，分布欧洲和亚洲。我国约32种、1变种。

1. 萼齿三角状或披针形。
　2. 果棱槽2-4油管，合生面4-6油管。

　　3. 茎草质，中空；小总苞片较花梗长 ················ 1. 密花岩风 **S. condensatum**

　　3. 茎木质花，髓部充实；小总苞片较花梗短或近等长 ············ 2. 香芹 **S. seseloides**

　2. 果棱槽1油管，合生面2油管。

　　　4. 叶小裂片短线形，长1-2毫米，宽0.4- 0.6毫米 ·········· 3. 碎叶岩风 **S. incanum**

　　　4. 叶小裂片较宽，线状披针形、卵形或倒卵状楔形。

　　　　5. 花瓣无毛；果熟时疏被柔毛 ·················· 4. 坚挺岩风 **S. schrenkiana**

　　　　5. 花瓣密生柔毛；果熟时密被粗毛或柔毛。

　　　　　6. 叶小裂片线状披针形或线形，长1-4厘米，宽0.5-1毫米 ······ 5. 伊犁岩风 **S. iliensis**

　　　　　6. 叶小裂片卵形或倒卵状，长0.7-3厘米，宽0.5-1.5厘米 ······ 6. 岩风 **S. buchtormensis**

1. 萼齿不发育、微小或无。

　7. 花近无梗；伞形花序密集成头状 ··············· 7. 无柄西风芹 **S. sessiliflorum**

　7. 花有梗；伞形花序较疏散，非头状。

　　8. 果基部有白色圆形膜盘 ················· 8. 膜盘西风芹 **S. glabratum**

　　8. 果基部无白色圆形膜盘。

　　　9. 叶小裂片线状披针形或长椭圆形，长7-13厘米，宽0.5-1厘米，具平行脉。

　　　　10. 叶一至二回3裂 ··················· 9. 竹叶西风芹 **S. mairei**

　　　　10. 单叶不裂 ············· 9(附). 单叶西风芹 **S. mairei** var. **simplicifolia**

　　　9. 叶小裂片长或短，宽1-5毫米，具网状脉。

　　　　11. 叶二至四回3裂，裂片分裂处呈关节状 ······ 10. 松叶西风芹 **S. yunnanense**

　　　　11. 叶一至三回羽裂或全裂，裂片分叉处非关节状。

　　　　　12. 果棱槽2-5油管，合生面4-10油管。

　　　　　　13. 叶轴及叶下面有鳞片状短毛 ········ 11. 粗糙西风芹 **S. squarrulosum**

　　　　　　13. 叶轴及叶下面无鳞片状短毛 ········ 12. 柱冠西风芹 **S. coronatum**

　　　　　12. 果棱槽1油管，合生面2油管。

　　　　　　14. 茎下部二歧式分枝，枝条长倾斜，无明显主茎 ······ 13. 叉枝西风芹 **S. valentinae**

　　　　　　14. 有主茎，枝条非叉状 ··············· 14. 焉蓍西风芹 **S. abolinii**

1. 密花岩风　　　　　　　　　　　　　　图 1023

Seseli condensatum (Linn.) Reichenb. f. Icon. Fl. Germ. 21: 37. 1867.

Athamanta condensata Linn. Sp. Pl. 224. 1753.

Libanotis condensata (Linn.) Crantz.；中国植物志 55(2): 174. 1985.

多年生草本，高达90厘米。根颈密被褐色枯鞘纤维；根圆柱形。茎草质，中空，有条棱。基生叶叶柄长3-12厘米，叶鞘边缘膜质；叶长圆形，二至三回羽状全裂，小裂片线形，长0.2-1.5厘米，宽1-2毫米，两面叶脉及叶轴有硬毛，边缘有长硬毛。复伞形花序顶生，不分枝或少分枝；花序梗粗，顶部密生糙毛，复伞形花序径3-7厘米，总苞片6-10，线形；长0.7-1.6厘米，

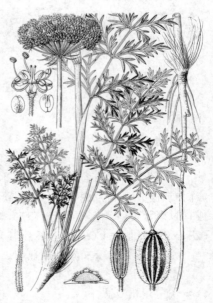

图 1023 密花岩风 （史渭清绘）

宽 0.5-1 毫米，有毛；伞辐 15-25；伞形花序有 15-20 花，小总苞片多数，披针状线形，较花梗长。萼齿钻形；花瓣白色，倒卵状长圆形；花柱基黑紫色。果椭圆形，密被柔毛，背棱线形，侧棱窄翅状；每棱槽 2-4 油管，合生面 4 油管。花期 7-8 月，果期 9 月。

产内蒙古、河北北部、山西北部及新疆东北部，生于海拔 1400-2400 米山坡草地、林中或路边。

2. 香芹　　　　　　　　　　　图 1024

Seseli seseloides (Turcz.) Hiroe, Umbell. Asia 1: 135. 1958.

Ligusticum seseloides Fisch. et Mey. ex Turcz. Bull. Soc. Nat. Mosc. 11: 530. 1838.

Libanotis seseloides (Fisch. et Mey. ex Turcz.) Turcz.; 中国植物志 55(2): 175. 1985.

亚灌木状草本，高达 1.2 米。根圆柱状。茎木质化，有棱角和沟槽，上部分枝较多，髓部充实，节有柔毛。叶柄长 4-18 厘米；叶长椭圆形，三回羽状全裂，小裂片线形，长 0.3-1.5 厘米，宽 1-4 毫米。伞形花序多分枝，花序梗柄端有短硬毛，伞形花序径 2-7 厘米，无总苞片或偶有少数，线形；伞辐 8-20，内侧和基部有短硬毛；伞形花序有 15-30 花，小总苞片 8-14，线形，较花梗短或近等长。萼齿三角形或披针状锥形；花瓣白色，背部有短毛；花柱基扁圆锥形，花柱长，卷曲。果卵形，背部稍扁，长 2.5-3.5 毫米，径约 1.5 毫米，5 棱显著，侧棱稍宽，有短毛；每棱槽 3-4 油管，合生面 6 油管。花期 7-9 月，果期 8-10 月。

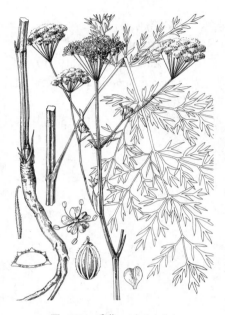

图 1024　香芹　（韦力生绘）

产黑龙江、吉林、辽宁、内蒙古、宁夏南部、山东、河南、湖北及湖南西北部，生于草甸、山坡草地、林缘、灌丛中。欧洲中部、亚洲东部、西伯利亚东部、朝鲜北部有分布。

3. 碎叶岩风　　　　　　　　　图 1025

Seseli incanum (Steph. ex Willd.) B. Fedtsch. Rastit. Turkest. 617. 1915.

Athamanta incana Steph. ex Willd. Sp. Pl. 1: 1402. 1798.

Libanotis incana (Steph.) O. Fedtsch. et B. Fedtsch.; 中国植物志 55(2): 176. 1985.

植株高达 90 厘米。茎单一，密被灰白色柔毛。叶鞘披针形，边缘白色膜质；叶窄长圆形，三回羽状全裂，小裂片线形，长 1-2 毫米，宽 0.4-0.6 毫米，两面有柔毛，叶轴有沟槽。伞形花序径 8-12 厘米，花序梗有灰白色柔

图 1025　碎叶岩风　（史渭清绘）

毛；伞辐20-35，密生白毛，总苞片少数，线形，长约5毫米；伞形花序有40-50花，小总苞片12-15，卵状披针形，基部连合，较花梗短，有密毛。萼齿披针形，有毛；花瓣白色，有毛。果长圆形，密生柔毛，长约4毫米，径约2.5毫米，果棱线形尖锐突起，侧棱稍宽，每棱槽1油管，合生面2油管。

4. 坚挺岩风　　　　　　　　　　　　　　图 1026

Seseli schrenkiana (C. A. Mey ex Schischk.) Pimenov et Sdobn. in Bot. Zhurn. 60(8): 1119. 1975.

Libanotis schrenkiana C. A. Mey ex Schischk. in Fl. URSS. 16: 601. 478. 1950.

植株高达1米。茎中上部有棱角及浅槽，髓部充实。叶柄长13-30厘米；叶鞘宽卵状披针形，叶轴有宽槽；叶卵状长圆形，二回羽状全裂或深裂，小裂片线状披针形，长约1厘米，宽1.2毫米，或卵状菱形，长约1.5厘米，宽7毫米，1-3裂，边缘反曲，粉绿色，两面散生柔毛。复伞形花序径3-6厘米，总苞片无或少数；伞辐15-25；伞形花序多花，小总苞片12-15，线状披针形，较花梗短，有柔毛。萼齿三

角状或披针形；花瓣白色，倒卵形，无毛，小舌片长而内弯。果椭圆形，长约3毫米，密生柔毛，熟后稍稀疏，横剖面稍五边形，果棱线形突起；每棱槽1油管，合生面2油管，油管粗。花期8月，果期9月。

5. 伊犁岩风　　　　　　　　　　　　　　图 1027

Seseli iliense (Regel et Schmalh.) Lipsky in B. Fedtsch. Pl. Turkest 616. 1915.

Seseli fedtschenkoanum Regel et Schmalh. var. *iliense* Regel et Schmalh. Izv. Obsch. Lubit. Estest. Antrop. Etnogr. 34, 2: 31. 1881.

Libanotis iliense (Regel et Schnalh.) Korov.; 中国植物志 55(2): 163. 1985.

植株高达1（2）米。茎髓部充实。茎生叶叶柄长5-8厘米，叶鞘宽，密生柔毛；叶宽长卵形，二至三回羽状全裂，小裂片线形，长1-4厘米，宽0.5-1毫米。复伞形花序多数，圆锥状分枝，总苞片6-10，卵状披针形，多白

花期7月，果期8月。

产新疆北部，生于海拔约1300米阳坡石缝中或石质山坡。哈萨克斯坦、中亚地区和西伯利亚东部有分布。

图 1026 坚挺岩风 （史渭清绘）

产新疆西北部，生于海拔1700-2600米山坡草地、石隙、灌丛中、林缘和路边。哈萨克斯坦、乌兹别克斯坦及中亚地区有分布。

图 1027 伊犁岩风 （史渭清绘）

色柔毛；伞形花序径2-4厘米；伞辐10-20，长1-2厘米，有毛；伞形花序有10-20花，成簇生状，小总苞片约10，卵状披针形，多毛。花梗短；萼齿锥形或披针形，多毛；花瓣白色，长圆形，多白色长毛。果椭圆形，长3-4毫米，径1毫米，密生柔毛，横剖面稍五角形；每棱槽1油管，合生面

2油管。花期6-7月，果期8-9月。

产新疆，生于海拔约1000米砾石山坡、山沟、路边。中亚有分布。

6. 岩风 图1028

Seseli buchtormensis (Spreng.) Koch in Nov. Act. Nat. Cur. 12(1): 110. 1824.

Bubon buchtormensis Spreng. Pl. Min. Cogn. Pugill. 2: 55. 1815.

Libanotis buchtormensis (Fisch.) DC.; 中国植物志 55(2): 163. 1985.

多年生草本，亚灌木状，高达1米。根圆柱状。茎髓部充实。基生叶丛生，叶柄长2.5-12厘米；叶长圆形，二回羽状全裂，小裂片卵形或倒卵状楔形，长0.7-3厘米，0.5-1.5厘米，有3-5锐齿，下面叶脉偶有乳头状毛。复伞形花序多分枝，伞形花序径3-12厘米，总苞片少数或无，线状披针形；伞辐30-50，被短硬毛；伞形花序有25-40花，小总苞片10-15，线状披针形，密生柔毛。萼齿披针形；花瓣白色，

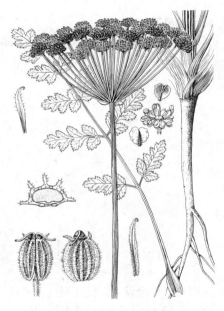

图 1028 岩风 （史渭清绘）

近圆形，多柔毛。果椭圆形，长约3毫米，径2-2.3毫米，横剖面近半圆形，果棱尖锐，密生短粗毛；每棱槽1油管，合生面2油管。花期7-8月，果期8-9月。

产陕西南部、甘肃南部、宁夏南部、新疆北部及四川，生于海拔1000-

3000米石质阳坡石隙、路边及河滩草地。中亚、西伯利亚及蒙古有分布。根药用，可散风寒、祛风湿、镇痛、健脾胃、止咳、解毒，主治感冒咳嗽、牙痛、关节肿痛、风湿骨痛。

7. 无柄西风芹 图1029

Seseli sessiliflorum Schrenk in Bull. Phys.-Math. Acad. Pétersb. 3: 307. 1845.

多年生草本，高达60厘米。根圆柱形。茎单一或数茎，纤细，常倾斜，无毛，下部分枝，枝条细长。基生叶多数，叶柄长5-12厘米，叶鞘边缘白色膜质；叶长圆形，二回羽状全裂，小裂片线形，长0.5-2厘米，宽1-2毫米，无毛。复伞形花序分枝少，花序梗细长；伞形花序径1.5-2.5厘米；伞辐(2)3-4(5)，长1厘米，总苞片2-3，宽披针形，有时无；伞形花序有12-20花，密集成

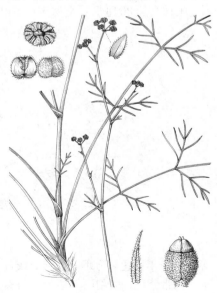

图 1029 无柄西风芹 （史渭清绘）

头状，径4-7毫米，小总苞片约10，线状披针形，有柔毛。花近无梗；萼无齿，花瓣近圆形，白色，密生柔毛；花柱短，花柱基圆锥形。果卵形，稍背腹扁，密生柔毛，长3毫米，背部棱线形稍突起，侧棱稍宽，每棱槽3油管，合生面6-10油管。花期7-8月，果期8-9月。

产新疆乌鲁木齐，生于干燥山坡、砾石砂地或路边。中亚地区有分布。

8. 膜盘西风芹 图1030

Seseli glabratum Willd. ex Schult. Syst. 6: 406. 1820.

多年生草本，高达50厘米。根圆锥形；根颈多分枝，每分枝丛生茎叶。茎无毛，分枝多曲折。基生叶多数，丛生，叶柄长4-6厘米，叶鞘三角状卵形，边缘膜质；叶卵形，二回羽状3裂，小裂片线形，长2-4厘米，宽0.5-1毫米，边缘反卷，无毛。复伞形花序多分枝，总苞片1-2或无，窄披针形；伞形花序径2-4厘米；伞辐6-10，近等长；伞形花序有10-15花，小总苞片6-8，窄披针形，边缘膜质，较花梗短，常反曲。子房和果基部有圆形白色膜质盘状物，径0.6-1毫米；花瓣近圆形，白色，中脉黄色，无毛；花柱基圆锥形，花柱长而反曲；萼无齿。果椭圆形，横剖面五边形，长3-3.5毫米，径1-1.2毫米，果棱线形，有乳头状毛，有时近光滑；每棱槽1油管，合生面2油管。花期6-7月，果期8-9月。

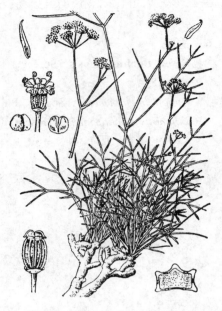

图 1030 膜盘西风芹 （引自《图鉴》）

产新疆北部，生于海拔1000-1500米沙质干燥山坡草地。欧洲东南部、西西伯利亚、哈萨克斯坦有分布。

9. 竹叶西风芹 图1031

Seseli mairei H. Wolff in Fedde, Repert. Sp. Nov. 27: 301. 1930.

植株高达80厘米；全株无毛。根颈密被枯鞘纤维；根圆柱形，褐色，剖面白色，带甜味。茎单一，少分枝。基生叶2至多数；叶稍革质，微带粉绿色，一至二回3裂，小裂片椭圆状披针形，长2-12厘米，宽0.2-1.2（-4）厘米，具短柄或近无柄，全缘，边缘反曲，近平行脉3-10，上部叶线形。复伞形花序径2-4.5厘米，无总苞片或偶有1-2片；伞辐5-7，长1.5-3.5厘米，小总苞片6-10，披针形。花梗粗，不等长；花瓣黄色，方形，长圆形或肾形，有3条棕红色脉纹。果卵状长圆形，稍带紫色，横剖面五边形；每棱槽1-2油管，合生面4油管。花期8-9月，果期9-10月。

图 1031 竹叶西风芹 （史渭清绘）

产广西西北部、云南、贵州西部及四川，生于海拔1200-4100米阳坡、疏林下、草丛中、高山栎、榛子灌丛中和旷地土坡。

[附] **单叶西风芹** Seseli mairei var. **simplicifolia** C. Y. Wu ex Shan et Sheh in Acta Phytotax. Sin. 21(1): 88. 1983. 本变种与模式变种的

区别：基生叶和茎生叶均为单叶不裂，基生叶椭圆状披针形，茎上部叶线状披针形。产云南中北部及四川南部。

10. 松叶西风芹

图 1032

Seseli yunnanense Franch. in Bull. Soc. Philom. Paris ser. 8, 6: 129. 1894.

植株高达80厘米。根圆柱形。茎髓部充实，无毛。基生叶多数，叶柄长2.5-9厘米；叶二至四回3裂，裂片分裂处呈关节状，小裂片线形，长0.7-6.5厘米，宽0.5-3毫米。复伞形花序多二歧式分枝；伞形花序径2-4厘米，总苞无或有1片，线状披针形；伞辐6-10，长0.3-2(-4)厘米，小总苞片8-10，披针形，长2.5毫米，宽0.5毫米；伞形花序有15-20花。萼齿不显著；花瓣近圆形，

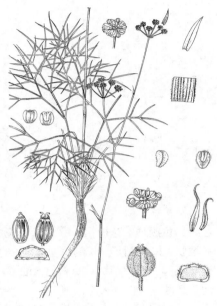

图 1032 松叶西风芹 （史渭清绘）

小舌片宽，内曲，淡黄色，有3（5）条红黄色脉纹；花柱基扁锥形，花柱粗短。果卵形，无毛，5棱线形，钝状微突起；每棱槽1-2油管，合生面2-4油管。花期8-9月，果期9-10月。

产云南、贵州西南部及四川西南部，生于海拔600-3100米山坡、林下、

灌丛中、疏林下、沟边湿地或干旱草坡。

11. 粗糙西风芹

图 1033

Seseli squarrulosum Shan et Sheh in Acta Phytotax. Sin. 21(1): 86. 1983.

植株高达1米。茎有条纹，有时带紫色。叶柄长1.5-8厘米，叶鞘长卵形；叶卵状长圆形，长3.5-8厘米，宽2-5厘米，三回羽状全裂，叶轴被鳞片状短毛，小裂片线形，长0.3-1厘米，宽0.5-1.5毫米，疏生鳞片状短毛。复伞形花序多分枝，花序梗细长；伞形花序径1.5-5厘米，无总苞片或有1-2片；伞辐（4-）6-10，长1.5-3.5厘米，有鳞片状毛；伞形花序有10-15花，小总苞片

图 1033 粗糙西风芹 （史渭清绘）

5-6，披针形。萼齿尖；花瓣黄色，近圆形，小舌片内曲，中脉深黄色；花柱基圆锥形，边缘缺刻状。果椭圆形，背腹稍扁，长约3.5毫米，径2毫米，背棱及中棱钝状突起，侧棱稍宽；每棱槽3-4油管，合生面6-10油管。花期7-8月，果期8-9月。

产青海及四川，生于海拔1400-3600米阳坡草地、干旱河谷、林缘、灌丛中。果及叶有香气。全草药用，可解表、镇痛。

12. 柱冠西风芹

图 1034

Seseli coronatum Ledeb. Fl. Alt. 1: 336. 1829.

植株高达60厘米；植株带粉绿色。根圆柱形；根颈粗，多分枝，密被枯鞘纤维。茎分枝细长。基生叶多数，叶柄长2-10厘米，有柔毛，横剖面三角形，叶鞘宽，边缘白色膜质；叶二至三回全裂，小裂片线状披针形，全缘，长1-2厘米，宽2-4毫米。复伞形花序多分枝；伞辐8-10，长0.1-2.2厘米，总苞片少数，卵状披针形，边缘白色膜质，有柔毛；伞形花序有7-15花，小总苞片6-8，卵状披针形，被柔毛，边缘白色膜质。花梗粗；萼无齿；花瓣白色，有柔毛；花柱基圆锥形，边缘波状。果椭圆形，长约3毫米，径约1.5毫米，密生白色柔毛，背棱线形钝状突起，侧棱稍宽；每棱槽5油管，合生面8-10油管。花期6-7月，果期8-9月。

产新疆北部，生于海拔约1300米石质干燥山坡。哈萨克斯坦、西西伯利亚有分布。

图 1034 柱冠西风芹 （史渭清绘）

13. 叉枝西风芹

图 1035

Seseli valentinae M. Popov in Bot. Inst. Acad. Sci. URSS 8(4): 73. 1940.

多年生或二年生草本，高达70厘米。根圆柱形。茎单一，下部二歧式分枝，枝条长而倾斜，无主茎。基生叶数片，叶柄长1.5-2厘米，叶鞘宽，有柔毛，边缘膜质；叶长圆形，二至三回羽状全裂，小裂片线形，无毛，长0.5-1.2厘米，宽0.5-1毫米；茎生叶有叶鞘，叶裂片细长。伞形花序径3-10厘米，无总苞片；伞辐6-13；每伞形花序有20-25花，密集成头状，径5-10厘米。花梗短；萼无齿；花瓣近圆形，黄色，有白色柔毛；花柱基扁圆锥形。果卵形，密生柔毛，长约2.5毫米，

图 1035 叉枝西风芹 （史渭清绘）

径约1.5毫米；果棱钝状突起，横剖面五角形；每棱槽1油管，合生面2油管。花期7-8月，果期8-9月。

产新疆西北及西部，生于海拔约2000米阳坡。中亚地区有分布。

14. 焉耆西风芹

图 1036

Seseli abolinii (Korov.) Schischk. in Fl. URSS 16: 505. 1950.

Phlojodicarpus abolinii Korov. in Not. Syst. Herb. Bot. Reip. Ross.

5(6): 74. 1924.

植株高达40厘米，灰蓝色。根颈

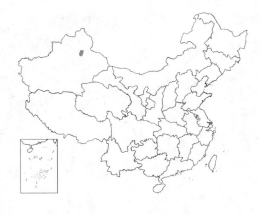

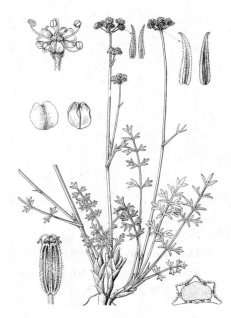

密被枯鞘纤维。数茎，疏生柔毛。基生叶多数，叶柄短于叶片，连叶片长6-10厘米，宽约3厘米；叶一至二回羽裂或全裂，一回羽片无柄，小裂片线状长圆形，全缘，长0.5-1.2厘米，宽2-4毫米。伞形花序径3-4厘米；伞辐6-11，密生长柔毛，长2-3厘米，总苞片5，披针形，有时2裂；伞形花序有花约15，密集，径0.8-1厘米，小总苞片5-8，窄披针形，边缘膜质。萼齿披针形，密生柔毛；花瓣白色，无毛，倒卵形，具短爪，先端微凹，小舌片内曲。果长圆状椭圆形，密生柔毛，长约6毫米，径约3.5毫米，果棱线形钝状，侧棱略宽；棱槽1油管，合生面2油管。花果期7-9月。

产新疆中北部，生于山地林缘、砾石坡地。中亚地区、哈萨克斯坦有分布。

图 1036 焉耆西风芹 （史渭清绘）

61. 水芹属 Oenanthe Linn.

（刘守炉）

二年生至多年生，稀一年生草本。须根簇生。茎下部节上常生根。叶一至五回羽裂。复伞形花序顶生和侧生，总苞片无或有1片；伞辐多数，小总苞片多数；伞形花序外缘花的花瓣为辐射瓣。花白色；萼齿披针形，宿存；花柱长。果无毛，果棱圆钝、木栓质；2侧棱常稍相连，较背棱和中棱宽厚；每棱槽1油管，合生面2油管。

约30种，分布北半球温带地区和南非洲，我国10余种。

1. 叶常简化，羽片成对稀疏排列在叶轴上部 ······ 1. 高山水芹 O. hookeri
1. 叶不简化，羽片不稀疏排列在叶轴上部。
  2. 果背棱稍木栓质，棱槽不显著；叶裂片卵形，菱状披针形或长椭圆形。
  3. 茎无毛；叶小裂片卵形或菱状披针形，有不整齐锯齿；小总苞片2-8，线形 ······ 2. 水芹 O. javanica
  3. 茎有柔毛；叶小裂片菱状卵形或长圆状卵形，有尖锯齿；小总苞片6-12，披针形 ······ 3. 卵叶水芹 O. rosthornii
  2. 果背棱非木栓质，棱槽显著；叶裂片线形，楔状披针形或线状披针形。
  4. 叶一至二回羽裂，小裂片楔状披针形或线状披针形 ······ 4. 中华水芹 O. sinensis
  4. 叶二至五回羽裂，小裂片线形。
  5. 叶二至三回羽裂，稀四回羽裂；伞辐5-12 ······ 5. 西南水芹 O. dielsii
  5. 叶三至四回羽裂，稀五回羽裂；伞辐4-8 ······ 6. 多裂水芹 O. thomsonii

1. 高山水芹

图 1037

Oenanthe hookeri C. B. Clarke in Hook. f. Fl. Brit. Ind. 2: 697. 1879.

多年生草本，高达80厘米，无毛。茎少分枝。叶常简化呈线形或窄卵状三角形，长6-15厘米，一至二回羽裂，小裂片线形，长0.5-1.5厘米，全缘，排列稀疏。复伞形花序顶生，花序梗长5-8厘米，总苞片1枚或无，线形，长约5毫米；伞辐4-8，长1-1.5厘米，小总苞片5，线形，长3-3.5毫米；伞形花序有20余花。花梗长2-3毫米；萼齿披针形；花瓣白色，倒卵形，长约1毫米，先端有内折小舌片。果卵圆形或近圆形，长约2毫米，径约1.5毫米，侧棱较背棱和中棱隆起，

木栓质；果横剖面半圆形。花期6-7月，果期8-9月。

产四川西部、贵州西北部、云南及西藏西南部，生于海拔2600-3000米林下、沟边及水边。尼泊尔、不丹及印度东北部有分布。

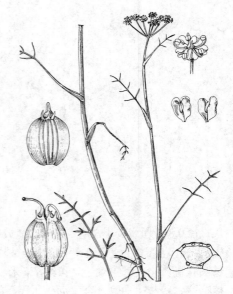

图 1037 高山水芹 （史渭清绘）

2. 水芹 图 1038 彩片 287

Oenanthe javanica (Bl.) DC. Prodr. 4: 138. 1830.

Sium javanicum Bl. Birdt. Fl. Ned. Ind. 5: 881. 1826.

多年生草本，高达80厘米。茎直立或基部匍匐，下部节生根。基生叶柄长达10厘米，基部有叶鞘；叶三角形，一至二回羽裂；小裂片卵形或菱状披针形，长2-5厘米，宽1-2厘米，有不整齐锯齿。复伞形花序顶生，花序梗长2-16厘米，无总苞片；伞辐6-16，长1-3厘米，小总苞片2-8，线形；伞形花序有10-25花。萼齿长约0.6毫米。果近四角状椭圆形或筒状长圆形，长2.5-3毫米，径约2毫米，侧棱较背棱和中棱隆起，木栓质。花期6-7月，果期8-9月。

产黑龙江、吉林、辽宁、内蒙古、河北、河南、山西、陕西、甘肃、宁夏、山东、江苏、安徽、浙江、福建、台湾、江西、湖北、湖南、广东、海南、广西东北部、云南、贵州、四川及西藏，生于低洼湿地、池沼、水边，农村常见栽培。印度、东南亚、日本及俄罗斯远东地区有分布。

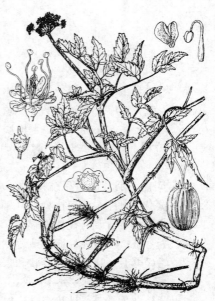

图 1038 水芹 （引自《中国药用植物志》）

3. 卵叶水芹 图 1039

Oenanthe rosthornii Diels. in Engl. Bot. Jahrb. 29: 498. 1900.

多年生草本，高达70厘米。茎被柔毛。叶宽三角形或卵形，长7-15厘米，宽8-12厘米；小裂片菱状卵形或长圆状卵形，长3-5厘米，宽1.5-2厘米，先端渐尖或尾尖，有尖锯齿。复伞形花序顶生和侧生，花序梗长16-20厘米，无总苞片；伞辐10-24，长2-6厘米，小总苞片6-12，披针形；伞形花序有30余花。花梗长2-5毫米。果长圆形，长3-4毫米，径约2毫米，侧棱较背棱和中棱隆起，木栓质。花期8-9月，果期10-11月。

产福建西北部、广东、湖北西南部、湖南、四川、贵州及云南，生于海拔1400-4000米山谷、林下、水边或草丛中。

4. 中华水芹 图 1040

Oenanthe sinensis Dunn in Journ. Linn. Soc. Bot. 35: 496. 1903.

多年生草本，高达70厘米；植株无毛。叶柄长5-10厘米，叶鞘短；叶一至二回羽裂；小裂片楔状披针形或线状披针形，长1-3厘米，宽0.2-1厘米，有不规则锯齿或缺刻；茎上部叶小裂片常线形，长1-4厘米，宽约3毫米。复伞形花序梗长4-7.5厘米，无总苞片；伞辐12-14，长1.5-2厘米，小总苞片多数，线形；伞形花序有10余花。花瓣倒卵形，先端有内折小舌片。果圆筒状长圆形，长约3毫米，径1.5-2毫米，侧棱较背棱和中棱稍厚，棱槽显著。花期6-7月，果期8月。

产河南南部、安徽、江苏西南部、浙江、江西北部、福建、湖北、湖南中西部、广西东北部、贵州东北部、四川、云南及西藏南部，生于水边、山坡或湿地。

图 1039 卵叶水芹 （引自《图鉴》）

5. 西南水芹 图 1041

Oenanthe dielsii de Boiss. in Bull. Acad. Geogr. Bot. 16: 184. 1906.

多年生草本，高达80厘米；植株无毛。茎多分枝。叶柄长2-8厘米，叶鞘短；叶三角形，二至三回羽裂，稀四回羽裂，小羽片条裂成披针形，长0.2-1.2厘米，宽1-2毫米。无总苞片；伞辐5-12，长1.5-3厘米，小总苞片线形，长2-4毫米；伞形花序有13-30花。萼齿细小；花瓣先端有内折小舌片。果近球形，长1.5-2毫米，背棱和中棱明显，侧棱较宽，棱槽显著，果横剖面近半圆形。花期6-8月，果期8-10月。

产浙江南部、福建西北部、江西南部、湖北西南部、湖南、广东北部、贵州、云南、西藏东南部、四川及陕西南部，生于海拔750-2000米山坡、山谷、林下、阴湿地和溪边。

图 1040 中华水芹 （引自《图鉴》）

6. 多裂水芹 图 1042

Oenanthe thomsonii C. B. Clarke in Hook. f. Fl. Brit. Ind. 2: 697. 1879.

多年生草本，高达50厘米；植株无毛。根圆锥形或须根状。茎下部节生根。叶柄长2-6厘米，叶鞘短；叶三角形或长圆形，长6-17厘米，宽

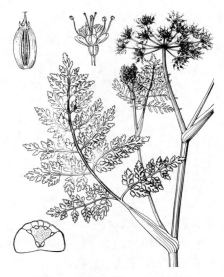

图 1041 西南水芹 （引自《图鉴》）

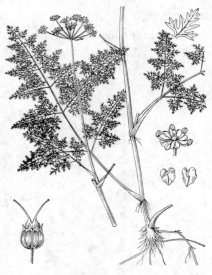

2.5-6厘米，三至四回羽裂，稀五回羽裂；小裂片线形，长约2毫米，宽1毫米。复伞形花序梗长2.5-7.5厘米；无总苞片；伞辐4-8，长1-1.5厘米，小总苞片线形，长2-2.5毫米；伞形花序有10余花。花梗长2-3毫米；萼齿长0.3-0.4毫米；花瓣倒卵形，先端有长而内折小舌片。幼果近球形。花期8月，果期9-10月。

产云南及西藏东南部，生于海拔2000-3500米山坡、湿草地及溪边。尼泊尔、锡金、不丹、印度东北部、缅甸、越南有分布。

图 1042 多裂水芹 （史渭清绘）

62. 苞裂芹属 Schultzia Spreng.

（佘孟兰）

多年生草本。基生叶多数，有长柄，叶鞘宽，边缘白色膜质；叶二至三回羽状全裂，小裂片线状披针形或线形；茎上部叶无柄，叶鞘宽。复伞形花序顶生，伞辐粗；总苞片和小总苞片二至三回羽状全裂，裂片线形或毛发状，膜质或近膜质。萼齿不明显或无；花瓣白色，椭圆形，先端微凹，有内折小舌片；花柱基扁圆锥形。果两侧扁；果棱稍突起；每棱槽3-4油管，合生面4-8油管。

2种，分布俄罗斯中亚地区和西伯利亚。我国2种。

长毛苞裂芹   图 1043

Schultzia crinita (Pall.) Spreng. Umbell. Prodr. 30. 1813.

Sison crinitum Pall. in Acta Acad. Sci. Pétrop. 2: 250. 1779.

植株高达45厘米。茎中空，无毛。叶有长柄，叶鞘宽；叶长圆形，三回羽状全裂，一回羽片6-7对，最下面1对疏离，中部以上羽片无柄，小裂片线形，长2-3毫米，宽0.5-1毫米。复伞形花序1-3（-5）；伞辐12-15；总苞片多数，二至三回羽状全裂，裂片线形，毛发状，膜质；伞形花序多花。总苞片和小总苞片多为二回羽状全裂。花梗粗；萼齿不显；花柱长于花柱基2-3倍。果长圆状椭圆形，长3-4毫米，径1.5-2毫米。花期7月，果期8月。

产新疆天山北坡，生于海拔约3500米高山草甸、林下或灌丛中。俄罗斯亚洲部分、蒙古有分布。

图 1043 长毛苞裂芹 （张荣生绘）

63. 茴香属 Foeniculum Mill.

（刘守炉）

一年生或多年生草本，有香味。茎直立，多分枝。叶多回羽裂，小裂片线形。复伞形花序，无总苞片和小总苞片；伞辐多数；伞形花序多花。花梗纤细；萼齿不明显；花瓣倒卵圆形，先端有内折小舌片；花柱基圆锥形，花柱短，向外反折。果长圆形，无毛，主棱5；胚乳腹面平直或微凹，每棱槽1油管，合生面2油管，心皮柄2裂至基部。

约4种，分布欧洲、美洲及亚洲西部。我国引入栽培1种。

茴香

图 1044

Foeniculum vulgare Mill. Gard. Dict. ed. 8. 1: 1768.

植株高达2米。茎无毛，灰绿至苍白色。较下部茎生叶柄长5-15厘米，中部或上部的叶柄成鞘状；叶宽三角形，长4-30厘米，宽5-40厘米，二至三回羽状全裂，小裂片线形，长0.4-4厘米，宽约0.5毫米。顶生伞形花序径达15厘米，花序梗长2-25厘米；伞辐6-29，长1.5-10厘米；伞形花序有14-39花。花瓣黄色，倒卵形，中脉1条。果长圆形，长4-6毫米，径1.5-2.2毫米，果棱尖锐。花期5-6月，果期7-9月。

原产地中海地区。我国各地栽培。嫩叶作蔬菜或调味；果药用，可祛痰、散寒、健胃和止痛。

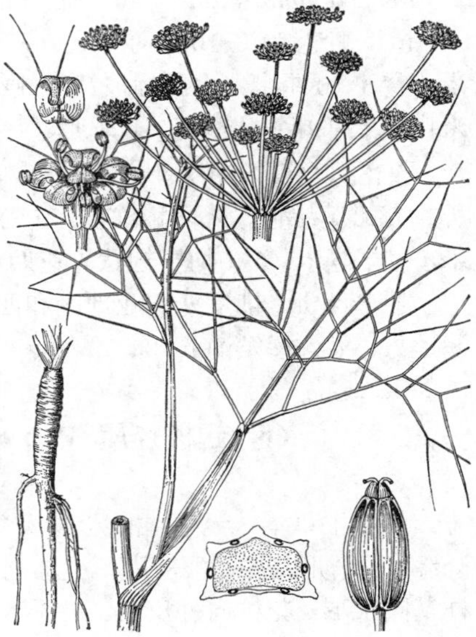

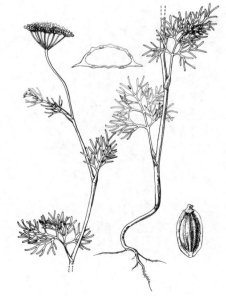

图 1044 茴香 （史渭清绘）

64. 莳萝属 Anethum Linn.

（佘孟兰）

一年生稀二年生草本，高达1.2米；全株无毛，有香味。基生叶宽卵形，叶柄长4-6厘米，叶鞘宽，边缘白色膜质，叶二至三回羽状全裂，小裂片丝线形，长0.4-2厘米，宽不及0.5毫米；茎上部叶无柄，叶鞘宽。复伞形花序二歧式分枝，无总苞片和小总苞片；伞辐10-25；伞形花序有15-25花。萼无齿；花瓣黄色，中脉褐色，长圆形或近方形，小舌片近长方形，内曲；花柱短，弯曲，花柱基短圆锥状。果椭圆形或卵状椭圆形，长3-5毫米，径2-2.5毫米，褐色，背扁，背棱线形，稍突起，侧棱窄翅状；每棱槽油管1，合生面油管2；胚乳腹面平直。果熟时分果易分离脱落。

单种属。

莳萝

图 1045

Anethum graveolens Linn. Sp. Pl. 263. 1753.

形态特征同属。花期5-8月，果期7-9月。

原产欧洲南部，世界各地广泛栽培。东北各地、甘肃、安徽、广东、广西、四川等地均有栽培。嫩茎叶供作蔬菜；果作调味品、提取芳香油，又可药用，可驱风、健胃、散瘀、催乳。

65. 亮叶芹属 Silaum Mill.

（佘孟兰）

多年生草本；无毛。茎髓部充实。叶一至四回羽裂。复伞形花序顶生和侧生，总苞片无或少数；小总苞片多数；萼齿细而明显；花瓣黄绿或淡黄色，倒卵形，先端具内折小舌片；花柱基短圆锥形，花柱短，外弯。果卵状长圆形或长圆形，果横剖面五角形，5棱均窄翅状；油管细小，多数，果熟时不明显；胚乳腹面近平直；心皮柄2裂至基部。

图 1045 莳萝 （引自《图鉴》）

约5种，分布中亚和欧洲。我国引入1种。

草地亮叶芹 图1046

Silaum silaus (Linn.) Schinz. et Thellung in Vierteljahr. Naturf. Ges. Zürich. 60: 359. 1915.

Peucedanum silaus Linn. Sp. Pl. 246. 1753.

植株高达70（-100）厘米。叶三角状卵形，三至四回羽裂，长7-20厘米，宽6-10厘米，小裂片披针形或线状披针形，长1.3-2厘米，宽2-3毫米；茎上部叶裂片线形。复伞形花序径2.5-4厘米，无总苞片或1-2片，线形，早落；伞辐5-10，小总苞片多数，线状披针形；伞形花序多花。花梗长；花瓣黄绿色，外面稍红色，中脉在两面突起。果卵状长圆形，长4毫米，径2毫米；5棱均窄翅状。花期6-7月，果期8-9月。

原产欧洲、俄罗斯中亚地区和西伯利亚等地。我国引入栽培，生于湿润地方。果含挥发油1.4%。

图 1046 草地亮叶芹 （史渭清绘）

66. 翅棱芹属 Pterygopleurum Kitagawa
（刘守炉）

多年生草本；无毛。根纺锤形。叶一至二回羽裂或三出羽裂，小裂片全缘。复伞形花序，总苞片和小总苞片全缘；伞辐少数。萼齿披针形；花瓣白色，倒心形，先端有内折小舌片；花柱基圆锥形，花柱向外反折。果无毛，稍侧扁，果棱有翅，基部膨大；果横剖面近圆形，每棱槽油管1，合生面油管2。

约2种，分布日本及朝鲜。我国1种。

脉叶翅棱芹 图1047

Pterygopleurum neurophyllum (Maxim.) Kitag. in Bot. Mag. Tokyo 51: 655. 1937.

Edosmia neurohyllum Maxim. in Bull. Acad. St. Pétersb. 18: 286. 1873.

茎高达1米。叶卵圆形，长10-14厘米，一至二回羽裂或三出羽裂，小裂片线形或线状披针形，长2.5-10厘米，宽1-5毫米，全缘；叶柄长约4厘米。总苞片5-6，线形，长3-8毫米；伞辐6-8，长2-3.5厘米，小总苞片数片，长1-3毫米。果椭圆形或球形，长约3毫米，径约2.5毫米，光滑，稍侧扁；果棱有翅，基部膨大；心皮柄2裂。花期9-11月。

图 1047 脉叶翅棱芹 （史渭清绘）

产安徽东南部、江苏南部及浙江北部，生于山坡、沟边或潮湿地带。日本及朝鲜有分布。

67. 蛇床属 Cnidium Cuss.
（佘孟兰）

一年生至多年生草本。叶二至三回羽裂，稀一回羽裂。复伞形花序顶生和侧生，总苞片线形或披针形；小总苞片线形、长卵形或倒卵形，有膜质边缘。萼齿不明显；花瓣白色，稀粉红色。有内折小舌片；花柱基垫状或扁圆锥形，花柱长。果横剖面近五边形，5棱翅木栓质；每棱槽油管1，合生面油管2；胚乳腹面近平直。

约20种，主产欧洲和亚洲。我国5种。

1. 小总苞片长卵形或倒卵形，膜质边缘宽 ·· 1. 兴安蛇床 **C. dahuricum**
1. 小总苞片线形，膜质边缘窄。
  2. 小总苞片边缘具细睫毛。
    3. 植株高达60厘米；果长圆形 ·· 3. 蛇床 **C. monnieri**
    3. 植株高不及30厘米；果近球形 ············ 3(附). 台湾蛇床 **C. monnieri** var. **formosanum**
  2. 小总苞片边缘无细睫毛。
    4. 总苞片宿存；茎丛生；茎生叶小裂片倒披针形或倒卵形 ············· 2. 滨蛇床 **C. japonicum**
    4. 总苞片早落；茎单生；茎生叶小裂片线状披针形或弯镰形 ············· 4. 碱蛇床 **C. salinum**

1. 兴安蛇床　　　　　　　　　　图 1048

Cnidium dahuricum (Jacq.) Turcz. ex Fisch. et Mey. in Ind. II. Sem. Horti Petrop. 33. 1835.

Laserpitium davuricum Jacq. Hort. Vindob. 3: 22. 1776.

图 1048 兴安蛇床 （韦力生绘）

多年生草本，高达1米。茎无毛，上部分枝常弧形。中部以下叶柄长达15厘米，叶鞘宽达1.5厘米，边缘白色膜质；叶卵状三角形，长10-20厘米，宽7-15厘米，二至三回三出羽裂，小裂片倒卵状披针形，2-3浅裂或深裂，长0.5-1.5厘米，宽3-8毫米，全缘。复伞形花序径5-8厘米，总苞片6-8，披针形，长0.8-1.2厘米，边缘白色膜

质；伞辐10-16，长2-4厘米，棱粗糙，小总苞片4-7，长卵形或倒卵形，长3-5毫米；边缘白色，宽膜质；伞形花序有10-20花。花瓣倒卵形；花柱基垫状，花柱稍弯曲。果长圆状卵形，长3-5毫米，径2-3毫米，5棱翅近等宽。花期7-8月，果期8-9月。

产黑龙江、吉林、内蒙古及河北北部，生于草原、河边湿地。朝鲜、蒙古、日本及俄罗斯有分布。

2. 滨蛇床　　　　　　　　　　图 1049

Cnidium japonicum Miq. in Ann. Mus. Bot. Lugd.-Bat. 3: 60. 1867.

二年生草本，高达20厘米。茎丛生，上部分枝。基生叶柄长1-7厘米，茎下部叶柄较短；叶卵状椭圆形，长5-6厘米，宽2-3厘米，一至二回羽状全裂或深裂，羽片3-4对，羽片深裂至全裂，小裂片倒披针形或倒卵形，长5-8（-10）毫米，宽1.5-4毫米，先端圆钝。复伞形花序径1-2厘米，总苞片4-5（-8），线形，长3-5毫米，宿存；伞辐6-9，长1-2厘米，小总苞片4-5（-10），长2-4毫米，线形，有窄的膜质边缘；伞形花序有8-10花。萼无齿；花瓣白色。果近球形，长宽均2-3.5毫米，5棱均翅状，较厚，木栓质。花期8-9月，果期9-10月。

产辽宁，生于海边滩地。朝鲜、日本有分布。

3. 蛇床

图 1050: 1-4

Cnidium monnieri (Linn.) Cuss. in Mem. Soc. Med. Paris 280. 1782.

Selinum monnieri Linn. Amoen. Acad. 4: 269. 1755.

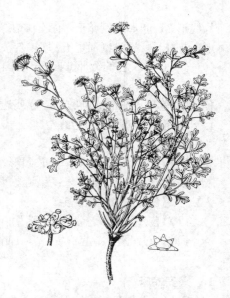

图 1049 滨蛇床 （刘 成绘）

一年生草本，高达60厘米。茎单生，多分枝。下部叶具短柄，叶鞘宽短，边缘膜质，上部叶柄鞘状；叶卵形或三角状卵形，长3-8厘米，宽2-5厘米，二至三回羽裂，裂片线形或线状披针形，长0.3-1厘米，宽1-3毫米，全缘或浅裂。复伞形花序径2-3厘米，总苞片6-10，线形，长约5毫米，边缘具细睫毛；伞辐8-20，长0.5-2厘米，小总苞片多数，线形，长3-5毫米，边缘具细睫毛；伞形花序有15-20花。花瓣白色；花柱基垫状，花柱稍弯曲。果长圆形，长1.5-3毫米，径1-2毫米，横剖面近五边形，5棱均成宽翅。花期4-7月，果期6-10月。

产黑龙江、吉林、辽宁、内蒙古、河北、山西、山东、河南、安徽、江苏、浙江、福建、台湾、江西、湖北、湖南、广东、海南、广西、贵州、云南、四川、甘肃南部及陕西西南部，生于田边、路边、草地及河边湿地。俄罗斯、朝鲜、越南、北美及欧洲有分布。果为中药"蛇床子"，有燥湿、杀虫止痒、壮阳之效，治皮肤湿疹、阴道滴虫、肾虚阳痿。

[附] **台湾蛇床 Cnidium monnieri** var. **formosanum** (Yabe) Kitagawa in Journ. Jap. Bot. 48: 237. 1973. —— *Cnidium formosanum* Yabe, Rev. Umbell. Jap. 63. 1902. 本变种与模式变种的区别：植株高不及30厘米；果近球形。产台湾北部及西部。

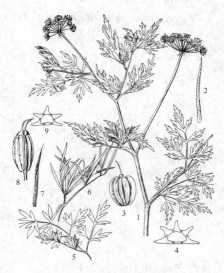

图 1050: 1-4.蛇床 5-9.碱蛇床 （引自《图鉴》）

4. 碱蛇床

图 1050: 5-9

Cnidium salinum Turcz. in Bull. Soc. Nat. Mosc. 17: 733. 1844.

多年生草本，高达50厘米。茎单生。基生叶柄长达10厘米；叶长圆状卵形，长约6厘米，一至二回羽裂，小裂片倒卵形或倒披针形，先端2-3浅裂或深裂，基部较窄或楔形，长1-2厘米，宽0.3-1厘米；茎生叶小裂片线状披针形或镰形，长0.5-3厘米，宽1.5-3毫米；茎顶部叶柄短，鞘状，裂片简化。复伞形花序具长梗，总苞片线形，长0.6-1厘米，早落；伞辐10-15，长2-3厘米，小总苞片4-6，线形，长5-7毫米，边缘稍粗糙。花瓣白色或带粉红色，宽卵形；花柱基垫状。果长圆状卵形，长约3毫米，5棱均翅状，边缘白色膜质。花期7-8月，果期8-9月。

产黑龙江、内蒙古、甘肃、宁夏、青海东北部及河北北部，生于草甸、盐碱滩及潮湿地。蒙古及俄罗斯有分布。

68. 亮蛇床属 Selinum Linn.

（佘孟兰）

多年生草本。叶一至四回羽裂或全裂。复伞形花序顶生或侧生；伞辐多数；总苞片少数或无，线形，全缘或披针形，羽裂。萼齿线形或钻形；花瓣白色，倒卵形，先端有内折小舌片；花柱基圆锥形，花柱常下弯。果背腹扁，背棱窄翅状，侧棱宽翅状；棱槽油管1-3，合生面油管2-6；胚乳腹面平直或内凹。

约8种，分布北温带。我国约3种。

亮蛇床　　　　　　　　　　　　　　　图1051

Selinum cryptotaenium H. de Boiss. in Bull. Herb. Boiss. 2(3): 847. 1903.

植株高达80厘米。根粗壮，多枝根。叶宽三角状卵形，长8-10厘米，宽约8厘米，二至三回羽裂，小裂片长卵形或宽披针形，1-3深裂或浅裂，小裂片线形。花序径8-10厘米，果序径达20厘米；花序梗长10-20厘米；总苞片2-3，线形，长约1厘米，密生糙毛，早落；伞辐12-28，长5-7厘米，小总苞片5-10，线形，长5-8毫米，常向下反曲，密生糙毛。萼齿钻形；花柱长约1毫米，下弯。果圆卵形或长圆形，长约4毫米，径3.5-4毫米；背棱槽油管1，侧棱槽油管3，合生面油管4；胚乳腹面平直。

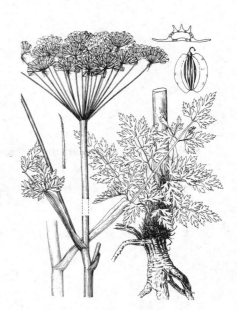

图 1051 亮蛇床 （韦力生绘）

产云南东部，生于海拔2500-3000米山地林缘、灌丛中及草地。

69. 狭腔芹属 Stenocoelium Ledeb.

（佘孟兰）

多年生草本。根粗壮，分枝。茎有硬毛。叶二回羽状全裂。复伞形花序径7-20厘米；伞辐9-28，常被短毛，总苞片多数，线形或线状披针形；伞形花序具多花，小总苞片多数，多毛。萼齿锐三角形；花瓣白色，先端稍凹入，有内折小舌片，有柔毛；花柱基短圆锥状，花柱长。果背腹扁，果棱厚翅状，翅缘硬膜质，有不整齐宽齿；每棱槽油管1，合生面油管2；胚乳腹面平直。

3种，分布俄罗斯中亚地区及西伯利亚。我国均产。

1. 茎长8-20厘米；花梗长，无毛或近光滑；果无毛或果棱疏被硬毛⋯⋯
⋯⋯⋯⋯⋯⋯⋯⋯⋯⋯⋯⋯⋯⋯⋯⋯⋯⋯⋯⋯ 1. 狭腔芹 **S. athamantoides**
1. 茎长不及7厘米；花梗短，有密毛；果密被短毛⋯⋯⋯⋯⋯⋯⋯⋯
⋯⋯⋯⋯⋯⋯⋯⋯⋯⋯⋯⋯⋯⋯⋯ 2. 毛果狭腔芹 **S. trichocarpum**

图 1052 狭腔芹 （引自《图鉴》）

1. 狭腔芹　　　　　　　　　　　　　　图1052

Stenocoelium athamantoides (M. B.) Ledeb. Fl. Alt. 1: 298. 1829.

Cachrys athamantoides M. B. Fl. Taur.-Caus. 3: 217. 1819.

植株高约15厘米。根茎粗壮，多环纹，密被枯鞘；根粗壮多分枝。茎圆柱形，有纵槽和硬毛，带紫红色，近基部少数分枝。茎生叶莲座状，叶柄长，叶鞘宽；叶长圆形，二回羽状全裂，小裂片窄披针形，长3-5毫米，近顶端全缘或浅裂。顶生复伞形花序径达20厘米；伞辐9-28，有硬毛，总苞片多数，

线形，膜质；伞形花序多花，小总苞片多数，线形，边缘膜质。萼齿三角状披针形；花瓣白色至淡紫红色，倒心形，有内折小舌片。果长卵形，长约5毫米，有时带紫红色，无毛或有硬毛。花期7月，果期8月。

产新疆北部，生于山区石砾质山坡。俄罗斯中亚地区及西伯利亚有分布。

2. 毛果狭腔芹 图1053

Stenocoelium trichocarpum Schrenk in Bull. Phys. Math. Acad. St. Pétersb. 1: 80. 1841.

植株高达7厘米；全株有毛。直根粗壮。茎极短，有时近无茎，从根颈处发出多数枝条，枝长2-18厘米。基生叶莲座状，具短柄，叶鞘宽披针形，被毛；叶长圆形，二回羽状全裂，小裂片长圆形，长1-3毫米，宽0.5-1毫米，两面密生绒毛。顶生复伞形花序径达10厘米，伞辐多数，总苞片多数，线形，有毛，几全为膜质，有时具苞叶；伞形花序多花，小总苞片多数，线形，边缘膜质。萼齿披针形；花瓣白色，中脉淡紫红色，有柔毛。果长圆状倒卵形，长约4毫米，有密毛。花期6月，果期7月。

产新疆北部，生于砾石质山坡及低山丘陵。中亚有分布。

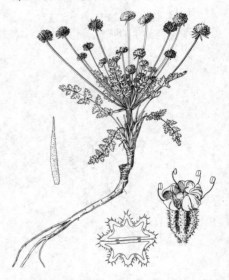

图 1053 毛果狭腔芹 （韦力生绘）

70. 空棱芹属 **Cenolophium** Koch

（佘孟兰）

多年生草本。叶三回羽状全裂。复伞形花序，伞辐10-20；伞形花序多花，小总苞片多数。花瓣白色，宽卵形，先端微凹，有内折小舌片；花柱基短圆锥形或垫状，花柱长，叉开反曲，柱头粗。果两侧扁，果棱翅状，棱内中空；每棱槽油管1，合生面油管2。

约2种，分布欧洲北部、中亚和西伯利亚。我国1种。

空棱芹 图1054

Cenolophium denudatum (Fisch. ex Hornem.) Tutin in Fedde, Repert. Sp. Nov. 74(1-2): 31. 1967.

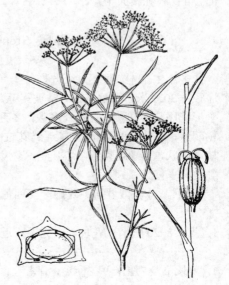

图 1054 空棱芹 （引自《图鉴》）

Athamanta denudata Fisch. ex Hornem. Hort. Hafm. Suppl. 32. 1813.

多年生草本，高达1.5米。茎无毛，基部紫色，中部以上分枝。叶宽卵形，三回羽状全裂，小裂片线形或线状披针形，长1.5-6厘米，宽1-6毫米，无毛。复伞形花序少数分枝；伞形花序径3-7厘米；伞辐15-25，无总苞或有1线形总苞片；伞形花序有12-16花，小总苞片线形或线状披针形，常带紫色。萼齿不明显。果卵状椭圆形，长3.5-5毫米，径1.5-2.5毫米，果棱翅状，棱内中空。花期7月，果期8月。

产新疆东北部，生于河边、草地、湿润林下及草地。欧洲北部、中亚地区及西伯利亚有分布。

71. 藁本属 Ligusticum Linn.
（溥发鼎）

多年生草本。根圆柱形或纺锤形。根茎常被枯萎叶鞘。茎多分枝。叶一至三回羽裂，或三出二至四回羽裂。茎上部叶较小，或无茎生叶。复伞形花序顶生和侧生，总苞片数个，常早落；小总苞片全缘，2-3裂，或一至三回羽裂。花瓣白色，稀粉红或带淡紫蓝色，先端微凹，具内弯小舌片；花柱基圆锥形或短圆锥形。果近两侧扁或背腹扁；果棱突起，侧棱常较背棱宽；每棱槽油管1-5，合生面油管2-10；胚乳腹面平直或微凹。

约66种，分布亚洲、欧洲和北美。我国40种。

多为药用植物，如川芎、抚芎、藁本等均为我国著名中药。

1. 小总苞片披针形或线形，全缘。
　2. 叶一回羽裂 ·· 1. 长茎藁本 **L．thomsonii**
　2. 叶二至三回羽裂，或三出二至四回羽裂。
　　3. 萼齿不明显。
　　　4. 根茎节不膨大；花柱长不及果1/2。
　　　　5. 伞辐极不等长；叶小裂片卵圆形 ············· 2. 归叶藁本 **L．angelicifolium**
　　　　5. 伞辐近等长；叶小裂片卵圆形、扇形、长圆状卵形或披针形。
　　　　　6. 总苞片边缘窄膜质 ·················· 3. 辽藁本 **L．jeholense**
　　　　　6. 总苞片边缘非膜质。
　　　　　　7. 根茎细长；叶裂片排列稀疏，先端钝尖 ······· 4. 蕨叶藁本 **L．pteridophyllum**
　　　　　　7. 根茎粗；叶裂片排列紧密，先端渐尖或尾状 ······ 5. 尖叶藁本 **L．acuminatum**
　　　4. 根茎节瘤块状；花柱与果近等长，或为果长1/2。
　　　　8. 根茎和茎基部的节稍膨大；叶小裂片有锯齿；花能育 ········ 6. 藁本 **L．sinense**
　　　　8. 根茎节膨大；茎下部节盘状；叶小裂片边缘缺刻状，或羽状条裂；花不育或几乎不开花。
　　　　　9. 根茎块状；叶小裂片边缘缺刻状条裂 ····· 6(附). 抚芎 **L．sinense** cv. Fuxiong
　　　　　9. 根茎呈结节状拳形团块；叶小裂片线状披针形，羽状条裂 ····················
　　　　　　　　　　　　　·· 6(附). 川芎 **L．sinense** cv. Chuanxiong
　　3. 萼齿明显。
　　　10. 小总苞片披针形，边缘窄膜质。
　　　　11. 叶二至三回羽裂，小裂片窄线形或刚毛状；果每棱槽油管3，合生面油管6 ·········
　　　　　　　·· 7. 丽江藁本 **L．delavayi**
　　　　11. 叶三回羽裂，小裂片线形；果每棱槽油管1，合生面油管2 ······ 8. 岩茴香 **L．tachiroei**
　　　10. 小总苞片线形，无膜质边缘。
　　　　12. 叶三出二至三回羽裂，小裂片长圆状披针形 ········ 9. 黑水岩茴香 **L．ajanense**

12. 叶三出三至四回羽裂，小裂片线形 ⋯⋯⋯⋯⋯⋯⋯⋯⋯⋯⋯⋯ 10. **短片藁本 L．brachylobum**
1. 小总苞片一至三回羽裂或顶端2-3裂，稀全缘。
　13. 小总苞片顶端2-3裂或一回羽裂，或全缘。
　　14. 萼齿不明显 ⋯⋯⋯⋯⋯⋯⋯⋯⋯⋯⋯⋯⋯⋯⋯⋯⋯ 11. **细苞藁本 L．capillaceum**
　　14. 萼齿明显。
　　　15. 叶二至三回羽裂；伞辐长达8厘米 ⋯⋯⋯⋯⋯⋯⋯⋯ 12. **川滇藁本 L．sikiangense**
　　　15. 叶一回羽裂；伞辐长1-5厘米。
　　　　16. 伞辐长1-2厘米，小总苞片4-8（-10），全缘或顶端2-3裂，稀羽裂；花瓣白色 ⋯⋯⋯⋯⋯
　　　　　⋯⋯⋯⋯⋯⋯⋯⋯⋯⋯⋯⋯⋯⋯⋯⋯⋯⋯⋯ 13. **美脉藁本 L．calophlebium**
　　　　16. 伞辐长2-5厘米，小总苞片10-12，羽裂；花瓣白色或带粉红色 ⋯⋯⋯⋯⋯⋯⋯⋯⋯⋯
　　　　　⋯⋯⋯⋯⋯⋯⋯⋯⋯⋯⋯⋯⋯⋯⋯⋯⋯⋯⋯ 14. **多苞藁本 L．involucratum**
　13. 小总苞片一至二回羽裂，稀全缘、顶端2-3裂或羽裂。
　　17. 小总苞片一至二回羽裂，具白色膜质边缘；萼齿不发育 ⋯⋯⋯ 15. **膜苞藁本 L．oliverianum**
　　17. 小总苞片一至二回羽裂，或顶端2-3裂，无白色膜质边缘；萼齿三角形或钻形。
　　　18. 全株被毛，茎单生，较短；伞辐长达24厘米 ⋯⋯⋯⋯⋯⋯ 16. **毛藁本 L．hispidum**
　　　18. 植株无毛，茎直立，高达50厘米；伞辐长1-6厘米。
　　　　19. 茎2-3，常不分枝，花葶状；常无茎生叶 ⋯⋯⋯⋯⋯⋯⋯ 17. **抽葶藁本 L．scapiforme**
　　　　19. 茎分枝；有茎生叶。
　　　　　20. 茎单生；果每棱槽油管1-3，合生面油管4-6 ⋯⋯⋯⋯ 18. **羽苞藁本 L．daucoides**
　　　　　20. 茎丛生；果每棱槽油管2-5，合生面油管6-10 ⋯⋯⋯⋯ 19. **多管藁本 L．multivittatum**

1. 长茎藁本

图 1055

Ligusticum thomsonii C. B. Clarke in J. D. Hook. Fl. Brit. Ind. 2: 698. 1879.

植株高达90厘米。根圆柱形，长达15厘米。茎数个丛生。基生叶柄长2-10厘米；叶一回羽裂，羽片5-9对，卵圆形或长圆形，长0.5-2厘米，宽0.5-1厘米，沿叶脉疏生柔毛，有不规则锯齿或深裂；茎生叶1-3，较小。顶生复伞形花序径4-6厘米，侧生花序较小，或不育，总苞片5-6（-8），线形，边缘窄膜质；伞辐10-20，长1-2.5厘米，小总苞片10-15，线形或线状披针形，边缘窄膜质。萼齿细小；花瓣白色。

果长圆状卵形，背腹扁；背棱线形，侧棱较宽，窄翅状；每棱槽油管2-4，合生面油管6-8；胚乳腹面平直。花期7-8月，果期9月。

产甘肃、青海、西藏东北部、云南西北部及四川西北部，生于海拔2200-4200米谷坡、草丛、林缘、林下、草地、高山宽谷、灌丛草甸中。阿富汗、巴基斯坦、克什米尔地区及印度有分布。

图 1055 长茎藁本 （韦力生绘）

2. 归叶藁本

图 1056

Ligusticum angelicifolium Franch. in Bull. Soc. Philom. Paris ser. 8,

6: 133. 1894.

植株高1.2米以上。根圆柱形。茎

直立，分枝。基生叶和茎生叶叶柄长达 12 厘米，叶鞘宽；叶三出三回羽裂，小裂片卵圆形，长 2-5 厘米，宽 1-3 厘米，有锯齿；茎上部叶较小。复伞形花序无总苞片；伞辐（10-）20-25，极不等长，长 1-6 厘米，小总苞片线形，全缘，长约 1 厘米。萼齿不明显；花瓣紫红色；花柱长约为花柱基 2 倍。果长圆状卵形，背腹扁；背棱突起，线形，侧棱翅状；每棱槽油管 3-4，合生面油管 4-6（-8）；胚乳腹面平直。花期 7-8 月，果期 9 月。

产陕西东部、西藏东部、云南及四川，生于海拔 1800-4200 米高山草甸、林下、林缘、草地及沟边灌丛中。

图 1056 归叶藁本 （韦力生绘）

3. 辽藁本 图 1057

Ligusticum jeholense (Nakai et Kitag.) Nakai et Kitag. in Rep. Inst. Sci. Res. Manch. 4(4): 36. 1936.

Cnidium jeholense Nakai et Kitag. in Rep. Inst. Sci. Res. Manch. 4(1): 38. 1934.

植株高达 80 厘米。根圆锥形，叉状分枝。茎中上部分枝。基生叶及茎下部叶柄长达 19 厘米；叶三出二至三回羽裂，一回羽片 4-6 对，小裂片卵圆形或长圆状卵形，长 2-3 厘米，宽 1-2 厘米，脉上被毛，3-5 裂；茎上部叶一回羽裂或 3 裂。复伞形花序径 3-7 厘米；总苞片 2-6，线状披针形，边缘窄膜质，早落；伞辐 8-16（-19），近等长，长 2-3 厘米；小总苞片 8-10，线形，全缘。萼齿不发育；花瓣白色；花

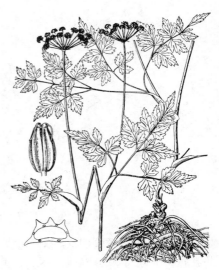

图 1057 辽藁本 （引自《图鉴》）

柱约为果长 1/2。果长圆形，近背腹扁；背棱线形，侧棱窄翅状；每棱槽油管 1（2），合生面油管 2-4；胚乳腹面平直。花期 8 月，果期 9-10 月。

产吉林东南部、辽宁、内蒙古东南部、河北、山西、山东中西部及河

南，生于海拔 1100-2500 米山地林下、沟边、山坡或草地。根药用，可镇痛、镇痉。

4. 蕨叶藁本 图 1058

Ligusticum pteridophyllum Franch. in Bull. Soc. Philom. Paris ser. 8, 6: 132. 1894.

植株高达 80 厘米。根茎细长，节球形。茎直立，无毛。基生叶和茎下部叶柄长 15-20 厘米；叶三出二至三回羽裂，一回羽片排列疏离，小裂片

倒卵形或扇形，长约 1 厘米，宽约 5 毫米，先端钝尖，具不规则浅裂或缺齿；茎上部叶较小。复伞形花序径 5-7 厘米，总苞片 8-10，线形，全缘；

伞辐13-20，长2-3厘米，小总苞片6-10（-12），与总苞片同形。萼齿不明显；花瓣白或带淡紫色。果长圆形，背腹扁；背棱突起，侧棱具窄翅；每棱槽油管3，合生面油管4-6；胚乳腹面平直。花期8-9月，果期10月。

产西藏东部、云南、四川及甘肃南部，生于海拔1800-3600米亚高山针叶林、高山栎林、高山松林或杨桦林下、草坡、沟边或石缝中。根药用，可散风寒、镇静、止痛、祛湿，治头痛、胃痛。

图 1058 蕨叶藁本 （韦力生绘）

5. 尖叶藁本　　　　　　　　　图 1059

Ligusticum acuminatum Franch. in Bull. Soc. Philom. Paris ser. 8, 6: 131. 1894.

草本，高达2米。根茎粗大。茎1-2，带淡紫色。基生叶及茎下部叶柄长5-10厘米；叶三出三回羽裂，一回羽片4-6对，排列紧密，先端渐尖或尾状，小裂片近卵圆形，长0.5-1.5厘米，宽约1厘米，先端渐尖；茎上部叶一回羽裂。复伞形花序径约4厘米，总苞片5-6，线形，全缘；伞辐（7-）12-23，近等长，长2-3厘米，小总苞片5-10，线形。萼齿不明显；花瓣白色。果长圆状卵形，长约3毫米，径约2毫米，背腹扁，背棱窄翅状，侧棱翅状；每棱槽油管2-3，合生面油管6-8；胚乳腹面平直或微凹。花期7-8月，果期9-10月。

产西藏东南部、云南、四川、湖北、陕西南部及河南西部，生于海拔1500-4000米亚高山针叶林、桦木林下、林缘、高山灌丛草甸或山地草坡。

图 1059 尖叶藁本 （韦力生绘）

6. 藁本　　　　　　　　　　　图 1060

Ligusticum sinense Oliv. in Hook. Icon. Pl. 20: pl. 1958. 1891.

植株高达1米。根茎和茎基部节稍膨大，节间短。茎分枝。基生叶柄长达20厘米；叶三出二回羽裂，一回羽片4-6对，小裂片卵圆形或长圆状卵圆形，长2-3厘米，宽1-2厘米，有锯齿；茎上部叶一回羽裂。复伞形花序径6-8厘米，总苞片5-6（-10），线形，全缘；伞辐15-30，长3-5厘米，小总苞片5-8，与总苞片同形。萼齿不明显；花瓣白色；花柱与果近等长，向两侧弯曲。果卵状长圆形，长2-3毫米，径1.5-2毫米，近两侧扁；背棱

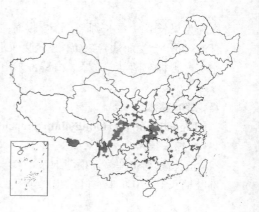

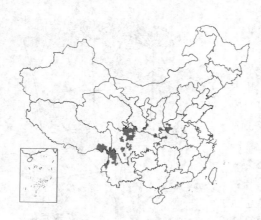

突起，侧棱具窄翅；每棱槽油管1-3（-4），合生面油管4-6；胚乳腹面平直。花期8-9月，果期10月。

产河北、山西、河南、山东、江苏、安徽、浙江、福建、江西、湖南、湖北、陕西、甘肃、宁夏、四川、贵州、广西、云南及西藏，生于海拔500-3700米疏林下、林缘、采伐迹地或箭竹丛中。根茎药用，主治风寒头痛、泄泻；煎水治疥癣、神经性皮炎，对流感病毒有抑制作用。

[附] **抚芎 Ligusticum sinense** cv. **Fuxiong**, Acta Phytotax. Sin. 29(6): 530. 1991. 本栽培品种与藁本的主要区别：根茎块状，茎下部节盘状；叶小裂片缺刻状条裂。四川西南及东南部、湖北西北部、江西西北部等地有栽培。根茎药用，药效同川芎。

[附] **川芎 Ligusticum sinense** cv. **Chuanxiong**, Acta Phytotax. Sin. 29(6): 530. 1991. —— *Ligusticum chuanxiong* Hort. ex Qiu et al. in Acta Phytotax. Sin. 17(2): 101. 1979. 本栽培品种与抚芎的主要区别：根茎呈结节状拳形团块；叶小裂片线状披针形，羽状条裂。产四川西部，黄河流域各地有栽培。根茎药用，可活血调经、舒肝解郁、行气定痛、祛风除湿、扩张血管、增强冠状动脉和心脏血流量。

图 1060 藁本 （引自《中国药用植物志》）

7. 丽江藁本   图 1061

Ligusticum delavayi Franch. in Bull. Soc. Philom. Paris ser. 8, 6: 131. 1894.

植株高达80厘米。根细，长达10厘米。茎2-3分枝。基生叶和茎下部叶柄长6-25厘米；叶二至三回羽裂，一回羽片6-8对，小裂片线形或刚毛状，长1-5厘米，宽约0.5毫米；茎上部叶较小，一至二回羽裂。复伞形花序径3-10厘米，总苞片1-4，线状披针形，长0.5-1.5厘米，边缘窄膜质；伞辐（6-）10-14，长3-4厘米，小总苞片8-10，披针形，长5-8毫米，边缘窄膜质。萼齿钻形，不等大；花瓣白色。果长圆

图 1061 丽江藁本 （韦力生绘）

状卵形，长约4毫米，径约3毫米，近背腹扁；背棱突起，侧棱窄翅状；每棱槽油管3，合生面油管6；胚乳腹面平直。花期8-9月，果期10月。

产西藏、云南西北部及四川，生于海拔2800-4500米高山灌丛草甸、林下、林缘、灌丛中或草坡。根药用，生药称黄藁本或滇藁本。

8. 岩茴香   图 1062

Ligusticum tachiroei (Franch. et Sav.) Hiroe et Constance, Umbell. Jap. 1: 74. 1958.

Seseli tachiroei Franch. et Sav. Enum. Pl. Jap. 2: 373. 1876.

多年生草本，高达30厘米。根圆柱形。茎有少数分枝或不分枝。基生

叶柄长 5-7（-12）厘米；叶三回羽裂，一回羽片 5-7 对，小裂片线形，长 0.3-1.5 厘米，宽 0.5-1 毫米；茎生叶与基生叶同形，较小。复伞形花序径 2-4 厘米，总苞片 2-7，披针形，边缘窄膜质，常早落；伞辐 5-10，长 5-15（-40）毫米，小总苞片 5-8，披针形，无膜质边缘。萼齿披针形；花瓣白或带淡红色，有短爪；花柱长约花柱基 2 倍。果长圆形，长 3-4 毫米，径 1-2 毫米，近两侧扁；果棱突起；每棱槽油管 1，合生面油管 2；胚乳腹面平直。花期 7-8 月，果期 8-9 月。

产吉林、辽宁、内蒙古、河北、山西、河南西部及湖北西部，生于海拔 1200-2500 米白桦林或油松林下、林缘、岩缝中或多石坡地荫湿处。朝鲜及日本有分布。

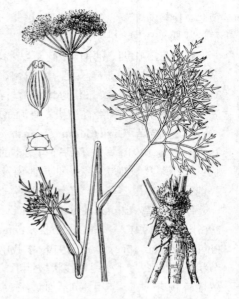

图 1062 岩茴香 （引自《图鉴》）

9. 黑水岩茴香 　　　　　　　　　　　　　　图 1063

Ligusticum ajanense (Regel et Tiling) Kozo–Polj. in Bull. Soc. Mosc. 2(29): 120. 1916.

Tilingia ajanense Regel et Tiling, Fl. Ajan 97. 1858.

植株高达 80 厘米。根圆柱形。茎分枝，带紫色。基生叶柄长 5-10 厘米；叶三出二至三回羽裂，一回羽片 4-6 对，小裂片长圆状披针形；茎上部叶羽裂或 3 裂，裂片线形。复伞形花序径 2.5-4 厘米，总苞片 1-5，线形，早落；伞辐 7-11，长 1-3 厘米，小总苞片 3-5（-8），线形，全缘；伞形花序 10-15 花。萼齿披针形；花瓣白或带淡红色，有短爪；花柱基短圆锥形，花柱长约为花柱基 2 倍。果长圆状卵形，长 3-4 毫米，径 2-3 毫米，近两侧扁；果棱突起，近等宽；每棱槽油管 1-3，合生面油管 2-4（-6），胚乳腹面平直。花期 7-8 月，果期 8-10 月。

产黑龙江北部、河北西北部及山东，生于海拔 1500 米以下砾石坡地、草丛中。俄罗斯远东及西伯利亚地区、日本北部有分布。

图 1063 黑水岩茴香 （韦力生绘）

10. 短片藁本 　　　　　　　　　　　　　　图 1064

Ligusticum brachylobum Franch. in Bull. Soc. Philom. Paris ser. 8, 6: 134. 1894.

植株粗壮，高达 1 米；全株被柔毛。根纺锤形。根颈密被枯萎叶鞘。茎分枝。基生叶柄长 9-25 厘米；叶三出三至四回羽裂，小裂片线形，长约 3 毫米，宽约 1 毫米；茎上部叶较小。总苞片 2-4，线形，早落；伞辐 15-30，长 2-6 厘米，小总苞片 10-12，线形，全缘。萼齿钻形；花瓣白色。果长圆状卵形，近背腹扁；背棱突起，侧棱翅状；每棱槽油管 2-3，合生面油管 4-6；胚乳腹面平直。花期 7-8 月，果期 9-10 月。

产西藏东部、云南、贵州、四川、湖北西部及陕西西南部，生于海

拔1600-4100米高山草甸、林下、林缘、灌丛草坡或河滩草地。根药用，
镇痛、祛风除湿，治头痛昏眩、关节痛、四肢痉挛、破伤风。

11. 细苞藁本   图 1065

Ligusticum capillaceum H. Wolff in Fedde, Repert. Sp. Nov. 27: 311.
1930.

图 1064 短片藁本 （韦力生绘）

多年生草本，高达20厘米；全株被毛。根粗壮，长8-25厘米，径0.5-
1厘米。根颈密被枯萎叶鞘。茎单生，不分枝或偶有1个分枝。基生叶柄长2-5厘米；叶二回羽裂，一回羽片5-7对，小裂片线状披针形，长2-4厘米，宽约1毫米；茎生叶1-2，较小。复伞形花序有长梗，总苞片1-2，羽裂或全缘；伞辐（4-）10-20，长1-3厘米，小总苞片6-8，与总苞片同形。萼齿不明显；花瓣白或紫红色，有毛；花柱长约为果1/2。果长圆状卵形，长约6毫米，径约3毫米，背腹扁；背棱线形，侧棱翅状；每棱槽油管1-3，合生面油管4-6；胚乳腹面平直。花期8月。

产云南西北部及四川西南部，生于海拔1500-4500米高山草甸、河滩草地、疏林下、灌丛中或草坡。

12. 川滇藁本   图 1066

Ligusticum sikiangense Hiroe, Umbell. Asia 1: 107. 1958.

植株高达60厘米。根纺锤形。茎2-3，或单生，1-2分枝。基生叶柄长3-7厘米；叶二至三回羽裂，小裂片倒披针形，长2-3毫米，宽0.5-1毫米，3裂；茎生叶1-2，与基生叶同形。复伞形花序径4-7厘米，总苞片2-3，线形、全缘，先端尾状，稀一至二回羽裂；伞辐（5-）8-10，长3-8毫米，小总苞片5-7，线状披针形，先端尾状，稀羽裂，或2-3裂，基部合生；伞形花序多花。萼齿宽三角形；花瓣白色，

图 1065 细苞藁本 （韦力生绘）

有短爪。果长圆状卵形，背腹扁；果棱窄翅状，每棱槽油管4-5，合生面油管8-10；胚乳腹面微凹。花期6-8月，果期9月。

产云南西北部及四川，生于海拔3400-4500米高山流石滩、高山灌丛草甸或亚高山针叶林中。

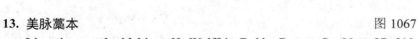

13. 美脉藁本   图 1067

Ligusticum calophlebium H. Wolff in Fedde, Repert. Sp. Nov. 27: 310.
1930.

植株高达50厘米。根芜菁状，根颈密被叶鞘纤维。茎基部有数个分

枝。基生叶柄长2-4（-10）厘米；叶一回羽裂，羽片2-5对，长圆状卵形或披针形，长2-3厘米，宽0.5-1厘米，顶端裂片菱状卵圆形，长3-5厘米，宽1.5-2厘米，有锯齿，或3-5裂；茎上部叶3裂。复伞形花序径3-4厘米，总苞片2-5，线形，全缘，或2-3裂，稀羽裂，早落；伞辐8-20，长1-2厘米，小总苞片4-8（-10），与总苞片同形；伞形花序20-30花。萼齿钻形或三角形；花瓣白色。果长圆状卵形，长2.5-3毫米，径1.5-2毫米；背腹扁，背棱突起，侧棱窄翅状；每棱槽油管1-2，合生面油管6；胚乳腹面平直。花期6-8月，果期9月。

产云南西北部及四川西南部，生于海拔2000-4000米灌丛草甸、林下、草坡、沟边、草地。

图 1066 川滇藁本 （韦力生绘）

14. 多苞藁本

图 1068

Ligusticum involucratum Franch. in Bull. Soc. Philom. Paris ser. 8, 6: 32. 1894.

植株高达40厘米；全株疏被柔毛。根圆柱形或纺锤形。茎多分枝。基生叶柄长3-9厘米；叶一回羽裂，羽片4-5对，长圆状卵形或长圆形，长2-5厘米，宽1.5-3厘米，脉上被柔毛，缺刻状或羽裂。复伞形花序径3-9厘米，总苞片7-10，长2-4厘米，一回羽裂，被柔毛；伞辐20-35，长2-5厘米，小总苞片10-12，长0.5-1厘米，羽裂，被疏柔毛。萼齿三角形；花瓣白或带粉红色，有短爪。果长圆状卵形，背腹扁，背棱线形，侧棱翅状；每棱槽油管1-3，合生面油管4-6；胚乳腹面平直。花期8月，果期9月。

图 1067 美脉藁本 （韦力生绘）

产西藏东南部、云南西北部及四川西南部，生于海拔2800-4900米高山灌丛草甸、亚高山针叶林下、多石坡地、沟边或河滩草丛中。

15. 膜苞藁本

图 1069: 1-3

Ligusticum oliverianum (H. de Boiss.) Shan in Sinensia 12: 175. 1941.

Selinum oliverianum H. de Boiss. in Bull. Herb. Boiss. 2: 846. 1903.

植株高达40厘米。根纺锤形，根颈被枯萎叶鞘。茎常丛生。基生叶柄长（4-）10-20厘米；叶长圆状披针形，长2-6厘米，宽1-2厘米，二至三回羽裂，一回羽片5-7对，小裂片线形，长2-5毫米，宽约1毫米。复伞形花序径2-3厘米，总苞片5-10，披针形，顶端羽裂，具白色膜质边缘；伞辐6-13，长1-2厘米，小总苞片5-10，披针形，一至二回羽裂或3裂，稀

全缘，边缘白色膜质。萼齿不发育；花瓣白色。果长圆状卵形，长5-6毫米，径3-4毫米，背腹扁；背棱线形，侧棱窄翅状；每棱槽油管1-2，合生面油管4；胚乳腹面平直。花期8月，果期9-10月。

产西藏东南部、云南西北部、四川及湖北西部，生于海拔2000-4700米高山灌丛草甸、亚高山针叶林下、林缘、河谷草坡、石隙、湿沼草地。

16. 毛藁本 图1070

Ligusticum hispidum (Franch.) H. Wolff in Hand.-Mazz. Symb. Sin. 7: 723. 1933.

Trachydium hispidum Franch. in Bull. Soc. Philom. Paris ser. 8, 6: 113. 1894.

植株高达60厘米；全株被糙毛。根圆柱形，根颈被枯萎叶鞘。茎单生，较短。基生叶二至三回羽裂，一回羽片3-4对，小裂片卵形，长3-5毫米，宽2-5毫米，常3-5裂，裂片线形。总苞片1-3，一至二回羽裂；伞辐（8-）12-22，长达24厘米，小总苞片多数，二回羽裂，羽片线形。萼齿钻形；花瓣白色。果长圆状卵形，长3毫米，宽2毫米，背腹扁；背棱线形，侧棱翅状；每棱槽油管1-2，合生面油管4；

胚乳腹面平直。花期8月，果期9-10月。

产云南及四川，生于海拔2600-4500米高山草甸、高山松、栎类、杜鹃林下、山地灌丛草坡或荫湿草地。

17. 抽葶藁本 图1071: 1-4

Ligusticum scapiforme H. Wolff in Fedde, Repert. Sp. Nov. 27: 308. 1930.

多年生草本，高达30厘米。根圆柱形或纺锤形，根颈被枯萎叶鞘纤维。茎2-3，常不分枝，花葶状。基生叶有柄，长2-3厘米；叶二至三回羽裂，一回羽片4-5（-10）对，小裂片线形或披针形，长2-3毫米，宽0.5-1毫米；偶有1个茎生叶。复伞形花序顶生，径3-6厘米，花序基部被柔毛，总苞片1-3，羽裂或3裂，稀全缘；伞辐（7-）9-15，长1-3厘米，小总苞片8-10，一至二回羽裂

图 1068 多苞藁本 （韦力生绘）

图 1069: 1-3.膜苞藁本 4-9.羽苞藁本
（韦力生绘）

或3裂。萼齿明显；花瓣白或带紫红色，有短爪；花柱与花柱基近等长。果长圆状卵形，长4-5毫米，径3-4毫米，背腹扁；背棱线形，侧棱翅状；每棱槽油管1-4，合生面油管4-6（-8）；胚乳腹面平直。花期6-8月，果期9-10月。

产西藏南部、云南西北部及四川，生于海拔2700-4800米高山灌丛

草甸、亚高山针叶林下、林缘、多石坡地或河滩草丛中。

18. 羽苞藁本

图 1069: 4-9

Ligusticum daucoides (Franch.) Franch. in Bull. Soc. Philom. Paris ser. 8, 6: 135. 1894.

Trachydium daucoides Franch. in Nouv. Arch. Mus. Hist. Nat. Paris 2(8): 245. 1886.

植株高达50厘米。根圆柱形，长4-10厘米，根颈被叶鞘纤维。茎单生，偶2-3个，分枝1-2。基生叶柄长8-18厘米；叶三至四回羽裂，一回羽片5-6对，小裂片线形，长3-4毫米，宽约1毫米。复伞形花序径7-10厘米；总苞片1-2，羽裂，早落；伞辐（10-）14-23，长1.5-6厘米；小总苞片8-10，一至二回羽裂。萼齿钻形，长达2毫米；花瓣白色，或背面带紫红色。果长圆状卵形，长6-8毫米，径3-4毫米，背腹扁；背棱突起，侧棱翅状；每棱槽油管1-3，合生面油管4-6；胚乳腹面平直。花期7-8月，果期9-10月。

产西藏东南部、云南、贵州西北部、四川及湖北西部，生于海拔2600-4800米高山灌丛草甸、亚高山针叶林下、林缘草地、杨桦林下或潮湿石缝中。

图 1070 毛藁本 （韦力生绘）

19. 多管藁本

图 1071: 5-7

Ligusticum multivittatum Franch. in Bull. Soc. Philom. Paris ser. 8, 6: 133. 1894.

植株高达40厘米。根圆柱形或纺锤形，长10厘米以上。茎多个丛生，带紫红色。基生叶柄长4-12厘米；叶二至三回羽裂，一回羽片5-8对，小裂片线形或披针形，长3-6毫米，宽1-2毫米；茎生叶1-2，较小，或无。复伞形花序径3-4厘米，总苞片1-2，羽裂，稀全缘，线形，被糙毛；伞辐5-10（-20），长1-2（-3）厘米，小总苞片一至二回羽裂，稀2-3裂，被糙毛。萼齿三角形或钻形；花瓣白或蓝紫色。果长圆形，长4-6毫米，径约3毫米，背腹扁；背棱突起，侧棱翅状；每棱槽油管2-5，合生面油管6-10；胚乳腹面平直。

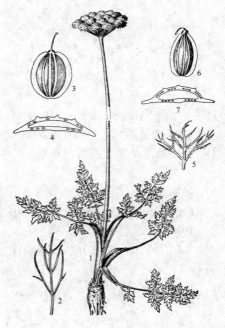

图 1071: 1-4.抽葶藁本 5-7.多管藁本 （韦力生绘）

花期8-9月，果期10月。

产云南西北部及四川，生于海拔3000-4100米林下、草地、砾石坡地或竹丛中。

72. 厚棱芹属 Pachypleurum Ledeb.

（佘孟兰）

多年生草本。根颈常粗壮，密被枯鞘。茎短或近无茎。基生叶具柄；叶二至三回羽裂，小裂片有粗齿或缺裂。复伞形花序，总苞片线形或线状披针形，小总苞片多数。萼齿线形或三角状卵形，稀不明显；花瓣白色，先端具内折小舌片。果背腹扁；主棱有厚翅，每棱槽油管 1，合生面油管 2（0）；胚乳腹面平直或微凹。

约7种，分布北半球温带与寒湿带。我国6种。

1. 茎直立或斜升；小总苞片披针形，顶端常浅裂 ·················· 1. 高山厚棱芹 **P. alpinum**
1. 茎极短或近无；小总苞片羽裂 ·················· 2. 拉萨厚棱芹 **P. lhasanum**

1. 高山厚棱芹

图 1072

Pachypleurum alpinum Ledeb. Fl. Alt. 1: 297. 1829.

植株高达 20 厘米。直根粗壮，少分枝。茎簇生，直立，具细条纹。基生叶柄长 3-5 厘米；叶卵形或长圆状卵形，长 3-5 厘米，宽 1-2 厘米，二回羽裂，小裂片线形或线状披针形，长 0.5-1 厘米，宽 1-1.5 毫米。复伞形花序顶生，径 2-3 厘米，总苞片 6-8，线形或线状披针形，有时顶端宽或浅裂；伞辐 10-15，长 1-1.5 厘米，小总苞片 8-10，披针形，长 3-5 毫米，边缘宽膜质，顶端常浅裂。萼齿三角形；花瓣白

色，心状倒卵形，具爪；花柱基稍球形，花柱向下反曲。果长圆形或卵状长圆形，长 4-5 毫米，径约 3 毫米，主棱厚翅状。花期 7-8 月，果期 8-9 月。

产新疆北部，生于海拔 2400-2600 米山地草甸。俄罗斯有分布。

图 1072 高山厚棱芹 （韦力生绘）

2. 拉萨厚棱芹

图 1073

Pachypleurum lhasanum H. T. Chang et Shan in Acta Phytotax. Sin. 18(3): 377. 1980.

多年生丛生草本。根颈密被枯鞘。基生叶柄长 2-3 厘米。叶长圆状披针形，长 3-6 厘米，宽 1-2 厘米，二至三回羽状全裂，羽片 4-7 对，疏离，卵形，长 0.5-1 厘米，宽 3-5 毫米，小裂片窄卵形或卵状披针形，长 2-3 毫米，宽约 1 毫米。伞辐 11-14，生于植株基部，长 4-20 厘米；小总苞片 6-8，长约 5 毫米，一至二回羽裂。萼齿钻形，长 1.5 毫米；花瓣白

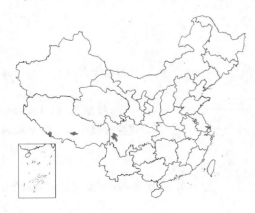

图 1073 拉萨厚棱芹 （韦力生绘）

色，长卵形，有内折小舌片；花柱基圆锥形。果卵形，长3-4毫米，径2毫米，背腹扁；果棱均为较厚翅状；每棱槽内油管1，合生面无油管。

产四川西部、西藏中南及西南部，生于海拔4400-4600米山坡草地。

73. 单球芹属 Haplospaera Hand.-Mazz.
（刘守炉）

多年生草本。根茎粗而分枝。茎无毛。叶三出羽裂，裂片有不规则缺齿。伞形花序多花，密集成球形；小总苞片数枚。萼齿明显；花瓣白、紫或紫褐色，倒卵形，先端有内折小舌片，花柱基圆盘状，花柱短。果主棱5，稍翅状；每棱槽油管（1-2）3。

我国特有属，2种。

单球芹

图 1074

Haplospaera phaea Hand.-Mazz. Anz. Akad. Wiss. Wien, Math.-Nat. 57: 143. 1920.

图 1074 单球芹 （史渭清绘）

植株高达90厘米；全体无毛。茎上部分枝。叶宽三角形或三角状卵形，长8-15厘米，宽7-15厘米，三出一至二回羽裂，下面1对羽片柄长1.5-5.5厘米；小裂片近无柄，卵形或卵状披针形，长2.5-5厘米，宽1.5-2.5厘米，有不规则缺齿。伞形花序近球形，径1-2厘米；小总苞片钻形、线形或线状披针形，长0.5-1厘米，宽约1毫米。花梗长约3毫米；萼齿卵状三角形，长约0.5毫米；花瓣常紫褐色，倒卵形，长1.2-1.5毫米。果倒卵状长圆形或长椭圆形，长约4毫米，径2-2.5毫米，主棱稍翅状。花果期8月。

产四川西南部、云南西北部，生于海拔3000-4200米沟边草丛中、冷杉林或落叶松林下。

74. 栓果芹属 Cortiella C. Norman
（佘孟兰）

多年生垫状草本；无茎。直根圆锥形。基生叶多数，二至三回羽状全裂，小裂片线形。复伞形花序和单伞形花序兼有；总苞片数片，叶状，一至二回羽裂；小总苞片多数；伞辐10-15。萼齿早落；花瓣全缘或微缺。果背腹扁，基部心形，5棱木栓质宽翅状；每棱槽油管1，合生面油管2。

约3种，产喜马拉雅山区，我国均产。

1. 叶小裂片卵形，2-3裂或长圆形，不裂，宽1-2毫米，先端圆钝 ························· 2. 宽叶栓果芹 C. caespitosa
1. 叶小裂片线形或线状披针形，宽0.4-1毫米，先端尖或具小尖头。
  2. 果棱均宽翅状 ·· 1. 栓果芹 C. hookeri
  2. 果背棱钝状突起，侧棱宽翅状 ····················· 3. 锡金栓果芹 C. cortioides

1. 栓果芹

图 1075: 1-7

Cortiella hookeri (C. B. Clarke) Norman in Journ. Bot. 75: 94. f. B.

1937.

Cortia hookeri C. B. Clarke in

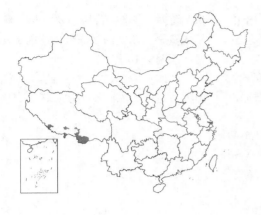

J. D. Hook. Fl. Brit. Ind. 2: 702. 1879, pro parte.

垫状草本。基生叶丛生，叶柄长3-5厘米，叶柄及叶轴均有凹槽，有绒毛；叶窄长圆形，长2.5-5厘米，宽1-2厘米，二至三回羽状全裂，小裂片线形，先端尖，边缘反曲，长2-3毫米，宽0.4-0.8毫米。复伞形花序和单伞形花序多数，花序梗径2-5毫米，较叶柄短，密生短毛，总苞片数片，柄长0.5-1.5厘米，一至二回羽状全裂，裂片与叶片相似；伞辐8-18，不等长，有毛，小总苞片约10片，线形或上部稍宽，3深裂，长0.8-1.2厘米，宽0.5-1毫米。萼齿三角形，先端渐尖；花瓣卵形，小舌片细尖，白色微红。果长圆状球形，长约6毫米，径5毫米，5棱均宽翅状，侧翅最宽，熟时黄白或稍紫色，木栓质。花期8月，果期10月。

产西藏南部，生于海拔约4200米山谷草地和山坡草甸。尼泊尔、不丹、锡金有分布。

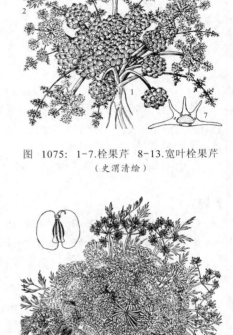

图 1075: 1-7.栓果芹　8-13.宽叶栓果芹（史渭清绘）

2. 宽叶栓果芹　　　　　　　图 1075: 8-13

Cortiella caespitosa Shan et Sheh in Acta Phytotax. Sin. 18(3): 376. 1980.

细小草本。基生叶莲座状，叶柄短，扁平，无毛，叶鞘宽，边缘膜质；叶长圆形，长2-2.5厘米，宽0.5-1厘米，二回羽裂或全裂，小裂片卵形，2-3裂或长圆形，长2-5毫米，宽1-2毫米，先端圆钝，质厚。伞形花序基生，较叶柄短或近等长；总苞片2-4，羽裂，与叶同形；小总苞片4-8，线形，长3-5毫米，宽0.3毫米，不裂。花梗粗；萼齿三角形，先端长渐尖；花瓣卵形或椭圆形，白色微紫红色，中脉紫褐色，小舌片微内曲；花柱粗短，直立，花柱基无或扁平。果长圆状球形，

图 1076 锡金栓果芹　（韦力生绘）

长6毫米，径5.5毫米，黄白色，5棱均成宽翅，熟时翅宽1-1.2毫米。花期8月，果期9-10月。

产青海西南及西部、西藏南部，生于海拔4900-5200米河谷阶地、高山草地、山麓砾石地。

3. 锡金栓果芹　无茎亮蛇床　　　图 1076

Cortiella cortioides (C. Norm.) M. F. Watson in Edinb. Journ. Bot. 53(1): 130. 1996.

Selinum cortioides C. Norm. 中国植物志 55(2): 228. 1985.

无茎草本。基生叶莲座状铺地；叶柄长3-5厘米，被糙毛；叶长圆形或长圆状卵形，长3-4厘米，宽1.5-2厘米，二至三回羽状全裂，羽片3-4对，小裂片线形或线状披针形，长4-7毫米，宽约1毫米，先端具小尖

头。伞辐多数自根颈生出，长3-6厘米，被糙毛；小总苞片4-6，线形，长5-7毫米，先端有时2-3裂；伞形花序具18-25花。花梗长2-3毫米；萼齿三角状卵形；花瓣白色，长圆状卵形，长1.5毫米，小舌片内折；花柱基短圆锥形。果近球形，长5毫米，径4-5毫米；背棱钝状突起，侧棱成宽翅，翅宽约2毫米。花期8-9月，果期9-10月。

产西藏南部，生于海拔约4700米山坡石缝中。尼泊尔、不丹、锡金、印度有分布。

75. 喜峰芹属 Cortia DC.

（佘孟兰）

多年生小草本。直根圆锥形。茎极短或近无茎。基生叶多数；叶二至三回羽状全裂，小裂片线形。兼有复伞形花序及单伞形花序；总苞片和小总苞片一至二回羽裂，裂片线形；伞辐多数。花瓣白色。果背腹扁，5棱均突起成翅状，侧翅最宽；每棱槽油管1-2，合生面油管2-4；胚乳腹面平直或稍内凹。

约3-4种，分布南亚。我国1种。

喜峰芹　　　　　　　　　　　　　　　　图 1077

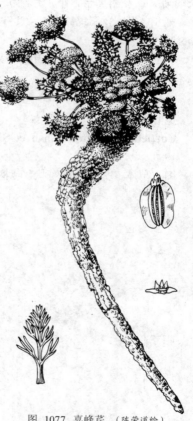

Cortia depressa (D. Don) C. Norm. in Journ. Bot. 75: 96. 1937.

Athamanta depressa D. Don, Prodr. Fl. Nepal. 184. 1825.

植株高达10（-20）厘米。基生叶呈莲座状，叶柄长1.5-3厘米，叶柄及叶轴扁平，有柔毛；叶二至三回羽状深裂或全裂，小裂片线形，先端有小尖头，全缘，边缘稍反卷，长3-5毫米，宽0.5-1毫米。复伞形花序极少，多为单伞形花序，基生；伞辐多数，长3-6厘米，上部有短毛；总苞片少数，二回羽裂，裂片线形；小总苞片10-15，二回羽状全裂，裂片线形；伞形花序有25-30花。萼齿线状披针形；花瓣白色，中脉带黄色。果背棱和中棱成窄翅状，侧翅宽翅状。

产四川中西部、云南西北部及西藏中南部，生于海拔约4400米高山草地。喜马拉雅山区、巴基斯坦、锡金及不丹有分布。

图 1077 喜峰芹 （陈荣道绘）

76. 山芎属 Conioselinum Fisch. ex Hoffm.

（佘孟兰）

多年生草本。数茎直立。叶鞘宽；叶片二至三回羽状全裂，小裂片全缘或浅裂。复伞形花序，总苞片少数或无；伞辐10-20，小总苞片多数，线形。萼齿不明显；花瓣白色，具内折小舌片。果背腹扁，背棱窄翅状，侧棱成宽翅；每棱槽油管1-3，合生面油管2-6；胚乳腹面平直或微凹。

约4种，分布北半球。我国3种。

山芎   图 1078

Conioselinum chinense (Linn.) Britton, Sterns et Poggenburg, Prel. Cat. N. Y. 1888.

Athamantha chinensis Linn. Sp. Pl. 245. 1753.

多年生草本，高达1米。茎上部分枝。基生叶和茎下部叶具柄，叶柄长约5厘米，叶鞘窄卵形；叶卵形或三角状卵形，长15-20厘米，宽10-15厘米，二至三回羽状全裂，小裂片线形，长3-7毫米，宽1-3毫米。总苞片1-2，线形，长1-1.5厘米；伞辐10-13，长2-3厘米，小总苞片5-8，长0.5-1厘米。花瓣倒卵形；花柱基圆锥状，花柱向下反曲。果长圆形或椭圆形，长5毫米，径4毫米，质薄；油管细，每棱

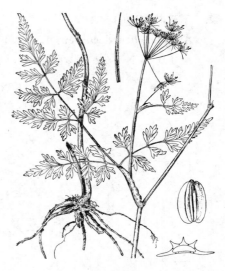

图 1078 山芎 （韦力生绘）

槽油管1，合生面油管4；胚乳腹面平直。果期10月。

产安徽西南部及江西北部，生于海拔约1000米山地溪边。日本、美国、加拿大有分布。

77. 古当归属 Archangelica Hoffm.
（佘孟兰）

多年生高大草本。叶二至三回羽状全裂，叶鞘宽，成囊兜状。复伞形花序，总苞片窄披针形；伞辐多数，伞形花序多花，常密集成球形，小总苞片多数，窄披针形。花瓣白色，先端渐尖，稍内折；萼齿不明显；花柱基扁平，边缘浅波状。果椭圆形，稍背扁，果棱厚翅状，背棱较棱槽宽；每棱槽油管3-4，合生面油管6-7，或油管多数，连接成环状，并同种子靠合。

约10种，分布北温带北部。我国2种。

1. 叶两面多毛，下面较密；果棱槽油管3-4，合生面油管6-7 ·········· 1. **短茎古当归** A. brevicaulis
1. 叶两面无毛；果棱槽及合生面油管极多，连接成环 ·········· 2. **下延叶古当归** A. decurrens

1. 短茎古当归   图 1079

Archangelica brevicaulis (Rupr.) Rchb. in Journ. Bot. 14: 45. 1876.

Angelicarpa brevicaulis Rupr. Sert. Tianshan 48. 1869.

植株高达1米。直根粗，有特异气味。叶柄长9-20厘米，具圆形宽3-6厘米的囊状叶鞘，有密毛；叶宽卵形，长13-17厘米，宽10-17厘米，二至三回羽裂，小裂片卵圆形或长圆形，有不规则锐齿，上面疏生短毛，下面密生短毛；茎顶部叶为囊状叶鞘。花序径6-15厘米，花

序梗、伞辐、花梗均有毛；伞辐20-40，长4-7厘米，总苞片1-2，窄披针形，有缘毛；伞形花序有24-25花，小总苞片多数，线状披针形，有短毛。果椭圆形，长6-8毫米，径3-5毫米，背棱厚翅状，侧棱稍宽；棱槽油管3-4，合生面油管6-7。花期7-8月，果期8-9月。

产新疆西北部，生于海拔1500-3200米河谷、潮湿阴坡、亚高山草甸。俄罗斯有分布。

2. 下延叶古当归

图 1080

Archangelica decurrens Ledeb. Fl. Alt. 1: 316. 1829.

多年生草本，高达2米。茎无毛。叶三出二至三回羽状全裂；基生叶柄连叶片长达1米；茎生叶柄长8-17厘米，叶鞘兜状，宽达6厘米；叶长11-15（-20）厘米，宽11-17厘米，顶生小裂片常3裂，侧生裂片长圆形或卵状披针形，基部下延，具不规则锯齿，齿端有钝尖头，下面粉绿色，两面无毛；茎顶端叶成囊状鞘。复伞形花序近球形，径7-15厘米；伞辐20-50，长2.5-5

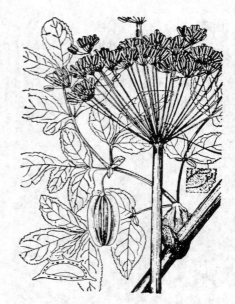

图 1079 短茎古当归 （引自《图鉴》）

厘米，有糙毛；总苞片10，窄披针形，有缘毛。花瓣宽卵形。果椭圆形，长0.5-1厘米，宽3-5毫米，果棱厚翅状，油管极多，连成环状。花期7-8月，果期8-9月。

产新疆及内蒙古，生于山谷、林下、沟边、灌丛或草丛中。俄罗斯及蒙古有分布。

78. 高山芹属 Coelopleurum Ledeb.

（佘孟兰）

多年生草本。根圆柱形。茎单生，中空。叶二回羽状全裂或二至三回三出羽裂，叶鞘膨大，边缘宽膜质；小裂片长圆形、卵形或菱状卵形，常具锐齿或重锯齿。复伞形花序，常无总苞片或有1片，早落；伞辐多数，伞形花序多花，小总苞片多数。萼齿不明显；花瓣白色，先端有内折小舌片；花柱基扁平，边缘常波状。果棱肥厚，呈三角形翅状，木栓质，侧翅较背棱翅宽或近等宽；棱槽油管少数至多数。果熟时，果皮与种皮部分相连，种子核果状；胚乳腹面平直或微内凹。

约4-5种，产中国、日本、朝鲜及俄罗斯。我国2种。

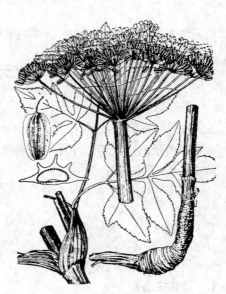

图 1080 下延叶古当归 （引自《图鉴》）

高山芹

图 1081

Coelopleurum saxatile (Turcz. ex Ledeb.) Drude in Engl. u. Prantl. Nat. Pflanzenfam. 3(7-8): 213. 1898.

Angelica saxatilis Turcz. ex Ledeb. Fl. Ross. 2: 296. 1844.

植株高达80厘米。直根粗壮，褐色。茎常带紫色，被疏毛，上部稀疏分枝。基生叶及下部叶有长柄，叶二至三回三出分裂，小裂片菱状卵形或斜卵形，长达7厘米，宽达4厘米，先端渐尖，基部楔形或近圆，密生不整齐粗齿，两面无毛，上部叶简化，具宽大叶鞘。复伞形花序径达9厘米，无总苞片；伞辐20-27，密生短毛，长3-4.5厘米；伞形花序有20-30花，小总苞片7-8，锥形。花瓣倒卵形。果椭圆形，长4-5毫米，径2-3毫米；果棱厚翅状，侧棱翅较宽；棱槽内油管1，合生面油管2。花期7-8月，果期8-9月。

产吉林东北部，生于海拔1900米以上高山地带阴坡岳桦林下、暗针叶林下。朝鲜北部、俄罗斯西伯利亚、贝加尔地区有分布。

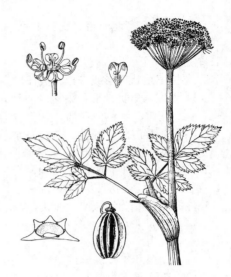

图 1081 高山芹 （引自《图鉴》）

79. 柳叶芹属 Czernaevia Turcz.
（佘孟兰）

二年生草本，高达1.2米。茎无毛。叶柄长8-12厘米，叶鞘宽，膨大为半圆柱状；叶二回羽状全裂；小裂片长卵状披针形或披针形，长1.5-7厘米，宽0.5-2厘米，有不整齐锯齿，两面无毛或下面脉上有糙毛。复伞形花序径5-15厘米，总苞片1片，早落；伞辐20-30，长2-5厘米；伞形花序15-30花，小总苞片3-5，线形。萼齿不明显；花瓣白色，倒卵形，先端有内卷小舌片，位于花序外缘花瓣较内侧花瓣大；花柱基垫状。果近圆形或宽卵圆形，稍扁，长2.5-4毫米，径1.5-3毫米。果横切面近半圆形，5果棱均突起，背棱窄翅状，侧棱宽翅状；棱槽油管3-5，合生面油管4-8（-10），胚乳腹面平直；心皮柄2裂。

单种属。

1. 叶小裂片披针形或长卵状披针形，宽0.5-2厘米；果背棱呈窄翅状，侧棱较宽，翅状 ··· 柳叶芹 C. laevigata

1. 叶小裂片较窄；果背棱肋状，侧棱近无翅 ·························· （附）. 无翼柳叶芹 C. laevigata var. exalatocarpa

柳叶芹

图 1082

Czernaevia laevigata Turcz. in Bull. Soc. Nat. Mosco. 17: 740. 1844.
形态特征同属。花期7-8月，果期9-10月。

产黑龙江、吉林、辽宁、内蒙古及河北，生于河岸、牧场、草地、灌丛中、阔叶林下及林缘。朝鲜及西伯利亚东部有分部。

[附] 无翼柳叶芹 Cze-rnaevia laevigata var. exal-atocarpa Chu, Fl. Plant. Herb. Chin. Bor.-Orient. 6: 266. 294. 1977. 本变种与模式变种的区别：叶小裂片较窄；果棱肋状，侧棱近无翅，棱槽较宽；植株有时带紫红色。产东北及河北雾灵山，生于草地柞木林内、水甸子。

图 1082 柳叶芹 （韦力生绘）

80. 当归属 Angelica Linn.
（佘孟兰）

二年生或多年生草本。直根圆锥状。叶3裂或羽裂，常有锯齿、钝齿或浅齿。叶鞘宽或膨大成管状或囊状。复伞形花序，伞形花序常多花。萼齿常不明显；花瓣有内折小舌片，白色，稀淡红或深紫色。果背腹扁，背棱及中棱线形，侧棱多宽翅状，翅薄，熟时分果易沿侧翅分离，横剖面半月形；每棱槽油管1至数个，合生面油管2至数个；胚乳腹面平直或稍凹入；心皮柄2裂至基部。

约90种，产北温带。我国45种。

1. 基生叶一至二回3裂，稀羽裂。
　　2. 萼齿三角状锥形或三角状披针形。
　　　3. 萼齿三角状锥形；果棱槽油管1-3，合生面油管4-6。
　　　　4. 花瓣深紫色，花药暗紫色；总苞片和小总苞片带紫色 ·················· 1. 紫花前胡 A. decursiva
　　　　4. 花瓣白色；花药、总苞及小总苞片均绿白色 ·················· 1(附). 鸭巴前胡 A. decursiva f. albiflora
　　　3. 萼齿三角状披针形；果棱槽油管1，合生面油管2 ·················· 2. 隆萼当归 A. oncosepala
　　2. 萼齿不明显；棱槽油管3-4，合生面油管4-8 ·················· 3. 东当归 A. acutiloba
1. 基生叶二至三回羽裂或全裂。
　　5. 茎顶部叶鞘为囊状或宽兜状。
　　　6. 萼齿卵形 ·················· 4. 当归 A. sinensis
　　　6. 萼无齿
　　　　7. 花瓣和雄蕊深紫或暗紫色 ·················· 5. 朝鲜当归 A. gigas
　　　　7. 花瓣和雄蕊白或黄绿色（青海当归花瓣偶带淡紫色，花柱基紫黑色）。
　　　　　8. 无小总苞片 ·················· 6. 大叶当归 A. megaphylla
　　　　　8. 小总苞片多数。
　　　　　　9. 伞形花序径3-6厘米 ·················· 7. 峨眉当归 A. omeiensis
　　　　　　9. 伞形花序径6-30厘米。
　　　　　　　10. 叶缘具重锯齿。
　　　　　　　　11. 小总苞片线状披针形；果棱油管1，合生面油管2。
　　　　　　　　　12. 茎高1.5-2.5米，基部径5-8厘米，茎及叶鞘常带紫色。
　　　　　　　　　　13. 果无毛或偶有短毛 ·················· 8. 白芷 A. dahurica
　　　　　　　　　　13. 果有毛 ·················· 8(附). 台湾独活 A. dahurica var. fomosana
　　　　　　　　　12. 茎高1-1.5米，基径3-5厘米，茎及叶鞘常带黄绿色。
　　　　　　　　　　14. 根长圆锥形，上部近方形，灰褐色，有多数皮孔状横向突起，或排成4纵行，断面白色，粉质 ·················· 8(附). 杭白芷 A. dahurica cv. Hangbaizhi
　　　　　　　　　　14. 根圆锥形，灰黄色或黄褐色，皮孔状横向突起散生，油质 ·················· ·················· 8(附). 祈白芷 A. dahurica cv. Qiabaizhi
　　　　　　　　11. 小总苞片宽披针形，先端有长尖头；果棱槽油管（1）2-3，合生面油管（2-）4-6 ·················· ·················· 9. 重齿当归 A. biserrata
　　　　　　　10. 叶缘具锐齿或钝齿，非重锯齿。
　　　　　　　　15. 伞形花序密集成球形；花柱基紫褐色 ·················· 10. 青海当归 A. nitida
　　　　　　　　15. 伞形花序不密集成球形；花梗较长，花柱基黄白色。
　　　　　　　　　16. 果宽椭圆形或近圆形，长0.5-1厘米，径5-9毫米，合生面无油管 ·················· 11. 法落海 A. nubigena
　　　　　　　　　16. 果倒卵状长圆形或长圆形，长5-7毫米，径3.5-5毫米，合生面油管2 ·················· ·················· 12. 林当归 A silvestris
　　5. 茎顶部叶鞘非囊状或宽兜状。
　　　17. 有总苞片。
　　　　18. 叶轴及小叶柄常膝曲或弧曲；萼有齿 ·················· 13. 拐芹 A. polymorpha
　　　　18. 叶轴及小叶柄非膝曲或弧曲；萼无齿 ·················· 14. 疏叶当归 A. laxifoliata
　　　17. 无总苞片。
　　　　19. 叶缘具锯齿，边缘白色软骨质。
　　　　　20. 茎无毛；叶鞘卵状椭圆形，开展，无毛 ·················· 15. 黑水当归 A. amurensis
　　　　　20. 茎有柔毛；叶鞘长圆状披针形，贴茎，密生短毛 ·················· 16. 狭叶当归 A. anomala
　　　　19. 叶缘具不规则锐齿，无白色软骨质边缘 ·················· 17. 福参 A. morii

1. 紫花前胡

图 1083 彩片 288

Angelica decursiva (Miq.) Franch. et Sav. Enum. Pl. Jap. 1: 187. 1875.

Porphyroscias decursiva Miq. in Ann. Mus. Bot. Lugd. Batav. 3: 62. 1867.

图 1083 紫花前胡 （史渭清绘）

多年生草本，高达2米。根具香味。常带紫色，无毛。叶3裂或一至二回羽裂，中间羽片和侧生羽片基部均下延成窄翅状羽轴；小裂片长卵形，长5-15厘米，有白色软骨质锯齿，下面绿白色，中脉带紫色；叶柄长13-36厘米，具膨大成卵圆形的紫色叶鞘抱茎；茎上部叶鞘囊状，紫色。复伞形花序梗长3-8厘米；伞辐10-22，长2-4厘米，总苞片1-3，宽卵形，宽鞘状，反折，紫色，小总苞片3-8，线形或披针形；伞辐及花梗有毛。萼齿三角状锥形；花瓣椭圆形，深紫色，渐尖内弯；花药暗紫色。果长圆形，长4-7毫米，无毛，背棱线形，尖锐，侧棱为较厚窄翅；棱槽油管1-3，合生面油管4-6。花期8-9月，果期9-11月。

产吉林、辽宁、河南、安徽、江苏、浙江、福建、江西、湖北、湖南、贵州、广西及广东，生于山坡、林缘、溪边或灌丛中。日本、朝鲜及俄罗斯有分布。根药用，称前胡，可解热、镇咳、祛痰，治感冒发热、头痛、气管炎。果可提取芳香油。

[附] **鸭巴前胡 Angelica decursiva f. albiflora** (Maxim.) Nakai, Fl. Kor. 1: 268. 1909. ——*Peucedanum decursivum* (Miq.) Maxim. var. *albiflorum* Maxim. in Mel. Biol. 12: 473. 1886. 本变型与模式变型的区别：花瓣白色；花药、总苞片及小总苞片均绿白色；茎常绿色，有时稍紫色。产黑龙江、吉林、辽宁，生于沿海地区。朝鲜、日本及俄罗斯有分布。

2. 隆萼当归

图 1084

Angelica oncosepala Hand. -Mazz. Symb. Sin. 7: 726. 1933.

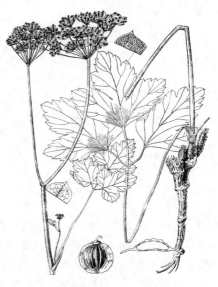

图 1084 隆萼当归 （陈荣道绘）

多年生草本，高达60厘米。根圆柱形。茎节有疏毛。叶柄长达10厘米；3小叶复叶，顶生小叶宽卵形，长4-6厘米，3深裂至中部，先端尖，基部楔形，侧生小叶有时近心形，叶缘大圆齿有小尖头，下面灰绿色，叶脉被毛；茎生叶柄短，叶鞘管状。花序梗长8-16厘米，有疏毛；伞辐13-20，总苞片2-3，线形，有糙毛，常早落，小总苞片2-5，线状披针形。萼齿三角状披针形，先端尖稍反折；花瓣白色，中脉明显；花药带红色。果近圆形，黄褐色，长宽均4-5毫米，背棱线形，侧棱宽翅状；棱槽油管1，合生面油管2。花期7月，果期8-10月。

产云南，生于海拔3500-4300米峡谷或高山草甸。

3. 东当归

图 1085

Angelica acutiloba (Sieb. et Zucc.) Kitag. in Bot. Mag. Tokyo 51: 658. 1937.

Ligusticum acutilobum Sieb. et Zucc. Pl. Jap. Fam. Nat. 2: 203. 1845.

植株高达1米。根长圆锥形，分叉，香味浓。茎带紫色，无毛。叶柄长10-30厘米，叶鞘管状，边缘膜质；叶一至二回3裂，上面脉有疏毛，下面苍白色，小裂片卵状披针形，长2-9厘米，宽1-3厘米，3深裂，具不整齐锐齿或浅裂；茎顶部叶鞘圆形。花序梗长5-20厘米；总苞片无或1至数片，线状披针形，长1-2厘米，小总苞片5-8，线形，长0.5-1.5厘米；伞形花序有约30花。萼齿不明显；花瓣白色；花柱基短圆锥形，长为花柱1/3。果窄长圆形，稍扁，长4-5毫米，径1-1.5毫米，背棱线形，侧棱窄翅状；棱槽油管3-4，合生面油管4-8。花期7-8月，

图 1085 东当归 （韦力生绘）

果期8-9月。

产吉林东部。栽培历史久，可代当归药用，主治月经不调、经痛、腰痛、崩漏、大便干燥、痢疾。

4. 当归

图 1086

Angelica sinensis (Oliv.) Diels in Engl. Bot. Jahrb. 29: 500. 1901.

Angelica polymorpha Maxim. var. *sinensis* Oliv. in Hook. Icon. Pl. 20: 1999. 1891.

植株高达1米。根圆柱状多分枝，须根肉质，黄褐色，有香气。茎带紫色。叶三出二至三回羽裂，叶柄长3-11厘米，叶鞘管状；叶卵形，小羽片3对，下部1对小叶柄长0.5-1.5厘米，顶部1对无柄，小裂片卵形或长卵形，长1-2厘米，宽0.5-1.5厘米，2-3浅裂，具不整齐缺齿，有小尖头，下面及边缘疏生乳头状白色细毛；茎上部叶具囊状叶鞘。花序梗密被柔毛；伞辐9-30，总苞片无或2，线形；伞形花序有13-36花，小总苞片2-4，线形。萼齿卵形；花瓣长卵形，白色，先端窄内曲；花柱基圆锥形，花柱短。果长圆形，长4-6毫米，背棱线形，侧棱翅状，翅与果等宽或稍宽，边缘淡紫色；棱槽油管1，合生面油管2。花期6-7月，果期7-9月。

图 1086 当归 （引自《图鉴》）

产甘肃南部、四川及云南。根为著名中药"当归"，可补血、和血、调经止痛、润肠滑肠，治月经不调、经痛、崩漏、血虚头痛、眩晕、痿痹、肠燥便难、赤痢后重。

5. 朝鲜当归

图 1087

Angelica gigas Nakai in Bot. Mag. Tokyo 31: 100. 1917.

植株高达2米。根圆锥形，有支根。茎粗壮，中空，紫色，无毛，有

纵沟。下部叶柄长达30厘米；叶宽三角状卵形，二至三回三出羽裂，小裂片长椭圆形，长4-15厘米，中裂片基部楔形下延，具不整齐细密缺齿或重锯齿；茎上部叶鞘囊状，叶裂片少而窄，外面紫色。复伞形花序近球形，多糙毛；伞辐20-45，长2-3厘米，总苞片1至数片，囊状，深紫色；伞形花序密集成球形，小总苞片数片，卵状披针形，紫色，膜质。萼无齿；花瓣倒卵形，深紫色；雄蕊暗紫色；花柱基短圆锥形。果近圆形，幼时紫红色，熟时黄褐色，长5-8毫米，径3-5毫米，无毛；背棱龙骨状突起，侧翅与果等宽；棱槽油管1-2，合生面油管2-4。花期7-9月，果期8-10月。

产黑龙江、吉林及辽宁，生于海拔1000米以上林缘、草地、林下。朝鲜及日本有分布。

图 1087 朝鲜当归 （韦力生绘）

6. 大叶当归　　　　　　　　　　　　图1088

Angelica megaphylla Diels in Engl. Bot. Jahrb. 29: 500. 1901.

多年生草本，高达1米。茎中空，带紫色。基生叶及茎生叶均为宽三角状卵形，二回三出羽裂，长20-40厘米，宽20-35厘米，羽片1-3对，基生叶柄长约20厘米；叶下面灰绿色，小裂片卵状长椭圆形，先端长渐尖，长5-10厘米，网脉明显，常有不规则2裂片，具尖锯齿，两面沿脉疏生刚毛；茎上部具3小叶，无柄，叶鞘卵圆形。复伞形花序径达10厘米；花序梗及伞辐均密生刚毛；无总苞片或偶有1片，无小总苞片；伞辐20-40；伞形花序有16-32花。萼无齿；花瓣长圆状卵形，白色，中脉明显；花柱基圆锥形，边缘波状。果倒卵形或近圆形，长4.5-7毫米，背棱线形，侧棱宽翅状，宽于果；棱槽油管1，合生面油管

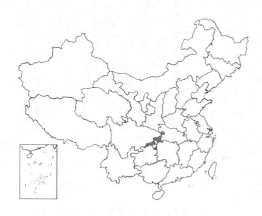

图 1088 大叶当归 （陈荣道绘）

2。花期7-9月，果期9-10月。

产湖北及四川东南部，生于海拔800-2000米草坡及林下。根可代当归。

7. 峨眉当归　　　　　　　　　　　　图1089

Angelica omeiensis Yuan et Shan in Bull. Nanjing Bot. Gard. Mem Sun Yat-Sen 1983: 6. f. 2. 1983.

多年生草本，高达2.5米。根长圆锥形，上部有细密环纹，具特殊气味。茎中空，带紫色。叶鞘宽，紫色，抱茎；叶长卵状三角形，二至三回羽裂，小裂片长卵形，长3-5.5厘米，有不规则锐齿；茎生叶小裂片长圆形或菱状

长圆形，顶生小叶先端长尾尖。复伞形花序径3-6（-8）厘米，花序梗、伞辐及花梗均有糙毛；花序梗长4-7厘米；伞辐14-18（-21），长2-5厘米，开展；无总苞片；伞形花序有15-23

（-27）花；小总苞片5-12，线形。萼无齿；花瓣黄绿色；花柱基圆锥形。果卵圆形或近圆形，长4-7毫米，径3.5-6毫米，背棱线形，龙骨状突起，侧棱宽翅状，与果近等宽或稍宽，棱槽油管1，合生面油管2。花期6-8月，果期8-11月。

产云南东北部及四川，生于海拔2100-3000米林下、阴湿草地、林缘或溪边阔叶林下。

图 1089 峨眉当归 （陈荣道绘）

8. 白芷 兴安白芷　　　　　　　　　　　　图 1090

Angelica dahurica (Fisch. ex Hoffm.) Benth. et Hook. f. ex Franch. et Sav. Enum. Pl. Jap. 1: 187. 1875.

Callisace dahurica Fisch. ex Hoffm. Gen. Umbell. ed. 2, 170. f. 18. 1816.

植株高达2.5米。根圆柱形，有分枝，径3-5厘米，黄褐色，有浓香。茎中空，带紫色。基生叶一回羽裂，有长柄，叶鞘管状，边缘膜质；茎上部叶二至三回羽裂，叶柄长达15厘米，叶鞘囊状，紫色；叶宽卵状三角形，小裂片卵状长圆形，无柄，长2.5-7厘米，有不规则白色软骨质重锯齿，小叶基部下延，叶轴成翅状。复伞形花序径10-30厘米，花序梗、伞辐、花梗均有糙毛；伞辐18-40（-70）；总苞片常缺或1-2片，卵形鞘状；小总苞片5-10，线状披针形，膜质。萼无齿；花瓣倒卵形，白色；花柱基短圆锥形。果长圆形，长4-7毫米，无毛，背棱钝状突起，侧棱宽翅状，较果窄；棱槽油管1，合生面油管2。花期7-8月，果期8-9月。

产黑龙江、吉林、辽宁、内蒙古、河北及山西，生于林下、林缘、溪边灌丛中及山谷草地。北方各地多栽培供药用。根部在东北称"大活"或"独活"入药，可祛风除湿，治伤风头痛及风湿性关节疼痛。根煎水剂可杀虫、灭菌，对防治菜青虫、大豆蚜虫、小麦杆锈病有效。

[附] **台湾独活** 彩片 289 **Angelica dahurica** var. **formosana** (H. de Boiss.) Yen in Journ. Taiwan Pharm. Assoc. 17(2): 68. f. 1. 1963. —— *Angelica formosana* H. de Boiss. in Bull. Soc. Bot. France 56: 354. 1909. 本变种与模式变种的区别：果和种子有毛。产台湾北部。

[附] **杭白芷 Angelica dahurica** cv. **Hangbaizhi** —— *Angelica taiwaniana* H. Boiss. epith. mut. ；中国高等植物图鉴 2: 1090. 1972. 本栽

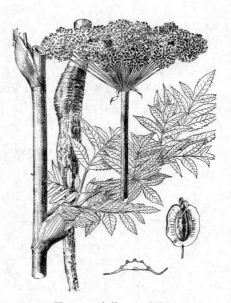

图 1090 白芷 （陈荣道绘）

培变种的鉴别特征：根长圆锥形，上部近方形，灰褐色，有数行较大皮孔状横向突起，质较硬重，横断面白色，粉质。江苏、安徽、浙江、江西、湖北、湖南、四川及南方省区栽培。为著名中药，主产四川、浙江。根药用，能祛风散湿，排脓，生肌止痛，主治风寒感冒、鼻窦炎、牙痛、痔漏、便血、白带、痈疖肿毒、烧伤。

[附] **祈白芷 Angelica dahurica** cv. **Qibaizhi** Yuan et Shan in

Bull. Nanjing Bot. Gard. Mem. Sun Yat Sen 1983: 9. 1983. 本栽培变种的鉴别特征：根圆锥形，灰黄或黄褐色，皮孔状横向突起散生，油质。产河北（安国）及河南（长葛、禹州）。

9. 重齿当归 图1091

Angelica biserrata (Shan et Yuan) Yuan et Shan in Bull. Nanjing Bot. Gard. Mem. Sun Yat-Sen 1983: 9. f. 4. 1983.

Angelica pubescens Maxim. f. *biserrata* Shan et Yuan in Acta Pharm. Sin. 13(5): 366. f. 319. 1966.

Angelica pubescens auct. non Maxim.: 中国高等植物图鉴 2: 1092. 1972.

植株高达2米。根圆柱形，深褐色，有香气。茎中空，带紫色，有糙毛。叶二回三出羽状全裂，宽卵形；茎生叶具长柄，叶鞘长管状抱茎；叶小裂片长椭圆形，长5.5-18厘米，有不整齐锐齿或重锯齿，顶生裂片多3深裂，基部下延翅状，侧裂片具短柄或无柄，两面沿叶脉及边缘有柔毛；茎顶部叶成囊状叶鞘。花序梗长5-16(-20)厘米，密被糙毛，总苞片1，长锥形，早落；伞辐10-25，长3-5厘米，密被糙毛；伞形花序多花，小总苞片5-10，宽披针形，背部及边缘有毛。萼无齿；花瓣倒卵形，白色；花柱基盘形。果椭圆形，长6-8毫米，背棱线形；侧翅与果近等宽；棱槽油管（1）2-3，合生

图 1091 重齿当归 （陈荣道绘）

面油管2-4(-6)。花期8-9月，果期9-10月。

产安徽西部、浙江、江西北部、湖北西部、四川东部、陕西南部及河南西部，生于海拔1000-2000米湿润山坡、林下草丛或稀疏灌丛中。四川、湖北及陕西高山地区有栽培。根药用，称"独活"，主治风寒湿痹、腰膝酸痛、头痛、牙痛、痈疡。

10. 青海当归 图1092

Angelica nitida H. Wolff in Acta Hort. Bothob. 2: 317. 1926.

多年生草本，高达90厘米。直根圆锥形，黄褐色。茎带紫色，上部有硬毛。基生叶柄长3-5厘米，叶鞘长管状，宽达2厘米，无毛；叶一至二回羽状全裂，裂片2-4对；茎上部叶宽卵形，长5-8厘米，小裂片卵状长圆形，长1.5-4厘米，先端钝，基部近平截，具钝齿，有缘毛；茎上部叶无柄，叶鞘囊状。复伞形花序径6-10厘米；伞辐9-19，长1.5-4厘米，无总苞片；伞形花序有18-40花，密集成球状，小总苞片6-10，披针形。萼无齿；花瓣白或黄白色，稀紫红色，长卵形；花柱基扁平，紫黑色。果卵圆形，长5-6.5厘米，

图 1092 青海当归 （陈荣道绘）

径3.5-5厘米，背棱线形，侧棱宽翅状，背棱槽油管1（2），侧棱槽油管2，合生面油管2。花期7-8月，果期8-9月。

产甘肃南部、青海及四川北部，生于海拔2600-4100米高山灌丛、草

甸、河滩疏林及阴坡林缘。根代当归，治血虚，月经不调、血瘀、头痛及关节炎。

11. 法落海 阿坝当归 图1093

Angelica nubigena (C. B. Clarke) P. K. Mukherjee in Bull. Bot. Surv. India 24(1-4): 42. 1983.

Heracleum nubigena C. B. Clarke in J. D. Hook. Fl. Brit. India 2: 713. 1879.

Angelica apaensis Shan et Yuan; 中国高等植物图鉴 补编2: 673. 1983.

Heracleum apaense (Shan et Yuan) Shan et T. S. Wang; 中国植物志 55(3): 184. 1992.

图 1093 法落海 （史渭清绘）

多年生草本。根圆柱形，红褐色。茎粗壮，中空，被柔毛。叶柄长6-10厘米，叶鞘兜状；叶二至三回羽裂，小裂片卵状披针形或长椭圆形，长4-5厘米，无柄，羽状深裂，具锯齿。茎顶部叶片细小，叶鞘兜状抱茎。复伞形花序径达20厘米；伞辐28-65，长6-15厘米，带紫色，密被柔毛，总苞片数片，披针形，有柔毛；伞形花序有25-50花，小总苞片4-8，线形。萼齿不显著；花瓣白色；花柱基扁圆锥形。果宽椭圆形或近圆形，长0.5-1厘米，无毛，背棱及中棱线形，侧棱宽翅状，与果等宽或过之；每棱槽油管1，合生面无油管。花期6-7月，果期8月。

产云南、四川中北部及西藏东南部，生于海拔3000-4000米山坡阴湿林下、草地或灌丛中。锡金有分布。根药用，可宽肠理气、健胃止痛。

12. 林当归 图1094

Angelica silvestris Linn. Sp. Pl. 251. 1753.

植株高达2米。根圆锥状，有香气。茎中空，有细沟，上部分枝有柔毛。基生叶和茎下部叶均具长柄，叶鞘长卵状；叶二至三回羽状全裂，小裂片长卵形，长2.5-8厘米，先端渐尖，基部楔形，有细尖锯齿，上面沿叶脉有糙毛；茎上部叶鞘宽兜状抱茎。复伞形花序径10-20厘米；伞辐15-30，被柔毛，总苞片无或1-2，线形，早落；伞形花序径1-2.5厘米，花多数；小总苞片多数，线形，与花梗近等长。萼齿不明显；花瓣白色，卵形或倒卵形。果倒卵

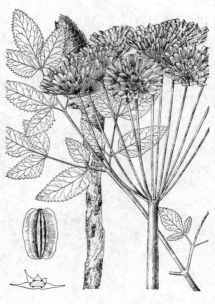

图 1094 林当归 （陈荣道绘）

状长圆形或长圆形，长5-7毫米，径3.5-5毫米；背棱和中棱均翅状，侧棱宽翅状，与果近等宽；棱槽油管1，合生面油管2。花期7月，果期8-9月。

13. 拐芹

图 1095

Angelica polymorpha Maxim. in Bull. Acad. Sci. St. Pétersb. 19: 185. 1874.

植株高达1.5米。茎单一，中空，节部常紫色。叶二至三回三出羽裂，叶卵形或三角状卵形；叶鞘筒状抱茎，一、二回裂片有长柄，叶轴及小叶柄常膝曲或弧曲，小裂片卵形或菱状长圆形，长3-5厘米，中裂片3浅裂，侧裂片有不对称1-2深裂，基部平截，有不整齐尖重锯齿，两面脉上疏生糙毛。复伞形花序径4-10厘米，花序梗、伞辐和花梗均密生糙毛；伞辐11-20，长1.5-3厘米；总苞片1-3，窄披针形，

有缘毛；小总苞片7-10，线形，紫色，有缘毛。萼齿锥形；花瓣倒卵形，白色。果长圆状或近长方形，长6-7毫米，径3-5毫米，背棱窄翅状，侧棱宽翅状，与果等宽或稍宽；棱槽油管1，合生面油管2。花期8-9月，果期9-10月。

产辽宁、河北、陕西南部、山东、河南、安徽西南部、浙江、江西

产新疆北部，生于海拔900-1100米河谷、林下、林缘、沼泽边和潮湿草丛中。欧洲有分布。

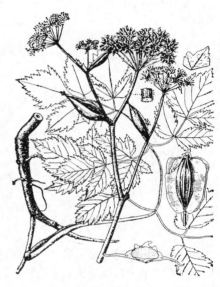

图 1095 拐芹 （引自《图鉴》）

北部、湖北、贵州及四川，生于海拔1000-2000米林缘、山沟、溪边、林下或阴湿草丛中。幼苗可作野菜食用。

14. 疏叶当归

图 1096

Angelica laxifoliata Diels in Engl. Bot. Jahrb. 29: 499. 1901.

植株高达90（-150）厘米。根圆柱形，灰黄色，微香。茎中空，带紫色。叶二至三回三出羽裂，叶柄长5-30厘米，叶鞘披针形；小叶片3-4对，疏离，小裂片卵状披针形或椭圆形，长2.5-4厘米，基部楔形或钝圆，无柄，密生细齿，下面粉绿色，质薄，网脉细。伞形花序径5-7（-10）厘米，花序梗及伞辐有细棱，被柔毛；伞辐30-50，长约2.5-4厘米，总苞片3-9，披针形，带紫色，有缘毛；伞形花序有10-35花，小总苞片6-10，长披针形，有毛。萼无齿；花瓣倒心形，白色。果卵圆形，长4-6毫米，黄白色，边缘带紫或紫红色，无毛，背棱和中棱线形，侧棱宽翅状，较果宽；棱槽油管1，合生面油管2。花期7-9月，果期8-10月。

产甘肃南部、陕西南

图 1096 疏叶当归 （陈荣道绘）

部、四川、湖北西部及河南西部，生于海拔600-3000米山地草丛中。

15. 黑水当归 黑龙江当归

图 1097

Angelica amurensis Schischk. in Kom. Fl. URSS 17: 19. t. 8. f. 7. 1951.

植株高达 1.5 米。根圆锥形，有支根；根颈黑褐色。茎中空，无毛。基生叶有长柄，叶鞘卵状椭圆形，开展，无毛；叶宽三角状卵形；茎生叶二至三回羽裂，小裂片卵状披针形或卵形，长 3-8 厘米，基部楔形，有不整齐三角状锯齿，上面深绿色，多毛，下面苍白色，无毛；茎上部叶鞘管状。复伞形花序密生糙毛，花序梗长 6-20 厘米；伞辐 20-45；无总苞片；小总苞片 5-7，披针形，膜质，被长柔毛；伞形花序有 30-45 花。萼无齿；花瓣白色；花柱基短圆锥状。果长卵形或卵形，长 5-7 毫米，径 3-5 毫米，背棱线状，侧棱宽翅状，与果近等宽；棱槽油管 1，合生面油管 4。花期 7-8 月，果期 8-9 月。

产黑龙江、吉林、辽宁及内蒙古，生于山坡草地、林下、林缘、灌丛

图 1097 黑水当归 （陈荣道绘）

中及溪边。朝鲜、日本及俄罗斯有分布。叶柄和嫩茎水煮后可食。

16. 狭叶当归 库叶当归

图 1098

Angelica anomala Ave-Lall. in Ind. Sem. Hort. Petrop. 9: 57. 1842.

多年生草本，高达 1.5 米。根圆柱形，常分枝。茎带紫色，被柔毛。叶二至三回羽状全裂，叶鞘长圆状披针形，密生短毛；叶宽卵状三角形，小裂片椭圆形或披针形，长 2-4 厘米，有时 3 裂，具尖锐细齿，有白色软骨质边缘。复伞形花序、花序梗、伞辐和花梗均密被糙毛；伞辐 20-45，开展，无总苞片；伞形花序有 20-40 花，小总苞片 3-7，线形或锥状，膜质，被短毛。萼齿不明显；花瓣倒卵形，白色。果长圆形或卵状长圆形，长 4-6 毫米，径 3-4 毫米，背棱线形，侧棱宽翅状，与果近等宽；棱槽油管 1，合生面油管 2，油管宽扁。花期 7-8 月，果期 8-9 月。

产黑龙江、吉林、内蒙古及河南西部，生于山坡、路边、草地、林缘、

图 1098 狭叶当归 （引自《东北草本植物志》）

溪边或砾石河滩。根药用，可代独活（香大活），称"水大活"，但根部香气较淡，质量较次。

17. 福参

图 1099

Angelica morii Hayata, Ic. Pl. Formos. 10: 24. f. 15. 1921.

植株高达 1 米。根长圆锥形，褐色。茎少分枝，有细沟纹，无毛。基

生叶及茎生叶均二至三回羽裂，叶柄长5-15厘米，基生叶柄长达20厘米，叶鞘长管状抱茎，无毛；叶卵形或三角状卵形，长7-20厘米，小裂片卵状披针形，长7-20厘米，小裂片卵状披针形，常3裂至3深裂，先端渐尖，基部窄或楔形，有缺齿，齿端尖锐，有缘毛。花序梗长5-10厘米，有柔毛，无总苞片或1-2，早落；伞辐10-14（-20），小总苞片5-8，线状披针形，有短毛，与花梗近等长；伞形花序有15-20花。萼齿小或不明显；花瓣长卵形，黄白色，中脉明显；花柱基短圆锥形。果长卵形，长4-5毫米，径3-4毫米，无毛，背棱线形，侧棱宽翅状，较果窄，棱槽油管1，合生面油管2。花期4-5月，果期5-6月。

图 1099 福参 （陈荣道绘）

产浙江、福建及台湾，生于湿润林下、山谷、溪边、草丛及石缝中。

81. 山芹属 Ostericum Hoffm.

（佘孟兰）

二年生或多年生草本。茎直立，中空。叶二至三回羽裂。复伞形花序，总苞片少数；小总苞片数片。萼齿宿存；花瓣白或黄白色，先端小舌片稍内折，具爪。果卵状长圆形，背腹扁；果背棱稍突起，侧棱宽翅状，较薄，果皮薄膜质，透明，有光泽，外果皮在扩大镜下可见颗料状或点泡状突起；棱槽油管1-3，合生面油管2-8，果熟后，中果皮有空隙，内果皮和中果皮结合而与中果皮分离。种子扁平，胚乳腹面平直。心皮柄2裂。

约10种，产中国东北部、朝鲜、日本及俄罗斯远东地区，少数分布东欧和中亚。我国6种、5变种。

1. 叶小裂片卵形或宽椭圆形，有粗齿、圆齿或缺刻状粗齿。
  2. 茎条棱呈角状突起；花瓣绿色；果合生面油管2 ·············· 1. 绿花山芹 O. viridiflorum
  2. 茎有浅钝沟纹；花瓣白色；果合生面油管2-4 ·············· 2. 大齿山芹 O. grosseserratum
1. 叶小裂片线形、长椭圆形或长圆状披针形，全缘或有极细齿。
  3. 叶小裂片长椭圆形或长圆状披针形，长3-6.5厘米，有极细齿 ·············· 3. 隔山香 O. citriodorum
  3. 叶小裂片线形，长1-4厘米，全缘或有1-2浅齿。
    4. 叶小裂片线形或线状披针形，宽1-4毫米 ·············· 4. 全叶山芹 O. maximowiczii
    4. 叶小裂片宽披针形或卵状披针形，宽5-9毫米 ··············
    ·············· 4(附). 大全叶山芹 O. maximowiczii var. australe

1. 绿花山芹

图 1100

Ostericum viridiflorum Turcz. ex Kitag. in Journ. Jap. Bot. 12: 235. 1936.

多年生草本，高达1米。茎直立，中空，常带紫红色，条棱角状突起。叶柄长约10厘米。叶鞘宽扁；叶近三角形，二至三回羽裂，长10-15厘米，宽15-20厘米，小裂片卵圆形或长圆形，长4-7（-10）厘米，宽2-4.5（-6）厘米，基部平截，有粗齿或缺刻状。花序径4-9厘米；伞辐10-18，长1-2厘米，花序梗、伞辐及花梗均有糙毛，总苞片2-3，披针形；小总苞片3-9，线状披针形，短于花梗。萼齿卵形，先端尖；花瓣绿色，卵形，具爪。果倒卵形或长圆形，长4-6毫米，径2.5-3.5毫米，基部凹入，金黄

色，果皮膜质，有光泽，背棱线形，侧棱翅状，与果等宽；棱槽油管1，合生面油管2。花期7-8月，果期8-9月。

产黑龙江、吉林、辽宁及内蒙古东北部，生于林缘、路边及草地。俄罗斯西伯利亚东部和远东地区有分布。幼苗可食，叶鲜美。果可提取芳香油。

图 1100 绿花山芹 （陈荣道绘）

2. 大齿山芹 图 1101

Ostericum grosseserratum (Maxim.) Kitag. in Jour. Jap. Bot. 12: 233. 1936.

Angelica grosseserrata Maxim. in Mel. Biol. 9: 253. 1873.

植株高达1米。茎中空，有浅钝沟纹，上部叉状分枝，除花序梗顶端有

糙毛外，余无毛。叶柄长4-18厘米，叶鞘长披针形，边缘白色膜质；叶宽三角形，二至三回3裂，小裂片宽卵形或菱状卵形，长2-5厘米，基部楔形，中部以下常2深裂，有粗大缺齿。花序径2-10厘米；伞辐6-14，长1.5-3厘米，总苞片4-6，线状披针形；小总苞片5-10，钻形。萼齿三角状卵形；花瓣白色，倒卵形；花柱基垫状，花柱短，叉开。果宽椭圆形，长4-6毫米，径4-5.5毫米，背棱突起，侧棱薄翅状，与果近等宽，棱槽油管1，合生面油管2-4。花期7-9月，果期8-10月。

产吉林、辽宁、河北、山西、山东、陕西、四川、湖北、河南、安徽、江苏、浙江及福建，生于山坡草地、林缘、灌丛中或溪边。朝鲜、日本、俄罗斯有分布。根药用，可代"独活"或当归。春季幼苗可食用。果、根、茎、叶均含芳香油，有浓香。

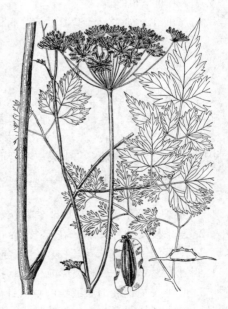

图 1101 大齿山芹 （陈荣道绘）

3. 隔山香 图 1102: 1-4

Ostericum citriodorum (Hance) Yuan et Shan in Bull. Nanjing Bot. Gard. Mem. Sun Yat-Sen 1984-1985: 3. 1985.

Angelica citriodora Hance in Journ. Bot. 131. 1871; 中国高等植物图鉴 2: 1089. 1972.

植株高达1.3米；全株无毛。直根纺锤形，具成束分枝，橙黄色。茎单生，上部分枝。叶二至三回羽裂，叶柄长5-30厘米，叶鞘短三角形；叶长圆状卵形或宽三角形，小裂片长圆状披针形或长椭圆形，长3-6.5厘米，有

极细齿，干后常波状皱缩。总苞片6-8，披针形，长约4毫米；伞辐5-12；伞形花序有10余朵花，小总苞片5-8，线形，反折，长2-3毫米。萼齿三角状卵形；花瓣白色，倒卵形；花柱基短圆锥形。果椭圆形或宽椭圆形，长3-4毫米，径3-3.5毫米，金黄色，有光泽，表皮细胞凸出成颗粒状，背棱窄翅状，侧棱宽翅状，宽于果；棱槽油管1-3，合生面油管2。花期6-8月，果期8-10月。

产浙江、福建、江西、湖北东南部、湖南、广东及广西，生于山坡灌木林下或林缘草丛中。根药用，可疏风清热、活血化瘀、行气止痛；治风热咳嗽、心绞痛、胃痛、闭经和跌打损伤。

4. 全叶山芹 图 1102: 5-7

Ostericum maximowiczii (Fr. Schmidt ex Maxim.) Kitag. in Journ. Jap. Bot. 12: 232. 1936.

Gomphopetalum maximowiczii Fr. Schmidt. ex Maxim. Prim. Mel. Biol. 9: 253. 1875.

图 1102: 1-4.隔山香 5-7.全叶山芹
（陈荣道绘）

植株高达1米。茎下部叶二回羽裂，叶柄长3-10厘米，叶鞘圆筒状抱茎，边缘膜质；叶三角状卵形，小裂片线形或线状披针形，长1-4厘米，宽1-4毫米，全缘或有1-2浅齿，两面无毛，有时沿中脉及叶缘有糙毛，最上部叶3裂，叶鞘膨大，紫红色。花序径3.5-7厘米；伞辐10-17，有糙毛；总苞片1-3，宽披针形，长5-8毫米，边缘膜质，早落；伞形花序有10-130花；小总苞片5-7，线状披针形，常反卷。萼齿卵状三角形，有糙毛；花瓣白色，近圆形，具爪。果宽卵形，扁平，金黄色，基部凹入，长4-5.5毫米，径3.5-5毫米，背棱窄，稍突起，侧棱宽翅状，薄膜质，透明，较果宽；棱槽油管1，合生面油管2-3。花期8-9月，果期9-10月。

产黑龙江、吉林及内蒙古，生于高山或平地路边、湿草甸子、林缘或林下。朝鲜、日本、俄罗斯远东地区有分布。茎叶可作牲畜饲料。

[附] **大全叶山芹 Ostericum maximowiczii** var. **australe** (Kom.) Kitag. Lineam. Fl. Manch. 340. 1939. —— *Angelica maximowiczii* f. *australis* Kom. in Acta Hort. Petrop. 25: 165. 1905. 本变种与模式变种的区别：植株高达1.5米；叶小裂片宽披针形或卵状披针形，宽5-9毫米。分布区同全叶山芹。

82. 欧当归属 Levisticum Hill
（佘孟兰）

多年生草本；全株无毛。根部常肥大。茎直立，圆柱形。叶二至三回羽裂。复伞形花序顶生；伞辐多数；总苞片和小总苞片均多数，并向下反折；伞形花序多花。萼齿不明显；花瓣黄绿或黄色，椭圆形，先端凹入，具内折小舌片；花柱基圆锥形，花柱长，后期常向下弯曲。果稍背扁，背棱钝翅状，侧棱厚翅状；棱槽油管1，合生面油管2（-4）；胚乳腹面平直。

约3种，产欧洲、亚洲西南部；北美栽培或野化。我国引种栽培1种。

欧当归 图 1103

Levisticum officinale Koch in Nova Acta Acad. Leop-Carol. 12(1): 101. 1824.

植株高达2.5米；全株有香气。根颈粗壮，根长圆锥形，多枝根。茎基径3-4厘米，中空，带紫红色。基生叶和茎下部叶二至三回羽裂，具长柄，叶鞘宽，带紫红色；茎上部叶一回羽裂；叶宽三角形；小裂片倒卵形或卵状菱形，近革质，长4-11厘米，叶先端2-3裂，有不整齐粗齿，基部楔形，全缘。花序径约12厘米；伞辐12-20，总苞片7-11；小总苞片8-12，披针形，边缘白色膜质，反曲；伞形花序近球形。花黄绿色。果椭圆形，黄褐色，长5-7毫米，径3-4毫米。花期6-8月，果期8-9月。

原产欧洲。辽宁、内蒙古、河北、河南、山西、陕西、山东、江苏均有栽培。根药用，可利尿、健胃，作芳香兴奋剂治神经疾病；在食品、烟酒和医药工业作添加剂；嫩茎叶可食。

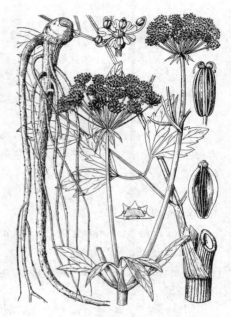

图 1103 欧当归 （史渭清绘）

83. 珊瑚菜属 Glehnia Fr. Schmidt. et Miq.

（刘守炉）

多年生草本；全株被白色柔毛。根粗壮。茎短。叶三出羽裂或三出一至二回羽裂。复伞形花序紧密，总苞片少数或无；伞辐开展，小总苞片线状披针形；伞形花序近头状。花梗不明显；萼齿细小，薄膜质；花瓣白或紫色，先端有内折小舌片；花柱基扁圆锥形，花柱短，直立。果稍背扁，有柔毛或无毛，果棱成木栓质翅；胚乳腹面微凹，每棱槽油管1-3，合生面油管2-6。

约2种，分布东亚及北美洲太平洋沿岸。我国1种。

珊瑚菜　　　　　　　　　　　图 1104 彩片 290

Glehnia littoralis Fr. Schmidt. et Miq. in Ann. Mus. Bot. Lugd.-Botav. 3: 61. 1867.

植株高达25厘米，被白色柔毛。根圆柱形，长达70多厘米。叶长5-12厘米，三出一至二回羽裂，裂片卵圆形或近椭圆形，有粗锯齿。花序梗长4-10厘米，密被白或灰褐色绒毛，无总苞片；伞辐10-14，小总苞片8-12，线状披针形；伞形花序有15-20朵花。果球形，长0.6-1.3厘米，径0.6-1厘米，密被长柔毛及绒毛，果棱有木栓质翅。花期5-7月，果期7-8月。

图 1104 珊瑚菜 （陈荣道绘）

产辽宁南部、河北东部、山东东部、江苏北部、浙江东南部、福建东部、台湾、广东及海南，生于海边沙滩。朝鲜、日本及俄罗斯（远东地区）有分布。根药用，可养阴清热、润肺止咳及祛痰。

84. 弓翅芹属 Arcuatopterus Sheh et Shan

（佘孟兰）

多年生草本。根圆锥形或不规则块状。叶二至三回羽状全裂。复伞形花序多分枝，侧生伞形花序梗长于中央伞形花序；伞辐少数，纤细，花少数。花梗纤细，极不等长；萼齿显著；花瓣长卵形，白色，有爪，中脉黄褐色；花柱粗短，花柱基圆锥形，细小，基部盘形，边缘波状。果长圆形，背扁，褐色或红褐色，背棱稀突起或微突起，侧棱宽翅状，内弯，横剖面弓形；棱槽油管1，合生面油管2，胚乳腹面平直。

    3种，主产我国西南部。锡金1种。

1. 叶小裂片长卵形或卵状披针形；果熟后褐红色 ··· 1. 弓翅芹 A. sikkimensis
1. 叶小裂片卵形或倒卵形；果熟后淡褐色 ··· 2. 唐松叶弓翅芹 A. thalictrioideus

1. 弓翅芹   图 1105

Arcuatopterus sikkimensis (C. B. Clarke) Sheh, comb. nov.

Peucedanum sikkimensis C. B. Clarke in Hook. f. Fl. Brit. Ind. 2: 710. 1879.

Arcuatopterus filipedicellus Sheh et Shan; 中国植物志 55(3): 80. 1992.

图 1105 弓翅芹 （史渭清绘）

植株高达1米。茎无毛，多分枝。老枝、叶、果均带紫红色。下部叶柄长12-20厘米，叶鞘卵状披针形；叶宽三角状卵形，长14-20厘米，三回羽状全裂，小裂片长卵形或卵状披针形，基部圆或楔形，有不整齐锯齿，长1.2-6厘米。花序多分枝；无总苞片或偶有1片；伞辐6-12，极不等长，长0.5-4厘米，纤细；伞形花序有5-14花。花梗纤细；萼齿三角状卵形；花瓣白色，长卵形，具爪。果卵状椭圆形，

长5-6毫米，无毛，熟后褐红色，背棱不显或微线形突起，侧棱翅较厚，宽约1毫米，两侧翅边缘内曲呈弓状。花期8-9月，果期9-10月。

产云南西北部，生于海拔2200-2600米林缘或山坡路边。锡金有分布。

2. 唐松叶弓翅芹   图 1106

Arcuatopterus thalictrioideus Sheh et Shan in Bull. Bot. Res. (Harbin) 6(4): 15. 1986.

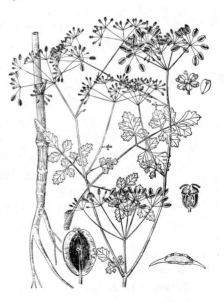

图 1106 唐松叶弓翅芹 （史渭清绘）

植株高达1.1米。茎单一，空管状，下部暗紫色，无毛，上部分枝多，枝纤细，绿色。下部茎生叶具柄，叶鞘暗紫色；叶三角状卵形，二至三回羽状全裂，小裂片卵形或倒卵形，基部楔形，长1-2厘米，边缘和背部脉上有鳞片状毛，具圆齿，背脉龙骨状突起，红褐色。花序分枝极多，无总苞片或偶有1片；伞辐（3-）5-7，极不等长，长1-4.5厘米，开展；伞形花序有4-10花。花梗纤细，不等长；萼齿三角形；花瓣白色，长

卵形，中脉黄褐色；花柱基圆锥形，基部盘形，边缘波状。果长圆形，长6-7毫米，径4-6毫米，淡褐色，背棱线形，稀突起，侧棱翅宽1.4-2毫米，内曲，黄白色，横剖面弓形，木栓质较厚。花期8-9月，果期9-10月。

产云南中部、四川西南部及西藏南部，生于海拔1900-2800米高山草地。

85. 阿魏属 Ferula Linn.

（佘孟兰）

多年生草本。茎分枝常成圆锥状。茎下部叶多互生，上部叶常轮生，基生叶莲座状，叶鞘宽大；叶3裂或羽状全裂；茎生叶叶柄短，叶鞘膨大。顶生中央花序常为两性花，侧生花序常为雄花或杂性花，常无总苞片；小总苞片有或无。萼无齿或有短齿；花瓣黄或淡黄色，稀暗黄绿色，先端渐尖内曲；花柱基圆锥状，边缘宽，稍浅裂波状。果背腹扁；每棱槽油管1至多数，合生面油管2至多数；心皮柄2裂至基部；胚乳腹面平直或微凹。

约150余种，主产欧洲南部地中海地区和北非，伊朗、阿富汗、中亚、西伯利亚、印度、巴基斯坦有分布。我国25种。

1. 顶生中央花序为复伞形花序，侧生花序多为单伞形花序，成串轮生或对生于主轴上 ……………………………………………………………………………………………… 1. 多伞阿魏 F. ferulaeoides
1. 中央花序和侧生花序均为复伞形花序，组成圆锥状花序。
  2. 花瓣淡黄色，花后宿存，多次结果 …………………………………………… 2. 大果阿魏 F. lehmannii
  2. 花瓣黄色，稀淡黄色，花后脱落，一次结果。
    3. 茎粗壮，带海绵质；叶常平滑，无乳头状突起，早落。
      4. 植株具葱蒜臭味。
        5. 叶小裂片长圆形或线形，全缘，长3-6毫米 ……………………… 3. 新疆阿魏 F. sinkiangensis
        5. 叶小裂片卵形或长卵形，3-5浅裂，长1-2厘米，具不整齐圆齿 ………………………………… …………………………………………………………………………… 3(附). 阜康阿魏 F. fukanensis
      4. 植株无葱蒜臭味。
        6. 基生叶小裂片长10-15厘米，宽4-5厘米 …………………………… 4. 中亚阿魏 F. jaeschkeana
        6. 基生叶小裂片长不及2厘米。
          7. 花瓣无毛 …………………………………………………………… 5. 灰色阿魏 F. canescens
          7. 花瓣被毛 ……………………………………………………… 6. 荒地阿魏 F. syreitschikowii
    3. 茎非海绵质；叶粗糙，具乳头状突起，宿存。
      8. 叶质厚，坚硬，宿存，裂成细小裂片。
        9. 叶四至五回羽状全裂，小裂片线形，全缘 …………………………… 7. 全裂叶阿魏 F. dissecta
        9. 叶二至三回羽状全裂，裂长卵形，羽状深裂，小裂片具角状齿 ………………… 8. 硬阿魏 F. bungeana
      8. 叶质薄，柔软光滑，早凋落。
        10. 叶小裂片线形或披针形。
          11. 果棱槽油管1，合生面油管2 …………………………………… 9. 准噶尔阿魏 F. songorica
          11. 果棱槽油管3-4，合生面油管4-8。
            12. 伞辐7-11，长3-5厘米；果长1-1.5厘米 ……………………… 10. 太行阿魏 F. licentiana
            12. 伞辐3-7，长1.5-3厘米；果长1厘米以下 ……… 10(附). 铜山阿魏 F. licentiana var. tunshanica
        10. 叶小裂片椭圆形或卵形。
          13. 叶下面被疏柔毛，叶柄顶端与叶片相接处有关节 ……………… 11. 山蛇床阿魏 F. kirialovii
          13. 叶下面疏生硬毛，叶柄顶端与叶片相接处无关节 …………… 12. 山地阿魏 F. akitschkensis

1. 多伞阿魏   图 1107

Ferula ferulaeoides (Steud.) Korov. Monogr. Ferula 77. t. 43. f. 1. 1947.

Peucedanum ferulaeoides Steud. Nomencl. ed. 2, 2: 311. 1841.

多年生一次结果草本，高达1.5米。茎被疏柔毛，枝条多轮生，稀互生。基生叶有柄，叶鞘宽卵状披针形；叶四回羽状全裂，小裂片卵形，长1厘米，深裂为线形小裂片，密被柔毛，上部茎生叶无叶片，叶鞘抱茎。复伞形花序顶生，多分枝，侧枝常3-8单伞形花序轮生；

顶生复伞形花序径约2厘米；伞辐3-4，近等长，无总苞片；伞形花序有10花，小总苞片鳞片状，脱落。花瓣黄色，卵形。果椭圆形，背腹扁，长3-7毫米，径1.5-3毫米，背棱丝状，侧棱窄翅状；每棱槽油管1，合生面油管2。花期5月，果期6月。

产新疆北部，生于沙丘、沙地和砾石质蒿属植物荒漠。哈萨克斯坦、蒙古有分布。根和植物树脂药用，作阿魏代用品，治心腹冷痛、肠胃炎、关节炎。

图 1107 多伞阿魏 （谭丽霞绘）

2. 大果阿魏
图 1108

Ferula lehmannii P. E. Boiss. Fl. Orient. 2: 992. 1872.

多年生多次结果草本，高约40厘米；全株有葱蒜臭味。根纺锤形。茎近基部成圆锥状分枝，下部枝互生，上部枝轮生。基生叶多数，有短柄，叶鞘宽；叶宽卵形，三出三回羽状全裂，小裂片长卵形或倒卵形，长约2厘米，先端圆钝，有3-5圆齿或羽状深裂，灰绿色，被柔毛。复伞形花序多分枝，中央花序无梗或有短梗，短于侧生花

序，无总苞片；伞辐3-8；伞形花序有6-10花。花瓣淡黄色，卵状长圆形，有疏柔毛，长约2毫米，宿存。果椭圆形，长1.2-1.4厘米，径6-7毫米，背棱丝状突起，侧棱窄翅状；每棱槽油管3-4，合生面油管10-12。花期5月，果期6月。

图 1108 大果阿魏 （谭丽霞绘）

产新疆北部，生于粘土砾砂低坡。巴基斯坦、阿富汗、伊朗有分布。根药用，治虫积、肉积、心腹冷痛。

3. 新疆阿魏
图 1109 彩片 291

Ferula sinkiangensis K. M. Shen in Acta Phytotax. Sin. 13(3): 88. 1975.

多年生一次结果草本，高达1.5米；全株有葱蒜臭味。根圆锥形。茎常单生，稀2-5，有柔毛，多分枝，常带紫红色。基生叶三至四回羽状全裂，小裂片长圆形或线形，长3-6毫米，灰绿色，下面密被柔毛，早落；茎生

叶叶鞘宽。复伞形花序径8-12厘米，中央花序近无梗，侧生花序1-4，无总苞片；伞辐5-25，近等长，被柔毛；伞形花序有10-20花，小总苞片宽披针形，脱落。花瓣黄色，中脉色深，有

毛。果椭圆形，长1-1.2厘米，径5-6毫米，有疏毛，每棱槽油管3-4，合生面油管12-14。花期4-5月，果期5-6月。

产新疆，生于海拔约850米荒漠和砾石地粘土坡。树脂和根药用，能消积、杀虫，治关节痛、虫积、肉积、痞块、心腹冷痛、疟疾、痢疾。

[附] **阜康阿魏 Ferula fukanensis** K. M. Shen in Acta Phytotax. Sin. 13(3): 89. 1975. 本种与新疆阿魏的区别：叶小裂片卵形或长卵形，3-5浅裂，长1-2厘米，具不整齐圆齿。产新疆东北部，生于海拔约700米沙漠边缘地带或粘土冲沟边。树脂和根部药用，药效与新疆阿魏同。

图 1109 新疆阿魏 （谭丽霞绘）

4. 中亚阿魏 图 1110

Ferula jaeschkeana Vatke in Ind. Sem. Hort. Berol. App. 2. 1876.

多年生草本，高达2米。茎单一，粗壮，淡红褐色。基生叶有短柄，叶鞘宽卵状披针形；叶宽三角状卵形，三出二回羽状全裂，小裂片长圆形或长圆状披针形，先端尖，基部下延，具不整齐细锯齿，长10-15厘米，宽4-5厘米，上面近光滑，下面密生柔毛，早枯。复伞形花序径3-10厘米，侧生花序梗长于中央花序梗，无总苞片；伞辐（5-）10-20（-25）；伞形花序有15-20花；无小总苞片。花瓣黄色；花柱基扁圆柱形，边缘波状。果椭圆形，长1.4-2厘米，径0.8-1.2厘米，背棱丝状稍突起，侧棱宽翅状；每棱槽油管1，合生面油管4-6。花期6月，果期7月。

图 1110 中亚阿魏 （陈荣道绘）

产西藏西部，生于海拔约3600米高山草坡。印度、巴基斯坦、阿富汗及中亚有分布。

5. 灰色阿魏 图 1111: 1-3

Ferula canescens (Ledeb.) Ledeb. Fl. Ross. 2: 302. 1844.

Peucedanum canescens Ledeb. Fl. Alt. 1: 307. 1829.

多年生草本，高约30厘米。根圆柱形。茎细，1-2，呈之字形曲折，分枝伞房状，下部枝互生，上部枝对生。基生叶多数，有短柄，叶鞘披针形；叶三角形，三至四回羽状全裂，小裂片长圆形或卵形，长0.5-1厘米，宽3-

6毫米，疏生三角形锐齿，灰绿色，两面密被柔毛，早枯萎；茎生叶少，无柄，叶鞘卵状披针形。复伞形花序径3-6厘米，花序多分枝，中央花序常短于侧生花序，无总苞片；伞辐（2-）4-5（-8），近等长；伞形花序有10余花，小总苞片披针形，有膜质边缘，宿存。萼齿三角形；花瓣淡黄色，长卵形，无毛；花柱基扁圆锥形，边缘浅裂，花柱长。果椭圆形，背腹扁，褐色，长0.8-1.4厘米，宽3.5-6毫米，背棱突起，侧棱窄翅淡褐色；每棱槽油管1，合生面油管2。花期6月，果期7月。

产新疆北部，生于荒漠砾石山坡。西伯利亚和中亚有分布。

6. 荒地阿魏 图1112

Ferula syreitschikowii K.-Pol. in Not. Syst. Herb. Petrop. 3: 71. 1922.

多年生草本，高达30厘米。茎1-2，稍之字形曲折，密被短毛，中部以

上伞房状分枝，枝互生。基生叶近无柄，叶菱形，二至三回羽状全裂，裂片椭圆形，长达2厘米，深裂为有角状齿的小裂片，灰绿色，两面密被柔毛，早枯；上部叶叶鞘披针形，被柔毛。复伞形花序分枝多，伞形花序径4-6厘米，无总苞片；伞辐6-12，近等长；伞形花序有10-25花，小总苞片菱状披针形，

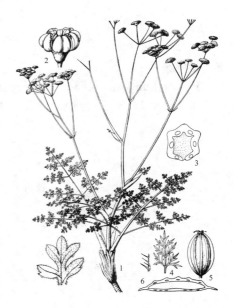

图 1111: 1-3.灰色阿魏 4-6.全裂叶阿魏（张荣生 谭丽霞绘）

图 1112 荒地阿魏 （引自《图鉴》）

密被白色长柔毛。萼齿三角状披针形；花瓣淡黄色，倒卵形，疏生柔毛；花柱基扁圆形，边缘波状，花柱长。果椭圆形，长5-8毫米，径约3毫米，背棱丝状，侧棱窄，灰白色；每棱槽油管1，粗大，合生面油管2。花期5月，果期6月。

产新疆，生于田边、荒地、水渠边及砾石质干坡。中亚有分布。

7. 全裂叶阿魏 图1111: 4-6

Ferula dissecta (Ledeb.) Ledeb. Fl. Ross. 2: 301. 1844.

Peucedanum dissectum Ledeb. Fl. Alt. 1: 306. 1829.

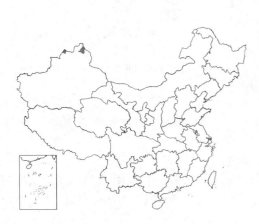

多年生草本，高达1米。根圆柱形。茎单一，稀2，带紫红色，枝条多轮生。基生叶有短柄，叶鞘宽；叶宽卵形，四至五回羽状全裂，小裂片线形，长1-2毫米，叶灰绿色，密被硬毛；茎生叶叶鞘抱茎，质硬。复伞形花序顶生，侧生花序1-5，花序梗长于中央花序，伞形花序径4-8厘米，无总苞片；伞

辐4-14；伞形花序有8-15花，小总苞片小，披针形，脱落。萼齿三角形；花瓣黄色，长卵形；花柱基扁圆锥形，边缘宽。果椭圆形，背腹扁，长0.7-1.1厘米，径3-5毫米，背棱丝状突起，侧棱窄翅状，每棱槽油管1，合生面油管2。花期5月，果期6月。

产新疆北部，生于以蒿属植物为主的荒漠和砾石山坡。俄罗斯、哈萨

克斯坦有分布。

8. 硬阿魏

图 1113

Ferula bungeana Kitag. in Journ. Jap. Bot. 31: 304. 1956.

多年生草本，高达60厘米；植株密被柔毛。茎二至三回分枝。基生叶莲座状，具短柄；叶宽卵形，二至三回羽状全裂，裂片长卵形，羽状深裂，小裂片楔形或倒卵形，长1–3毫米，宽1–2毫米，常3裂成角状齿，密被柔毛，灰蓝色，质厚，宿存。复伞形花序顶生，径4–12厘米，果序长达25厘米，无总苞片或偶有1–3片，锥形；伞辐4–15；伞形花序有5–12花，小总苞片3–5，线状披针形。

图 1113 硬阿魏 （刘启新绘）

萼齿卵形；花瓣黄色，椭圆形；花柱基扁圆锥形，边缘宽。果宽椭圆形，背腹扁，长1–1.5厘米，径4–6毫米，果棱线形，钝状突起，果柄不等长，长达3厘米；每棱槽油管1，合生面油管2。花期5–6月，果期6–7月。

产黑龙江西南部、吉林、辽宁东北部及西部、内蒙古、河北、河南、山西、陕西、甘肃及宁夏，生于沙丘、沙地、戈壁滩冲沟、旱田、路边及砾石山坡。根药用，可清热解毒、消肿、止痛、祛痰止咳。

9. 准噶尔阿魏

图 1114

Ferula songorica Pall. ex Sreng. in Roem. et Schult. Syst. Veg. 6: 598. 1820.

多年生草本，高达1.5米。根圆柱形。茎2–3，稀单生，带紫红色，下部枝互生，上部枝轮生。基生叶有长柄；叶三角形，三至四回羽状全裂，小裂片线形或线状披针形，长达3厘米，宽1–2毫米，全缘，无毛，早枯；茎生叶无柄，叶鞘披针形，革质。复伞形花序径4–7厘米，无总苞片；伞辐10–20，近等长；伞形花序有15–20花，小总苞片5，披针形，宿存。萼齿三角形；花瓣椭圆形；花柱基扁圆锥形，花柱长。果椭圆形，长约8毫米，径约5毫米，背棱丝状，侧棱窄翅状，棱槽油管1，合生面油管2。花期6月，果期7月。

图 1114 准噶尔阿魏 （谭丽霞绘）

产新疆北部，生于山地草坡和灌丛中。俄罗斯及哈萨克斯坦有分布。

10. 太行阿魏

图 1115: 1–5

Ferula licentiana Hand.-Mazz. in Oesterr. Bot. Zeitschr. Heft. 4(82): 252. 1933.

多年生草本，高达1.8米；全株无毛。茎单一，下部枝互生，上部枝轮

生。基生叶有柄；叶宽卵形，三至四回羽状全裂，裂片长卵形，羽状深裂，小裂片披针形，长2-4毫米；茎上部叶叶鞘抱茎。中央花序有短梗，侧生花序1-2，长于中央花序，无总苞片或有1-3片，线形；伞辐7-11，长3-5厘米；伞形花序有7-11花，小总苞片4-5，线状披针形。萼齿三角形；花瓣黄色，倒卵状长圆形，小舌片内曲；花柱基扁圆锥形，花柱长。果长圆形或长圆状倒卵形，背腹扁，淡褐色，长1-1.5厘米，背棱线形，稍突起，侧棱宽翅状；每棱槽油管3-4，合生面油管4-8。花期5-6月，果期6-7月。

产河南西部、山西北部及陕西东部，生于山地阳坡。

[附] **铜山阿魏 Ferula licentiana** var. **tunshanica** (Su) Shan et Q. X. Liu in Bull. Nanjing Bot. Gard. Mem. Sun Yat–Sen 1987: 37. 1987. —— Ferula tunshanica Su, Fl. Jiangsu 2: 584. 935. pl. 1678. 1982. 本变种与模式变种的区别：植株矮小；伞辐3-7，长1.5-3厘米；果长1厘米；棱槽油管1-3，合生面油管4-6。产山东西部及东部、江苏西北部、安徽东北

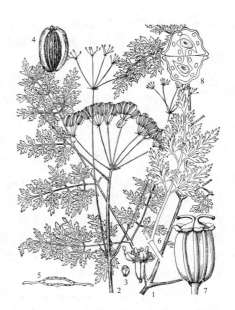

图 1115: 1-5.太行阿魏 6-8.山蛇床阿魏
（刘启新绘）

部、湖北中北部，生于阳坡石缝中。嫩叶可食。

11. 山蛇床阿魏　　　　　　　　图 1115: 6-8

Ferula kirialovii Pimenov in Bull. Mosk. Obshch. Ispyt. Prir. Biol. 84(5): 110. 1979.

多年生草本，高达3米。根圆锥形。茎单生，初被柔毛，后光滑，常带淡紫红色，上部分枝伞房状，下部枝互生，上部枝轮生。基生叶有长柄，与叶片相接处有关节；叶三角状宽卵形，三回羽裂，裂片椭圆形，长1-3厘米，宽0.5-2厘米，羽状分裂，小裂片全缘或具齿，下面淡绿色，被疏柔毛，早枯。复

伞形花序顶生，无侧生花序，径4-8厘米，无总苞片；伞辐6-12，近等长；伞形花序有12-17花，小总苞片披针形或钻形，宿存。萼齿三角形；花瓣黄色，长椭圆形。果长约7毫米，径约3毫米，果棱丝状微突起，每棱槽油管1，合生面油管2。花期6月，果期7月。

产新疆，生于海拔约1500米砾石草坡和灌丛中。俄罗斯有分布。

12. 山地阿魏　　　　　　　　图 1116

Ferula akitschkensis B. Fedtsch. ex K.-Pol. in Bull. Soc. Nat. Voron. 1: 94. 1925.

多年生草本，高达1.5米。茎1-2，下部枝互生，上部枝轮生，稍淡紫红色。基生叶有长柄，叶柄顶端无关节；叶宽菱形，三回羽状全裂，裂片长圆形，长0.8-1.5（-3）厘米，宽3-5（-10）毫米，羽状深裂，小裂片全缘或具齿，下面疏生硬毛，宿存，茎上部叶叶鞘披针形。复伞形花序径5-

10厘米，总苞片1-2，披针形；伞辐10-20（-25），成半球形；伞形花序有8-16花，小总苞片5-7，披针形，宿存。萼齿三角形；花瓣黄色；花柱基扁圆锥形，边缘波状，花柱长，外曲。果椭圆形，长约8毫米，径约5毫米；背棱丝状，侧棱窄翅状；棱槽油管1，合生面油管2。花期6月，果期7月。

产新疆，生于海拔900-2100米山地灌丛中、草坡及砾石山坡。哈萨克斯坦有分布。

86. 球根阿魏属 Schumannia Kuntze

（佘孟兰）

多年生草本，高达30厘米。根长，球状或块状增粗。茎无毛，下部枝互生，上部枝轮生。叶柄短，叶鞘宽；叶宽卵形，三至四回三出全裂，小裂片线形，长达2厘米，宽约1厘米，蓝绿色，无毛，全缘或具齿。复伞形花序径达12厘米，无总苞片；伞辐5-29；伞形花序密集成头状，小总苞片5-6，披针形或卵状披针形，被毛。花近无梗；萼齿披针形，花后增大，果期成白色膜质，宿存；花瓣背面淡黄色，边缘淡绿或紫红色，被柔毛；花柱基扁圆锥形，边缘浅裂，花柱长。果椭圆形，长1-1.5厘米，径5-8毫米，背腹扁，密被柔毛；背棱线状，钝而不明显，侧棱白色，宽翅状；每棱槽油管3-5，合生面油管10-12；心皮柄2深裂；胚乳腹面平直。

单种属。

图 1116 山地阿魏 （谭丽霞绘）

球根阿魏　　　　　　　　　　　　　图1117

Schumannia turcomanica Kuntze in Acta Hort. Peterop. 10: 192. 1887.

形态特征同属。花期5-6月，果期6-7月。

产新疆西北部，生于沙漠及沙地。巴基斯坦、伊朗及中亚有分布。

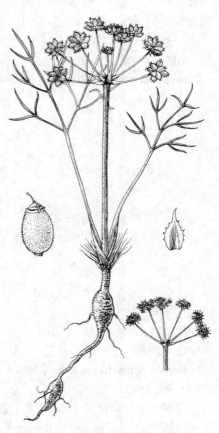

87. 簇花芹属 Soranthus Ledeb.

（佘孟兰）

多年生草本，高达1米。直根圆柱形。茎疏生毛，后脱落，下部枝互生或对生，上部枝轮生。叶有短柄，叶鞘披针形，或卵形，基部抱茎；叶宽卵形，三出三回羽状全裂，小裂片线形，长1.5-5厘米，宽1.5-3毫米，全缘，稀3裂。复伞形花序径5-15厘米；伞辐5-20（-36），无总苞片；花杂性，花序中间为雄花，边缘为雌花，二者之间为两性花；伞形花序多花，密集成头状，小总苞片数片，有柔毛。花近无梗；萼齿短，锐尖；花瓣淡绿色，宽卵形，有柔毛；花柱基扁圆锥形，边缘波状，花柱反曲。果椭圆形，长达1.6厘米，径达8毫米，背腹扁，背棱线形，钝状，侧棱宽翅状；每棱

图 1117 球根阿魏 （陈荣道绘）

槽油管1，合生面油管4；心皮柄2裂。种子胚乳腹面平直。

单种属。

簇花芹

图 1118

Soranthus meyeri Ledeb. Fl. Alt. 1: 344. 1829.

形态特征同属。花期5月，果期6月。

产新疆，生于沙漠、沙丘和河滩地。哈萨克斯坦及俄罗斯西伯利亚有分布。

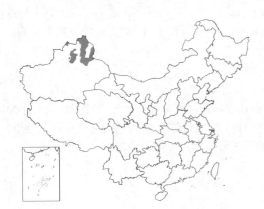

图 1118 簇花芹 （谭丽霞 张荣生绘）

88. 胀果芹属 Phlojodicarpus Turcz. ex Bess.
（佘孟兰）

多年生草本。叶二至三回羽状全裂。复伞形花序具总苞片和小总苞片。萼齿披针形或线形；花瓣倒卵形，先端小舌片微内折，具短爪，白或苍白色微紫；花柱基圆锥形。果背腹扁，背棱和中棱隆起，侧棱宽厚翅状，外果皮厚，木栓质；每棱槽油管1-3，合生面油管2-4，油管有时不明显；胚乳腹面平直，果熟时合生面果皮易分离；心皮柄2裂至基部。

2种，产亚洲东部、中国、蒙古及俄罗斯。

1. 花序及果实等无毛或仅具稀疏短毛 ······································ 胀果芹 **P. sibiricus**
1. 花序梗顶端、总苞片、伞辐、小总苞片、萼片、花瓣、子房及果实均被稀疏柔毛或被较密的绵毛 ·············
·· （附）. 柔毛胀果芹 **P. villosus**

胀果芹

图 1119: 1-6

Phlojodicarpus sibiricus (Steph. ex Spreng.) K.-Pol. in Spiske Rast. Gerb. Russ. Fl. 8: 117. 1922.

Cachrys sibirica Steph. ex Spreng. Syst. Veg. 1: 892. 1825.

植株高达60厘米。根圆锥形，根颈常指状分枝。茎无毛。基生叶多数，叶柄长3.5-9厘米，叶鞘宽卵状披针形；叶卵状长圆形，二至三回羽状全裂，小裂片线形或倒卵形，2-3裂，长0.5-1.3厘米，两面无毛。伞形花序径3-9厘米；花序梗粗；总苞片5-10，线状披针形，有时其中一片特大、边缘白色

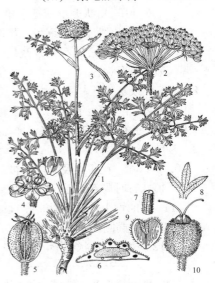

图 1119: 1-6.胀果芹 7-10.柔毛胀果芹
（史渭清绘）

膜质；伞辐6-20，有鳞毛；伞形花序有10余花，小总苞片约10，卵状披针形。萼齿披针形；花瓣白色。果长圆形，长6-7毫米，熟时淡黄色，疏生毛；棱槽油管1，合生面油管2。花期6-7月，果期7-8月。

产内蒙古及河北北部，生于阳坡、干燥多石山地或草原。俄罗斯及蒙古有分布。

[附] **柔毛胀果芹** 图1119：7-10 **Phlojodicarpus villosus** (Turcz. ex Fisch. et Mey.) Turcz. ex Ledeb. Fl. Ross. 2: 331. 1844-46. —— *Libanotis villosus* Turcz. ex Fisch. et Mey. Ind. Sem. Hort. Petrop. 1: 31. 1835. 本种与胀果芹的区别：花序梗顶端、总苞片、伞辐、小总苞片、萼片、花瓣、子房及果实均被稀疏柔毛或被较密的绵毛。产内蒙古，生于干燥多石山坡或山顶石缝间。蒙古及俄罗斯有分布。

89. 前胡属 Peucedanum Linn.

（佘孟兰）

多年生草本。根圆锥形，常分叉。叶一至三回羽裂或3裂。复伞形花序，总苞片宿存；伞形花序常多花，小总苞片多数，有时少或缺。花瓣多倒卵形，先端微缺，有内折小舌片，常白色，稀淡粉红或带紫色；花柱基短圆锥形。果背腹扁，中棱和背棱线形，侧棱有窄翅，合生面不易分离；棱槽油管1至数个，合生面油管2至多数。

约120种，广布全球。我国约40种。

1. 萼齿无或细小不明显。
　　2. 总苞片多数，宿存；叶小裂片线状长圆形，先端具长1-1.5毫米的刺尖头 ·············· 1. **刺尖前胡 P. elegans**
　　2. 总苞片无或少数，早落；小总苞片多数；叶小裂片先端非刺尖。
　　　3. 茎粗壮，中空管状 ·· 2. **滨海前胡 P. japonicum**
　　　3. 茎粗或细，髓部充实。
　　　　4. 叶三至四回羽裂，叶柄长（6-）15-33厘米；小总苞片2-4，线形；根茎圆柱形，环状节痕突起 ········
　　　　·· 3. **竹节前胡 P. dielsianum**
　　　　4. 叶一至二回3裂或二至三回羽裂，叶柄长3-12（-26）厘米。
　　　　　5. 小总苞片6-8；果油管粗，棱槽油管1-2，合生面油管4-6 ·············· 4. **南岭前胡 P. longshengense**
　　　　　5. 小总苞片8-12；果油管较窄，棱槽油管3-5，合生面油管6-10。
　　　　　　6. 叶长卵形或宽卵形，小裂片卵形或倒卵状楔形，长2-3厘米，··
　　　　　　·· 5. **长前胡 P. turgeniifolium**
　　　　　　6. 叶三角状卵形或宽三角形，小裂片菱状倒卵形、卵形或长卵形，长1.5-7厘米。
　　　　　　　7. 叶裂片具锐锯齿，齿端刺尖；小总苞片先端尾尖，有时3裂 ········ 6. **台湾前胡 P. formosanum**
　　　　　　　7. 叶裂片具粗齿或浅裂；小总苞片披针形，不裂 ·············· 7. **前胡 P. praeruptorum**
1. 萼齿显著，形状各式。
　8. 茎多数或丛生状，稀单生。
　　9. 复伞形花序径约10厘米，伞辐24-40 ·· 8. **红前胡 P. rubricaule**
　　9. 复伞形花序径2-7厘米，伞辐10-12 ·································· 9. **北京前胡 P. caespitosum**
　8. 茎单一。
　　10. 茎、叶、花序梗及果均密被绒毛或硬毛 ································ 10. **毛前胡 P. pubescens**
　　10. 植株有时局部有毛。
　　　11. 果油管少数，棱槽油管1，合生面油管2（-4）。
　　　　12. 叶椭圆形或三角状卵形，小裂片披针形或卵状披针形 ·············· 11. **石防风 P. terebinthaceum**
　　　　12. 叶宽三角状卵形，小裂片较宽大，锯齿较粗大 ····································
　　　　··············· 11(附). **宽叶石防风 P. terebinthaceum** var. **deltoideum**
　　　11. 果油管多数，棱槽油管2-4，合生面油管4-10。
　　　　13. 伞形花序径1-4厘米，伞辐6-8，长0.5-2厘米 ·············· 12. **泰山前胡 P. wawrae**

13. 伞形花序径（2.5-）7-15（-20），伞辐8-30，长3-10厘米。

 14. 叶小裂片长2-5厘米，宽1.5-5厘米，质厚有光泽，具粗大锯齿。

  15. 植株粗壮；叶小裂片宽大，稍革质，坚硬 ·················· **13. 华中前胡 P. medicum**

  15. 植株较细柔，叶裂片较窄，质地薄 ·············· **13(附). 岩前胡 P. medicum var. gracile**

 14. 叶小裂片长1.5-2.5厘米，宽1-2厘米，质薄，具锐齿。

  16. 叶两面无毛，下面带粉绿色，网脉明显，不突起 ·············· **14. 南川前胡 P. dissolutum**

  16. 叶上面疏生短毛，下面密生硬毛，网脉突起。

   17. 叶下面密生硬毛，干后带灰绿色 ·············· **15. 华北前胡 P. harry-smithii**

   17. 叶下面毛少或无毛，干后非灰绿色。

    18. 复伞形花序径3-8（-10）厘米，伞辐长1-3厘米 ··············

    ·············· **15(附). 少毛北前胡 P. harry-smithii var. subglabrum**

    18. 复伞形花序径10-16厘米，伞辐长0.5-10厘米 ··············

    ·············· **15(附). 广序北前胡 P. harry-smithii var. grande**

1. 刺尖前胡

图 1120

Peucedanum elegans Kom. in Acta Hort. Petrop. 18: 430. 1900.

植株高达80厘米。根近纺锤形。茎单一。基生叶叶柄长8-12厘米，叶鞘窄长；叶卵状长圆形，三回羽状全裂，长8-10厘米，宽6-8厘米，小裂片窄长圆形，全缘，长0.4-2厘米，宽约1毫米，先端具长1-1.5毫米刺尖，两面无毛。复伞形花序稍伞房状，顶生伞形花序径7厘米，总苞片多数，披针形，先端尾尖，长0.8-1.2厘米，宽1-1.2毫米，宿存；伞辐20-25，长2-3厘米，有棱，内侧多糙毛；伞形花序

有20余花，小总苞片7-9，线状披针形，先端长渐尖，与花梗近等长。萼齿不明显；花瓣白或淡紫色，倒卵状圆形，小舌片内折。果长圆形，背棱丝状，侧棱翅状；棱槽油管1，合生面油管2。花期7-8月，果期8-9月。

 产黑龙江南部、吉林东部、辽宁东部及河北西北部，生于多石山坡、疏

图 1120 刺尖前胡 （韦力生绘）

林内、石砾地或河边。朝鲜、俄罗斯、日本有分布。

2. 滨海前胡

图 1121

Peucedanum japonicum Thunb. Fl. Jap. 117. 1784.

植株高约1米。茎粗壮，曲折，中空管状，无毛。基生叶柄长4-5厘米，叶鞘宽抱茎，边缘耳状膜质；叶宽卵状三角形，一至二回三出羽裂，羽片宽卵状近圆形，常3裂，先端非刺尖，基部心形或平截，具粗齿或浅裂，两面无毛，粉绿色，网脉细致明显。伞形花序梗粗，总苞片2-3，早落，有时无，披针形，有柔毛；中央伞形花序径约10厘米；伞辐15-30，长1-5厘米；伞形花序有20余花，小总苞片8-10，卵状披针形，与花梗近等长。萼齿不明显；花瓣紫色，稀白色，倒卵形，有小硬毛。果长圆状倒卵形，长

4-6毫米，径2.5-4毫米，有硬毛，背棱线形，钝而突起，侧棱厚翅状；每棱槽油管3-5，合生面油管6-10。花期6-7月，果期8-9月。

产山东、江苏、浙江、福建及台湾，生于滨海滩地或近海山地。日本、朝鲜及菲律宾有分布。

3. 竹节前胡

图 1122

Peucedanum dielsianum Fedde ex H. Wolff in Fedde, Repert. Sp. Nov. 33: 246. 1933.

植株高达90厘米。根茎圆柱形，有突起环状节痕，节间皮层纵向条裂。

茎圆柱形，髓部充实。基生叶柄长6-22厘米；叶宽三角状卵形，三回羽裂或全裂，小裂片披针形、菱形或椭圆形，长1-4厘米，宽0.4-1.5厘米，具1-3锯齿，稍革质，下面粉绿色。花序径4-8厘米，无总苞片或偶有1片；伞辐12-26，长1-4厘米，四棱形，内侧有鳞片状短毛，小总苞片2-4，线形，膜质，较花梗短。萼齿不显著；花柱基圆锥形，花柱细短。果长椭圆形，长约6毫米，径约3毫米，背棱线形突起，侧棱厚宽翅状；棱槽油管1-2，合生面油管4-6。花期7-8月，果期9-10月。

产湖北西部、四川东南及东部，生于海拔600-1500米山坡岩缝中。

4. 南岭前胡

图 1123

Peucedanum longshengense Shan et Sheh in Acta Phytotax. Sin. 24(4): 306. 1986.

植株高达1米。茎圆柱形，髓部充实。基生叶多数，叶柄长12-26厘米，叶鞘卵状披针形；叶宽三角形，3裂或二回3裂，顶端裂片基部下延，小裂片卵形或卵状菱形，长2-6厘米，具不整齐粗钝齿或浅裂，边缘稍厚，有短毛。复伞形花序多分枝，径3-7厘米，花序梗上端密生粗毛，总苞片1-8，有时无，线状披针形，长0.8-1厘米，被柔毛；伞辐14-25，长1.5-4厘米，内侧有白毛；伞形花序有14-18花，小总苞片6-8，线状披针形，被白色柔毛。果长圆形，长约6毫米，

图 1121 滨海前胡 （陈荣道绘）

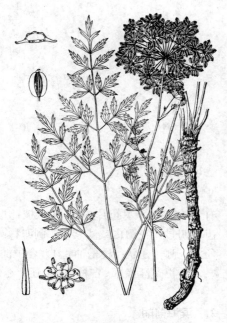

图 1122 竹节前胡 （陈荣道绘）

背棱线形尖锐突起，侧棱翅状；棱槽油管1-2，合生面油管4-6，油管粗。花期7-8月，果期8-9月。

产江西及广西东北部，生于海拔800-2100米山坡林缘或山顶草丛中。

5. 长前胡　　　　　　　　　　　　图 1124: 1-5

Peucedanum turgeniifolium H. Wolff in Acta Hort. Gothob. 2: 323. 1926.

植株高达70厘米。茎单一，圆柱形，髓部充实，下部带紫色，有短毛。

叶柄长3-12（-20）厘米；叶长卵形或宽卵形，二至三回羽裂，长7-12厘米，小裂片卵形或倒卵状楔形，长2-3厘米，具粗齿或浅裂，下面网脉突起，稍粉绿色，叶柄及下面常有糙毛,边缘具睫毛。花序梗顶端多糙毛，无总苞片；伞形花序径2-10厘米；伞辐5-12（-20），长0.3-4厘米，有短毛，小总苞片8-12，线形或线状披针形，密生柔毛。萼齿不显著；花瓣近圆形，白色，有疏毛；果卵圆形，长3-3.5毫米，径2-3毫米，有疏柔毛，背棱线形突起，侧棱窄翅状，每棱槽油管3-4，合生面油管6-8（-10），油管较窄。花期7-9月，果期9-10月。

产甘肃南部、宁夏南部、青海东南部、四川西北部及西藏，生于海拔1300-3600米阳坡、林缘、干旱灌丛中或河滩草地。

图 1123　南岭前胡　（韦力生绘）

6. 台湾前胡　　　　　　　　　　　　图 1124: 6-8

Peucedanum formosanum Hayata, Ic. Pl. Formos. 10: 22. Pl. 13. 1921.

植株高达2米。根颈粗壮。茎上部有绒毛，髓部充实。基生叶柄长5-15厘米；叶宽三角形，长6-10厘米，宽9-15厘米，3裂或3出二回羽裂，小裂片卵形或长卵形，长1.5-7厘米，3-5浅裂或具粗齿，有时下部2裂片具深裂小裂片、裂片及锯齿先端均刺尖。花序梗粗，有绒毛；伞形花序径3-8厘米，总苞片少数或无，线形或披针形，长1-1.5厘米，宽1-2毫米；伞辐10-18，长2-4厘米，密生绒毛；小总苞片10-

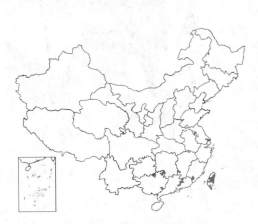

12，长0.7-1.2厘米，宽约1毫米，卵状披针形，先端尾尖，有时3裂，较花梗长，有绒毛，边缘有白色硬毛。花瓣白色。果长圆状卵形，长3-4毫米，径2-2.5毫米，密生硬毛，背棱线形，侧棱翅窄厚，棱槽油管3-5，合生面

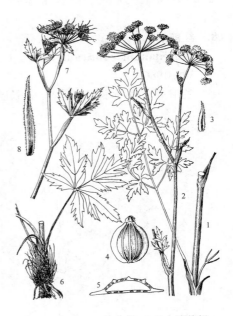

图　1124: 1-5.长前胡　6-8.台湾前胡
（韦力生绘）

油管7-8。花期7-8月，果期9-10月。

产福建、台湾、江西西南部、广东及广西，生于海拔600-2000米山坡林缘、草丛中。

7. 前胡　　　　　　　　　　　　图 1125

Peucedanum praeruptorum Dunn in Journ. Linn. Soc. Bot. 35: 497.

1903.

植株高达1米。根圆锥形，末端

常分叉。茎髓部充实。叶柄长5-15厘米；叶宽卵形，二至三回分裂，小裂片菱状倒卵形，具粗齿或浅裂，长1.5-6厘米；茎上部叶无柄，叶鞘较宽，叶3裂，中裂片基部下延。复伞形花序多数，径3.5-9厘米；花序梗顶端多短毛，总苞片无或少数，线形；伞辐6-15，长0.5-4.5厘米，内侧有毛，小总苞片8-12，披针形，有糙毛；伞形花序有15-20花。萼齿不显著；花瓣白色；花柱短，弯曲。果卵圆形，长约4毫米，径约3毫米，褐色，有疏毛；背棱线形稍突起，侧棱翅状稍厚，棱槽油管3-5，合生面油管6-10。花期8-9月，果期10-11月。

产河南、安徽、江苏、浙江、福建、江西、湖北、湖南、广东、广西、贵州、四川及甘肃，生于海拔250-2000米山区或半山区，阳坡林缘或半阴山坡草丛中。根为常用中药，能解热、祛痰，治感冒咳嗽、支气管炎。

图 1125 前胡 （史渭清绘）

8. 红前胡 图 1126

Peucedanum rubricaule Shan et Sheh in Acta Phytotax. Sin. 24(4): 305. 1986.

多年生草本，高达80厘米。根长圆锥形，深褐色。数茎，稀单生，稍紫色，中空，被柔毛。基生叶柄长5-12厘米，叶鞘带紫色，被柔毛，边缘膜质；叶三回羽状全裂，小裂片线形，全缘，先端有小尖头，长0.3-1厘米，宽1-1.6毫米，无毛。复伞形花序径约10厘米，总苞片6-10，线形，长1-1.5厘米，宽约0.5毫米，有柔毛；伞辐24-40，长3-5厘米；伞形花序有20余花，小总苞片约10，线形或线状披针形。花

图 1126 红前胡 （史渭清绘）

梗有柔毛；萼齿三角形。果椭圆形，长4-6毫米，径3-4毫米，无毛；背棱稍突起，侧棱翅窄厚；棱槽油管1-2（3），合生面油管4-6。花期7月，果期10月。

产云南及四川南部，生于海拔2000-3000米山坡岩缝、草丛及灌丛中。

9. 北京前胡 图 1127

Peucedanum caespitosum H. Wolff in Acta Hort. Gothob. 2: 323. 1926.

植株高达60厘米。数茎，主茎直立，余多分枝呈丛生状，上部枝条多呈棱角状突起，微带紫色。基生叶多数，叶柄长4-10厘米，叶鞘宽，边缘

膜质；叶卵状长圆形，二至三回羽状全裂，小裂片线形，长0.5-1厘米，宽约1毫米，先端有小尖头，边缘反卷。

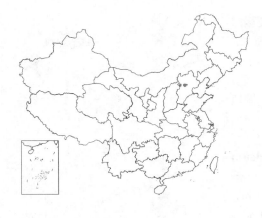

复伞形花序多分枝,径2-4厘米;伞辐10-12,内侧有短毛,总苞片3-7,卵状披针形,长4-5毫米,宽2-3毫米,边缘宽膜质;伞形花序有15-20花,小总苞片多数,椭圆状披针形,较花梗长,边缘膜质。萼齿细小显著;花瓣白色。果卵状椭圆形,背腹扁,长约5毫米,径约2.5毫米,背棱线形,侧棱翅状稍厚;棱槽油管1-2,合生面油管2。花期8月,果期9月。

产河北,生于海拔1300-2500米山坡草丛或石缝中。

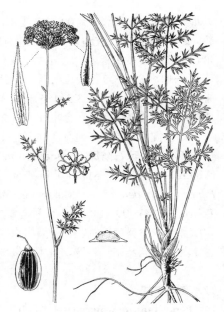

图 1127 北京前胡 (史渭清绘)

10. 毛前胡

图 1128

Peucedanum pubescens Hand.-Mazz. Symb. Sin. 7(3): 728. t. 12. Abb. 5. 1933.

植株高达70厘米;全株多绒毛。茎单一,空管状,分枝少。基生叶少数,叶柄长约10厘米,叶鞘宽,边缘白色膜质;叶三角状卵形,长、宽8-10厘米,二至三回3裂,羽片近无柄,小裂片倒卵形,基部楔形或平截,长1-4.5厘米,宽0.8-2厘米,具粗齿,质厚,网脉明显,两面有柔毛。复伞形花序分枝近伞房状,花序梗粗,密生糙毛,总苞片6-8,线状披针形,先端长渐尖,长0.6-1.2厘米,宽约0.8毫米,

密生短毛;伞辐10-15,长1-2厘米,多毛;伞形花序有10余花,小总苞片5-7,线状披针形。萼齿锥形;花瓣白色。果卵圆形或倒卵状圆形,长约4毫米,径约3毫米,背腹扁,有硬毛,背棱线形突起,侧棱宽翅状;棱槽油管2-3,合生面油管6,油管粗。花期8-9月,果期10月。

产云南中北部及四川西南部,生于海拔1900-3000米山坡草丛中。

图 1128 毛前胡 (史渭清绘)

11. 石防风

图 1129

Peucedanum terebinthaceum (Fisch. ex Trevir.) Fisch. ex Turcz. in Bull. Soc. Nat. Mosc. 17(4): 743. 1844.

Selinum terebinthaceum Fisch. ex Trevir. Ind. Sci. Hort. Uratisl. Append. 3: 3. 1821.

植株高达1.2米。常单茎。基生叶柄长8-20厘米;叶椭圆形或三角状卵形,长6-18厘米,宽5-15厘米,二回羽状全裂,小裂片披针形或卵状披

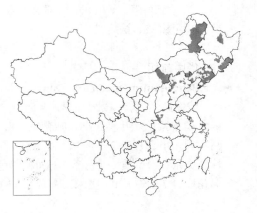

针形，长0.8-3厘米，宽0.5-1.2厘米，基部楔形，具2-3锯齿、浅裂至深裂。复伞形花序多分枝，花序梗顶端有绒毛或糙毛，伞形花序径3-10厘米；伞辐8-20，内侧多糙毛，总苞片无或有1-2，线状披针形，先端尾尖，小总苞片6-10，线形，与花梗近等长。萼齿细长锥形；花瓣白色，中脉淡黄色。果椭圆形，背腹扁，长3.5-4毫米，径2.5-3.5毫米，背棱线形突起，侧棱厚翅状；每棱槽油管1，合生面油管2。花期7-9月，果期9-10月。

产黑龙江、吉林、辽宁、内蒙古、河北、河南及湖北西部。

[附] **宽叶石防风 Peucedanum terebinthaceum** var. **deltoideum** (Makino ex Yabe) Makino in Bot. Mag. Tokyo 22: 173. 1908. —— *Peucedanum deltoideum* Makino et Yabe in Journ. Coll. Sci. Imp. Univ. Tokyo 16(14): 99. 1902. 本变种与模式变种的区别：植株较高大；叶宽三角状卵形，小裂片较宽大，锯齿粗大，叶质较厚硬。产吉林、辽宁及河北，生于林下、灌丛中。朝鲜、日本、俄罗斯有分布。

图 1129 石防风 （引自《图鉴》）

12. 泰山前胡　　　　　　　　　　　图 1130

Peucedanum wawrae (H. Wolff) Su, Fl. Jiangsu 2: 582. 1982. *Seseli wawrae* H. Wolff in Fedde, Repert. Sp. Nov. 27: 315. 1929. 植株高达1米。茎上部叉式展开。基生叶柄长2-8厘米，叶鞘边缘白色膜质，抱茎；叶三角状宽卵形，长4-22厘米，宽5-23厘米，二至三回3裂，小裂片楔状倒卵形，长1.2-3.5厘米，3深裂，浅裂或不裂，尖锯齿有不尖头，下面粉绿色，两面无毛。复伞形花序分枝多，花序梗及伞辐均有绒毛，花序径1-4厘米；伞辐6-8，长0.5-2厘米，总苞片1-3，有时无，长3-4毫米，

图 1130 泰山前胡 （引自《图鉴》）

宽0.5-1毫米；伞形花序有10余花，小总苞片4-6，线形，较花梗长。萼齿钻形；花柱细长外曲；花瓣白色。果卵圆形或长圆形，背腹扁，长约3毫米，径约1.2毫米，有绒毛；棱槽油管2-3，合生面油管2-4。花期8-10月，果期9-11月。

产辽宁东南部、山东、江苏及安徽，生于山坡草丛中、林缘、路边。根药用，可镇咳、祛痰。

13. 华中前胡　　　　　　　　　　　图 1131

Peucedanum medicum Dunn in Journ. Linn. Soc. Bot. 35: 496. 1903. 植株高达2米。根圆柱形，下部分叉；根颈长圆柱形，有环状叶痕，灰褐色稍带紫色。叶具长柄，叶鞘宽；叶宽三角状卵形，二至三回3裂或二回羽裂，小裂片长2-5厘米，宽1.5-5厘米，中裂片卵状菱形，3裂，侧裂片斜卵形，稍革质，有光泽，下面粉绿色，网脉突起，具粗齿和小尖头。伞形花序径7-15（-20）厘米；伞辐15-30，总苞片脱落；小总苞片多数，线

状披针形，较花梗短；伞辐及花梗均有柔毛。花瓣白色。果椭圆形，长6-7毫米，径3-4毫米，灰褐色，背棱线形突起，侧棱窄翅状；棱槽油管3，合生面油管8-10。花期7-9月，果期10-11月。

产江西、湖北西部、湖南、广东、广西、贵州及四川东部，生于海拔700-2000米山坡草丛中和湿润岩缝中。根部药用，除风寒、镇咳、祛痰。

[附] **岩前胡 Peucedanum medicum** var. **gracile** Dunn ex Shan et Sheh in Acta Phytotax. Sin. 24(4): 310. 1986. 本变种与模式变种的区别：植株较细柔；叶小裂片较窄，质地较薄。产湖北西部及四川东部，生于湿润岩缝或沟边草丛中。

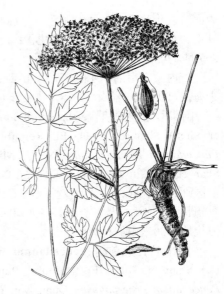

图 1131 华中前胡 （引自《图鉴》）

14. 南川前胡 图 1132

Peucedanum dissolutum (Diels) H. Wolff in Fedde, Repert. Sp. Nov. 21: 246. 1925.

Angelica dissoluta Diels in Engl. Bot. Jahrb. 29: 499. 1901.

植株高达80厘米。根长圆锥形，灰褐或微紫色；根颈粗，粗糙，暗紫色。茎微带紫色，髓部充实。基生叶多数，叶柄长8-24厘米；叶三角状长卵形，三回羽裂，小裂片卵形、倒卵形或长圆形，基部楔形或近圆，具不整齐粗齿，下面带粉绿色，网脉明显。复伞形花序多分枝，总苞片无或1片，线形；伞辐10-25，长3-6厘米，有毛，小总苞片8-14，长卵形或线形，较花梗短；伞形花序有20余花。花梗有

毛；萼齿卵形；花瓣白色。果长卵形，长6.5-8毫米，径3.5-4.2毫米，背棱线形突起，侧棱翅状；棱槽油管1-3，合生面油管4-6。花期6-7月，果期8-9月。

产四川东南部，生于海拔1100-2200米山坡有流水的石缝中或林缘湿润砾石地草丛中。

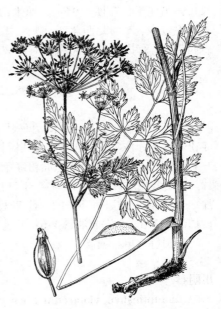

图 1132 南川前胡 （陈荣道绘）

15. 华北前胡 图 1133

Peucedanum harry-smithii Fedde ex H. Wolff in Fedde, Repert. Sp. Nov. 33: 247. 1933.

植株高达1米。茎髓部充实，有白色柔毛。叶柄长0.5-5厘米，叶鞘卵状披针形，被绒毛，边缘膜质；叶宽三角状卵形，三回羽裂或全裂，长10-25厘米，小裂片菱状倒卵形或长卵形，基部楔形，具1-3粗齿，长0.5-2（-4）厘米，宽0.8-1.5（-3）厘米，两面中脉突起，下面网脉突起，粗糙，密生硬毛，干后带灰绿色。复伞形花序多分枝，径2.5-8厘米，果序径10-12厘米，无总苞片或少数，早落；伞辐8-20，长1-3厘米，内侧被硬毛，小总苞片6-10余，披针形，密生毛。花梗粗，有毛；萼齿三角形；花瓣白色，

内面有乳头状毛，外面有白毛。果椭圆形，长4-5毫米，径3-4毫米，密被硬毛；背棱线形突起，侧棱宽翅状；棱槽油管3-4，合生面油管6-8。花期8-9月，果期9-10月。

产内蒙古南部、河北、河南、山西、陕西、甘肃南部及四川东北部，生于海拔600-2600米山坡林缘、山谷溪边、草地。

[附] **少毛北前胡 Peucedanum harry-smithii** var. **subglabrum** (Shan et Sheh) Shan et Sheh, Fl. Reipubl. Popul. 55(3): 164. 1992. —— *Peucedanum hirsutisculum* (Y. C. Ma) Shan et Sheh var. *subglabrum* Shan et Sheh in Acta Phytotax. Sin. 24(4): 310. 1986. 本变种与模式变种的区别：茎、叶、花序毛较少或近无毛；复伞形花序径3-8（-10）厘米，伞辐长1-3厘米；果常有毛。产河南西部及南部、陕西东南及中部，生于海拔约1000米山坡林缘或旷地。

[附] **广序北前胡 Peucedanum harry-smithii** var. **grande** (K. T. Fu) Shan et Sheh, Fl. Roipubl. Popul. Sin. 55(3): 164. 1992. —— *Peucedanum praeruptorum* Dunn. var. *grande* K. T. Fu, Fl. Tsinling. 1(3): 428. 1981. 本变种与模式变种的区别：中央花序径10-16厘米，伞辐8-22，长0.5-10厘米；花梗长0.8-1.5厘米；叶小裂片菱状倒卵形，基部窄楔形，下面毛较少。产河北西北部、陕西中部及中西部、宁夏南部、河南西部及山西，生于海拔350-2000米多石山坡、干河谷或山沟中。

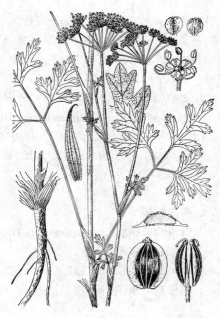

图 1133 华北前胡 （史渭清绘）

90. 川明参属 Chuanminshen Sheh et Shan

（佘孟兰）

多年生草本，高达1.5米。直根圆柱形，长达1.5米。直根圆柱形，长达30厘米，有分叉，横断面白色，富含淀粉。茎多分枝。基生叶多数，叶柄长6-18厘米；叶三角状卵形，三出二至三回羽裂，小裂片卵形或长卵形，长2-3厘米，2-3裂或齿裂，下面粉绿色，无毛。复伞形花序多分枝，径3-10厘米，无总苞片和小总苞片，偶有1-2片，线形，膜质，早落；伞辐4-8（-10），极不等长。萼齿窄长三角形；花瓣长椭圆形，紫、淡紫，稀白色，小舌片细长内曲，花柱长，果时下弯，花柱基圆锥形。果长椭圆形，顶部窄，背腹扁，背棱和中棱线形突起，侧棱厚；棱槽油管2-3，合生面油管4-6；胚乳腹面平直。

我国特有单种属。

川明参　　　　　　　　　　　　　　　　　　　　　　图 1134

Chuanminshen violaceum Sheh et Shan in Acta Phytotax. Sin.18(1): 48. 1980.

形态特征同属。

产湖北西部及四川，生于山坡草丛或溪边灌丛中。四川金堂和青北江一带多栽培，所产川明参药材质量最佳。根药用，利肺、和胃、化痰、解毒。

图 1134 川明参 （韦力生绘）

91. 伊犁芹属 Talassia Korov.

（佘孟兰）

多年生草本。茎多数，分枝。叶三回羽状全裂。复伞形花序顶生，无总苞片和小总苞片。萼齿三角形；花瓣黄色，先端尖，内曲；花柱基扁圆锥形，花柱短，外曲。果椭圆形，背腹扁，背棱3条靠近，侧棱离中棱稍远；油管细，棱槽油管1，合生面油管2；心皮柄2深裂。

2种，产中亚。我国1种。

伊犁芹 图 1135

Talassia transiliensis (Herd.) Korov. in Pavlov, Fl. Kazakh. 6: 384. 1963.

Peucedanum transiliense Herd. in Bull. Soc. Nat. Mosc. 39(3): 78. 1866.

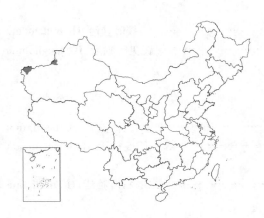

植株高达70厘米。根粗壮；根颈分叉。茎灰绿色，无毛。叶蓝绿色，肥厚，两面无毛，基生叶柄较长，叶鞘抱茎，与叶片相接处具关节；叶卵形或宽卵形，三回羽状全裂，小裂片线形全缘或披针形3深裂，长0.3-1厘米。花序径5-10厘米；伞辐8-18，无毛；伞形花序有10-12花。萼齿三角形；花瓣宽椭圆形。果椭圆形，长6-8厘米；果棱丝状，背棱和中棱稍突起，侧棱不明显；油管小，每棱槽油管1，合生面油管2。花期6月，果期7月。

图 1135 伊犁芹 （陈荣道绘）

产新疆西北部，生于海拔2100-2800米砾石山坡。中亚有分布。

92. 欧防风属 Pastinaca Linn.

（刘守炉）

二年生或多年生草本。根纺锤形。茎上部叉状分枝。叶薄膜质，羽裂，裂片宽，有锯齿或羽状浅裂。复伞形花序；常无总苞片和小总苞片。花梗细长；萼齿细小或不明显；花瓣黄或红色，5，卵圆形，先端内折；花柱基扁圆锥形，花柱短而开展。果光滑，背棱和中棱丝状，侧棱有宽翅；每棱槽油管1，合生面油管2-4，胚乳腹面平直。

约12种，分布欧洲和亚洲。我国栽培1种。

欧防风 图 1136

Pastinaca sativa Linn. Sp. Pl. 262. 1753.

二年生草本，高达1.6米；无毛。根长达30厘米。基生叶柄长达13厘米；叶长圆形或卵形，长20-30厘米；裂片长圆形或卵圆形，长5-8厘米，宽2.5-4厘米，有粗齿，浅裂或全裂。花序梗粗，长5-15厘米；伞辐10-30，长3-8（-10）厘米；伞形花序有花约20余朵。花梗长0.5-1厘米；花瓣黄色。果卵圆形或倒卵形，长5-6毫米，背扁。花果期6-8月。

图 1136 欧防风 （史渭清绘）

原产欧洲。我国有些城市郊区或园圃偶有栽培。根含糖和脂肪，可供食用。

93. 独活属 Heracleum Linn.

（刘守炉）

二年生或多年生草本。根圆锥形。茎有分枝。叶三出或羽裂，有锯齿、缺齿或浅裂。复伞形花序有总梗，总苞片缺或少数，稀多数，早落；伞辐多数，小总苞片数个，线形。萼齿细小或不明显；花瓣白、黄绿或淡红色，先端有内折小舌片，外缘花瓣为辐射瓣；花柱基圆锥形，花柱短。果背扁，背棱和中棱丝状，侧棱有翅，每棱槽油管1，合生面油管2-4或无。

约60-70种，分布北温带。我国28种、3变种。

1. 果合生面油管2。
  2. 叶三至四回羽裂，小裂片线形或披针形。
    3. 叶小裂片长 0.5-1 厘米，先端尖，内弯 ·················· 1. **裂叶独活 H. millefolium**
    3. 叶小裂片长 2-5 厘米，先端锐尖 ·················· 1(附). **锐尖叶独活 H. longilobum**
  2. 叶一至二回羽裂或三出羽裂，小裂片非线形。
    4. 果背部油管上部窄，下部棒状，长达果 2/3。
      5. 果背棱与中棱靠近，侧棱具宽翅。
        6. 果背棱槽油管长达果基部；总苞片长 4-5 毫米 ·········· 2. **二管独活 H. bivittatum**
        6. 果背棱槽油管长达果 1/2 或稍过；总苞片长约 1 厘米 ·········· 2(附). **印度独活 H. barmanicum**
      5. 果背棱与中棱不靠近，侧棱无宽翅。
        7. 花黄色；叶宽卵形，3 裂成 3 小叶 ·················· 3. **椴叶独活 H. tiliifolium**
        7. 花白色；叶一至二回羽裂、3 裂或三出二回羽裂。
          8. 叶一至二回羽裂。
            9. 无总苞片；萼齿三角形或细小。
              10. 叶近三角形，羽裂或 3 裂；伞辐 12-22 ·········· 4. **渐尖叶独活 H. acuminatum**
              10. 叶卵形，羽状全裂，一回裂片 3-4 对；伞辐 30-50 ·········· 4(附). **多裂独活 H. dissectifolium**
            9. 有总苞片；萼齿不明显 ·················· 5. **独活 H. hemsleyanum**
          8. 叶二回羽裂、3 裂或三出二回羽裂。
            11. 叶常二回羽裂；植株被粗糙刺毛；有少数总苞片 ·········· 6. **糙独活 H. scabridum**
            11. 叶常三出羽裂或三出二回羽裂或全裂。
              12. 叶下面密生灰白毛，小叶羽状深裂；无总苞片 ·········· 7. **兴安独活 H. dissectum**
              12. 叶下面有糙毛，小叶不规则 3-5 裂；有总苞片。
                13. 小叶 3-5，宽卵形 ·················· 8. **短毛独活 H. moellendorfii**
                13. 叶小裂片窄卵状披针形 ·········· 8(附). **狭叶短毛独活 H. moellendorfii var. subbipinnatum**
    4. 果背棱槽油管棒状，为果长 2/3-3/4。
      14. 有总苞片 1-3，小总苞片线形；油管长为果 2/3 ·········· 9. **白亮独活 H. candicans**
      14. 无总苞片，小总苞片披针形；油管长为果 3/4 ·········· 10. **钝叶独活 H. obtusifolium**
1. 果合生面无油管 ·················· 11. **小金独活 H. xiaojinense**

1. 裂叶独活　　　　　　　　　　　　　　　图 1137: 1-5

Heracleum millefolium Diels in Fedde, Repert. Sp. Nov. 2(18): 65. 1906.

多年生草本，高达45厘米；有柔毛。根茎长约20厘米。基生叶柄长约

10厘米；叶披针形，长2.5-6厘米，宽2.5-3.5厘米，三至四回羽裂，小裂片线形或披针形，长0.5-1厘米，先端尖，内弯；茎生叶短。复伞形花序梗长20-25厘米，总苞片4-5，披针形，长5-7毫米；伞辐7-9，长1.5-3厘米；伞形花序有数花，小总苞片线形或丝状，有毛。萼齿细小；花瓣白色，长1.5毫米，辐射瓣长4-6毫米，先端2裂。果椭圆形，长5-6毫米，有柔毛，背棱较细，每棱槽油管1，合生面油管2。

产甘肃南部、青海、四川、云南西北部及西藏，生于海拔3800-5000米山坡草地。印度有分布。

[附] **锐尖叶独活** 图1137：6 **Heracleum longilobum** (Norman) Sheh et T. S. Wang, Fl. Reipubl. Popul. Sin. 55(3): 209. 1992. —— *Heracleum millefolium* Diels var. *longilobum* Norman in Journ. Arn. Arb. 14: 25. 1933. 本种与裂叶独活的区别：叶小裂片长2-5厘米，先端尖锐。产甘肃西南部、四川西部及西北部、西藏东北部，生于海拔2500-5000米山坡草地。

图 1137：1-5.裂叶独活 6.锐尖叶独活
（史渭清绘）

2. 二管独活

图 1138：1-6

Heracleum bivittatum H. de Boiss. in Bull. Herb. Boiss. 2(3): 855. 1903.

多年生草本，高达1米。叶鞘宽；叶卵形或宽卵形，二回羽裂；羽片数对，裂片披针形或卵状披针形，长3-7厘米，宽1.5-3厘米，先端尖锐，有锐齿；茎上部叶近无柄，羽裂。复伞形花序梗粗，长10-20厘米，总苞片少数，线形，长4-5厘米；伞辐15-20，有柔毛，长2-6厘米，小总苞片披针形，长约5毫米。花白色；萼齿三角形。果倒卵状近圆形，扁平，长5-6毫米，径约5毫米，背棱与中棱靠近，侧棱具宽翅，油管线形，背棱槽油管1，长达果基部，侧棱槽油管2，长较背棱槽油管短，合生面油管2。花期7-9月，果期9-10月。

产四川南部、云南及西藏，生于海拔约3000米山地林缘、路边。根药用，通经活血。

[附] **印度独活** 图1138：7-8 **Heracleum barmanicum** Kurz in Journ.

3. 椴叶独活

图 1139

Heracleum tiliifolium H. Wolff in Fedde, Repert. Sp. Nov. 33: 80.

图 1138：1-6.二管独活 7-8.印度独活
（史渭清绘）

As. Soc. 2: 309. 1872. 本种与二管独活的区别：果背棱槽油管长达果1/2或稍过；总苞片长约1厘米。产广西西部、云南西部及西藏东部，生于海拔600-3200米山坡灌丛中。印度有分布。

1933.

多年生草本，高达2米。根近圆

锥形。叶柄长10-30厘米，叶鞘宽；叶宽卵形，3裂成3小叶，小叶近圆卵形，长6-9厘米，宽5-14厘米，不裂或3浅裂，基部心形，有锯齿，上面无毛或疏生柔毛，下面有刺毛。复伞形花序梗长5-14厘米，有柔毛，无总苞片；伞辐10-15，有绒毛，小总苞片线状披针形。花梗细，长0.7-1.4厘米；萼齿不显著；花瓣黄色。果倒卵形或犁形，顶端凹下，长0.6-1厘米，径4-6毫米，无毛，背棱和中棱不靠近，侧棱宽，背部每棱槽油管1，线形，合生面油管2，长为果1/2-2/3。花期7-8月，果期9-10月。

产贵州东北部、湖南、江西西北部、湖北东南部及河南东南部，生于阳坡灌丛中或溪谷林缘。

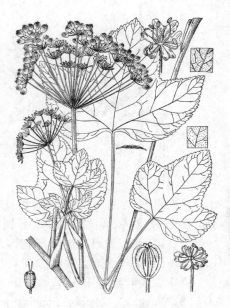

图 1139 椴叶独活 （史渭清绘）

4. 渐尖叶独活 图1140

Heracleum acuminatum Franch. in Bull. Soc. Philom. Paris ser. 8, 6: 144. 1894.

多年生草本，高达1米。根圆锥形，深褐色。茎粗糙或有疏毛。叶三角形或宽卵状三角形，长16-30厘米，宽9-16厘米，3裂或羽裂，裂片长卵形或披针形，长5-17厘米，宽4-8厘米，先端渐尖，有锯齿；茎上部叶较小。复伞形花序梗长13-20厘米，无总苞片；伞辐12-22，有柔毛，长4-9厘米，小总苞片线形，长约1.2厘米。花梗不等长；萼齿三角形；花瓣白色。果倒卵形，长8-9毫米，径5-6毫米，背部棱槽油管1，细棒状，长为果1/2或稍过。花期6-8月，果期8-9月。

产湖北西部、甘肃南部，四川及云南西北部，生于海拔1900-3900米林间草地或林下沟边。

[附] **多裂独活** 永宁独活 **Heracleum dissectifolium** K. T. Fu, Fl. Tsinling. 1(3): 431. 464. 1981. —— *Heracleum yungningse* auct. non Hand.-Mazz.: 中国高等植物图鉴 2: 1098. 1972. 本种与渐尖叶独活的区别：叶卵形，一至二回羽状全裂，一回裂片3-4对；伞辐30-50；果椭圆

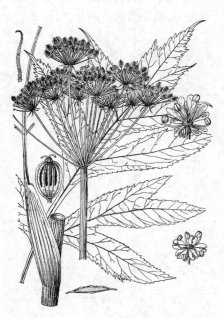

图 1140 渐尖叶独活 （史渭清绘）

形或近圆形。产陕西西南部、甘肃东部及南部、宁夏南部，生于海拔1900-3260米山谷灌丛中或山坡草地。

5. 独活 图1141

Heracleum hemsleyanum Diels in Engl. Bot. Jahrb. 29: 503. 1901.

多年生草本，高达1.5米。根圆锥形，淡黄色。茎疏生柔毛。基生叶和

茎下部叶一至二回羽裂，裂片3-5，宽卵形或卵形，长8-13厘米，宽8-20

厘米，3浅裂，有不整齐锯齿，下面脉上有刺毛；茎上部叶较小，3裂。复伞形花序梗长22-30厘米，总苞片少数，长1-2厘米，宽约1毫米；伞辐16-18，长2-7厘米，有疏柔毛，小总苞片5-8，有柔毛；伞形花序有花约20朵。花梗细长；萼齿不明显；花瓣二型，白色。果近圆形，长6-7毫米，背棱和中棱丝状，侧棱有翅，每棱槽油管1，棒状，长为果1/2或稍过，合生面油管2。花期5-7月，果期8-9月。

产河南、湖北西部、湖南西北部、四川及云南西部，生于山坡阴湿灌木林下。

图 1141 独活 （引自《图鉴》）

6. 糙独活

图 1142

Heracleum scabridum Franch. in Bull. Soc. Philom. Paris. ser. 8, 6: 145. 1894.

多年生草本，高达1.1米；植株被粗糙刺毛。根纺锤形，有香气。茎上部多分枝。茎下部叶卵形或三角形，长10-20厘米，近二回羽裂，小裂片宽卵形或长圆形，长3-5厘米，中裂片3浅裂，有不规则锯齿，两面有毛；叶柄长2-4厘米。复伞形花序梗长14-18厘米，总苞片无或有1-3片，线状披针形，长6-8毫米；伞辐13-17，有粗毛，小总苞片4-5，线形，长约5毫米。伞形花序有花30余朵。萼齿小，花瓣二型，白色。果倒卵形或卵形，长7-8毫米，径5-6毫米，无毛；每棱槽油管1，棒形，油管长为果1/2或稍过，合生面油管2。

产四川西南部、云南及西藏东南部，生于海拔2000米以上高山灌木林下或草丛中。

图 1142 糙独活 （史渭清绘）

7. 兴安独活

图 1143

Heracleum dissectum Ledeb. Fl. Alt. 1: 301. 1829.

多年生草本，高达1.5米。根纺锤形，褐黄色。茎有粗毛。基生叶有长柄，柄有粗毛；叶三出羽裂，小叶3-5，卵状长圆形，羽状深裂及缺刻，上面疏被细伏毛，下面密被灰白色毛；茎上部叶柄鞘状。复伞形花序梗长10-17厘米，无总苞片；伞辐20-30，长8-10厘米，小总苞片线状披针形，长

4-6毫米。萼齿三角形；花瓣白色，二型。果倒卵形或椭圆形，长0.8-1厘米，径5-7毫米，无毛或疏生细毛，背部棱槽油管1，长为果2/3，合生面油管2。花期7-8月，果期8-9月。

产黑龙江、吉林、辽宁北部、河北西部、内蒙古东北部、青海东北部及新疆，生于湿草地、草甸、山坡林下及林缘。朝鲜、蒙古及俄罗斯有分布。

图 1143 兴安独活 （韦力生绘）

8. 短毛独活　　　　　　　　　　　　　　　图1144

Heracleum moellendorfii Hance in Journ. Bot. Lond. 7: 12. 1878.

多年生草本，高达1.5米。根圆锥形。茎上部分枝。基生叶有长柄；叶宽卵形，三出羽状全裂；小叶3-5，有柄，宽卵形，长5-15厘米，基部常心形，不规则3-5裂，有粗锐锯齿，两面疏生柔毛；茎上部叶较小，叶柄鞘状。复伞形花序梗长4-15厘米，总苞片少数，线状披针形；伞辐12-30；伞形花序有花20余朵，小总苞片5-10，线状披针形。萼齿显著；花瓣白色，二型。果长圆状倒卵形，长6-8毫米，

疏生毛或无毛，背棱和中棱线状，侧棱宽，每棱槽油管1，合生面油管2，棒形，油管长为果1/2。花期7月，果期8-10月。

产黑龙江、吉林、辽宁、内蒙古、河北、山西、陕西、河南、山东、江苏北部、安徽、浙江东北及东部、江西北部、湖北、湖南东部、贵州、四川、新疆北部、青海及云南，生于海拔1200-3200米山谷、山坡草丛或疏林下。日本有分布。根药用，治风湿、腰膝酸痛及头痛。

[附] **狭叶短毛独活 Heracleum moellendorfii** var. **subbipinnatum** (Franch.) Kitag. in Rep. Inst. Sci. Res. Manch. 5: 157. 1941. —— *Heracleum microcarpum* Franch. var. *subbipinnatum* Franch. in DC. Prodr. 1: 44. 1884. 本变种与模式变种的区别：叶二回羽状全裂，叶小裂片窄卵状披针形。产黑龙江南部、吉林东南部、辽宁东部、河北东北及中部、陕西东部、甘肃西南部，生于高山林缘。朝鲜有分布。

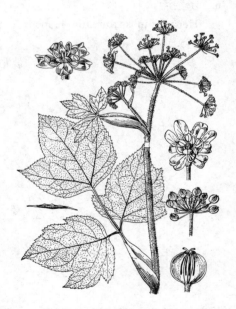

图 1144 短毛独活 （史渭清绘）

9. 白亮独活　　　　　　　　　　　　　　　图1145: 1-4

Heracleum candicans Wall. et DC. Prodr. 4: 192. 1830.

多年生草本，高达1米；全株被毛。根圆柱形。茎上部多分枝。基生叶和茎下部叶有长柄；叶宽卵形或长椭圆形，长12-27厘米，一至二回羽裂，小裂片卵形或长卵形，长4-7厘米，宽2-4.5厘米，有不规则浅裂和锯齿，下面密生灰白色毛；茎上部叶有宽叶鞘。复伞形花序梗长15-30厘米，总苞片1-3，线形；伞辐长3-7厘米，小总苞片少数，线形；伞形花序有花约25朵。萼齿细小；花瓣白色，二型。果倒卵形，长0.6-1厘米，侧棱有宽翅，

每棱槽油管1，合生面油管2，油管长为果2/3。花期5-6月，果期9-10月。

产湖北西部、四川、云南、西藏及青海南部，生于海拔2000-4200米山坡林下及路边。克什米尔地区、印度西北部、巴基斯坦有分布。

10. 钝叶独活

图 1145: 5-8

Heracleum obtusifolium Wall. et DC. Prodr. 4: 191. 1830.

多年生草本，高达80厘米。根圆柱形，深褐色。茎有灰白色柔毛。茎下部叶柄长14-33厘米；叶椭圆形或宽卵形，长14-30厘米，二回羽裂；小裂片卵形或长卵形，长5-8厘米，有齿，上面黄绿色，下面密被灰白色柔毛，茎上部叶具宽鞘，叶羽状深裂，长约3厘米。复伞形花序梗长约12厘米，无总苞片；伞辐15-18，小总苞片披针形，长约4毫米。萼齿线形；花瓣白色，二型。果倒卵形，径0.8-1厘米，每棱槽油管1，合生面油管2，油管长为果3/4，侧棱翅宽约1毫米。胚乳腹面平直。

图 1145: 1-4.白亮独活 5-8.钝叶独活
（史渭清绘）

产四川、云南及西藏，生于海拔3740-4000米阳坡、山麓及山坡草地。尼泊尔、锡金、不丹有分布。

11. 小金独活

图 1146

Heracleum xiaojinense Pu et X. J. He in Acta Phytotax. Sin. 31(4): 372. 1993.

多年生草本，高约1米。茎粗壮，疏生柔毛。基生叶有柄；叶三回羽裂；小裂片披针形，长5-6厘米，宽1-1.5厘米，有锯齿；茎上部叶柄鞘状，叶片较小。复伞形花序顶生和腋生，无总苞片；伞辐30以上，长8-13厘米，小总苞片多数，线形，长0.8-1.5厘米，与果柄近等长。果近圆形，长5-6毫米，径约6毫米，背面隆起，背棱和

图 1146 小金独活 （马建生绘）

中棱线形，每棱槽油管1，合生面无油管。

产四川，生于海拔约3800米灌木草地。

94. 大瓣芹属 Semenovia Regel et Herd.

（刘守炉）

多年生草本。根纺锤形。叶羽状全裂或二回羽裂。复伞形花序顶生；伞形花序有花10-30，有总苞片和小总苞

片。外缘花萼齿线状披针形；花瓣白或淡黄色，外缘花的1个花瓣大于其它花瓣，被柔毛；花柱基扁圆锥形，花柱外弯。果背腹扁，果棱丝状，每棱槽油管1，合生面油管2，油管长，直达基部；心皮柄2深裂。

约10种，分布中亚、哈萨克斯坦、伊朗、阿富汗及巴基斯坦。我国4种。

1. 叶羽状全裂，羽片深裂，小裂片披针形，全缘或具齿；果有毛 ························ 1. **大瓣芹 S. transiliensis**
1. 叶二回羽状全裂，羽片深裂，小裂片线形、锐尖；果无毛 ························ 2. **光果大瓣芹 S. rubtzovii**

1. 大瓣芹 图1147

Semenovia transiliensis Regel et Herd. in Bull. Soc. Nat. Mosc. 39(3): 79. 1866.

多年生草本，高达60厘米。茎无毛，稀被疏毛，中空。基生叶有长柄，叶鞘宽；叶长卵形，羽状全裂；羽片4-6对，对生，长2-3厘米，羽叶深裂为披针形小裂片，全缘或具齿。伞辐4-15，密被长柔毛或腺毛，总苞片线形，有毛；伞形花序有15-20花，小总苞片线形，有毛。花两性；萼齿不等长，外齿线状披针形；花瓣白色，外缘花1大瓣2深裂，有毛，长达1厘米。果椭圆形或长卵形，长6-8毫米，被疏毛，果棱丝状，侧棱翅状。花期7月，果期8月。

产新疆西北部，生于海拔1900-3200米河谷草甸、山地草坡和草甸。哈萨克斯坦有分布。

图 1147 大瓣芹 （陈荣道绘）

2. 光果大瓣芹 图1148

Semenovia rubtzovii (Schischk.) Manden. in Trudy Bot. Inst. Tibilis 20: 23. 1959.

Platytaenia rubtzovii Schischk. in Kom. Fl. URSS 17: 273. 375. 1951.

多年生草本，高达60厘米。幼茎密被毛。基生叶有长柄，柄基部扩展成鞘；叶长圆形或长卵形，二回羽状全裂，羽片深裂，小裂片线形，锐尖，被毛。花序径3-8厘米；伞辐7-13，有毛，总苞片披针形，边缘膜质，密被毛；伞形花序有15-20花，小总苞片与总苞片相似。花梗有柔毛；萼齿不等长，外缘花外齿披针形，内齿三角形；花瓣白色，中脉淡紫红色，边缘大瓣先端内弯。果椭圆形，褐色，无毛，长

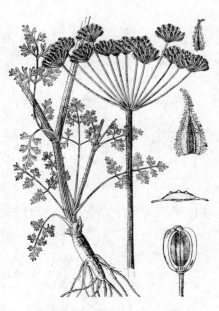

图 1148 光果大瓣芹 （史渭清绘）

5-7毫米，背棱丝状，侧棱翅状。花期6月，果期7月。

产新疆西北部，生于山坡石缝中或砾石山坡。哈萨克斯坦有分布。

95. 四带芹属 Tetrataenium (DC.) Manden.

（刘守炉）

多年生草本。根圆柱形。茎中空，被毛。叶一至二回羽裂或3裂，稀不裂或浅裂。复伞形花序，顶生花序有两性花，侧生花序有时均为雄花；总苞片无或有，小总苞片有。花黄或绿黄色，稀白色；花瓣倒卵形，先端内卷，外缘花瓣有时为辐射瓣；花柱基圆锥形，花柱丝状。果背扁，背棱和中棱龙骨状突起，侧棱翅状；油管短尖，每棱槽油管1，合生面油管2-4（6）。

约7种，主产印度、尼泊尔及中亚。我国2种。

尼泊尔四带芹　　　　　　　　　　图 1149

Tetrataenium nepalense (D. Don) Manden. in Cauwet-Marc et Carbonnier, Acta 2e Sympos. Intern. Umbell. 677. 1977.

Heracleum nepalense D. Don, Prodr. Fl. Nepal. 185. 1825.

多年生草本，高达1.2米。基生叶有长柄，叶鞘宽；叶宽卵形，长20-25厘米，宽13-16厘米，二回羽状深裂；羽片裂成3小叶，侧生小叶长9-10厘米，宽5-7厘米，有锯齿，两面被白色柔毛；茎上部叶常3深裂，有缺刻和锯齿。花序梗长8-23厘米，具白毛，总苞片数片，线形或披针形，长2.5-3.5厘米；伞辐18-22，长6-9厘米，小总苞片5，线形。萼齿线形；花瓣白色，外缘花瓣为辐射瓣。花期7-8月。

图 1149 尼泊尔四带芹 （陈荣道绘）

产云南，生于海拔2500-4000米山坡林下、路边草地。尼泊尔有分布。

96. 防风属 Saposhnikovia Schischk.

（刘守炉）

多年生草本，高达80厘米。主根圆锥形，淡黄褐色。茎单生，二歧分枝，基部密被纤维状叶鞘。基生叶有长柄，叶鞘宽；叶三角状卵形，二至三回羽裂；一回羽片卵形或长圆形，长2-8厘米，有柄；小裂片线形或披针形，先端尖；茎生叶较小。复伞形花序顶生和腋生，总苞片无或1-3；伞辐5-9，小总苞片4-5，线形或披针形；伞形花序有4-10花。萼齿三角状卵形；花瓣白色，倒卵形，先端内曲；花柱短，外曲。果窄椭圆形或椭圆形，背稍扁，有疣状突起，背棱丝状，侧棱具翅；每棱槽油管1，合生面油管2。

单种属。

防风　　　　　　　　　　图 1150 彩片 292

Saposhnikovia divaricata (Turcz.) Schischk. in Kom. Fl. URSS. 17: 54. 1951.

Stenocoelium divaricatum Turcz. in Bull. Soc. Nat. Mosc. 17: 734. 1844.

形态特征同属。

产黑龙江、吉林、辽宁、内蒙古、宁夏、新疆、甘肃、陕西、山西、河北、山东、河南及湖北,生于海拔400-800米草原、丘陵、石砾山坡、草地。朝鲜、蒙古及俄罗斯西伯利亚东部有分布。根药用,发汗、祛痰、驱风及镇痛,治感冒、头痛、关节痛、神经痛。

图 1150 防风 （史渭清绘）

97. 胡萝卜属 Daucus Linn.

（刘守炉）

一年生或二年生草本。根肉质。叶二至三回羽裂,小裂片窄小。复伞形花序;总苞片具多数羽裂或不裂的苞片;小总苞片多数,或缺。花白或黄色,稀紫色。萼齿小或不明显;花瓣倒卵形,先端内凹,有内折小舌片,外缘花瓣为辐射瓣;花柱基短圆锥形,花柱短。果棱有刚毛或刺毛,每棱槽油管1,合生面油管2。

约60种,分布欧洲、非洲、美洲和亚洲。我国1种和1栽培变种。

1. 根细,多分枝,淡褐色 ·· 野胡萝卜 **D. carota**
1. 根长圆锥形,肉质,红或黄色 ·· （附）. 胡萝卜 **D. carota** var. **sativa**

野胡萝卜 图 1151 彩片 293

Daucus carota Linn. Sp. Pl. 242. 1753.

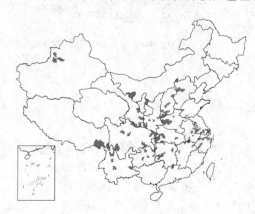

二年生草本,高达1.2米;植株被白色粗硬毛。基生叶长圆形,二至三回羽状全裂,小裂片线形或披针形,长0.2-1.5厘米,宽0.5-4毫米,先端尖;叶柄长3-12厘米;茎生叶近无柄,小裂片细小。复伞形花序梗长10-55厘米,总苞片多数,叶状,羽裂,裂片线形,反折;伞辐多数,长2-7.5厘米,小总苞片5-7,线形,不裂或2-3裂。花白色,有时带淡红色。果圆卵形,长3-4毫米,

图 1151 野胡萝卜 （史渭清绘）

径约2毫米,棱有白色刺毛。花期5-7月。

产河北、河南、山西、山东、陕西、甘肃、宁夏东部、新疆西北部、江苏南部、安徽、浙江、江西、湖北、湖南、广东北部、贵州、四川、云南及西藏东南部,生于山坡、路边、旷野及田间杂草地。欧洲及东南亚有分布。果药用,可驱虫,又可提取芳香油。

[附] **胡萝卜 Daucus carota** var. **sativa** Hoffm. Deutschl. Fl. ed. 1: 91. 1791. 本变种与模式变种的区别:根肉质,长圆锥形,黄或红色。全国各地广泛栽培。根可食用,富含维生素甲、乙、丙及胡萝卜素。用种子繁殖。

本卷审校、图编、绘图、摄影及工作人员

审 校	傅立国　　洪涛　　林祁				
图 编	傅立国（形态图）　　郎楷永（彩片）　　张明理　　林祁（分布图）				
绘 图	（按绘图量排列）　　史渭清　　黄少容　　余汉平　　陈荣道　　邓盈丰				
	李锡畴	韦力生	顾健	冯晋庸	何冬泉　孙英宝　李志民
	张大成	邓晶发	吴锡麟	陶明琴	吴彰桦　蒋兆兰　冀朝祯
	王金凤	冯先洁	张荣生	溥发鼎	谭丽霞　张泰利　刘全儒
	张春方	肖溶	蔡淑琴	曾孝濂	邹贤桂　马建生　赵宝恒
	钱存源	刘敬勉	田虹	刘启新	蒋柔英　张世琦　余峰
	路桂兰	刘怡涛	黄国材	祁世章	胡涛　　王利生　张桂芝
	冯金环	杨建昆	张宝福	刘文林	吕义宾　张世经　刘威
摄 影	（按彩片数量排列）　　李泽贤　　武全安　　李延辉　　郎楷永　　吕胜由				
	刘玉秀	林余霖	吴光第	邬家林	刘伦辉　陈虎彪　傅立国
	方震东	钟世奇	秦祥堃	杨野	郭柯　　费勇　　刘尚武
	冯国楣	任步钧	沈观冕	邓懋彬	陈人栋　宋朝枢　李光照
	张增顺	孙荣钦	夏聚康	谭家昆	谭策铭
工作人员	陈惠颖　　赵然　　李燕　　孙英宝　　童怀燕				

Contributors
(Names are listed in alphabetical order)

Revisers   Fu Likuo, Hong Tao and Lin Qi

Graphic Editors   Fu Likuo, Lang Kaiyung, Lin Qi and Zhang Mingli

Illustrations   Cai Shuqin, Chen Rongdao, Deng Jingfa, Deng Yingfeng, Feng Jinhuan, Feng Jinyong, Feng Xianjie, Gu Jian, He Dongquan, Hu Tao, Huang Guocai, Huang Shaorong, Ji Chaozhen, Jiang Rouying, Jiang Zhaolan, Li Xichou, Li Zhimin, Liu Jingmian, Liu Qixin, Liu Quanru, Liu Wei, Liu Wenlin, Liu Yitao, Lu Guilan, Lu Yibin, Ma Jiansheng, Pu Fading, Qian Cunyuan, Qi Shizhang, Shi Weiqing, Sun Yingbao, Tan Lixia, Tao Mingqin, Tian Hong, Wang Jinfeng, Wang Lisheng, Wei Lisheng, Wu Xiling, Wu Zhanghua, Xiao Rong, Yang Jiankun, Yu Feng, Yu Hanping, Zeng Xiaolian, Zhang Baofu, Zhang Chunfang, Zhang Dacheng, Zhang Guizhi, Zhang Rongsheng, Zhang Shijing, Zhang Shiqi, Zhang Taili, Zhao Baoheng, and Zou Xiangui,

Photographs   Chen Hubiao, Chen Rendong, Deng Maobin, Fang Zhendong, Fei Yong, Feng Kuomei, Fu Likuo, Guo Ke, Lang Kaiyung, Li Guangzhao, Li Yanhui, Li Zexian, Lin Yuling, Liu Lunhui, Liu Shangwu, Liu Yusiu, Lu Shengyou, Qin Xiangkun, Ren Bujun, Shen Kuanmien, Song Chaoshu, Sun Rongqin, Tan Ceming, Tan Jiakun, Wu Guangdi, Wu Jialin, Wu Quanan, Xia Jukang, Yang Ye, Zhang Zengshun and Zhong Shiqi

Clerical Assistance   Chen Huiying, Li Yan, Sun Yingbao, Tong Huaiyan and Zhao Ran

彩片 1　黄杨 *Buxus microphylla*（刘伦辉）

彩片 2　海南野扇花 *Sarcococca vagans*（李延辉）

彩片 3　野扇花 *Sarcococca ruscifolia*（吴光第）

彩片 4　板凳果 *Pachysandra axillaris*（武全安）

彩片 5　喜光花 *Actephila merrilliana*（李泽贤）

彩片 6　雀舌木 *Leptopus chinensis*（邬家林）

彩片 7　土蜜树 *Bridelia tomentosa*（李泽贤）

彩片 8　禾串 *Bridelia insulana*（吕胜由）

彩片 9　核果木 *Drypetes indica*（吕胜由）

彩片 10　白饭树 *Flueggea virosa*（李延辉）

彩片 11　蓝子木 *Margaritaria indica*（吕胜由）

彩片 12　余甘子 *Phyllanthus emblica*（刘伦辉）

彩片 13　叶下珠 *Phyllanthus urinaria*（李泽贤）　　彩片 14　刺果叶下珠 *Phyllanthus forrestii*（李延辉）

彩片 15　毛银柴 *Aporosa villosa*
（武全安）

彩片 16　木奶果 *Baccaurea ramiflora*
（武全安）

彩片 17　毛果算盘子 *Glochidion erio-
carpum*（李延辉）

彩片 18　算盘子 *Glochidion puberum*（林余霖）　　彩片 19　守宫木 *Sauropus androgynus*（李延辉）

彩片 20　艾菫 *Sauropus bacciformis*（李泽贤）　　彩片 21　小叶黑面神 *Breynia vitis-idaea*（吕胜由）

彩片 22　钝叶黑面神 *Breynia retusa*（李延辉）　　彩片 23　黑面神 *Breynia fruticosa*（李泽贤）

彩片 24　秋枫 *Bischofia javanica*　　彩片 25　地构叶 *Speranskia tuberculata*（刘玉秀）
　　　　　（李泽贤）

彩片 26　滑桃树　*Trewia nudiflora*（李泽贤）

彩片 27　山苦茶　*Mallotus oblongifolius*（李泽贤）

彩片 28　崖豆藤野桐　*Mallotus millietii*（武全安）

彩片 29　石岩枫　*Mallotus repandus*
（郎楷永）

彩片 30　粗糠柴　*Mallotus philippinensis*（吕胜由）

彩片 31　毛桐　*Mallotus barbatus*
（武全安）

彩片 32　白背叶 *Mallotus apelta*
（李泽贤）

彩片 33　野梧桐 *Mallotus japonicus*（林余霖）

彩片 34　血桐 *Macaranga tanarius*
（李泽贤）

彩片 35　草鞋木 *Macaranga henryi*（李延辉）

彩片 36　羽脉山麻杆 *Alchornea rugosa*
（李泽贤）

彩片 37　椴叶山麻杆 *Alchornea tiliifolia*（李延辉）

彩片 38　蓖麻 *Ricinus communis*（郎楷永）

彩片 39　凤轮桐 *Epiprinus siletianus*
（李泽贤）

彩片 40　蝴蝶果 *Cleidiocarpon cavalieriei*（张增顺）

彩片 41　红桑 *Acalypha wikesiana*（李泽贤）

彩片 42　黄蓉花 *Dalechampia bidentata* var. *yunnanensis*
（李延辉）

彩片 43　越南巴豆 *Croton kongensis*（李延辉）

彩片 44　鸡骨香 *Croton crassifolius*（李延辉）

彩片 45　巴豆　*Croton tiglium*（李延辉）

彩片 46　石栗　*Aleurites moluccana*（李泽贤）

彩片 47　油桐　*Vernicia fordii*（郎楷永）

彩片 48　木油桐　*Vernicia montana*（李泽贤）

彩片 49　东京桐　*Deutzianthus tonkinensis*（孙荣钦）

彩片 50　麻疯树　*Jatropha curcas*（刘伦辉）

彩片 51　佛肚树　*Jatropha podagrica*（李光照）

彩片 52　长腺萼木 *Strophioblachia fimbricalyx*
（李泽贤）

彩片 53　云南叶轮木 *Ostodes katharinae* （武全安）

彩片 54　轴花木 *Erismanthus sinensis* （李泽贤）

彩片 55　白树 *Suregada glomerulata* （李泽贤）

彩片 56　小花斑籽 *Baliospermum micranthum* （李延辉）

彩片 57　云南斑籽 *Baliospermum effusum* （李延辉）

彩片 58　地杨桃 *Sebastiania chamaelea*（李泽贤）

彩片 59　云南土沉香 *Excoecaria acerifolia*（武全安）

彩片 60　乌桕 *Sapium sebiferum*（吕胜由）

彩片 61　圆叶乌桕 *Sapium rotundifolium*（郎楷永）

彩片 62　山乌桕 *Sapium discolor*（李泽贤）

彩片 63　飞扬草 *Euphorbia hirta*（李泽贤）

彩片 64　地锦草 *Euphorbia humifusa*（刘玉秀）

彩片 65　斑地锦 *Euphorbia maculata*（刘玉秀）

彩片 66　银边翠 *Euphorbia marginata*（邬家林）

彩片 67　铁海棠 *Euphorbia milii*（李泽贤）

彩片 68　火殃勒 *Euphorbia antiguorum*（李延辉）

彩片 69　一品红 *Euphorbia pulcherrima*（李泽贤）

彩片 70　猩猩草 *Euphorbia cyathophora*（吴光第）

彩片 71　续随子 *Euphorbia lathyris*（武全安）

彩片 72　高山大戟 *Euphorbia stracheyi*（郎楷永）

彩片 73　大果大戟 *Euphorbia wallichii*
（郎楷永）

彩片 74　大戟 *Euphorbia pekinensis*
（刘玉秀）

彩片 75　大狼毒 *Euphorbia jolkinii*（刘伦辉）

彩片 76　甘遂 *Euphorbia kansui*（林余霖）

彩片 77　乳浆大戟 *Euphorbia esula*
（刘玉秀）

彩片 78　红雀珊瑚 *Pedilanthus tithyma-loides*（李延辉）

彩片 79　皱叶雀梅藤 *Sageretia rugosa*（邬家林）

彩片 80　长叶冻绿 *Rhamnus crenata*
（李泽贤）

彩片 81　鼠李 *Rhamnus davarica*（傅立国）

彩片 82　冻绿 *Rhamnus utilis*（刘伦辉）

彩片 83　枳椇 *Hovenia acerba*（刘伦辉）

彩片 84　麦珠子 *Alphitonia philippinensis*（李泽贤）

彩片 85　小勾儿茶 *Berchemiella wilsonii*（邓懋彬）

彩片 86　铁包金 *Berchemia lineata*（李泽贤）

彩片 87　光枝勾儿茶 *Berchemia polyphylla* var. *leioclada*（李泽贤）

彩片 88　云南勾儿茶 *Berchemia yunnanensis*（吴光第）

彩片 89　多花勾儿茶 *Berchemia floribunda*（武全安）

彩片 90　马甲子 *Paliurus ramosissimus*（李泽贤）

彩片 91　铜钱树 *Paliurus hemsleyanus*（郎楷永）

彩片 92　枣 *Ziziphus jujuba*（刘玉秀）

彩片 93　酸枣 *Ziziphus jujuba* var. *spinosa*（刘玉秀）

彩片 94　滇刺枣 *Ziziphus mauritiana*（武全安）　彩片 95　皱枣 *Ziziphus rugosa*（武全安）

彩片 96　火筒树 *Leea indica*（武全安）　彩片 97　台湾火筒树 *Leea guineensis*（吕胜由）

彩片 98　白蔹 *Ampelopsis japonica*（刘玉秀）　彩片 99　广东蛇葡萄 *Ampelopsis cantoniensis*（吕胜由）

彩片 100　鸡心藤 *Cissus kerrii*（李延辉）

彩片 101　台湾崖爬藤 *Tetratigma formosanum*（吕胜由）

彩片 102　喜马拉雅崖爬藤 *Tetrastigma rumicispermum*
（武全安）

彩片 103　山葡萄 *Vitis amurensis*（吕胜由）

彩片 104　葡萄 *Vitis vinigera*（刘玉秀）

彩片 105　粘木 *Ixonanthes chinensis*
（李泽贤）

彩片 106　石海椒 *Reinwardtia indica*
（武全安）

彩片 107　青篱柴　*Tirpitzia sinensis*（武全安）

彩片 108　亚麻　*Linum usitatissmum*
（刘玉秀）

彩片 109　风筝果　*Hiptage benghalensis*（邱楷永）

彩片 110　三星果　*Tristellateis australasiae*（贵勇）

彩片 111　蝉翼藤　*Securidaca inappendiculata*（李延辉）

彩片 112　荷包山桂花　*Polygala arillata*（邬家林）

彩片 113　黄花倒水莲 *Polygala fallax*
（李泽贤）

彩片 114　长毛籽远志 *Polygala wattersii*（郎楷永）

彩片 115　小扁豆 *Polygala tatarinowii*（刘伦辉）

彩片 116　蓼叶远志 *Polygala persicariifolia*（李延辉）

彩片 117　新疆远志 *Polygala hybrida*（郎楷永）

彩片 118　远志 *Polygala tenuifolia*（刘玉秀）

彩片 119　西伯利亚远志 *Polygala sibirica*（吴光第）

彩片 120　瘿椒树 *Tapiscia sinensis*（李泽贤）

彩片 121　野鸦椿 *Euscaphis japonica*（李延辉）

彩片 122　伯乐树 *Bretscheidera sinensis*（弎全安）

彩片 123　倒地铃 *Cardiospermum halicacabum*（李泽贤）

彩片 124　无患子 *Sapindus mukorossi*（李泽贤）

彩片 125　川滇无患子 *Sapindus delavayi*（武全安）

彩片 126　赤才 *Erioglossum rubiginosum*
（李泽贤）

彩片 127　龙眼 *Dimocarpus longan*（刘玉秀）

彩片 128　荔枝 *Litchi chinensis*（李泽贤）

彩片 129　绒毛番龙眼 *Pometia
　　　　　 tomentosa*（谭家昆）

彩片 130　干果木 *Xerospermum bonii*（夏聚康）

彩片 131　海南韶子 *Nephelium topengii*（李泽贤）　　　彩片 132　滨木患 *Arytea littoralis*（李泽贤）

彩片 133　柄果木 *Mischocarpus*　　　　彩片 134　海南假韶子 *Paranephelium hainanense*（李泽贤）
　　　　　　sundaicus（李泽贤）

彩片 135　栾树 *Koelreuteria paniculata*（郎楷永）　　　彩片 136　复羽叶栾树 *Koelreuteria bipinnata*（武全安）

彩片 137 车桑子 *Dodonaea viscosa*（刘伦辉）

彩片 138 伞花木 *Eurycorymbus cavaleriei*（李延辉）

彩片 139 假山萝 *Harpullia cupanoides*（李延辉）

彩片 140 文冠果 *Xanthoceras sorbifolia*（傅立国）

彩片 141 尖叶清风藤 *Sabia swinhoei*（谭策铭）

彩片 142 泡花树 *Meliosma cuneifolia*（吴光第）

彩片 143　山樣叶泡花树 *Meliosma thorelii*
（李泽贤）

彩片 144　七叶树 *Aesculus chinensis*（郎楷永）

彩片 145　浙江七叶树 *Aesculus chinensis* var. *cheleiangensis*（刘玉秀）

彩片 146　云南七叶树 *Aesculus wangii*
（武全安）

彩片 147　长柄七叶树 *Aesculus assamica*（李延辉）

彩片 148　欧洲七叶树 *Aesculus hippocastanum*（刘玉秀）

彩片 149　金钱槭 *Dipteronia sinensis*（钟世奇）

彩片 150　云南金钱槭 *Dipteronia dyerana*（冯国楣）

彩片 151　庙台槭 *Acer miaotaiense*（钟世奇）

彩片 152　元宝槭 *Acer truncatum*（陈虎彪）

彩片 153　色木槭 *Acer mono*（方震东）

彩片 154　梓叶槭 *Acer catalpifolium*
　　　　　（邬家林）

彩片 155　鸡爪槭 *Acer palmatum*（秦祥堃）

彩片 156　毛花槭 *Acer erianthum*（郎楷永）

彩片 157　中华槭 *Acer sinense*（吴光第）

彩片 158　岭南槭 *Acer tutcheri*（李泽贤）

彩片 159　金沙槭 *Acer paxii*（弍全安）

彩片 160　樟叶槭 *Acer cinnamomifolium*（秦祥堃）

彩片 161　青榨槭　*Acer davidii*
（李延辉）

彩片 162　五尖槭　*Acer maximowiczii*（邬家林）

彩片 163　篦齿槭　*Acer pectinatum*（郎楷永）

彩片 164　白头树　*Garuga forrestii*
（武全安）

彩片 165　橄榄　*Canarium album*（李泽贤）

彩片 166　乌榄　*Canarium pimela*
（李延辉）

彩片 167　豆腐果 *Buchanania latifolia*（武全安）

彩片 168　腰果 *Anacardium occidentale*（李泽贤）

彩片 169　杧果 *Mangifera indica*（武全安）

彩片 170　林生杧果 *Mangifera sylvatica*（李廷辉）

彩片 171　槟榔青 *Spondias pinnata*（李廷辉）

彩片 172　厚皮树 *Lannea coromandelica*（李泽贤）

彩片 173　利黄藤 *Pegia sarmentosa*（武全安）

彩片 174　红叶 *Cotinus coggygria* var. *cinerea*（傅立国）

彩片 175　盐肤木 *Rhus chinensis*（李泽贤）

彩片 176　青麸杨 *Rhus potaninii*（邬家林）

彩片 177　漆树 *Toxicodendron vernicifluum*（刘玉秀）

彩片 178　尖叶漆 *Toxicodendron acuminatum*（李延辉）

彩片 179　野漆树 *Taxicodendron succedaneum*（李泽贤）

彩片 180　三叶漆 *Terminthia paniculata*（武全安）

彩片 181　黄连木 *Pistacia chinensis*（刘玉秀）

彩片 182　清香木 *Pistacia wenmannifolia*（武全安）

彩片 183　大叶肉托果 *Semercarpus gigantilfolia*（吕胜由）

彩片 184　羊角天麻 *Dobinea delavayi*
（吴光第）

彩片 185　臭椿 *Ailantlus altissima*（林余霖）

彩片 186　苦树　*Picrasma guassioides*（吕胜由）

彩片 187　鸦胆子　*Brucea javanica*（林余霖）

彩片 188　马桑　*Coriaria nepalensis*（李延辉）

彩片 189　香椿　*Toona sinensis*
（吴光第）

彩片 190　红椿　*Toone ciliata*（陈人栋）

彩片 191　杜楝　*Turraea pubescens*
（李泽贤）

彩片 192　灰毛浆果楝　*Cipadessa
cinerasscens*（郎楷永）

彩片 193 割舌树 *Walsura robusta* (李泽贤)

彩片 194 鹧鸪 *Trichilia connaroides* (李延辉)

彩片 195 台湾米仔兰 *Aglaia formosana* (吕胜由)

彩片 196 椭圆叶米仔兰 *Aglaia elliptifolia* (吕胜由)

彩片 197 山楝 *Aphanamixis polystachya* (吕胜由)

彩片 198 粗枝崖摩 *Amoora dasyclada* (李泽贤)

彩片 199　溪杪 *Chisocheton paniculatus*
（武全安）

彩片 200　楝 *Melia azedarach*（刘伦辉）

彩片 201　木果楝 *Xylocarpus granatum*
（李泽贤）

彩片 202　贵州花椒 *Zanthoxylum esguirolii*（武全安）

彩片 203　竹叶花椒 *Zanthoxylum armatum*（陈虎彪）

彩片 204　野花椒 *Zanthoxylum simulans*（吕胜由）

彩片 205　单叶吴萸 *Evodia simplicifolia*（李延辉）　　　　彩片 206　牛纠吴萸 *Evodia trichotoma*（武全安）

彩片 207　吴茱萸 *Evodia rutaecarpa*（刘伦辉）　　　　彩片 208　楝叶吴萸 *Evodia glabrifolia*
　　　　　　　　　　　　　　　　　　　　　　　　　　　　　　　　　　　（李泽贤）

彩片 209　臭辣吴萸 *Evodia fargesii*（林余霖）　　　　彩片 210　臭檀吴萸 *Evodia daniellii*（刘玉秀）

彩片 211　芸香 *Ruta graveolens*（林余霖）

彩片 212　白鲜 *Dictamnus dasycarpus*（林余霖）

彩片 213　飞龙掌血 *Toddalia asiatica*（武全安）

彩片 214　黄檗 *Phellodendron amurense*（宋朝枢）

彩片 215　川黄檗 *Phellodendron chinense*（刘玉秀）

彩片 216　秃叶黄檗 *Phellodendron chinense* var. *glabriusculum*（李延辉）

彩片 217　山油柑 *Acronychia pedunculata*　　彩片 218　茵芋 *Skimmia reevesiana*（林余霖）
　　　　　（李泽贤）

彩片 219　小芸木 *Micromelum integerrimum*（李延辉）　　彩片 220　毛叶小芸木 *Micromelum integerrimum* var. *mollissimum*
　　　　　　　　　　　　　　　　　　　　　　　　　　　　　　　　　　　　（武全安）

彩片 221　山桔树 *Glycosmis cochinchinensis*（林余霖）　　彩片 222　假黄皮 *Clausena*
　　　　　　　　　　　　　　　　　　　　　　　　　　　　　　　　excavata（吕胜由）

彩片 223　黄皮 *Clausena lansium*（李泽贤）

彩片 224　千里香 *Murraya paniculata*（李延辉）

彩片 225　九里香 *Murraya exotica*（李泽贤）

彩片 226　酒饼簕 *Atalantia buxifolia*（李泽贤）

彩片 227 枳 *Poncirus trifoliata*（陈虎彪）

彩片 228 佛手 *Citrus medica* var. *sarcodactylis*（刘玉秀）

彩片 229 柚 *Citrus maxima*（李泽贤）

彩片 230 甜橙 *Citrus sinensis*（李泽贤）

彩片 231 柠檬 *Citrus limon*（李泽贤）

彩片 232 柑桔 *Citrus reticulata*（李泽贤）

彩片 233 泡泡刺 *Nitraria sphaerocarpa*（郎楷永）

彩片 234 骆驼 *Peganum harmala* (郎楷永)

彩片 235 霸王 *Sarcozygium xanthoxylon* (郎楷永)

彩片 236 蒺藜 *Tribulus terrester* (林余霖)

彩片 237 阳桃 *Averrhoa carambola* (郎楷永)

彩片 238 白花酢浆草 *Oxalis acetosella* (邬家林)

彩片 239 红花酢浆草 *Oxalis corymbosa* (武全安)

彩片 240 酢浆草 *Oxalis corniculata*（武全安）

彩片 241 牻牛儿苗 *Erodium stephanianum*（刘玉秀）

彩片 242 汉荭鱼腥草 *Geranium robertianum*（郎楷永）

彩片 243 老鹳草 *Geranium wilfordii*（郎楷永）

彩片 244 毛蕊老鹳草 *Geranium platyanthum*（刘尚武）

彩片 245 草地老鹳草 *Geranium pratense*（郎楷永）

彩片 246 蓝花老鹳草 *Geranium pseudosibiricum* (郎楷永)

彩片 247 盾叶天竺葵 *Pelargonium peltatum* (陈虎彪)

彩片 248 天竺葵 *Pelargonium hortorum* (武全安)

彩片 249 旱金莲 *Tropaeolum majus* (武全安)

彩片 250 通脱木 *Tetrapanax papyriferus* (林余霖)

彩片 251 东北刺人参 *Oplopanax elatus*
(杨 野)

彩片 252 刺楸 *Kalopanax septemlobus*（林余霖）

彩片 253 常春藤 *Hedera nepalensis* var. *sinensis*（方震东）

彩片 254 台湾鹅掌柴 *Dendropanax dentigerus*（李泽贤）

彩片 255 变叶树参 *Dendropanax proteus*（李泽贤）

彩片 256 红齿罗伞 *Brassaiopsis ciliata*（武全安）

彩片 257 罗伞 *Brassaiopsis glomerulata*（郐家林）

彩片 258　民叶梁王茶　*Pseudopanax davidii*（邱楷永）

彩片 259　穗序鹅掌柴　*Scheffera delavayi*（邬家林）

彩片 260　台湾鹅掌柴　*Schefflera taiwaniana*（吕胜由）

彩片 261　球序鹅掌柴　*Scheffera pauciflora*（邱楷永）

彩片 262　鹅掌藤　*Scheffera arboricola*（李泽贤）

彩片 263　密脉鹅掌柴　*Schefflera elliptica*
（李延辉）

彩片 264　刺五加 *Eleutherococcus senticosus*（任步钧）

彩片 265　藤五加 *Eleutherococcus leucorrhizus*（吴光第）

彩片 266　糙叶五加 *Eleutherococcus henryi*（吴光第）

彩片 267　无梗五加 *Eleutherococcus sessiliflorus*（林余霖）

彩片 268　*Eleutherococcus gracilistylus*（邬家林）

彩片 269　白勒 *Eleutherococcus trifoliatus*（陈虎彪）

彩片 270　黄毛楤木 *Aralia decaisneana*（李泽贤）

彩片 271　辽东楤木 *Aralia elata*（林余霖）

彩片 272　龙眼独活 *Aralia fargesii*（吴光第）

彩片 273　人参 *Panax ginseng*（刘玉秀）

彩片 274　西洋参 *Panax guinguefolius*（林余霖）

彩片 275　屏边三七 *Panax stipuleantus*
（武全安）

彩片 276　马蹄参 *Diplopanax stachy-anthus*（李泽贤）

彩片 277　红花蹄草 *Hydrocotyle nepalensis*（吕胜由）

彩片 278　天胡荽 *Hydrocotyle sibthorpioides*（邬家林）

彩片 279　柄花天胡荽 *Hydrocotyle himalaica*（吴光第）

彩片 280　马蹄芹 *Dickinsia hydroco-tyloides*（吴光第）

彩片 281　窃衣 *Torilis scabra*（林余霖）

彩片 282 芫荽 *Coriandrum sativum*（郎楷永）

彩片 283 山茉莉芹 *Oreomyrrhis involucrata*（吕胜由）

彩片 284 垫状棱子芹 *Pleurospermum hedinii*（郭　柯）

彩片 285 丽江柴胡 *Bupleurum rockii*（武全安）

彩片 286 北柴胡 *Bupleurum chinense*
（刘玉秀）

彩片 287 水芹 *Oenanthe javanica*（吕胜由）

彩片 288 紫花前胡 *Angelica decursiva*（邹家林）

彩片 289 台湾独活 *Angelica dahurica*
var. *formosana*（吕胜由）

彩片 290 珊瑚菜 *Glehnia littoralis*（吕胜由）

彩片 291 新疆阿魏 *Ferula sinkiangensis*
（沈观冕）

彩片 292 防风 *Saposhnikovia divaricata*（林余霖）

彩片 293 野胡萝卜 *Daucus carota*（林余霖）

彩片294　华凤仙　*Impatiens chinensis*（刘　演）

彩片296　管茎凤仙花　*Impatiens tubulosa*（韦毅刚）

彩片295　凤仙花　*Impatiens balsamina*（郎楷永）

彩片297　大叶凤仙花　*Impatiens apalophylla*（于胜祥）

彩片298　棒凤仙花　*Impatiens claviger*（刘　演）

彩片299　湖南凤仙花　*Impatiens hunanensis*（刘　演）

彩片300　红纹凤仙花　*Impatiens rubrostriata*（税玉民）

彩片301　黄金凤　*Impatiens siculifer*（税玉民）

彩片302　东北凤仙花　*Impatiens furcillata*（黄祥童）

彩片303　滇水金凤　*Impatiens uliginosa*（武全安）

彩片305　井冈山凤仙花　*Impatiens jinggangensis*（刘克明）

彩片304　水凤仙花　*Impatiens aquatilis*（于胜祥）

彩片306　双角凤仙花　*Impatiens bicornuta*（李渤生）

彩片307　柔毛凤仙花　*Impatiens puberula*（税玉民）

彩片308　鸭趾草状凤仙花　*Impatiens commellinoides*（刘克明）

彩片309　块节凤仙花　*Impatiens pinfanensis*（于胜祥）

彩片310　陇南凤仙花　*Impatiens potaninii*（郎楷永）

彩片311　蒙自凤仙花　*Impatiens mengtzeana*（税玉民）

彩片312　绿萼凤仙花　*Impatiens chlorosepala*
（刘　演）

彩片313　窄萼凤仙花　*Impatiens stenosepala*
（刘克明）

彩片314　黄麻叶凤仙花　*Impatiens corchorifolia*
（武全安）

彩片315　水金凤　*Impatiens noli-tangere*（郎楷永）

彩片316　耳叶凤仙花　*Impatiens delavayi*（郎楷永）

彩片317　西固凤仙花　*Impatiens notolophora*（郎楷永）

彩片318　牯岭凤仙花　*Impatiens davidi*（刘克明）